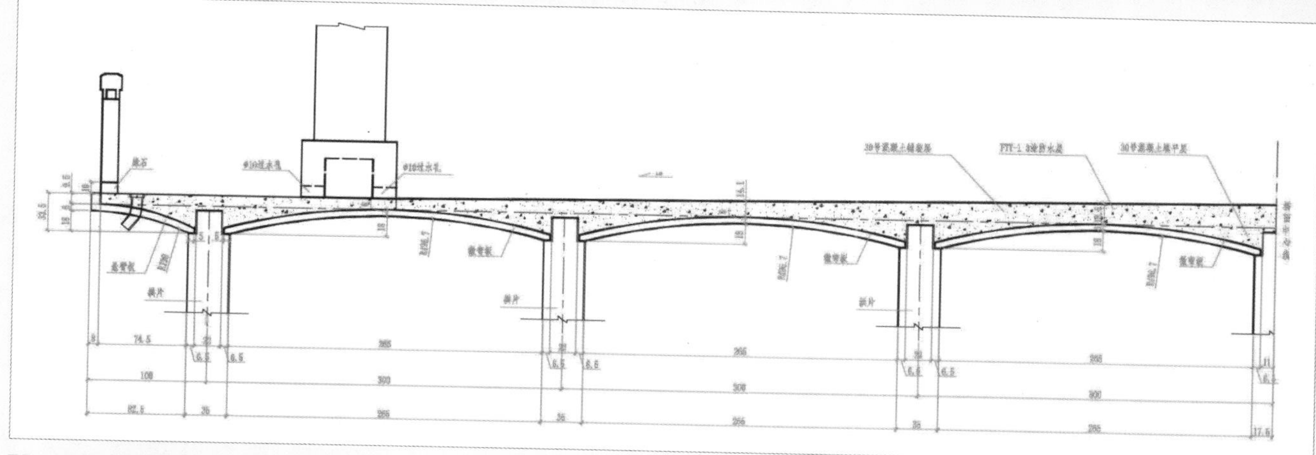

桥梁横断面图

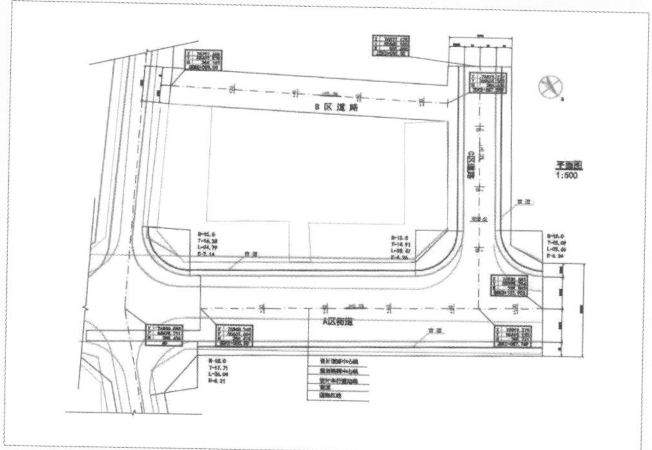

道路平面图

道路平面图的绘制

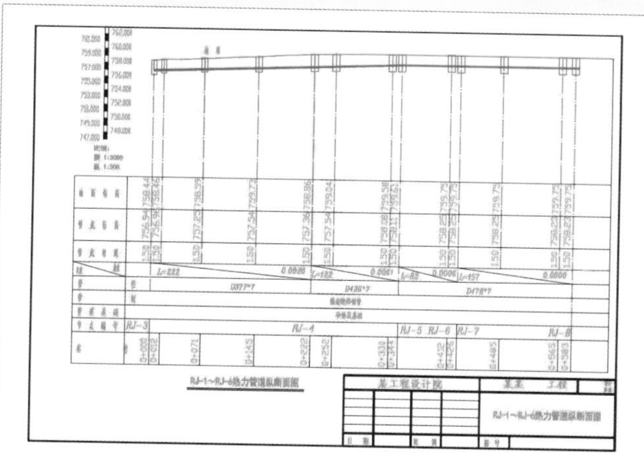

热力管网纵断面图

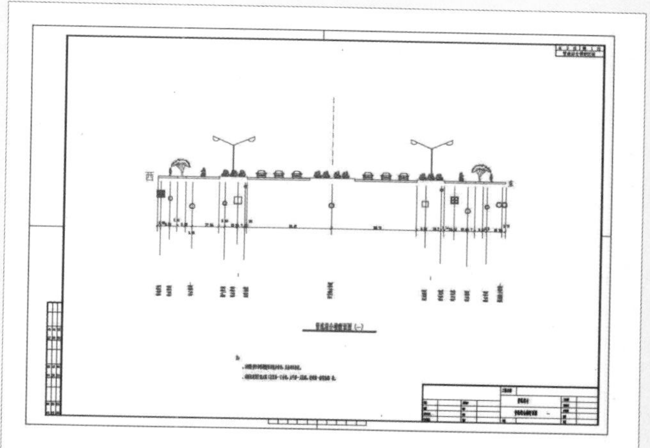

管线综合横断面图的绘制

本书部分案例

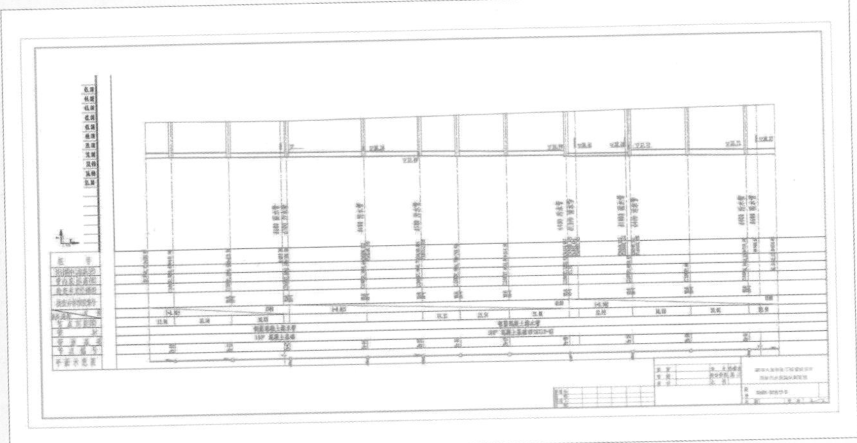

污水管道纵立面图

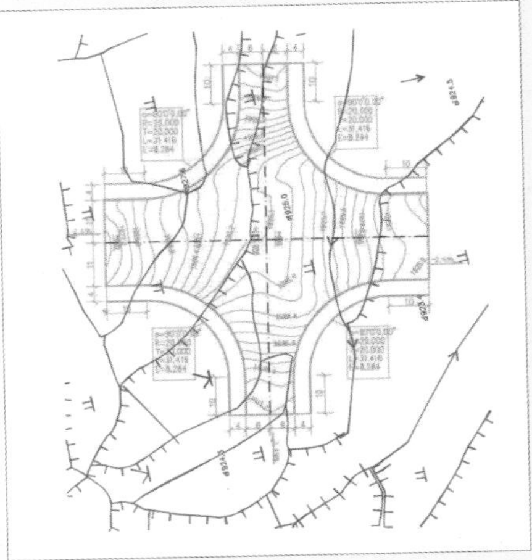

道路交叉口的绘制

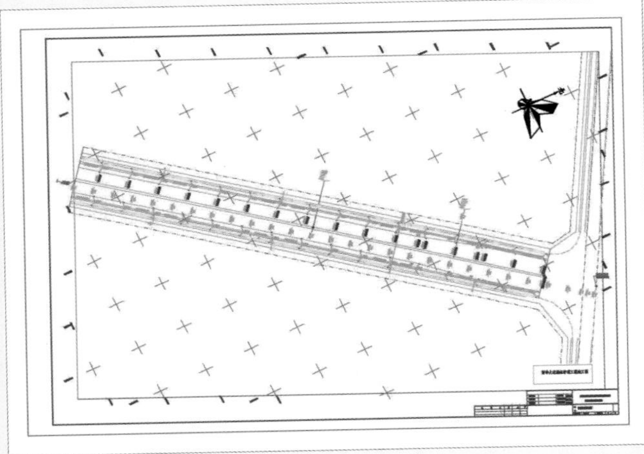

道路排水平面图

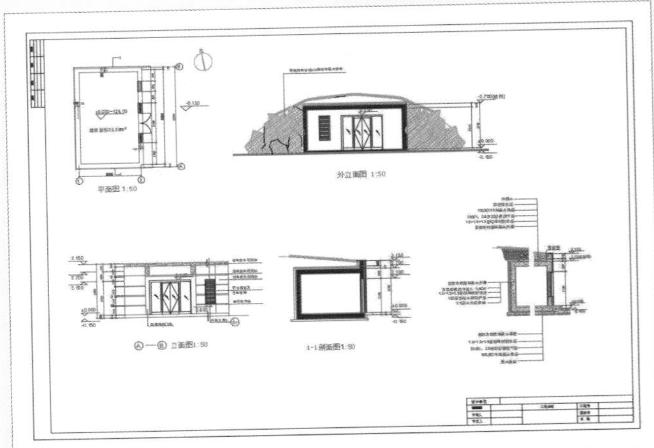

小型地下建筑设计

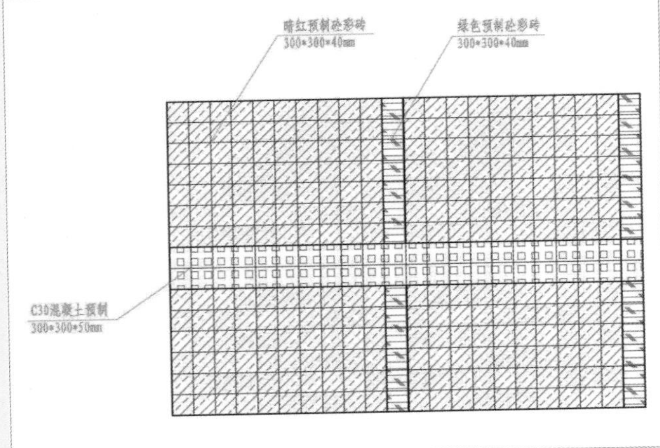

铺装大样

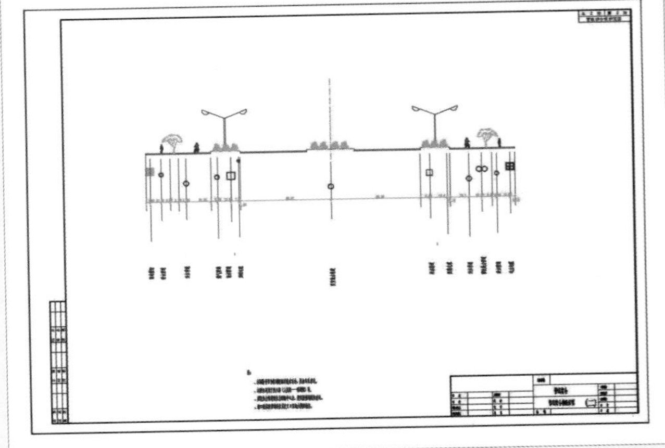

管线综合横断面图（二）

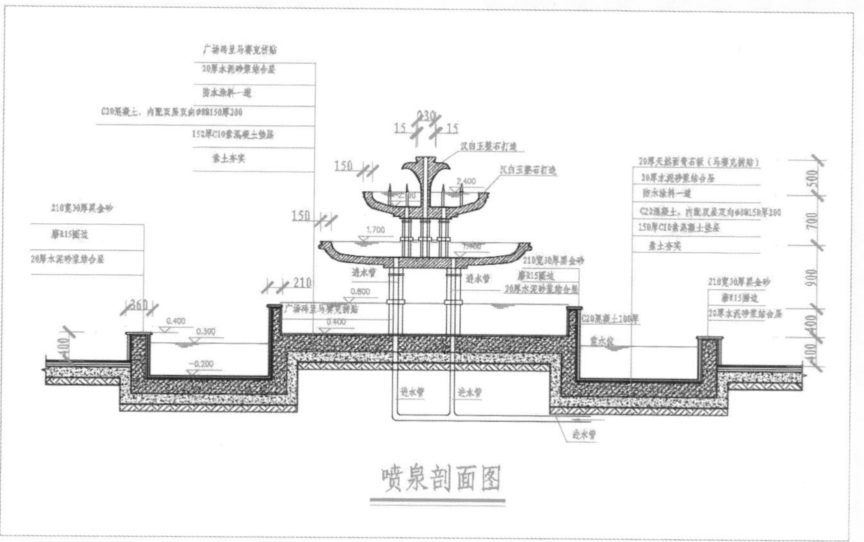

喷泉

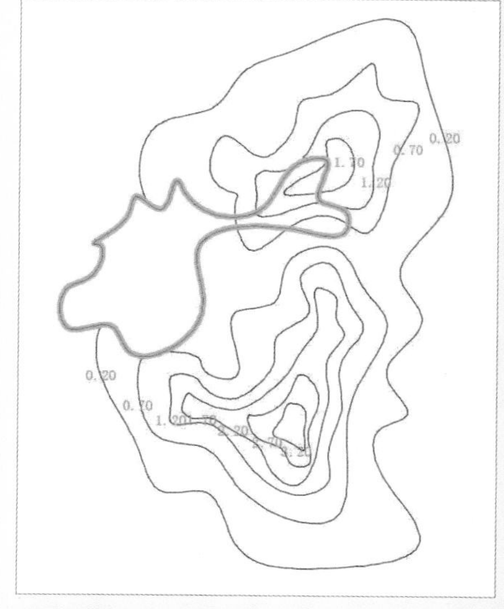

地形

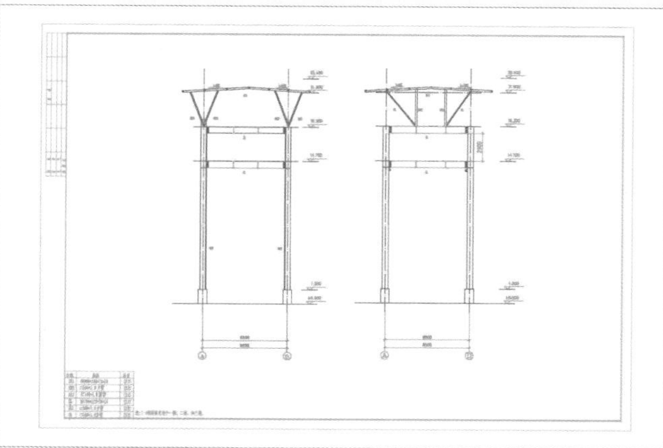

天桥剖面图

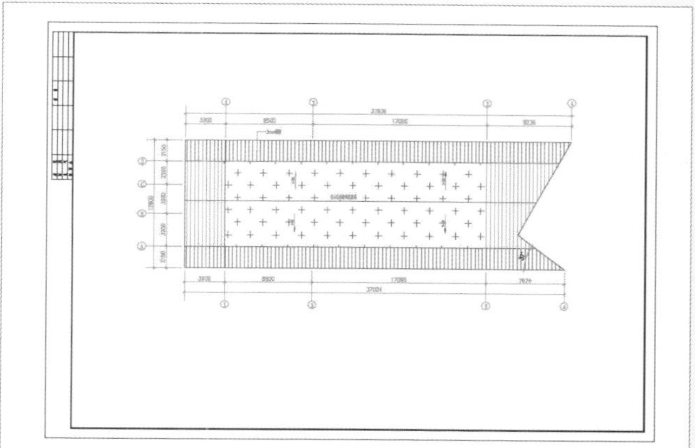

天桥平面图

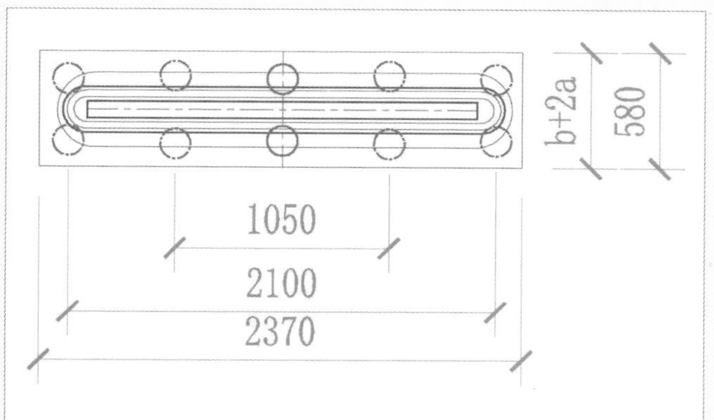

桥墩平面图

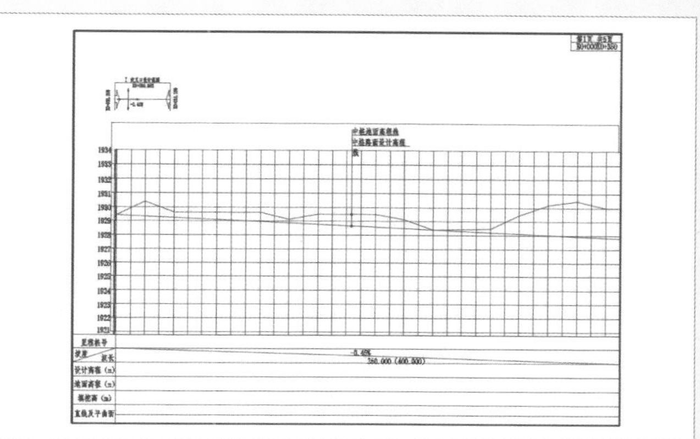

道路纵断面图

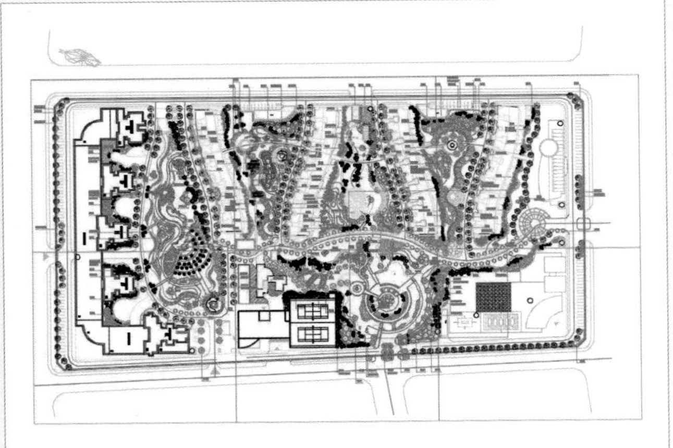

社区公园地形的绘制

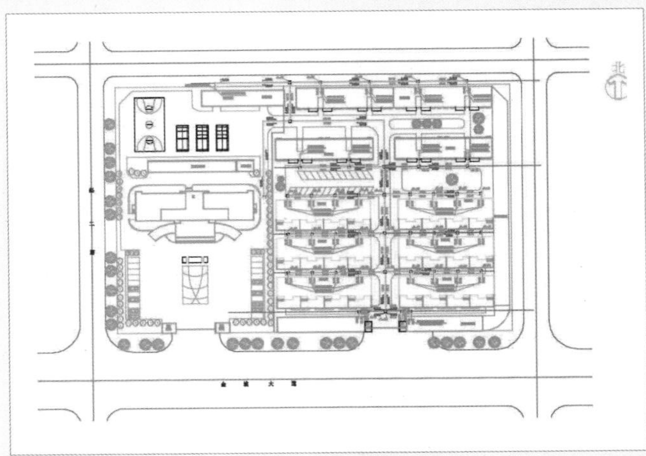

小区总平面图采暖管网的绘制

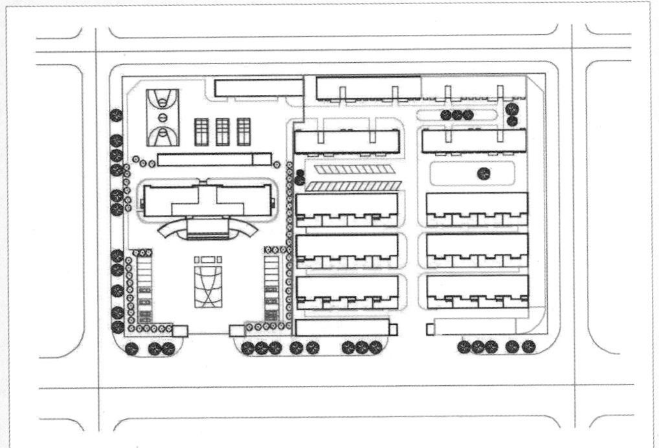

小区总平面图的绘制

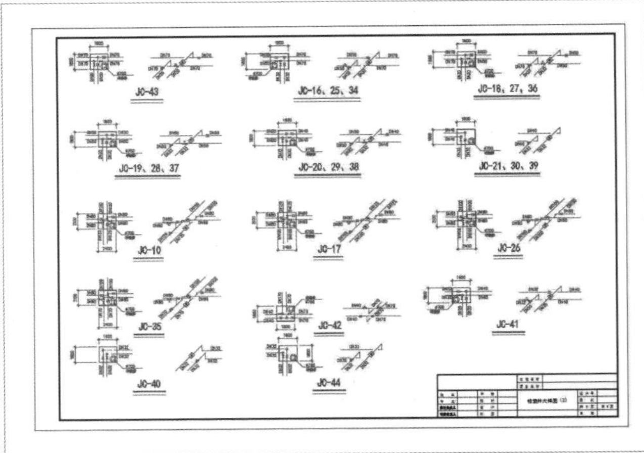

检查井大样图2

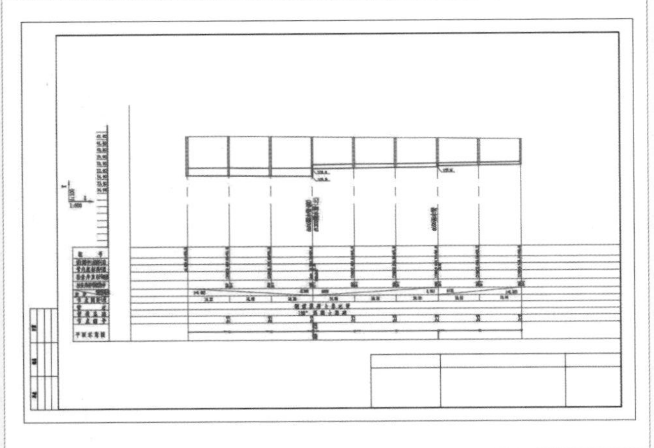

雨管道纵断面图

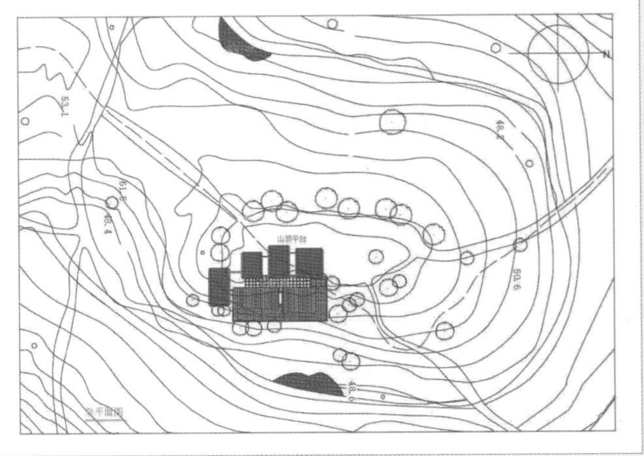

公园茶室

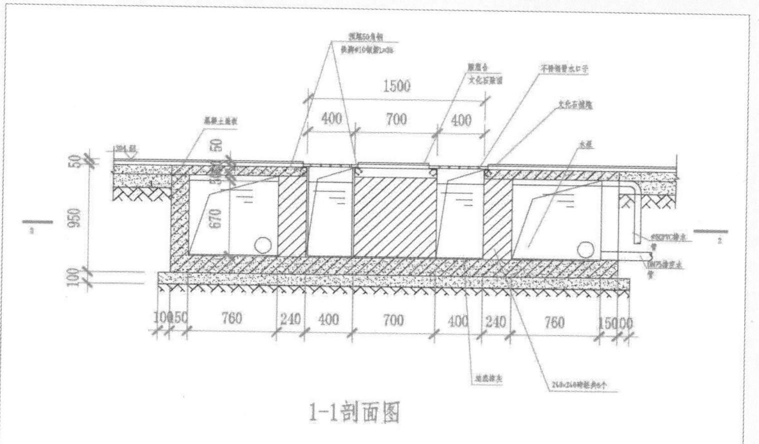

1-1剖面图

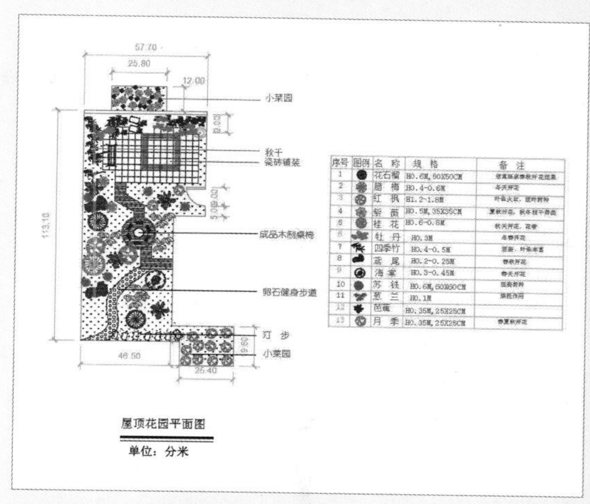

屋顶花园绘制

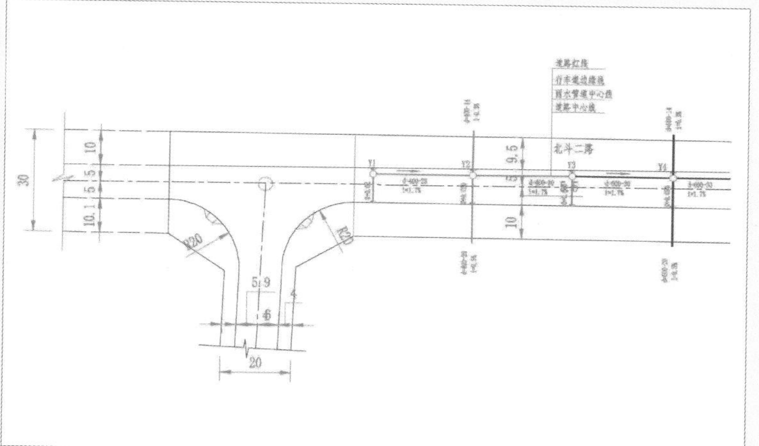

给水管道平面图

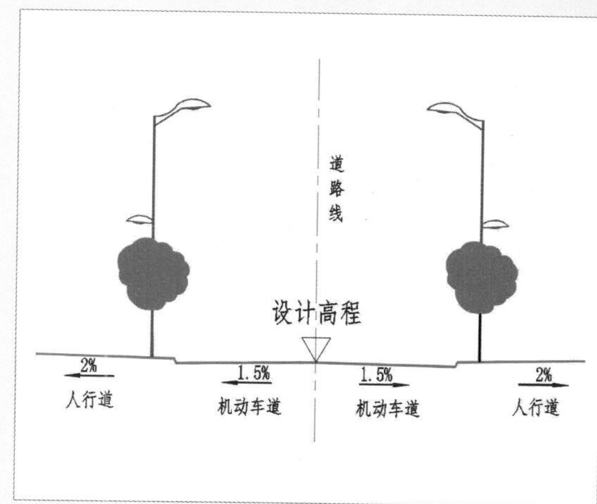

标注道路断面图说明文字

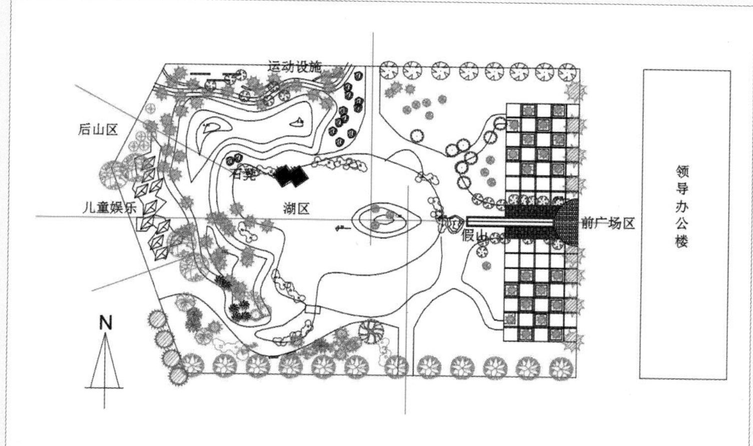

庭园绿化规划设计平面图的绘制

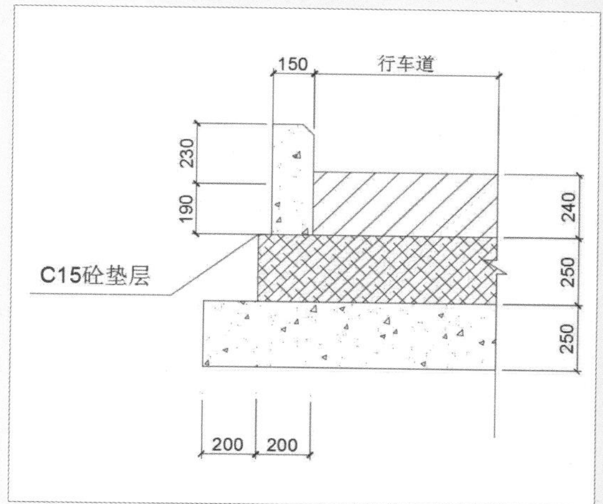

路面结构

本书部分案例

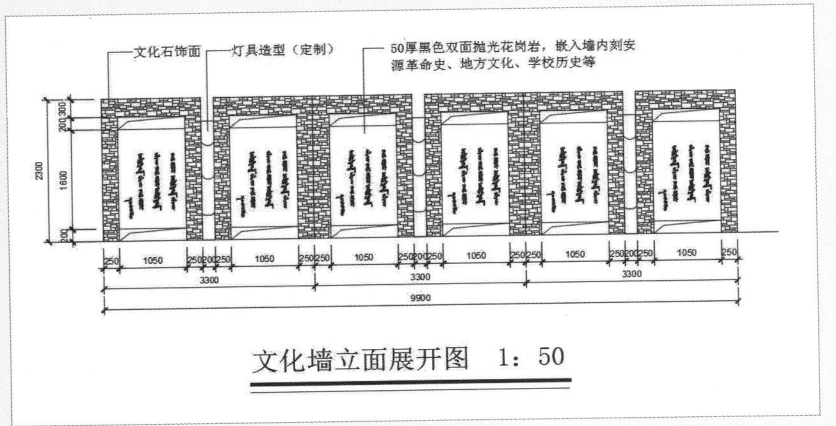

绘制文化墙立面图

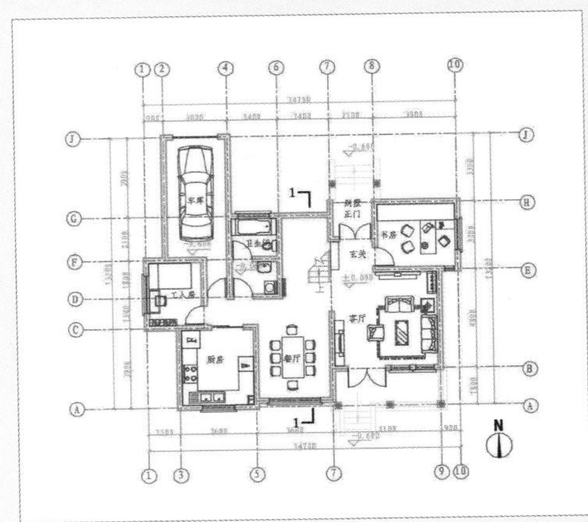

平面图

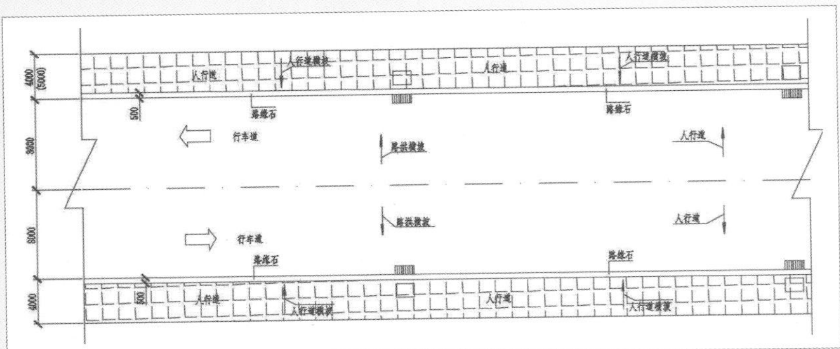

人行道雨篦子平面布置图

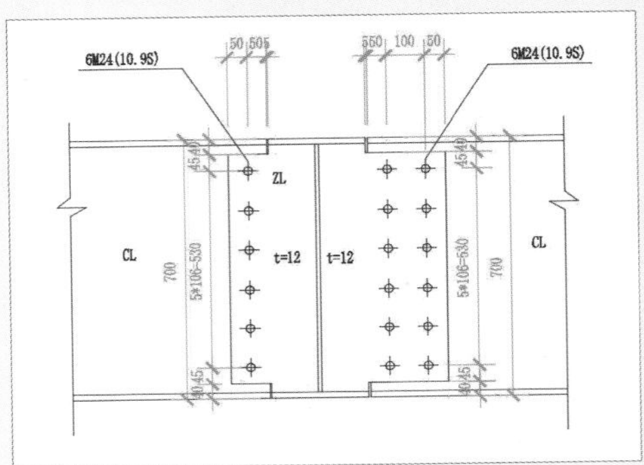

标注天桥次梁与主梁连接节点大样

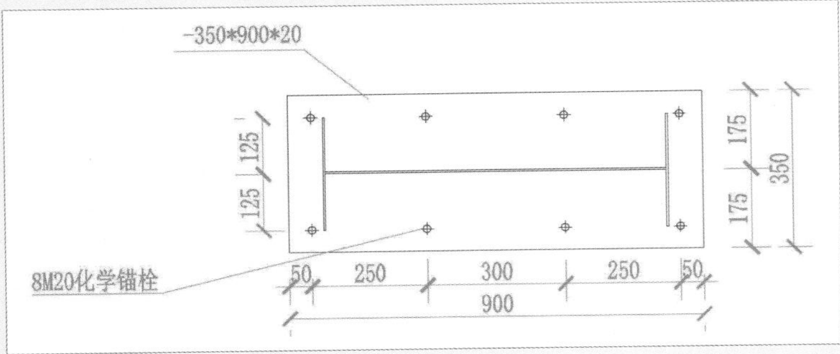

次梁与混凝土梁连接节点大样图

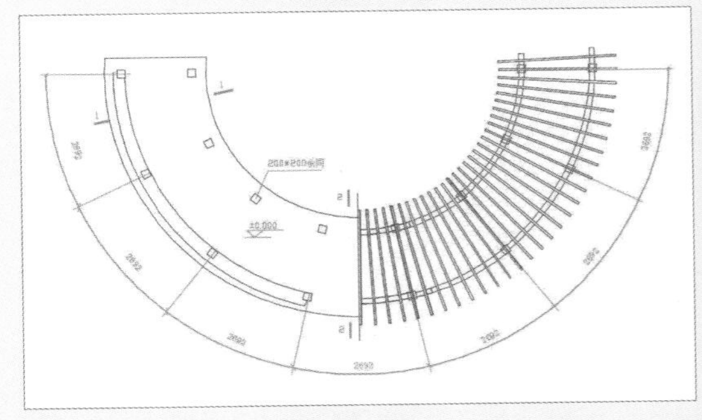

弧形花架

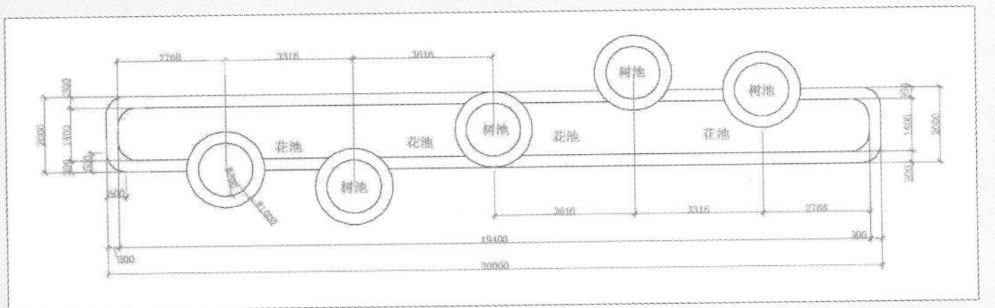

花池

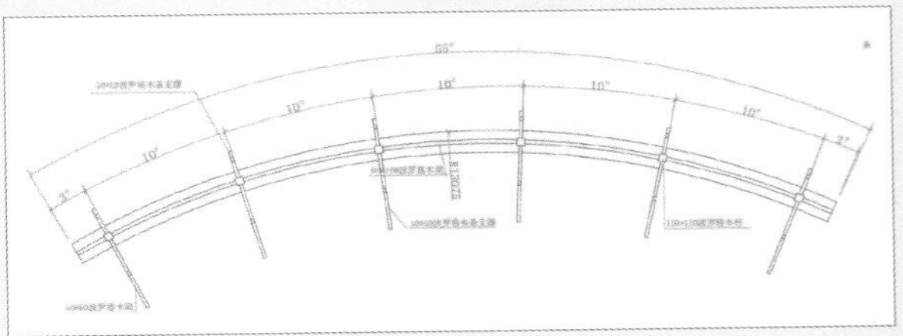

宣传栏

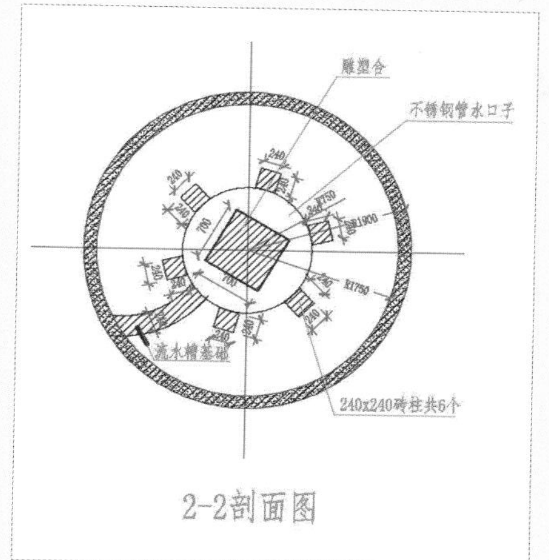

2-2剖面图

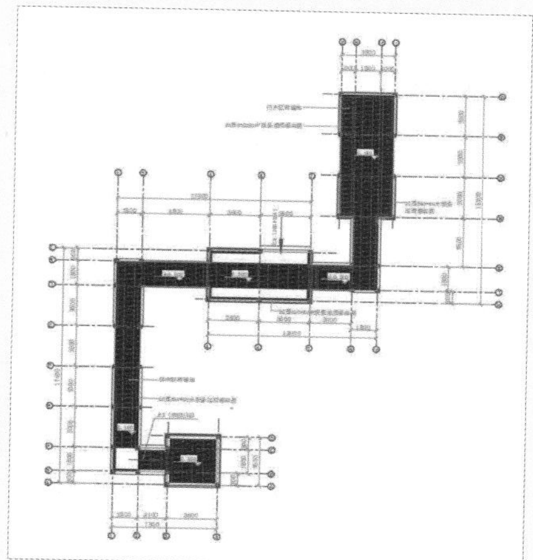
廊的平面图

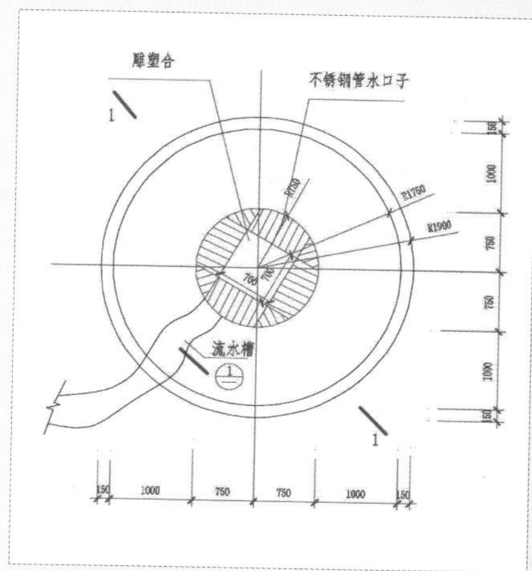

水池

交通标志的绘制

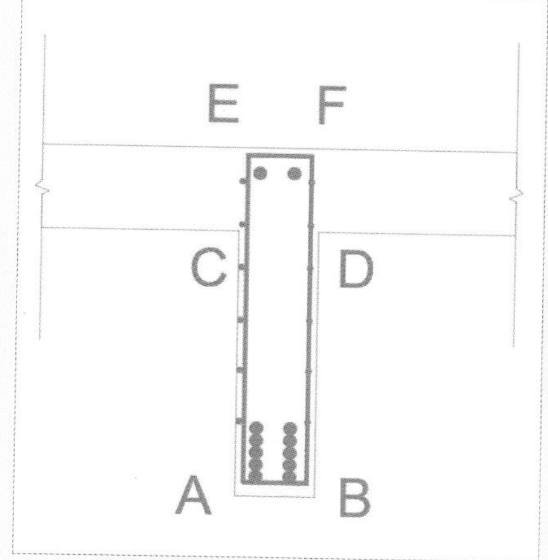

桥梁钢筋剖面

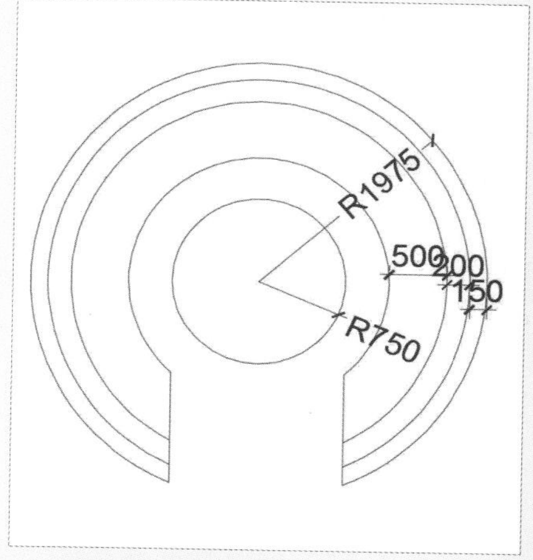

弧形整体式桌椅

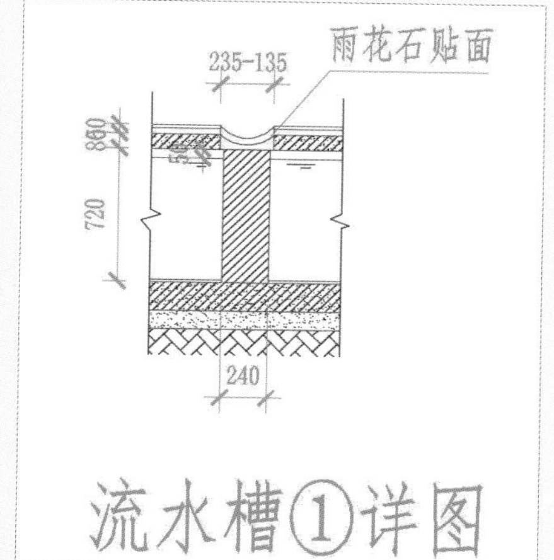

流水槽①详图

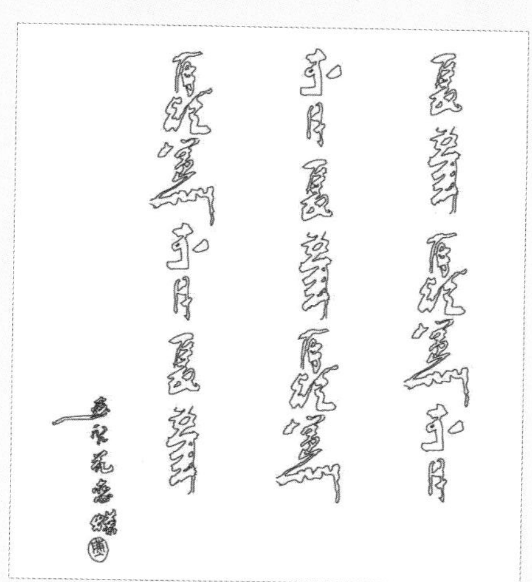
文字装饰

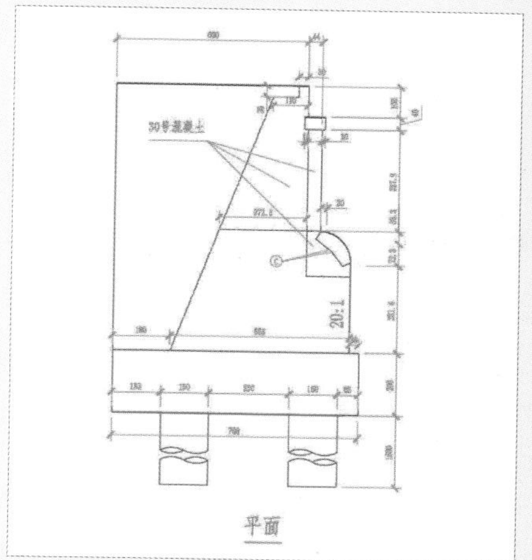

桥梁纵剖面图

本书部分案例

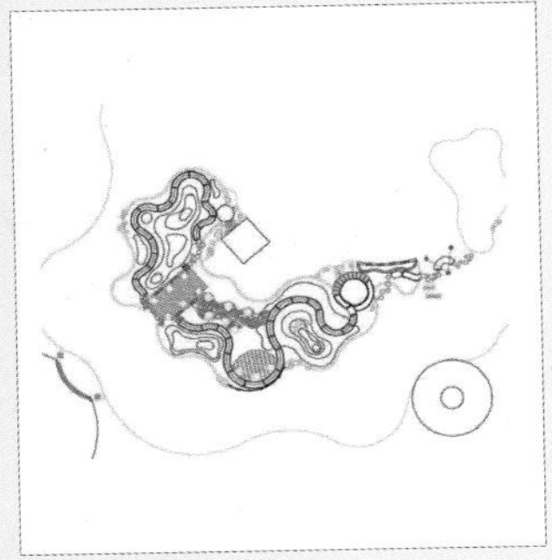

小游园设计

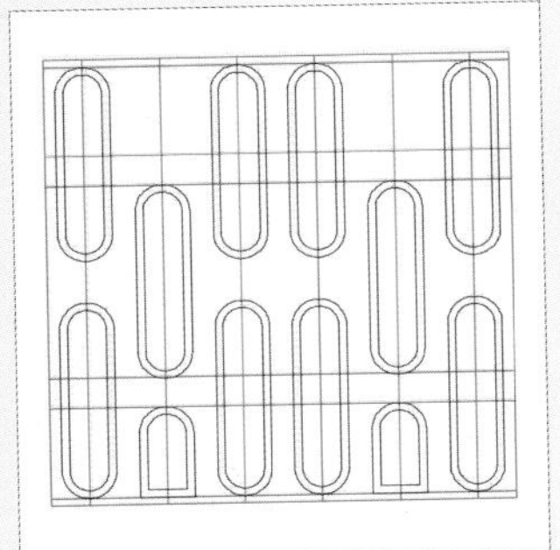

行进盲道

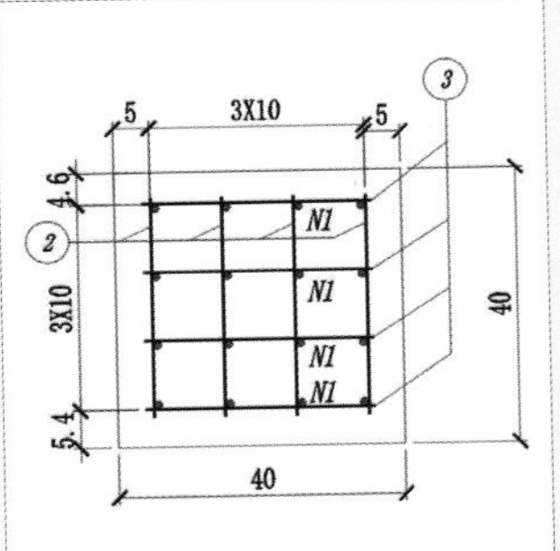

抗震设施及支座构造图1

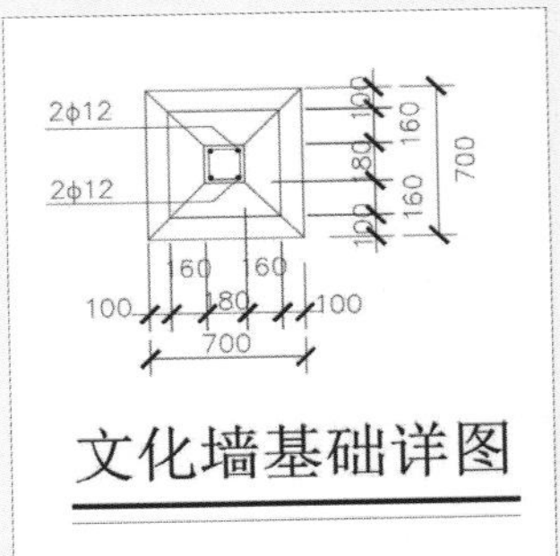

绘制文化墙基础详图

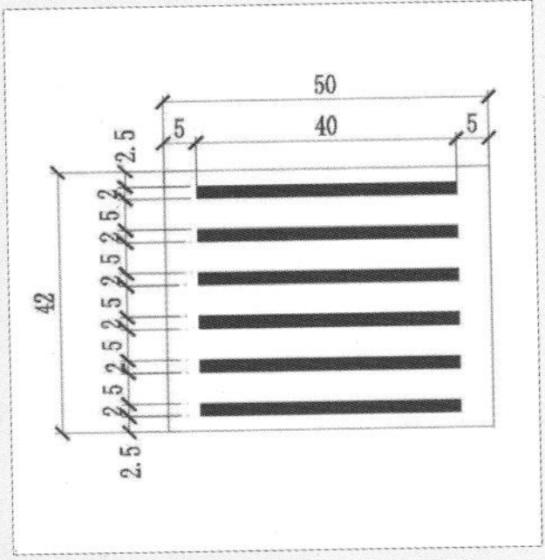

抗震设施及支座构造图2

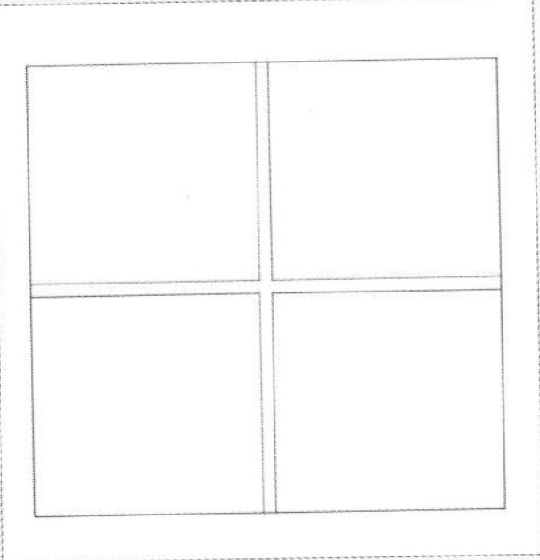

人行道平面图绘制

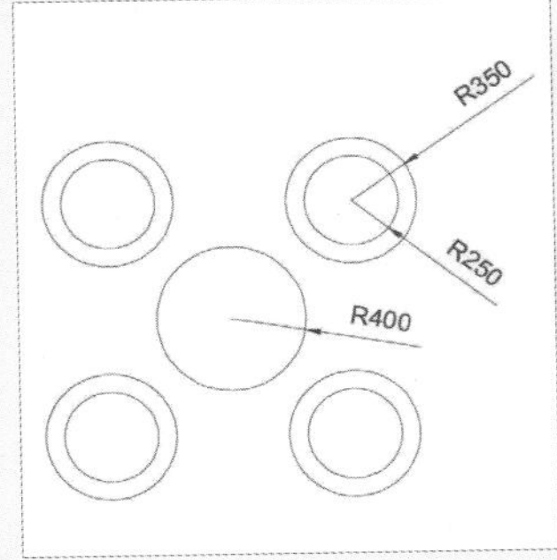

均匀分布式桌椅

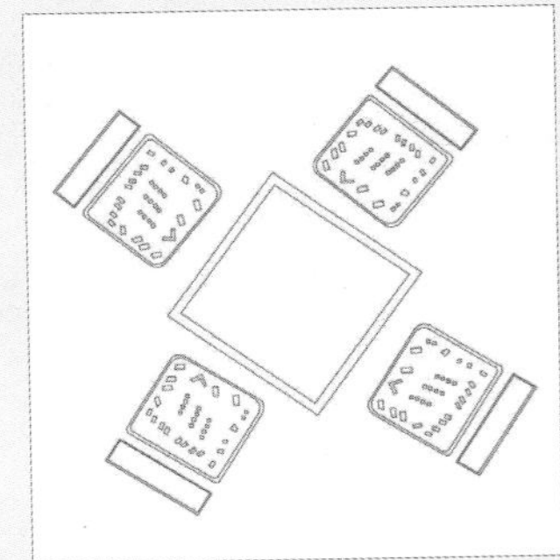

公园桌椅

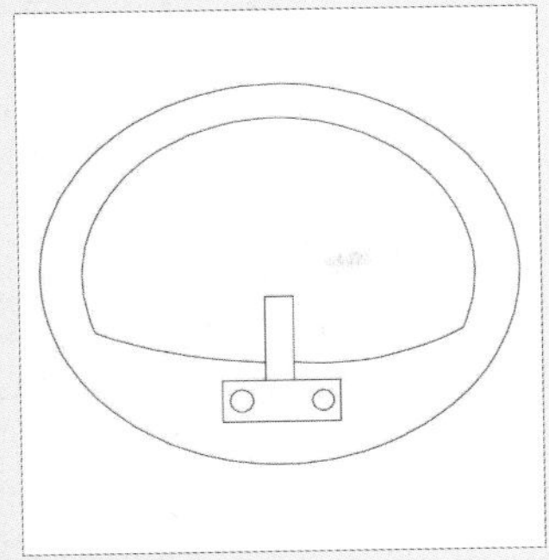

绘制盥洗盆

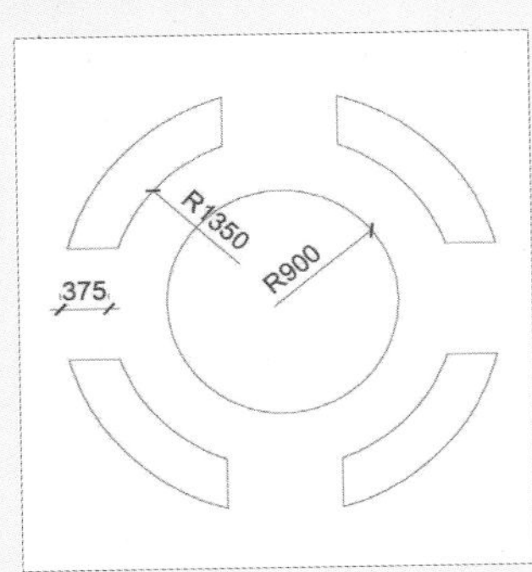

整体剖分式桌椅

梅花式圆桌

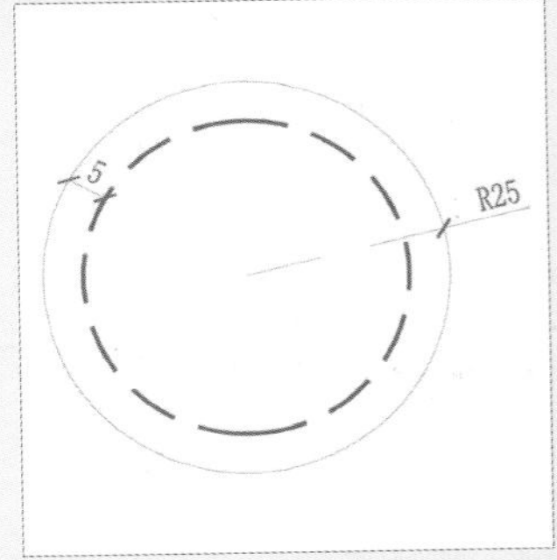

抗震设施及支座构造图3

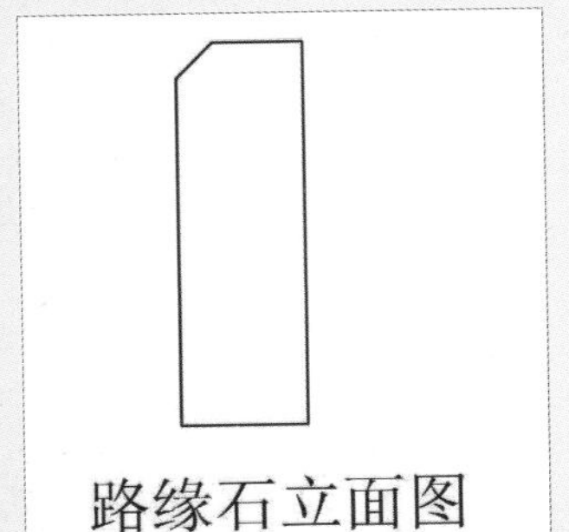

路缘石立面图

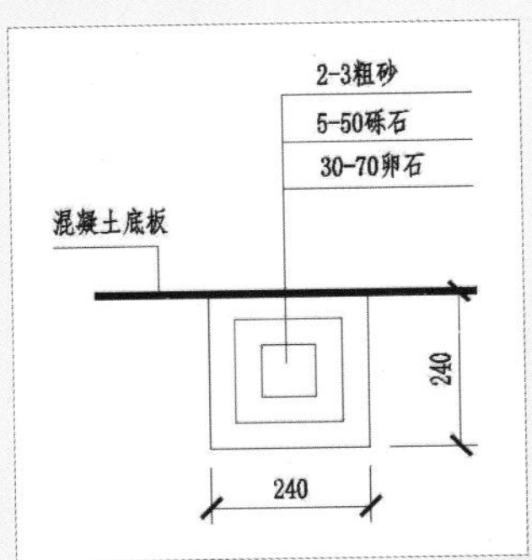

导渗盲沟构造图

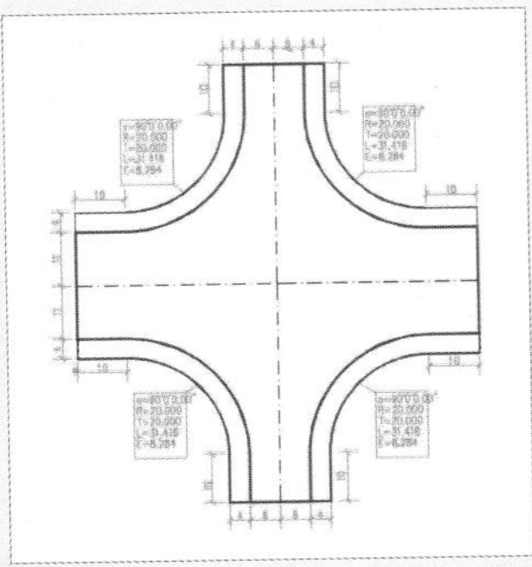

交叉口平面图

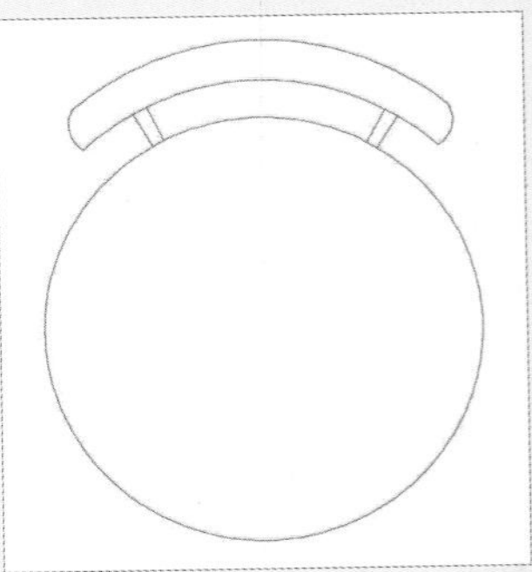

椅子

AutoCAD 2017 中文版市政工程设计实例教程

CAD/CAM/CAE 技术联盟　编著

清华大学出版社

北　京

内 容 简 介

《AutoCAD 2017 中文版市政工程设计实例教程》一书针对 AutoCAD 认证考试最新大纲而编写，重点介绍了 AutoCAD 2017 中文版的新功能及各种基本操作方法和技巧。其最大的特点是，在大量利用图解方法进行知识点讲解的同时，巧妙地融入了市政工程设计应用案例，使读者能够在市政工程设计实践中掌握 AutoCAD 2017 的操作方法和技巧。

全书分为 6 篇共 21 章，第 1 篇为基础知识篇，分别介绍了 AutoCAD 2017 入门、二维绘图命令、基本绘图工具、编辑命令和辅助工具；第 2 篇为市政园林施工篇，主要介绍了园林设计基本概念、园林建筑、园林水景、园林小品、社区公园设计综合实例和园林绿化设计综合实例；第 3 篇为道路施工篇，分别介绍了道路工程设计基础、道路路基和附属设施的绘制以及道路路线的绘制；第 4 篇为桥梁施工篇，分别介绍了桥梁工程设计基础、桥梁结构图绘制和桥梁总体布置图的绘制；第 5 篇为给排水施工篇，分别介绍了给排水工程设计基础和给排水施工图绘制实例；第 6 篇为市政供热工程篇，分别介绍了市政供热管网工程设计基础、采暖管网室外总平面图等内容。

本书内容翔实，图文并茂，语言简洁，思路清晰，实例丰富，可以作为初学者的入门与提高读物，也可作为 AutoCAD 认证考试辅导与自学读物。

本书除利用传统的纸面讲解外，随书还配送了多功能学习光盘。光盘具体内容如下：

1. 58 段大型高清多媒体教学视频（动画演示），边看视频边学习，轻松学习效率高。
2. AutoCAD 绘图技巧、快捷命令速查手册、疑难问题汇总、常用图块等辅助学习资料，极大地方便读者学习。
3. 1 套大型图纸设计方案及长达 116 分钟同步教学视频，可以拓宽视野，增加实战经验。
4. 43 道 AutoCAD 认证实题，名师助力，真题演练。

图书在版编目（CIP）数据

AutoCAD 2017 中文版市政工程设计实例教程/CAD/CAM/CAE 技术联盟编著．—北京：清华大学出版社，2018
ISBN 978-7-302-47835-5

Ⅰ．①A…　Ⅱ．①C…　Ⅲ．①市政工程-计算机辅助设计-AutoCAD 软件-教材　Ⅳ．①TU99-39

中国版本图书馆 CIP 数据核字（2017）第 175018 号

责任编辑：杨静华
封面设计：李志伟
版式设计：刘艳庆
责任校对：赵丽杰
责任印制：王静怡

出版发行：清华大学出版社
网　　址：http://www.tup.com.cn，http://www.wqbook.com
地　　址：北京清华大学学研大厦 A 座　　**邮　　编：**100084
社 总 机：010-62770175　　**邮　　购：**010-62786544
投稿与读者服务：010-62776969，c-service@tup.tsinghua.edu.cn
质量反馈：010-62772015，zhiliang@tup.tsinghua.edu.cn
印 装 者：北京密云胶印厂
经　　销：全国新华书店
开　　本：203mm×260mm　**印　　张：**33　**插　　页：**4　**字　　数：**966 千字
（附 DVD 光盘 1 张）
版　　次：2018 年 1 月第 1 版　**印　　次：**2018 年 1 月第 1 次印刷
印　　数：1～3500
定　　价：99.80 元

产品编号：074110-01

前 言

Preface

市政工程设计是一门综合性设计，属于城市的基础设施建设设计，涉及的内容包括城市道路、公路、桥梁、给排水、建筑、天桥与地道、工程测量等。所涉及的专业有给排水工程、道路工程、桥梁工程、轨道交通工程、地下工程、水工、环境工程、建筑景观工程、园林景观工程、工程勘察等专业。

AutoCAD 是美国 Autodesk 公司推出的集二维绘图、三维设计、渲染及通用数据库管理和互联网通信功能为一体的计算机辅助绘图软件包。自 1982 年推出以来，从初期的 1.0 版本，经多次版本更新和性能完善，不仅在机械、电子和建筑等工程设计领域得到了广泛的应用，而且在地理、气象、航海等特殊图形的绘制，甚至乐谱、灯光、幻灯和广告等领域也得到了多方面的应用，目前已成为 CAD 系统中应用最为广泛的图形软件之一。本书以 2017 版本为基础，讲解 AutoCAD 在市政工程设计中的应用方法和技巧。

一、编写目的

鉴于 AutoCAD 强大的功能和深厚的工程应用底蕴，我们力图为初学者、自学者或想参加 AutoCAD 认证考试的读者开发一套全方位介绍 AutoCAD 在各个行业应用实际情况的书籍。在具体编写过程中，我们不求事无巨细地将 AutoCAD 知识点全面讲解清楚，而是针对本专业或本行业需要，参考 AutoCAD 认证考试最新大纲，以 AutoCAD 大体知识脉络为线索，以“实例”为抓手，由浅入深，从易到难，帮助读者掌握利用 AutoCAD 进行本行业工程设计的基本技能和技巧，并希望能够为广大读者的学习起到良好的引导作用，并为学习 AutoCAD 提供一个简洁有效的捷径。

二、本书特点

1. 专业性强，经验丰富

本书的著作者是 Autodesk 中国认证考试中心（ACAA）全面负责 AutoCAD 认证考试大纲制定和考试题库建设的首席技术专家。编者均为在高校多年从事计算机图形教学研究的一线人员，具有丰富的教学实践经验，能够准确地把握学生的心理与实际需求。有一些执笔者是国内 AutoCAD 图书出版界的知名作者，前期出版的一些相关书籍经过市场检验很受读者欢迎。作者总结多年的设计经验和教学的心得体会，结合 AutoCAD 认证考试最新大纲要求编写此书，具有很强的专业性和针对性。

2. 涵盖面广，剪裁得当

本书定位于 AutoCAD 2017 在市政工程设计应用领域功能全貌的教学与自学结合指导书。所谓功能全貌，不是将 AutoCAD 所有知识面面俱到地介绍，而是根据认证考试大纲，结合行业需要，将必须掌握的知识讲述清楚。根据这一原则，本书分 6 篇 21 章，详细介绍了 AutoCAD 在市政工程设计中的应用。其中第 1 篇为基础知识篇，第 2 篇为市政园林施工篇，第 3 篇为道路施工篇，第 4 篇为桥梁施工篇，第 5 篇为给排水施工篇，第 6 篇为市政供热工程篇。为了在有限的篇幅内提高知识集中程度，作者对所讲述的知识点进行了精心剪裁，并确保各知识点为实际设计中用得到、读者学得会的内容。

3．实例丰富，步步为营

作为 AutoCAD 软件在市政工程设计领域应用的图书，我们力求避免空洞的介绍和描述，而是步步为营，对知识点逐个采用市政工程设计实例演绎，通过实例操作使读者加深对知识点内容的理解，并在实例操作过程中牢固地掌握软件功能。实例的种类也非常丰富，既有知识点讲解的小实例，也有几个知识点或全章知识点结合的综合实例，还有练习提高的上机实例。各种实例交错讲解，达到巩固读者理解的目标。

4．工程案例，潜移默化

AutoCAD 是一个侧重应用的工程软件，所以最后的落脚点还是工程应用。为了体现这一点，本书采用的巧妙处理方法是：在读者基本掌握各个知识点后，通过典型案例练习来体验软件在市政工程设计实践中的具体应用方法，对读者的市政工程设计能力进行最后的“淬火”处理。“随风潜入夜，润物细无声”，潜移默化地培养读者的市政工程设计能力，同时使全书的内容显得紧凑完整。

5．技巧总结，点石成金

除了一般的技巧说明性的内容外，本书在大部分章节的最后特别设计了“名师点拨”的内容环节，针对本章内容所涉及的知识给出笔者多年操作应用的经验总结和关键操作技巧提示，帮助读者对本章知识进行最后的提升。

6．认证实题训练，模拟考试环境

由于本书作者全面负责 AutoCAD 认证考试大纲的制定和考试题库建设，具有得天独厚的条件，所以本书大部分章节最后都给出一个模拟考试的内容环节，所有的模拟试题都来自 AutoCAD 认证考试题库，具有完全真实性和针对性，特别适合参加 AutoCAD 认证考试人员作为辅导教材。

三、本书光盘

1．58 段大型高清多媒体教学视频（动画演示）

为了方便读者学习，本书对书中全部实例（包括上机实验），专门制作了 58 段多媒体图像、语音视频录像（动画演示），读者可以先看视频，像看电影一样轻松愉悦地学习本书内容。

2．AutoCAD 绘图技巧、快捷命令速查手册等辅助学习资料

本书赠送了 AutoCAD 绘图技巧大全、快捷命令速查手册、常用工具按钮速查手册、AutoCAD 2017 常用快捷键速查手册和疑难问题汇总等多种电子文档，方便读者使用。

3．1 套市政道路排水施工图设计方案及长达 116 分钟的同步教学视频

为了帮助读者拓宽视野，本光盘特意赠送 1 套市政道路排水施工图设计方案、设计图纸集、图纸源文件和视频教学录像（动画演示），总长 116 分钟。

4．全书实例的源文件和素材

本书附带了很多实例，光盘中包含实例和练习实例的源文件和素材，读者可以安装 AutoCAD 2017 软件，打开并使用它们。

四、本书服务

1. AutoCAD 2017 安装软件的获取

在学习本书前，请先在计算机中安装 AutoCAD 2017 软件（随书光盘中不附带软件安装程序），读者可在 Autodesk 官网 http://www.autodesk.com.cn/下载其试用版本，也可在当地电脑城、软件经销商购买软件使用。读者可以加入本书学习指导 QQ 群 597056765 或 379090620，群中会提供软件安装方法教程。安装完成后，即可按照本书上的实例进行操作练习。

2. 关于本书和配套光盘的技术问题或有关本书信息的发布

读者朋友遇到有关本书的技术问题，可以加入 QQ 群 597056765 或 379090620 进行咨询，也可以将问题发送到邮箱 win760520@126.com 或 CADCAMCAE7510@163.com，我们将及时回复。另外，也可以登录清华大学出版社网站 http://www.tup.com.cn/，在右上角的“站内搜索”框中输入本书书名或关键字，找到该书后单击，进入详细信息页面，我们会将读者反馈的关于本书和光盘的问题汇总在“资源下载”栏的“网络资源”处，读者可以下载查看。

3. 关于本书光盘的使用

本书光盘可以放在计算机 DVD 格式光驱中使用，其中的视频文件可以用播放软件进行播放，但不能在家用 DVD 播放机上播放，也不能在 CD 格式光驱的计算机上使用（现在 CD 格式的光驱已经很少）。如果光盘仍然无法读取，最快的办法是换一台计算机读取，然后复制过来，极个别光驱与光盘不兼容的现象是有的。另外，盘面有脏物建议要先行擦拭干净。

4. 关于手机在线学习

扫描书后二维码，可在手机中观看对应教学视频，充分利用碎片化时间，随时随地提升。

五、作者团队

本书由 CAD/CAM/CAE 技术联盟组织编写。CAD/CAM/CAE 技术联盟是一个 CAD/CAM/CAE 技术研讨、工程开发、培训咨询和图书创作的工程技术人员协作联盟，包含 20 多位专职和众多兼职 CAD/CAM/CAE 工程技术专家。其中赵志超、张辉、赵黎黎、朱玉莲、徐声杰、张琪、卢园、杨雪静、孟培、闫聪聪、李兵、甘勤涛、孙立明、李亚莉、王敏、宫鹏涵、左昉、李谨、王玮、王玉秋等参与了具体章节的编写工作，对他们的付出表示真诚的感谢。

CAD/CAM/CAE 技术联盟负责人由 Autodesk 中国认证考试中心首席专家担任，全面负责 Autodesk 中国官方认证考试大纲制定、题库建设、技术咨询和师资力量培训工作，成员精通 Autodesk 系列软件。其创作的很多教材成为国内具有引导性的旗帜作品，在国内相关专业方向图书创作领域具有举足轻重的地位。

六、致谢

在本书的写作过程中，清华大学出版社编辑团队给予了很大的帮助和支持，提出了很多中肯的建议，在此表示感谢。同时，还要感谢所有编审人员为本书的出版所付出的辛勤劳动。本书的成功出版是大家共同努力的结果，谢谢所有给予支持和帮助的人。

编　者

目 录

Contents

第1篇 基础知识篇

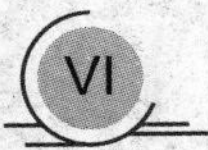

第 2 篇 市政园林施工篇

第 3 篇 道路施工篇

第4篇 桥梁施工篇

第5篇 给排水施工篇

第 6 篇 市政供热工程篇

▶▶第 1 篇

基础知识篇

本篇主要介绍 AutoCAD 2017 基础知识，包括基本绘图界面和参数设置、基本绘图命令和编辑命令的使用方法以及基本绘图工具和辅助绘图工具的使用方法。通过本篇的学习，可以为学习 AutoCAD 绘图打下坚实的基础，为后面的具体专业设计技能学习进行必要的知识准备。

- AutoCAD 2017 入门
- 二维绘图命令
- 基本绘图工具
- 编辑命令
- 辅助工具

第 1 章

AutoCAD 2017 入门

本章学习 AutoCAD 2017 绘图的基本知识，了解如何设置图形的系统参数、样板图，熟悉创建新的图形文件、打开已有文件的方法等，为进入系统学习准备必要的前提知识。

1.1　操作环境简介

操作环境是指和本软件相关的操作界面、绘图系统设置等一些涉及软件的最基本的界面和参数。本节将进行简要介绍。

【预习重点】

☑　安装软件，熟悉软件界面。

☑　观察光标大小与绘图区颜色。

AutoCAD 的操作界面是 AutoCAD 显示、编辑图形的区域。启动 AutoCAD 2017 后的默认界面是 AutoCAD 2009 以后出现的新界面风格，为了便于初学者和使用过 AutoCAD 2017 及以前版本的用户学习，本书采用 AutoCAD 经典风格的界面介绍，如图 1-1 所示。

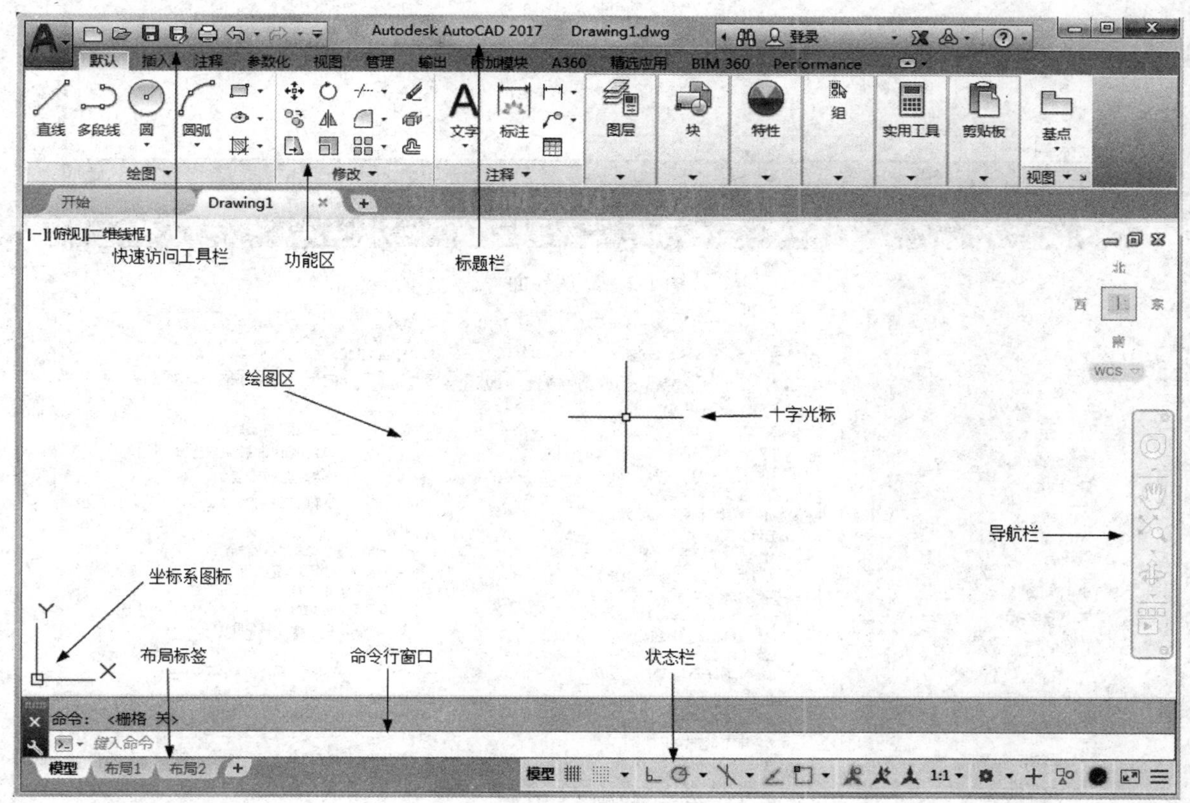

图 1-1　AutoCAD 2017 中文版操作界面

注意

安装AutoCAD 2017后，默认的界面如图1-2所示，在绘图区中右击，打开快捷菜单，如图1-3所示，选择“选项”命令，打开“选项”对话框，选择“显示”选项卡，在“窗口元素”选项组的“配色方案”中设置为“明”，如图1-4所示，单击“确定”按钮退出对话框，其操作界面如图1-1所示。

图 1-2　默认界面

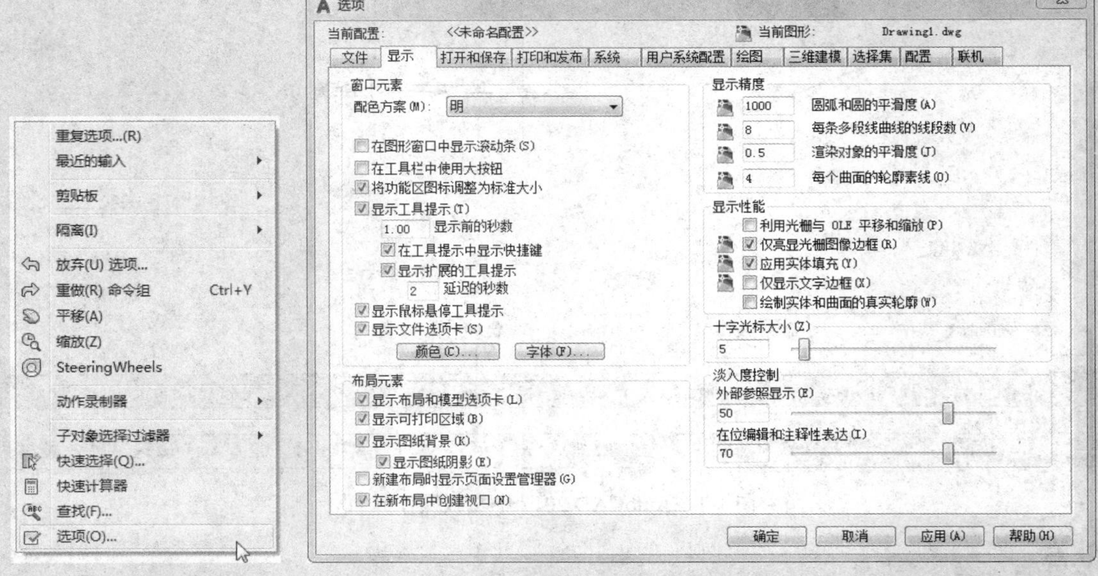

图 1-3　快捷菜单　　　　图 1-4　“选项”对话框

1.1.1　标题栏

在 AutoCAD 2017 中文版操作界面的最上端是标题栏。在标题栏中，显示了系统当前正在运行的应用程序（AutoCAD 2017）和用户正在使用的图形文件。在第一次启动 AutoCAD 2017 时，在标题栏中将显示 AutoCAD 2017 在启动时创建并打开的图形文件的名称 Drawing1.dwg，如图 1-1 所示。

注意

需要将AutoCAD的工作空间切换到“草图与注释”模式下（单击操作界面右下角中的“切换工作空间”按钮，在弹出的菜单中选择“草图与注释”命令），才能显示如图1-1所示的操作界面。本书中的所有操作均在“草图与注释”模式下进行。

1.1.2　菜单栏

在 AutoCAD 快速访问工具栏处调出菜单栏，如图 1-5 所示，调出后的菜单栏如图 1-6 所示，同 Windows 程序一样，AutoCAD 2017 的菜单也是下拉形式的，并在菜单中包含子菜单（如图 1-7 所示），是执行各种操作的途径之一。

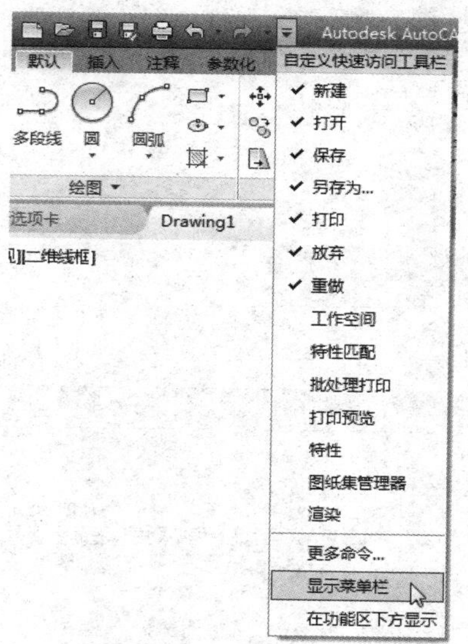

图 1-5　调出菜单栏

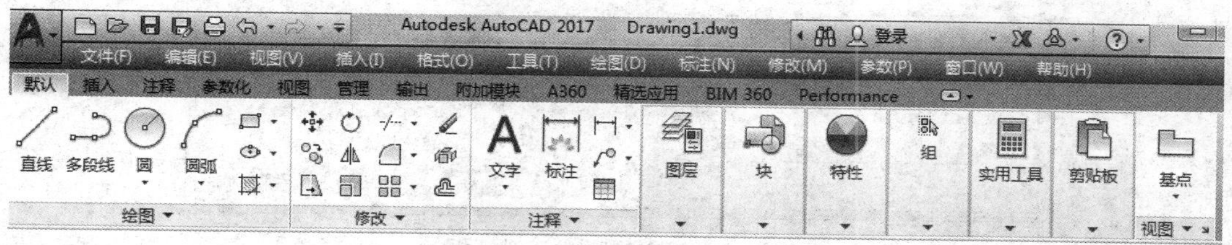

图 1-6　菜单栏显示界面

一般来讲，AutoCAD 2017 下拉菜单有以下 3 种类型。

（1）右边带有小三角形的菜单项，表示该菜单后面带有子菜单，将光标放在上面会弹出其子菜单。

（2）激活相应对话框的菜单命令。

这种类型的命令后面带有省略号。例如，单击“格式”菜单，选择其下拉菜单中的“文字样式”命令，如图 1-8 所示，就会打开对应的“文字样式”对话框，如图 1-9 所示。

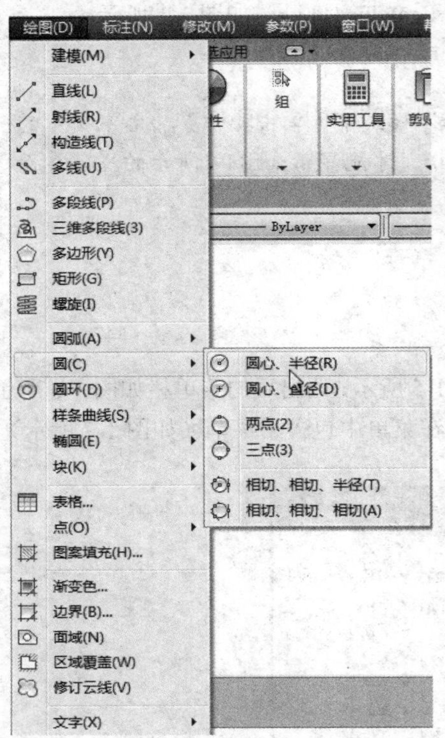

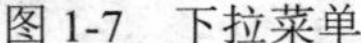

图 1-7　下拉菜单

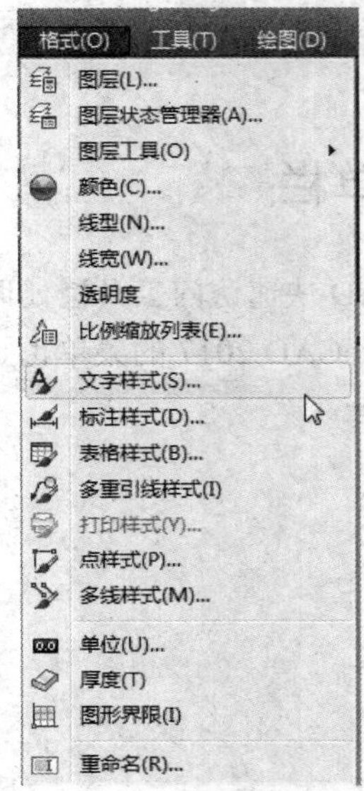

图 1-8　激活相应对话框的菜单命令

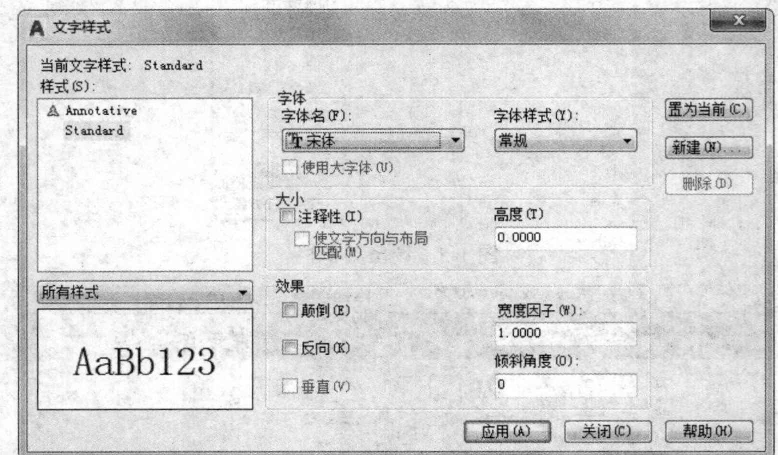

图 1-9　“文字样式”对话框

（3）直接操作的菜单命令。

选择这种类型的命令将直接进行相应的绘图或其他操作。例如，选择菜单栏中的“视图”→“重画”命令，系统将直接对屏幕图形进行重画。

1.1.3　工具栏

工具栏是一组按钮工具的集合，选择菜单栏中的“工具”→“工具栏”→AutoCAD 命令，调出所需要的工具栏，把光标移动到某个按钮上，稍停片刻即在该按钮的一侧显示相应的功能提示，同时在状态栏中显示对应的说明和命令名，此时，单击按钮就可以启动相应的命令。

（1）设置工具栏。AutoCAD 2017 提供了几十种工具栏，选择菜单栏中的“工具”→“工具栏”→AutoCAD 命令，调出所需要的工具栏，如图 1-10 所示。单击某一个未在界面显示的工具栏名，系统自动在界面打开该工具栏；反之，关闭工具栏。

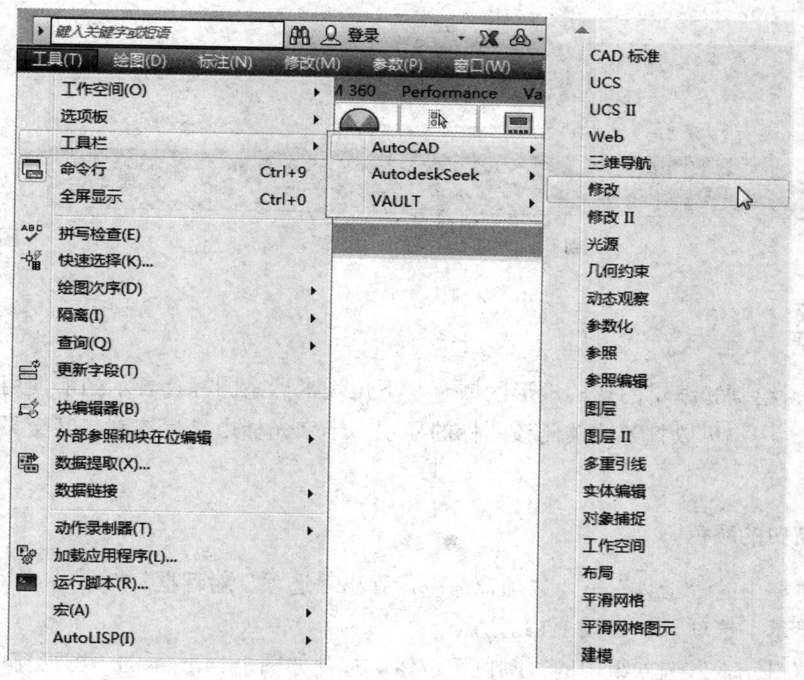

图 1-10　调出工具栏

（2）工具栏的“固定”“浮动”“打开”。工具栏可以在绘图区“浮动”显示（如图 1-11 所示），此时显示该工具栏标题，并可关闭该工具栏，可以拖动浮动工具栏到绘图区边界，使其变为固定工具栏，此时该工具栏标题隐藏。也可以把固定工具栏拖出，使其成为浮动工具栏。

有些工具栏按钮的右下角带有一个小三角，单击会打开相应的工具栏，将光标移动到某一按钮上并单击，该按钮就变为当前显示的按钮。单击当前显示的按钮，即可执行相应的命令（如图 1-12 所示）。

图 1-11　浮动工具栏

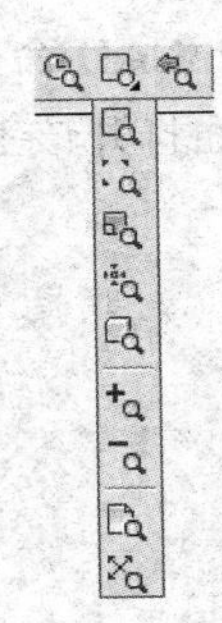

图 1-12　打开工具栏

1.1.4　绘图区

绘图区是显示、绘制和编辑图形的矩形区域。左下角是坐标系图标，表示当前使用的坐标系和坐标方向，根据工作需要，用户可以打开或关闭该图标的显示。十字光标由鼠标控制，其交叉点的坐标值显示在状态栏中。

1. 改变绘图窗口的颜色

（1）选择菜单栏中的“工具”→“选项”命令，弹出“选项”对话框。

（2）选择“显示”选项卡，如图 1-13 所示。

（3）单击“窗口元素”选项组中的“颜色”按钮，打开如图 1-14 所示的“图形窗口颜色”对话框。

（4）从“颜色”下拉列表框中选择某种颜色，例如白色，单击“应用并关闭”按钮，即可将绘图窗口改为白色。

2. 改变十字光标的大小

在如图 1-13 所示的“显示”选项卡中拖动“十字光标大小”区的滑块，或在文本框中直接输入数值，即可对十字光标的大小进行调整。

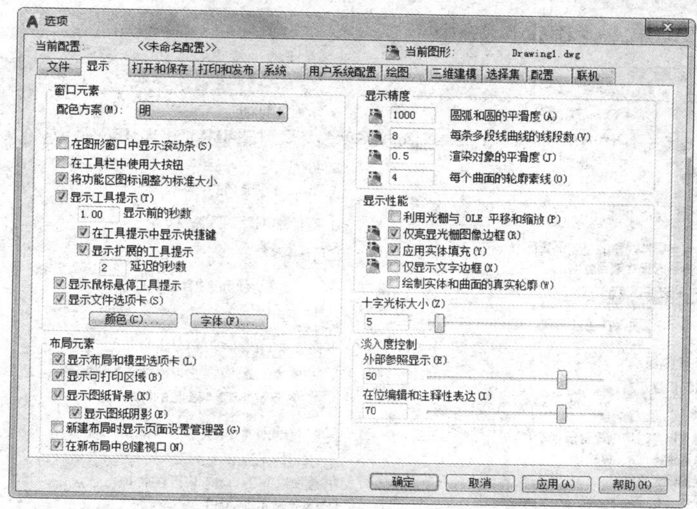

图 1-13　“选项”对话框中的“显示”选项卡

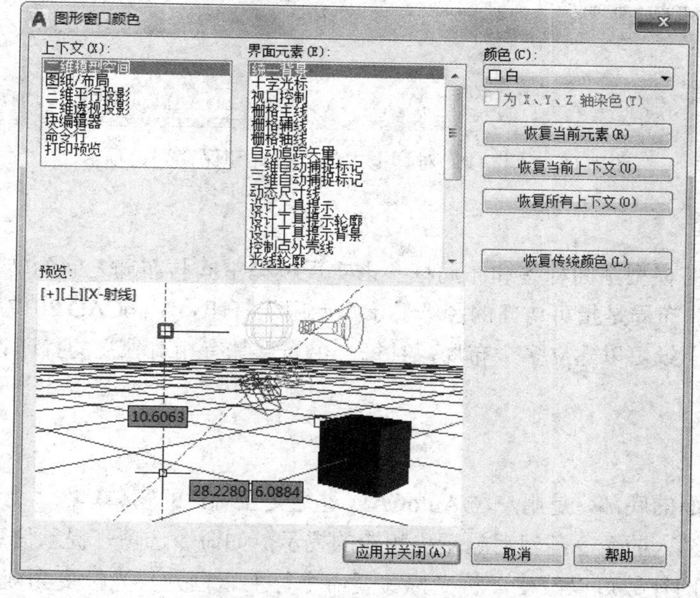

图 1-14　“图形窗口颜色”对话框

3．设置自动保存时间和位置

（1）选择菜单栏中的“工具”→“选项”命令，弹出“选项”对话框。

（2）选择“打开和保存”选项卡，如图 1-15 所示。

（3）选中“文件安全措施”选项组中的“自动保存”复选框，在其下方的文本框中输入自动保存的间隔分钟数。建议设置为 10～30 分钟。

（4）在“文件安全措施”选项组中的“临时文件的扩展名”文本框中，可以改变临时文件的扩展名。默认为 ac$。

（5）选择“文件”选项卡，在“自动保存文件”中设置自动保存文件的路径，单击“浏览”按钮修改自动保存文件的存储位置。单击“确定”按钮。

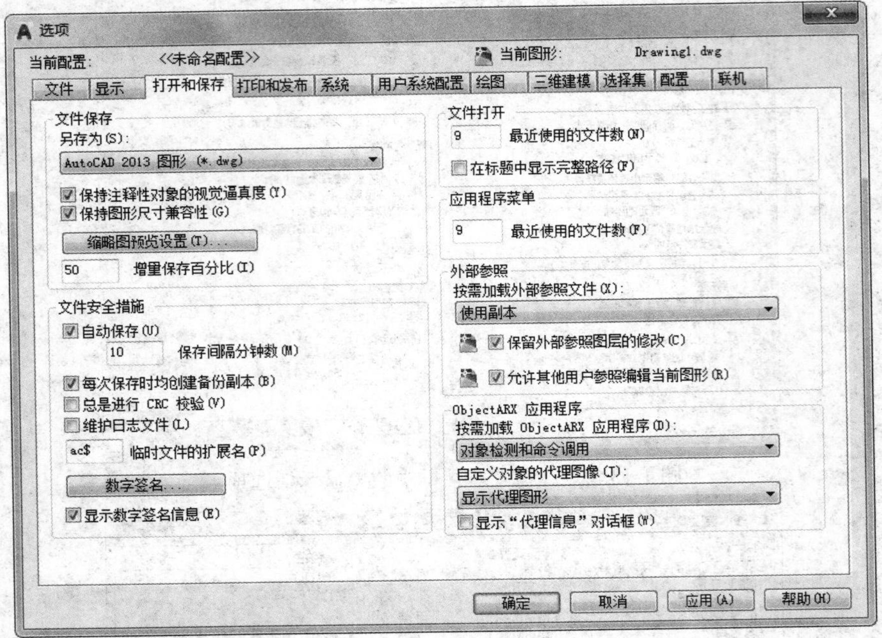

图 1-15 “选项”对话框中的“打开和保存”选项卡

4. 模型与布局标签

在绘图窗口左下角有模型空间标签和布局标签来实现模型空间与布局之间的转换。模型空间提供了设计模型（绘图）的环境。布局是指可访问的图纸显示，专用于打印。AutoCAD 2017 可以在一个布局上建立多个视图，同时，一张图纸可以建立多个布局，且每一个布局都有相对独立的打印设置。

1.1.5 命令行

命令行位于操作界面的底部，是用户与 AutoCAD 进行交互对话的窗口。在“命令:”提示下，AutoCAD 接受用户使用各种方式输入的命令，然后显示出相应的提示，如命令选项、提示信息和错误信息等。

命令行中显示文本的行数可以改变，将光标移至命令行上边框处，光标变为双箭头后，按住鼠标左键拖动即可。命令行的位置可以在操作界面的上方或下方，也可以浮动在绘图窗口内。将光标移至该窗口左边框处，光标变为箭头，单击并拖动即可。使用 F2 功能键能放大显示命令行。

1.1.6 状态栏

状态栏显示在屏幕的底部，依次有“坐标”“模型空间”“栅格”“捕捉模式”“推断约束”“动态输入”“正交模式”“极轴追踪”“等轴测草图”“对象捕捉追踪”“二维对象捕捉”“线宽”“透明度”“选择循环”“三维对象捕捉”“动态 UCS”“选择过滤”“小控件”“注释可见性”“自动缩放”“注释比例”“切换工作空间”“注释监视器”“单位”“快捷特性”“图形性能”“锁定用户界面”“隔离对象”“硬件加速”“全屏显示”“自定义”这 30 个功能按钮。单击部分开关按钮，可以实现这些功能的开关。通过部分按钮也可以控制图形或绘图区的状态。

注意

默认情况下，不会显示所有工具，可以通过状态栏上最右侧的按钮，选择要从“自定义”菜单显示的工具。状态栏上显示的工具可能会发生变化，具体取决于当前的工作空间以及当前显示的是“模型”选项卡还是“布局”选项卡。

下面对部分状态栏上的按钮做简单介绍，如图 1-16 所示。

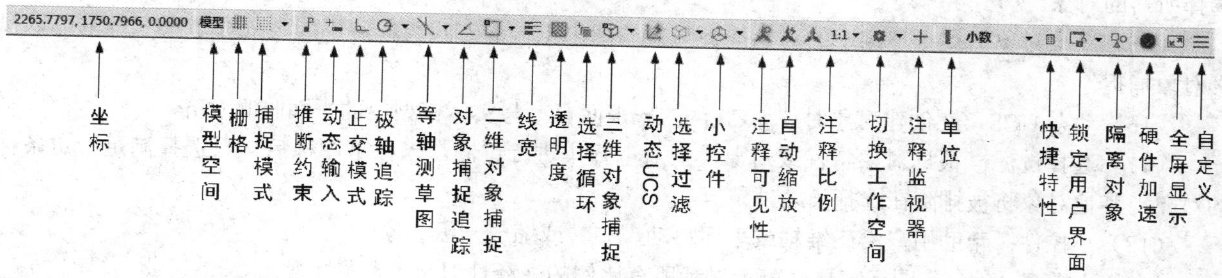

图 1-16　状态栏

（1）坐标：显示工作区鼠标放置点的坐标。

（2）模型空间：在模型空间与布局空间之间进行转换。

（3）栅格：栅格是覆盖整个坐标系（UCS）XY 平面的直线或点组成的矩形图案。使用栅格类似于在图形下放置一张坐标纸。利用栅格可以对齐对象并直观显示对象之间的距离。

（4）捕捉模式：对象捕捉对于在对象上指定精确位置非常重要。不论何时提示输入点，都可以指定对象捕捉。默认情况下，当光标移到对象的对象捕捉位置时，将显示标记和工具提示。

（5）推断约束：自动在正在创建或编辑的对象与对象捕捉的关联对象或点之间应用约束。

（6）动态输入：在光标附近显示出一个提示框（称之为“工具提示”），工具提示中显示出对应的命令提示和光标的当前坐标值。

（7）正交模式：将光标限制在水平或垂直方向上移动，以便于精确地创建和修改对象。当创建或移动对象时，可以使用“正交”模式将光标限制在相对于用户坐标系（UCS）的水平或垂直方向上。

（8）极轴追踪：使用极轴追踪，光标将按指定角度进行移动。创建或修改对象时，可以使用“极轴追踪”来显示由指定的极轴角度所定义的临时对齐路径。

（9）等轴测草图：通过设定“等轴测捕捉/栅格”，可以很容易地沿三个等轴测平面之一对齐对象。尽管等轴测图形看似三维图形，但它实际上是由二维图形表示。因此不能期望提取三维距离和面积、从不同视点显示对象或自动消除隐藏线。

（10）对象捕捉追踪：使用对象捕捉追踪，可以沿着基于对象捕捉点的对齐路径进行追踪。已获取的点将显示一个小加号（+），一次最多可以获取 7 个追踪点。获取点之后，在绘图路径上移动光标，将显示相对于获取点的水平、垂直或极轴对齐路径。例如，可以基于对象端点、中点或者对象的交点，沿着某个路径选择一点。

（11）二维对象捕捉：使用执行对象捕捉设置（也称为对象捕捉），可以在对象上的精确位置指定捕捉点。选择多个选项后，将应用选定的捕捉模式，以返回距离靶框中心最近的点。按 Tab 键可以在这些选项之间循环。

（12）线宽：分别显示对象所在图层中设置的不同宽度，而不是统一线宽。

（13）透明度：使用该命令，调整绘图对象显示的明暗程度。

（14）选择循环：当一个对象与其他对象彼此接近或重叠时，准确地选择某一个对象是很困难的，使用选择循环的命令，单击，将弹出“选择集”列表框，里面列出了鼠标单击点周围的图形，然后在列表中选择所需的对象。

（15）三维对象捕捉：三维中的对象捕捉与在二维中工作的方式类似，不同之处在于在三维中可以投影对象捕捉。

（16）动态 UCS：在创建对象时使 UCS 的 XY 平面自动与实体模型上的平面临时对齐。

（17）选择过滤：根据对象特性或对象类型对选择集进行过滤。当按下图标后，只选择满足指定条件的对象，其他对象将被排除在选择集之外。

（18）小控件：帮助用户沿三维轴或平面移动、旋转或缩放一组对象。

（19）注释可见性：当图标亮显时表示显示所有比例的注释性对象；当图标变暗时表示仅显示当前比例的注释性对象。

（20）自动缩放：注释比例更改时，自动将比例添加到注释对象。

（21）注释比例：单击注释比例右下角小三角符号将弹出注释比例列表，如图 1-17 所示，可以根据需要选择适当的注释比例。

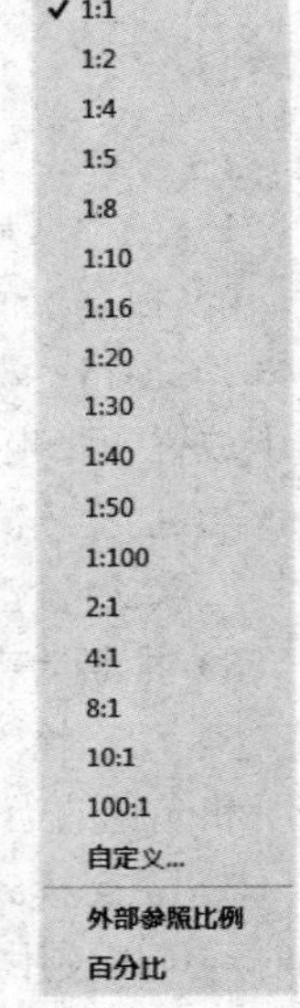

图 1-17　注释比例

（22）切换工作空间：进行工作空间转换。

（23）注释监视器：打开仅用于所有事件或模型文档事件的注释监视器。

（24）单位：指定线性和角度单位的格式和小数位数。

（25）快捷特性：控制快捷特性面板的使用与禁用。

（26）锁定用户界面：按下该按钮，锁定工具栏、面板和可固定窗口的位置和大小。

（27）隔离对象：当选择隔离对象时，在当前视图中显示选定对象。所有其他对象都暂时隐藏；当选择隐藏对象时，在当前视图中暂时隐藏选定对象。所有其他对象都可见。

（28）硬件加速：设定图形卡的驱动程序以及设置硬件加速的选项。

（29）全屏显示：该选项可以清除 Windows 窗口中的标题栏、功能区和选项板等界面元素，使 AutoCAD 的绘图窗口全屏显示，如图 1-18 所示。

（30）自定义：状态栏可以提供重要信息，而无须中断工作流。使用 MODEMACRO 系统变量可将应用程序所能识别的大多数数据显示在状态栏中。使用该系统变量的计算、判断和编辑功能可以完全按照用户的要求构造状态栏。

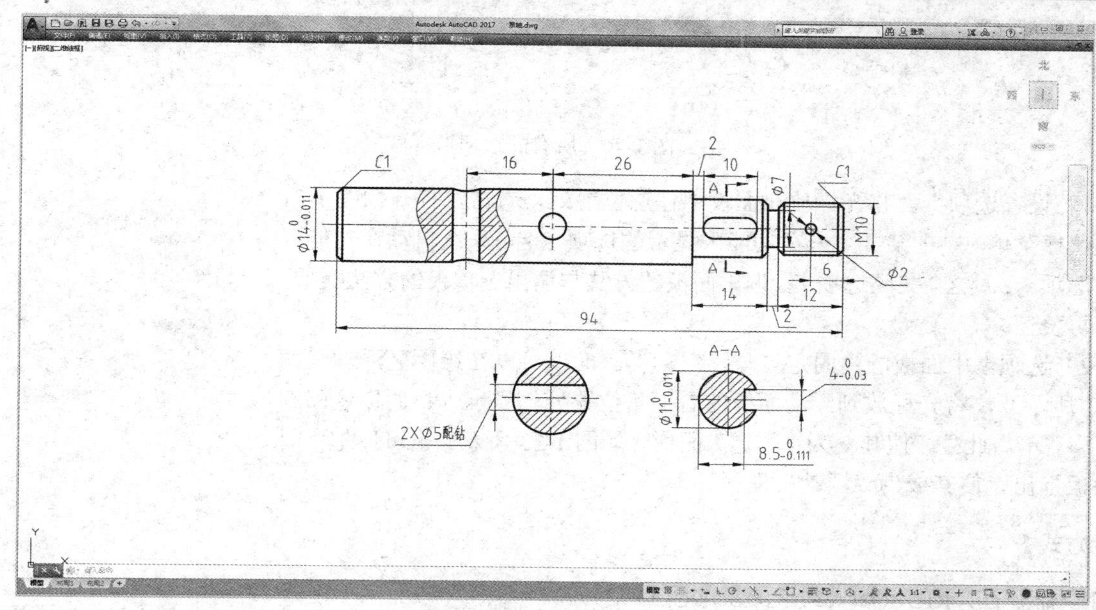

图 1-18　全屏显示

1.1.7　快速访问工具栏和交互信息工具栏

1. 快速访问工具栏

该工具栏包括“新建”“打开”“保存”“另存为”“打印”“放弃”“重做”“工作空间”等几个最常用的工具。用户也可以单击本工具栏后面的下拉按钮设置需要的常用工具。

2. 交互信息工具栏

该工具栏包括“搜索”、Autodesk 360、“Autodesk Exchange 应用程序”、“保持连接”、“帮助”等几个常用的数据交互访问工具。

1.1.8　功能区

在默认情况下，功能区包括“默认”选项卡、“插入”选项卡、“注释”选项卡、“参数化”选项卡、“视图”选项卡、“管理”选项卡、“输出”选项卡、“附加模块”选项卡、A360 选项卡、“精选应用”选项卡、BIM 360 选项卡以及 Performance 选项卡，如图 1-19 所示（所有的选项卡显示面板如图 1-20 所示）。每个选项卡集成了相关的操作工具，方便了用户的使用。用户可以单击功能区选项后面的按钮控制功能的展开与收缩。

图 1-19　默认情况下出现的选项卡

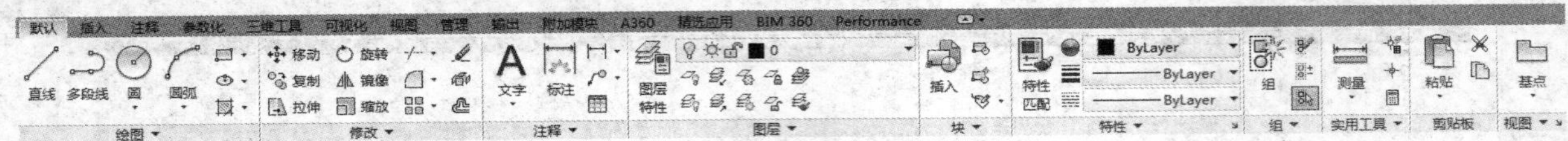

图 1-20　所有的选项卡

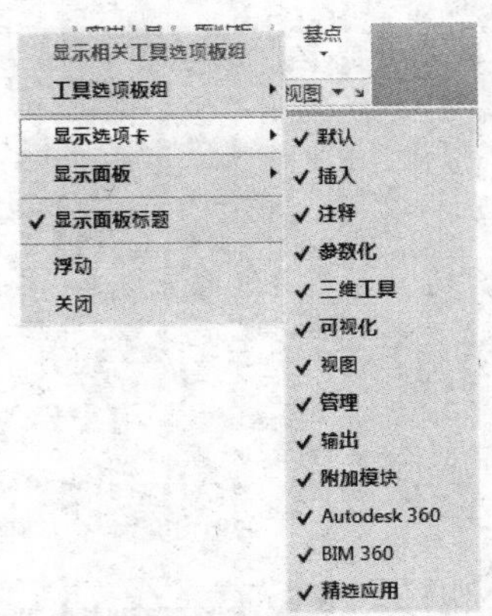

图 1-21　快捷菜单

（1）设置选项卡。将光标放在面板中任意位置处，右击，打开如图 1-21 所示的快捷菜单。单击某一个未在功能区显示的选项卡名，系统自动在功能区打开该选项卡；反之，关闭选项卡（调出面板的方法与调出选项板的方法类似，这里不再赘述）。

（2）选项卡中面板的“固定”与“浮动”。面板可以在绘图区浮动（如图 1-22 所示），将光标放到浮动面板的右上角位置处，显示“将面板返回到功能区”。单击此处，使其变为“固定”面板，如图 1-23 所示。也可以把“固定”面板拖出，使其成为“浮动”面板。

【执行方式】

☑　命令行：RIBBON（或 RIBBONCLOSE）。

☑　菜单栏：选择菜单栏中的“工具”→“选项板”→“功能区”命令。

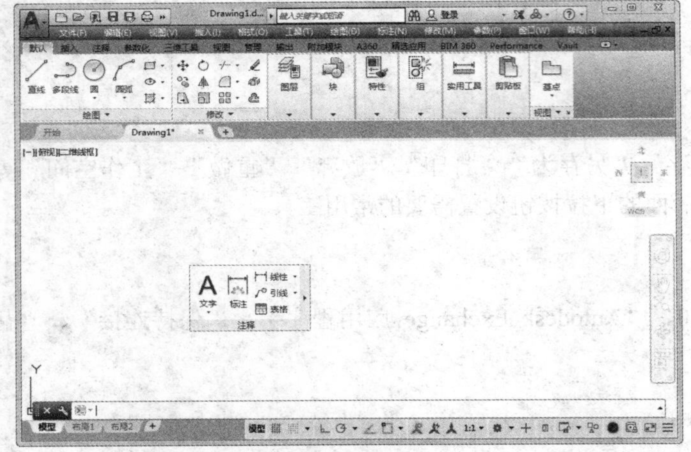

图 1-22　浮动面板

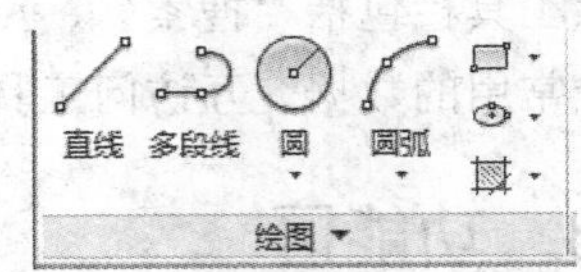

图 1-23　“绘图”面板

1.2　设置绘图环境

绘制一幅图形时，需要设置一些基本参数，如图形单位、图幅界限等，这里简要进行介绍。

【预习重点】

☑　了解基本参数的概念。

☑　熟悉参数设置命令的使用方法。

1.2.1　绘图单位设置

【执行方式】

☑　命令行：DDUNITS（或 UNITS）。
☑　菜单栏：选择菜单栏中的“格式”→“单位”命令。

【操作步骤】

执行上述操作后，系统打开“图形单位”对话框，如图 1-24 所示。该对话框用于定义单位和角度格式。

【选项说明】

（1）“长度”与“角度”选项组：指定测量的长度与角度当前单位及当前单位的精度。

（2）“插入时的缩放单位”选项组：“用于缩放插入内容的单位”下拉列表框用于控制插入当前图形中的块和图形的测量单位。如果块或图形创建时使用的单位与该选项指定的单位不同，则在插入这些块或图形时，将对其按比例进行缩放。插入比例是原块或图形使用的单位与目标图形使用的单位之比。如果插入块时不按指定单位缩放，则在其下拉列表框中选择“无单位”选项。

（3）“输出样例”选项组：显示用当前单位和角度设置的例子。

（4）“光源”选项组：控制当前图形中光度控制光源的强度测量单位。为创建和使用光度控制光源，必须从下拉列表框中指定非“常规”的单位。如果“用于缩放插入内容的单位”设置为“无单位”，则将显示警告信息，通知用户渲染输出可能不正确。

（5）“方向”按钮：单击该按钮，系统显示“方向控制”对话框，如图 1-25 所示。可以在该对话框中进行方向控制设置。

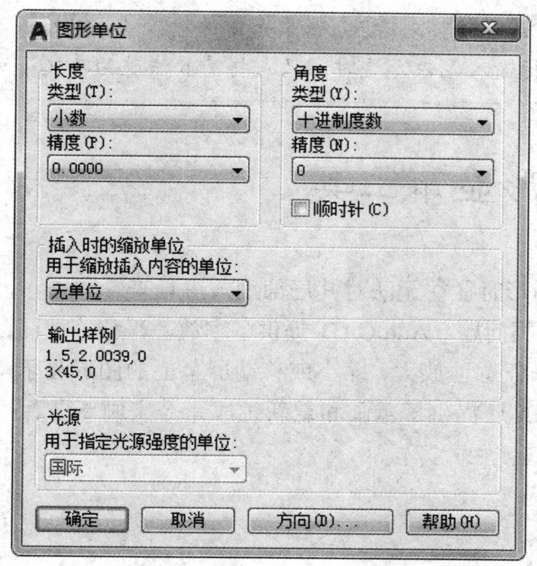

图 1-24　“图形单位”对话框

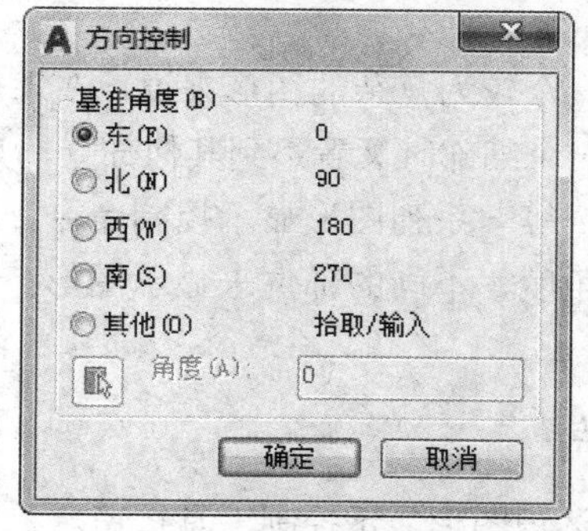

图 1-25　“方向控制”对话框

1.2.2 图形边界设置

【执行方式】

☑ 命令行：LIMITS。

☑ 菜单栏：选择菜单栏中的“格式”→“图形范围”命令。

【操作步骤】

```
命令: LIMITS↙
重新设置模型空间界限:
指定左下角点或 [开(ON)/关(OFF)] <0.0000,0.0000>:（输入图形边界左下角的坐标后按 Enter 键）
指定右上角点 <12.0000,9.0000>:（输入图形边界右上角的坐标后按 Enter 键）
```

【选项说明】

（1）开(ON)：使绘图边界有效。系统将在绘图边界以外拾取的点视为无效。

（2）关(OFF)：使绘图边界无效。用户可以在绘图边界以外拾取点或实体。

（3）动态输入角点坐标：动态输入功能可以直接在屏幕上输入角点坐标，输入了横坐标值后，按“,”键，接着输入纵坐标值，如图 1-26 所示。也可以按光标位置直接按鼠标左键确定角点位置。

图 1-26 动态输入

举一反三

在命令行中输入坐标时，请检查此时的输入法是否是英文输入。如果是中文输入法，例如，输入“150，20”，则由于逗号“,”的原因，系统会认定该坐标输入无效。这时，只需将输入法改为英文即可。

1.3 图形显示工具

对于一个较为复杂的图形来说，在观察整幅图形时往往无法对其局部细节进行查看和操作，而当在屏幕上显示一个细部时又看不到其他部分，为解决这类问题，AutoCAD 提供了缩放、平移、视图、鸟瞰视图和视口命令等一系列图形显示控制命令，可以用来任意地放大、缩小或移动屏幕上的图形显示，或者同时从不同的角度、不同的部位来显示图形。AutoCAD 还提供了重画和重新生成命令来刷新屏幕、重新生成图形。

【预习重点】

☑ 认识图形显示控制工具按钮。

☑ 练习视图设置方法。

1.3.1　图形缩放

图形缩放命令类似于照相机的镜头，可以放大或缩小屏幕所显示的范围，只改变视图的比例，但是对象的实际尺寸并不发生变化。当放大图形一部分的显示尺寸时，可以更清楚地查看这个区域的细节；相反，如果缩小图形的显示尺寸，则可以查看更大的区域，如整体浏览。

图形缩放功能在绘制大幅面机械图，尤其是装配图时非常有用，是使用频率最高的命令之一。这个命令可以透明地使用，也就是说，该命令可以在其他命令执行时运行。用户完成涉及透明命令的过程时，AutoCAD 会自动地返回到在用户调用透明命令前正在运行的命令。

【执行方式】

- ☑　命令行：ZOOM。
- ☑　菜单栏：选择菜单栏中的“视图”→“缩放”命令。
- ☑　工具栏：单击“标准”工具栏中的“实时缩放”按钮，如图 1-27 所示。
- ☑　功能区：单击“视图”选项卡“导航”面板上的“范围”下拉菜单中的“缩放”按钮（如图 1-28 所示）。

图 1-27　“缩放”工具栏

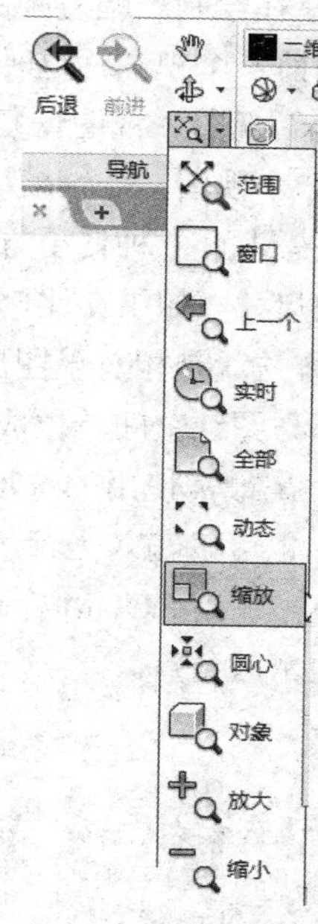

图 1-28　下拉菜单

【操作步骤】

```
[全部(A)/中心点(C)/动态(D)/范围(E)/上一个(P)/比例(S)/窗口(W)] <实时>:
```

【选项说明】

（1）实时：这是“缩放”命令的默认操作，即在输入 ZOOM 命令后，直接按 Enter 键，将自动执行实时缩放操作。实时缩放就是可以通过上下移动鼠标交替进行放大和缩小。在使用实时缩放时，系统会显示

一个“+”号或“-”号。当缩放比例接近极限时，AutoCAD 将不再与光标一起显示“+”号或“-”号。需要从实时缩放操作中退出时，可按 Enter 键、Esc 键或是从快捷菜单中选择“退出”命令。

（2）全部(A)：执行 ZOOM 命令后，在提示文字后输入 A，即可执行“全部(A)”缩放操作。不论图形有多大，该操作都将显示图形的边界或范围，即使对象不包括在边界以内，它们也将被显示。因此，使用“全部(A)”缩放选项，可查看当前视口中的整个图形。

（3）中心点(C)：通过确定一个中心点，该选项可以定义一个新的显示窗口。操作过程中需要指定中心点以及输入比例或高度。默认新的中心点就是视图的中心点，默认的输入高度就是当前视图的高度，直接按 Enter 键后，图形将不会被放大。输入比例，则数值越大，图形放大倍数也将越大。也可以在数值后面紧跟一个 X，如 3X，表示在放大时不是按照绝对值变化，而是按相对于当前视图的相对值缩放。

（4）动态(D)：通过操作一个表示视口的视图框，可以确定所需显示的区域。选择该选项，在绘图窗口中出现一个小的视图框，按住鼠标左键左右移动可以改变该视图框的大小，定形后放开左键，再按下鼠标左键移动视图框，确定图形中的放大位置，系统将清除当前视口并显示一个特定的视图选择屏幕。这个特定屏幕由有关当前视图及有效视图的信息所构成。

（5）范围(E)：可以使图形缩放至整个显示范围。图形的范围由图形所在的区域构成，剩余的空白区域将被忽略。应用这个选项，图形中所有的对象都尽可能地被放大。

（6）上一个(P)：在绘制一幅复杂的图形时，有时需要放大图形的一部分以进行细节的编辑。当编辑完成后，有时希望回到前一个视图。这种操作可以使用“上一个(P)”选项来实现。当前视口由“缩放”命令的各种选项或“移动”视图、视图恢复、平行投影或透视命令引起的任何变化，系统都将做保存。每一个视口最多可以保存 10 个视图。连续使用“上一个(P)”选项可以恢复前 10 个视图。

（7）比例(S)：提供了 3 种使用方法。在提示信息下，直接输入比例系数，AutoCAD 将按照此比例因子放大或缩小图形的尺寸。如果在比例系数后面加一“X”，则表示相对于当前视图计算的比例因子。使用比例因子的第 3 种方法就是相对于图形空间，例如，可以在图纸空间阵列布排或打印出模型的不同视图。为了使每一张视图都与图纸空间单位成比例，可以使用“比例(S)”选项，每一个视图可以有单独的比例。

（8）窗口(W)：是最常使用的选项。通过确定一个矩形窗口的两个对角来指定所需缩放的区域，对角点可以由鼠标指定，也可以输入坐标确定。指定窗口的中心点将成为新的显示屏幕的中心点。窗口中的区域将被放大或者缩小。调用 ZOOM 命令时，可以在没有选择任何选项的情况下，利用鼠标在绘图窗口中直接指定缩放窗口的两个对角点。

注意

这里所提到的诸如放大、缩小或移动操作，仅仅是对图形在屏幕上的显示进行控制，图形本身并没有任何改变。

1.3.2 图形平移

当图形幅面大于当前视口时，例如，使用图形缩放命令将图形放大，如果需要在当前视口之外观察或绘制一个特定区域时，可以使用图形平移命令来实现。“平移”命令能将在当前视口以外的图形的一部分移动进来查看或编辑，但不会改变图形的缩放比例。

【执行方式】

☑ 命令行：PAN。

☑ 菜单栏：选择菜单栏中的“视图”→“平移”命令。

☑ 工具栏：单击“标准”工具栏中的“实时平移”按钮。

☑ 快捷菜单：在绘图窗口中右击，在弹出的快捷菜单中选择“平移”命令。

☑ 功能区：单击“视图”选项卡“导航”面板中的“平移”按钮（如图 1-29 所示）。

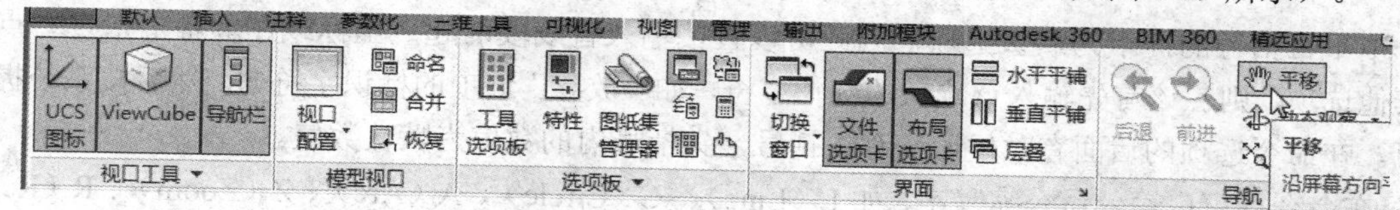

图 1-29　“导航”面板

激活“平移”命令之后，光标将变成一只“小手”，可以在绘图窗口中任意移动，以示当前正处于平移模式。单击并按住鼠标左键将光标锁定在当前位置，即“小手”已经抓住图形，然后，拖动图形使其移动到所需位置上。松开鼠标左键将停止平移图形。可以反复按下鼠标左键，拖动，松开，将图形平移到其他位置上。

“平移”命令预先定义了一些不同的菜单选项与按钮，可用于在特定方向上平移图形，在激活“平移”命令后，这些选项可以从菜单“视图”→“平移”→“*”中调用。

（1）实时：是“平移”命令中最常用的选项，也是默认选项，前面提到的平移操作都是指实时平移，通过鼠标的拖动来实现任意方向上的平移。

（2）点：该选项要求确定位移量，这就需要确定图形移动的方向和距离。可以通过输入点的坐标或用鼠标指定点的坐标来确定位移。

（3）左：该选项移动图形使屏幕左部的图形进入显示窗口。

（4）右：该选项移动图形使屏幕右部的图形进入显示窗口。

（5）上：该选项向底部平移图形后，使屏幕顶部的图形进入显示窗口。

（6）下：该选项向顶部平移图形后，使屏幕底部的图形进入显示窗口。

1.4　基本输入操作

在 AutoCAD 中，有一些基本的输入操作方法，这些基本方法是进行 AutoCAD 绘图的必备知识基础，也是深入学习 AutoCAD 功能的前提。

【预习重点】

了解基本输入方法。

1.4.1　命令输入方式

AutoCAD 交互绘图必须输入必要的指令和参数。有多种 AutoCAD 命令输入方式（以画直线为例）：

（1）在命令行窗口输入命令名。

命令字符可不区分大小写。例如，命令 LINE↙。执行命令时，在命令行提示中经常会出现命令选项。如输入绘制直线命令 LINE 后，命令行提示如下。

```
命令: LINE↙
指定第一个点:（在屏幕上指定一点或输入一个点的坐标）
指定下一点或 [放弃(U)]:
```

命令中不带括号的提示为默认选项，因此可以直接输入直线段的起点坐标或在屏幕上指定一点，如果要选择其他选项，则应该首先输入该选项的标识字符，如“放弃”选项的标识字符 U，然后按系统提示输入数据即可。在命令选项的后面有时候还带有尖括号，尖括号内的数值为默认数值。

（2）在命令行窗口输入命令缩写字，如 L（Line）、C（Circle）、A（Arc）、Z（Zoom）、R（Redraw）、M（More）、CO（Copy）、PL（Pline）、E（Erase）等。

（3）选择“绘图”菜单直线选项。

选取该选项后，在状态栏中可以看到对应的命令说明及命令名。

（4）选取工具栏中的对应图标。

选取该图标后在状态栏中也可以看到对应的命令说明及命令名。

（5）在命令行打开右键快捷菜单。

如果在前面刚使用过要输入的命令，可以在命令行打开右键快捷菜单，在“最近使用的命令”子菜单中选择需要的命令，如图 1-30 所示。“最近使用的命令”子菜单中存储最近使用的 6 个命令，如果经常重复使用某个 6 次操作以内的命令，这种方法就比较快速简洁。

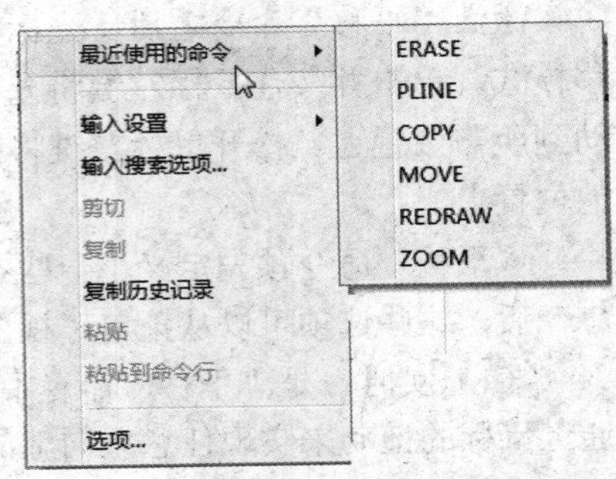

图 1-30　命令行右键快捷菜单

（6）在绘图区右击。

如果用户要重复使用上次使用的命令，可以直接在绘图区右击，系统立即重复执行上次使用的命令，这种方法适用于重复执行某个命令。

1.4.2　命令的重复、撤销、重做

1. 命令的重复

在命令行窗口中按 Enter 键可重复调用上一个命令，不管上一个命令是完成了还是被取消了。

2. 命令的撤销

在命令执行的任何时刻都可以取消和终止命令的执行。

【执行方式】

☑　命令行：UNDO。

☑　菜单栏：选择菜单栏中的“编辑”→“放弃”命令。

☑　工具栏：单击快速访问工具栏中的“放弃”按钮。

☑　快捷键：Esc。

3. 命令的重做

已被撤销的命令还可以恢复重做。可以恢复撤销的最后的一个命令。

【执行方式】

☑ 命令行：REDO。

☑ 菜单栏：选择菜单栏中的“编辑”→“重做”命令。

☑ 工具栏：单击快速访问工具栏中的“重做”按钮。

该命令可以一次执行多重重做操作。单击“标准”工具栏中的“重做”按钮后面的小三角，可以选择重做的操作，如图 1-31 所示。

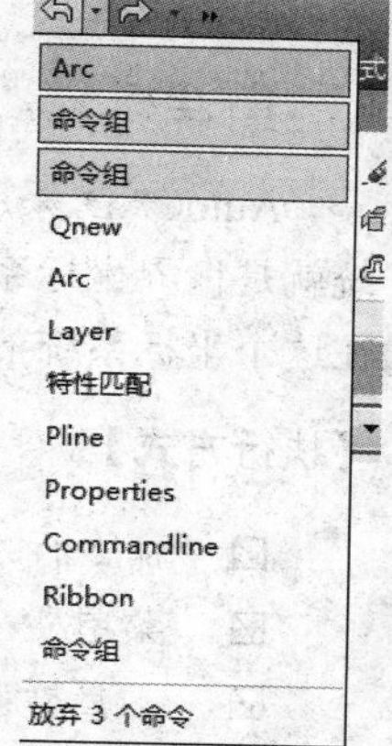

图 1-31　多重重做

1.4.3　透明命令

在 AutoCAD 2017 中有些命令不仅可以直接在命令行中使用，还可以在其他命令的执行过程中插入并执行，待该命令执行完毕后，系统继续执行原命令，这种命令称为透明命令。透明命令一般多为修改图形设置或打开辅助绘图工具的命令。

1.4.2 节中 3 种命令的执行方式同样适用于透明命令的执行。例如，在命令行中进行如下操作。

```
命令:ARC↙
指定圆弧的起点或 [圆心(C)]: ZOOM↙（透明使用显示缩放命令 ZOOM）
>>（执行 ZOOM 命令）
正在恢复执行 ARC 命令。
指定圆弧的起点或 [圆心(C)]:（继续执行原命令）
```

1.4.4　按键定义

在 AutoCAD 2017 中，除了可以通过在命令行窗口输入命令、点取工具栏图标或点取菜单项来完成外，还可以使用键盘上的一组功能键或快捷键，通过这些功能键或快捷键，可以快速实现指定功能，如按 F1 键，系统调用 AutoCAD 帮助对话框。

系统使用 AutoCAD 传统标准（Windows 之前）或 Microsoft Windows 标准解释快捷键。有些功能键或快捷键在 AutoCAD 的菜单中已经指出，如“粘贴”的快捷键为 Ctrl+V，这些只要用户在使用的过程中多加留意，就会熟练掌握。快捷键的定义见菜单命令后面的说明，如“剪切（Ctrl+X）”。

1.4.5　命令执行方式

有的命令有两种执行方式，通过菜单或命令行输入命令。如指定使用命令行窗口方式，可以在命令名前加短划来表示，如 LAYER 表示用命令行方式执行“图层”命令。而如果在命令行输入 LAYER，系统则会自动打开“图层”对话框。

另外，有些命令同时存在命令行、菜单和工具栏 3 种执行方式，这时如果选择菜单或工具栏方式，命令行会显示该命令，并在前面加一下划线，如通过菜单或工具栏方式执行“直线”命令时，命令行会显示_line，命令的执行过程和结果与命令行方式相同。

1.4.6 坐标系统与数据的输入方法

1. 坐标系

AutoCAD 采用两种坐标系，即世界坐标系（WCS）与用户坐标系。用户刚进入 AutoCAD 时的坐标系统就是世界坐标系，是固定的坐标系统。世界坐标系也是坐标系统中的基准，绘制图形时多数情况下都是在这个坐标系统下进行的。

【执行方式】

☑ 命令行：UCS。

☑ 菜单栏：选择菜单栏中的“工具”→“新建 UCS”子菜单中相应的命令。

☑ 工具栏：单击 UCS 工具栏中的相应按钮。

AutoCAD 有两种视图显示方式，即模型空间和图纸空间。模型空间是指单一视图显示法，通常使用的都是这种显示方式；图纸空间是指在绘图区域创建图形的多视图。用户可以对其中每一个视图进行单独操作。在默认情况下，当前 UCS 与 WCS 重合。图 1-32（a）所示为模型空间下的 UCS 坐标系图标，通常放在绘图区左下角处；如当前 UCS 和 WCS 重合，则出现一个 W 字，如图 1-32（b）所示；也可以指定它放在当前 UCS 的实际坐标原点位置，此时出现一个十字，如图 1-32（c）所示。图 1-32（d）为图纸空间下的坐标系图标。

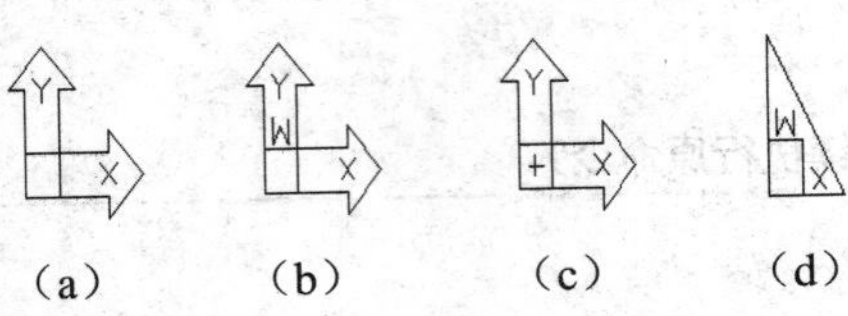

（a）（b）（c）（d）

图 1-32 坐标系图标

2. 数据输入方法

在 AutoCAD 2017 中，点的坐标可以用直角坐标、极坐标、球面坐标和柱面坐标表示，每一种坐标又分别具有两种坐标输入方式：绝对坐标和相对坐标。其中，直角坐标和极坐标最为常用，下面主要介绍一下它们的输入。

（1）直角坐标法。用点的 X、Y 坐标值表示的坐标。

例如，在命令行中输入点的坐标提示下，输入“15,18”，则表示输入了一个 X、Y 的坐标值分别为 15、18 的点，此为绝对坐标输入方式，表示该点的坐标是相对于当前坐标原点的坐标值，如图 1-33（a）所示。如果输入“@10,20”，则为相对坐标输入方式，表示该点的坐标是相对于前一点的坐标值，如图 1-33（b）所示。

（2）极坐标法。用长度和角度表示的坐标，只能用来表示二维点的坐标。

在绝对坐标输入方式下，表示为“长度<角度”，如“25<50”，其中长度表为该点到坐标原点的距离，角度为该点至原点的连线与 X 轴正向的夹角，如图 1-33（c）所示。

在相对坐标输入方式下，表示为“@长度<角度”，如“@25<45”，其中长度为该点到前一点的距离，角度为该点至前一点的连线与 X 轴正向的夹角，如图 1-33（d）所示。

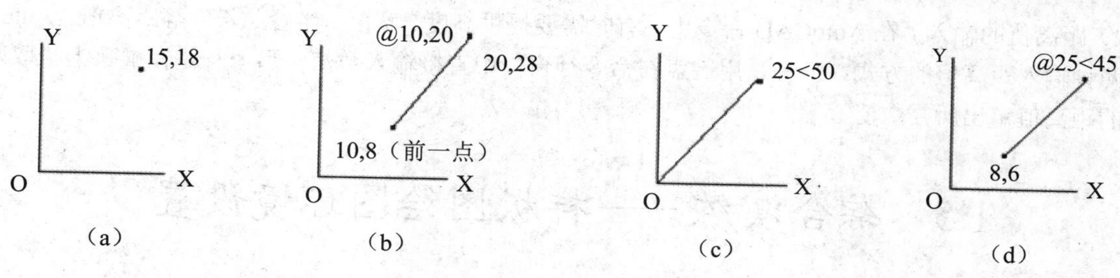

图 1-33　数据输入方法

3．动态数据输入

单击状态栏中的“动态输入”按钮，系统打开动态输入功能，可以在屏幕上动态地输入某些参数数据，例如，绘制直线时，在光标附近会动态地显示“指定第一点”以及后面的坐标框，当前显示的是光标所在位置，可以输入数据，两个数据之间以逗号隔开，如图 1-34 所示。指定第一点后，系统动态显示直线的角度，同时要求输入线段长度值，如图 1-35 所示，其输入效果与“@长度<角度”方式相同。

下面分别讲述点与距离值的输入方法。

（1）点的输入。绘图过程中，常需要输入点的位置，AutoCAD 提供了如下几种输入点的方式：

① 用键盘直接在命令行窗口中输入点的坐标：直角坐标有两种输入方式，即 x,y（点的绝对坐标值，如 100,50）和@x,y（相对于上一点的相对坐标值，如@50,-30）。坐标值均相对于当前的用户坐标系。

极坐标的输入方式为“长度<角度”（其中，长度为点到坐标原点的距离，角度为原点至该点连线与 X 轴的正向夹角，例如 20<45）或@长度<角度（相对于上一点的相对极坐标，例如@50 < -30）。

② 用鼠标等定标设备移动光标，单击在屏幕上直接取点。

③ 用目标捕捉方式捕捉屏幕上已有图形的特殊点（如端点、中点、中心点、插入点、交点、切点、垂足点等）。

④ 直接距离输入：先用光标拖拉出橡筋线确定方向，然后用键盘输入距离，这样有利于准确控制对象的长度等参数。例如，要绘制一条 10mm 长的线段，命令行提示与操作如下。

```
命令: line↙
指定第一个点:（在绘图区指定一点）
指定下一点或 [放弃(U)]:
```

这时在屏幕上移动鼠标指明线段的方向，但不要单击确认，如图 1-36 所示，然后在命令行输入 10，这样就在指定方向上准确地绘制了长度为 10mm 的线段。

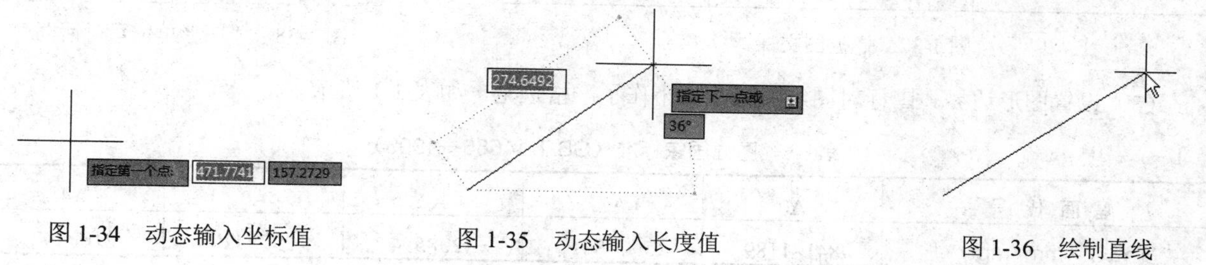

图 1-34　动态输入坐标值　　图 1-35　动态输入长度值　　图 1-36　绘制直线

（2）距离值的输入。在 AutoCAD 命令中，有时需要提供高度、宽度、半径、长度等距离值。AutoCAD 提供了两种输入距离值的方式：一种是用键盘在命令行窗口中直接输入数值；另一种是在屏幕上拾取两点，以两点的距离值定出所需数值。

1.5 综合演练——样板图绘图环境设置

本实例设置如图 1-37 所示的样板图文件绘图环境。操作步骤如下：

手把手教你学

绘制的大体顺序是先打开.dwg格式的图形文件，设置图形单位与图形界线，最后将设置好的文件保存成.dwt格式的样板图文件。绘制过程中要用到打开、单位、图形界限和保存等命令。

（1）打开文件。单击快速访问工具栏中的“打开”按钮，打开源文件目录下的“\第 1 章\ A3 图框样板图.dwg”文件。

（2）设置单位。选择菜单栏中的“格式”→“单位”命令，AutoCAD 打开“图形单位”对话框，如图 1-38 所示。设置“长度”的“类型”为“小数”，“精度”为 0；“角度”的“类型”为“十进制度数”，“精度”为 0，系统默认逆时针方向为正，“用于缩放插入内容的单位”设置为“毫米”。

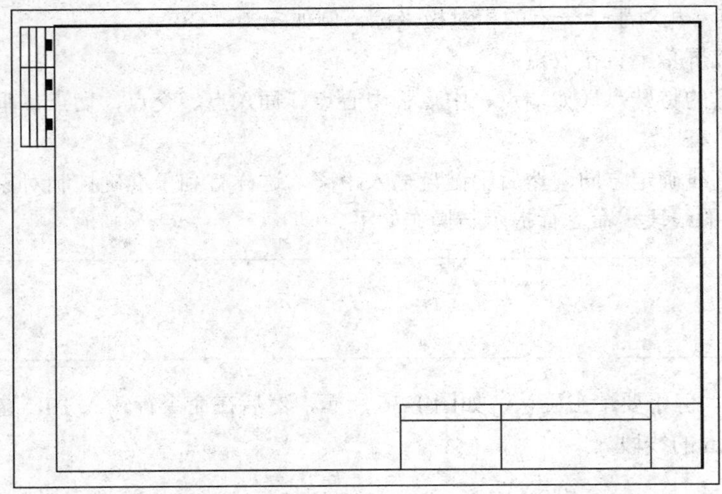

图 1-37　样板图文件

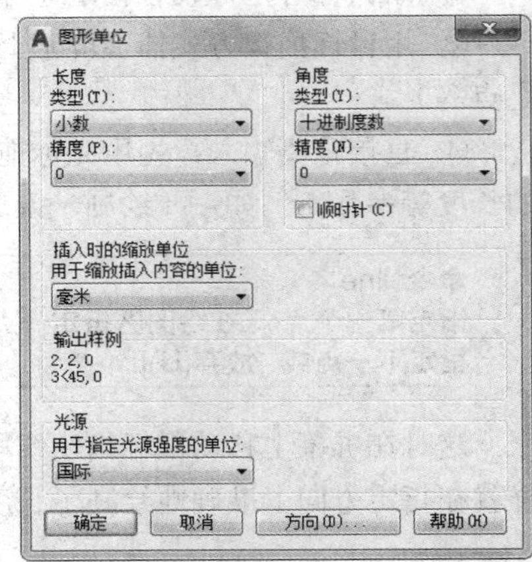

图 1-38　“图形单位”对话框

（3）设置图形边界。国标对图纸的幅面大小作了严格规定，如表 1-1 所示。

表 1-1　图幅国家标准（GB/T 14685—1993）

幅 面 代 号	A0	A1	A2	A3	A4
宽×长/（mm×mm）	841×1189	594×841	420×594	297×420	210×297

在这里，不妨按国标 A3 图纸幅面设置图形边界。A3 图纸的幅面为 420×297。

选择菜单栏中的“格式”→“图形界限”命令，设置图幅，命令操作如图 1-39 所示。

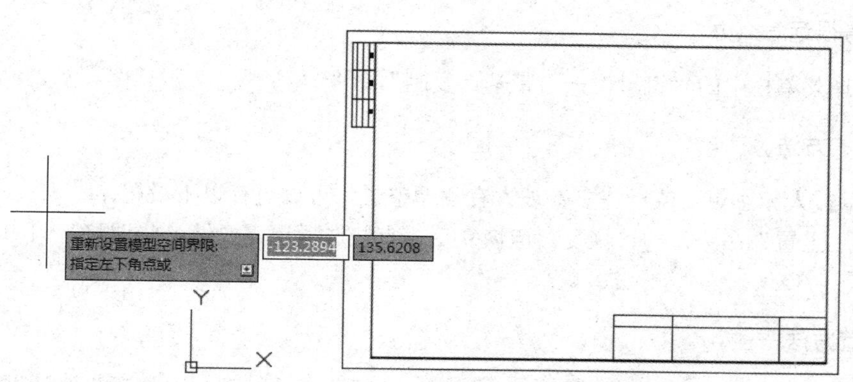

图 1-39 设置图形界限

（4）保存成样板图文件。现阶段的样板图及其环境设置已经完成，先将其保存成样板图文件。

选择菜单栏中的“文件”→“另存为”命令，打开“图形另存为”对话框，如图 1-40 所示。在“文件类型”下拉列表框中选择“AutoCAD 图形样板（*.dwt）”选项，如图 1-40 所示，输入文件名“A3 建筑样板图”，单击“保存”按钮，系统打开“样板选项”对话框，如图 1-41 所示，接受默认的设置，单击“确定”按钮，保存文件。

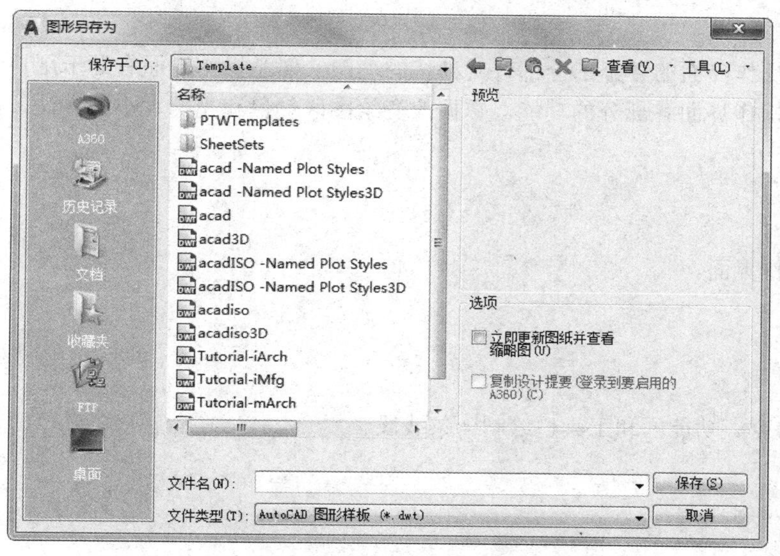

图 1-40 保存样板图

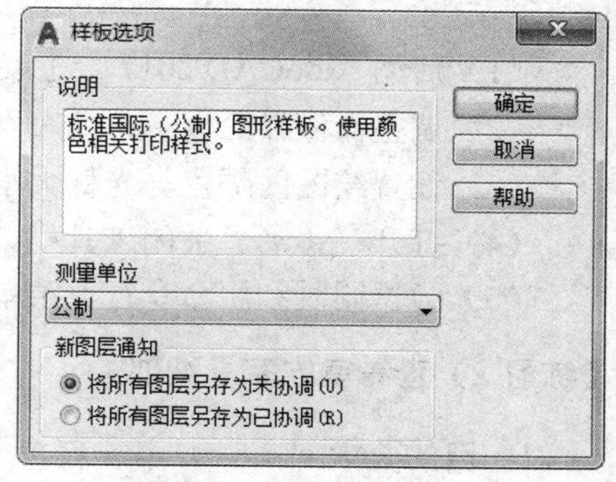

图 1-41 “样板选项”对话框

1.6 名师点拨——图形基本设置技巧

1. 复制图形粘贴后总是离得很远怎么办

复制时使用带基点复制：选择菜单栏中的“编辑”→“带基点复制”命令。

2. AutoCAD 命令三键还原的方法

如果 AutoCAD 里的系统变量被人无意更改或一些参数被人有意调整了，可以进行以下设置：

选择“选项”→“配置”→“重置”命令，即可恢复。但恢复后，有些选项还需要做一些调整，例如，十字光标的大小等。

3. 文件安全保护具体的设置方法

（1）右击 AutoCAD 工作区的空白处，在弹出的快捷菜单中选择“选项”命令，弹出“选项”对话框，选择“打开和保存”选项卡。

（2）单击“安全选项”按钮，打开“安全选项”对话框，用户可以在其文本框中输入口令进行密码设置，再次打开该文件时将出现密码提示。

如果忘了密码，文件就永远也打不开了，所以加密之前最好先备份文件。

1.7 上 机 实 验

【练习 1】熟悉 AutoCAD 2017 的操作界面。

1. 目的要求

操作界面是用户绘制图形的平台，操作界面的各个部分都有其独特的功能，熟悉操作界面有助于用户方便快速地进行绘图。本实例要求了解操作界面各部分的功能，掌握改变绘图区颜色和光标大小的方法，并能够熟练地打开、移动和关闭工具栏。

2. 操作提示

（1）启动 AutoCAD 2017，进入操作界面。
（2）调整操作界面大小。
（3）设置绘图区颜色与光标大小。
（4）打开、移动、关闭工具栏。
（5）尝试同时利用命令行、菜单命令、功能区和工具栏绘制一条线段。

【练习 2】查看室内家具细部。

1. 目的要求

本例要求用户熟练地掌握各种图形显示工具的使用方法。

2. 操作提示

如图 1-42 所示，利用平移工具和缩放工具移动和缩放图形。

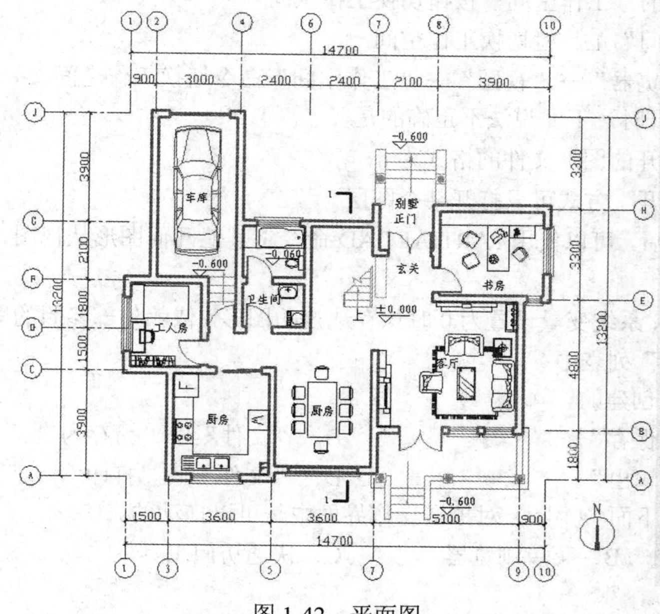

图 1-42　平面图

1.8 模拟考试

1. AutoCAD 软件基本的样板文件为（　　）。

　A. DWG　　B. DWT　　C. DWS　　D. LIN

2. 正常退出 AutoCAD 的方法有（　　）。

　A. QUIT 命令　　B. EXIT 命令　　C. 屏幕右上角的“关闭”按钮　　D. 直接关机

3. 在日常工作中贯彻办公和绘图标准时，下列最为有效的方式是（　　）。

　A. 应用典型的图形文件　　B. 应用模板文件

　C. 重复利用已有的二维绘图文件　　D. 在“启动”对话框中选取公制

4. 重复使用刚执行的命令，按（　　）键。

　A. Ctrl　　B. Alt　　C. Enter　　D. Shift

5. 如果想要改变绘图区域的背景颜色，应该如何做？（　　）

　A. 在“选项”对话框的“显示”选项卡的“窗口元素”选项组中，单击“颜色”按钮，在弹出的对话框中进行修改

　B. 在 Windows 的“显示属性”对话框“外观”选项卡中单击“高级”按钮，在弹出的对话框中进行修改

　C. 修改 SETCOLOR 变量的值

　D. 在“特性”面板的“常规”选项组中修改“颜色”值

6．在 AutoCAD 中，以下哪种操作不能切换工作空间？（　　）

A．通过“菜单浏览器”→“工具”→“工作空间”命令切换工作空间

B．通过状态栏上的“工作空间”按钮切换工作空间

C．通过“工作空间”工具栏切换工作空间

D．通过“菜单浏览器”→“视图”→“工作空间”命令切换工作空间

7．AutoCAD 文件打开时，下面说法不正确的是（　　）。

A．默认情况下打开的图形文件的格式为.dwg

B．使用“局部打开”方式可只打开某个图层

C．局部打开图形后，可以使用 PARTIALOAD 命令将其他几何图形从视图、选定区域或图层中加载到图形中

D．当 VISRETAIN 系统变量设置为 0 时保存选定的图形，依赖外部参照的图层才显示在“要加载几何图形的图层”列表中

8．*.bmp 文件是怎么创建的？（　　）

A．“文件”→“保存”　　B．“文件”→“另存为”

C．“文件”→“输出”　　D．“文件”→“打印”

9．在 AutoCAD 中，下面（　　）对象在操作界面中是可以拖动的。

A．功能区面板　　B．菜单浏览器　　C．快速访问工具栏　　D．菜单

第2章 二维绘图命令

二维图形是指在二维平面空间绘制的图形，主要由一些图形元素组成，如点、直线、圆弧、圆、椭圆、矩形、多边形等几何元素。

本章详细讲述 AutoCAD 提供的绘图工具，帮助读者准确、简捷地完成二维图形的绘制。

2.1 直线与点命令

直线类命令主要包括“直线”和“构造线”命令。“直线”命令和“点”命令是 AutoCAD 中最简单的绘图命令。

【预习重点】

☑ 了解直线类和点类命令的应用。
☑ 简单练习直线、构造线和点命令的绘制方法。

2.1.1 绘制点

【执行方式】

☑ 命令行：POINT。
☑ 菜单栏：选择菜单栏中的“绘图”→“点”→“单点”或“多点”命令。
☑ 工具栏：单击“绘图”工具栏中的“点”按钮。
☑ 功能区：单击“默认”选项卡“绘图”面板中的“多点”按钮。

【操作步骤】

```
命令: POINT
当前点模式: PDMODE=0  PDSIZE=0.0000
指定点:（指定点所在的位置）
```

【选项说明】

（1）通过菜单方法进行操作时（如图 2-1 所示），“单点”命令表示只输入一个点，“多点”命令表示可输入多个点。

（2）可以单击状态栏中的“对象捕捉”开关按钮，设置点的捕捉模式，帮助用户拾取点。

（3）点在图形中的表示样式共有 20 种。可通过命令 DDPTYPE 或选择菜单栏中的“格式”→“点样式”命令，打开“点样式”对话框来设置点样式，如图 2-2 所示。

2.1.2 绘制直线段

【执行方式】

☑ 命令行：LINE。
☑ 菜单栏：选择菜单栏中的“绘图”→“直线”命令。
☑ 工具栏：单击“绘图”工具栏中的“直线”按钮。
☑ 功能区：单击“默认”选项卡“绘图”面板中的“直线”按钮（如图 2-3 所示）。

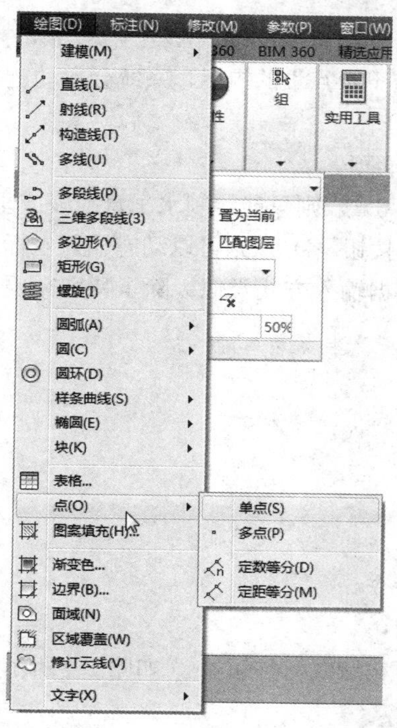

图 2-1　“点”子菜单

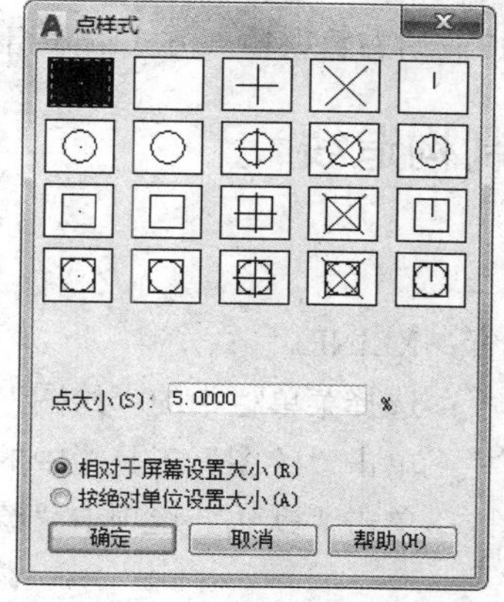

图 2-2　“点样式”对话框

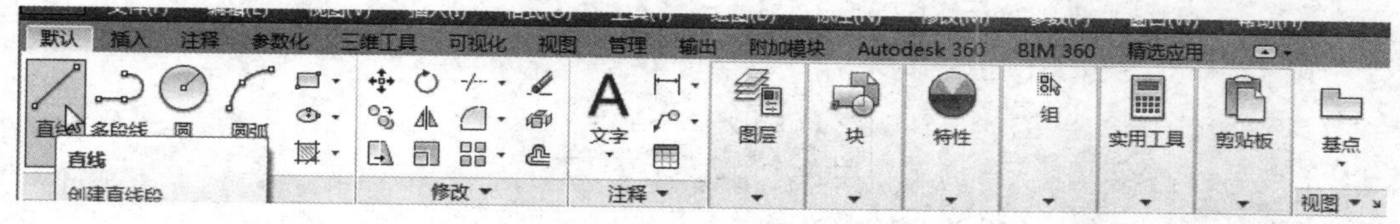

图 2-3　“绘图”面板 1

【操作步骤】

命令: LINE↙
指定第一个点:（输入直线段的起点，用鼠标指定点或者给定点的坐标）
指定下一点或 [放弃(U)]:（输入直线段的端点，也可以用鼠标指定一定角度后，直接输入直线段的长度）
指定下一点或 [放弃(U)]:（输入下一直线段的端点。输入 U 表示放弃前面的输入；右击或按 Enter 键，结束命令）
指定下一点或 [闭合(C)/放弃(U)]:（输入下一直线段的端点，或输入 C 使图形闭合，结束命令）

**注意**

在输入坐标数值时，中间的逗号一定要在英文状态下输入，否则系统无法识别。

【选项说明】

（1）若按 Enter 键响应“指定第一个点:”的提示，则系统会把上次绘线（或弧）的终点作为本次操作的起始点。特别地，若上次操作为绘制圆弧，按 Enter 键响应后，绘出通过圆弧终点的与该圆弧相切的直线段，该线段的长度由鼠标在屏幕上指定的一点与切点之间线段的长度确定。

（2）在“指定下一点”的提示下，用户可以指定多个端点，从而绘出多条直线段。但是，每一条直线段都是一个独立的对象，可以进行单独的编辑操作。

（3）绘制两条以上的直线段后，若用选项 C 响应“指定下一点”的提示，系统会自动链接起始点和最后一个端点，从而绘出封闭的图形。

（4）若用选项 U 响应提示，则会擦除最近一次绘制的直线段。

（5）若设置正交方式（单击状态栏上的“正交”按钮），则只能绘制水平直线段或垂直直线段。

（6）若设置动态数据输入方式（单击状态栏上的 DYN 按钮），则可以动态输入坐标或长度值。下面的命令同样可以设置动态数据输入方式，效果与非动态数据输入方式类似。除了特别需要（以后不再强调），否则只按非动态数据输入方式输入相关数据。

2.1.3　绘制构造线

【执行方式】

☑　命令行：XLINE。

☑　菜单栏：选择菜单栏中的“绘图”→“构造线”命令。

☑　工具栏：单击“绘图”工具栏中的“构造线”按钮。

☑　功能区：单击“默认”选项卡“绘图”面板中的“构造线”按钮（如图 2-4 所示）。

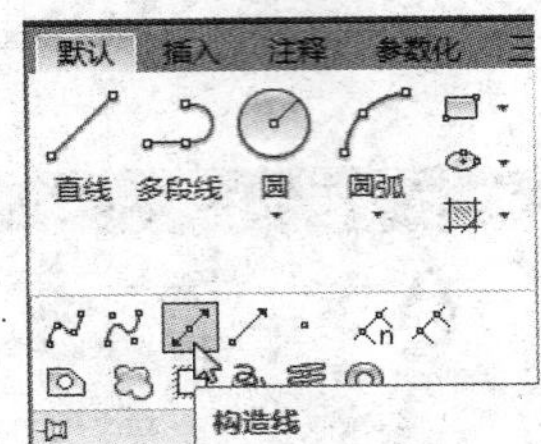

图 2-4　“绘图”面板 2

【操作步骤】

```
命令: XLINE↙
指定点或 [水平(H)/垂直(V)/角度(A)/二等分(B)/偏移(O)]:（给出点）
指定通过点:（给定通过点 2，画一条双向的无限长直线）
指定通过点:（继续给点，继续画线，按 Enter 键，结束命令）
```

【选项说明】

（1）执行选项中有“指定点”“水平”“垂直”“角度”“二等分”“偏移”6 种方式绘制构造线。

（2）这种线可以模拟手工绘图中的辅助绘图线。用特殊的线型显示，在绘图输出时，可不作输出。常用于辅助绘图。

注意

一般每个命令有3种执行方式，这里只给出了命令行执行方式，其他两种执行方式的操作方法与命令行执行方式相同。

2.2　圆 类 图 形

圆类命令主要包括“圆”“圆弧”“椭圆”“椭圆弧”“圆环”等命令，这几个命令是 AutoCAD 中最简单的圆类命令。

【预习重点】

☑　了解圆类命令的绘制方法。
☑　简单练习各命令操作。

2.2.1　绘制圆

【执行方式】

☑　命令行：CIRCLE（快捷命令：C）。
☑　菜单栏：选择菜单栏中的“绘图”→“圆”命令。
☑　工具栏：单击“绘图”工具栏中的“圆”按钮。
☑　功能区：单击“默认”选项卡“绘图”面板中的“圆”下拉菜单（如图 2-5 所示）。

【操作实践——绘制管道泵】

绘制如图 2-6 所示的管道泵视图。操作步骤如下：

（1）单击“默认”选项卡“绘图”面板中的“直线”按钮，绘制阀。命令行提示与操作如下。

```
命令: _line 指定第一个点:
指定下一点或 [放弃(U)]:（垂直向下在屏幕上大约位置指定点 2）
指定下一点或 [放弃(U)]:（在屏幕上大约位置指定点 3，使点 3 大约与点 1 等高，如图 2-7 所示）
指定下一点或 [闭合(C)/放弃(U)]:（垂直向下在屏幕上大约位置指定点 4，使点 4 大约与点 2 等高）
指定下一点或 [闭合(C)/放弃(U)]: C↙（系统自动封闭连续直线并结束命令）
```

结果如图 2-8 所示。

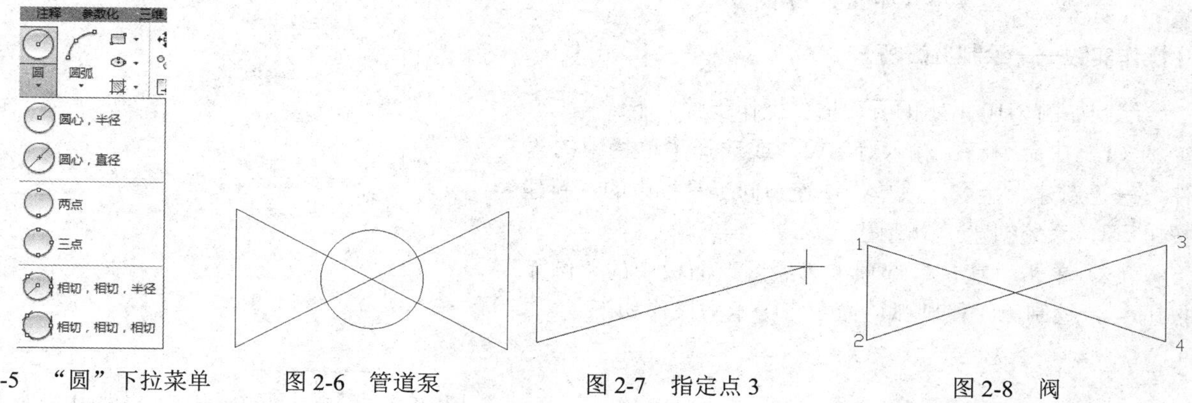

图 2-5　“圆”下拉菜单　　图 2-6　管道泵　　图 2-7　指定点 3　　图 2-8　阀

（2）单击“默认”选项卡“绘图”面板中的“圆”按钮，以交叉直线的交点为圆心，绘制适当大小的圆，完成管道泵视图的绘制，命令行提示与操作如下。

```
命令: _circle
指定圆的圆心或 [三点(3P)/两点(2P)/切点、切点、半径(T)]:（选择交叉直线的交点为圆心）
指定圆的半径或 [直径(D)]:（输入适当大小的半径）↙
```

【选项说明】

（1）三点(3P)：用指定圆周上三点的方法画圆。

（2）两点(2P)：按指定直径的两端点的方法画圆。

（3）切点、切点、半径(T)：按先指定两个相切对象，后给出半径的方法画圆。

“绘图”→“圆”菜单中多了一种“相切、相切、相切”的方法，当选择此方式时，系统提示如下。

```
指定圆上的第一个点: _tan 到:（指定相切的第一个圆弧）
指定圆上的第二个点: _tan 到:（指定相切的第二个圆弧）
指定圆上的第三个点: _tan 到:（指定相切的第三个圆弧）
```

高手支招

对于圆心点的选择，除了直接输入圆心点外，还可以利用圆心点与中心线的对应关系，利用对象捕捉的方法选择。单击状态栏中的“对象捕捉”按钮，命令行中会提示“命令:<对象捕捉 开>”。

2.2.2 绘制圆弧

【执行方式】

- ☑ 命令行：ARC（快捷命令：A）。
- ☑ 菜单栏：选择菜单栏中的“绘图”→“圆弧”命令。
- ☑ 工具栏：单击“绘图”工具栏中的“圆弧”按钮。
- ☑ 功能区：单击“默认”选项卡“绘图”面板中的“圆弧”下拉菜单（如图 2-9 所示）。

【操作实践——绘制五瓣梅】

绘制如图 2-10 所示的五瓣梅。操作步骤如下：

（1）在命令行中输入 NEW，或选择菜单栏中的“文件”→“新建”命令，或单击快速访问工具栏中的“新建”按钮，系统创建一个新图形。

（2）单击“默认”选项卡“绘图”面板中的“圆弧”按钮，绘制第 1 段圆弧，命令行提示与操作如下。

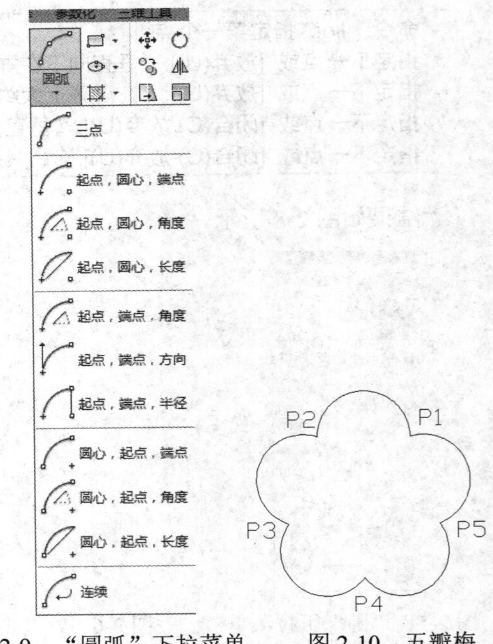

图 2-9 “圆弧”下拉菜单　　图 2-10 五瓣梅

```
命令: _arc 指定圆弧的起点或 [圆心(C)]: 140,110↙
指定圆弧的第二点或 [圆心(C)/端点(E)]: E↙
指定圆弧的端点: @40<180↙
指定圆弧的圆心或 [角度(A)/方向(D)/半径(R)]: R↙
指定圆弧半径: 20↙
```

（3）单击“默认”选项卡“绘图”面板中的“圆弧”按钮，绘制第 2 段圆弧，命令行提示与操作如下。

```
命令: _arc 指定圆弧的起点或 [圆心(C)]: 选择刚才绘制的圆弧端点 P2
指定圆弧的第二点或 [圆心(C)/端点(E)]: E↙
指定圆弧的端点: @40<252↙
指定圆弧的中心点(按住 Ctrl 键以切换方向)或 [角度(A)/方向(D)/半径(R)]: A↙
指定夹角(按住 Ctrl 键以切换方向): 180↙
```

（4）单击“默认”选项卡“绘图”面板中的“圆弧”按钮，绘制第 3 段圆弧，命令行提示与操作如下。

```
命令: _arc 指定圆弧的起点或 [圆心(C)]: 选择步骤（3）中绘制的圆弧端点 P3
指定圆弧的第二点或 [圆心(C)/端点(E)]: C↙
指定圆弧的圆心: @20<324↙
指定圆弧的中心点(按住 Ctrl 键以切换方向)或 [角度(A)/方向(D)/半径(R)]: A↙
指定夹角(按住 Ctrl 键以切换方向): 180↙
```

（5）单击“默认”选项卡“绘图”面板中的“圆弧”按钮，绘制第 4 段圆弧，命令行提示与操作如下。

```
命令: _arc 指定圆弧的起点或 [圆心(C)]: 选择步骤（4）中绘制的圆弧端点 P4
指定圆弧的第二点或 [圆心(C)/端点(E)]: C↙
指定圆弧的圆心: @20<36↙
指定圆弧的起点:
指定圆弧的端点或 [角度(A)/弦长(L)]: L↙
指定弦长: 40↙
```

（6）单击“默认”选项卡“绘图”面板中的“圆弧”按钮，绘制第 5 段圆弧，命令行提示与操作如下。

```
命令: _arc 指定圆弧的起点或 [圆心(C)]:选择步骤（5）中绘制的圆弧端点 P5
指定圆弧的第二点或 [圆心(C)/端点(E)]: E↙
指定圆弧的端点: 选择圆弧起点 P1
指定圆弧的圆心或 [角度(A)/方向(D)/半径(R)]: D↙
指定圆弧的起点切向: @20<20↙
```

完成五瓣梅的绘制，最终绘制结果如图 2-10 所示。

（7）在命令行中输入 QSAVE，或选择菜单栏中的“文件”→“保存”命令，或单击快速访问工具栏中的“保存”按钮，在打开的“图形另存为”对话框中输入文件名保存即可。

【选项说明】

（1）用命令行方式画圆弧时，可以根据系统提示选择不同的选项，具体功能和用“绘制”菜单中的“圆弧”子菜单提供的 11 种方式的功能相似。

（2）需要强调的是“继续”方式，绘制的圆弧与上一线段或圆弧相切，继续绘制圆弧段，因此提供端点即可。

高手支招

绘制圆弧时，注意圆弧的曲率是遵循逆时针方向的，所以在选择指定圆弧两个端点和半径模式时，需要注意端点的指定顺序，否则有可能导致圆弧的凹凸形状与预期的相反。

2.2.3 绘制圆环

【执行方式】

☑ 命令行：DONUT（快捷命令：DO）。
☑ 菜单栏：选择菜单栏中的“绘图”→“圆环”命令。
☑ 功能区：单击“默认”选项卡“绘图”面板中的“圆环”按钮◎。

【操作步骤】

```
命令: DONUT↙
指定圆环的内径 <默认值>:（指定圆环内径）
指定圆环的外径 <默认值>:（指定圆环外径）
指定圆环的中心点或 <退出>:（指定圆环的中心点）
指定圆环的中心点或 <退出>:（继续指定圆环的中心点，则继续绘制具有相同内外径的圆环。按 Enter 键或右击，结束命令）
```

【选项说明】

（1）若指定内径为零，则画出实心填充圆。

（2）用命令 FILL 可以控制圆环是否填充。

```
命令: FILL↙
输入模式 [开(ON)/关(OFF)] <开>:（选择 ON 表示填充，选择 OFF 表示不填充）
```

2.2.4 绘制椭圆与椭圆弧

【执行方式】

☑ 命令行：ELLIPSE（快捷命令：EL）。
☑ 菜单栏：选择菜单栏中的“绘图”→“椭圆”→“圆弧”命令。
☑ 工具栏：单击“绘图”工具栏中的“椭圆”按钮或“椭圆弧”按钮。
☑ 功能区：单击“默认”选项卡“绘图”面板中的“椭圆”下拉菜单（如图 2-11 所示）。

【操作实践——绘制盥洗盆】

绘制如图 2-12 所示的盥洗盆图形。操作步骤如下：

（1）单击“默认”选项卡“绘图”面板中的“直线”按钮，绘制水龙头图形。结果如图 2-13 所示。

（2）单击“默认”选项卡“绘图”面板中的“圆”按钮，绘制两个水龙头旋钮。结果如图 2-14 所示。

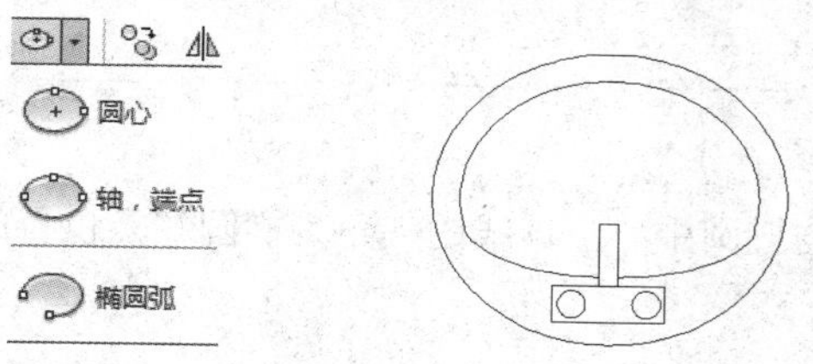

图 2-11　“椭圆”下拉菜单　　图 2-12　盥洗盆图形

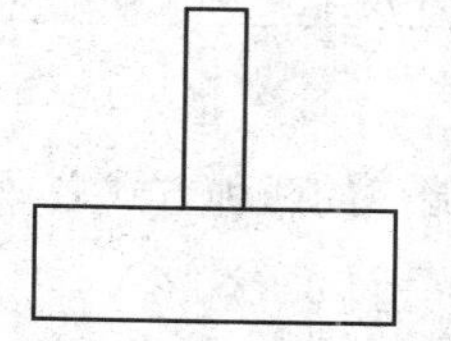

图 2-13　绘制水龙头

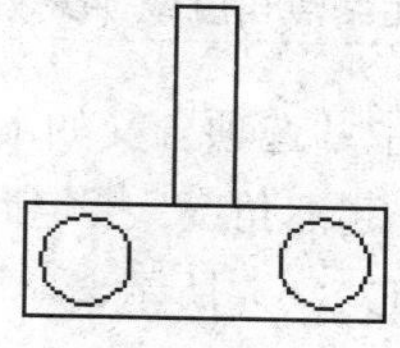

图 2-14　绘制旋钮

（3）单击“默认”选项卡“绘图”面板中的“轴，端点”按钮，绘制脸盆外沿，命令行提示与操作如下。

命令: _ellipse
指定椭圆的轴端点或 [圆弧(A)/中心点(C)]:（用鼠标指定椭圆轴端点）
指定轴的另一个端点:（用鼠标指定另一端点）
指定另一条半轴长度或 [旋转(R)]:（用鼠标在屏幕上拉出另一半轴长度）

绘制结果如图 2-15 所示。

（4）单击“默认”选项卡“绘图”面板中的“椭圆弧”按钮，绘制脸盆部分内沿，命令行提示与操作如下。

命令: _ellipse（选择工具栏或“绘图”菜单中的“椭圆弧”命令）
指定椭圆的轴端点或 [圆弧(A)/中心点(C)]: _a
指定椭圆弧的轴端点或 [中心点(C)]: C↙
指定椭圆弧的中心点:（单击状态栏中的“对象捕捉”按钮，捕捉刚才绘制的椭圆中心点，关于“捕捉”，后面进行介绍）
指定轴的端点:（适当指定一点）
指定另一条半轴长度或 [旋转(R)]: R↙
指定绕长轴旋转的角度:（用鼠标指定椭圆轴端点）
指定起点角度或 [参数(P)]:（用鼠标拉出起始角度）
指定终点角度或 [参数(P)/夹角(I)]:（用鼠标拉出终止角度）

绘制结果如图 2-16 所示。

（5）单击“默认”选项卡“绘图”面板中的“圆弧”按钮，绘制脸盆其他部分内沿。最终结果如图 2-12 所示。

【选项说明】

（1）指定椭圆的轴端点：根据两个端点，定义椭圆的第一条轴。第一条轴的角度确定了整个椭圆的角度。第一条轴既可定义为椭圆的长轴，也可定义为椭圆的短轴。

（2）圆弧(A)：该选项用于创建一段椭圆弧。与“工具栏：绘制→椭圆弧”功能相同。其中第一条轴的角度确定了椭圆弧的角度。第一条轴既可定义为椭圆弧长轴，也可定义为椭圆弧短轴。选择该选项，系统继续提示如下。

```
指定椭圆弧的轴端点或 [中心点(C)]:（指定端点或输入 C）
指定轴的另一个端点:（指定轴端点 2，如图 2-17（a）所示）
指定另一条半轴长度或 [旋转(R)]:（指定另一条半轴长度或输入 R）
指定起点角度或 [参数(P)]:（指定起始角度或输入 P）
指定终点角度或 [参数(P)/夹角(I)]:
```

其中各选项含义如下。

① 起点角度：指定椭圆弧端点的两种方式之一，光标与椭圆中心点连线的夹角为椭圆端点位置的角度，如图 2-17（b）所示。

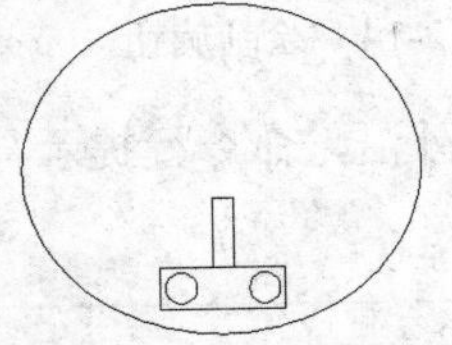

图 2-15　绘制脸盆外沿

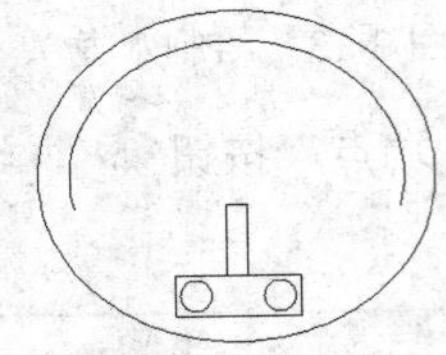

图 2-16　绘制脸盆部分内沿

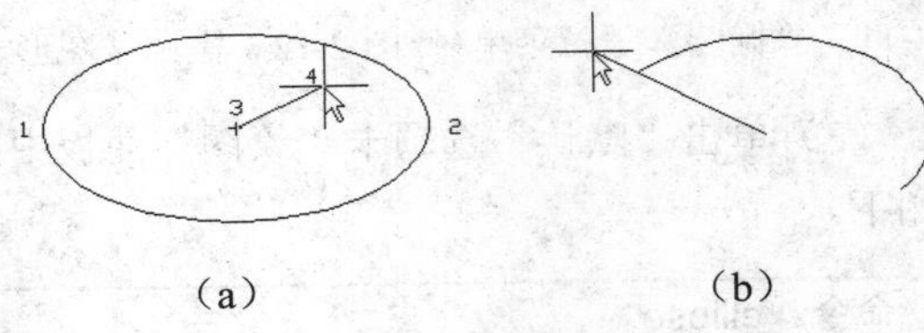

图 2-17　椭圆和椭圆弧

② 参数(P)：指定椭圆弧端点的另一种方式，该方式同样是指定椭圆弧端点的角度，但通过以下矢量参数方程式创建椭圆弧。

$$p(u)=c+a\times\cos(u)+b\times\sin(u)$$

其中，c 是椭圆的中心点，a 和 b 分别是椭圆的长轴和短轴，u 为光标与椭圆中心点连线的夹角。

③ 夹角(I)：定义从起点角度开始的包含角度。

④ 中心点(C)：通过指定的中心点创建椭圆。

⑤ 旋转(R)：通过绕第一条轴旋转圆来创建椭圆。相当于将一个圆绕椭圆轴翻转一个角度后的投影视图。

高手支招

"椭圆"命令生成的椭圆是以多段线还是以椭圆为实体，是由系统变量 PELLIPSE 决定的，当其为 1 时，生成的椭圆就是以多段线形式存在的。

2.3　平面图形

简单的平面图形命令包括"矩形"命令和"多边形"命令。

【预习重点】

☑　了解平面图形的种类及应用。

☑　简单练习矩形与多边形的绘制。

2.3.1　绘制矩形

【执行方式】

☑ 命令行：RECTANG（缩写名：REC）。

☑ 菜单栏：选择菜单栏中的“绘图”→“矩形”命令。

☑ 工具栏：单击“绘图”工具栏中的“矩形”按钮。

☑ 功能区：单击“默认”选项卡“绘图”面板中的“矩形”按钮。

【操作实践——绘制风机符号】

绘制如图 2-18 所示的风机符号。操作步骤如下：

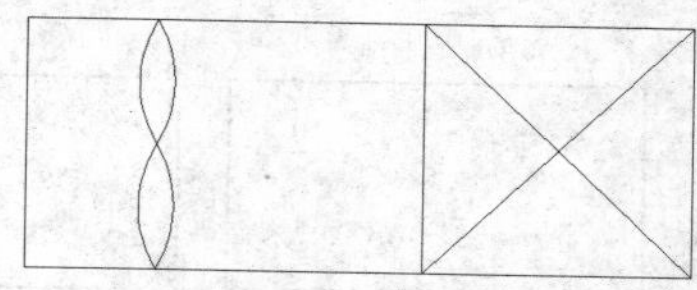

图 2-18　风机符号

（1）单击“默认”选项卡“绘图”面板中的“矩形”按钮，绘制适当大小的矩形，命令行提示与操作如下。

```
命令: _rectang
指定第一个角点或 [倒角(C)/标高(E)/圆角(F)/厚度(T)/宽度(W)]:（在任意位置选择一点为矩形第一角点）
指定另一个角点或 [面积(A)/尺寸(D)/旋转(R)]:（在第一角点右下方任意选择一点作为另一角点）
```

结果如图 2-19 所示。

（2）单击“默认”选项卡“绘图”面板中的“多边形”按钮，绘制正方形，命令行提示与操作如下。

```
命令: _polygon
输入侧面数 <4>:↙
指定正多边形的中心点或 [边(E)]: E ↙
指定边的第一个端点:（以步骤（1）绘制的矩形的右上端点为第一端点）
指定边的第二个端点:（以步骤（1）绘制的矩形的右下端点为第二端点）
```

结果如图 2-20 所示。

（3）单击“默认”选项卡“绘图”面板中的“直线”按钮，以步骤（2）绘制的正方形的左下端点和右上端点为两点绘制直线，重复“直线”命令，以步骤（2）绘制的正方形的左上端点和右下端点为两点绘制直线，结果如图 2-21 所示。

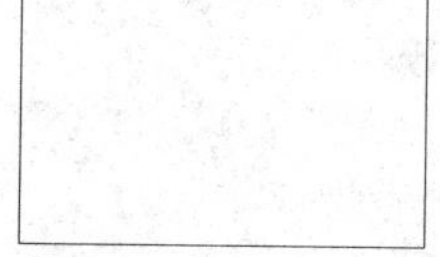

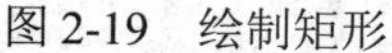

图 2-19　绘制矩形

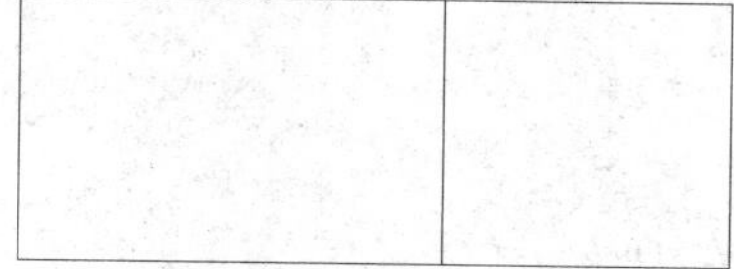

图 2-20　绘制正方形

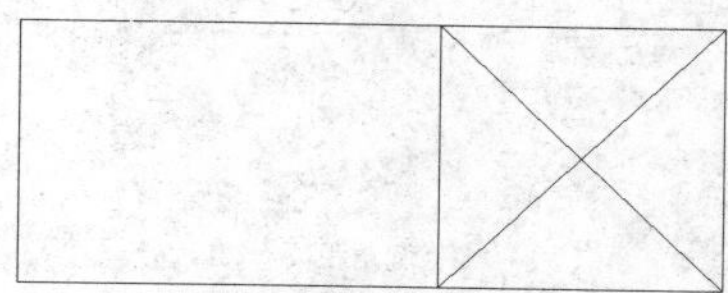

图 2-21　绘制直线

（4）单击“默认”选项卡“绘图”面板中的“圆弧”按钮，绘制 4 段圆弧，结果如图 2-18 所示，最终完成风机符号的绘制。

【选项说明】

（1）指定第一个角点：通过指定两个角点来确定矩形，如图 2-22（a）所示。

（2）倒角(C)：指定倒角距离，绘制带倒角的矩形（如图 2-22（b）所示），每一个角点的逆时针和顺

时针方向的倒角可以相同，也可以不同，其中第一个倒角距离是指角点逆时针方向的倒角距离，第二个倒角距离是指角点顺时针方向的倒角距离。

（3）标高(E)：指定矩形标高（Z 坐标），即把矩形画在标高为 Z、与 XOY 坐标面平行的平面上，并作为后续矩形的标高值。

（4）圆角(F)：指定圆角半径，绘制带圆角的矩形，如图 2-22（c）所示。

（5）厚度(T)：指定矩形的厚度，如图 2-22（d）所示。

（6）宽度(W)：指定线宽，如图 2-22（e）所示。

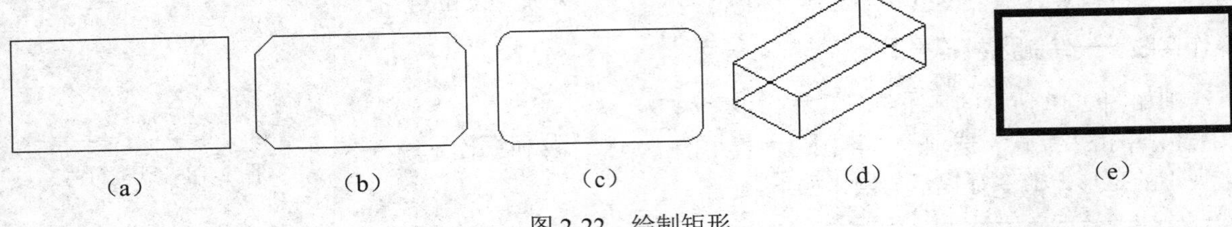

图 2-22　绘制矩形

（7）尺寸(D)：使用长和宽创建矩形。第二个指定点将矩形定位在与第一角点相关的 4 个位置之一内。

（8）面积(A)：通过指定面积和长或宽来创建矩形。选择该选项，系统提示：

```
输入以当前单位计算的矩形面积 <20.0000>:（输入面积值）
计算矩形标注时依据 [长度(L)/宽度(W)] <长度>:（按 Enter 键或输入 W）
输入矩形长度 <4.0000>:（指定长度或宽度）
```

指定长度或宽度后，系统自动计算出另一个维度后绘制出矩形。如果矩形被倒角或圆角，则在长度或宽度计算中会考虑此设置，如图 2-23 所示。

（9）旋转(R)：旋转所绘制矩形的角度。选择该选项，系统提示：

```
指定旋转角度或 [拾取点(P)] <135>:（指定角度）
指定另一个角点或 [面积(A)/尺寸(D)/旋转(R)]:（指定另一个角点或选择其他选项）
```

指定旋转角度后，系统按指定旋转角度创建矩形，如图 2-24 所示。

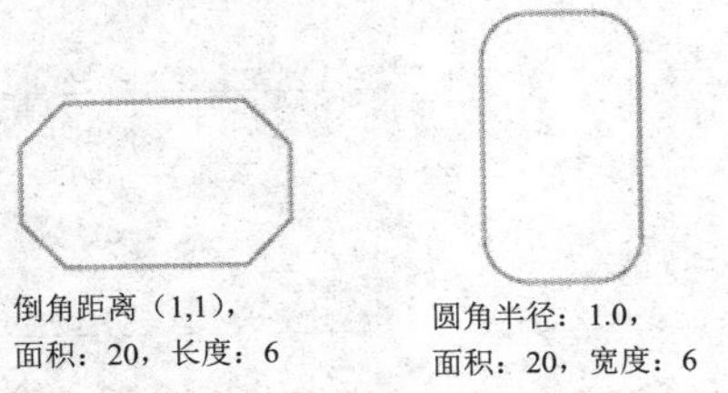

图 2-23　按面积绘制矩形

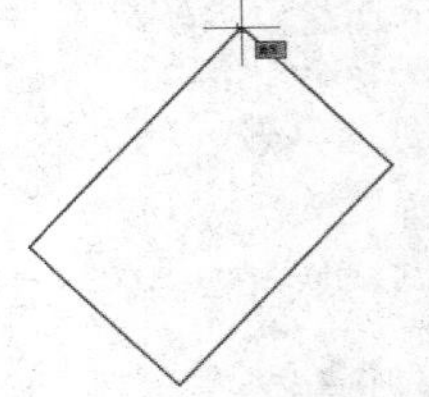

图 2-24　按指定旋转角度创建矩形

2.3.2　绘制正多边形

【执行方式】

☑　命令行：POLYGON（快捷命令：POL）。

- ☑ 菜单栏：选择菜单栏中的“绘图”→“多边形”命令。
- ☑ 工具栏：单击“绘图”工具栏中的“多边形”按钮。
- ☑ 功能区：单击“默认”选项卡“绘图”面板中的“多边形”按钮。

【操作实践——绘制圆凳】

绘制如图 2-25 所示的圆凳。操作步骤如下：

（1）选择菜单栏中的“格式”→“图形界限”命令，设置图幅界限为 297×210。

（2）绘制轮廓线。

① 单击“默认”选项卡“绘图”面板中的“多边形”按钮，绘制外轮廓线，命令行提示与操作如下。

```
命令: polygon↙
输入侧面数 <8>: 8↙
指定正多边形的中心点或 [边(E)]: 0,0↙
输入选项 [内接于圆(I)/外切于圆(C)] <I>: C↙
指定圆的半径: 100↙
```

绘制结果如图 2-26 所示。

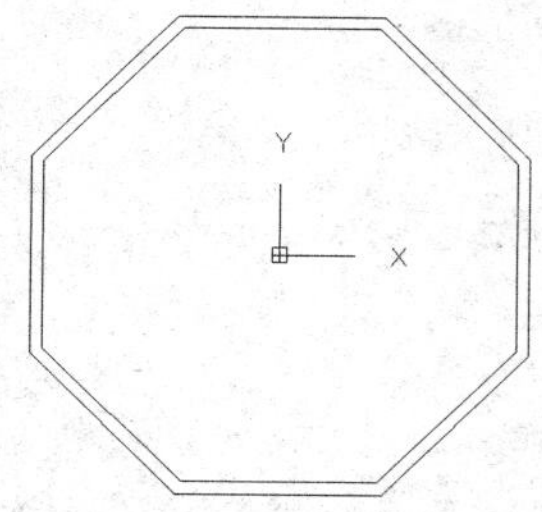

图 2-25　圆凳

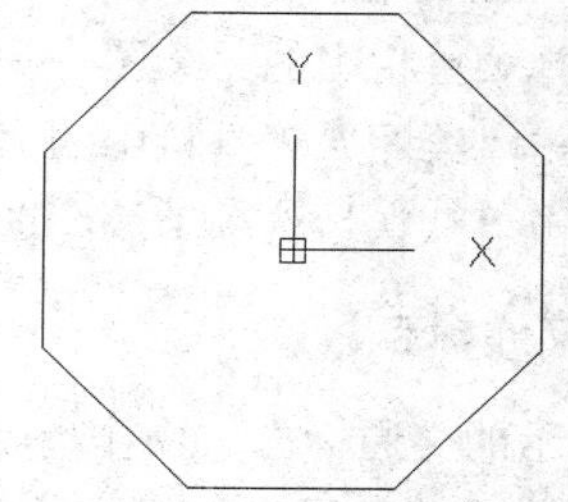

图 2-26　绘制轮廓线

② 用同样的方法绘制另一个正多边形，中心点在（0,0）的正八边形，其内切圆半径为 95。

绘制结果如图 2-25 所示。

【选项说明】

如果选择“内接于圆”选项，则绘制的多边形内接于圆，如图 2-27（a）所示；如果选择“外切于圆”选项，则绘制的多边形外切于圆，如图 2-27（b）所示；如果选择“边”选项，则只要指定多边形的一条边，系统就会按逆时针方向创建该正多边形，如图 2-27（c）所示。

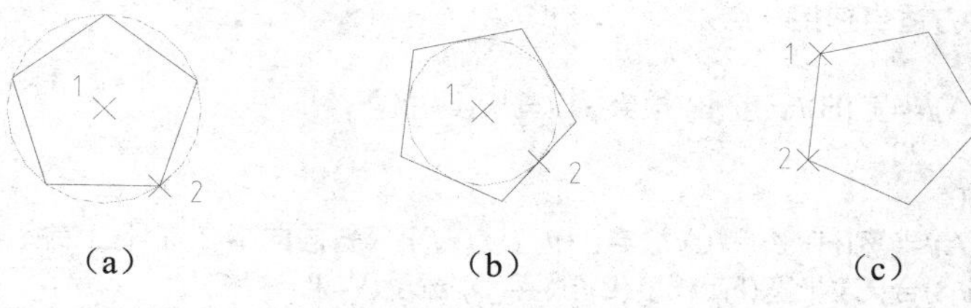

图 2-27　画正多边形

2.4 多 段 线

多段线是一种由线段和圆弧组合而成的、不同线宽的多线，这种线由于其组合形式的多样和线宽的不同，弥补了直线或圆弧功能的不足，适合绘制各种复杂的图形轮廓，因而得到了广泛的应用。

【预习重点】

☑ 比较多段线与直线、圆弧组合体的差异。
☑ 了解多段线命令行选项含义。
☑ 了解如何编辑多段线。

2.4.1 绘制多段线

【执行方式】

☑ 命令行：PLINE（快捷命令：PL）。
☑ 菜单栏：选择菜单栏中的“绘图”→“多段线”命令。
☑ 工具栏：单击“绘图”工具栏中的“多段线”按钮。
☑ 功能区：单击“默认”选项卡“绘图”面板中的“多段线”按钮。

图 2-28 交通标志

【操作实践——绘制交通标志】

绘制如图 2-28 所示的交通标志。操作步骤如下：

（1）选择菜单栏中的“绘图”→“圆环”命令，绘制圆环，命令行提示与操作如下。

```
命令: _donut
指定圆环的内径 <0.5000>: 110↙
指定圆环的外径 <1.0000>: 140↙
指定圆环的中心点或 <退出>: 100,100↙
```

结果如图 2-29 所示。

（2）单击“默认”选项卡“绘图”面板中的“多段线”按钮，绘制斜线，命令行提示与操作如下。

```
命令: _pline
指定起点:（在圆环左上方适当捕捉一点）
当前线宽为 0.0000
指定下一个点或 [圆弧(A)/半宽(H)/长度(L)/放弃(U)/宽度(W)]: W↙
指定起点宽度 <0.0000>: 20↙
指定端点宽度 <20.0000>:↙
指定下一个点或 [圆弧(A)/半宽(H)/长度(L)/放弃(U)/宽度(W)]:（斜向向下在圆环上捕捉一点）
指定下一点或 [圆弧(A)/闭合(C)/半宽(H)/长度(L)/放弃(U)/宽度(W)]: ↙
```

结果如图 2-30 所示。

（3）设置当前图层颜色为黑色。选择菜单栏中的“绘图”→“圆环”命令，绘制圆心坐标为（128,83）

和（83,83），圆环内径为 9，外径为 14 的两个圆环，结果如图 2-31 所示。

（4）单击“默认”选项卡“绘图”面板中的“多段线”按钮，绘制车身，命令行提示与操作如下。

```
命令: _pline
指定起点: 140,83↙
当前线宽为 0.0000
指定下一个点或 [圆弧(A)/半宽(H)/长度(L)/放弃(U)/宽度(W)]: 136.775,83↙
指定下一点或 [圆弧(A)/闭合(C)/半宽(H)/长度(L)/放弃(U)/宽度(W)]: A↙
指定圆弧的端点(按住 Ctrl 键以切换方向)或 [角度(A)/圆心(CE)/闭合(CL)/方向(D)/半宽(H)/直线(L)/半径(R)/第二个点(S)/放弃(U)/宽度(W)]: CE↙
指定圆弧的圆心: 128,83↙
指定圆弧的端点(按住 Ctrl 键以切换方向)或[角度(A)/长度(L)]:（指定一点，在极限追踪的条件下拖动鼠标向左在屏幕上单击）
指定圆弧的端点(按住 Ctrl 键以切换方向)或 [角度(A)/圆心(CE)/闭合(CL)/方向(D)/半宽(H)/直线(L)/半径(R)/第二个点(S)/放弃(U)/宽度(W)]: L   //输入 L 选项
指定下一点或 [圆弧(A)/闭合(C)/半宽(H)/长度(L)/放弃(U)/宽度(W)]: @-27.22,0↙
指定下一点或 [圆弧(A)/闭合(C)/半宽(H)/长度(L)/放弃(U)/宽度(W)]: A↙
指定圆弧的端点(按住Ctrl键以切换方向)或[角度(A)/圆心(CE)/闭合(CL)/方向(D)/半宽(H)/直线(L)/半径(R)/第二个点(S)/放弃(U)/宽度(W)]: CE↙
指定圆弧的圆心: 83,83↙
指定圆弧的端点(按住 Ctrl 键以切换方向)或 [角度(A)/长度(L)]: A↙
指定夹角(按住 Ctrl 键以切换方向): 180↙
指定圆弧的端点(按住Ctrl键以切换方向)或[角度(A)/圆心(CE)/闭合(CL)/方向(D)/半宽(H)/直线(L)/半径(R)/第二个点(S)/放弃(U)/宽度(W)]: L   //输入 L 选项
指定下一点或 [圆弧(A)/闭合(C)/半宽(H)/长度(L)/放弃(U)/宽度(W)]: 58,83↙
指定下一点或 [圆弧(A)/闭合(C)/半宽(H)/长度(L)/放弃(U)/宽度(W)]: 58,104.5↙
指定下一点或 [圆弧(A)/闭合(C)/半宽(H)/长度(L)/放弃(U)/宽度(W)]: 71,127↙
指定下一点或 [圆弧(A)/闭合(C)/半宽(H)/长度(L)/放弃(U)/宽度(W)]: 82,127↙
指定下一点或 [圆弧(A)/闭合(C)/半宽(H)/长度(L)/放弃(U)/宽度(W)]: 82,106↙
指定下一点或 [圆弧(A)/闭合(C)/半宽(H)/长度(L)/放弃(U)/宽度(W)]: 140,106↙
指定下一点或 [圆弧(A)/闭合(C)/半宽(H)/长度(L)/放弃(U)/宽度(W)]: C↙
```

结果如图 2-32 所示。

图 2-29　绘制圆环

图 2-30　绘制斜线

图 2-31　绘制轮胎

图 2-32　绘制车身

（5）单击“默认”选项卡“绘图”面板中的“矩形”按钮，在车身后部合适的位置绘制几个矩形作为货箱，结果如图 2-28 所示。

【选项说明】

（1）圆弧(A)：该选项使 PLINE 命令由绘制直线方式变为绘制圆弧方式，并给出绘制圆弧的提示：

```
指定圆弧的端点或[角度(A)/圆心(CE)/闭合(CL)/方向(D)/半宽(H)/直线(L)/半径(R)/第二个点(S)/放弃(U)/宽度(W)]:
```

高手支招

执行“多段线”命令时，如坐标输入错误，不必退出命令，重新绘制，按下面命令行输入：

```
指定下一点或 [圆弧(A)/闭合(C)/半宽(H)/长度(L)/放弃(U)/宽度(W)]: 0,600 （操作出错，但已按 Enter 键，出现下一行命令）
指定下一点或 [圆弧(A)/闭合(C)/半宽(H)/长度(L)/放弃(U)/宽度(W)]: U （放弃，表示上步操作出错）
指定下一点或 [圆弧(A)/闭合(C)/半宽(H)/长度(L)/放弃(U)/宽度(W)]: @0,600（输入正确坐标，继续进行下步操作）
```

其中，“闭合(C)”选项是指系统从当前点到多段线的起点以当前宽度画一条直线，构成封闭的多段线，并结束 PLINE 命令的执行。

（2）半宽(H)：确定多段线的半宽度。

（3）长度(L)：确定多段线的长度。

（4）放弃(U)：可以删除多段线中刚画出的直线段（或圆弧段）。

（5）宽度(W)：确定多段线的宽度，操作方法与“半宽”选项类似。

2.4.2 编辑多段线

【执行方式】

☑ 命令行：PEDIT（快捷命令：PE）。

☑ 菜单栏：选择菜单栏中的“修改”→“对象”→“多段线”命令。

☑ 工具栏：单击“修改 II”工具栏中的“编辑多段线”按钮。

☑ 功能区：单击“默认”选项卡“修改”面板中的“编辑多段线”按钮。

☑ 快捷菜单：选择要编辑的多线段，在绘图区右击，从打开的快捷菜单中选择“多段线编辑”命令。

【操作步骤】

```
命令: PEDIT↙
选择多段线或 [多条(M)]:（选择一条要编辑的多段线）
输入选项 [闭合(C)/合并(J)/宽度(W)/编辑顶点(E)/拟合(F)/样条曲线(S)/非曲线化(D)/线型生成(L)/反转(R)/放弃(U)]:
```

【选项说明】

（1）合并(J)：以选中的多段线为主体，合并其他直线段、圆弧或多段线，使其成为一条多段线。能合并的条件是各段线的端点首尾相连，如图 2-33 所示。

（2）宽度(W)：修改整条多段线的线宽，使其具有同一线宽，如图 2-34 所示。

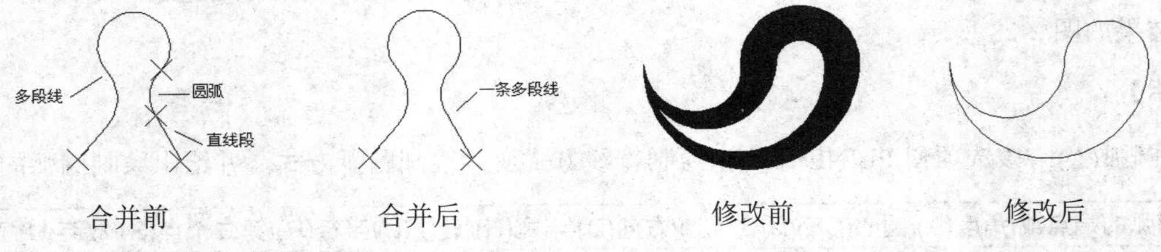

图 2-33 合并多段线

图 2-34 修改整条多段线的线宽

（3）编辑顶点(E)：选择该选项后，在多段线起点处出现一个斜的十字叉“×”，它为当前顶点的标记，并在命令行出现进行后续操作的提示：

[下一个(N)/上一个(P)/打断(B)/插入(I)/移动(M)/重生成(R)/拉直(S)/切向(T)/宽度(W)/退出(X)] <N>:

这些选项允许用户进行移动、插入顶点和修改任意两点间线的线宽等操作。

（4）拟合(F)：从指定的多段线生成由光滑圆弧连接而成的圆弧拟合曲线，该曲线经过多段线的各顶点，如图 2-35 所示。

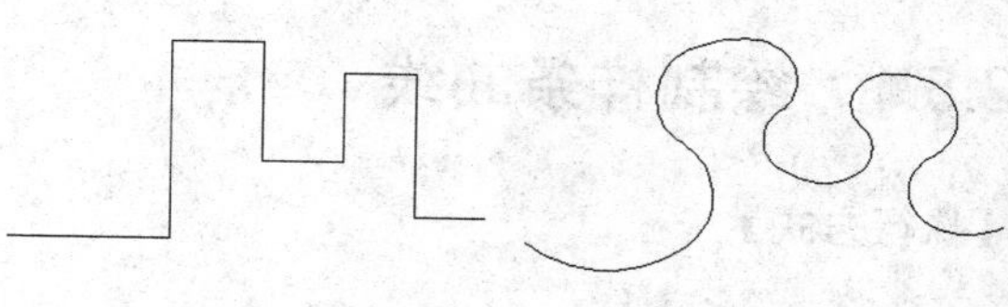

图 2-35　生成圆弧拟合曲线

（5）样条曲线(S)：以指定的多段线的各顶点作为控制点生成 B 样条曲线，如图 2-36 所示。

（6）非曲线化(D)：用直线代替指定的多段线中的圆弧。对于选择“拟合(F)”选项或“样条曲线(S)”选项后生成的圆弧拟合曲线或样条曲线，删去其生成曲线时新插入的顶点，则恢复成由直线段组成的多段线。

（7）线型生成(L)：当多段线的线型为点划线时，控制多段线的线型生成方式开关。选择该选项，系统提示：

输入多段线线型生成选项 [开(ON)/关(OFF)] <关>:

选择 ON 时，将在每个顶点处允许以短划开始或结束生成线型；选择 OFF 时，将在每个顶点处允许以长划开始或结束生成线型。“线型生成”不能用于包含带变宽的线段的多段线，如图 2-37 所示。

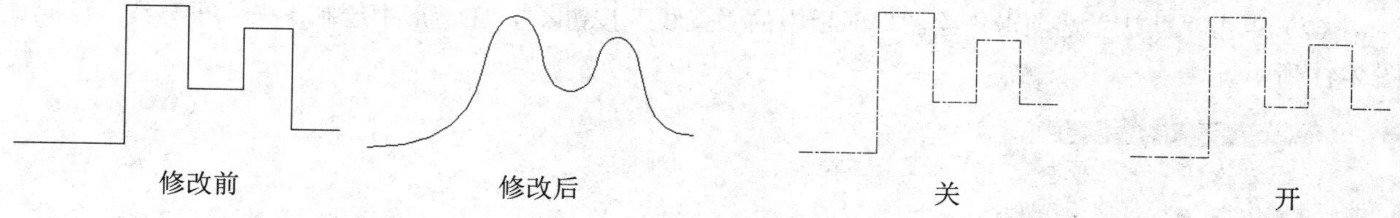

图 2-36　生成 B 样条曲线　　图 2-37　控制多段线的线型（线型为点划线时）

（8）反转(R)：反转多段线顶点的顺序。使用该选项可反转使用包含文字线型的对象的方向。

2.5　样条曲线

AutoCAD 使用一种称为非一致有理 B 样条（NURBS）曲线的特殊样条曲线类型。NURBS 曲线在控制点之间产生一条光滑的样条曲线，如图 2-38 所示。样条曲线可用于创建形状不规则的曲线，例如，为地理信息系统（GIS）应用或汽车设计绘制轮廓线。

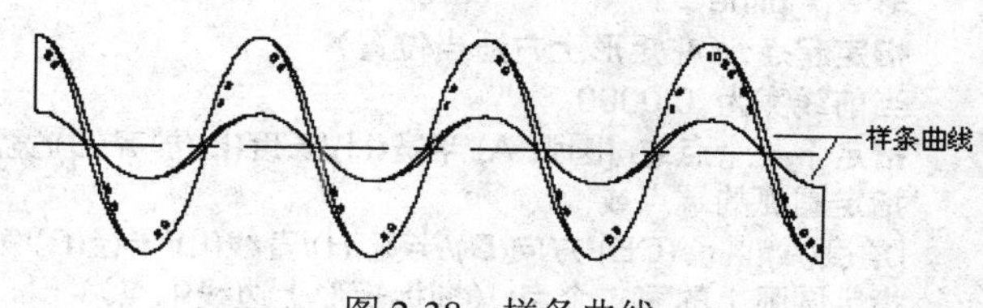

图 2-38　样条曲线

【预习重点】

☑ 观察绘制的样条曲线。
☑ 了解样条曲线中命令行中选项的含义。
☑ 对比观察利用夹点编辑与编辑样条曲线命令调整曲线轮廓的区别。
☑ 练习样条曲线的应用。

2.5.1 绘制样条曲线

【执行方式】

☑ 命令行：SPLINE。
☑ 菜单栏：选择菜单栏中的“绘图”→“样条曲线”命令。
☑ 工具栏：单击“绘图”工具栏中的“样条曲线”按钮。
☑ 功能区：单击“默认”选项卡“绘图”面板中的“样条曲线拟合”按钮或“样条曲线控制点”按钮（如图 2-39 所示）。

【操作实践——绘制壁灯】

绘制如图 2-40 所示的壁灯图形。操作步骤如下：

（1）单击“默认”选项卡“绘图”面板中的“矩形”按钮，在适当位置绘制一个 220mm×50mm 的矩形。

（2）单击“默认”选项卡“绘图”面板中的“直线”按钮，在矩形中绘制 5 条水平直线。结果如图 2-41 所示。

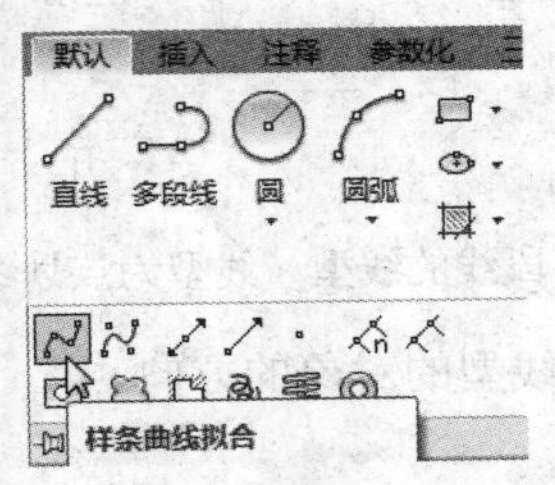

图 2-39 “绘图”面板

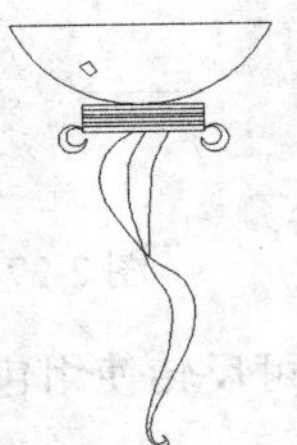

图 2-40 壁灯

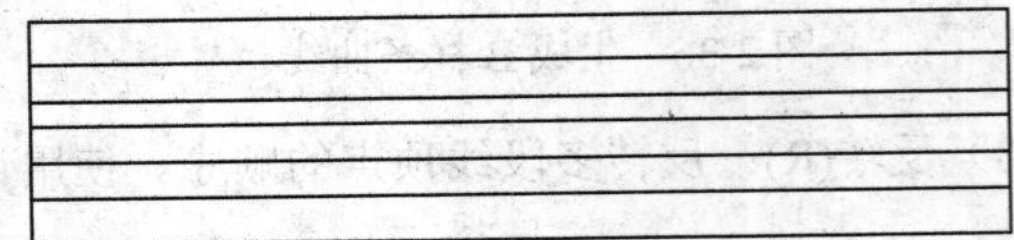

图 2-41 绘制底座

（3）单击“默认”选项卡“绘图”面板中的“多段线”按钮，绘制灯罩，命令行提示与操作如下。

```
命令: _pline
指定起点:（在矩形上方适当位置）
当前线宽为 0.0000
指定下一个点或 [圆弧(A)/半宽(H)/长度(L)/放弃(U)/宽度(W)]: A↙
指定圆弧的端点或
[角度(A)/圆心(CE)/方向(D)/半宽(H)/直线(L)/半径(R)/第二个点(S)/放弃(U)/宽度(W)]: S↙
指定圆弧上的第二个点:（捕捉矩形上边线中点）
指定圆弧的端点:
指定圆弧的端点（按住 Ctrl 键以切换方向）或
[角度(A)/圆心(CE)/闭合(C)/方向(D)/半宽(H)/直线(L)/半径(R)/第二个点(S)/放弃(U)/宽度(W)]: L
```

```
指定下一点或 [圆弧(A)/闭合(C)/半宽(H)/长度(L)/放弃(U)/宽度(W)]:(捕捉圆弧起点)
```

（4）重复“多段线”命令，在灯罩上绘制一个不等四边形，如图 2-42 所示。

（5）单击“默认”选项卡“绘图”面板中的“样条曲线拟合”按钮，绘制装饰物，命令行提示与操作如下。

```
命令: _spline
当前设置: 方式=拟合     节点=弦
指定第一个点或 [方式(M)/节点(K)/对象(O)]:(适当指定一点)
输入下一个点或 [起点切向(T)/公差(L)]:(适当指定一点)
输入下一个点或 [端点相切(T)/公差(L)/放弃(U)]:(适当指定一点)
输入下一个点或 [端点相切(T)/公差(L)/放弃(U)/闭合(C)]:(适当指定一点)
输入下一个点或 [端点相切(T)/公差(L)/放弃(U)/闭合(C)]:(适当指定一点)
输入下一个点或 [端点相切(T)/公差(L)/放弃(U)/闭合(C)]: ↙
```

结果如图 2-43 所示。

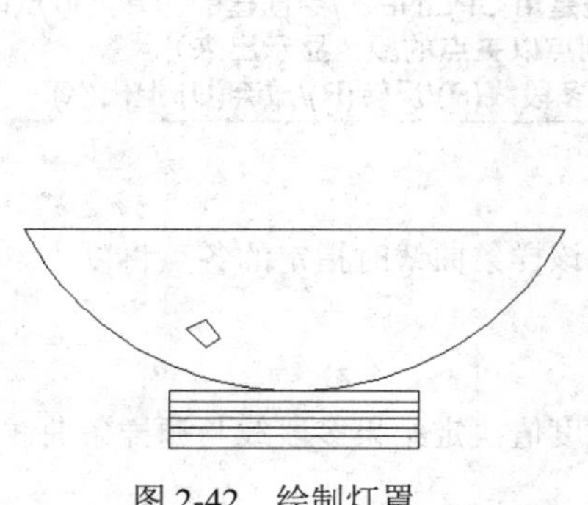

图 2-42　绘制灯罩

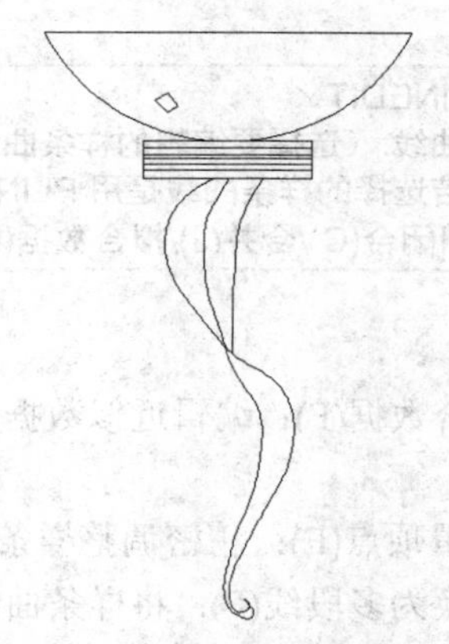

图 2-43　绘制装饰物

（6）单击“默认”选项卡“绘图”面板中的“多段线”按钮，在矩形的两侧绘制月亮装饰，如图 2-40 所示。

【选项说明】

（1）对象(O)：将二维或三维的二次或三次样条曲线的拟合多段线转换为等价的样条曲线，然后根据 DelOBJ 系统变量的设置删除该拟合多段线。

（2）闭合(C)：将最后一点定义为与第一点一致，并使其在连接处与样条曲线相切，这样可以闭合样条曲线。选择该选项，系统继续提示：

```
指定切向:(指定点或按 Enter 键)
```

用户可以指定一点来定义切向矢量，或者通过使用“切点”和“垂足”对象来捕捉模式使样条曲线与现有对象相切或垂直。

（3）公差(L)：使用新的公差值将样条曲线重新拟合至现有的拟合点。

（4）起点切向(T)：定义样条曲线的第一点和最后一点的切向。

如果在样条曲线的两端都指定切向，可以通过输入一个点或者使用“切点”和“垂足”对象来捕捉模式使样条曲线与已有的对象相切或垂直。如果按 Enter 键，AutoCAD 将计算默认切向。

2.5.2 编辑样条曲线

【执行方式】

☑ 命令行：SPLINEDIT。
☑ 菜单栏：选择菜单栏中的“修改”→“对象”→“样条曲线”命令。
☑ 工具栏：单击“修改 II”工具栏中的“编辑样条曲线”按钮。
☑ 功能区：单击“默认”选项卡“修改”面板中的“编辑样条曲线”按钮。
☑ 快捷菜单：选择要编辑的样条曲线，在绘图区右击，从打开的快捷菜单上选择“编辑样条曲线”命令。

【操作步骤】

```
命令: SPLINEDIT↙
选择样条曲线:（选择要编辑的样条曲线。若选择的样条曲线是用 SPLINE 命令创建的，其近似点以夹点的颜色显示出来；若选择的样条曲线是用 PLINE 命令创建的，其控制点以夹点的颜色显示出来）
输入选项 [闭合(C)/合并(J)/拟合数据(F)/编辑顶点(E)/转换为多段线(P)/反转(R)/放弃(U)/退出(X)]:
```

【选项说明】

（1）拟合数据(F)：编辑近似数据。选择该项后，创建该样条曲线时指定的各点将以小方格的形式显示出来。

（2）编辑顶点(E)：精密调整样条曲线定义。

（3）转换为多段线(P)：将样条曲线转换为多段线。精度值决定结果多段线与源样条曲线拟合的精确程度。有效值为介于 0～99 之间的任意整数。

（4）反转(R)：反转样条曲线的方向。该选项主要适用于第三方应用程序。

2.6 多　　线

多线是一种复合线，由连续的直线段复合组成。多线的一个突出优点是能够提高绘图效率，保证图线之间的统一性。

【预习重点】

☑ 观察绘制的多线。
☑ 了解多线的不同样式。
☑ 观察如何编辑多线。

2.6.1　绘制多线

【执行方式】

☑　命令行：MLINE。

☑　菜单栏：选择菜单栏中的“绘图”→“多线”命令。

【操作步骤】

```
命令: MLINE↙
当前设置: 对正 = 上，比例 = 20.00，样式 = STANDARD
指定起点或 [对正(J)/比例(S)/样式(ST)]:（指定起点）
指定下一点:（给定下一点）
指定下一点或 [放弃(U)]:（继续给定下一点，绘制线段。输入 U，则放弃前一段的绘制；右击或按 Enter 键，结束命令）
指定下一点或 [闭合(C)/放弃(U)]:（继续给定下一点，绘制线段。输入 C，则闭合线段，结束命令）
```

【选项说明】

（1）对正(J)：用于给定绘制多线的基准。共有 3 种对正类型：“上”“无”“下”。其中，“上(T)”表示以多线上侧的线为基准，以此类推。

（2）比例(S)：选择该选项，要求用户设置平行线的间距。输入值为零时，平行线重合；值为负时，多线的排列倒置。

（3）样式(ST)：用于设置当前使用的多线样式。

2.6.2　定义多线样式

【执行方式】

☑　命令行：MLSTYLE。

☑　菜单栏：选择菜单栏中的“格式”→“多线样式”命令。

【操作步骤】

系统自动执行该命令后，弹出如图 2-44 所示的“多线样式”对话框。在该对话框中，用户可以对多线样式进行定义、保存和加载等操作。

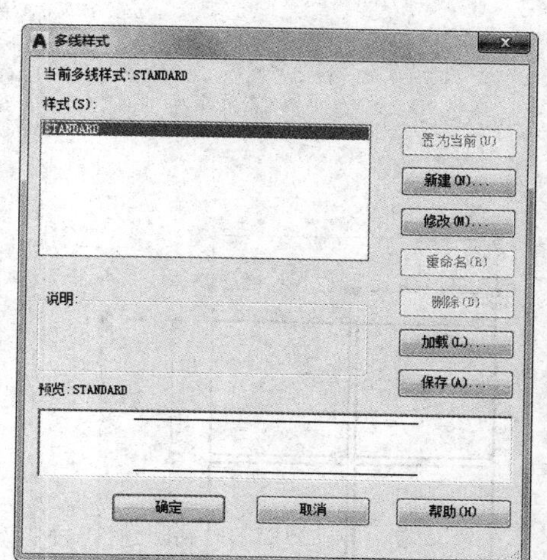

图 2-44　“多线样式”对话框

2.6.3　编辑多线

【执行方式】

☑　命令行：MLEDIT。

☑　菜单栏：选择菜单栏中的“修改”→“对象”→“多线”命令。

利用该命令后，弹出“多线编辑工具”对话框，如图 2-45 所示。

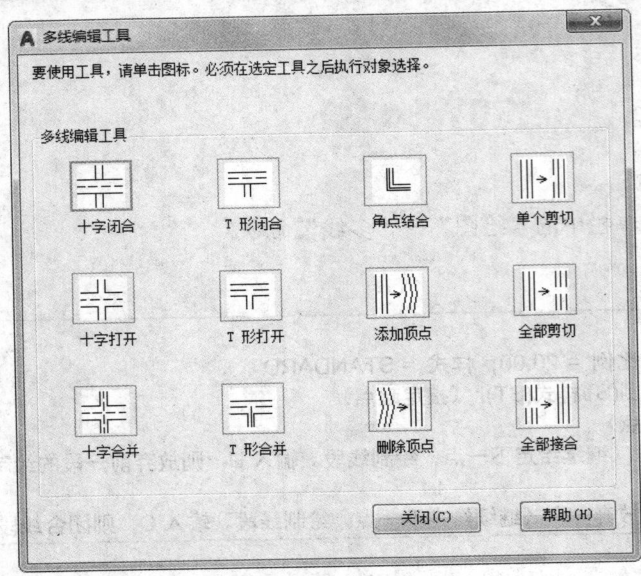

图 2-45 “多线编辑工具”对话框

【操作实践——绘制人行道平面图】

绘制如图 2-46 所示的人行道平面图。操作步骤如下：

（1）选择菜单栏中的“格式”→“多线样式”命令，系统打开“多线样式”对话框，在该对话框中单击“新建”按钮，系统打开“创建新的多线样式”对话框，在“新样式名”文本框中输入“墙体线”，单击“继续”按钮。

（2）系统弹出“新建多线样式：墙体线”对话框，进行如图 2-47 所示的设置。

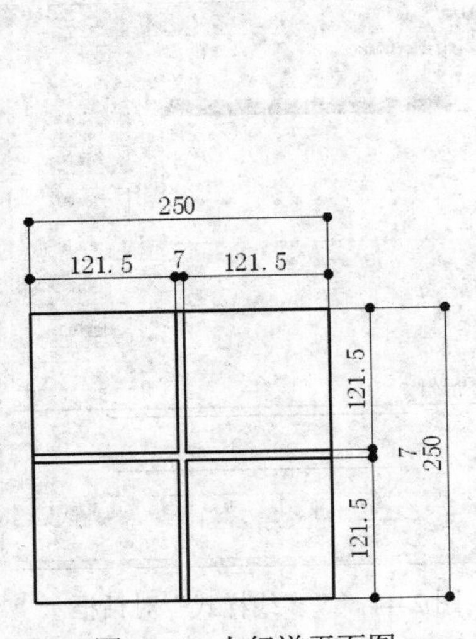

图 2-46 人行道平面图

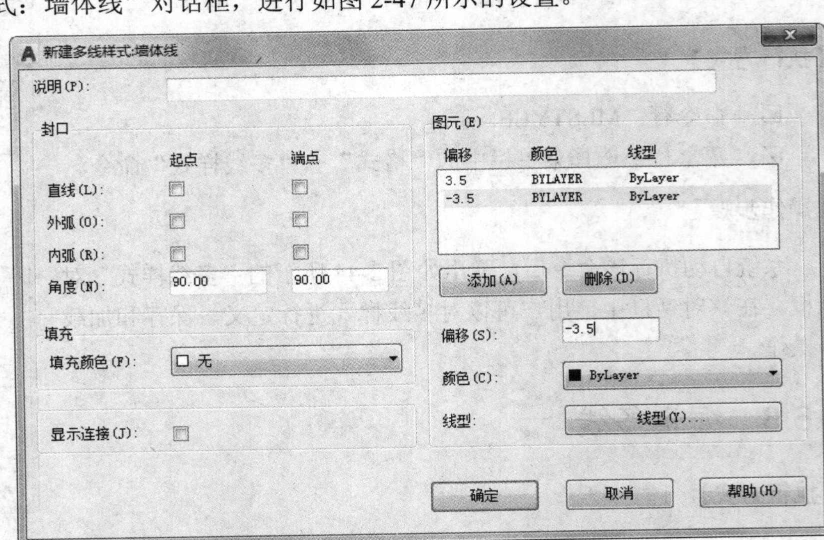

图 2-47 设置多线样式

（3）单击“默认”选项卡“绘图”面板中的“矩形”按钮▭，绘制外框。

（4）选择菜单栏中的“绘图”→“多线”命令，绘制多线墙体，命令行提示与操作如下。

```
命令: MLINE↙
当前设置: 对正 = 上，比例 = 20.00，样式 = STANDARD
指定起点或 [对正(J)/比例(S)/样式(ST)]: S↙
输入多线比例 <20.00>: 1↙
当前设置: 对正 = 上，比例 = 1.00，样式 = STANDARD
指定起点或 [对正(J)/比例(S)/样式(ST)]: J↙
输入对正类型 [上(T)/无(Z)/下(B)] <上>: Z↙
当前设置: 对正 = 无，比例 = 1.00，样式 = STANDARD
指定起点或 [对正(J)/比例(S)/样式(ST)]:（在绘制的辅助线交点上指定一点）
指定下一点:（在绘制的辅助线交点上指定下一点）
指定下一点或 [放弃(U)]:（在绘制的辅助线交点上指定下一点）
指定下一点或 [闭合(C)/放弃(U)]:（在绘制的辅助线交点上指定下一点）
指定下一点或 [闭合(C)/放弃(U)]:C↙
```

根据辅助线网格，用相同的方法绘制多线，绘制结果如图 2-48 所示。

（5）编辑多线。选择菜单栏中的“修改”→“对象”→“多线”命令，系统弹出“多线编辑工具”对话框，如图 2-49 所示。选择其中的“十字合并”选项，单击“关闭”按钮后，命令行提示与操作如下。

```
命令: MLEDIT↙
选择第一条多线:（选择多线）
选择第二条多线:（选择多线）
选择第一条多线或 [放弃(U)]:
```

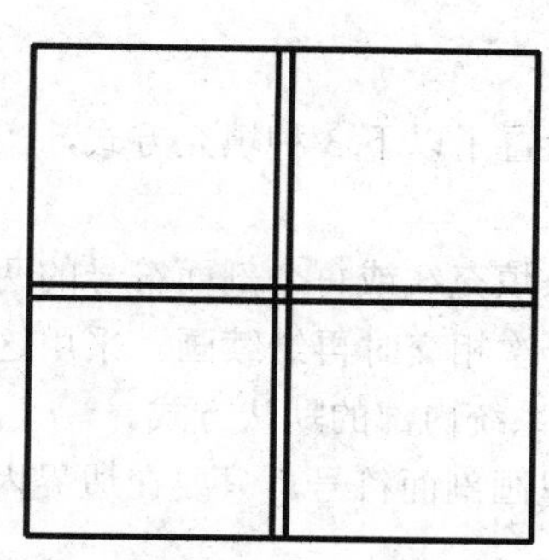

图 2-48　多线绘制结果

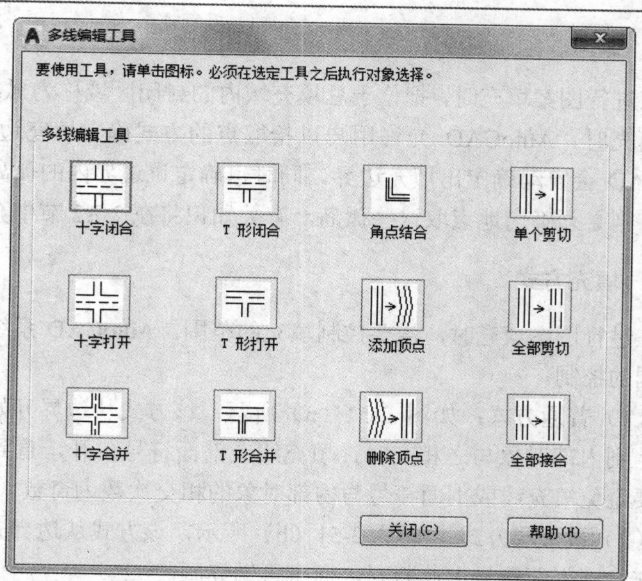

图 2-49　“多线编辑工具”对话框

（6）重复“编辑多线”命令，继续进行多线编辑，编辑的最终结果如图 2-46 所示。

2.7 图 案 填 充

当用户需要用一个重复的图案（pattern）填充某个区域时，可以使用 BHATCH 命令建立一个相关联的填充阴影对象，即所谓的图案填充。

【预习重点】

- ☑ 观察图案填充结果。
- ☑ 了解填充样例对应的含义。
- ☑ 确定边界选择要求。
- ☑ 了解对话框中参数的含义。

2.7.1 基本概念

1. 图案边界

当进行图案填充时，首先要确定图案填充的边界。定义边界的对象只能是直线、双向射线、单向射线、多段线、样条曲线、圆弧、圆、椭圆、椭圆弧、面域等对象或用这些对象定义的块，而且作为边界的对象，在当前屏幕上必须全部可见。

2. 孤岛

在进行图案填充时，把位于总填充域内的封闭区域称为孤岛，如图 2-50 所示。在用 BHATCH 命令进行图案填充时，AutoCAD 允许用户以拾取点的方式确定填充边界，即在希望填充的区域内任意拾取一点，AutoCAD 会自动确定出填充边界，同时也确定该边界内的孤岛。如果用户是以点取对象的方式确定填充边界的，则必须确切地点取这些孤岛，有关知识将在 2.7.2 节中介绍。

3. 填充方式

在进行图案填充时，需要控制填充的范围，AutoCAD 系统为用户设置了以下 3 种填充方式，实现对填充范围的控制。

（1）普通方式：如图 2-51（a）所示，该方式从边界开始，从每条填充线或每个剖面符号的两端向里画，遇到内部对象与之相交时，填充线或剖面符号断开，直到遇到下一次相交时再继续画。采用这种方式时，要避免填充线或剖面符号与内部对象的相交次数为奇数。该方式为系统内部的默认方式。

（2）最外层方式：如图 2-51（b）所示，该方式从边界开始，向里画剖面符号，只要在边界内部与对象相交，则剖面符号由此断开，而不再继续画。

（3）忽略方式：如图 2-51（c）所示，该方式忽略边界内部的对象，所有内部结构都被剖面符号覆盖。

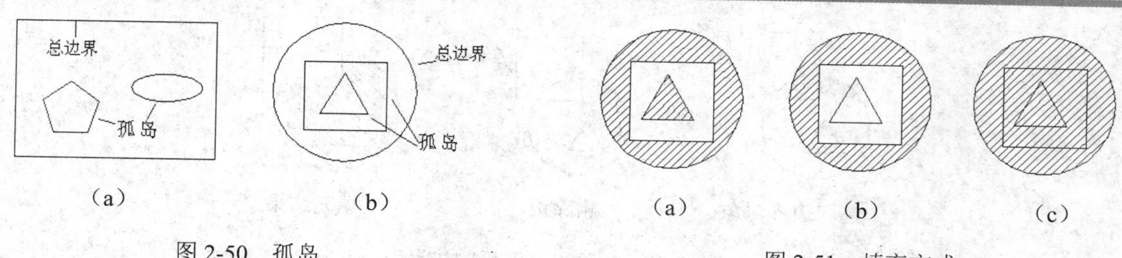

图 2-50　孤岛　　　图 2-51　填充方式

2.7.2　图案填充的操作

【执行方式】

☑ 命令行：BHATCH（快捷命令：H）。
☑ 菜单栏：选择菜单栏中的“绘图”→“图案填充”命令。
☑ 工具栏：单击“绘图”工具栏中的“图案填充”按钮。
☑ 功能区：单击“默认”选项卡“绘图”面板中的“图案填充”按钮。

【操作步骤】

执行上述操作后，系统弹出如图 2-52 所示的“图案填充创建”选项卡。

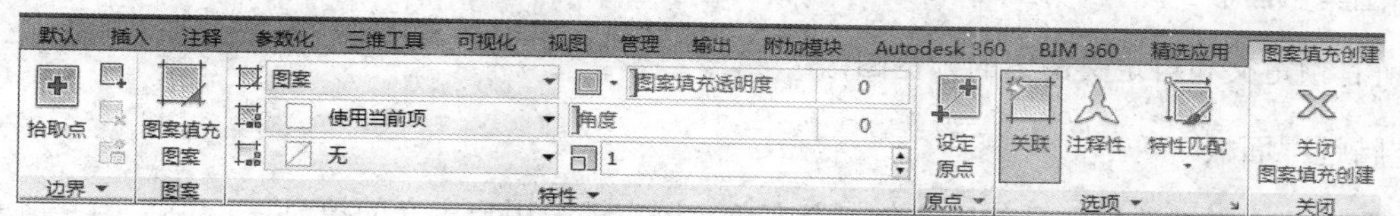

图 2-52　“图案填充创建”选项卡

【选项说明】

1. “边界”面板

（1）拾取点：通过选择由一个或多个对象形成的封闭区域内的点，确定图案填充边界（如图 2-53 所示）。指定内部点时，可以随时在绘图区域中右击，以显示包含多个选项的快捷菜单。

（2）选择边界对象：指定基于选定对象的图案填充边界。使用该选项时，不会自动检测内部对象，必须选择选定边界内的对象，以按照当前孤岛检测样式填充这些对象（如图 2-54 所示）。

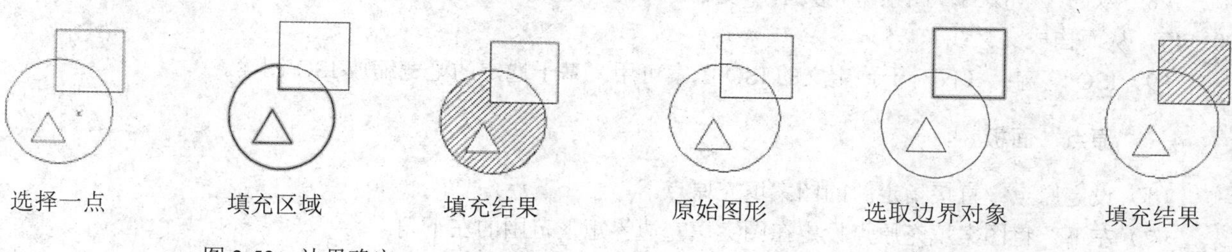

图 2-53　边界确定　　　图 2-54　选取边界对象

（3）删除边界对象：从边界定义中删除之前添加的任何对象（如图 2-55 所示）。

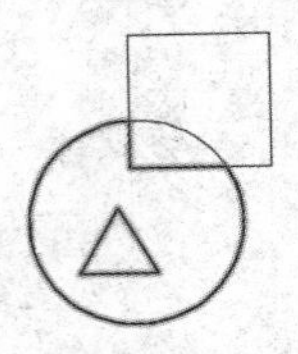
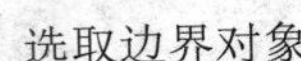
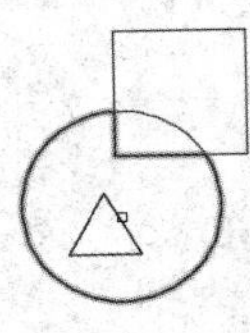
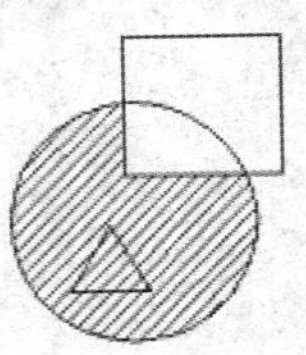

选取边界对象　　删除边界　　填充结果

图 2-55　删除“岛”后的边界

(4) 重新创建边界：围绕选定的图案填充或填充对象创建多段线或面域，并使其与图案填充对象相关联（可选）。

(5) 显示边界对象：选择构成选定关联图案填充对象的边界的对象，使用显示的夹点可修改图案填充边界。

(6) 保留边界对象：指定如何处理图案填充边界对象，包括如下几个选项。

① 不保留边界：（仅在图案填充创建期间可用）不创建独立的图案填充边界对象。

② 保留边界-多段线：（仅在图案填充创建期间可用）创建封闭图案填充对象的多段线。

③ 保留边界-面域：（仅在图案填充创建期间可用）创建封闭图案填充对象的面域对象。

④ 选择新边界集：指定对象的有限集（称为边界集），以便通过创建图案填充时的拾取点进行计算。

2. “图案”面板

显示所有预定义和自定义图案的预览图像。

3. “特性”面板

(1) 图案填充类型：指定是使用纯色、渐变色、图案还是用户定义的填充。

(2) 图案填充颜色：替代实体填充和填充图案的当前颜色。

(3) 背景色：指定填充图案背景的颜色。

(4) 图案填充透明度：设定新图案填充或填充的透明度，替代当前对象的透明度。

(5) 图案填充角度：指定图案填充或填充的角度。

(6) 填充图案比例：放大或缩小预定义或自定义填充图案 。

(7) 相对图纸空间：（仅在布局中可用）相对于图纸空间单位缩放填充图案。使用该选项，可很容易地做到以适合于布局的比例显示填充图案。

(8) 双向：（仅当“图案填充类型”设定为“用户定义”时可用）将绘制第二组直线，与原始直线成 90° 角，从而构成交叉线。

(9) ISO 笔宽：（仅对于预定义的 ISO 图案可用）基于选定的笔宽缩放 ISO 图案。

4. “原点”面板

(1) 设定原点：直接指定新的图案填充原点。

(2) 左下：将图案填充原点设定在图案填充边界矩形范围的左下角。

(3) 右下：将图案填充原点设定在图案填充边界矩形范围的右下角。

(4) 左上：将图案填充原点设定在图案填充边界矩形范围的左上角。

（5）右上：将图案填充原点设定在图案填充边界矩形范围的右上角。

（6）中心：将图案填充原点设定在图案填充边界矩形范围的中心。

（7）使用当前原点：将图案填充原点设定在 HPORIGIN 系统变量中存储的默认位置。

（8）存储为默认原点：将新图案填充原点的值存储在 HPORIGIN 系统变量中。

5. “选项”面板

（1）关联：指定图案填充或填充为关联图案填充。关联的图案填充或填充在用户修改其边界对象时将会更新。

（2）注释性：指定图案填充为注释性。此特性会自动完成缩放注释过程，从而使注释能够以正确的大小在图纸上打印或显示。

（3）特性匹配。

☑　使用当前原点：使用选定图案填充对象（除图案填充原点外）设定图案填充的特性。

☑　使用源图案填充的原点：使用选定图案填充对象（包括图案填充原点）设定图案填充的特性。

（4）允许的间隙：设定将对象用作图案填充边界时可以忽略的最大间隙。默认值为 0，此值指定对象必须封闭区域而没有间隙。

（5）创建独立的图案填充：控制当指定了几个单独的闭合边界时，是创建单个图案填充对象，还是创建多个图案填充对象。

（6）孤岛检测。

☑　普通孤岛检测：从外部边界向内填充。如果遇到内部孤岛，填充将关闭，直到遇到孤岛中的另一个孤岛。

☑　外部孤岛检测：从外部边界向内填充。该选项仅填充指定的区域，不会影响内部孤岛。

☑　忽略孤岛检测：忽略所有内部的对象，填充图案时将通过这些对象。

（7）绘图次序：为图案填充或填充指定绘图次序。其选项包括不更改、后置、前置、置于边界之后和置于边界之前。

6. “关闭”面板

关闭图案填充创建：退出 HATCH 并关闭上下文选项卡。也可以按 Enter 键或 Esc 键退出 HATCH。

2.7.3　渐变色的操作

【执行方式】

☑　命令行：GRADIENT。

☑　菜单栏：选择菜单栏中的“绘图”→“渐变色”命令。

☑　工具栏：单击“绘图”工具栏中的“图案填充”按钮。

☑　功能区：单击“默认”选项卡“绘图”面板中的“渐变色”按钮。

【操作步骤】

执行上述操作后，系统打开如图 2-56 所示的“图案填充创建”选项卡，各面板中的按钮含义与图案填充的类似，这里不再赘述。

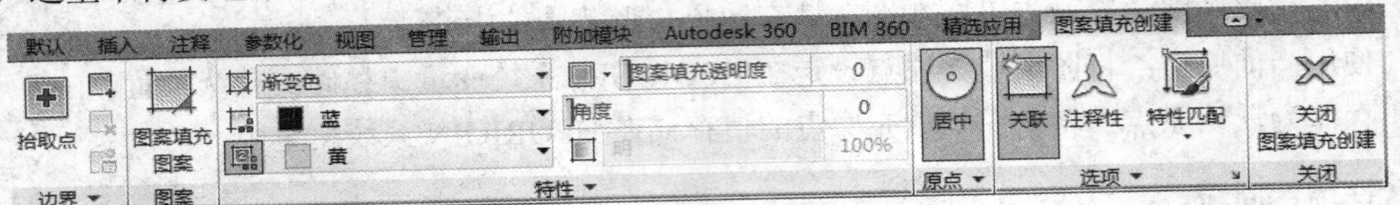

图 2-56　“图案填充创建”选项卡

2.7.4　边界的操作

【执行方式】

☑　命令行：BOUNDARY。

☑　功能区：单击“默认”选项卡“绘图”面板中的“边界”按钮。

【操作步骤】

执行上述操作后，系统打开图 2-57 所示的“边界创建”对话框。

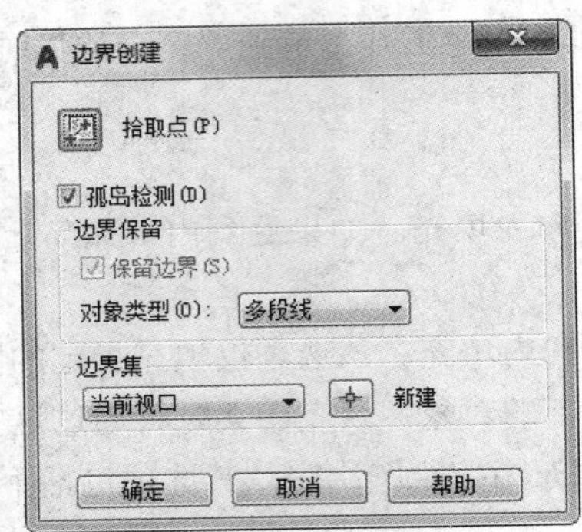

图 2-57　“边界创建”对话框

【选项说明】

（1）拾取点：根据围绕指定点构成封闭区域的现有对象来确定边界。

（2）孤岛检测：控制 BOUNDARY 命令是否检测内部闭合边界，该边界称为孤岛。

（3）对象类型：控制新边界对象的类型。BOUNDARY 将边界作为面域或多段线对象创建。

（4）边界集：定义通过指定点定义边界时，BOUNDARY 要分析的对象集。

2.7.5　编辑填充的图案

利用 HATCHEDIT 命令，编辑已经填充的图案。

【执行方式】

☑　命令行：HATCHEDIT。

☑　菜单栏：选择菜单栏中的“修改”→“对象”→“图案填充”命令。

☑ 工具栏：单击“修改 II”工具栏中的“编辑图案填充”按钮。
☑ 功能区：单击“默认”选项卡“修改”面板中的“编辑图案填充”按钮。
☑ 快捷菜单：选中填充的图案并右击，在打开的快捷菜单中选择“图案填充编辑”命令（如图 2-58 所示）。
☑ 快捷方法：直接选择填充的图案，打开“图案填充编辑器”选项卡（如图 2-59 所示）。

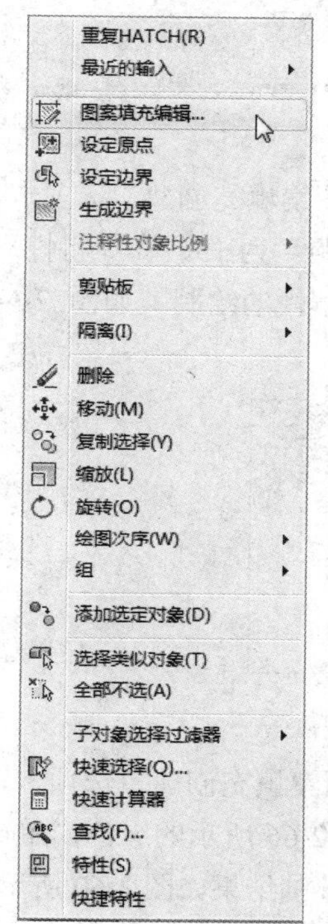

图 2-58　快捷菜单

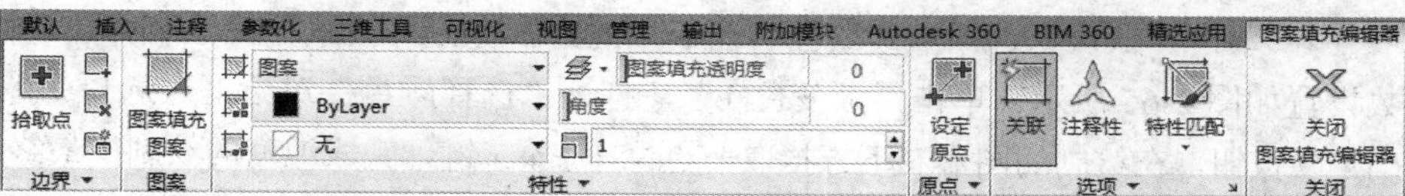

图 2-59　“图案填充编辑器”选项卡

2.8　综合演练——公园一角

绘制如图 2-60 所示的公园一角布局。本例的基本思路是先应用一些基本绘图命令绘制公园简单外形，然后利用“图案填充”命令进行填充。操作步骤如下：

（1）单击“默认”选项卡“绘图”面板中的“矩形”按钮和“样条曲线拟合”按钮，绘制花园外形，如图 2-61 所示。

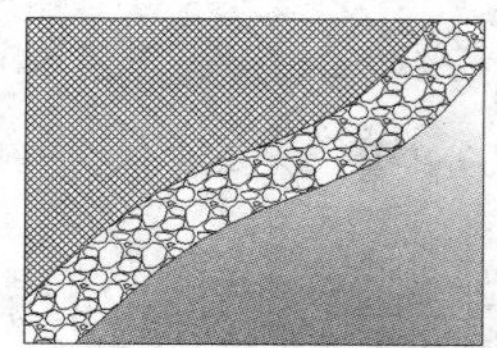

图 2-60　公园一角

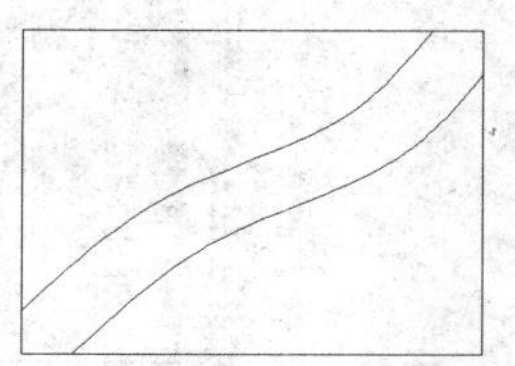

图 2-61　花园外形

（2）单击“默认”选项卡“绘图”面板中的“图案填充”按钮▒，系统弹出“图案填充创建”选项卡，如图 2-62 所示，设置“图案填充图案”为 GRAVEL，“填充图案比例”为 3，在墙面区域中选取一点，按 Enter 键后，完成鹅卵石小路的绘制，如图 2-63 所示。

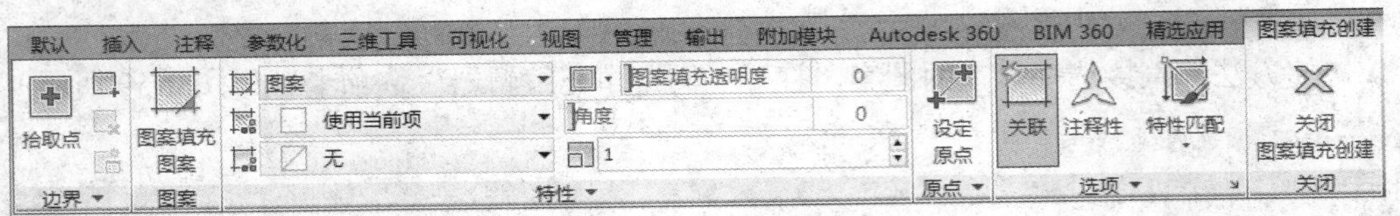

图 2-62 “图案填充创建”选项卡

（3）单击“默认”选项卡“绘图”面板中的“图案填充”按钮▒，系统弹出“图案填充创建”选项卡，设置“图案填充类型”为“用户定义”，“图案填充角度”为 45°，“图案填充间距”为 15，在“特性”面板中单击“交叉线”按钮▦，在绘制的图形左上方拾取一点，按 Enter 键，完成草坪的绘制，如图 2-64 所示。

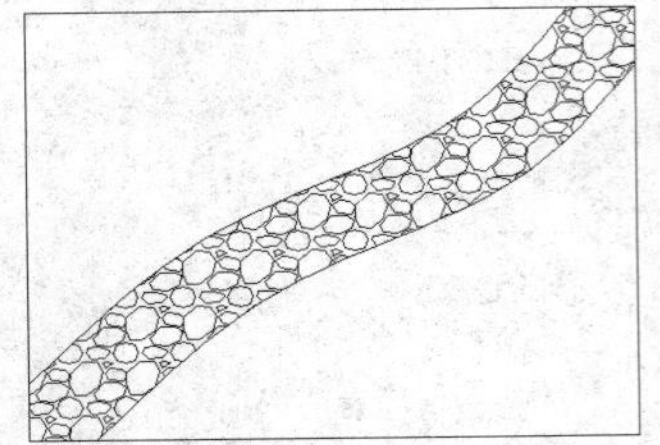

图 2-63 修改后的填充图案

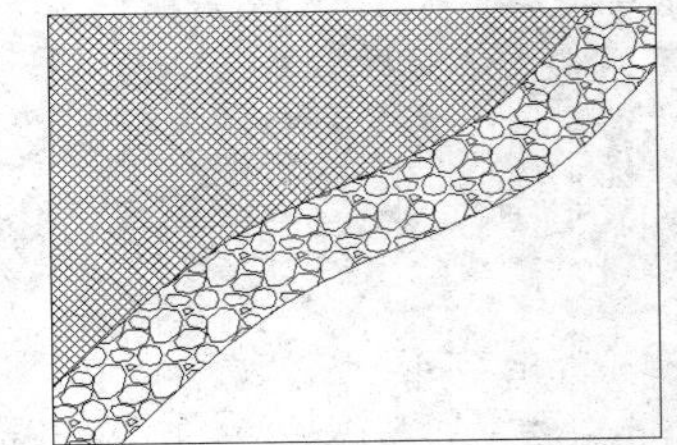

图 2-64 填充草坪

（4）单击“默认”选项卡“绘图”面板中的“渐变色”按钮▒，系统弹出“图案填充创建”选项卡，参数设置如图 2-65 所示。单击“渐变色 1”，打开“选择颜色”对话框，选择如图 2-66 所示的绿色，单击“确定”按钮，在绘制的图形右下方拾取一点，按 Enter 键，完成池塘的绘制，最终绘制结果如图 2-60 所示。

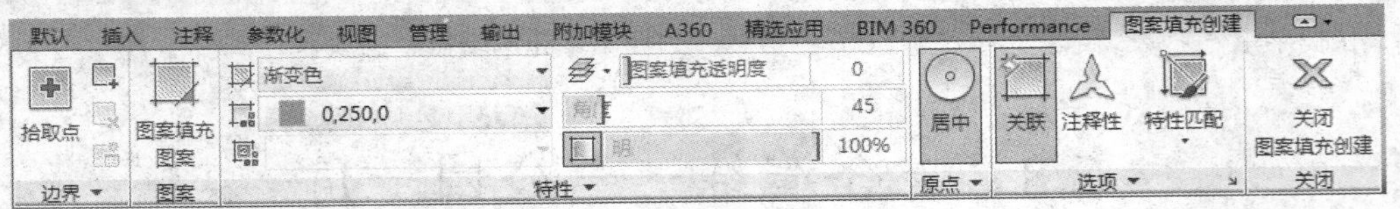

图 2-65 “图案填充创建”选项卡

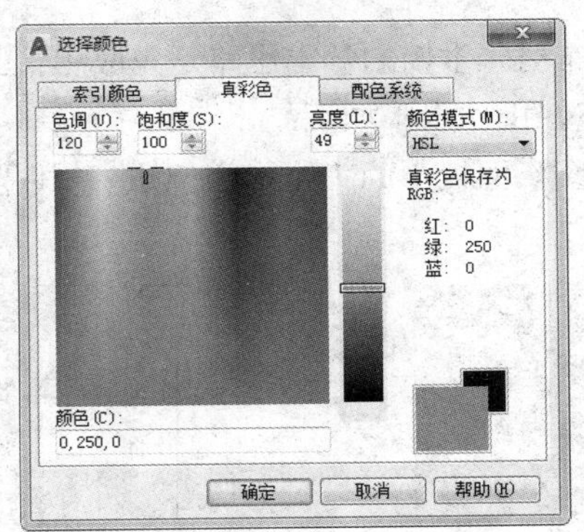

图 2-66 “选择颜色”对话框

2.9　名师点拨——大家都来讲绘图

1．如何解决图形中圆不圆了的情况

圆是由 N 边形形成的，数值 N 越大，棱边越短，圆越光滑。有时候图形经过缩放或 zoom 后，绘制的圆边显示棱边，图形会变得粗糙。在命令行中输入 RE，重新生成模型，圆边光滑。

2．如何利用“直线”命令提高制图效率

（1）单击左下角状态栏中的“正交”按钮，根据正交方向提示，直接输入下一点的距离即可，可绘制正交直线。

（2）单击左下角状态栏中的“极轴”按钮，图形可自动捕捉所需角度方向，可绘制一定角度的直线。

（3）单击左下角状态栏中的“对象捕捉”按钮，自动进行某些点的捕捉，使用对象捕捉可指定对象上的精确位置。

3．如何画曲线

在绘制图样时，经常遇到画截交线、相贯线及其他曲线的问题。手工绘制很麻烦，要找特殊点和一定数量的一般点，且连出的曲线误差大。

方法一：用“多段线”或 3Dpoly 命令画 2D、3D 图形上通过特殊点的折线，经 Pedit（编辑多段线）命令中“拟合”选项或“样条曲线”选项，可变成光滑的平面、空间曲线。

方法二：用 Solids 命令创建三维基本实体（长方体、圆柱、圆锥、球等），再经“布尔”组合运算：交、并、差和干涉等获得各种复杂实体，然后利用菜单栏中的“视图”→“三维视图”→“视点”命令，选择不同视点来产生标准视图，得到曲线的不同视图投影。

4．填充无效时怎么办

有时填充效果会显示不出来，可以从下面两个选项检查：

（1）系统变量。

（2）选择菜单栏中的“工具”→“选项”命令，弹出“选项”对话框，打开“显示”选项卡，在右侧的“显示性能”选项组中选中“应用实体填充”复选框。

2.10　上 机 实 验

通过前面的学习，读者对本章知识也有了大体的了解。本节通过几个操作练习使读者进一步掌握本章的知识要点。

【练习 1】绘制如图 2-67 所示的椅子。

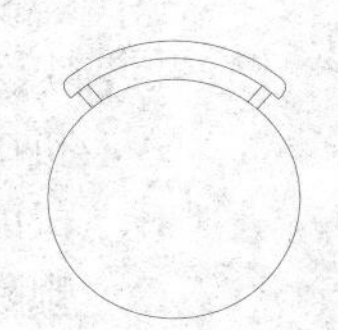

图 2-67　椅子

1．目的要求

本例反复利用“圆”和“圆弧”命令绘制椅子，从而使读者灵活掌握圆的绘制方法。

2．操作提示

（1）绘制圆。

（2）绘制圆弧。

（3）绘制直线。

（4）绘制圆弧。

【练习 2】绘制如图 2-68 所示的车模。

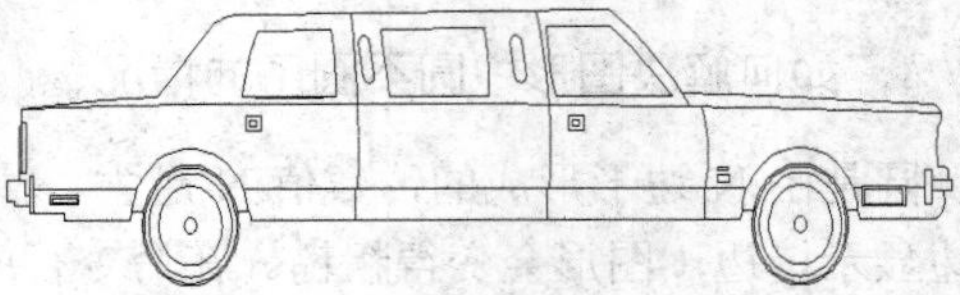

图 2-68　车模

1．目的要求

本例利用“多段线”命令绘制车壳，再利用“圆”“直线”“复制”等命令绘制车轮、车门、车窗，最后细化车身。本例要求读者掌握相关命令。

2．操作提示

（1）利用“多段线”命令绘制车壳。

（2）利用“圆”与“复制”等命令绘制车轮。

（3）利用“直线”“圆弧”“复制”等命令绘制车门。

（4）利用“直线”命令绘制车窗。

2.11　模拟考试

1．在绘制圆时，采用“两点(2P)”选项，两点之间的距离是（　　）。

A．最短弦长　　B．周长　　C．半径　　D．直径

2．如图 2-69 所示的图形 1，正五边形的内切圆半径 R=（　　）。

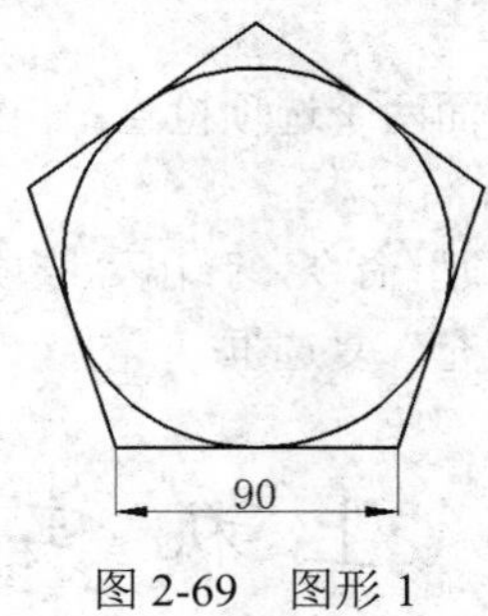

图 2-69　图形 1

A．64.348　　B．61.937　　C．72.812　　D．45

3．同时填充多个区域，如果修改一个区域的填充图案而不影响其他区域，则（　　）。

A．将图案分解

B．在创建图案填充时选择“关联”选项

C．删除图案，重新对该区域进行填充

D．在创建图案填充时选择“创建独立的图案填充”选项

4．若需要编辑已知多段线，使用“多段线”命令的（　　）选项可以创建宽度不等的对象。

A．样条(S)　　B．锥形(T)　　C．宽度(W)　　D．编辑顶点(E)

5．根据图案填充创建边界时，边界类型不可能是选项（　　）。

A．多段线　　B．样条曲线　　C．三维多段线　　D．螺旋线

6．可以有宽度的线有（　　）。

A．构造线　　B．多段线　　C．直线　　D．样条曲线

7．将半径为 50 的圆平均分成 5 段，每段弧长（　　）。

A．62.85　　B．62.83　　C．63.01　　D．62.8

基本绘图工具

为了快捷准确地绘制图形，AutoCAD 提供了多种必要的和辅助的绘图工具，如图层工具、对象约束工具、对象捕捉工具、栅格和正交模式等。利用这些工具，用户可以方便、迅速、准确地实现图形的绘制和编辑，不仅可提高工作效率，而且能更好地保证图形的质量。

本章将详细讲述这些工具的具体使用方法和技巧。

3.1　图 层 设 置

AutoCAD 中的图层就如同在手工绘图中使用的重叠透明图纸，如图 3-1 所示，可以使用图层来组织不同类型的信息。在 AutoCAD 中，图形的每个对象都位于一个图层上，所有图形对象都具有图层、颜色、线型和线宽这 4 个基本属性。在绘图时，图形对象将创建在当前的图层上。每个 CAD 文档中图层的数量是不受限制的，每个图层都有自己的名称。

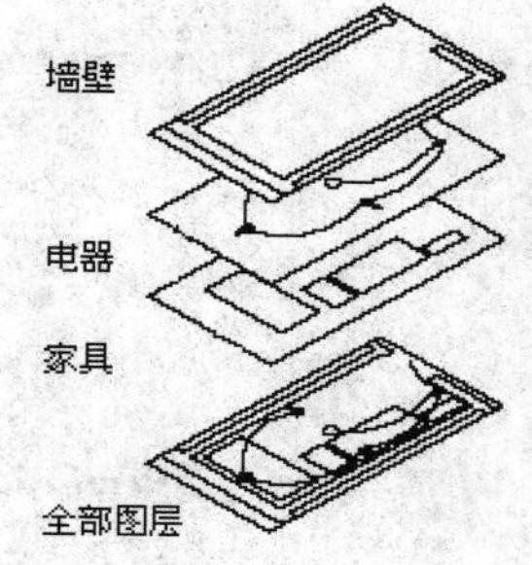

图 3-1　图层示意图

【预习重点】

☑　建立图层概念。

☑　练习图层设置命令。

3.1.1　建立新图层

新建的 CAD 文档中只能自动创建一个名为 0 的特殊图层。默认情况下，图层 0 将被指定使用 7 号颜色、Continuous 线型、默认线宽以及 NORMAL 打印样式，并且不能被删除或重命名。通过创建新的图层，可以将类型相似的对象指定给同一个图层使其相关联。例如，可以将构造线、文字、标注和标题栏置于不同的图层上，并为这些图层指定通用特性。通过将对象分类放到各自的图层中，可以快速有效地控制对象的显示以及对其进行更改。

【执行方式】

☑　命令行：LAYER。

☑　菜单栏：选择菜单栏中的“格式”→“图层”命令。

☑　工具栏：单击“图层”工具栏中的“图层特性管理器”按钮，如图 3-2 所示。

☑　功能区：单击“默认”选项卡“图层”面板中的“图层特性”按钮或单击“视图”选项卡“选项板”面板中的“图层特性”按钮。

图 3-2　“图层”工具栏

执行上述操作之一后，系统弹出“图层特性管理器”选项板，如图 3-3 所示。单击“图层特性管理器”选项板中的“新建图层”按钮，建立新图层，默认的图层名为“图层 1”。可以根据绘图需要，更改图层名。在一个图形中可以创建的图层数以及在每个图层中可以创建的对象数实际上是无限的，图层最长可使用 255 个字符的字母数字命名。图层特性管理器按名称的字母顺序排列图层。

注意

如果要建立不止一个图层，无须重复单击“新建”按钮。更有效的方法是：在建立一个新的图层“图层1”后，改变图层名，在其后输入逗号，这样系统会自动建立一个新图层“图层1”，改变图层名，再输入一个逗号，又一个新的图层建立了，这样可以依次建立各个图层。也可以按两次Enter键，建立另一个新的图层。

在每个图层属性设置中，包括图层名称、关闭/打开图层、冻结/解冻图层、锁定/解锁图层、图层线条颜色、图层线条线型、图层线条宽度、图层打印样式以及图层是否打印 9 个参数。下面将分别讲述如何设置这些图层参数。

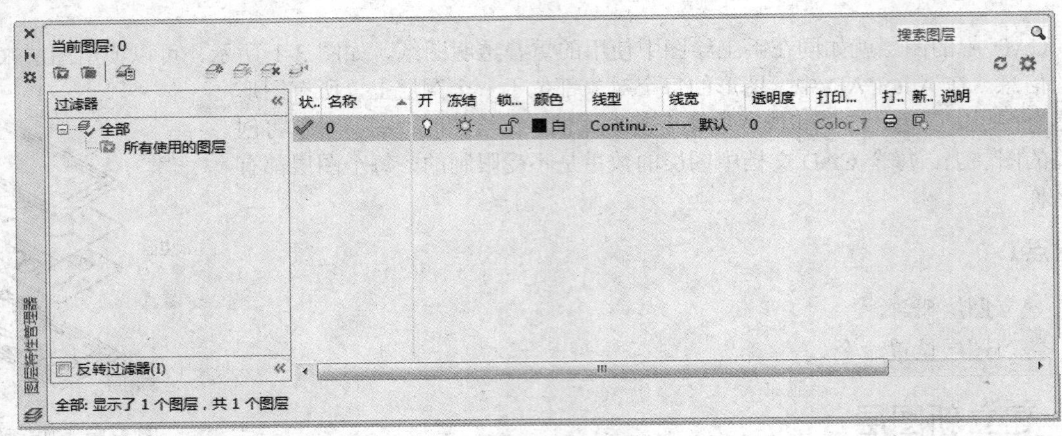

图 3-3 “图层特性管理器”选项板

1. 设置图层线条颜色

在工程图中，整个图形包含多种不同功能的图形对象，如实体、剖面线与尺寸标注等。为了便于直观地区分它们，就有必要针对不同的图形对象使用不同的颜色，例如，实体层使用白色、剖面线层使用青色等。

要改变图层的颜色时，单击图层所对应的颜色图标，弹出“选择颜色”对话框，如图 3-4 所示。这是一个标准的颜色设置对话框，可以使用“索引颜色”“真彩色”“配色系统”3 个选项卡中的参数来设置颜色。

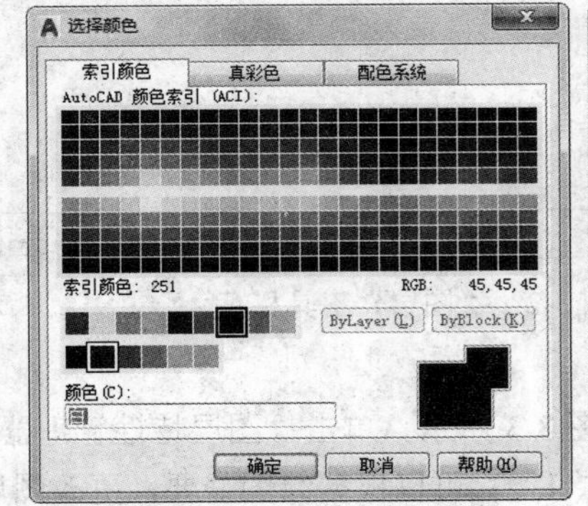

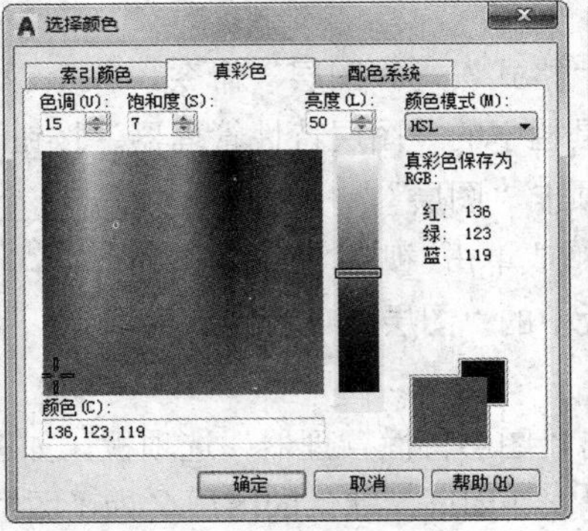

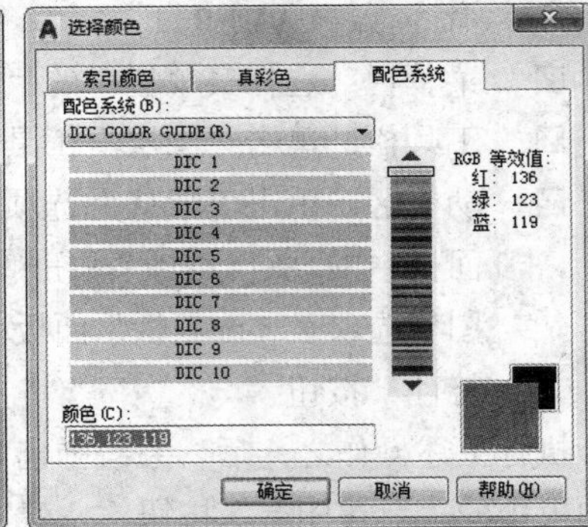

图 3-4 “选择颜色”对话框

2. 设置图层线型

线型是指作为图形基本元素的线条组成和显示方式，如实线、点划线等。在许多绘图工作中，常常以线型划分图层，为某一个图层设置适合的线型。在绘图时，只需将该图层设为当前工作层，即可绘制出符合线型要求的图形对象，极大地提高绘图效率。

单击图层所对应的线型图标，弹出“选择线型”对话框，如图 3-5 所示。默认情况下，在“已加载的线型”列表框中，系统中只添加了 Continuous 线型。单击“加载”按钮，弹出“加载或重载线型”对话框，如图 3-6 所示，可以看到 AutoCAD 提供了许多线型，用鼠标选择所需的线型，单击“确定”按钮，即可把该线型加载到“已加载的线型”列表框中，可以按住 Ctrl 键选择几种线型同时加载。

图 3-5　“选择线型”对话框

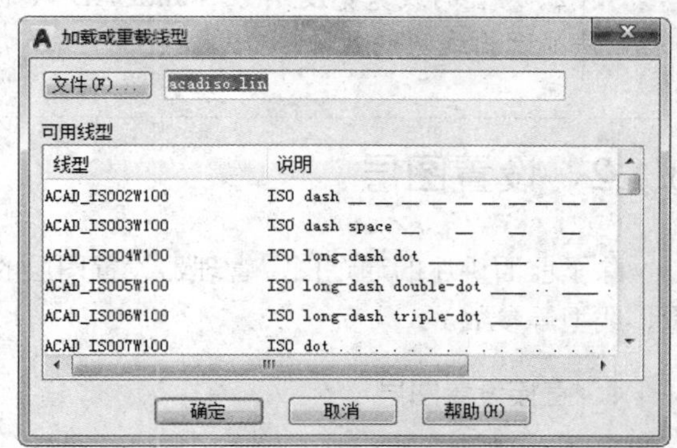

图 3-6　“加载或重载线型”对话框

3．设置图层线宽

线宽设置顾名思义就是改变线条的宽度。用不同宽度的线条表现图形对象的类型，可以提高图形的表达能力和可读性，例如，绘制外螺纹时大径使用粗实线，小径使用细实线。

单击“图层特性管理器”选项板中图层所对应的线宽图标，弹出“线宽”对话框，如图 3-7 所示。选择一个线宽，单击“确定”按钮完成对图层线宽的设置。

图层线宽的默认值为 0.25mm。在状态栏为“模型”状态时，显示的线宽同计算机的像素有关。线宽为零时，显示为一个像素的线宽。单击状态栏中的“显示/隐藏线宽”按钮，显示的图形线宽与实际线宽成比例，如图 3-8 所示，但线宽不随着图形的放大和缩小而变化。线宽功能关闭时，不显示图形的线宽，图形的线宽均为默认宽度值显示。可以在“线宽”对话框中选择所需的线宽。

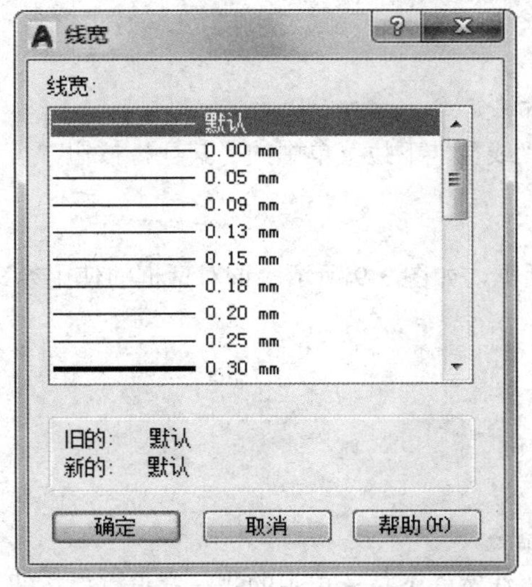

图 3-7　“线宽”对话框

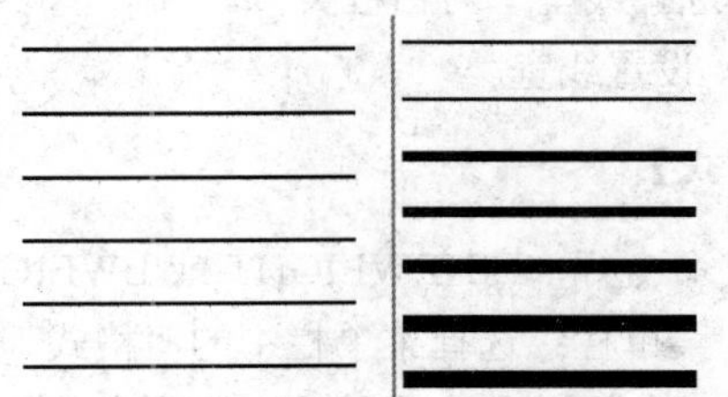

图 3-8　线宽显示效果

高手支招

有的读者设置了线宽，但在图形中显示不出效果来，出现这种情况一般有以下两种原因：

（1）没有打开状态栏上的“显示线宽”按钮。

（2）设置的线宽宽度不够，AutoCAD 只能显示出 0.30mm 以上线宽的宽度，如果宽度低于 0.30mm，就无法显示出线宽的效果。

3.1.2 设置图层

除了前面讲述的通过图层管理器设置图层的方法外，还有其他几种简便方法可以设置图层的颜色、线宽、线型等参数。

1. 直接设置图层

可以直接通过命令行或菜单设置图层的颜色、线型、线宽等参数。

（1）设置颜色。

【执行方式】

☑ 命令行：COLOR。

☑ 菜单栏：选择菜单栏中的“格式”→“颜色”命令。

☑ 功能区：单击“默认”选项卡“特性”面板上的“对象颜色”下拉菜单中的“更多颜色”按钮。

【操作步骤】

执行上述操作之一后，系统弹出“选择颜色”对话框，如图 3-4 所示。

（2）设置线型。

【执行方式】

☑ 命令行：LINETYPE。

☑ 菜单栏：选择菜单栏中的“格式”→“线型”命令。

☑ 功能区：单击“默认”选项卡“特性”面板上“线型”下拉菜单中的“其他”按钮。

【操作步骤】

执行上述操作之一后，系统弹出“线型管理器”对话框，如图 3-9 所示。该对话框的使用方法与图 3-5 所示的“选择线型”对话框类似。

（3）设置线宽。

【执行方式】

☑ 命令行：LINEWEIGHT 或 LWEIGHT。

☑ 菜单栏：选择菜单栏中的“格式”→“线宽”命令。

☑ 功能区：单击“默认”选项卡“特性”面板上“线宽”下拉菜单中的“线宽设置”按钮。

【操作步骤】

执行上述操作之一后，系统弹出“线宽设置”对话框，如图 3-10 所示。该对话框的使用方法与图 3-7 所示的“线宽”对话框类似。

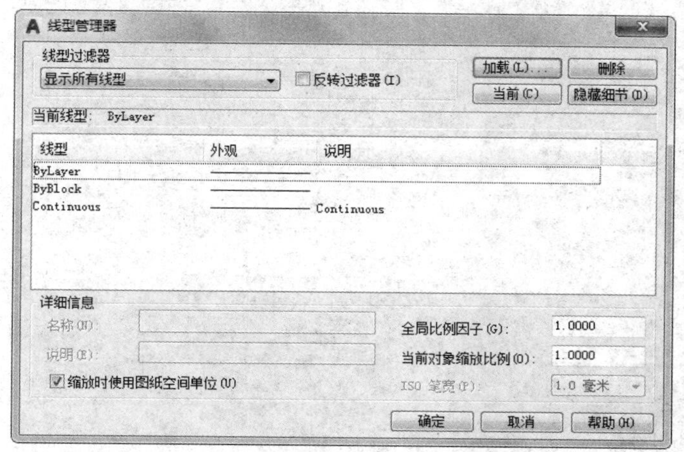

图 3-9　“线型管理器”对话框

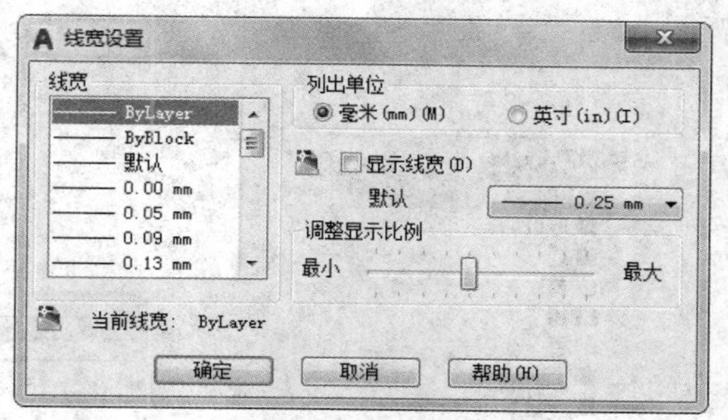

图 3-10　“线宽设置”对话框

2. 利用“特性”工具栏设置图层

AutoCAD 提供了一个“特性”工具栏，如图 3-11 所示。用户能够控制和使用工具栏中的对象特性工具快速地查看和改变所选对象的颜色、线型、线宽等特性。“特性”工具栏增强了查看和编辑对象属性的功能，在绘图区选择任意对象都将在该工具栏中自动显示其所在的图层、颜色、线型等属性。

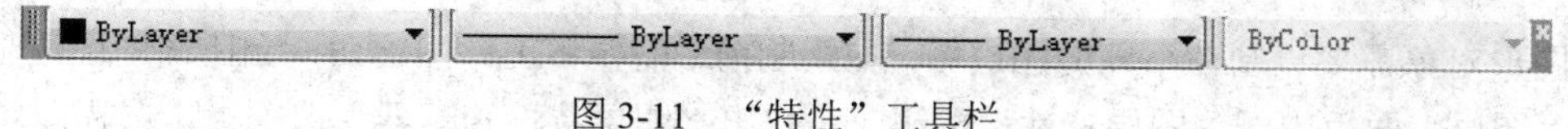

图 3-11　“特性”工具栏

也可以在“特性”工具栏的“颜色”“线型”“线宽”“打印样式”下拉列表框中选择需要的参数值。如果在“颜色”下拉列表框中选择“选择颜色”选项，如图 3-12 所示，系统就会弹出“选择颜色”对话框。同样，如果在“线型”下拉列表框中选择“其他”选项，如图 3-13 所示，系统就会弹出“线型管理器”对话框。

3. 用“特性”选项板设置图层

【执行方式】

☑　命令行：DDMODIFY 或 PROPERTIES。

☑　菜单栏：选择菜单栏中的“修改”→“特性”命令。

☑　工具栏：单击“标准”工具栏中的“特性”按钮。

☑　功能区：单击“默认”选项卡“特性”面板中的“对话框启动器”按钮。

【操作步骤】

执行上述操作之一后，系统弹出“特性”选项板，如图 3-14 所示。在其中可以方便地设置或修改图层、颜色、线型、线宽等属性。

图 3-12 “选择颜色”选项

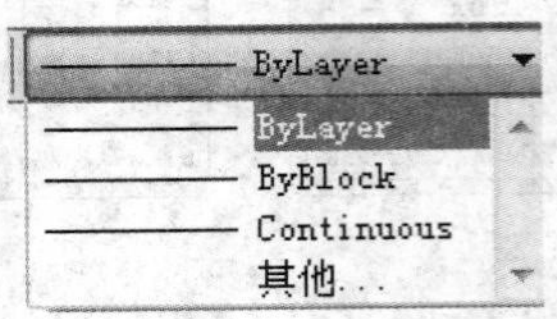

图 3-13 “其他”选项

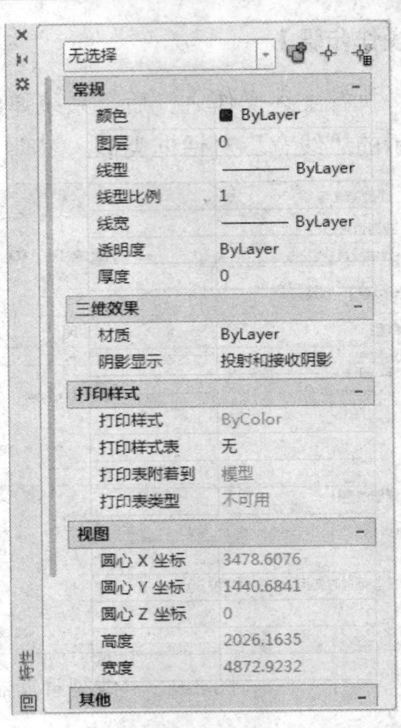

图 3-14 “特性”选项板

3.1.3 控制图层

1. 切换当前图层

不同的图形对象需要绘制在不同的图层中，在绘制前，需要将工作图层切换到所需的图层上。单击“默认”选项卡“图层”面板中的“图层特性”按钮，弹出“图层特性管理器”选项板，选择图层，单击“置为当前”按钮即可完成设置。

2. 删除图层

在“图层特性管理器”选项板的图层列表框中选择要删除的图层，单击“删除”按钮即可删除该图层。从图形文件定义中删除选定的图层时，只能删除未参照的图层。参照图层包括图层 0 及 DEFPOINTS、包含对象（包括块定义中的对象）的图层、当前图层和依赖外部参照的图层。不包含对象（包括块定义中的对象）的图层、非当前图层和不依赖外部参照的图层都可以删除。

3. 关闭/打开图层

在“图层特性管理器”选项板中单击图标，可以控制图层的可见性。图层打开时，图标小灯泡呈鲜艳的颜色，该图层上的图形可以显示在屏幕上或绘制在绘图仪上。单击该属性图标后，图标小灯泡呈灰暗色时，该图层上的图形不显示在屏幕上，而且不能被打印输出，但仍然作为图形的一部分保留在文件中。

4. 冻结/解冻图层

在“图层特性管理器”选项板中单击图标，可以冻结图层或将图层解冻。图标呈雪花灰暗色时，该图层处于冻结状态；图标呈太阳鲜艳色时，该图层处于解冻状态。冻结图层上的对象不能显示，也不能打印，同时也不能编辑修改。在冻结了图层后，该图层上的对象不影响其他图层上对象的显示和打印。例如，在使用 HIDE 命令消隐对象时，被冻结图层上的对象不隐藏。

5．锁定/解锁图层

在"图层特性管理器"选项板中单击或图标，可以锁定图层或将图层解锁。锁定图层后，该图层上的图形依然显示在屏幕上并可打印输出，也可以在该图层上绘制新的图形对象，但不能对该图层上的图形进行编辑修改操作。可以对当前图层进行锁定，也可以对锁定图层上的图形对象进行查询或捕捉。锁定图层可以防止对图形的意外修改。

6．打印样式

在 AutoCAD 2017 中，可以使用一个名为"打印样式"的对象特性。打印样式控制对象的打印特性，包括颜色、抖动、灰度、笔号、虚拟笔、淡显、线型、线宽、线条端点样式、线条连接样式和填充样式。打印样式功能给用户提供了很大的灵活性，用户可以设置打印样式来替代其他对象特性，也可以根据需要关闭这些替代设置。

7．打印/不打印

在"图层特性管理器"选项板中单击或图标，可以设定该图层是否打印，以保证在图形可见性不变的条件下，控制图形的打印特征。打印功能只对可见的图层起作用，对于已经被冻结或被关闭的图层不起作用。

8．新视口冻结

新视口冻结功能用于控制在当前视口中图层的冻结和解冻，不解冻图形中设置为"关"或"冻结"的图层，对于模型空间视口不可用。

9．透明度

控制所有对象在选定图层上的可见性。对单个对象应用透明度时，对象的透明度特性将替代图层的透明度设置。

10．说明

（可选）描述图层或图层过滤器。

3.2　绘图辅助工具

要快速顺利地完成图形绘制工作，有时要借助一些辅助工具，如用于准确确定绘制位置的精确定位工具和调整图形显示范围与显示方式的图形显示工具等。下面简要介绍一下这两种非常重要的辅助绘图工具。

【预习重点】

- ☑ 了解定位工具的应用。
- ☑ 逐个对应各按钮与命令的相互关系。
- ☑ 练习正交、栅格、捕捉按钮的应用。
- ☑ 掌握对象捕捉工具的熟练运用。

3.2.1 精确定位工具

在绘制图形时，可以使用直角坐标和极坐标精确定位点，但是有些点（如端点、中心点等）的坐标是不明确的，想精确地指定这些点是很困难的，有时甚至是不可能的。AutoCAD 中提供了精确定位工具，使用这类工具，可以很容易地在屏幕中捕捉到这些点，进行精确绘图。

1. 推断约束

可以在创建和编辑几何对象时自动应用几何约束。

启用“推断约束”模式会自动在正在创建或编辑的对象与对象捕捉的关联对象或点之间应用约束。

与 AUTOCONSTRAIN 命令相似，约束也只在对象符合约束条件时才会应用。推断约束后不会重新定位对象。

打开“推断约束”时，用户在创建几何图形时指定的对象捕捉将用于推断几何约束，但是不支持下列对象捕捉：交点、外观交点、延长线和象限点。

无法推断下列约束：固定、平滑、对称、同心、等于、共线。

2. 捕捉模式

捕捉是指 AutoCAD 可以生成一个隐含分布于屏幕上的栅格，这种栅格能够捕捉光标，使光标只能落到其中的某一个栅格点上。捕捉可分为矩形捕捉和等轴测捕捉两种类型，默认设置为矩形捕捉，即捕捉点的阵列类似于栅格，如图 3-15 所示。用户可以指定捕捉模式在 X 轴方向和 Y 轴方向上的间距，也可改变捕捉模式与图形界限的相对位置。与栅格的不同之处在于，捕捉间距的值必须为正实数，且捕捉模式不受图形界限的约束。等轴测捕捉表示捕捉模式为等轴测模式，此模式是绘制正等轴测图时的工作环境，如图 3-16 所示。在等轴测捕捉模式下，栅格和光标十字线成绘制等轴测图时的特定角度。

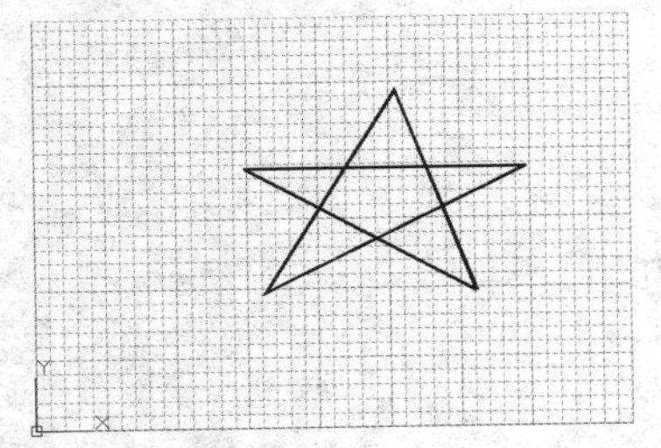

图 3-15　矩形捕捉

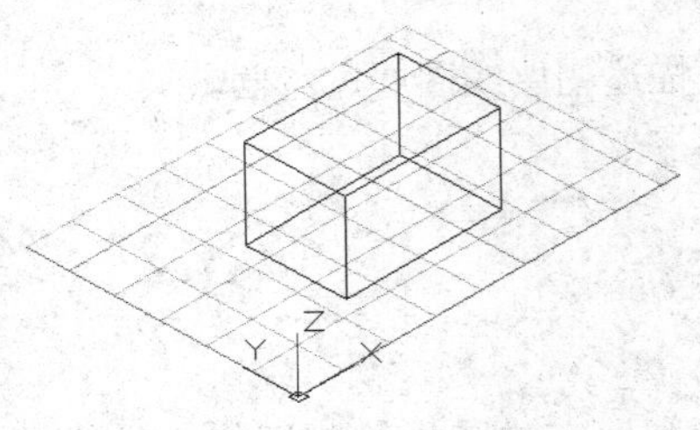

图 3-16　等轴测捕捉

在绘制如图 3-15 和图 3-16 所示的图形时，输入参数点时光标只能落在栅格点上。选择菜单栏中的“工具”→“草图设置”命令，弹出“草图设置”对话框，在“捕捉和栅格”选项卡的“捕捉类型”选项组中，通过选中“矩阵捕捉”或“等轴测捕捉”单选按钮，即可切换两种模式。

3．栅格显示

AutoCAD 中的栅格由有规则的点的矩阵组成，延伸到指定为图形界限的整个区域。使用栅格绘图与在坐标纸上绘图是十分相似的，利用栅格可以对齐对象并直观显示对象之间的距离。如果放大或缩小图形，可能需要调整栅格间距，使其适合新的比例。虽然栅格在屏幕上是可见的，但它并不是图形对象，因此不会被打印成图形中的一部分，也不会影响在何处绘图。

可以单击状态栏中的“栅格显示”按钮▦或按 F7 键打开或关闭栅格。启用栅格并设置栅格在 X 轴方向和 Y 轴方向上的间距的方法如下。

【执行方式】

☑ 命令行：DSETTINGS（快捷命令：DS、SE 或 DDRMODES）。

☑ 菜单栏：选择菜单栏中的“工具”→“草图设置”命令。

☑ 快捷菜单：在“栅格显示”按钮▦处右击，在弹出的快捷菜单中选择“设置”命令。

执行上述操作之一后，系统弹出“草图设置”对话框，如图 3-17 所示。

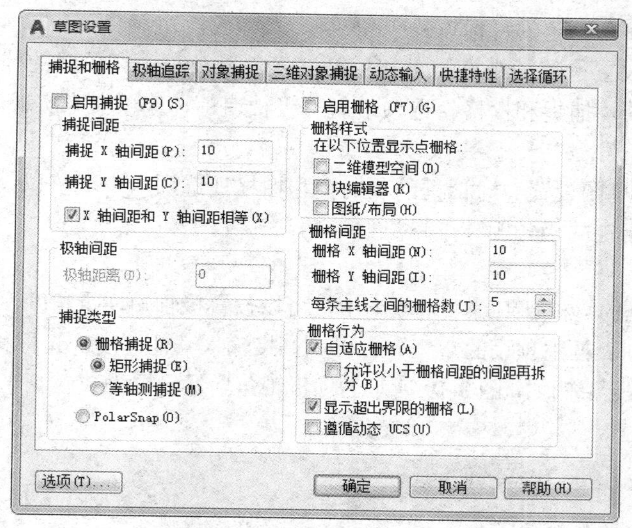

图 3-17　“草图设置”对话框

如果要显示栅格，需选中“启用栅格”复选框。在“栅格 X 轴间距”文本框中输入栅格点之间的水平距离，单位为“毫米”。如果使用相同的间距设置垂直和水平分布的栅格点，则按 Tab 键；否则，在“栅格 Y 轴间距”文本框中输入栅格点之间的垂直距离。

用户可改变栅格与图形界限的相对位置。默认情况下，栅格以图形界限的左下角为起点，沿着与坐标轴平行的方向填充整个由图形界限所确定的区域。

注意

如果栅格的间距设置得太小，当进行打开栅格操作时，AutoCAD将在命令行中显示“栅格太密，无法显示”的提示信息，而不在屏幕上显示栅格点。使用缩放功能时，将图形缩放得很小，也会出现同样的提示且不显示栅格。

使用捕捉功能可以使用户直接使用鼠标快速地定位目标点。捕捉模式有几种不同的形式：栅格捕捉、对象捕捉、极轴捕捉和自动捕捉，在下文中将详细讲解。

另外，还可以使用 GRID 命令通过命令行方式设置栅格，功能与“草图设置”对话框类似，这里不再赘述。

4．正交绘图

正交绘图模式，即在命令的执行过程中，光标只能沿 X 轴或者 Y 轴移动。所有绘制的线段和构造线都将平行于 X 轴或 Y 轴，因此它们相互垂直成 90° 相交，即正交。使用正交绘图模式，对于绘制水平线和垂直线非常有用，特别是绘制构造线时经常使用，而且当捕捉模式为等轴测模式时，还迫使直线平行于 3 个坐标轴中的一个。

设置正交绘图模式，可以直接单击状态栏中的“正交模式”按钮∟，或按 F8 键，相应的会在文本窗口中显示开/关提示信息。也可以在命令行中输入 ORTHO 命令，执行开启或关闭正交绘图模式的操作。

5．极轴捕捉

极轴捕捉是在创建或修改对象时，按事先给定的角度增量和距离增量来追踪特征点，即捕捉相对于初始点且满足指定极轴距离和极轴角的目标点。

极轴追踪设置主要是设置追踪的距离增量和角度增量，以及与之相关联的捕捉模式。这些设置可以通过“草图设置”对话框中的“捕捉和栅格”选项卡与“极轴追踪”选项卡来实现。

（1）设置极轴距离。

如图 3-17 所示，在“草图设置”对话框的“捕捉和栅格”选项卡中，可以设置极轴距离增量，单位为毫米。绘图时，光标将按指定的极轴距离增量进行移动。

（2）设置极轴角度。

在“草图设置”对话框的“极轴追踪”选项卡中，可以设置极轴角增量角度，如图 3-18 所示。设置时，可以使用“增量角”下拉列表框中预设的角度，也可以直接输入其他角度。光标移动时，如果接近极轴角，将显示对齐路径和工具栏提示。例如，图 3-19 所示为当极轴角增量设置为 30°，光标移动时显示的对齐路径。

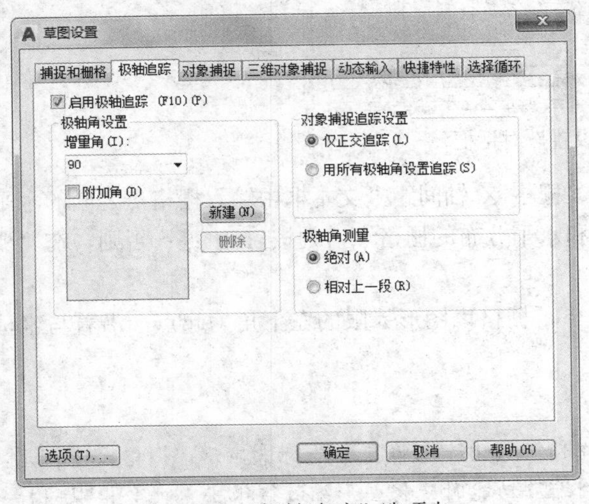

图 3-18 “极轴追踪”选项卡

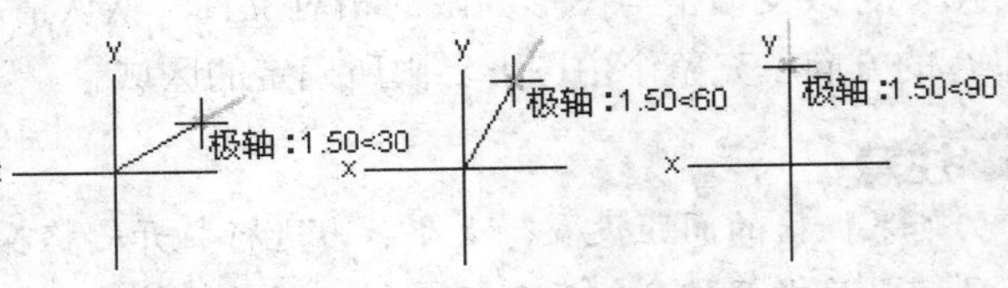

图 3-19 极轴捕捉

“附加角”用于设置极轴追踪时是否采用附加角度追踪。选中“附加角”复选框，通过“新建”按钮或者“删除”按钮来增加、删除附加角度值。

（3）对象捕捉追踪设置。

用于设置对象捕捉追踪的模式。如果在“极轴追踪”选项卡的“对象捕捉追踪设置”选项组中选中“仅正交追踪”单选按钮，则当采用追踪功能时，系统仅在水平和垂直方向上显示追踪数据；如果选中“用所有极轴角设置追踪”单选按钮，则当采用追踪功能时，系统不仅可以在水平和垂直方向显示追踪数据，还可以在设置的极轴追踪角度与附加角度所确定的一系列方向上显示追踪数据。

（4）极轴角测量。

用于设置极轴角的角度测量采用的参考基准。“绝对”则是相对水平方向逆时针测量，“相对上一段”则是以上一段对象为基准进行测量。

6．允许/禁止动态 UCS

使用动态 UCS 功能，可以在创建对象时使 UCS 的 XY 平面自动与实体模型上的平面临时对齐。

使用绘图命令时，可以通过在面的一条边上移动指针对齐 UCS，而无须使用 UCS 命令。结束该命令后，UCS 将恢复到其上一个位置和方向。

7．动态输入

“动态输入”在光标附近提供了一个命令界面，以帮助用户专注于绘图区域。

打开动态输入时，工具提示将在光标旁边显示信息，该信息会随光标移动动态更新。当某命令处于活动状态时，工具提示将为用户提供输入的位置。

8．显示/隐藏线宽

可以在图形中打开和关闭线宽，并在模型空间中以不同于在图纸空间布局中的方式显示。

9．快捷特性

对于选定的对象，可以使用“快捷特性”选项板访问，也可通过“特性”选项板访问特性的子集。

可以自定义显示在“快捷特性”选项板上的特性。选定对象后所显示的特性是所有对象类型的共通特性，也是选定对象的专用特性。快捷特性与“特性”选项板上的特性以及用于鼠标悬停工具提示的特性相同。

3.2.2　对象捕捉工具

1．对象捕捉

AutoCAD 给所有的图形对象都定义了特征点，对象捕捉则是指在绘图过程中，通过捕捉这些特征点，迅速准确地将新的图形对象定位在现有对象的确切位置上，如圆的圆心、线段中点或两个对象的交点等。在 AutoCAD 2017 中，可以通过单击状态栏中的“对象捕捉追踪”按钮，或在“草图设置”对话框的“对象捕捉”选项卡中选中“启用对象捕捉”复选框来启用对象捕捉功能。在绘图过程中，对象捕捉功能的调用可以通过以下方式完成。

（1）使用“对象捕捉”工具栏。

在绘图过程中，当系统提示需要指定点的位置时，可以单击“对象捕捉”工具栏中相应的特征点按钮，如图 3-20 所示，再把光标移动到要捕捉对象的特征点附近，AutoCAD 会自动提示并捕捉到这些特征点。例如，如果需要用直线连接一系列圆的圆心，可以将圆心设置为捕捉对象。如果有多个可能的捕捉点落在选择区域内，AutoCAD 将捕捉离光标中心最近的符合条件的点。在指定位置有多个符合捕捉条件的对象时，需要检查哪一个对象捕捉有效，在捕捉点之前，按 Tab 键可以遍历所有可能的点。

（2）使用“对象捕捉”快捷菜单。

在需要指定点的位置时，还可以按住 Ctrl 键或 Shift 键并右击，弹出“对象捕捉”快捷菜单，如图 3-21 所示。在该菜单上同样可以选择某一种特征点执行对象捕捉，把光标移动到要捕捉对象的特征点附近，即可捕捉到这些特征点。

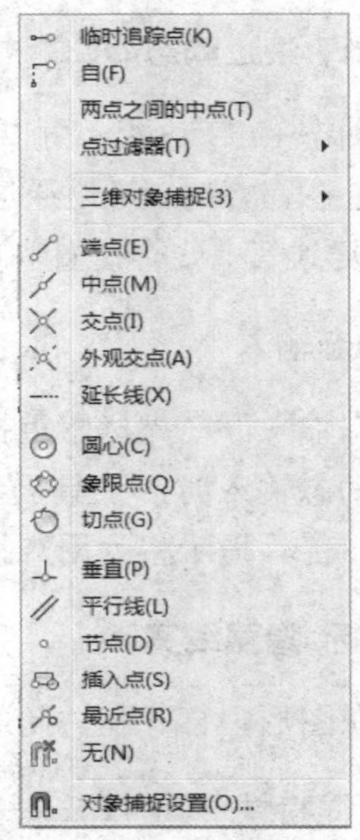

图 3-20 “对象捕捉”工具栏

图 3-21 “对象捕捉”快捷菜单

（3）使用命令行。

当需要指定点的位置时，在命令行中输入相应特征点的关键字，然后把光标移动到要捕捉对象的特征点附近，即可捕捉到这些特征点。对象捕捉特征点的关键字如表 3-1 所示。

表 3-1 对象捕捉特征点的关键字

模 式	关 键 字	模 式	关 键 字	模 式	关 键 字
临时追踪点	TT	捕捉自	FROM	端点	END
中点	MID	交点	INT	外观交点	APP
延长线	EXT	圆心	CEN	象限点	QUA
切点	TAN	垂足	PER	平行线	PAR
节点	NOD	最近点	NEA	无捕捉	NON

2. 三维镜像捕捉

控制三维对象的执行对象捕捉设置。使用执行对象捕捉设置（也称为对象捕捉），可以在对象上的精确位置指定捕捉点。选择多个选项后，将应用选定的捕捉模式，以返回距离靶框中心最近的点。按 Tab 键以在这些选项之间循环。

打开三维对象捕捉：打开和关闭三维对象捕捉。当对象捕捉打开时，在“三维对象捕捉模式”下选定的三维对象捕捉处于活动状态。

注意

（1）对象捕捉不可单独使用，必须配合其他绘图命令一起使用。仅当AutoCAD 提示输入点时，对象捕捉才生效。如果试图在命令行提示下使用对象捕捉，AutoCAD将显示错误信息。

（2）对象捕捉只影响屏幕上可见的对象，包括锁定图层上的对象、布局视口边界和多段线上的对象，不能捕捉不可见的对象，如未显示的对象、关闭或冻结图层上的对象或虚线的空白部分。

3. 对象捕捉追踪

在绘制图形的过程中，使用对象捕捉的频率非常高，如果每次在捕捉时都要先选择捕捉模式，将使工作效率大大降低。出于此种考虑，AutoCAD 提供了自动对象捕捉模式。如果启用了自动捕捉功能，当光标距指定的捕捉点较近时，系统会自动精确地捕捉这些特征点，并显示出相应的标记以及该捕捉的提示。在“草图设置”对话框的“对象捕捉”选项卡中选中“启用对象捕捉追踪”复选框，可以调用自动捕捉功能，如图 3-22 所示。

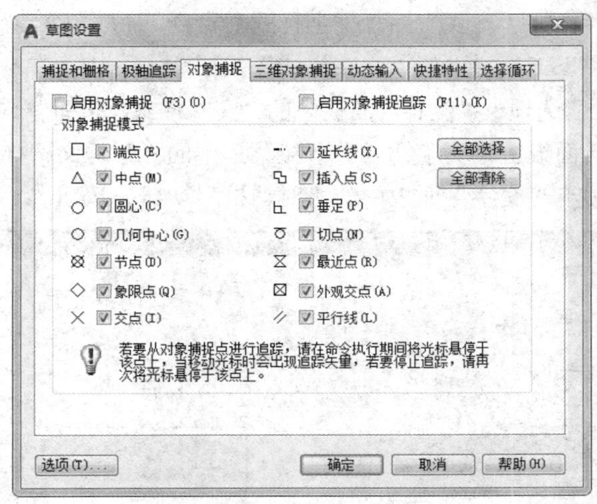

图 3-22　“对象捕捉”选项卡

注意

用户可以设置自己常用的捕捉方式。一旦设置了捕捉方式后，在每次运行时，所设定的目标捕捉方式就会被激活，而不是仅对一次选择有效，当同时使用多种捕捉方式时，系统将捕捉距光标最近、同时又满足多种目标捕捉方式之一的点。当光标距要获取的点非常近时，按Shift键将暂时不获取对象。

3.3 文 字

在工程制图中，文字标注往往是必不可少的环节。AutoCAD 2017 提供了文字相关命令来进行文字的输入与标注。

【预习重点】

☑ 打开“文本样式”对话框。
☑ 设置新样式参数。
☑ 对比单行与多行文字的区别。
☑ 练习多行文字应用。

3.3.1 文字样式

AutoCAD 2017 提供了“文字样式”对话框，通过该对话框可方便直观地设置需要的文字样式，或对已有的样式进行修改。

【执行方式】

☑ 命令行：STYLE。
☑ 菜单栏：选择菜单栏中的“格式”→“文字样式”命令。
☑ 工具栏：单击“文字”工具栏中的“文字样式”按钮。
☑ 功能区：单击“默认”选项卡“注释”面板中的“文字样式”按钮（如图 3-23 所示）或单击“注释”选项卡“文字”面板上“文字样式”下拉菜单中的“管理文字样式”按钮（如图 3-24 所示）或单击“注释”选项卡“文字”面板中的“对话框启动器”按钮。

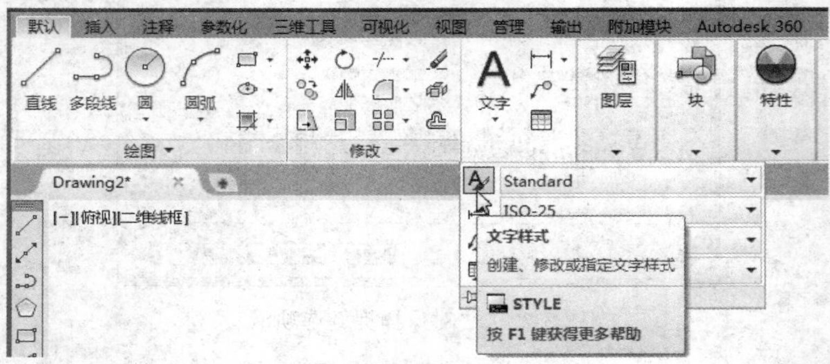

图 3-23 “注释”面板

【操作步骤】

执行上述操作之一后，系统弹出“文字样式”对话框，如图 3-25 所示。

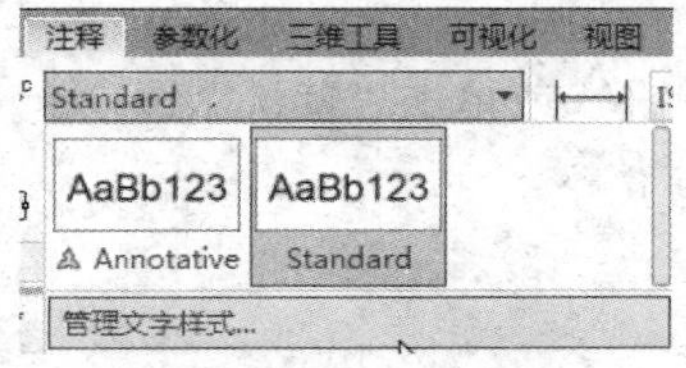

图 3-24　“文字”面板

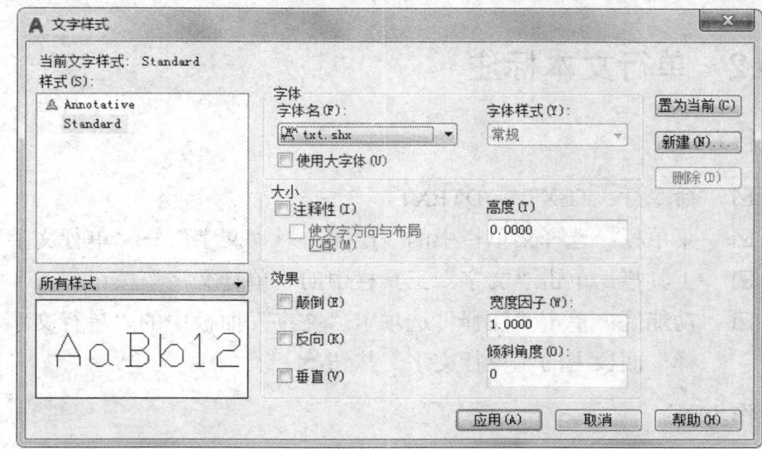

图 3-25　“文字样式”对话框

【选项说明】

（1）“字体”选项组：确定字体样式。在 AutoCAD 中，除了其固有的 SHX 字体外，还可以使用 TrueType 字体（如宋体、楷体、italic 等）。一种字体可以设置不同的效果，从而被多种文字样式使用。

（2）“大小”选项组：用来确定文字样式使用的字体文件、字体风格及字高等。

① “注释性”复选框：指定文字为注释性文字。

② “使文字方向与布局匹配”复选框：指定图纸空间视口中的文字方向与布局方向匹配。如果取消选中“注释性”复选框，则该选项不可用。

③ “高度”文本框：如果在“高度”文本框中输入一个数值，则它将作为添加文字时的固定字高，在用 TEXT 命令输入文字时，AutoCAD 将不再提示输入字高参数。如果在该文本框中设置字高为 0，文字默认值为 0.2 高度，AutoCAD 则会在每一次创建文字时提示输入字高。

（3）“效果”选项组：用于设置字体的特殊效果。

① “颠倒”复选框：选中该复选框，表示将文本文字倒置标注，如图 3-26（a）所示。

② “反向”复选框：确定是否将文本文字反向标注。如图 3-26（b）所示给出了这种标注效果。

③ “垂直”复选框：确定文本是水平标注还是垂直标注。选中该复选框为垂直标注，否则为水平标注，如图 3-27 所示。

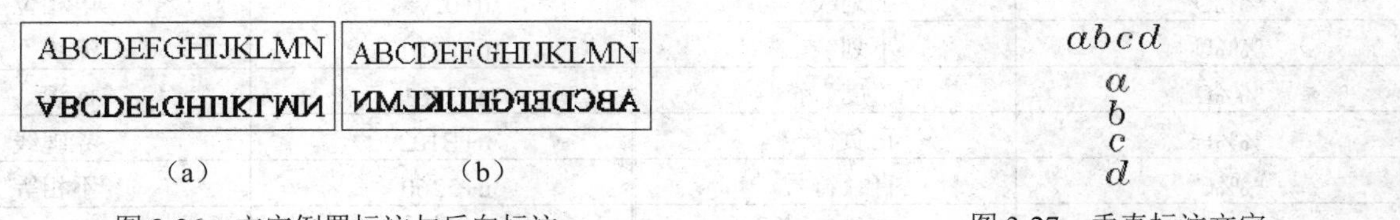

（a）　（b）

图 3-26　文字倒置标注与反向标注

图 3-27　垂直标注文字

④ “宽度因子”文本框：用于设置宽度系数，确定文本字符的宽高比。当宽度因子为 1 时，表示将按字体文件中定义的宽高比标注文字；小于 1 时文字会变窄，反之变宽。

⑤ “倾斜角度”文本框：用于确定文字的倾斜角度。角度为 0 时不倾斜，为正时向右倾斜，为负时向左倾斜。

3.3.2 单行文本标注

【执行方式】

☑ 命令行：TEXT 或 DTEXT。

☑ 菜单栏：选择菜单栏中的“绘图”→“文字”→“单行文字”命令。

☑ 工具栏：单击“文字”工具栏中的“单行文字”按钮A|。

☑ 功能区：单击“注释”选项卡“文字”面板中的“单行文字”按钮A|或单击“默认”选项卡“注释”面板中的“单行文字”按钮A|。

【操作步骤】

执行上述操作之一后，选择相应的菜单项或在命令行中输入 TEXT 命令，命令行提示与操作如下。

```
当前文字样式: Standard  当前文字高度: 0.2000  注释性: 否
指定文字的起点或[对正(J)/样式(S)]:
```

【选项说明】

（1）指定文字的起点：在此提示下直接在绘图区拾取一点作为文本的起始点。利用 TEXT 命令也可创建多行文本，只是这种多行文本每一行都是一个对象，因此不能对多行文本同时进行操作，但可以单独修改每一单行的文字样式、字高、旋转角度和对齐方式等。

（2）对正(J)：在命令行中输入 J，用来确定文本的对齐方式。对齐方式决定文本的哪一部分与所选的插入点对齐。

（3）样式(S)：指定文字样式，文字样式决定文字字符的外观。创建的文字使用当前文字样式。

实际绘图时，有时需要标注一些特殊字符，例如，直径符号、上划线或下划线、温度符号等，由于这些符号不能直接从键盘上输入，AutoCAD 提供了一些控制码，用来实现这些要求。控制码用两个百分号（%%）加一个字符构成，常用的控制码如表 3-2 所示。

表 3-2 AutoCAD 常用控制码

符　号	功　能	符　号	功　能
%%O	上划线	\u+0278	电相位
%%U	下划线	\u+E101	流线
%%D	“度”符号	\u+2261	标识
%%P	正负符号	\u+E102	界碑线
%%C	直径符号	\u+2260	不相等
%%%	百分号（%）	\u+2126	欧姆
\u+2248	几乎相等	\u+03A9	欧米加
\u+2220	角度	\u+214A	低界线
\u+E100	边界线	\u+2082	下标 2
\u+2104	中心线	\u+00B2	上标 2
\u+0394	差值		

其中，%%O 和%%U 分别是上划线和下划线的开关，第一次出现此符号时开始画上划线和下划线，第二次出现此符号上划线和下划线终止。例如，在“输入文字:”提示后输入“I want to %%U go to Beijing%%U”，则得到如图 3-28（a）所示的文本行，输入“50%%D+%%C75%%P12”，则得到如图 3-28（b）所示的文本行。

I want to go to Beijing　　　　50°+Ø75±12

（a）　　　　（b）

图 3-28 文本行

用 TEXT 命令可以创建一个或若干个单行文本，也就是说用此命令可以用于标注多行文本。在“输入文字:”提示下输入一行文本后按 Enter 键，用户可输入第二行文本，依次类推，直到文本全部输完，再在此提示下按 Enter 键，结束文本输入命令。每按一次 Enter 键就结束一个单行文本的输入。

用 TEXT 命令创建文本时，在命令行中输入的文字同时显示在屏幕上，而且在创建过程中可以随时改变文本的位置，只要将光标移到新的位置单击，则当前行结束，随后输入的文本出现在新的位置上。用这种方法可以把多行文本标注到屏幕的任何地方。

3.3.3 多行文本标注

【执行方式】

- ☑ 命令行：MTEXT。
- ☑ 菜单栏：选择菜单栏中的“绘图”→“文字”→“多行文字”命令。
- ☑ 工具栏：单击“绘图”工具栏中的“多行文字”按钮A或单击“文字”工具栏中的“多行文字”按钮A。
- ☑ 功能区：单击“默认”选项卡“注释”面板中的“多行文字”按钮A或单击“注释”选项卡“文字”面板中的“多行文字”按钮A。

【操作步骤】

```
当前文字样式: "Standard" 当前文字高度: 1.9122 注释性: 否
指定第一角点:（指定矩形框的第一个角点）
指定对角点或[高度(H)/对正(J)/行距(L)/旋转(R)/样式(S)/宽度(W)/栏(C)]:
```

【操作实践——标注道路断面图说明文字】

给如图 3-29 所示的道路断面图标注说明文字。操作步骤如下：

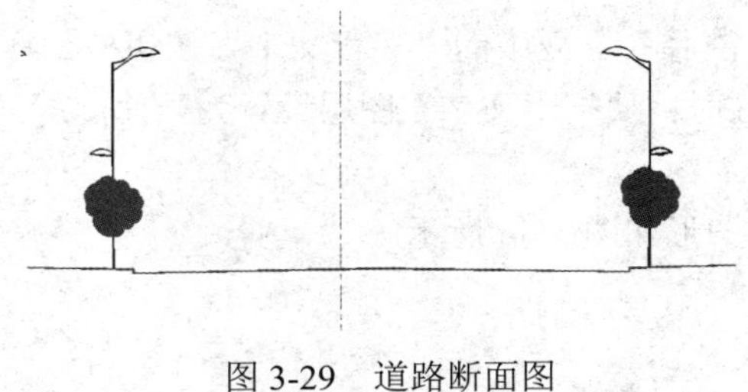

图 3-29 道路断面图

1．设置图层

打开“源文件\道路断面图”，新建一个“文字”图层，其设置如图 3-30 所示。

文字 白 Continu... —— 默认 0 Color_7

图 3-30　“文字”图层设置

2．文字样式的设置

单击“默认”选项卡“注释”面板中的“文字样式”按钮，进入“文字样式”对话框，选择仿宋字体，“宽度因子”设置为 0.8。文字样式的设置如图 3-31 所示。

3．绘制高程符号

（1）把“尺寸线”图层设置为当前图层。单击“默认”选项卡“绘图”面板中的“多边形”按钮，在平面上绘制一个封闭的倒立正三角形 ABC。

（2）把“文字”图层设置为当前图层。单击“默认”选项卡“注释”面板中的“多行文字”按钮A，标注标高文字“设计高程”，指定的高度为 0.7，旋转角度为 0。操作流程如图 3-32 所示。

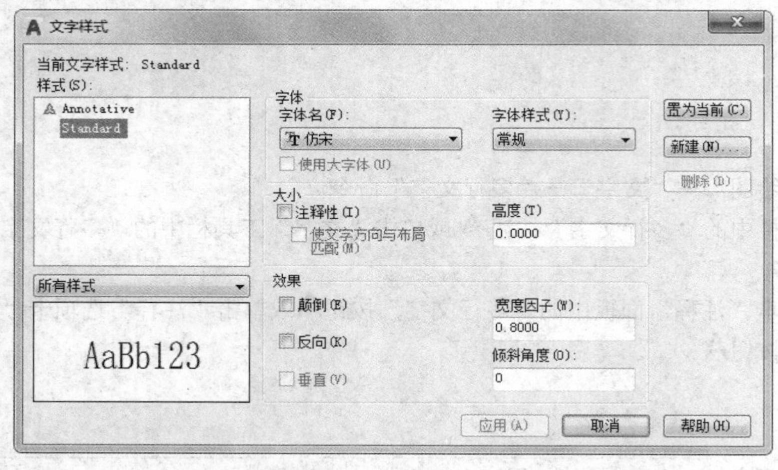

图 3-31　“文字样式”对话框

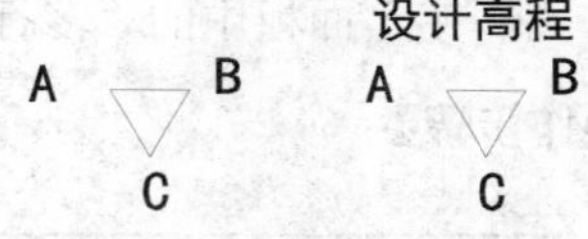

图 3-32　高程符号绘制流程

4．绘制箭头以及标注文字

（1）单击“默认”选项卡“绘图”面板中的“多段线”按钮，绘制箭头。指定 A 点为起点，输入 w 设置多段线的宽为 0.0500，指定 B 点为第二点，输入 w 指定起点宽度为 0.1500，指定端点宽度为 0，指定 C 点为第三点。

（2）单击“默认”选项卡“注释”面板中的“多行文字”按钮A，标注标高为 1.5%，指定的高度为 0.5，旋转角度为 0。注意文字标注时需要把“文字”图层设置为当前图层。

操作步骤如图 3-33 所示。

（3）标注其他文字，完成的图形如图 3-34 所示。

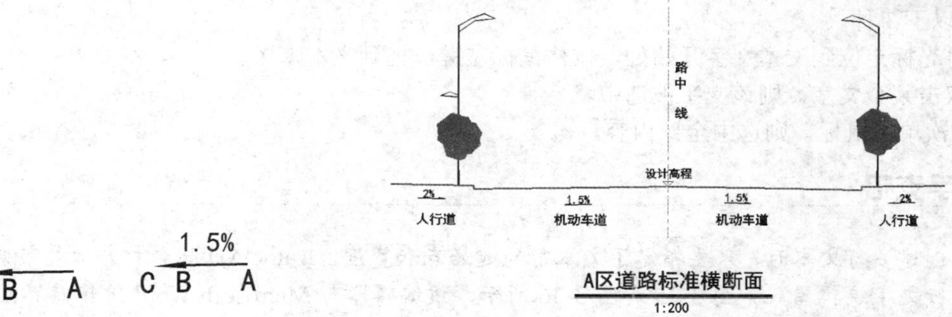

图 3-33　道路横断面图坡度绘制流程　　　　图 3-34　道路横断面图文字标注

【选项说明】

（1）指定对角点：直接在屏幕上拾取一个点作为矩形框的第二个角点，AutoCAD 以这两个点为对角点形成一个矩形区域，其宽度作为将来要标注的多行文本的宽度，而且第一个点作为第一行文本顶线的起点。响应后 AutoCAD 打开“文字编辑器”选项卡和多行文字编辑器，可利用该编辑器输入多行文本并对其格式进行设置。关于对话框中各选项的含义与编辑器功能，稍后再详细介绍。

（2）对正(J)：确定所标注文本的对齐方式。

这些对齐方式与 TEXT 命令中的各对齐方式相同，在此不再重复。选择一种对齐方式后按 Enter 键，AutoCAD 回到上一级提示。

（3）行距(L)：确定多行文本的行间距，这里所说的行间距是指相邻两文本行的基线之间的垂直距离。选择该选项，命令行提示与操作如下。

```
输入行距类型[至少(A)/精确(E)]<至少(A)>:
```

在此提示下有两种方式确定行间距：“至少”方式和“精确”方式。“至少”方式下，AutoCAD 根据每行文本中最大的字符自动调整行间距。“精确”方式下，AutoCAD 给多行文本赋予一个固定的行间距。可以直接输入一个确切的间距值，也可以输入 nx 的形式，其中 n 是一个具体数，表示行间距设置为单行文本高度的 n 倍，而单行文本高度是本行文本字符高度的 1.66 倍。

（4）旋转(R)：确定文本行的倾斜角度。选择该选项，命令行提示与操作如下。

```
指定旋转角度<0>:（输入倾斜角度）
```

输入角度值后按 Enter 键，返回到“指定对角点或[高度(H)/对正(J)/行距(L)/旋转(R)/样式(S)/宽度(W)]:”提示。

（5）样式(S)：确定当前的文字样式。

（6）宽度(W)：指定多行文本的宽度。可在屏幕上拾取一点，将其与前面确定的第一个角点组成的矩形框的宽度作为多行文本的宽度，也可以输入一个数值，精确设置多行文本的宽度。

（7）栏(C)：可以将多行文字对象的格式设置为多栏。可以指定栏和栏之间的宽度、高度及栏数，以及使用夹点编辑栏宽和栏高。其中提供了 3 个栏选项：“不分栏”“静态栏”“动态栏”。

（8）“文字编辑器”选项卡：用来控制文本文字的显示特性。可以在输入文本文字前设置文本的特性，也可以改变已输入的文本文字特性。要改变已有文本文字显示特性，首先应选择要修改的文本，选择文本的方式有以下 3 种。

① 将光标定位到文本文字开始处，按住鼠标左键，拖到文本末尾。

② 双击某个文字，则该文字被选中。

③ 3 次单击鼠标，则选中全部内容。

高手支招

在创建多行文本时，只要指定了文本行的起始点和宽度，AutoCAD 就会打开“文字编辑器”选项卡和多行文字编辑器，如图 3-35 和图 3-36 所示。该编辑器与 Microsoft Word 编辑器界面相似，事实上该编辑器与 Word 编辑器在某些功能上趋于一致。这样既增强了多行文字的编辑功能，又能使用户更熟悉和方便地使用。

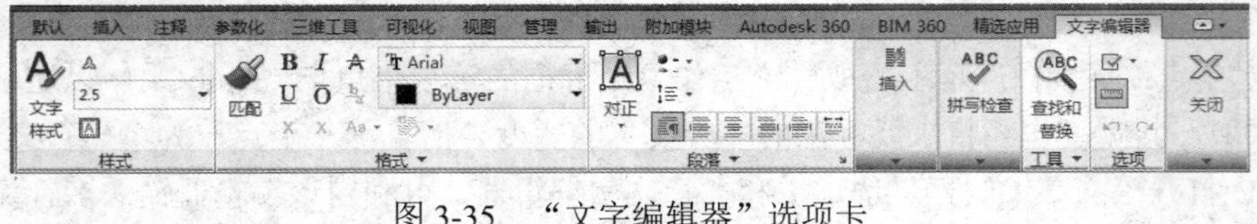

图 3-35 “文字编辑器”选项卡

图 3-36 多行文字编辑器

下面介绍选项卡中部分选项的功能。

（1）“文字高度”下拉列表框：用于确定文本的字符高度，可在文本编辑器中输入新的字符高度，也可从该下拉列表框中选择已设定过的高度值。

（2）“加粗”按钮**B**和“斜体”按钮*I*：用于设置加粗或斜体效果，但这两个按钮只对 TrueType 字体有效。

（3）“删除线”按钮A：用于在文字上添加水平删除线。

（4）“下划线”按钮U和“上划线”按钮O：用于设置或取消文字的上下划线。

（5）“堆叠”按钮：为层叠或非层叠文本按钮，用于层叠所选的文本文字，也就是创建分数形式。当文本中某处出现“/”、“^”或“#”3 种层叠符号之一时，选中需层叠的文字，才可层叠文本。二者缺一不可。符号左边的文字作为分子，右边的文字作为分母进行层叠。

AutoCAD 提供了 3 种分数形式：

① 如选中 abcd/efgh 后单击该按钮，得到如图 3-37（a）所示的分数形式。

② 如果选中 abcd^efgh 后单击该按钮，则得到如图 3-37（b）所示的形式，该形式多用于标注极限偏差。

③ 如果选中 abcd # efgh 后单击该按钮，则创建斜排的分数形式，如图 3-37（c）所示。

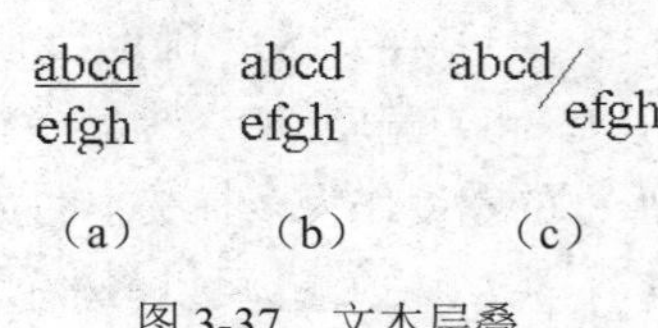

图 3-37 文本层叠

如果选中已经层叠的文本对象后单击该按钮，则恢复到非层叠形式。

（6）“倾斜角度”（0/）文本框：用于设置文字的倾斜角度。

举一反三

倾斜角度与斜体效果是两个不同的概念，前者可以设置任意倾斜角度，后者是在任意倾斜角度的基础上设置斜体效果，如图 3-38 所示。第一行倾斜角度为 0°，非斜体效果；第二行倾斜角度为 12°，非斜体效果；第三行倾斜角度为 12°，斜体效果。

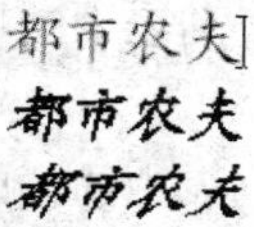

都市农夫

都市农夫

都市农夫

图 3-38　倾斜角度与斜体效果

（7）“符号”按钮@：用于输入各种符号。单击该按钮，系统打开符号列表，如图 3-39 所示，可以从中选择符号输入到文本中。

（8）“插入字段”按钮：用于插入一些常用或预设字段。单击该按钮，系统打开“字段”对话框，如图 3-40 所示，用户可从中选择字段，插入到标注文本中。

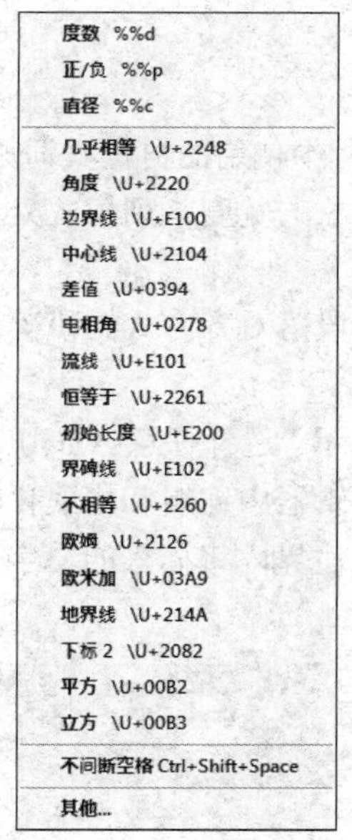

图 3-39　符号列表

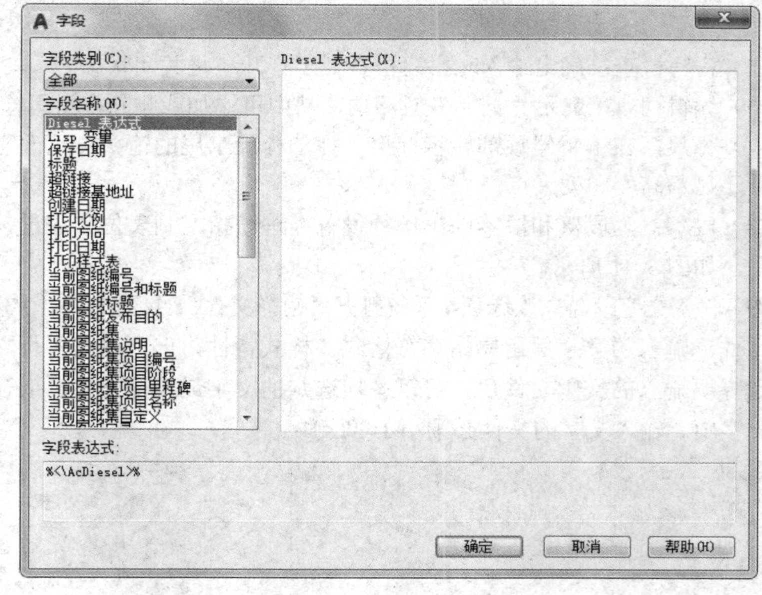

图 3-40　“字段”对话框

（9）“追踪”下拉列表框 a•b：用于增大或减小选定字符之间的空间。1.0 表示设置常规间距，设置大于 1.0 表示增大间距，设置小于 1.0 表示减小间距。

（10）“宽度因子”下拉列表框：用于扩展或收缩选定字符。1.0 表示设置代表此字体中字母的常规宽度，可以增大该宽度或减小该宽度。

（11）“上标”按钮 x^2：将选定文字转换为上标，即在输入线的上方设置稍小的文字。

（12）“下标”按钮 x_2：将选定文字转换为下标，即在输入线的下方设置稍小的文字。

（13）“清除格式”下拉列表框：删除选定字符的字符格式，或删除选定段落的段落格式，或删除选定段落中的所有格式。

（14）“项目符号和编号”下拉列表：添加段落文字前面的项目符号和编号。

① 关闭：如果选择该选项，将从应用了列表格式的选定文字中删除字母、数字和项目符号。不更改缩进状态。

② 以数字标记：应用将带有句点的数字用于列表中的项的列表格式。

③ 以字母标记：应用将带有句点的字母用于列表中的项的列表格式。如果列表含有的项多于字母中含有的字母，可以使用双字母继续序列。

④ 以项目符号标记：应用将项目符号用于列表中的项的列表格式。

⑤ 启动：在列表格式中启动新的字母或数字序列。如果选定的项位于列表中间，则选定项下面的未选中的项也将成为新列表的一部分。

⑥ 继续：将选定的段落添加到上面最后一个列表然后继续序列。如果选择了列表项而非段落，选定项下面的未选中的项将继续序列。

⑦ 允许自动项目符号和编号：在输入时应用列表格式。以下字符可以用作字母和数字后的标点，并不能用作项目符号：句点（.）、逗号（,）、右括号（)）、右尖括号（>）、右方括号（]）和右花括号（}）。

⑧ 允许项目符号和列表：如果选择该选项，列表格式将应用到外观类似列表的多行文字对象中的所有纯文本。

（15）拼写检查：确定输入时拼写检查处于打开还是关闭状态。

（16）编辑词典：显示“词典”对话框，从中可添加或删除在拼写检查过程中使用的自定义词典。

（17）标尺：在编辑器顶部显示标尺。拖动标尺末尾的箭头可更改文字对象的宽度。列模式处于活动状态时，还显示高度和列夹点。

（18）段落：为段落和段落的第一行设置缩进。指定制表位和缩进，控制段落对齐方式、段落间距和段落行距，如图 3-41 所示。

（19）输入文字：选择该选项，系统打开“选择文件”对话框，如图 3-42 所示。选择任意 ASCII 或 RTF 格式的文件。输入的文字保留原始字符格式和样式特性，但可以在多行文字编辑器中编辑和格式化输入的文字。选择要输入的文本文件后，可以替换选定的文字或全部文字，或在文字边界内将插入的文字附加到选定的文字中。输入文字的文件必须小于 32KB。

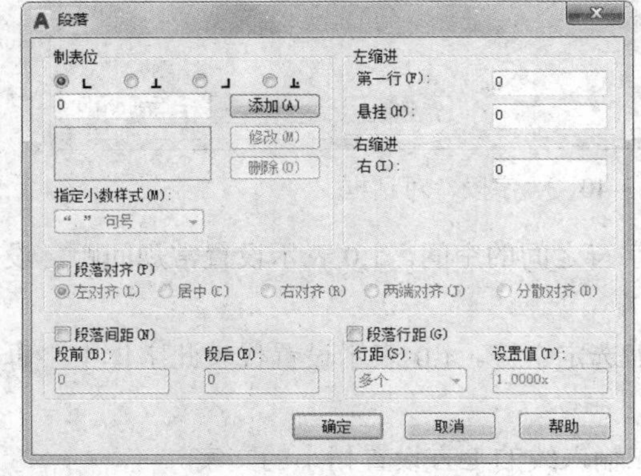

图 3-41 “段落”对话框

图 3-42 “选择文件”对话框

高手支招

多行文字是由任意数目的文字行或段落组成的，布满指定的宽度，还可以沿垂直方向无限延伸。多行文字中，无论行数是多少，单个编辑任务中创建的每个段落集将构成单个对象；用户可对其进行移动、旋转、删除、复制、镜像或缩放操作。

3.3.4　文本编辑

【执行方式】

☑　命令行：DDEDIT。
☑　菜单栏：选择菜单栏中的“修改”→“对象”→“文字”→“编辑”命令。
☑　工具栏：单击“文字”工具栏中的“编辑”按钮。

【操作步骤】

```
命令: DDEDIT↙
选择注释对象或[放弃(U)]:
```

要求选择想要修改的文本，同时光标变为拾取框。单击选择对象，如果选择的文本是用 TEXT 命令创建的单行文本，则亮显该文本，此时可对其进行修改；如果选择的文本是用 MTEXT 命令创建的多行文本，选择后则打开多行文字编辑器，可根据前面的介绍对各项设置或内容进行修改。

【选项说明】

用拾取框选择对象时：

（1）如果选择的文本是用 TEXT 命令创建的单行文本，则深显该文本，可对其进行修改。

（2）如果选择的文本是用 MTEXT 命令创建的多行文本，选择对象后则打开“文字编辑器”选项卡和多行文字编辑器，可根据前面的介绍对各项设置或对内容进行修改。

3.4　表　　格

使用 AutoCAD 提供的表格功能，创建表格就变得非常容易，用户可以直接插入设置好样式的表格，而不用由单独的图线重新绘制。

【预习重点】

☑　练习如何定义表格样式。
☑　观察“插入表格”对话框中选项卡的设置。
☑　练习插入表格文字。

3.4.1 定义表格样式

表格样式是用来控制表格基本形状和间距的一组设置。和文字样式一样，所有 AutoCAD 图形中的表格都有和其相对应的表格样式。当插入表格对象时，AutoCAD 使用当前设置的表格样式。模板文件 acad.dwt 和 acadiso.dwt 中定义了名为 Standard 的默认表格样式。

【执行方式】

- ☑ 命令行：TABLESTYLE。
- ☑ 菜单栏：选择菜单栏中的“格式”→“表格样式”命令。
- ☑ 工具栏：单击“样式”工具栏中的“表格样式”按钮。
- ☑ 功能区：单击“默认”选项卡“注释”面板中的“表格样式”按钮或单击“注释”选项卡“表格”面板上“表格样式”下拉菜单中的“管理表格样式”按钮或单击“注释”选项卡“表格”面板中的“对话框启动器”按钮。

【操作步骤】

执行上述操作之一后，弹出“表格样式”对话框，如图 3-43 所示。单击“新建”按钮，弹出“创建新的表格样式”对话框，如图 3-44 所示。输入新的表格样式名后，单击“继续”按钮，弹出“新建表格样式”对话框，如图 3-45 所示，从中可以定义新的表格样式。

“新建表格样式”对话框中有 3 个选项卡：“常规”“文字”“边框”，分别用于控制表格中数据、表头和标题的有关参数，如图 3-46 所示。

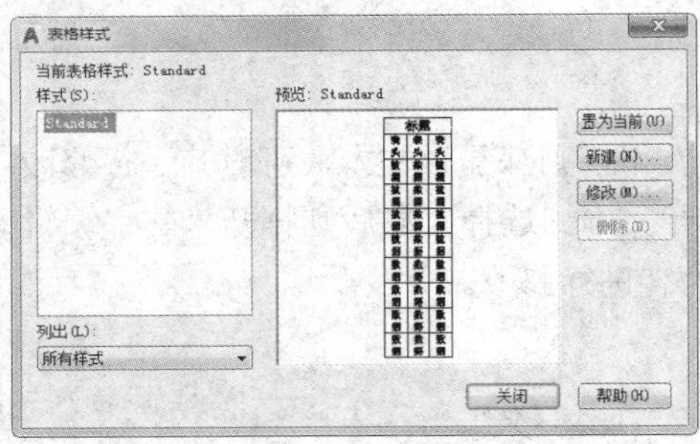

图 3-43 “表格样式”对话框

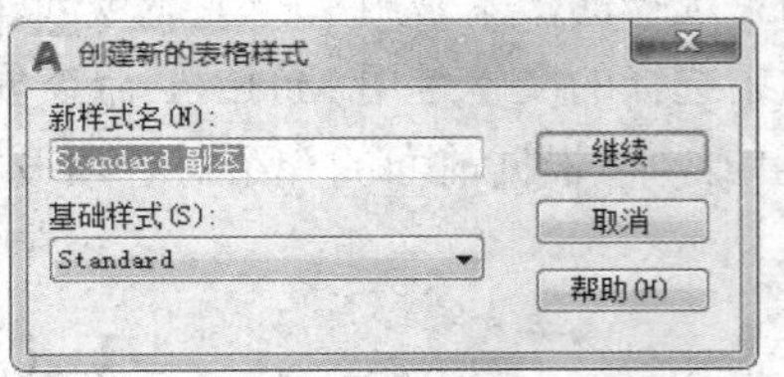

图 3-44 “创建新的表格样式”对话框

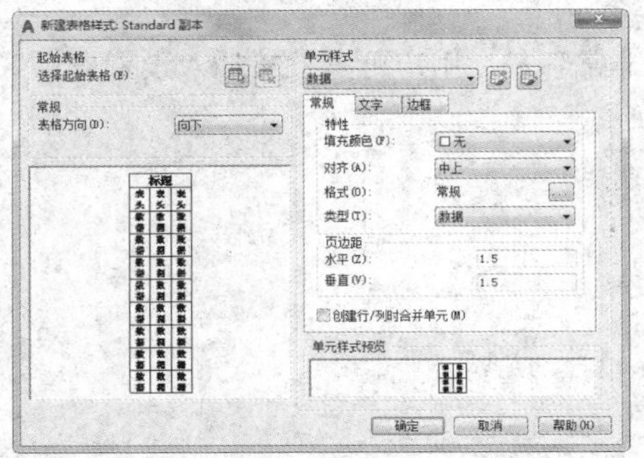

图 3-45 “新建表格样式”对话框

标题		
表头	表头	表头
数据	数据	数据
数据	数据	数据
数据	数据	数据
数据	数据	数据

图 3-46 表格样式

【选项说明】

1．“常规”选项卡

（1）“特性”选项组。

① “填充颜色”下拉列表框：用于指定填充颜色。

② “对齐”下拉列表框：用于为单元内容指定一种对齐方式。

③ “格式”选项框：用于设置表格中各行的数据类型和格式。

④ “类型”下拉列表框：将单元样式指定为标签或数据，在包含起始表格的表格样式中插入默认文字时使用。也用于在工具选项板上创建表格工具的情况。

（2）“页边距”选项组。

① “水平”文本框：设置单元中的文字或块与左右单元边界之间的距离。

② “垂直”文本框：设置单元中的文字或块与上下单元边界之间的距离。

（3）“创建行/列时合并单元”复选框。

将使用当前单元样式创建的所有新行或列合并到一个单元中。

2．“文字”选项卡

（1）“文字样式”下拉列表框：用于指定文字样式。

（2）“文字高度”文本框：用于指定文字高度。

（3）“文字颜色”下拉列表框：用于指定文字颜色。

（4）“文字角度”文本框：用于设置文字角度。

3．“边框”选项卡

（1）“线宽”下拉列表框：用于设置要显示边界的线宽。

（2）“线型”下拉列表框：通过单击边框按钮，设置线型以应用于指定的边框。

（3）“颜色”下拉列表框：用于指定颜色以应用于显示的边界。

（4）“双线”复选框：选中该复选框，指定选定的边框为双线。

3.4.2　创建表格

设置好表格样式后，用户可以利用 TABLE 命令创建表格。

【执行方式】

☑ 命令行：TABLE。

☑ 菜单栏：选择菜单栏中的“绘图”→“表格”命令。

☑ 工具栏：单击“绘图”工具栏中的“表格”按钮▦。

☑ 功能区：单击“默认”选项卡“注释”面板中的“表格”按钮▦或单击“注释”选项卡“表格”面板中的“表格”按钮▦。

【操作步骤】

执行上述操作之一后，弹出“插入表格”对话框，如图 3-47 所示。

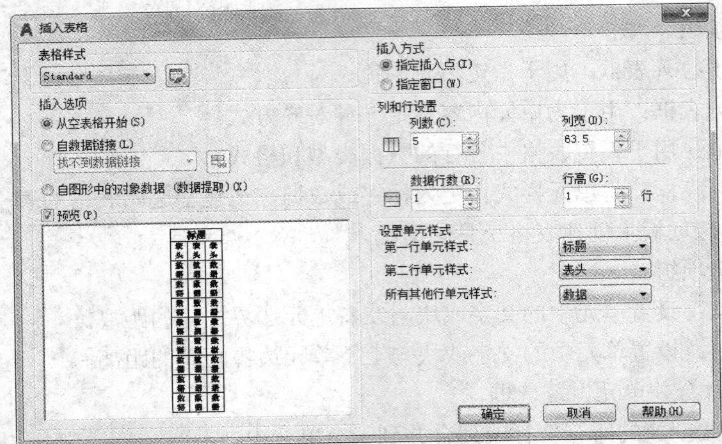

图 3-47 “插入表格”对话框

【选项说明】

1. “表格样式”选项组

可以在“表格样式”下拉列表框中选择一种表格样式，也可以通过单击后面的按钮来新建或修改表格样式。

2. “插入选项”选项组

指定插入表格的方式。

（1）“从空表格开始”单选按钮：创建可以手动填充数据的空表格。

（2）“自数据链接”单选按钮：通过启动数据连接管理器来创建表格。

（3）“自图形中的对象数据（数据提取）”单选按钮：通过启动“数据提取”向导来创建表格。

3. “插入方式”选项组

（1）“指定插入点”单选按钮：指定表格的左上角的位置。可以使用定点设备，也可以在命令行中输入坐标值。如果表格样式将表格的方向设置为由下而上读取，则插入点位于表格的左下角。

（2）“指定窗口”单选按钮：指定表的大小和位置。可以使用定点设备，也可以在命令行中输入坐标值。选中该单选按钮时，行数、列数、列宽和行高取决于窗口的大小以及列和行设置。

4. “列和行设置”选项组

指定列和数据行的数目以及列宽与行高。

5. “设置单元样式”选项组

指定“第一行单元样式”“第二行单元样式”“所有其他行单元样式”分别为标题、表头或者数据样式。

高手支招

在“插入方式”选项组中选中“指定窗口”单选按钮后，列与行设置的两个参数中只能指定一个，另外一个由指定窗口的大小自动等分来确定。

在“插入表格”对话框中进行相应的设置后，单击“确定”按钮，系统在指定的插入点处自动插入一个空表格，并显示多行文字编辑器，用户可以逐行逐列输入相应的文字或数据，如图 3-48 所示。

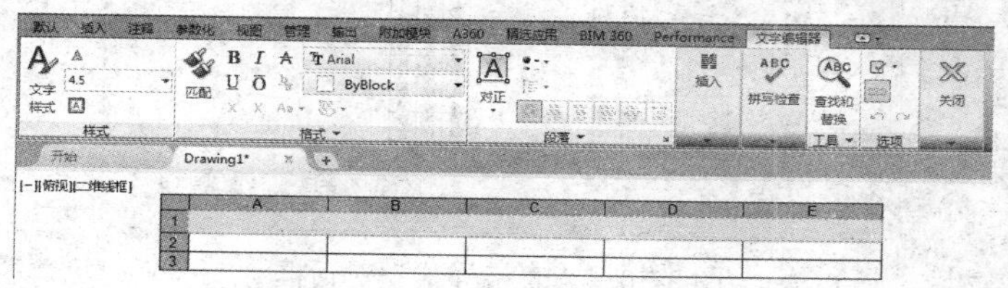

图 3-48 空表格和多行文字编辑器

3.4.3 表格文字编辑

【执行方式】

☑ 命令行：TABLEDIT。

☑ 快捷菜单：选定表的一个或多个单元后右击，在弹出的快捷菜单中选择“编辑文字”命令。

☑ 定点设备：在表单元内双击。

【操作步骤】

执行上述操作之一后，弹出多行文字编辑器，用户可以对指定单元格中的文字进行编辑。

在 AutoCAD 2017 中，可以在表格中插入简单的公式，用于求和、计数和计算平均值，以及定义简单的算术表达式。要在选定的单元格中插入公式，需在单元格中右击，在弹出的快捷菜单中选择“插入点”→“公式”命令。也可以使用多行文字编辑器输入公式。选择一个公式项后，命令行提示与操作如下。

```
选择表单元范围的第一个角点:（在表格内指定一点）
选择表单元范围的第二个角点:（在表格内指定另一点）
```

【操作实践——公园设计植物明细表】

绘制如图 3-49 所示的公园设计植物明细表。

苗木名称	数量	规格	苗木名称	数量	规格	苗木名称	数量	规格
落叶松	32	10cm	红叶	3	15cm	金叶女贞		20棵/m^{2}丛植H-500
银杏	44	15cm	法国梧桐	10	20cm	紫叶小柒		20棵/m^{2}丛植H-500
元宝枫	5	6m(冠径)	油松	4	8cm	草坪		2-3个品种混插
樱花	3	10cm	三角枫	26	10cm			
合欢	8	12cm	睡莲	20				
玉兰	27	15cm						
龙爪槐	30	8cm						

图 3-49 植物明细表

操作步骤如下：

（1）选择菜单栏中的“格式”→“表格样式”命令，系统打开“表格样式”对话框，如图 3-50 所示。

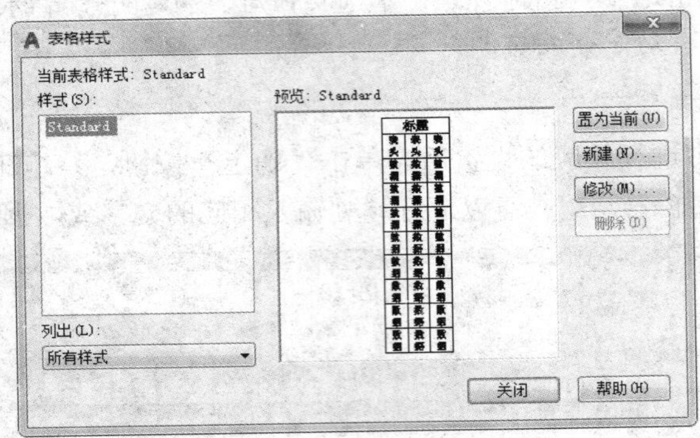

图 3-50　“表格样式”对话框

（2）单击“新建”按钮，系统打开“创建新的表格样式”对话框，如图 3-51 所示。输入新的表格名称后，单击“继续”按钮，系统打开“新建表格样式”对话框，如图 3-52 所示。“常规”选项卡按图 3-52 所示设置。“文字”选项卡按图 3-53 所示设置。创建好表格样式后，确定并关闭退出“表格样式”对话框。

（3）创建表格。在设置好表格样式后，选择菜单栏中的“绘图”→“表格”命令，系统打开“插入表格”对话框，设置如图 3-54 所示。

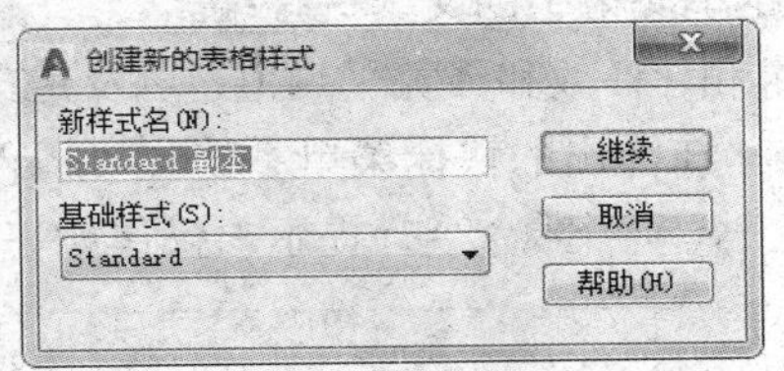

图 3-51　“创建新的表格样式”对话框

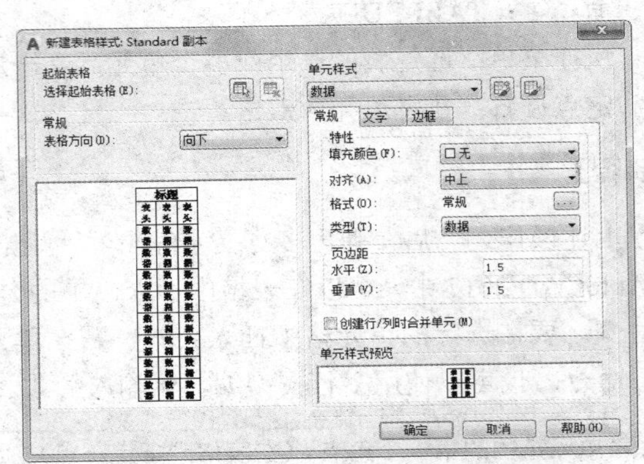

图 3-52　“新建表格样式”对话框

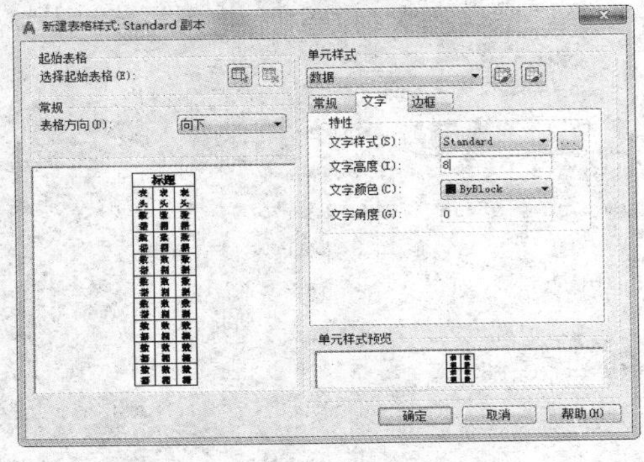

图 3-53　“标题”选项卡设置

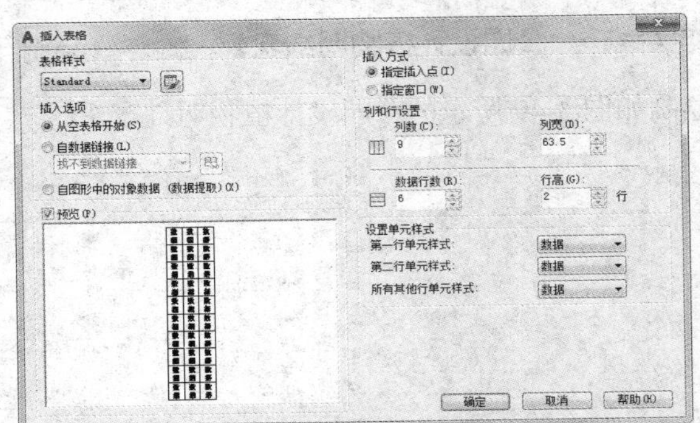

图 3-54　“插入表格”对话框

（4）单击“确定”按钮，系统在指定的插入点或窗口自动插入一个空表格，并显示多行文字编辑器，用户可以逐行逐列输入相应的文字或数据，如图 3-55 所示。

（5）当编辑完成的表格有需要修改的地方时，可用 TABLEDIT 命令来完成（也可在要修改的表格上右击，在弹出的快捷菜单中选择“编辑文字”命令，如图 3-56 所示，同样可以达到修改文本的目的）。命令行提示与操作如下。

```
命令: TABLEDIT
拾取表格单元:（鼠标点取需要修改文本的表格单元）
```

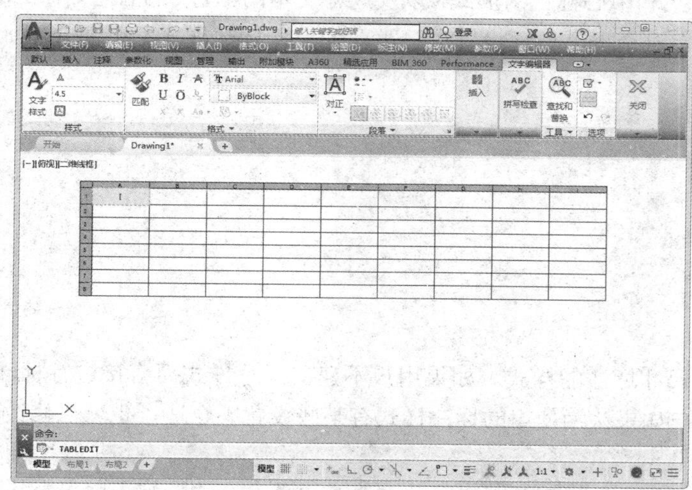

图 3-55　多行文字编辑器

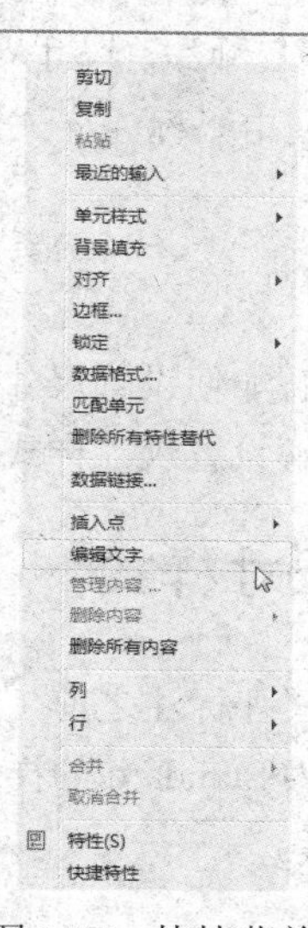

图 3-56　快捷菜单

多行文字编辑器会再次出现，用户可以进行修改。

注意

在插入后的表格中选择某一个单元格，单击后出现钳夹点，通过移动钳夹点可以改变单元格的大小，如图3-57所示。

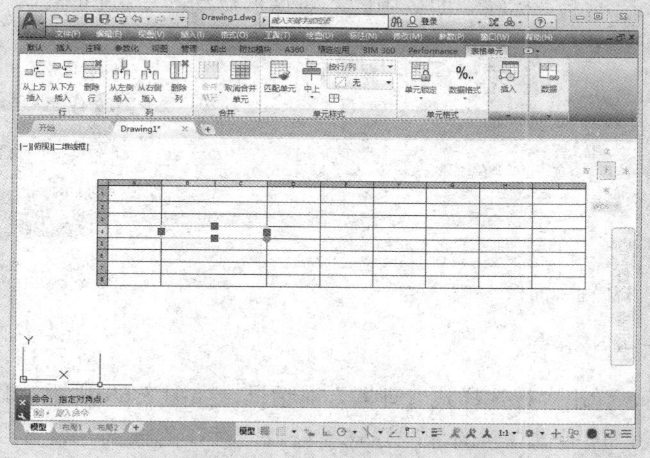

图 3-57　改变单元格大小

最后完成的植物明细表如图 3-49 所示。

3.5 尺 寸 标 注

组成尺寸标注的尺寸界线、尺寸线、尺寸文本及箭头等可以采用多种多样的形式，实际标注一个几何对象的尺寸时，其尺寸标注以什么形态出现，取决于当前所采用的尺寸标注样式。标注样式决定尺寸标注的形式，包括尺寸线、尺寸界线、箭头和中心标记的形式，以及尺寸文本的位置、特性等。在 AutoCAD 2017 中用户可以利用“标注样式管理器”对话框方便地设置自己需要的尺寸标注样式。下面介绍如何定制尺寸标注样式。

【预习重点】

- ☑ 了解如何设置尺寸样式。
- ☑ 了解设置尺寸样式参数。

3.5.1 尺寸样式

在进行尺寸标注之前，要建立尺寸标注的样式。如果用户不建立尺寸样式而直接进行标注，系统使用默认的名称为 Standard 的样式。用户如果认为使用的标注样式有某些设置不合适，也可以修改标注样式。

【执行方式】

- ☑ 命令行：DIMSTYLE。
- ☑ 菜单栏：选择菜单栏中的“格式”→“标注样式”或“标注”→“标注样式”命令。
- ☑ 工具栏：单击“标注”工具栏中的“标注样式”按钮。
- ☑ 功能区：单击“默认”选项卡“注释”面板中的“标注样式”按钮（如图 3-58 所示）或单击“注释”选项卡“标注”面板上“标注样式”下拉菜单中的“管理标注样式”按钮（如图 3-59 所示）或单击“注释”选项卡“标注”面板中的“对话框启动器”按钮。

图 3-58 “注释”面板

图 3-59 “标注”面板

【操作步骤】

执行上述操作之一后，弹出“标注样式管理器”对话框，如图 3-60 所示。利用该对话框可方便直观地设置和浏览尺寸标注样式，包括建立新的标注样式、修改已存在的样式、设置当前尺寸标注样式、重命名样式以及删除一个已存在的样式等。

【选项说明】

（1）“置为当前”按钮：单击该按钮，把在“样式”列表框中选中的样式设置为当前样式。

（2）“新建”按钮：定义一个新的尺寸标注样式。单击该按钮，弹出“创建新标注样式”对话框，如图 3-61 所示，利用该对话框创建一个新的尺寸标注样式，如图 3-62 所示。

（3）“修改”按钮：修改一个已存在的尺寸标注样式。单击该按钮，弹出“修改标注样式”对话框，该对话框中的各选项与“创建新标注样式”对话框中完全相同，用户可以对已有标注样式进行修改。

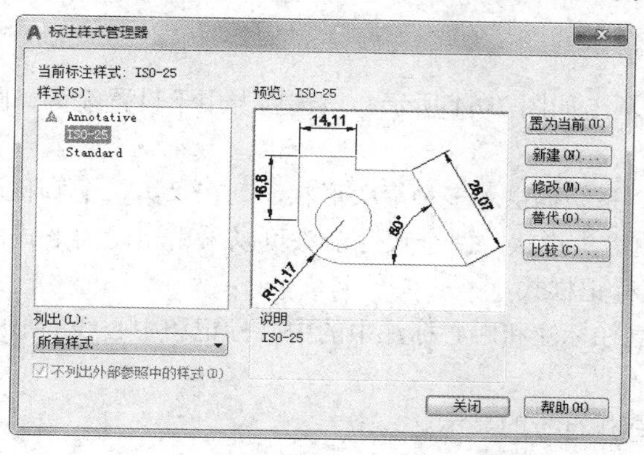

图 3-60　“标注样式管理器”对话框

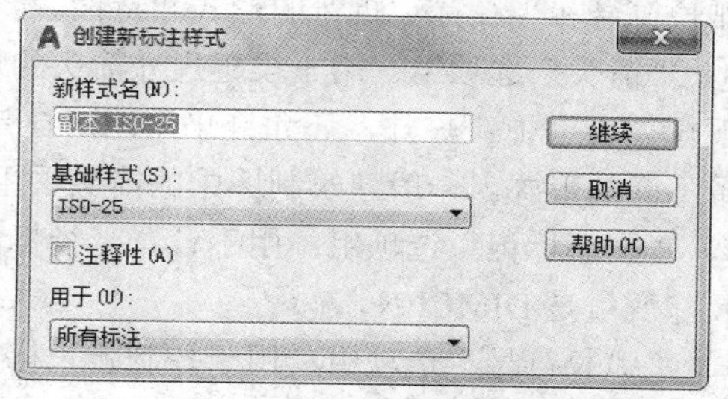

图 3-61　“创建新标注样式”对话框

（4）“替代”按钮：设置临时覆盖尺寸标注样式。单击该按钮，弹出“替代当前样式”对话框，如图 3-62 所示。用户可改变选项的设置覆盖原来的设置，但这种修改只对指定的尺寸标注起作用，而不影响当前尺寸变量的设置。

（5）“比较”按钮：比较两个尺寸标注样式在参数上的区别，或浏览一个尺寸标注样式的参数设置。单击该按钮，弹出“比较标注样式”对话框，如图 3-63 所示。可以把比较结果复制到剪贴板上，然后再粘贴到其他的 Windows 应用软件上。

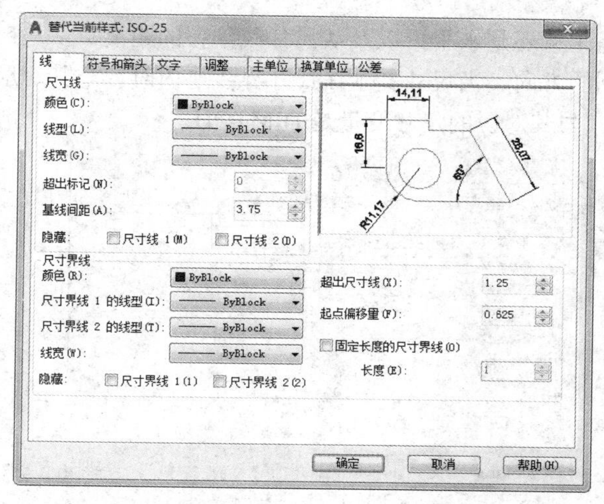

图 3-62　“替代当前样式”对话框

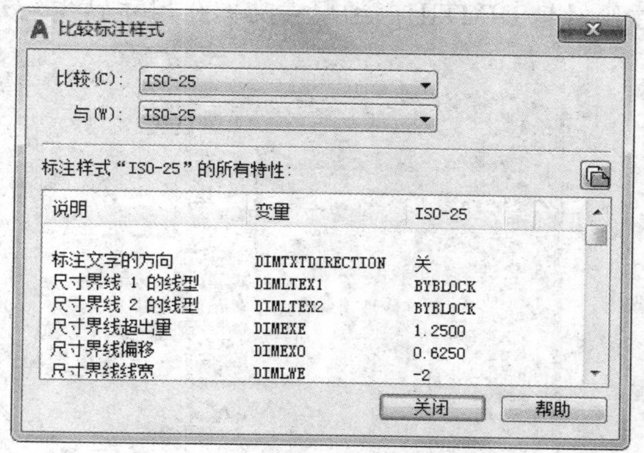

图 3-63　“比较标注样式”对话框

下面对“新建标注样式”对话框中的主要选项卡进行简要说明。

（1）线。

“新建标注样式”对话框中的“线”选项卡用于设置尺寸线、尺寸界线的形式和特性。现分别进行说明。

① “尺寸线”选项组：用于设置尺寸线的特性。

② “尺寸界线”选项组：用于确定尺寸界线的形式。

③ 尺寸样式显示框：在“新建标注样式”对话框的右上方，是一个尺寸样式显示框，该显示框以样例的形式显示用户设置的尺寸样式。

（2）符号和箭头。

“新建标注样式”对话框中的“符号和箭头”选项卡如图 3-64 所示。该选项卡用于设置箭头、圆心标记、弧长符号和半径标注折弯的形式和特性。

① “箭头”选项组：用于设置尺寸箭头的形式。系统提供了多种箭头形状，列在“第一个”和“第二个”下拉列表框中。另外，还允许采用用户自定义的箭头形状。两个尺寸箭头可以采用相同的形式，也可以采用不同的形式。一般建筑制图中的箭头采用建筑标记样式。

② “圆心标记”选项组：用于设置半径标注、直径标注和中心标注中的中心标记和中心线的形式。相应的尺寸变量是 DIMCEN。

③ “弧长符号”选项组：用于控制弧长标注中圆弧符号的显示。

④ “折断标注”选项组：控制折断标注的间隙宽度。

⑤ “半径折弯标注”选项组：控制折弯（Z 字形）半径标注的显示。

⑥ “线性折弯标注”选项组：控制线性标注折弯的显示。

（3）文本。

“新建标注样式”对话框中的“文字”选项卡如图 3-65 所示，该选项卡用于设置尺寸文本的形式、位置和对齐方式等。

① “文字外观”选项组：用于设置文字的样式、颜色、填充颜色、高度、分数高度比例以及文字是否带边框。

② “文字位置”选项组：用于设置文字的位置是垂直还是水平，以及从尺寸线偏移的距离。

③ “文字对齐”选项组：用于控制尺寸文本排列的方向。当尺寸文本在尺寸界线之内时，与其对应的尺寸变量是 DIMTIH；当尺寸文本在尺寸界线之外时，与其对应的尺寸变量是 DIMTOH。

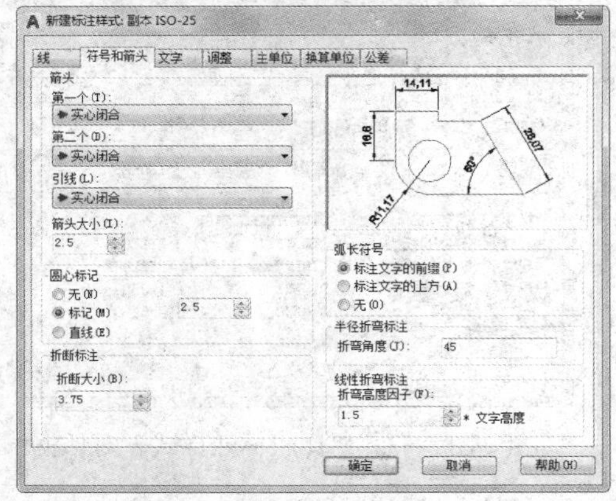

图 3-64 “符号和箭头”选项卡

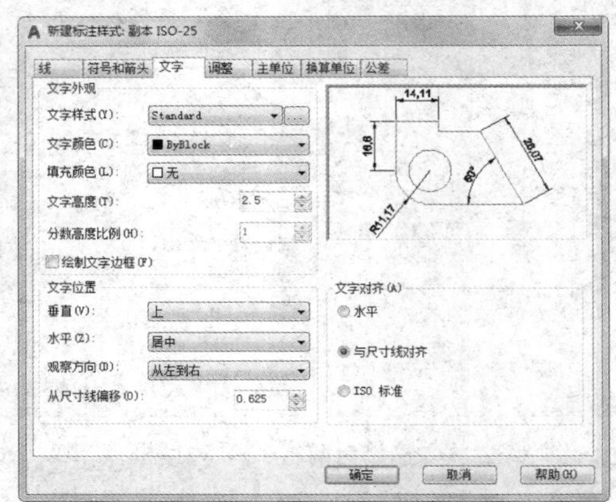

图 3-65 “文字”选项卡

3.5.2　尺寸标注方法

正确地进行尺寸标注是设计绘图工作中非常重要的一个环节，AutoCAD 2017 提供了方便快捷的尺寸标注方法，可通过执行命令实现，也可利用菜单或工具按钮来实现。本节将重点介绍如何对各种类型的尺寸进行标注。

【预习重点】

☑　了解尺寸标注类型。
☑　练习不同类型尺寸标注应用。

1．线性标注

【执行方式】

☑　命令行：DIMLINEAR（快捷命令：DIMLIN）。
☑　菜单栏：选择菜单栏中的“标注”→“线性”命令。
☑　工具栏：单击“标注”工具栏中的“线性”按钮。
☑　功能区：单击“默认”选项卡“注释”面板中的“线性”按钮（如图 3-66 所示）或单击“注释”选项卡“标注”面板中的“线性”按钮（如图 3-67 所示）。

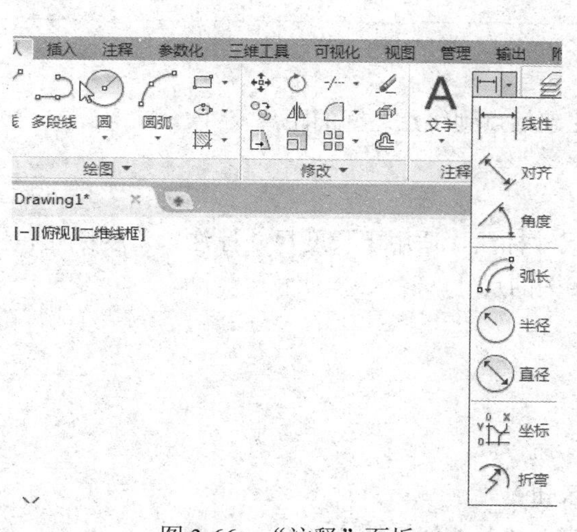

图 3-66　“注释”面板

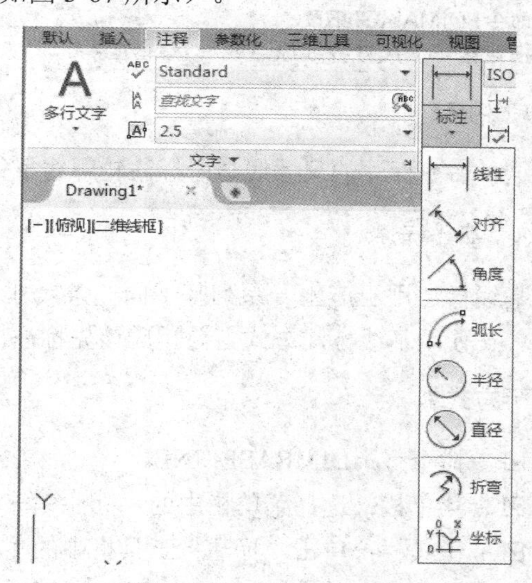

图 3-67　“标注”面板

【操作步骤】

```
命令: DIMLINEAR
指定第一个尺寸界线原点或 <选择对象>:
```

【选项说明】

在此提示下有两种选择，直接按 Enter 键选择要标注的对象或确定尺寸界线的起始点。

（1）直接按 Enter 键：光标变为拾取框，命令行提示与操作如下。

```
选择标注对象:
```

用拾取框拾取要标注尺寸的线段，命令行提示与操作如下。

```
指定尺寸线位置或[多行文字(M)/文字(T)/角度(A)/水平(H)/垂直(V)/旋转(R)]:
```

（2）指定第一条尺寸界线原点：指定第一条与第二条尺寸界线的起始点。

2. 对齐标注

【执行方式】

☑ 命令行：DIMALIGNED。
☑ 菜单栏：选择菜单栏中的“标注”→“对齐”命令。
☑ 工具栏：单击“标注”工具栏中的“对齐”按钮。
☑ 功能区：单击“默认”选项卡“注释”面板中的“对齐”按钮或单击“注释”选项卡“标注”面板中的“已对齐”按钮。

【操作步骤】

```
命令: DIMALIGNED↙
指定第一个尺寸界线原点或 <选择对象>:
```

【选项说明】

这种命令标注的尺寸线与所标注轮廓线平行，标注起始点到终点之间的距离尺寸。

3. 基线标注

基线标注用于产生一系列基于同一条尺寸界线的尺寸标注，适用于长度尺寸标注、角度标注和坐标标注等。在使用基线标注方式之前，应该先标注出一个相关的尺寸。

【执行方式】

☑ 命令行：DIMBASELINE。
☑ 菜单栏：选择菜单栏中的“标注”→“基线”命令。
☑ 工具栏：单击“标注”工具栏中的“基线”按钮。
☑ 功能区：单击“注释”选项卡“标注”面板中的“基线”按钮。

【操作步骤】

```
命令: DIMBASELINE↙
指定第二条尺寸界线原点或 [放弃(U)/选择(S)] <选择>:
```

【选项说明】

（1）指定第二条尺寸界线原点：直接确定另一个尺寸的第二条尺寸界线的起点，AutoCAD 以上次标注的尺寸为基准标注，标注出相应尺寸。

（2）选择(S)：在上述提示下直接按 Enter 键，AutoCAD 提示：

```
选择基准标注:（选取作为基准的尺寸标注）
```

高手支招

线性标注有水平、垂直或对齐放置。使用对齐标注时，尺寸线将平行于两尺寸界线原点之间的直线（想象或实际）。基线（或平行）和连续（或链）标注是一系列基于线性标注的连续标注，连续标注是首尾相连的多个标注。在创建基线或连续标注之前，必须创建线性、对齐或角度标注。可从当前任务最近创建的标注中以增量方式创建基线标注。

4．连续标注

连续标注又称为尺寸链标注，用于产生一系列连续的尺寸标注，后一个尺寸标注均把前一个标注的第二条尺寸界线作为它的第一条尺寸界线，适用于长度尺寸标注、角度标注和坐标标注等。在使用连续标注方式之前，应该先标注出一个相关的尺寸。

【执行方式】

☑　命令行：DIMCONTINUE。
☑　菜单栏：选择菜单栏中的“标注”→“连续”命令。
☑　工具栏：单击“标注”工具栏中的“连续”按钮。
☑　功能区：单击“注释”选项卡“标注”面板中的“连续”按钮。

【操作步骤】

```
命令: _dimcontinue
指定第二条尺寸界线原点或 [放弃(U)/选择(S)] <选择>:
```

此提示下的各选项与基线标注中的选项完全相同，在此不再赘述。

5．引线标注

AutoCAD 提供了引线标注功能，利用该功能不仅可以标注特定的尺寸，如圆角、倒角等，还可以在图中添加多行旁注、说明。在引线标注中，指引线可以是折线，也可以是曲线；指引线端部可以有箭头，也可以没有箭头。

利用 QLEADER 命令可快速生成指引线及注释，而且可以通过命令行优化对话框进行用户自定义，由此可以消除不必要的命令行提示，取得最高的工作效率。

【执行方式】

命令行：QLEADER。

【操作步骤】

```
命令: QLEADER↙
指定第一个引线点或 [设置(S)] <设置>:
```

【选项说明】

（1）指定第一个引线点：根据命令行中的提示确定一点作为指引线的第一点，命令行提示与操作如下。

```
指定下一点:（输入指引线的第二点）
指定下一点:（输入指引线的第三点）
```

AutoCAD 提示用户输入的点的数目由“引线设置”对话框确定，如图 3-68 所示。输入完指引线的点后，命令行提示与操作如下。

```
指定文字宽度<0.0000>:（输入多行文本的宽度）
输入注释文字的第一行<多行文字(M)>:
```

此时，有以下两种方式进行输入选择。

① 输入注释文字的第一行：在命令行中输入第一行文本。此时，命令行提示与操作如下。

```
输入注释文字的下一行:（输入另一行文本）
输入注释文字的下一行:（输入另一行文本或按 Enter 键）
```

② 多行文字(M)：打开多行文字编辑器，输入、编辑多行文字。输入全部注释文本后直接按 Enter 键，系统结束 QLEADER 命令，并把多行文本标注在指引线的末端附近。

（2）设置(S)：在上面的命令行提示下直接按 Enter 键或输入 S，弹出“引线设置”对话框，允许对引线标注进行设置。该对话框中包含“注释”“引线和箭头”“附着”3 个选项卡，下面分别进行介绍。

① “注释”选项卡：用于设置引线标注中注释文本的类型、多行文本的格式，并确定注释文本是否多次使用。

② “引线和箭头”选项卡：用于设置引线标注中引线和箭头的形式，如图 3-69 所示。其中，“点数”选项组用于设置执行 QLEADER 命令时提示用户输入的点的数目。例如，设置点数为 3，执行 QLEADER 命令时当用户在提示下指定 3 个点后，AutoCAD 自动提示用户输入注释文本。

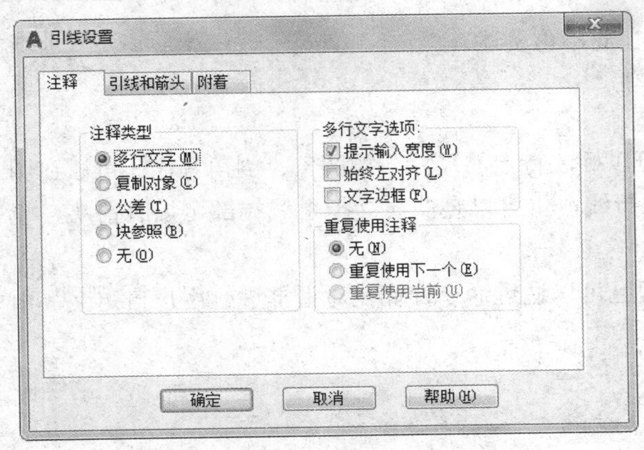

图 3-68 “引线设置”对话框

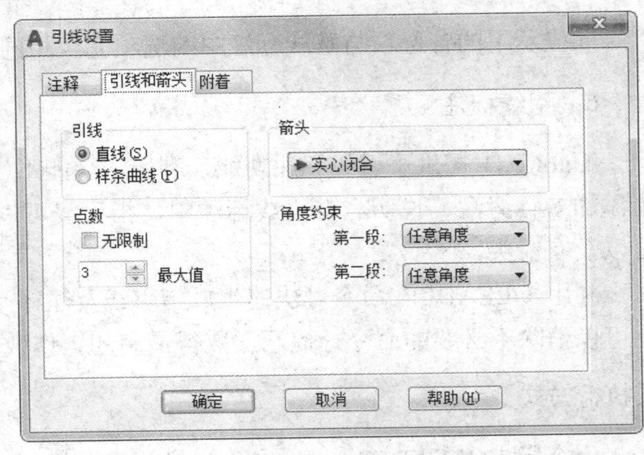

图 3-69 “引线和箭头”选项卡

需要注意的是，设置的点数要比用户希望的指引线段数多 1。如果选中“无限制”复选框，AutoCAD 会一直提示用户输入点直到连续按 Enter 键两次为止。“角度约束”选项组用于设置第一段和第二段指引线的角度约束。

③ “附着”选项卡：用于设置注释文本和指引线的相对位置，如图 3-70 所示。如果最后一段指引线指向右边，系统自动把注释文本放在右侧；如果最后一段指引线指向左边，系统自动把注释文本放在左侧。利用该选项卡中左侧和右侧的单选按钮，可以分别设置位于左侧和右侧的注释文本与最后一段指引线的相对位置，二者可相同也可不同。

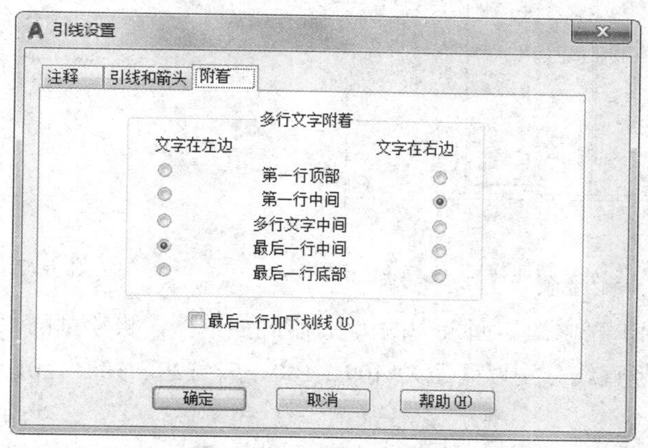

图 3-70　“附着”选项卡

3.5.3　实例——标注天桥次梁和主梁连接节点大样图

使用“多行文字”命令标注文字，用“线性”“连续”命令以及 dimtedit 命令标注修改尺寸，完成天桥次梁与主梁连接节点大样图标注，如图 3-71 所示。操作步骤如下：

1. 前期准备以及绘图设置

（1）打开 AutoCAD 2017 应用程序，系统自动建立一个新的图形文件，将其另存为“标注天桥次梁与主梁连接节点大样.dwg”。

（2）设置图层。设置以下 4 个图层：“尺寸”“定位中心线”“轮廓线”“文字”，把这些图层设置成不同的颜色，使图纸上表示更加清晰，将“定位中心线”设置为当前图层。

（3）文字样式的设置。单击“默认”选项卡“注释”面板中的“文字样式”按钮，进入“文字样式”对话框，选择仿宋字体，“宽度因子”设置为 0.8。

（4）标注样式的设置。根据绘图比例设置标注样式，对标注样式线、符号和箭头、文字、主单位进行设置，具体如下。

① 线：超出尺寸线为 40，起点偏移量为 50。

② 符号和箭头：第一个为建筑标记，箭头大小为 30，圆心标记为标记 25。

③ 文字：文字高度为 30，文字位置为垂直上，从尺寸线偏移为 25，文字对齐为 ISO 标准。

④ 主单位：精度为 0，比例因子为 1。

2. 绘制轮廓定位中心线

（1）在状态栏中单击“正交模式”按钮，打开正交模式，单击“默认”选项卡“绘图”面板中的“直线”按钮，绘制一条水平直线和一条垂直线，如图 3-72 所示。

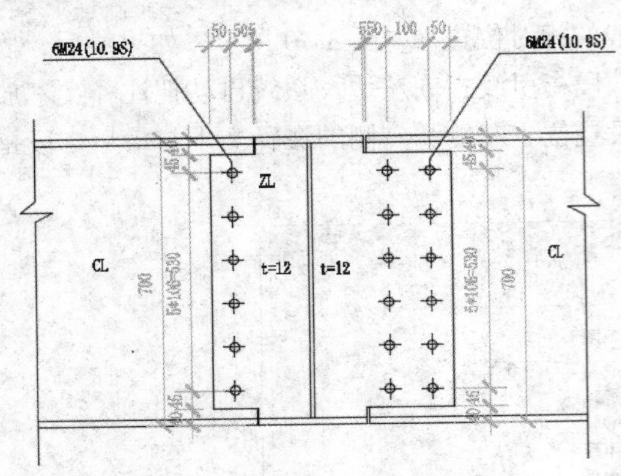

图 3-71　天桥次梁与主梁连接节点大样

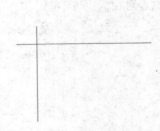

图 3-72　定位轴线绘制

（2）单击“默认”选项卡“修改”面板中的“复制”按钮，将绘制的水平线分别以间距为 16、24、620、24、16 向下复制，将竖直线分别以间距为 409、100、5、120、10、120、5、200、309 向右复制，如图 3-73 所示。

（3）把“尺寸”图层设置为当前图层。单击“默认”选项卡“注释”面板中的“线性”按钮，标注直线尺寸，然后单击“默认”选项卡“注释”面板中的“连续”按钮，进行连续标注，如图 3-74 所示。

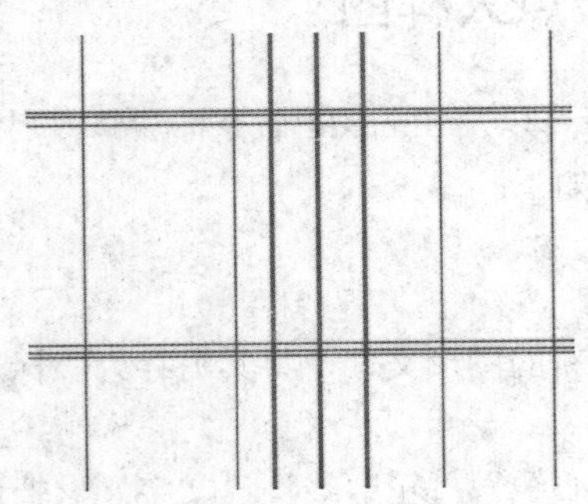

图 3-73　定位轴线复制

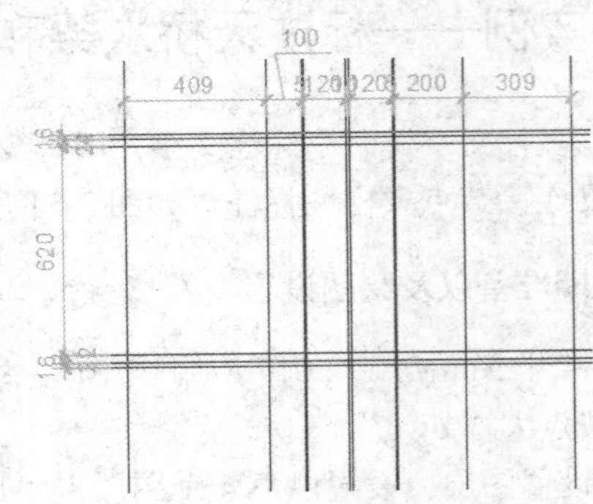

图 3-74　定位轴线标注尺寸

3．绘制平面轮廓线

（1）把“轮廓线”图层设置为当前图层，单击“默认”选项卡“绘图”面板中的“直线”按钮，按照定位线绘制天桥次梁与主梁连接节点轮廓线，然后单击“默认”选项卡“图层”面板中的“图层特性”按钮，打开“图层特性管理器”选项板，关闭“定位中心线”图层，清楚地显示出轮廓线图，如图 3-75 所示。

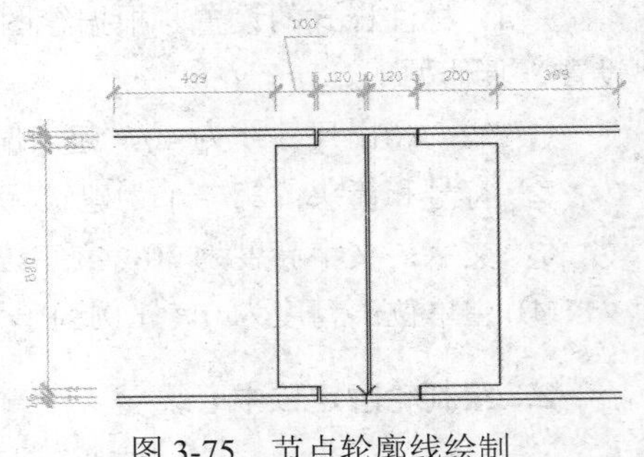

图 3-75　节点轮廓线绘制

（2）单击“默认”选项卡“绘图”面板中的“多段线”按钮，绘制折断线，如图 3-76 所示。

（3）单击“默认”选项卡“绘图”面板中的“圆”按钮和“直线”按钮，在图示位置绘制半径为 11 的圆和通过圆心长短均为 50 的十字交叉线，完成铆钉的绘制，如图 3-77 所示。

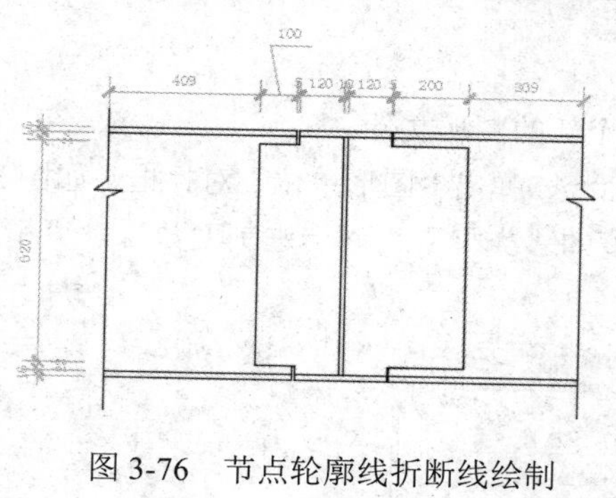

图 3-76　节点轮廓线折断线绘制

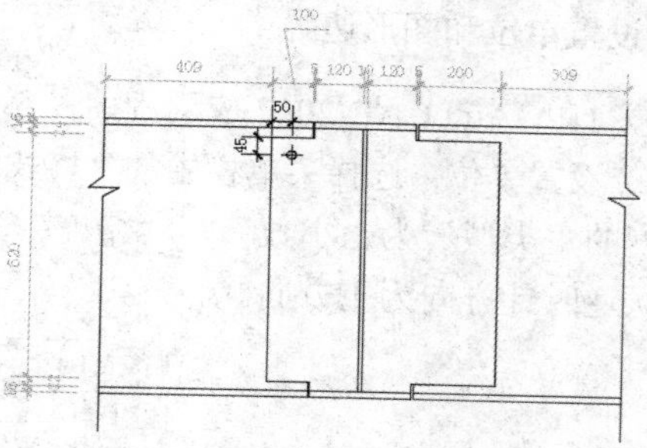

图 3-77　铆钉的绘制

（4）单击“默认”选项卡“修改”面板中的“复制”按钮，按照图示位置复制螺丝铆钉，如图 3-78 所示。

4．标注文字

（1）把“文字”图层设置为当前图层，单击“默认”选项卡“注释”面板中的“多行文字”按钮A，标注文字。

（2）单击“默认”选项卡“修改”面板中的“复制”按钮，复制文字相同的内容到指定位置，然后双击文字进行修改。完成的图形如图 3-79 所示。

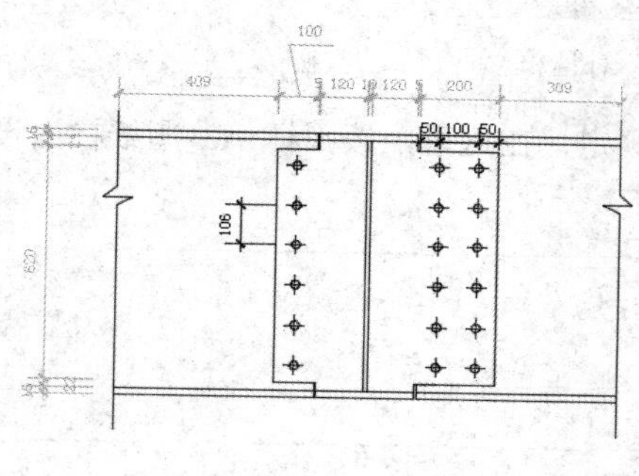

图 3-78　铆钉的复制

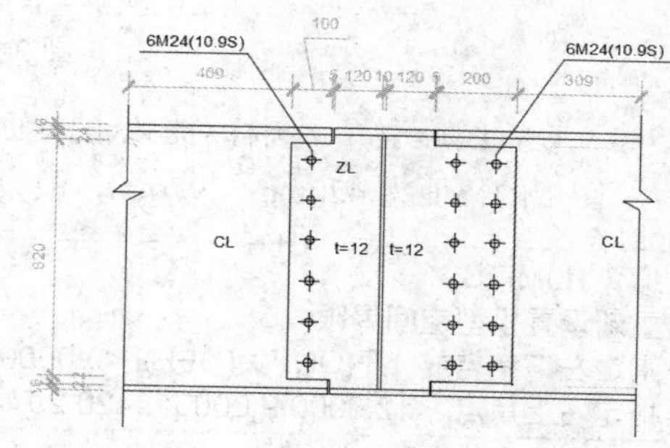

图 3-79　标注文字

5．标注尺寸

（1）把不需要的尺寸标注删除，然后将“尺寸”图层设置为当前图层，单击“注释”选项卡“标注”面板中的“线性”按钮，标注尺寸。

（2）单击“注释”选项卡“标注”面板中的“连续”按钮，进行连续标注，完成最终图的绘制，如图 3-71 所示。

3.6　综合实例——绘制 A3 市政工程图纸样板图形

下面绘制一个市政工程样板图形，具有自己的图标栏和会签栏。操作步骤如下：

1．设置单位和图形边界

（1）打开 AutoCAD 2017 应用程序，系统自动建立一个新的图形文件。

（2）设置单位。选择菜单栏中的“格式”→“单位”命令，弹出“图形单位”对话框，如图 3-80 所示。设置长度的“类型”为“小数”，“精度”为 0.0000；角度的“类型”为“十进制度数”，“精度”为 0，系统默认逆时针方向为正方向。

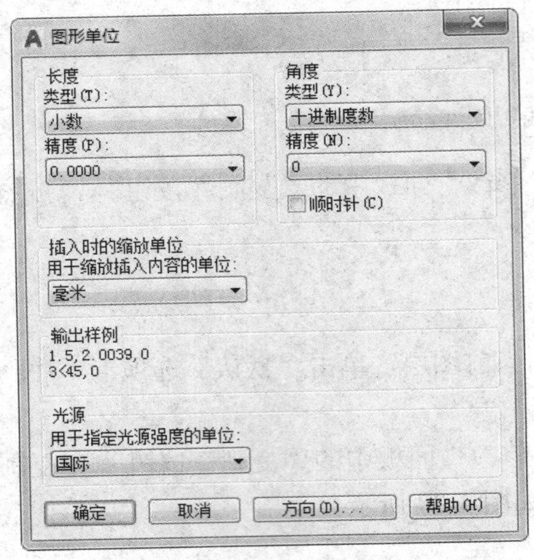

图 3-80 “图形单位”对话框

（3）设置图形边界。国标对图纸的幅面大小作了严格规定，在这里，按国标 A3 图纸幅面设置图形边界。A3 图纸的幅面为 420mm×297mm，故设置图形边界如下。

```
命令: LIMITS↙
重新设置模型空间界限:
指定左下角点或 [开(ON)/关(OFF)] <0.0000,0.0000>: ↙
指定右上角点 <12.0000,9.0000>: 420,297↙
```

2．设置文本样式

下面列出一些本练习中的格式，请按如下约定进行设置：文本高度一般注释为 7mm，零件名称为 10mm，图标栏和会签栏中的其他文字为 5mm，尺寸文字为 5mm；线型比例为 1，图纸空间线型比例为 1；单位为十进制，尺寸小数点后 0 位，角度小数点后 0 位。

可以生成 4 种文字样式，分别用于一般注释、标题块中零件名、标题块注释及尺寸标注。

（1）选择菜单栏中的“格式”→“文字样式”命令，弹出“文字样式”对话框，单击“新建”按钮，系统弹出“新建文字样式”对话框，如图 3-81 所示。接受默认的“样式 1”文字样式名，确认退出。

图 3-81 “新建文字样式”对话框

（2）系统返回“文字样式”对话框，在“字体名”下拉列表框中选择“仿宋”选项，设置“高度”为 5，“宽度因子”为 0.7，如图 3-82 所示。单击“应用”按钮，再单击“关闭”按钮。其他文字样式进行类似的设置。

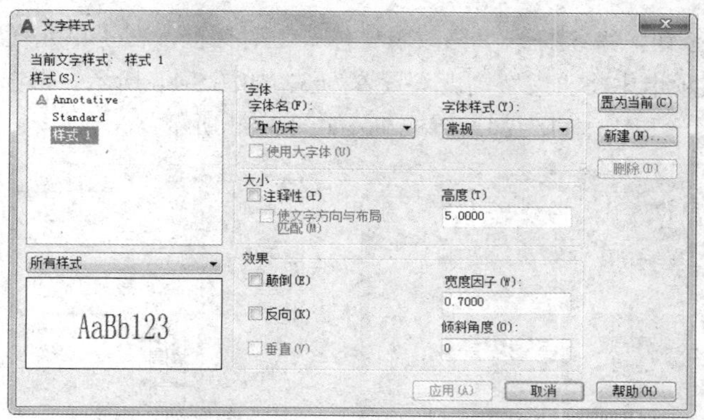

图 3-82　“文字样式”对话框

3．绘制图框线和标题栏

（1）单击“默认”选项卡“绘图”面板中的“矩形”按钮，两个角点的坐标分别为（25,10）和（410,287），绘制一个 420mm×297mm（A3 图纸大小）的矩形作为图纸范围，如图 3-83 所示（外框表示设置的图纸范围）。

（2）单击“默认”选项卡“绘图”面板中的“直线”按钮，绘制标题栏。坐标分别为{（230,10）、（230,50）、（410,50）}，{（280,10）、（280,50）}，{（360,10）、（360,50）}，{（230,40）、（360,40）}，如图 3-84 所示（大括号中的数值表示一条独立连续线段的端点坐标值）。

图 3-83　绘制图框线

图 3-84　绘制标题栏

4．绘制会签栏

（1）选择菜单栏中的“格式”→“表格样式”命令，打开“表格样式”对话框，如图 3-85 所示。

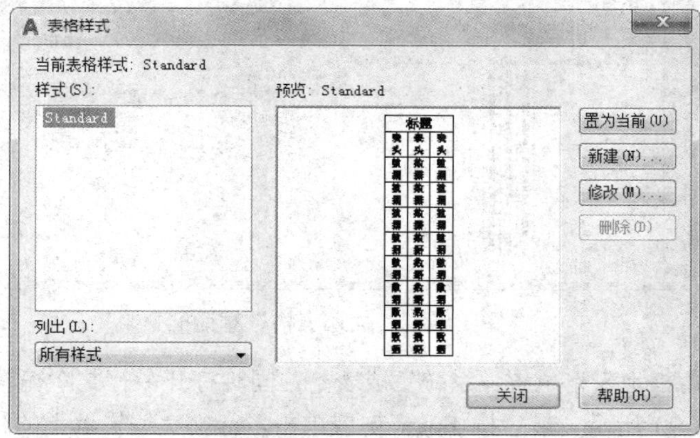

图 3-85　“表格样式”对话框

（2）单击“修改”按钮，系统打开“修改表格样式”对话框，在“单元样式”下拉列表框中选择“数据”选项，在“文字”选项卡中将“文字高度”设置为 3，如图 3-86 所示。再选择“常规”选项卡，将“页边距”选项组中的“水平”和“垂直”都设置成 1，如图 3-87 所示。

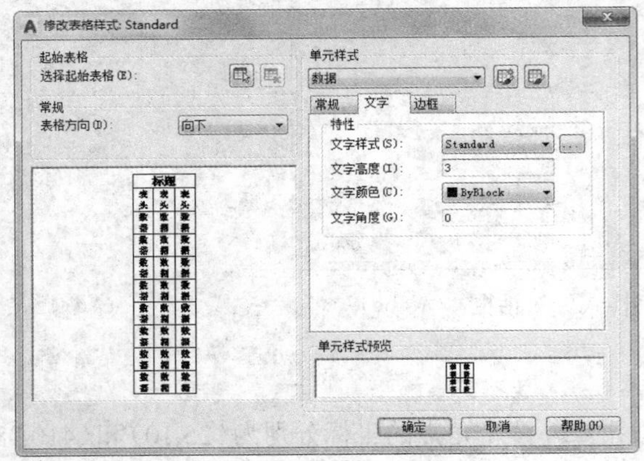

图 3-86　“修改表格样式”对话框

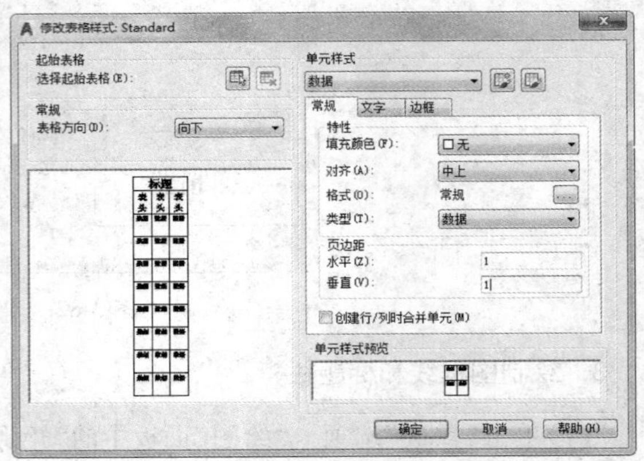

图 3-87　设置“常规”选项卡

注意

表格的行高=文字高度+2×垂直页边距，此处设置为3+2×1=5。

（3）系统回到“表格样式”对话框，单击“关闭”按钮退出。

（4）选择菜单栏中的“绘图”→“表格”命令，系统打开“插入表格”对话框，在“列和行设置”选项组中将“列数”设置为 3，将“列宽”设置为 25，将“数据行数”设置为 2（加上标题行和表头行共 4 行），将“行高”设置为 1 行（即为 5）；在“设置单元样式”选项组中将“第一行单元样式”“第二行单元样式”“所有其他行单元样式”都设置为“数据”，如图 3-88 所示。

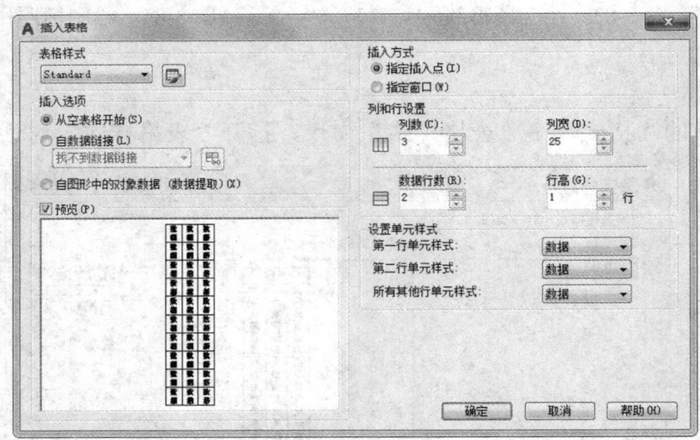

图 3-88　“插入表格”对话框

（5）在图框线左上角指定表格位置，系统生成表格，同时打开多行文字编辑器，如图 3-89 所示，在各格依次输入文字，如图 3-90 所示，最后按 Enter 键或单击多行文字编辑器上的“确定”按钮，生成的表格如图 3-91 所示。

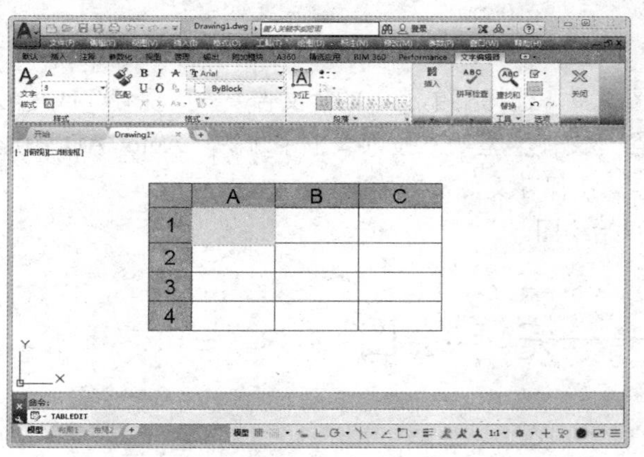

图 3-89　生成表格

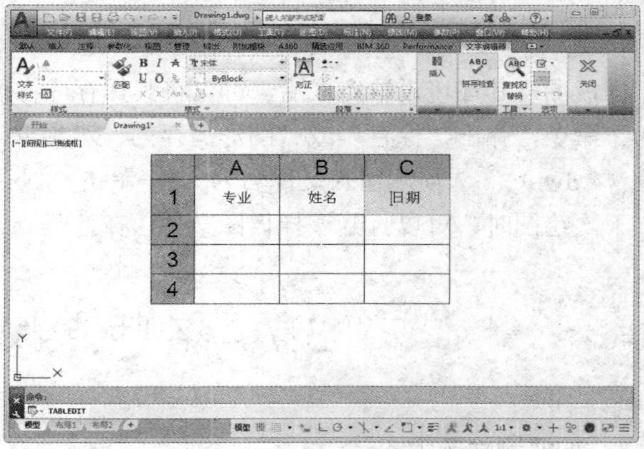

图 3-90　输入文字

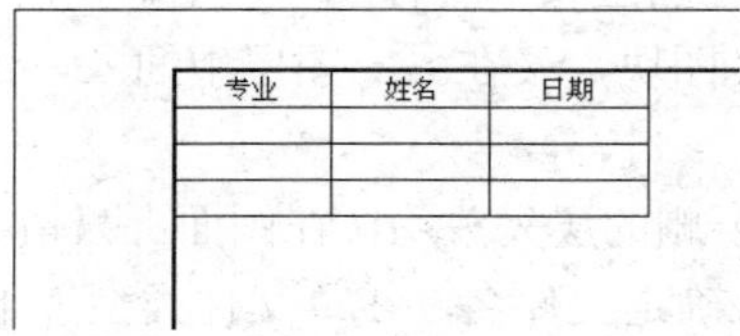

图 3-91　完成表格

（6）单击“默认”选项卡“修改”面板中的“旋转”按钮，把会签栏旋转-90°，命令行提示与操作如下。

```
命令: _rotate
UCS 当前的正角方向: ANGDIR=逆时针　ANGBASE=0.00
选择对象:（选择刚绘制的表格）
选择对象: ↙
指定基点:（指定图框左上角）
指定旋转角度，或 [复制(C)/参照(R)] <0.00>: -90↙
```

结果如图 3-92 所示。这样就得到了一个样板图形，带有自己的图标栏和会签栏。

图 3-92　旋转会签栏

5. 保存成样板图文件

样板图及其环境设置完成后，可以将其保存成样板图文件。选择菜单栏中的“文件”→“保存”或“另存为”命令，弹出“保存”或“图形另存为”对话框。在“文件类型”下拉列表框中选择“AutoCAD 图形样板（*.dwt）”选项，输入文件名为 A3，单击“保存”按钮保存文件。

下次绘图时，可以打开该样板图文件，在此基础上开始绘图。

3.7 名师点拨——完善绘图

1. 如何删除多余图层

方法 1：将使用的图层关闭，选择绘图区域中所有图形，复制、粘贴至一新文件中，那些多余无用的图层就不会贴过来。但若在一图层中定义图块，又在另一图层中插入，那么这个多余的插入图层是不能用这种方法删除的。

方法 2：打开一个 CAD 文件，把要删的层先关闭，在图面上只留下在必要图层中的可见图形，选择菜单栏中的“文件”→“另存为”命令，确定文件名，在“文件类型”下拉列表框中选择*.DXF 格式，在弹出的对话框中选择“工具”→“选项”→DXF 选项，再选中“选择对象”复选框，单击“确定”按钮，再单击“保存”按钮，即可保存可见、要用的图形。打开刚保存的文件，已删除要删除的图层。

方法 3：在命令行中输入 laytrans，弹出“图层转换器”对话框，在“转换自”选项组中选择要删除的图层，在“转换为”选项组中单击“加载”按钮，在弹出的对话框中选择图形文件，完成加载文件后，在“转换为”选项组中显示加载的文件中的图层，选择要转换成的图层，如图层 0，单击“映射”按钮，在“图层转换映射”选项下显示图层映射信息，单击“转换”按钮，将需删除的图层映射为 0 层。这个方法可以删除具有实体对象或被其他块嵌套定义的图层。

2. 尺寸标注后，图形中有时出现一些小的白点，却无法删除，为什么

AutoCAD 在标注尺寸时，自动生成一 DEFPOINTS 层，保存有关标注点的位置等信息，该层一般是冻结的。由于某种原因，这些点有时会显示出来。要将其删除，可先将 DEFPOINTS 层解冻后再删除。但要注意，如果删除了与尺寸标注还有关联的点，将同时删除对应的尺寸标注。

3. 标注时使标注离图有一定的距离

执行 DIMEXO 命令，再输入数字调整距离。

4. 中、西文字高不等怎么办

在使用 AutoCAD 时，中、西文字高不等，影响图面质量和美观，若分成几段文字编辑又比较麻烦。通过对 AutoCAD 字体文件的修改，使中、西文字体协调，扩展了字体功能，并提供了对于道路、桥梁、建筑等专业有用的特殊字符，提供了上下标文字及部分希腊字母的输入。此问题可通过选用大字体，调整字体组合解决，如 gbenor.shx 与 gbcbig.shx 组合，即可得到中英文字一样高的文本，其他组合，读者可根据各专业需要，自行调整字体组合。

3.8　上 机 实 验

通过前面的学习，读者对本章知识也有了大体的了解，本节通过几个操作练习使读者进一步掌握本章知识要点。

【练习 1】绘制如图 3-93 所示的灯具规格表。

主要灯具表						
序号	图例	名　称	型号规格	单位	数量	备　注
1		地埋灯	70WX1	套	120	
2		投光灯	120WX1	套	26	照树投光灯
3		投光灯	150WX1	套	58	照雕塑投光灯
4		路灯	250WX1	套	36	H=12.0m
5		广场灯	250WX1	套	4	H=12.0m
6		庭院灯	1400WX1	套	66	H=4.0m
7		草坪灯	50WX1	套	130	H=1.0m
8		定制台式工艺灯	方钢架面暴色喷漆1500X1800X900　节能灯　27WX2	套	32	
9		水中灯	J12V100WX1	套	75	
10						
11						

图 3-93　灯具规格表

1. 目的要求

本例在定义了表格样式后再利用“表格”命令绘制表格，最后将表格内容添加完整，如图 3-93 所示。通过本例的练习，读者应掌握表格的创建方法。

2. 操作提示

（1）定义表格样式。

（2）创建表格。

（3）添加表格内容。

【练习 2】绘制如图 3-94 所示的石壁图形。

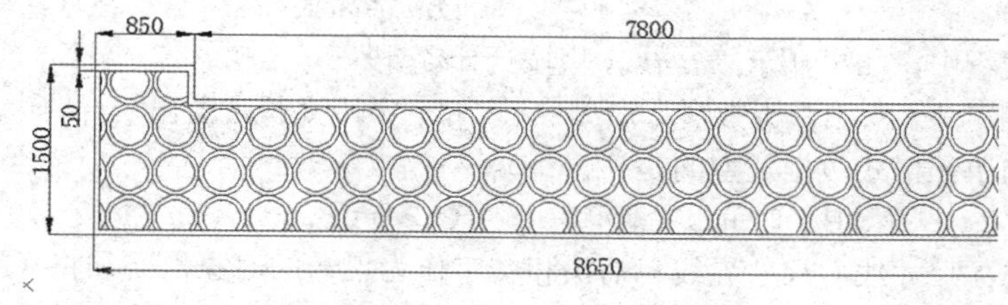

图 3-94　石壁图形

1. 目的要求

本练习绘制并标注石壁图形，在绘制的过程中，除用到“直线”“圆”等基本绘图命令外，还要用到“偏移”“矩形阵列”“修剪”“尺寸标注”等编辑命令。

2．操作提示

（1）绘制外侧石壁轮廓。
（2）向内偏移 50。
（3）绘制同心圆花纹。
（4）阵列图形。
（5）修剪图形。
（6）给图形标注尺寸。
（7）保存图形。

3.9 模拟考试

1．如果某图层的对象不能被编辑，但能在屏幕上可见，且能捕捉该对象的特殊点和标注尺寸，该图层状态为（　　）。

A．冻结　　B．锁定　　C．隐藏　　D．块

2．不可以通过“图层过滤器特性”对话框中过滤的特性是（　　）。

A．图层名、颜色、线型、线宽和打印样式　　B．打开还是关闭图层
C．锁定还是解锁图层　　D．图层是 Bylayer 还是 ByBlock

3．尺寸公差中的上下偏差可以在线性标注的（　　）选项中堆叠起来。

A．多行文字　　B．文字　　C．角度　　D．水平

4．在表格中不能插入（　　）。

A．块　　B．字段　　C．公式　　D．点

5．在设置文字样式时，设置了文字的高度，其效果是（　　）。

A．在输入单行文字时，可以改变文字高度　　B．输入单行文字时，不可以改变文字高度
C．在输入多行文字时，不能改变文字高度　　D．都能改变文字高度

6．在正常输入汉字时却显示“？”，其原因是（　　）。

A．因为文字样式没有设定好　　B．输入错误
C．堆叠字符　　D．字高太高

7．在插入字段的过程中，如果显示“####”，则表示该字段（　　）。

A．没有值　　B．无效　　C．字段太长，溢出　　D．字段需要更新

8．以下不是表格的单元格式数据类型的是（　　）。

A．百分比　　B．时间　　C．货币　　D．点

9．将尺寸标注对象如尺寸线、尺寸界线、箭头和文字作为单一的对象，必须将（　　）尺寸标注变量设置为 ON。

A．DIMASZ　　B．DIMASO　　C．DIMON　　D．DIMEXO

10．试用 MTEXT 命令输入如图 3-95 所示的文字标注。

11．绘制如图 3-96 所示的说明。

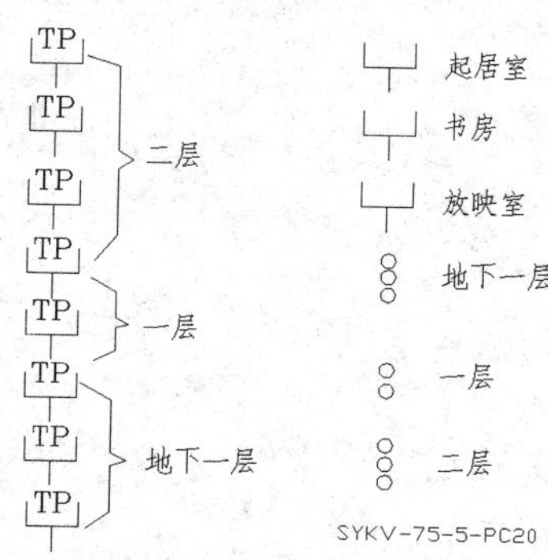

图 3-95　添加文字标注

说明:

1. 钢筋等级：HPB235(φ)HRB335(φ)
2. 板厚均为150MM，钢筋φ12@150双层双向
   屋顶起坡除注明者外均从外墙外边开始，起坡底标高为6.250M,顶标高为7.350M
   屋顶角度以施工放大样为准
3. 过梁图集选用 02G05　120墙过梁选用SGLA12081 陶粒混凝土墙过梁选用TGLA20092
   预制钢筋混凝土过梁不能正常放置时采用现浇。
4. 混凝土选用C20.　板主筋保护层厚度分别为30mm.20mm.
5. 挑檐阳角处均放置9φ10放射筋，锚入圈梁内500
6. 屋面梁板钢筋均按抗拉锚固
7. A-A B-B剖面见结施-06

图 3-96　标注文字

编 辑 命 令

二维图形的编辑操作配合绘图命令的使用可以进一步完成复杂图形对象的绘制工作，并可使用户合理安排和组织图形，保证绘图准确，减少重复。因此，对编辑命令的熟练掌握和使用有助于提高设计和绘图的效率。本章主要包括选择对象、删除及恢复类命令、复制类命令、改变位置类命令、改变几何特性命令等内容。

4.1 选择对象

AutoCAD 2017 提供两种编辑图形的途径：

（1）先执行编辑命令，然后选择要编辑的对象。

（2）先选择要编辑的对象，然后执行编辑命令。

这两种途径的执行效果是相同的，但选择对象是进行编辑的前提。AutoCAD 2017 提供了多种对象选择方法，如点取方法、用选择窗口选择对象、用选择线选择对象、用对话框选择对象等。AutoCAD 可以把选择的多个对象组成整体，如选择集和对象组，进行整体编辑与修改。

下面结合 SELECT 命令说明选择对象的方法。

SELECT 命令可以单独使用，也可以在执行其他编辑命令时被自动调用。此时屏幕提示：

```
选择对象:
```

等待用户以某种方式选择对象作为回答。AutoCAD 2017 提供了多种选择方式，可以输入“?”查看这些选择方式。选择选项后，出现如下提示：

```
需要点或窗口(W)/上一个(L)/窗交(C)/框(BOX)/全部(ALL)/栏选(F)/圈围(WP)/圈交(CP)/编组(G)/添加(A)/删除(R)/多个(M)/前一个(P)/放弃(U)/自动(AU)/单个(SI)/子对象(SU)/对象(O)
```

上面主要选项的含义如下。

（1）点：该选项表示直接通过点取的方式选择对象。用鼠标或键盘移动拾取框，使其框住要选取的对象，然后单击，就会选中该对象并以高亮度显示。

（2）窗口(W)：用由两个对角顶点确定的矩形窗口选取位于其范围内部的所有图形，与边界相交的对象不会被选中。在指定对角顶点时，应该按照从左向右的顺序，如图 4-1 所示。

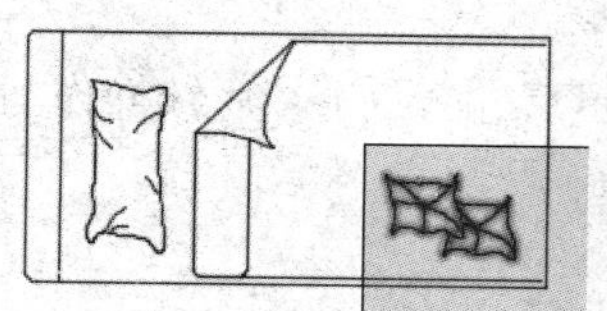

图中深色覆盖部分为选择窗口

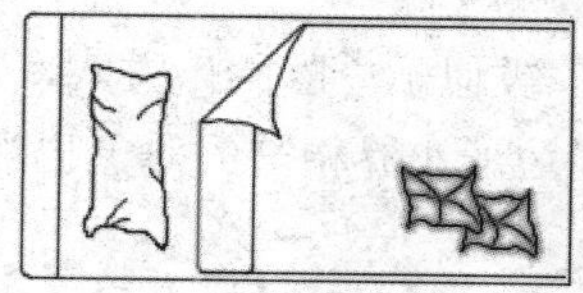

选择后的图形

图 4-1　“窗口”对象选择方式

（3）上一个(L)：在“选择对象:”提示下输入 L 后，按 Enter 键，系统会自动选取最后绘出的一个对象。

（4）窗交(C)：该方式与上述“窗口”方式类似，区别在于，它不但选中矩形窗口内部的对象，也选中与矩形窗口边界相交的对象。选择的对象如图 4-2 所示。

（5）框(BOX)：使用时，系统根据用户在屏幕上给出的两个对角点的位置而自动引用“窗口”或“窗交”方式。若从左向右指定对角点，则为“窗口”方式；反之，则为“窗交”方式。

（6）全部(ALL)：选取图面上的所有对象。

（7）栏选(F)：用户临时绘制一些直线，这些直线不必构成封闭图形，凡是与这些直线相交的对象均被选中。绘制结果如图 4-3 所示。

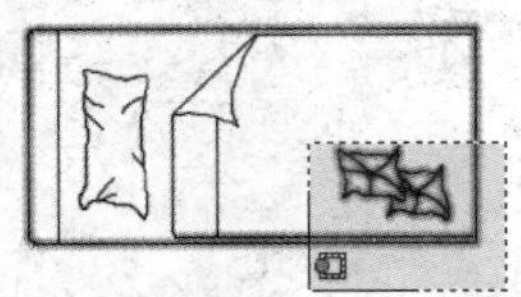

图中深色覆盖部分为选择窗口

选择后的图形

图 4-2 “窗交”对象选择方式

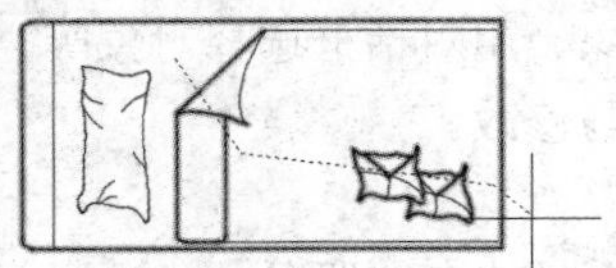

图中虚线为选择栏

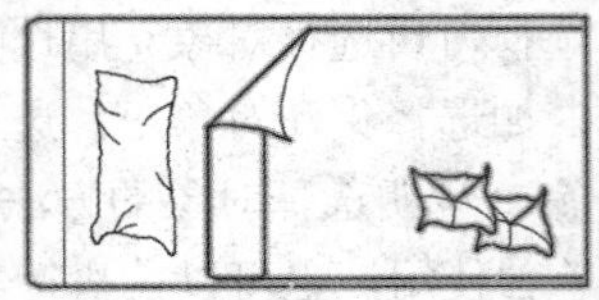

选择后的图形

图 4-3 “栏选”对象选择方式

（8）圈围(WP)：使用一个不规则的多边形来选择对象。根据提示，用户顺次输入构成多边形的所有顶点的坐标，最后按 Enter 键结束操作，系统将自动连接第一个顶点到最后一个顶点的各个顶点，形成封闭的多边形。凡是被多边形围住的对象均被选中（不包括边界）。执行结果如图 4-4 所示。

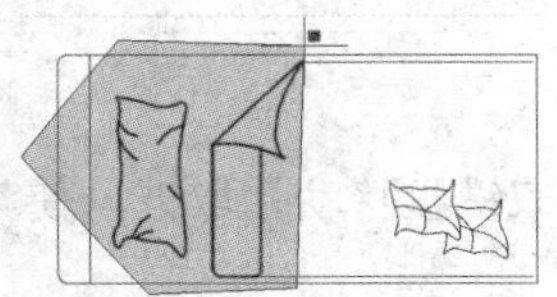

图中十字线所拉出深色多边形为选择窗口

选择后的图形

图 4-4 “圈围”对象选择方式

（9）圈交(CP)：类似于“圈围”方式，在“选择对象:”提示后输入 CP，后续操作与“圈围”方式相同。区别在于，与多边形边界相交的对象也被选中。

注意

若矩形框从左向右定义，即第一个选择的对角点为左侧的对角点，矩形框内部的对象被选中，框外部以及与矩形框边界相交的对象不会被选中。若矩形框从右向左定义，矩形框内部及与矩形框边界相交的对象都会被选中。

4.2 删除及恢复类命令

删除及恢复类命令主要用于删除图形的某部分或对已被删除的部分进行恢复，包括“删除”“恢复”“重做”“清除”等命令。

4.2.1 “删除”命令

如果所绘制的图形不符合要求或错绘了图形，则可以使用“删除”命令 ERASE 把它删除。

【执行方式】

☑ 命令行：ERASE。
☑ 菜单栏：选择菜单栏中的“修改”→“删除”命令。
☑ 工具栏：单击“修改”工具栏中的“删除”按钮。
☑ 功能区：单击“默认”选项卡“修改”面板中的“删除”按钮。
☑ 快捷菜单：选择要删除的对象，在绘图区右击，从弹出的快捷菜单中选择“删除”命令。

【操作步骤】

可以先选择对象，然后调用“删除”命令；也可以先调用“删除”命令，然后再选择对象。选择对象时，可以使用前面介绍的各种对象选择的方法。

当选择多个对象时，多个对象都被删除；若选择的对象属于某个对象组，则该对象组的所有对象都被删除。

4.2.2 “恢复”命令

若误删除了图形，则可以使用“恢复”命令 OOPS 恢复误删除的对象。

【执行方式】

☑ 命令行：OOPS 或 U。
☑ 工具栏：单击“标准”工具栏中的“回退”按钮。
☑ 快捷键：Ctrl+Z。

【操作步骤】

在命令行窗口的提示行中输入 OOPS，按 Enter 键。

4.2.3 “清除”命令

此命令与“删除”命令的功能完全相同。

【执行方式】

☑ 菜单栏：选择菜单栏中的“编辑”→“删除”命令。
☑ 快捷键：Delete。

【操作步骤】

用菜单或快捷键输入上述命令后，系统提示：

选择对象:（选择要清除的对象，按 Enter 键执行“清除”命令）

4.3 复制类命令

本节详细介绍 AutoCAD 2017 的复制类命令。利用这些复制类命令，可以方便地编辑绘制图形。

4.3.1 “复制”命令

【执行方式】

- ☑ 命令行：COPY。
- ☑ 菜单栏：选择菜单栏中的“修改”→“复制”命令。
- ☑ 工具栏：单击“修改”工具栏中的“复制”按钮。
- ☑ 功能区：单击“默认”选项卡“修改”面板中的“复制”按钮（如图 4-5 所示）。
- ☑ 快捷菜单：选择要复制的对象，在绘图区右击，从弹出的快捷菜单中选择“复制选择”命令。

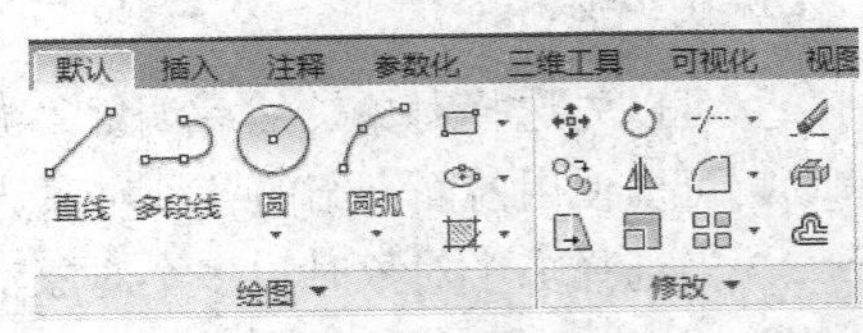

图 4-5 “修改”面板

4.3.2 实例——绘制十字走向交叉口盲道

绘制如图 4-6 所示的十字走向交叉口盲道。操作步骤如下：

1. 绘制盲道交叉口

（1）单击“默认”选项卡“绘图”面板中的“矩形”按钮，绘制一个 30×30 的矩形。

（2）在状态栏中单击“正交模式”按钮。再单击“默认”选项卡“绘图”面板中的“直线”按钮，沿矩形宽度方向中点向上绘制长为 10 的直线，然后向下绘制长为 20 的直线，如图 4-7 所示。

（3）单击“默认”选项卡“修改”面板中的“复制”按钮，复制刚绘制好的直线。水平向右复制的距离分别为 3.75、11.25、18.75 和 26.25。

（4）单击“默认”选项卡“修改”面板中的“删除”按钮，删除长为 10 的直线。完成的图形如图 4-8 所示。

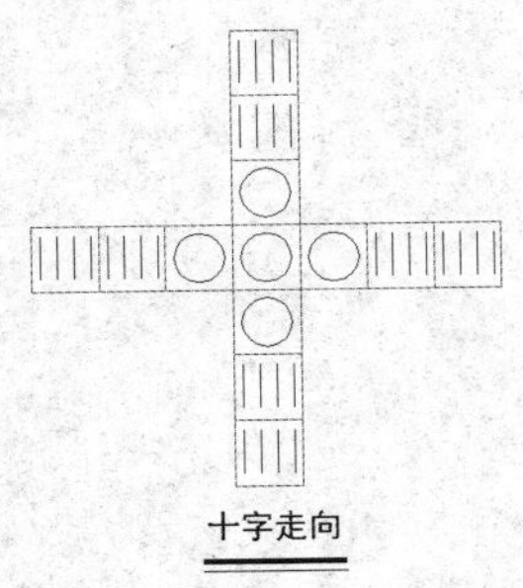

图 4-6 十字走向交叉口盲道

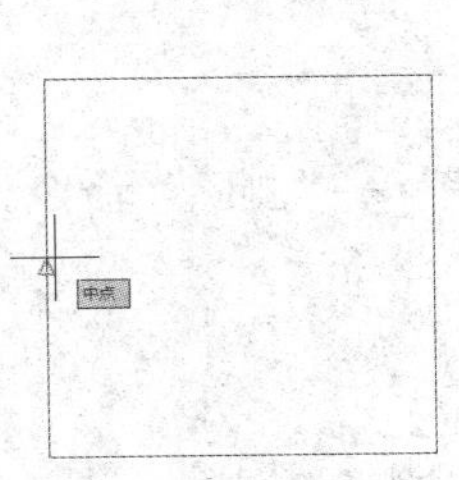

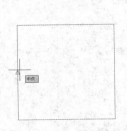

图 4-7 矩形宽度方向绘制直线

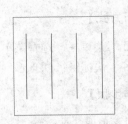

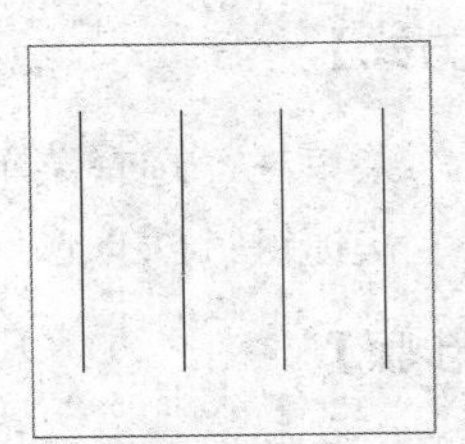
图 4-8 交叉口行进盲道

2．绘制交叉口提示圆形盲道

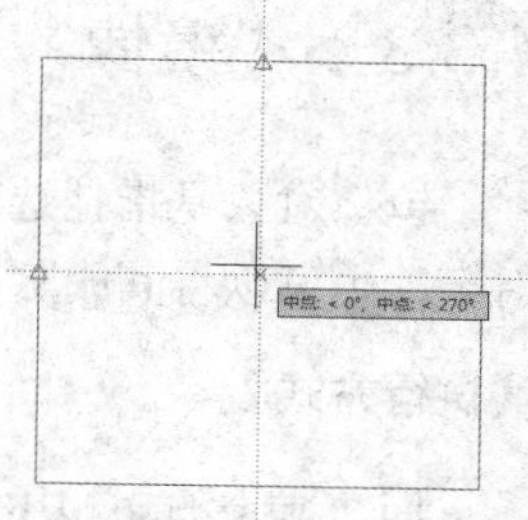
图 4-9　捕捉矩形中点

（1）复制矩形，在状态栏中单击“对象捕捉”按钮和“对象捕捉追踪”按钮，捕捉矩形的中心，如图 4-9 所示。

（2）单击“默认”选项卡“绘图”面板中的“圆”按钮，绘制半径为 11 的圆。完成的操作如图 4-10 所示。

（3）单击“默认”选项卡“修改”面板中的“复制”按钮，复制十字走向交叉口盲道，如图 4-11 所示。

（4）单击“默认”选项卡“绘图”面板中的“多段线”按钮，在图形下方绘制一条多段线，绘制一条直线。

（5）单击“注释”选项卡“文字”面板中的“多行文字”按钮 A，输入文字。

同理，可以复制完成 T 字走向、L 字走向的绘制。完成的图形如图 4-12 所示。

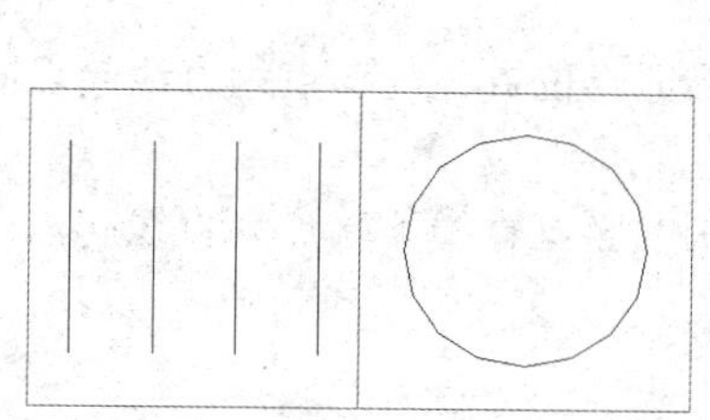
图 4-10　绘制十字走向交叉口

图 4-11　复制十字走向交叉口

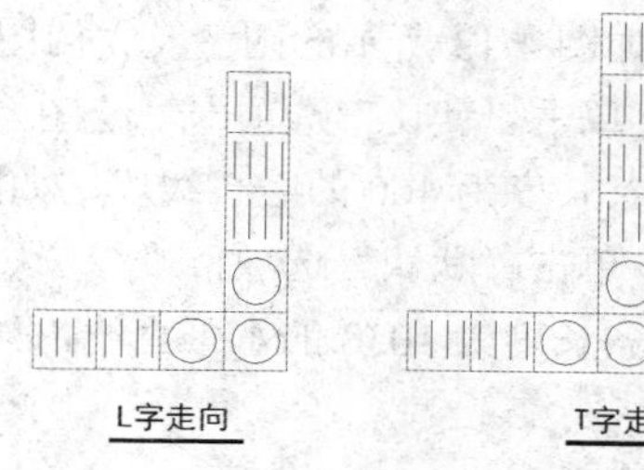

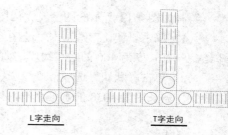

图 4-12　交叉口提示盲道

【选项说明】

（1）指定基点：指定一个坐标点后，AutoCAD 2017 把该点作为复制对象的基点，并提示：

```
指定位移的第二点或 <用第一点作位移>:
```

指定第二个点后，系统将根据这两点确定的位移矢量把选择的对象复制到第二点处。如果此时直接按 Enter 键，即选择默认的“用第一点作位移”，则第一个点被当作相对于 X、Y、Z 的位移。例如，如果指定基点为（2,3）并在下一个提示下按 Enter 键，则该对象从它当前的位置开始，在 X 方向上移动 2 个单位，在 Y 方向上移动 3 个单位。复制完成后，系统会继续提示：

```
指定位移的第二点:
```

这时，可以不断指定新的第二点，从而实现多重复制。

（2）位移：直接输入位移值，表示以选择对象时的拾取点为基准，以拾取点坐标为移动方向，沿纵横比移动指定位移后所确定的点为基点。例如，选择对象时的拾取点坐标为（2,3），输入位移为 5，则表示以（2,3）点为基准，沿纵横比为 3:2 的方向移动 5 个单位所确定的点为基点。

（3）模式：控制是否自动重复该命令。确定复制模式是单个还是多个。

（4）阵列：指定在线性阵列中排列的副本数量。

4.3.3 “镜像”命令

镜像对象是指把选择的对象以一条镜像线为对称轴进行镜像后的对象。镜像操作完成后，可以保留原对象，也可以将其删除。

【执行方式】

- ☑ 命令行：MIRROR。
- ☑ 菜单栏：选择菜单栏中的“修改”→“镜像”命令。
- ☑ 工具栏：单击“修改”工具栏中的“镜像”按钮。
- ☑ 功能区：单击“默认”选项卡“修改”面板中的“镜像”按钮。

4.3.4 实例——绘制围墙及大门

绘制如图 4-13 所示的围墙及大门图形。操作步骤如下：

（1）单击“默认”选项卡“绘图”面板中的“直线”按钮，在图形适当位置任选一点为直线起点向下绘制一条长度为 460 的竖直线段，如图 4-14 所示。

（2）单击“默认”选项卡“绘图”面板中的“直线”按钮，以绘制的竖直直线下端点为直线起点向右绘制一条长度为 1038 的水平直线，如图 4-15 所示。

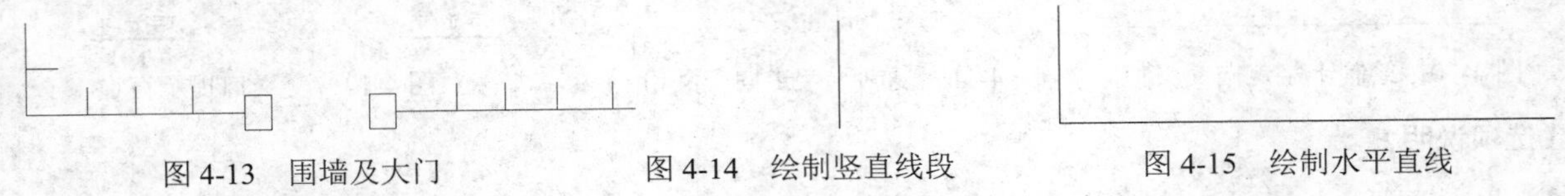

图 4-13　围墙及大门　　图 4-14　绘制竖直线段　　图 4-15　绘制水平直线

（3）单击“默认”选项卡“绘图”面板中的“直线”按钮，在绘制的水平线段上绘制 3 条长度为 133 的竖直线段，在绘制的竖直线段上绘制一条长为 133 的水平直线，如图 4-16 所示。

（4）单击“默认”选项卡“绘图”面板中的“矩形”按钮，在图形右侧绘制一个 128×175 的矩形，如图 4-17 所示。

（5）单击“默认”选项卡“修改”面板中的“镜像”按钮，选择绘制的图形为镜像对象，选择矩形右侧竖直上下两点为镜像点对其进行竖直镜像，命令行提示与操作如下。

```
命令: MIRROR↙
选择对象: 指定对角点: 找到 5 个↙（选择底部线段及矩形）
选择对象: 指定镜像线的第一点: 指定镜像线的第二点: ↙<正交 开>
要删除源对象吗？[是(Y)/否(N)] < 否>:↙
```

完成围墙及大门的绘制，如图 4-18 所示。

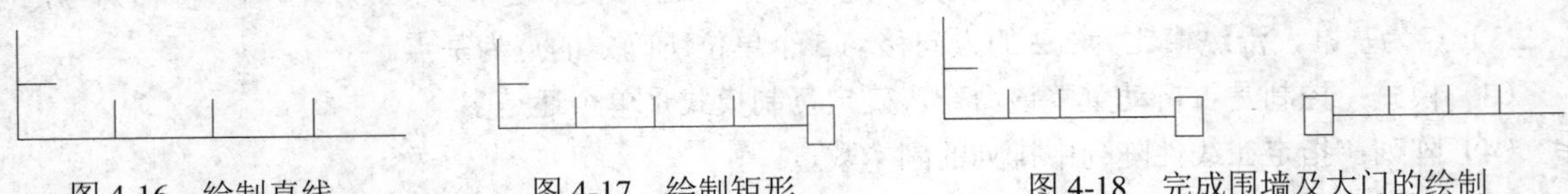

图 4-16　绘制直线　　图 4-17　绘制矩形　　图 4-18　完成围墙及大门的绘制

4.3.5 “偏移”命令

偏移对象是指保持选择的对象的形状、在不同的位置以不同的尺寸大小新建的一个对象。

【执行方式】

☑ 命令行：OFFSET。

☑ 菜单栏：选择菜单栏中的“修改”→“偏移”命令。

☑ 工具栏：单击“修改”工具栏中的“偏移”按钮。

☑ 功能区：单击“默认”选项卡“修改”面板中的“偏移”按钮。

4.3.6 实例——绘制桥梁钢筋剖面

绘制如图 4-19 所示的桥梁钢筋剖面。操作步骤如下：

1．绘制直线

在状态栏中单击“正交模式”按钮，打开正交模式，单击“默认”选项卡“绘图”面板中的“直线”按钮，在屏幕上任意指定一点，以坐标点（@-200,0）、（@0,700）、（@-500,0）、（@0,200）、（@1200,0）、（@0,-200）、（@-500,0）、（@0,-700）绘制直线，如图 4-20 所示。

2．绘制折断线

单击“默认”选项卡“绘图”面板中的“直线”按钮，绘制直线，然后单击“默认”选项卡“修改”面板中的“修剪”按钮，修剪掉多余的直线，完成的图形如图 4-21 所示。

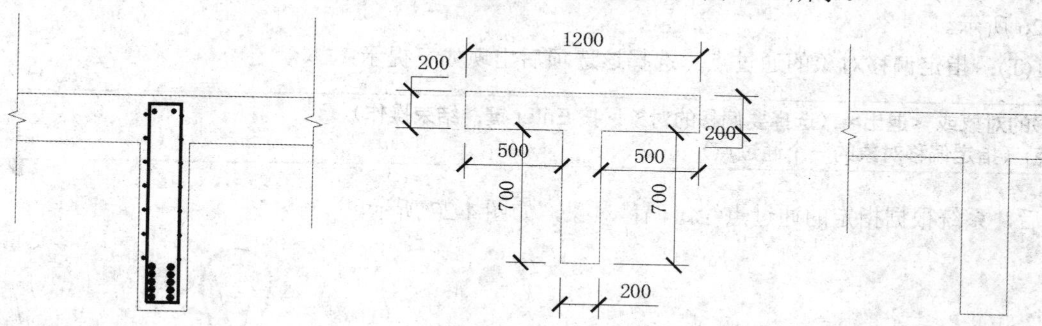

图 4-19　桥梁钢筋剖面　　图 4-20　1-1 剖面轮廓线绘制　　图 4-21　1-1 剖面折断线绘制

3．绘制钢筋

（1）单击“注释”选项卡“文字”面板中的“多行文字”按钮A，标注直线的编号。

（2）单击“默认”选项卡“修改”面板中的“偏移”按钮，绘制钢筋定位线。指定偏移距离为 35，要偏移的对象为 AB，指定刚绘制完图形内部任意一点。指定偏移距离为 20，要偏移的对象为 AC、BD 和 EF，指定刚绘制完图形内部任意一点。完成的图形如图 4-22 所示。

（3）在状态栏中单击“对象捕捉”按钮，打开对象捕捉模式。单击“极轴追踪”按钮，打开极轴追踪。

（4）单击“默认”选项卡“绘图”面板中的“多段线”按钮，绘制架立筋。输入 w 来设置线宽为 10。完成的图形如图 4-23 所示。

（5）单击“默认”选项卡“修改”面板中的“删除”按钮，删除钢筋定位直线和标注文字。完成的图形如图 4-24 所示。

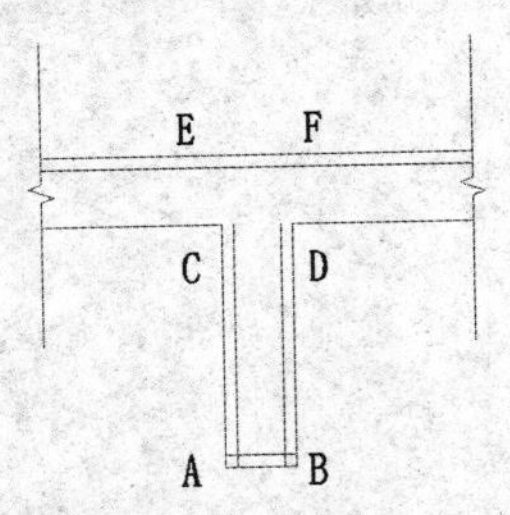

图 4-22 1-1 剖面钢筋定位线绘制

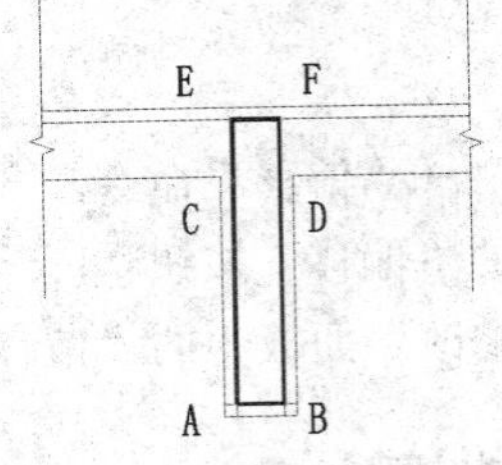

图 4-23 绘制架立筋

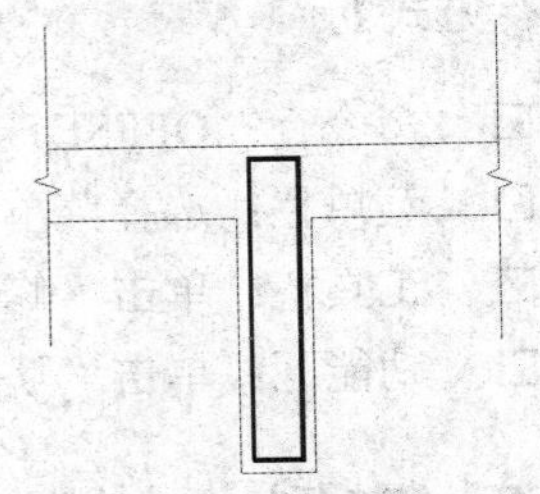

图 4-24 删除定位直线并标注文字

（6）单击“默认”选项卡“绘图”面板中的“圆”按钮，绘制两个直径为 14 和 32 的圆，完成的图形如图 4-25（a）所示。

（7）单击“默认”选项卡“绘图”面板中的“图案填充”按钮，打开“图案填充创建”选项卡，选择 SOLID 图例进行填充。完成的图形如图 4-25（b）所示。

（a）　（b）

图 4-25 绘制圆并填充

（8）单击“默认”选项卡“修改”面板中的“复制”按钮，复制刚刚填充好的钢筋到相应的位置，完成后的图形如图 4-19 所示。

【选项说明】

（1）指定偏移距离：输入一个距离值，或按 Enter 键，使用当前的距离值，系统把该距离值作为偏移距离，如图 4-26 所示。

（2）通过(T)：指定偏移对象的通过点。选择该选项后出现如下提示：

选择要偏移的对象或 <退出>:（选择要偏移的对象，按 Enter 键，结束操作）
指定通过点:（指定偏移对象的一个通过点）

操作完毕后，系统根据指定的通过点绘出偏移对象，如图 4-27 所示。

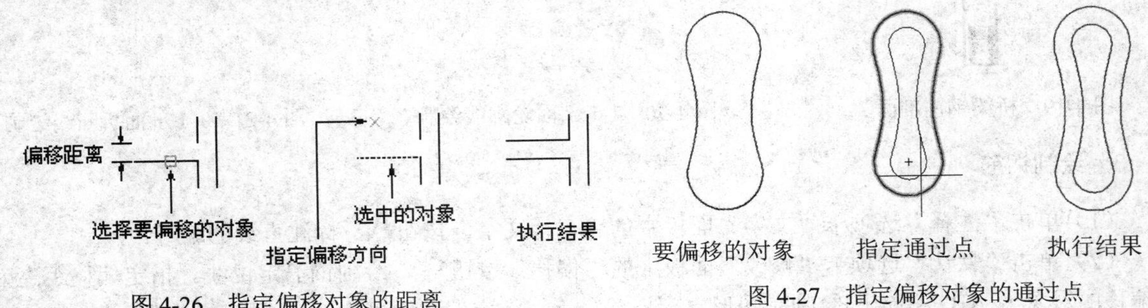

图 4-26 指定偏移对象的距离

图 4-27 指定偏移对象的通过点

（3）删除(E)：偏移后，将源对象删除。选择该选项后出现如下提示：

要在偏移后删除源对象吗？[是(Y)/否(N)]<当前>:

（4）图层(L)：确定将偏移对象创建在当前图层上还是源对象所在的图层上。选择该选项后出现如下提示：

输入偏移对象的图层选项 [当前(C)/源(S)] <当前>:

4.3.7 “阵列”命令

阵列是指多重复制选择对象并把这些副本按矩形或环形排列。把副本按矩形排列称为建立矩形阵列，把副本按环形排列称为建立极阵列。建立极阵列时，应该控制复制对象的次数和对象是否被旋转；建立矩形阵列时，应该控制行和列的数量以及对象副本之间的距离。

用该命令可以建立矩形阵列、极阵列（环形）和旋转的矩形阵列。

【执行方式】

☑ 命令行：ARRAY。
☑ 菜单栏：选择菜单栏中的“修改”→“阵列”命令。
☑ 工具栏：单击“修改”工具栏中的“矩形阵列”按钮/“路径阵列”按钮/“环形阵列”按钮。
☑ 功能区：单击“默认”选项卡“修改”面板中的“矩形阵列”按钮/“路径阵列”按钮/“环形阵列”按钮（如图 4-28 所示）。

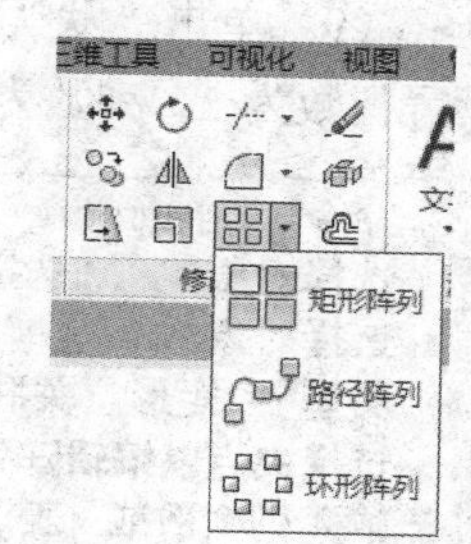

图 4-28　“修改”面板

4.3.8 实例——绘制锐角形钢筋网补墙布置图

绘制如图 4-29 所示的锐角形钢筋网补墙布置图。操作步骤如下：

（1）在“特性”面板的“线宽”下拉列表框中选择 0.3 选项。

（2）单击“默认”选项卡“绘图”面板中的“直线”按钮，在图形适当位置选取一点为直线起点向右绘制一条长度为 1600 的水平直线，如图 4-30 所示。

（3）单击“默认”选项卡“修改”面板中的“偏移”按钮，选择绘制的水平直线为偏移对象向下进行偏移，偏移距离为 240，如图 4-31 所示。

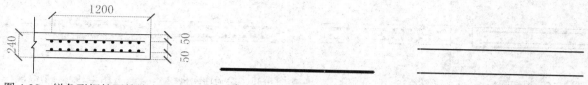

图 4-29　锐角形钢筋网补墙布置图　　图 4-30　绘制水平直线　　图 4-31　偏移直线

（4）单击“默认”选项卡“绘图”面板中的“直线”按钮，在偏移直线左右两侧绘制两段不相等的竖直直线，如图 4-32 所示。

（5）单击“默认”选项卡“绘图”面板中的“直线”按钮，在图形内绘制一条长度为 1320 的水平直线，如图 4-33 所示。

（6）单击“默认”选项卡“修改”面板中的“偏移”按钮，选择绘制的水平直线为偏移线段向下进行偏移，偏移距离为 140，如图 4-34 所示。

（7）单击“默认”选项卡“绘图”面板中的“圆”按钮，在图形内绘制一个半径为 16 的圆，如图 4-35 所示。

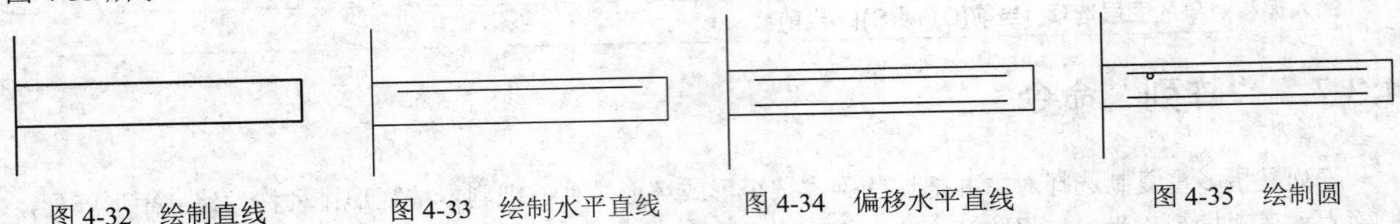

图 4-32　绘制直线　　图 4-33　绘制水平直线　　图 4-34　偏移水平直线　　图 4-35　绘制圆

（8）单击“默认”选项卡“绘图”面板中的“图案填充”按钮，选择绘制的圆图形为填充区域，对其进行填充，如图 4-36 所示。

（9）单击“默认”选项卡“修改”面板中的“矩形阵列”按钮，选择填充后的圆图形为阵列对象，设置行数为 2，列数为 11。行介于为-107，列介于为 110，命令行提示与操作如下。

```
命令: _arrayrect↙
选择对象: ↙（选择填充后的圆）
选择对象: ↙
类型 = 矩形  关联 = 是
选择夹点以编辑阵列或 [关联(AS)/基点(B)/计数(COU)/间距(S)/列数(COL)/行数(R)/层数(L)/退出(X)] <退出>: COU↙
输入列数数或 [表达式(E)] <4>: 11↙
输入行数数或 [表达式(E)] <3>: 2↙
选择夹点以编辑阵列或 [关联(AS)/基点(B)/计数(COU)/间距(S)/列数(COL)/行数(R)/层数(L)/退出(X)] <退出>: S↙
指定列之间的距离或 [单位单元(U)] <8.7903>: 110↙
指定行之间的距离 <8.7903>: -107↙
选择夹点以编辑阵列或 [关联(AS)/基点(B)/计数(COU)/间距(S)/列数(COL)/行数(R)/层数(L)/退出(X)] <退出>: Z↙
选择夹点以编辑阵列或 [关联(AS)/基点(B)/计数(COU)/间距(S)/列数(COL)/行数(R)/层数(L)/退出(X)] <退出>: X↙
```

结果如图 4-37 所示。

（10）单击“默认”选项卡“绘图”面板中的“直线”按钮，绘制连续直线，如图 4-38 所示。

（11）单击“默认”选项卡“修改”面板中的“修剪”按钮，对绘制的连续直线进行修剪处理，完成锐角形钢筋网补墙布置图的绘制，如图 4-39 所示。

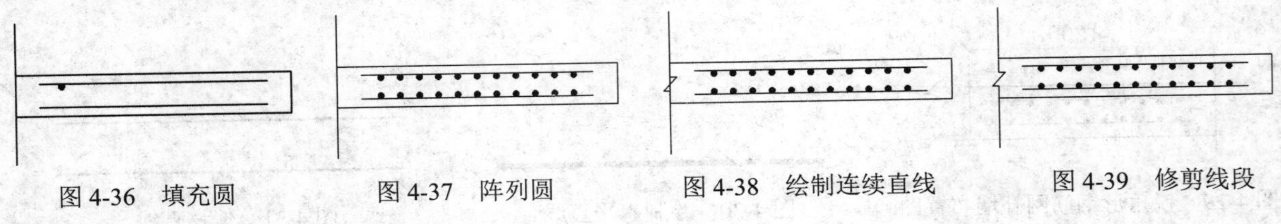

图 4-36　填充圆　　图 4-37　阵列圆　　图 4-38　绘制连续直线　　图 4-39　修剪线段

【选项说明】

（1）矩形(R)（命令行：arrayrect）：将选定对象的副本分布到行数、列数和层数的任意组合。通过夹点调整阵列间距、列数、行数和层数；也可以分别选择各选项输入数值。

（2）极轴(PO)：在绕中心点或旋转轴的环形阵列中均匀分布对象副本。选择该选项后出现如下提示：

指定阵列的中心点或 [基点(B)/旋转轴(A)]:（选择中心点、基点或旋转轴）
选择夹点以编辑阵列或 [关联(AS)/基点(B)/项目(I)/项目间角度(A)/填充角度(F)/行(ROW)/层(L)/旋转项目(ROT)/退出(X)] <退出>:（通过夹点，调整角度，填充角度；也可以分别选择各选项输入数值）

（3）路径(PA)（命令行：arraypath）：沿路径或部分路径均匀分布选定对象的副本。选择该选项后出现如下提示：

选择路径曲线:（选择一条曲线作为阵列路径）
选择夹点以编辑阵列或 [关联(AS)/方法(M)/基点(B)/切向(T)/项目(I)/行(R)/层(L)/对齐项目(A)/Z 方向(Z)/退出(X)] <退出>:（通过夹点，调整阵行数和层数；也可以分别选择各选项输入数值）

4.4 改变位置类命令

这一类编辑命令的功能是按照指定要求改变当前图形或图形的某部分的位置，主要包括“移动”“旋转”“缩放”等命令。

4.4.1 “移动”命令

【执行方式】

☑ 命令行：MOVE。
☑ 菜单栏：选择菜单栏中的“修改”→“移动”命令。
☑ 工具栏：单击“修改”工具栏中的“移动”按钮。
☑ 功能区：单击“默认”选项卡“修改”面板中的“移动”按钮。
☑ 快捷菜单：选择要复制的对象，在绘图区右击，从弹出的快捷菜单中选择“移动”命令。

【操作步骤】

命令: MOVE
选择对象:（选择对象）

用前面介绍的对象选择方法选择要移动的对象，按 Enter 键结束选择。系统继续提示：

指定基点或位移:（指定基点或移至点）
指定基点或 [位移(D)] <位移>:（指定基点或位移）
指定第二个点或 <使用第一个点作为位移>:

“移动”命令的选项功能与“复制”命令类似。

4.4.2 “旋转”命令

【执行方式】

☑ 命令行：ROTATE。

☑ 菜单栏：选择菜单栏中的“修改”→“旋转”命令。

☑ 工具栏：单击“修改”工具栏中的“旋转”按钮。

☑ 功能区：单击“默认”选项卡“修改”面板中的“旋转”按钮。

☑ 快捷菜单：选择要旋转的对象，在绘图区右击，从弹出的快捷菜单中选择“旋转”命令。

4.4.3 实例——绘制弹簧安全阀

绘制如图 4-40 所示的弹簧安全阀。操作步骤如下：

（1）单击“默认”选项卡“绘图”面板中的“直线”按钮，绘制一条竖直直线。重复“直线”命令，在竖直直线上绘制两条斜线，结果如图 4-41 所示。

（2）单击“默认”选项卡“绘图”面板中的“多边形”按钮，以竖直直线的下端点为顶点绘制适当大小的三角形，结果如图 4-42 所示。

图 4-40　弹簧安全阀

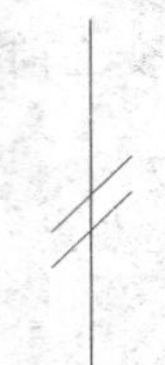

图 4-41　绘制直线

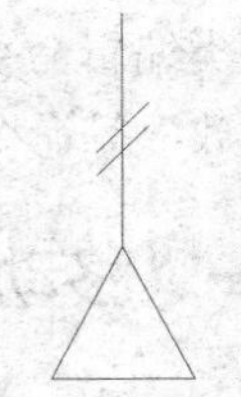

图 4-42　绘制三角形

（3）单击“默认”选项卡“修改”面板中的“旋转”按钮，旋转复制三角形，完成弹簧安全阀的绘制，命令行提示与操作如下。

```
命令: ROTATE
UCS 当前的正角方向: ANGDIR=逆时针    ANGBASE=0
选择对象: 找到 1 个
选择对象: 找到 1 个，总计 2 个
选择对象: 找到 1 个，总计 3 个
选择对象:
指定基点:（以三角形的上顶点为基点）
指定旋转角度，或 [复制(C)/参照(R)] <0>: C（旋转一组选定对象）
指定旋转角度，或 [复制(C)/参照(R)] <0>: 90
```

结果如图 4-40 所示。

【选项说明】

（1）复制(C)：选择该选项，旋转对象的同时，保留原对象，如图 4-43 所示。

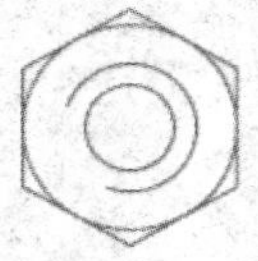

旋转前

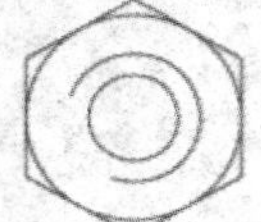

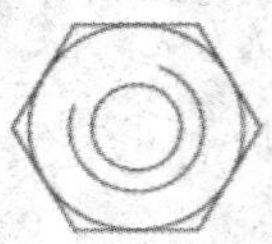

旋转后

图 4-43　复制旋转

（2）参照(R)：采用参照方式旋转对象时，系统提示：

指定参照角 <0>:（指定要参考的角度，默认值为 0）
指定新角度:（输入旋转后的角度值）

操作完毕后，对象被旋转至指定的角度位置。

注意

可以用拖动鼠标的方法旋转对象。选择对象并指定基点后，从基点到当前光标位置会出现一条连线，鼠标选择的对象会动态地随着该连线与水平方向夹角的变化而旋转，按 Enter 键，确认旋转操作，如图 4-44 所示。

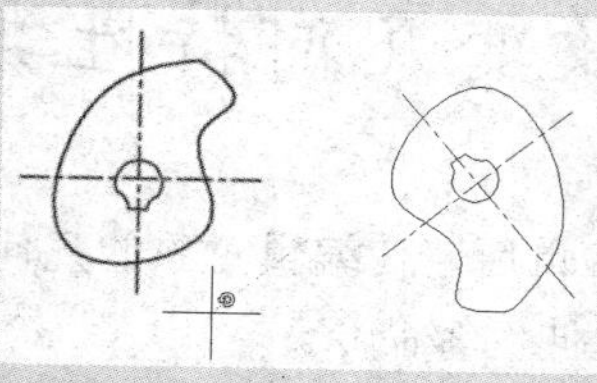

图 4-44　拖动鼠标旋转对象

4.4.4　“缩放”命令

【执行方式】

☑ 命令行：SCALE。
☑ 菜单栏：选择菜单栏中的“修改”→“缩放”命令。
☑ 工具栏：单击“修改”工具栏中的“缩放”按钮。
☑ 功能区：单击“默认”选项卡“修改”面板中的“缩放”按钮。
☑ 快捷菜单：选择要缩放的对象，在绘图区右击，从弹出的快捷菜单中选择“缩放”命令。

【操作步骤】

命令: SCALE
选择对象:（选择要缩放的对象）
指定基点:（指定缩放操作的基点）
指定比例因子或 [复制(C)/参照(R)] <1.0000>:

【选项说明】

（1）指定比例因子：选择对象并指定基点后，从基点到当前光标位置会出现一条线段，线段的长度即为比例大小。鼠标选择的对象会动态地随着该连线长度的变化而缩放，按 Enter 键，确认缩放操作。

（2）复制(C)：选择该选项时，可以复制缩放对象，即缩放对象时，保留原对象，如图 4-45 所示。

（3）参照(R)：采用参考方向缩放对象时，系统提示：

指定参照长度 <1>:（指定参考长度值）
指定新的长度或 [点(P)] <1.0000>:（指定新长度值）

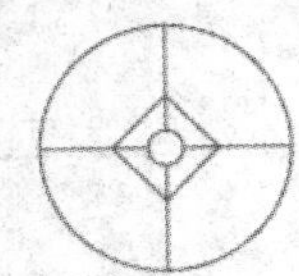

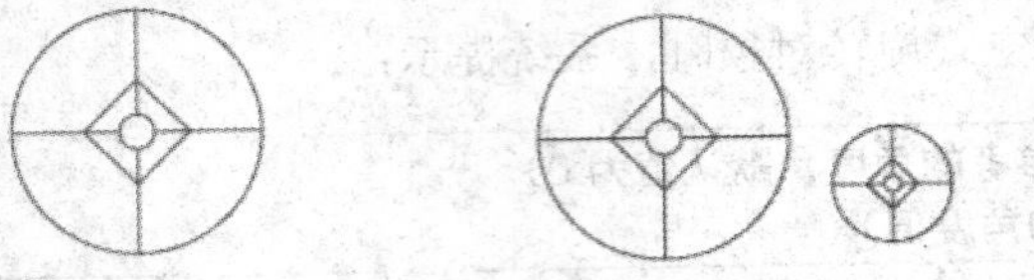

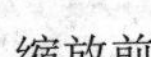

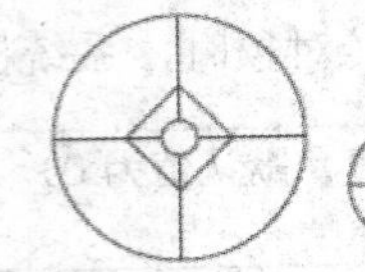

缩放前　　　　　　缩放后

图 4-45　复制缩放

若新长度值大于参考长度值，则放大对象；否则，缩小对象。操作完毕后，系统以指定的基点按指定的比例因子缩放对象。如果选择“点(P)”选项，则指定两点来定义新的长度。

4.5　改变几何特性类命令

这一类编辑命令在对指定对象进行编辑后，使编辑对象的几何特性发生改变，包括“倒角”“圆角”“打断”“剪切”“延伸”“拉长”“拉伸”等命令。

4.5.1　“圆角”命令

圆角是指用指定的半径决定的一段平滑的圆弧连接两个对象。系统规定可以圆角连接一对直线段、非圆弧的多段线段、样条曲线、双向无限长线、射线、圆、圆弧和椭圆。可以在任何时刻圆角连接非圆弧多段线的每个节点。

【执行方式】

☑　命令行：FILLET。

☑　菜单栏：选择菜单栏中的“修改”→“圆角”命令。

☑　工具栏：单击“修改”工具栏中的“圆角”按钮。

☑　功能区：单击“默认”选项卡“修改”面板中的“圆角”按钮。

4.5.2　实例——绘制道路平面图

绘制如图 4-46 所示的道路平面图。操作步骤如下：

（1）单击“默认”选项卡“绘图”面板中的“直线”按钮，在图形适当位置绘制连续直线，如图 4-47 所示。

（2）单击“默认”选项卡“修改”面板中的“圆角”按钮，选择如图 4-47 所示的对象为圆角对象，对其进行圆角处理，命令行提示与操作如下。

```
命令: FILLET↙
当前设置: 模式 = 不修剪，半径 = 0.0000
选择第一个对象或 [放弃(U)/多段线(P)/半径(R)/修剪(T)/多个(M)]:r↙ 指定圆角半径 <0.0000>:200↙
选择第一个对象或 [放弃(U)/多段线(P)/半径(R)/修剪(T)/多个(M)]: ↙
选择第二个对象，或按住 Shift 键选择对象以应用角点或 [半径(R)]: ↙
```

结果如图 4-48 所示。

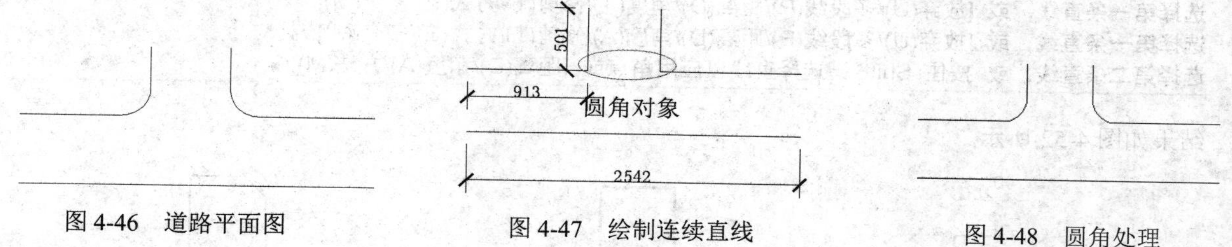

图 4-46　道路平面图　　图 4-47　绘制连续直线　　图 4-48　圆角处理

【选项说明】

（1）多段线(P)：在一条二维多段线的两段直线段的节点处插入圆滑的弧。选择多段线后，系统会根据指定的圆弧的半径把多段线各顶点用圆滑的弧连接起来。

（2）修剪(T)：决定在圆角连接两条边时，是否修剪这两条边，如图 4-49 所示。

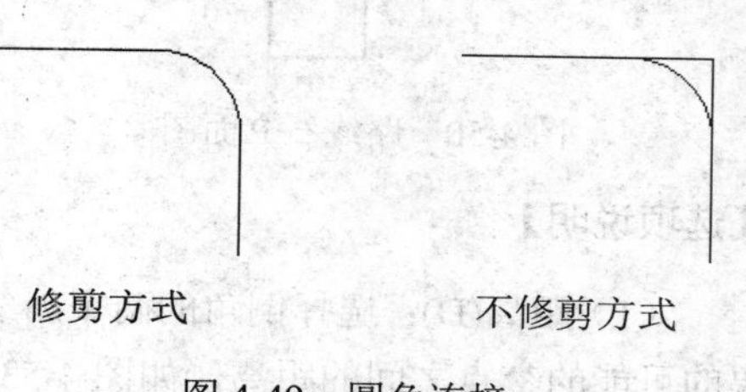

图 4-49　圆角连接

（3）多个(M)：可以同时对多个对象进行圆角编辑，而不必重新执行命令。

（4）按住 Shift 键并选择两条直线，可以快速创建零距离倒角或零半径圆角。

4.5.3　“倒角”命令

倒角是指用斜线连接两个不平行的线型对象。可以用斜线连接直线段、双向无限长线、射线和多段线。

【执行方式】

- ☑　命令行：CHAMFER。
- ☑　菜单栏：选择菜单栏中的“修改”→“倒角”命令。
- ☑　工具栏：单击“修改”工具栏中的“倒角”按钮。
- ☑　功能区：单击“默认”选项卡“修改”面板中的“倒角”按钮。

4.5.4　实例——绘制路缘石立面图

绘制如图 4-50 所示的路缘石立面图。操作步骤如下：

（1）在“特性”选项卡的“线宽”下拉列表框中选择 0.3 选项。单击“默认”选项卡“绘图”面板中的“矩形”按钮，在图形适当位置绘制一个 140×440 的矩形，如图 4-51 所示。

（2）单击“默认”选项卡“修改”面板中的“倒角”按钮，选择绘制矩形左上线段交点为圆角对象，对其进行倒角处理，倒角距离为 40，命令行提示与操作如下。

```
命令: _chamfer↙
（“不修剪”模式）当前倒角距离 1 = 40.0000，距离 2 = 40.0000
选择第一条直线或 [放弃(U)/多段线(P)/距离(D)/角度(A)/修剪(T)/方式(E)/多个(M)]:d↙
```

指定第一个倒角距离 <40.0000>:↙
指定第二个倒角距离 <40.0000>:↙
选择第一条直线，或 [放弃(U)/多段线(P)/距离(D)/角度(A)/修剪(T)/方式(E)/多个(M)]: ↙
选择第一条直线，或 [放弃(U)/多段线(P)/距离(D)/角度(A)/修剪(T)/方式(E)/多个(M)]: ↙
选择第二条直线，或 按住 Shift 键选择直线以应用角点或 [距离(D)/角度(A)/方法(M)]: ↙

结果如图 4-52 所示。

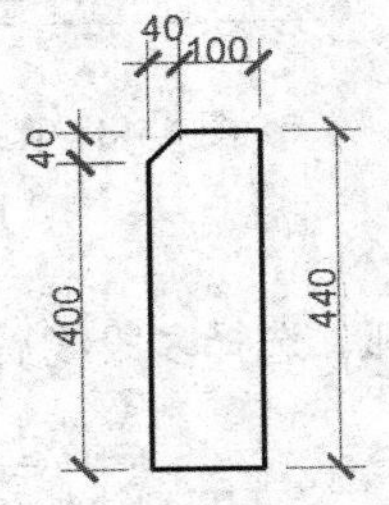

图 4-50 路缘石立面图

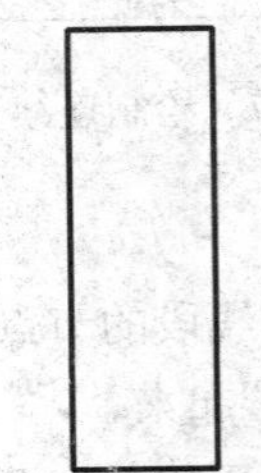

图 4-51 绘制矩形

图 4-52 倒角处理

【选项说明】

（1）距离(D)：选择倒角的两个斜线距离。斜线距离是指从被连接的对象与斜线的交点到被连接的两对象的可能的交点之间的距离，如图 4-53 所示。这两个斜线距离可以相同，也可以不相同，若二者均为 0，则系统不绘制连接的斜线，而是把两个对象延伸至相交，并修剪超出的部分。

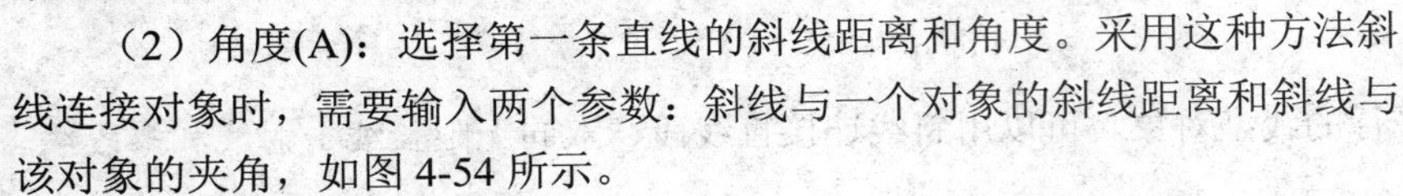

（2）角度(A)：选择第一条直线的斜线距离和角度。采用这种方法斜线连接对象时，需要输入两个参数：斜线与一个对象的斜线距离和斜线与该对象的夹角，如图 4-54 所示。

（3）多段线(P)：对多段线的各个交叉点进行倒角编辑。为了得到最好的连接效果，一般将斜线设置为相等的值。系统根据指定的斜线距离把多段线的每个交叉点都作斜线连接，连接的斜线成为多段线新添加的构成部分，如图 4-55 所示。

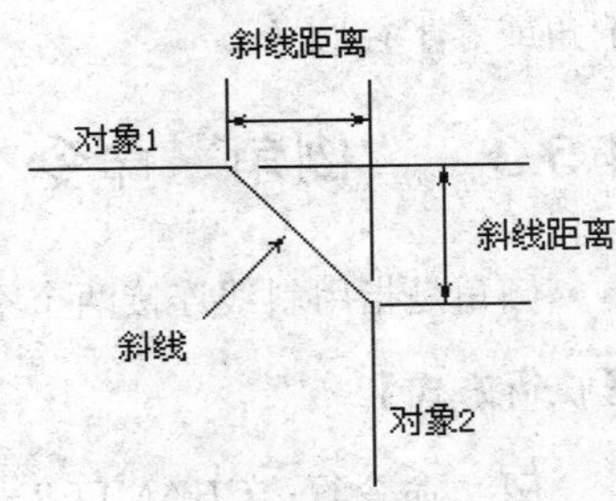

图 4-53 斜线距离

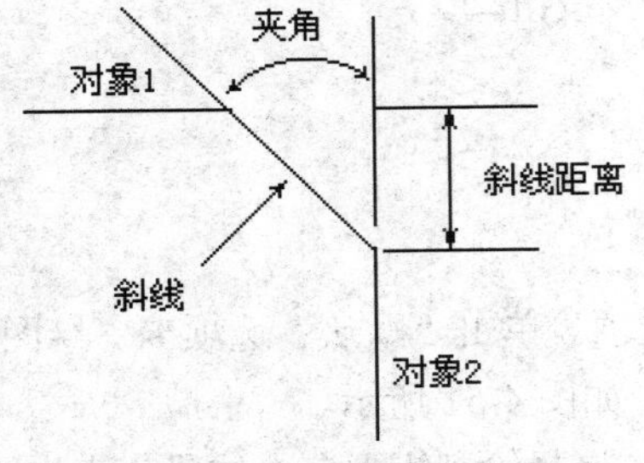

图 4-54 斜线距离与夹角

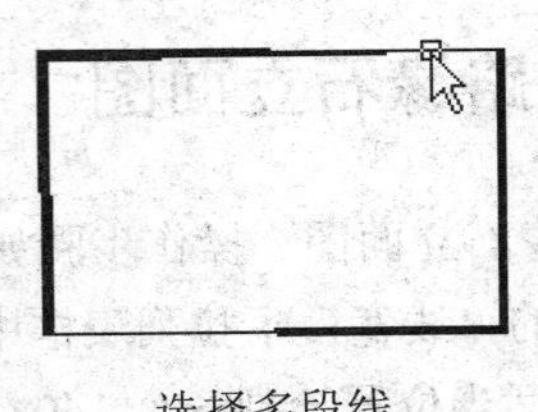

选择多段线

倒角结果

图 4-55 斜线连接多段线

（4）修剪(T)：与圆角连接命令 FILLET 相同，该选项决定连接对象后，是否剪切原对象。

（5）方式(E)：决定采用“距离”方式还是“角度”方式来倒角。

（6）多个(M)：同时对多个对象进行倒角编辑。

注意

有时用户在执行“圆角”和“倒角”命令时，发现命令不执行或执行后没什么变化，那是因为系统默认圆角半径和斜线距离均为0，如果不事先设定圆角半径或斜线距离，系统就以默认值执行命令，所以看起来好像没有执行命令。

4.5.5　“修剪”命令

【执行方式】

- ☑　命令行：TRIM。
- ☑　菜单栏：选择菜单栏中的“修改”→“修剪”命令。
- ☑　工具栏：单击“修改”工具栏中的“修剪”按钮。
- ☑　功能区：单击“默认”选项卡“修改”面板中的“修剪”按钮。

4.5.6　实例——绘制行进盲道

绘制如图 4-56 所示的行进盲道。操作步骤如下：

1. 新建图层

单击“默认”选项卡“图层”面板中的“图层特性”按钮，在弹出的对话框中新建“盲道”和“材料”图层，其属性设置如图 4-57 所示。

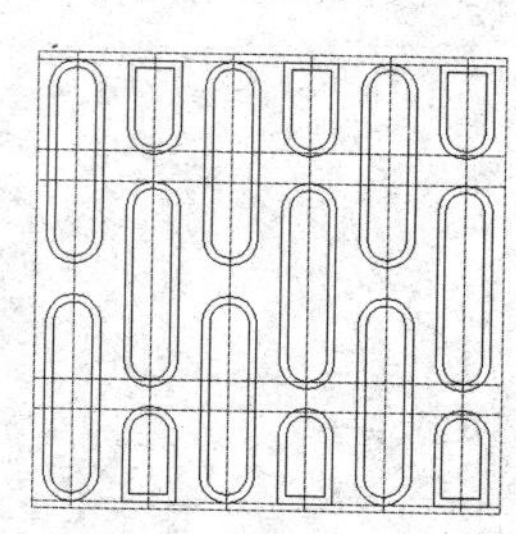

图 4-56　行进盲道

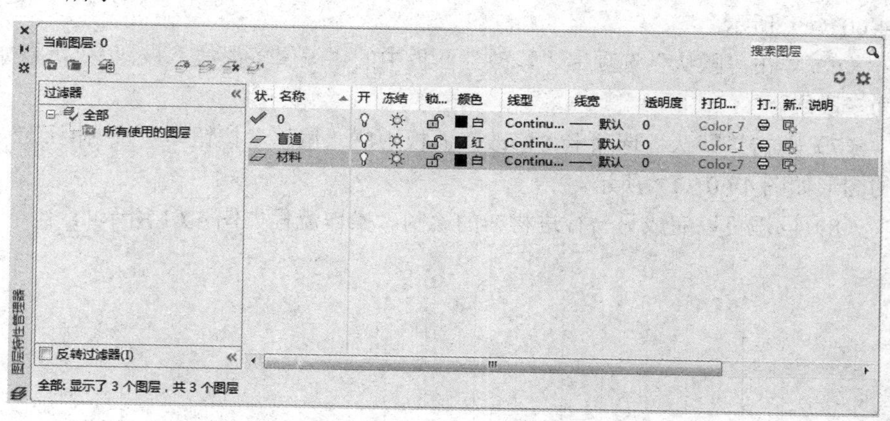

图 4-57　图层设置

（1）把“盲道”图层设置为当前图层，单击“默认”选项卡“绘图”面板中的“直线”按钮，绘制两条交于端点的长为 300 的直线。完成的图形如图 4-58 所示。

（2）单击“默认”选项卡“修改”面板中的“复制”按钮，复制刚刚绘制好的直线。然后选择 AB，水平向右复制的距离分别为 25、75、125、175、225、275 和 300。重复“复制”命令，复制刚刚绘制好的直线。然后选择 BC，垂直向上复制的距离分别为 5、65、85、215、235、295 和 300。完成的图形如图 4-59 所示。

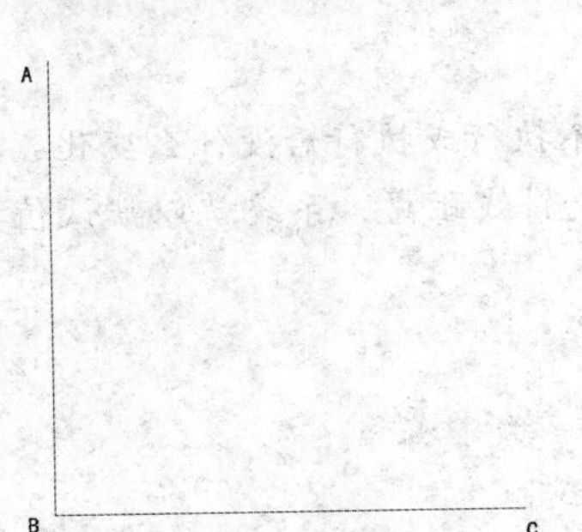

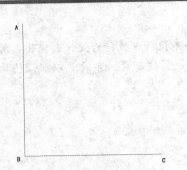

图 4-58　交叉口提示盲道

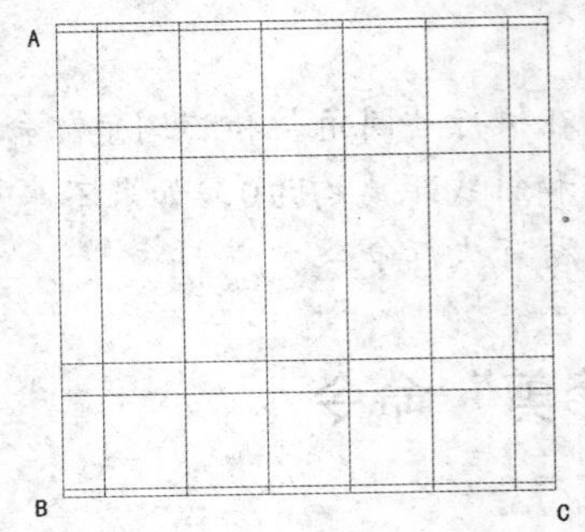

图 4-59　提示行进块材网格绘制流程

2．绘制行进盲道材料

（1）把“材料”图层设置为当前图层，单击“默认”选项卡“绘图”面板中的“直线”按钮，绘制一条垂直的长为 100 的直线。完成的图形如图 4-60（a）所示。

（2）单击“默认”选项卡“修改”面板中的“复制”按钮，将上步绘制的直线向右侧复制，如图 4-60（b）所示。

（3）单击“默认”选项卡“绘图”面板中的“圆”按钮，绘制半径为 17.5 的圆。完成的图形如图 4-60（c）所示。

（4）单击“默认”选项卡“修改”面板中的“修剪”按钮，剪切一半上面的圆。完成的图形如图 4-60（d）所示。

（5）单击“默认”选项卡“修改”面板中的“镜像”按钮，镜像刚刚剪切过的圆弧。完成的图形如图 4-60（e）所示。

（6）单击“默认”选项卡“修改”面板中的“编辑多段线”按钮，把如图 4-60（e）所示的图形转换为多段线。

（7）单击“默认”选项卡“修改”面板中的“偏移”按钮，把刚刚绘制好的多段线向内偏移 5。完成的图形如图 4-60（f）所示。

（8）同理可以完成另一行进材料的绘制。操作流程如图 4-61 所示。

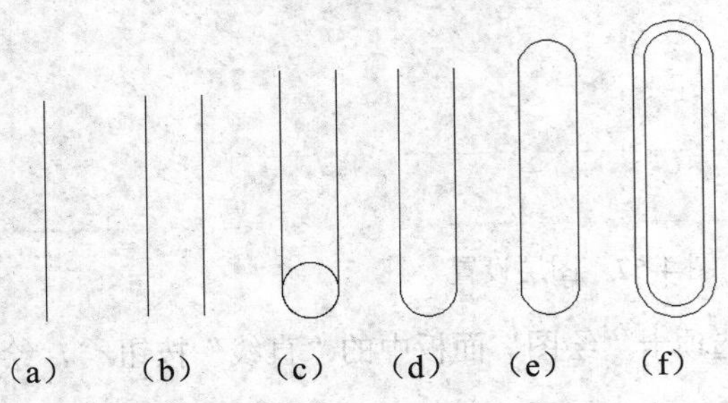

图 4-60　提示行进块材材料 1 绘制流程

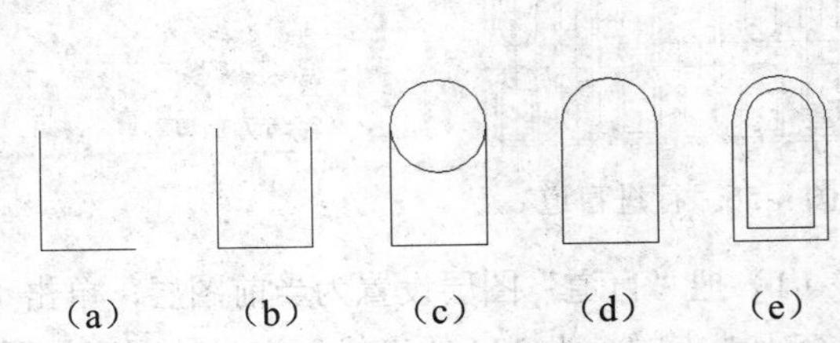

图 4-61　提示行进块材材料 2 绘制流程

3．完成地面提示行进块材平面图

（1）单击“默认”选项卡“修改”面板中的“复制”按钮，复制上述绘制好的材料，完成的图形如图 4-62 所示。

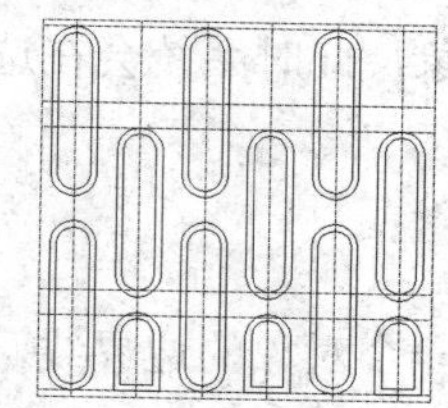

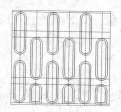

图 4-62　复制后的行进块材图

（2）单击“默认”选项卡“修改”面板中的“镜像”按钮，镜像行进块材，结果如图 4-56 所示。

【选项说明】

（1）按 Shift 键：在选择对象时，如果按住 Shift 键，系统就自动将“修剪”命令转换成“延伸”命令。“延伸”命令将在 4.5.7 节介绍。

（2）边(E)：选择该选项时，可以选择对象的修剪方式。

① 延伸(E)：延伸边界进行修剪。在该方式下，如果剪切边没有与要修剪的对象相交，系统会延伸剪切边直至与要修剪的对象相交，然后再修剪，如图 4-63 所示。

选择剪切边　　选择要修剪的对象　　修剪后的结果

图 4-63　延伸方式修剪对象

② 不延伸(N)：不延伸边界修剪对象，只修剪与剪切边相交的对象。

（3）栏选(F)：选择该选项时，系统以栏选的方式选择被修剪对象，如图 4-64 所示。

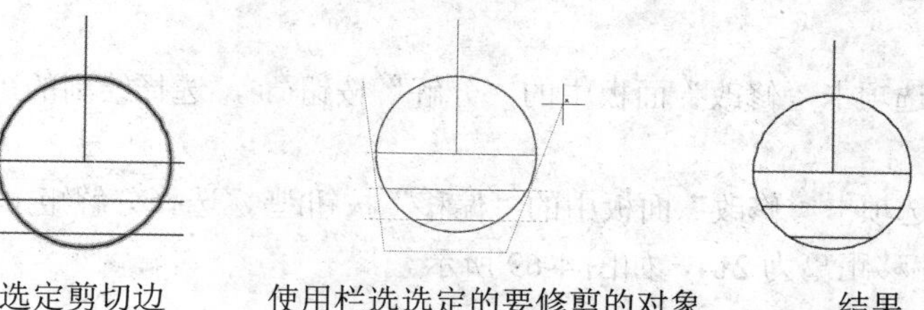

选定剪切边　　使用栏选选定的要修剪的对象　　结果

图 4-64　栏选选择修剪对象

（4）窗交(C)：选择该选项时，系统以窗交的方式选择被修剪对象，如图 4-65 所示。

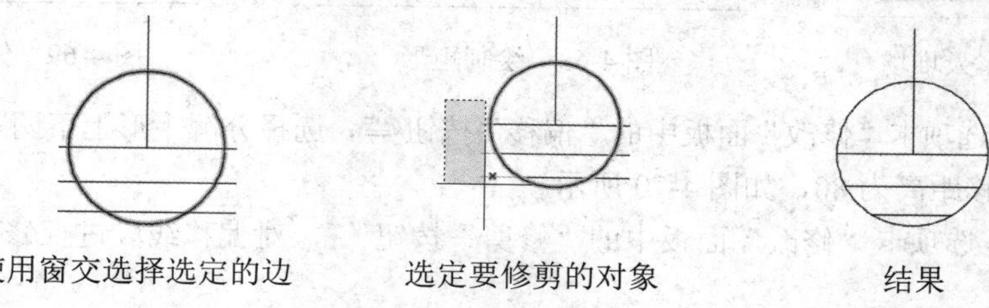

使用窗交选择选定的边　　选定要修剪的对象　　结果

图 4-65　窗交选择修剪对象

被选择的对象可以互为边界和被修剪对象，此时系统会在选择的对象中自动判断边界。

4.5.7 “延伸”命令

延伸对象是指延伸要延伸的对象直至另一个对象的边界线，如图 4-66 所示。

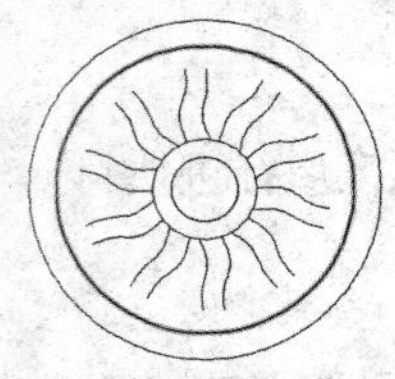
选择边界

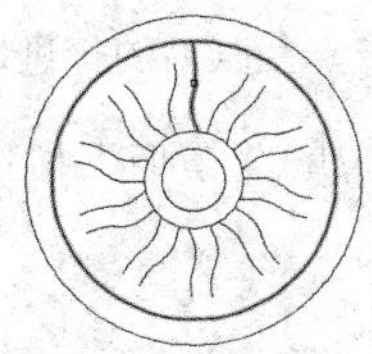
选择要延伸的对象

执行结果

图 4-66 延伸对象

【执行方式】

☑ 命令行：EXTEND。
☑ 菜单栏：选择菜单栏中的“修改”→“延伸”命令。
☑ 工具栏：单击“修改”工具栏中的“延伸”按钮--/。
☑ 功能区：单击“默认”选项卡“修改”面板中的“延伸”按钮--/。

4.5.8 实例——绘制散装材料露天堆场

绘制如图 4-67 所示的散装材料露天堆场。操作步骤如下：

（1）单击“默认”选项卡“绘图”面板中的“矩形”按钮□，在图形适当位置绘制一个 2140×800 的矩形，如图 4-68 所示。

（2）单击“默认”选项卡“修改”面板中的“分解”按钮，选择绘制的矩形为分解对象，按 Enter 键确认进行分解。

（3）单击“默认”选项卡“修改”面板中的“偏移”按钮，选择分解矩形左右两侧竖直直线为偏移对象，向内进行偏移，偏移距离为 214，如图 4-69 所示。

图 4-67 散装材料露天堆场

图 4-68 绘制矩形

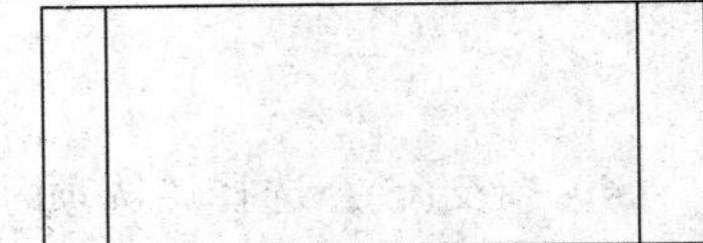
图 4-69 偏移竖直直线 1

（4）单击“默认”选项卡“修改”面板中的“偏移”按钮，选择分解矩形上下两水平边为偏移对象，分别向内进行偏移，偏移距离为 80，如图 4-70 所示。

（5）单击“默认”选项卡“修改”面板中的“修剪”按钮-/--，对偏移线段进行修剪处理，如图 4-71 所示。

（6）单击“默认”选项卡“绘图”面板中的“直线”按钮╱，在图形适当位置绘制几条斜向直线，如图 4-72 所示。

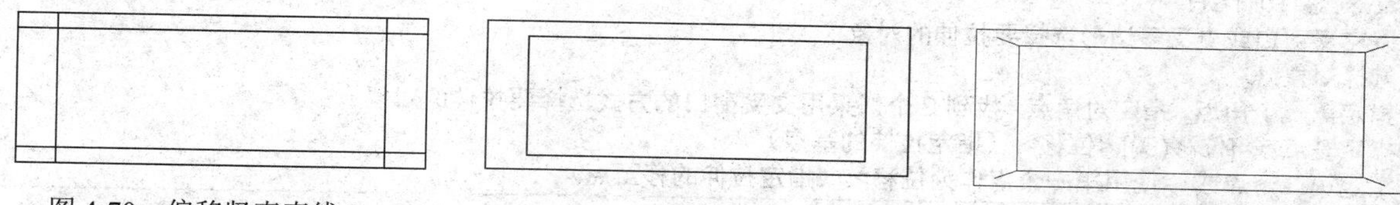

图 4-70　偏移竖直直线 2　　图 4-71　修剪线段　　图 4-72　绘制斜向直线

（7）单击“默认”选项卡“修改”面板中的“延伸”按钮--/，选择绘制的 4 条直线为延伸对象，对其进行延伸处理，如图 4-73 所示，命令行提示与操作如下。

```
命令:EXTEND↙
当前设置:投影=UCS，边=无
选择边界的边...
选择对象或 <全部选择>:↙
选择要延伸的对象，或按住 Shift 键选择要修剪的对象，或[栏选(F)/窗交(C)/投影(P)/边(E)/放弃(U)]: ↙
```

【选项说明】

（1）如果要延伸的对象是适配样条多段线，则延伸后会在多段线的控制框上增加新节点。如果要延伸的对象是锥形的多段线，系统会修正延伸端的宽度，使多段线从起始端平滑地延伸至新的终止端。如果延伸操作导致新终止端的宽度为负值，则取宽度值为 0，如图 4-74 所示。

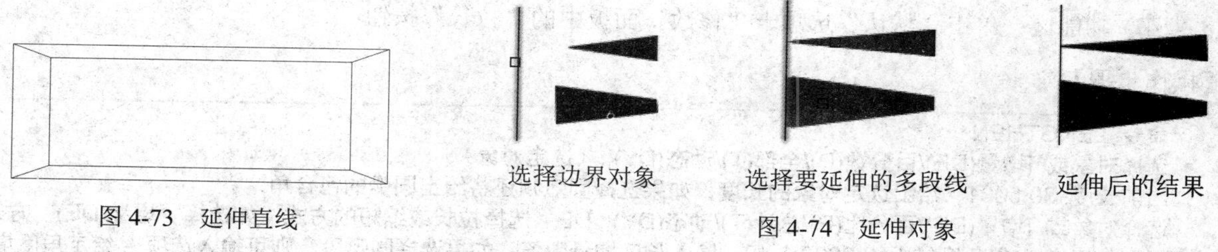

图 4-73　延伸直线　　图 4-74　延伸对象

（2）选择对象时，如果按住 Shift 键，系统就自动将“延伸”命令转换成“修剪”命令。

4.5.9　“拉伸”命令

拉伸对象是指拖拉选择的对象，且形状发生改变后的对象。拉伸对象时，应指定拉伸的基点和移置点。利用一些辅助工具，如捕捉、钳夹功能及相对坐标等可以提高拉伸的精度。

【执行方式】

- ☑　命令行：STRETCH。
- ☑　菜单栏：选择菜单栏中的“修改”→“拉伸”命令。
- ☑　工具栏：单击“修改”工具栏中的“拉伸”按钮。
- ☑　功能区：单击“默认”选项卡“修改”面板中的“拉伸”按钮。

【操作步骤】

```
命令: STRETCH
以交叉窗口或交叉多边形选择要拉伸的对象...
选择对象: C
指定第一个角点: 指定对角点: 找到 2 个（采用交叉窗口的方式选择要拉伸的对象）
指定基点或 [位移(D)] <位移>:（指定拉伸的基点）
指定第二个点或 <使用第一个点作为位移>:（指定拉伸的移至点）
```

此时，若指定第二个点，系统将根据这两点决定矢量拉伸对象。若直接按 Enter 键，系统会把第一个点作为 X 轴和 Y 轴的分量值。

STRETCH 仅移动位于交叉选择内的顶点和端点，不更改位于交叉选择外的顶点和端点。部分包含在交叉选择窗口内的对象将被拉伸。

注意

用交叉窗口选择拉伸对象时，落在交叉窗口内的端点被拉伸，落在外部的端点保持不动。

4.5.10 “拉长”命令

【执行方式】

- ☑ 命令行：LENGTHEN。
- ☑ 菜单栏：选择菜单栏中的“修改”→“拉长”命令。
- ☑ 功能区：单击“默认”选项卡“修改”面板中的“拉长”按钮。

【操作步骤】

```
命令: LENGTHEN
选择对象或 [增量(DE)/百分数(P)/全部(T)/动态(DY)]:（选定对象）
当前长度: 30.5001（给出选定对象的长度，如果选择圆弧则还将给出圆弧的包含角）
选择对象或 [增量(DE)/百分比(P)/总计(T)/动态(DY)]: DE（选择拉长或缩短的方式。如选择“增量(DE)”方式）
输入长度增量或[角度(A)] <0.0000>: 10（输入长度增量数值。如果选择圆弧段，则可输入选项 A 给定角度增量）
选择要修改的对象或 [放弃(U)]:（选定要修改的对象，进行拉长操作）
选择要修改的对象或 [放弃(U)]:（继续选择，按 Enter 键，结束命令）
```

【选项说明】

（1）增量(DE)：用指定增加量的方法来改变对象的长度或角度。

（2）百分比(P)：用指定要修改对象的长度占总长度的百分比的方法来改变圆弧或直线段的长度。

（3）总计(T)：用指定新的总长度或总角度值的方法来改变对象的长度或角度。

（4）动态(DY)：在这种模式下，可以使用拖拉鼠标的方法来动态地改变对象的长度或角度。

4.5.11 “打断”命令

【执行方式】

- ☑ 命令行：BREAK。

☑　菜单栏：选择菜单栏中的“修改”→“打断”命令。
☑　工具栏：单击“修改”工具栏中的“打断”按钮。
☑　功能区：单击“默认”选项卡“修改”面板中的“打断”按钮。

【操作步骤】

```
命令: BREAK
选择对象:（选择要打断的对象）
指定第二个打断点或 [第一点(F)]:（指定第二个断开点或输入 F）
```

【选项说明】

如果选择“第一点(F)”选项，系统将丢弃前面的第一个选择点，重新提示用户指定两个打断点。

4.5.12　“打断于点”命令

打断于点是指在对象上指定一点，从而把对象在此点拆分成两部分。此命令与“打断”命令类似。

【执行方式】

☑　工具栏：单击“修改”工具栏中的“打断于点”按钮。
☑　功能区：单击“默认”选项卡“修改”面板中的“打断于点”按钮。

【操作步骤】

```
选择对象:（选择要打断的对象）
指定第二个打断点或 [第一点(F)]: _f（系统自动执行“第一点(F)”选项）
指定第一个打断点:（选择打断点）
指定第二个打断点: @（系统自动忽略此提示）
```

4.5.13　“分解”命令

【执行方式】

☑　命令行：EXPLODE。
☑　菜单栏：选择菜单栏中的“修改”→“分解”命令。
☑　工具栏：单击“修改”工具栏中的“分解”按钮。
☑　功能区：单击“默认”选项卡“修改”面板中的“分解”按钮。

【操作步骤】

```
命令: EXPLODE
选择对象:（选择要分解的对象）
```

选择一个对象后，该对象会被分解。系统继续提示该行信息，允许分解多个对象。

4.5.14 “合并”命令

可以将直线、圆弧、椭圆弧和样条曲线等独立的对象合并为一个对象，如图 4-75 所示。

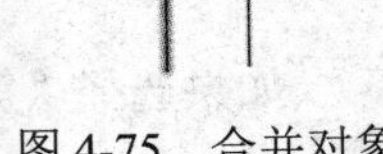

图 4-75 合并对象

【执行方式】

☑ 命令行：JOIN。

☑ 菜单栏：选择菜单栏中的“修改”→“合并”命令。

☑ 工具栏：单击“修改”工具栏中的“合并”按钮。

☑ 功能区：单击“默认”选项卡“修改”面板中的“合并”按钮。

【操作步骤】

命令: JOIN
选择源对象:（选择一个对象）
选择要合并到源的直线: （选择另一个对象）
找到 1 个
选择要合并到源的直线:
已将 1 条直线合并到源

4.5.15 修改对象属性

【执行方式】

☑ 命令行：DDMODIFY 或 PROPERTIES。

☑ 菜单栏：选择菜单栏中的“修改”→“特性”命令或选择菜单栏中的“工具”→“选项板”→“特性”命令。

☑ 工具栏：单击“标准”工具栏中的“特性”按钮。

☑ 功能区：单击“视图”选项卡“选项板”面板中的“特性”按钮（如图 4-76 所示）或单击“默认”选项卡“特性”面板中的“对话框启动器”按钮。

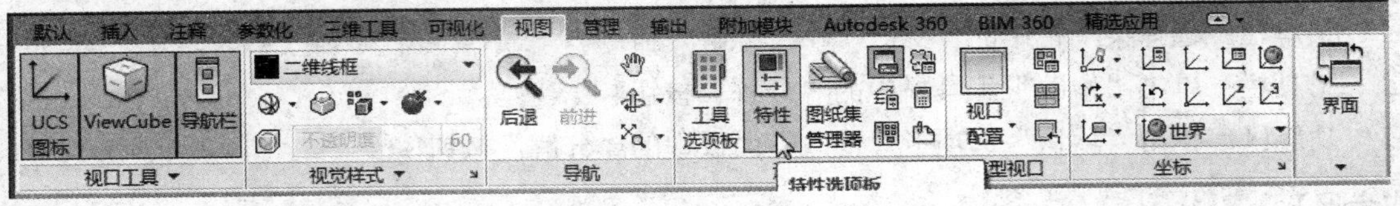

图 4-76 “选项板”面板

【操作步骤】

AutoCAD 打开“特性”选项板，如图 4-77 所示。利用它可以方便地设置或修改对象的各种属性。

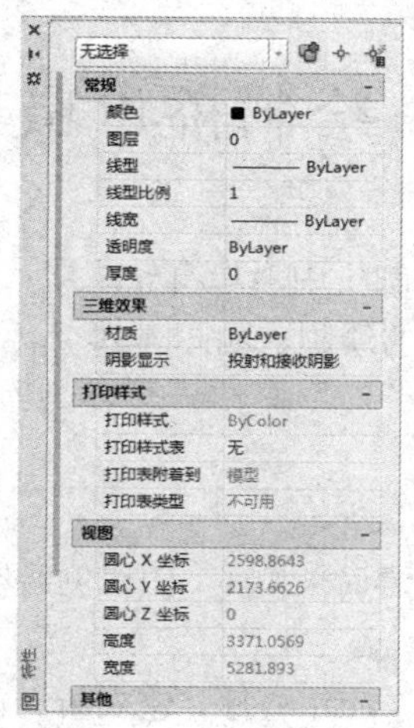

图 4-77　“特性”选项板

不同的对象属性种类和值不同，修改属性值，对象改变为新的属性。

4.5.16　特性匹配

利用特性匹配功能可以将目标对象的属性与源对象的属性进行匹配，使目标对象的属性与源对象属性相同。利用特性匹配功能可以方便快捷地修改对象属性，并保持不同对象的属性相同。

【执行方式】

☑　命令行：MATCHPROP。
☑　菜单栏：选择菜单栏中的“修改”→“特性匹配”命令。
☑　工具栏：单击“标准”工具栏中的“特性匹配”按钮。
☑　功能区：单击“默认”选项卡“特性”面板中的“特性匹配”按钮。

【操作步骤】

```
命令: MATCHPROP↙
选择源对象:（选择源对象）
选择目标对象或[设置(S)]:（选择目标对象）
```

如图 4-78（a）所示为两个属性不同的对象，以左边的圆为源对象，对右边的矩形进行特性匹配，结果如图 4-78（b）所示。

（a）　　　　（b）

图 4-78　特性匹配

4.6 综合实例——绘制桥中墩墩身及底板钢筋图

使用“矩形”“直线”“圆”命令绘制桥中墩墩身轮廓线；使用“多段线”命令绘制底板钢筋；进行修剪整理，完成桥中墩墩身及底板钢筋图的绘制，如图 4-79 所示。

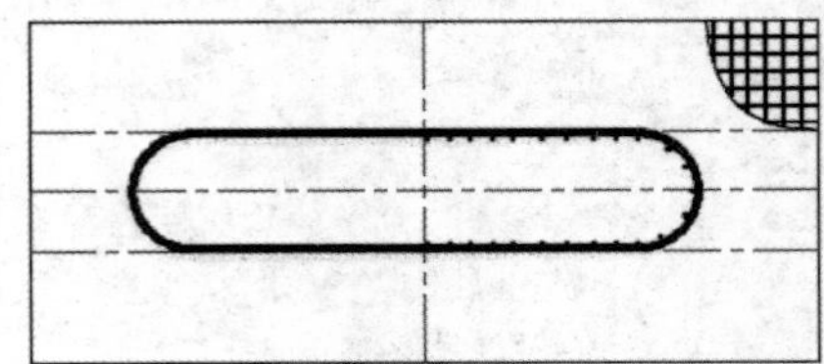

图 4-79 桥中墩墩身及底板钢筋图

操作步骤如下：

1．前期准备以及绘图设置

（1）根据绘制图形决定绘图的比例，建议采用 1:1 的比例绘制，1:50 的出图比例。

（2）建立新文件。打开 AutoCAD 2017 应用程序，建立新文件，将新文件命名为“桥中墩墩身及底板钢筋图.dwg”并保存。

2．绘制桥中墩墩身轮廓线

（1）单击“默认”选项卡“绘图”面板中的“矩形”按钮，绘制一个 9000×4000 的矩形。

（2）创建定位“中心线”图层并将其设置为当前图层，在“状态栏”中单击“正交模式”按钮，打开正交模式。在“状态栏”中单击“对象捕捉”按钮，打开对象捕捉。单击“默认”选项卡“绘图”面板中的“直线”按钮，取矩形的中点绘制两条对称中心线，如图 4-80 所示。

（3）单击“默认”选项卡“修改”面板中的“复制”按钮，复制刚刚绘制好的两条对称中心线。完成的图形和复制尺寸如图 4-81 所示。

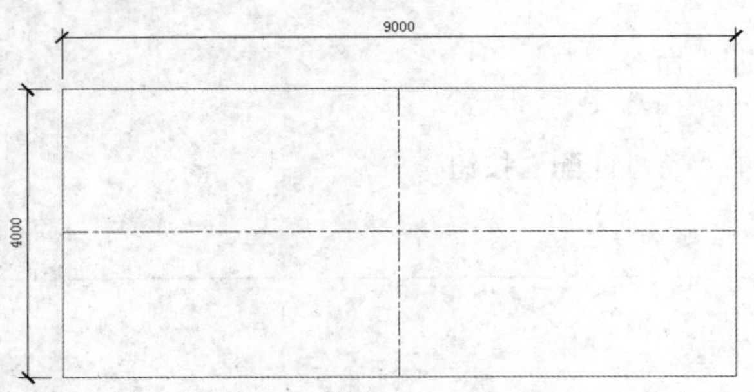

图 4-80 桥中墩墩身及底板钢筋图定位线绘制

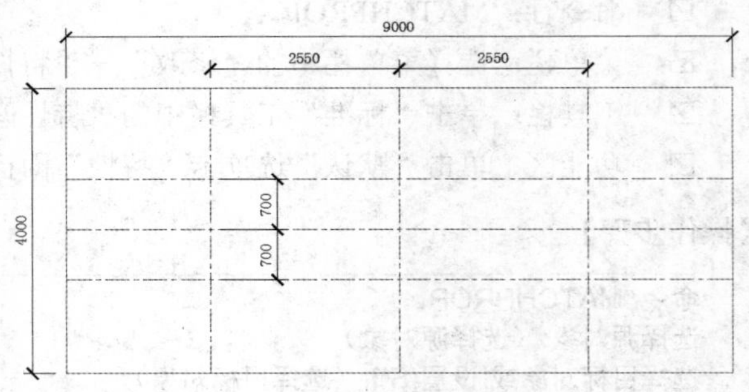

图 4-81 桥中墩墩身及底板钢筋图定位线复制

（4）单击“默认”选项卡“绘图”面板中的“多段线”按钮，绘制墩身轮廓线。选择 a（圆弧）来指定圆弧的圆心。完成的图形如图 4-82 所示。

3．绘制底板钢筋

（1）单击“默认”选项卡“修改”面板中的“偏移”按钮，向里面偏移刚刚绘制好的墩身轮廓线，指定偏移距离为 50。

（2）单击“默认”选项卡“绘图”面板中的“多段线”按钮，加粗钢筋，选择 w（宽度）设置起点和端点的宽度为 25，完成的图形如图 4-83 所示。

（3）使用“偏移”命令绘制墩身钢筋，然后使用“多段线”命令加粗偏移后的箍筋。完成的图形如图 4-83 所示。

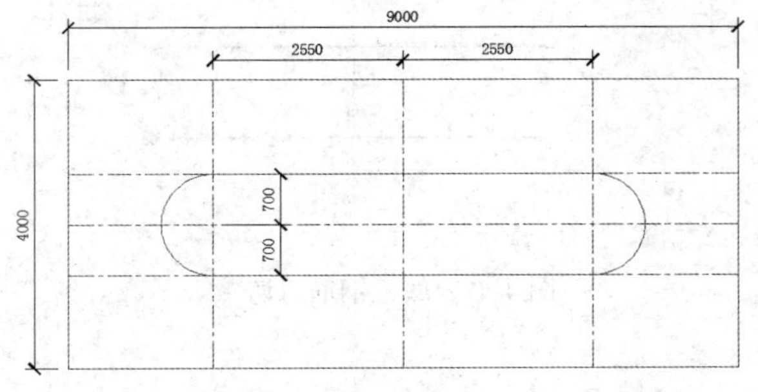

图 4-82　墩身轮廓线绘制

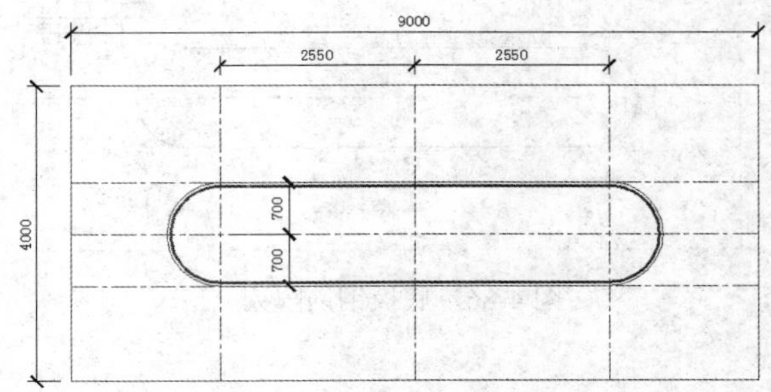

图 4-83　桥中墩墩身钢筋绘制

（4）单击“默认”选项卡“绘图”面板中的“圆”按钮，绘制一个直径为 16 的圆。

（5）单击“默认”选项卡“绘图”面板中的“图案填充”按钮，选择 SOLID 图例进行填充。

（6）单击“默认”选项卡“修改”面板中的“复制”按钮，复制刚刚填充好的钢筋到相应的位置，完成的图形如图 4-84 所示。

（7）单击“默认”选项卡“修改”面板中的“样条曲线拟合”按钮，绘制底板配筋折线。

（8）单击“默认”选项卡“绘图”面板中的“多段线”按钮，绘制水平的钢筋线，长度为 1400。重复“多段线”命令，绘制垂直的钢筋线长度 1300。完成的图形如图 4-85 所示。

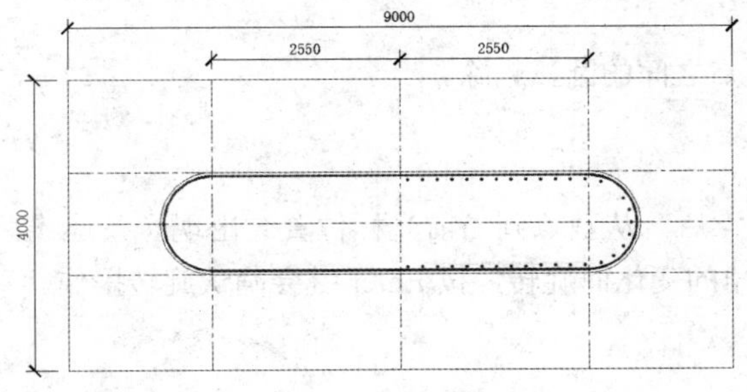

图 4-84　桥中墩墩身主筋绘制

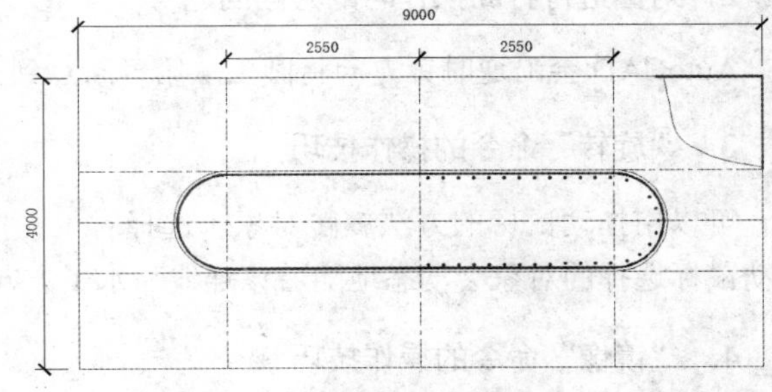

图 4-85　底板钢筋

（9）单击“默认”选项卡“修改”面板中的“矩形阵列”按钮，选择横向底板钢筋为阵列对象，设置行数为 7，列数为 1，行间距为-200。

（10）单击“默认”选项卡“修改”面板中的“矩形阵列”按钮，选择竖向底板钢筋为阵列对象，设置行数为 1，列数为 7，列间距为-200。

（11）单击“默认”选项卡“修改”面板中的“删除”按钮，删除步骤（8）绘制的两条多段线。完成的图形如图 4-86 所示。

（12）单击“默认”选项卡“修改”面板中的“修剪”按钮，剪切多余的部分。完成的图形如图 4-87 所示。

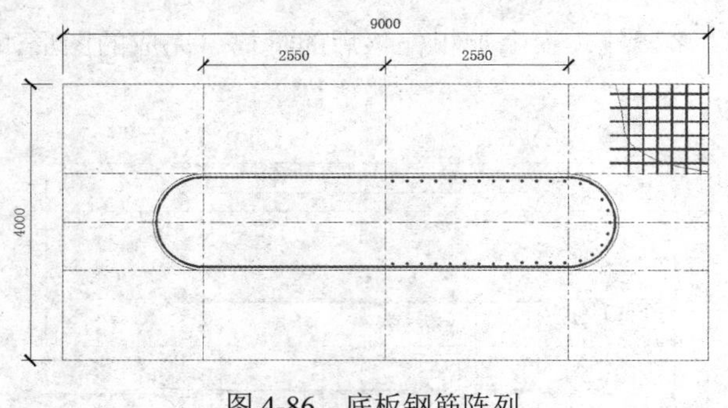

图 4-86　底板钢筋阵列

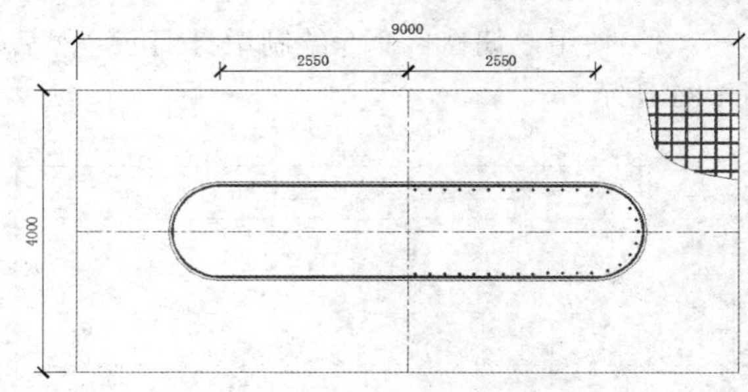

图 4-87　底板钢筋剪切

4.7　名师点拨——绘图学一学

1．怎样把多条直线合并为一条

方法 1：在命令行中输入 GROUP 命令，选择直线。

方法 2：执行“合并”命令，选择直线。

方法 3：在命令行中输入 PEDIT 命令，选择直线。

方法 4：执行“创建块”命令，选择直线。

2．对圆进行打断操作时的方向问题

AutoCAD 会沿逆时针方向将圆上从第一断点到第二断点之间的圆弧删除。

3．“旋转”命令的操作技巧

可以用拖动鼠标的方法旋转对象。选择对象并指定基点后，从基点到当前光标位置会出现一条连线，移动鼠标选择的对象会动态地随着该连线与水平方向的夹角的变化而旋转，按 Enter 键会确认旋转操作。

4．“镜像”命令的操作技巧

镜像对创建对称的图样非常有用，可以快速地绘制半个对象，然后将其镜像，而不必绘制整个对象。

默认情况下，镜像文字、属性及属性定义时，它们在镜像后所得图像中不会反转或倒置。文字的对齐和对正方式在镜像图样前后保持一致。如果制图确实要反转文字，可将 MIRRTEXT 系统变量设置为 1，默认值为 0。

5．“偏移”命令的作用

在 AutoCAD 中，可以使用“偏移”命令，对指定的直线、圆弧、圆等对象作定距离偏移复制。在实际应用中，常利用“偏移”命令的特性创建平行线或等距离分布图。

4.8 上机实验

通过前面的学习，读者对本章知识也有了大体的了解，本节通过几个操作练习使读者进一步掌握本章知识要点。

【练习 1】绘制如图 4-88 所示的公园桌椅。

1. 目的要求

本例主要用到了“直线”“偏移”“圆角”“修剪”“阵列”命令绘制餐桌椅。本例要求读者掌握相关命令。

图 4-88　公园桌椅

2. 操作提示

（1）绘制椅子。

（2）绘制桌子。

（3）对椅子使用“阵列”等命令进行摆放。

【练习 2】绘制如图 4-89 所示的花架。

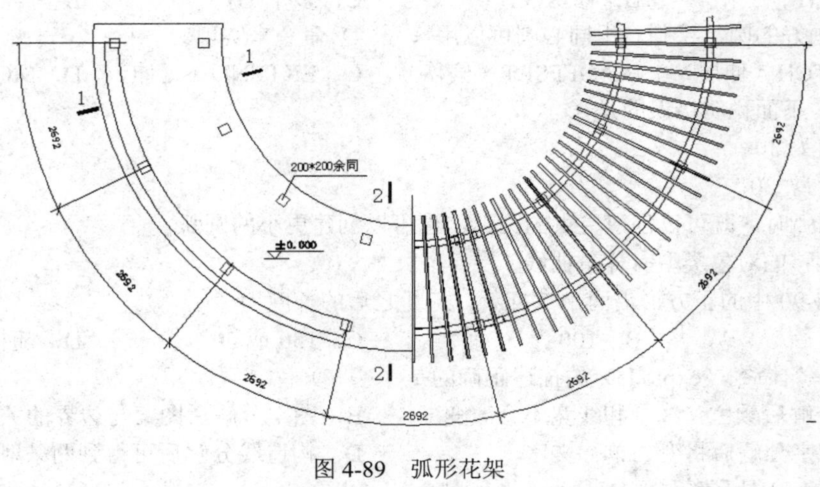

图 4-89　弧形花架

1. 目的要求

本例主要用到了“圆弧”“直线”“矩形”“复制”等命令绘制花架。本例要求读者掌握相关命令。

2. 操作提示

（1）用“圆弧”命令绘制花架轮廓。

（2）利用“矩形”“直线”“复制”等命令绘制细节。

（3）标注尺寸。

4.9 模拟考试

1．有一根直线原来在 0 层，颜色为 bylayer，如果通过偏移（　　）。

A．该直线一定会仍在 0 层上，颜色不变

B．该直线一定会可能在其他层上，颜色不变

C．该直线可能在其他层上，颜色与所在层一致

D．偏移只是相当于复制

2．分别绘制圆角为 20 的矩形和倒角为 20 的矩形，长均为 100，宽均为 80。它们的面积（　　）。

A．圆角矩形面积大　B．倒角矩形面积大　C．一样大　D．无法判断

3．将圆心在（30,30）处的圆移动，移动中指定圆心的第二个点时，在动态输入框中输入“10,20”，其结果是（　　）。

A．圆心坐标为（10,20）　B．圆心坐标为（30,30）

C．圆心坐标为（40,50）　D．圆心坐标为（20,10）

4．无法采用打断于点的对象是（　　）。

A．直线　B．开放的多段线　C．圆弧　D．圆

5．对于一个多段线对象中的所有角点进行圆角，可以使用“圆角”命令中的（　　）命令选项。

A．多段线(P)　B．修剪(T)　C．多个(U)　D．半径(R)

6．已有一个画好的圆，绘制一组同心圆可以用（　　）命令来实现。

A．STRETCH（伸展）　B．OFFSET（偏移）　C．EXTEND（延伸）　D．MOVE（移动）

7．关于偏移，下面说明错误的是（　　）。

A．偏移值为 30

B．偏移值为-30

C．偏移圆弧时，既可以创建更大的圆弧，也可以创建更小的圆弧

D．可以偏移的对象类型有样条曲线

8．如果对图 4-90 中的正方形沿两个点打断，打断之后的长度为（　　）。

A．150　B．100　C．150 或 50　D．随机

9．关于“分解”命令（explode）的描述正确的是（　　）。

A．对象分解后颜色、线型和线宽不会改变　B．图案分解后图案与边界的关联性仍然存在

C．多行文字分解后将变为单行文字　D．构造线分解后可得到两条射线

10．绘制如图 4-91 所示的图形。

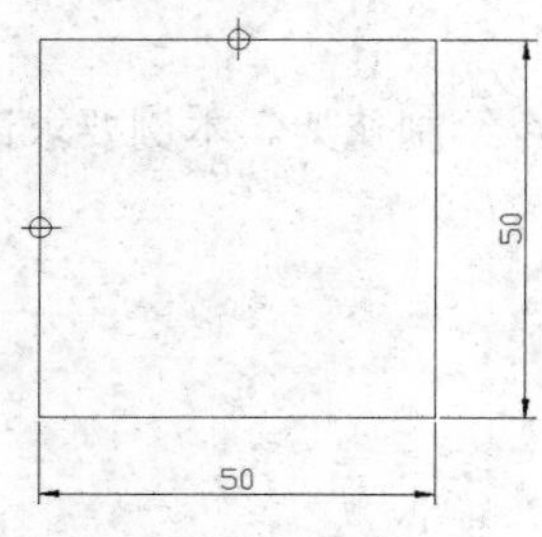

图 4-90　矩形

图 4-91　图形

辅助工具

在绘图过程中，经常会遇到一些重复出现的图形（例如建筑设计中的桌椅、门窗等），如果每次都重新绘制这些图形，不仅会造成大量的重复工作，而且存储这些图形及其信息也会占据相当大的磁盘空间。图块与设计中心提出了模块化绘图的方法，这样不仅避免了大量的重复工作，提高了绘图速度和工作效率，而且还可以大大节省磁盘空间。本章主要介绍图块和设计中心功能，主要内容包括图块操作、图块属性、设计中心、工具选项板等知识。

5.1 查询工具

为方便用户及时了解图形信息，AutoCAD 提供了很多查询工具，这里简要进行说明。

【预习重点】

☑ 打开查询菜单。

☑ 练习查询距离命令。

☑ 练习其余查询命令。

5.1.1 距离查询

【执行方式】

☑ 命令行：MEASUREGEOM。

☑ 菜单栏：选择菜单栏中的“工具”→“查询”→“距离”命令。

☑ 工具栏：单击“查询”工具栏中的“距离”按钮。

☑ 功能区：单击“默认”选项卡“实用工具”面板上“测量”下拉菜单中的“距离”按钮（如图 5-1 所示）。

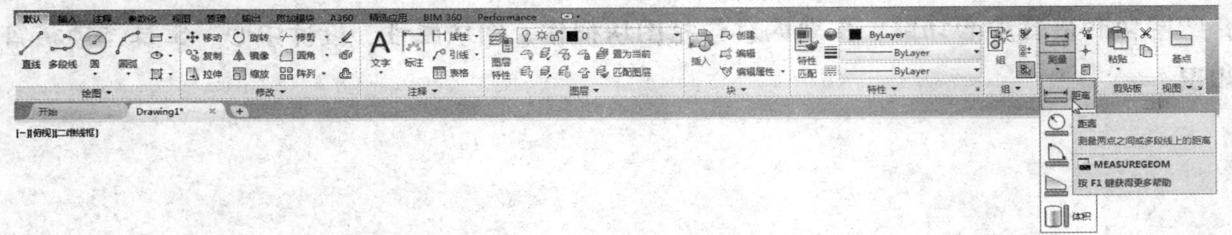

图 5-1 “测量”下拉菜单

【操作步骤】

```
命令: MEASUREGEOM
输入选项 [距离(D)/半径(R)/角度(A)/面积(AR)/体积(V)] <距离>: 距离
指定第一点: 指定点
指定第二点或 [多点]: 指定第二点或输入 m 表示多个点
输入选项 [距离(D)/半径(R)/角度(A)/面积(AR)/体积(V)/退出(X)] <距离>: 退出
```

【选项说明】

其中查询结果的各个选项的说明如下。

（1）距离：两点之间的三维距离。

（2）XY 平面中倾角：两点之间连线在 XY 平面上的投影与 X 轴的夹角。

（3）与 XY 平面的夹角：两点之间连线与 XY 平面的夹角。

（4）X 增量：第二点 X 坐标相对于第一点 X 坐标的增量。

（5）Y 增量：第二点 Y 坐标相对于第一点 Y 坐标的增量。

（6）Z 增量：第二点 Z 坐标相对于第一点 Z 坐标的增量。

5.1.2 面积查询

【执行方式】

☑ 命令行：MEASUREGEOM。

☑ 菜单栏：选择菜单栏中的"工具"→"查询"→"面积"命令。

☑ 工具栏：单击"查询"工具栏中的"面积"按钮。

☑ 功能区：单击"默认"选项卡"实用工具"面板上"测量"下拉菜单中的"面积"按钮。

【操作步骤】

```
命令: MEASUREGEOM
输入选项 [距离(D)/半径(R)/角度(A)/面积(AR)/体积(V)] <距离>: 面积
指定第一个角点或 [对象(O)/增加面积(A)/减少面积(S)/退出(X)] <对象>: 选择选项
```

【选项说明】

在工具选项板中，系统设置了一些常用图形的选项卡，这些选项卡可以方便用户绘图。

（1）指定第一个角点：计算由指定点所定义的面积和周长。

（2）增加面积(A)：打开"加"模式，并在定义区域时即时保持总面积。

（3）减少面积(S)：从总面积中减去指定的面积。

5.2 图块及其属性

把一组图形对象组合成图块加以保存，需要时可以把图块作为一个整体以任意比例和旋转角度插入图中任意位置，这样不仅避免了大量的重复工作，提高绘图速度和工作效率，而且可大大节省磁盘空间。

【预习重点】

☑ 了解图块定义。

☑ 练习图块应用操作。

5.2.1 图块操作

1. 图块定义

【执行方式】

☑ 命令行：BLOCK。

☑ 菜单栏：选择菜单栏中的"绘图"→"块"→"创建"命令。

☑ 工具栏：单击"绘图"工具栏中的"创建块"按钮。

☑ 功能区：单击“插入”选项卡“定义块”面板中的“创建块”按钮。

【操作步骤】

执行上述操作，系统弹出如图 5-2 所示的“块定义”对话框，利用该对话框指定定义对象和基点以及其他参数，可定义图块并命名。

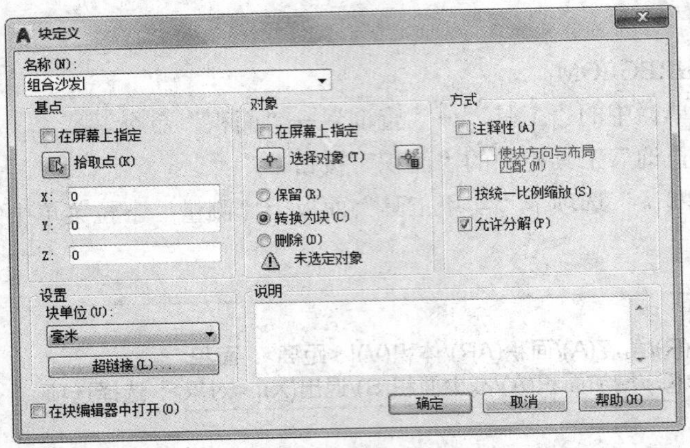

图 5-2 “块定义”对话框

2．图块保存

【执行方式】

命令行：WBLOCK。

【操作步骤】

执行上述命令，系统弹出如图 5-3 所示的“写块”对话框。利用该对话框可把图形对象保存为图块或把图块转换成图形文件。

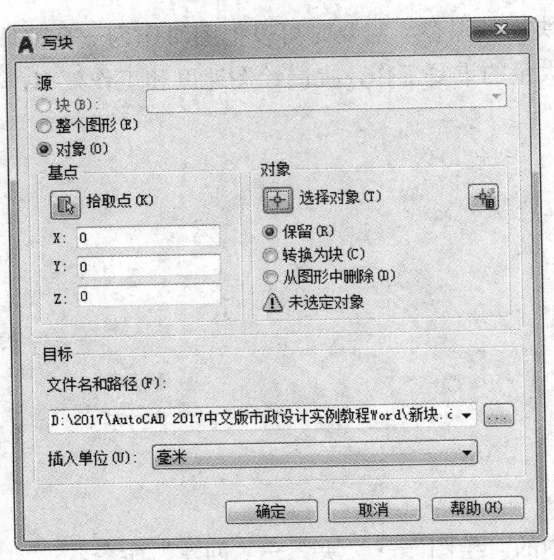

图 5-3 “写块”对话框

3. 图块插入

【执行方式】

☑ 命令行：INSERT。
☑ 菜单栏：选择菜单栏中的“插入”→“块”命令。
☑ 工具栏：单击“插入”工具栏中的“插入块”按钮或“绘图”工具栏中的“插入块”按钮。
☑ 功能区：单击“插入”选项卡“块”面板中的“插入”按钮。

【操作步骤】

执行上述操作，系统弹出“插入”对话框，如图 5-4 所示。利用该对话框设置插入点位置、插入比例以及旋转角度，可以指定要插入的图块及插入位置。

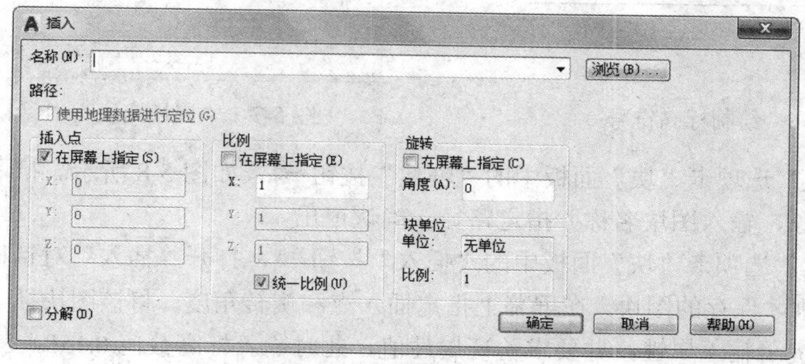

图 5-4 “插入”对话框

5.2.2 图块的属性

1. 属性定义

【执行方式】

☑ 命令行：ATTDEF。
☑ 菜单栏：选择菜单栏中的“绘图”→“块”→“定义属性”命令。
☑ 功能区：单击“插入”选项卡“块定义”面板中的“定义属性”按钮。

【操作实践——标注标高符号】

标注标高符号如图 5-5 所示。

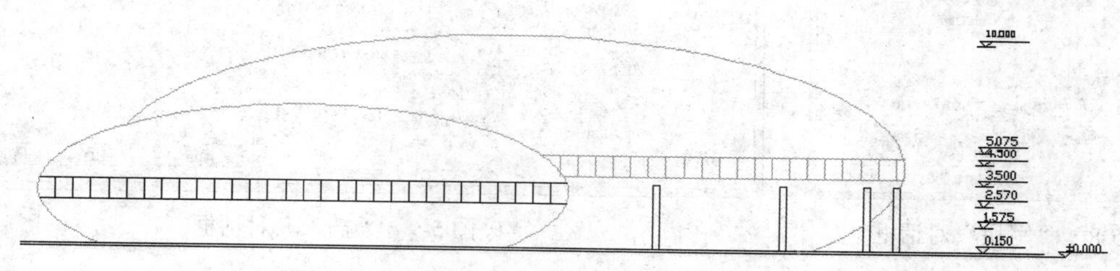

图 5-5 标注标高符号

操作步骤如下：

（1）单击“默认”选项卡“绘图”面板中的“直线”按钮，绘制如图 5-6 所示的标高符号图形。

（2）选择菜单栏中的“绘图”→“块”→“定义属性”命令，系统打开“属性定义”对话框，进行如图 5-7 所示的设置，其中模式为“验证”，插入点为水平线中点，单击“确定”按钮退出。

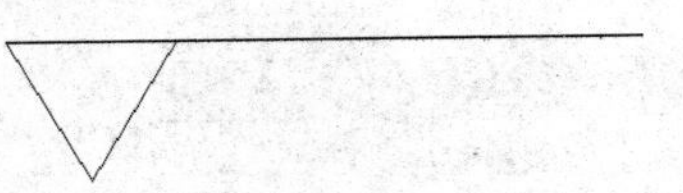

图 5-6　绘制标高符号

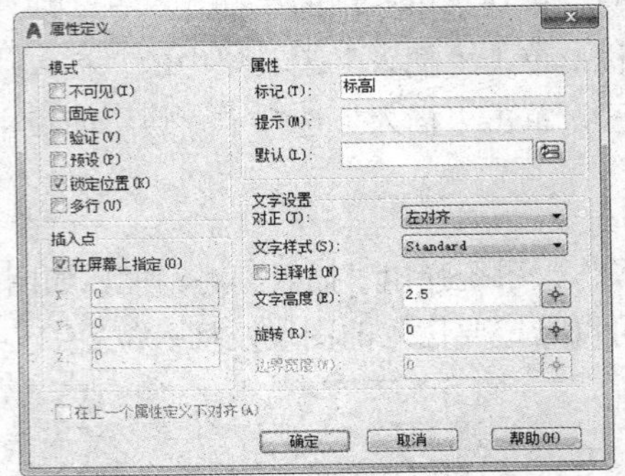

图 5-7　“属性定义”对话框

（3）单击“默认”选项卡“块”面板中的“创建”按钮，如图 5-8 所示。拾取图 5-6 图形下尖点为基点，以此图形为对象，输入图块名称并指定路径，确认退出。

（4）单击“默认”选项卡“块”面板中的“插入”按钮，打开“插入”对话框，如图 5-9 所示。单击“浏览”按钮找到刚才保存的图块，在屏幕上指定插入点和旋转角度，将该图块插入如图 5-5 所示的图形中，这时，命令行会提示输入属性，并要求验证属性值，此时输入标高数值 0.150，就完成了一个标高的标注。命令行提示与操作如下。

```
命令: INSERT↙
指定插入点或 [基点(b)/比例(S)/X/Y/Z/旋转(R)/
预览比例(PS)/PX/PY/PZ/预览旋转(PR)]:
输入属性值
数值: 0.150↙
验证属性值
数值 <0.150>:↙
```

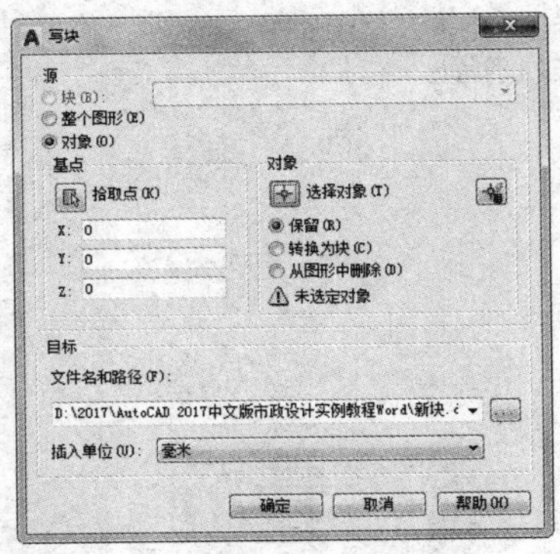

图 5-8　“写块”对话框

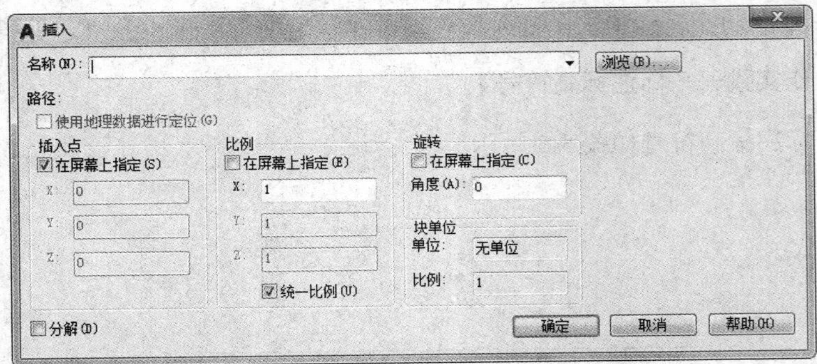

图 5-9　“插入”对话框

（5）继续插入标高符号图块，并输入不同的属性值作为标高数值，直到完成所有标高符号标注。

【选项说明】

（1）模式”选项组。

①“不可见”复选框：选中该复选框，属性为不可见显示方式，即插入图块并输入属性值后，属性值在图中并不显示出来。

②“固定”复选框：选中该复选框，属性值为常量，即属性值在属性定义时给定，在插入图块时 AutoCAD 不再提示输入属性值。

③“验证”复选框：选中该复选框，当插入图块时 AutoCAD 重新显示属性值让用户验证该值是否正确。

④“预设”复选框：选中该复选框，当插入图块时 AutoCAD 自动把事先设置好的默认值赋予属性，而不再提示输入属性值。

⑤“锁定位置”复选框：选中该复选框，当插入图块时 AutoCAD 锁定块参照中属性的位置。解锁后，属性可以相对于使用夹点编辑的块的其他部分移动，并且可以调整多行属性的大小。

⑥“多行”复选框：指定属性值可以包含多行文字。

（2）“属性”选项组。

①“标记”文本框：输入属性标签。属性标签可由除空格和感叹号以外的所有字符组成。AutoCAD 自动把小写字母改为大写字母。

②“提示”文本框：输入属性提示。属性提示是插入图块时，AutoCAD 要求输入属性值的提示。如果不在此文本框内输入文本，则以属性标签作为提示。如果在“模式”选项组中选中“固定”复选框，即设置属性为常量，则不需设置属性提示。

③“默认”文本框：设置默认的属性值。可把使用次数较多的属性值作为默认值，也可不设默认值。

其他各选项组比较简单，这里不再赘述。

2. 修改属性定义

【执行方式】

☑ 命令行：DDEDIT（快捷命令：ED）。

☑ 菜单栏：选择菜单栏中的“修改”→“对象”→“文字”→“编辑”命令。

【操作步骤】

```
命令: DDEDIT
选择注释对象或[放弃(U)]:
```

在此提示下选择要修改的属性定义，打开“编辑属性定义”对话框，如图 5-10 所示。可以在该对话框中修改属性定义。

3. 图块属性编辑

【执行方式】

☑ 命令行：EATTEDIT（快捷命令：ATE）。

☑ 菜单栏：选择菜单栏中的“修改”→“对象”→“属性”→“单个”命令。

☑ 工具栏：单击“修改 II”工具栏中的“编辑属性”按钮。

【操作步骤】

命令: EATTEDIT
选择块:

选择块后，系统弹出“增强属性编辑器”对话框，如图 5-11 所示。该对话框不仅可以编辑属性值，还可以编辑属性的文字选项和图层、线型、颜色等特性值。

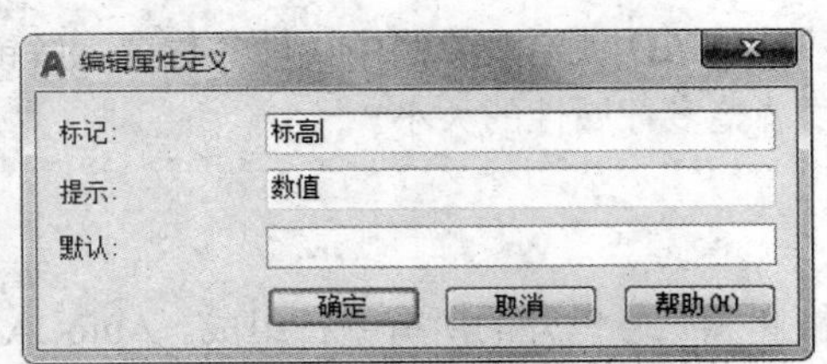

图 5-10 “编辑属性定义”对话框

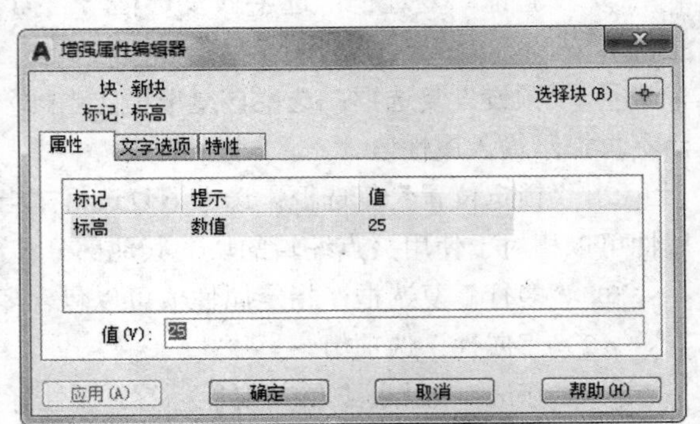

图 5-11 “增强属性编辑器”对话框

5.3 设计中心与工具选项板

使用 AutoCAD 2017 设计中心可以很容易地组织设计内容，并把它们拖动到当前图形中。工具选项板是“工具选项板”窗口中选项卡形式的区域，提供组织、共享和放置块及填充图案的有效方法。工具选项板还可以包含由第三方开发人员提供的自定义工具。也可以利用设计中心组织内容，并将其创建为工具选项板。设计中心与工具选项板的使用大大方便了绘图，加快了绘图的效率。

【预习重点】

☑ 打开设计中心。
☑ 利用设计中心操作图形。

5.3.1 设计中心

1. 启动设计中心

【执行方式】

☑ 命令行：ADCENTER（快捷命令：ADC）。
☑ 菜单栏：选择菜单栏中的“工具”→“选项板”→“设计中心”命令。
☑ 工具栏：单击“标准”工具栏中的“设计中心”按钮。
☑ 功能区：单击“视图”选项卡“选项板”面板中的“设计中心”按钮。

☑ 快捷键：Ctrl+2。

执行上述操作后，系统打开设计中心。第一次启动设计中心时，默认打开的选项卡为“文件夹”。内容显示区采用大图标显示，左边的资源管理器采用 tree view 显示方式显示系统的树形结构，浏览资源的同时，在内容显示区显示所浏览资源的有关细目或内容，如图 5-12 所示。也可以搜索资源，方法与 Windows 资源管理器类似。

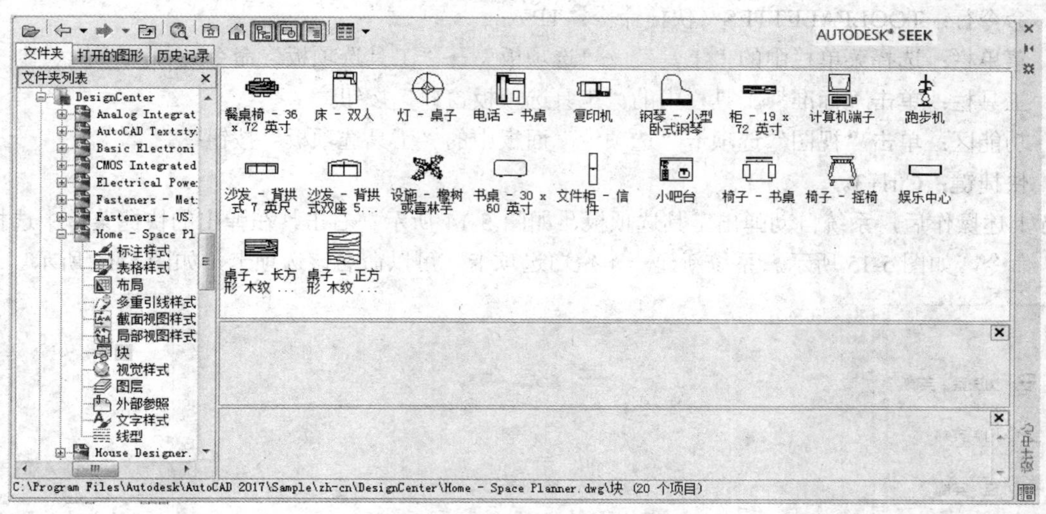

图 5-12 AutoCAD 2017 设计中心的资源管理器和内容显示区

2. 利用设计中心插入图形

设计中心一个最大的优点是可以将系统文件夹中的 DWG 图形当成图块插入当前图形中去。

（1）从查找结果列表框选择要插入的对象，双击对象。

（2）弹出“插入”对话框，如图 5-13 所示。

（3）在对话框中设置插入点、比例和旋转角度等数值。

被选择的对象根据指定的参数插入图形中。

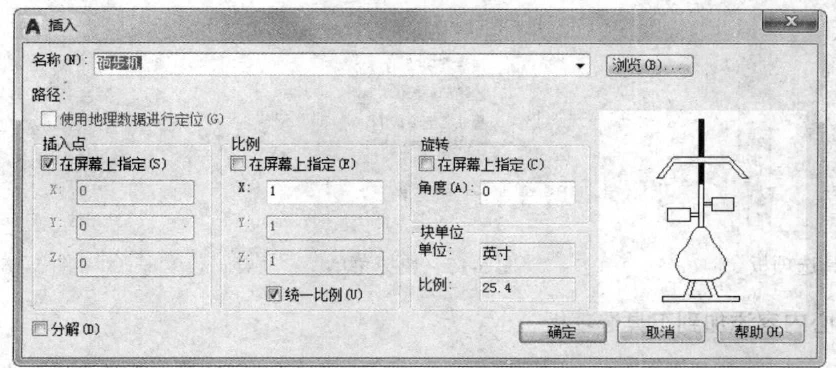

图 5-13 “插入”对话框

5.3.2 工具选项板

1. 打开工具选项板

【执行方式】

☑ 命令行：TOOLPALETTES（快捷命令：TP）。

☑ 菜单栏：选择菜单栏中的“工具”→“选项板”→“工具选项板”命令。

☑ 工具栏：单击“标准”工具栏中的“工具选项板窗口”按钮。

☑ 功能区：单击“视图”选项卡“选项板”面板中的“工具选项板”按钮。

☑ 快捷键：Ctrl+3。

执行上述操作后，系统自动弹出工具选项板，如图 5-14 所示。右击，在弹出的快捷菜单中选择“新建选项板”命令，如图 5-15 所示。系统新建一个空白选项卡，可以命名该选项卡，如图 5-16 所示。

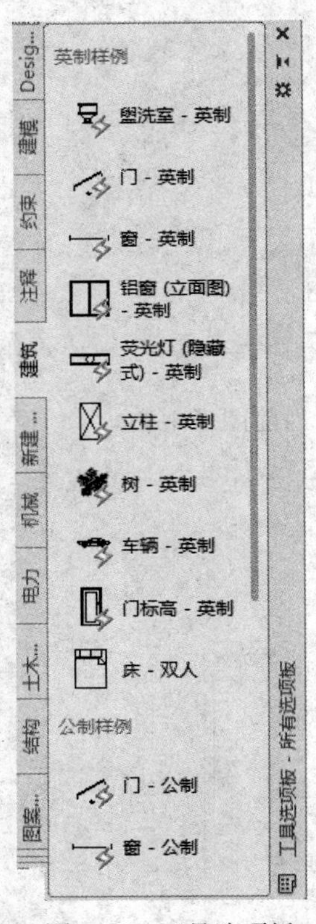

图 5-14 工具选项板

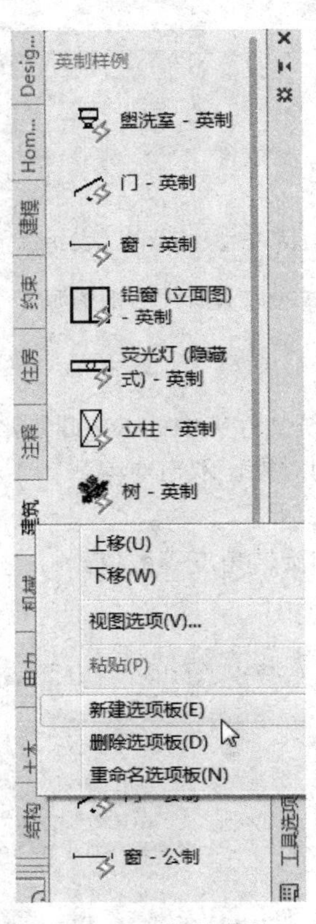

图 5-15 快捷菜单

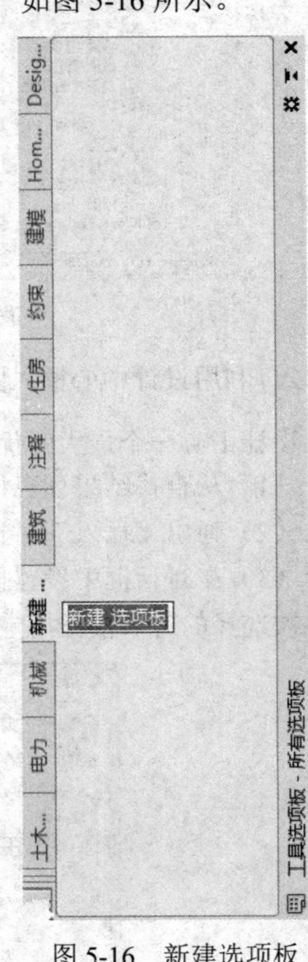

图 5-16 新建选项板

2. 将设计中心内容添加到工具选项板

在 DesignCenter 文件夹上右击，在弹出的快捷菜单中选择“创建块的工具选项板”命令，如图 5-17 所示。设计中心中存储的图元就出现在工具选项板中新建的 DesignCenter 选项卡上，如图 5-18 所示。这样就可以将设计中心与工具选项板结合起来，建立一个快捷方便的工具选项板。

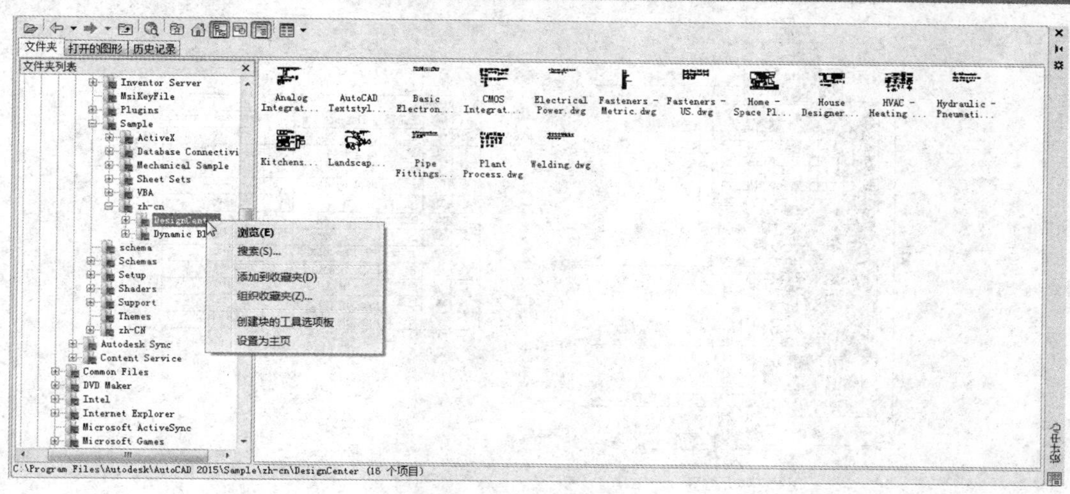

图 5-17　快捷菜单

3. 利用工具选项板绘图

只需要将工具选项板中的图形单元拖动到当前图形，该图形单元就以图块的形式插入当前图形中。如图 5-19 所示是将工具选项板中“建筑”选项卡中的“床-双人床”图形单元拖到当前图形。

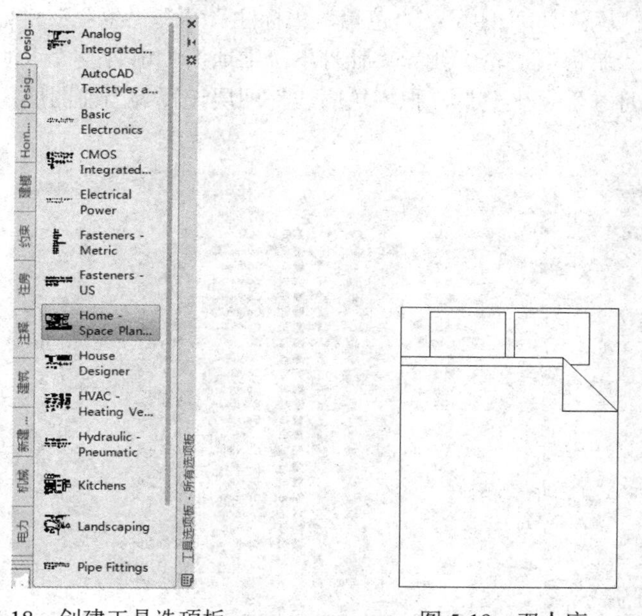

图 5-18　创建工具选项板　　　　图 5-19　双人床

5.4　综合实例——绘制屋顶花园

借助设计中心等工具，绘制屋顶花园，如图 5-20 所示。

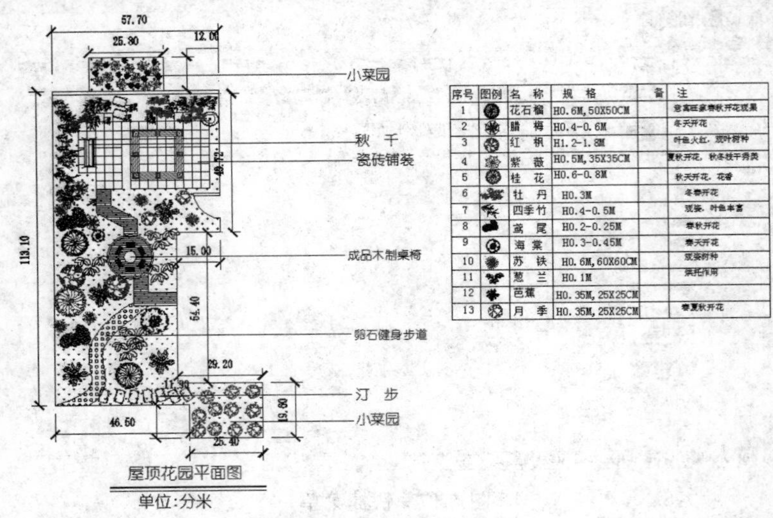

序号	图例	名 称	规 格	备 注
1		花石榴	H0.6M,50X50CM	意寓旺家春秋开花观果
2		腊 梅	H0.4-0.6M	冬天开花
3		红 枫	H1.2-1.8M	叶色火红，观叶树种
4		紫 薇	H0.5M,35X35CM	夏秋开花，秋冬枝干秀美
5		桂 花	H0.6-0.8M	秋天开花，花香
6		牡 丹	H0.3M	冬春开花
7		四季竹	H0.4-0.5M	观姿，叶色丰富
8		鸢 尾	H0.2-0.25M	春秋开花
9		海 棠	H0.3-0.45M	春天开花
10		苏 铁	H0.6M,60X60CM	观姿树种
11		葱 兰	H0.1M	烘托作用
12		芭蕉	H0.35M,25X25CM	
13		月 季	H0.35M,25X25CM	春夏秋开花

图 5-20 屋顶花园平面图

5.4.1 绘图设置

（1）设置图层。设置以下 21 个图层：“芭蕉”“标注尺寸”“葱兰”“地被”“桂花、紫薇”“海棠”“红枫”“花石榴”“腊梅”“轮廓线”“牡丹”“铺地”“山竹”“水池”“苏铁”“图框”“文字”“鸢尾”“园路”“月季”“坐凳”，把“轮廓线”图层设置为当前图层，设置好的各图层的属性如图 5-21 所示。

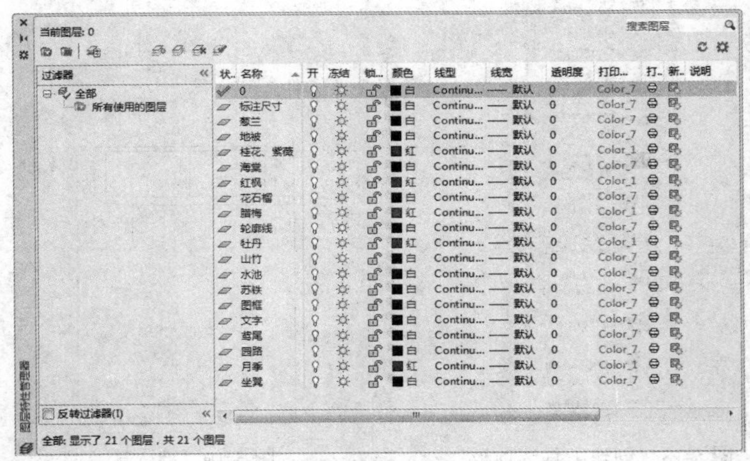

图 5-21 屋顶花园平面图图层设置

（2）标注样式设置。根据绘图比例设置标注样式，对标注样式线、符号和箭头、文字、主单位进行设置，具体如下。

① 线：超出尺寸线为 2.5，起点偏移量为 3。

② 符号和箭头：第一个为建筑标记，箭头大小为 2，圆心标记为 1.5。

③ 文字：文字高度为 3，文字位置为垂直上，从尺寸线偏移为 3，文字对齐为 ISO 标准。

④ 主单位：精度为 0.00，比例因子为 1。

（3）文字样式的设置。单击“默认”选项卡“注释”面板中的“文字样式”按钮，进入“文字样式”对话框，选择仿宋字体，“宽度因子”设置为 0.8。

5.4.2　绘制屋顶轮廓线

（1）在状态栏中单击“正交模式”按钮，打开正交模式；在状态栏中单击“对象捕捉”按钮，打开对象捕捉模式。

（2）单击“默认”选项卡“绘图”面板中的“直线”按钮，绘制屋顶轮廓线。

（3）单击“默认”选项卡“修改”面板中的“复制”按钮，复制上面绘制好的水平直线，向下复制的距离为 1.28。

（4）把“标注尺寸”图层设置为当前图层，单击“默认”选项卡“注释”面板中的“线性”按钮，标注外形尺寸。完成的图形和绘制尺寸如图 5-22 所示。

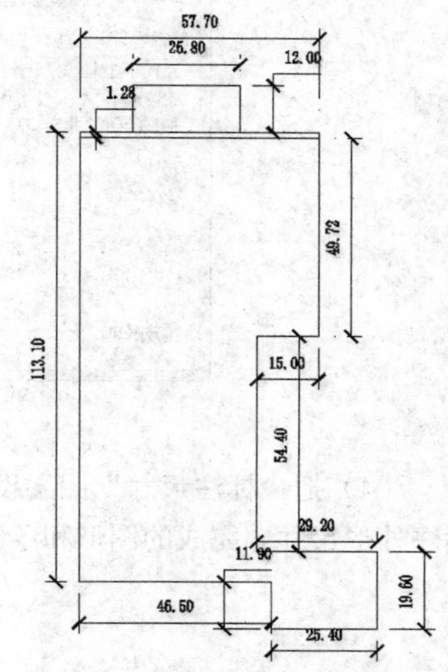

图 5-22　屋顶花园平面图外部轮廓绘制

5.4.3　绘制门和水池

（1）单击“默认”选项卡“绘图”面板中的“矩形”按钮，绘制 9×0.6 的矩形。单击“默认”选项卡“绘图”面板中的“圆弧”按钮，绘制门，门的半径为 9。

（2）单击“默认”选项卡“修改”面板中的“复制”按钮，复制上面绘制好的水平直线，向下复制的距离为 9。

（3）从设计中心插入水池平面图例。

单击“视图”选项卡“选项板”面板中的“设计中心”按钮，进入“设计中心”对话框，单击“文件夹”按钮，在文件夹列表中单击 House Designer.dwg 下的块，选择洗脸池作为水池的图例。右击洗脸池图例后，在弹出的快捷菜单中选择“插入块”命令，如图 5-23 所示，在弹出的“插入”对话框中设置参数，如图 5-24 所示，单击“确定”按钮进行插入，指定 XYZ 轴比例因子为 0.01。

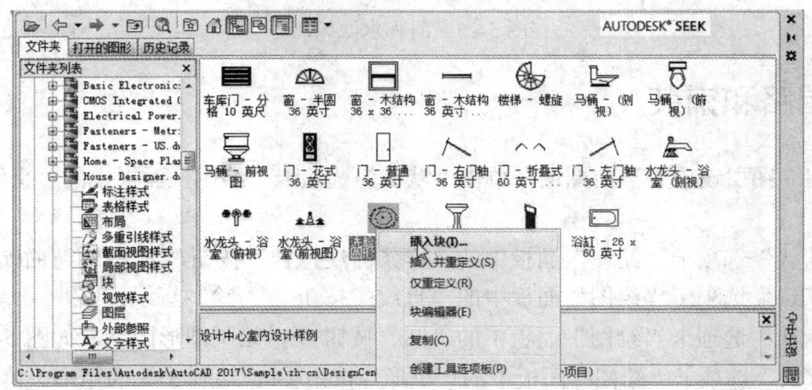

图 5-23　块的插入操作

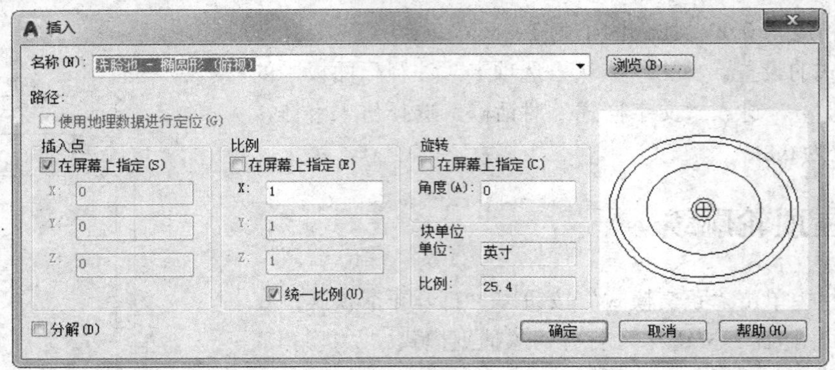

图 5-24　“插入”对话框

（4）把“标注尺寸”图层设置为当前图层，单击“默认”选项卡“注释”面板中的“线性”按钮，标注外形尺寸。完成的图形和绘制尺寸如图 5-25 所示。

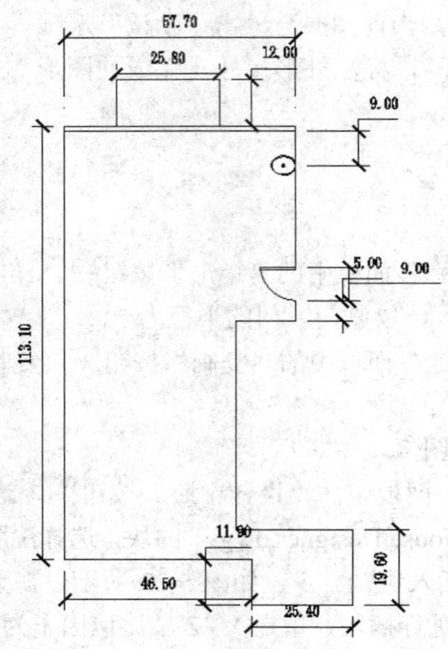

图 5-25　门和水池绘制

5.4.4　绘制园路和铺装

（1）把“园路”图层设置为当前图层，单击“默认”选项卡“绘图”面板中的“直线”按钮，绘制定位轴线。

（2）单击“默认”选项卡“绘图”面板中的“样条曲线拟合”按钮，绘制弯曲园路。

（3）单击“默认”选项卡“绘图”面板中的“直线”按钮，绘制直线园路。

（4）单击“默认”选项卡“绘图”面板中的“圆”按钮，绘制圆形园路，如图 5-26 所示。

（5）单击“默认”选项卡“绘图”面板中的“矩形”按钮，绘制 3×3 的矩形。单击“默认”选项卡“修改”面板中的“矩形阵列”按钮，复制矩形。阵列的设置如图 5-27 所示。

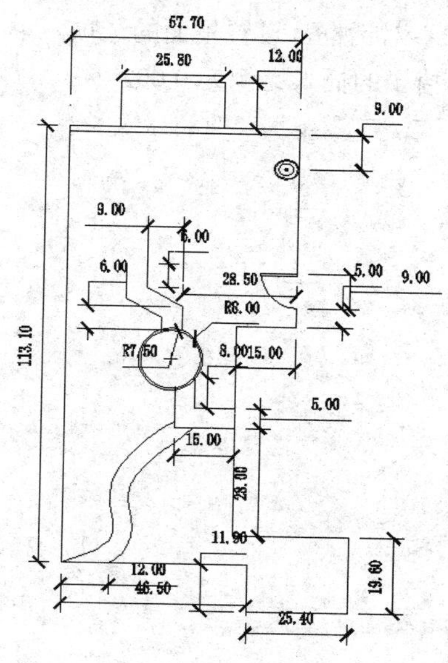

图 5-26　园路的绘制

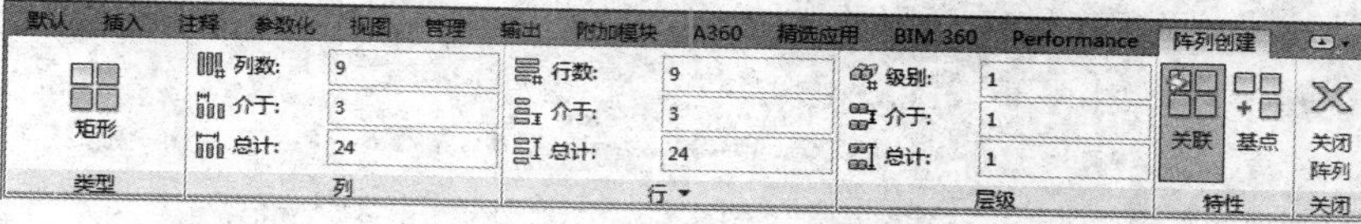

图 5-27　铺装阵列设置

（6）单击“默认”选项卡“修改”面板中的“删除”按钮，删除多余的标注尺寸，完成的图形如图 5-28 所示。

（7）单击“默认”选项卡“修改”面板中的“复制”按钮，复制绘制好的矩形，完成其他区域铺装的绘制，完成的图形如图 5-29 所示。

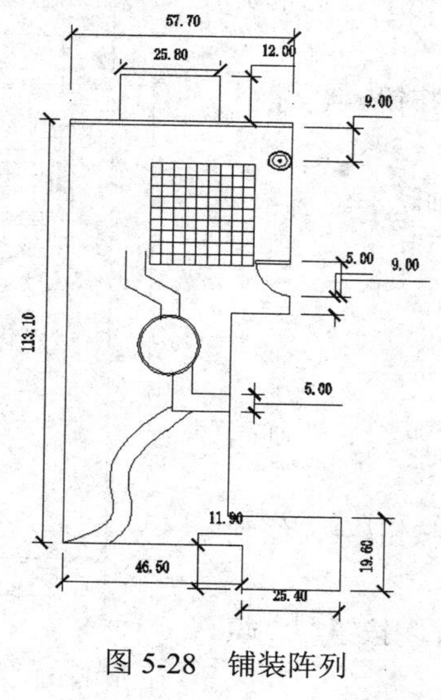

图 5-28　铺装阵列

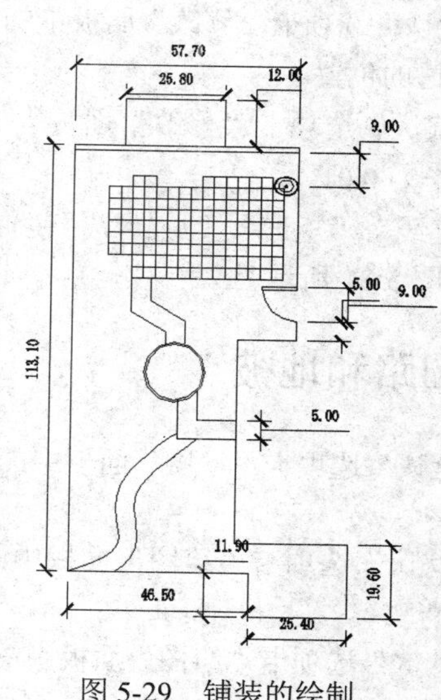

图 5-29　铺装的绘制

5.4.5　绘制园林小品

（1）单击“视图”选项卡“选项板”面板中的“设计中心”按钮，进入“设计中心”对话框，单击“文件夹”按钮，在文件夹列表中单击 Home-Space Planner.dwg 下的块，选择桌子-长方形的图例。右击桌子-长方形图例后，在弹出的快捷菜单中选择“插入块”命令，进入“插入”对话框，设置里面的选项，单击“确定”按钮进行插入。从设计中心插入，图例的位置如图 5-30 所示，椅子的插入比例为 0.002。

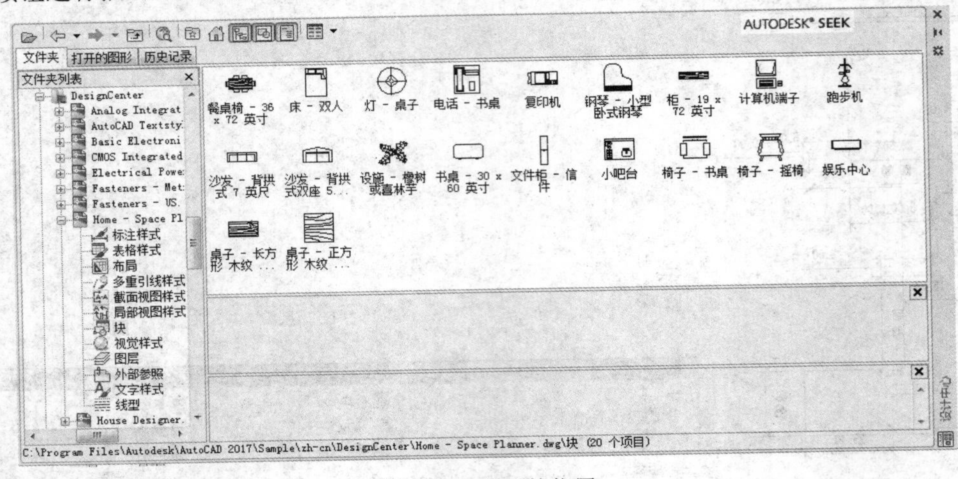

图 5-30　椅子的位置

（2）单击“默认”选项卡“修改”面板中的“矩形阵列”按钮，复制椅子，设置“中心点”为“圆心”，“项目数”为 6，“填充角度”为 360°。

（3）木质环形坐凳的详细绘制同后面“弧形整体式桌椅坐凳平面图”的绘制方法，按 Ctrl+C 快捷键复制，然后按 Ctrl+V 快捷键粘贴到“屋顶花园.dwg”中。

（4）单击“默认”选项卡“修改”面板中的“移动”按钮，把木质环形坐凳移动到合适的位置。

（5）单击“默认”选项卡“修改”面板中的“缩放”按钮，缩小 100 倍，即比例因子为 0.01。

（6）使用“直线”“矩形”“旋转”“镜像”命令绘制秋千。

完成的图形如图 5-31 所示。

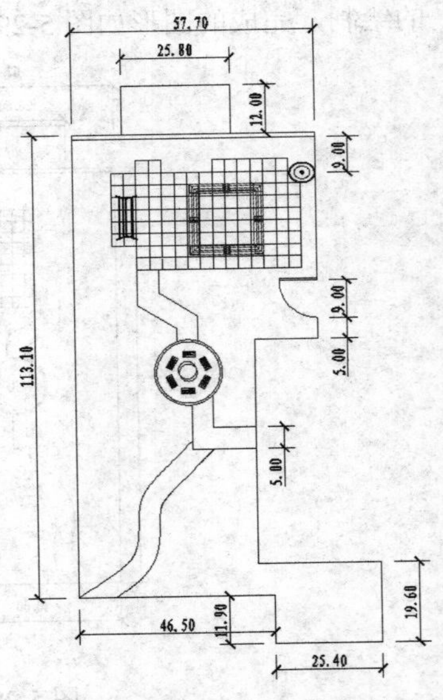

图 5-31　园林小品的绘制

5.4.6　填充园路和地被

（1）单击“默认”选项卡“绘图”面板中的“直线”按钮，绘制园路分隔区域。

（2）单击“默认”选项卡“绘图”面板中的“矩形”按钮，绘制园路分隔区域。

（3）单击“默认”选项卡“绘图”面板中的“图案填充”按钮，填充园路和地被。分次选择如下：

① 图案 HEX 图例，填充比例和角度分别为 0.1 和 0（参考“源文件\填充图案”）。

② 图案 DOLMIT 图例，填充比例和角度分别为 0.1 和 0，孤岛显示样式为外部。

③ 图案 GRASS 图例，填充比例和角度分别为 0.1 和 0。

（4）图 5-32（b）是在图 5-32（a）的基础上，单击“默认”选项卡“修改”面板中的“删除”按钮，删除多余分隔区域。单击“默认”选项卡“修改”面板中的“修剪”按钮，框选删除园林小品重叠的实体。

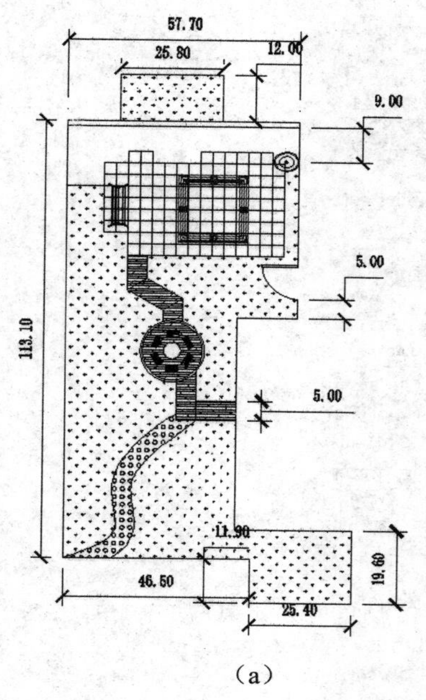

（a）

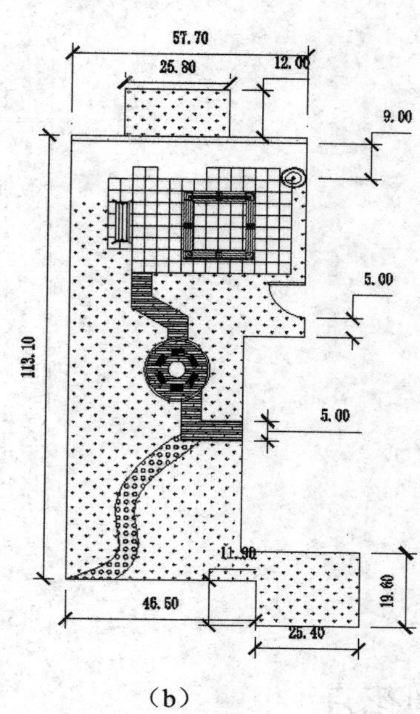

（b）

图 5-32　填充完的图形

（5）单击“默认”选项卡“绘图”面板中的“矩形”按钮，绘制 5×4 的矩形，完成的图形如图 5-33（a）所示。

（6）单击“默认”选项卡“绘图”面板中的“直线”按钮，绘制石板路石，石板路石的图形没有固定的尺寸形状，外形只要相似就可以。完成的图形如图 5-33（b）所示。

（7）单击“默认”选项卡“绘图”面板中的“图案填充”按钮，填充路石，选择 GRASS 图例进行填充。填充比例设置为 0.05。

（8）单击“默认”选项卡“修改”面板中的“删除”按钮，删除矩形，完成的图形如图 5-33（c）所示。

（9）单击“默认”选项卡“修改”面板中的“旋转”按钮，旋转刚刚绘制好的图形，旋转角度为-15°。

（10）单击“默认”选项卡“块”面板中的“创建块”按钮，进入“块定义”对话框，创建为块并输入块的名称。绘制流程如图 5-33（d）所示。

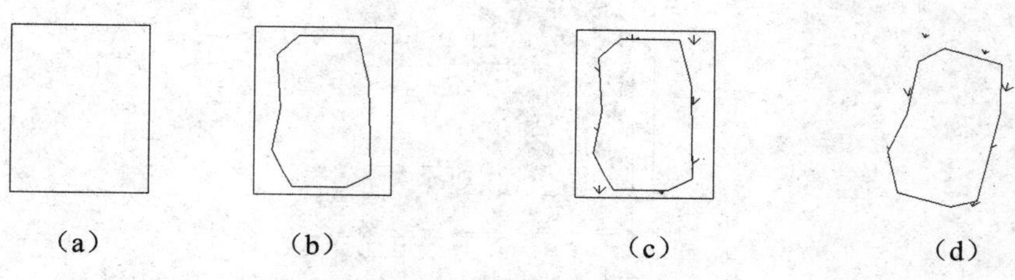

（a）　　（b）　　（c）　　（d）

图 5-33　石板路石绘制流程

（11）单击“默认”选项卡“修改”面板中的“复制”按钮，复制石板路石。

（12）单击“默认”选项卡“修改”面板中的“镜像”按钮，镜像石板路石。完成的图形如图 5-34 所示。

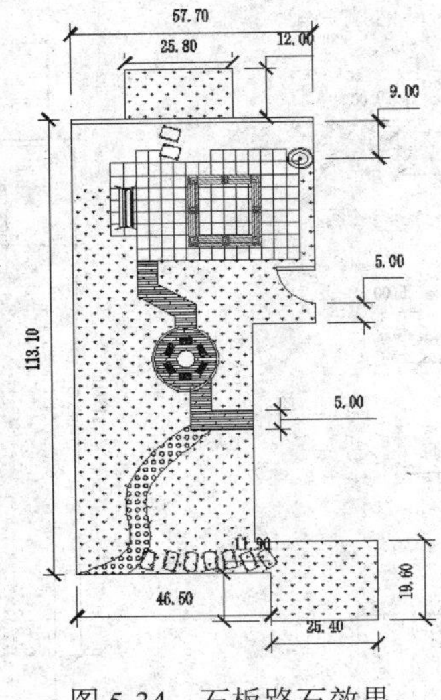

图 5-34　石板路石效果

5.4.7　复制花卉

（1）按 Ctrl+C 和 Ctrl+V 快捷键，从“源文件\风景区规划图例.dwg”图形中复制图例。

（2）单击“默认”选项卡“修改”面板中的“缩放”按钮，把图例缩小 200 倍，即输入的比例因子为 0.005。

（3）单击“默认”选项卡“修改”面板中的“复制”按钮，复制图例到指定的位置，完成的图形如图 5-35 所示。

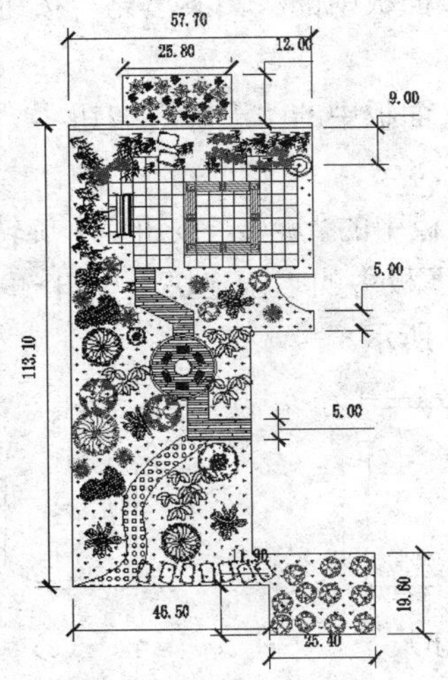

图 5-35　花卉的复制

5.4.8　绘制花卉表

（1）单击“默认”选项卡“绘图”面板中的“直线”按钮，绘制一条 110 的水平直线。

（2）单击“默认”选项卡“修改”面板中的“矩形阵列”按钮，复制水平直线，设置“行数”为 15，“行数介于”为 6，“列数”为 1，然后选择“关闭阵列”选项卡，完成的图形如图 5-36（a）所示。

（3）单击“默认”选项卡“绘图”面板中的“直线”按钮，连接水平直线最外端端点。

（4）单击“默认”选项卡“修改”面板中的“复制”按钮，复制垂直直线。

（5）把“标注尺寸”图层设置为当前图层，单击“注释”选项卡“标注”面板中的“线性”按钮，标注外形尺寸。

（6）单击“注释”选项卡“标注”面板中的“连续”按钮，进行连续标注。复制尺寸如图 5-36（b）所示。

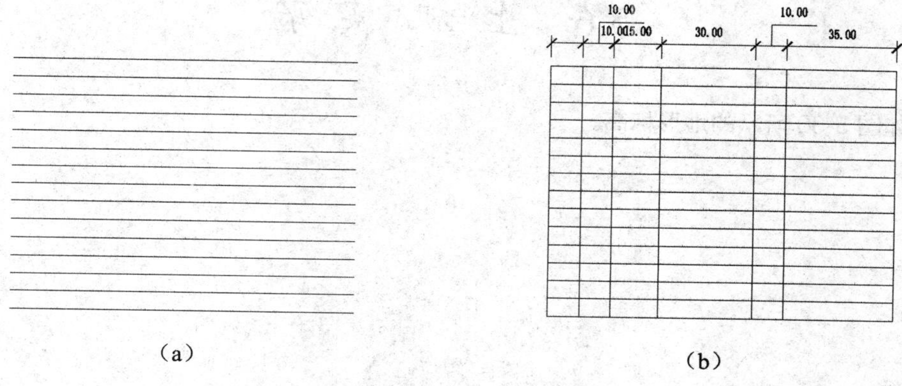

图 5-36　花卉表格绘制流程

（7）单击“默认”选项卡“修改”面板中的“删除”按钮，删除标注尺寸线以及多余的直线。

（8）单击“默认”选项卡“注释”面板中的“多行文字”按钮**A**，标注文字。

（9）单击“默认”选项卡“修改”面板中的“复制”按钮，复制图例到指定的位置，完成的图形如图 5-37 所示。

序号	图例	名 称	规 格	备 注
1		花石榴	H0.6M, 50X50CM	意寓旺家春秋开花观果
2		腊 梅	H0.4-0.6M	冬天开花
3		红 枫	H1.2-1.8M	叶色火红，观叶树种
4		紫 薇	H0.5M, 35X35CM	夏秋开花，秋冬枝干秀美
5		桂 花	H0.6-0.8M	秋天开花，花香
6		牡 丹	H0.3M	冬春开花
7		四季竹	H0.4-0.5M	观姿，叶色丰富
8		鸢 尾	H0.2-0.25M	春秋开花
9		海 棠	H0.3-0.45M	春天开花
10		苏 铁	H0.6M, 60X60CM	观姿树种
11		葱 兰	H0.1M	烘托作用
12		芭蕉	H0.35M, 25X25CM	
13		月 季	H0.35M, 25X25CM	春夏秋开花

图 5-37　花卉表格文字标注

（10）单击“默认”选项卡“注释”面板中的“多行文字”按钮A，标注屋顶花园平面图文字和图名。完成的图形如图 5-20 所示。

5.5 名师点拨——设计中心的操作技巧

通过设计中心，用户可以组织对图形、块、图案填充和其他图形内容的访问。可以将源图形中的任何内容拖动到当前图形中。可以将图形、块和填充拖动到工具选项板上。源图形可以位于用户的计算机上、网络位置或网站上。另外，如果打开了多个图形，则可以通过设计中心在图形之间复制和粘贴其他内容（如图层定义、布局和文字样式）来简化绘图过程。AutoCAD 制图人员一定要利用好设计中心的优势。

5.6 上 机 实 验

【练习 1】给如图 5-38 所示的地形标高。

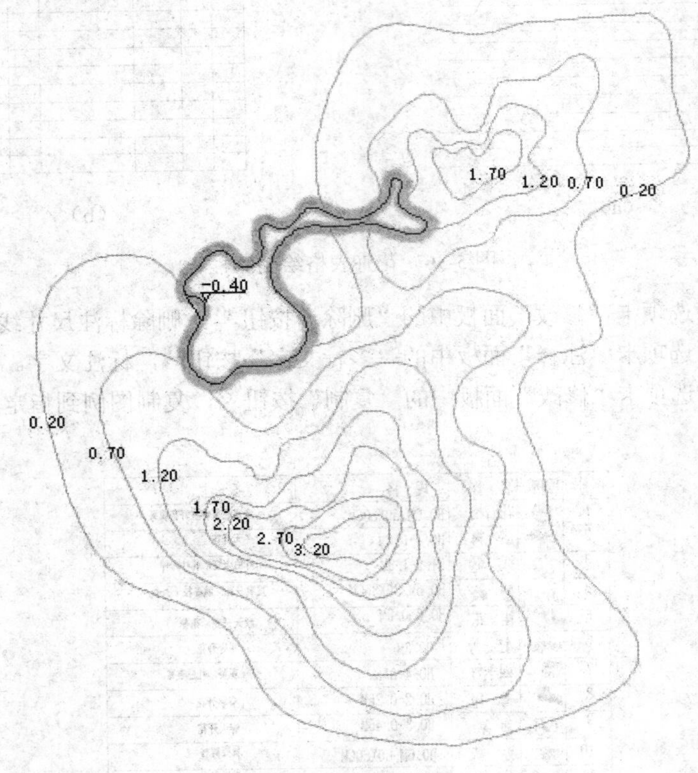

图 5-38　地形图

1. 目的要求

利用“样条曲线”“直线”等绘图命令绘制地形图，再利用图块及其属性创建标高符号图块。

2．操作提示

（1）利用“样条曲线”命令绘制地形图。
（2）利用“直线”命令绘制标高符号。
（3）将绘制的标高符号属性定义成图块。
（4）保存图块。
（5）在地形图形中插入标高图块，每次插入时输入不同的标高值作为属性值。

【练习 2】利用设计中心创建一个常用建筑图块工具选项板，并利用该选项板绘制如图 5-39 所示的公园茶室。

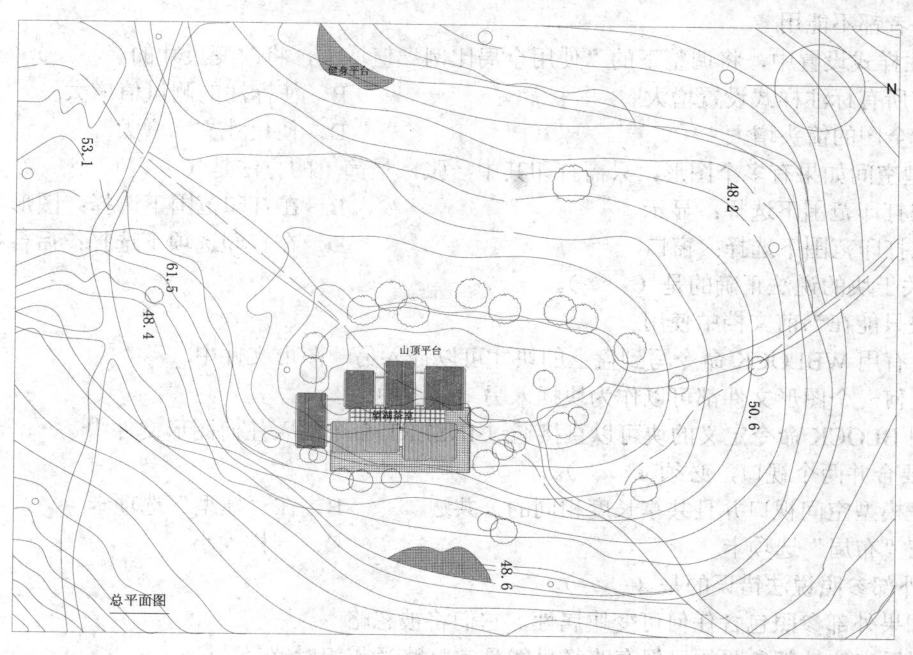

图 5-39　公园茶室

1．目的要求

设计中心与工具选项板的优点是能够建立一个完整的图形库，并且能够快速简洁地绘制图形。通过本例平面图形的绘制，读者能掌握利用设计中心创建工具选项板的方法。

2．操作提示

（1）打开设计中心与工具选项板。
（2）创建一个新的工具选项板选项卡。
（3）在设计中心查找已经绘制好的常用建筑图形。
（4）将查找到的常用建筑图拖入新创建的工具选项板选项卡中。
（5）打开一个新图形文件。
（6）将需要的图形文件模块从工具选项板上拖入当前图形中，并进行适当的缩放、移动、旋转等操作，最终完成如图 5-39 所示的图形。

5.7 模拟考试

1．用 BLOCK 命令定义的内部图块，其说法正确的是（　　）。
A．只能在定义它的图形文件内自由调用
B．只能在另一个图形文件内自由调用
C．既能在定义它的图形文件内自由调用，又能在另一个图形文件内自由调用
D．两者都不能用

2．在标注样式设置中，将调整下的“使用全局比例”值增大，将改变尺寸的（　　）内容。
A．使所有标注样式设置增大　　B．使标注的测量值增大
C．使全图的箭头增大　　D．使尺寸文字增大

3．在模型空间如果有多个图形，只需打印其中一张，最简单的方法是（　　）。
A．在打印范围下选择：显示　　B．在打印范围下选择：图形界线
C．在打印范围下选择：窗口　　D．在打印选项下选择：后台打印

4．下列关于块的说法正确的是（　　）。
A．块只能在当前文档中使用
B．只有用 WBLOCK 命令写到盘上的块才可以插入另一图形文件中
C．任何一个图形文件都可以作为块插入另一幅图中
D．用 BLOCK 命令定义的块可以直接通过 INSERT 命令插入任何图形文件中

5．如果要合并两个视口，必须（　　）。
A．是模型空间视口并且共享长度相同的公共边　　B．在“模型”选项卡
C．在“布局”选项卡　　D．一样大小

6．关于外部参照说法错误的是（　　）。
A．如果外部参照包含任何可变块属性，它们将被忽略
B．用于定位外部参照的已保存路径只能是完整路径或相对路径
C．可以使用设计中心将外部参照附着到图形
D．可以通过从设计中心拖动外部参照

▶▶第2篇

市政园林施工篇

本篇主要目的在于通过学习使读者掌握园林水景、园林绿化、园林建筑、园林小品的基础知识，使读者对园林施工图的表达方式、绘图步骤有所了解，能识别AutoCAD园林施工图。重点对园林施工图中园林围墙、园林建筑、园林山石、园林水体、园路、园路铺装、植物等典型构成元素进行AutoCAD绘图讲解，使读者能把握使用AutoCAD进行园林设计制图的一般方法，具有园林常见图例、典型元素绘制和设计技能。为今后从事有关园林工程设计、施工和运行管理工作打下坚实的基础。

园林设计基本概念

园林是指在一定地域内，运用工程技术和艺术手段，通过因地制宜地改造地形、整治水系、栽种植物、营造建筑和布置园路等方法，创作而成的优美的游憩境域。本章主要介绍园林设计的基本概念。

6.1 概　　述

【预习重点】

- ☑ 了解园林设计概念。
- ☑ 当前我国园林设计状况。
- ☑ 我国园林的发展方向。

6.1.1 园林设计的意义

园林设计的意义是为了给人类提供美好的生活环境。从中国汉书《淮南子》《山海经》记载的“悬圃”“归墟”到西方《圣经》中的伊甸园，从建章太液池到拙政园、颐和园再到近日的各种城市公园和绿地，人类历史实现了从理想自然到现实自然的转化。有人说园林工作者从事的是上帝的工作，按照中国的说法，可以说园林工作者从事的是老祖宗盘古的工作，要“开天辟地”，为大家提供美好的生活环境。

6.1.2 当前我国园林设计状况

近年来，随着人们生活水平的不断提高，园林行业受到了更多的关注，园林行业的发展也更为迅速，在科技队伍建设、设计水平、行业发展等各方面都取得了巨大的成就。

在科研进展上，建设部早在 20 世纪 80 年代初就制定了“园林绿化”科研课题，进行系统研究，并逐步落实；风景名胜和大地景观的科研项目也有所进展。另外，经过多年不懈的努力，园林行业的发展也取得了很大的成绩，建设部在 1992 年颁布的《城市园林绿化产业政策实施办法》中，明确了风景园林在社会经济建设中的作用，是国家重点扶持的产业。园林科技队伍建设步伐加快，在各省市都有相关的科研单位和大专院校。

但是，在园林设计中也存在一些不足，如盲目模仿现象，一味追求经济效益和迎合领导的意图，还有一些不负责任的现象。

面对我国园林行业存在的一些现象，应该有一些具体的措施：尽快制定符合我国园林行业发展形势的法律、法规及各种规章制度；积极拓宽我国园林行业的研究范围，开发出高质量系列产品，用于园林建设；积极贯彻“以人为本”的思想，尽早实行公众参与式的设计，设计出符合人们要求的园林作品；最后，在园林作品设计上，严格制止盲目模仿、抄袭的现象，使园林作品符合自身特点，突出自身特色。

6.1.3 我国园林发展方向

1. 生态园林的建设

随着环境的恶化和人们对环境保护意识的提高，以生态学原理与实践为依据建设生态园林将是园林行业发展的趋势，其理念是“创造多样性的自然生态环境，追求人与自然共生的乐趣，提高人们的自然志向，使人们在观察自然、学习自然的过程中，认识到对生态环境保护的重要性”。

2．园林城市的建设

现在城市园林化已逐步提高到人类生存的角度，园林城市的建设已成为我国城市发展的阶段性目标。

6.2 园 林 布 局

园林的布局，就是在选定园址的基础上，根据园林的性质、规模、地形条件等因素进行全园的总布局，通常称之为总体设计。总体设计是一个园林艺术的构思过程，也是园林的内容与形式统一的创作过程。

【预习重点】

掌握园林布局。

6.2.1 立意

立意是指园林设计的总意图，即设计思想。要做到“神仪在心，意在笔先”“情因景生，景为情造”。在园林创作过程中，选择园址，或依据现状确定园林主题思想，创造园景这几个方面是不可分割的有机整体。而造园的立意是要通过精心布局得以最终实现通过具体的园林艺术创造出一定的园林形式。

6.2.2 布局

园林布局是指在园林选址、构思的基础上，设计者在孕育园林作品过程中所进行的思维活动。主要包括选取、提炼题材；酝酿、确定主景、配景；功能分区；景点、游赏线分布；探索采用的园林形式。

园林的形式需要根据园林的性质、当地的文化传统、意识形态等来决定。构成园林的五大要素分别为地形、植物、建筑、广场与道路以及园林小品。这在以后的相关章节会详细讲述。园林的布置形式可以分为 3 类：规则式园林、自然式园林和混合式园林。

1．规则式园林

规则式园林又称整形式、建筑式、图案式或几何式园林。西方园林，在 18 世纪英国风景式园林产生以前，基本上以规则式园林为主，其中以文艺复兴时期意大利台地建筑式园林和 17 世纪法国勒诺特平面图案式园林为代表。这一类园林，以建筑和建筑式空间布局作为园林风景表现的主要题材。规则式园林的特点如下。

（1）中轴线：全园在平面规划上有明显的中轴线，基本上依中轴线进行对称式布置，园地的划分大都成为几何形体。

（2）地形：在平原地区，由不同标高的水平面及缓倾斜的平面组成；在山地及丘陵地，由阶梯式的大小不同的水平台地、倾斜平面及石级组成。

（3）水体设计：外形轮廓均为几何形；多采用整齐式驳岸，园林水景的类型以及整形水池、壁泉、整形瀑布及运河等为主，其中常以喷泉作为水景的主题。

（4）建筑布局：园林不仅个体建筑采用中轴对称均衡的设计，以至建筑群和大规模建筑组群的布局，也采取中轴对称均衡的手法，以主要建筑群和次要建筑群形式的主轴和副轴控制全园。

（5）道路广场：园林中的空旷地和广场外形轮廓均为几何形。封闭性的草坪、广场空间，以对称建筑群或规则式林带、树墙包围。道路均为直线、折线或几何曲线组成，构成方格形或环状放射形，中轴对称或不对称的几何布局。

（6）种植设计：园内花卉布置用以图案为主题的模纹花坛和花境为主，有时布置成大规模的花坛群，树木配置以行列式和对称式为主，并运用大量的绿篱、绿墙以区划和组织空间。树木整形修剪以模拟建筑体形和动物形态为主，如绿柱、绿塔、绿门、绿亭和用常绿树修剪而成的鸟兽等。

（7）园林小品：常采用盆树、盆花、瓶饰、雕像为主要景物。雕像的基座为规则式，雕像位置多配置于轴线的起点、终点或交点上。

2. 自然式园林

自然式园林又称为风景式、不规则式、山水派园林等。我国园林，从周秦时代开始，无论大型的帝皇苑囿和小型的私家园林，多以自然式山水园林为主，古典园林中以北京颐和园、三海园林、承德避暑山庄、苏州拙政园、留园为代表。我国自然式山水园林风格，从唐代开始影响日本的园林，从 18 世纪后半期传入英国，从而引起了欧洲园林对古典形式主义的革新运动。自然式园林的特点如下。

（1）地形：平原地带，地形由自然起伏的和缓地形与人工堆置的若干自然起伏的土丘相结合，其断面为和缓的曲线。在山地和丘陵地，则利用自然地形地貌，除建筑和广场基地以外不作人工阶梯形的地形改造工作，原有破碎割切的地形地貌也加以人工整理，使其自然。

（2）水体：其轮廓为自然的曲线，岸为各种自然曲线的倾斜坡度，如有驳岸也是自然山石驳岸，园林水景的类型以溪涧、河流、自然式瀑布、池沼、湖泊等为主。常以瀑布为水景主题。

（3）建筑：园林内个体建筑为对称或不对称均衡的布局，其建筑群和大规模建筑组群多采取不对称均衡的布局。全园不以轴线控制，而以主要导游线构成的连续构图控制全园。

（4）道路广场：园林中的空旷地和广场的轮廓为自然形的封闭性的空旷草地和广场，由不对称的建筑群、土山、自然式的树丛和林带包围。道路平面和剖面由自然起伏曲折的平面线和竖曲线组成。

（5）种植设计：园林内种植不成行列式，以反映自然界植物群落自然之美，花卉布置以花丛、花群为主，不用模纹花坛。树木配植以孤立树、树丛、树林为主，不用规则修剪的绿篱，以自然的树丛、树群、树带来区划和组织园林空间。树木整形不作建筑鸟兽等体形模拟，而以模拟自然界苍老的大树为主。

（6）园林其他景物：除建筑、自然山水、植物群落为主景以外，其余尚采用山石、假石、桩景、盆景、雕刻为主要景物，其中雕像的基座为自然式，雕像位置多配置于透视线集中的焦点。

自然式园林在中国的历史悠长，绝大多数古典园林都是自然式园林。游人如置身于大自然之中，足不出户而游遍名山名水。

3. 混合式园林

所谓混合式园林，主要是指规则式、自然式交错组合，全园没有或形不成控制全园的轴线，只有局部景区、建筑以中轴对称布局，或全园没有明显的自然山水骨架，形不成自然格局。

在园林规则中，原有地形平坦的可规划成规则式；原有地形起伏不平，丘陵、水面多的可规划成自然式。大面积园林以自然式为宜，小面积以规则式较经济。四周环境为规则式，则宜规划成规则式；四周环境为自然式，则宜规划成自然式。

相应地，园林的设计方法也有 3 种：轴线法、山水法和综合法。

6.2.3 园林布局基本原则

1. 构园有法，法无定式

园林设计所牵涉的范围广泛、内容丰富，所以在设计时要根据园林内容和园林的特点，采用一定的表现形式。形式和内容确定后还要根据园址的原状，通过设计手段创造出具有个性的园林。

（1）主景与配景。

各种艺术创作中，首先确定主题、副题，重点、一般，主角、配角，主景、配景等关系。所以，园林布局，首先在确定布局思路的前提下，考虑主要的艺术形象，也就是考虑园林主景。主要景物能通过次要景物的配景、陪衬、烘托得到加强。

为了表现主题，在园林和建筑艺术中突出主景通常采用下列手法。

① 中轴对称：在布局中，确定某方向一轴线，轴线上方通常安排主要景物，在主景前方两侧常常配置一对或若干对次要景物，以陪衬主景，如天安门广场、凡尔赛宫、广州起义烈士陵园等。

② 主景升高：主景升高犹如“鹤立鸡群”，这是普通、常用的艺术手段。主景升高往往与中轴对称方法同步使用，如美国华盛顿纪念性园林及北京人民英雄纪念碑等。

③ 环拱水平视觉四合空间的交汇点：园林中，环拱四合空间主要出现在宽阔的水平面景观或四周由群山环抑盆地类型园林空间，如杭州西湖中的三潭印月等。自然式园林中四周由土山和树林环抱的林中草地也是环拱的四合空间。四周配杆林带，在视觉交汇点上布置主景，即可起到主景突出的作用。

④ 构图重心位能：三角形、圆形图案等重心为几何构图中心，往往是处理主景突出的最佳位置，起到最好的位能效应。自然山水园的视觉重心忌居正中。

⑤ 渐变法：渐变法即园林景物面局，采用渐变的方法，从低到高，逐步升级，由次要景物到主景，级级引入，通过园林景观的序列布置，引人入胜，引出主景。

（2）对比与调和。

对比与调和是布局中运用统一与变化的基本规律，呈现出的是物象的具体表现。采用骤变的景象，以产生唤起兴致的效果。调和的手法，主要通过布局形式、造园材料等方面的统一、协调来表现。

园林设计中，对比手法主要应用于空间对比、疏密对比、虚实对比、藏露对比、高低对比、曲直对比等。主景与配景本身就是“主次对比”的一种对比表现形式。

（3）节奏与韵律。

在园林布局中，常使同样的景物重复出现，这样同样的景物重复出现和布局，就是节奏与韵律在园林中的应用。韵律可分为连续韵律、渐变韵律、交错韵律、起伏韵律等处理方法。

（4）均衡与稳定。

在园林布局中，均衡分为静态均衡、拟对称的均衡（依靠动势求得均衡）。对称的均衡为静态均衡，一般在主轴两边景物以相等的距离、体量、形态组成均衡即和气态均衡。拟对称均衡，是主轴不在中线上，主轴两边的景物在形体、大小上不同，与主轴的距离也不相等，但两景物又处于动态的均衡之中。

（5）尺度与比例。

任何物体，不论任何形状，必有 3 个方向，即长、宽、高的度量。比例就是研究三者之间的关系。任何园林景观都要研究双重的两个关系，一是景物本身的三维空间；二是整体与局部。园林中的尺度，指园林空间中各个组成部分与具有一定自然尺度的物体的比较。功能、审美和环境特点决定园林设计的尺度。尺度可分为可变尺度和不可变尺度两种。不可变尺度是按一般人体的常规尺寸确定的尺度。可变尺度有建筑形体、雕像的大小、桥景的幅度等，都要依具体情况而定。园林中常应用的是夸张尺度，夸张尺度往往是将景物放大或缩小，以达到造园造景效果的需要。

以上五点便是构园有法的“法”，但是法无定式，我们要因地制宜地创造出个性化的园林。

2．功能明确，组景有方

园林布局是园林综合艺术的最终体现，所以园林必须要有合理的功能分区。以颐和园为例，有宫廷区、生活区、苑林区 3 个分区，苑林区又可分为前湖区、后湖区。现代园林的功能分区更为明确，如花港观鱼公园共有 6 个景区。

在合理的功能分区基础上，组织游赏路线，创造构图空间，安排景区、景点，创造意境、情景，是园林布局的核心内容。游赏路线就是园路，园路的作用之一便是组织交通、引导游览路线。

3．因地制宜，景以境出

因地制宜的原则是造园最重要的原则之一，应在园址现状基础上进行布景设点，最大限度地发挥现有地形地貌的特点，以达到虽由人作、宛自天开的境界。要注意根据不同的基地条件进行布局安排，高方欲就亭台，低凹可开池沼，稍高的地形堆土使其成假山，而在低洼地上再挖深使其变成池湖。颐和园即在原来的“翁山”“翁山泊”上建成，圆明园则在“丹棱洪”上设计建造，避暑山庄则是在原来的山水基础上建造出来的风景式自然山水园。

4．掇山理水，理及精微

人们常用“挖湖堆山”来概括中国园林创作的特征。

理水，首先要沟通水系，即“疏水之去由，察源之来历”，忌水出无源或死水一潭。

掇山，挖湖后的土方即可用来堆山。在堆山的过程中可根据工程的技术要求，设计成土山、石山、土石混合山等不同类型。

5．建筑经营，时景为精

园林建筑既有使用价值，又能与环境组成景致，供人们游览和休憩。其设计方法概括起来主要有 6 个方面：立意、选址、布局、借景、尺度与比例、色彩与质感。中国园林的布局手法有以下几点。

（1）山水为主，建筑配合：建筑有机地与周围结合，创造出别具特色的建筑形象。在五大要素中，山水是骨架，建筑是眉目。

（2）统一中求变化，对称中有异象：对于建筑的布局来讲，就是除了主从关系外，还要在统一中求变化，在对称中求灵活。如佛香阁东西两侧的湖山碑和铜亭，位置对称，但碑体和铜亭的高度、造型、性质、功能等却截然不同，然而正是这样截然不同的景物却在园中得到了完美的统一。

（3）对景顾盼，借景有方：在园林中，观景点和在具有透景线的条件下所面对的景物之间形成对景。一般透景线穿过水面、草坪，或仰视、俯视空间，两景物之间互为对景。如拙政园内的远香堂对雪香云蔚亭，留园的涵碧山房对可亭，退思园的退思草堂对闹红一舸等。借景是《园冶》中最后一句话，可见借景的重要性，它是丰富园景的重要手法之一，如从颐和园借景园外的玉泉塔，拙政园从绣绮亭和梧竹幽居一带西望北寺塔。

6. 道路系统，顺势通畅

园林中，道路系统的设计是十分重要的内容，道路的设计形式决定了园林的形式，表现了不同的园林内涵。道路既是园林划分不同区域的界线，又是连接园林不同区域活动内容的纽带。园林设计过程中，除考虑上述内容外，还要使道路与山体、水系、建筑、花木之间构成有机的整体。

7. 植物造景，四时烂漫

植物造景是园林设计全过程中十分重要的组成部分之一。在后面的相关章节会对种植设计进行简单介绍。植物造景是一门学问，详细的种植设计可以参照苏雪痕老师编写的《植物造景》。

6.3 园林设计的程序

【预习重点】

掌握园林设计的程序。

6.3.1 园林设计的前提工作

（1）掌握自然条件、环境状况及历史沿革。

（2）图纸资料，如地形图、局部放大图、现状图、地下管线图等。

（3）现场踏查。

（4）编制总体设计任务文件。

6.3.2 总体设计方案阶段

（1）主要设计图纸内容：位置图、现状图、分区图、总体设计方案图、地形图、道路总体设计图、种植设计图、管线总体设计图、电气规划图和园林建筑布局图。

（2）鸟瞰图：直接表达公园设计的意图，使用钢笔画、水彩、水粉等均可。

（3）总体设计说明书：总体设计方案除了图纸外，还要求一份文字说明，全面地介绍设计者的构思、设计要点等内容。

6.4 园林设计图的绘制

【预习重点】

掌握园林设计图的绘制。

6.4.1　园林设计总平面图

1．园林设计总平面图的内容

园林设计总平面图是设计范围内所有造园要素的水平投影图，能表明在设计范围内的所有内容。园林设计总平面图是园林设计的最基本图纸，能够反映园林设计的总体思想和设计意图是绘制其他设计图纸及施工、管理的主要依据，主要包括以下内容：

（1）规划用地区域现状及规划的范围。

（2）对原有地形地貌等自然状况的改造和新的规划设计意图。

（3）竖向设计情况。

（4）景区景点的设置、景区出入口的位置，各种造园素材的种类和位置。

（5）比例尺、指北针和风玫瑰。

2．园林设计总平面图的绘制

首先要选择合适的比例，常用的比例有 1:200、1:500 和 1:1000 等。

绘制图中设计的各种造园要素的水平投影。其中地形用等高线表示，并在等高线的断开处标注设计的高程。设计地形的等高线用实线绘制，原地形的等高线用虚线绘制；道路和广场的轮廓线用中实线绘制；建筑用粗实线绘制其外轮廓线，园林植物用图例表示；水体驳岸用粗线绘制，并用细实线绘制水底的坡度等高线；山石用粗线绘制其外轮廓。

标注定位尺寸和坐标网进行定位，尺寸标注是指以图中某一原有景物为参照物，标注新设计的主要景物和该参照物之间的相对距离；坐标网是以直角坐标的形式进行定位，有建筑坐标网和测量坐标网两种形式，园林上常用建筑坐标网，即以某一点为“零点”并以水平方向为 B 轴，垂直方向为 A 轴，按一定距离绘制出方格网。坐标网用细实线绘制。

编制图例图，图中应用的图例，都应在图上的位置编制图例表说明其含义。

绘制指北针和风玫瑰；注写图名、标题栏、比例尺等。

编写设计说明，设计说明是用文字的形式进一步表达设计思想，或作为图纸内容的补充等。

6.4.2　园林建筑初步设计图

1．园林建筑初步设计图的内容

园林建筑是指在园林中与园林造景有直接关系的建筑，园林建筑初步设计图须绘制出平、立、剖面图，并标注出各主要控制尺寸，图纸要能反映建筑的形状、大小和周围环境等内容，一般包括建筑总平面图、建筑平面图、建筑立面图、建筑剖面图等图纸。

2．园林建筑初步设计图的绘制

（1）建筑总平面图：要反映新建建筑的形状、所在位置、朝向及室外道路、地形、绿化等情况以及该建筑与周围环境的关系和相对位置。绘制时首先要选择合适的比例，其次要绘制图例，建筑总平面图是用建筑总平面图例表达其内容的，其中的新建建筑、保留建筑、拆除建筑等都有对应的图例。接着要标注标高，即新建建筑首层平面的绝对标高、室外地面及周围道路的绝对标高及地形等高线的高程数字。最后要绘制比例尺、指北针、风玫瑰、图名、标题栏等。

（2）建筑平面图：用来表示建筑的平面形状、大小、内部的分隔和使用功能、墙、柱、门窗、楼梯等的位置。绘制时首先要确定比例，然后绘制定位轴线，接着绘制墙、柱的轮廓线、门窗细部，然后进行尺寸标注、注写标高，最后绘制指北针、剖切符号、图名、比例等。

（3）建筑立面图：主要用于表示建筑的外部造型和各部分的形状及相互关系等，如门窗的位置和形状，阳台、雨篷、台阶、花坛、栏杆等的位置和形状。绘制顺序依次为选择比例、绘制外轮廓线、主要部位的轮廓线、细部投影线、尺寸和标高标注、绘制配景、注写比例、图名等。

（4）建筑剖视图：表示房屋的内部结构及各部位标高，剖切位置应选择在建筑的主要部位或构造较特殊的部位。绘制顺序依次为选择比例、主要控制线、主要结构的轮廓线、细部结构、尺寸和标高标注、注写比例、图名等。

6.4.3 园林施工图绘制的具体要求

园林制图是表达园林设计意图最直接的方法，是每个园林设计师必须掌握的技能。园林 AutoCAD 制图是风景园林景观设计的基本语言，在园林图纸中，对制图的基本内容都有规定。这些内容包括图纸幅面、标题栏及会签栏、线宽及线型、汉字、字符、数字、符号和标注等。

一套完整的园林施工图一般包括封皮、目录、设计说明、总平面图、施工放线图、竖向设计施工图、植物配置图、照明电气图、喷灌施工图、给排水施工图、园林小品施工详图、铺装剖切段面等。

1．文字部分应该包括封皮、目录、总说明和材料表等

（1）封皮的内容包括工程名称、建设单位、施工单位、时间、工程项目编号等。

（2）目录的内容包括图纸的名称、图别、图号、图幅、基本内容、张数等。图纸编号以专业为单位，各专业各自编排各专业的图号；对于大、中型项目，应按照以下专业进行图纸编号：园林、建筑、结构、给排水、电气、材料附图等；对于小型项目，可以按照以下专业进行图纸编号：园林、建筑及结构、给排水、电气等。每一专业图纸应该对图号加以统一标示，以方便查找，如建筑结构施工可以缩写为“建施（JS）”，给排水施工可以缩写为“水施（SS）”，种植施工图可以缩写为“绿施（LS）”。

（3）设计说明主要针对整个工程需要说明的问题，如设计依据、施工工艺、材料数量、规格及其他要求。其具体内容主要包括以下几方面。

① 设计依据及设计要求：应注明采用的标准图集及依据的法律规范。

② 设计范围。

③ 标高及标注单位：应说明图纸文件中采用的标注单位，采用的是相对坐标还是绝对坐标，如为相对坐标，须说明采用的依据以及与绝对坐标的关系。

④ 材料选择及要求：对各部分材料的材质要求及建议；一般应说明的材料包括饰面材料、木材、钢材、防水疏水材料、种植土及铺装材料等。

⑤ 施工要求：强调需注意工种配合及对气候有要求的施工部分。

⑥ 经济技术指标：施工区域总的占地面积，绿地、水体、道路、铺地等的面积及占地百分比、绿化率及工程总造价等。

除了总的说明之外，在各个专业图纸之前还应该配备专门的说明，有时施工图纸中还应该配有适当的文字说明。

2．施工放线应该包括施工总平面图、各分区施工放线图和局部放线详图等

1）施工总平面图

（1）施工总平面图的主要内容。

① 指北针（或风玫瑰图），绘图比例（比例尺），文字说明，景点、建筑物或者构筑物的名称标注，图例表。

② 道路、铺装的位置、尺度、主要点的坐标、标高以及定位尺寸。

③ 小品主要控制点坐标及小品的定位、定形尺寸。

④ 地形、水体的主要控制点坐标、标高及控制尺寸。

⑤ 植物种植区域轮廓。

⑥ 对无法用标注尺寸准确定位的自由曲线园路、广场、水体等，应给出该部分局部放线详图，用放线网表示，并标注控制点坐标。

（2）施工总平面图绘制的要求。

① 布局与比例：图纸应按上北下南方向绘制，根据场地形状或布局，可向左或右偏转，但不宜超过 45°。施工总平面图一般采用 1:500、1:1000、1:2000 的比例进行绘制。

② 图例：《总图制图标准》（GB/T 50103—2010）中列出了建筑物、构筑物、道路、铁路以及植物等的图例，具体内容如相应的制图标准。如果由于某些原因必须另行设定图例时，应该在总图上绘制专门的图例表进行说明。

③ 图线：在绘制总图时应该根据具体内容采用不同的图线，具体内容参照《总图制图标准》（GB/T 50103—2010）。

④ 单位：施工总平面图中的坐标、标高、距离宜以米为单位，并应至少取至小数点后两位，不足时以 0 补齐。详图宜以毫米为单位，如不以毫米为单位，应另加说明。

建筑物、构筑物、铁路、道路方位角（或方向角）和铁路、道路转向角的度数宜注写到秒，特殊情况应另加说明。

道路纵坡度、场地平整坡度、排水沟沟底纵坡度宜以百分计，并应取至小数点后一位，不足时以 0 补齐。

⑤ 坐标网格：坐标分为测量坐标和施工坐标。测量坐标为绝对坐标，测量坐标网应画成交叉十字线，坐标代号宜用“X、Y”表示。施工坐标为相对坐标，相对零点宜通常选用已有建筑物的交叉点或道路的交叉点，为区别于绝对坐标，施工坐标用大写英文字母 A、B 表示。

施工坐标网格应以细实线绘制，一般画成 100m×100m 或者 50m×50m 的方格网，当然也可以根据需要调整，如采用的就是 30m×30m 的网格，对于面积较小的场地可以采用 5m×5m 或者 10m×10m 的施工坐标网。

⑥ 坐标标注：坐标宜直接标注在图上，如图面无足够位置，也可列表标注，如坐标数字的位数太多时，可将前面相同的位数省略，其省略位数应在附注中加以说明。

建筑物、构筑物、铁路、道路等应标注下列部位的坐标：建筑物、构筑物的定位轴线（或外墙线）或其交点；圆形建筑物、构筑物的中心；挡土墙墙顶外边缘线或转折点。表示建筑物、构筑物位置的坐标，宜标注其 3 个角的坐标，如果建筑物、构筑物与坐标轴线平行，可标注对角坐标。

平面图上有测量和施工两种坐标系统时，应在附注中注明两种坐标系统的换算公式。

⑦ 标高标注：施工图中标注的标高应为绝对标高，如标注相对标高，则应注明相对标高与绝对标高的关系。

建筑物、构筑物、铁路、道路等应按以下规定标注标高：建筑物室内地坪，标注图中±0.00 处的标高，对不同高度的地坪，分别标注其标高；建筑物室外散水，标注建筑物四周转角或两对角的散水坡脚处的标高；构筑物标注其有代表性的标高，并用文字注明标高所指的位置；道路标注路面中心交点及变坡点的标高；挡土墙标注墙顶和墙脚标高，路堤、边坡标注坡顶和坡脚标高，排水沟标注沟顶和沟底标高；场地平整标注其控制位置标高；铺砌场地标注其铺砌面标高。

（3）施工总平面图绘制步骤。

① 绘制设计平面图。

② 根据需要确定坐标原点及坐标网格的精度，绘制测量和施工坐标网。

③ 标注尺寸、标高。

④ 绘制图框、比例尺、指北针，填写标题、标题栏、会签栏，编写说明及图例表。

2）施工放线图

施工放线图的内容主要包括道路、广场铺装、园林建筑小品、放线网格（间距 1m 或 5m 或 10m 不等）、坐标原点、坐标轴、主要点的相对坐标、标高（等高线、铺装等），如图 6-1 所示。

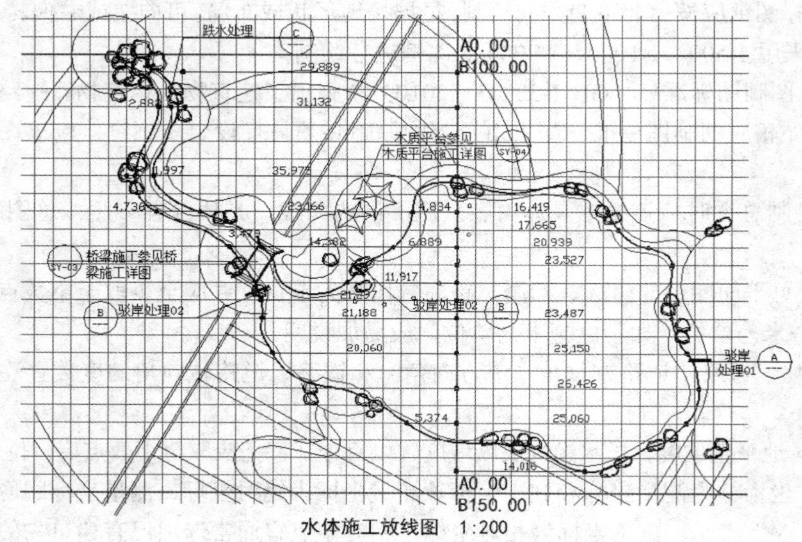

图 6-1 水体施工放线图

3. 土方工程应该包括竖向设计施工图和土方调配图

（1）竖向设计施工图。

竖向设计指的是在一块场地中进行垂直于水平方向的布置和处理，也就是地形高程设计。

① 竖向设计施工图的内容：指北针、图例、比例、文字说明和图名。文字说明中应该包括标注单位、绘图比例、高程系统的名称、补充图例等。

现状与原地形标高、地形等高线、设计等高线的等高距一般取 0.25～0.5m，当地形较为复杂时，需要绘制地形等高线放样网格。

最高点或者某些特殊点的坐标及该点的标高，如道路的起点、变坡点、转折点和终点等的设计标高（道路在路面中、阴沟在沟顶和沟底）、纵坡度、纵坡距、纵坡向、平曲线要素、竖曲线半径、关键点坐标；建筑物、构筑物室内外设计标高；挡土墙、护坡或土坡等构筑物的坡顶和坡脚的设计标高；水体驳岸、岸顶、岸底标高，池底标高，水面最低、最高及常水位。

地形的汇水线和分水线，或用坡向箭头标明设计地面坡向，指明地表排水的方向、排水的坡度等。

绘制重点地区、坡度变化复杂的地段的地形断面图，并标注标高、比例尺等。

当工程比较简单时，竖向设计施工平面图可与施工放线图合并。

② 竖向设计施工图的具体要求。

☑ 计量单位。通常标高的标注单位为米，如果有特殊要求，应该在设计说明中注明。

☑ 线型。竖向设计施工图中比较重要的就是地形等高线，设计等高线用细实线绘制，原有地形等高线用细虚线绘制，汇水线和分水线用细单点长划线绘制。

☑ 坐标网格及其标注。坐标网格采用细实线绘制，网格间距取决于施工的需要以及图形的复杂程度，一般采用与施工放线图相同的坐标网体系。对于局部的不规则等高线，或者单独做出施工放线图，或者在竖向设计图纸中局部缩小网格间距，提高放线精度。竖向设计施工图的标注方法同施工放线图，针对地形中最高点、建筑物角点或者特殊点进行标注。

☑ 地表排水方向和排水坡度。利用箭头表示排水方向，并在箭头上标注排水坡度，对于道路或者铺装等区域除了要标注排水方向和排水坡度之外，还要标注坡长，一般排水坡度标注在坡度线的上方，坡长标注在坡度线的下方。

其他方面的绘制要求与施工总平面图相同。

（2）土方调配图。

在土方调配图上要注明挖填调配区、调配方向、土方数量和每对挖填之间的平均运距。如图 6-2 所示（A 为挖方，B 为填方）的土方调配，仅考虑场内挖方、填方平衡。

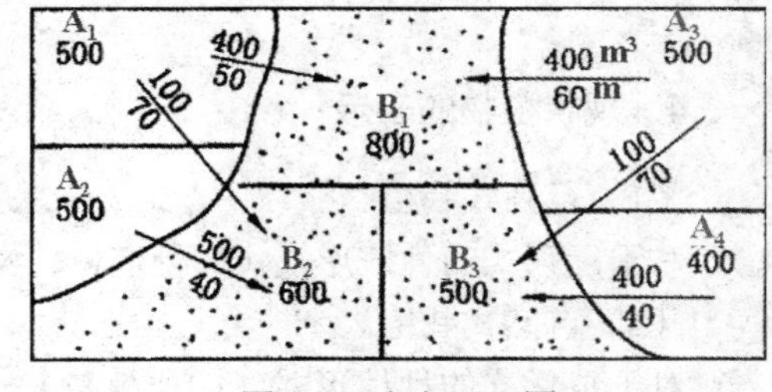

图 6-2　土方调配图

① 建筑工程应该包括建筑设计说明，建筑构造作法一览表，建筑平面图、立面图、剖面图，建筑施工详图等。

② 结构工程应该包括结构设计说明，基础图，基础详图，梁、柱详图，结构构件详图等。

③ 电气工程应该包括电气设计说明，主要设备材料表，电气施工平面图、施工详图、系统图、控制线路图等。大型工程应按强电、弱电、火灾报警及其智能系统分别设置目录。

④ 照明电气施工图的内容主要包括灯具形式、类型、规格、布置位置、配电图（电缆电线型号规格，联结方式；配电箱数量、形式规格等）等。

电位走线只需标明开关与灯位的控制关系，线型宜用细圆弧线（也可适当用中圆弧线），各种强弱电的插座走线不需标明。

要有详细的开关（一联、二联、多联）、电源插座、电话插座、电视插座、空调插座、宽带网插座、配电箱等图标及位置（插座高度未注明的一律距地面 300mm，有特殊要求的要在插座旁注明标高）。

给排水工程应该包括给排水设计说明，给排水系统总平面图、详图，给水、消防、排水、雨水系统图，喷灌系统施工图。

喷灌、给排水施工图内容主要包括给水、排水管的布设、管径、材料、喷头、检查井、阀门井、排水井、泵房等。

园林绿化工程应该包括植物种植设计说明、植物材料表、种植施工图、局部施工放线图和剖面图等。如果采用乔、灌、草多层组合，分层种植设计较为复杂，应该绘制分层种植施工图。

植物配置图的主要内容包括植物种类、规格、配置形式以及其他特殊要求，其主要目的是为苗木购买、苗木栽植提供高准确的工程量，如图 6-3 所示。

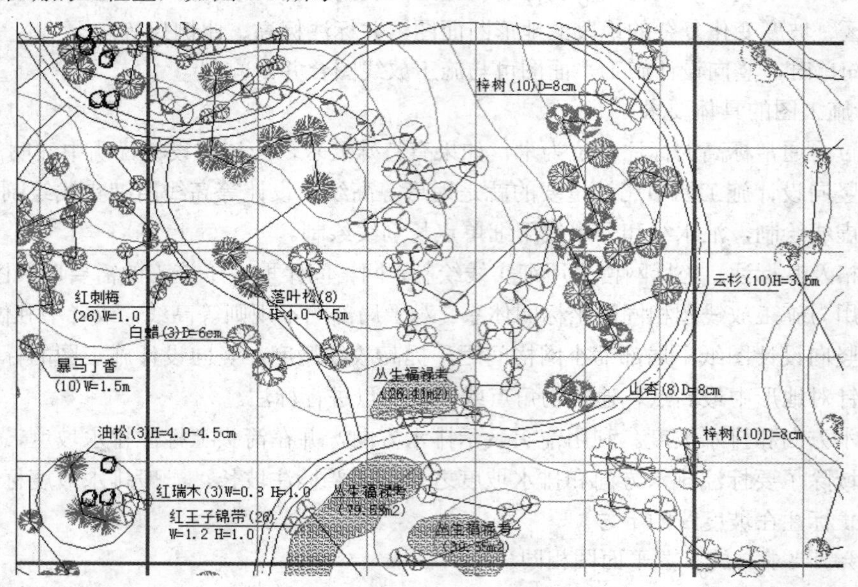

图 6-3　植物配置图

4．现状植物的表示

（1）行列式栽植。

对于行列式的种植形式（如行道树、树阵等）可用尺寸标注出株行距，始末树种植点与参照物的距离。

（2）自然式栽植。

对于自然式的种植形式（如孤植树），可用坐标标注种植点的位置或采用三角形标注法进行标注。孤植树往往对植物的造型、规格的要求较严格，应在施工图中表达清楚，除利用立面图、剖面图示以外，可与苗木表相结合，用文字来加以标注。

5．图例及尺寸标注

（1）片植、丛植。

施工图应绘出清晰的种植范围边界线，标明植物名称、规格、密度等。对于边缘线呈规则的几何形状的片状种植，可用尺寸标注方法标注，为施工放线提供依据，而对边缘线呈不规则的自由线的片状种植，应绘制坐标网格，并结合文字标注。

（2）草皮种植。

草皮是用打点的方法表示，标注应标明其草坪名、规格及种植面积。

（3）常见图例。

园林设计中，经常使用各种标准化的图例来表示特定的建筑景点或常见的园林植物，如图 6-4 所示。

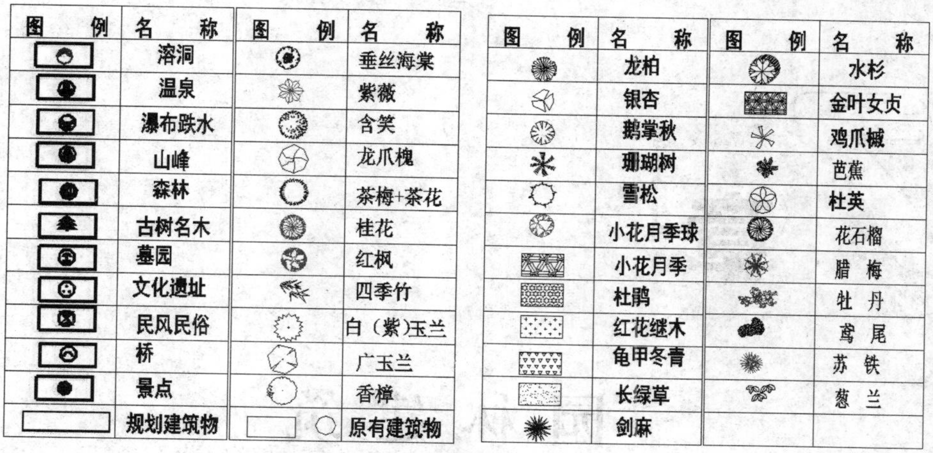

图　例	名　称	图　例	名　称
	溶洞		垂丝海棠
	温泉		紫薇
	瀑布跌水		含笑
	山峰		龙爪槐
	森林		茶梅+茶花
	古树名木		桂花
	墓园		红枫
	文化遗址		四季竹
	民风民俗		白（紫)玉兰
	桥		广玉兰
	景点		香樟
	规划建筑物		原有建筑物

图　例	名　称	图　例	名　称
	龙柏		水杉
	银杏		金叶女贞
	鹅掌秋		鸡爪槭
	珊瑚树		芭蕉
	雪松		杜英
	小花月季球		花石榴
	小花月季		腊 梅
	杜鹃		牡 丹
	红花继木		鸢 尾
	龟甲冬青		苏 铁
	长绿草		葱 兰
	剑麻		

图 6-4　常见图例

园林建筑

建筑是园林的要素，且形式多样，既有使用价值，又能与环境组成景致，供人们浏览和休憩。本章首先对各种类型的建筑作简单的介绍，然后结合实例讲解园林建筑的设计与绘制方法。

7.1　园林建筑概述

园林建筑是指在园林中与园林造景有直接关系的建筑，既有使用价值，又能与环境组成景致，供人们游览和休憩，因此园林建筑的设计构造等一定要考虑两个方面的因素，使之达到可居、可游、可观。其设计方法概括起来主要有 6 个方面：立意、选址、布局、借景、尺度与比例、色彩与质感。另外，根据园林设计的立意、功能要求、造景等需要，必须考虑适当的建筑和建筑组合。同时要考虑建筑的体量、造型、色彩以及与其配合的假山艺术、雕塑艺术、园林植物、水景等诸要素的安排，并要求精心构思，使园林中的建筑起到画龙点睛的作用。

园林建筑常见的有亭、榭、廊、花架、大门、园墙、桥等，下面分别加以说明。

【预习重点】

☑　了解园林建筑基本特点。

☑　掌握园林建筑图绘制方法。

7.1.1　园林建筑基本特点

园林建筑作为造园四大要素之一，是一种独具特色的建筑，既要满足建筑的使用功能要求，又要满足园林景观的造景要求，并与园林环境密切结合，与自然融为一体的建筑类型。

1. 功能

（1）满足功能要求

园林是改善、美化人们生活环境的设施，也是供人们休息、游览、文化娱乐的场所，随着园林活动的日益增多，园林建筑类型也日益丰富起来，主要有茶室、餐厅、展览馆、体育场所等，以满足人们的需要。

（2）满足园林景观要求

① 点景。点景要与自然风景融合，园林建筑常成为园林景观的构图中心主体，或易于近观的局部小景或成为主景，控制全园布局，园林建筑在园林景观构图中常有画龙点睛的作用。

② 赏景。赏景作为观赏园内外景物的场所，一栋建筑常成为画面的观景点，而一组建筑物与游廊相连成为动观全景的观赏线。因此，建筑朝向、门窗位置大小要考虑赏景的要求。

③ 引导游览路线。园林建筑常常具有起乘转合的作用，当人们的视线触及某处优美的园林建筑时，游览路线就会自然而然地延伸，建筑常成为视线引导的主要目标。人们常说的步移景异就是这个意思。

④ 组织园林空间。园林设计空间组合和布局是重要内容，园林常以一系列的空间的变化巧妙安排给人以艺术享受，以建筑构成的各种形式的庭院及游廊、花墙、圆洞门等恰是组织空间、划分空间的最好手段。

2．特点

（1）布局

园林建筑布局上要因地制宜，巧于因借，建筑规划选址除考虑功能要求外，要善于利用地形，结合自然环境，与自然融为一体。

（2）情景交融

园林建筑应结合情景，抒发情趣，尤其在古典园林建筑中，常与诗画结合，加强感染力，达到情景交融的境界。

（3）空间处理

在园林建筑的空间处理上，尽量避免轴线对称，整形布局，力求曲折变化，参差错落，空间布置要灵活通过空间划分，形成大小空间的对比，增加层次感，扩大空间感。

（4）造型

园林建筑在造型上更重视美观的要求，建筑体型、轮廓要有表现力，增加园林画面美，建筑体量、体态都应与园林景观协调统一，造型要表现园林特色、环境特色、地方特色。一般而言，在造型上，体量宜轻盈，形式宜活泼，力求简洁明快，通透有度，达到功能与景观的有机统一。

（5）装修

在细节装饰上，应有精巧的装饰，增加本身的美观，又以之组织空间画面，如常用的挂落、栏杆、漏窗、花格等。

3．园林建筑的分类

按使用功能划分为以下几类。

（1）游憩性建筑：有休息、游赏使用功能，具有优美造型，如亭、廊、花架、榭、舫、园桥等。

（2）园林建筑小品：以装饰园林环境为主，注重外观形象的艺术效果，兼有一定使用功能，如园灯、园椅、展览牌、景墙、栏杆等。

（3）服务性建筑：为游人在旅途中提供生活上服务的设施，如小卖部、茶室、小吃部、餐厅、小型旅馆、厕所等。

（4）文化娱乐设施开展活动用的设施：如游船码头、游艺室、俱乐部、演出厅、露天剧场、展览厅等。

（5）办公管理用设施：主要有公园大门、办公室、实验室、栽培温室，动物园还应有动物兽室。

4．园林建筑构成要素

（1）亭

亭在我国园林中是运用最多的一种建筑形式。无论是在传统的古典园林中，或是在新中国成立后新建的公园及风景游览区，都可以看到有各种各样的亭子屹立于山冈之上；或依附在建筑之旁；或漂浮在水池之畔。以玲珑美丽、丰富多样的形象与园林中的其他建筑、山水、绿化等相结合，构成一幅幅生动的图画。在造型上，要结合具体地形、自然景观和传统设计，以其特有的娇美轻巧、玲珑剔透形象与周围的建筑、绿化、水景等结合而构成园林一景。

亭的构造大致可分为亭顶、亭身和亭基 3 部分。体量宁小勿大，形制也较细巧，以竹、木、石、砖瓦等地方性传统材料均可修建。现在更多的是用钢筋混凝土或兼以轻钢、铝合金、玻璃钢、镜面玻璃、充气塑料等材料组建而成。

亭四面多开放，空间流动，内外交融，榭廊亦如此。解析了亭也就能举一反三于其他楼阁殿堂。亭榭等体量不大，但在园林造景中作用不小，是室内的室外；而在庭院中则是室外的室内。选择要有分寸，大小要得体，即要有恰到好处的比例与尺度，只顾重某一方面是不允许的。任何作品只有在一定的环境下，才是艺术、科学。生搬硬套学流行，会失去神韵和灵性，谈不上艺术性与科学性。

园亭，是指园林绿地中精致细巧的小型建筑物。可分为两类，一是供人休憩观赏的亭，二是具有实用功能的票亭、售货亭等。

（2）廊

廊本来是作为建筑物之间的联系而出现的，属木构架体系的建筑物，一般单体建筑的平面形状都比较简单，经常通过廊、墙等把一幢幢的单体建筑组织起来，形成空间层次丰富多变的中国传统建筑的特色之一。

廊通常不止在两个建筑物或两个观赏点之间，成为空间联系和空间分化的一种重要手段，不仅具有遮风避雨、交通联系的实际功能，而且对园林中风景的展开和观赏程序的层次起着重要的组织作用。

廊还有一个特点，就是它一般是一种“虚”的建筑元素，两排细细的列柱顶着一个不太厚实的廊顶。在廊的一边可透过柱子之间的空间观赏廊的另一边的景色，像一层“帘子”一样，似隔非隔、若隐若现，廊两边的空间有分又有合地联系起来，起到一般建筑元素达不到的效果。

中国园林中廊的结构常用的有木结构、砖石结构、钢及混凝土结构、竹结构等。廊顶有坡顶、平顶和拱顶等。中国园林中廊的形式和设计手法丰富多样。其基本类型按结构形式可分为双面空廊、单面空廊、复廊、双层廊和单支柱廊 5 种。按廊的总体造型及其与地形、环境的关系可分为直廊、曲廊、回廊、抄手廊、爬山廊、叠落廊、水廊和桥廊等。

- ☑ 双面空廊。两侧均为列柱，没有实墙，在廊中可以观赏两面景色。双面空廊不论直廊、曲廊、回廊、抄手廊等都可采用，不论在风景层次深远的大空间中，或在曲折灵巧的小空间中都可运用。北京颐和园内的长廊就是双面空廊，全长 728m，北依万寿山，南临昆明湖，穿花透树，把万寿山前十几组建筑群联系起来，对丰富园林景色起着突出的作用。
- ☑ 单面空廊。有两种：一种是在双面空廊的一侧列柱间砌上实墙或半实墙而成的；一种是一侧完全贴在墙或建筑物边沿上。单面空廊的廊顶有时作成单坡形，以利排水。
- ☑ 复廊。在双面空廊的中间夹一道墙，就成了复廊，又称“里外廊”。因为廊内分成两条走道，所以廊的跨度大些。中间墙上开有各种式样的漏窗，从廊的一边透过漏窗可以看到廊的另一边景色，一般设置两边景物各不相同的园林空间。如苏州沧浪亭的复廊就是一例，它妙在借景，把园内的山和园外的水通过复廊互相引借，使山、水、建筑构成整体。
- ☑ 双层廊。上下两层的廊，又称“楼廊”。它为游人提供了在上下两层不同高程的廊中观赏景色的条件，也便于联系不同标高的建筑物或风景点以组织人流，可以丰富园林建筑的空间构图。

（3）水榭

水榭作为一种临水园林建筑，在设计上除了应满足功能需要外，还要与水面、池岸自然融合，并在体量、风格、装饰等方面与所处园林环境相协调。其设计要点如下。

① 在可能范围内，水榭应三面或四面临水。如果不宜突出于池岸（湖）岸，也应以平台作为建筑物与水面的过渡，以便使用者置身水面之上更好地欣赏景物。

② 水榭应尽可能贴近水面。当池岸地平距离水面较远时，水榭地平应根据实际情况降低高度。此外，不能将水榭地平与池岸地平取齐，这样会将支撑水榭下部的混凝土骨架暴露出来，影响整体景观效果。

③ 全面考虑水榭与水面的高差关系。水榭与水面的高差关系，在水位无显著变化的情况下容易掌握；如果水位涨落变化较大，设计师应在设计前详细了解水位涨落的原因与规律，特别是最高水位的标高。应以稍高于最高水位的标高作为水榭的设计地平，以免水淹。

④ 巧妙遮挡支撑水榭下部的骨架。当水榭与水面之间高差较大，支撑体又暴露得过于明显时，不要将水榭的驳岸设计成整齐的石砌岸边，而应将支撑的柱墩尽量向后设置，在浅色平台下部形成一条深色的阴影，在光影的对比中增加平台外挑的轻快感。

⑤ 在造型上，水榭应与水景、池岸风格相协调，强调水平线条。有时可通过设置水廊、白墙、漏窗，形成平缓而舒朗的景观效果。若在水榭四周栽种一些树木或翠竹等植物，效果会更好。

（4）围墙

围墙的构造有竹木、砖、混凝土、金属材料几种。

① 竹木围墙：竹篱笆是过去最常见的围墙，现已难得用。有人设想过种一排竹子而加以编织，成为“活”的围墙（篱），则是最符合生态学要求的墙垣。

② 砖墙：墙柱间距 3～4m，中开各式漏花窗，是节约又易施工、管养的办法。缺点是较为闭塞。

③ 混凝土围墙：一是以预制花格砖砌墙，花型富有变化但易爬越；二是混凝土预制成片状，可透绿也易管、养。混凝土墙的优点是一劳永逸，缺点是不够通透。

④ 金属围墙。

现在往往把几种材料结合起来，取其长而补其短。混凝土往往用作墙柱、勒脚墙。取型钢为透空部分框架，用铸铁为花饰构件。局部、细微处用锻铁、铸铝。

围墙是长型构造物。长度方向要按要求设置伸缩缝，按转折和门位布置柱位，调整因地面标高变化的立面；横向则关及围墙的强度，影响用料的大小。利用砖、混凝土围墙的平面凹凸、金属围墙构件的前后交错位置，实际上等于加大围墙横向断面的尺寸，可以免去墙柱，使围墙更自然通透。

围墙设计的原则如下。

① 能不设围墙的地方尽量不设，让人接近自然，爱护绿化。

② 能利用空间的办法，自然的材料达到隔离的目的，尽量利用。高差的地面、水体的两侧、绿篱树丛，都可以达到隔而不分的目的。

③ 要设置围墙的地方，能低尽量低，能透尽量透，只有少量须掩饰隐私处，才用封闭的围墙。

④ 使围墙处于绿地之中，成为园景的一部分，减少与人的接触机会，由围墙向景墙转化。善于把空间的分隔与景色的渗透联系统一起来，有而似无，有而生情，才是高超的设计。

（5）花架

花架是攀缘植物的棚架，又是人们消夏避暑之所。花架在造园设计中往往具有亭、廊的作用，做长线布置时，就像游廊一样能发挥建筑空间的脉络作用，形成导游路线；也可以用来划分空间增加风景的深度。做点状布置时，就像亭子一般，形成观赏点，并可以在此组织环境景色的观赏。花架又不同于亭、廊空间，更为通透，特别由于绿色植物及花果自由地攀绕和悬挂，更添一番生气。花架在现代园林中除了供植物攀缘外，有时也取其形式轻盈以点缀园林建筑的某些墙段或檐头，使之更加活泼和具有园林的性格。

花架造型比较灵活和富于变化，最常见的形式是梁架式，另一种形式是半边列柱半边墙垣，上边叠架小坊，它在划分封闭或开敞的空间上更为自如。造园趣味类似半边廊，在墙上亦可以开设景窗使意境更为含蓄。此外，新的形式还有单排柱花架或单柱式花架。

花架的设计往往同其他小品相结合，形成一组内容丰富的小品建筑，如布置坐凳供人小憩，墙面开设景窗、漏花窗、柱间或嵌以花墙，周围点缀叠石、小池，以形成吸引游人的景点。

花架在庭院中的布局可以采取附件式，也可以采取独立式。附件式属于建筑的一部分，是建筑空间的延续，如在墙垣的上部、垂直墙面的上部、垂直墙面的水平搁置横墙向两侧挑出，应保持建筑自身的统一的比例与尺度，在功能上除了供植物攀缘或设桌凳供游人休憩外，也可以只起装饰作用。独立式的布局应在庭院总体设计中加以确定，可以在花丛中，也可以在草坪边，使庭院空间有起有伏，增加平坦空间的层次，有时亦可傍山临池随势弯曲。花架如同廊道，也可以起到组织游览路线和组织观赏点的作用，布置花架时一方面要格调清新，另一方面要注意与周围建筑和绿化栽培在风格上的统一。在我国传统园林中较少采用花架，因其与山水园林格调不尽相同。但在现代园林中融合了传统园林和西洋园林的诸多技法，因此花架这一小品形式在造园艺术中日益为造园设计者所用。

最后也是最主要的一点，是要根据攀缘植物的特点、环境来构思花架的形体；根据攀缘植物的生物学特性来设计花架的构造、材料等。

花架高度应控制在 2.7～2.8m，适宜尺度给人以易于亲近、近距离观赏藤蔓植物的机会。花架开间一般控制在 3～4m，太大了构件显得笨拙臃肿。进深跨度则常用 2700mm、3000mm、3300mm。

（6）桥

园林中的桥既起到交通连接的功能，又兼备赏景、造景的作用，如拙政园的折桥和“小飞虹”、颐和园中的十七孔桥和园内西堤上的六座形式各异的桥、网师园的小石桥等。在全园规划时，应将园桥所处的环境和所起的作用作为确定园桥的设计依据。一般在园林中架桥，多选择两岸较狭窄处，或湖岸与湖岛之间，或两岛之间。桥的形式多种多样，如拱桥、斜拉桥、亭桥、廊桥、假山桥、索桥、独木桥、吊桥等，前几类多以造景为主，联系交通时以平桥居多。就材质而言，有木桥、石桥、混凝土桥等。在设计时应根据具体情况选择适宜的形式和材料。

7.1.2 园林建筑图绘制

园林建筑的设计程序一般分为初步设计和施工图设计两个阶段，较复杂的工程项目还要进行技术设计。

初步设计主要是提出方案，说明建筑的平面布置、立面造型、结构选型等内容，绘制出建筑初步设计图，送有关部门审批。

技术设计主要是确定建筑的各项具体尺寸和构造做法；进行结构计算，确定承重构件的截面尺寸和配筋情况。

施工图设计主要是根据已批准的初步设计图，绘制出符合施工要求的图纸。园林建筑景观施工图一般包括平面图、施工图、剖面图以及建筑详图等内容。与建筑施工图的绘制基本类似。

1. 初步设计图的绘制

（1）初步设计图的内容

包括基本图样、总平面图、建筑平立剖面图、有关技术和构造说明、主要技术经济指标等。通常要作一幅透视图，表示园林建筑竣工后外貌。

（2）初步设计图的表达方法

初步设计图尽量画在同一张图纸上，图面布置可以灵活些，表达方法可以多样，例如，可以画上阴影和配景，或用色彩渲染，以加强图面效果。

（3）初步设计图的尺寸

初步设计图上要画出比例尺并标注主要设计尺寸，例如，总体尺寸、主要建筑的外形尺寸、轴线定位尺寸和功能尺寸等。

2．施工图的绘制

设计图审批后，再按施工要求绘制出完整的建施、结施图样及有关技术资料。绘图步骤如下：

（1）确定绘制图样的数量。根据建筑的外形、平面布置、构造和结构的复杂程度决定绘制哪几种图样。在保证能顺利完成施工的前提下，图样的数量应尽量少。

（2）在保证图样能清晰地表达其内容的情况下，根据各类图样的不同要求，选用合适的比例，平面图、立面图、剖面图尽量采用同一比例。

（3）进行合理的图面布置。尽量保持各图样的投影关系，或将同类型的、内容关系密切的图样集中绘制。

（4）通常先画建筑施工图，一般按总平面→平面图→立面图→剖面图→建筑详图的顺序进行绘制。再画结构施工图，一般先画基础图、结构平面图，然后分别画出各构件的结构详图。

① 视图包括平面图、立面图、剖面图，表达座椅的外形和各部分的装配关系。

② 尺寸在标有建施的图样中，主要标注与装配有关的尺寸、功能尺寸、总体尺寸。

③ 透视图园林建筑施工图常附一个单体建筑物的透视图，特别是没有设计图的情况下更是如此。透视图应按比例用绘图工具绘制。

④ 编写施工总说明。施工总说明包括的内容有放样和设计标高、基础防潮层、楼面、楼地面、屋面、楼梯和墙身的材料和做法，室内外粉刷、装修的要求、材料和做法等。

7.2 小型地下建筑设计

本实例将绘制一个位于地下的小型建筑，如图 7-1 所示。由于景观上的要求，这种比较隐蔽的建筑形式还是比较常见的。这种建筑的优点有：几乎全部结构都在地下，不影响大范围内的建筑景观；只有一个立面能看得到，这样更容易配合周围的地形地貌形成新的景观。

本实例的制作思路如下：首先绘制建筑平面图，然后绘制建筑立面图。接着绘制立面详图，最后绘制剖面图和剖面详图。作为一个小型建筑，其建筑本身并不复杂，但要能达到具有现实意义，即能达到指导施工的效果，就必须要详细而完整。本实例按照一般的建筑设计思路，逐步来完成这个建筑设计。

【预习重点】

☑ 了解地下建筑设计的设置参数。

☑ 掌握地下建筑的平面图、立面图、剖面图以及详图的绘制方法。

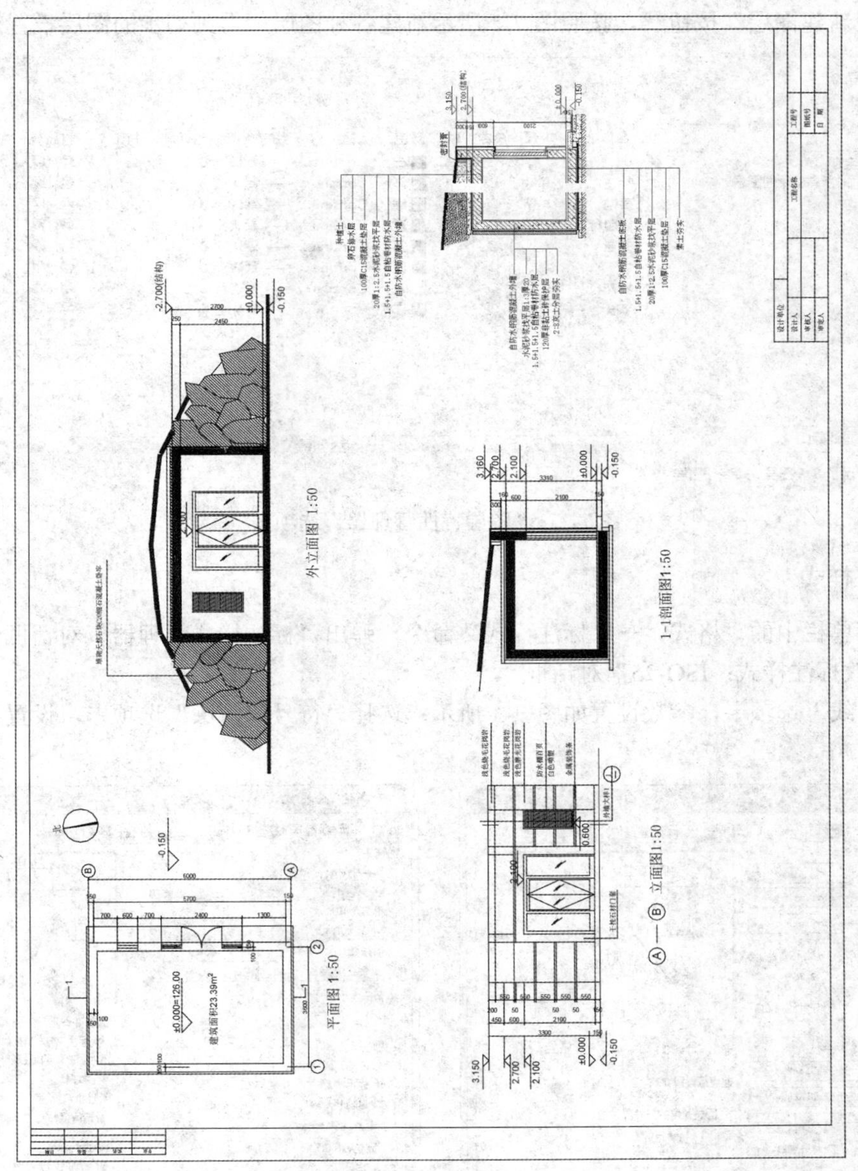

图 7-1　地下建筑

7.2.1　设置绘图参数

设置绘图环境是绘制任何一幅建筑图形都要进行的预备工作，这里主要设置图层参数、标注样式。有些具体参数可以在绘制过程中根据需要进行设置。

1．设置图层参数

建立本章需要的图层的具体步骤如下：

（1）单击“默认”选项卡“图层”面板中的“图层特性”按钮，打开“图层特性管理器”选项板。

（2）单击“新建图层”按钮，按照图 7-2 所示新建各种图层，得到初步的图层设置。

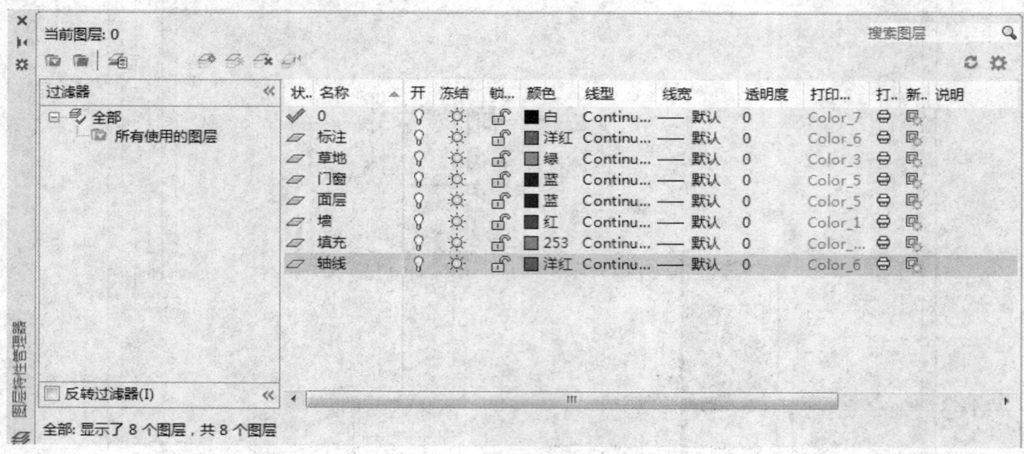

图 7-2　“图层特性管理器”选项板

2．设置标注样式

（1）选择菜单栏中的“格式”→“标注样式”命令，弹出“标注样式管理器”对话框，单击“修改”按钮，进入“修改标注样式：ISO-25”对话框。

（2）选择“线”选项卡，参数设置如图 7-3 所示；选择“符号和箭头”选项卡，设置“箭头大小”为 1，如图 7-4 所示。

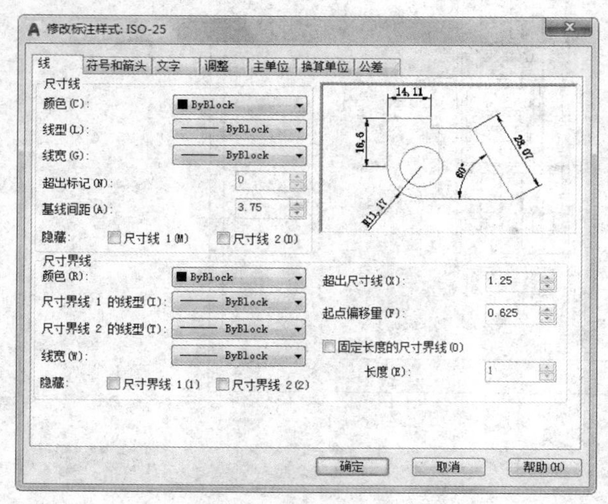

图 7-3　设置“线”选项卡

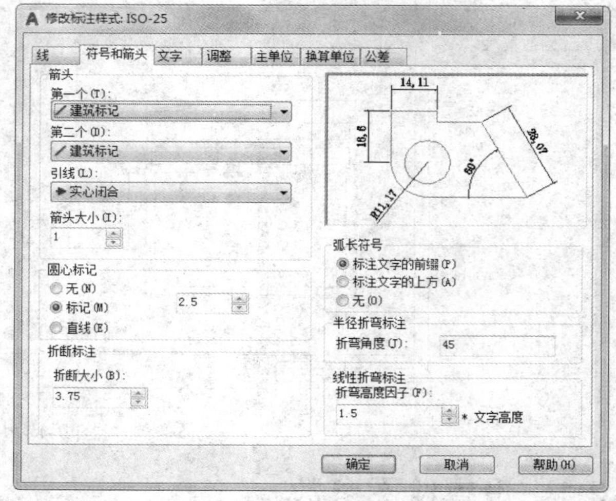

图 7-4　设置“符号和箭头”选项卡

（3）选择“文字”选项卡，在“文字外观”选项组的“文字样式”下拉列表框中选择 Standard 选项，在“文字高度”数值框中输入“2.5”，如图 7-5 所示。

（4）选择“调整”选项卡，在“调整选项”选项组中选中“文字或箭头（最佳效果）”单选按钮，在“文字位置”选项组中选中“尺寸线上方，不带引线”单选按钮，在“标注特征比例”选项组中指定“使用全局比例”为 50，这样就完成了“调整”选项卡的设置，如图 7-6 所示。单击“确定”按钮，返回“标

注样式管理器”对话框，最后单击“关闭”按钮返回绘图区。这样就完成了标注样式的设置。

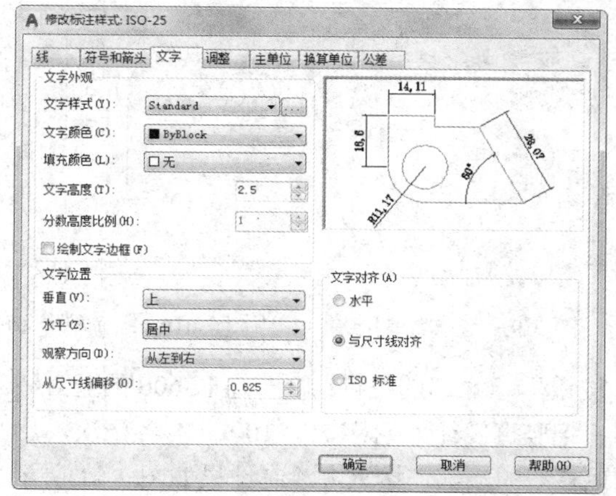

图 7-5　设置“文字”选项卡

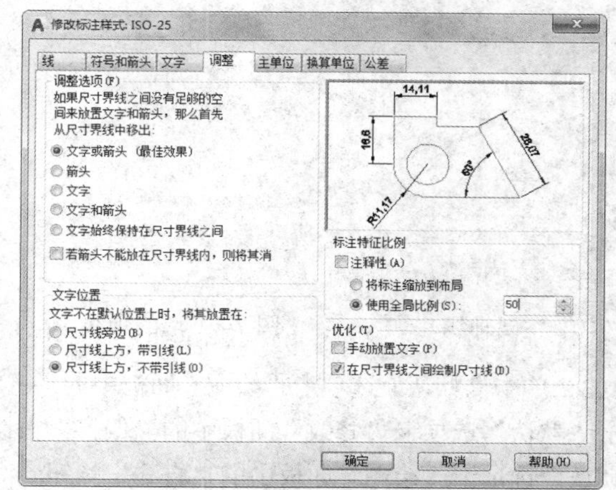

图 7-6　设置“调整”选项卡

7.2.2　绘制平面图

绘制平面图包括绘制轴线、绘制墙体、绘制门窗以及添加文字和尺寸标注，具体的绘制步骤如下。

1．绘制轴线

（1）单击“默认”选项卡“图层”面板中的“图层特性”按钮，弹出“图层特性管理器”选项板。在该选项板中双击“轴线”图层，使其成为当前图层。

（2）按 F8 键，打开“正交”模式。单击“默认”选项卡“绘图”面板中的“构造线”按钮，绘制一个“十”字交叉的辅助线。然后单击“默认”选项卡“修改”面板中的“偏移”按钮，让竖直构造线往右边偏移 3600，水平构造线往上偏移 5700，得到的辅助线如图 7-7 所示。

2．绘制墙体

（1）单击“默认”选项卡“修改”面板中的“偏移”按钮，让所有主要轴线往里边偏移 100，往外边偏移 150，得到的墙的辅助线如图 7-8 所示。

（2）单击“默认”选项卡“图层”面板中的“图层特性”按钮，系统弹出“图层特性管理器”选项板。在该选项板中双击“墙”图层，使其成为当前图层。

（3）单击“默认”选项卡“绘图”面板中的“直线”按钮，按照墙体辅助线绘制墙体。单击“默认”选项卡“修改”面板中的“删除”按钮，删除掉墙体辅助线，得到墙体如图 7-9 所示。

3．绘制门窗

（1）单击“默认”选项卡“图层”面板中的“图层特性”按钮，弹出“图层特性管理器”选项板。在该选项板中双击“门窗”图层，使其成为当前图层。

（2）单击“默认”选项卡“绘图”面板中的“直线”按钮，在窗的位置绘制一条长 600 的竖直线。然后单击“默认”选项卡“修改”面板中的“偏移”按钮，把竖直线往外偏移 83.33 共 3 次，然后单击“默认”选项卡“绘图”面板中的“直线”按钮，把偏移线的端部连接上，这样得到一个宽 600 的窗，绘制结果如图 7-10 所示。

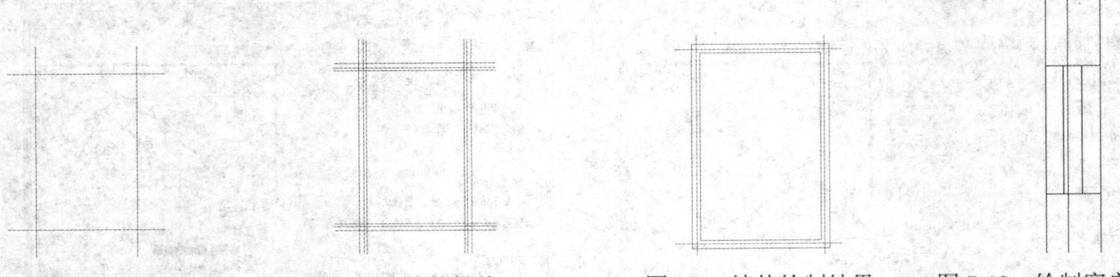

图 7-7　主要轴线　　图 7-8　墙的轴线　　图 7-9　墙体绘制结果　　图 7-10　绘制窗户结果

（3）单击“默认”选项卡“绘图”面板中的“直线”按钮，在门的位置绘制一条长 600 的竖直线。然后单击“默认”选项卡“修改”面板中的“偏移”按钮，把竖直线往外偏移 75、100、75 各一次，然后单击“默认”选项卡“绘图”面板中的“直线”按钮，把偏移线的端部连接上，绘制结果如图 7-11 所示。

（4）单击“默认”选项卡“修改”面板中的“偏移”按钮，把门下边的水平线往上偏移 60、480 各一次。单击“默认”选项卡“修改”面板中的“偏移”按钮，把门中间的两条竖直线都向里偏移 40，然后单击“默认”选项卡“修改”面板中的“修剪”按钮，修剪掉多余的端部，结果如图 7-12 所示。

（5）单击“默认”选项卡“绘图”面板中的“圆”按钮，绘制一个半径为 600 的圆。单击“默认”选项卡“绘图”面板中的“直线”按钮，绘制圆的两条半径，绘制结果如图 7-13 所示。

（6）单击“默认”选项卡“修改”面板中的“修剪”按钮，修剪掉多余的圆弧，只留 1/4 圆弧作为门的符号。单击“默认”选项卡“修改”面板中的“删除”按钮，删除掉多余的半径，绘制结果如图 7-14 所示。

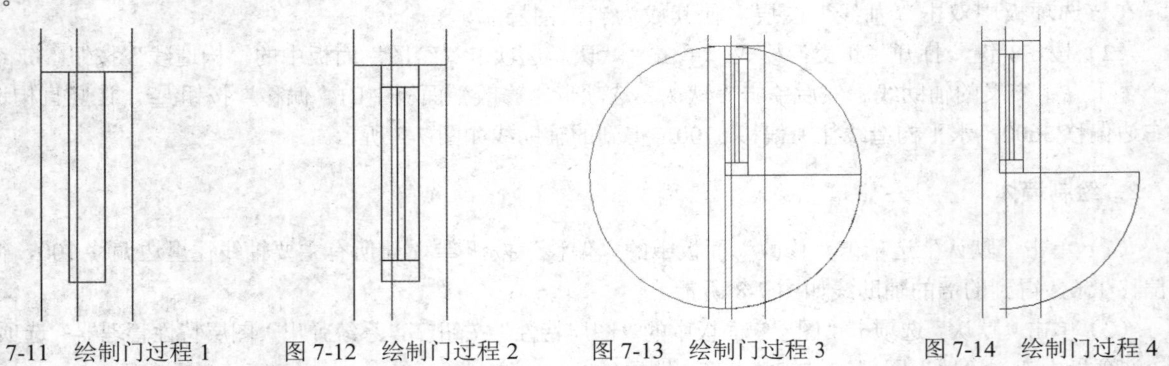

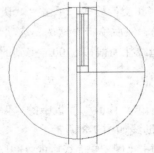

图 7-11　绘制门过程 1　　图 7-12　绘制门过程 2　　图 7-13　绘制门过程 3　　图 7-14　绘制门过程 4

（7）单击“默认”选项卡“修改”面板中的“镜像”按钮，把前面绘制的门镜像，得到门的绘制结果，如图 7-15 所示。

（8）单击“默认”选项卡“修改”面板中的“偏移”按钮，把外墙线往外偏移 60，把正面的外墙线往外偏移 500，最后使用“直线”命令和夹点编辑命令把线条全部闭合，得到散水线，绘制结果如图 7-16 所示。

4．文字和标注

（1）单击“默认”选项卡“图层”面板中的“图层特性”按钮，弹出“图层特性管理器”选项板。双击“标注”图层，使其成为当前图层。

（2）选择菜单栏中的“标注”→“对齐”命令进行尺寸标注，标注结果如图 7-17 所示。

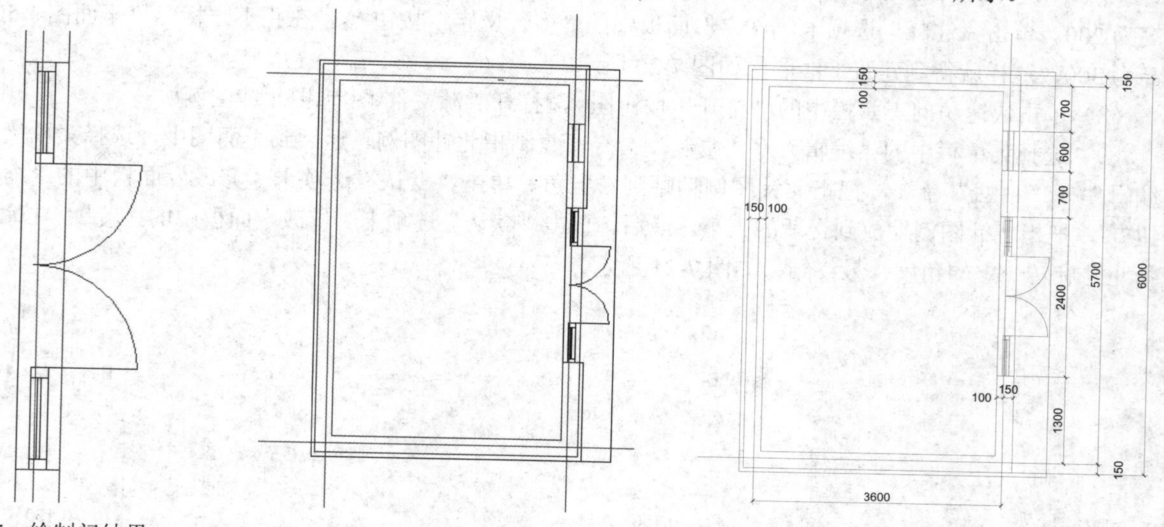

图 7-15 绘制门结果

图 7-16 绘制散水线

图 7-17 尺寸标注结果

（3）单击“默认”选项卡“绘图”面板中的“圆”按钮，绘制一个半径为 200 的圆。单击“注释”选项卡“文字”面板中的“多行文字”按钮A，绘制一个文字 A，注意指定文字高度为 200。单击“默认”选项卡“修改”面板中的“移动”按钮，把文字 A 移动到圆的中心，这样就能得到一个轴线编号。

（4）单击“默认”选项卡“修改”面板中的“复制”按钮，把轴线编号复制到其他各个轴线端部。

（5）双击轴线编号内的文字来修改轴线编号内的文字，横向使用 1、2 来编号，竖向使用 A、B 来编号，结果如图 7-18 所示。

（6）单击“默认”选项卡“绘图”面板中的“直线”按钮，绘制标高符号。单击“注释”选项卡“文字”面板中的“多行文字”按钮A，在标高符号上标上对应的标高。单击“默认”选项卡“绘图”面板中的“直线”按钮，在平面图正中绘制剖切符号，并标上“1”字样，表明为 1-1 剖面。绘制结果如图 7-19 所示。

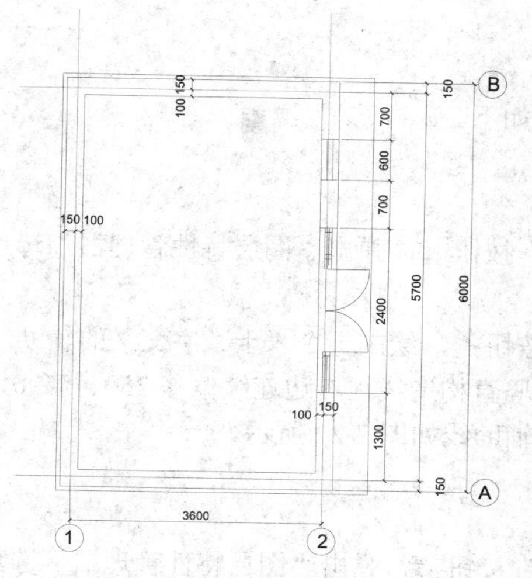

图 7-18 轴线编号结果

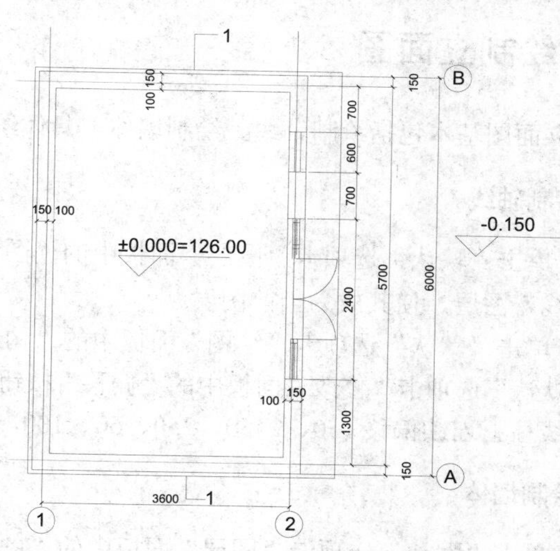

图 7-19 绘制标高和剖切符号

（7）单击“注释”选项卡“文字”面板中的“多行文字”按钮A，在房子中间标上“建筑面积 23.39m^2”，字高为 200。单击“注释”选项卡“文字”面板中的“多行文字”按钮A，在正下方标上“平面图 1:50”，字高为 300，这样就得到建筑平面图，如图 7-20 所示。

（8）单击快速访问工具栏中的“打开”按钮，打开“源文件\图库\指北针图例”。

（9）选择菜单栏中的“编辑”→“复制”命令，复制指北针图例。返回到平面图中，选择菜单栏中的“编辑”→“粘贴”命令，把指北针图例粘贴到右上角。单击“默认”选项卡“修改”面板中的“缩放”按钮，把指北针图例缩放到合适的大小。最后，单击“默认”选项卡“修改”面板中的“转旋”按钮，把指北针旋转一定的角度，最终结果如图 7-21 所示。

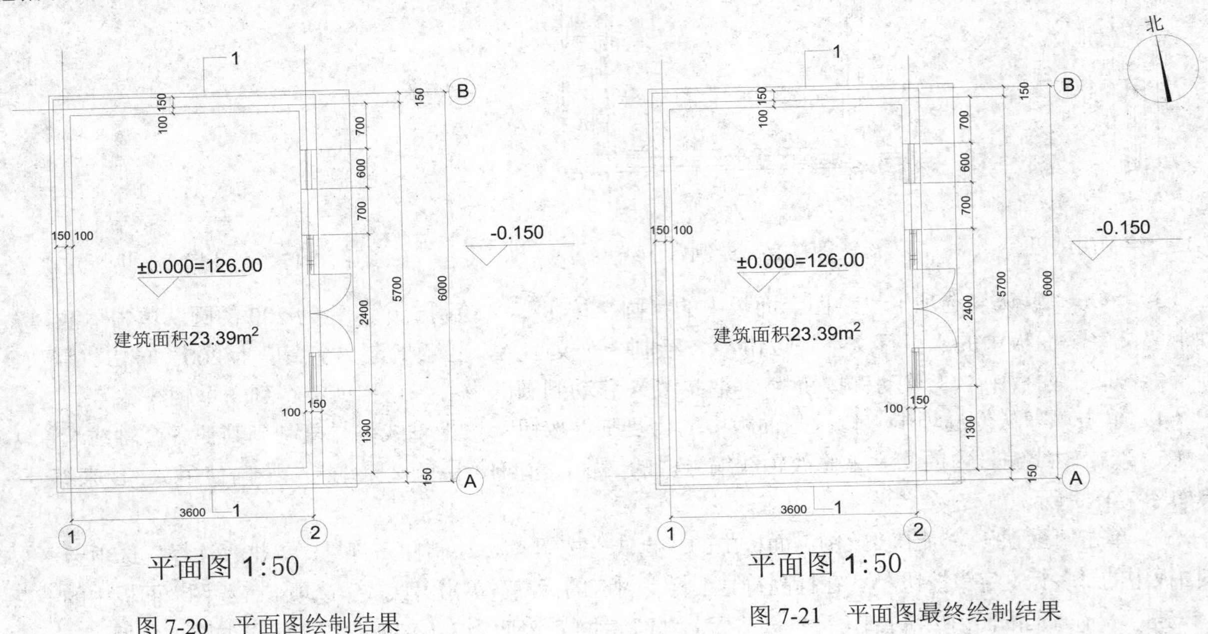

图 7-20　平面图绘制结果

图 7-21　平面图最终绘制结果

7.2.3　绘制立面图

绘制立面图基本包括绘制轴线、绘制墙体，具体绘制步骤如下。

1．绘制轴线

（1）单击“默认”选项卡“图层”面板中的“图层特性”按钮，弹出“图层特性管理器”选项板。双击“轴线”图层，使其成为当前图层。

（2）单击“默认”选项卡“绘图”面板中的“构造线”按钮，绘制一个“十”字交叉的辅助线，然后单击“默认”选项卡“修改”面板中的“偏移”按钮，让竖直构造线往右边连续偏移 250、5500、250，水平构造线往上连续偏移 150、2450、250、60、100，得到的辅助线如图 7-22 所示。

2．绘制墙体

（1）单击“默认”选项卡“图层”面板中的“图层特性”按钮，弹出“图层特性管理器”选项板。双击“墙”图层，使其成为当前图层。

（2）单击“默认”选项卡“绘图”面板中的“直线”按钮，按照墙体辅助线绘制墙体。

（3）单击“默认”选项卡“绘图”面板中的“多段线”按钮，指定其宽度为 100，按照辅助线绘制出地面线。单击“默认”选项卡“修改”面板中的“删除”按钮，删除掉墙体辅助线，得到墙体和地面，如图 7-23 所示。

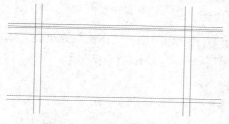

图 7-22　绘制主要辅助线

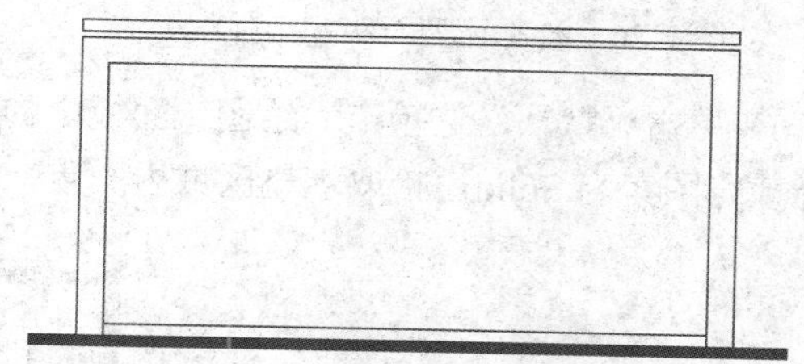

图 7-23　绘制墙体和地面

7.2.4　绘制其他元素

本节主要讲述其他元素的绘制方法与技巧，具体的绘制步骤如下。

（1）单击“默认”选项卡“图层”面板中的“图层特性”按钮，弹出“图层特性管理器”选项板。在该选项板中双击“门窗”图层，使其成为当前图层。

（2）单击“默认”选项卡“绘图”面板中的“直线”按钮，绘制一个 2400×2100 的大门，结果如图 7-24 所示。

注意

应该灵活使用“偏移”“镜像”等命令来帮助绘制大门。

（3）单击“默认”选项卡“绘图”面板中的“直线”按钮，绘制一个 600×1500 的百叶窗，结果如图 7-25 所示。

注意

应该灵活使用“矩形”“偏移”“阵列”等命令来帮助绘制百叶窗。

图 7-24　绘制大门

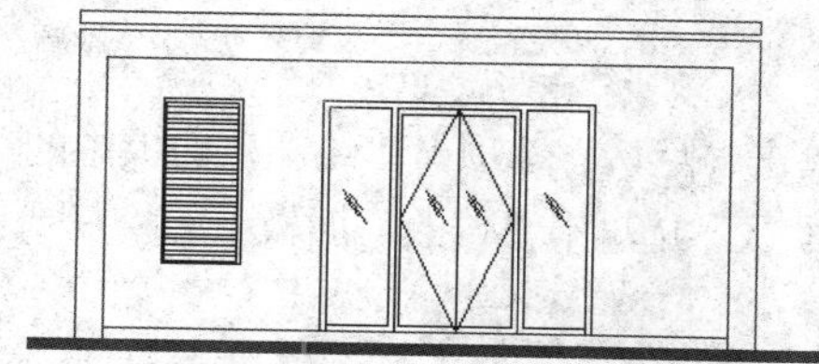

图 7-25　百叶窗绘制

（4）单击“默认”选项卡“绘图”面板中的“直线”按钮，在房子的左侧随便绘制巨型石头和山体线，结果如图 7-26 所示。

（5）单击“默认”选项卡“修改”面板中的“镜像”按钮，把前面的绘制的山体和石头镜像，得到全部的山体和石头，如图 7-27 所示。

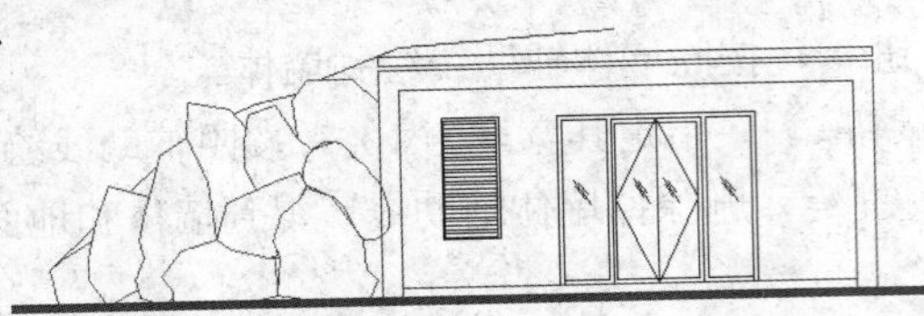

图 7-26　绘制巨型石头和山体线

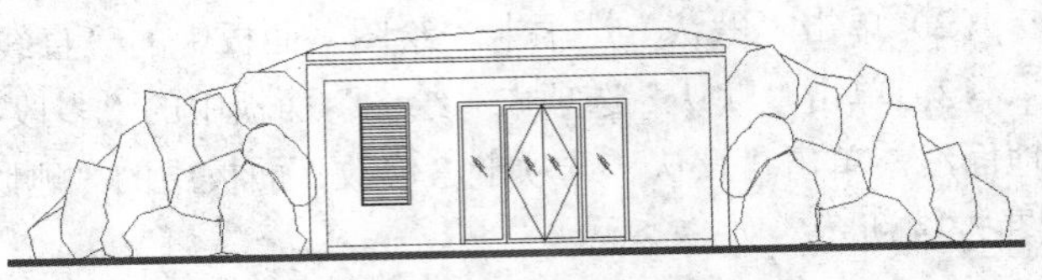

图 7-27　镜像操作结果

（6）单击“默认”选项卡“绘图”面板中的“图案填充”按钮，在弹出的“图案填充创建”选项卡中选择填充图案为 Solid。拾取填充区域内一点，完成图案填充操作。填充结果如图 7-28 所示。

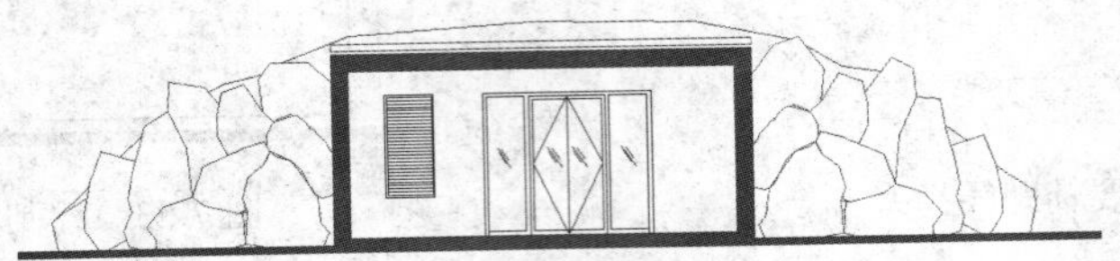

图 7-28　墙体填充结果

（7）单击“默认”选项卡“绘图”面板中的“图案填充”按钮，在弹出的“图案填充创建”选项卡中设置“图案填充图案”为 ANSI33，“填充图案比例”为 20，如图 7-29 所示。拾取石头内一点，完成图案填充操作，填充结果如图 7-30 所示。

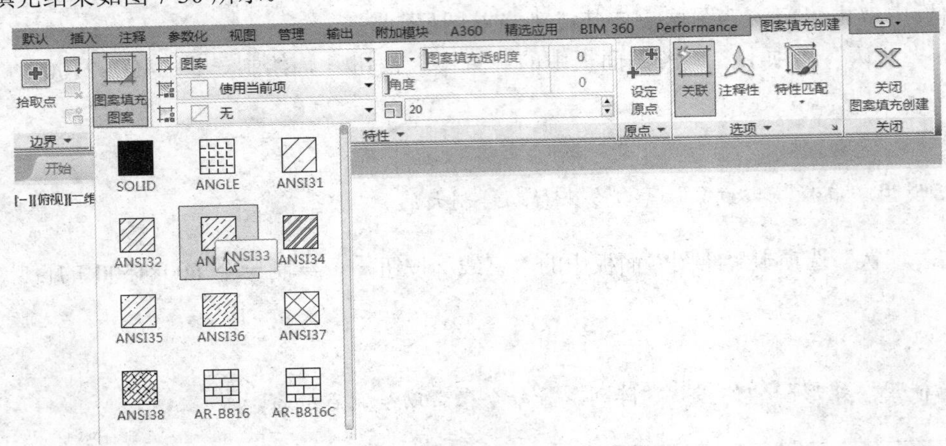

图 7-29　设置“图案填充创建”选项卡

（8）单击“默认”选项卡“绘图”面板中的“直线”按钮，随便绘制出很多竖的短直线，得到一段草皮。单击“默认”选项卡“修改”面板中的“复制”按钮，把草皮布置到山体表面，结果如图 7-31 所示。

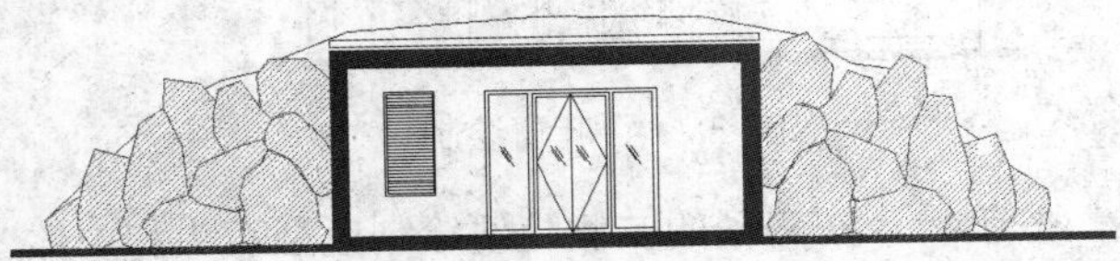

图 7-30　石头填充结果

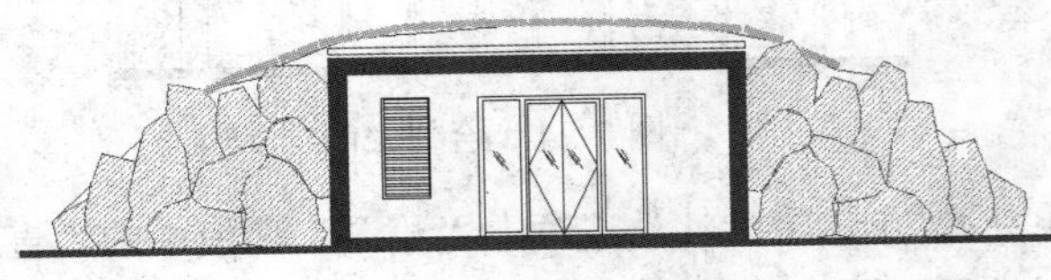

图 7-31　草皮绘制结果

（9）文字和标注。

① 单击“默认”选项卡“图层”面板中的“图层特性”按钮，弹出“图层特性管理器”选项板。双

击“标注”图层，使其成为当前图层。

② 选择菜单栏中的“标注”→“线性”命令进行尺寸标注，标注结果如图 7-32 所示。

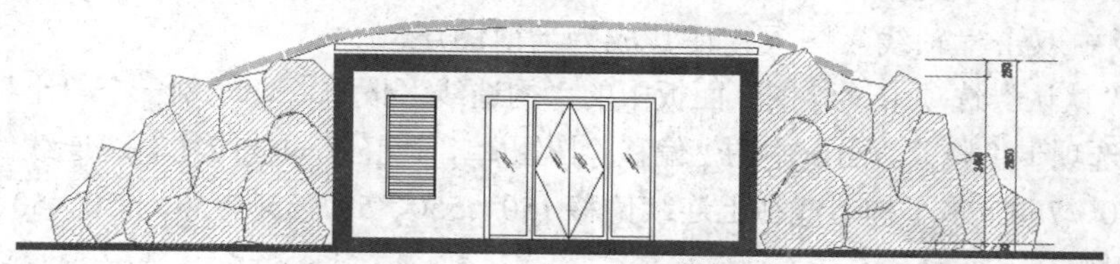

图 7-32　尺寸标注结果

③ 单击“默认”选项卡“修改”面板中的“复制”按钮，从平面图中复制一个标高符号到立面图中。单击“默认”选项卡“修改”面板中的“复制”按钮，把标高复制到各个高点控制处，然后更改其对应的高程文字。单击“默认”选项卡“修改”面板中的“镜像”按钮，把最初复制的标高符号镜像得到一个下表面的标高符号。然后双击其中的文字，把高程改为-0.150，最后单击“修改”工具栏中的“移动”按钮，将其移动到最下边即可。绘制结果如图 7-33 所示。

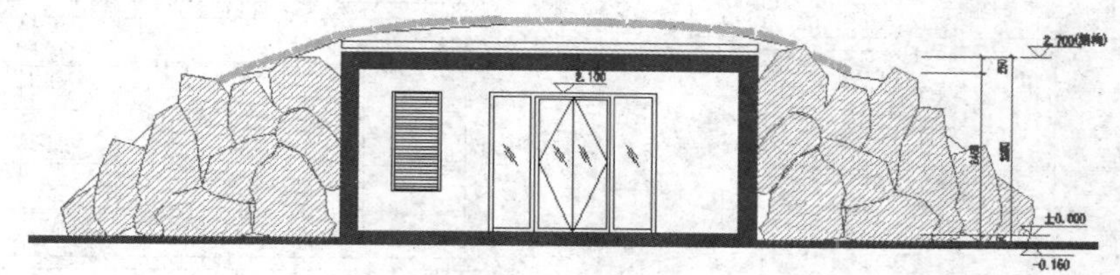

图 7-33　绘制标高结果

④ 单击“默认”选项卡“绘图”面板中的“直线”按钮，在石头上引出折线。单击“注释”选项卡“文字”面板中的“多行文字”按钮A，在折线上标出“堆砌天然石块 C20 细石混凝土卧牢”，字高为 150。单击“注释”选项卡“文字”面板中的“多行文字”按钮A，在正下方标上“外立面图 1:50”，字高为 300，这样就得到建筑外立面图，如图 7-34 所示。

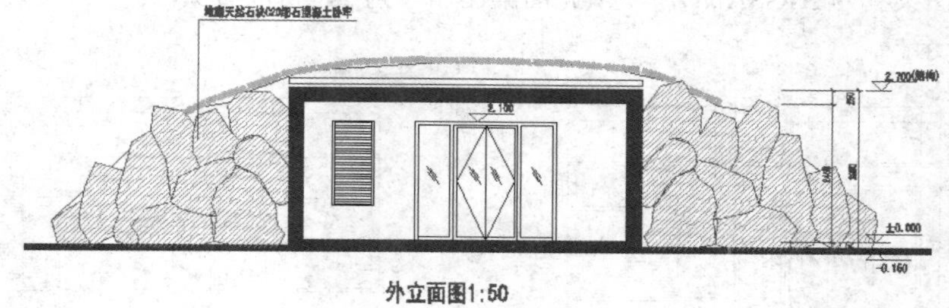

图 7-34　建筑外立面绘制结果

7.2.5　绘制立面详图

本节主要讲述立面详图的绘制步骤与技巧，包括绘制轴线、绘制墙面以及文字和尺寸标注，具体的绘制步骤如下。

1．绘制轴线

（1）单击“默认”选项卡“图层”面板中的“图层特性”按钮，弹出“图层特性管理器”选项板。在该选项板中双击“轴线”图层，使其成为当前图层。

（2）单击“默认”选项卡“绘图”面板中的“构造线”按钮，绘制一个“十”字交叉的辅助线，然后单击“默认”选项卡“修改”面板中的“偏移”按钮，让竖直构造线往右边连续偏移 1200、250、1200、1200、250、1150、750，水平构造线往上连续偏移 150、550、50、550、50、550、50、550、50、550、200，得到的辅助线如图 7-35 所示。

2．绘制墙面

（1）单击“默认”选项卡“图层”面板中的“图层特性”按钮，弹出“图层特性管理器”选项板。在该选项板中双击“墙”图层，使其成为当前图层。

（2）单击“默认”选项卡“绘图”面板中的“直线”按钮，按照墙面辅助线绘制墙面，绘制结果如图 7-36 所示。

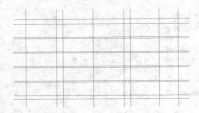

图 7-35　绘制墙面辅助线

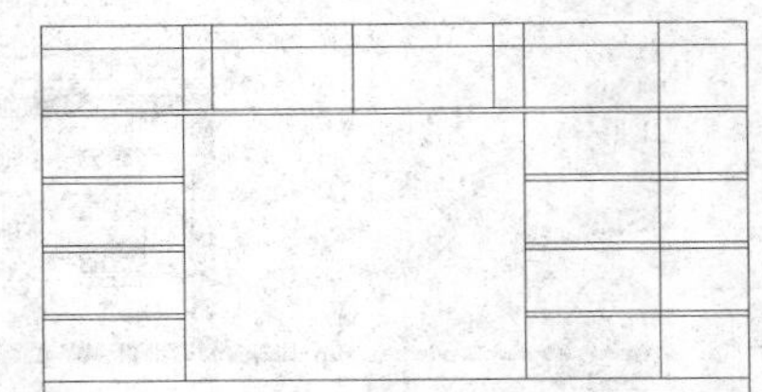

图 7-36　墙面绘制结果

（3）单击“默认”选项卡“修改”面板中的“复制”按钮，把外立面图上的门和窗户复制到立面详图上，这样得到的图形在窗户的部分有一些重叠现象。单击“默认”选项卡“修改”面板中的“修剪”按钮，把重叠的墙线修剪掉，结果如图 7-37 所示。

（4）单击“默认”选项卡“绘图”面板中的“图案填充”按钮，在弹出的“图案填充创建”选项卡中设置“图案填充图案”为 AR-SAND，“填充图案比例”为 2，拾取石头内一点，完成图案填充操作，填充结果如图 7-38 所示。

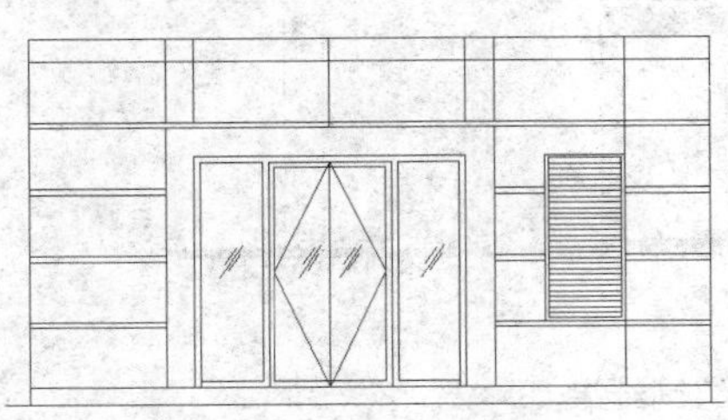

图 7-37　门窗绘制结果

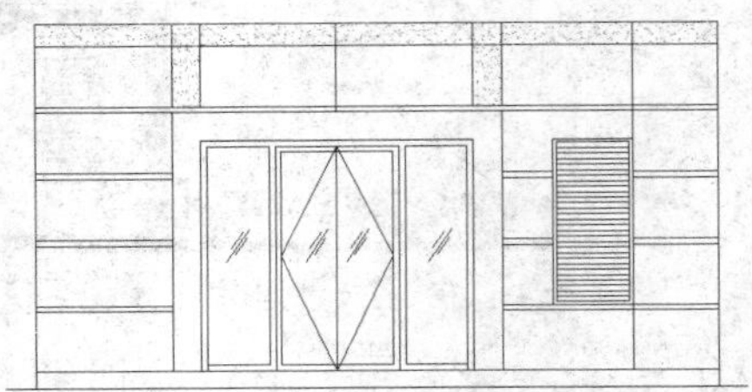

图 7-38　立面图绘制结果

3．文字和标注

（1）单击“默认”选项卡“图层”面板中的“图层特性”按钮，弹出“图层特性管理器”选项板。双击“标注”图层，使其成为当前图层。

（2）选择菜单栏中的“标注”→“线性”命令进行尺寸标注，标注结果如图 7-39 所示。

（3）单击“默认”选项卡“修改”面板中的“复制”按钮，从外立面图中复制标高符号到立面详图中。单击“默认”选项卡“修改”面板中的“复制”按钮，把标高复制到各个高点控制处，然后更改其对应的高程文字。单击“默认”选项卡“绘图”面板中的“直线”按钮，在立面详图上各处引出折线。单击“注释”选项卡“文字”面板中的“多行文字”按钮A，在折线上标出各个折线所注明的材料，如图 7-40 所示。

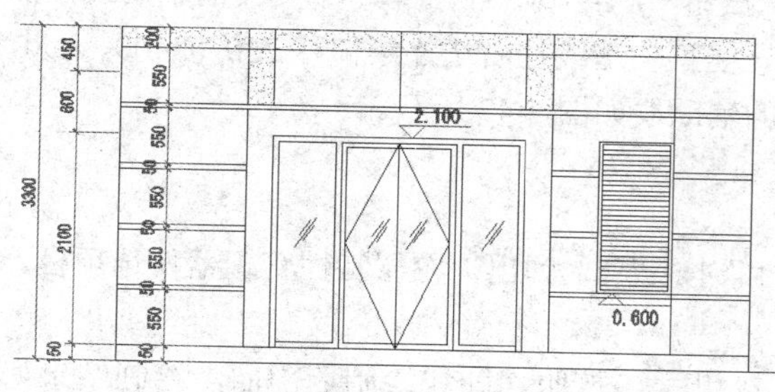

图 7-39　尺寸标注结果

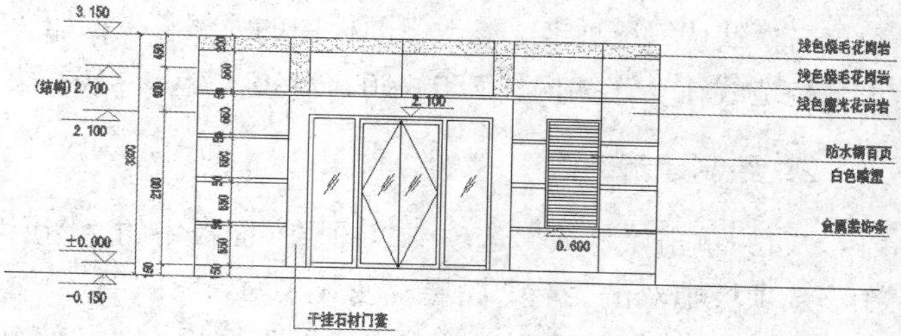

图 7-40　标高和表面材料说明

（4）单击“默认”选项卡“绘图”面板中的“圆”按钮，绘制一个半径为 250 的圆。单击“默认”选项卡“绘图”面板中的“直线”按钮，绘制圆的水平直径。单击“注释”选项卡“文字”面板中的“多行文字”按钮A，绘制一个文字 1，注意指定文字高度为 150。单击“默认”选项卡“修改”面板中的“移动”按钮，把文字 1 移动到上半圆的中心；单击“默认”选项卡“绘图”面板中的“直线”按钮，在下半圆的中心绘制一根短直线，这样就能得到一个大样详图编号。

（5）单击“默认”选项卡“绘图”面板中的“直线”按钮，绘制直线过外墙的窗台处，同时绘制两根短粗线表明剖视方向向左。单击“注释”选项卡“文字”面板中的“多行文字”按钮A，在直线上标明文字“外墙大样 1”。单击“默认”选项卡“修改”面板中的“复制”按钮，复制轴线编号 A、B 到图下方，中间用短直线连接。单击“注释”选项卡“文字”面板中的“多行文字”按钮A，在正下方标上“立面图 1:50”，字高为 300，这样就得到建筑立面详图，如图 7-41 所示。

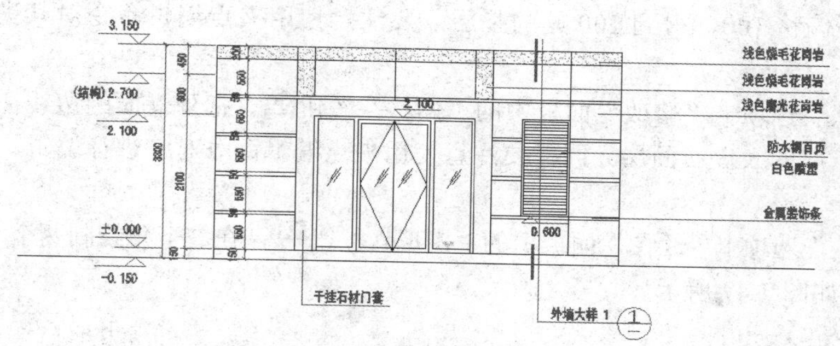

Ⓐ—Ⓑ立面图1:50

图 7-41　立面详图最终绘制结果

7.2.6　绘制剖面图

本节主要利用了“构造线”“直线”“偏移”“矩形”“图案填充”“尺寸标注”等命令，分三大步来绘制，首先绘制轴线，接着绘制建筑剖面，最后添加文字和尺寸标注。

1．绘制轴线

（1）单击“默认”选项卡“图层”面板中的“图层特性”按钮，弹出“图层特性管理器”选项板。在该选项板中双击“轴线”图层，使其成为当前图层。

（2）单击“默认”选项卡“绘图”面板中的“构造线”按钮，绘制一个“十”字交叉的辅助线，然后单击“默认”选项卡“修改”面板中的“偏移”按钮，让竖直构造线往右边连续偏移 250、3400、250，水平构造线往上连续偏移 250、50、2450、250、450，得到的辅助线如图 7-42 所示。

2．绘制建筑剖面

（1）单击“默认”选项卡“图层”面板中的“图层特性”按钮，弹出“图层特性管理器”选项板。在该选项板中双击“墙”图层，使其成为当前图层。

（2）单击“默认”选项卡“绘图”面板中的“直线”按钮，按照辅助线绘制墙剖面，绘制结果如图 7-43 所示。

（3）将“门窗”图层设置为当前图层，单击“默认”选项卡“绘图”面板中的“直线”按钮，按照门高绘制门剖面，绘制结果如图 7-44 所示。

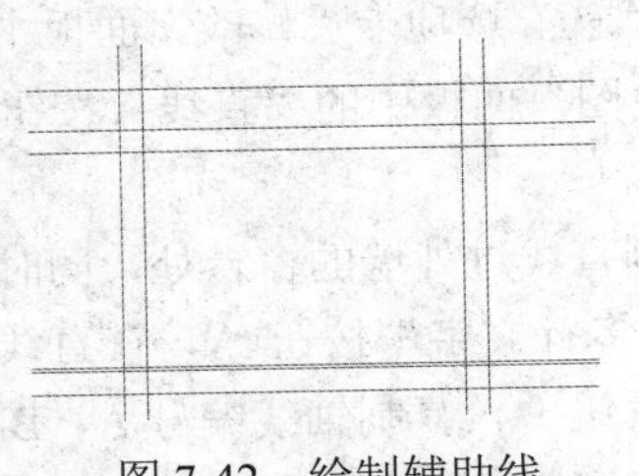
图 7-42　绘制辅助线

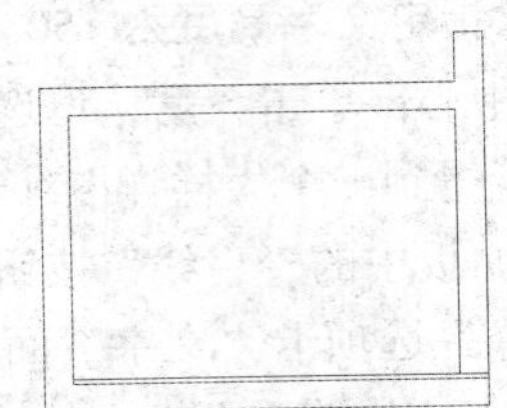
图 7-43　绘制墙剖面

图 7-44　绘制门剖面

（4）单击“默认”选项卡“修改”面板中的“偏移”按钮，把墙外边线往外先偏移 60，得到防水层，再把防水层往外偏移 100，得到 100 厚的垫层。要注意使用夹点编辑命令对其进行编辑，绘制结果如图 7-45 所示。

（5）单击“默认”选项卡“修改”面板中的“偏移”按钮，把外立面的边线往外先偏移 75，再往外偏移 25，得到 25 厚的大理石面层。同样要注意使用夹点编辑命令对其进行编辑，绘制结果如图 7-46 所示。

（6）单击“默认”选项卡“绘图”面板中的“矩形”按钮，在右下角绘制两个小矩形，把建筑物和其他地面隔开，结果如图 7-47 所示。

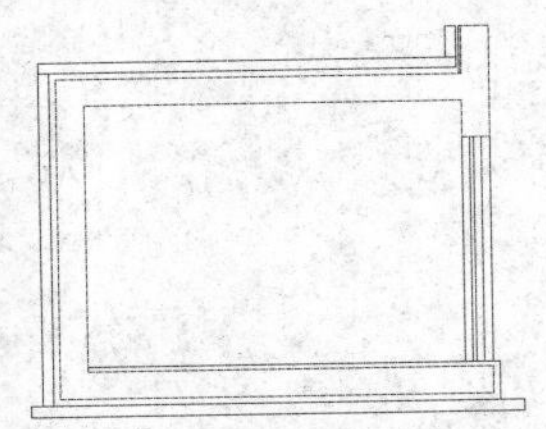
图 7-45　绘制防水层和垫层

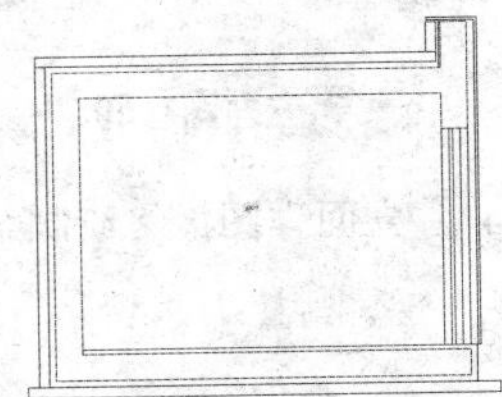
图 7-46　绘制大理石面层剖面

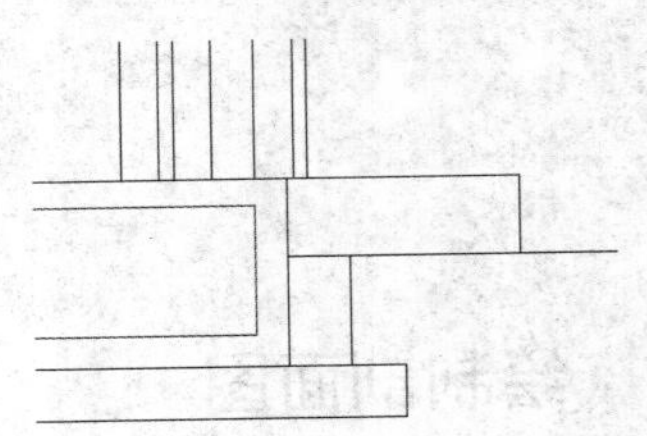
图 7-47　绘制矩形

（7）单击“默认”选项卡“绘图”面板中的“直线”按钮，绘制一条斜线作为屋顶的土层，然后单击“默认”选项卡“修改”面板中的“复制”按钮，把前边的草皮复制过来放到草地上，绘制结果

如图 7-48 所示。

（8）将“填充”图层设置为当前图层，单击“默认”选项卡“绘图”面板中的“图案填充”按钮，把墙体填充为灰色，建筑实体的绘制结果如图 7-49 所示。

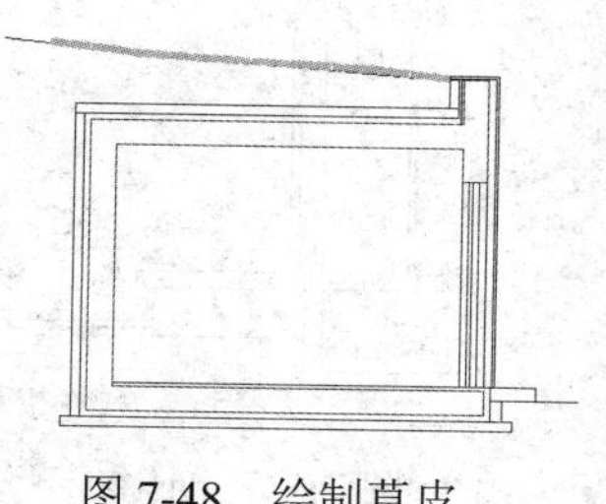

图 7-48　绘制草皮

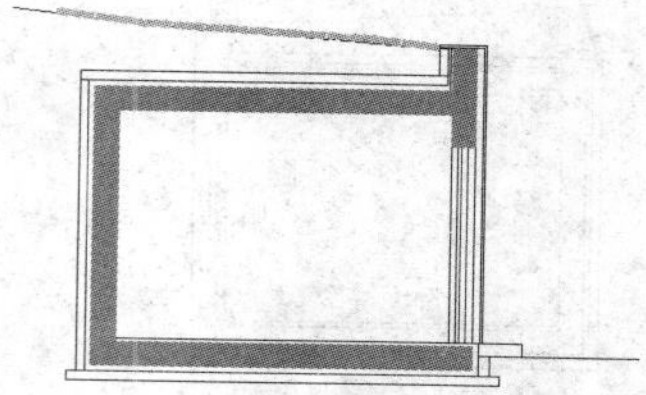

图 7-49　建筑实体的绘制结果

3. 文字和标注

（1）单击“默认”选项卡“图层”面板中的“图层特性”按钮，弹出“图层特性管理器”选项板。双击“标注”图层，使其成为当前图层。

（2）选择菜单栏中的“标注”→“对齐”命令进行尺寸标注，标注结果如图 7-50 所示。

（3）采用和前边一样的方法进行标高标注和文字说明，1-1 剖面图的最终绘制结果如图 7-51 所示。

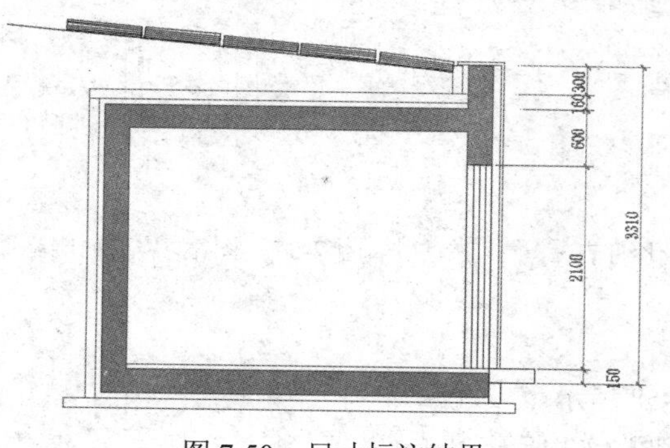

图 7-50　尺寸标注结果

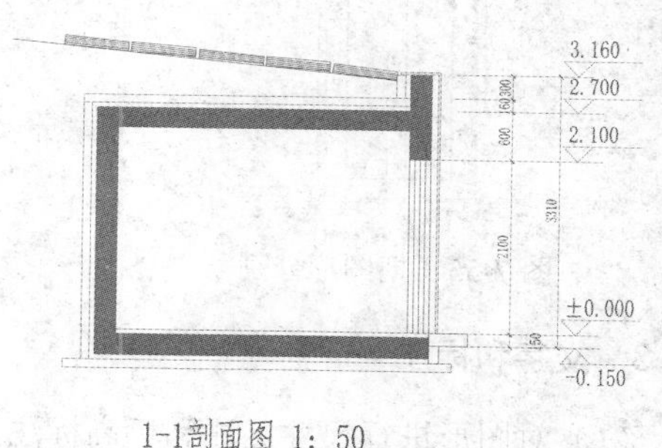

图 7-51　1-1 剖面图最终绘制结果

7.2.7　绘制剖面详图

前边已经比较详细地介绍了如何绘制这个建筑单体的平面图、立面图、立面详图、剖面图，在最后的这个剖面详图中，主要介绍绘图的思路和主要步骤，至于步骤的细节，将由读者依据自己的知识来丰富。

1. 整理原有资料

前边刚刚绘制完成一个 1-1 剖面，而现在所绘制的墙身剖面大样就是在 1-1 剖面的基础上修改的。单击“默认”选项卡“修改”面板中的“复制”按钮，复制 1-1 剖面图到右边。然后单击“默认”选项卡“修改”面板中的“删除”按钮，删除掉不需要的图形部分，例如，草皮、填充、文字说明、尺寸标高等，这样得到的框架如图 7-52 所示。

2. 细化剖面图

（1）把原来大门的部分改为窗的图案，绘制结果如图 7-53 所示。

（2）细化图形的右下角部分，绘制结果如图 7-54 所示。

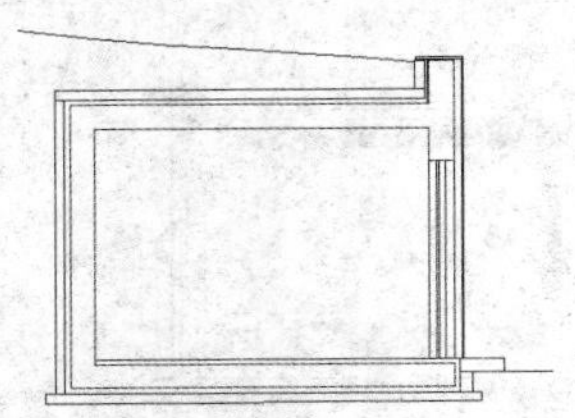

图 7-52　原有剖面图整理结果

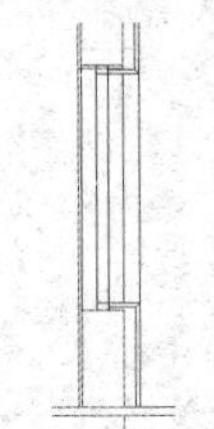

图 7-53　绘制窗户结果

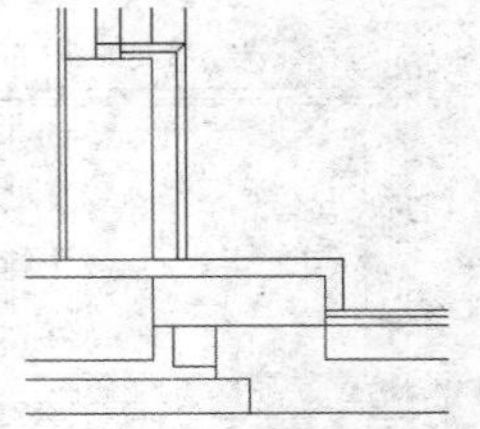

图 7-54　细化右下角

（3）从中间绘制两道竖直线，然后去掉竖直线中间的部分，把剩下的两部分微微靠拢，结果如图 7-55 所示。

（4）进一步细化防水层、土壤、草地等细部，绘制结果如图 7-56 所示。

（5）采用图案填充操作把各个剖面的材料表现出来，绘制结果如图 7-57 所示。

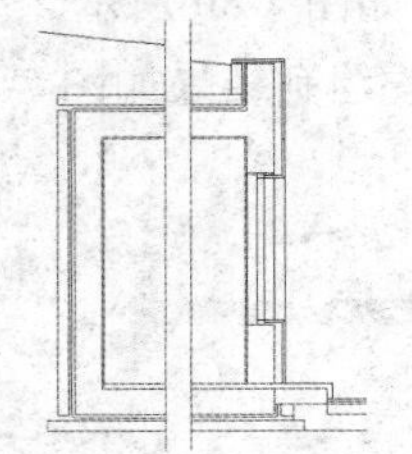

图 7-55　把图形分割

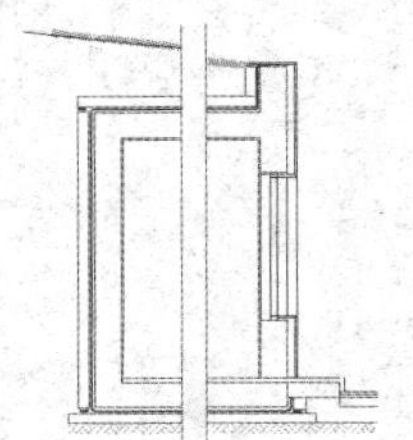

图 7-56　细化细节

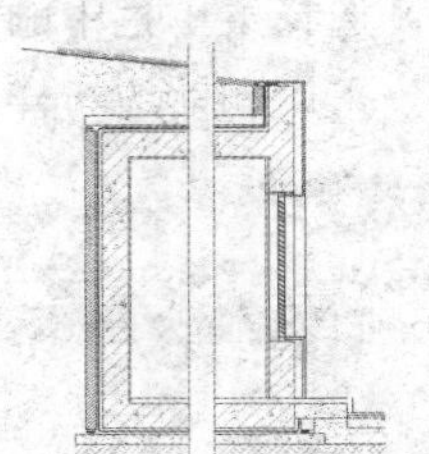

图 7-57　图案填充操作结果

3. 文字和标注

（1）对图形进行尺寸标注和标高标注，结果如图 7-58 所示。

（2）对各个部分进行详细的文字说明，最终结果如图 7-59 所示。

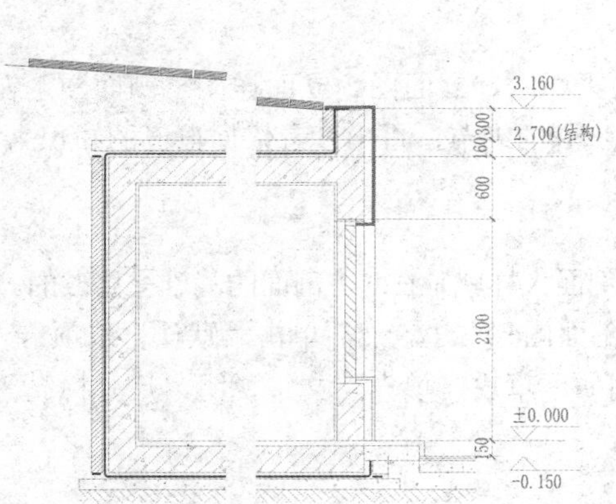

图 7-58　尺寸标注和标高标注结果

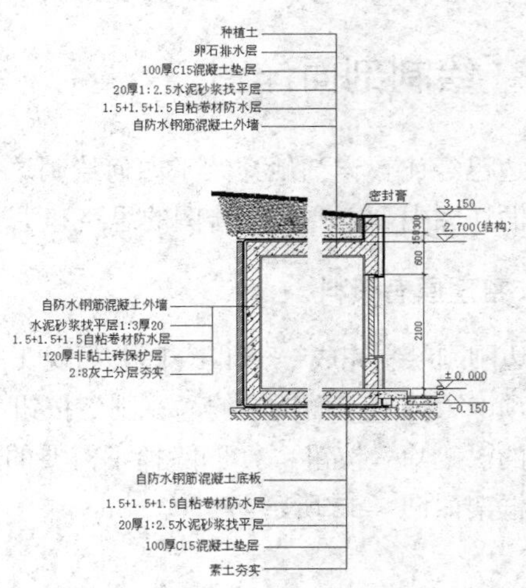

图 7-59　建筑剖面详图最终绘制结果

7.2.8　整体布置

最后把各个图形移动到一块，排列成为一个大致的矩形图案。再打开“源文件\图库\图框”，把它们圈起来，即可得到一张完成的建筑图纸，最终结果如图 7-1 所示。

7.3　上 机 实 验

【练习 1】绘制如图 7-60 所示的坐凳平面图。

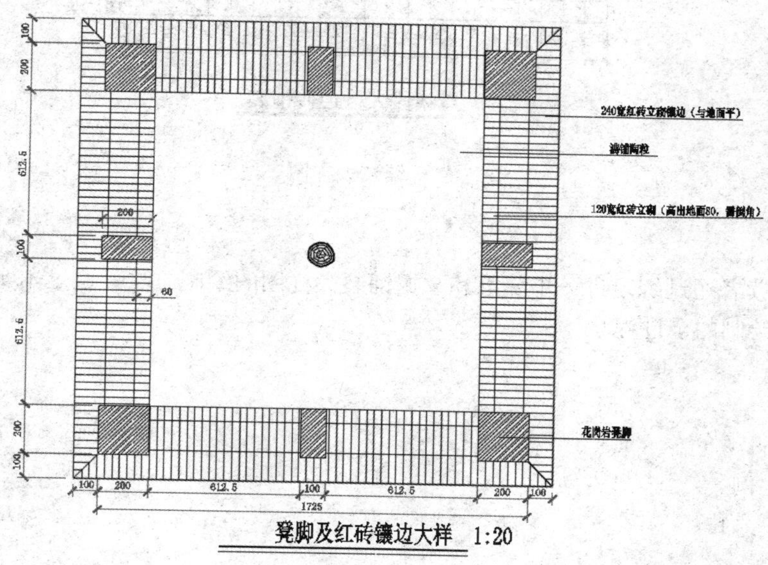

图 7-60　坐凳平面图

1. 目的要求

本实例主要要求读者通过练习进一步熟悉和掌握园林建筑的绘制方法。通过本实例，可以帮助读者学会完成整个平面图绘制的全过程。

2. 操作提示

（1）绘图前准备。

（2）绘制坐凳定位辅助线。

（3）绘制墙线、柱子。

（4）绘制坐凳平面图轮廓。

（5）绘制凳脚及红砖镶边大样图。

（6）标注尺寸、文字。

【练习 2】绘制如图 7-61 所示的铺装大样图。

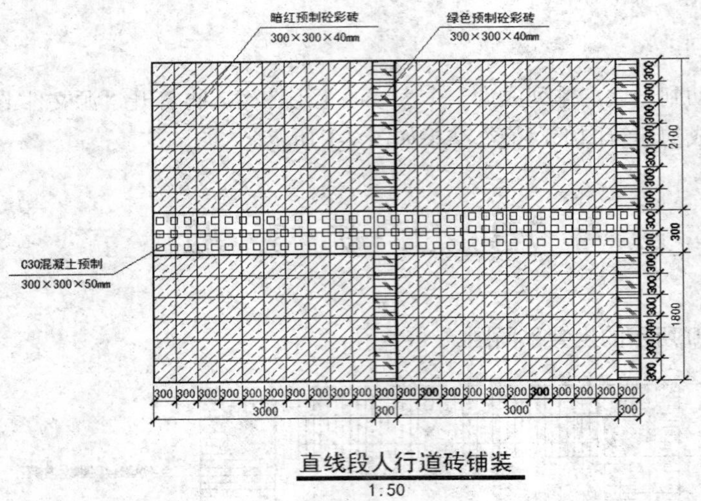

图 7-61　铺装大样图

1. 目的要求

本实例主要要求读者通过练习进一步熟悉和掌握铺装大样图的绘制方法。通过本实例，可以帮助读者学会完成整个大样图绘制的全过程。

2. 操作提示

（1）绘图前准备。

（2）确定绘图比例。

（3）设置绘图工具栏。

（4）设置图层。

（5）标注尺寸和文字。

（6）绘制直线段人行道。

第8章 园林水景

自古以来人类喜欢择水而居，所以在园林设计中，水景设计占据了很重要的地位。因水的形式表现多样，很容易与周围景物形成和谐统一的关系。不同形式的园林水景，其风韵、气势及声音也各不相同，或安逸、静谧，或欢快、咆哮等，都能给人以美的享受。本章将介绍园林水景的绘制。

8.1 园林水景概述

水景，作为园林中一道别样的风景点缀，以其特有的气息与神韵感染着每个人，是园林景观和给水排水的有机结合。随着房地产等相关行业的发展，人们对居住环境有了更高的要求。水景逐渐成为居住区环境设计的一大亮点，水景的应用技术也得到了快速发展，许多技术已大量应用于实践中。

【预习重点】

了解园林水景概述。

1. 园林水景的作用

园林水景的用途非常广泛，可归纳为以下 5 个主要方面。

（1）园林水体景观。如喷泉、瀑布、池塘等，都以水体为题材，水成了园林的重要构成元素，也引发无穷尽的诗情画意。冰灯、冰雕也是水在非常温状况下的一种观赏形式。

（2）改善环境，调节气候，控制噪声。喷泉、瀑布能增加空气湿度，提高空气中负氧离子的含量。

（3）提供体育娱乐活动场所。如游泳、划船、溜冰、船模以及冲浪、漂流、水上乐园等。

（4）汇集、排泄天然雨水。此项功能在认真设计的园林中，会节省不少地下管线的投资，为植物生长创造良好的立地条件；相反，污水倒灌、淹苗，又会造成意想不到的损失。

（5）防护、隔离、防灾用水。如护城河、隔离河，以水面作为空间隔离，是最自然、最节约的办法。引申来说，水面创造了园林迂回曲折的线路。隔岸相视，可望而不可即。救火、抗旱都离不开水。城市园林水体可作为救火备用水，郊区园林水体、沟渠是抗旱救灾的天然水源。

2. 园林景观的分类

园林水体的景观形式是丰富多彩的。明袁中郎谓：“水突然而趋，忽然而折，天回云昏，顷刻不知其千里，细则为罗谷，旋则为虎眼，注则为天坤，立则为岳玉；矫而为龙，喷而为雾，吸而为风，怒而为霆，疾徐舒蹙，奔跃万状。”下面以水体存在的 4 种形态来划分水体的景观。

（1）水体因压力而向上喷，形成各种各样的喷泉、涌泉、喷雾……总称“喷水”。

（2）水体因重力而下跌，高程突变，形成各种各样的瀑布、水帘……总称“跌水”。

（3）水体因重力而流动，形成各种各样溪流、旋涡……总称“流水”。

（4）水面自然，不受重力及压力影响，称为“池水”。

自然界不流动的水体，并不是静止的。它因风吹而涟漪、波涛，因降雨而得到补充，因蒸发、渗透而减少、枯干，因各种动植物、微生物的参与而污染、净化，无时无刻不在进行着生态的循环。

3. 喷水的类型

人工造就的喷水有 7 种景观类型。

（1）水池喷水：这是最常见的形式。设计水池，安装喷头、灯光、设备。停喷时，是一个静水池。

（2）旱池喷水：喷头等隐于地下，适用于让人参与的场所，如广场、游乐场。停喷时是场中一块微凹地坪，缺点是水质易污染。

（3）浅池喷水：喷头位于山石、盆栽之间，可以把喷水的全范围做成一个浅水盆，也可以仅在射流落点之处设几个水钵。美国迪士尼乐园有座间歇喷泉，由 A 定时喷一串水珠至 B，再由 B 喷一串水珠至 C，如此不断循环跳跃下去，周而复始，也是喷泉的一种形式。

（4）舞台喷水：影剧院、跳舞厅、游乐场等场所，有时作为舞台前景、背景，有时作为表演场所和活动内容。这里小型的设施、水池往往是活动的。

（5）盆景喷水：家庭、公共场所的摆设，大小不一，往往成套出售。此种以水为主要景观的设施，不限于“喷”的水姿，而易于吸取高科技成果，做出让人意想不到的景观，很有启发意义。

（6）自然喷水：喷头置于自然水体之中。

（7）水幕影像：上海城隍庙的水幕电影，由喷水组成 10 余米宽、20 余米长的扇形水幕，与夜晚天际连成一片，电影放映时，人物驰骋万里，来去无影。

当然，除了这 7 种类型景观，还有不少奇闻趣观。

4．水景的类型

水景是园林景观构成的重要组成部分，水的形态不同，则构成的景观也不同。水景一般可分为以下几种类型。

（1）水池：园林中常以天然湖泊作水池，尤其在皇家园林中，此水景有一望千顷、海阔天空的气派，构成了大型园林的宏旷水景。而私家园林或小型园林的水池面积较小，其形状可方、可圆、可直、可曲，常以近观为主，不可过分分隔，故给人的感觉是古朴野趣。

（2）瀑布：瀑布在园林中虽用得不多，但其特点鲜明，充分利用了高差变化，使水产生动态之势。如把石山叠高，下挖成潭，水自高往下倾泻，击石四溅，飞珠若帘，俨如千尺飞流，震撼人心，令人流连忘返。

（3）溪涧：溪涧的特点是水面狭窄而细长，水因势而流，不受拘束。水口的处理应使水声悦耳动听，使人犹如置身于真山真水之间。

（4）泉源：泉源之水通常是溢满的，一直不停地往外流出。古有天泉、地泉、甘泉之分。泉的地势一般比较低下，常结合山石，光线幽暗，别有一番情趣。

（5）濠濮：濠濮是山水相依的一种景象，其水位较低，水面狭长，往往能产生两山夹岸之感。而护坡置石，植物探水，可造成幽深濠涧的气氛。

（6）渊潭：潭景一般与峭壁相连。水面不大，深浅不一。大自然之潭周围峭壁嶙峋，俯瞰气势险峻，犹若万丈深渊。庭园中潭之创作，岸边宜叠石，不宜披土；光线处理宜隐蔽浓郁，不宜阳光灿烂；水位标高宜低下，不宜涨满。水面集中而空间狭隘是渊潭的创作要点。

（7）滩：滩的特点是水浅而与岸高差很小。滩景结合洲、矶、岸等，潇洒自如，极富自然。

（8）水景缸：水景缸是用容器盛水作景。其位置不定，可随意摆放，内可养鱼、种花，以用作庭园点景之用。

除上述类型外，随着现代园林艺术的发展，水景的表现手法越来越多，如喷泉造景、叠水造景等，均活跃了园林空间，丰富了园林内涵，美化了园林的景致。

5．喷水池的设计原则

（1）要尽量考虑向生态方向发展，如空调冷却水的利用、水帘幕降温、鱼塘增氧、兼作消防水池、喷雾增加空气湿度和负离子，以及作为水系循环水源等。科学研究证明，水滴分裂有带电现象，水滴由加有高压电的喷嘴中以雾状喷出，可吸附微小烟尘乃至有害气体，会大大提高除尘效率。带电水雾硝烟的技术及装置、向雷云喷射高速水流消除雷害的技术正在积极研究中。真是“喷流飞电来，奇观有奇用”。

（2）要与其他景观设施结合。这里有两层意思，一是喷水等水景工程，二是一项综合性工程，要园林、建筑、结构、雕塑、自控、电气、给排水、机械等方面专业参加，才能做到至善至美。

（3）水景是园林绿化景观中的一部分内容，要有雕塑、花坛、亭廊、花架、座椅、地坪铺装、儿童游戏场、露天舞池等内容的参加配合，才能成景，并做到规模不致过大，而效果淋漓尽致，喷射时好看，停止时也好看。

（4）要有新意，不落窠臼。日本的喷水，是由声音、风向、光线来控制开启的，还有座“激流勇进”，一股股激浪冲向艘艘木舟，激起千堆雪。不详细看，还以为是老渔翁在奋勇前进呢。美国有座喷泉，上喷的水正对着下泻的瀑，水花在空中爆炸，蔚为壮观。

（5）要因地制宜选择合理的喷泉。例如，适于参与、有管理条件的地方采用旱地喷水，而只适于观赏的要采用水池喷泉，园林环境下可考虑采用自然式浅池喷水。

6．各种喷水款式的选择

现在的喷泉设计，多从造型考虑，喜欢哪个样子就选哪种喷头。这种做法是不对的。实际上现有各种喷头的使用条件是有很多不同的。

（1）声音。有的喷头的水噪声很大，如充气喷头；而有的是有造型而无声，很安静的，如喇叭喷头。

（2）风力的干扰。有的喷头受外界风力影响很大，如半圆形喷头，此类喷头形成的水膜很薄，强风下几乎不能成型；有的则没什么影响，如树水状喷头。

（3）水质的影响。有的喷头受水质的影响很大，水质不佳，动辄堵塞，如蒲公英喷头，堵塞局部，破坏整体造型。但有的影响很小，如涌泉。

（4）高度和压力。各种喷头都有其合理、高效的喷射高度。例如，要喷得高，可用中空喷头，比用直流喷头好，因为环形水流的中部空气稀薄，四周空气裹紧水柱使之不易分散。而儿童游戏场为安全起见，要选用低压喷头。

（5）水姿的动态。多数喷头是安装后或调整后按固定方向喷射的，如直流喷头。还有一些喷头是动态的，如摇摆和旋转喷头，在机械和水力的作用下，喷射时喷头是移动的，且经过特殊设计，有的喷头还按预定的轨迹前进。同一种喷头，由于设计的不同，可喷射出各种高度，此起彼伏。无级变速可使喷射轨迹呈曲线形状，甚至时断时续，射流呈现出点、滴、串的水姿，如间歇喷头。多数喷头是安装在水面之上的，但是鼓泡（泡沫）喷头是安装在水面之下的，因水面的波动，喷射的水姿会呈现起伏动荡的变化。使用此类喷头，还要注意水池会有较大的波浪出现。

（6）射流和水色。多数喷头喷射时水色是透明无色的。鼓泡（泡沫）喷头、充气喷头由于空气和水混合，射流是不透明白色的。而雾状喷头要在阳光照射下才会产生瑰丽的彩虹。水盆景、摆设一类水景，往往把水染色，使之在灯光下更显烂漫辉煌。

8.2 园林水景工程图的绘制

【预习重点】

掌握园林水景工程图的绘制。

山石水体是园林的骨架，表达水景工程构筑物（如驳岸、码头、喷水池等）的图样称为水景工程图。在水景工程图中，除表达工程设施的土建部分外，一般还有机电、管道、水文地质等专业内容。此处主要介绍水景工程图的表达方法、一般分类和喷水池工程图。

1．水景工程图的表达方法

1）视图的配置

水景工程图的基本图样仍然是平面图、立面图和剖面图。水景工程构筑物，如基础、驳岸、水闸、水池等许多部分被土层覆盖，所以剖面图和断面图应用较多。人站在上游（下游），面向建筑物作投射，所得的视图称为上游（下游）立面图，如图 8-1 所示。

为看图方便，每个视图都应在图形下方标出名称，各视图应尽量按投影关系配置。布置图形时，习惯使水流方向由左向右或自上而下。

2）其他表示方法

（1）局部放大图

物体的局部结构用较大比例画出的图样称为局部放大图或详图。放大的详图必须标注索引标志和详图标志。

（2）展开剖面图

当构筑物的轴线是曲线或折线时，可沿轴线剖开物体并向剖切面投影，然后将所得剖面图展开在一个平面上，这种剖面图称为展开剖面图，在图名后应标注“展开”二字。

（3）分层表示法

当构筑物有几层结构时，在同一视图内可按其结构层次分层绘制。相邻层次用波浪线分界，并用文字在图形下方标注各层名称。

（4）掀土表示法

被土层覆盖的结构，在平面图中不可见。为表示这部分结构，可假想将土层掀开后再画出视图。

（5）规定画法

① 构筑物中的各种缝线，如沉陷缝、伸缩缝和材料分界线，两边的表面虽然在同一平面内，但画图时一般按轮廓线处理，用一条粗实线表示。

② 水景构筑物配筋图的规定画法与园林建筑图相同。如钢筋网片的布置对称可以只画一半，另一半表达构件外形。对于规格、直径、长度和间距相同的钢筋，可用粗实线画出其中一根来表示，同时用一横穿的细实线表示其余的钢筋。

③ 如图形的比例较小，或者某些设备另有专门的图纸来表达，可以在图中相应的部位用图例来表达工程构筑物的位置。常用图例如图 8-2 所示。

2．水景工程图的尺寸注法

投影制图有关尺寸标注的要求，在注写水景工程图的尺寸时也必须遵守。但水景工程图也有它自己的特点，主要有以下内容。

（1）基准点和基准线

要确定水景工程构筑物在地面的位置，必须先定好基准点和基准线在地面的位置，各构筑物的位置均以基准点进行放样定位。基准点的平面位置是根据测量坐标确定的，两个基准点的连线可以定出基准线的平面位置。基准点的位置用交叉十字线表示，引出标注测量坐标。

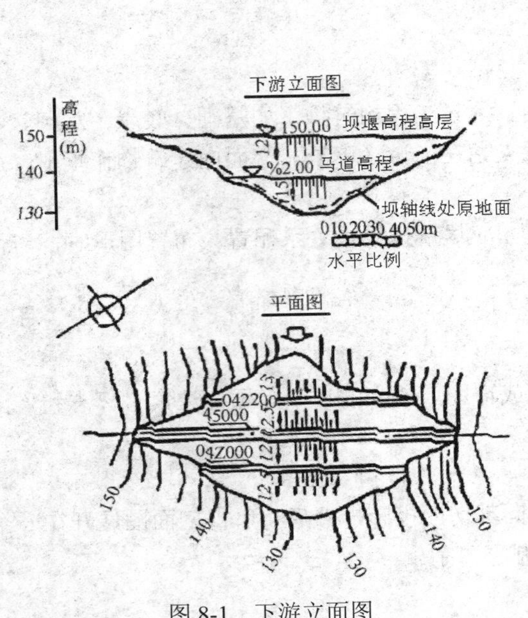

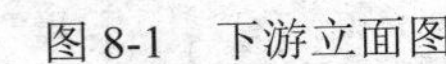

图 8-1　下游立面图

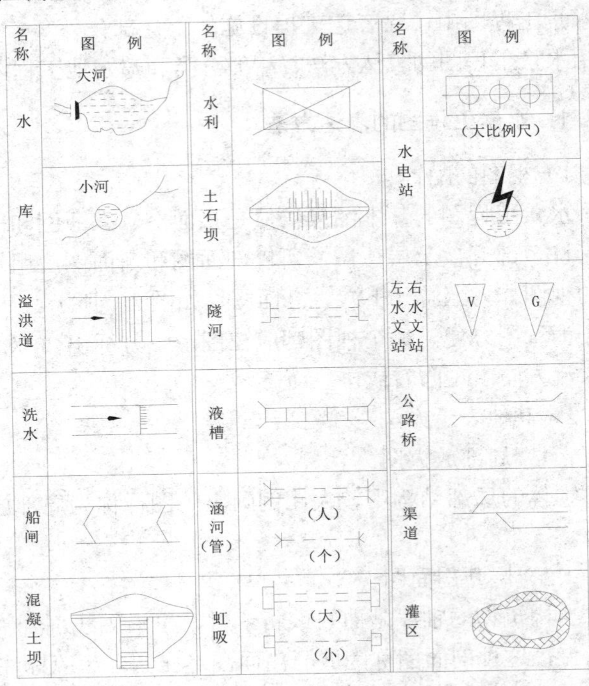

名称	图例	名称	图例	名称	图例
水	大河	水利		水电站	（大比例尺）
库	小河	土石坝			
溢洪道		隧河		左水文站 右水文站	V　G
洗水		液槽		公路桥	
船闸		涵河（管）	（人）（个）	渠道	
混凝土坝		虹吸	（大）（小）	灌区	

图 8-2　常用图例

（2）常水位、最高水位和最低水位

设计和建造驳岸、码头、水池等构筑物时，应根据当地的水情和一年四季的水位变化来确定驳岸和水池的形式和高度。使得常水位时景观最佳，最高水位不至于溢出，最低水位时岸壁的景观也可入画。因此在水景工程图上，应标注常水位、最高水位和最低水位的标高，并将常水位作为相对标高的零点，如图 8-3 所示。为便于施工测量，图中除注写各部分的高度尺寸外，尚需注出必要的高程。

（3）里程桩

对于堤坝、渠道、驳岸、隧洞等较长的水景工程构筑物，沿轴线的长度尺寸通常采用里程桩的标注方法。标注形式为 k+m，k 为千米数，m 为米数。如起点桩号标注成 0+000，起点桩号之后，k、m 为正值；起点桩号之前，k、m 为负值。桩号数字一般沿垂直于轴线的方向注写，且标注在同一侧，如图 8-4 所示。当同一图中几种建筑物均采用“桩号”标注时，可在桩号数字之前加注文字以示区别，如坝 0+021.00，洞 0+018.30 等。

3. 水景工程图的内容

开池理水是园林设计的重要内容。园林中的水景工程，一类是利用天然水源（河流、湖泊）和现状地形修建的较大型水面工程，如驳岸、码头、桥梁、引水渠道和水闸等；更多的是在街头、游园内修建的小型水面工程，如喷水池、种植池、盆景池、观鱼池等人工水池。水景工程设计一般也要经过规划、初步设计、技术设计和施工设计几个阶段。每个阶段都要绘制相应的图样。水景工程图主要有总体布置图和构筑物结构图。

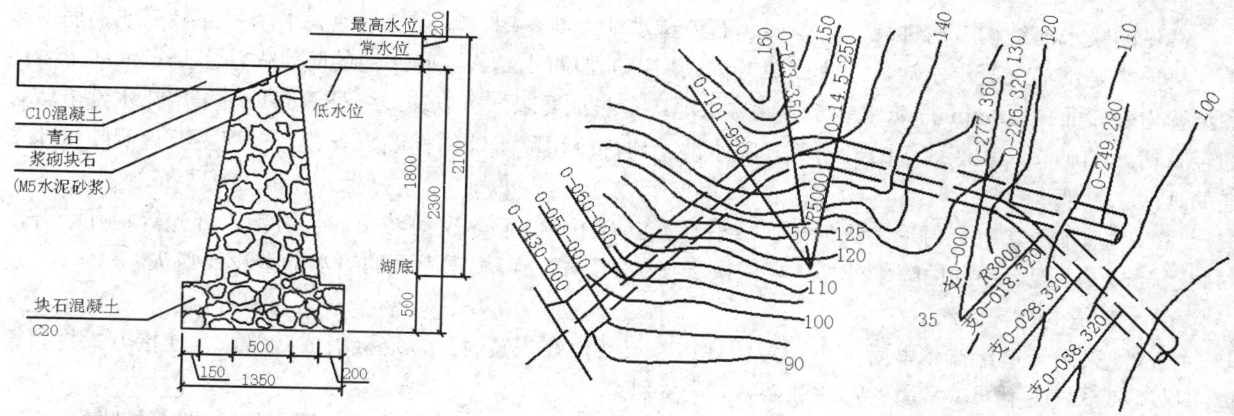

图 8-3　驳岸剖面图尺寸标注

图 8-4　里程桩尺寸标注

（1）总体布置图

总体布置图主要表示整个水景工程各构筑物在平面和立面的布置情况。总体布置图以平面布置图为主，必要时配置立面图：平面布置图一般画在地形图上；为了使图形主次分明，结构图的次要轮廓线和细部构造均省略不画，或用图例或示意图标示这些构造的位置和作用。图中一般只注写构筑物的外形轮廓尺寸和主要定位尺寸，主要部位的高程和填挖方坡度。总体布置图的绘图比例一般为 1:200～1:500。总体布置图的内容如下。

① 工程设施所在地区的地形现状、河流及流向、水面、地理方位（指北针）等。

② 各工程构筑物的相互位置、主要外形尺寸、主要高程。

③ 工程构筑物与地面交线、填挖方的边坡线。

（2）构筑物结构图

结构图是以水景工程中某一构筑物为对象的工程图，包括结构布置图、分部和细部构造图以及钢筋混凝土结构图。构筑物结构图必须把构筑物的结构形状、尺寸大小、材料、内部配筋及相邻结构的连接方式等都表达清楚。结构图包括平面图、立面图、剖面图、详图和配筋图，绘图比例一般为 1:8～1:100。构筑物结构图的内容如下。

① 表明工程构筑物的结构布置、形状、尺寸和材料。

② 表明构筑物各分部和细部构造、尺寸和材料。

③ 表明钢筋混凝土结构的配筋情况。

④ 工程地质情况及构筑物与地基的连接方式。

⑤ 相邻构筑物之间的连接方式。

⑥ 附属设备的安装位置。

⑦ 构筑物的工作条件，如常水位和最高水位等。

4．喷水池工程图

喷水池的面积和深度较小，一般仅几十厘米至一米左右，可根据需要建成地面上或地面下或者半地上半地下的形式。人工水池与天然湖池的区别：一是采用各种材料修建池壁和池底，并有较高的防水要求；二是采用管道给排水，要修建闸门井、检查井、排放口和地下泵站等附属设备。

常见的喷水池结构有两种：一类是砖、石池壁水池，池壁用砖墙砌筑，池底采用素混凝土或钢筋混凝土；另一类是钢筋混凝土水池，池底和池壁都采用钢筋混凝土结构。喷水池的防水做法多是在池底上表面和池壁内外墙面抹 20mm 厚防水砂浆。北方水池还有防冻要求，可以在池壁外侧回填时采用排水性能较好的轻骨料，如矿渣、焦渣或级配砂石等。喷水池土建部分用喷水池结构图来表达，以下主要说明喷水池管道的画法。

喷水的基本形式有直射形、集射形、放射形、混合形等。喷水又可与山石、雕塑、灯光等相互配合，共同组合形成景观。不同的喷水外形主要取决于喷头的形式，可根据不同的喷水造型设计喷头。

（1）管道的连接方法

喷水池采用管道给排水，管道有一定的规格和尺寸，在安装时加以连接组成管路，其连接方式将因管道的材料和系统而不同。常用的管道连接方式有 4 种。

① 法兰接：在管道两端各焊一个圆形的法兰盘，在法兰盘中间垫以橡皮，四周钻有成组的小圆孔，在圆孔中用螺栓连接。

② 承插接：管道的一端做成钟形承口，另一端是直管，直管插入承口内，在空隙处填以石棉水泥。

③ 螺纹接：管端加工有外螺纹，用有内螺纹的套管将两根管道连接起来。

④ 焊接：将两管道对接焊成整体，在园林给排水管路中应用不多。

喷水池给排水管路中，给水管一般采用螺纹连接，排水管大多采用承插接。

（2）管道平面图

管道平面图主要是用以显示区域内管道的布置。一般游园的管道综合平面图常用比例为 1:200～1:2000。喷水池管道平面图主要能显示清楚该小区范围内的管道即可，通常选用 1:50～1:300 的比例。管道均用单线绘制，称为单线管道图。用不同的宽度和不同的线型加以区别。新建的各种给排水管用粗线，原有的给排水管用中粗线；给水管用实线，排水管用虚线等。

管道平面图中的房屋、道路、广场、围墙、草地花坛等原有建筑物和构筑物按建筑总平面图的图例用细实线绘制，水池等新建建筑物和构筑物用中粗线绘制。

铸铁管以公称直径 DN 表示，公称直径指管道内径，通常以英寸为单位（1"=25.4mm），也可标注毫米，例如 DN50。混凝土管以内径 d 表示，例如 d150。管道应标注起迄点、转角点、连接点、变坡点的标高。给水管宜标注管中心线标高，排水管宜标注管内底标高。一般标注绝对标高，如无绝对标高资料，也可标注相对标高。给水管是压力管，通常水平敷设，可在说明中注明中心线标高。排水管为简便起见，可在检查井处引出标注，水平线上面注写管道种类及编号，例如 W-5，水平线下面注写井底标高。也可在说明中注写管口内底标高和坡度。管道平面图中还应标注闸门井的外形尺寸和定位尺寸，指北针或风向玫瑰图。为便于对照阅读，应附足给水排水专业图例和施工说明。施工说明一般包括设计标高、管径及标高、管道材料和连接方式、检查井和闸门井尺寸、质量要求和验收标准等。

（3）安装详图

安装详图主要用以表达管道及附属设备安装情况，或称工艺图。安装详图以平面图作为基本视图，然后根据管道布置情况选择合适的剖面图，剖切位置通过管道中心，但管道按不剖绘制。局部构造，如闸门井、泄水口、喷泉等用管道节点图来表达。在一般情况下管道安装详图与水池结构图应分别绘制。

一般安装详图的画图比例都比较大，各种管道的位置、直径、长度及连接情况必须表达清楚。在安装详图中，管径大小按比例用双粗实线绘制，称为双线管道图。

为便于阅读和施工备料，应在每个管件旁边，以指引线引出 6mm 小圆圈并加以编号，相同的管配件可

编同一号码。在每种管道旁边注明其名称，并画箭头以示其流向。

池体等土建部分另有构筑物结构图详细表达其构造、厚度、钢筋配置等内容。在管道安装工艺图中，一般只画水池的主要轮廓，细部结构可省略不画。池体等土建构筑物的外形轮廓线（非剖切）用细实线绘制，闸门井、池壁等剖面轮廓线用中粗线绘制，并画出材料图例。管道安装详图的尺寸包括构筑尺寸、管径及定位尺寸、主要部位标高。构筑尺寸指水池、闸门井、地下泵站等内部长、宽和深度尺寸，沉淀池、泄水口、出水槽的尺寸等。在每段管道旁边注写管径和代号 DN 等，管道通常以池壁或池角定位。构筑物的主要部位（池顶、池底、泄水口等）及水面、管道中心、地坪应标注标高。

喷头是经机械加工的零部件，在与管道连接时，采用螺纹连接或法兰连接。自行设计的喷头应按机械制图标准画出部件装配图和零件图。

为便于施工备料、预算，应将各种主要设备和管配件汇总列入材料表中。列表内容包括件号、名称、规格、材料、数量等。

（4）喷水池结构图

喷水池池体等土建构筑物的布置、结构、形状大小和细部构造用喷水池结构图来表示。喷水池结构图通常包括表达喷水池各组成部分的位置、形状和周围环境的平面布置图，表达喷泉造型的外观立面图，表达结构布置的剖面图和池壁、池底结构详图或配筋图。如图 8-5 所示是钢筋混凝土水池的池壁和池底详图。其钢筋混凝土结构的表达方法应符合建筑结构制图标准的规定。

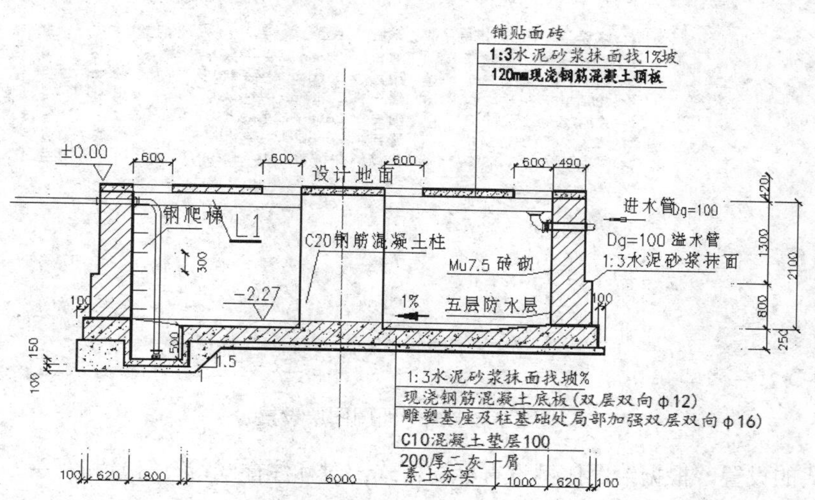

图 8-5　钢筋混凝土水池的池壁和池底详图

8.3　水池的绘制

【预习重点】

掌握水池的绘制。

8.3.1 水池平面图绘制

使用“直线”命令绘制定位轴线；使用“圆”“正多边形”“延伸”命令绘制水池平面图；用“半径”“线性”“连续”命令标注尺寸；用“引线”和文字命令标注文字，完成后保存水池平面图，如图 8-6 所示。

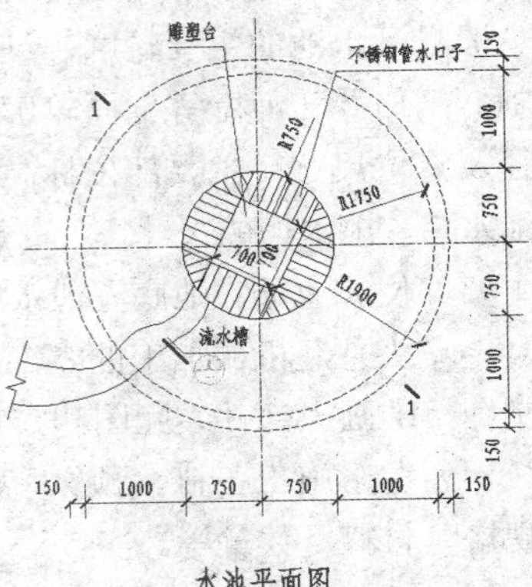

图 8-6 水池平面图

1. 绘图前准备与设置

（1）要根据绘制图形决定绘图的比例，建议采用 1:1 的比例绘制。

（2）建立新文件。

（3）打开 AutoCAD 2017 应用程序，建立新文件，将新文件命名为“水池.dwg”并保存。

（4）设置图层。设置以下 5 个图层：“标注尺寸”“中心线”“轮廓线”“文字”“溪水”，把这些图层设置成不同的颜色，使图纸上表示更加清晰。设置好的图层如图 8-7 所示。

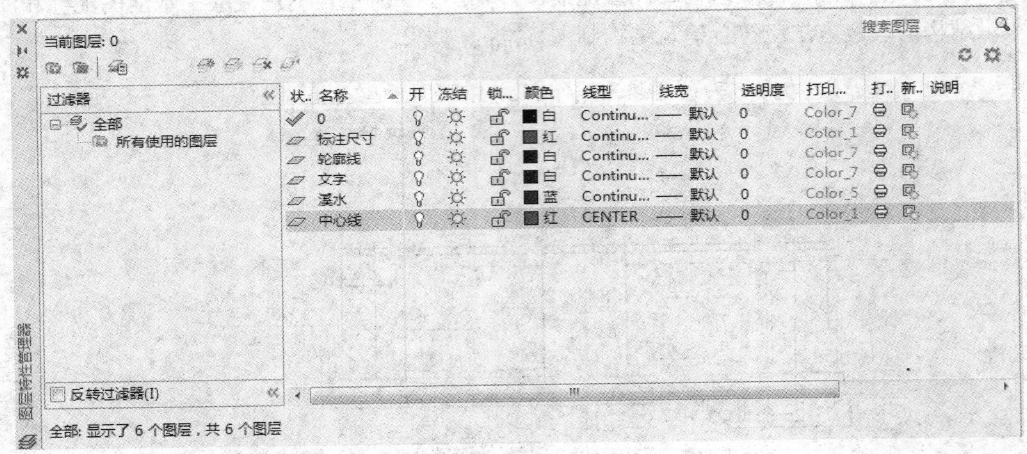

图 8-7 水池平面图图层设置

（5）标注样式的设置。根据绘图比例设置标注样式，对标注样式线、符号和箭头、文字、主单位进行设置，具体如下。

① 线：超出尺寸线为 80，起点偏移量为 120。

② 符号和箭头：第一个为建筑标记，箭头大小为 80，圆心标注为标记 60。

③ 文字：文字高度为 100，文字位置为垂直上，从尺寸线偏移 75，文字对齐为与尺寸线对齐。

④ 主单位：精度为 0，比例因子为 1。

（6）文字样式的设置。选择菜单栏中的“格式”→“文字样式”命令，弹出“文字样式”对话框，选择仿宋字体，“宽度因子”设置为 0.8，如图 8-8 所示。

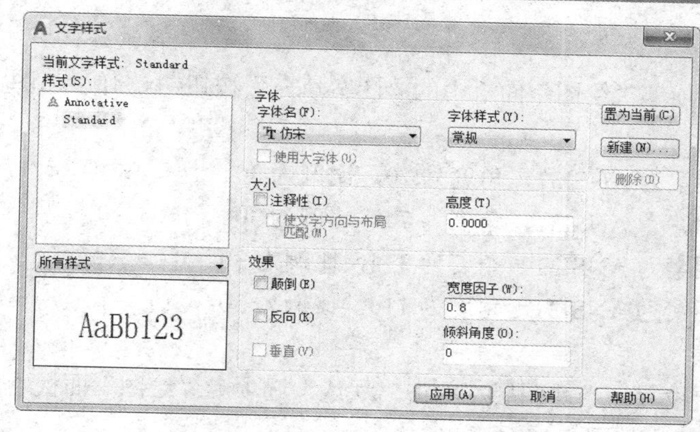

图 8-8　水池平面图文字样式设置

2．绘制定位轴线

（1）在状态栏中单击“正交模式”按钮，打开正交模式；在状态栏中单击“对象捕捉”按钮，打开对象捕捉模式。

（2）将“中心线”图层设置为当前图层。单击“默认”选项卡“绘图”面板中的“直线”按钮，绘制一条竖直中心线和水平中心线。

（3）将“标注尺寸”图层设置为当前图层，单击“注释”选项卡“标注”面板中的“线性”按钮，标注外形尺寸。完成的图层和尺寸如图 8-9 所示。

3．绘制水池平面图

（1）将“溪水”图层设置为当前图层。单击“默认”选项卡“绘图”面板中的“圆”按钮，分别绘制半径为 1900 和 1750 的同心圆。将“轮廓线”图层设置为当前图层。重复“圆”命令，绘制半径为 750 的同心圆，结果如图 8-10 所示。

（2）单击“默认”选项卡“绘图”面板中的“多边形”按钮，以中心线的交点为正多边形的交点，绘制外切圆半径为 350 的四边形。

（3）单击“默认”选项卡“修改”面板中的“旋转”按钮，将绘制的四边形绕中心线角度旋转，旋转角度为-30°，结果如图 8-11 所示。

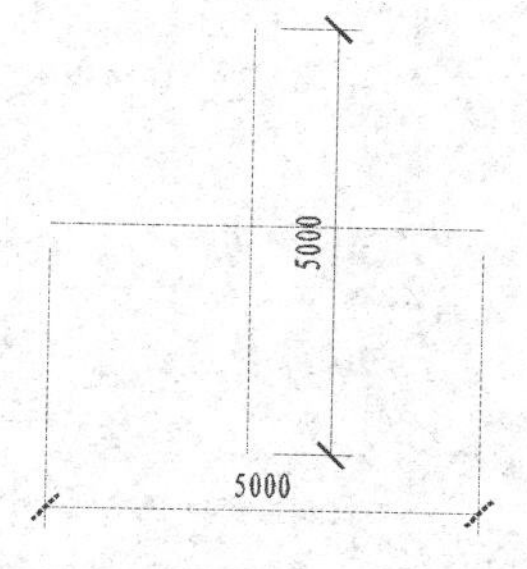

图 8-9　绘制定位线

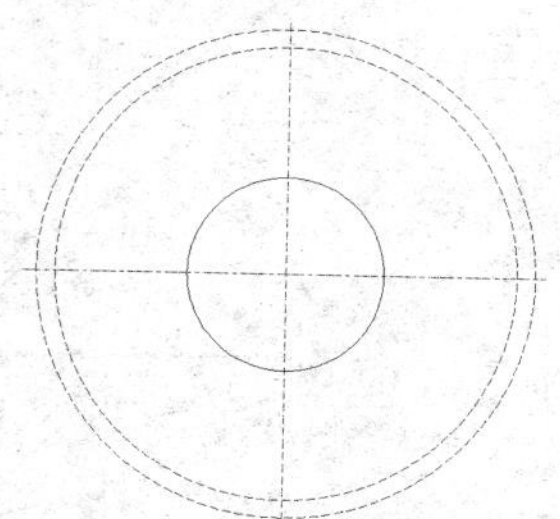

图 8-10　绘制圆

图 8-11　绘制正多边形

（4）单击“默认”选项卡“修改”面板中的“分解”按钮，将绘制的正多边形进行分解。

（5）单击“默认”选项卡“修改”面板中的“延伸”按钮，将分解后的 4 条边延伸至小圆，结果如

图 8-12 所示。

（6）单击“默认”选项卡“绘图”面板中的“图案填充”按钮，弹出“图案填充创建”选项卡。分别设置图 8-12 的填充参数。

① 区域 1 的参数：图案为 ANSI31，角度为 20，比例为 30。

② 区域 2 的参数：图案为 ANSI31，角度为 74，比例为 30。

③ 区域 3 的参数：图案为 ANSI31，角度为 334，比例为 30。

④ 区域 4 的参数：图案为 ANSI31，角度为 110，比例为 30。

结果如图 8-13 所示。

（7）将“溪水”图层设置为当前图层。单击“默认”选项卡“绘图”面板中的“样条曲线拟合”按钮，在适当位置绘制流水槽，如图 8-14 所示。

（8）将“轮廓线”图层设置为当前图层。单击“默认”选项卡“绘图”面板中的“直线”按钮，绘制折线。

（9）单击“默认”选项卡“修改”面板中的“修剪”按钮，修剪多余的线段，结果如图 8-15 所示。

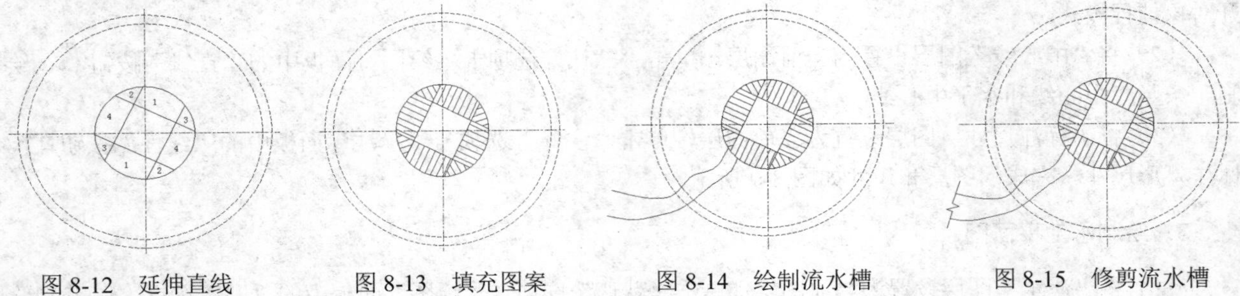

图 8-12 延伸直线　　图 8-13 填充图案　　图 8-14 绘制流水槽　　图 8-15 修剪流水槽

4. 标注尺寸和文字

（1）单击“注释”选项卡“标注”面板中的“半径”按钮，标注半径尺寸，如图 8-16 所示。

（2）单击“注释”选项卡“标注”面板中的“线性”按钮和“连续”按钮，标注线性尺寸，如图 8-17 所示。

（3）单击“默认”选项卡“绘图”面板中的“直线”按钮，绘制剖切线符号，并修改线宽为 0.4，如图 8-18 所示。

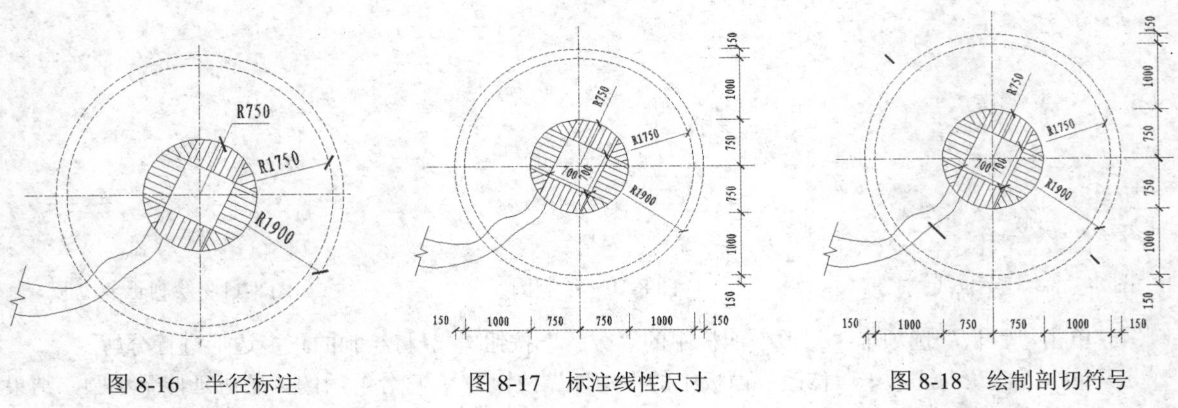

图 8-16 半径标注　　图 8-17 标注线性尺寸　　图 8-18 绘制剖切符号

（4）在命令行中输入 QLEADER 命令，命令行提示与操作如下。

```
命令: QLEADER
指定第一个引线点或 [设置(S)] <设置>:（按 Enter 键，弹出如图 8-19 所示的“引线设置”对话框）
指定下一点:
指定下一点:
输入注释文字的第一行 <多行文字(M)>:（按 Enter 键，弹出文本编辑器，输入文字）
```

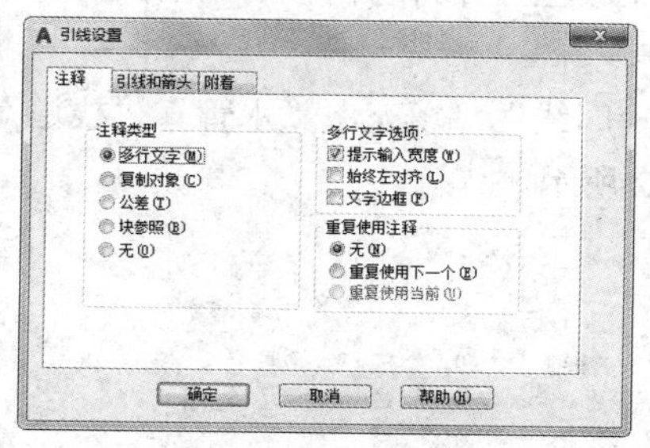

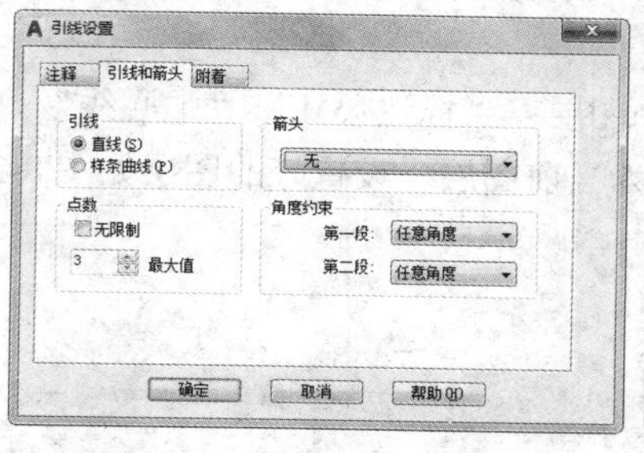

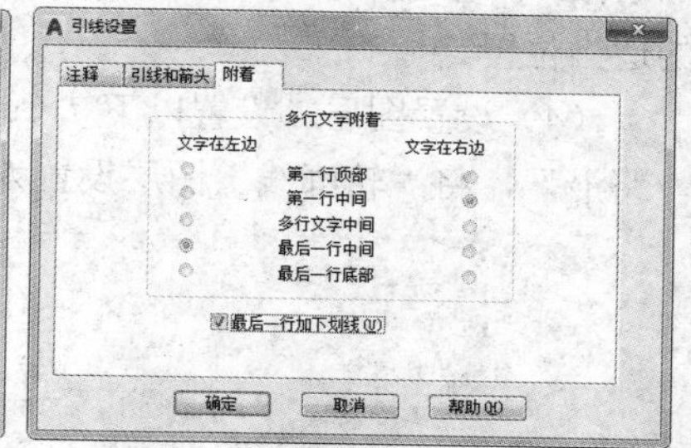

图 8-19　“引线设置”对话框

结果如图 8-20 所示。

（5）单击“插入”选项卡“块”面板中的“插入”按钮，弹出“插入”对话框，在适当的位置插入标号。

（6）单击“默认”选项卡“注释”面板中的“多行文字”按钮A，标注文字。结果如图 8-6 所示。

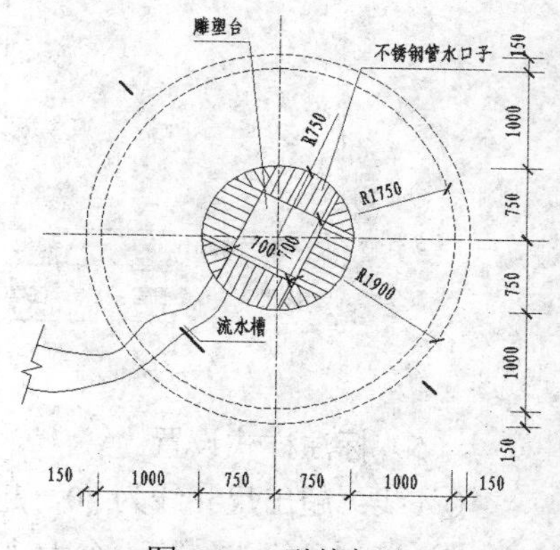

图 8-20　引线标注

8.3.2　1-1 剖面图绘制

使用“直线”“偏移”等命令绘制水池剖面轮廓；使用“直线”“圆弧”“复制”等命令绘制栈道、角钢和路沿；使用“直线”“圆”“圆弧”“偏移”等命令绘制水管；填充图案；标注尺寸、使用多行文字标注文字，完成 1-1 剖面图，如图 8-21 所示。

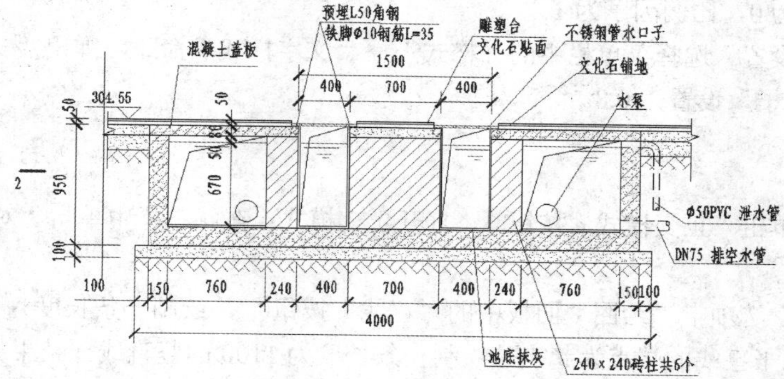

图 8-21　1-1 剖面图

1．前期准备以及绘图设置

（1）要根据绘制图形决定绘图的比例，在此建议采用 1:1 的比例绘制。

（2）建立新文件。打开 AutoCAD 2017 应用程序，建立新文件，将新文件命名为“1-1 剖面图.dwg”并保存。

（3）设置绘图工具栏。在任意工具栏处右击，从弹出的快捷菜单中选择“标准”“图层”“对象特性”“绘图”“修改”“修改 II”“文字”“标注”这 8 个命令，调出这些工具栏，并将它们移动到绘图窗口中的适当位置。

（4）设置图层。设置以下 7 个图层：“标注尺寸”“中心线”“轮廓线”“填充”“水管”“栈道”“路沿”，将“轮廓线”图层设置为当前图层。设置好的图层如图 8-22 所示。

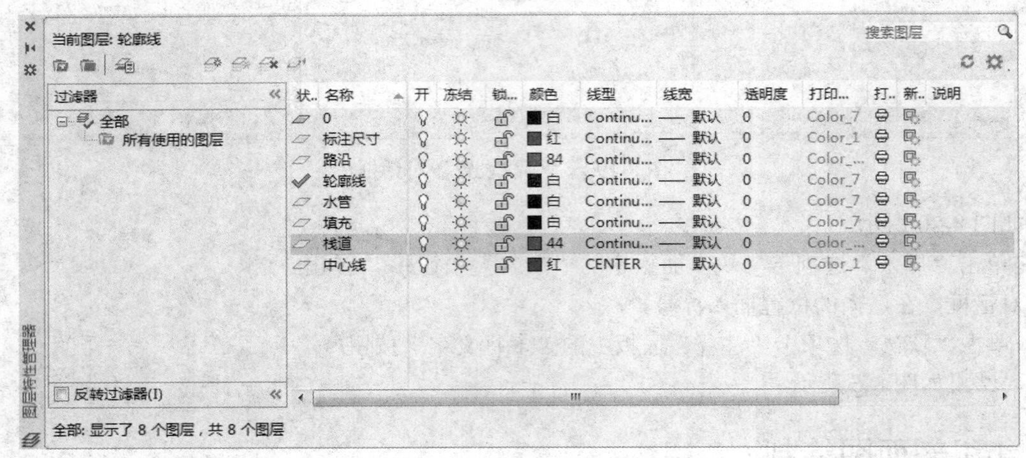

图 8-22　1-1 剖面图图层设置

（5）标注样式设置。

① 线：超出尺寸线为 80，起点偏移量为 120。

② 符号和箭头：第一个为建筑标记，箭头大小为 80，圆心标注为标记 60。

③ 文字：文字高度为 100，文字位置为垂直上，从尺寸线偏移 75，文字对齐为与尺寸线对齐。

④ 主单位：精度为 0，比例因子为 1。

（6）文字样式的设置。选择菜单栏中的“格式”→“文字样式”命令，弹出“文字样式”对话框，选择仿宋字体，“宽度因子”设置为 0.8。

2．绘制剖面轮廓

（1）在状态栏中单击“正交模式”按钮，打开正交模式；在状态栏中单击“对象捕捉”按钮，打开对象捕捉模式。

（2）单击“默认”选项卡“绘图”面板中的“直线”按钮，绘制一条长度为 4000 的水平直线。重复“直线”命令，以水平直线的端点为起点，绘制一条长度为 1100 的竖直线，结果如图 8-23 所示。

（3）单击“默认”选项卡“修改”面板中的“偏移”按钮，把水平直线向上偏移，偏移距离分别为 100、250、920、970 和 1050。重复“偏移”命令，将竖直直线向右偏移，偏移距离分别为 100、250、1010、1250、1650、2350、2750、2990、3750、3900 和 4000，结果如图 8-24 所示。

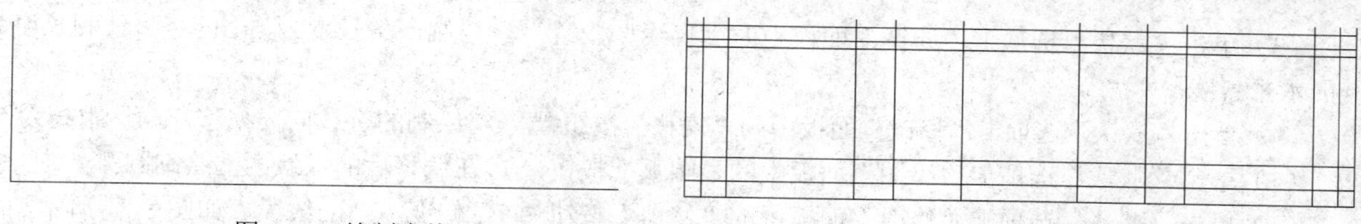

图 8-23　绘制直线

图 8-24　偏移直线

（4）单击“默认”选项卡“修改”面板中的“修剪”按钮，修剪多余的线段，如图 8-25 所示。

（5）单击“默认”选项卡“修改”面板中的“拉长”按钮，拉伸最上端的水平直线。

（6）单击“默认”选项卡“修改”面板中的“偏移”按钮，将拉伸的直线向上偏移，偏移距离分别为 5、25、30 和 50，结果如图 8-26 所示。

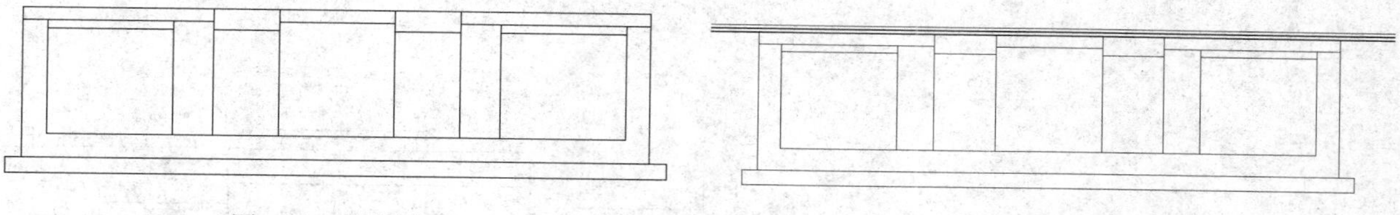

图 8-25　修剪图形

图 8-26　偏移直线

（7）单击“默认”选项卡“绘图”面板中的“直线”按钮，绘制竖直线。

（8）单击“注释”选项卡“标注”面板中的“线性”按钮，进行线性标注。复制的尺寸和完成的图形如图 8-27 所示。

（9）单击“默认”选项卡“修改”面板中的“修剪”按钮，修剪多余的线段，如图 8-28 所示。

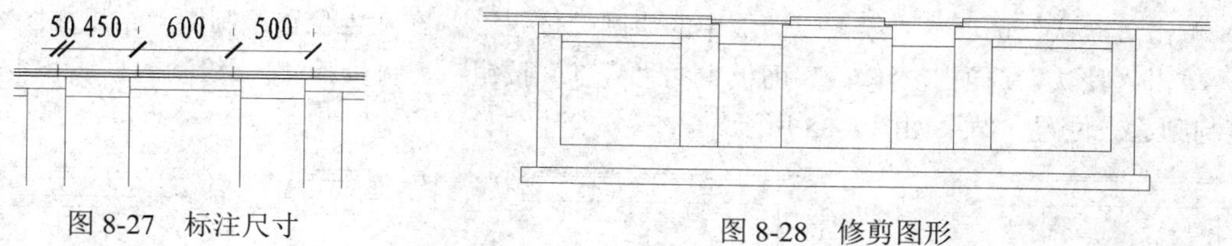

图 8-27　标注尺寸

图 8-28　修剪图形

3．绘制栈道、角钢和路沿

（1）将“栈道”图层设置为当前图层，单击“默认”选项卡“绘图”面板中的“直线”按钮，绘制竖直线，完成栈道的绘制，如图 8-29 所示。

（2）将“路沿”图层设置为当前图层，单击“默认”选项卡“绘图”面板中的“直线”按钮，在适当位置绘制 3 条水平直线，完成路沿的绘制，结果如图 8-30 所示。

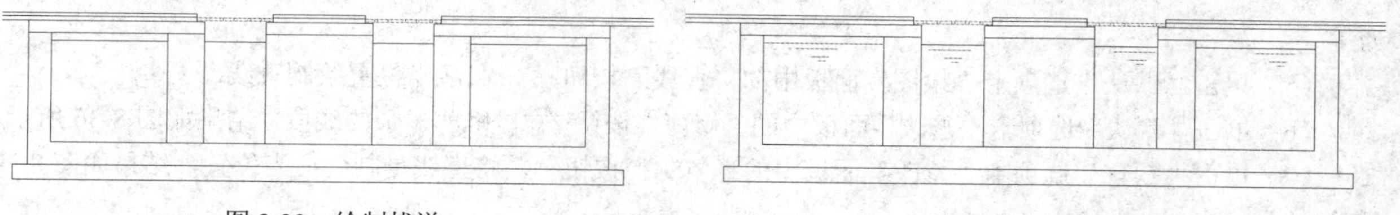

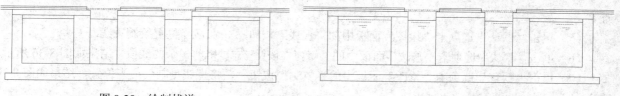

图 8-29　绘制栈道

图 8-30　绘制路沿

（3）单击“默认”选项卡“绘图”面板中的“直线”按钮，绘制一条长度为 50 的竖直线和长度为 50 的水平直线。

（4）单击“默认”选项卡“修改”面板中的“偏移”按钮，将绘制的直线向内偏移，偏移距离为 5。

（5）单击“默认”选项卡“绘图”面板中的“圆弧”按钮，在偏移后的直线两端绘制圆弧。

（6）单击“默认”选项卡“修改”面板中的“修剪”按钮，修剪多余的线段，如图 8-31 所示。

（7）单击“默认”选项卡“绘图”面板中的“直线”按钮，在适当位置绘制直线，结果如图 8-32 所示。

（8）单击“默认”选项卡“修改”面板中的“复制”按钮，将绘制的角钢复制到适当位置。

（9）单击“默认”选项卡“修改”面板中的“旋转”按钮，将角度不对的角钢旋转，旋转角度为 90°，结果如图 8-33 所示。

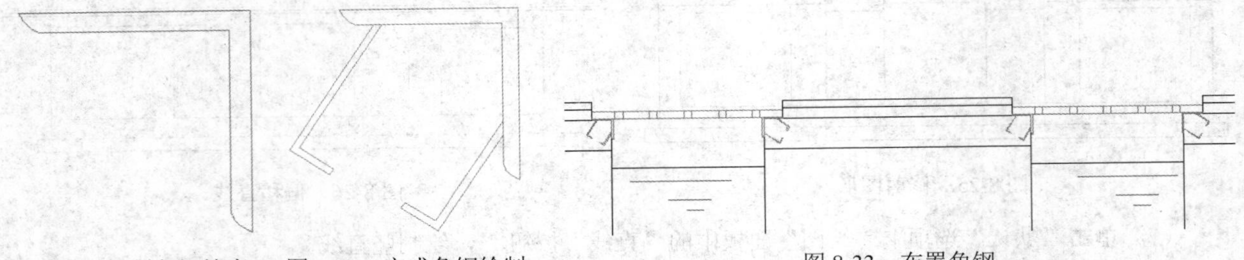

图 8-31　绘制角钢轮廓　　图 8-32　完成角钢绘制　　图 8-33　布置角钢

4．绘制水池和水管

（1）单击“默认”选项卡“绘图”面板中的“直线”按钮，在适当位置绘制线段。

（2）单击“默认”选项卡“绘图”面板中的“圆”按钮，在适当位置绘制圆，结果如图 8-34 所示。

（3）单击“默认”选项卡“修改”面板中的“复制”按钮，将步骤（1）绘制的直线和步骤（2）绘制的圆复制到适当位置，结果如图 8-35 所示。

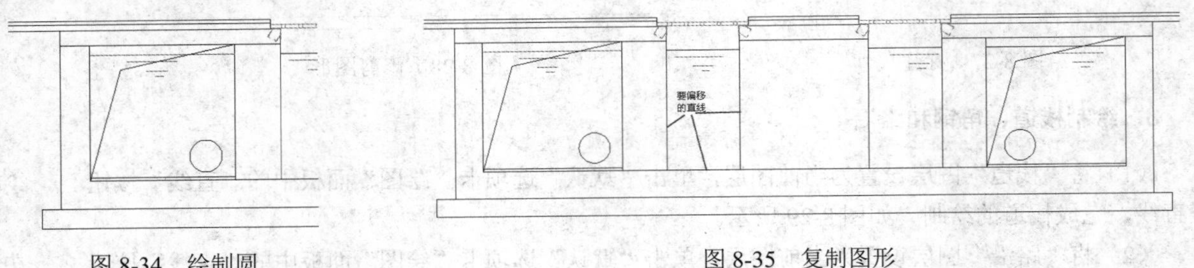

图 8-34　绘制圆　　图 8-35　复制图形

（4）单击“默认”选项卡“修改”面板中的“偏移”按钮，将绘制的直线向内偏移，偏移距离为 13。

（5）单击“默认”选项卡“绘图”面板中的“直线”按钮，在适当位置绘制直线。

（6）单击“默认”选项卡“修改”面板中的“修剪”按钮，修剪多余的线段，结果如图 8-36 所示。

（7）单击“默认”选项卡“修改”面板中的“复制”按钮，将直线复制到适当位置，结果如图 8-37 所示。

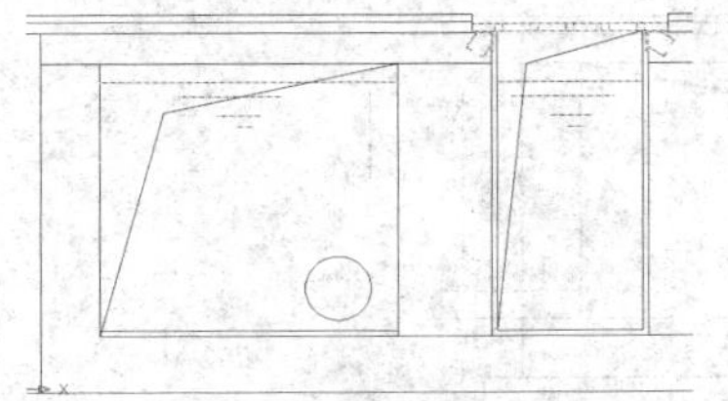

图 8-36　修剪线段

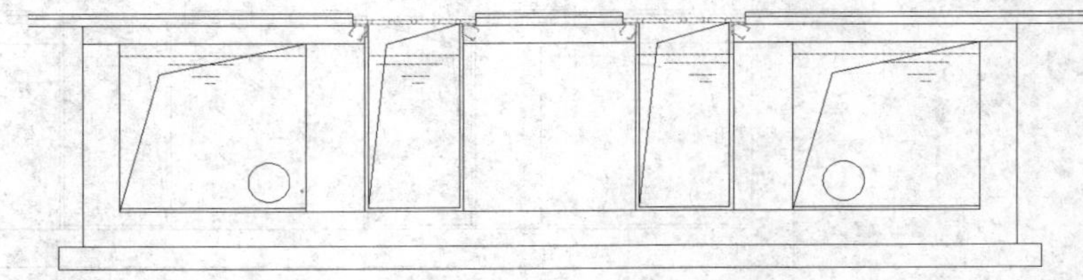

图 8-37　完成水池绘制

（8）将“水管”图层设置为当前图层。单击“默认”选项卡“绘图”面板中的“直线”按钮，绘制一条水平直线。

（9）单击“默认”选项卡“修改”面板中的“偏移”按钮，将绘制的直线向上偏移，偏移距离为 75。

（10）单击“默认”选项卡“绘图”面板中的“圆弧”按钮，在直线端绘制三段圆弧，结果如图 8-38 所示。

（11）单击“默认”选项卡“绘图”面板中的“直线”按钮，绘制一条水平直线和一条竖直线。

（12）单击“默认”选项卡“修改”面板中的“偏移”按钮，将绘制的直线向外偏移，偏移距离为 50。

（13）单击“默认”选项卡“修改”面板中的“圆角”按钮，将绘制的直线进行倒圆角，圆角半径分别为 50 和 100。

（14）单击“默认”选项卡“绘图”面板中的“圆弧”按钮，在直线端绘制 3 段圆弧，结果如图 8-39 所示。

（15）单击“默认”选项卡“绘图”面板中的“多段线”按钮，在剖面图的一端适当位置绘制折断线。

（16）单击“默认”选项卡“修改”面板中的“复制”按钮，将绘制的折断线复制到剖面图的另一端，如图 8-40 所示。

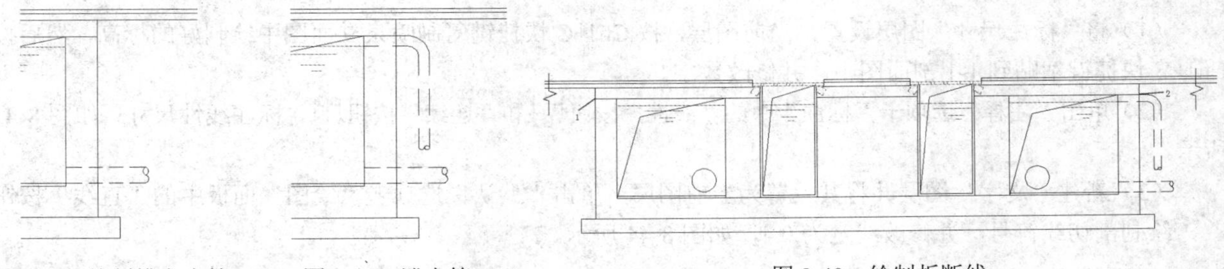

图 8-38　绘制排空水管　　图 8-39　泄水管　　图 8-40　绘制折断线

（17）单击“默认”选项卡“绘图”面板中的“直线”按钮，以图 8-40 所示的端点 1 和 2 为起点，绘制直线至折断线。

（18）单击“默认”选项卡“修改”面板中的“偏移”按钮，将绘制的两条直线向下偏移，偏移距离为 120。

（19）单击“默认”选项卡“修改”面板中的“修剪”按钮，修剪多余的线段，结果如图 8-41 所示。

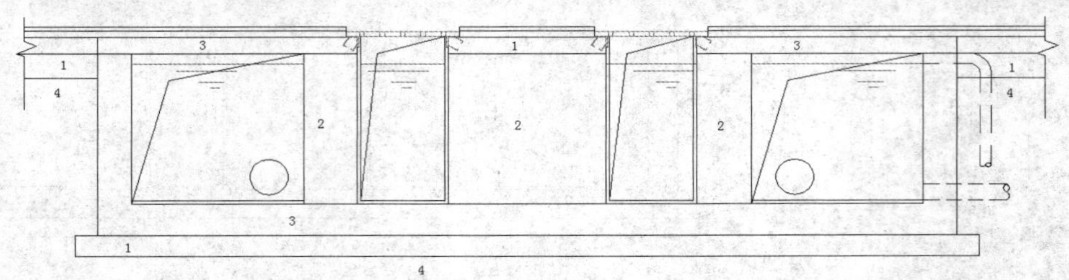

图 8-41　整理图形

5．填充图案

将“填充”图层设置为当前图层，单击“默认”选项卡“绘图”面板中的“图案填充”按钮，填充基础和喷池，各次选择如下。

（1）区域 1，选择 AR-SAND 图例，填充比例和角度分别为 1 和 0。

（2）区域 2，选择 ANSI31 图例，填充比例和角度分别为 20 和 0。

（3）区域 3，选择 ANSI31 图例，填充比例和角度分别为 20 和 0；选择 AR-SAND 图例，填充比例和角度分别为 1 和 0。

（4）区域 4，选择 AR-HBONE 图例，填充比例和角度分别为 0.6 和 0。

完成的图形如图 8-42 所示。

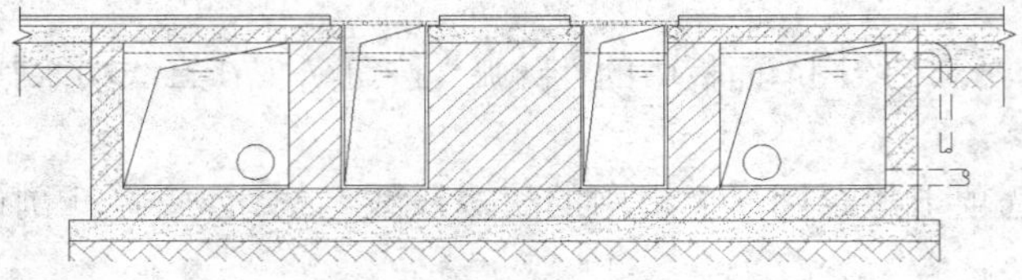

图 8-42　1-1 剖面的填充

6．标注尺寸和文字

（1）将“标注尺寸”图层设置为当前图层，按 Ctrl+C 快捷键复制喷泉立面图中绘制好的标高，然后按 Ctrl+V 快捷键粘贴到 1-1 剖面图中，并修改数字。

（2）单击“注释”选项卡“标注”中的“线性”按钮和“连续”按钮，标注线性尺寸，如图 8-43 所示。

（3）新建“文字”图层并将其设置为当前图层，单击“默认”选项卡“绘图”面板中的“直线”按钮，绘制剖切线符号，并修改线宽为 0.4，如图 8-44 所示。

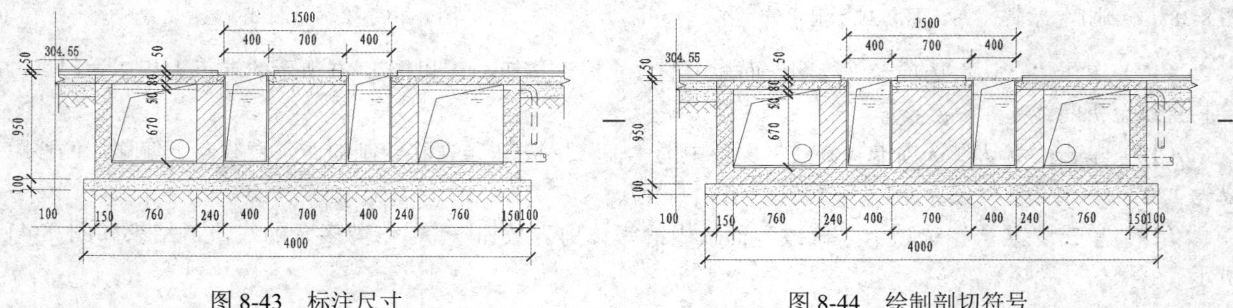

图 8-43　标注尺寸　　　　图 8-44　绘制剖切符号

（4）单击“注释”选项卡“文字”面板中的“多行文字”按钮A，标注文字，结果如图 8-21 所示。

8.3.3　2-2 剖面图绘制

使用“直线”命令绘制定位轴线；使用“圆”“正多边形”“延伸”命令绘制水池平面图；用“半径”“对齐”命令标注尺寸；用文字命令标注文字，完成后保存水池平面图，如图 8-45 所示。

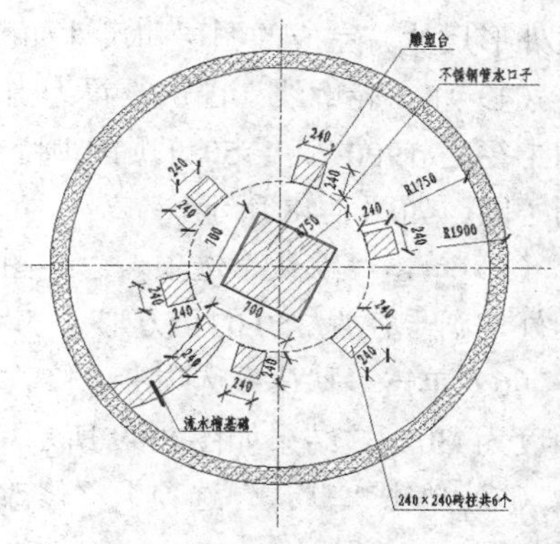

图 8-45　2-2 剖面图

1．前期准备以及绘图设置

（1）要根据绘制图形决定绘图的比例，在此建议采用 1:1 的比例绘制。

（2）建立新文件。打开 AutoCAD 2017 应用程序，建立新文件，将新文件命名为“2-2 剖面图.dwg”并保存。

（3）设置图层。设置以下 6 个图层：“标注尺寸”“中心线”“轮廓线”“溪水”“填充”“文字”，将“轮廓线”图层设置为当前图层。设置好的图层如图 8-46 所示。

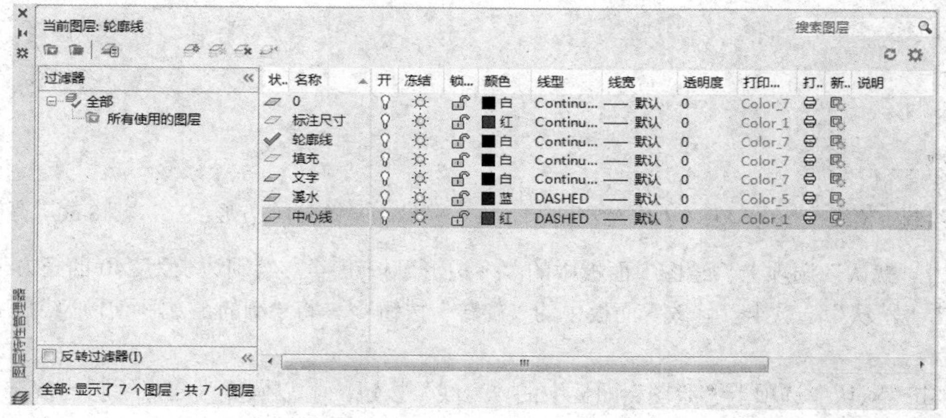

图 8-46　2-2 剖面图图层设置

（4）标注样式设置。

① 线：超出尺寸线为 80，起点偏移量为 120。

② 符号和箭头：第一个为建筑标记，箭头大小为 80，圆心标注为标记 60。

③ 文字：文字高度为 100，文字位置为垂直上，从尺寸线偏移 75，文字对齐为与尺寸线对齐。

④ 主单位：精度为 0，比例因子为 1。

（5）文字样式的设置。选择菜单栏中的“格式”→“文字样式”命令，弹出“文字样式”对话框，选择仿宋字体，“宽度因子”设置为 0.8。

2．绘制剖面图

（1）在状态栏中单击“正交模式”按钮，打开正交模式；在状态栏中单击“对象捕捉”按钮，打开对象捕捉模式。

（2）将“中心线”图层设置为当前图层。单击“默认”选项卡“绘图”面板中的“直线”按钮，绘制一条竖直中心线和水平中心线。

（3）将“标注尺寸”图层设置为当前图层，单击“默认”选项卡“注释”面板中的“线性”按钮，标注外形尺寸。完成的图层和尺寸如图 8-47 所示。

（4）将“轮廓线”图层设置为当前图层。单击“默认”选项卡“绘图”面板中的“圆”按钮，分别绘制半径为 1900 和 1750 的同心圆。将“溪水”图层设置为当前图层。重复“圆”命令，绘制半径为 750 的同心圆，如图 8-48 所示。

（5）单击“默认”选项卡“绘图”面板中的“多边形”按钮，以中心线的交点为正多边形的交点，绘制外切圆半径为 350 的正方形。

（6）单击“默认”选项卡“修改”面板中的“旋转”按钮，将绘制的正方形绕中心线角度旋转，旋转角度为-30°，结果如图 8-49 所示。

（7）单击“默认”选项卡“修改”面板中的“偏移”按钮，将正方形向外偏移，偏移距离为 10，结果如图 8-50 所示。

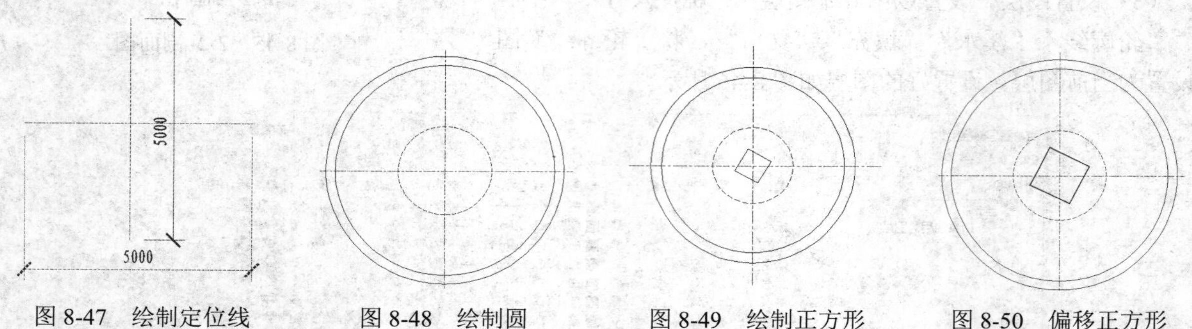

图 8-47　绘制定位线　　图 8-48　绘制圆　　图 8-49　绘制正方形　　图 8-50　偏移正方形

（8）单击“默认”选项卡“绘图”面板中的“多边形”按钮，绘制边长为 240 的正方形。

（9）单击“默认”选项卡“修改”面板中的“旋转”按钮，将绘制的正方形绕中心线角度旋转，旋转角度为 14°。

（10）单击“默认”选项卡“绘图”面板中的“直线”按钮，以圆心为起点绘制一条与 X 轴成 15°的直线。

（11）单击“默认”选项卡“修改”面板中的“移动”按钮，将旋转后的正方形移动到斜直线与小圆的交点，结果如图 8-51 所示。

（12）单击“默认”选项卡“修改”面板中的“阵列”按钮，将旋转后的正方形沿圆心进行阵列，阵列个数为 6。

（13）单击“默认”选项卡“修改”面板中的“删除”按钮，删除斜线，结果如图 8-52 所示。

（14）单击“默认”选项卡“绘图”面板中的“圆弧”按钮，在适当的位置绘制圆弧。

（15）单击“默认”选项卡“修改”面板中的“偏移”按钮，将绘制的圆弧向下偏移，偏移距离为 240。

（16）单击“默认”选项卡“修改”面板中的“修剪”按钮，修剪多余的线段，结果如图 8-53 所示。

（17）单击“默认”选项卡“绘图”面板中的“图案填充”按钮，弹出“图案填充创建”选项卡。分别设置填充参数：图案为 ANSI31，角度为 0，比例为 20；图案为 AR-SAND，角度为 0，比例为 1，结果如图 8-54 所示。

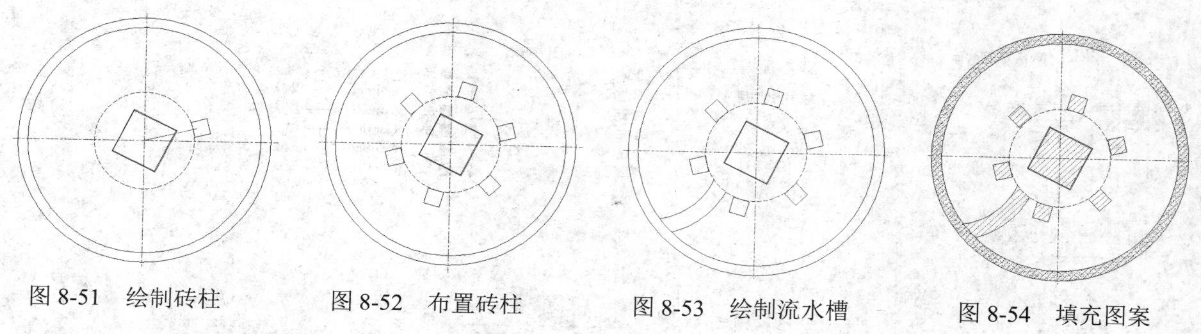

图 8-51　绘制砖柱　　图 8-52　布置砖柱　　图 8-53　绘制流水槽　　图 8-54　填充图案

3．标注尺寸和文字

（1）单击“注释”选项卡“标注”面板中的“半径”按钮，标注半径尺寸，如图 8-55 所示。

（2）单击“注释”选项卡“标注”面板中的“已对齐”按钮，标注线性尺寸，如图 8-56 所示。

（3）单击“默认”选项卡“绘图”面板中的“直线”按钮，绘制剖切线符号，并修改线宽为 0.4，如图 8-57 所示。

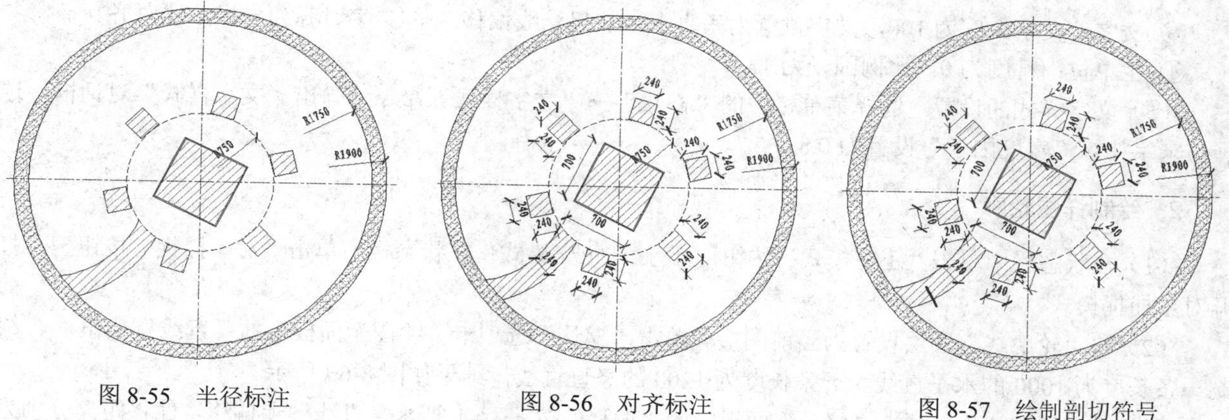

图 8-55　半径标注　　图 8-56　对齐标注　　图 8-57　绘制剖切符号

（4）单击“注释”选项卡“标注”面板中的“多行文字”按钮A，标注文字，结果如图 8-45 所示。

8.3.4　绘制流水槽①详图

使用“直线”“圆弧”“偏移”“修剪”命令绘制流水槽轮廓；用“线性”“连续”命令标注尺寸；用文字命令标注文字，完成后保存流水槽详图，如图 8-58 所示。

1．前期准备以及绘图设置

（1）要根据绘制图形决定绘图的比例，在此建议采用 1:1 的比例绘制。

（2）建立新文件。打开 AutoCAD 2017 应用程序，建立新文件，将新文件命名为“流水槽①详图.dwg”并保存。

（3）设置图层。设置以下 5 个图层：“标注尺寸”“轮廓线”“文字”“填充”“路沿”，设置好的图层如图 8-59 所示。

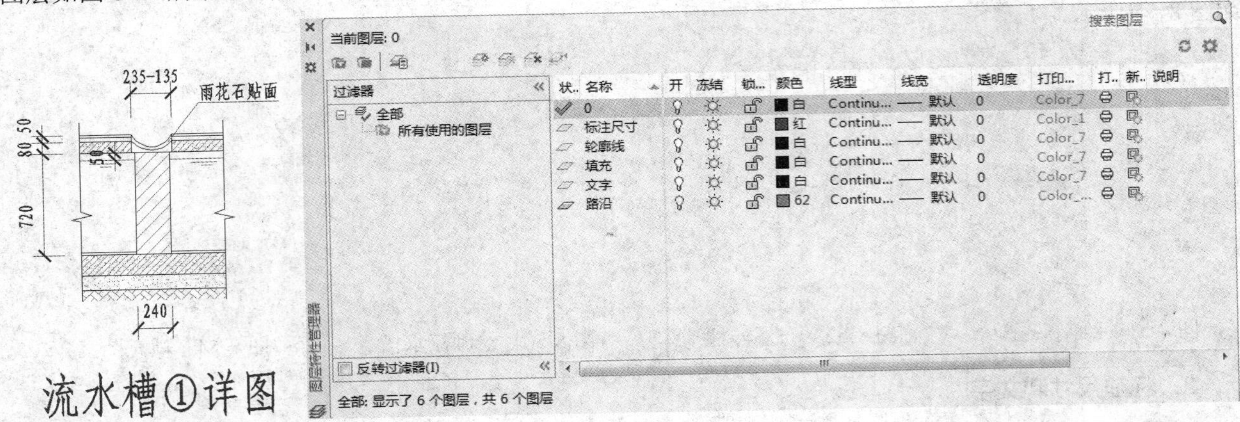

图 8-58 流水槽详图

图 8-59 流水槽详图图层设置

（4）标注样式设置。

① 线：超出尺寸线为 80，起点偏移量为 120。

② 符号和箭头：第一个为建筑标记，箭头大小为 80，圆心标注为标记 60。

③ 文字：文字高度为 100，文字位置为垂直上，从尺寸线偏移 75，文字对齐为与尺寸线对齐。

④ 主单位：精度为 0，比例因子为 1。

（5）文字样式的设置。选择菜单栏中的“格式”→“文字样式”命令，弹出“文字样式”对话框，选择仿宋字体，“宽度因子”设置为 0.8。

2．绘制详图轮廓

（1）在状态栏中单击“正交模式”按钮，打开正交模式；在状态栏中单击“对象捕捉”按钮，打开对象捕捉模式。

（2）将“轮廓线”图层设置为当前图层。单击“默认”选项卡“绘图”面板中的“直线”按钮，绘制一条长度为 1000 的水平直线和一条长度为 1200 的竖直直线，结果如图 8-60 所示。

（3）单击“默认”选项卡“修改”面板中的“偏移”按钮，把水平直线向上偏移，偏移距离分别为 100、250、920、970、1050、1080 和 1100。重复“偏移”命令，将竖直直线向两边偏移，偏移距离分别为 120 和 140，结果如图 8-61 所示。

（4）单击“默认”选项卡“修改”面板中的“修剪”按钮，修剪多余的线段，如图 8-62 所示。

（5）单击“默认”选项卡“绘图”面板中的“圆弧”按钮，绘制两条圆弧，结果如图 8-63 所示。

（6）将“路沿”图层设置为当前图层，单击“默认”选项卡“绘图”面板中的“直线”按钮，在适当的位置绘制 4 条水平直线，结果如图 8-64 所示。

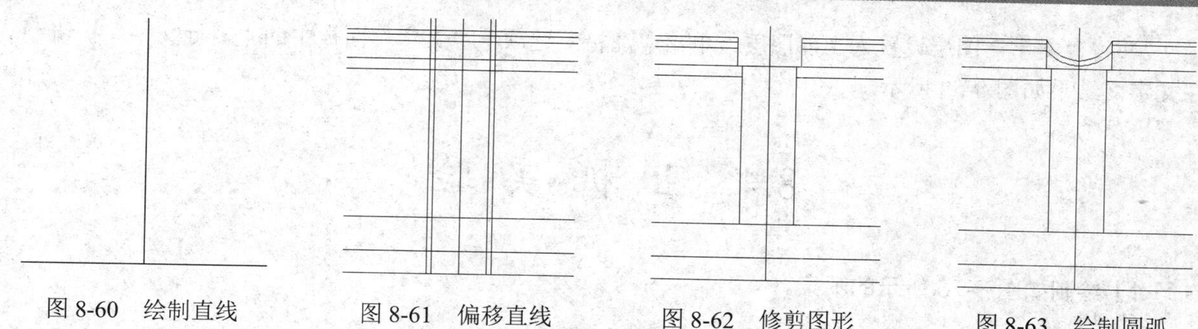

图 8-60　绘制直线　　图 8-61　偏移直线　　图 8-62　修剪图形　　图 8-63　绘制圆弧

（7）单击“默认”选项卡“修改”面板中的“删除”按钮，删除中间的竖直线，如图 8-65 所示。

（8）单击“默认”选项卡“修改”面板中的“偏移”按钮，将直线 a 向上偏移，偏移距离为 15。

（9）单击“默认”选项卡“修改”面板中的“修剪”按钮，修剪多余的线段，如图 8-66 所示。

（10）将“轮廓线”图层设置为当前图层，单击“默认”选项卡“绘图”面板中的“多段线”按钮，在适当位置绘制折断线，结果如图 8-67 所示。

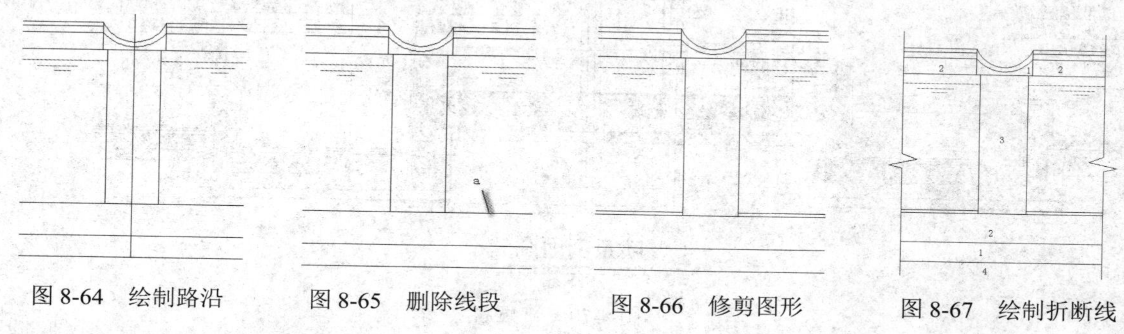

图 8-64　绘制路沿　　图 8-65　删除线段　　图 8-66　修剪图形　　图 8-67　绘制折断线

3．填充基础和喷池

将“填充”图层设置为当前图层，单击“默认”选项卡“绘图”面板中的“图案填充”按钮，填充基础和喷池，各次选择如下。

（1）区域 1，选择 AR-SAND 图例，填充比例和角度分别为 1 和 0。

（2）区域 2，选择 ANSI31 图例，填充比例和角度分别为 10 和 0；选择 AR-SAND 图例，填充比例和角度分别为 1 和 0。

（3）区域 3，选择 ANSI31 图例，填充比例和角度分别为 10 和 0。

（4）区域 4，选择 AR-HBONE 图例，填充比例和角度分别为 0.6 和 0。

完成的图形如图 8-68 所示。

4．标注尺寸和文字

（1）将“标注尺寸”图层设置为当前图层。单击“注释”选项卡“标注”面板中的“线性”按钮和“连续”按钮，标注线性尺寸，如图 8-69 所示。

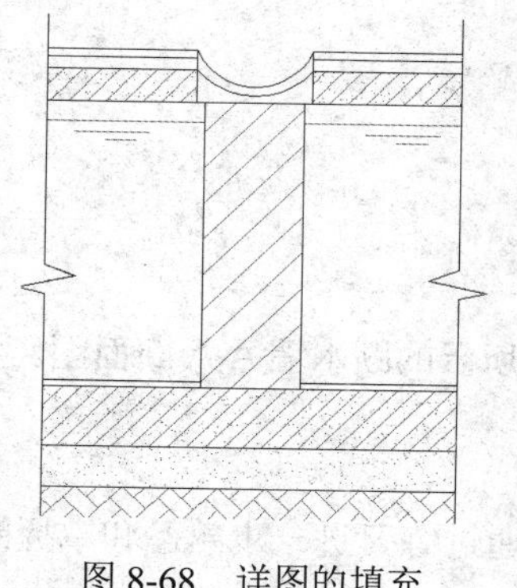

图 8-68　详图的填充

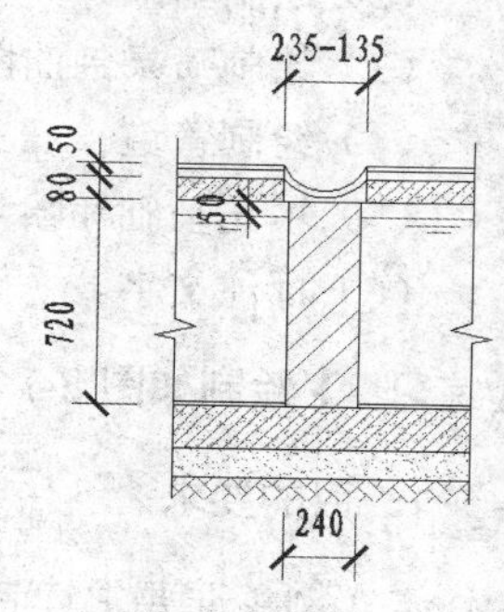

图 8-69　标注尺寸

（2）将“文字”图层设置为当前图层，单击“注释”选项卡“文字”面板中的“多行文字”按钮A，标注文字，结果如图 8-58 所示。

8.4 上 机 实 验

【练习 1】绘制如图 8-70 所示的喷泉。

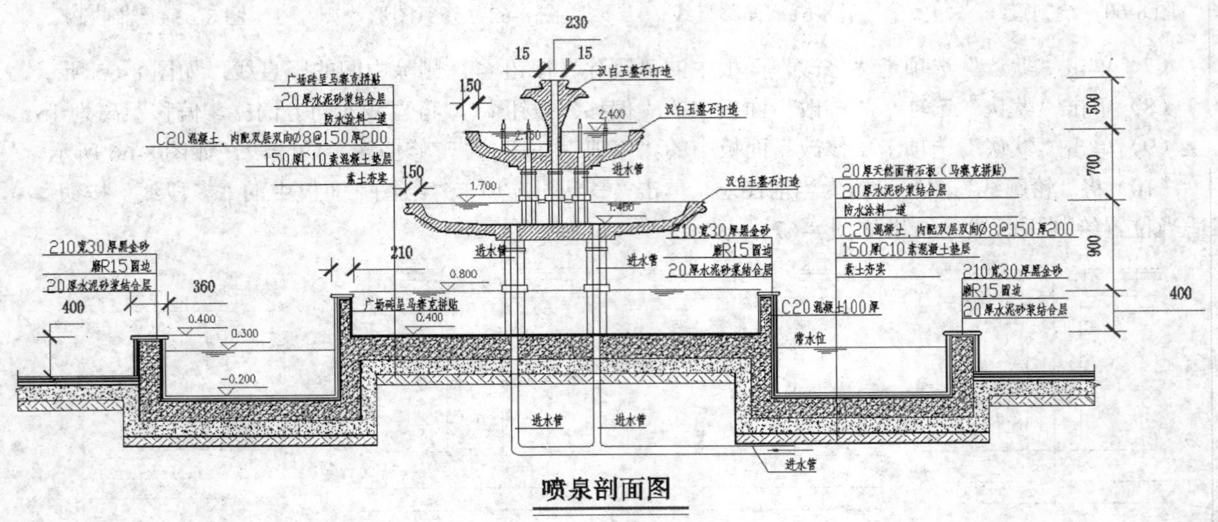

图 8-70 喷泉

1. 目的要求

本实例主要要求读者通过练习进一步熟悉和掌握喷泉的绘制方法。通过本实例，可以帮助读者学会完成整个喷泉绘制的全过程。

2. 操作提示

（1）前期准备及绘图设置。

（2）绘制基础。

（3）绘制喷泉剖面图轮廓。

（4）绘制管道。

（5）填充基础和喷泉。

（6）标注文字。

【练习 2】绘制如图 8-71 所示的跌水墙 A-A 断面图。

1. 目的要求

本实例主要要求读者通过练习进一步熟悉和掌握断面图的绘制方法。通过本实例，可以帮助读者学会完成整个断面图绘制的全过程。

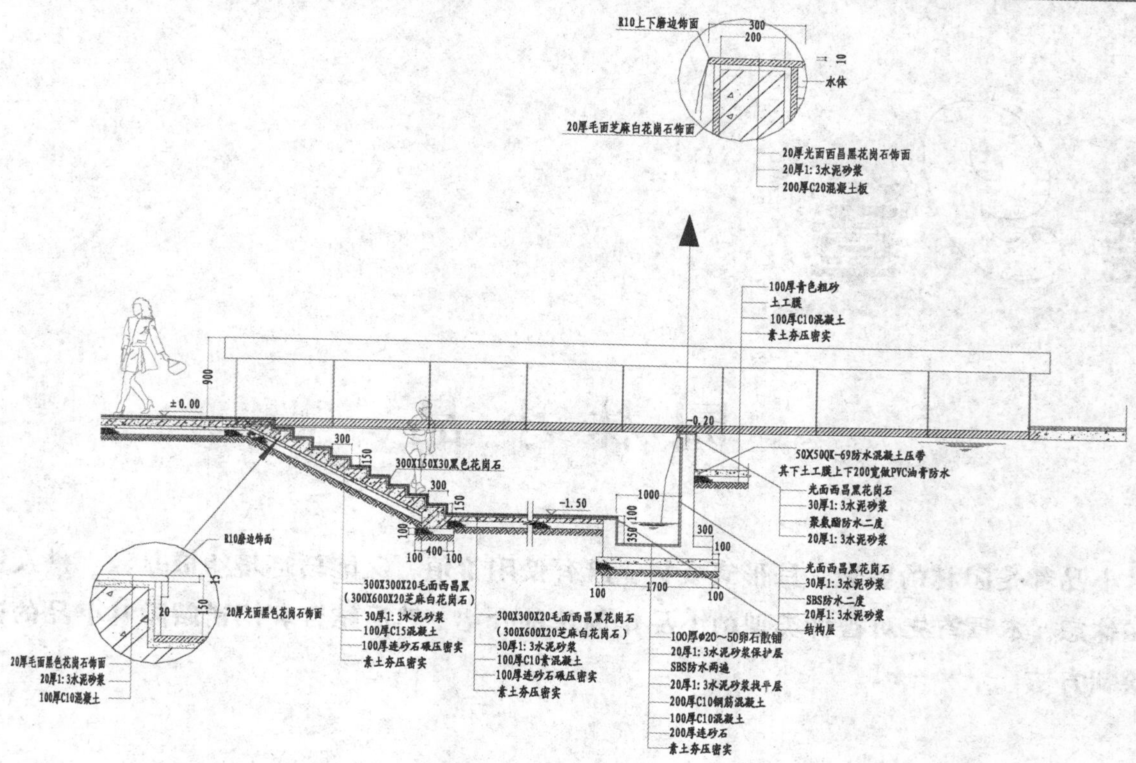

图 8-71　跌水墙 A-A 断面图

2．操作提示

（1）前期准备及绘图设置。

（2）绘制基础。

（3）绘制跌水墙断面图轮廓。

（4）填充断面。

（5）标注文字。

第9章

园林小品

小品都是园林的要素，且形式多样，既有使用价值，又能与环境组成景致，供人们浏览和休憩。本章首先对各种类型的小品作简单的介绍，然后结合实例讲解园林小品的设计与绘制方法。

9.1　园林小品概述

园林小品是园林环境中不可缺少的元素之一，虽不像园林建筑那样处于举足轻重的地位，但它却像园林中的奇葩，闪烁着异样的光彩。园林小品体量小巧，造型新颖，既有简单的使用功能，又有装饰品的造型艺术特点，因此它既有园林建筑技术的要求，又含有造型艺术和空间组合上的美感要求。常见的园林小品有花池、园桌、园凳、标志牌、栏杆、花格、果皮箱等。小品的设计首先要巧于立意，要表达出一定的意境和乐趣才能成为耐人寻味的作品；其次要独具特色，切忌生搬硬套，另外要追求自然，使得“虽由人作，宛自天开”。小品作为园林的陪衬，体量要合宜，不可喧宾夺主。最后，由于园林小品绝大多数均有实用意义，因此除了造型上的美观外，还要符合实用功能及技术上的要求。本章主要介绍花池、园桌、园凳、标志牌的绘制方法。

【预习重点】

- ☑　了解园林小品的基本特点。
- ☑　了解园林小品的设计原则。

9.1.1　园林小品基本特点

1. 园林小品的分类

园林建筑小品按其功能分为 5 类。

（1）供休息的小品

包括各种造型的靠背园椅、园凳、园桌和遮阳伞、遮阳罩等。常结合环境，用自然块石或用混凝土制作成仿石、仿树墩的凳、桌；或利用花坛、花台边缘的矮墙和地下通气孔道来制作椅、凳等；围绕大树基部设椅凳，既可供人们休息，又能供人们纳荫。

（2）装饰性小品

各种固定的和可移动的花钵、饰瓶，可以经常更换花卉。装饰性的日晷、香炉、水缸，各种景墙（如九龙壁）、景窗等，在园林中起点缀作用。

（3）照明的小品

园灯的基座、灯柱、灯头、灯具都有很强的装饰作用。

（4）展示性小品

各种布告板、导游图板、指路标牌以及动物园、植物园和文物古建筑的说明牌、阅报栏、图片画廊等，都对游人有宣传、教育的作用。

（5）服务性小品

如为游人服务的饮水泉、洗手池、公用电话亭、时钟塔等；为保护园林设施的栏杆、格子垣、花坛绿地的边缘装饰等；为保持环境卫生的废物箱等。

2. 园林小品主要构成要素

园景规划设计应该包括园墙、门洞（又称墙洞）、空窗（又称月洞）、漏窗（又称漏墙或花墙窗洞）、室外家具、出入口标志等小品设施的设计。同时，园林意境的空间构思与创造，往往又具有通过它们作为空间的分隔、穿插、渗透、陪衬来增加景深变化，扩大空间，使方寸之地能小中见大，并在园林艺术上又巧妙地作为取景的画框，随步移景，遮移视线又成为情趣横溢的造园障景。

（1）墙

园林景墙有分隔空间、组织导游、衬托景物、装饰美化或遮蔽视线的作用，是园林空间构图的一个重要因素，其作用在于承重、围护、分割和装饰。其式样按构造方式可分为实心墙、烧结空心砖墙、空斗墙、复合墙。

（2）装饰隔断

装饰隔断的作用在于加强建筑线条、质地、阴阳、繁简及色彩上的对比。其式样可分为博古式、栅栏式、组合式和主题式等几类。

（3）门窗洞口

门洞的形式有曲线型、直线型和混合式 3 种，现代园林建筑中还出现一些新的不对称的门洞式样，可以称之为自由型。门洞和门框是游人进出繁忙，容易受到碰撞、挤压和磨损，因而需要配置坚硬耐磨的材料，位于门槛部位的材料更应如此；若有车辆出入，其宽度应该考虑车辆的净空要求。

（4）园凳和园椅

园凳和园椅的首要功能是供游人就座休息，同时又能欣赏周围景物。园凳和园椅还有另一个重要的功能是作为园林装饰小品，以其优美精巧的造型点缀园林环境，成为园林景色之一。

（5）引水台、烧烤场及路标等

为了满足游人日常之需和野营等特殊需要，在风景区应该设置引水台和烧烤场，以及野餐桌、路标、厕所、废物箱、垃圾箱等。

（6）铺地

园中铺地其实是一种地面装饰。铺地形式多样，有乱石铺地、冰裂纹，以及各式各样的砖花地等。砖花地形式多样，若做得巧妙，则价廉形美。

也有的铺地是用砖、瓦等与卵石混用拼出美丽的图案，这种形式是用立砖为界，中间填卵石；也有的用瓦片，以瓦的曲线做出“双钱”及其他带有曲线的图形。这种地面是园林中的庭院常用的铺地形式。另外，还有利用卵石的不同大小或色泽拼搭出各种图案。例如，以深色（或较大的）卵石为界线，以浅色（或较小的）卵石填入其间，拼填出鹿、鹤、麒麟等图案，或拼填出“平升三级”等吉祥如意的图形，当然还有“暗八仙”或其他形象。总之，可以用这种材料铺成各种形象的地面。

用碎的大小不等的青板石，还可以铺出冰裂纹地面。冰裂纹图案除了形式美之外，还有文化上的内涵。文人们喜欢这种形式，它具有“寒窗苦读”或“玉洁冰清”之意，隐喻出坚毅、高尚、纯朴。

（7）花色景梯

园林规划中结合造景和功能之需，采用不同一般花色景梯小品，有的依楼倚山，有的凌空展翅，或悬挑水面等造型，既满足交通功能之需，又以本身姿丽，丰富建筑空间的艺术景观效果。花色楼梯造型新颖多姿，与宾馆庭院环境相融相宜。

（8）栏杆边饰等装饰细部

园林中的栏杆除起防护作用外，还可用于分隔不同活动内容的空间、划分活动范围以及组织人流，以栏杆点缀装饰园林环境。

（9）园灯

① 园灯使用的光源及特征。

☑ 汞灯：使用寿命长，是目前园林中最合适的光源之一。

☑ 金属卤化物灯：发光效率高，显色性好，也适用于游人多的地方，但使用范围受限制。

☑ 高压钠灯：效率高，多用于节能、照度要求高的场合，如道路、广场、游乐园之中，但不能真实地反映绿色。

☑ 荧光灯：由于照明效果好，寿命长，在范围较小的庭院中适用，但不适用于广场和低温条件工作。

☑ 白炽灯：能使红、黄更美丽显目，但寿命短，维修麻烦。

② 园林中使用的照明器及特征。

☑ 投光器：用在白炽灯、高强度放电处，能增加节日快乐的气氛，能从反向照射树木、草坪、纪念碑等。

☑ 杆头式照明器：布置在院落一处或庭院角隅，适用于全面照射铺地路面、树木、草坪，有静谧浪漫的气氛。

☑ 低照明器：包括固定式、直立移动式和柱式照明器。低照明器主要用于园路两旁、墙垣之侧或假山岩洞等处，能渲染出特别的灯光效果。

☑ 植物的照明方法：树木照明可用自下而上照射的方法，以消除叶里的黑暗阴影，尤其当具有的照度为周围倍数时，被照射的树木就可以得到构景中心感。在一般的绿化环境中，需要的照度为 50～1001X。

☑ 光源：汞灯、金属卤化物灯都适用于绿化照明，但要显清树或花瓣的颜色，可使用白炽灯。同时应该尽可能地安排不直接出现的光源，以免产生色的偏差。

☑ 照明器：一般使用投光器，调整投光的范围和灯具的高度，以取得预期效果。对于低矮植物多半使用仅产生向下配光的照明器。

③ 灯具选择与设计原则。

☑ 外观舒适并符合使用要求与设计意图。

☑ 艺术性要强，有助于丰富空间的层次和立体感，形成阴影的大小，明暗要有分寸。

☑ 与环境和气氛相协调。用“光”与“影”来衬托自然的美，创造一定的场面气氛，分隔与变化空间。

☑ 保证安全。灯具线路开关乃至灯杆设置都要采取安全措施。

☑ 形美价廉，具有能充分发挥照明功效的构造。

④ 园林照明器具构造。

☑ 灯柱：多为支柱形，构成材料有钢筋混凝土、钢管、竹木及仿竹木，柱截面多为圆形和多边形两种。

☑ 灯具：有球形、半球形、圆及半圆筒形、角形、纺锤形、圆和角锥形、组合形等。所用材料则有铁、镀金金属铝、钢化玻璃、塑胶、搪瓷、陶瓷、有机玻璃等。

☑ 灯泡灯管：普通灯、荧光灯、水银灯、钠灯及其附件。

⑤ 园林照明标准。

☑ 照度：目前国内尚无统一标准，一般可采用 0.3～1.51X 作为照度保证。

☑ 光悬挂高度：一般取 4.5m 高度。而花坛要求设置低照明度的园路，光源设置高度小于等于 1.0m 为宜。

（10）雕塑小品

园林建筑的雕塑小品主要是指带观赏性的小品雕塑，园林雕塑的取材应与园林建筑环境相协调，要有统一的构思。园林雕塑小品的题材确定后，在建筑环境中如何配置是一个值得探讨的问题。

（11）游戏设施

游戏设施较为多见的有秋千、滑梯、沙场、爬杆、爬梯、绳具、转盘等。

9.1.2 园林小品设计原则

园林装饰小品在园林中不仅是实用设施，且可作为点缀风景的景观小品，因此既有园林建筑技术的要求，又有造型艺术和空间组合上的美感要求。一般在设计和应用时应遵循以下原则。

1．巧于立意

园林建筑装饰小品作为园林中局部主体景物，具有相对独立的意境，应具有一定的思想内涵，才能产生感染力。如我国园林中常在庭院的白粉墙前置玲珑山石、几竿修竹，粉墙花影恰似一幅花鸟国画，很有感染力。

2．突出特色

园林建筑装饰小品应突出地方特色、园林特色及单体的工艺特色，使其具有独特的格调，切忌生搬硬套，产生雷同。如广州某园草地一侧，花竹之畔，设一水罐形灯具，造型简洁，色彩鲜明，灯具紧靠地面与花卉绿草融为一体，独具环境特色。

3．融于自然

园林建筑小品要使人工与自然浑然一体，追求自然又精于人工。“虽由人作，宛自天开”则是设计者们的匠心之处。如在老榕树下，塑以树根造型的园凳，似在一片林木中自然形成的断根树桩，可达到以假乱真的程度。

4．注重体量

园林装饰小品作为园林景观的陪衬，一般在体量上力求与环境相适宜。如在大广场中，设巨型灯具，有明灯高照的效果，而在小林荫曲径旁，只宜设小型园灯，不但体量小，造型更应精致；又如喷泉、花池的体量等，都应根据所处的空间大小确定其相应的体量。

5．因需设计

园林装饰小品绝大多数有实用意义，因此除满足美观效果外，还应符合实用功能及技术上的要求。如园林栏杆具有各种使用目的，对于各种园林栏杆的高度也就有不同的要求；又如围墙则需要从围护要求来确定其高度及其他技术上的要求。

6．功能技术要相符

园林小品绝大多数具有实用功能，因此除满足艺术造型美观的要求外，还应符合实用功能及技术的要求。例如，园林栏杆的高度应根据使用目的不同有所变化。又如园林坐凳，应符合游人休息的尺度要求；

又如园墙，应从围护要求来确定其高度及其他技术要求。

7．地域民族风格浓郁

园林小品应充分考虑地域特征和社会文化特征。园林小品的形式，应与当地自然景观和人文景观相协调，尤其在旅游城市，建设新的园林景观时，更应充分注意到这一点。

园林小品设计需考虑的问题是多方面的，不能局限于几条原则，应学会举一反三、融会贯通。园林小品作为园林的点缀，一般在体量上力求精巧，不可喧宾夺主，失去分寸。

9.2　公园桌椅绘制实例

园椅、园凳、园桌是各种园林绿地及城市广场中必备的设施。湖边池畔、花间林下、广场周边、园路两侧、山腰台地处均可设置，供游人就座休息、促膝长谈和观赏风景。如果在一片天然的树林中设置一组蘑菇形的休息园凳，宛如林间树下长出的蘑菇，可把树林环境衬托得野趣盎然。而在草坪边、园路旁、竹丛下适当地布置园椅，也会给人以亲切感，并使大自然富有生机。园椅、园凳、园桌的设置常选择在人们需要就座休息、环境优美、有景可赏之处。园桌、园凳既可以单独设置，也可成组布置；既可自由分散布置，又可有规则地连续布置。园椅、园凳也可与花坛等其他小品组合，形成一个整体。园椅、园凳的造型要轻巧美观，形式要活泼多样，构造要简单，制作要方便，要结合园林环境，做出具有特色的设计。小小坐凳、座椅不仅能为人们提供休息、赏景的处所，若与环境结合得好，本身也能成为一景。在风景游览胜地及大型公园中，园椅、园凳主要供人们在游览路程中小憩，数量可相应少些；而在城镇的街头绿地、城市休闲广场以及各种类型的小游园内，游人的主要活动是休息、弈棋、读书、看报，或者进行各种健身活动，停留的时间较长，因此，园椅、园凳、园桌的设置要相应多一些，密度大一些。

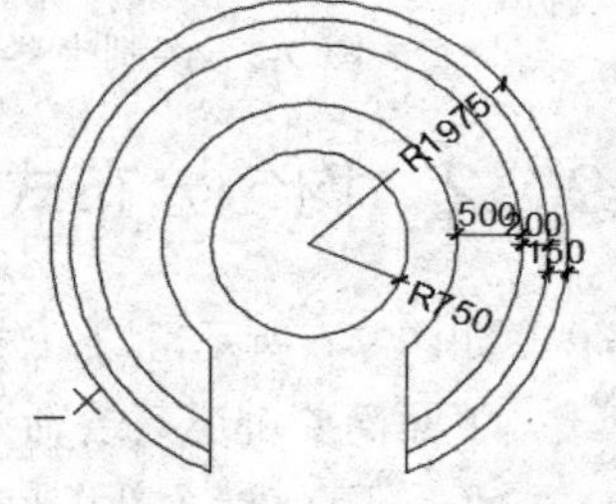

图 9-1　弧形整体式桌椅

下面分别以如图 9-1 所示的桌椅为例进行讲解。

【预习重点】

☑　掌握弧形整体式桌椅绘制。

☑　掌握均匀分布式桌椅绘制。

☑　掌握整体剖分式桌椅绘制。

9.2.1　弧形整体式桌椅

如图 9-1 所示，弧形整体式园林桌椅造型简单紧凑，同时又充满圆润的美感，在很多园林设计中被广泛采用。下面简要讲述其绘制方法。

（1）建立一个新图层，命名为“坐凳 1”，颜色选取洋红，线型为 Continuous，线宽为 0.30，并设置为当前图层，如图 9-2 所示。确定后回到绘图状态。

坐凳1 洋红 Continu... 0.30... 0 Color_6

图 9-2 “坐凳 1”图层参数

（2）利用“圆”命令，绘制半径为 750、1125、1625、1825、1975 的圆，从内到外依次表示园桌大小、园桌与座椅之间的空隙、椅面、靠背倾面、靠背的厚度，结果如图 9-3 所示。

（3）利用“直线”命令，以圆心为第一起点，竖直向下绘制直线段，与最外侧圆相交。然后利用“偏移”命令，分别向左向右偏移，偏移距离为 750。利用“修剪”命令，将园凳的入口修剪出来，结果如图 9-4 所示。

（4）单击“注释”选项卡“标注”面板中的“线性”按钮和“半径”按钮，按命令行提示进行操作。采用同样的方法依次绘出其他尺寸，结果如图 9-5 所示。

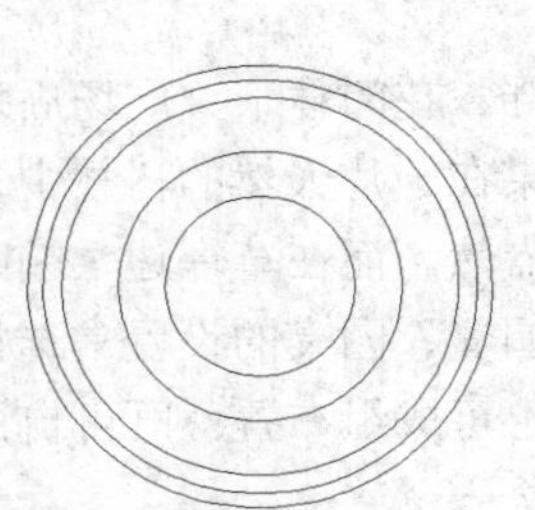

图 9-3 绘制坐凳主体

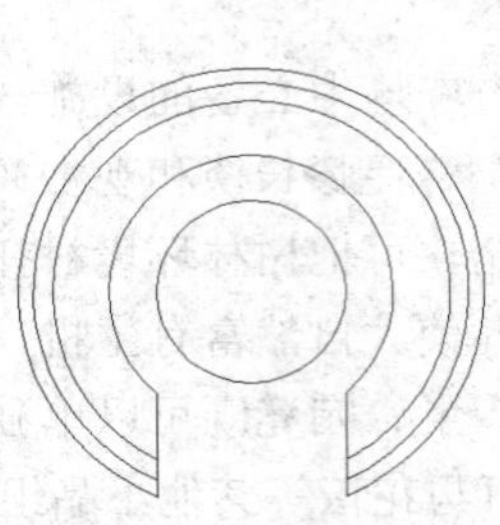

图 9-4 绘制坐凳入口

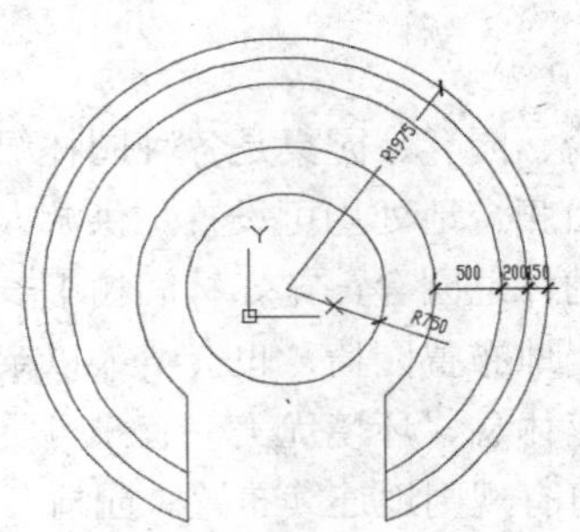

图 9-5 尺寸标注

9.2.2 均匀分布式桌椅

如图 9-6 所示，均匀分布式园林桌椅造型美观大方，可以灵活移动布置，是园林设计中应用最广泛的样式。下面简要讲述其绘制方法。

（1）建立一个新图层，命名为“坐凳 2”，颜色选取洋红，线型为 Continuous，线宽为 0.30，并设置为当前图层，如图 9-7 所示。确定后回到绘图状态。

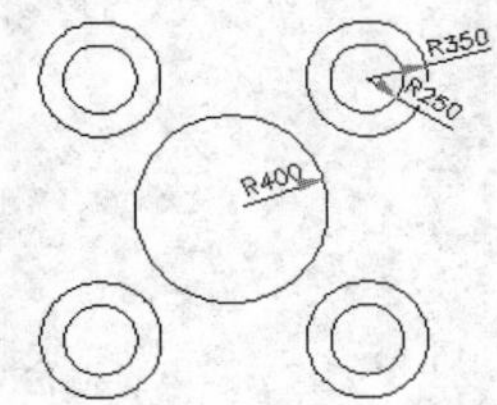

图 9-6 均匀分布式桌椅

图 9-7 图层参数

（2）利用“圆”命令，绘制半径为 400 的圆，作为园桌。

（3）利用“直线”命令，启用“极轴追踪”命令，右击状态栏上的“极轴追踪”按钮，在弹出的快捷菜单中选择“设置”命令，弹出“草图设置”对话框，新建附加角度 45，如图 9-8 所示。以步骤（2）绘制的圆桌的圆心为第一起点，设 45°角方向绘制一条长为 920 的直线，作为坐凳的中心位置。利用“圆”命令，以绘制的直线段的末端点为圆心，分别绘制半径为 250 和 350 的圆，作为坐凳。结果如图 9-9 所示。

（4）将绘制好的坐凳全部选中，利用“阵列”命令，设置中心点为圆桌的圆心，“项目”为 4，“填

充角度”为 360°，结果如图 9-10 所示。

（5）单击“注释”选项卡“标注”面板中的“半径”按钮，标注方法同坐凳 1 的标注方法，结果如图 9-11 所示。

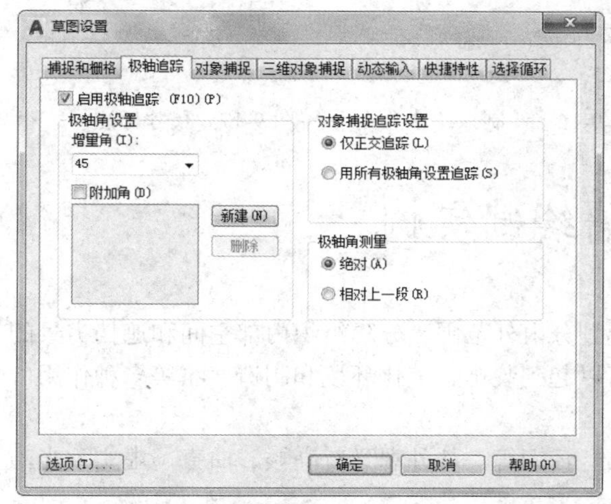

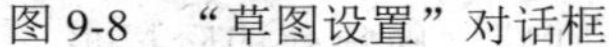

图 9-8　“草图设置”对话框

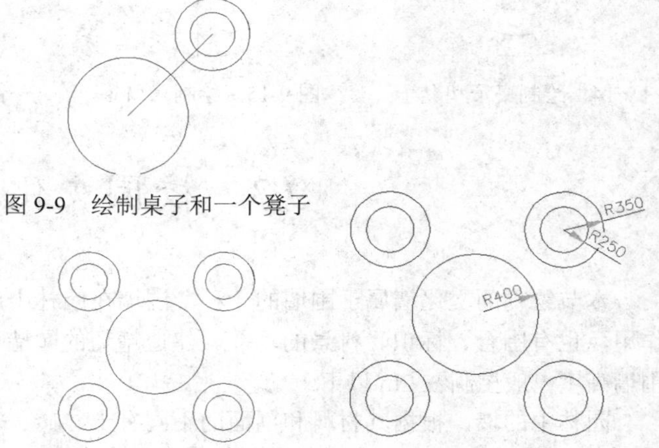

图 9-9　绘制桌子和一个凳子

图 9-10　将 4 个凳子阵列出来

图 9-11　尺寸标注

9.2.3　整体剖分式桌椅

如图 9-12 所示，整体剖分式园林桌椅结构紧凑，布置整齐，造型美观，在园林设计中广泛应用。下面简要讲述其绘制方法。

（1）建立一个新图层，命名为“坐凳 3”，颜色选取洋红，线型为 Continuous，线宽为 0.30，并设置为当前图层，如图 9-13 所示。确定后回到绘图状态。

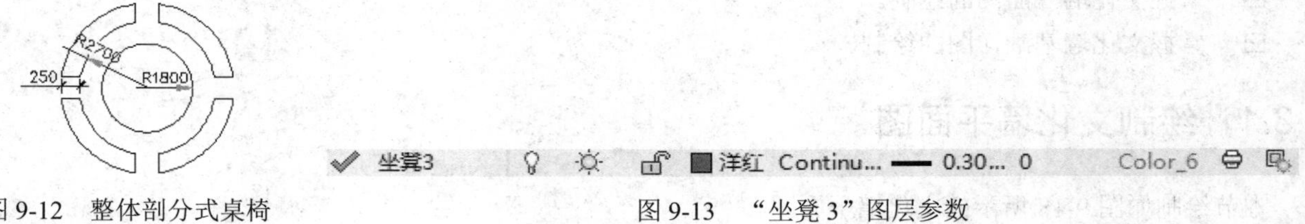

图 9-12　整体剖分式桌椅

图 9-13　“坐凳 3”图层参数

（2）利用“圆”命令，绘制半径为 900、1350、1725 的圆，从内到外依次表示园桌、园桌与座椅之间的空隙、椅面的宽度，结果如图 9-14 所示。

（3）利用“直线”命令，以圆心为第一起点，竖直向上、向下和水平向左、向右绘制直线段，与最外侧圆相交。然后利用“偏移”命令，分别向左、向右和向上、向下偏移，偏移距离为 450。结果如图 9-15 所示。

（4）利用“修剪”命令，将园凳的入口修剪出来，删除多余的线条，结果如图 9-16 所示。

（5）单击“注释”选项卡“标注”面板中的“线性”按钮和“半径”按钮，标注方法同坐凳 1 的标注方法，结果如图 9-17 所示。

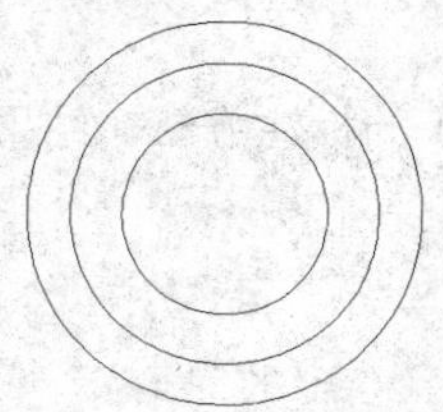

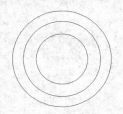

图 9-14　绘制桌子和凳子

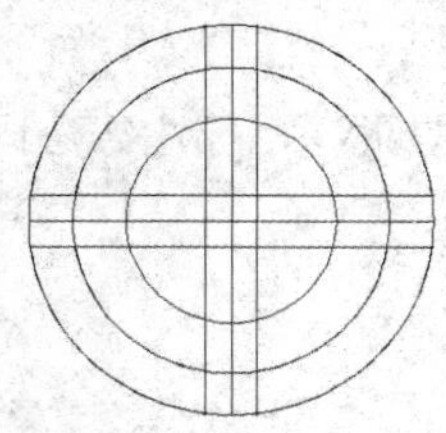

图 9-15　绘制入口 1

图 9-16　绘制入口 2

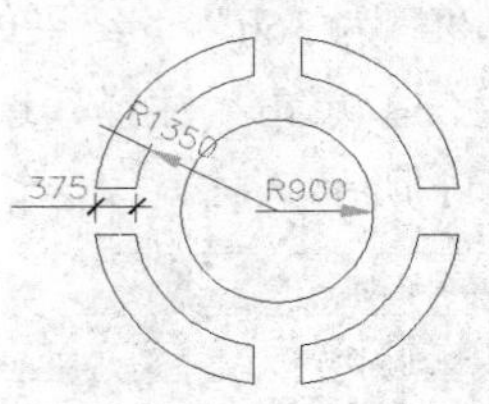

图 9-17　尺寸标注

9.3　校园文化墙绘制实例

本节绘制的文化墙属于围墙的一种。围墙在园林中起划分内外范围、分隔组织内部空间和遮挡劣景的作用，也有围合、标识、衬景的功能。建造精巧的园墙可以起到装饰、美化环境和制造气氛等多种作用。围墙高度一般控制在 2m 以下。

园林中的墙，根据其材料和剖面的不同有土、砖、瓦、轻钢等。从外观又有高矮、曲直、虚实、光洁与粗糙、有檐与无檐之分。围墙区分的重要标准就是压顶。

围墙的设置多与地形结合，平坦的地形多建成平墙，坡地或山地则根据地势建成阶梯形，为了避免单调，有的建成波浪形的云墙。划分内外范围的围墙内侧常用土山、花台、山石、树丛、游廊等把墙隐蔽起来，使有限空间产生无限景观的效果。而专供观赏的景墙则设置在比较重要和突出的位置，供人们细细品味和观赏。

【预习重点】

☑　掌握围墙的基本特点。

☑　掌握文化墙平面图的绘制。

☑　掌握文化墙立面图的绘制。

☑　掌握文化墙基础详图的绘制。

9.3.1　绘制文化墙平面图

本节绘制如图 9-18 所示的文化墙平面图。

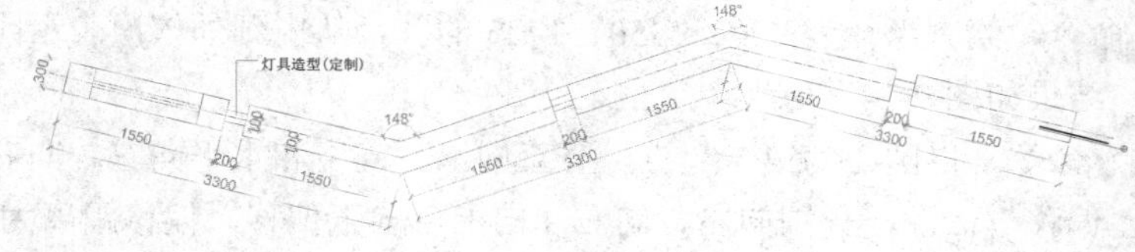

文化墙平面图1:50

图 9-18　文化墙平面图

操作步骤如下：

（1）单击“默认”选项卡“图层”面板中的“图层特性”按钮，打开“图层特性管理器”选项板，

新建几个图层，如图 9-19 所示。

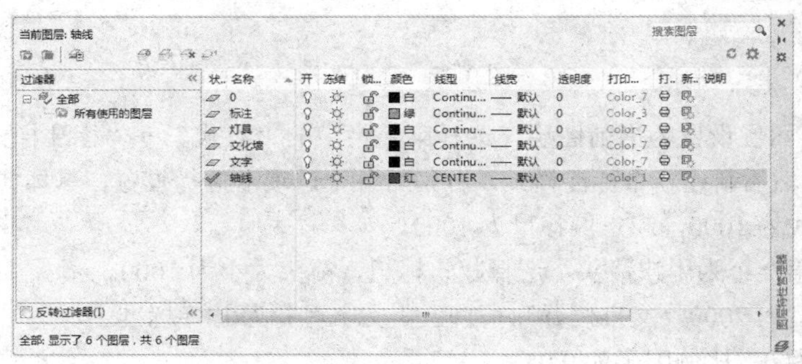

图 9-19　新建图层

（2）将“轴线”图层设置为当前图层，单击“默认”选项卡“绘图”面板中的“直线”按钮，绘制一条轴线，如图 9-20 所示。

（3）单击“默认”选项卡“修改”面板中的“偏移”按钮，将轴线向两侧偏移，偏移距离为 600 和 2400，并将线型修改，选择 Continuous 线型，修改后如图 9-21 所示。

图 9-20　绘制轴线

（4）将“文化墙”图层设置为当前图层，单击“默认”选项卡“绘图”面板中的“直线”按钮，绘制直线，如图 9-22 所示。

（5）单击“默认”选项卡“修改”面板中的“偏移”按钮，将绘制的直线依次向右偏移，偏移距离为 5000、21000 和 5000，并修改线型，如图 9-23 所示。

图 9-21　偏移直线　　图 9-22　绘制直线　　图 9-23　偏移直线

（6）单击“默认”选项卡“修改”面板中的“修剪”按钮，修剪掉多余的直线，完成墙体的绘制，如图 9-24 所示。

（7）将“灯具”图层设置为当前图层，单击“默认”选项卡“绘图”面板中的“直线”按钮，绘制灯具造型，如图 9-25 所示。

（8）同理，绘制另一侧的墙体，如图 9-26 所示。

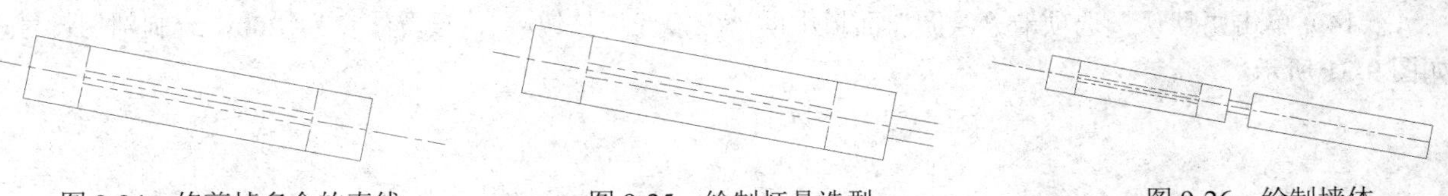

图 9-24　修剪掉多余的直线　　图 9-25　绘制灯具造型　　图 9-26　绘制墙体

（9）单击“默认”选项卡“修改”面板中的“复制”按钮，将绘制的墙体和灯具复制到图中其他位置处，然后单击“默认”选项卡“修改”面板中的“旋转”按钮和“修剪”按钮，将复制的图形旋转到合适的角度并修剪掉多余的直线，结果如图 9-27 所示。

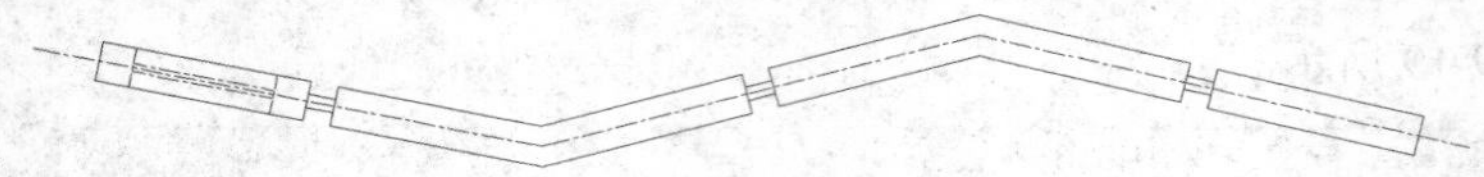

图 9-27　复制图形

（10）将“标注”图层设置为当前图层，选择菜单栏中的“格式”→“标注样式”命令，打开“标注样式管理器”对话框，然后新建一个标注样式，分别对各个选项卡进行设置，具体如下。

① 线：超出尺寸线为 1000，起点偏移量为 1000。

② 符号和箭头：第一个为用户箭头，选择建筑标记，箭头大小为 1000。

③ 文字：文字高度为 2000，文字位置为垂直上，文字对齐为 ISO 标准。

④ 主单位：精度为 0，比例因子为 0.05。

（11）单击“注释”选项卡“标注”面板中的“对齐”按钮，标注第一道尺寸，如图 9-28 所示。

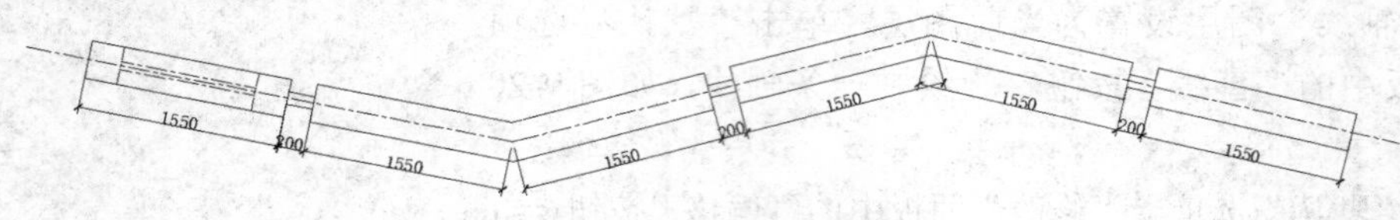

图 9-28　标注第一道尺寸

（12）单击“注释”选项卡“标注”面板中的“对齐”按钮，为图形标注总尺寸，如图 9-29 所示。

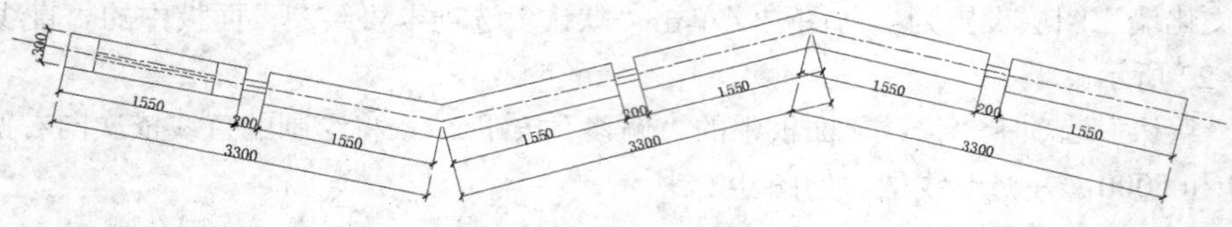

图 9-29　标注总尺寸

（13）单击“注释”选项卡“标注”面板中的“对齐”按钮和“角度”按钮，标注细节尺寸，如图 9-30 所示。

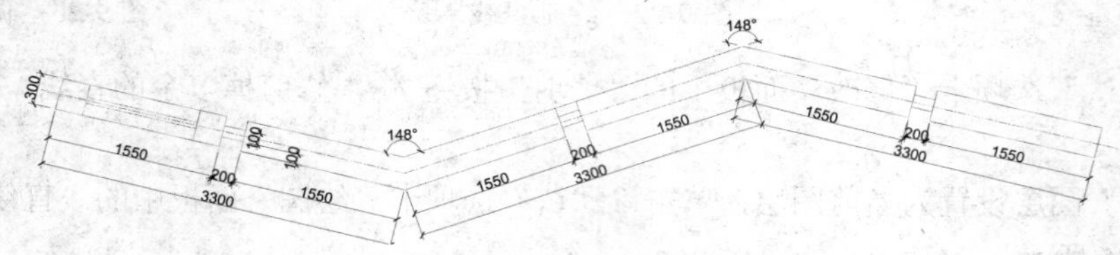

图 9-30　标注细节尺寸

（14）单击“默认”选项卡“绘图”面板中的“多段线”按钮，设置线宽为 200，绘制剖切符号，如图 9-31 所示。

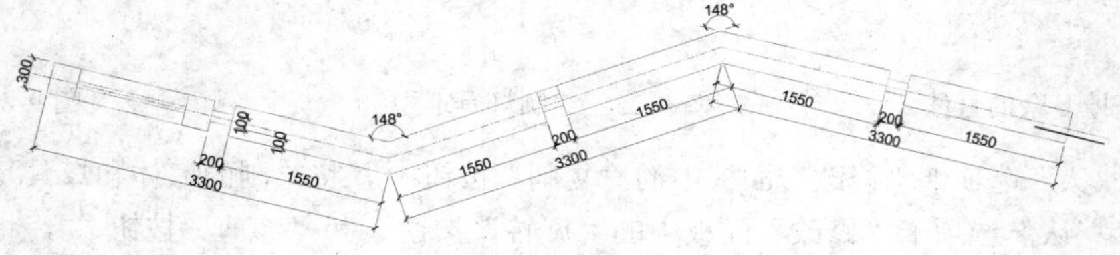

图 9-31　绘制剖切符号

（15）将“文字”图层设置为当前图层，单击“默认”选项卡“绘图”面板中的“直线”按钮、“圆”按钮和“注释”面板中的“多行文字”按钮，标注文字说明，如图 9-32 所示。

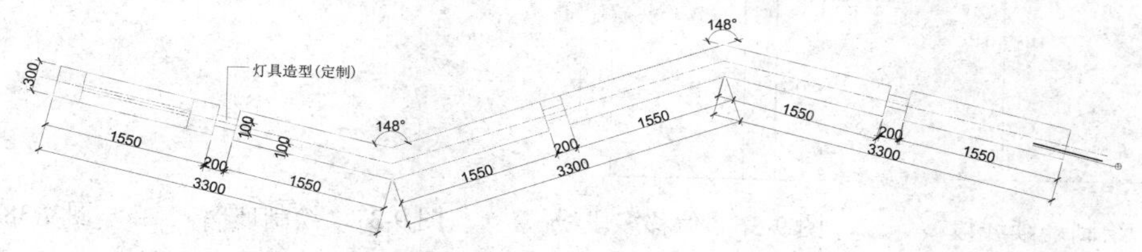

图 9-32　标注文字说明

（16）单击“默认”选项卡“绘图”面板中的“直线”按钮、“多段线”按钮和“注释”面板中的“多行文字”按钮，标注图名，如图 9-18 所示。

9.3.2　绘制文化墙立面图

本节绘制如图 9-33 所示的文化墙立面图。

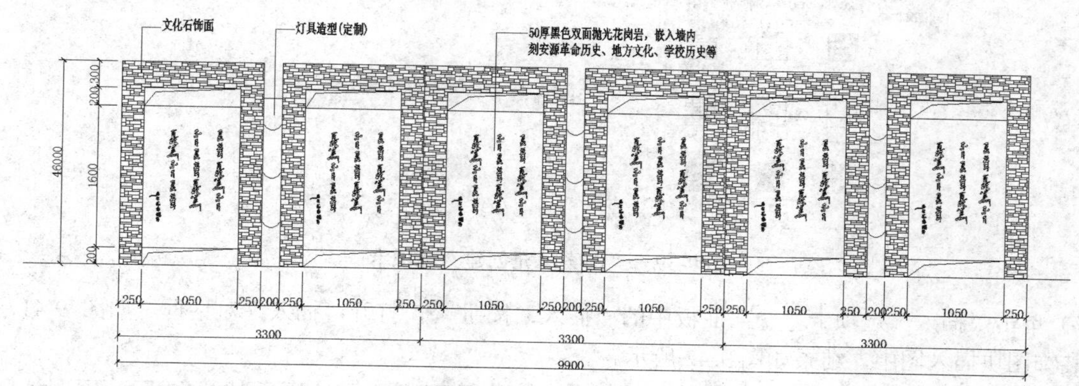

文化墙立面展开图　1：50

图 9-33　文化墙立面图

操作步骤如下：

（1）单击“默认”选项卡“绘图”面板中的“直线”按钮，绘制一条地基线，如图 9-34 所示。

图 9-34　绘制地基线

（2）单击“默认”选项卡“绘图”面板中的“多段线”按钮，绘制连续线段，如图 9-35 所示。

（3）单击“默认”选项卡“修改”面板中的“偏移”按钮，将绘制的连续多段线向内偏移，如图 9-36 所示。

（4）单击“默认”选项卡“绘图”面板中的“直线”按钮，绘制玻璃，如图 9-37 所示。

（5）玻璃上下方为镂空处理，用折断线表示，单击“默认”选项卡“绘图”面板中的“直线”按钮，绘制折断线，如图 9-38 所示。

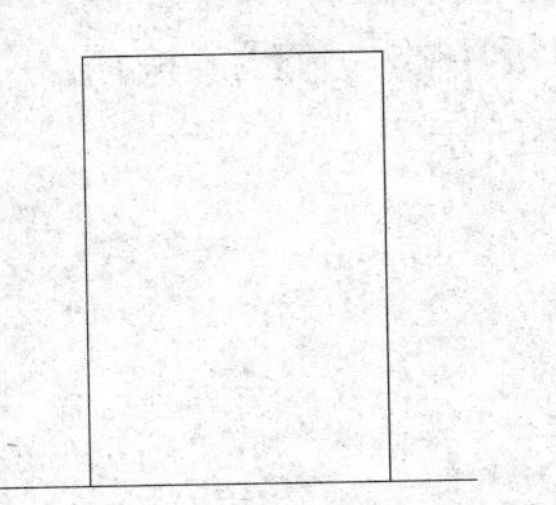

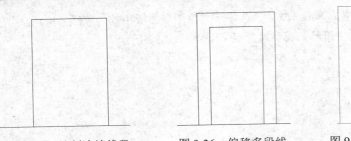

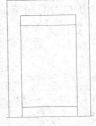

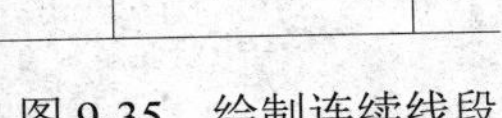
图 9-35　绘制连续线段

图 9-36　偏移多段线

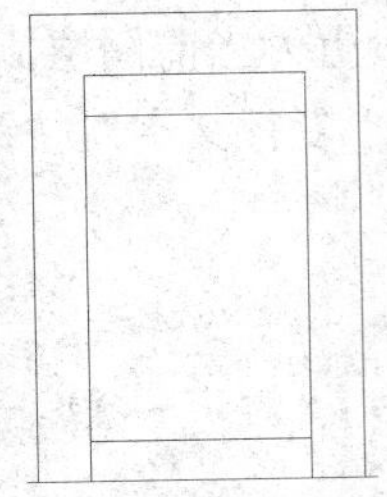
图 9-37　绘制玻璃

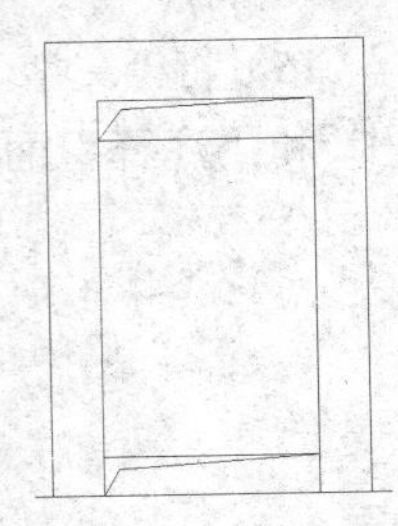
图 9-38　绘制折断线

（6）单击“默认”选项卡“绘图”面板中的“图案填充”按钮，打开“图案填充创建”选项卡，如图 9-39 所示，设置“图案填充图案”为 CUTSTONE，“填充图案比例”为 50，填充图形，结果如图 9-40 所示。

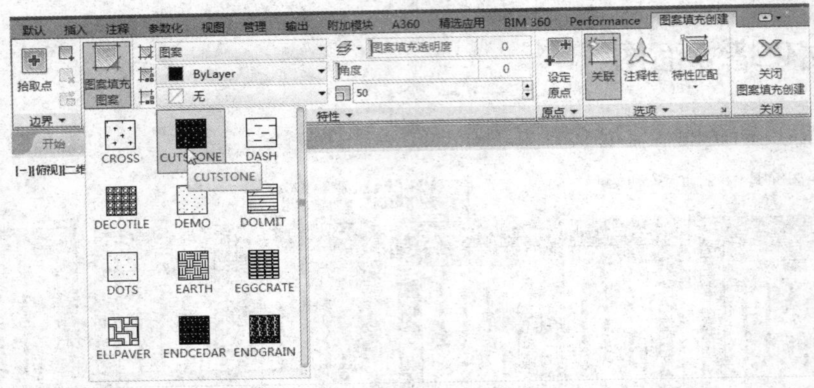

图 9-39　“图案填充创建”选项卡

（7）单击“插入”选项卡“块”面板中的“插入”按钮，打开“插入”对话框，如图 9-41 所示，将文字装饰图块插入图中，结果如图 9-42 所示。

图 9-40　填充图形

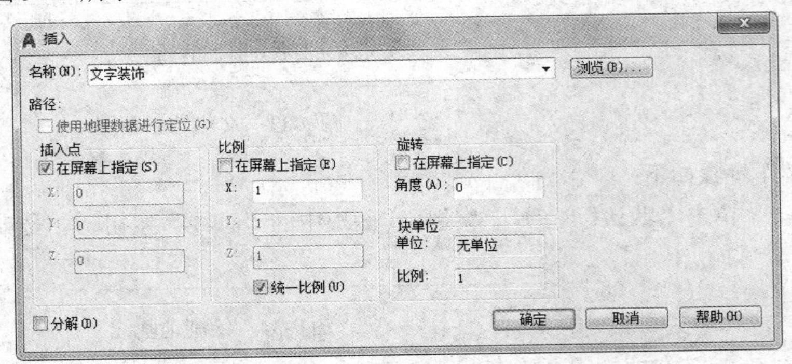

图 9-41　“插入”对话框

（8）单击“默认”选项卡“绘图”面板中的“矩形”按钮，在屏幕的适当位置绘制一个矩形，如图 9-43 所示。

（9）单击“默认”选项卡“绘图”面板中的“圆弧”按钮，绘制灯柱上的装饰纹理，如图 9-44 所示。

（10）单击“默认”选项卡“修改”面板中的“移动”按钮，将灯柱移动到图中合适的位置处，如图 9-45 所示。

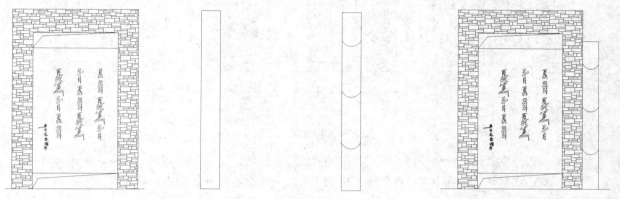

图 9-42　插入文字装饰　　图 9-43　绘制矩形　　图 9-44　绘制装饰纹理　　图 9-45　移动灯柱

（11）单击“默认”选项卡“修改”面板中的“复制”按钮，将文化墙和灯具依次向右复制，如图 9-46 所示。

（12）选择菜单栏中的“格式”→“标注样式”命令，打开“标注样式管理器”对话框，然后新建一个新的标注样式，分别对线、符号和箭头、文字以及主单位进行设置。

（13）单击“注释”选项卡“标注”面板中的“线性”按钮和“连续”按钮，为图形标注第一道尺寸，如图 9-47 所示。

（14）同理，标注第二道尺寸，如图 9-48 所示。

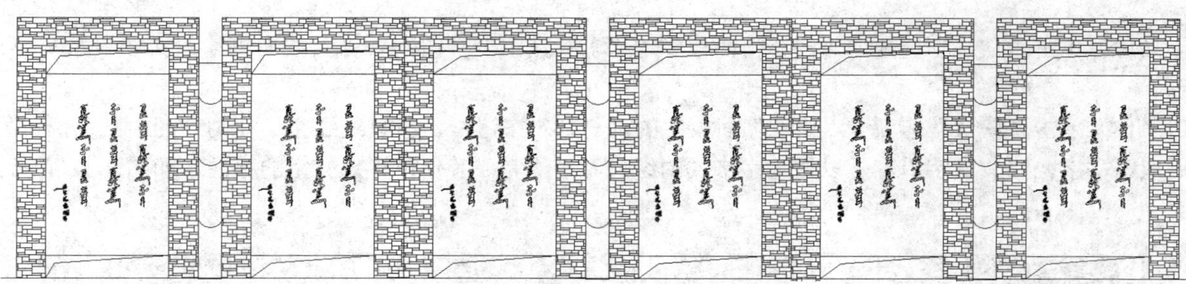

图 9-46　复制文化墙和灯具

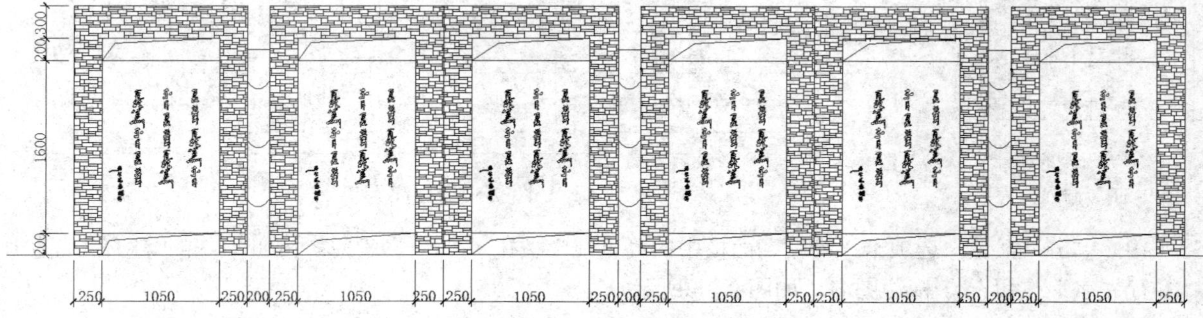

图 9-47　标注第一道尺寸

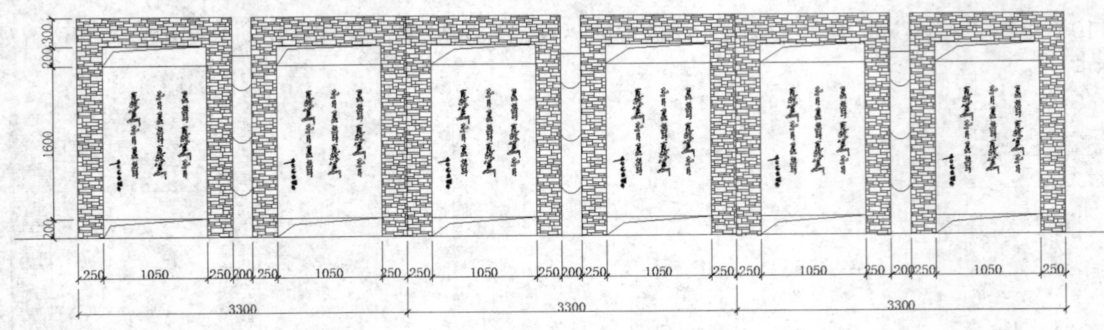

图 9-48　标注第二道尺寸

（15）单击“默认”选项卡“注释”面板中的“线性”按钮，为图形标注总尺寸，如图 9-49 所示。

（16）单击“默认”选项卡“绘图”面板中的“直线”按钮，在图中引出直线，如图 9-50 所示。

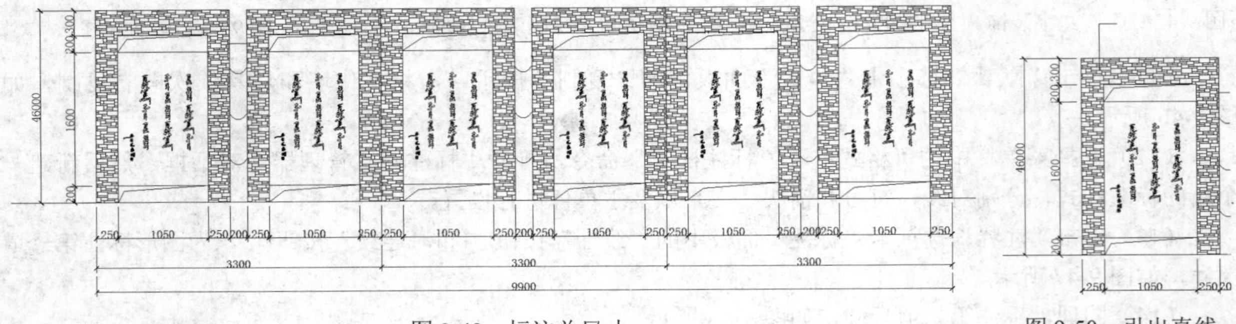

图 9-49　标注总尺寸　　　　图 9-50　引出直线

（17）单击“默认”选项卡“注释”面板中的“多行文字”按钮A，在直线右侧输入文字，如图 9-51 所示。

（18）单击“默认”选项卡“修改”面板中的“复制”按钮，将直线和文字复制到图中其他位置处，然后双击文字，修改文字内容，以便文字格式的统一，最终完成其他位置处文字的标注，如图 9-52 所示。

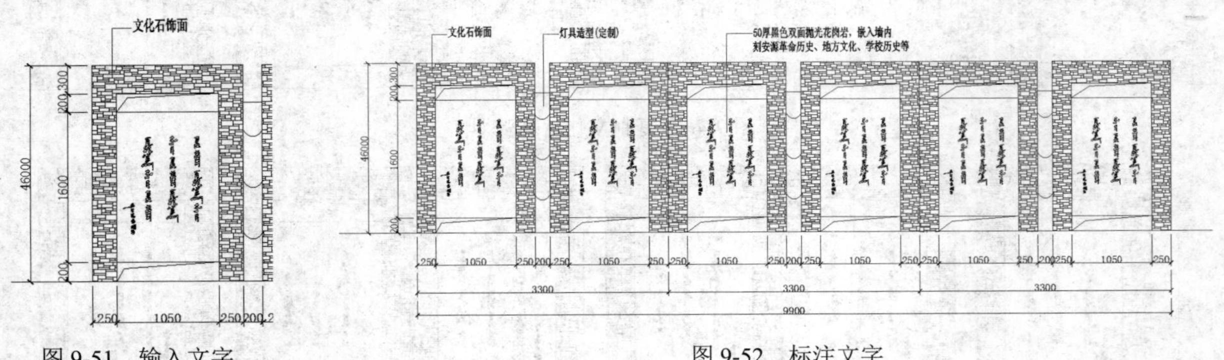

图 9-51　输入文字　　　　图 9-52　标注文字

（19）单击“默认”选项卡“绘图”面板中的“直线”按钮、“多段线”按钮和“注释”面板中的“多行文字”按钮A，标注图名，如图 9-33 所示。

9.3.3　绘制文化墙基础详图

本节绘制如图 9-53 所示的文化墙基础详图。操作步骤如下：

（1）单击“默认”选项卡“绘图”面板中的“矩形”按钮，在图中绘制一个矩形，如图 9-54 所示。

（2）单击“默认”选项卡“修改”面板中的“偏移”按钮，将矩形向内偏移，如图 9-55 所示。

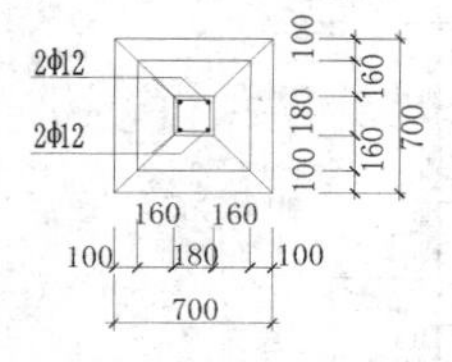

图 9-53　文化墙基础详图

图 9-54　绘制矩形

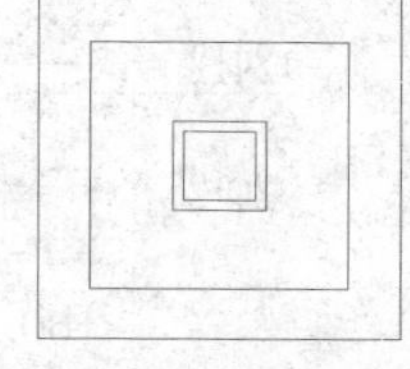

图 9-55　偏移矩形

（3）单击“默认”选项卡“绘图”面板中的“直线”按钮，绘制直线，如图 9-56 所示。

（4）单击“默认”选项卡“绘图”面板中的“圆”按钮，在图中绘制一个圆，如图 9-57 所示。

（5）单击“默认”选项卡“绘图”面板中的“图案填充”按钮，打开“图案填充创建”选项卡，设置“图案填充图案”为 SOLID，填充圆，结果如图 9-58 所示。

（6）单击“默认”选项卡“修改”面板中的“复制”按钮，将填充圆复制到图中其他位置处，完成配筋的绘制，如图 9-59 所示。

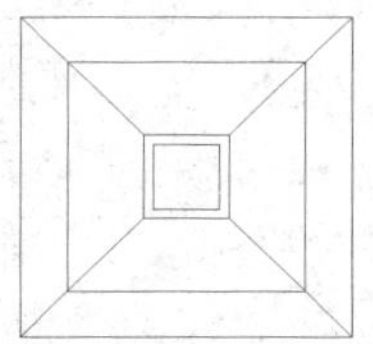

图 9-56　绘制直线

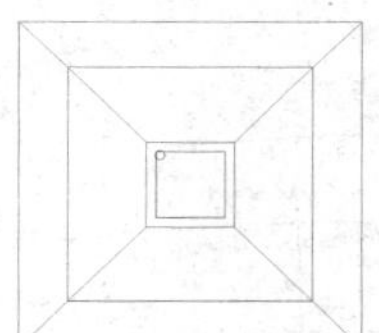

图 9-57　绘制圆

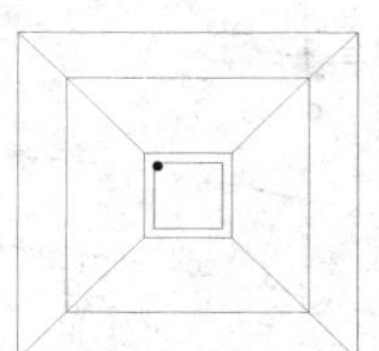

图 9-58　填充圆

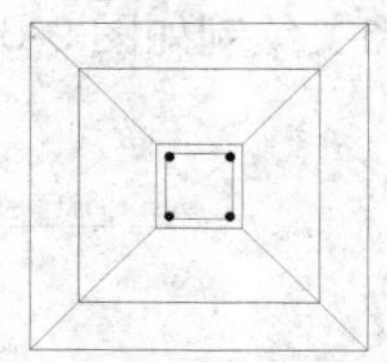

图 9-59　绘制配筋

（7）选择菜单栏中的“格式”→“标注样式”命令，打开“标注样式管理器”对话框，然后新建一个新的标注样式，分别对线、符号和箭头、文字以及主单位进行设置。单击“默认”选项卡“注释”面板中的“线性”按钮，为图形标注尺寸，如图 9-60 所示。

（8）单击“默认”选项卡“绘图”面板中的“直线”按钮，在图中引出直线，如图 9-61 所示。

（9）单击“默认”选项卡“注释”面板中的“多行文字”按钮A，在直线左侧输入文字，如图 9-62 所示。

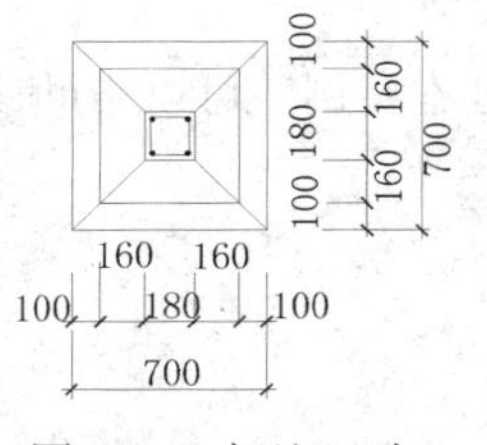

图 9-60　标注尺寸

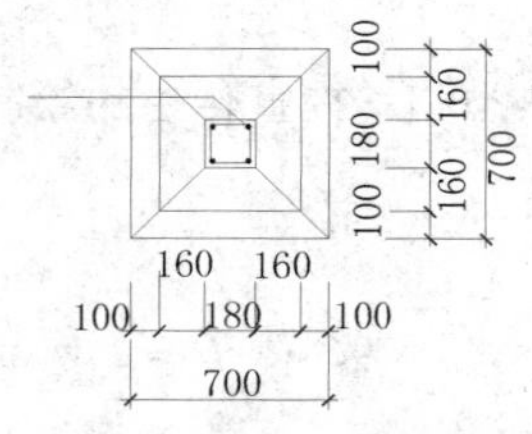

图 9-61　绘制直线

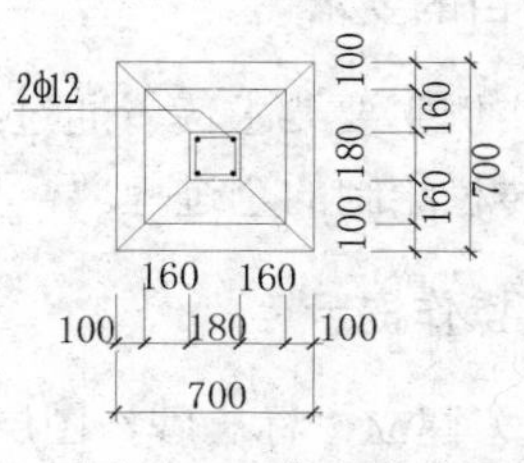

图 9-62　输入文字

（10）单击“默认”选项卡“修改”面板中的“复制”按钮，将直线和文字复制到下侧，完成其他位置处文字的标注，如图 9-63 所示。

（11）单击“默认”选项卡“绘图”面板中的“直线”按钮、“多段线”按钮和“注释”面板中的“多行文字”按钮A，标注图名，如图 9-53 所示。

文化墙剖面图的绘制与其他图形的绘制方法类似，这里不再重述，结果如图 9-64 所示。

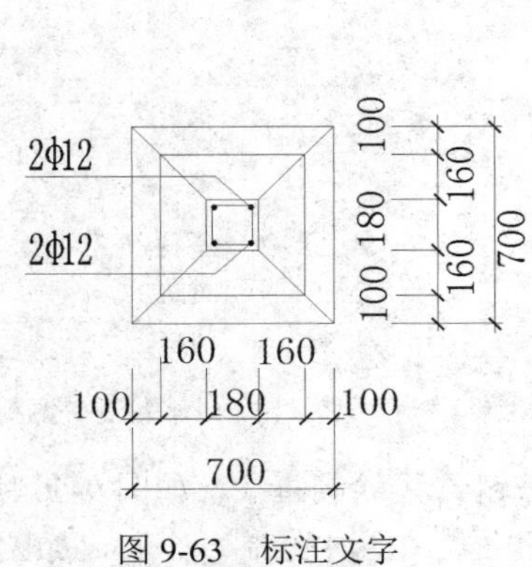

图 9-63　标注文字

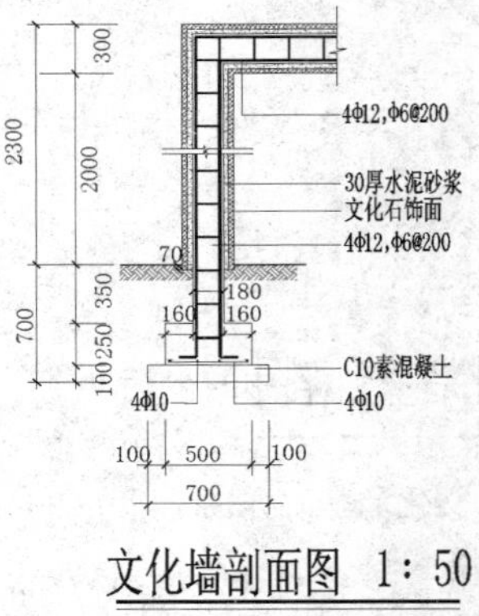

文化墙剖面图　1：50

图 9-64　文化墙剖面图

9.4　上 机 实 验

【练习 1】绘制如图 9-65 所示的宣传栏。

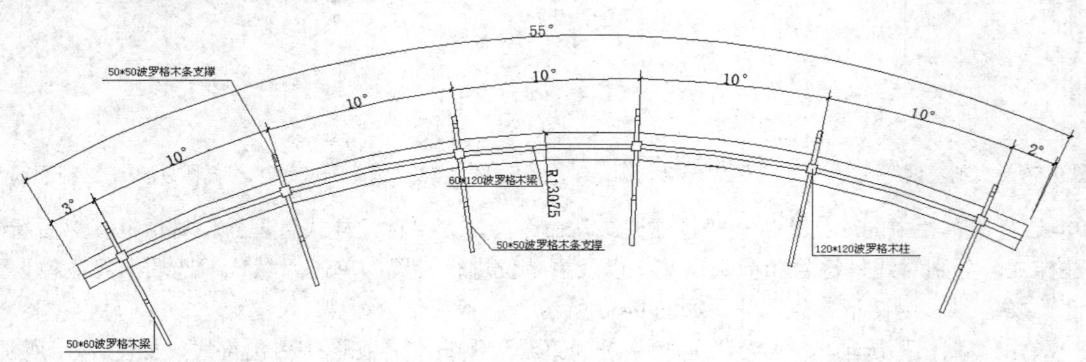

图 9-65　宣传栏

1. 目的要求

本实例主要要求读者通过练习进一步熟悉和掌握宣传栏的绘制方法。通过本实例，可以帮助读者学会完成宣传栏绘制的全过程。

2. 操作提示

（1）建立“标志牌”图层。

（2）绘制标志牌平面图。

（3）标注尺寸。

（4）标注文字。

【练习 2】绘制如图 9-66 所示的花池。

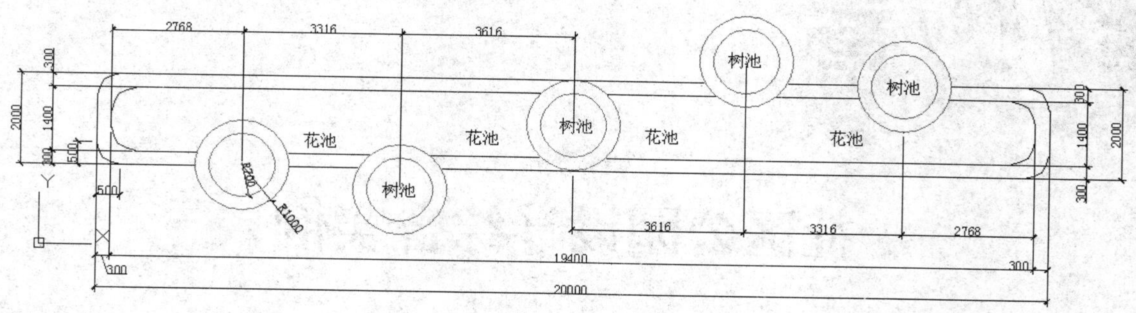

图 9-66　花池

1．目的要求

本实例主要要求读者通过练习进一步熟悉和掌握花池的绘制方法。通过本实例，可以帮助读者学会完成花池绘制的全过程。

2．操作提示

（1）建立花池图层。

（2）绘制花池外轮廓。

（3）绘制圆形花池。

（4）标注尺寸。

（5）标注文字。

社区公园设计综合实例

社区公园指为一定居住用地范围内的居民服务，具有一定活动内容和设施的集中绿地(不包括居住区组团绿地)。“社区”的基本要素为有一定的地域；有一定的人群；有一定的组织形式、共同的价值观念、行为规范及相应的管理机构；有满足成员的物质和精神需求的各种生活服务设施。本例主要讲述社区公园景区详图及社区公园辅助设施的绘制过程。

10.1　概　　述

【预习重点】

了解社区公园规划设计的概述。

社区公园规划设计首先以服务居民为目标，形成有利于邻里团结交往、居民休息娱乐的园林环境；要考虑老年人及少年儿童的需要，按照他们不同的活动规律配备不同的设施，采用无障碍设计，适应老幼及残疾人的生理体能特点。其次要充分利用居住区中保留的有利的自然生态因素，在规划设计时，结合原有的地形条件使地形、空间更加丰富，并协调建筑与居住区周围环境的关系，提高绿化的生态环境功能。最后要根据绿地中市政设施布局和具体环境条件进行绿化建设。在规划时要遵循城市园林绿化设计的一般原则，要根据绿地中各种管线、构筑物、道路等情况进行设计，种植设计要注意建筑物的采光、通风等要求。

社区公园包括居住区公园和小区游园两个小类。二者的规划布局略有不同，分别介绍如下。

1．居住区公园的规划设计

居住区公园是服务于一个居住区的居民，具有一定活动内容和设施，为居住区配套建设的集中绿地。规划用地面积较大，一般在 $1hm^2$ 以上，相当于一城市小型公园。公园内的设施比较丰富，有体育活动场地、各年龄组休息活动设施、画廊、阅览室、茶室、园林小品建筑和铺地、小型水体水景、地形变化、树木草地花卉、出入口等。公园常与居住区服务中心结合布置，以方便居民活动和更有效地美化居住区形象。居住区公园一般服务半径为 0.5～11.0km，居民步行到达时间在 10min 左右。

居住区公园的用地规模、布局形式和景观构成与城市公园类似。

在选址与用地范围的确定上，往往利用原有的地形地貌或有人文历史价值的区域。公园的设施和内容比较丰富、齐全，有功能区或景区的划分。布局紧凑，各个分区联系紧密，游览路线的景观变化节奏比较快。

一般居住区公园规划布局应达到以下几个方面的要求。

（1）满足功能要求，划分不同功能区域。根据居民的要求布置休息、文化娱乐、体育锻炼、儿童玩耍及互相交往等活动场地和设施。

（2）满足园林审美和游览需求，充分利用地形、水体、植物、建筑及小品等要素营造园林景观，创造优美的环境。园林空间的组织与园路的布局要结合园林景观及活动场地的布局，兼顾游览交通和展示园景的功能。

（3）形成优美的绿化景观和优良的生态环境，发挥园林植物在形成公园景观及公园良好生态环境的主导作用。

居住区公园的规划设计手法与城市综合公园的规划设计手法相似，但也有其特殊的一面。居住区公园的游人主要是本居住区的居民，游园时间多集中在早晚，尤其是在夏季晚上乘凉的人较多，因此要多考虑晚间游园活动所需的场地和设施，在植物配植上，要多配植一些夜间开花和散发香味的植物，基础设施上要注意晚间的照明，达到亮化、彩化。

2．小区游园的规划设计

小区游园是为一个居住小区的居民服务、配套建设的集中绿地。设置一定的健身活动设施和社交游憩场地，如儿童游戏设施、老年人活动休息场地设施，园林小品建筑和铺地，小型水体水景、地形变化、树木草地花卉、出入口等，一般面积在 4000m^2 以上。小区游园服务半径为 0.3～0.5km。

小区游园是为居住小区就近提供服务的绿地。一般布置在居住人口 10000 人左右的居住小区中心地带，也有的布置在居住小区临近城市主要道路的一侧，方便居民及行人进入公园休息，同时美化了街景，并使居住区建筑与城市街道间有适当的过渡，减少了城市街道对居住小区的不利影响。也可利用周围的有利条件，如优美的自然山水、历史古迹、园林胜景等。

小区游园是居住区中最主要的绿地，利用率比居住区公园更高，能更有效地为居民服务，因此一般把小区游园设置在较适中的位置，并尽量与小区内的活动中心、商业服务中心距离近些。

小区游园无明确的功能分区，内部的各种园林建筑、设施较居住区公园简单。一般有游憩锻炼活动场地、结合养护管理用房的公共厕所，儿童游戏场地，并有花坛、花池、亭、廊、景墙及铺地、园椅等建筑小品和设施小品。

小区游园平面布局形式不拘一格，但总的来说要简洁明了，内部空间要开敞明亮。对于较小的小区游园，宜采取规则式布局，结合地形竖向变化形成简洁明快、活泼多变的小区游园环境。

下面以北京某居住区绿地设计进行介绍，如图 10-1 所示，绘制时首先要建立相应的图层，在原地形的基础上进行出入口、道路、地形、景区等的划分，然后再绘制各部分的详图，最后进行植物的配植。

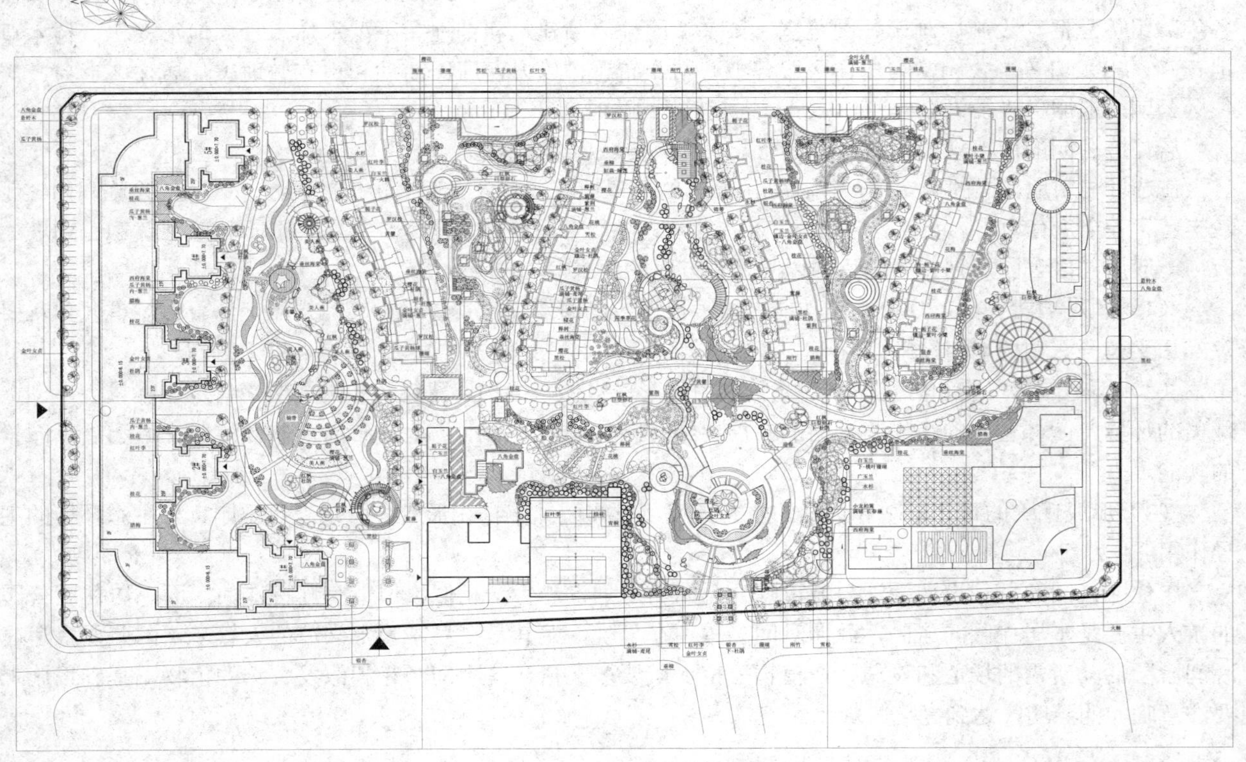

图 10-1　社区公园的绘制

10.2　社区公园地形的绘制

【预习重点】

掌握社区公园基本地形和建筑的绘制。

10.2.1　绘图环境设置

设置绘图环境是绘制任何一幅建筑图形都要进行的预备工作，这里主要包括单位设置、图形界限设置以及打开原有的“小区户型图”。有些具体设置可以在绘制过程中根据需要进行设定。

（1）单位的设置。将系统单位设置为毫米（mm）。以 1:1 的比例绘制。选择菜单栏中的“格式”→“单位”命令，弹出“图形单位”对话框，进行如图 10-2 所示的设置，然后单击“确定”按钮。

（2）图形界限的设置。AutoCAD 2017 默认的图形界限为 420×297，是 A3 图幅，这里以 1:1 的比例绘制，将图形界限设为 420000×297000。

（3）选择菜单栏中的“文件”→“打开”命令，弹出“选择文件”对话框，如图 10-3 所示。

（4）打开“源文件\社区公园\小区户型图”放置到适当位置，如图 10-4 所示。

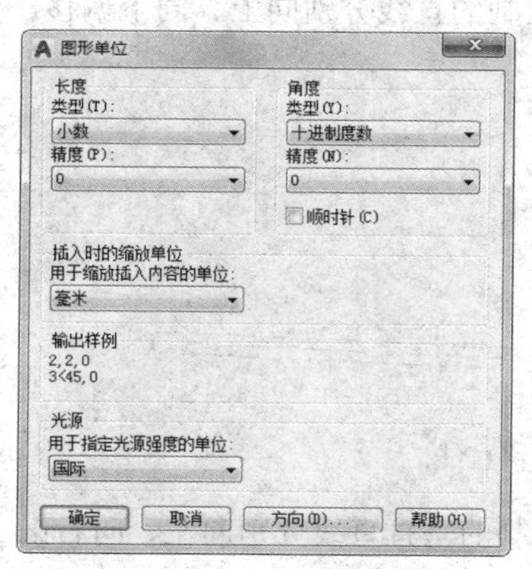

图 10-2　单位的设置

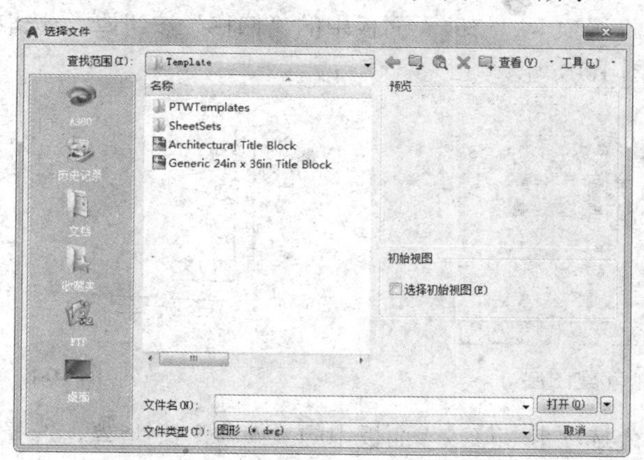

图 10-3　“选择文件”对话框

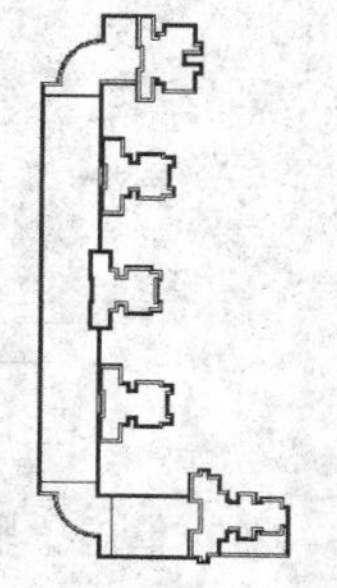

图 10-4　小区户型图

10.2.2　绘制基本地形和建筑

绘制基本地形和建筑主要包括绘制轴线和线路两步，具体的绘制步骤如下。

1. 建立“轴线”图层

（1）单击“默认”选项卡“图层”面板中的“图层特性”按钮，弹出“图层特性管理器”选项板，建立一个新图层，命名为“轴线”，颜色选取红色，线型为 CENTER，线宽为默认，将其设置为当前图层，如图 10-5 所示。

✓ 轴线 红 CENTER —— 默认 0 Color_1

图 10-5 “轴线”图层

（2）单击“默认”选项卡“绘图”面板中的“直线”按钮，绘制长度为 457098 的直线和长度为 38065 的垂直直线，如图 10-6 所示。

图 10-6 绘制直线

2．建立“线路”图层

（1）单击“默认”选项卡“图层”面板中的“图层特性”按钮，弹出“图层特性管理器”选项板，建立一个新图层，命名为“线路”，颜色选取红色，线型为 Continuous，线宽为默认，将其设置为当前图层，如图 10-7 所示。

（2）单击“默认”选项卡“修改”面板中的“偏移”按钮，选取绘制的直线分别向上、向下偏移，偏移距离为 6750，如图 10-8 所示。

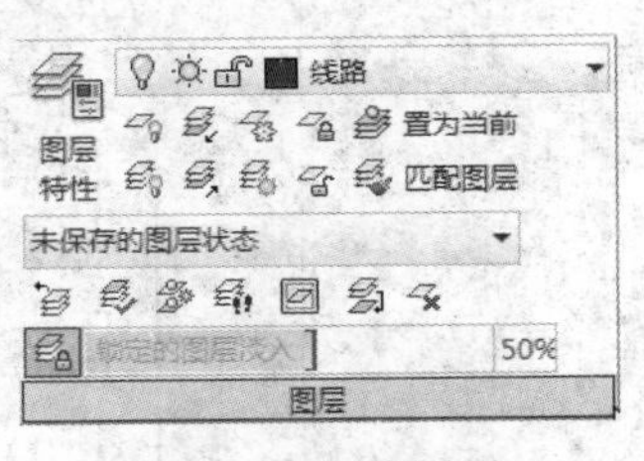

图 10-7 新建图层

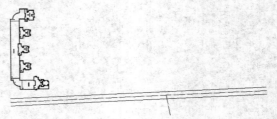

图 10-8 偏移直线

（3）单击“默认”选项卡“修改”面板中的“偏移”按钮，选择绘制的垂直直线分别向左、向右偏移适当距离，如图 10-9 所示。

（4）单击“默认”选项卡“修改”面板中的“圆角”按钮，对偏移后水平底边和垂直直线进行圆角处理，圆角半径为 12000，如图 10-10 所示。

图 10-9 偏移直线

图 10-10 圆角处理

（5）单击“默认”选项卡“绘图”面板中的“直线”按钮，绘制社区公园外围轮廓线，如图 10-11 所示。

（6）单击“默认”选项卡“修改”面板中的“偏移”按钮，选取绘制的社区公园外围线向内偏移。偏移距离为 2500，如图 10-12 所示。

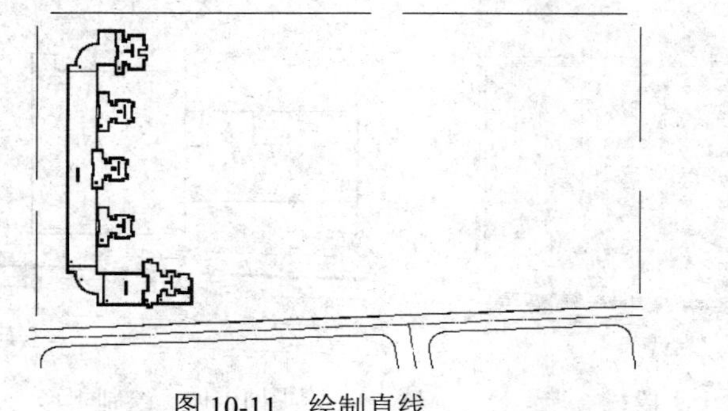

图 10-11　绘制直线

图 10-12　偏移直线

（7）单击“默认”选项卡“修改”面板中的“圆角”按钮，选择偏移的直线进行圆角处理，外边倒角半径为 10000，内边倒角半径为 8500，如图 10-13 所示。

（8）单击“默认”选项卡“绘图”面板中的“直线”按钮、“多段线”按钮和“修改”面板中的“修剪”按钮，绘制社区公园周边轮廓线，如图 10-14 所示。

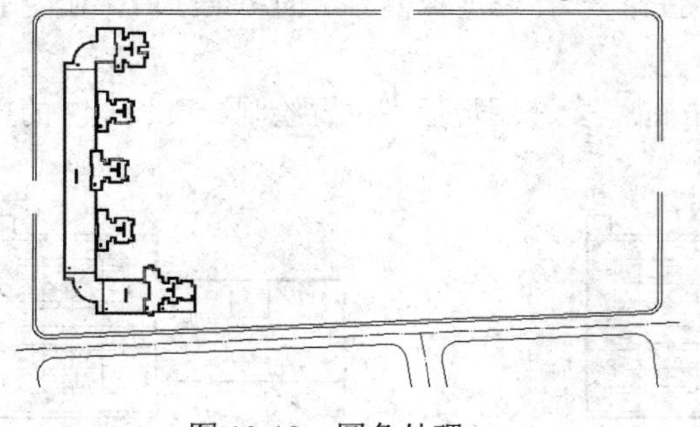

图 10-13　圆角处理

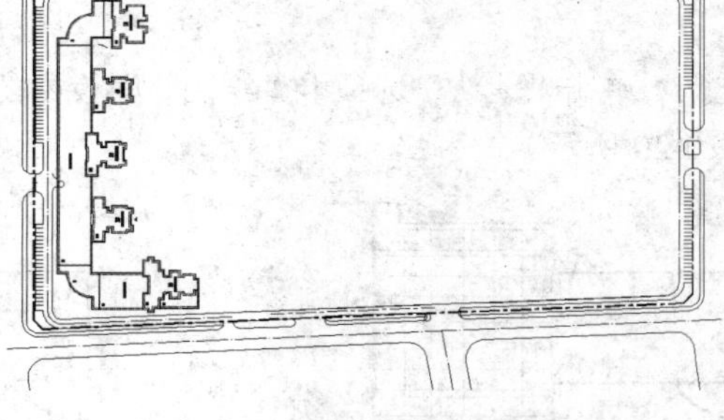

图 10-14　绘制周边轮廓线

10.3　社区公园景区详图的绘制

【预习重点】

掌握社区公园景区详图的绘制。

10.3.1　绘制公园设施一

本节主要讲述公园设施一的绘制方法和技巧，具体的绘制步骤如下。

（1）建立“公园设施”图层。单击“默认”选项卡“图层”面板中的“图层特性”按钮，弹出“图层特性管理器”选项板，建立一个新图层，命名为“公园设施”，颜色选取白色，线型为 Continuous，线宽为默认，将其设置为当前图层，如图 10-15 所示。

（2）单击“默认”选项卡“绘图”面板中的“多段线”按钮，在图形内适当位置绘制连续多段线，如图 10-16 所示。

（3）单击“默认”选项卡“绘图”面板中的“矩形”按钮，在图形内绘制一个 36000×37940 的矩形，如图 10-17 所示。

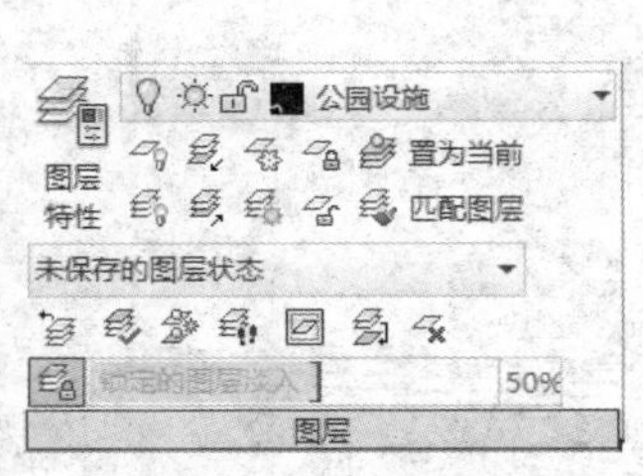

图 10-15　新建图层

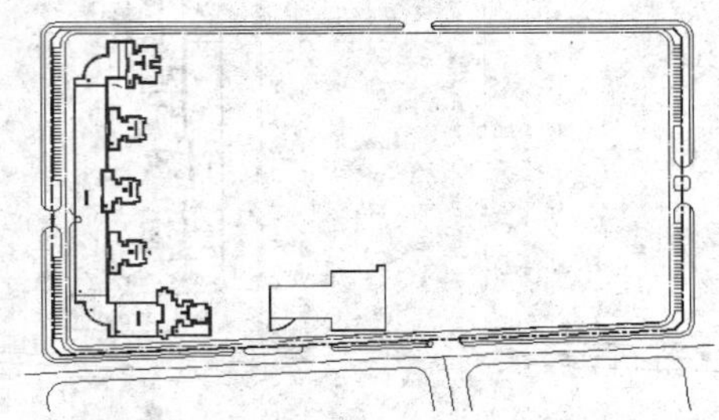

图 10-16　绘制多段线

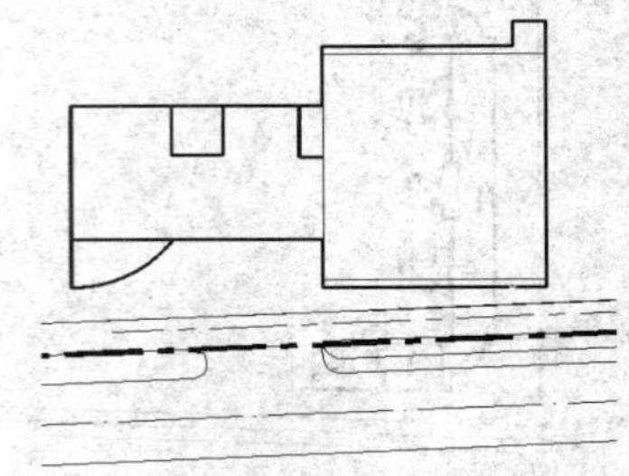

图 10-17　绘制矩形

（4）单击“默认”选项卡“修改”面板中的“分解”按钮，选择绘制的矩形，按 Enter 键确认进行分解。单击“默认”选项卡“修改”面板中的“偏移”按钮，选择分解矩形的左侧竖直边向右偏移，偏移距离分别为 6300、5485、6400、8400、5482。选择分解矩形的下边水平边向上偏移，偏移距离分别为 4000、1370、4115、4115、1360、4040、4000、1370、4115、4115、1370，如图 10-18 所示。

（5）单击“默认”选项卡“修改”面板中的“修剪”按钮，修剪掉偏移后的多余线段，如图 10-19 所示。

（6）单击“默认”选项卡“绘图”面板中的“直线”按钮，在图形适当位置绘制一段长 947 的直线，如图 10-20 所示。

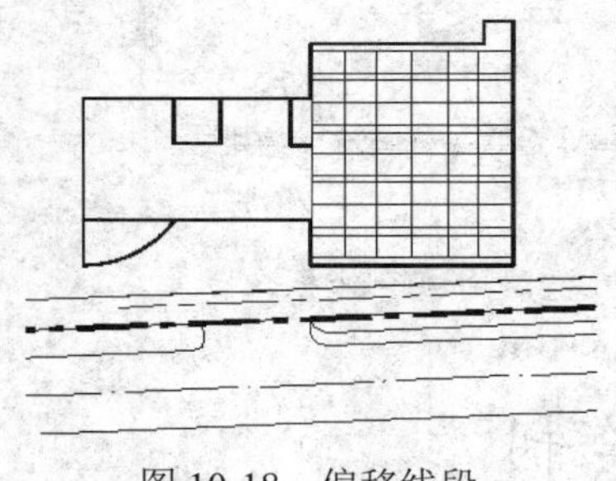

图 10-18　偏移线段

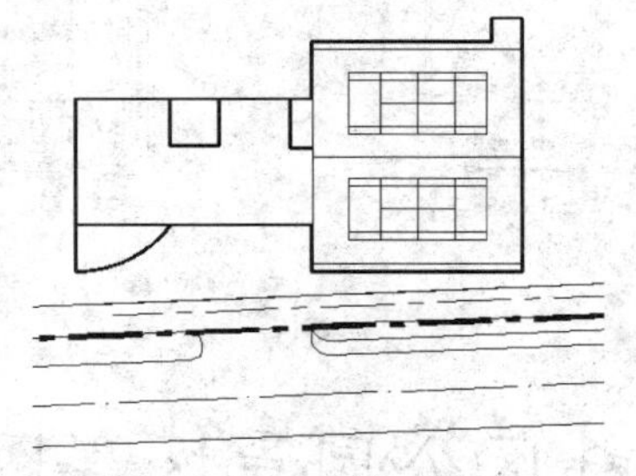

图 10-19　修剪线段

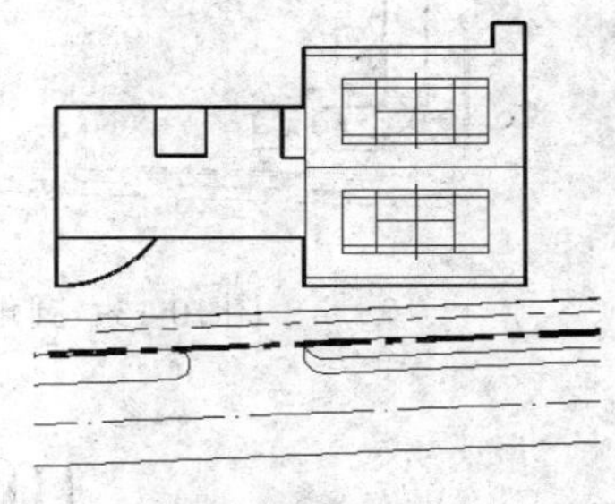

图 10-20　绘制直线

（7）单击“默认”选项卡“绘图”面板中的“圆”按钮，在绘制的直线上方绘制一个半径为 305 的圆，如图 10-21 所示。

（8）单击“默认”选项卡“修改”面板中的“复制”按钮，选取绘制的圆向下复制，如图 10-22 所示。

（9）单击“默认”选项卡“绘图”面板中的“直线”按钮，绘制公园设施的剩余图形，如图 10-23 所示。

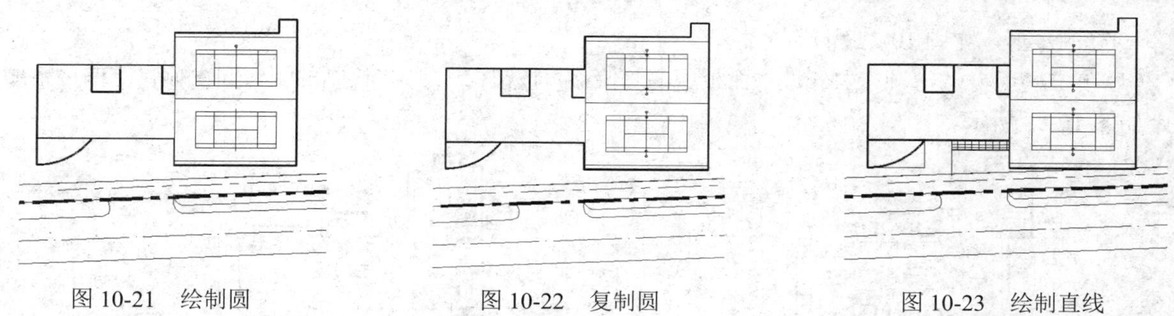

图 10-21 绘制圆　　图 10-22 复制圆　　图 10-23 绘制直线

（10）单击“默认”选项卡“绘图”面板中的“样条曲线拟合”按钮，在图形适当位置绘制一段样条曲线，如图 10-24 所示。

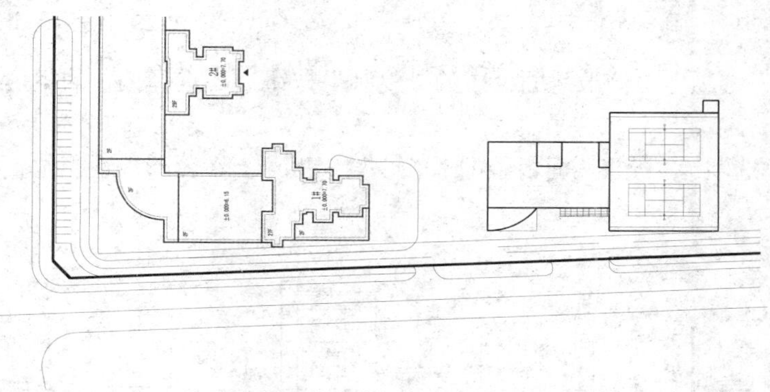

图 10-24 绘制多段线

10.3.2 绘制公园设施二

本节主要讲述公园设施二的绘制方法和技巧，具体的绘制步骤如下。

（1）单击“默认”选项卡“绘图”面板中的“矩形”按钮，在绘制的样条曲线内绘制一个 4000×10800 的矩形，如图 10-25 所示。

（2）单击“默认”选项卡“绘图”面板中的“圆”按钮，在绘制的矩形内绘制两个半径为 1000 的圆，如图 10-26 所示。

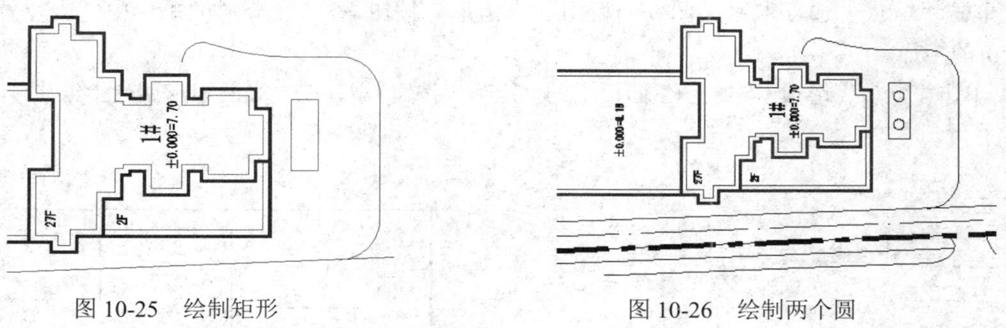

图 10-25 绘制矩形　　图 10-26 绘制两个圆

（3）单击“默认”选项卡“绘图”面板中的“矩形”按钮，在绘制的矩形上端适当位置绘制一个

1790×1900 的矩形，如图 10-27 所示。

（4）单击“默认”选项卡“修改”面板中的“偏移”按钮，选择绘制的矩形向内偏移，偏移距离为256，如图 10-28 所示。

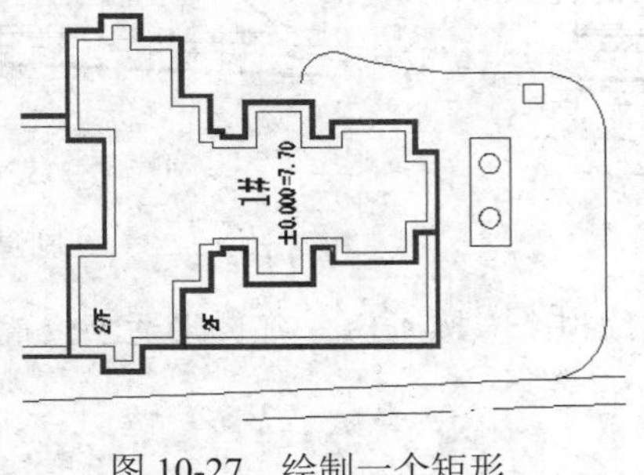

图 10-27　绘制一个矩形

图 10-28　偏移一个矩形

（5）单击“默认”选项卡“修改”面板中的“复制”按钮，选择偏移的矩形向下复制，如图 10-29 所示。

（6）单击“默认”选项卡“绘图”面板中的“矩形”按钮，在图形内适当位置绘制一个 57000×17400 的矩形，如图 10-30 所示。

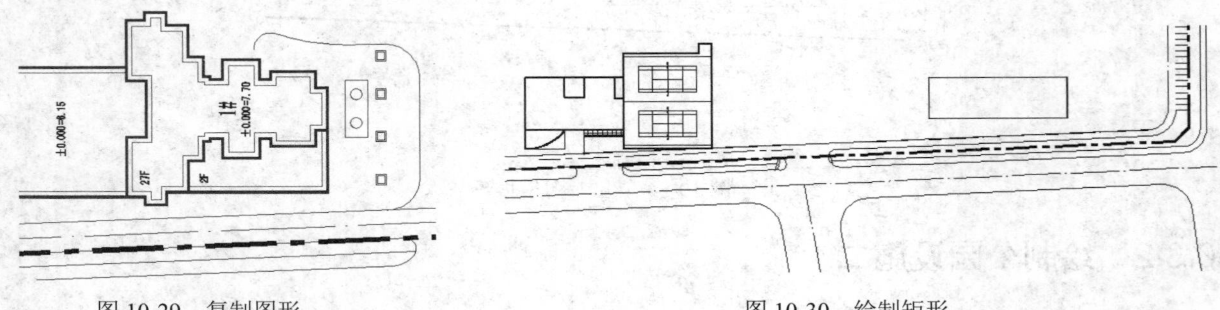

图 10-29　复制图形

图 10-30　绘制矩形

（7）单击“默认”选项卡“修改”面板中的“分解”按钮，选择绘制的矩形，按 Enter 键确认进行分解。

（8）单击“默认”选项卡“修改”面板中的“偏移”按钮，选取分解的矩形左侧竖直边向右偏移，偏移距离分别为 24700、16200、16400，如图 10-31 所示。

（9）单击“默认”选项卡“绘图”面板中的“矩形”按钮，在分解的矩形内适当位置绘制一个 11302×7411 的矩形。

（10）单击“默认”选项卡“绘图”面板中的“矩形”按钮，在绘制的矩形四边上绘制 4 个小矩形，如图 10-32 所示。

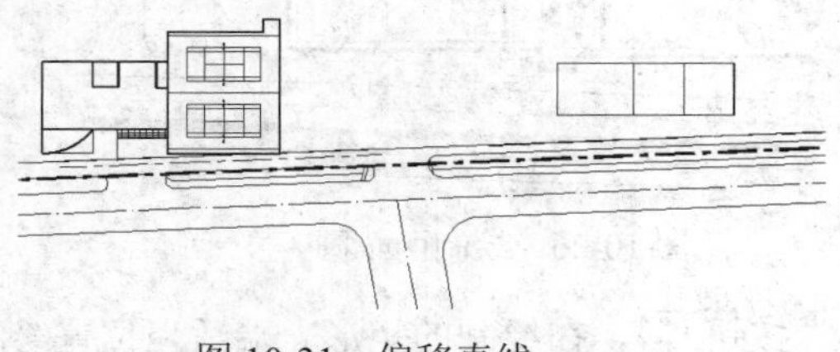

图 10-31　偏移直线

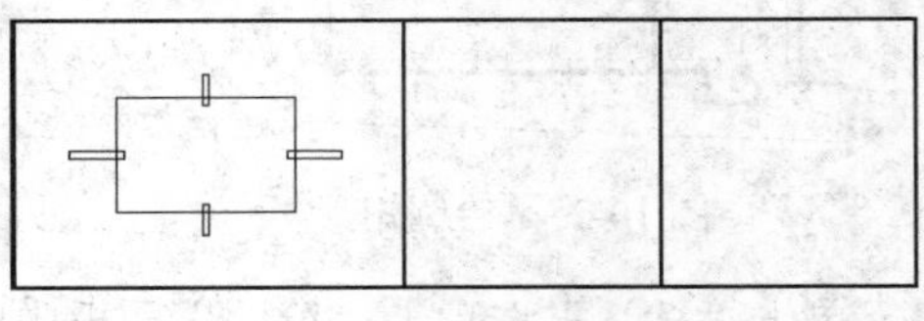

图 10-32　绘制矩形

（11）单击“默认”选项卡“绘图”面板中的“矩形”按钮，在矩形内的适当位置绘制一个 27111×12780 的矩形，如图 10-33 所示。

（12）单击“默认”选项卡“绘图”面板中的“椭圆”按钮，在绘制的矩形内绘制一个椭圆，如图 10-34 所示。

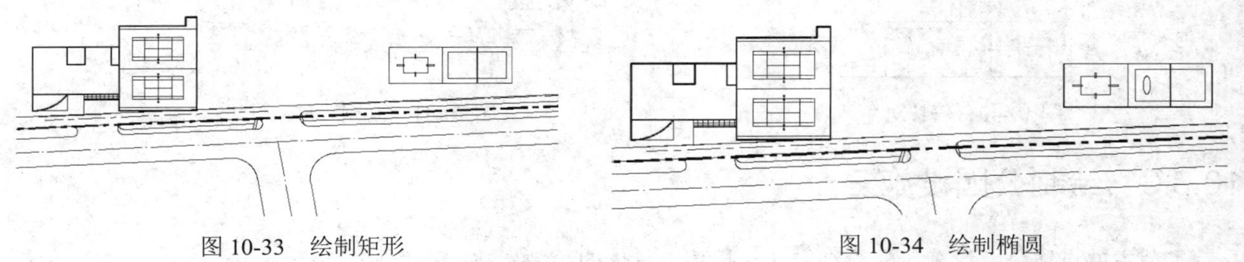

图 10-33　绘制矩形　　　图 10-34　绘制椭圆

（13）单击“默认”选项卡“修改”面板中的“复制”按钮，选择绘制的椭圆向右复制，如图 10-35 所示。

（14）单击“默认”选项卡“绘图”面板中的“直线”按钮和“圆弧”按钮，绘制左侧图形，如图 10-36 所示。

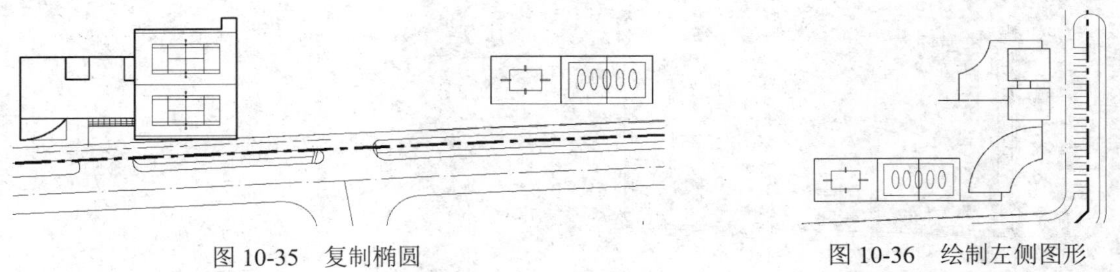

图 10-35　复制椭圆　　　图 10-36　绘制左侧图形

（15）单击“默认”选项卡“绘图”面板中的“矩形”按钮，在图形适当位置绘制一个矩形，如图 10-37 所示。

（16）单击“默认”选项卡“修改”面板中的“分解”按钮，选择绘制的矩形，按 Enter 键确认进行分解。

（17）单击“默认”选项卡“修改”面板中的“偏移”按钮，选择分解的矩形上端水平边连续向下偏移，偏移距离均为 3000，如图 10-38 所示。

（18）单击“默认”选项卡“修改”面板中的“偏移”按钮，选择分解的矩形左侧竖直边连续向右偏移，偏移距离均为 3000，如图 10-39 所示。

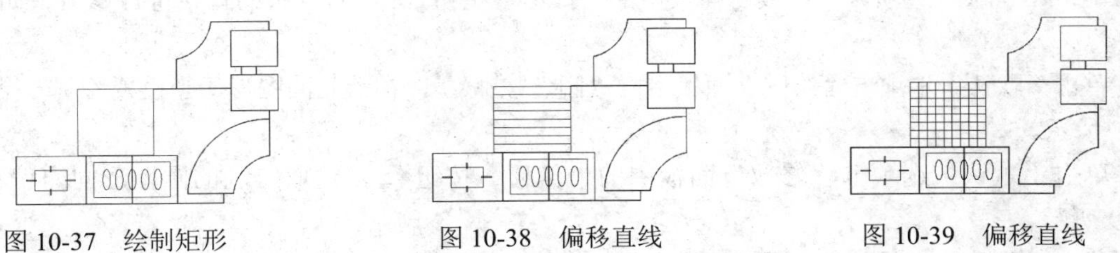

图 10-37　绘制矩形　　　图 10-38　偏移直线　　　图 10-39　偏移直线

（19）单击“默认”选项卡“绘图”面板中的“直线”按钮，在偏移直线内绘制对角线，如图 10-40 所示。完成的公园设施二如图 10-41 所示。

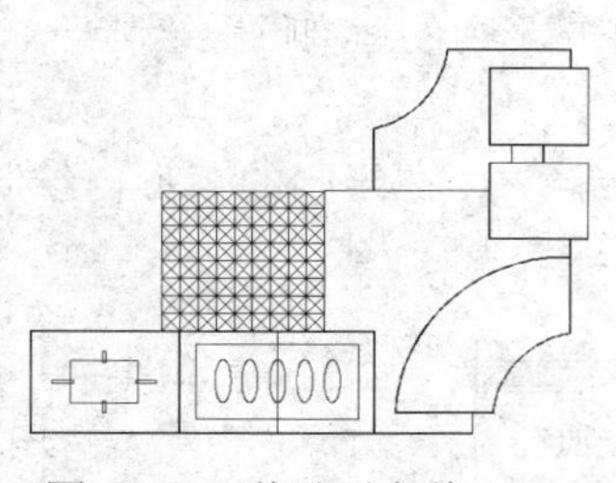

图 10-40　偏移对角线

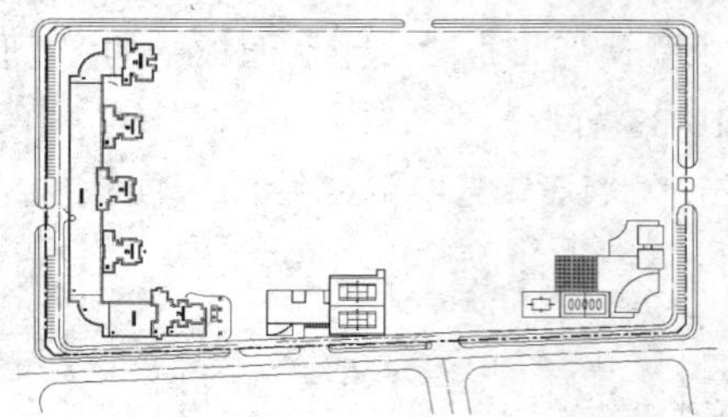

图 10-41　公园设施二

10.3.3　绘制公园设施三

本节主要讲述公园设施三的绘制方法和技巧，具体的绘制步骤如下。

（1）单击“默认”选项卡“绘图”面板中的“圆”按钮，在图形适当位置绘制两个不同半径的同心圆，如图 10-42 所示。

（2）单击“默认”选项卡“绘图”面板中的“直线”按钮，在绘制的圆内绘制装饰线段，如图 10-43 所示。

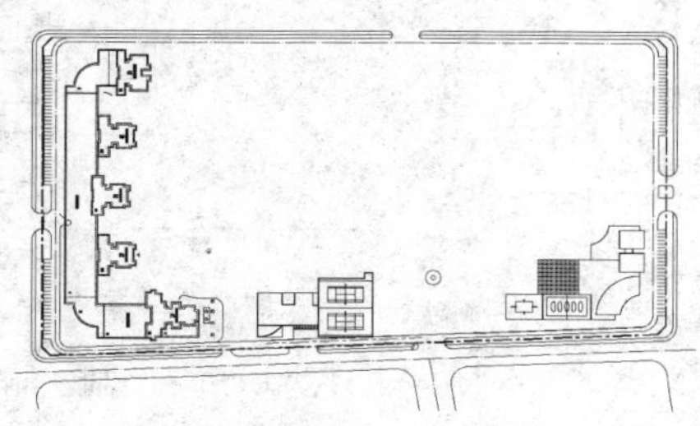

图 10-42　绘制不同半径的圆

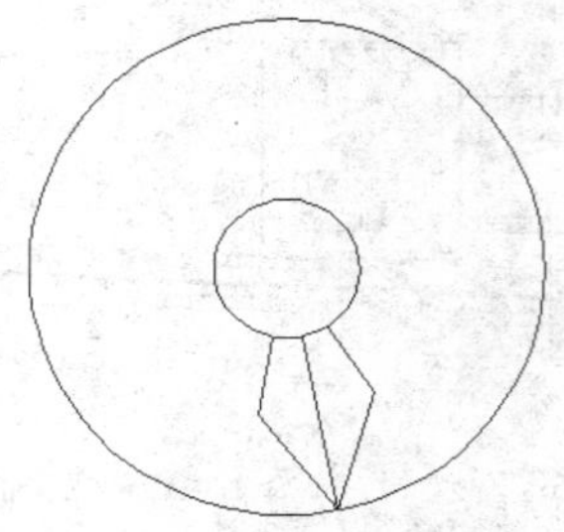

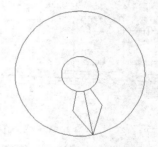

图 10-43　绘制直线图形

（3）单击“默认”选项卡“修改”面板中的“环形阵列”按钮，选择绘制的直线为阵列对象，指定圆的圆心为阵列中心点，设置项目数为 8，填充角度为 360°，如图 10-44 所示。

（4）单击“默认”选项卡“修改”面板中的“偏移”按钮，选择绘制的外围圆连续向外偏移，如图 10-45 所示。

（5）单击“默认”选项卡“绘图”面板中的“直线”按钮，在偏移的圆图形内绘制图形，如图 10-46 所示。

（6）单击“默认”选项卡“修改”面板中的“修剪”按钮，对绘制的直线进行修剪，如图 10-47 所示。

（7）单击“默认”选项卡“绘图”面板中的“圆”按钮，在绘制的图形适当位置绘制一个圆图形，如图 10-48 所示。

（8）单击“默认”选项卡“修改”面板中的“偏移”按钮，选取绘制的圆图形向内偏移，结果如图 10-49 所示。

（9）单击“默认”选项卡“绘图”面板中的“直线”按钮，绘制内部装饰图形，如图 10-50 所示。完成的公园设施三如图 10-51 所示。

图 10-44　阵列图形

图 10-45　偏移图形

图 10-46　绘制直线

图 10-47　修剪图形

图 10-48　绘制圆图形

图 10-49　偏移圆

图 10-50　绘制内部圆弧

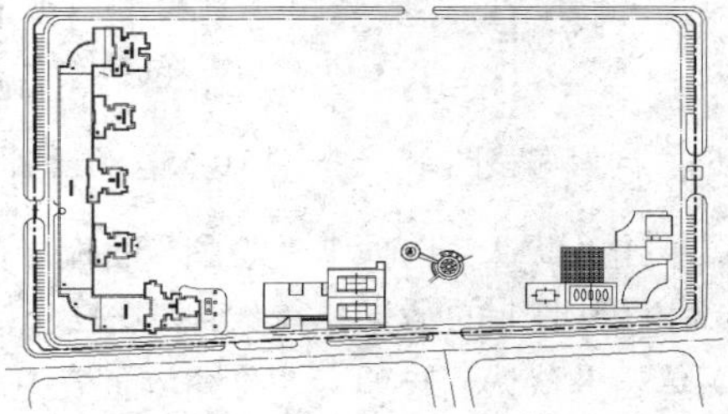

图 10-51　公园设施三

10.3.4　绘制公园设施四

本节主要讲述公园设施四的绘制方法和技巧，具体的绘制步骤如下。

（1）单击“默认”选项卡“绘图”面板中的“多段线”按钮，在图形适当位置绘制连续多段线，如图 10-52 所示。

（2）单击“默认”选项卡“绘图”面板中的“圆”按钮，在绘制的矩形内适当位置绘制一个半径为 7600 的圆，如图 10-53 所示。

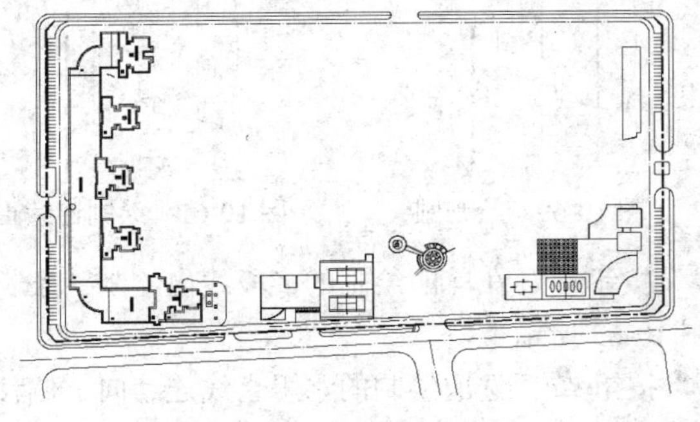

图 10-52　绘制内部多段线

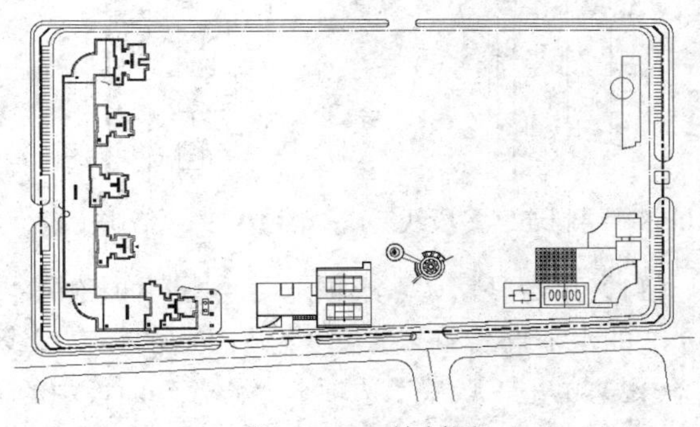

图 10-53　绘制圆

（3）单击“默认”选项卡“修改”面板中的“偏移”按钮，选择绘制的圆向内偏移，偏移距离分别为 120、880，如图 10-54 所示。

（4）单击“默认”选项卡“修改”面板中的“修剪”按钮，修剪掉圆内多余线段，如图 10-55 所示。

（5）单击“默认”选项卡“绘图”面板中的“直线”按钮，在偏移的圆内绘制两段长度为 880 的斜向竖直直线，如图 10-56 所示。

（6）单击“默认”选项卡“修改”面板中的“环形阵列”按钮，选择绘制的直线为阵列对象，以偏移圆的圆心为中心点对图形进行环形阵列，设置项目总数为 40，填充角度为 360°，阵列后图形如图 10-57 所示。

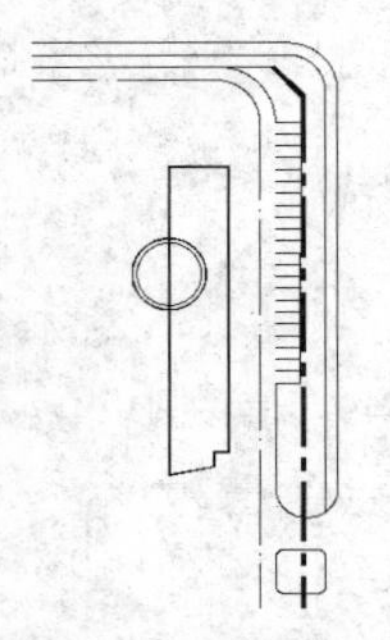
图 10-54　向内偏移圆

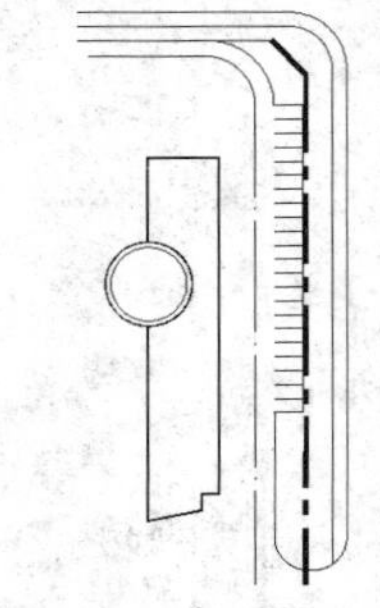
图 10-55　修剪掉多条线段

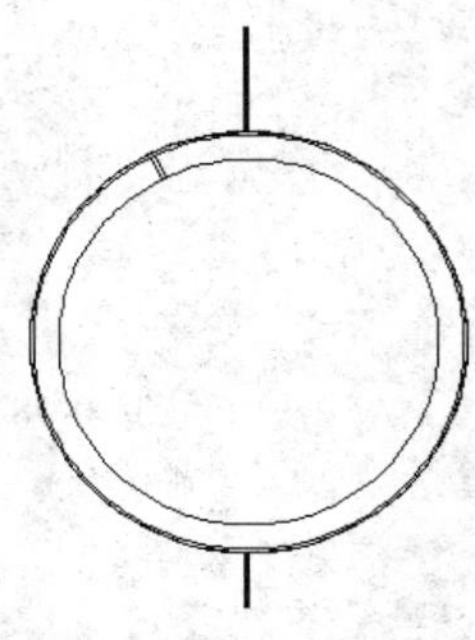
图 10-56　绘制直线

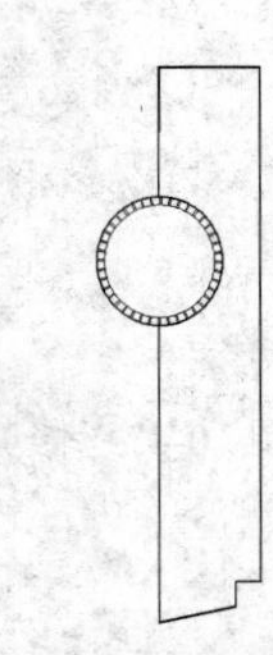
图 10-57　阵列后的图形

（7）单击“默认”选项卡“绘图”面板中的“多段线”按钮，指定起点宽度为 300，端点宽度为 300，在前面绘制的图形上的适当位置绘制多段线，如图 10-58 所示。

（8）单击“默认”选项卡“绘图”面板中的“多段线”按钮，指定起点宽度为 300，端点宽度为 300，在绘制的图形下方绘制一个 5055×6000 的矩形，如图 10-59 所示。

（9）单击“默认”选项卡“绘图”面板中的“圆”按钮，在图形不同位置绘制两个半径为 2000 的圆，如图 10-60 所示。

（10）单击“默认”选项卡“绘图”面板中的“直线”按钮，选取绘制的矩形的左侧竖直边中点为起点，绘制连续直线，如图 10-61 所示。

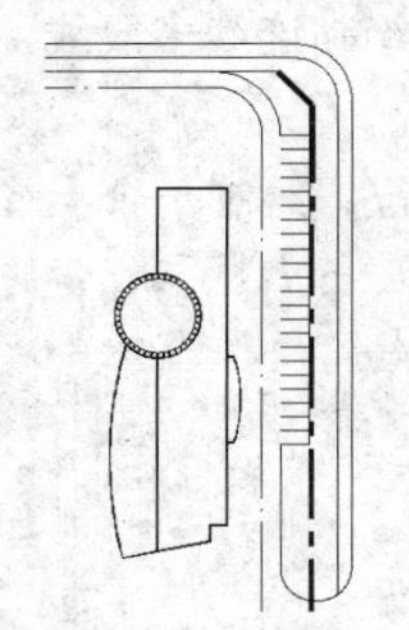
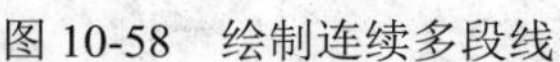
图 10-58　绘制连续多段线

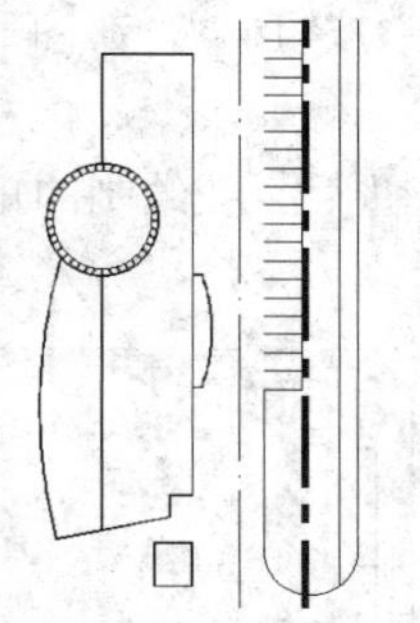
图 10-59　绘制矩形

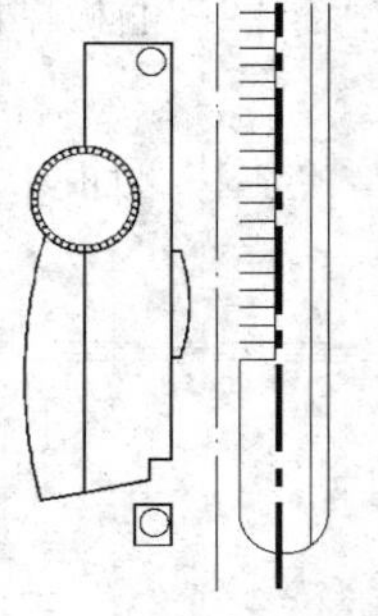
图 10-60　绘制圆

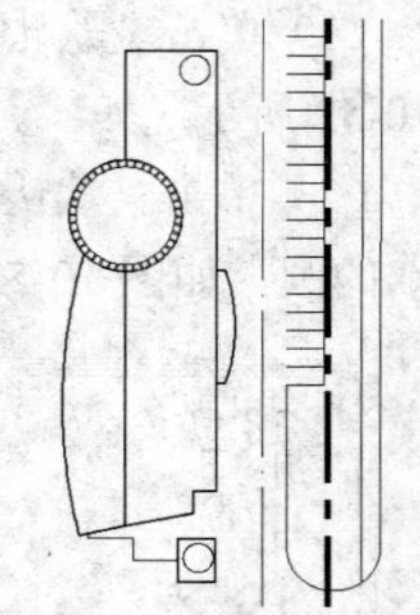
图 10-61　绘制连续直线

（11）单击“默认”选项卡“绘图”面板中的“直线”按钮，在前面绘制的多段线内绘制一条长度为 8742 的水平直线和一条长度为 51006 的竖直直线，如图 10-62 所示。

（12）单击“默认”选项卡“修改”面板中的“偏移”按钮，选取绘制的水平直线连续向上偏移，偏移距离为 3006，选取绘制的垂直直线向右偏移，偏移距离分别为 1430、7313，如图 10-63 所示。

（13）单击“默认”选项卡“修改”面板中的“修剪”按钮，修剪掉偏移后的多余线段，如图 10-64 所示。

（14）单击“默认”选项卡“绘图”面板中的“矩形”按钮，在图形内绘制一个 2361×424 的矩形，如图 10-65 所示。

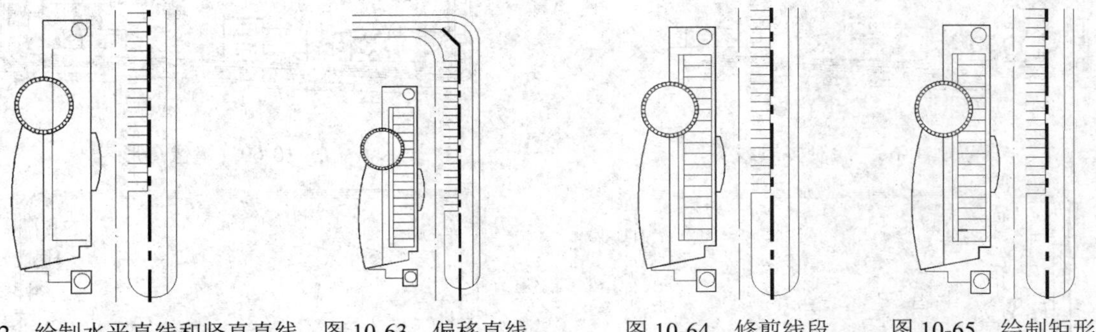

图 10-62　绘制水平直线和竖直直线　图 10-63　偏移直线　图 10-64　修剪线段　图 10-65　绘制矩形

（15）单击“默认”选项卡“修改”面板中的“复制”按钮，选取绘制的矩形向上复制，如图 10-66 所示。完成的公园设施四如图 10-67 所示。

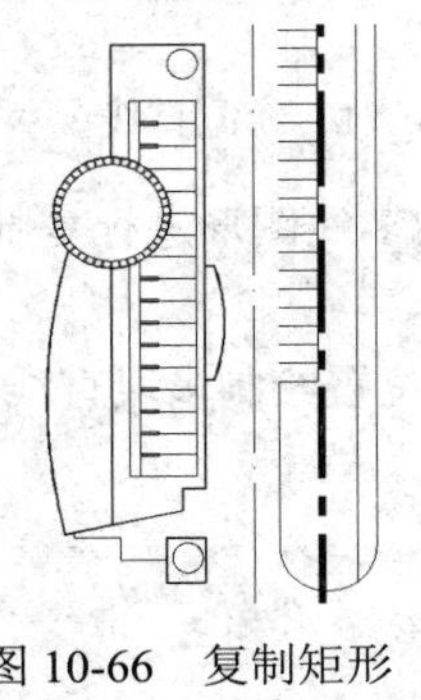

图 10-66　复制矩形

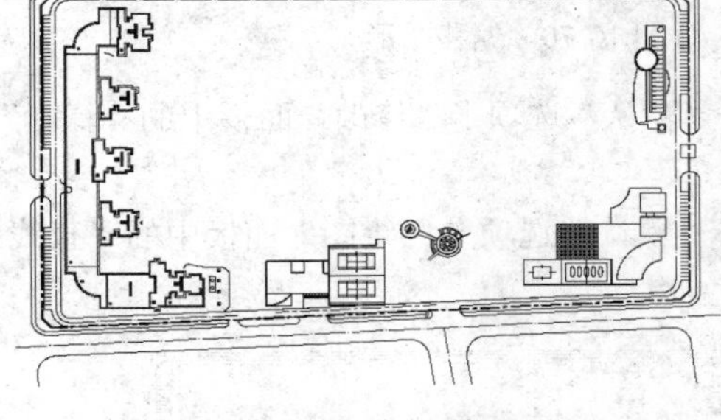

图 10-67　公园设施四

10.3.5　绘制公园设施五

本节主要讲述公园设施五的绘制方法和技巧，具体的绘制步骤如下。

（1）单击“默认”选项卡“绘图”面板中的“多段线”按钮，在图形内适当位置绘制一段多段线，如图 10-68 所示。

（2）单击“默认”选项卡“修改”面板中的“镜像”按钮，选取绘制的多段线进行镜像处理，如图 10-69 所示。

（3）单击“默认”选项卡“修改”面板中的“偏移”按钮，选取镜像后的图形向外偏移，偏移距离为 450，偏移后的图形如图 10-70 所示。

（4）单击“默认”选项卡“绘图”面板中的“直线”按钮，在偏移后的图形内绘制连续直线，如图 10-71 所示。

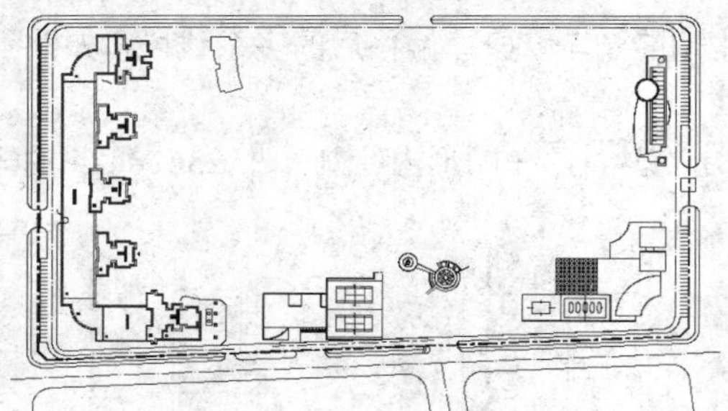

图 10-68　绘制多段线

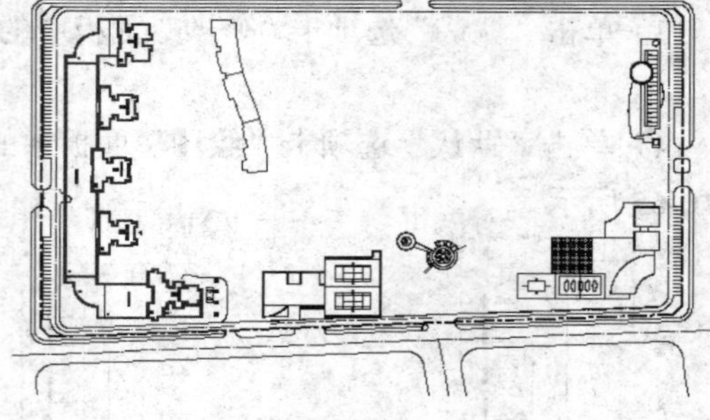

图 10-69　镜像图形

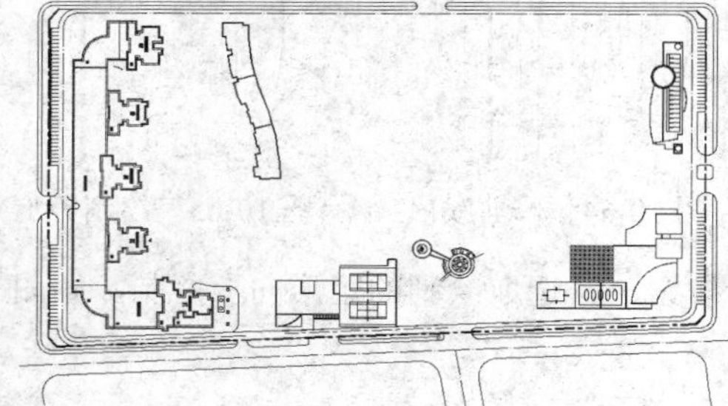

图 10-70　偏移图形

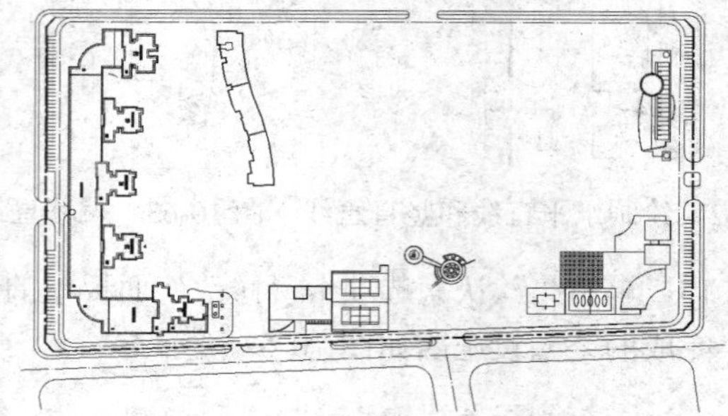

图 10-71　绘制直线

（5）单击“默认”选项卡“修改”面板中的“复制”按钮，对绘制的多线图形进行复制，如图 10-72 所示。

（6）单击“默认”选项卡“绘图”面板中的“直线”按钮，在适当位置绘制多段直线，如图 10-73 所示。

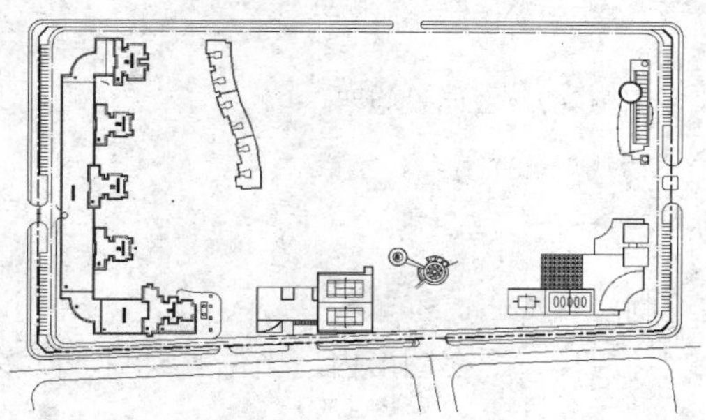

图 10-72　复制图形

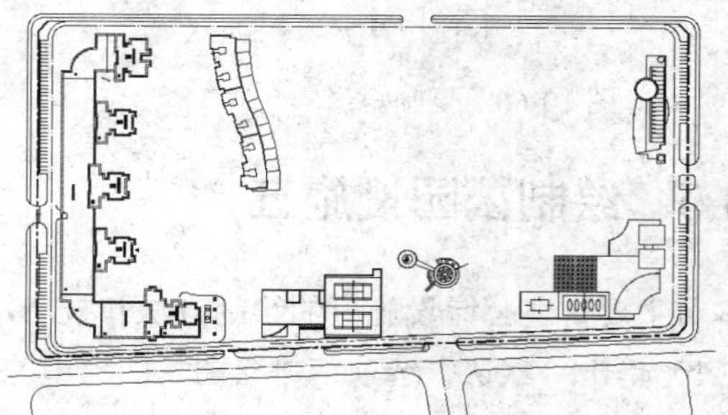

图 10-73　绘制直线

（7）单击“默认”选项卡“绘图”面板中的“直线”按钮，在绘制的直线内继续绘制多段水平直线和竖直直线，如图 10-74 所示。

（8）单击“默认”选项卡“修改”面板中的“修剪”按钮，修剪掉图形中的多余线段，如图 10-75 所示。

（9）单击“默认”选项卡“修改”面板中的“镜像”按钮，选取绘制完成的公园设施为镜像对象进行垂直镜像，如图 10-76 所示。

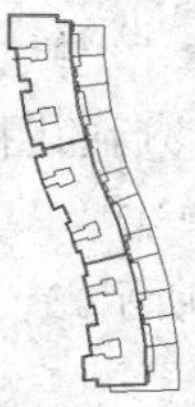

图 10-74　绘制水平直线和竖直直线

（10）单击“默认”选项卡“修改”面板中的“复制”按钮，选

取步骤（9）的图形进行复制，如图 10-77 所示。

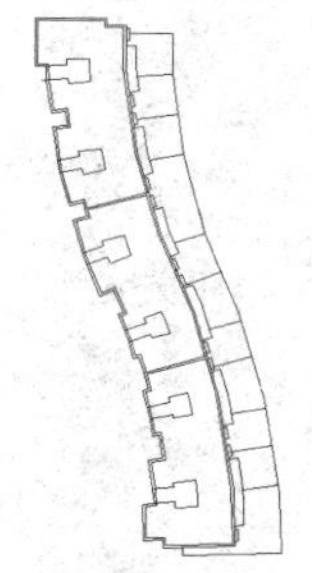
图 10-75　修剪线段

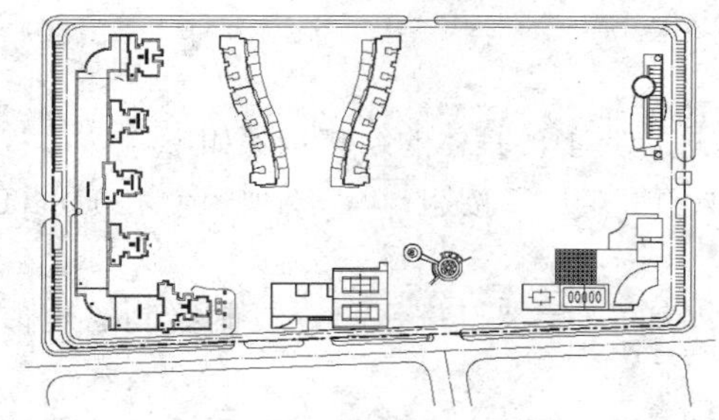
图 10-76　镜像图形

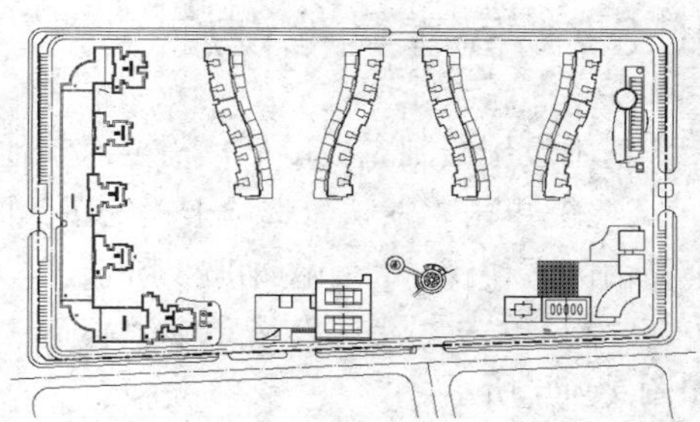
图 10-77　公园设施五

10.3.6　绘制公园设施六

本节主要讲述公园设施六的绘制方法和技巧，具体的绘制步骤如下。

（1）单击“默认”选项卡“绘图”面板中的“多段线”按钮，指定起点宽度为 200，端点宽度为 200，绘制一个 8740×32640 的矩形，如图 10-78 所示。

（2）单击“默认”选项卡“绘图”面板中的“多段线”按钮，绘制连续多段线，如图 10-79 所示。

（3）单击“默认”选项卡“绘图”面板中的“直线”按钮，在绘制的图形内绘制一条水平直线和一条竖直直线，如图 10-80 所示。

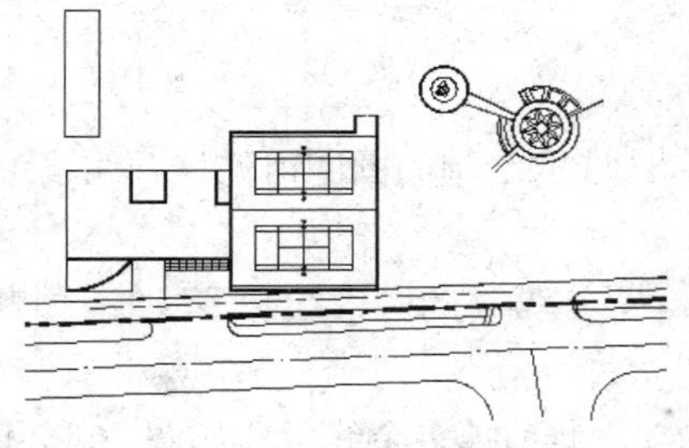
图 10-78　绘制矩形

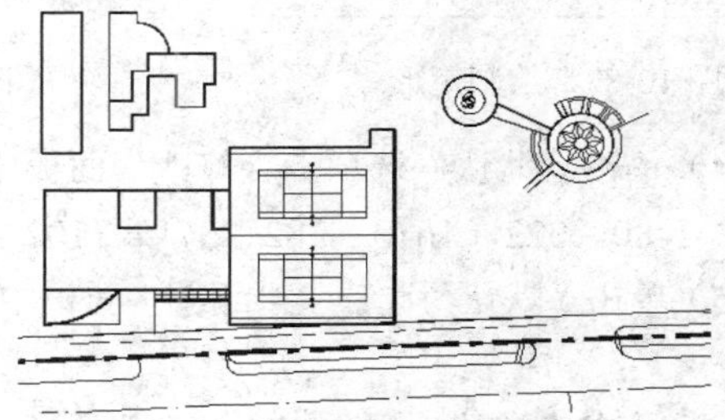
图 10-79　绘制连续多段线

（4）单击“默认”选项卡“修改”面板中的“偏移”按钮，选取绘制的水平直线，连续向下偏移，偏移距离为 1150，如图 10-81 所示。

（5）单击“默认”选项卡“修改”面板中的“偏移”按钮，选取已经绘制好的多段线图形向内偏移，偏移距离为 500；单击“默认”选项卡“修改”面板中的“分解”按钮，选取偏移后的多段线，进行分解，按 Enter 键确认，如图 10-82 所示。

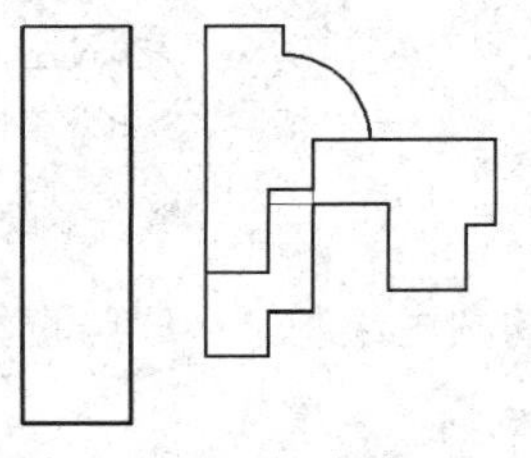
图 10-80　绘制直线

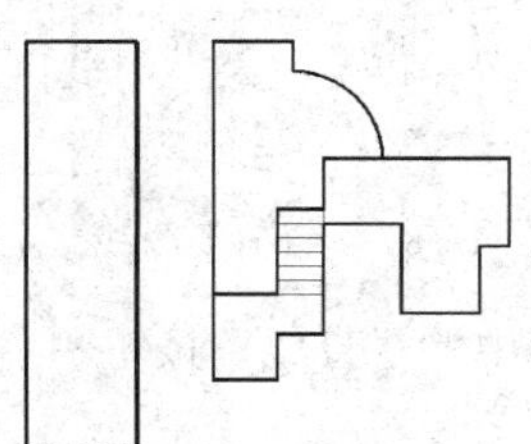
图 10-81　偏移直线

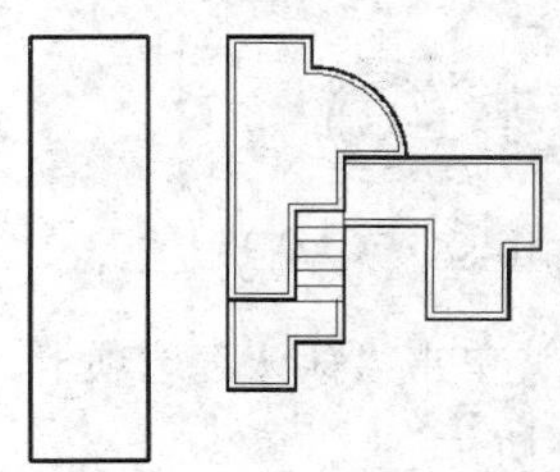
图 10-82　分解图形

10.3.7 完善其他设施

基本设施绘制完成以后，需要对其他设施进行完善，具体的绘制步骤如下。

（1）单击“默认”选项卡“绘图”面板中的“矩形”按钮，绘制一个 1200×400 的矩形，作为社区公园内的方块踩砖，如图 10-83 所示。

（2）单击“默认”选项卡“修改”面板中的“复制”按钮，复制绘制的矩形，作为公园砖道，如图 10-84 所示。

（3）单击“默认”选项卡“绘图”面板中的“圆”按钮，在图形适当位置绘制适当半径的圆，如图 10-85 所示。

图 10-83 绘制矩形

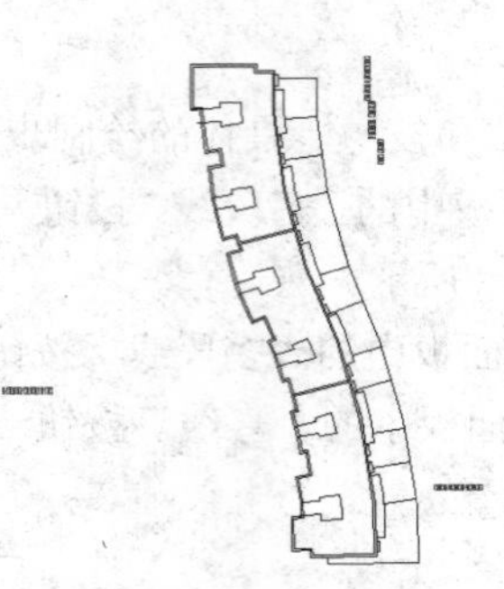
图 10-84 复制矩形

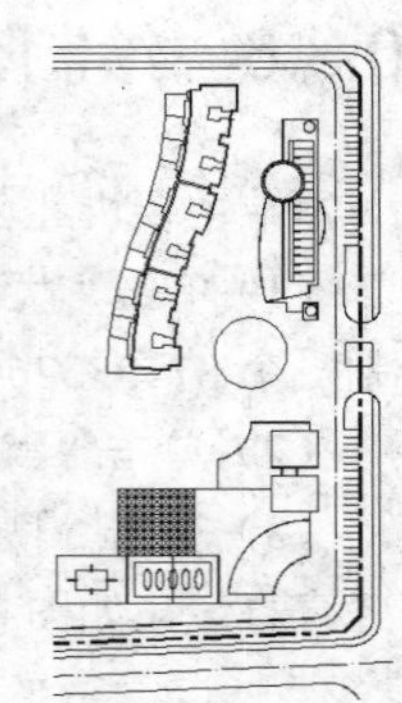

图 10-85 绘制圆

（4）单击“默认”选项卡“修改”面板中的“偏移”按钮，选取绘制的圆向内偏移，偏移距离分别为 381、2480、322、1618、382、3714、102，如图 10-86 所示。

（5）单击“默认”选项卡“绘图”面板中的“多段线”按钮，在偏移的圆内绘制多段线，如图 10-87 所示。

（6）单击“默认”选项卡“修改”面板中的“修剪”按钮，修剪掉多余线段，如图 10-88 所示。

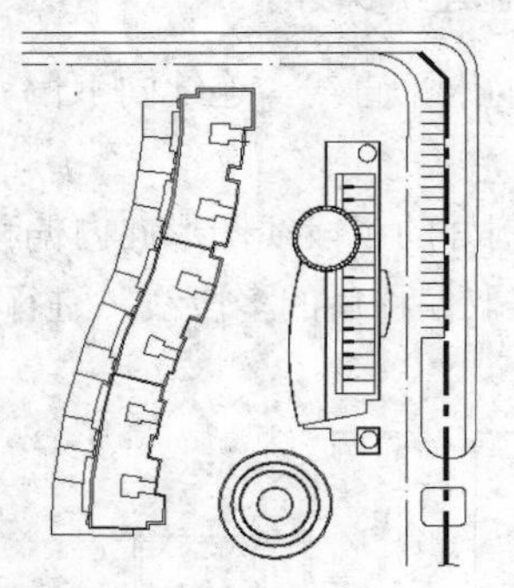
图 10-86 偏移圆

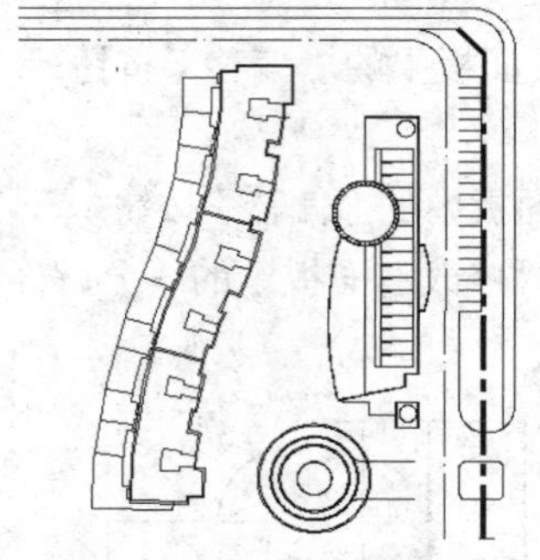
图 10-87 绘制多段线

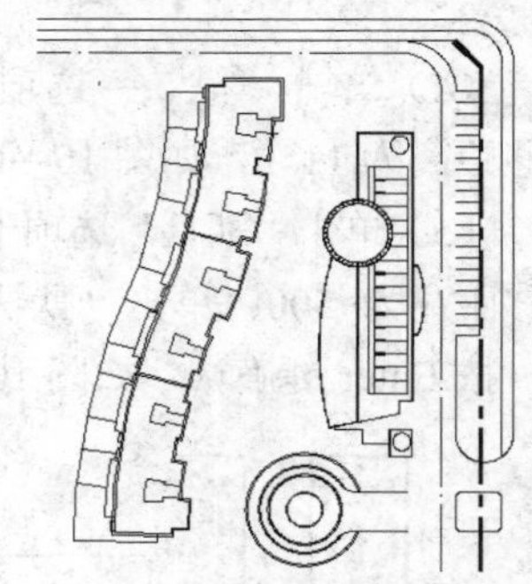
图 10-88 修剪多段线

（7）单击“默认”选项卡“绘图”面板中的“直线”按钮，在绘制的圆内绘制一小段竖直直线，如图 10-89 所示。

（8）单击“默认”选项卡“修改”面板中的“修剪”按钮，修剪掉图形中的多余线段，如图 10-90

所示。

（9）单击“默认”选项卡“绘图”面板中的“矩形”按钮，在绘制的图形下方绘制一个矩形，如图 10-91 所示。

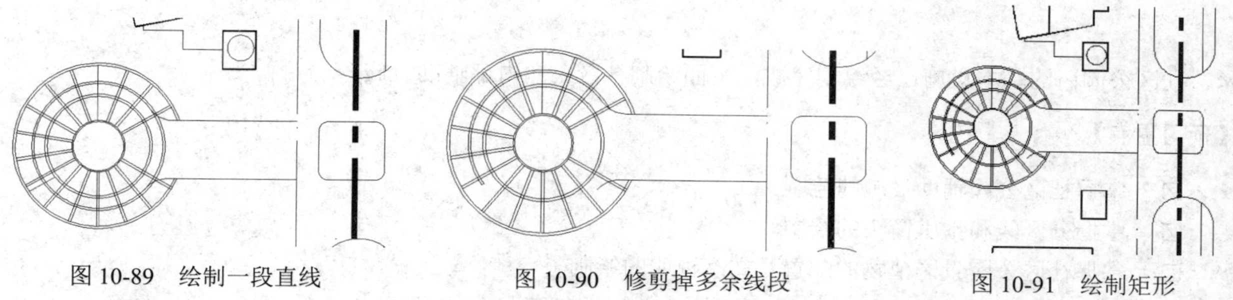

图 10-89　绘制一段直线　　图 10-90　修剪掉多余线段　　图 10-91　绘制矩形

（10）单击“默认”选项卡“绘图”面板中的“直线”按钮，在绘制的矩形内绘制对角线，如图 10-92 所示。

（11）单击“默认”选项卡“绘图”面板中的“圆”按钮，以绘制的对角线交点为圆心绘制一个适当半径的圆，如图 10-93 所示。

（12）单击“默认”选项卡“绘图”面板中的“直线”按钮，以绘制矩形的左侧竖直边中点为起点绘制连续线段，如图 10-94 所示。

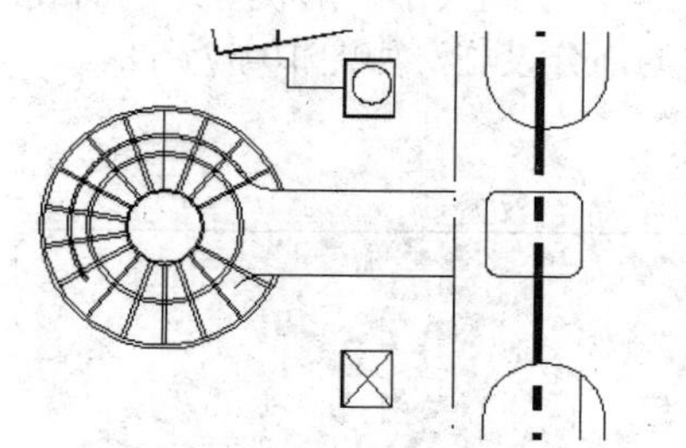

图 10-92　绘制图形对角线

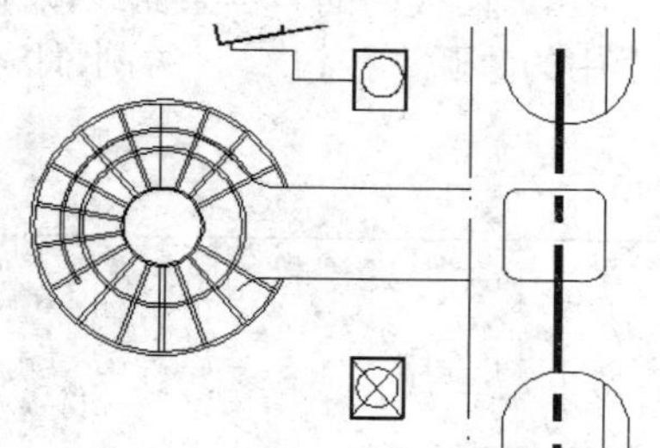

图 10-93　绘制圆

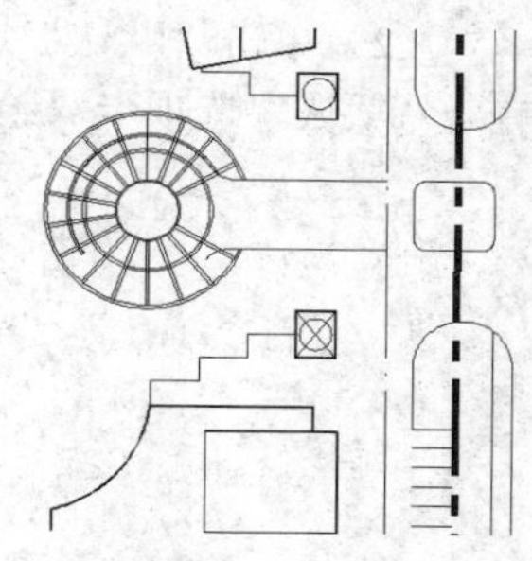

图 10-94　绘制直线

（13）单击“默认”选项卡“修改”面板中的“镜像”按钮，选择图形中的道路和道路中线，选取适当一点为镜像点，完成图形镜像，如图 10-95 所示。

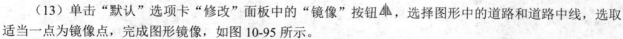

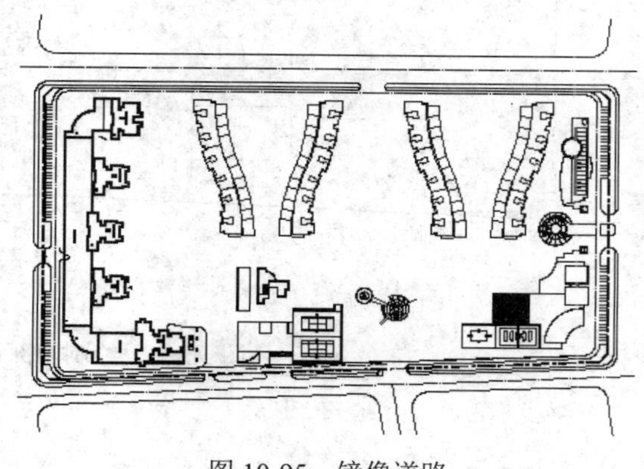

图 10-95　镜像道路

10.4 社区公园辅助设施的绘制

社区公园内的基本设施已经绘制完成，下面绘制社区公园内部辅助设施。

【预习重点】

☑ 掌握社区公园辅助设施的绘制。

☑ 掌握分区线和指引箭头的绘制。

☑ 掌握社区公园景区植物的配置及文字说明的绘制。

10.4.1 辅助设施绘制

本节讲述辅助设施的绘制方法和技巧，主要运用了“样条曲线拟合”和“圆”命令。

（1）建立“辅助设施”图层。单击“默认”选项卡“图层”面板中的“图层特性”按钮，弹出“图层特性管理器”选项板，建立一个新图层，命名为“辅助设施”，颜色选取黑色，线型为 Continuous，线宽为默认，将其设置为当前图层，如图 10-96 所示。

（2）单击“默认”选项卡“绘图”面板中的“样条曲线拟合”按钮，绘制大小、形状合适的曲线；单击“默认”选项卡“绘图”面板中的“圆”按钮，绘制景区详图内的部分设施，如图 10-97 所示。

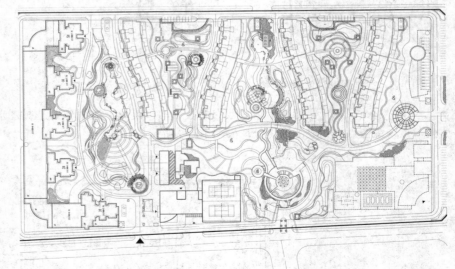

图 10-96 新建图层

图 10-97 绘制内部设施

10.4.2　分区线和指引箭头绘制

利用“矩形”和“多段线”命令绘制分区线和指引箭头，具体的绘制步骤如下。

（1）单击“默认”选项卡“绘图”面板中的“矩形”按钮，在绘制的图形外部绘制几个适当大小的矩形，如图 10-98 所示。

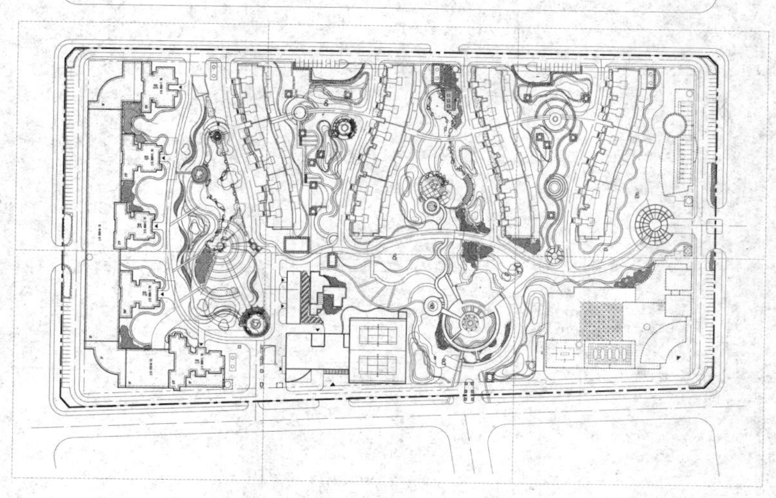

图 10-98　绘制矩形

（2）单击“默认”选项卡“绘图”面板中的“多段线”按钮，指定起点宽度为 8000，端点宽度为 0，绘制图形中的指示箭头，如图 10-99 所示。

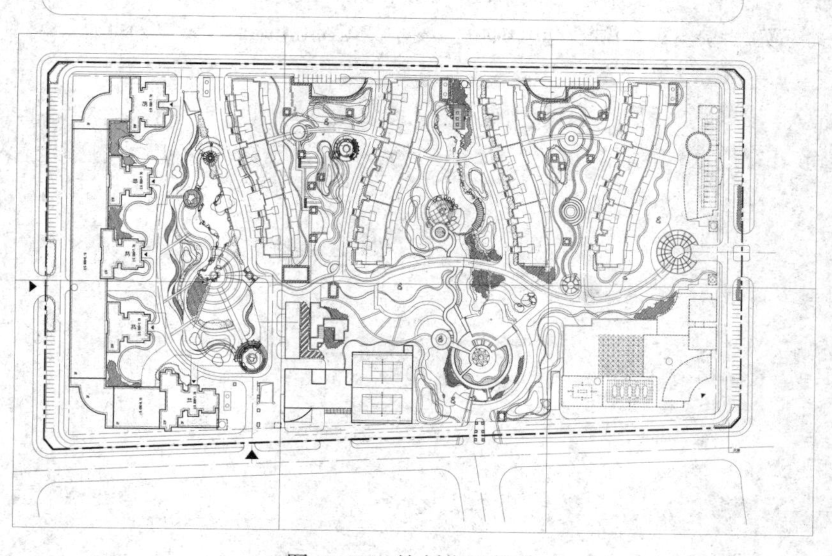

图 10-99　绘制指示箭头

（3）单击“默认”选项卡“绘图”面板中的“多段线”按钮，指定起点宽度为 2400，端点宽度为 0，绘制图形内小指引箭头，如图 10-100 所示。

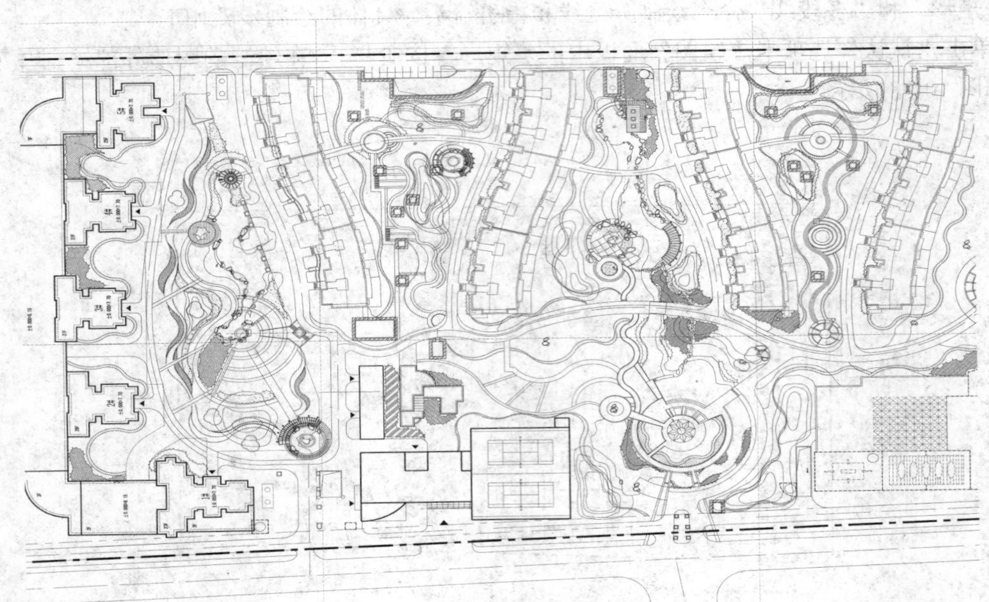

图 10-100　绘制小指引箭头

10.4.3　社区公园景区植物的配置

植物配景在社区公园是不可缺少的，使其看起来不那么单一，具体的绘制方法如下。

（1）单击“默认”选项卡“图层”面板中的“图层特性”按钮，弹出“图层特性管理器”选项板，建立一个新图层，命名为“绿植”，颜色选取绿色，线型为 Continuous，线宽为默认，将其设置为当前图层，如图 10-101 所示。

（2）单击“插入”选项卡“块”面板中的“插入”按钮，打开“插入”对话框。在“名称”下拉列表框中选择“灌木 1”选项，如图 10-102 所示，然后单击“确定”按钮，将图块插入刚刚绘制的平面图中。

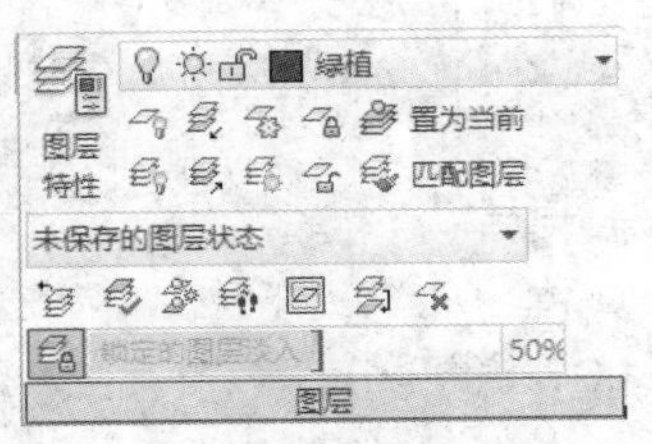

图 10-101　新建图层

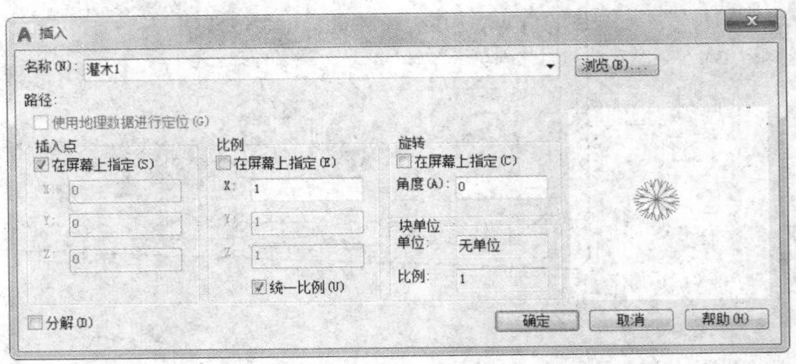

图 10-102　插入灌木

（3）利用上述方法插入图形中所有绿植，如图 10-103 所示。

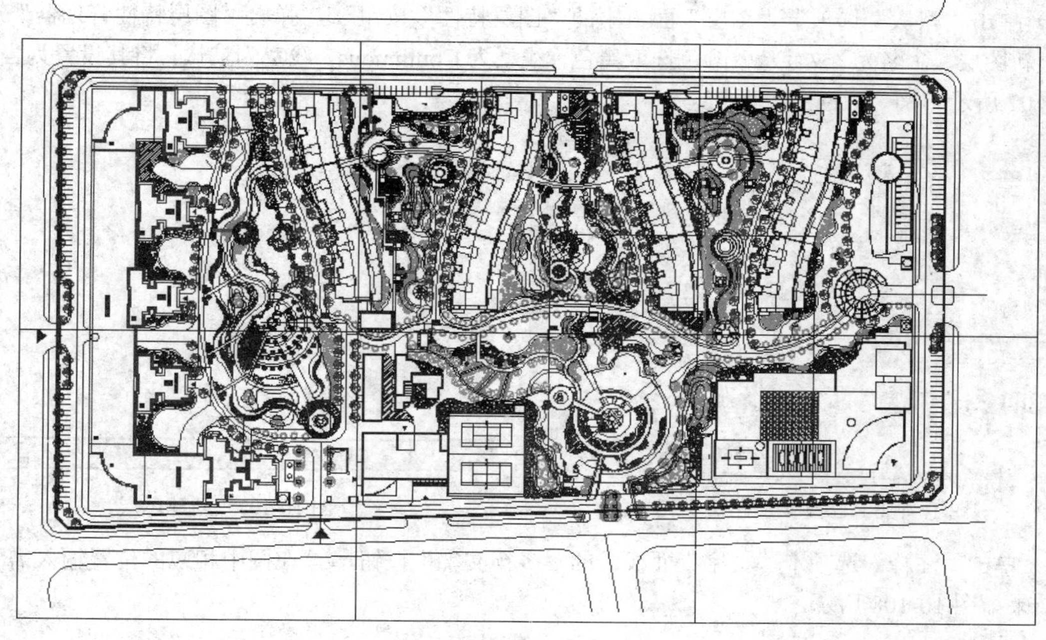

图 10-103　插入绿植

10.4.4　社区公园景区文字说明

添加文字标注与标注尺寸相同，首先要设置文字样式，接着使用“多行文字”命令为图形添加文字说明。

（1）选择菜单栏中的“格式”→“文字样式”命令，弹出“文字样式”对话框，如图 10-104 所示。

（2）单击“新建”按钮，弹出“新建文字样式”对话框，将文字样式命名为“说明”，如图 10-105 所示。

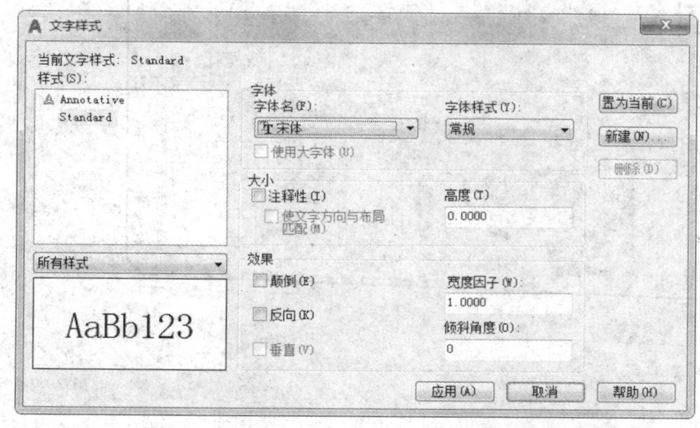

图 10-104　“文字样式”对话框

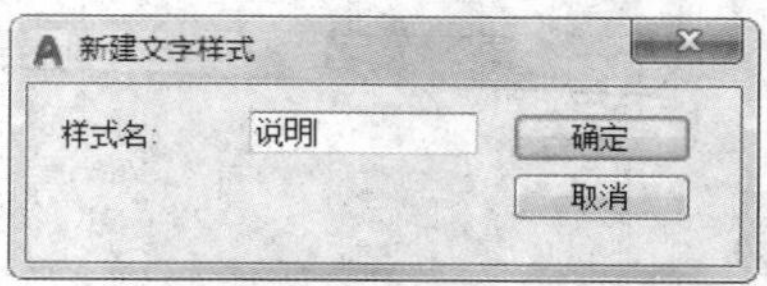

图 10-105　“新建文字样式”对话框

（3）单击“确定”按钮，在“文字样式”对话框中取消选中“使用大字体”复选框，然后在“字体名”下拉列表框中选择“宋体”，“高度”设置为 1500，如图 10-106 所示。

（4）单击“默认”选项卡“图层”面板中的“图层特性”按钮，弹出“图层特性管理器”选项板，建立一个新图层，命名为“文字”，颜色选取黑色，线型为 Continuous，线宽为默认，将其设置为当前图层，如图 10-107 所示。确定后回到绘图状态。

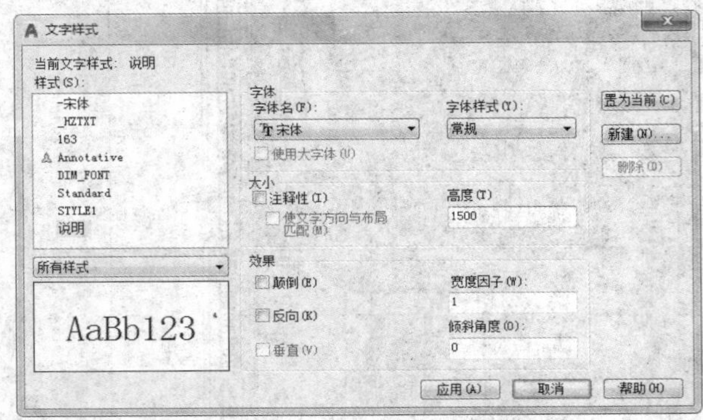

图 10-106　修改文字样式

图 10-107　新建图层

（5）单击“注释”选项卡“文字”面板中的“多行文字”按钮A，在图中相应的位置输入需要标注的文字，结果如图 10-108 所示。

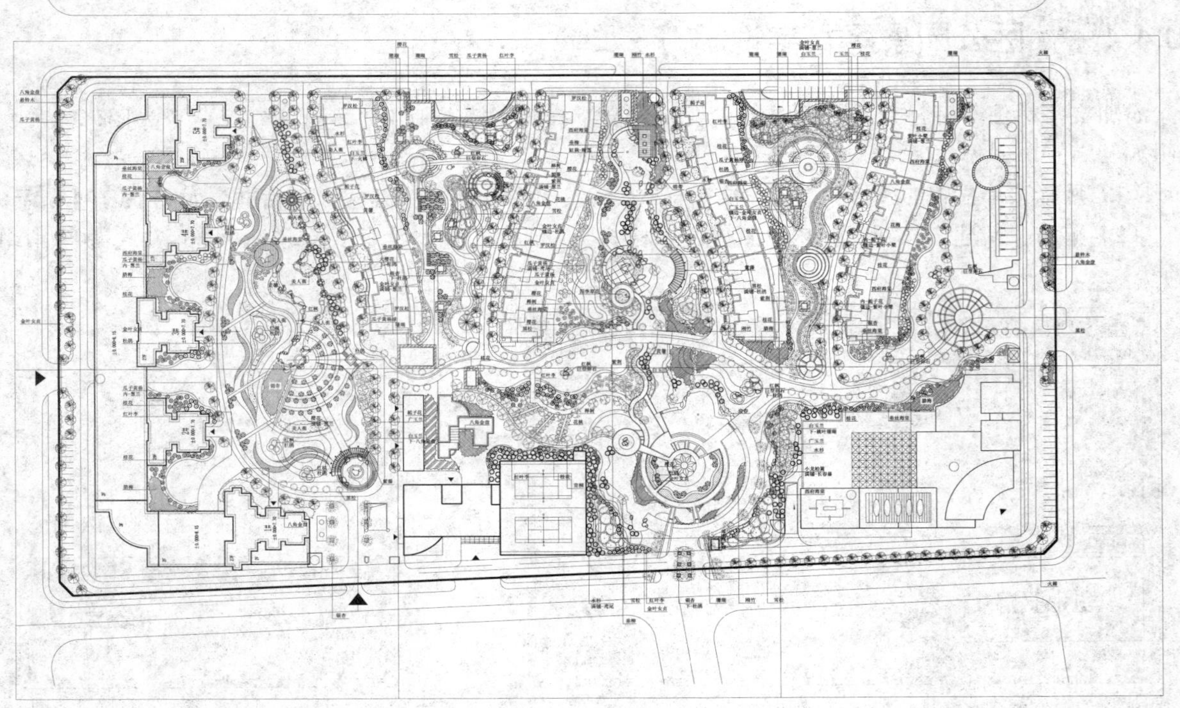

图 10-108　添加文字

（6）单击“插入”选项卡“块”面板中的“插入”按钮，打开“插入”对话框，在“名称”下拉列表框中选择“风玫瑰”选项，如图 10-109 所示。然后单击“确定”按钮，按照图 10-110 所示的位置插入刚刚绘制的平面图中。

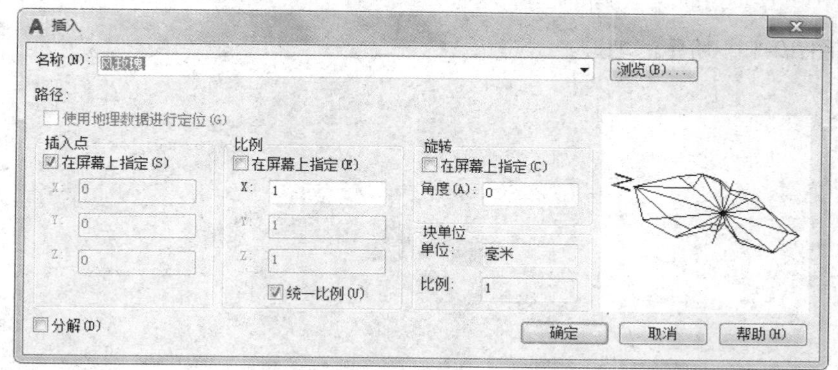

图 10-109　“插入”对话框

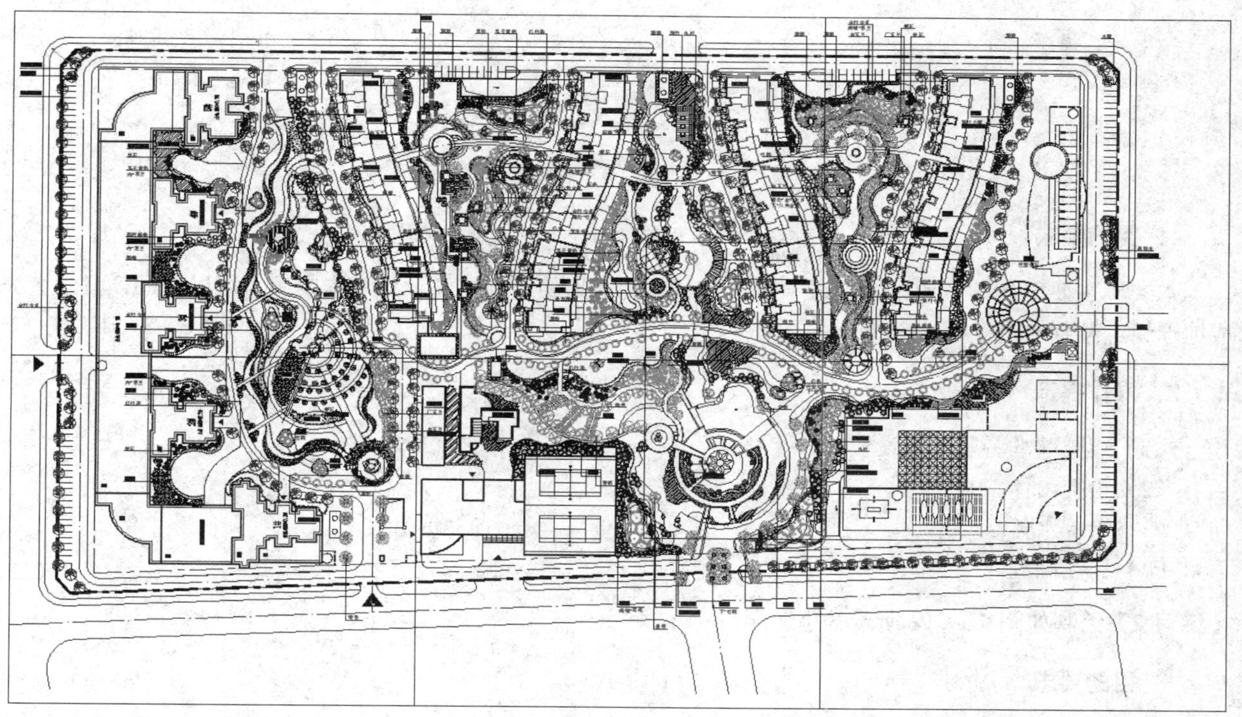

图 10-110　插入风玫瑰

10.5 上机实验

【练习 1】绘制如图 10-111 所示的地形。

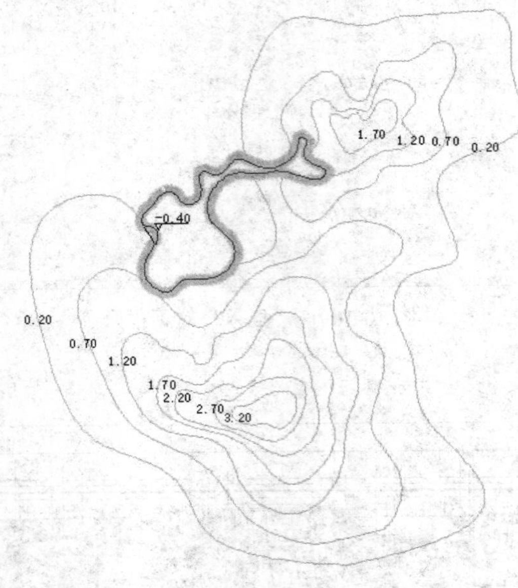

图 10-111 地形

1. 目的要求

本实例主要要求读者通过练习进一步熟悉和掌握地形的绘制方法。通过本实例，可以帮助读者学会完成地形设计绘制的全过程。

2. 操作提示

（1）绘图前准备及绘图设置。

（2）绘制山体。

（3）绘制水体。

（4）标注高程。

【练习 2】绘制如图 10-112 所示的小游园。

1. 目的要求

本实例主要要求读者通过练习进一步熟悉和掌握小游园的绘制方法。通过本实例，可以帮助读者学会完成小游园设计绘制的全过程。

2. 操作提示

（1）绘图前准备及绘图设置。

（2）绘制轴线。

（3）绘制广场和园路。

（4）绘制竖向图。

（5）绘制建筑小品。

（6）绘制施工图。

（7）标注文字。

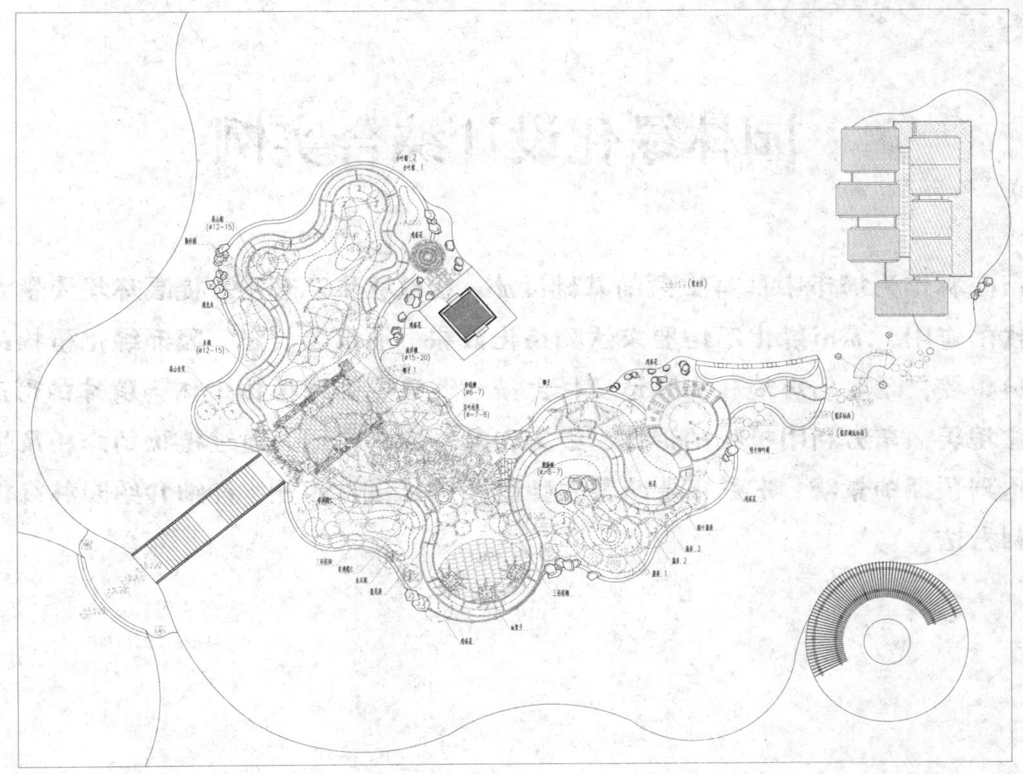

图 10-112　小游园

第11章

园林绿化设计综合实例

城市园林作为城市中具有生命的基础设施，在改善生态环境，提高环境质量方面有着不可替代的作用。城市绿化不但要求达到绿化效果，而且要美观，因而绿化植物的配置就显得十分重要，既要与环境在生态适应性上统一，又要体现植物个体与群体的形态美、色彩美和意境美，充分利用植物的形体、线条和色彩进行构图，通过植物的季相及生命周期的变化达到预期的景观。本章主要以某大型庭院绿化设计为例，详细介绍园林绿化图的设计和绘制方法。

11.1　概　　述

植物是园林设计中有生命的题材。园林植物作为园林空间构成的要素之一，其重要性和不可替代性在现代园林中正在日益明显地表现出来。园林生态效益的体现主要依靠以植物群落景观为主体的自然生态系统和人工植物群落；园林植物有着多变的形体和丰富的季相变化，其他的构景要素无不需要借助园林植物来丰富和完善，园林植物与地形、水体、建筑、山石、雕塑等有机配植，将形成优美、雅静的环境和良好的艺术效果。

植物要素包括乔木、灌木、攀缘植物、花卉、草坪地被、水生植物等。各种植物在各自适宜的位置上发挥着共同的效益和功能。植物的四季景观，本身的形态、色彩、芳香、习性等都是园林造景的题材。植物景观配置成功与否，将直接影响环境景观的质量及艺术水平。

【预习重点】

了解园林绿化设计概述。

11.1.1　园林植物配置原则

1．整体优先原则

城市园林植物配置要遵循自然规律，利用城市所处的环境、地形地貌特征，自然景观，城市性质等进行科学建设或改建。要高度重视保护自然景观、历史文化景观以及物种的多样性，把握好它们与城市园林的关系，使城市建设与自然和谐，在城市建设中可以回味历史，保障历史文脉的延续。充分研究和借鉴城市所处地带的自然植被类型、景观格局和特征特色，在科学合理的基础上，适当增加植物配置的艺术性、趣味性，使之具有人性化和亲近感。

2．生态优先的原则

植物材料的选择、树种的搭配、草本花卉的点缀、草坪的衬托等必须最大限度地以改善生态环境、提高生态质量为出发点，也应该尽量多地选择和使用乡土树种，创造出稳定的植物群落；充分应用生态位原理和植物他感作用，合理配置植物，只有最适合的才是最好的，才能发挥出最大的生态效益。

3．可持续发展原则

以自然环境为出发点，按照生态学原理，在充分了解各植物种类的生物学、生态学特性的基础上，合理布局、科学搭配，使各植物和谐共存，群落稳定发展，达到调节自然环境与城市环境关系，在城市中实现社会、经济和环境效益的协调发展。

4．文化原则

在植物配置中坚持文化原则，可以使城市园林向充满人文内涵的高品位方向发展，使不断演变起伏的城市历史文化脉络在城市园林中得到体现。在城市园林中把反映某种人文内涵、象征某种精神品格、代表着某个历史时期的植物科学合理地进行配置，形成具有特色的城市园林景观。

11.1.2 配置方法

1. 近自然式配置

所谓近自然式配置，一方面是指植物材料本身为近自然状态，尽量避免人工重度修剪和造型，另一方面是指在配置中要避免植物种类的单一、株行距地整齐划一以及苗木的规格的一致。在配置中，尽可能自然，通过不同物种、密度、不同规格的适应、竞争实现群落的共生与稳定。目前，城市森林在我国还处于起步阶段，森林绿地的近自然配置应该大力提倡。首先要以地带性植被为样板进行模拟，选择合适的建群种；同时要减少对树木个体、群落的过渡人工干扰。上海在城市森林建设改造中采用宫胁造林法来模拟地带性森林植被，也是一种有益的尝试。

2. 融合传统园林中植物配置方法

充分吸收传统园林植物配置中模拟自然的方法，师法自然，经过艺术加工来提升植物景观的观赏价值，在充分发挥群落生态功能的同时尽可能创造社会效益。

11.1.3 树种选择配置

树木是构成森林最基本的组成要素，科学地选择城市森林树种是保证城市森林发挥多种功能的基础，也直接影响城市森林的经营和管理成本。

1. 发展各种高大的乔木树种

在我国城市绿化用地十分有限的情况下，要达到以较少的城市绿化建设用地获得较高生态效益的目的，必须发挥乔木树种占有空间大、寿命长、生态效益高的优势。例如德国城市森林树木达到 12m 修剪 6m 以下的侧枝，林冠下种植栎类、山毛榉等阔叶树种。我国的高大树木物种资源丰富，30～40m 的高大乔木树种很多，应该广泛加以利用。在高大乔木树种选择的过程中除了重视一些长寿命的基调树种以外，还要重视一些速生树种的使用，特别是在我国城市森林还比较落后的现实情况下，通过发展速生树种可以尽快形成森林环境。

2. 按照我国城市的气候特点和具体城市绿地的环境选择常绿与阔叶树种

乔木树种的主要作用之一是为城市居民提供遮阴环境。在我国，大部分地区都有酷热漫长的夏季，冬季虽然比较冷，但阳光比较充足。因此，我国的城市森林建设在夏季能够遮阴降温，在冬季要透光增温。而现在许多城市的城市森林建设并没有这种考虑，偏爱使用常绿树种。有些常绿树种引种进来了，许多都处在濒死的边缘，几乎没有生态效益。一些具有鲜明地方特色的落叶阔叶树种，不仅能够在夏季旺盛生长而发挥降温增湿、净化空气等生态效益，而且在冬季落叶增加光照，起到增温作用。因此，要根据城市所处地区的气候特点和具体城市绿地的环境需求选择常绿与落叶树种。

3. 选择本地带野生或栽培的建群种

追求城市绿化的个性与特色是城市园林建设的重要目标。地区之间因气候条件、土壤条件的差异造成植物种类上的不同，乡土树种是表现城市园林特色的主要载体之一。使用乡土树种更为可靠、廉价、安全，

它能够适应本地区的自然环境条件，抵抗病虫害、环境污染等干扰的能力强，尽快形成相对稳定的森林结构和发挥多种生态功能，有利于减少养护成本。因此，乡土树种和地带性植被应该成为城市园林的主体。建群种是森林植物群落中在群落外貌、土地利用、空间占用、数量等方面占主导地位的树木种类。建群种可以是乡土树种，也可以是在引入地经过长期栽培，已适应引入地自然条件地的外来树种。建群种无论是在对当地气候条件的适应性、增建群落的稳定性，还是展现当地森林植物群落外貌特征等方面都有不可替代的作用。

11.2　庭园绿化规划设计平面图的绘制

如图 11-1 所示为某庭园的现状图和总平面图。此园长 85m，宽 65m，西北和西南方向有一些不规则，基本上成规则矩形，面积将近 5500m^2。此园东面为一栋三层办公楼，现状图中心有一个 2000m^2 的水池。

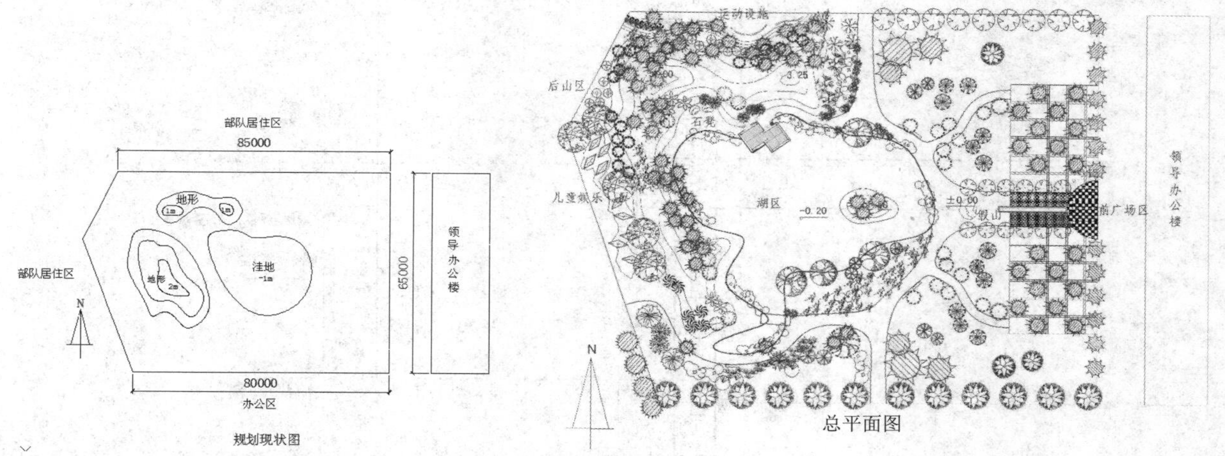

图 11-1　庭园现状图和总平面图

【预习重点】

☑　掌握庭院绿化规划的必要设置。
☑　掌握出口定位和竖向设计。
☑　掌握道路系统的设计。
☑　掌握景点分区和植物的配置。

11.2.1　必要的设置

对单位、图形界限、坐标系进行逐一设置。

11.2.2　出入口确定

出入口确定分布两步，一是建立“轴线”图层，二是出入口的确定，具体操作如下。

1．建立“轴线”图层

建立一个新图层，命名为“轴线”，颜色选取红色，线型为 CENTER，线宽为默认，并将其设置为当前图层，如图 11-2 所示。确定后回到绘图状态。

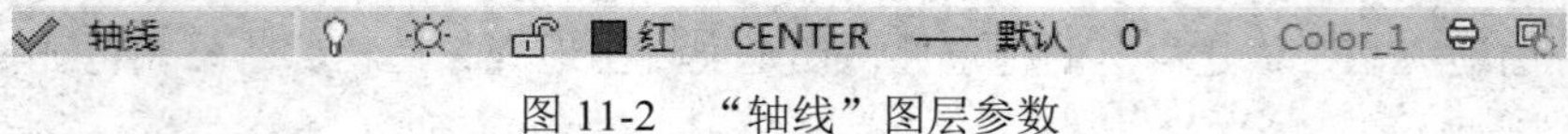

图 11-2 “轴线”图层参数

2．出入口的确定

考虑周围居民的进出方便，设计 4 个出入口，1 个主出入口，3 个次出入口。

单击“默认”选项卡“绘图”面板中的“直线”按钮，通过规划区域每一边的中点绘制直线，如图 11-3 框选线所示，确定出入口的位置。

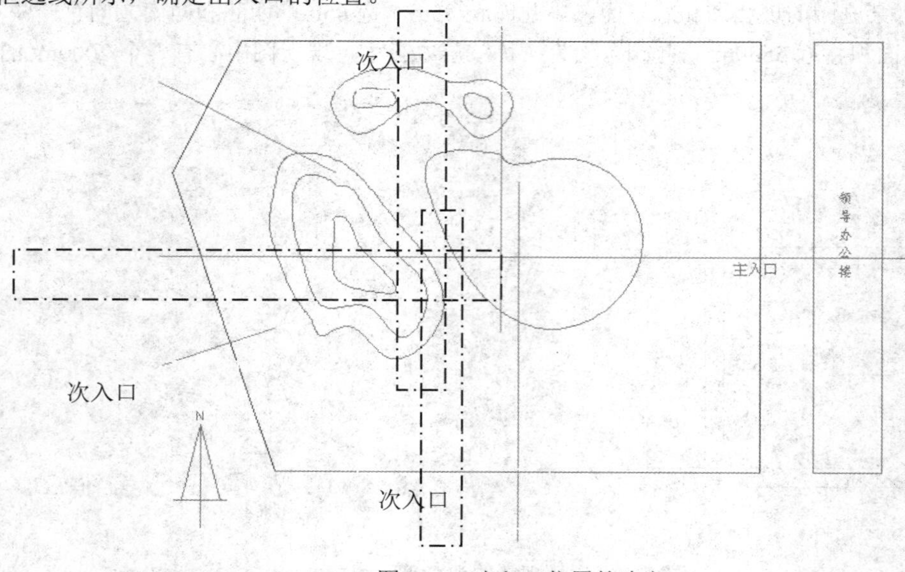

图 11-3 出入口位置的确定

11.2.3 竖向设计

在地形设计中，将原有高地进行整理，山体起伏大致走向和园界基本一致，西北方向为主山，高 4m；北面配山高 3.25m，西南方向配山高 2.5m，主配山相互呼应。

将原有洼地进行修整，湖岸走向大体与山脚相一致，湖岸为坎石驳岸。

1．绘制地形坡脚线

将“地形”图层设置为当前图层，单击“默认”选项卡“注释”面板中的“样条曲线拟合”按钮，沿园界方向绘制地形的坡脚线，如图 11-4 所示。

2．绘制水系

创建“水系”图层并将其设置为当前图层。单击“默认”选项卡“注释”面板中的“样条曲线拟合”

按钮，沿坡脚线方向在园区的中心位置绘制水系的驳岸线，采用“高程”的标注方法标注“湖底”的高程，如图 11-5 所示。

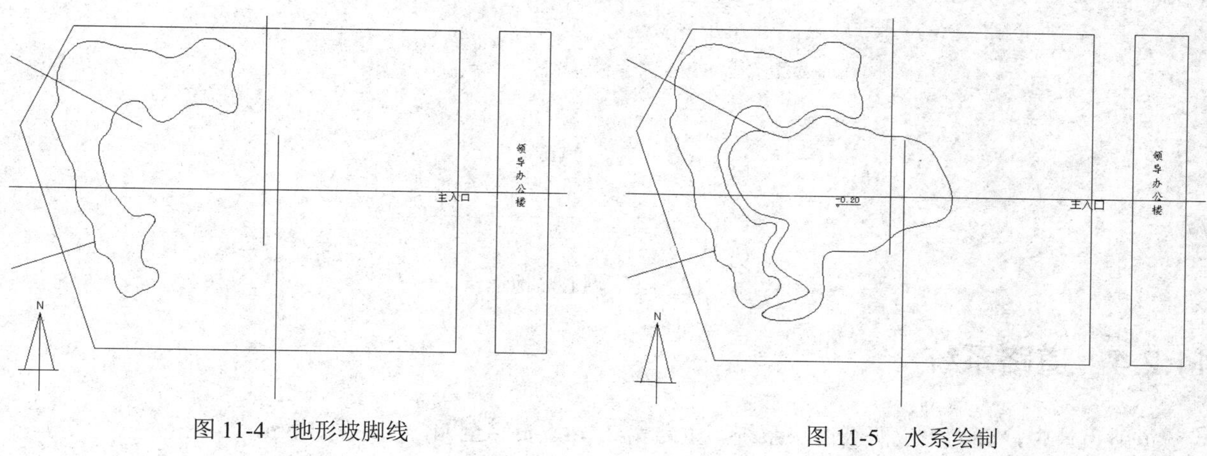

图 11-4　地形坡脚线　　图 11-5　水系绘制

3．绘制地形内部的等高线

将“地形”图层设置为当前图层，单击“默认”选项卡“注释”面板中的“样条曲线拟合”按钮，沿地形坡脚线方向绘制地形内部的等高线，西北方向为主山，高 4m；北面配山高 3.25m，西南方向配山高 2.5m，如图 11-6 所示。

4．湖中心岛的设计

考虑到整个园区构图的均衡，将岛置于出入口的中心线上，结果如图 11-7 所示。

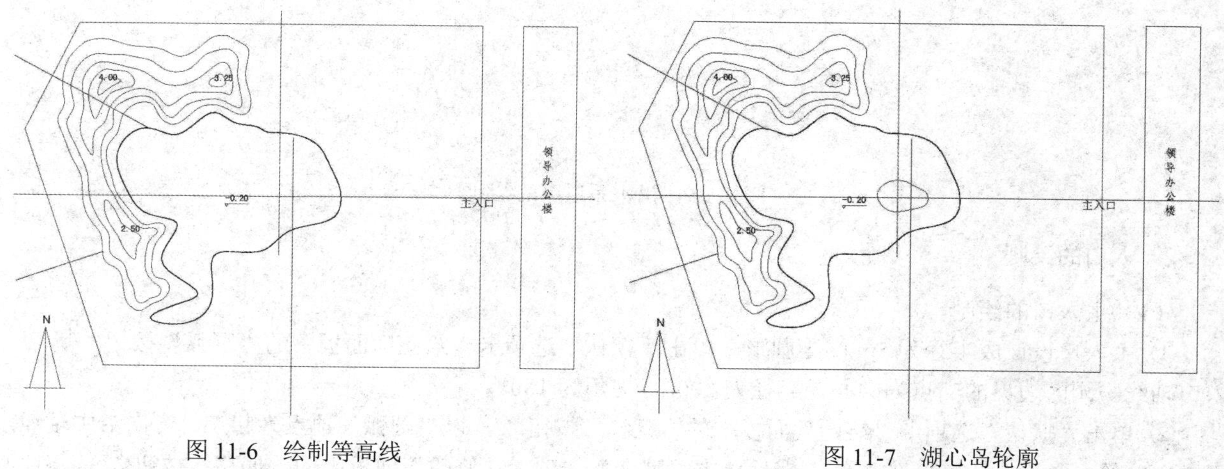

图 11-6　绘制等高线　　图 11-7　湖心岛轮廓

湖中心岛等高线的绘制，将其最高点设计成 1.5m 高，结果如图 11-8 所示。

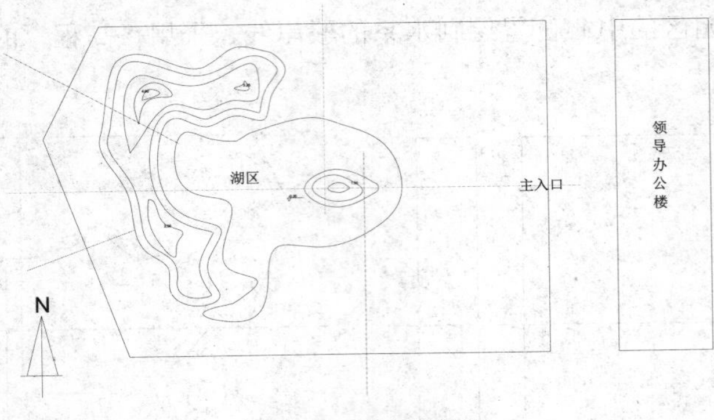

图 11-8　湖心岛地形

11.2.4　道路系统

道路设计中，分为主次两级道路系统，主路宽 2.5m，贯穿全园，次路宽 1.5m。

1．水系驳岸绿地的处理

单击“默认”选项卡“注释”面板中的“样条曲线拟合”按钮，在如图 11-9 所示位置绘制与水系相交的绿地。

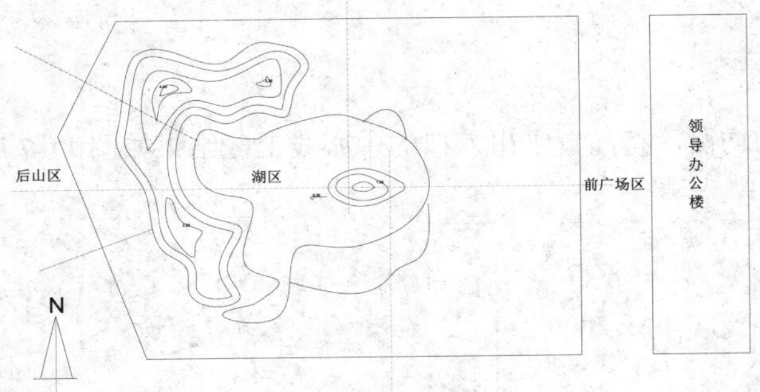

图 11-9　沿水系道路的绘制

2．入口的绘制

（1）主入口的绘制。

① 主入口设计成半径为 5m 的半圆形，单击“默认”选项卡“绘图”面板中的“圆弧”按钮，以主入口轴线与园区边界的交点为圆心，半径为 5000，夹角为 180。

② 单击“默认”选项卡“绘图”面板中的“直线”按钮，以“圆弧”顶点为起点，方向沿中轴线水平向左，绘制长度为 12000 的直线，然后单击“默认”选项卡“修改”面板中的“偏移”按钮，将绘制好的线条向竖直方向两侧进行偏移，偏移距离为 3500。

③ 单击“默认”选项卡“修改”面板中的“延伸”按钮，将偏移后的直线段延伸至弧线，结果如图 11-10 所示。

（2）次入口的绘制。

① 单击“默认”选项卡“修改”面板中的“偏移”按钮，将南北方向次入口的中轴线向两侧进行偏移，偏移距离为 1500。单击“默认”选项卡“绘图”面板中的“直线”按钮，以次入口的中轴线与次入口的交点为起点，向园区内侧竖直方向绘制 10m 的直线段，作为入口的开始序列，结果如图 11-11 所示。

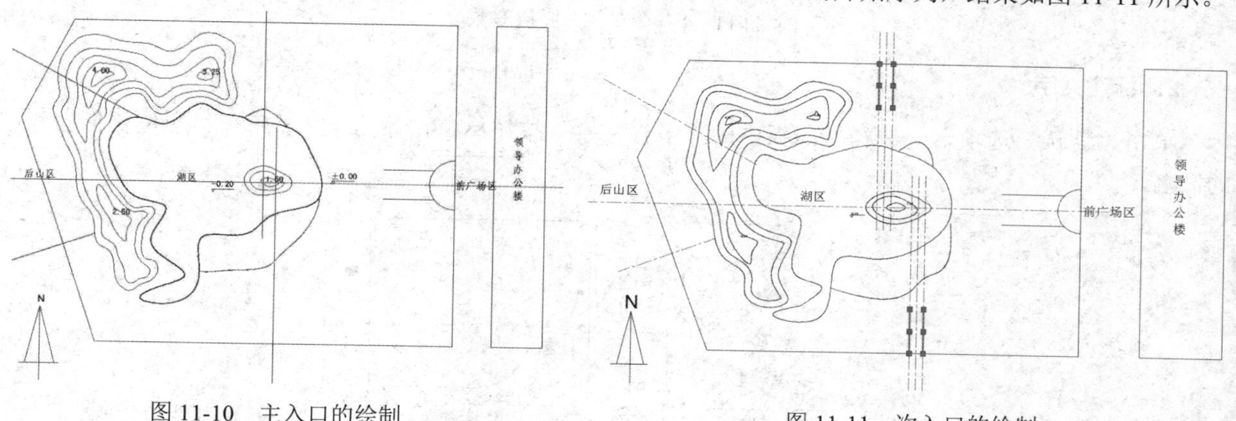

图 11-10 主入口的绘制

图 11-11 次入口的绘制

② 单击“默认”选项卡“绘图”面板中的“样条曲线拟合”按钮，以两个入口的直线段端点为起点绘制道路的边缘线，且边缘线与驳岸的距离为 2500，结果如图 11-12 所示。

③ 绘制出西入口与南入口的道路连接，西入口的道路南侧边缘线与中轴线的距离为 2500。

（3）水系最窄处设置一平桥。

单击“默认”选项卡“绘图”面板中的“矩形”按钮，绘制一个 3000×1500 的矩形，然后单击“默认”选项卡“修改”面板中的“旋转”按钮，将矩形绕左下角旋转-5°，去掉中轴线的偏移线，结果如图 11-13 所示。

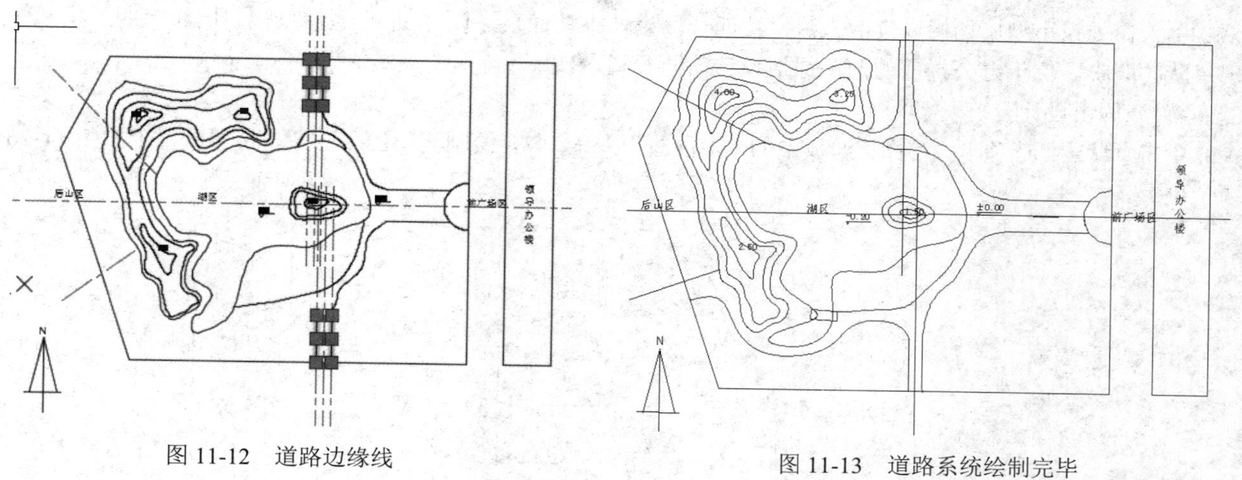

图 11-12 道路边缘线

图 11-13 道路系统绘制完毕

11.2.5 景点的分区

功能分区上，分为前广场区、湖区欣赏区、后山儿童娱乐区、运动健身区 4 个功能区。

1．新建图层

建立“文字”图层，参数如图 11-14 所示，并将其设置为当前图层。

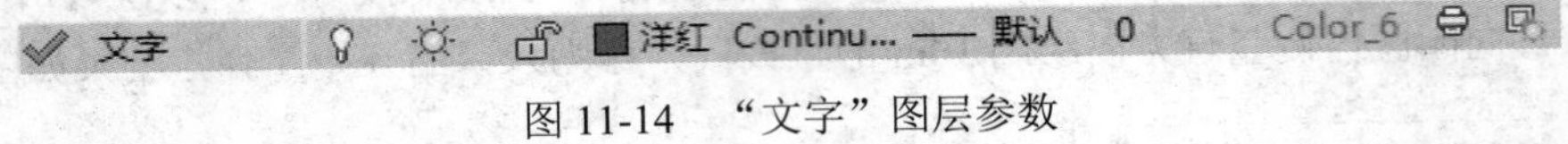

图 11-14 “文字”图层参数

2．标注文字

单击“默认”选项卡“注释”面板中的“多行文字”按钮A，在如图 11-15 所示相应位置标出相应的区名。

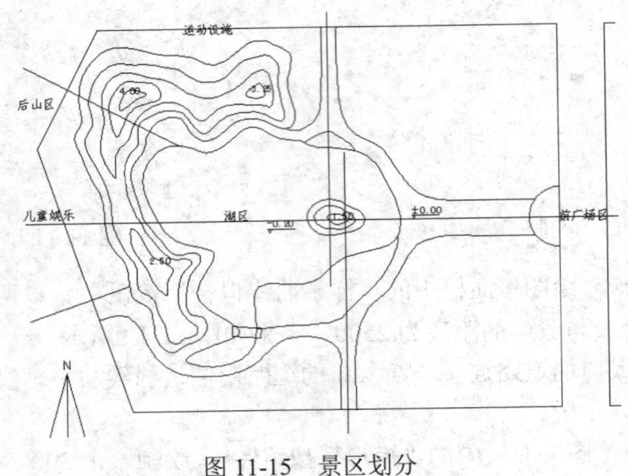

图 11-15 景区划分

3．前广场区景观设计

主入口处设小型广场用以集散人流，往西一段设计小型涌泉，以 5 个小型涌泉代表国旗上的五星，体现军队的职责。位于办公楼前的两侧绿地设计简洁开阔。

（1）假山设计。

单击“默认”选项卡“绘图”面板中的“多段线”按钮，绘制假山的平面图，将其放置于如图 11-16 所示位置。

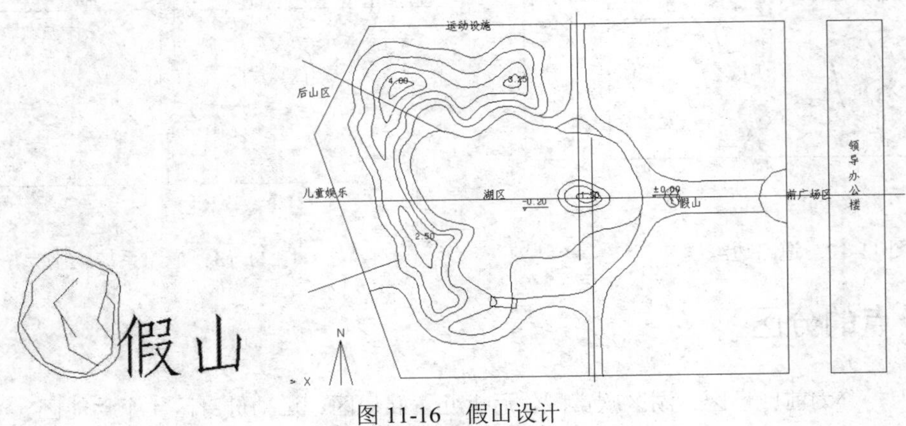

图 11-16 假山设计

（2）喷泉设计。

① 单击“默认”选项卡“修改”面板中的“偏移”按钮，将主入口的中轴线分别向两侧进行偏移，偏移距离为 1000。然后单击“默认”选项卡“修改”面板中的“修剪”按钮，以“圆弧”作为修剪边，对偏移后的直线进行修剪，结果如图 11-17 所示。

② 单击“默认”选项卡“绘图”面板中的“直线”按钮，将修剪后的直线段右侧的两端点连接起来。

③ 单击“默认”选项卡“绘图”面板中的“矩形”按钮，以向上偏移后的直线段右侧端点为第一角点，在命令行中输入“@-18000,-2000”，然后单击“默认”选项卡“修改”面板中的“偏移”按钮，将其向内侧进行偏移，偏移距离为 250，结果如图 11-18 所示。

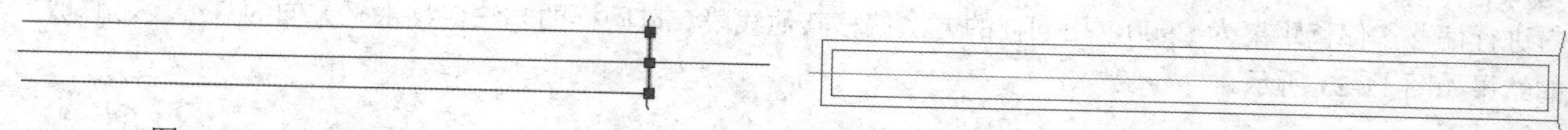

图 11-17　喷泉绘制 1

图 11-18　喷泉绘制 2

④ 单击“默认”选项卡“绘图”面板中的“直线”按钮，沿中轴线绘制直线段，起点和终点均选择步骤③偏移后的矩形两侧的中点，结果如图 11-19 所示。

⑤ 单击“默认”选项卡“绘图”面板中的“圆”按钮，绘制一半径为 10 的圆，单击“插入”选项卡“块定义”面板中的“创建块”按钮，将其命名为“喷泉”。然后选择菜单栏中的“绘图”→“点”→“定数等分”命令。对绘制的直线段进行“定数等分”，命令行提示与操作如下。

```
命令: _divide
选择要定数等分的对象:
输入线段数目或 [块(B)]: B
输入要插入的块名: 喷泉
是否对齐块和对象? [是(Y)/否(N)] <Y>:
输入线段数目: 6
```

结果如图 11-20 和图 11-21 所示。

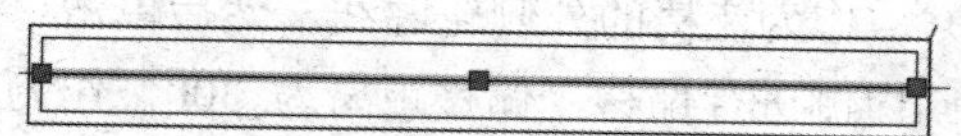

图 11-19　喷泉绘制 3

图 11-20　喷泉绘制 4

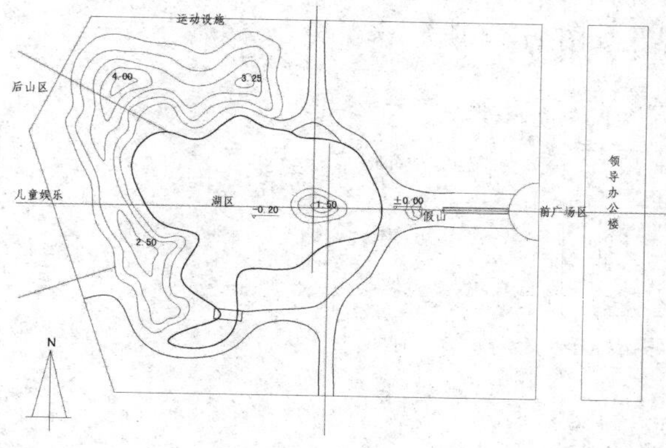

图 11-21　喷泉绘制 5

（3）主入口两侧绿地、广场设计。

单击“默认”选项卡“注释”面板中的“直线”按钮，以主入口处半圆广场的圆心为起点，方向竖直向上，直线长度为 25000，然后单击“默认”选项卡“修改”面板中的“偏移”按钮，将其水平向左进行偏移，偏移距离为 15000，将其上端端点用直线连接起来，结果如图 11-22 所示。

（4）广场网格的绘制。

网格内框的大小设计为 2900×2900，网格之间的分隔宽度为 200。单击“默认”选项卡“修改”面板中的“偏移”按钮，以步骤（3）偏移后的直线段为基准线，向右侧进行偏移，偏移距离为 2900，然后以偏移后的直线段为基准线，水平向右进行偏移，偏移距离为 200，然后再以偏移后的直线段为基准线，水平向右进行偏移，偏移距离为 2900，用同样的方法偏移其他线段。以同样的方法偏移水平方向的直线段，修剪后的结果如图 11-23 所示。

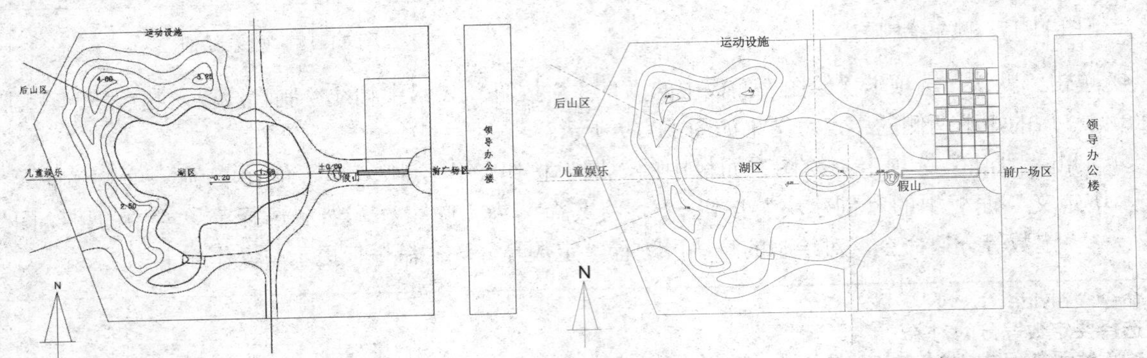

图 11-22　主入口两侧绿地　　图 11-23　主入口两侧广场网格绘制

（5）广场内树池的绘制。

选择如图 11-23 所示的几个网格位置绘制座椅，座椅的宽度为 300。单击“默认”选项卡“绘图”面板中的“矩形”按钮，以步骤（4）绘制的 2900×2900 的小网格内框的左下角点为第一角点，第二角点选择小网格内框的右上角点（或在命令行中输入“@2900,2900”），作为座椅的外侧轮廓线，然后单击“默认”选项卡“修改”面板中的“偏移”按钮，将外侧轮廓线向内侧进行偏移，偏移距离为 300，作为座椅的宽度。然后单击“插入”选项卡“块定义”面板中的“创建块”按钮，将其命名为“座椅”；单击“默认”选项卡“修改”面板中的“复制”按钮，将绘制好的座椅复制到其他座椅的位置，基点选择为座椅的左下角点，复制后的结果如图 11-24 所示。

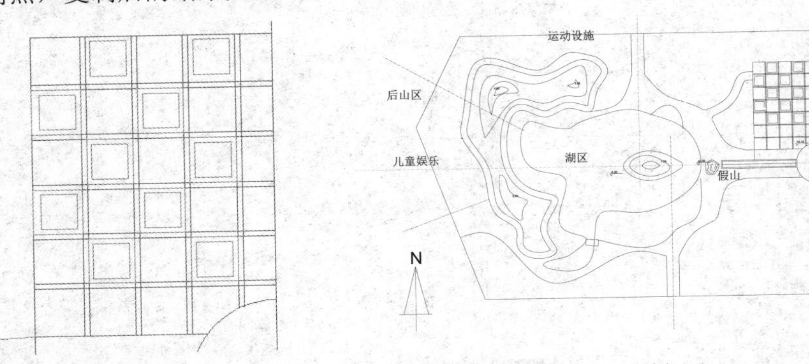

图 11-24　主入口两侧广场树池绘制

单击“默认”选项卡“修改”面板中的“镜像”按钮，将绘制好的上侧绿地广场进行镜像；然后标注出广场的高程，结果如图 11-25 所示。

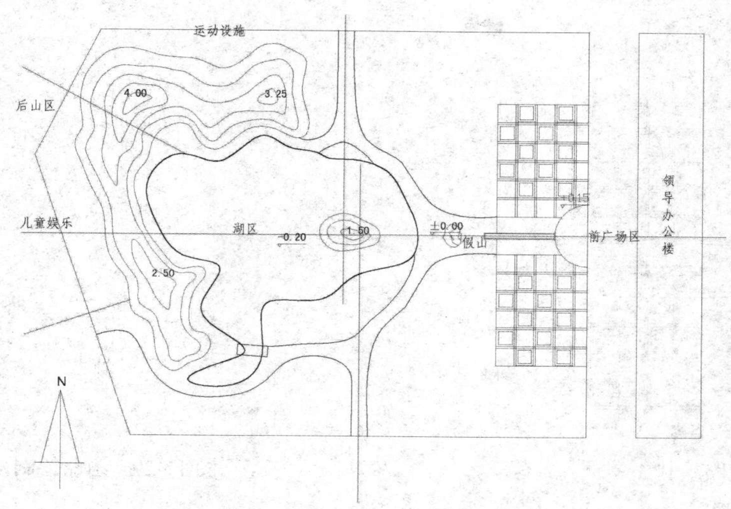

图 11-25　主入口两侧广场绘制完毕

（6）广场与主路之间的道路的绘制。

单击“默认”选项卡“注释”面板中的“样条曲线拟合”按钮，在广场外适当的位置绘制道路，结果如图 11-26 所示。单击“默认”选项卡“修改”面板中的“偏移”按钮，对其进行偏移，偏移距离为 2000，结果如图 11-27 所示。单击“默认”选项卡“修改”面板中的“修剪”按钮，对道路中间的线段进行修剪，结果如图 11-28 所示。单击“默认”选项卡“修改”面板中的“圆角”按钮，对绘制的与广场衔接的道路进行倒圆角，圆角半径为 1000。最终结果如图 11-29 所示。

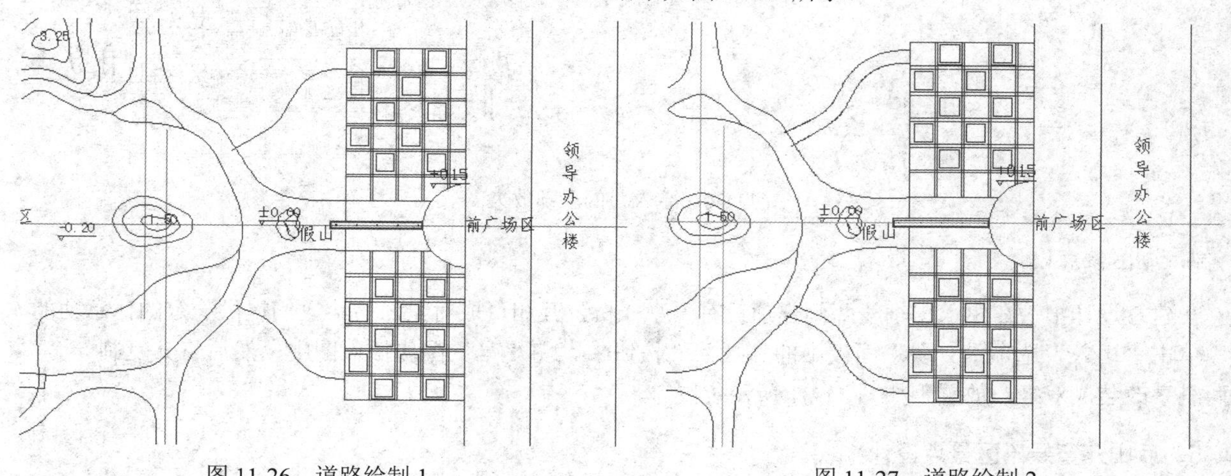

图 11-26　道路绘制 1　　　图 11-27　道路绘制 2

（7）主入口广场的材质。

单击“默认”选项卡“绘图”面板中的“图案填充”按钮，弹出“图案填充创建”选项卡，设置“图案填充图案”为 EARTH，“填充图案比例”为 300，“图案填充角度”为 270，拾取点选择广场通向湖区的甬道的位置；设置“图案填充图案”为 AR-B88，“填充图案比例”为 2，使用同样的方法对半圆广场进行填充，结果如图 11-30 所示。

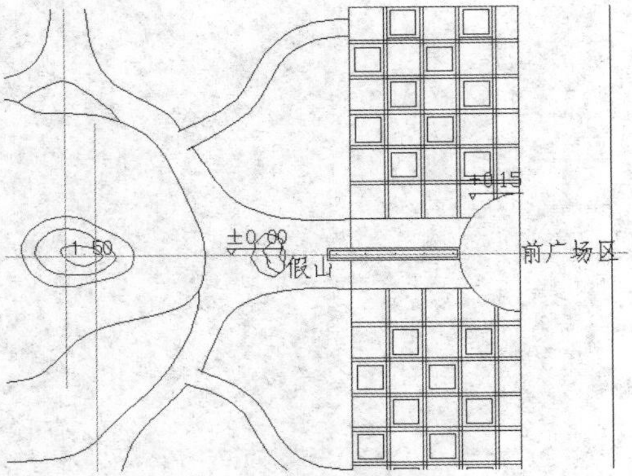

图 11-28　道路绘制 3

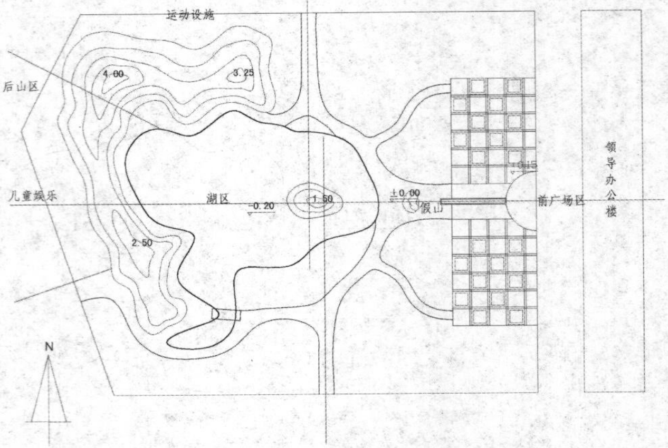

图 11-29　道路绘制 4

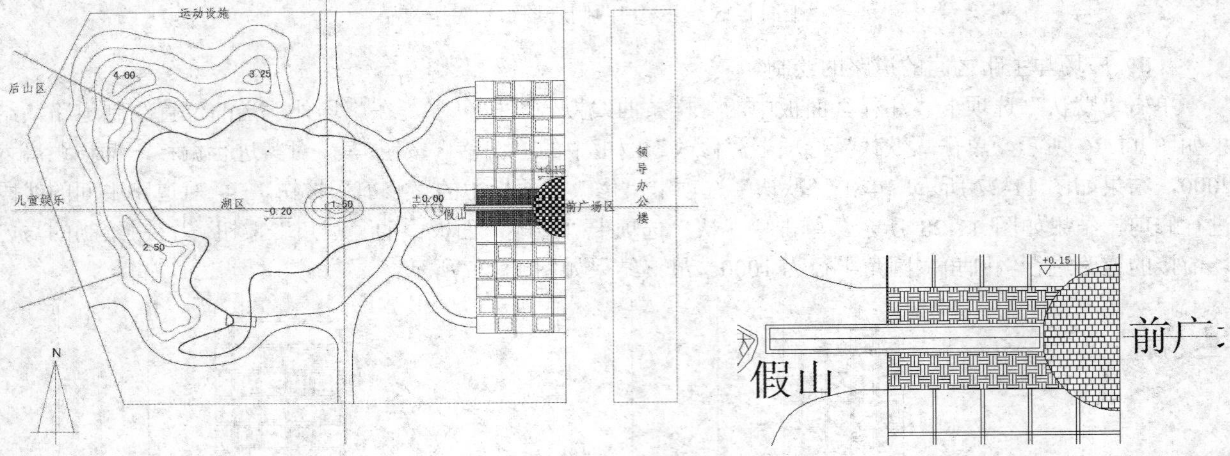

图 11-30　主入口的局部放大

4．湖区景点设计

在建筑设计中，在主入口轴线两侧分别设有一亭一桥，互相形成对景。另给人们提供一定的休息功能。

单击“插入”选项卡“块”面板中的“插入”按钮，将“亭”图块插入图中，然后将其复制一个，将两个亭改装成双亭，放置于如图 11-31 所示位置。

5．后山儿童娱乐区景点设计

单击“默认”选项卡“绘图”面板中的“多段线”按钮，按如图 11-32 所示绘制儿童娱乐区的外轮廓线，然后重复“多段线”命令绘制儿童娱乐设施，结果如图 11-32 所示。

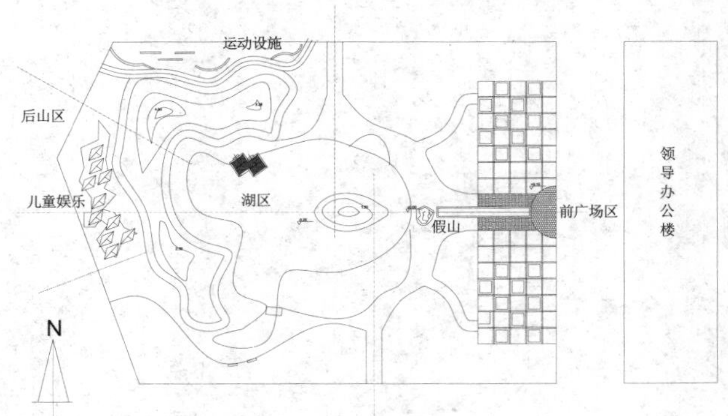

图 11-31　湖区设计

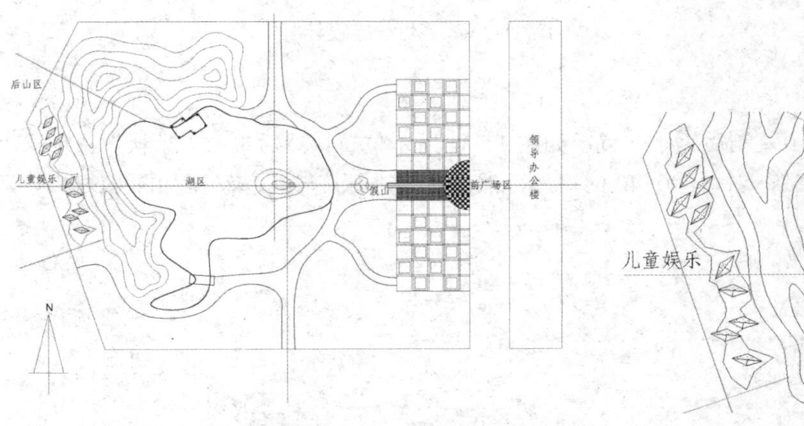

图 11-32　儿童娱乐区设计

6. 运动设施的设计

采用 pline 命令，这种命令画出的曲线有一定的弧度，图面表现比较美观。具体操作为：在命令行中输入 PL，确定后输入 A（代表圆弧），命令行提示与操作如下。

```
命令: PL↙
指定起点:
当前线宽为 0.0000
指定下一个点或 [圆弧(A)/半宽(H)/长度(L)/放弃(U)/宽度(W)]: A↙
指定圆弧的端点或
[角度(A)/圆心(CE)/方向(D)/半宽(H)/直线(L)/半径(R)/第二个点(S)/放弃(U)/宽度(W)]:
指定圆弧的端点或（弧线的趋势如图 11-33 所示）
[角度(A)/圆心(CE)/闭合(CL)/方向(D)/半宽(H)/直线(L)/半径(R)/第二个点(S)/放弃(U)/宽度(W)]: （弧线的趋势如图 11-33 所示，绘制后对绘制的圆弧的顶点进行调整）
```

弧线绘制好后对其进行偏移，靠近地形的大弧线为彩色坐凳，偏移距离为 400（坐凳的宽度）；小弧线和直线段为运动设施的造型，宽度为 10，最左端与坐凳交接的弧线为花池，最后结果如图 11-33 所示。

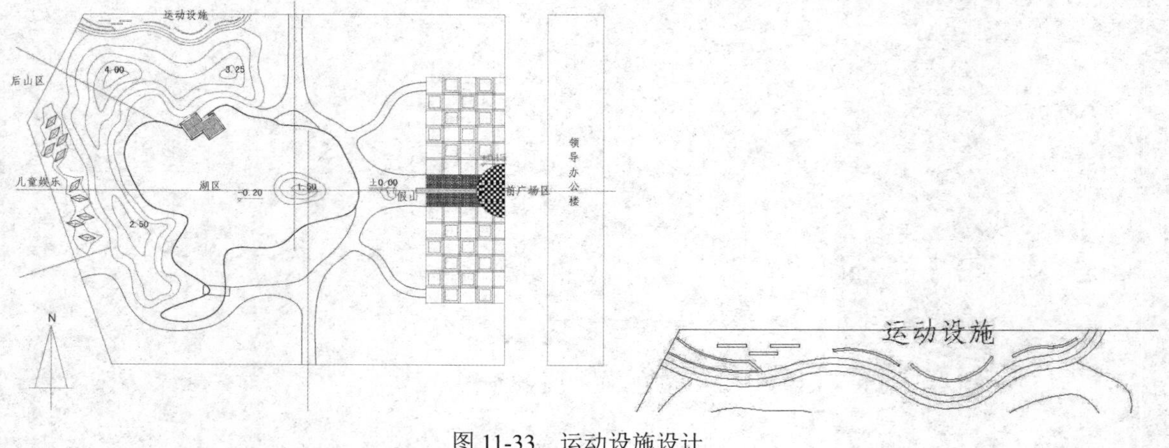

图 11-33　运动设施设计

7．小品设置

将前面绘制的假山复制后缩小，置于如图 11-34 所示位置；然后单击“默认”选项卡“绘图”面板中的“矩形”按钮，绘制一个 1800×40 的矩形，然后对其进行旋转，移动至如图 11-34 所示的合适位置。

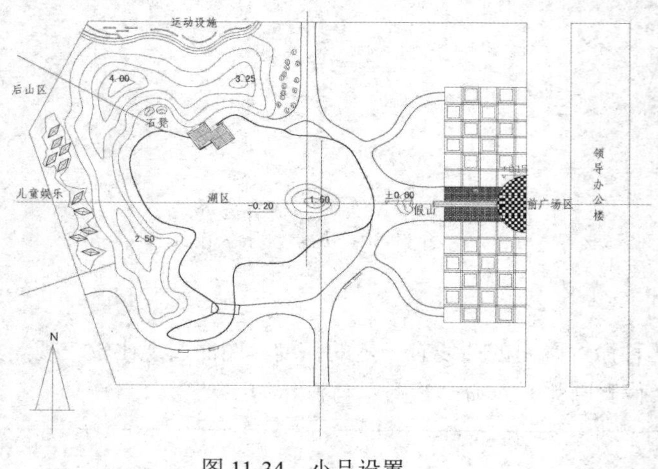

图 11-34　小品设置

11.2.6　植物配植

在植物设计中采用了 33 种植物资源，均为常见园林植物种类，能达到三季有花，四季常绿。在配植中，山体北面考虑其阴性环境，选择耐荫性较强的品种，如荚蒾、棣棠等。考虑整体环境，配植中多考虑常绿树种。

将光盘附带的植物图例打开，选中合适的图例，在窗口中右击，在弹出的快捷菜单中选择“复制”命令，然后将窗口换至公园设计的窗口，在窗口中右击，在弹出的快捷菜单中选择“粘贴”命令，这样植物的图例就可复制到公园设计的图中。单击“默认”选项卡“修改”面板中的“缩放”按钮，对图例进行缩放或扩大至合适的大小，一般大乔木的冠幅直径为 4000mm，小规格苗木相应缩小。按照不同植物图例的特点对其进行命名，选择当地常见的植物种类名称，结果如图 11-35 所示。

根据植物的生长特性和艺术手法将植物布置于公园合适的位置，结果如图 11-36 所示。局部植物配植如图 11-37～图 11-40 所示。

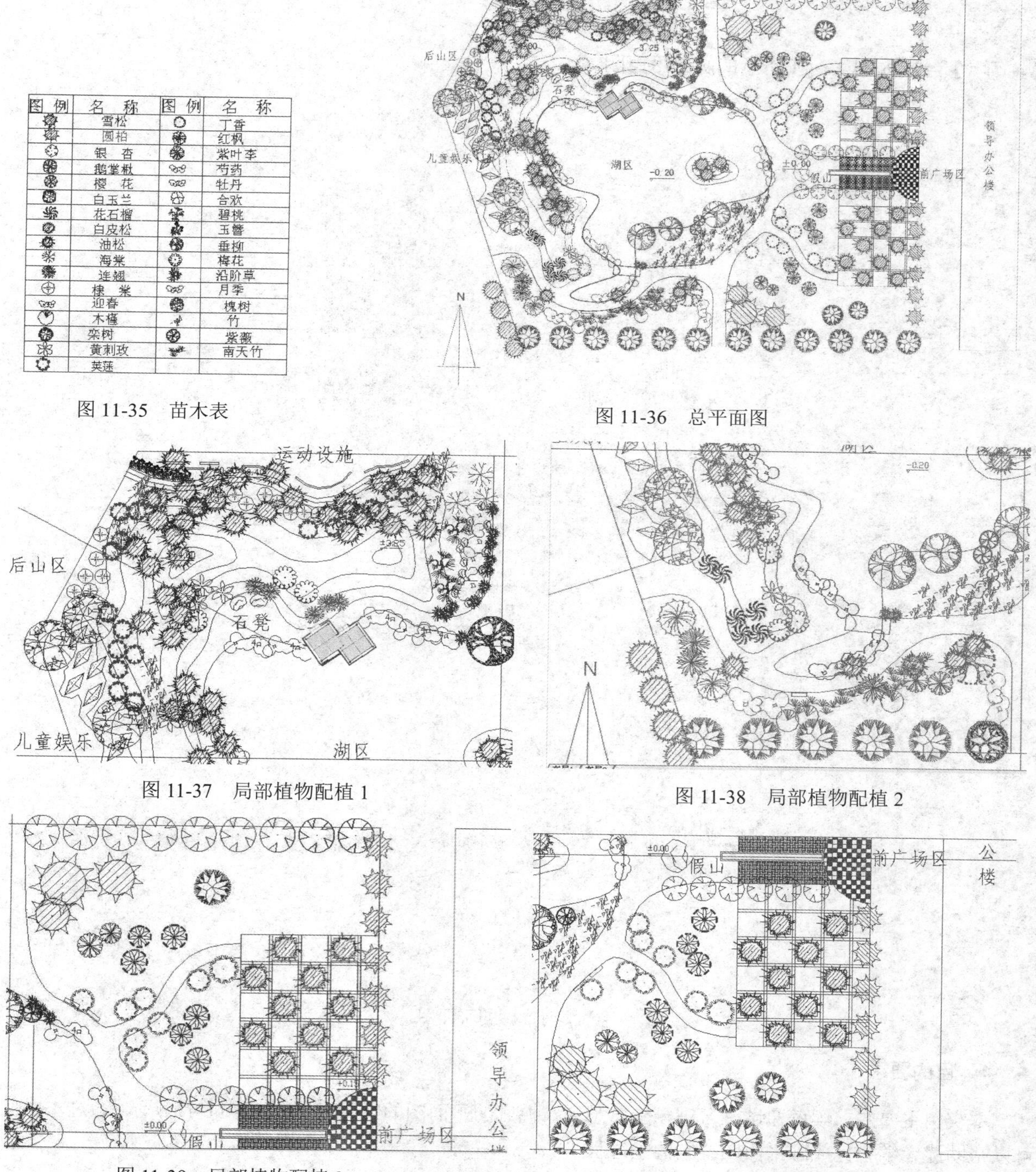

图 例	名　称	图 例	名　称
	雪松		丁香
	圆柏		红枫
	银　杏		紫叶李
	鹅掌楸		芍药
	樱　花		牡丹
	白玉兰		合欢
	花石榴		碧桃
	白皮松		玉簪
	油松		垂柳
	海棠		梅花
	连翘		沿阶草
	棣　棠		月季
	迎春		槐树
	木槿		竹
	栾树		紫薇
	黄刺玫		南天竹
	荚蒾		

图 11-35　苗木表

图 11-36　总平面图

图 11-37　局部植物配植 1

图 11-38　局部植物配植 2

图 11-39　局部植物配植 3

图 11-40　局部植物配植 4

11.3 上机实验

【练习 1】绘制如图 11-41 所示的廊的平面图。

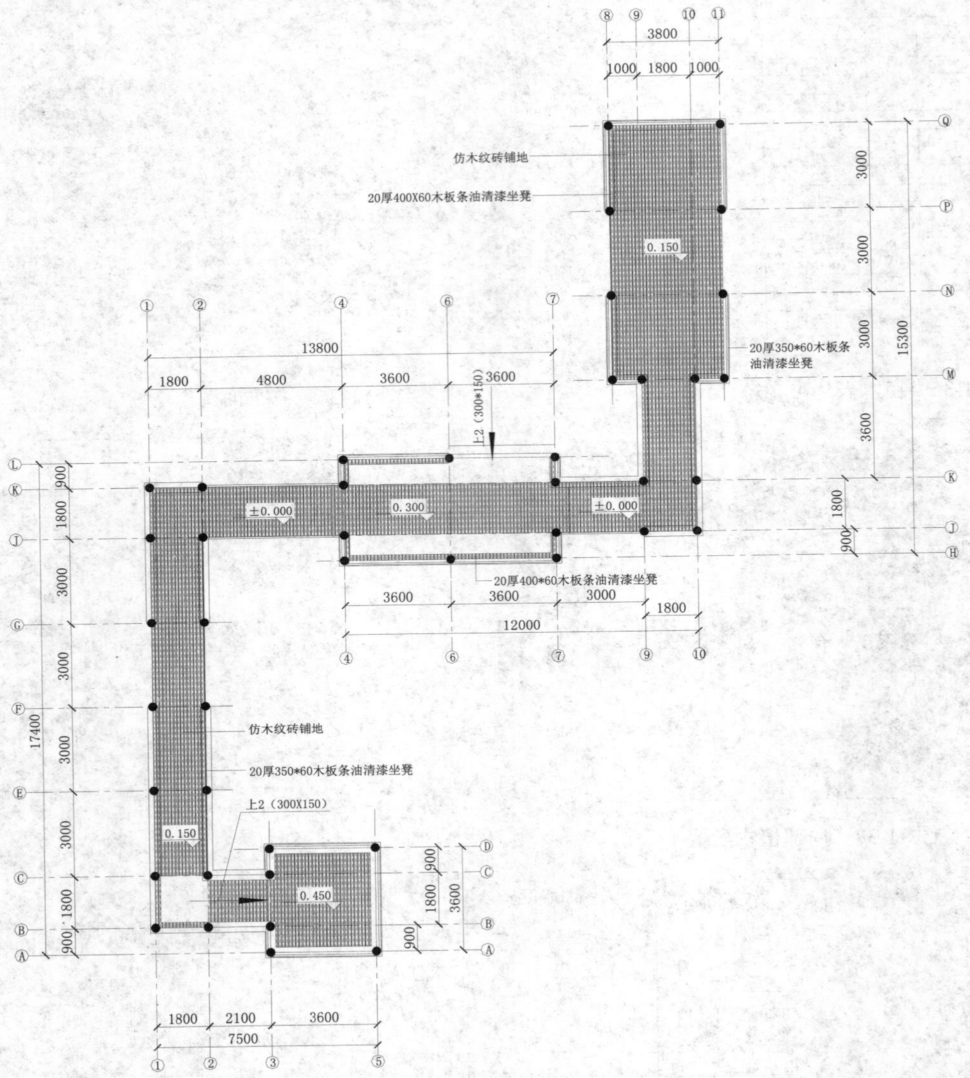

图 11-41 廊的平面图

1. 目的要求

本实例主要要求读者通过练习进一步熟悉和掌握廊的平面图的绘制方法，如图 11-41 所示。通过本实例，可以帮助读者学会完成廊平面图绘制的全过程。

2. 操作提示

（1）绘图前准备。
（2）建立“廊”图层。
（3）绘制廊平面图。
（4）绘制其他建筑构件。
（5）标注尺寸及轴号。
（6）标注文字。

【练习 2】绘制如图 11-42 所示的桥体。

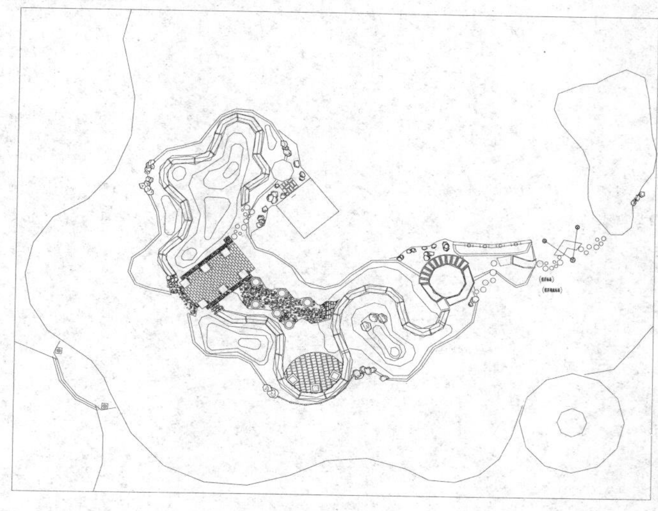

图 11-42 桥体的绘制

1. 目的要求

本实例主要要求读者通过练习进一步熟悉和掌握桥体的绘制方法，如图 11-42 所示。通过本实例，可以帮助读者学会完成桥体绘制的全过程。

2. 操作提示

（1）绘图前准备。
（2）绘制桥体平面。
（3）绘制台阶。
（4）绘制桥栏。

▶▶第 3 篇

道路施工篇

本篇主要通过学习，使读者掌握城市道路平面、横断面、纵断面、交叉口等绘制的基本知识以及施工图实例的绘制，了解道路有关附属设施的要求，能正确进行城市道路平面定线工作和横断面的规划工作，能识别 AutoCAD 道路施工图以及熟练使用 AutoCAD 进行一般城市道路绘制和识图。

第12章

道路工程设计基础

道路是构成城市的一个主要因素，道路设计工程是市政建设工程的重要组成部分。城市道路设计应遵循一定的原则，包括设计速度、设计通行车辆类型、通行能力等要素综合考量和设计。本章将简要介绍道路工程设计的相关规定，为后面具体实例的学习和展开进行必要的理论知识准备。

12.1　道路设计总则以及一般规定

【预习重点】

掌握道路设计总则和一般规定。

城市道路设计的原则具体如下。

应服从总体规划，以总体规划及道路交通规划为依据，来对确定的道路类别、级别、红线宽度、横断面类型、地面控制标高、地下杆线与地下管线布置等进行道路设计。

应满足当前以及远期交通量发展的需要，应按交通量大小、交通特性、主要构筑物的技术要求进行道路设计，做到功能上适用、技术上可行、经济上合理，重视经济效益、社会效益与环境效益。

在道路设计中应妥善处理地下管线与地上设施的矛盾，贯彻先地下、后地上的原则，避免造成反复开挖修复的浪费。

在道路设计中应综合考虑道路的建设投资、运输效益与养护费用等关系，正确运用技术标准，不宜单纯为节约建设投资而不适当地采用技术指标中的低限值。

处理好机动车、非机动车、行人、环境之间的关系，根据实际建设条件，因地制宜。

道路的平面、纵断面、横断面应相互协调。道路标高应与地面排水、地下管线、两侧建筑物等配合。

在满足路基工作状态的前提下，尽可能降低路堤填土高度，以减少土方量、节约工程投资。

在道路设计中注意节约用地，合理拆迁房屋，妥善处理文物、名木、古迹等。在城市道路的规划设计中，主要应该考虑道路网、基干道路、次干路、支路的整体规划。城市道路的总体设计主要包括横断面设计、平面设计和纵断面设计，通常简称为道路平、纵、横设计。

城市道路工程设计应该充分考虑道路的地理位置、作用、功能以及长远发展，注重沿线地区的交通发展、地区地块开发，注重道路建设的周边环境、地物的协调，客观地反映其地理位置和人文景观，体现以人为本的理念，注重道路景观环境设计，将道路设计和景观设计有机结合。

12.2　道路通行能力分析

【预习重点】

掌握道路通行能力分析。

12.2.1　设计速度

设计速度是道路设计时确定几何线形的基本要素。它是指在气候正常，交通密度小，汽车运行只受公路本身几何要素、路面、附属设施等条件影响时，具有中等驾驶技术的驾驶员能保持安全行驶的最大速度。各类各级道路计算行车速度的规定如表 12-1 所示。

表 12-1　各类各级道路计算行车速度（km/h）

道路类别	快速路	主干路			次干路			支路		
道路等级	—	I	II	III	I	II	III	I	II	III
计算行车速度	60～80	50～60	40～50	30～40	40～50	30～40	20～30	30～40	20～30	20

注：条件许可时，宜采用大值。

大城市，＞50 万人口，采用 I 级。

中城市，20 万～50 万人口，采用 II 级。

小城市，＜20 万人口，采用 III 级。

12.2.2　设计车辆

城市道路机动车设计车辆外廓尺寸如表 12-2 所示。

城市道路非机动车设计车辆外廓尺寸如表 12-3 所示。

表 12-2　机动车设计车辆外廓尺寸（单位：mm）

车辆类型	项目					
	总长	总宽	总高	前悬	轴距	后悬
小型汽车	5	1.8	1.6	1.0	2.7	1.3
普通汽车	12	2.5	4.0	1.5	6.5	4.0
铰接车	18	2.5	4.0	1.7	5.8 及 6.7	3.8

注：总长——车辆前保险杠至后保险杠的距离（m）。

总宽——车厢宽度（不包括后视镜）（m）。

总高——车厢顶或装载顶至地面的高度（m）。

前悬——车辆前保险杠至前轴轴中线的距离（m）。

轴距——双轴车时为前轴轴中线至后轴轴中线的距离；铰接车时为前轴轴中线至中轴轴中线的距离及中轴轴中线至后轴轴中线的距离（m）。

后悬——车辆后保险杠至后轴轴中线的距离（m）。

表 12-3　非机动车设计车辆外廓尺寸（单位：mm）

车辆类型	项目		
	总长	总宽	总高
自行车	1.93	0.60	2.25
三轮车	3.40	1.25	2.50
板车	3.70	1.50	2.50
兽力车	4.20	1.70	2.50

注：总长——自行车为前轮前缘至后轮后缘的距离；三轮车为前轮前缘至车厢后缘的距离；板车、兽力车均为前端至车厢后缘的距离（m）。

总宽——自行车为车把宽度；其余均为车厢宽度（m）。

总高——自行车为骑车人在车上时，头顶至地面的高度，其余车均为载物顶部至地面的高度（m）。

12.2.3　通行能力

道路通行能力是道路在一定条件下单位时间内所能通过的车辆的极限数，是道路所具有的一种“能力”。它是指在现行通常的道路条件、交通条件和管制条件下，在已知周期（通常为 15min）中，车辆或行人能合理地期望通过一条车道或道路的一点或均匀路段所能达到的最大小时流率。

道路通行能力不是一个一成不变的定值，是随其影响因素变化而变动的疏解交通的能力。影响道路通行能力的主要因素有道路状况、车辆性能、交通条件、交通管理、环境、驾驶技术和气候等条件。

道路条件是指道路的几何线形组成，如车道宽度、侧向净空、路面性质和状况、平纵线型组成、实际能保证的视距长度、纵坡的大小和坡长等。

车辆性能是指车辆行驶的动力性能，如减速、加速、制动、爬坡能力等。

交通条件是指交通流中车辆组成、车道分布、交通量的变化、超车及转移车道等运行情况的改变。

环境是指街道与道路所处的环境、景观、地貌、自然状况、沿途的街道状况、公共汽车停站布置和数量、单位长度的交叉数量及行人过街道等情况。

气候因素是指气温的高低、风力大小、雨雪状况。

路段通行能力分为可能通行能力与设计通行能力。

1. 可能通行能力

在城市一般道路与一般交通的条件下，并在不受平面交叉口影响时，一条机动车车道的可能通行能力按下式计算：

$$CB=3600/t_0$$

式中，t_0——平均车头时距，城市道路上平均车头时距如表 12-4 所示。

表 12-4　城市道路上平均车头时距（单位：s）

计算车速（km/h）	50	45	40	35	30	25	20
小　客　车	2.13	2.16	2.20	2.26	2.33	2.44	2.61
普 通 汽 车	2.71	2.75	2.80	2.87	2.97	3.12	3.34
铰　接　车		3.50	3.56	3.63	3.74	3.90	4.14

可能通行能力是用基本通行能力乘以公路的几何结构、交通条件对应的各种修正系数求出的。亦即

$$CP=CB\times\gamma L\times\gamma C\times\gamma r\times\gamma y$$

式中，CP——可能通行能力。

CB——基本通行能力。

γL——宽度修正系数。

γC——侧向净空修正系数。

γr——重车修正系数。

γy——沿线状况修正系数。

就多车道公路而言，先用上式求出每车道的可能通行能力，然后乘以车道数求出公路截面的可能通行能力。对往返二车道公路，用往返合计值求出。在用实际车辆数表示可能通行能力时，需要用大型车辆的小客车当量系数换算成实辆数。

影响通行能力的因素有以下几种，各因素的修正系数也已决定。

（1）车道宽度（γL）：基本通行能力方面而言，必要的车道宽度（WL）为 3.50m；根据日本的观测结果，最大交通量在宽度为 3.25m 的城市快速路上得到，对车道宽度小于 3.25m 的公路应进行修正，其系数如表 12-5 所示。

表 12-5 道路宽度修正系数

车道宽度（WL）	修正系数（γL）	车道宽度（WL）	修正系数（γL）
3.25m	1.00	2.75m	0.88
3.00m	0.94	2.50m	0.82

（2）侧向净空（γC）：是指从车道边缘到侧带或分隔带上的保护轨、公路标志、树木、停车车辆、护壁及其他障碍物的距离为侧向净空，必要充分的侧向净空为单向 1.75m，在城市内高速公路上，以 0.75m 的侧向净空时的最大交通量出现次数多，所以，对比 0.75m 窄的情况需要进行修正，如表 12-6 所示。

表 12-6 侧向净空修正系数（γC）

侧向净空（WC）（m）	修正系数（γC）	侧向净空（WC）（m）	修正系数（γC）
0.75	1.00	0.25	0.91
0.50	0.95	0.00	0.86

（3）沿线状况（γy）：在沿线不受限制的公路上，通行能力的减少原因有从其他道路和沿道设施驶入的车辆或行人、自行车的突然出现等潜在干涉。并且，在市内因有频繁停车，所以停车的影响也较大，因为通常认为通行能力与沿道的城市化程度有很大关系，所以确定了城市化程度补偿系数，如表 12-7 所示。

表 12-7 沿线状况修正系数（γy）

不需要考虑停车影响的场合		考虑停车影响的场合	
城市化程度	修 正 系 数	城市化程度	修 正 系 数
非城市化区域	0.912～1.00	非城市化区域	0.90～1.00
部分城市化区域	0.90～0.95	部分城市化区域	0.80～0.90
完全城市化区域	0.812～0.90	完全城市化区域	0.70～0.80

（4）坡度：因为坡度对大型车辆的影响尤其大，所以通常包含在大型车辆影响中。

（5）大型车辆（γr）：大型车辆比小客车车身长，即使保持同一车间距离，车头距离也较大，并且因大型车在坡道处降低车速，故通行能力将减小。

大型车辆的影响程度用与一辆大型车辆相当的小客车辆数即小客车当量系数（passenger car equivalent）来表示。一般认为，小客车当量系数随大型车辆混入率、车道数、坡度大小及长度而变化，并用表 12-8 所示值表示。

表 12-8 大型车的小客车换算系数

坡 度	坡长（km）	二车道道路（大型车混入率%）					多车道道路（大型车混入率%）				
		10	30	50	70	90	10	30	50	70	90
3%以下	—	2.1	2.0	1.9	1.8	1.7	1.8	1.7	1.7	1.7	1.7
4%	0.2	2.8	2.6	2.5	2.3	2.2	2.4	2.3	2.2	2.2	2.2
	0.6	2.9	2.7	2.6	2.4	2.3	2.5	2.4	2.3	2.3	2.3
	0.8	2.9	2.7	2.6	2.5	2.4	2.5	2.4	2.4	2.3	2.3
	1.0	2.9	2.8	2.7	2.5	2.4	2.5	2.4	2.4	2.4	2.3
	1.2	3.0	2.8	2.7	2.5	2.4	2.6	2.5	2.4	2.4	2.4
	1.4	3.0	2.8	2.7	2.5	2.4	2.6	2.5	2.4	2.4	2.4
	1.6	3.0	2.9	2.8	2.6	2.5	2.6	2.5	2.5	2.4	2.4

续表

坡　　度	坡长（km）	二车道道路（大型车混入率%）					多车道道路（大型车混入率%）				
		10	30	50	70	90	10	30	50	70	90
5%	0.2	3.2	3.0	2.8	2.7	2.6	2.7	2.6	2.6	2.6	2.5
	0.4	3.3	3.1	2.9	2.8	2.7	2.9	2.7	2.7	2.7	2.6
	0.6	3.4	3.2	3.0	2.8	2.7	2.9	2.8	2.8	2.7	2.7
	0.8	3.5	3.2	3.0	2.9	2.8	3.0	2.9	2.9	2.8	2.7
	1.0	3.5	3.3	3.1	2.9	2.8	3.0	2.9	2.9	2.8	2.8
	1.2	3.6	3.4	3.1	3.0	2.9	3.1	3.0	3.0	2.9	2.8
	1.4	3.6	3.4	3.2	3.0	2.9	3.1	3.0	3.0	2.9	2.8
	1.6	3.7	3.4	3.2	3.1	2.9	3.2	3.0	3.0	2.9	2.9
6%	0.2	3.4	3.2	3.0	2.8	2.7	2.9	2.8	2.8	2.7	2.7
	0.4	3.5	3.3	3.1	3.0	2.9	3.1	2.9	2.9	2.8	2.8
	0.6	3.7	3.5	3.3	3.1	3.0	3.2	3.1	3.1	3.0	2.9
	0.8	3.8	3.4	3.4	3.2	3.1	3.3	3.2	3.2	3.0	3.0
	1.0	3.9	3.6	3.4	3.3	3.1	3.3	3.2	3.2	3.1	3.1
	1.2	4.0	3.7	3.5	3.3	3.2	3.4	3.3	3.3	3.2	3.1
	1.4	4.1	3.8	3.6	3.4	3.3	3.5	3.4	3.4	3.2	3.2
	1.6	4.1	3.9	3.7	3.5	3.3	3.6	3.4	3.4	3.3	3.3
7%	0.2	3.5	3.3	3.1	2.9	2.8	3.0	2.9	2.9	2.8	2.8
	0.4	3.7	3.5	3.3	3.1	3.0	3.2	3.1	3.1	3.0	2.9
	0.6	3.9	3.6	3.4	3.3	3.1	3.4	3.2	3.2	3.1	3.1
	0.8	4.0	3.8	3.5	3.4	3.2	3.5	3.3	3.3	3.2	3.2
	1.0	4.2	3.9	3.7	3.5	3.3	3.6	3.4	3.4	3.3	3.3
	1.2	4.3	4.0	3.8	3.6	3.5	3.7	3.5	3.5	3.4	3.4
	1.4	4.5	4.2	3.9	3.7	3.6	3.8	3.7	3.7	3.6	3.5
	1.6	4.6	4.3	4.0	3.8	3.7	3.9	3.8	3.8	3.7	3.6

在用实辆数表示通行能力时，应该用下式所示补偿系数乘以小客车当量交通量：

$$\gamma_T = \frac{100}{(100 - T) + E_T T}$$

式中，γ_T ——重车修正系数。

E_T ——大型车辆的小客车当量系数。

T——大型车辆混入率（%）。

（6）摩托车和自行车：对摩托车和自行车交通量应该用表 12-9 所示小客车当量系数以交通量求出小客车当量交通量。但是，在用实辆数表示通行能力时，应与大型车辆的方法相同，对当量交通量进行补偿。

表 12-9　摩托车和自行车的小客车换算系数

车型 地区	摩托车	自行车
郊区	0.75	0.50
城市市区	0.50	0.33

（7）其他因素：除上述几种因素外，使通行能力降低的原因还有公路线形，尤其是曲线路段和隧道以

及驾驶技术、经验的不同等，但这些原因目前还没有较好的定量化方法。

2．设计通行能力

道路设计通行能力是指道路根据使用要求的不同，按不同服务水平条件下所具有的通行能力，也就是要求道路所承担的服务交通量，通常作为道路规划和设计的依据。

道路设计通行能力为：

$$CD=C\times(v/c)$$

式中，CD——设计通行能力。

C——实际通行能力。

v/c——给定服务水平，即车辆的运行车速及流量 v 与通行能力 c 之比。

多车道设计通行能力 C_n 可以写为：

$$C_n=\alpha c\ C_1\delta\sum K_n$$

式中，αc——机动车道的道路分类系数，如表 12-10 所示。

C_1——第一条车道的可能通行能力，辆/h。

δ——交叉口影响系数，如表 12-11 所示。

K_n——相应于各车道的折减系数，通常以靠近路中线或中央分隔带的车行道为第一条车道，其通行能力为 1，第二条车道的通行能力为第一条车道的 0.8～0.9，第三条车道的通行能力为第一条车道的 0.65～0.8，第四条车道的通行能力为第一条车道的 0.5～0.6。

表 12-10　机动车道的道路分类系数

道路分类	快速路	主干路	次干路	支路
αc	0.75	0.80	0.85	0.90

表 12-11　交叉影响通行能力折减系数 δ

车速（km/h）	交叉种类		交叉口间距（m）			
			300	500	800	1000
50	主-主	主	0.38	0.51	0.63	0.68
	主-次	主	0.42	0.55	0.66	0.71
		次	0.35	0.47	0.59	0.64
40	主-主	主	0.46	0.58	0.69	0.74
	主-次	主	0.50	0.63	0.73	0.77
		次	0.42	0.54	0.66	0.71

3．交叉口通行能力

交叉口通行能力的大小直接影响到整个路网效率，提高交叉口的通行能力是目前道路网的重要目标之一。然而，交叉口处固有的通行能力大小，是交叉口本身的特性所决定的，同时这也与车辆等诸多因素密不可分。

平交路口一般可分为三大类，一类是无任何交通管制的交叉口；一类是中央设圆形岛的环形交立口；一类是信号控制交叉口。目前，交叉口通行能力计算在国际上并未完全统一，即使是同一类型的交叉口，其通行能力计算方法也不一样。

（1）无信号管制的十字形交叉口通行能力计算。

十字形交叉的设计通行能力为各进口道设计通行能力之和，即主要道路和次要道路在交叉口处的通行能力相加。

$$C = C_{主} + C_{次}$$

式中，$C_{主}$ ——主要道路通行能力。

$C_{次}$ ——次要道路通行能力。

主要道路在无信号灯控制交叉口处的道路通行能力：

$$C_m=\alpha c\times\delta\times3600/t_{间}$$

式中，αc——机动车道的道路分类系数，如表 12-10 所示。

δ——交叉口影响系数，如表 12-11 所示。

$t_{间}$ ——平均车头时距。

非优先方向次要道路通行能力：

$$C_{次} = C_{主}\mathrm{e} - \lambda\alpha /(12 - \mathrm{e} - \lambda\beta)$$

式中，$C_{次}$ ——非优先的次干道上可以通过的交通量，pcu/h（当量小汽车/小时）。

$C_{主}$ ——主干道优先通行的双向交通量，pcu/h。

λ——主干道车辆到达率。

α——可供次干道车辆穿越的主干道车流的临时车头距离。

β——次干道上车辆间的最细车头时距。

（2）信号交叉口的通行能力。

交叉口的信号是由红、黄、绿 3 种信号灯组成，用以指挥车辆的通行、停止和左右转弯。根据规范的要求，信号灯管制十字形交叉的设计通行能力按停止线法计算。十字形交叉的设计通行能力为各进口道设计通行能力之和。进口道设计通行能力为各车道设计通行能力之和。为此，交叉口的通行能力设计从各车道通行能力分析着手。

① 进口车道不设专用左转和右转车道时

一条直行车道的通行能力：

$$C_{直行} = 3600\times\psi_{直行}\times[(t_{绿} - t_{首})/t_{间} - 1]/Tc\times3600/t_{间}$$

式中，$\psi_{直行}$ ——修正系数，根据车辆通行的不均匀性以及非机动车、行人以及农用拖拉机对汽车的干扰程度，城市取 0.86～0.9。

$t_{绿}$ ——信号周期内绿灯实际亮显时间。

$t_{首}$ ——绿灯亮后，第一辆车启动并通过停车线时间，可采用 2.3s。

$t_{间}$ ——直行或直右行车辆连续通过停车线的平均间隔时间，根据观测，全部为小型车时 $t_{间}$ =2.5s，全部为大中型车时 $t_{间}$ =3.5s，全部为拖挂车时 $t_{间}$ =7.5s，故公路交叉口可采用 3.5s，城市交叉口可采用 2.5s。

Tc——信号周期，单位为 s，两相位时可以假定为(绿灯时间+黄灯时间)×2。

一条直左车道的通行能力：

$$C_{直左} = C_{直行}\times(1 - \beta_{左}'/2)$$

式中，$\beta_{左}'$——直左车道中左转车所占比重。

一条直右车道的通行能力：

$$C_{直右} = C_{直行}$$

② 进口车道设有专用左转和右转车道时

进口车道的通行能力：

$$C_{左直右} = \sum C_{直行}/(1-\beta_{左}-\beta_{右})$$

式中，$\sum C_{直行}$ ——本断面直行车道的总通行能力，辆/h。

$\beta_{左}$、$\beta_{右}$ ——分别为左、右转车占本断面进口道车辆的比例。

专用左转车道的通行能力：

$$C_{左} = C_{左直右} \times \beta_{左}$$

专用右转车道的通行能力：

$$C_{右} = C_{左直右} \times \beta_{右}$$

③ 进口车道设有专用左转车道而未设专用右转车道时

进口车道的通行能力：

$$C_{左直} = (C_{直}+C_{直右})/(1-\beta_{左})$$

式中，$C_{直}+C_{直右}$ ——直行车和直右车道通行能力之和。

专用左转车道的通行能力：

$$C_{左} = C_{左直} \times \beta_{左}$$

④ 进口车道设有专用右转车道而未设专用左转车道时

进口车道的通行能力：

$$C_{左右} = (C_{直}+C_{直左})/(1-\beta_{右})$$

式中，$C_{直}+C_{直左}$ ——直行车和直左车道通行能力之和。

（3）环形交叉口机动车车行道的设计通行能力与相应非机动车数如表 12-12 所示。

表 12-12 环形平面交叉口设计通行能力

机动车车行道的设计通行能力（pcu/h）	2700	2400	2000	1750	1600	1350
相应的自行车数	2000	5000	10000	13000	15000	17000

注：表列机动车车行道的设计通行能力包括 15%的右转车，当右转车为其他比例时，应另行计算。

表列数值适用于交织长度为 l_w＝25～30m。当 l_w＝30～60m 时，表中机动车车行道的设计通行能力应进行修正。修正系数 ψ_w 按下式计算：

$$\Psi_w=3l_w/(2l_w+30)$$

式中，l_w——交织段长度，单位为 m。

（4）人行道、人行横道、人行天桥、人行地道的通行能力。

人行道、人行横道、人行天桥、人行地道的可能通行能力如表 12-13 所示。

表 12-13 人行道、人行横道、人行天桥、人行地道的可能通行能力

类　别	人行道[p/(h×m)]	人行横道[p/(h×m)]	人行天桥、人行地道[p/(h×m)]	车站、码头的人行天桥和人行地道[p/(h×m)]
可能通行能力	2400	2700	2400	1850

人行道设计通行能力等于可能通行能力乘以折减系数，按照人行道的性质、功能、对行人服务的要求

以及所处的位置，分为 4 个等级，相应的折减系数如表 12-14 所示。而相应的设计通行能力如表 12-15 所示。

表 12-14　行人通行能力折减系数

人行道、人行横道和人行地道所处位置	折 减 系 数
全市性的车站、码头、商场、剧场、影院、体育馆（场）、公园、展览馆及市中心区行人集中的地方	0.75
大商场、商店、公共文化中心和区中心等行人较多的地方	0.80
人行道、人行横道和人行地道所处位置	折减系数
区域性文化商业中心地带行人多的地方	0.85
支路、住宅区周围的道路	0.90

表 12-15　人行道、人行横道、人行天桥、人行地道的设计通行能力

类　别	折 减 系 数			
	0.75	0.80	0.85	0.90
人行道[p/(h×m)]	1800	1900	2000	2100
人行横道[p/(h×m)]	2000	2100	2300	2400
人行天桥、人行地道[p/(h×m)]	1800	1900	2000	—
车站、码头的人行天桥和人行地道[p/(h×m)]	1400	—	—	—

注：车站、码头的人行天桥和人行地道的一条人行道宽度为 0.9m，其余情况为 0.75m。

第13章

道路路基和附属设施的绘制

道路路基是道路设计的基础。附属设施也是道路工程必不可少的组成部分。本章将讲解道路路基和附属设施的绘制。通过本章的学习，读者可以初步掌握道路路基和附属设施的基本设计和绘制方法。

13.1　城市道路路基绘制

路基是路面的基础，指路面下面的部分。路基就像人类身体里的骨骼构架，没有路基的路面就容易塌陷。

【预习重点】

☑　掌握路基基础的绘制。

☑　掌握路面结构图的绘制。

☑　掌握人行道、雨箅子平面布置的绘制。

13.1.1　路基设计基础

一般路基设计可以结合当地的地形、地质情况，直接套用典型横断面图或设计规定，而不必进行个别论证和验算。对于工程地质特殊路段和高度（深度）超过规范规定的路基，应进行个别设计和稳定性验算。

1．路基横断面的基本形式

路基横断面的形式因线路设计标高与地面标高的差而不同，一般可归纳为 4 种类型。

☑　路堤：全部用岩土填筑而成。

☑　路堑：全部在天然地面开挖而成。

☑　半填半挖：一侧开挖，另一侧填筑。

☑　不填不挖：路基标高与原地面标高相同。

（1）路堤

路堤的几种常用横断面形式如图 13-1 所示。按其填土高度可划分为矮路堤、高路堤和一般路堤。

① 矮路堤：填土高度低于 1.0～1.5m；矮路堤常在平坦地区取土困难时选用。平坦地区往往地势低、水文条件较差，易受地面水和地下水的影响。

② 高路堤：填土高度大于规范规定的数值，即填方总高度超过 18m（土质）或 20m（石质）的路堤；高路堤填方数量大，占地宽，行车条件差，处理不当极易造成沉陷、失稳，为使路基边坡稳定和横断面经济，需作个别设计。另外，还应注意对边坡进行适当的防护和加固。高路堤通常采用上陡下缓的折线形或台阶形边坡。

③ 一般路堤：填土高度介于高、矮路堤两者之间。随其所处的条件和加固类型不同，还有浸水路堤、陡坡路堤及挖沟填筑路堤等型式。

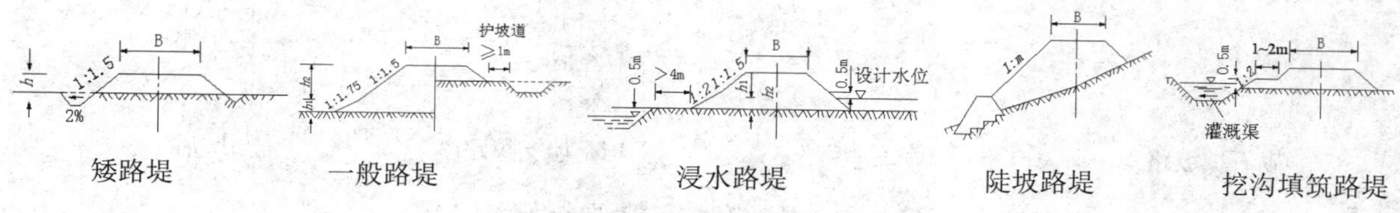

图 13-1　路堤横断面基本形式

（2）路堑

路堑横断面的基本形式有全挖式路基、台口式路基及半山洞路基等，如图 13-2 所示。

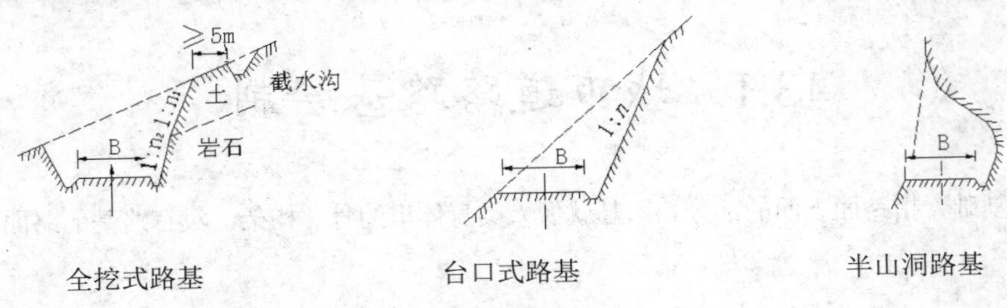

图 13-2 路堑横断面基本形式

全挖式路基为路堑的典型形式，若路堑较深，则边坡稳定性较低，可自下而上逐层放缓，边坡呈折线形。

在台口式边坡中部，高度每隔 6～10m 或变坡点处设一道边坡平台，边坡平台的宽度为 1～3m，若边坡平台设排水沟，平台应做成 2%～5%向内侧倾斜的排水坡度。

排水沟可用三角形或梯形横断面，当水量大时，宜设置 30cm×30cm 的矩形、三角形或 U 形排水沟。若边坡平台不设排水沟，平台应做成 2%～5%向外侧倾斜的排水坡度。路堑边坡坡度，应根据边坡高度、土石种类及其性质、地面水和地下水情况综合分析确定。

路堑开挖后，破坏了原地层的天然平衡状态，边坡稳定性主要取决于自然产状的地质与水文地质条件以及边坡高度和坡度。此外，路堑成巷道式，不利于排水和通风，病害多于路堤，并且行车视距较差，行驶条件降低，深路堑施工困难，设计时应注意避免采用很深的较长路堑。必须采用路堑横断面时，要选用合适的边坡坡率，加强排水，处治基底，确保边坡的稳定可靠，保证基底不致产生水温情况的变化。

（3）半填半挖路基

半填半挖是路堤和路堑的综合形式，兼有路堤和路堑的设置要求。几种基本形式如图 13-3 所示。位于山坡上的路基，通常使路中心线的设计标高接近原地面标高，目的是为了减少土石方数量，保持土石方数量的横向填挖平衡，因而形成大量半填半挖路基。若处理得当，路基稳定可靠，是比较经济的断面形式。

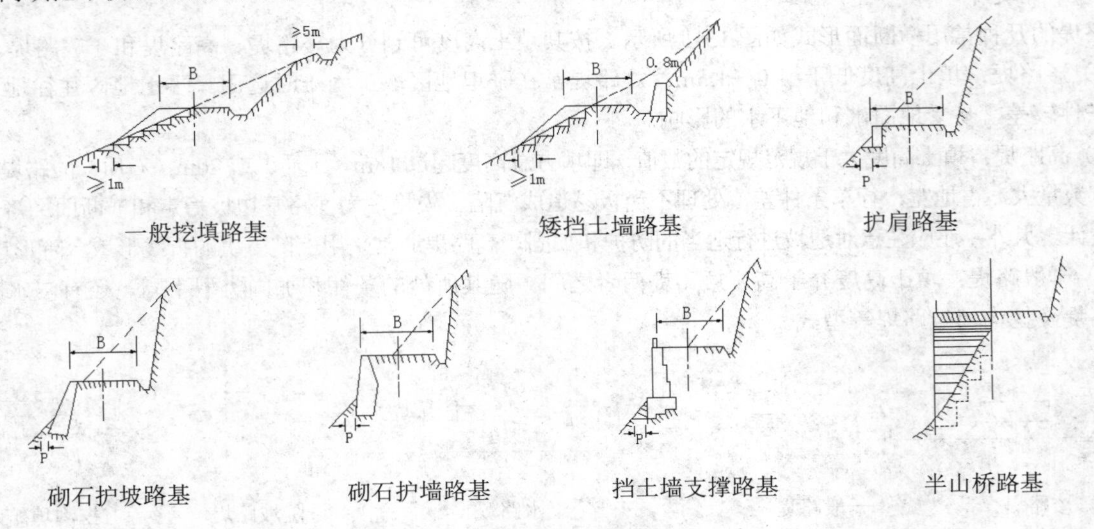

图 13-3 半填半挖路基横断面基本形式

（4）不填不挖路基

原地面与路基标高相同构成不填不挖的路基横断面形式，这种形式的路基，虽然节省土石方，但对排水非常不利，易发生水淹、雪埋等情况，常用于干旱的平原区、丘陵区以及山岭区的山脊线或标高受到限制的城市道路。

2．路基的基本构造

路基几何尺寸由宽度、高度和边坡坡度三者构成。

☑　路基宽度：取决于公路技术等级。

☑　路基高度：取决于地形和公路纵断面设计（包括路中心线的填挖高度、路基两侧的边坡高度）。

☑　路基边坡坡度：取决于地质、水文条件、路基高度和横断面经济性等因素。

就路基的整体稳定性来说，路基的边坡坡度及相应采取的措施，是路基设计的主要内容。

（1）路基宽度

路基宽度是行车道路面及其两侧路肩宽度之和。高等级道路设有中间带、路缘带、变速车道、爬坡车道、紧急停车带、慢行道或其他路上设施时，路基宽度还应包括这些部分的宽度，如图 13-4 所示。

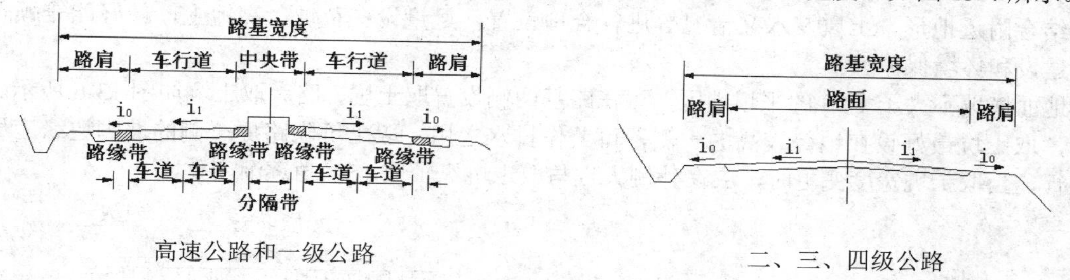

高速公路和一级公路　　　　二、三、四级公路

图 13-4　各级道路的路基宽度

路面是指道路上供各种车辆行驶的行车道部分，宽度根据设计通行能力及交通量大小而定，一般每个车道宽度为 3.50～3.75m。

路肩是指行车道外缘到路基边缘，具有一定宽度的带状部分。包括有铺装的硬路肩和土路肩。路肩宽度由公路等级和混合交通情况而定。

四级公路一般采用 6.5m 的路基，当交通量较大或有特殊需要时，可采用 7.0m 的路基。在工程特别艰巨的路段以及交通量很小的公路，可采用 4.5m 的路基，并应按规定设置错车道。

曲线路段的路基宽度应视路面加宽情况而定。弯道部分的内侧路面按《公路工程技术标准》规定加宽后，所留路肩宽度，一般二、三级公路应不小于 0.75m，四级公路应不小于 0.5m，否则应加宽路基。路堑位于弯道上，为保证行车所需的视距，需开挖视距平台。

（2）路基高度

路基高度、路堤填筑高度或路堑开挖深度，是路基设计标高与原地面标高之差。

路基填挖高度，是在路线纵断面设计时，综合考虑路线纵坡要求、路基稳定性要求和工程经济要求等因素确定的。

由于原地面横向往往有倾斜，在路基宽度范围内，两侧的相对高差常有所不同。通常，路基高度是指路中心线处的设计标高与原地面标高之差，但对路基边坡高度来说，则指填方坡脚或挖方坡顶与路基边缘的相对高差。所以，路基高度有中心高度与边坡高度之分。

（3）路基边坡坡度

路基边坡坡度对路基整体稳定起重要作用，正确决定路基边坡坡度是路基设计的重要任务。

路基的边坡坡度可用边坡高度 H 与边坡宽度 b 之比值或边坡角 α 或 θ 表示，如图 13-5 所示。

路基边坡坡度取决于边坡土质、岩石性质及水文地质条件、自然因素和边坡高度。边坡坡度不仅影响到土石方工程量和施工难易程度，还是路基整体稳定性的关键。

路基边坡坡度对于路基稳定和横断面的经济合理至关重要，设计时应全面考虑，力求经济合理。

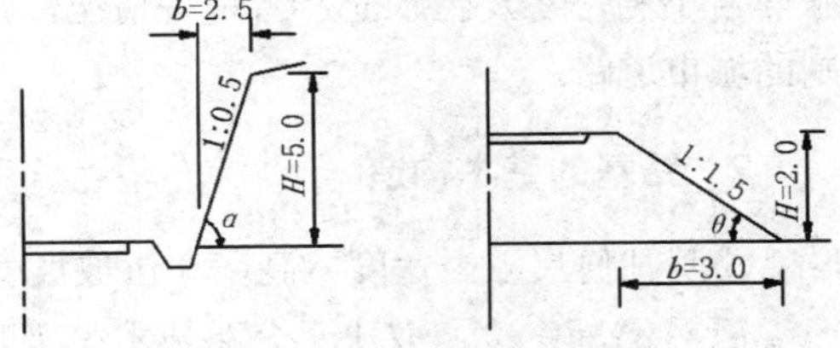

图 13-5　路基坡度的标注

3. 路基工程的有关附属设施

一般路基工程有关的附属设施除路基排水、防护加固外，还有取土坑、弃土堆、护坡道、碎落台、堆料坪及错车道等。这些设施是路基设计的组成部分，应正确合理设置。

（1）取土坑

取土坑的设置要根据路堤外取土的需要量、土方运输的经济合理、排水的要求以及当地农田基本建设的规划，结合附近地形、土质及水文情况等进行合理设置，尽量设在荒坡、高地上，最好能兼顾农田、水利、鱼池建设和环境保护等。

在原地面横坡不大于 1:10 的平坦地区，可在路基两侧设置取土坑，路旁取土坑如图 13-6 所示。在横坡较大地区，取土坑最好设在地势较高的一侧，可兼作排水之用。取土坑靠路堤一侧的坡脚边缘应尽量与路堤坡脚平行，当取土坑宽度变更时，应在外侧大致与取土坑纵轴成 15° 角逐渐变化。

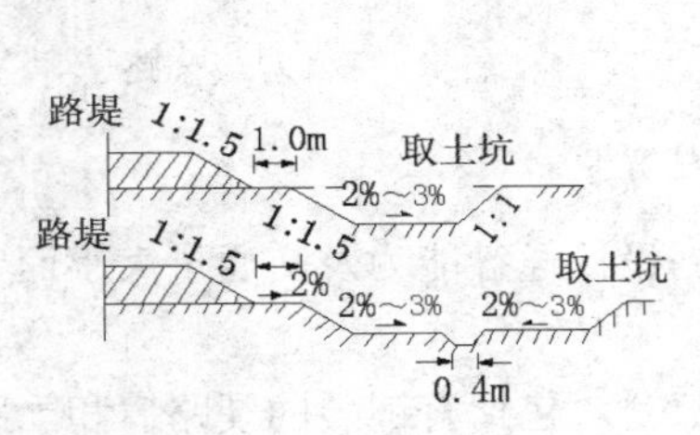

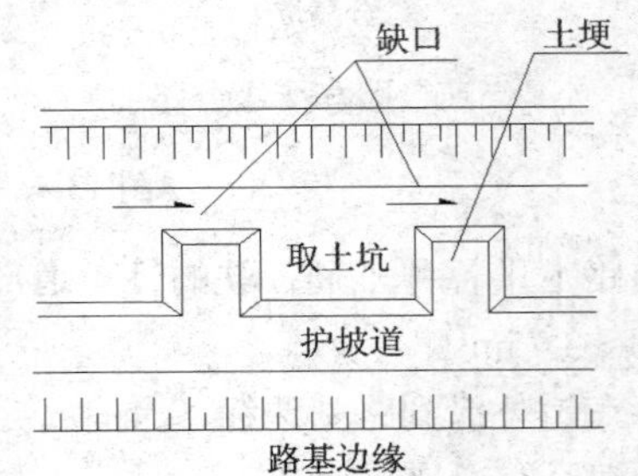

图 13-6　路旁取土坑示意图

取土坑的深度，视借土数量、施工方法及保证排水而定。在平原区浅挖窄取，深度建议不大于 1.0m。如取土数量较大，可按地质与水文情况将取土坑适当加深。取土坑内缘至路堤坡脚应留一定宽度的护坡道，其外缘至用地边界的距离不小于 0.5m，不大于 1.0m。

取土坑应有规则的形状及平整的底部，底面纵坡一般应不小于 0.3%，以利排水。横坡应向外倾斜 2%～3%。取土坑宽度大于 6m 时，可做成向中间倾斜的双向横坡，中间根据需要可设置排水（集水）沟，沟底可取 0.4m 的宽度；但当坑底纵坡大于 0.5%时，也可不设排水沟。取土坑出水口应与路基排水系统衔接。

（2）弃土堆

弃土堆通常在就近低地或路堑的下坡一侧设置。深路堑或地面横坡坡度缓于 1:5 时，可设在路堑两侧。路堑旁的砌土堆，其内侧坡脚与路堑坡顶之间的距离应随土质条件和路堑边坡高度而定，一般不小于 5m；路堑边坡较高，土质条件较差时应大于 5m。

（3）护坡道和碎落台

护坡道是保护路基边坡稳定的一种措施，在路堤边坡上采用较多。护坡道一般设置在路堤坡脚或路堑坡脚处，边坡较高时亦可设在边坡中部或边坡的变坡点处。浸水路基的护坡道，可设在浸水线以上的边坡上。

护坡道加宽了路基边坡横距，减小了边坡的平均坡度，使边坡稳定性有所提高，护坡道愈宽，愈有利于边坡稳定，但填方数量也随之增大。

碎落台常设于土质或石质土的挖方边坡坡脚处，位于边沟的外缘，有时亦可设置在挖方边坡的中间。

设置碎落台的目的主要是供零星土石碎块下落时临时堆积，不致堵塞边沟，同时也起护坡道的作用。碎落台宽度一般应大于 1.0m，如考虑同时起护坡作用，可适当放宽。碎落台上的堆积物应定期清除。

（4）堆料坪和错车道

为避免在路肩上堆放养护用材料，可在路肩以外选择适宜地点设置堆料坪，如图 13-7 所示。

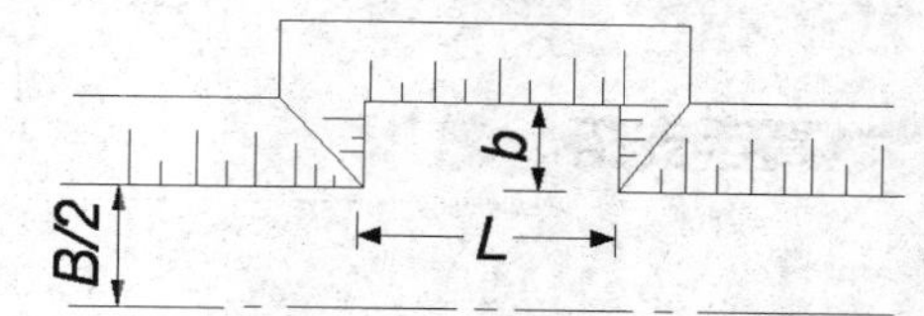

B—路基宽度；b—堆料坪宽度；L—堆料坪长度

图 13-7　堆料坪示意图

堆料坪可根据地形及用地条件在公路的一侧或两侧交错设置，并与路肩毗连，机械化养路或较高级路面可另设集中备用料场。

单车道公路，由于会车和避让的需要，通常每隔 200～500m 设置错车道一处，供错车和停车用。单车道的错车道处路基宽度为 6.5m。错车道应选在有利地点，并使相邻两错车道之间能够通视，以便驾驶员能及时将车驶入错车道，避让来车。

13.1.2　路面结构图绘制

调用道路横断面图，使用“移动”命令移动坡度标注、文字以及尺寸标注；使用“多段线”命令绘制路面结构和立道牙；使用文字命令输入路面结构文字；绘制其他道路的路面结构设计图，完成路面结构设计，如图 13-8 所示。操作步骤如下：

（1）根据绘制图形决定绘图的比例，建议使用 1:1 的比例绘制，图纸比例为 1:200。

（2）建立新文件。打开 AutoCAD 2017 应用程序，建立新文件，将新文件命名为“路面结构.dwg”并保存。

（3）设置图层。设置以下 8 个图层：“标注尺寸”“道路中线”“尺寸线”“路灯”“坡度”“树”“文字”“路基路面”，如图 13-9 所示。

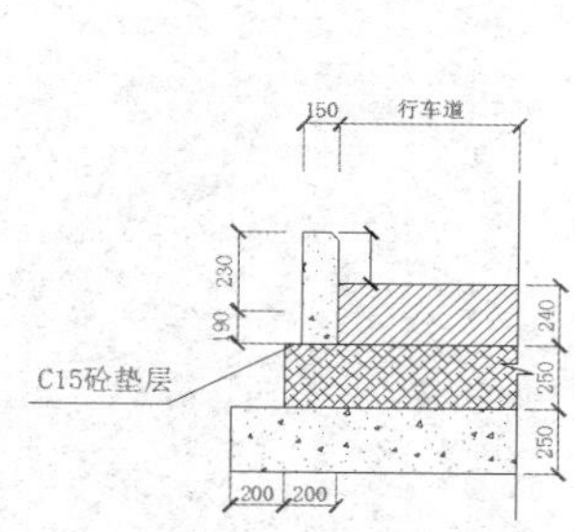

图 13-8　路面结构设计效果

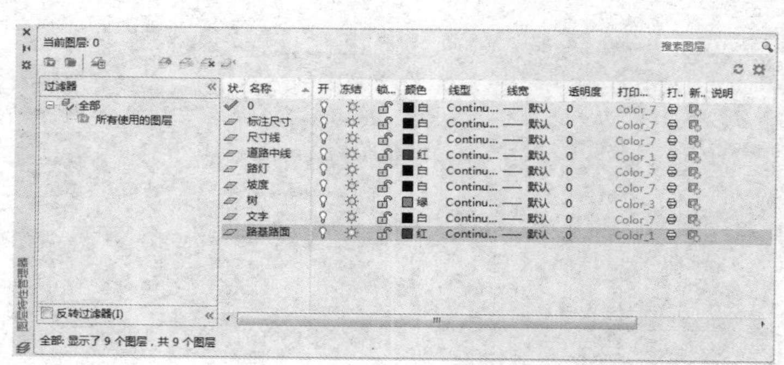

图 13-9　路面结构设计图图层设置

注意

读者应练习使用图层过滤器。图层过滤器可限制图层特性管理器和“图层”工具栏上的“图层”控件中显示的图层名。在大型图形中，利用图层过滤器，可以仅显示要处理的图层。

有两种图层过滤器。

① 图层特性过滤器：包括名称或其他特性相同的图层。例如，可以定义一个过滤器，其中包括图层颜色为红色，并且名称包括字符mech的所有图层。

② 图层组过滤器：包括在定义时放入过滤器的图层，而不考虑其名称或特性。

高手支招

为什么有些图层不能删除？

若欲删除的图层正在使用中（即当前图层），或是 0 层、拥有对象等特殊图层，这些图层都是不能删除的。若要删除当前图层，请将其切换为非当前图层，即把其他图层设置为当前图层，然后删除该图层即可。

如何删除顽固图层？

当要删除的图层可能含有对象，或是自动生成的块等，可试着冻结要保留的图层，然后删除其他内容，执行“清理”命令即可，如图 13-10 所示。

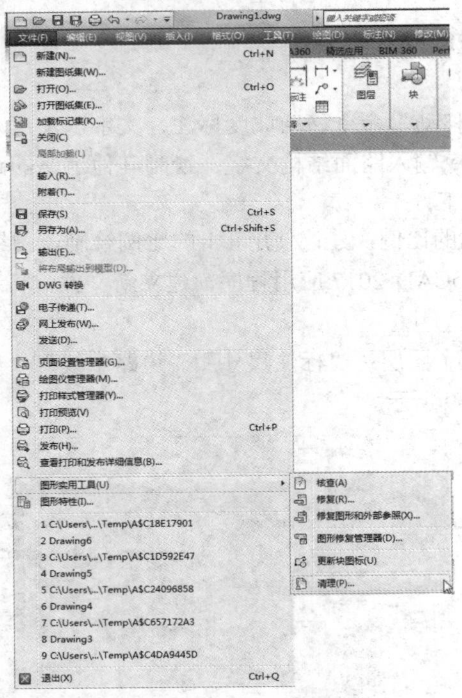

图 13-10　执行“清理”命令

（4）标注样式的设置。根据绘图比例设置标注样式，对标注样式线、符号和箭头、文字和主单位进行设置，具体参数如下。

① 线：超出尺寸线为 0.8，起点偏移量为 1.2。

② 符号和箭头：第一个为建筑标记，箭头大小为 1，圆心标注为标记 0.8。

③ 文字：文字高度为 2.5，文字位置为垂直上，从尺寸线偏移 0.625，文字对齐为与尺寸线对齐。

④ 主单位：精度为 0，比例因子为 20。

（5）文字样式的设置。

① 单击“默认”选项卡“注释”面板中的“文字样式”按钮，进入“文字样式”对话框，选择仿宋字体，“宽度因子”设置为 0.8。单击“应用”按钮，关闭对话框。

② 单击“默认”选项卡“绘图”面板中的“矩形”按钮，绘制一个 54×46 的矩形，如图 13-11 所示。

（6）单击“默认”选项卡“修改”面板中的“分解”按钮，选取绘制的矩形，按 Enter 键确认。

（7）单击“默认”选项卡“修改”面板中的“偏移”按钮，选取水平底边向上偏移 12.5、12.5、12、9，如图 13-12 所示。

（8）单击“默认”选项卡“修改”面板中的“偏移”按钮，选取左侧垂直边向右偏移，偏移距离分别为 10、2.5、7.5，如图 13-13 所示。

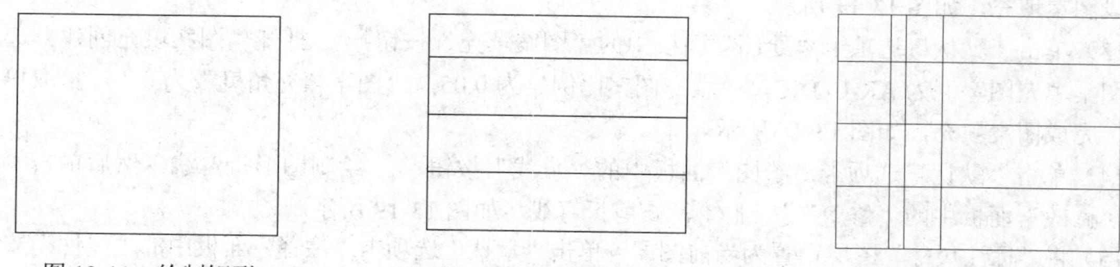

图 13-11　绘制矩形　　图 13-12　偏移线段 1　　图 13-13　偏移线段 2

（9）单击“默认”选项卡“修改”面板中的“修剪”按钮，修剪偏移后相交线段，如图 13-14 所示。

（10）单击“默认”选项卡“修改”面板中的“倒角”按钮，对两边进行倒角处理，倒角距离为 2，如图 13-15 所示。

（11）单击“默认”选项卡“绘图”面板中的“图案填充”按钮，打开“图案填充创建”选项卡，设置“图案填充图案”为 ANSI31，“填充图案比例”为 1，拾取填充区域内一点，完成图案填充，如图 13-16 所示。

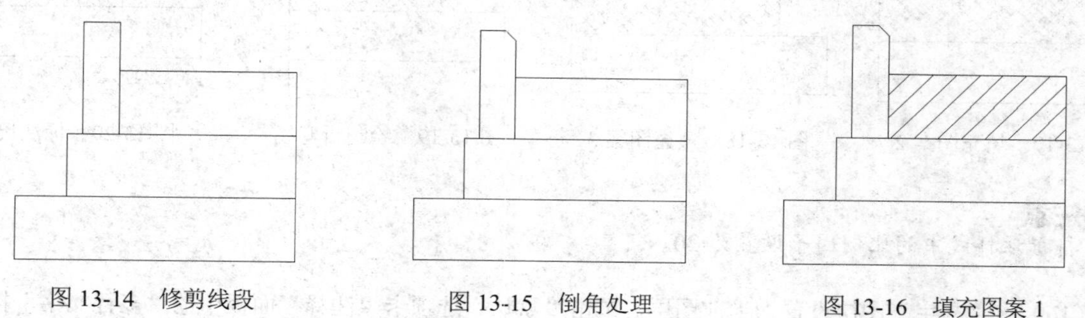

图 13-14　修剪线段　　图 13-15　倒角处理　　图 13-16　填充图案 1

高手支招

当使用“图案填充”命令时，所使用图案的比例因子值均为 1，即是原本定义时的真实样式。然而，随着界限定义的改变，比例因子应做相应的改变，否则会使填充图案过密，或者过疏，因此在选择比例因子时可使用下列技巧进行操作：

① 当处理较小区域的图案时，可以减小图案的比例因子值，相反地，当处理较大区域的图案填充时，则可以增加图案的比例因子值。

② 比例因子应恰当选择，要视具体的图形界限大小而定。

③ 当处理较大的填充区域时，要特别小心，如果选用的图案比例因子太小，则所产生的图案就像是使用 Solid 命令所得到的填充结果一样，这是因为在单位距离中有太多的线，不仅看起来不恰当，而且也增加了文件的长度。

（12）单击“默认”选项卡“绘图”面板中的“图案填充”按钮，打开“图案填充创建”选项卡，设置“图案填充图案”为 ANSI38，“填充图案比例”为 0.5，“图案填充角度”为 0°，拾取填充区域内一点，完成图案填充，如图 13-17 所示。

（13）单击“默认”选项卡“绘图”面板中的“图案填充”按钮，打开“图案填充创建”选项卡，设置“图案填充图案”为 AR-CONC，“填充图案比例”为 0.05，“图案填充角度”为 0°，拾取填充区域内一点，完成图案填充，如图 13-18 所示。

（14）单击“默认”选项卡“绘图”面板中的“直线”按钮，绘制图形折弯线，然后单击“默认”选项卡“修改”面板中的“修剪”按钮，修剪折弯线，如图 13-19 所示。

（15）将“标注尺寸”图层设置为当前图层，单击“默认”选项卡“注释”面板中的“线性”按钮，标注路面结构尺寸，如图 13-20 所示。

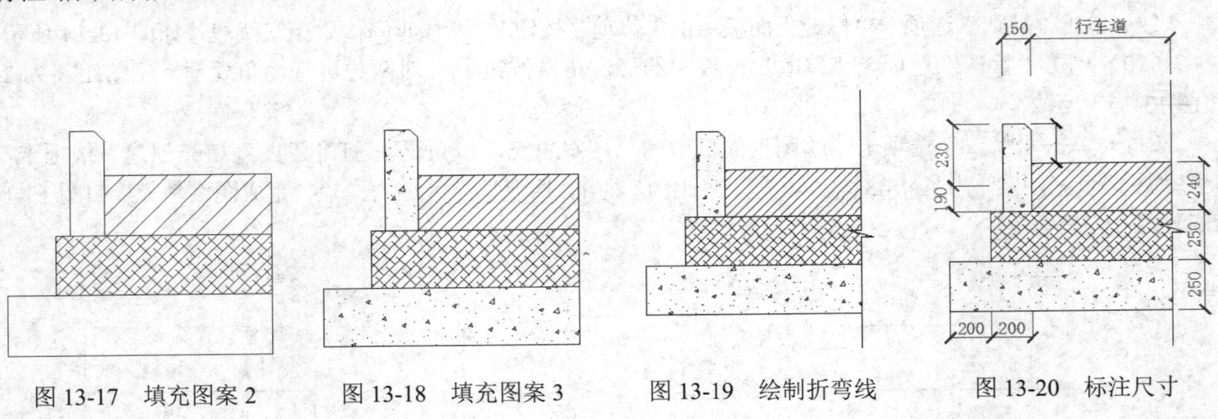

图 13-17　填充图案 2　　图 13-18　填充图案 3　　图 13-19　绘制折弯线　　图 13-20　标注尺寸

注意

将标注样式中的比例因子设置为 20。

（16）将“文字”图层设置为当前图层，单击“默认”选项卡“注释”面板中的“多行文字”按钮A，输入路面结构文字，如图 13-21 所示。

用以上方法绘制其他道路的路面结构侧面图，完成的图形如图 13-22 所示。

用以上方法绘制其他道路的路面结构立面图，完成的图形如图 13-23 所示。

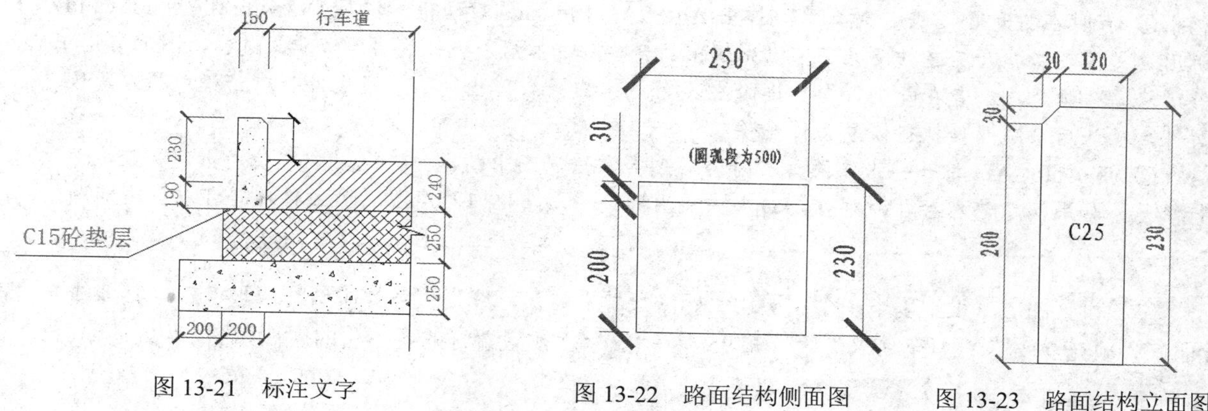

图 13-21　标注文字

图 13-22　路面结构侧面图

图 13-23　路面结构立面图

13.1.3　人行道、雨算子平面布置图绘制

调用 C 区道路路面结构设计图，使用“复制”命令复制需要的部分图形；使用“直线”“复制”等命令绘制地面线以及压实区域线；使用文字命令输入地面文字、坡度、说明以及压实密度；填充压实区域；标注尺寸，完成并保存人行道、雨箅子平面布置图，如图 13-24 所示。操作步骤如下：

（1）根据绘制图形决定绘图的比例，建议使用 1:1 的比例绘制，图纸比例为 1:250。

（2）建立新文件。打开 AutoCAD 2017 应用程序，建立新文件，将新文件命名为“人行道、雨箅子平面布置图.dwg”并保存。

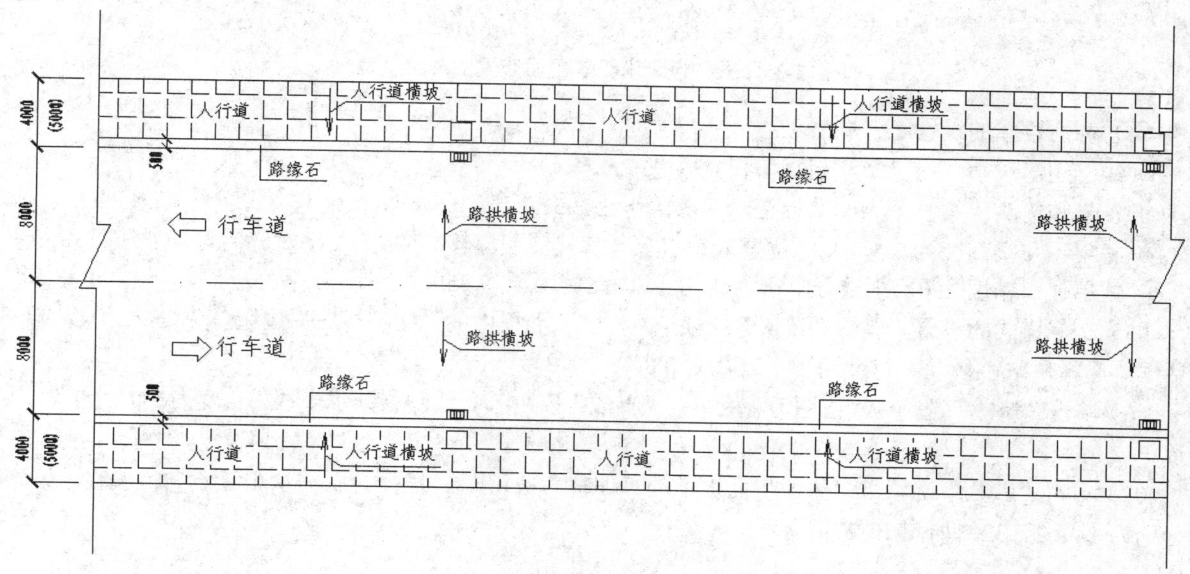

图 13-24　人行道、雨箅子平面布置图

高手支招

① 有时在打开.dwg 文件时，系统弹出 AutoCAD Message 对话框，提示 Drawing file is not valid，告诉用户文件不能打开。这种情况下可以先退出打开操作，然后打开“文件”菜单，选择“图形实用工具”→“修复”命令，或者在命令行中直接输入 recover，接着在弹出的“选择文件”对话框中输入要恢复的文件，确认后系统开始执行恢复文件操作。

② 用 AutoCAD 打开一张旧图，有时会遇到异常错误而中断退出，这时首先使用上述介绍的方法进行修复，如果问题仍然存在，则可以新建一个图形文件，而把旧图用图块形式插入，可以解决问题。

（3）设置图层。设置以下 9 个图层：“标注尺寸”“尺寸线”“道路中线”“坡度”“其他线”“设计面”“填充 90%”“填充 93%”“填充 95%”“文字”，设置好的各图层的属性如图 13-25 所示。

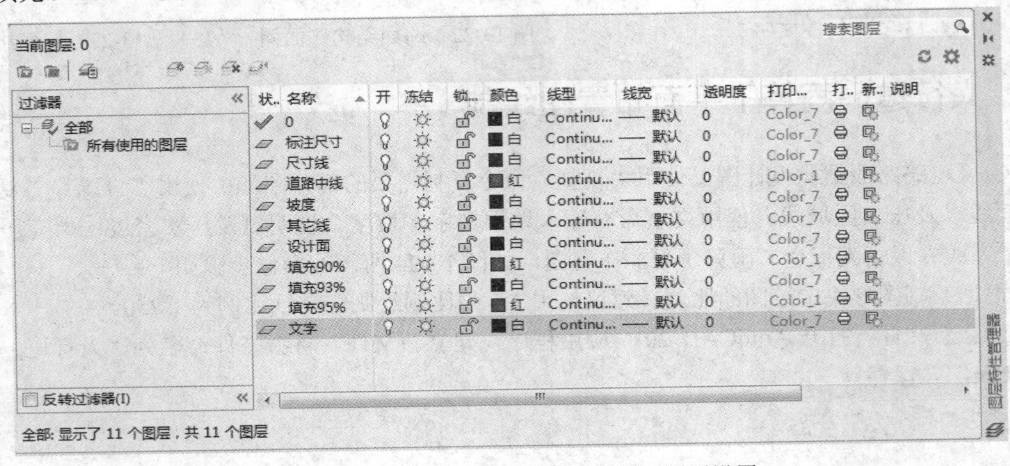

图 13-25 人行道、雨箅子平面布置图图层设置

（4）标注样式的设置。

① 线：超出尺寸线为 1.25，起点偏移量为 0.625。

② 符号和箭头：第一个为建筑标记，箭头大小为 2.5。

③ 文字：文字高度为 2.5，文字位置为垂直上，从尺寸线偏移 0.625，文字对齐为与尺寸线对齐。

④ 主单位：精度为 0，小数分隔符为“句号”，比例因子为 250。

（5）文字样式的设置。单击“默认”选项卡“注释”面板中的“文字样式”按钮，进入“文字样式”对话框，选择仿宋字体，“宽度因子”设置为 0.8。

（6）单击“默认”选项卡“绘图”面板中的“直线”按钮，绘制一条水平线，长度为 248，如图 13-26 所示。

（7）单击“默认”选项卡“修改”面板中的“偏移”按钮，选择绘制的水平直线向上偏移，偏移距离分别为 14、2、32，如图 13-27 所示。

图 13-26　绘制直线

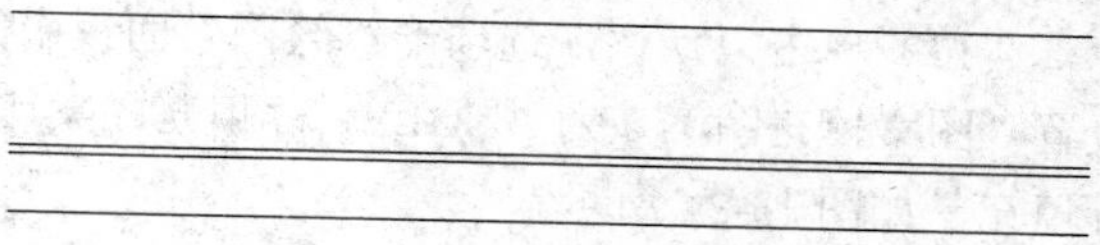

图 13-27　偏移直线

（8）选择最上边水平直线，显示出来还是实线的形式。右击，在弹出的如图 13-28 所示的快捷菜单中选择“特性”命令，弹出“特性”选项板，如图 13-29 所示。将“线型”设置为 DASHDOT，将“线型比例”设置为 1，直线显示如图 13-30 所示。

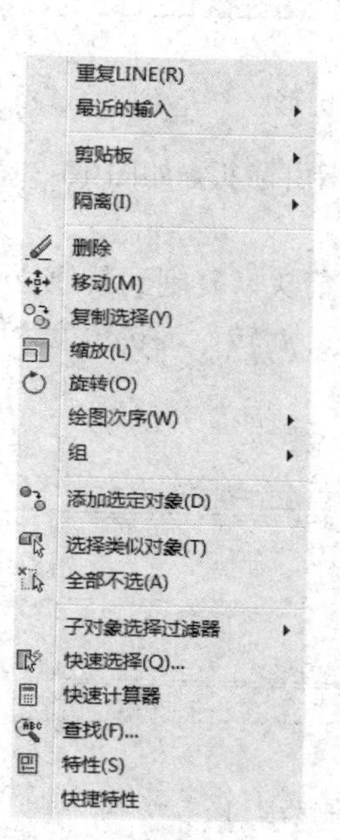

图 13-28　快捷菜单

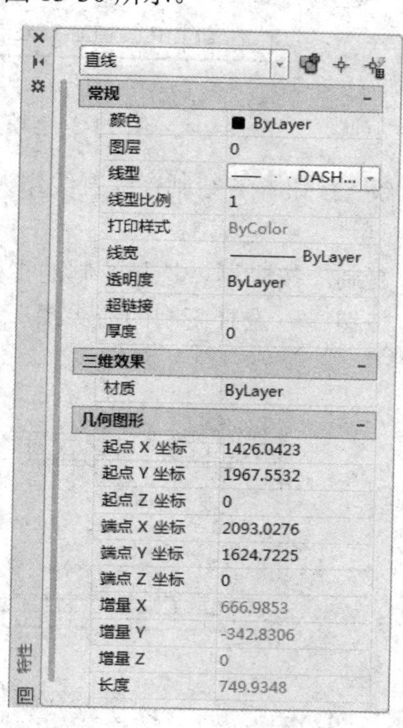

图 13-29　“特性”选项板

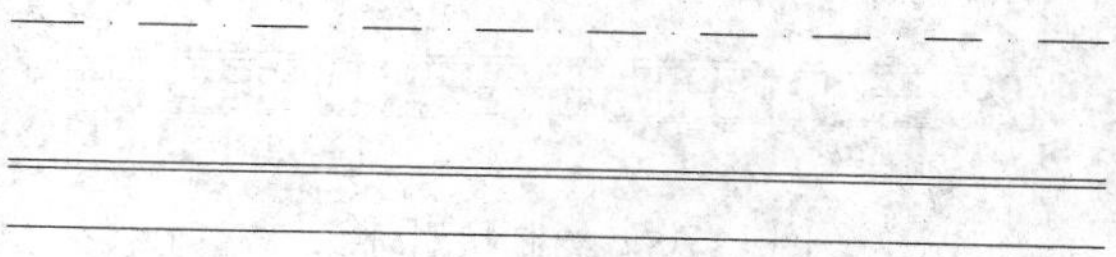

图 13-30　修改线型及比例

（9）单击“默认”选项卡“修改”面板中的“镜像”按钮，选择下部偏移后的水平线，以最上边水平线为镜像线进行镜像，如图 13-31 所示。

（10）单击“默认”选项卡“绘图”面板中的“直线”按钮，绘制图形的折弯线，如图 13-32 所示。

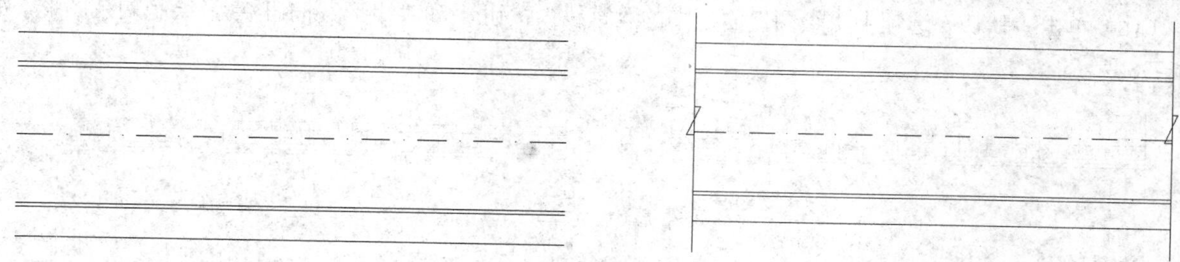

图 13-31　镜像图形

图 13-32　绘制折弯线

（11）单击“默认”选项卡“修改”面板中的“修剪”按钮，修剪掉折断线间多余线段，如图 13-33 所示。

（12）单击“默认”选项卡“绘图”面板中的“图案填充”按钮，打开“图案填充创建”选项卡，设置“图案填充图案”为 ANGLE，“填充图案比例”为 0.8，“图案填充角度”为 0°；选择填充区域，进行填充，如图 13-34 所示。

图 13-33　修剪折弯线

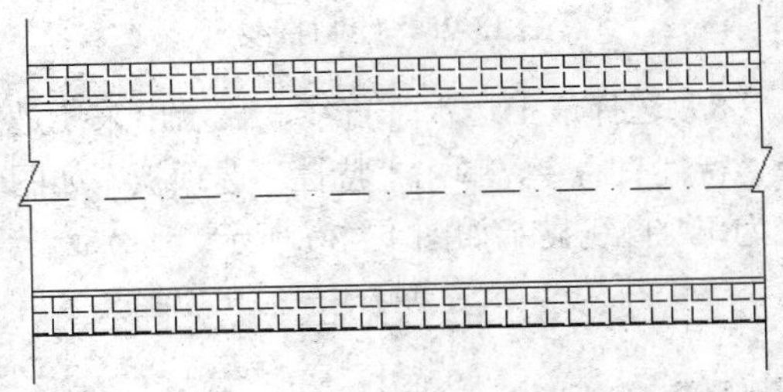

图 13-34　填充图形

（13）单击“默认”选项卡“绘图”面板中的“直线”按钮，绘制连续直线作为指引箭头，如图 13-35 所示。

（14）单击“默认”选项卡“修改”面板中的“复制”按钮，选择绘制的指引箭头，复制到其他位置；单击“默认”选项卡“修改”面板中的“旋转”按钮，选择复制的箭头图形进行旋转，旋转角度为 180°，如图 13-36 所示。

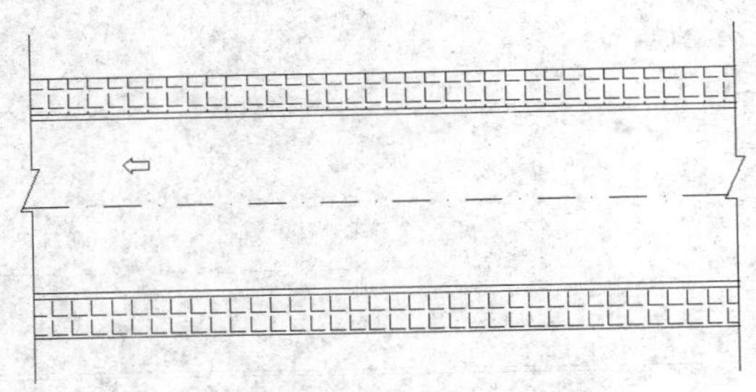

图 13-35　绘制指引箭头

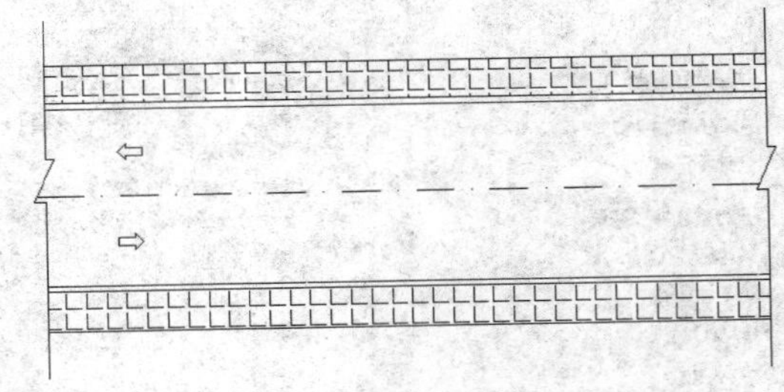

图 13-36　绘制箭头 1

（15）把“坡度”图层设置为当前图层。单击“默认”选项卡“绘图”面板中的“多段线”按钮，指定起点宽度为 0，端点宽度为 0.8，绘制指引箭头。

单击“默认”选项卡“修改”面板中的“复制”按钮和“旋转”按钮，完成图形中剩余指引箭头的绘制，如图 13-37 所示。

（16）单击“默认”选项卡“绘图”面板中的“直线”按钮和“矩形”按钮，绘制剩余图形，如图 13-38 所示。

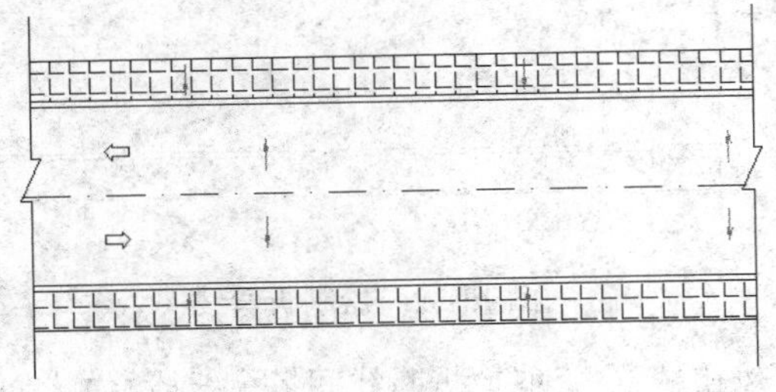

图 13-37　绘制箭头 2

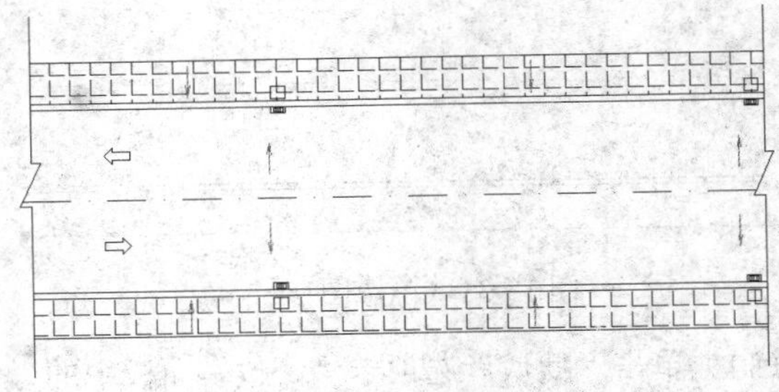

图 13-38　绘制箭头 3

（17）把“文字”图层设置为当前图层。单击“默认”选项卡“注释”面板中的“多行文字”按钮A，标注地面文字、坡道，指定的高度为 0.35，旋转角度为 0，如图 13-39 所示。

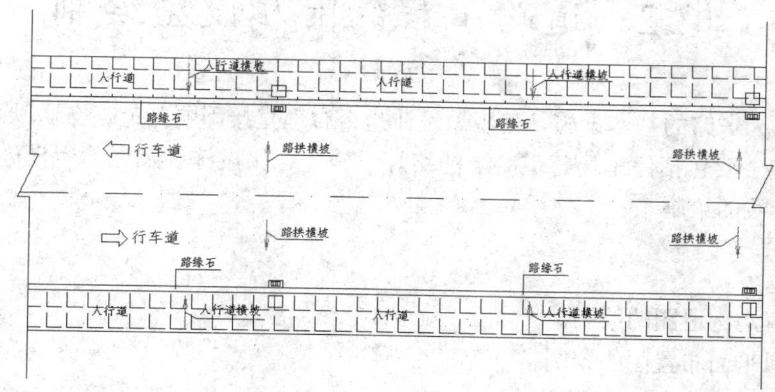

图 13-39　文字标注

（18）标注尺寸。把“尺寸线”图层设置为当前图层。单击“默认”选项卡“注释”面板中的“线性”按钮，然后单击“注释”选项卡“标注”面板中的“连续”按钮，标注图形如图 13-40 所示。

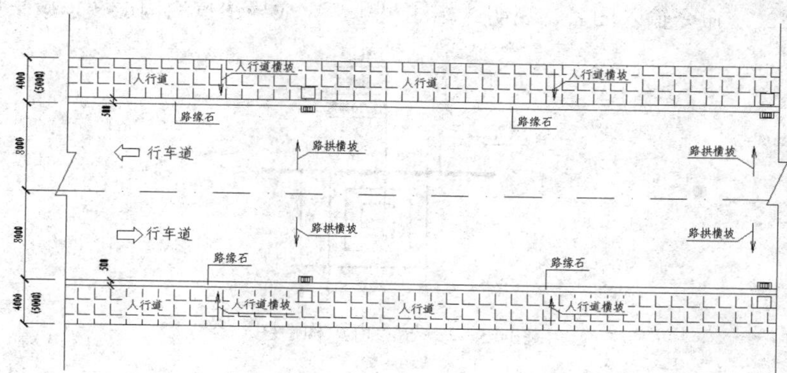

图 13-40　标注尺寸的调整修改

高手支招

当图形文件经过多次的修改，特别是插入多个图块以后，文件占有空间会越变越大，这时，计算机运行的速度也会变慢，图形处理的速度也变慢。此时可以通过选择“文件”→“图形实用工具”→“清理”命令，清除无用的图块、字型、图层、标注形式、复线形式等，这样，图形文件也会随之变小，如图 13-41 所示。

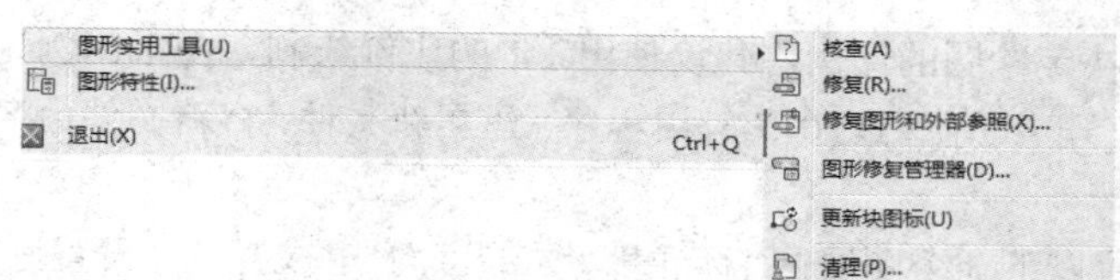

图 13-41　选择“清理”命令

13.2 道路工程的附属设施绘制

道路附属设施作为道路的基本设施，其规划设计是否合理直接影响到道路交通以及市容市貌是否美观。城市道路的附属设施主要包括停车场、道路上的路灯设施、绿化设施以及无障碍设施等。这里主要介绍无障碍设施以及交通标线的绘制。

【预习重点】

☑ 掌握导渗盲沟构造图的绘制。

☑ 掌握雨水口平面布置图的绘制。

13.2.1 导渗盲沟构造图

使用“直线”“折断线”“复制”等命令绘制人行道横线；使用“直线”“多段线”“镜像”等命令绘制导向箭头；使用文字命令输入图名、说明；标注尺寸，完成导渗盲沟构造图，效果如图 13-42 所示。

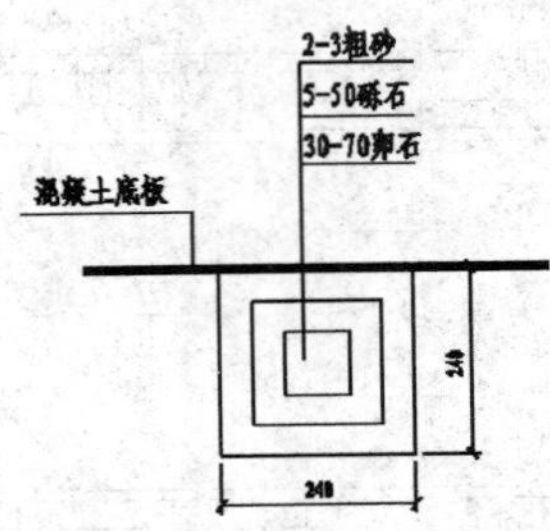

图 13-42 导渗盲沟构造图

注意

采用“多段线”命令绘制时要注意设置线段端点宽度。当多段线线设置成宽度不为 0 时，打印时就按该线宽值打印。如果这个多段线的宽度太小，就打印不出宽度效果（粗细）。如以毫米为单位绘图，设置多段线宽度为 20，当用 1:100 的比例打印时，就是 0.2mm。所以多段线的宽度设置一定要考虑到打印比例。若其宽度是 0，就可按对象特性来设置（与其他对象一样）。

1. 前期准备以及绘图设置

（1）根据绘制图形决定绘图的比例，建议使用 1:1 的比例绘制，图纸比例为 1:20。

（2）建立新文件。打开 AutoCAD 2017 应用程序，建立新文件，将新文件命名为“导渗盲沟构造图.dwg”并保存。

（3）设置图层。设置以下 3 个图层：“标注”“导渗盲沟”“文字”，设置好的各图层的属性如图 13-43 所示。

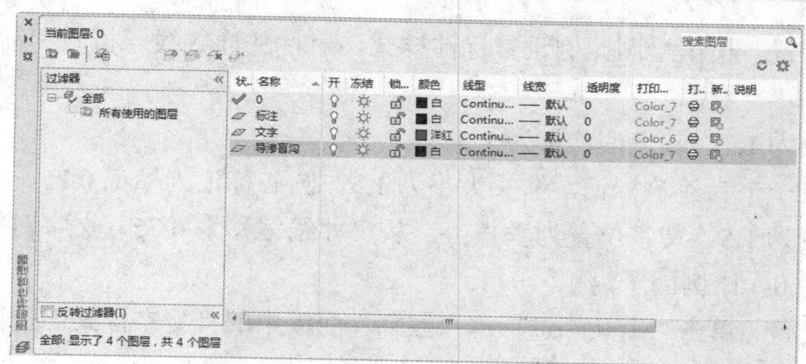

图 13-43　导渗盲沟构造图图层设置

高手支招

在实际设计中，虽然组成图块的各对象都有自己的图层、颜色、线型和线宽等特性，但插入图形中，图块各对象原有的图层、颜色、线型和线宽特性常常会发生变化。图块组成对象图层、颜色、线型和线宽的变化，涉及的图层特性包括图层设置和图层状态。图层设置是指在图层特性管理器中对图层的颜色、图层的线型和图层的线宽的设置。图层状态是指图层的打开与关闭状态、图层的解冻与冻结状态、图层的解锁与锁定状态和图层的可打印与不可打印状态等。

用户首先应该学会使用 ByLayer（随层）与 ByBlock（随块）的应用。两者的运用涉及图块组成对象图层的继承性与图块组成对象颜色、线型和线宽的继承性。

ByLayer 设置就是在绘图时把当前颜色、当前线型或当前线宽设置为 ByLayer。如果当前颜色（当前线型或当前线宽）使用 ByLayer 设置，则所绘对象的颜色（线型或线宽）与所在图层的图层颜色（图层线型或图层线宽）一致，所以 ByLayer 设置也称为随层设置。

ByBlock 设置就是在绘图时把当前颜色、当前线型或当前线宽设置为 ByBlock。如果当前颜色使用 ByBlock 设置，则所绘对象的颜色为白色（White）；如果当前线型使用 ByBlock 设置，则所绘对象的线型为实线（Continuous）；如果当前线宽使用 ByBlock 设置，则所绘对象的线宽为默认线宽（Default），一般默认线宽为 0.25mm，默认线宽也可以重新设置，ByBlock 设置也称为随块设置，如图 13-44 所示。

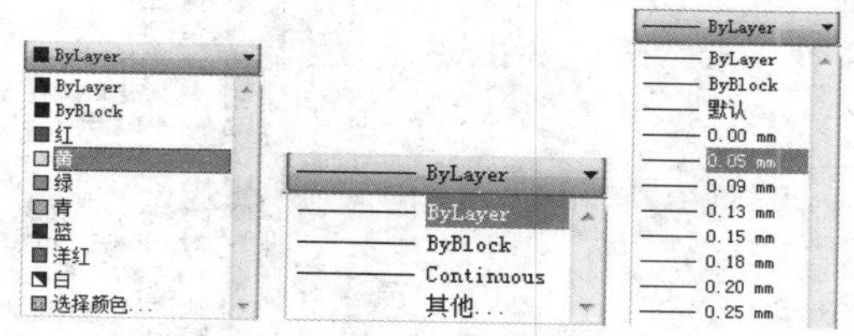

图 13-44　特性的随层与随块

“图块”还有内部图块与外部图块之分。内部图块是在一个文件内定义的图块，可以在该文件内部自由作用，内部图块一旦被定义，它就和文件同时被存储和打开。外部图块将“块”以主文件的形式写入磁盘，其他图形文件也可以使用它，要注意这是外部图块和内部图块的一个重要区别。

（4）标注样式的设置。根据绘图比例设置标注样式，对标注样式线、符号和箭头、文字、主单位进行设置，具体参数如下。

① 线：超出尺寸线为 1.2，起点偏移量为 1.5。

② 符号和箭头：第一个为建筑标记，箭头大小为 1.5，圆心标记为标记 0.75。

③ 文字：文字高度为 1.5，文字位置为垂直上，从尺寸线偏移为 0.75，文字对齐为 ISO 标准。

④ 主单位：精度为 0，比例因子为 1。

（5）文字样式的设置。单击“默认”选项卡“注释”面板中的“文字样式”按钮，弹出“文字样式”对话框，选择仿宋字体，“宽度因子”设置为 0.8。

高手支招

AutoCAD 2017 的工具栏并没有显示所有可用命令，在需要时用户要自己添加。例如，“绘图”工具栏中默认没有“多线”命令（mline），就要自己添加。选择菜单栏中的“视图”→“工具栏”命令，系统打开“自定义用户界面”窗口，如图 13-45 所示。在“仅所有命令”下拉列表框中选择“绘图”窗口，则下方会显示相应命令，在命令列表中找到“多线”，按住鼠标左键将其拖至 AutoCAD 绘图区，若不放到任何已有工具条中，则它以单独工具条出现；否则成为已有工具条一员。这时又发现刚拖出的“多线”命令没有图标，就要为其添加图标。方法如下：把命令拖出后，不要关闭自定义窗口，单击选中“多线”命令，并单击窗口右下角的图标，这时右侧会弹出一个面板，此时即可给“多线”命令选择或绘制相应的图标。可以发现，AutoCAD 允许用户给每个命令自定义图标。

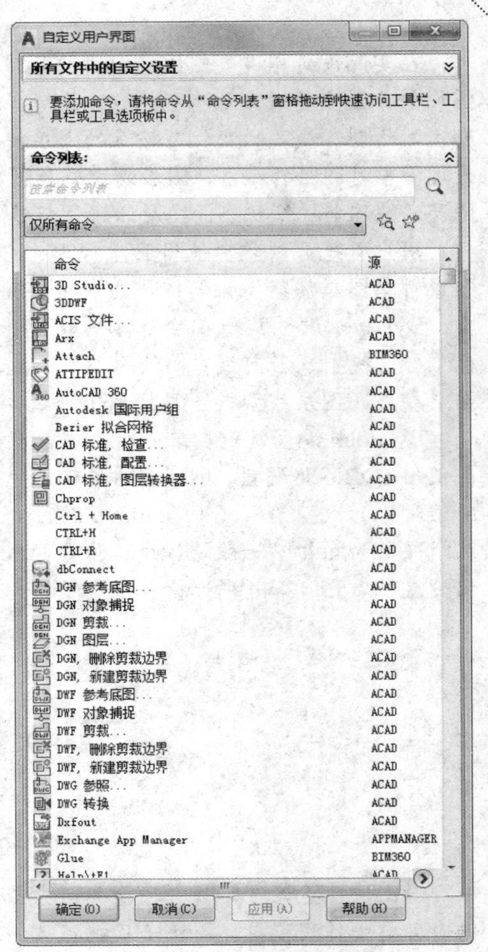

图 13-45 “自定义用户界面”窗口

2. 绘制人行道横线

（1）将“导渗盲沟”图层设置为当前图层。单击“默认”选项卡“绘图”面板中的“矩形”按钮▭，绘制一个 12×12 的矩形，如图 13-46 所示。

（2）单击“默认”选项卡“修改”面板中的“偏移”按钮，选择绘制的矩形，向内偏移距离为 2、2，如图 13-47 所示。

（3）单击“默认”选项卡“绘图”面板中的“多段线”按钮，在绘制的矩形上绘制一段长为 28.7 的多段线，指定起点宽度为 0.5，端点宽度为 0.5，如图 13-48 所示。

注意

修改尺寸样式中的比例因子为 20。

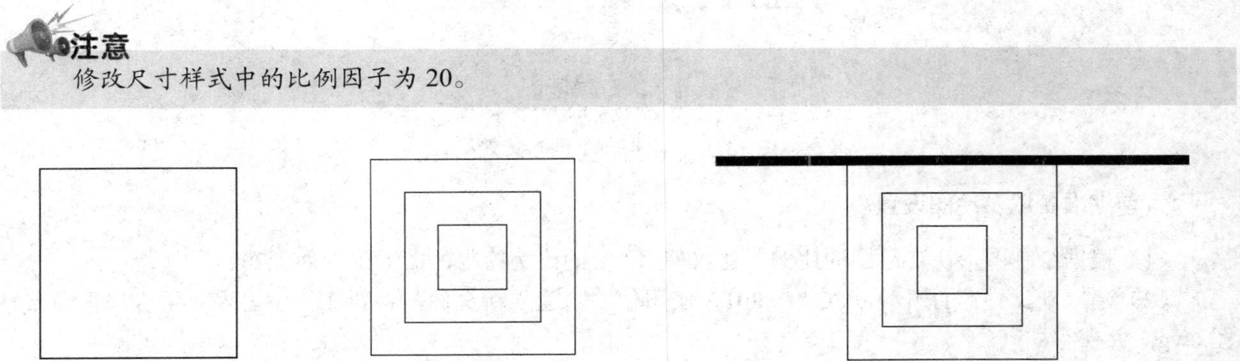

图 13-46　绘制一个矩形　　图 13-47　偏移矩形　　图 13-48　绘制多段线

3. 标注说明和图名

（1）把“文字”图层设置为当前图层。单击“默认”选项卡“注释”面板中的“多行文字”按钮A，标注说明，完成的图形如图 13-49 所示。

（2）把“标注”图层设置为当前图层来标注尺寸，单击“默认”选项卡“注释”面板中的“线性”按钮，标注线性尺寸，完成的图形如图 13-50 所示。

（3）单击“注释”选项卡“标注”面板中的“连续”按钮，标注导向箭头尺寸，完成的图形如图 13-50 所示。

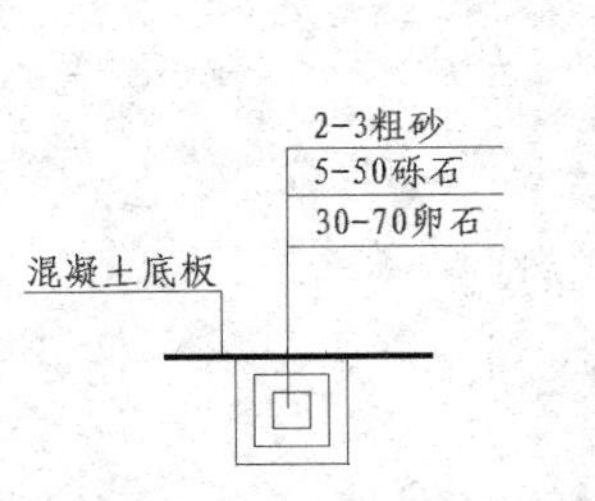

图 13-49　文字编辑后的渗盲沟构造图

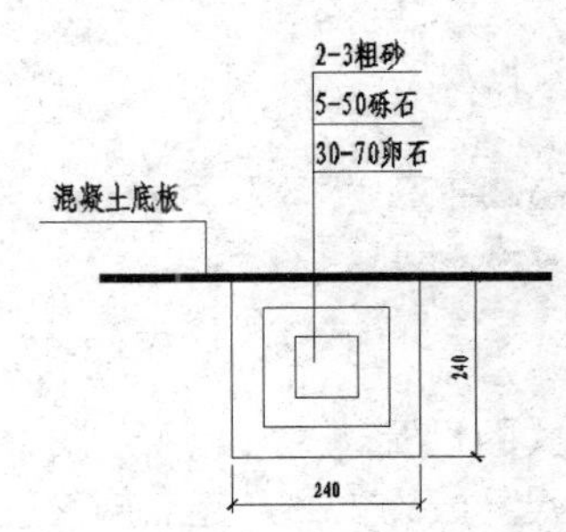

图 13-50　完成的渗盲沟构造图

13.2.2　雨水口平面布置图绘制

使用“直线”“圆”“复制”等命令绘制盲道交叉口；使用“直线”“圆”“偏移”等命令绘制行进

盲道；使用“直线”“圆”“复制”等命令绘制提示盲道；使用文字命令输入图名、说明，完成雨水口平面布置图的设计，如图 13-51 所示。

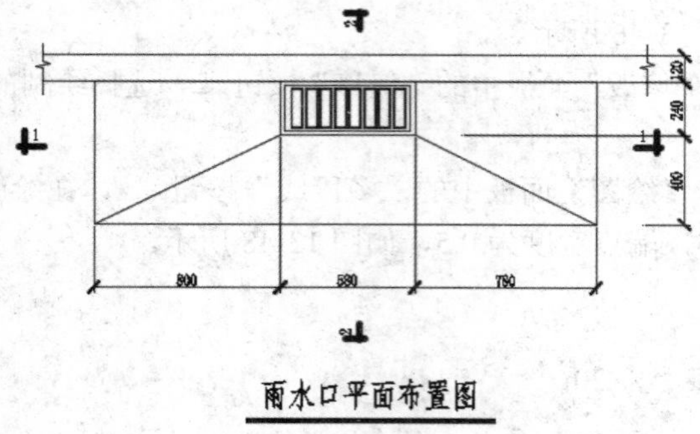

图 13-51　雨水口平面布置效果

1. 前期准备以及绘图设置

（1）根据绘制图形决定绘图的比例，建议使用 1:1 的比例绘制，图纸比例为 1:20。

（2）建立新文件。打开 AutoCAD 2017 应用程序，建立新文件，将新文件命名为“雨水口平面布置图.dwg”并保存。

（3）设置图层。设置以下 3 个图层：“标注”“雨水口”“文字”，设置好的各图层的属性如图 13-52 所示。

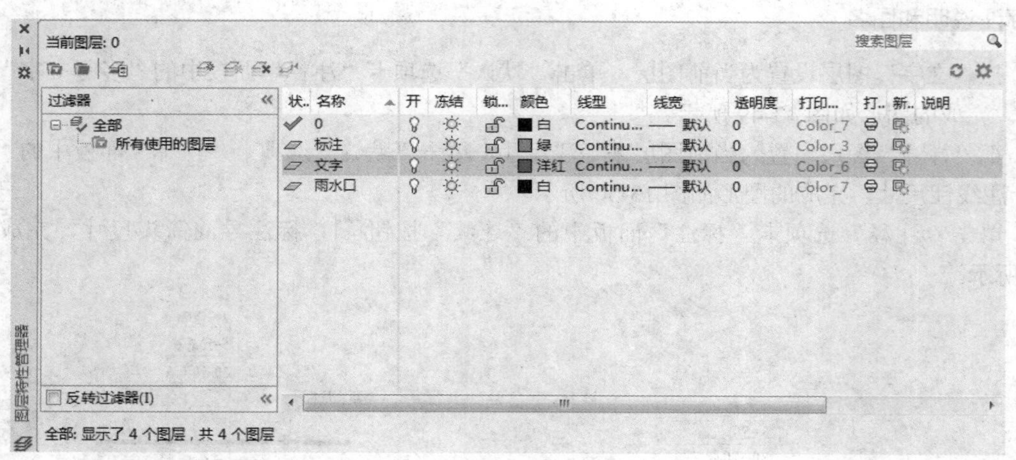

图 13-52　雨水口平面布置图图层设置

（4）标注样式的设置。

① 线：超出尺寸线为 1.25，起点偏移量为 0.625。

② 符号和箭头：第一个为建筑标记，箭头大小为 2.5，圆心标记为标记 2.5。

③ 文字：文字高度为 2.5，文字位置为垂直上，从尺寸线偏移为 0.625，文字对齐为与尺寸线对齐。

④ 主单位：精度为 0，小数分隔符为“句号”，比例因子为 20。

（5）文字样式的设置。单击“默认”选项卡“注释”面板中的“文字样式”按钮，进入“文字样式”对话框，选择仿宋字体，“宽度因子”设置为 0.8。

2. 绘制盲道交叉口

（1）把“雨水口”图层设置为当前图层，单击“默认”选项卡“绘图”面板中的“矩形”按钮，绘制一个 108×32 的矩形，如图 13-53 所示。

（2）单击“默认”选项卡“修改”面板中的“分解”按钮，选择绘制的矩形，按 Enter 键确认进行分解。

（3）单击“默认”选项卡“修改”面板中的“偏移”按钮，选取左边竖直边向右偏移，偏移距离分别为 40、1、27、1。选取水平底边向上偏移，偏移距离分别为 20、1、10、1，如图 13-54 所示。

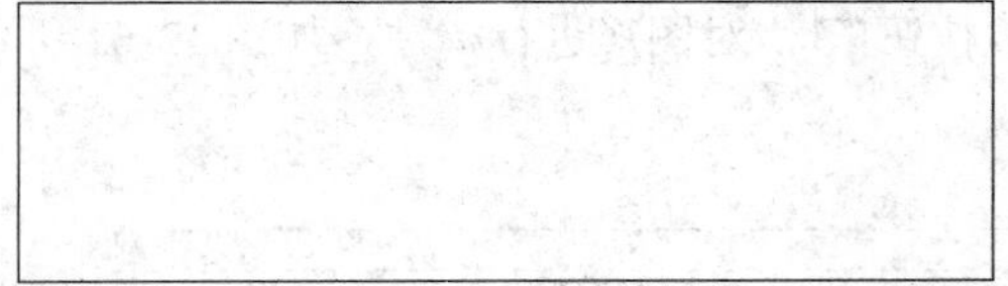

图 13-53　绘制矩形

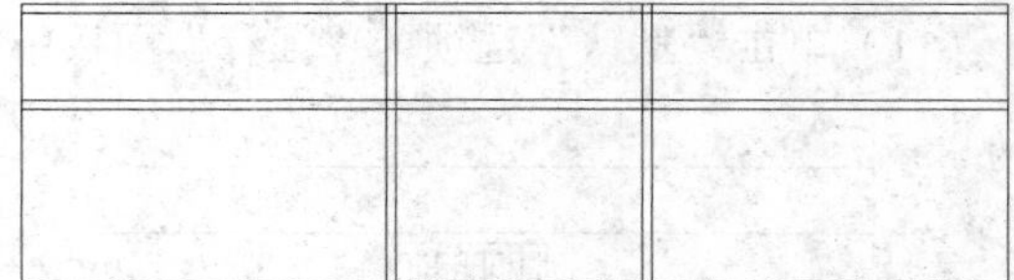

图 13-54　偏移线段

（4）单击“默认”选项卡“修改”面板中的“修剪”按钮，对偏移后的线段进行修剪，如图 13-55 所示。

（5）单击“默认”选项卡“绘图”面板中的“直线”按钮，连接矩形两底边的对角线，如图 13-56 所示。

图 13-55　修剪线段

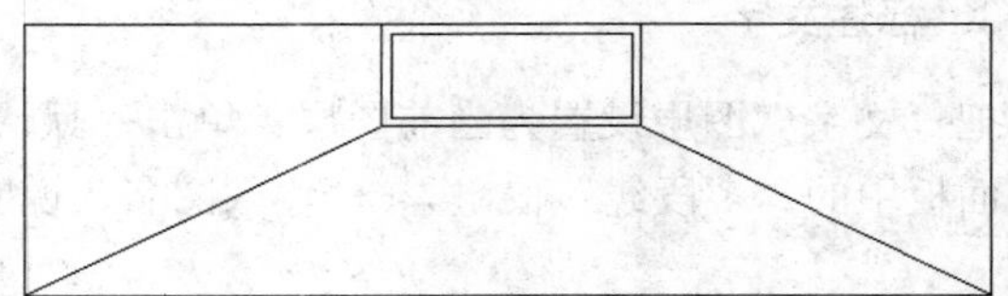

图 13-56　绘制对角线

（6）单击“默认”选项卡“绘图”面板中的“直线”按钮和“矩形”按钮，绘制内部图形，如图 13-57 所示。

（7）单击“默认”选项卡“绘图”面板中的“直线”按钮，绘制一条水平直线，长度为 130，如图 13-58 所示。

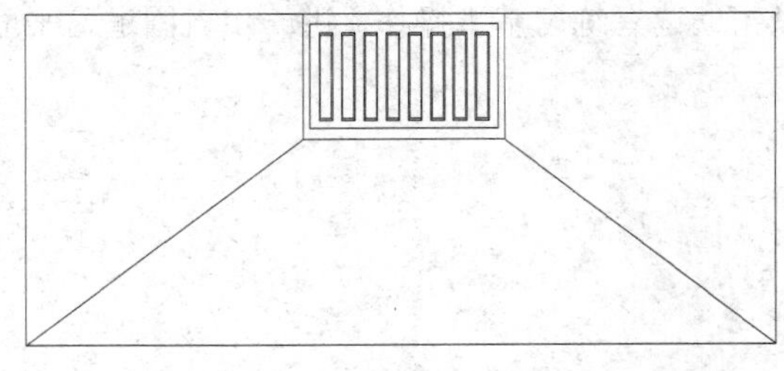

图 13-57　绘制内部图形

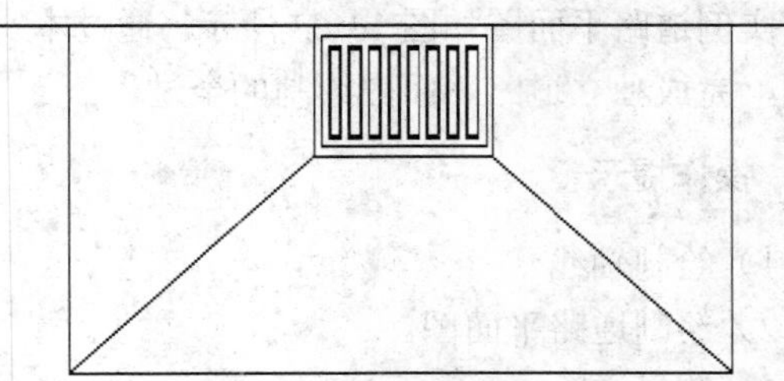

图 13-58　绘制水平直线

（8）单击“默认”选项卡“修改”面板中的“偏移”按钮，选择绘制的水平直线，向上偏移距离为 6，如图 13-59 所示。

（9）单击“默认”选项卡“绘图”面板中的“直线”按钮，绘制折弯线，如图 13-60 所示。

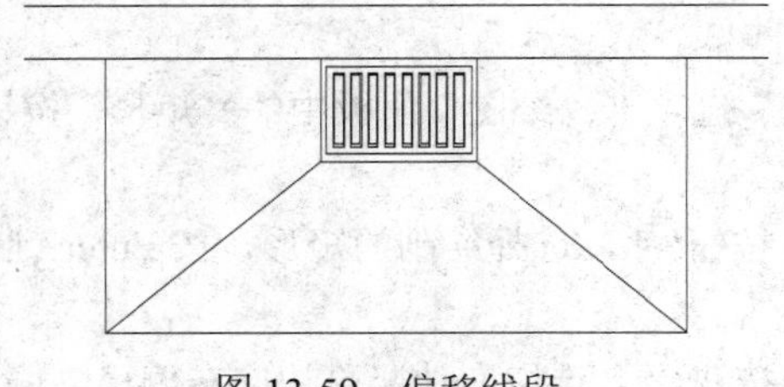
图 13-59　偏移线段

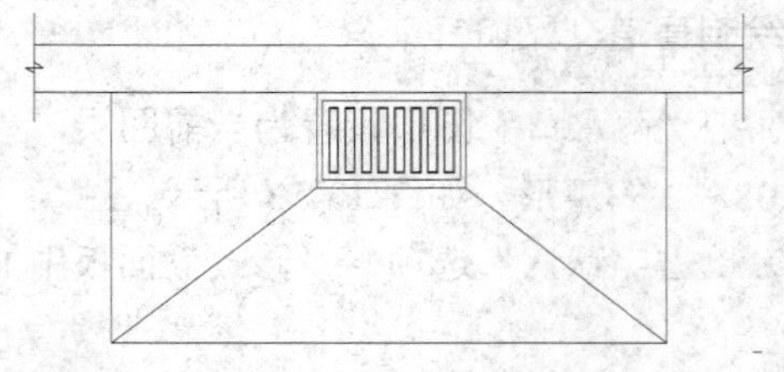
图 13-60　绘制折弯线

（10）单击“默认”选项卡“修改”面板中的“修剪”按钮，修剪掉多余线段，如图 13-61 所示。

（11）单击“默认”选项卡“注释”面板中的“线性”按钮，对图形进行标注，如图 13-62 所示。

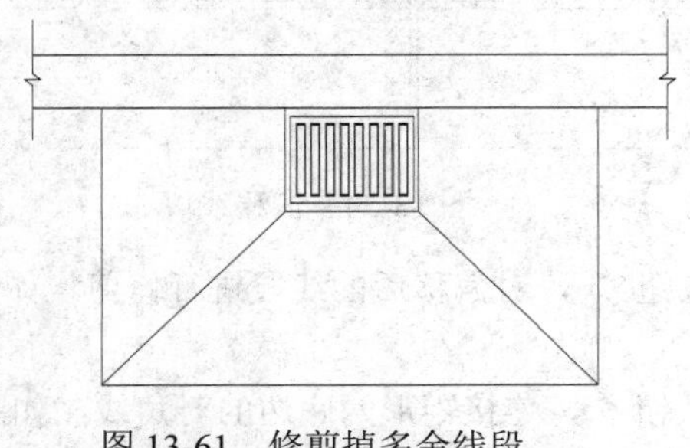
图 13-61　修剪掉多余线段

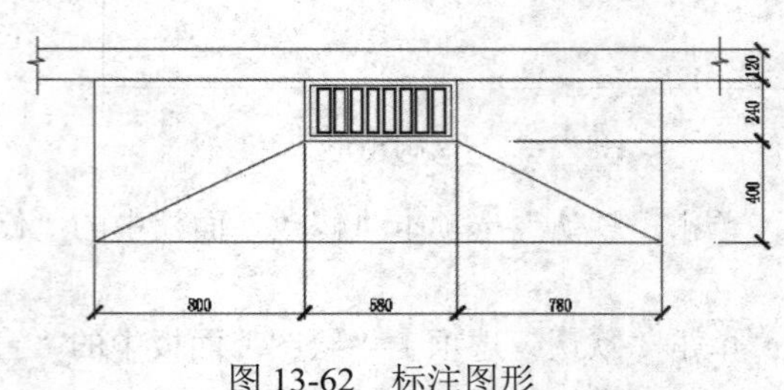

图 13-62　标注图形

3．标注文字

把“文字”图层设置为当前图层。单击“默认”选项卡“注释”面板中的“多行文字”按钮A和“绘图”面板中的“多段线”按钮，输入图名、说明。完成的图形如图 13-51 所示。

13.3　上 机 实 验

【练习 1】绘制如图 13-63 所示的道路平面图。

1．目的要求

本实例道路平面图如图 13-63 所示。通过本实例，可以帮助读者练习基本操作，进一步巩固道路平面图的绘制，完成独立道路平面图绘制的全过程。

2．操作提示

（1）绘制轴线。

（2）绘制道路平面图。

（3）测量道路。

（4）标注尺寸和文字。

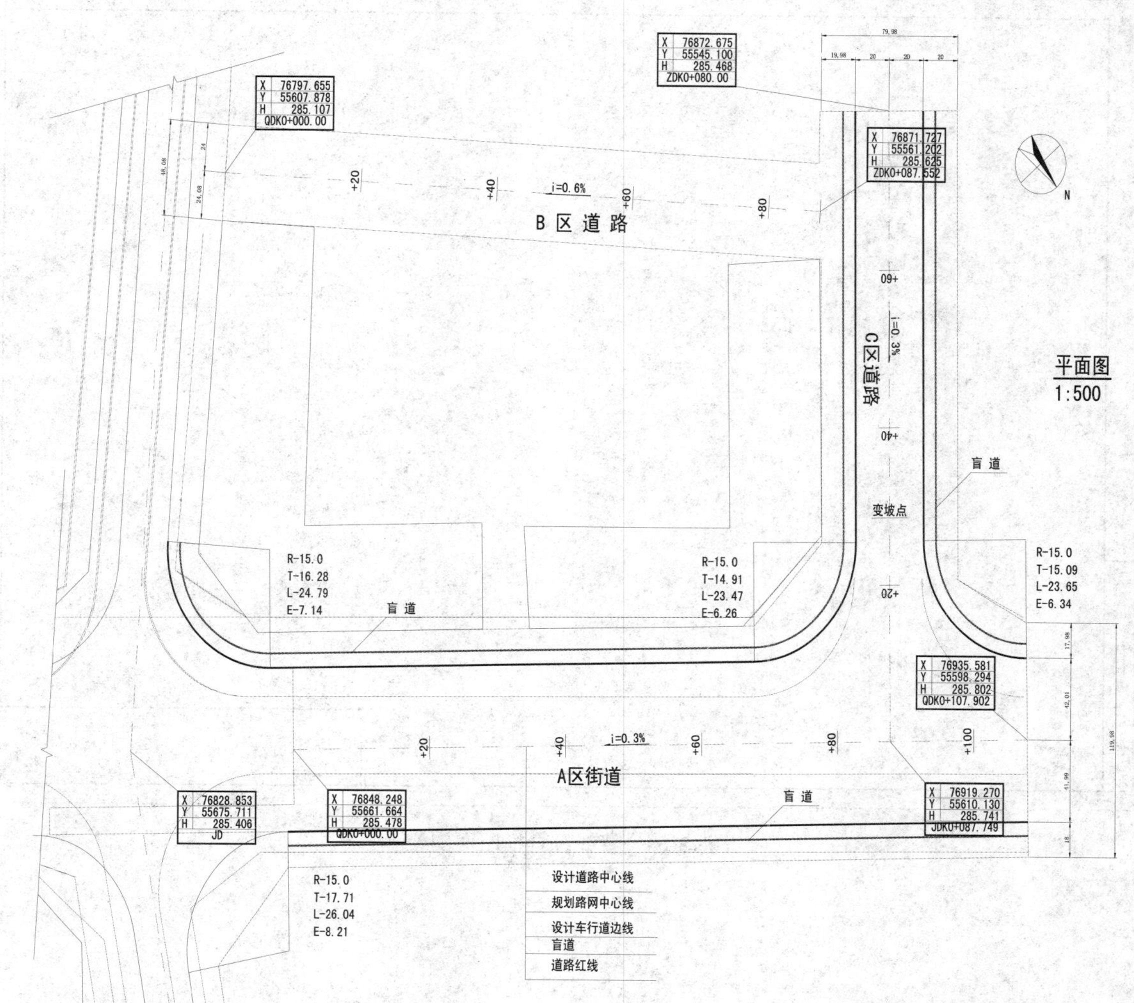

图 13-63　道路平面图

【练习 2】绘制如图 13-64 所示的管线综合横断面图。

1．目的要求

本实例管线综合横断面图如图 13-64 所示。通过本实例，可以帮助读者练习基本操作，进一步巩固管线综合横断面图的绘制，完成独立管线综合横断面图绘制的全过程。

2．操作提示

（1）绘制基础图形。

（2）尺寸及文字标注说明。

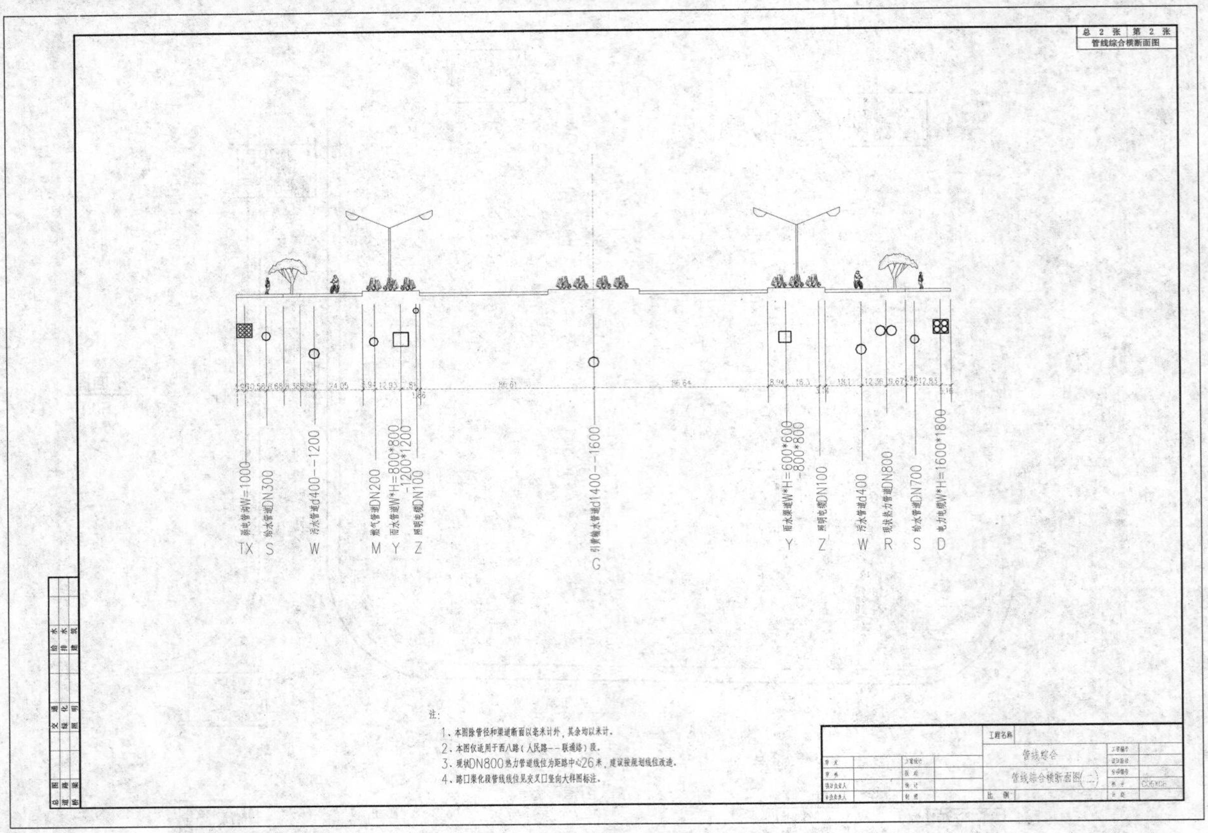

总 2 张 第 2 张
管线综合横断面图

通信管沟W=1000 TX
给水管道DN300 S
污水管道d400--1200 W
燃气管道DN200 M
雨水管道W*H=800*800 1200*1200 Y
照明电缆DN100 Z
引黄输水管道d1400--1600 G
雨水渠道W*H=600*600 800*800 Y
照明电缆DN100 Z
污水管道d400 W
现状热力管道DN800 R
给水管道DN700 S
电力电缆W*H=1600*1800 D

注：

1、本图除管径和渠道断面以毫米计外，其余均以米计。
2、本图仅适用于西八路（人民路－－联通路）段。
3、现状DN800热力管道线位为距路中心26米，建议按规划线位改造。
4、路口渠化段管线线位见交叉口竖向大样图标注。

图 13-64 管线综合横断面图

道路路线的绘制

本章将以某城镇公路为例，讲解道路路线设计的基本方法和技巧。该道路位于某城市规划片区内，属于规划区内城镇之间的连接道路。根据规划要求，宽度为 30m，设计行车速度为 60km/h，采用城市道路一块板模式设计。作为综合性干道，除了满足主要的城镇交通和沿路建筑功能可达到需求外，还应增加照明、景观等内容。

本城镇抗震等级按七度设防，道路设计荷载为 BZZ-100KN，道路全长为 1600m，全线无平曲线。按规范要求，全线不设超高及加宽。其中，道路机动车道宽为 2×4m，采用机动车与非机动车及行人分隔行使方式。路拱横坡：车行道路拱横坡为 1.5%，人行道路拱横坡为 2%，全线不设加宽与提高。

14.1 道路横断面图的绘制

使用“直线”命令绘制道路中心线、车行道、人行道各组成部分的位置和宽度；使用“直线”“填充”“圆弧”等命令绘制绿化带和照明；用“多行文字”命令标注文字以及说明；用“线性”“连续”命令标注尺寸；按照以上步骤绘制其他道路断面图，并对图进行修剪整理，保存路基横断面图，如图 14-1 所示。

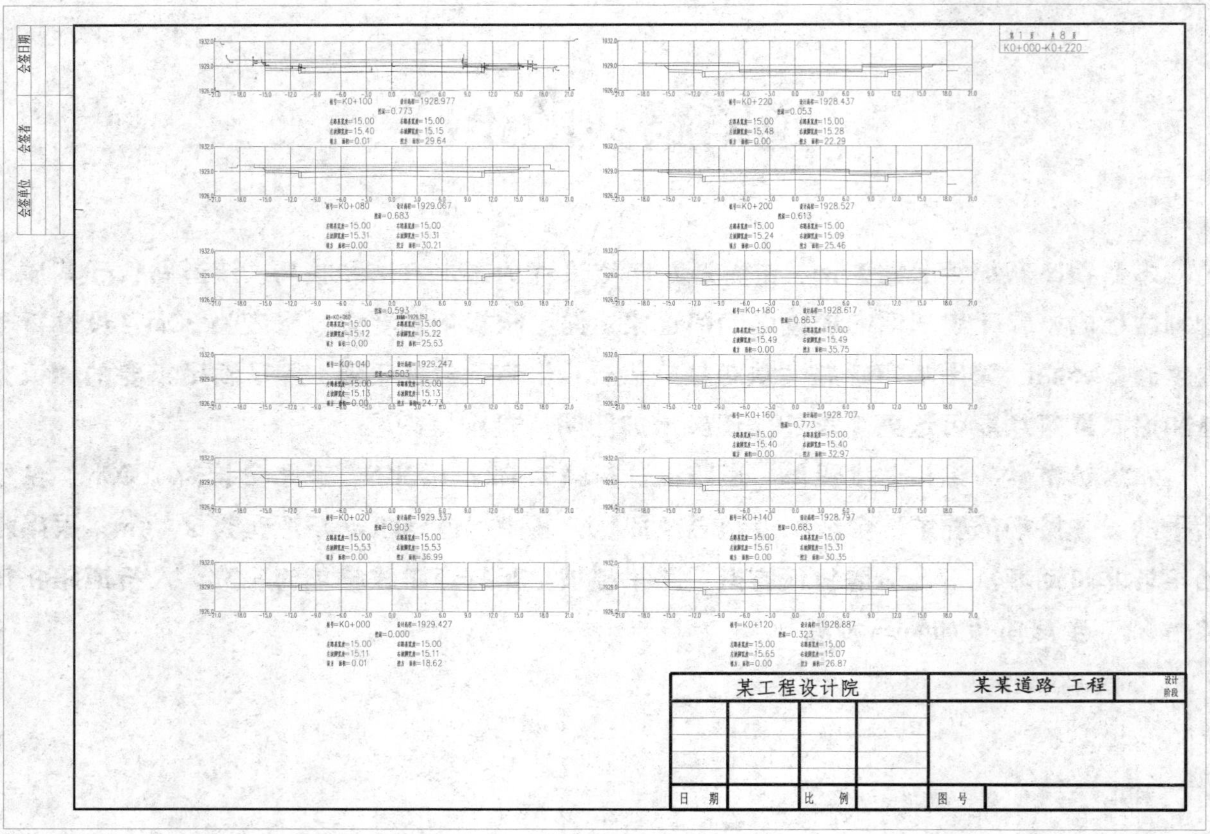

图 14-1　道路横断面图

【预习重点】

☑　了解道路横断面图绘制的准备工作。

☑　掌握路基和路面线的绘制。

☑　掌握如何标注文字和说明。

14.1.1　前期准备以及绘图设置

设置绘图环境是绘制任何一幅建筑图形都要进行的预备工作，这里主要创建图形文件、创建图层、设置标注样式以及设置文字样式。有些具体设置可以在绘制过程中根据需要进行设置。

（1）根据绘制图形决定绘图的比例，建议使用 1:1 的比例绘制，图纸比例为 1:200。

（2）建立新文件。打开 AutoCAD 2017 应用程序，建立新文件，将新文件命名为“道路横断面图.dwg”并保存。

（3）设置图层。设置以下 7 个图层：“尺寸线”“道路中线”“路灯”“路基路面”“坡度”“文字”“树”，设置好的各图层的属性如图 14-2 所示。

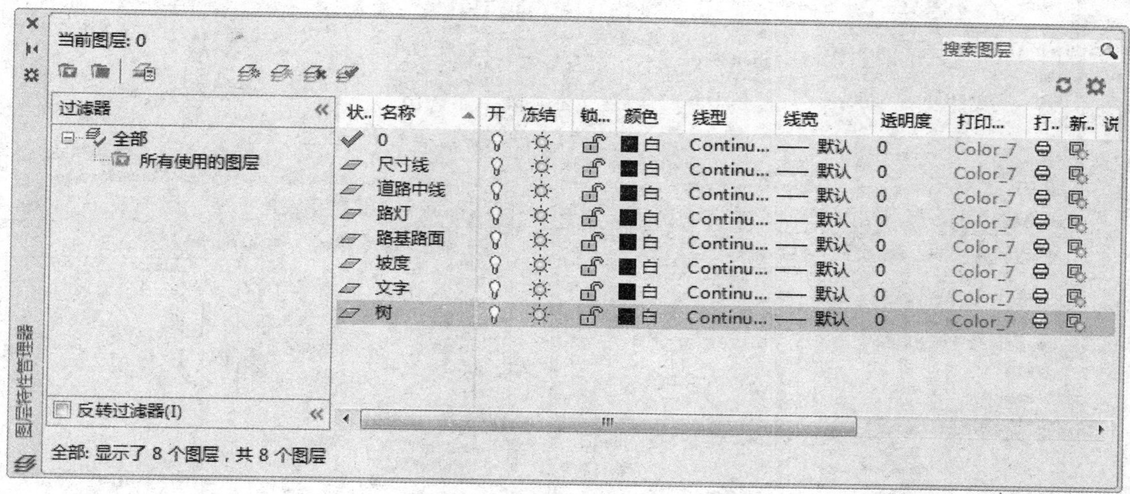

图 14-2　横断面图图层设置

注意

如何删除顽固图层？

方法 1：将无用的图层关闭，全选，复制、粘贴至一新文件中，那些无用的图层就不会贴过来。如果曾经在这个不要的图层中定义过块，又在另一图层中插入了这个块，那么这个不要的图层是不能用这种方法删除的。

方法 2：选择需要留下的图形，然后选择菜单栏中的“文件”→“输出”→“块文件”命令，这样的块文件就是选中部分的图形了，如果这些图形中没有指定的层，这些层也不会被保存在新的图块图形中。

方法 3：打开一个 CAD 文件，把要删的层先关闭，在图面上只留下需要的可见图形，选择菜单栏中的“文件”→“另存为”命令，确定文件名，在“文件类型”下拉列表框中选择*.DXF 格式，在弹出的对话框中选择“工具”→“选项”→DXF 选项，再选中“选择对象”复选框，单击“确定”按钮，接着单击“保存”按钮，就可选择保存对象，把可见或要用的图形选中就可以确定保存，完成后退出这个刚保存的文件，再打开看看，会发现不想要的图层不见了。

方法 4：用命令 laytrans，将需删除的图层映射为 0 层即可，这个方法可以删除具有实体对象或被其他块嵌套定义的图层。

（4）标注样式的设置。修改标注样式中的“线”“符号和箭头”“文字”“主单位”选项卡设置，如图 14-3 所示。

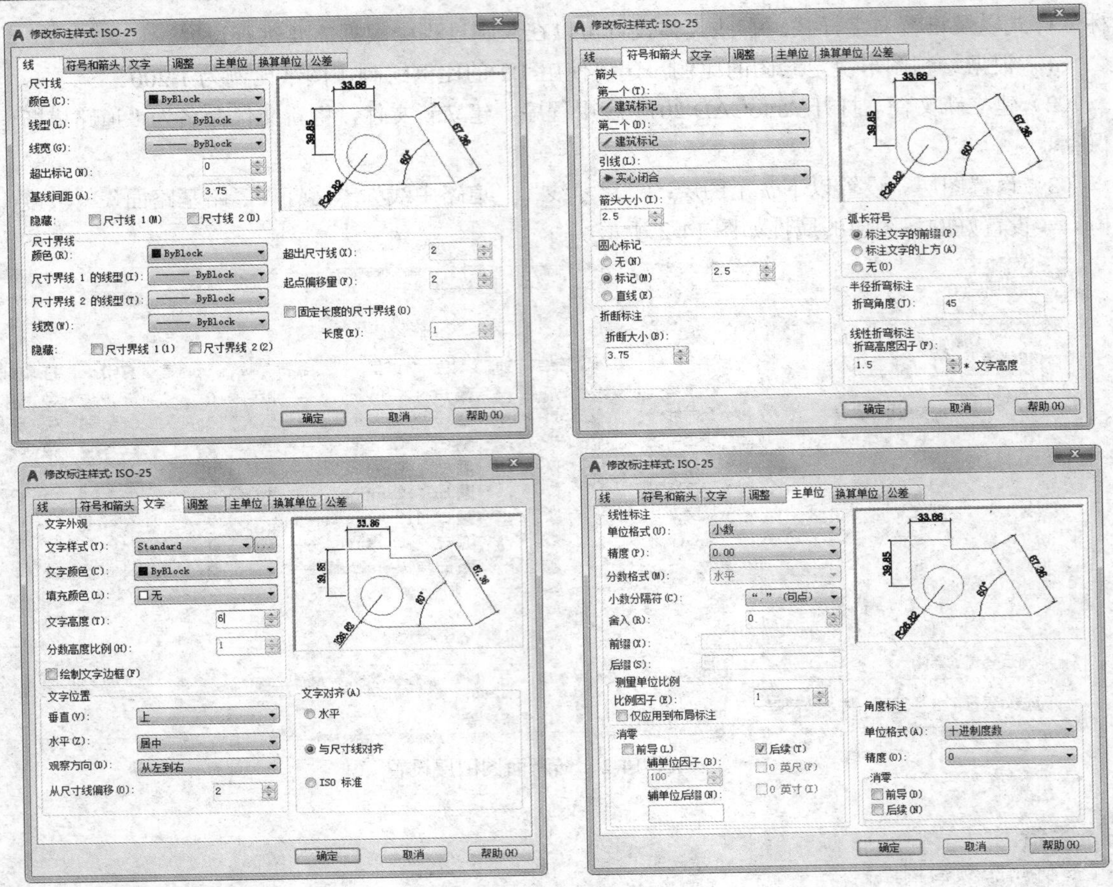

图 14-3　修改标注样式

（5）文字样式的设置。单击“默认”选项卡“注释”面板中的“文字样式”按钮，弹出“文字样式”对话框，选择仿宋字体，“宽度因子”设置为 0.8。文字样式的设置如图 14-4 所示。

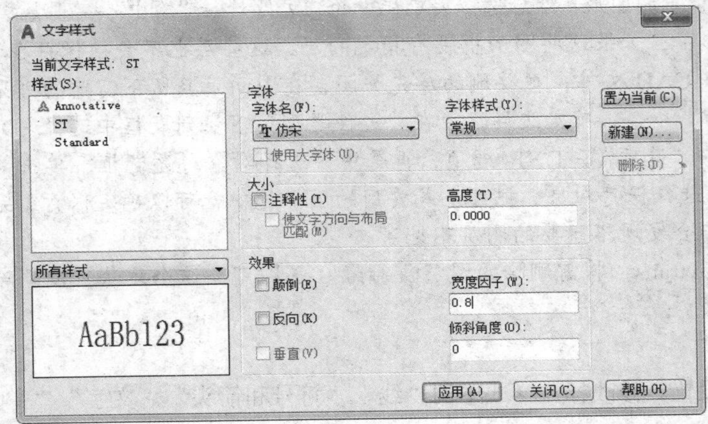

图 14-4　“文字样式”对话框

14.1.2　绘制路基和路面线

本节介绍路基和路面线的绘制方法和技巧，主要运用了简单的二维绘图和编辑命令，具体的绘制步骤如下。

（1）把“道路中线”图层设置为当前图层。右击“对象捕捉”，在弹出的快捷菜单中选择“设置”命令，弹出“草图设置”对话框，选择需要的对象捕捉模式，进行操作和设置，如图 14-5 所示。

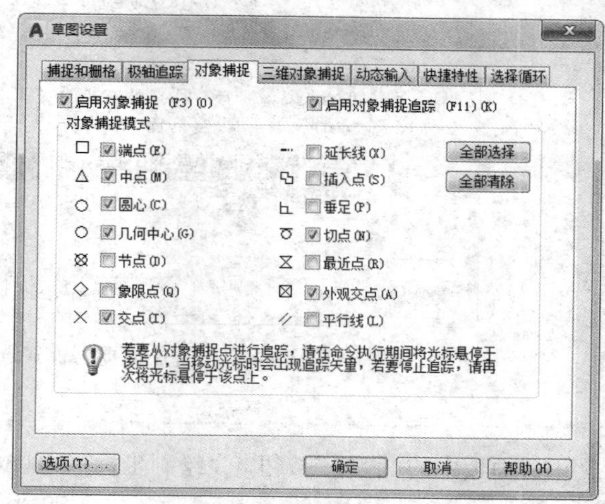

图 14-5　对象捕捉设置

高手支招

使用“直线”命令时，若为正交直线，可单击“正交”按钮，根据正交方向提示，直接输入下一点的距离即可，而不需要输入@符号；若为斜线，则可右击“极轴”按钮，弹出窗口，可设置斜线的捕捉角度，此时，图形即进入了自动捕捉所需角度的状态，可大大提高制图时输入直线长度的效率，如图 14-6 所示。

图 14-6　“状态栏”命令按钮

同时，右击“对象捕捉”开关，在弹出的快捷菜单中选择“对象捕捉设置”命令，如图 14-7 所示，弹出“草图设置”对话框，如图 14-8 所示，进行对象捕捉设置，绘图时，只需单击“对象捕捉”按钮，程序会自动进行某些点的捕捉，如端点、中点、圆切点、等线等，“捕捉对象”功能的应用可以极大地提高制图速度。使用对象捕捉可指定对象上的精确位置，例如，使用对象捕捉可以绘制到圆心或多段线中点的直线。

若某命令下提示输入某一点（如起始点或中心点或基准点等），都可以指定对象捕捉。默认情况下，当光标移到对象的对象捕捉位置时，将显示标记和工具栏提示。此功能称为 AutoSnap（自动捕捉），其提供了视觉提示，指示哪些对象捕捉正在使用。

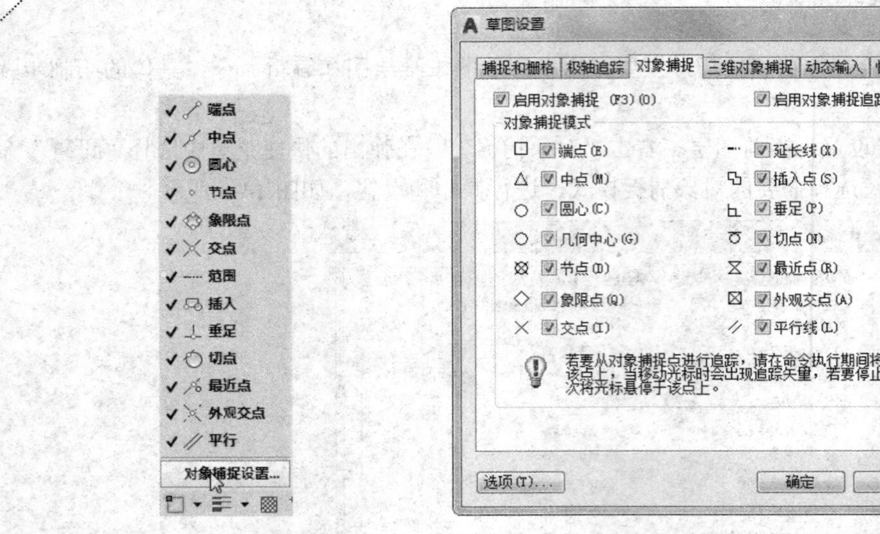

图 14-7　右键快捷菜单　　　　图 14-8　“对象捕捉”模式选择

（2）单击“默认”选项卡“绘图”面板中的“直线”按钮，绘制坐标点为（64.60,261.00）、（64.60,281.00）的竖直直线，完成的图形如图 14-9 所示。

（3）单击“默认”选项卡“绘图”面板中的“直线”按钮，以垂直直线下端点为起点，绘制坐标点为（64.60,261.00）、（204.60,261.00）的水平直线，完成的图形如图 14-10 所示。

图 14-9　绘制竖直直线　　　　图 14-10　绘制水平直线

（4）单击“默认”选项卡“修改”面板中的“偏移”按钮，选取竖直直线向右偏移，偏移距离为 10，共偏移 14 次，如图 14-11 所示。

（5）单击“默认”选项卡“修改”面板中的“偏移”按钮，选取水平直线向上偏移，偏移距离为 10，偏移 2 次，如图 14-12 所示。

图 14-11　偏移竖直直线　　　　图 14-12　偏移水平直线

（6）单击“默认”选项卡“绘图”面板中的“多段线”按钮，绘制连续多段线作为路面线，命令行提示与操作如下。

```
命令: PLINE
指定起点: 69.92,273.50
当前线宽为 0.0000
指定下一个点或 [圆弧(A)/半宽(H)/长度(L)/放弃(U)/宽度(W)]: 79.92,273.50
指定下一点或 [圆弧(A)/闭合(C)/半宽(H)/长度(L)/放弃(U)/宽度(W)]: <正交 开> 79.92,272.50
指定下一点或 [圆弧(A)/闭合(C)/半宽(H)/长度(L)/放弃(U)/宽度(W)]: 162.93,272.50
指定下一点或 [圆弧(A)/闭合(C)/半宽(H)/长度(L)/放弃(U)/宽度(W)]: 162.93,270.83
指定下一点或 [圆弧(A)/闭合(C)/半宽(H)/长度(L)/放弃(U)/宽度(W)]: 188.42,270.82
指定下一点或 [圆弧(A)/闭合(C)/半宽(H)/长度(L)/放弃(U)/宽度(W)]: 188.42,271.83
指定下一点或 [圆弧(A)/闭合(C)/半宽(H)/长度(L)/放弃(U)/宽度(W)]: 190.27,271.83
指定下一点或 [圆弧(A)/闭合(C)/半宽(H)/长度(L)/放弃(U)/宽度(W)]: 190.27,270.17
指定下一点或 [圆弧(A)/闭合(C)/半宽(H)/长度(L)/放弃(U)/宽度(W)]: 198.42,270.17
指定下一点或 [圆弧(A)/闭合(C)/半宽(H)/长度(L)/放弃(U)/宽度(W)]:
```

结果如图 14-13 所示。

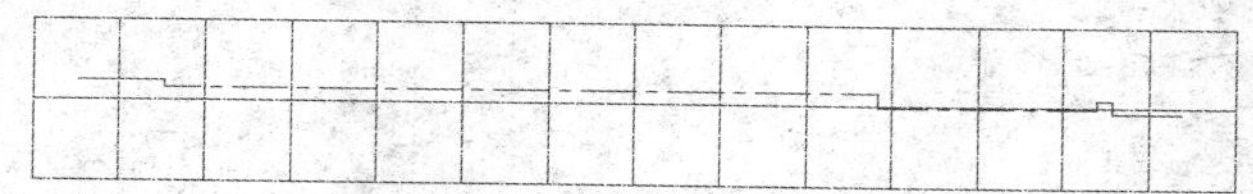

图 14-13　绘制路面线

（7）单击“默认”选项卡“绘图”面板中的“多段线”按钮，绘制一段多段线作为地面线，命令行提示与操作如下。

```
命令: PLINE
指定起点: 69.92,273.50
当前线宽为 0.0000
指定下一个点或 [圆弧(A)/半宽(H)/长度(L)/放弃(U)/宽度(W)]: 162.93,273.50
指定下一点或 [圆弧(A)/闭合(C)/半宽(H)/长度(L)/放弃(U)/宽度(W)]: 162.93,271.83
指定下一点或 [圆弧(A)/闭合(C)/半宽(H)/长度(L)/放弃(U)/宽度(W)]: <正交 开> 190.27,271.83
指定下一点或 [圆弧(A)/闭合(C)/半宽(H)/长度(L)/放弃(U)/宽度(W)]: 190.27,270.17
指定下一点或 [圆弧(A)/闭合(C)/半宽(H)/长度(L)/放弃(U)/宽度(W)]: 198.42,270.17
指定下一点或 [圆弧(A)/闭合(C)/半宽(H)/长度(L)/放弃(U)/宽度(W)]:
```

（8）此时，线型为实线，下面要对线型进行修改。选择刚刚绘制的直线并右击，在弹出的如图 14-14 所示的快捷菜单中选择“特性”命令，弹出“特性”选项板，如图 14-15 所示。将“线型”修改为 ACAD_ISOO7W100，“线型比例”设置为 1，将另一条多段线颜色更改为蓝色，“线型比例”更改为 0.5，这时线型显示如图 14-16 所示。

注意

通过全局修改或单个修改每个对象的线型比例因子，可以以不同的比例使用同一个线型。默认情况下，全局线型和单个线型比例均设置为 1.0。比例越小，每个绘图单位中生成的重复图案就越多。例如，设置为 0.5 时，每一个图形单位在线型定义中显示重复两次的同一图案。不能显示完整线型图案的短线段显示为连续线。对于太短，甚至不能显示一个虚线小段的线段，可以使用更小的线型比例。

（9）单击“默认”选项卡“绘图”面板中的“多段线”按钮，在图形内绘制一段坐标点依次为（83.25,272.50）、（84.60,271.15）、（97.93,270.89）、（97.93,270.29）、（98.93,270.39）、（134.60,270.92）、（170.27,270.39）、（171.27,270.29）、（171.27,270.89）、（184.60,271.16）、（185.09,270.83）的连续多段线，如图 14-17 所示。

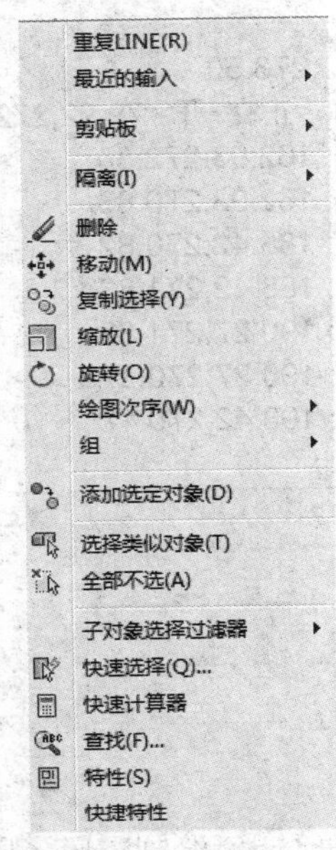

图 14-14　快捷菜单

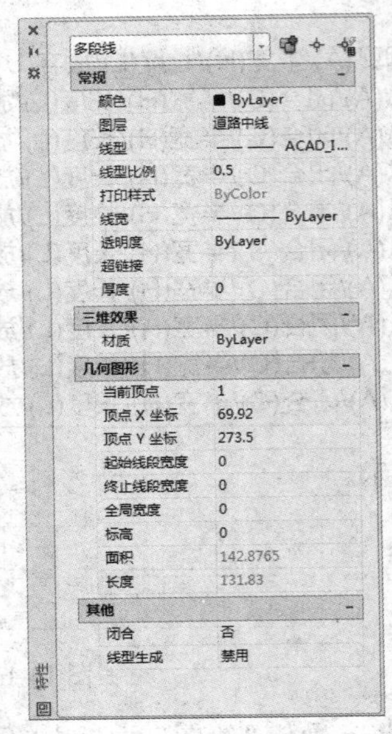

图 14-15　“特性”选项板

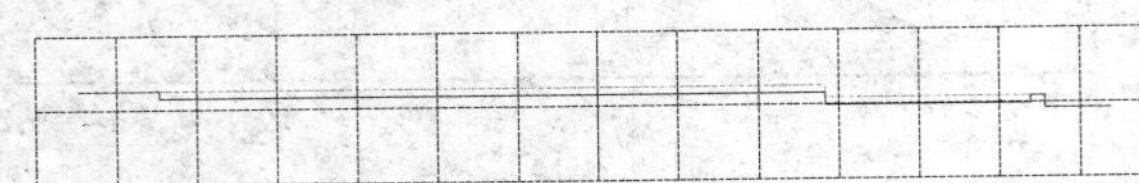

图 14-16　绘制地面线

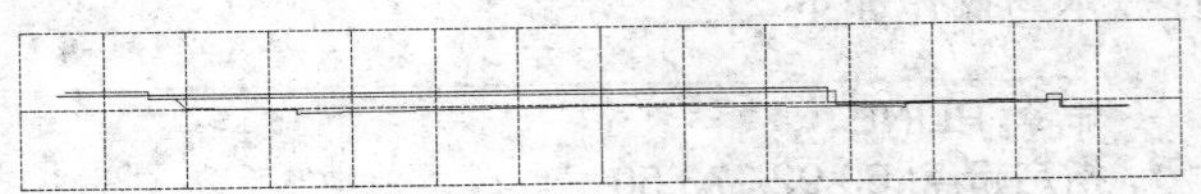

图 14-17　绘制连续多段线

（10）单击“默认”选项卡“修改”面板中的“分解”按钮，选取绘制的多段线，按 Enter 键确认，进行分解。

（11）单击“默认”选项卡“修改”面板中的“偏移”按钮，选择已分解多段线的下边向下偏移，左右两段水平直线偏移距离为 1，中间水平线段偏移距离为 2.22，如图 14-18 所示。

（12）单击“默认”选项卡“绘图”面板中的“直线”按钮，在偏移后的水平直线左侧绘制一段垂直直线，如图 14-19 所示。

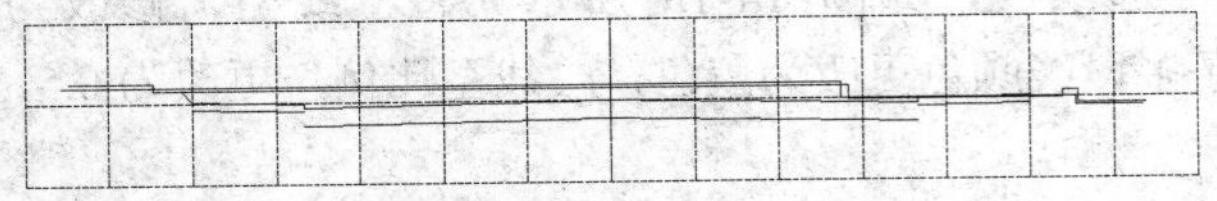

图 14-18　偏移水平线段

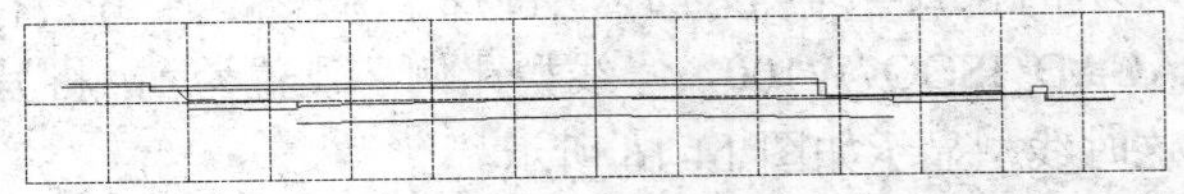

图 14-19　绘制垂直线段

（13）单击“默认”选项卡“修改”面板中的“偏移”按钮，选取绘制的竖直轴线，向右偏移，偏移距离分别为 13.33、1、71.33、13.33、1。

（14）单击“默认”选项卡“修改”面板中的“延伸”按钮，将偏移后直线延伸至偏移后的水平边，如图 14-20 所示。

（15）单击“默认”选项卡“修改”面板中的“修剪”按钮，修剪延伸后的过长线段，完成路基和路面线的绘制，如图 14-21 所示。

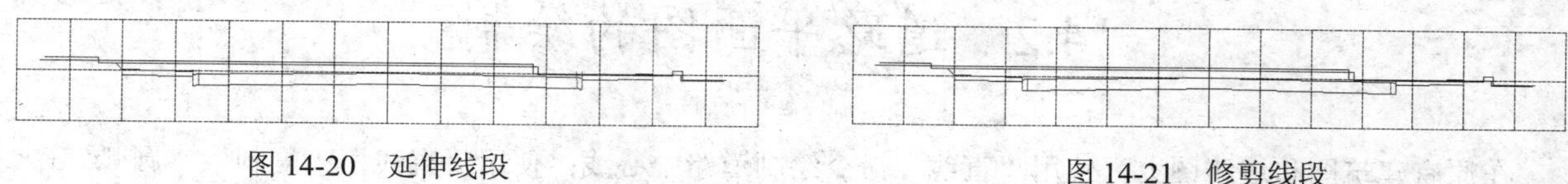

图 14-20　延伸线段　　　　图 14-21　修剪线段

14.1.3　标注文字以及说明

文字标注相对比较简单，主要利用了“多行文字”等命令，具体的绘制步骤如下。

（1）单击“默认”选项卡“注释”面板中的“多行文字”按钮A，标注标高，指定的高度为 2，旋转角度为 0，如图 14-22 所示。

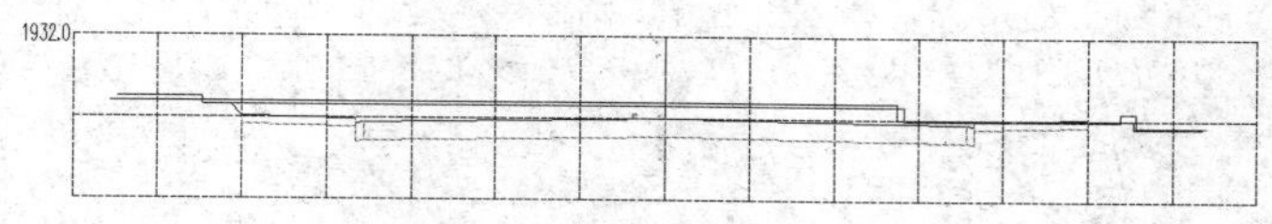

图 14-22　标注文字

高手支招

多数情况下，同一幅图中的文字可能是同一种字体，但文字高度是不统一的，如标注的文字、标题文字、说明文字等文字高度是不一致的，若在文字样式中文字高度默认为 0，则每次用该样式输入文字时，系统都将提示输入文字高度。输入大于 0.0 的高度值，则为该样式的字体设置了固定的文字高度，使用该字体时，其文字高度是不允许改变的。

（2）利用上述方法标注其他文字，完成的图形如图 14-23 所示。

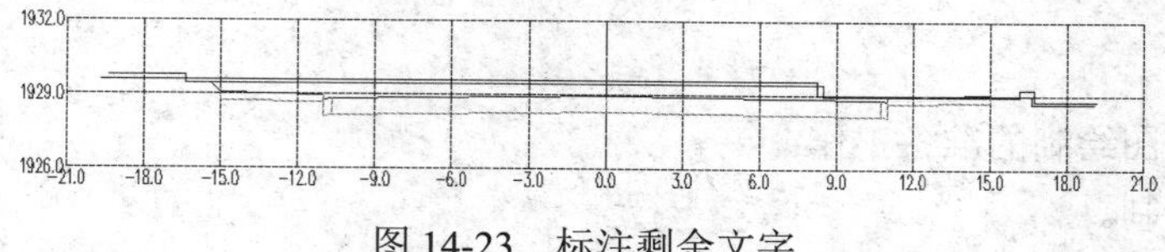

图 14-23　标注剩余文字

（3）单击“默认”选项卡“注释”面板中的“多行文字”按钮A，标注标高，指定的高度为 2.5，旋转角度为 0。标注地面文字、桩号、坡脚宽度、填方面积及挖方面积，如图 14-24 所示。

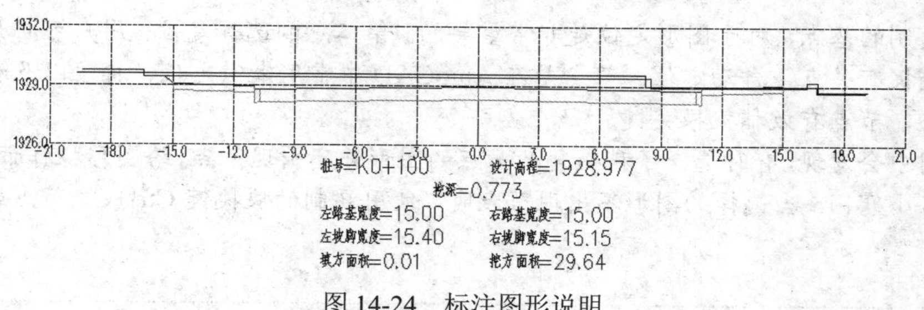

图 14-24　标注图形说明

14.2 道路平面图的绘制

在原有建筑图和道路图上，使用“直线”命令绘制道路中心线；使用“直线”“复制”“圆弧”命令绘制规划路网、规划红线、路边线、车行道线；用“多行文字”命令标注文字以及路线交点；用“对齐”命令标注尺寸；画风玫瑰图，进行修剪整理，完成并保存道路，如图 14-25 所示。

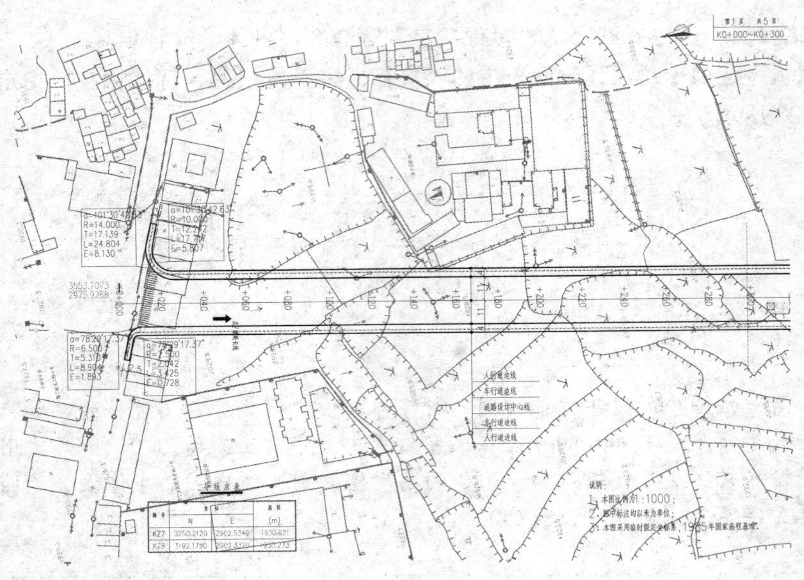

图 14-25 道路平面图

【预习重点】

☑ 了解道路平面图绘制的准备工作。

☑ 掌握路线的绘制。

☑ 掌握如何标注文字和路线交点。

高手支招

正确选择复制的基点，对于图形定位是非常重要的。第二点的选择定位，用户可打开捕捉及极轴状态开关，自动捕捉有关点，自动定位。节点是在 AutoCAD 中常用来做定位、标注以及移动、复制等复杂操作的关键点，节点有效捕捉很关键。

在实际应用中会发现，有时选择了稍微复杂一点的图形并不出现节点，给图形操作带来了一点麻烦。解决这个问题有小窍门：当选择的图形不出现节点时，使用复制的快捷键 Ctrl+C，节点就会在选择的图形中显示出来。

高手支招

AutoCAD 将操作环境和某些命令的值存储在系统变量中。可以通过直接在命令行提示下输入系统变量名来检查任意系统变量和修改任意可写的系统变量，也可以通过使用 SETVAR 命令或 AutoLISP® getvar 和 setvar 函数来实现。许多系统变量还可以通过对话框选项访问。要访问系统变量列表，请在“帮助”窗口的“目录”选项卡中，单击“系统变量”旁边的“+”号。

用户应对 AutoCAD 某些系统变量的设置意义有所了解，AutoCAD 的某些特殊功能，往往是需要通过修改系统变量来实现的。AutoCAD 总共有上百个系统变量，通过改变其数值，可以提升制图效率。

14.2.1　前期准备以及绘图设置

设置绘图环境是绘制任何一幅建筑图形都要进行的预备工作，这里主要创建图形文件、创建图层、设置文字样式以及设置标注样式。有些具体设置可以在绘制过程中根据需要进行设置。

（1）根据绘制图形决定绘图的比例，建议采用的是 1:500 的图纸比例，图形的绘图比例为 4:1。

（2）建立新文件。打开 AutoCAD 2017 应用程序，建立新文件，将新文件命名为“道路平面图.dwg”并保存。

（3）设置图层。设置以下 12 个图层：“标注尺寸”“标注文字”“车行道”“道路红线”“道路中线”“规划路网”“横断面”“轮廓线”“现状建筑”“中心线”“坐标”“城市道路路线层”，将“中心线”图层设置为当前图层。设置好的图层如图 14-26 所示。

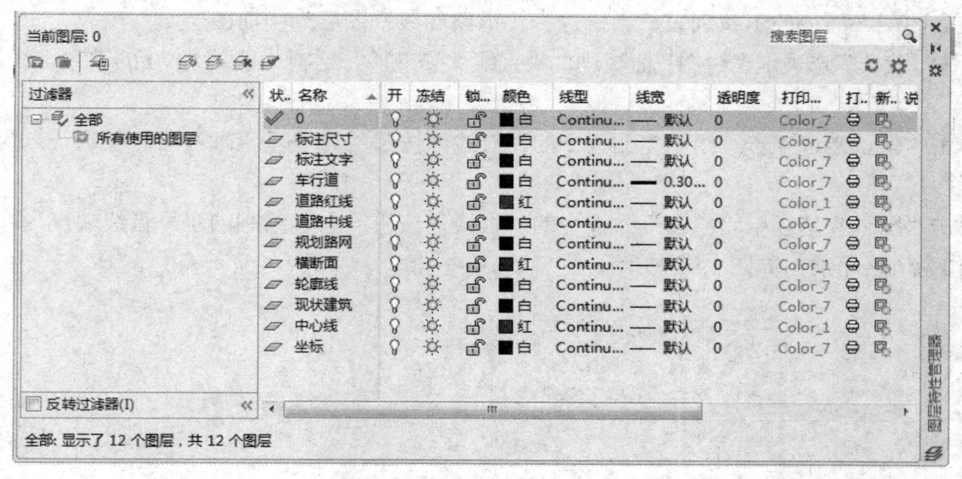

图 14-26　道路平面图图层的设置

注意

合理利用图层，可以事半功倍。在开始绘制图形时，就预先设置一些基本图层。每个图层锁定自己的专门用途，这样做只需绘制一份图形文件，就可以组合出许多需要的图纸，需要修改时也可针对各个图层进行调整。

① 各图层设置不同颜色、线宽、状态等。

② 0 层不作任何设置，也不应在 0 层绘制图样。

（4）文字样式的设置。单击“默认”选项卡“注释”面板中的“文字样式”按钮，弹出“文字样式”对话框，选择仿宋字体，“宽度因子”设置为 0.8。

高手支招

工具条添加方法：

① 右击任意工具条空白处，即可弹出工具条列表，只需单击所需的工具条名称，使其名称前出现“✓”标记，表示选中。

② 菜单：选择菜单栏中的“视图”→“工具栏”→“工具自定义窗口”命令，进行自定义工具的设置。

（5）标注样式的设置。根据绘图比例设置标注样式，对标注样式线、符号和箭头、文字、主单位进行设置，具体参数如下。

① 线：基线间距为 0，超出尺寸线为 2.5，起点偏移量为 3。

② 符号和箭头：第一个为建筑标记，箭头大小为 3，圆心标记为标记 1.5。

③ 文字：文字高度为 3，文字位置为垂直上，从尺寸线偏移为 1.5，文字对齐为 ISO 标准。

④ 主单位：精度为 0.00，比例因子为 0.25。

14.2.2 绘制路线

线路的绘制比较简单，主要利用了“直线”“圆角”“偏移”命令，具体绘制步骤如下。

（1）在“图层”面板的下拉列表框中，选择“道路红线”图层为当前图层。

（2）单击“默认”选项卡“绘图”面板中的“直线”按钮，绘制一条长为 70 的垂直轴线，如图 14-27 所示。

（3）单击“默认”选项卡“绘图”面板中的“直线”按钮，在垂直轴线右侧任选一点为起点，绘制一段水平直线。

（4）单击“默认”选项卡“绘图”面板中的“直线”按钮，以绘制的水平直线端点为起点绘制一段斜向直线，作为道路路线，如图 14-29 所示。

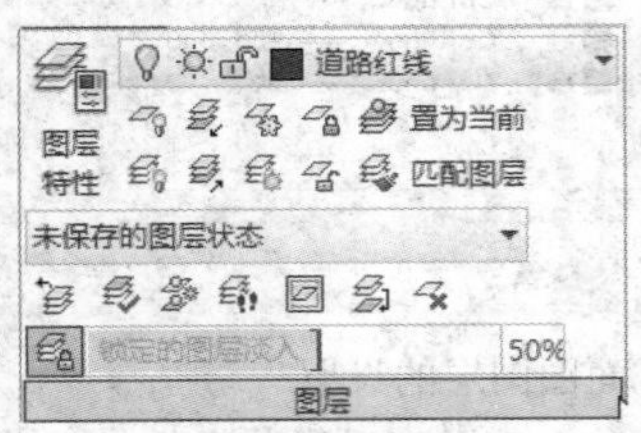

图 14-27 绘制垂直轴线　　图 14-28 设置当前图层　　图 14-29 绘制直线

（5）单击“默认”选项卡“修改”面板中的“圆角”按钮，选取绘制的斜向直线和水平直线进行圆角处理，圆角半径为 3，命令行提示与操作如下。

```
命令: FILLET
当前设置: 模式 = 修剪，半径 = 6.5000
```

```
选择第一个对象或 [放弃(U)/多段线(P)/半径(R)/修剪(T)/多个(M)]: R 指定圆角半径 <6.5000>: 3
选择第一个对象或 [放弃(U)/多段线(P)/半径(R)/修剪(T)/多个(M)]: （选择水平直线）
选择第一个对象或 [放弃(U)/多段线(P)/半径(R)/修剪(T)/多个(M)]:（选择竖直直线）
选择第二个对象，或按住 Shift 键选择要应用角点的对象:
```

结果如图 14-30 所示。

（6）选择圆角后的线段，将两端线段合并成一段多线段，命令行提示与操作如下。

```
命令: pedit
选择多段线或 [多条(M)]:
选定的对象不是多段线
是否将其转换为多段线? <Y> y
输入选项[闭合(C)/合并(J)/宽度(W)/编辑顶点(E)/拟合(F)/样条曲线(S)/非曲线化(D)/线型生成(L)/反转(R)/放弃(U)]: J
选择对象: 指定对角点: 找到 2 个
选择对象: 找到 1 个，总计 3 个
选择对象:
多段线已增加 2 条线段
输入选项 [闭合(C)/合并(J)/宽度(W)/编辑顶点(E)/拟合(F)/样条曲线(S)/非曲线化(D)/线型生成(L)/反转(R)/放弃(U)]:
```

（7）单击“默认”选项卡“修改”面板中的“偏移”按钮，选取合并后的多段线向上偏移，偏移距离为 4，如图 14-31 所示。

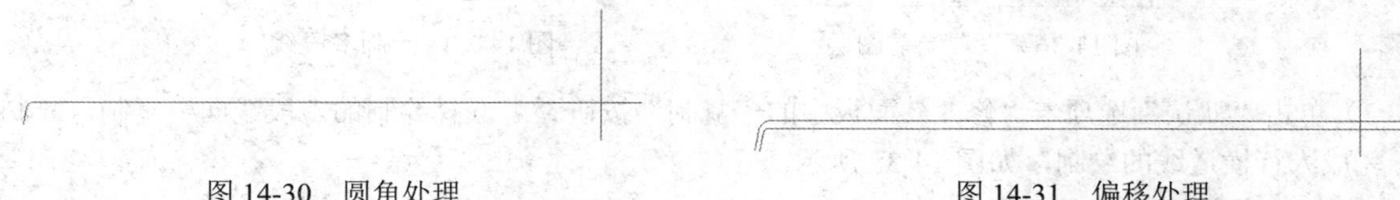

图 14-30　圆角处理　　　　图 14-31　偏移处理

（8）单击“默认”选项卡“绘图”面板中的“直线”按钮，连接偏移后的多段线的起点和端点，如图 14-32 所示。

（9）利用上述方法继续绘制剩余的路线，如图 14-33 所示。

图 14-32　封闭线段　　　　图 14-33　绘制剩余路线

14.2.3　绘制城市道路路线、人行横道线和道路盲道

本节讲述城市道路路线、人行横道线以及道路盲道的绘制方法，具体的绘制步骤如下。

1. 绘制城市道路路线

（1）在“图层”面板的下拉列表框中，选择“城市道路路线层”图层为当前图层，如图 14-34 所示。

（2）单击“默认”选项卡“绘图”面板中的“多段线”按钮，绘制城市道路路线。选择路线的左端点为起点，指定起点宽度为 0.35，端点宽度为 0.35，绘制连续多段线，如图 14-35 所示。

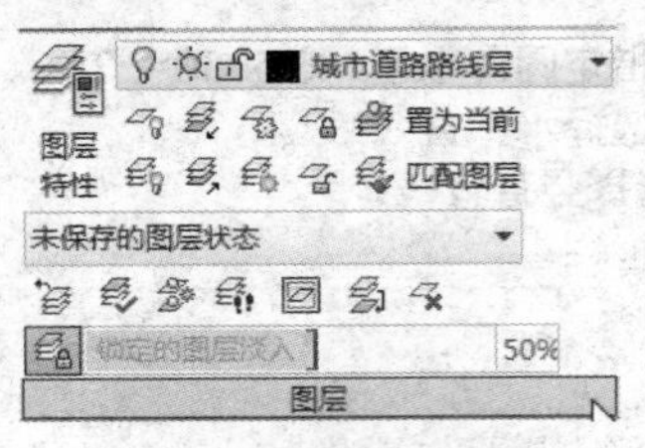

图 14-34　设置当前图层

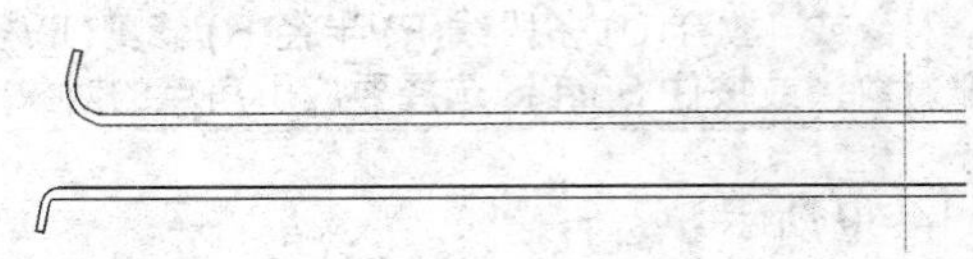

图 14-35　车行道线绘制

2．绘制人行横道线

（1）新建“人行横道线”图层，在“图层”面板的下拉列表框中选择“人行横道线”图层为当前图层，如图 14-36 所示。

（2）单击“默认”选项卡“绘图”面板中的“多段线”按钮，指定起点宽度为 0.35，端点宽度为 0.35，在图形适当位置绘制一段多段线，如图 14-37 所示。

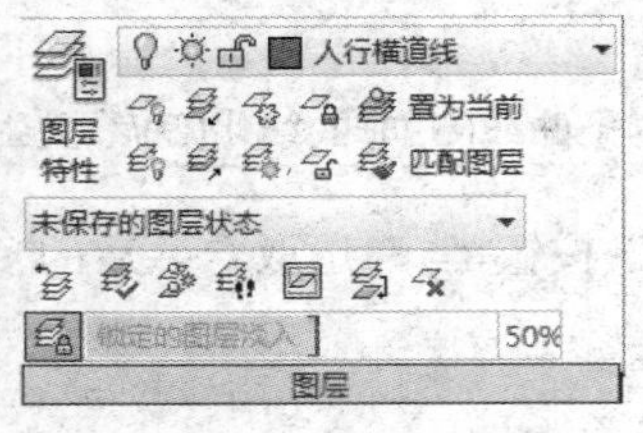

图 14-36　设置当前图层

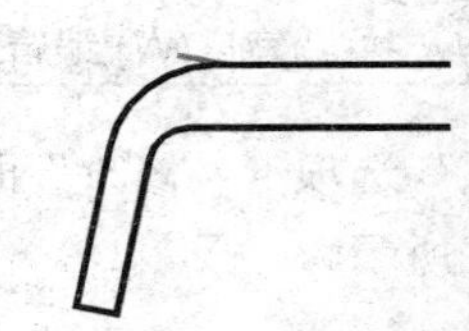

图 14-37　绘制多段线

（3）单击“默认”选项卡“修改”面板中的“复制”按钮，选择绘制的多段线向上复制，复制距离为 1，完成人行横道线的绘制，如图 14-38 所示。

3．绘制道路盲道

（1）将“道路中心”图层设置为当前图层，单击“默认”选项卡“绘图”面板中的“多段线”按钮，指定起点宽度为 0.35，端点宽度为 0.35，在城市道路线中间绘制连续多段线。

（2）单击“默认”选项卡“绘图”面板中的“直线”按钮，补充图形内线段，绘制完成后如图 14-39 所示。

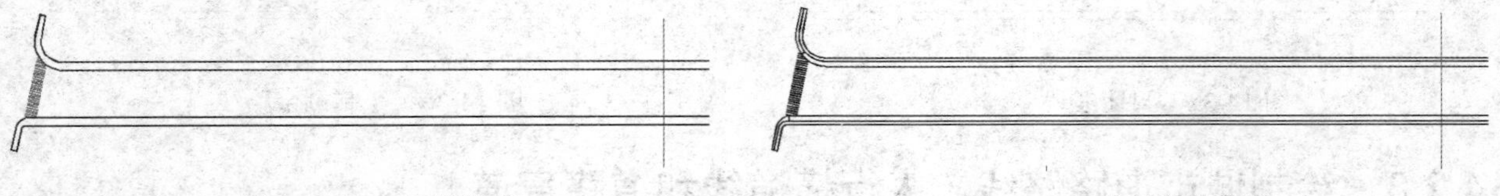

图 14-38　人行横道线　　　　图 14-39　绘制道路盲道

（3）此时，线型为实线，下面对其线型进行修改。选择刚刚绘制的轴线并右击，在弹出的如图 14-40 所示的快捷菜单中选择“特性”命令，弹出“特性”选项板，如图 14-41 所示。将“线型”修改为 ByLayer，“线型比例”设置为 0.5，这时线型显示如图 14-42 所示。

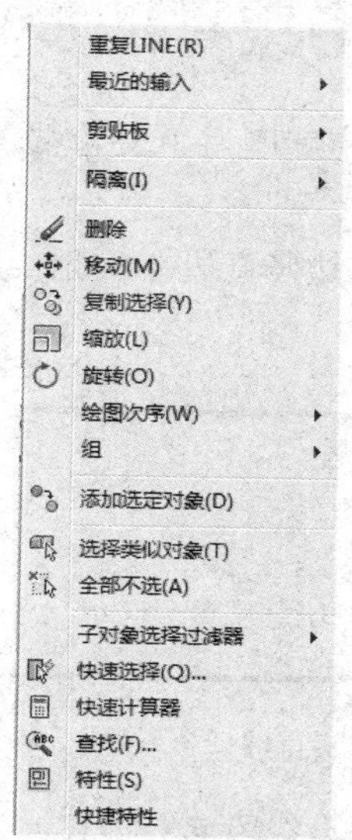

图 14-40　快捷菜单

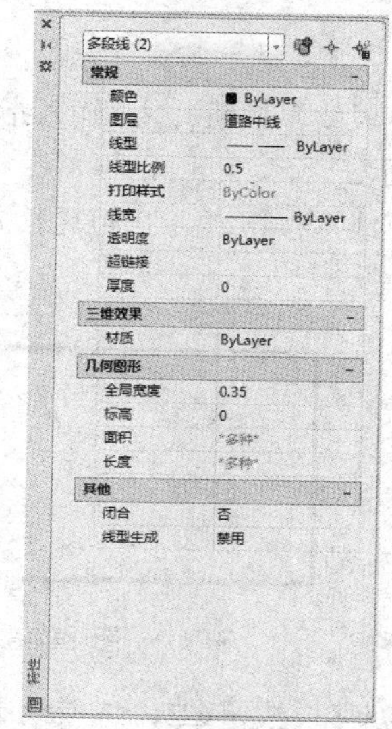

图 14-41　“特性”选项板

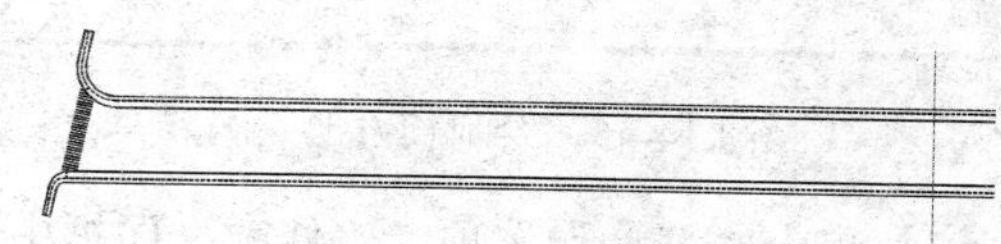

图 14-42　修改线型

（4）单击“插入”选项卡“块”面板中的“插入”按钮，弹出“插入”对话框，如图 14-43 所示。选择“源文件\图库\道路设施”，插入图形中，如图 14-44 所示。

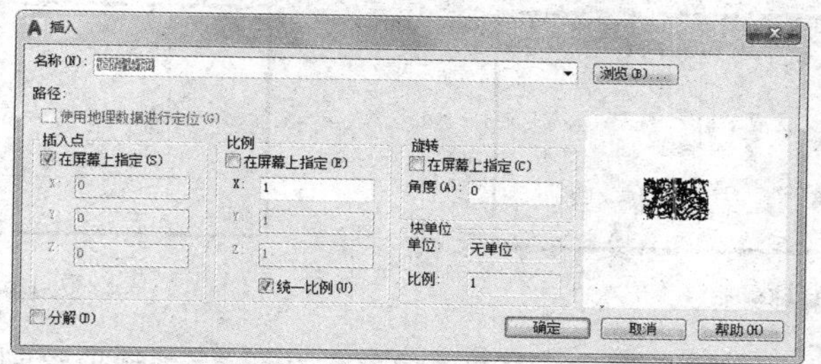

图 14-43　“插入”对话框

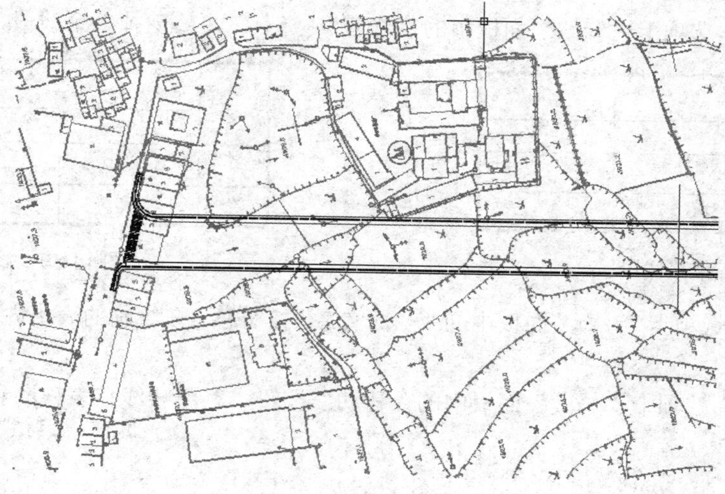

图 14-44　插入道路图形

4．绘制导线点表

（1）单击“默认”选项卡“绘图”面板中的“多段线”按钮，输入指定起点宽度为 0.35，端点宽度为 0.35，绘制一个 70×24 的长方形，如图 14-45 所示。

（2）单击“默认”选项卡“绘图”面板中的“直线”按钮，在距离长方形左边竖直边 10 处，绘制一条垂直线段，如图 14-46 所示。

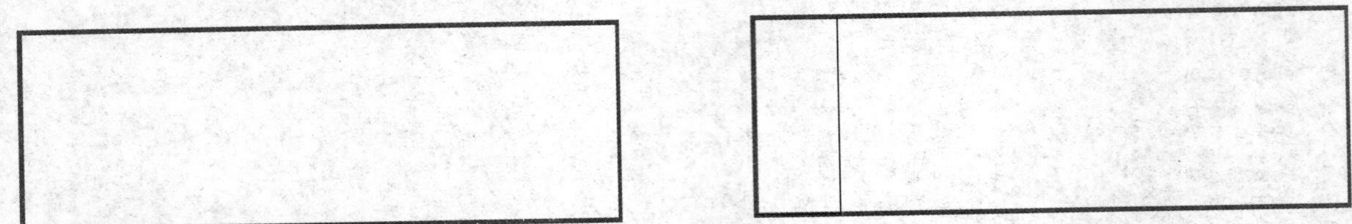

图 14-45　绘制长方形

图 14-46　绘制竖直线段

（3）单击“默认”选项卡“修改”面板中的“偏移”按钮，选取绘制的垂直线段向右偏移，偏移距离分别为 20、20、20，如图 14-47 所示。

（4）单击“默认”选项卡“绘图”面板中的“直线”按钮，在到正方形底边水平直线距离为 6 处绘制一条水平线段，如图 14-48 所示。

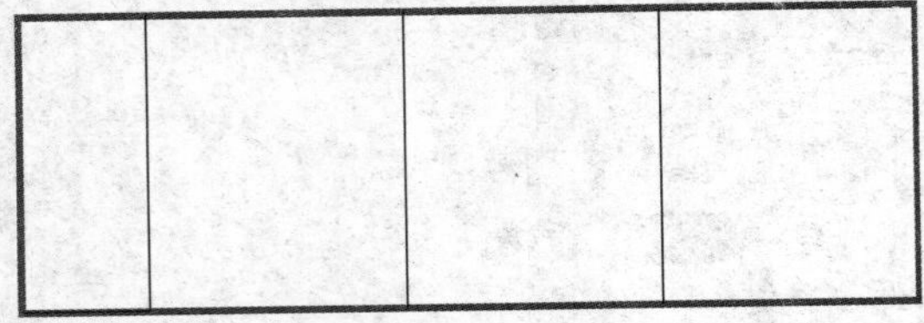

图 14-47　偏移线段

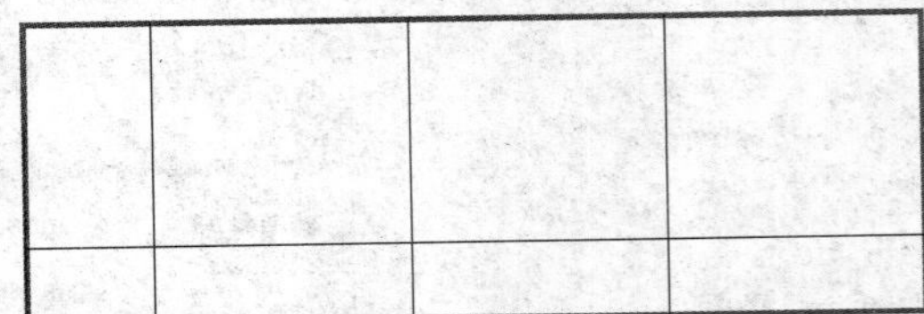

图 14-48　绘制水平线段

（5）单击“默认”选项卡“修改”面板中的“偏移”按钮，选取绘制的水平线段并向上偏移，偏移距离分别为 6、5、7，如图 14-49 所示。

（6）单击“默认”选项卡“修改”面板中的“修剪”按钮，修剪掉多余线段，如图 14-50 所示。

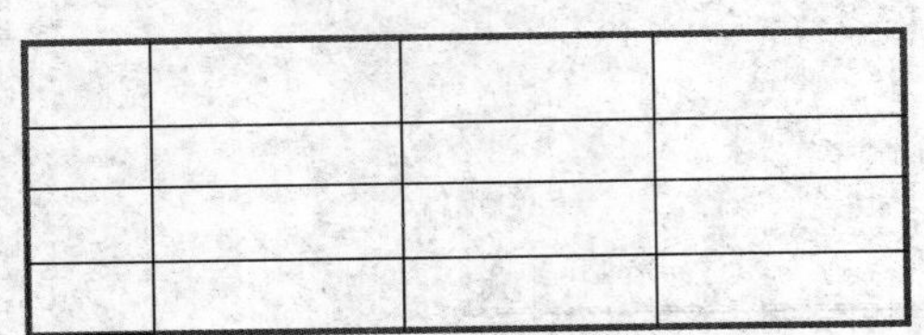

图 14-49　偏移线段

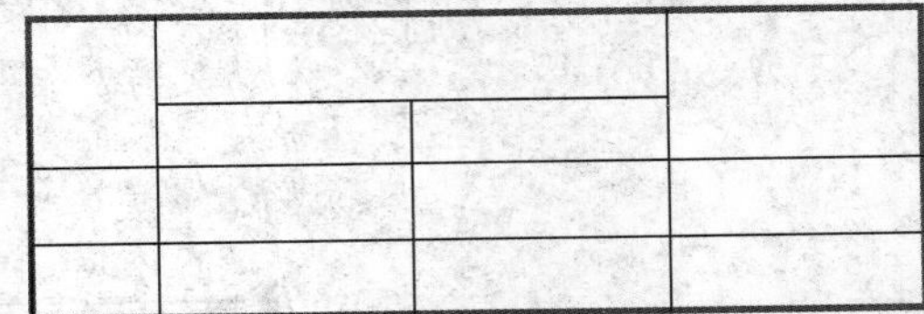

图 14-50　修剪线段

（7）单击“默认”选项卡“注释”面板中的“多行文字”按钮A，在绘制的表格内输入文字，如图 14-51 所示。

（8）单击“默认”选项卡“修改”面板中的“移动”按钮，将导线点表移动到图形中，如图 14-52 所示。

编　号	坐　标		高　程
	N	E	(m)
KZ7	3250.2120	2902.5340	1930.621
KZ8	3192.1750	2902.3320	1930.273

图 14-51　导线点表

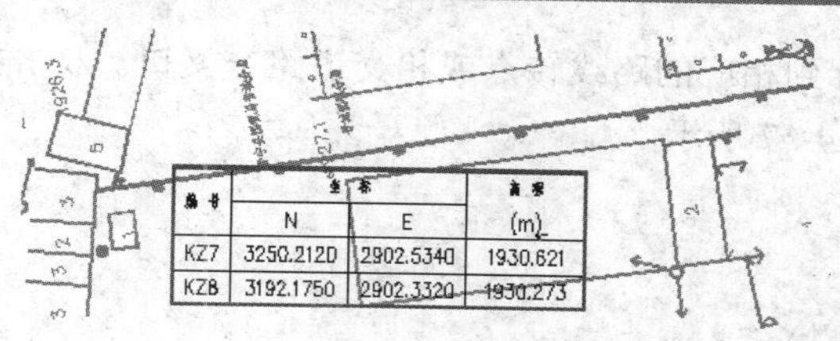

图 14-52　移动图形

14.2.4　标注文字以及路线交点

文字标注是平面图中必不可少的，在该处与建筑图不同的是需要绘制线路交点，具体的绘制步骤如下。

（1）在“图层”面板的下拉列表框中选择“文字”图层为当前图层，如图 14-53 所示。

（2）单击“默认”选项卡“注释”面板中的“多行文字”按钮A，完成道路路线、道路盲道、人行横道的文字标注，如图 14-54 所示。

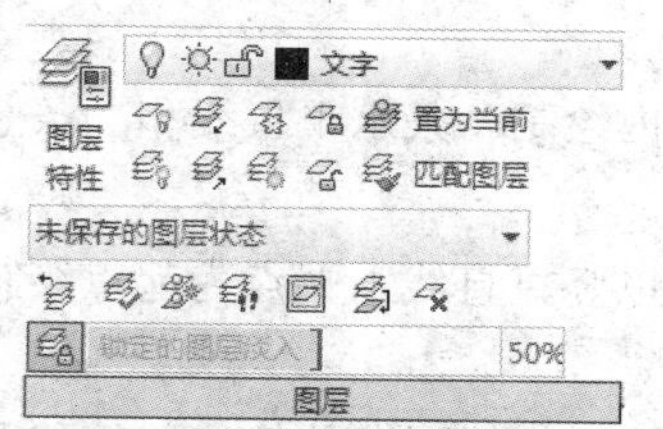

图 14-53　设置当前图层

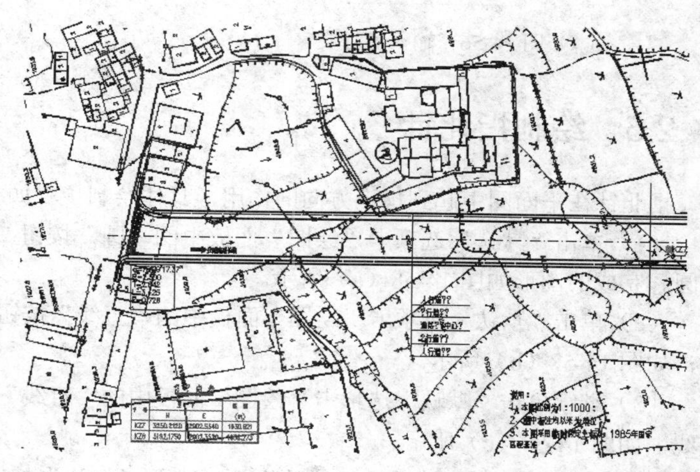

图 14-54　车行道、红线、盲道、规划路网等文字标注

（3）路线转点以及相交道路交叉口的坐标。

① 把“坐标”图层设置为当前图层，单击“默认”选项卡“绘图”面板中的“矩形”按钮，绘制一个 26×27 的矩形，如图 14-55 所示。

高手支招

若矩形框从左向右定义，即第一个选择的对角点为左侧的对角点，矩形框内部的对象被选中，框外部及与矩形框边界相交的对象不会被选中；若矩形框从右向左定义，矩形框内部及与矩形框边界相交的对象都会被选中。

② 单击“默认”选项卡“注释”面板中的“多行文字”按钮A，标注坐标文字，注意要把“文字”图层设置为当前图层，如图 14-56 所示。

③ 单击“默认”选项卡“修改”面板中的“复制”按钮，复制刚刚绘制好桩号的图框和标志上的

坐标到相应的路线转点或相交道路交叉口。双击文字进入文字编辑状态，然后修改桩号图框内的文字，如图 14-57 所示。

图 14-55　绘制矩形

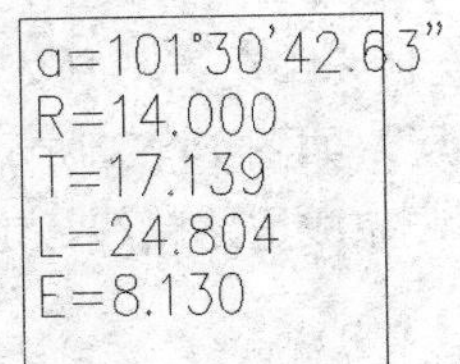

图 14-56　输入多行文字

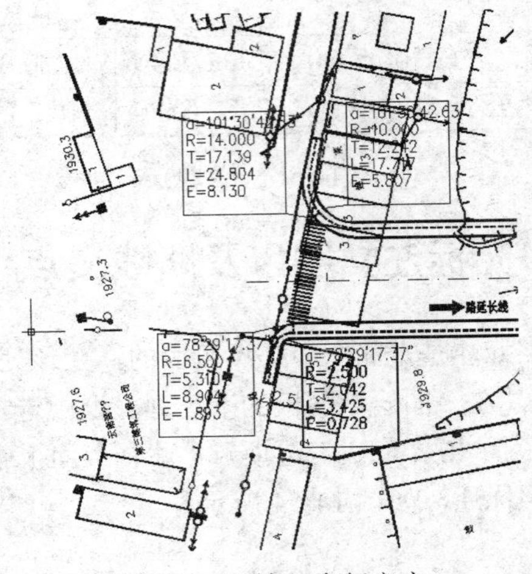

图 14-57　输入多行文字

14.2.5　绘制指北针

指北针在平面图中起到指示方向的作用，具体绘制步骤如下。

（1）单击“默认”选项卡“绘图”面板中的“圆”按钮，以两条直线相交点为圆心，绘制半径为 4 的圆。完成的图形如图 14-58（a）所示。

（2）单击“默认”选项卡“绘图”面板中的“直线”按钮，在圆内绘制一条水平直线和一条竖直直线，如图 14-58（b）所示。

（3）继续单击“默认”选项卡“绘图”面板中的“直线”按钮，以竖直直线上端点为起点绘制连续直线，如图 14-58（c）所示。

（4）单击“默认”选项卡“修改”面板中的“偏移”按钮，选择绘制的圆向外偏移，偏移距离分别为 0.5、1、0.5，如图 14-58（d）所示。

高手支招

在 AutoCAD 2017 中，可以使用“偏移”命令，对指定的直线、圆弧、圆等对象作定距离偏移复制操作。在实际应用中，常利用“偏移”命令的特性创建平行线或等距离分布图形，效果与“阵列”相同。默认情况下，需要先指定偏移距离，再选择要偏移复制的对象，然后指定偏移方向，以复制出需要的对象。

（5）单击“默认”选项卡“修改”面板中的“镜像”按钮，将左边的图形进行镜像处理，完成的图形如图 14-58（e）所示。

（6）单击“默认”选项卡“修改”面板中的“修剪”按钮，修剪图形内多余线段，如图 14-58（f）所示。

（7）单击“默认”选项卡“绘图”面板中的“图案填充”按钮，进入“图案填充创建”选项卡。设置“图案填充图案”为 SOLID，拾取要填充的区域，结果如图 14-58（g）所示。

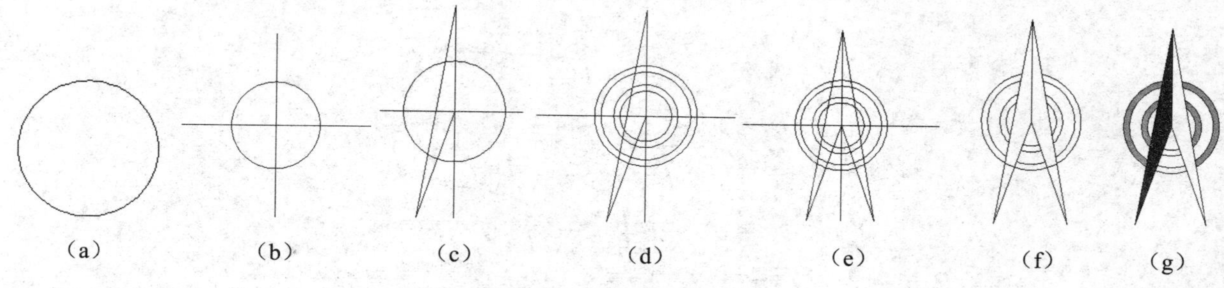

图 14-58　指北针绘制流程

高手支招

用户在将 AutoCAD 中的图形粘贴或插入 Word 或其他软件中时，发现圆变成了正多边形，图样变形了，此时，只需使用 VIEWRES 命令，将缩放百分比设置得大一些，即可改变图形质量。

```
命令: VIEWRES
是否需要快速缩放？[是(Y)/否(N)] <Y>:
输入圆的缩放百分比 (1-20000) <1000>: 5000
正在重生成模型。
```

VIEWRES 使用短矢量控制圆、圆弧、椭圆和样条曲线的外观。矢量数目越大，圆或圆弧的外观越平滑。例如，如果创建了一个很小的圆然后将其放大，它可能显示为一个多边形。使用 VIEWRES 增大缩放百分比并重生成图形，可以更新圆的外观并使其平滑。减小缩放百分比会有相反的效果。

上述操作也可执行如下路径实现：工具→选项→显示→显示精度，如图 14-59 所示。

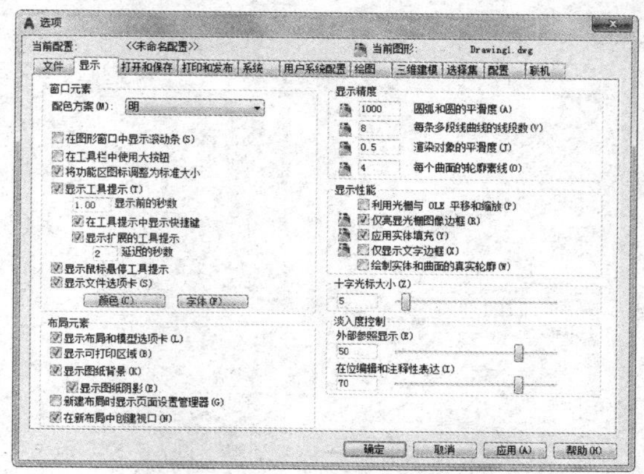

图 14-59　显示精度

（8）单击“默认”选项卡“注释”面板中的“多行文字”按钮A，标注指北针方向，注意文字标注时需要把“文字”图层设置为当前图层，完成的图形如图 14-60 所示。

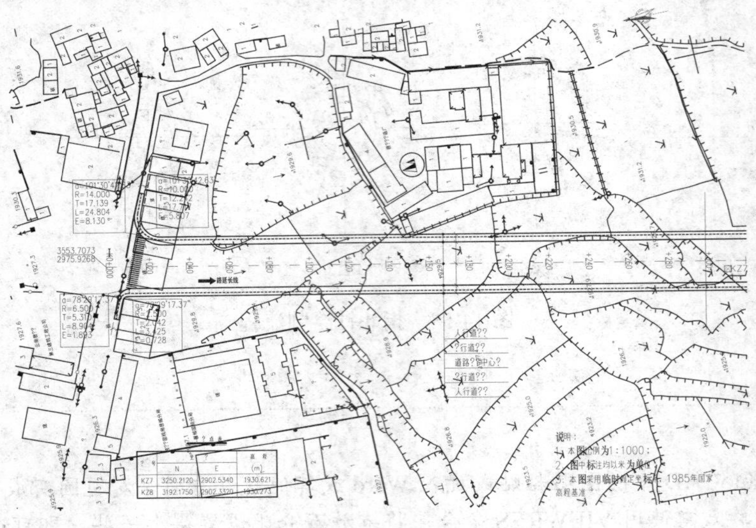

图 14-60　指北针的旋转

14.3　道路纵断面图的绘制

使用“直线”“阵列”命令绘制网格；使用“多段线”“复制”命令绘制其他线；使用“多行文字”命令输入文字；根据高程，使用“直线”“多段线”命令绘制地面线、纵坡设计线；保存道路纵断面图，如图 14-61 所示。

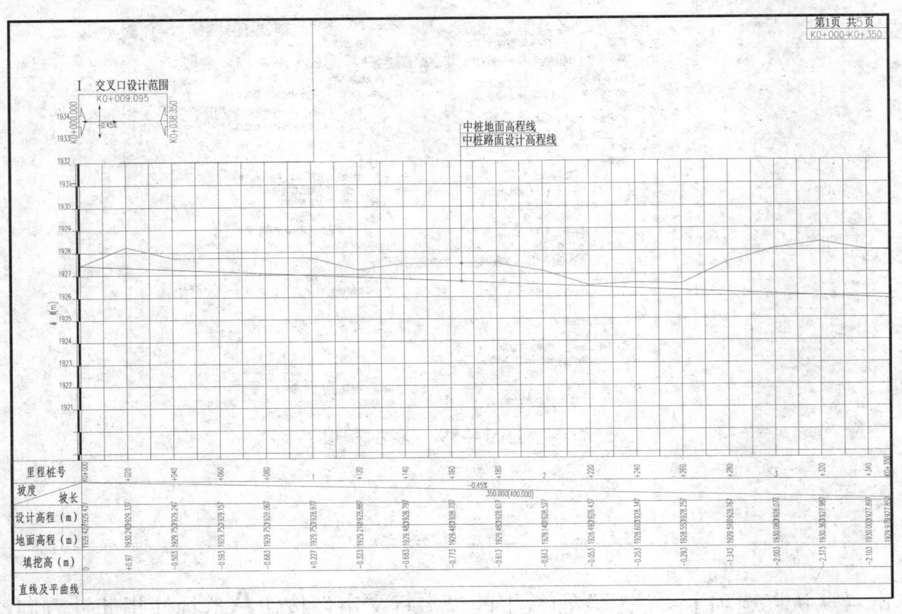

图 14-61　道路纵断面图

【预习重点】

☑　了解道路断面图绘制的准备工作。

☑　掌握网格的绘制。

☑　掌握如何标注文字。

☑　掌握地面线、纵坡设计线的绘制。

14.3.1　前期准备以及绘图设置

设置绘图环境是绘制任何一幅建筑图形都要进行的预备工作，这里主要创建图形文件、创建图层以及设置文字样式。有些具体设置可以在绘制过程中根据需要进行设置。

（1）根据绘制图形决定绘图的比例，建议使用 1:1 的比例绘制，图纸比例横向为 1:1000、纵向为 1:100。

（2）建立新文件。打开 AutoCAD 2017 应用程序，建立新文件，将新文件命名为“道路纵断面图.dwg”并保存。

（3）设置图层。设置以下 4 个图层：“网格”“文字”“其他线”“高程”，设置好的各图层的属性如图 14-62 所示。

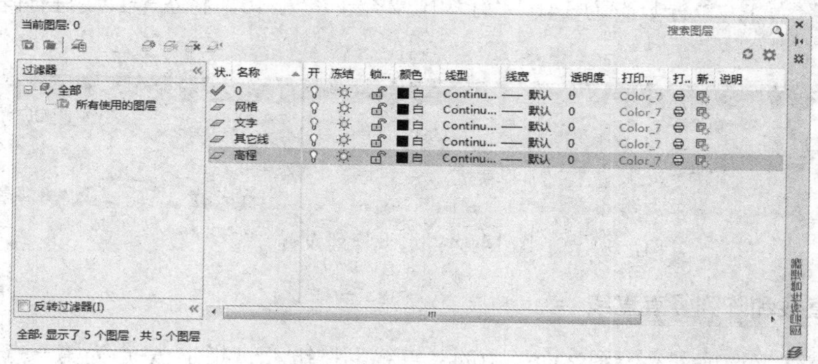

图 14-62　纵断面图的图层设置

高手支招

初学者务必首先学会图层的灵活运用。图层分类合理，则图样的修改会很方便，在改一个图层时可以把其他图层都关闭。把图层的颜色设为不同，这样不会画错图层。要灵活使用冻结和关闭功能。

（4）文字样式的设置。单击“默认”选项卡“注释”中面板的“文字样式”按钮，进入“文字样式”对话框，选择仿宋字体，“宽度因子”设置为 0.8。

注意

① 如果改变现有文字样式的方向或字体文件，当图形重生成时所有具有该样式的文字对象都将使用新值。

② 在 AutoCAD 提供的 TrueType 字体中，大写字母可能不能正确反映指定的文字高度。只有在“字体名”中指定 SHX 文件，才能使用“大字体”。只有 SHX 文件可以创建“大字体”。

③ 读者应学习掌握字体文件的加载方法，以及对乱码现象的解决途径。

14.3.2 绘制网格

绘制网格主要包括两大步，分为绘制水平直线和阵列水平直线、绘制竖直直线和阵列竖直直线，具体的绘制步骤如下。

1. 绘制水平直线和阵列水平直线

（1）把“网格”图层设置为当前图层。单击“默认”选项卡“绘图”面板中的“直线”按钮，指定A点为第一点，然后水平向右绘制一条长为350的直线，如图14-63所示。

图 14-63　绘制水平直线

注意

正交模式下绘制定长度的直线，可直接输入线段的长度。

（2）单击“默认”选项卡“修改”面板中的“矩形阵列”按钮，弹出“阵列创建”选项卡，如图14-64所示。设置“列数”为1，“行数”为14，“行”中“介于”为10，将水平直线进行阵列，完成的图形如图14-65所示。

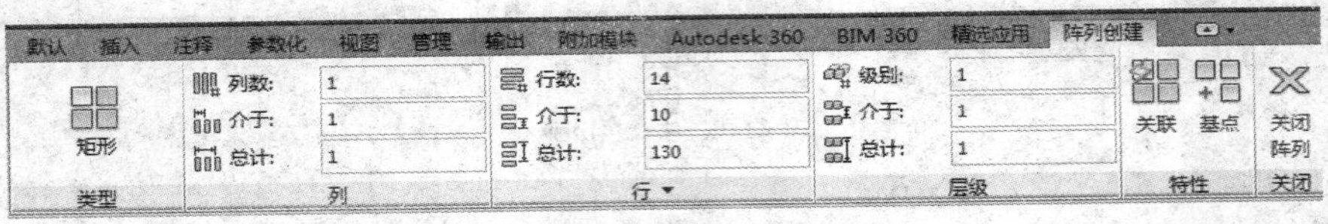

图 14-64　水平阵列设置

2. 绘制竖直直线和阵列竖直直线

（1）单击“默认”选项卡“绘图”面板中的“直线”按钮，指定A点为第一点，指定B点为第二点，绘制一条连接两点的竖直直线，如图14-66所示。

图 14-65　阵列水平直线

图 14-66　绘制竖直直线

（2）单击“默认”选项卡“修改”面板中的“阵列”按钮，弹出“阵列创建”选项卡，如图14-67所示。设置“列数”为36，“行数”为1，“列”中“介于”为10，阵列步骤（1）绘制的竖直直线，完成的图形如图14-68所示。

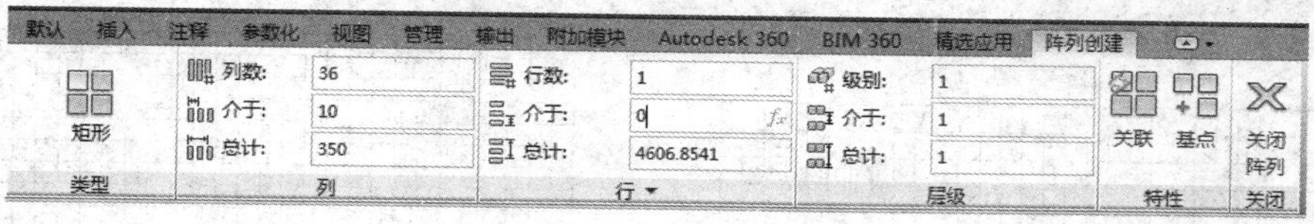

图 14-67　垂直阵列设置

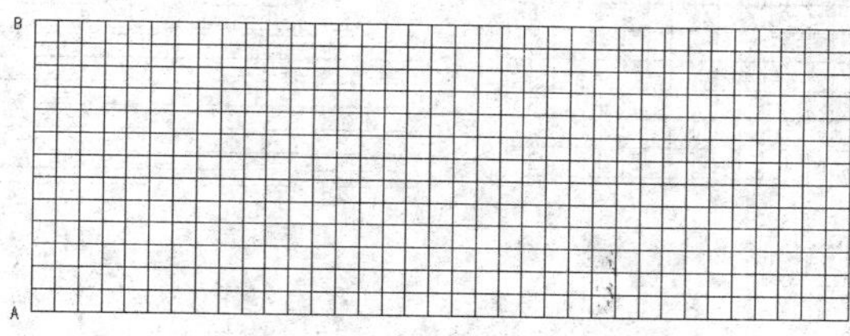

图 14-68　阵列竖直直线

（3）单击“默认”选项卡“修改”面板中的“偏移”按钮，选取最下边水平直线向下偏移，偏移距离为 2.5。

（4）单击“默认”选项卡“修改”面板中的“延伸”按钮，将阵列后的竖直直线向下延伸至步骤（3）偏移的水平直线，如图 14-69 所示。

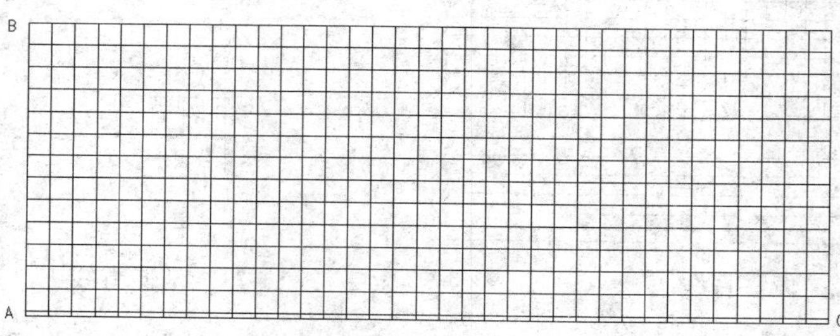

图 14-69　阵列竖直直线

14.3.3　绘制其他线

绘制剩余的其他线条，相对来说较为复杂，具体绘制步骤如下。

（1）把“其他线”图层设置为当前图层。单击“默认”选项卡“绘图”面板中的“多段线”按钮，绘制其他线。指定 C 点为起点，指定起点宽度为 1，端点宽度为 1，指定 A 点为第二点，然后水平向左绘制一条长为 38 的多段线，如图 14-70 所示。

（2）单击“默认”选项卡“修改”面板中的“偏移”按钮，选取绘制的多段线，垂直向下偏移距离分别为 10、10、10、10、10、7.5、6.5。完成的图形如图 14-71 所示。

（3）单击“默认”选项卡“修改”面板中的“偏移”按钮，选取最左侧竖直直线连续向左偏移两次，偏移距离分别为 0.8、0.8，如图 14-72 所示。

（4）单击“默认”选项卡“修改”面板中的“延伸”按钮，将阵列后的水平直线向左延伸至步骤（3）偏移的竖直直线，如图 14-73 所示。

（5）单击“默认”选项卡“绘图”面板中的“图案填充”按钮，打开“图案填充创建”选项卡，设置“图案填充图案”为 SOLID，“填充图案比例”为 0，拾取填充区域内一点，完成图案填充，如图 14-74 所示。

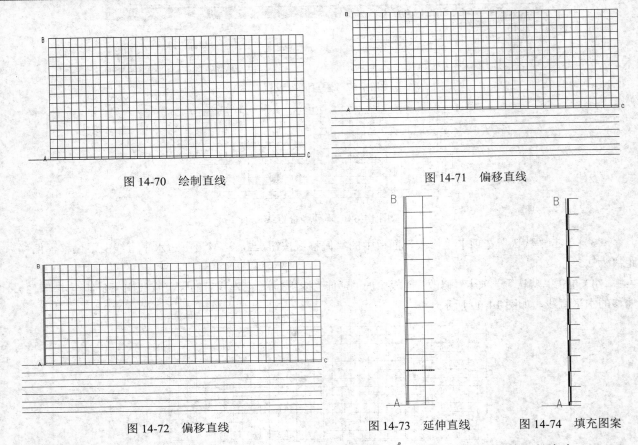

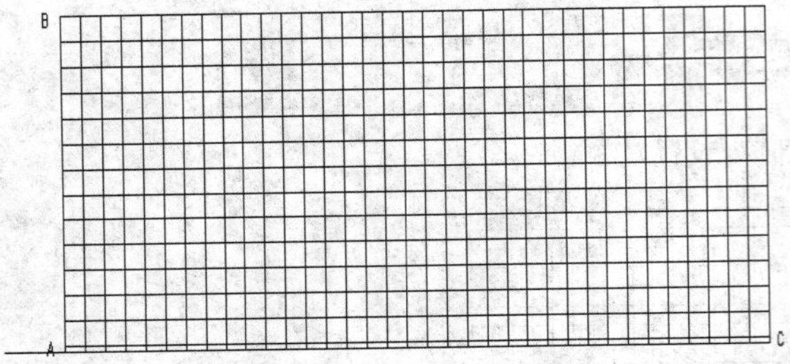

图 14-70　绘制直线

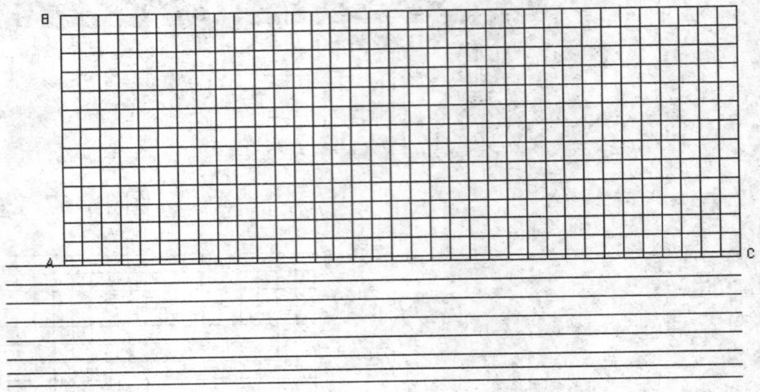

图 14-71　偏移直线

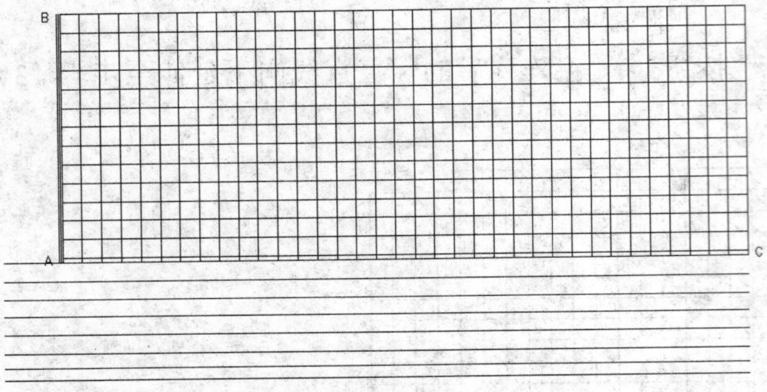

图 14-72　偏移直线

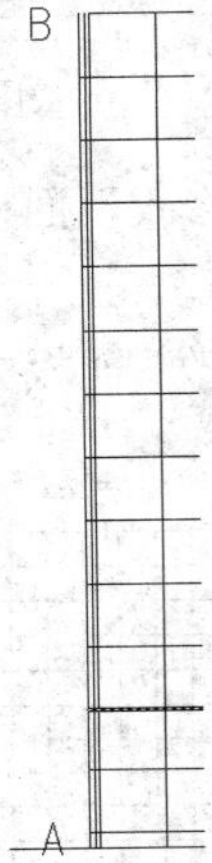

图 14-73　延伸直线

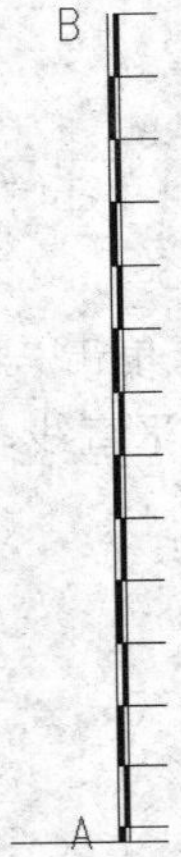

图 14-74　填充图案

（6）单击“默认”选项卡“绘图”面板中的“直线”按钮，绘制一段水平直线，长度为 2。

单击“默认”选项卡“修改”面板中的“偏移”按钮，选取绘制的直线，向下偏移 10、12 次，如图 14-75 所示。

（7）单击“默认”选项卡“绘图”面板中的“多段线”按钮，指定起点宽度为 1，端点宽度为 1，绘制其他线。完成的图形如图 14-76 所示。

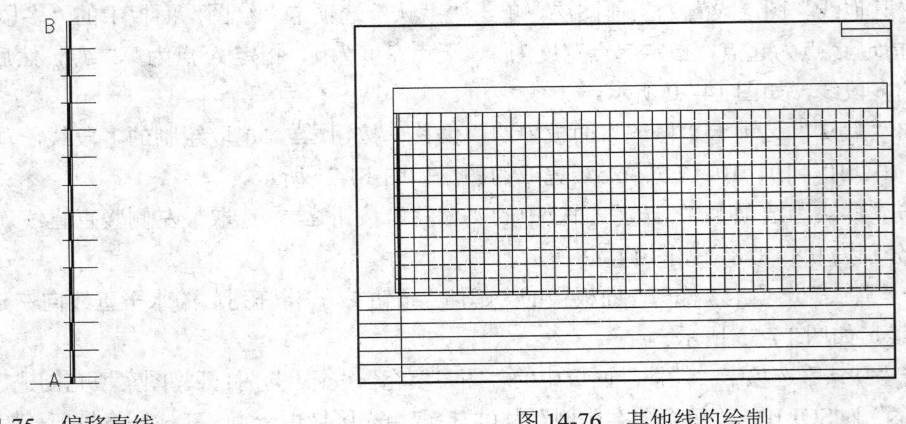

图 14-75　偏移直线

图 14-76　其他线的绘制

14.3.4　标注文字

文字标注是平面图中必不可少的，具体的绘制步骤如下。

（1）把“文字”图层设置为当前图层。单击“默认”选项卡“注释”面板中的“多行文字”按钮A，输入图中的表格文字。

（2）坡度和坡长文字的输入需要指定文字的旋转角度，在命令行中选择 r 来指定旋转角度，指定旋转角度为 8°。

注意

工程制图可能会涉及诸多特殊符号，特殊符号的输入在单行文本输入与多行文本输入中是有很大不同的，对于字体文件的选择特别重要。多行文字中插入符号或特殊字符的步骤如下：

① 双击多行文字对象，打开在位文字编辑器。

② 在展开的选项卡上单击“符号”，如图 14-77 所示。

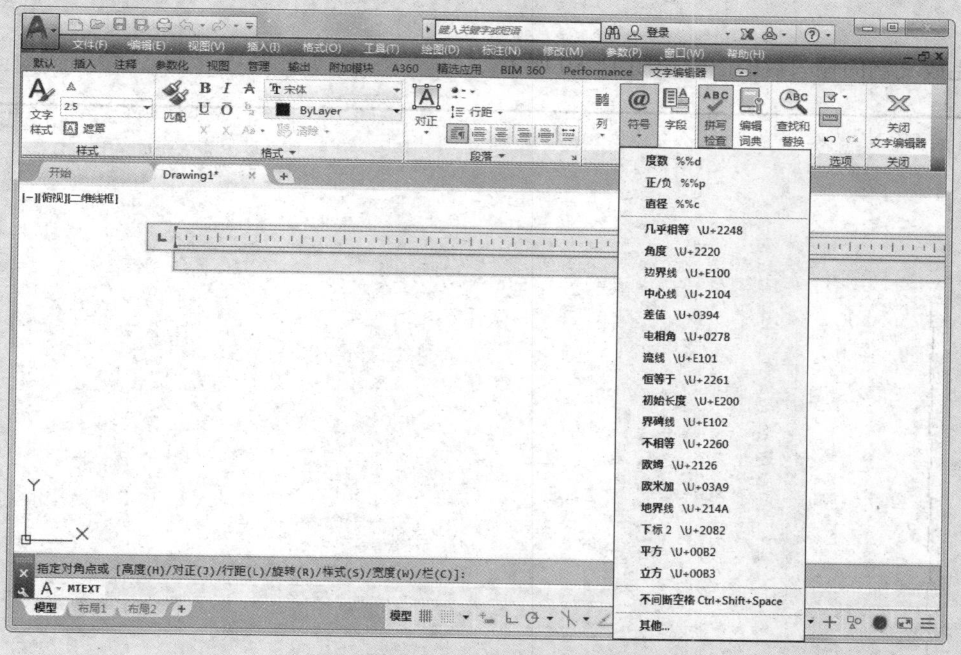

图 14-77　“符号”命令按钮

③ 单击符号列表上的某符号，或选择“其他”命令，弹出“字符映射表”窗口，如图 14-78 所示。在该窗口中选择一种字体，然后选择一种字符，并使用以下方法之一。

☑　要插入单个字符，请将选定字符拖动到编辑器中。

☑　要插入多个字符，请单击选定，将所有字符都添加到“复制字符”文本框中。选择了所有所需的字符后，单击“复制”按钮。在编辑器中右击，在弹出的快捷菜单中选择“粘贴”命令。

关于特殊符号的运用，用户可以适当记住一些常用符号的 ASCII 代码，同时也可以从软键盘中输入，即右击输入法工具条，弹出相关字符的输入，如图 14-79 所示。

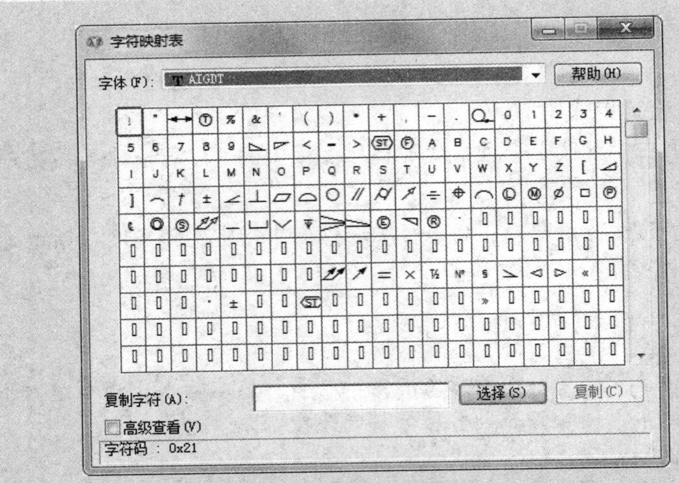

图 14-78 “字符映射表”窗口

图 14-79 软键盘输入特殊字符

同理，完成文字的输入后的图形如图 14-80 所示。

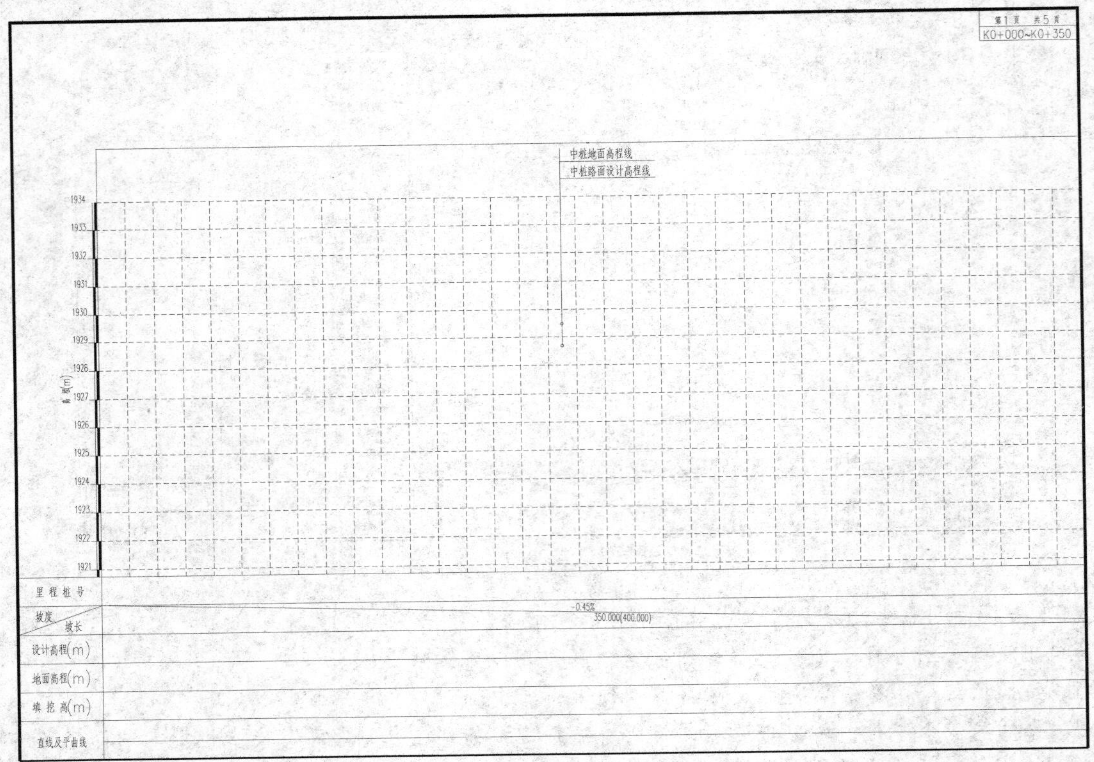

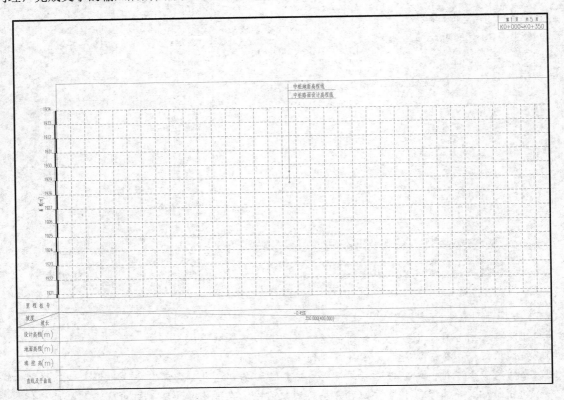

图 14-80 标注完文字后的纵断面图

（3）把“高程”图层设置为当前图层，单击“默认”选项卡“绘图”面板中的“多段线”按钮，绘制两个箭头，如图 14-81 所示。

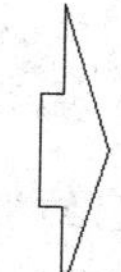

图 14-81　绘制箭头

（4）单击“默认”选项卡“绘图”面板中的“直线”按钮，在两个箭头之间任取起点和端点，绘制一段水平直线和一段竖直直线，如图 14-82 所示。

（5）单击“默认”选项卡“绘图”面板中的“多段线”按钮，指定起点宽度为 3，端点宽度为 0，绘制小箭头，如图 14-83 所示。

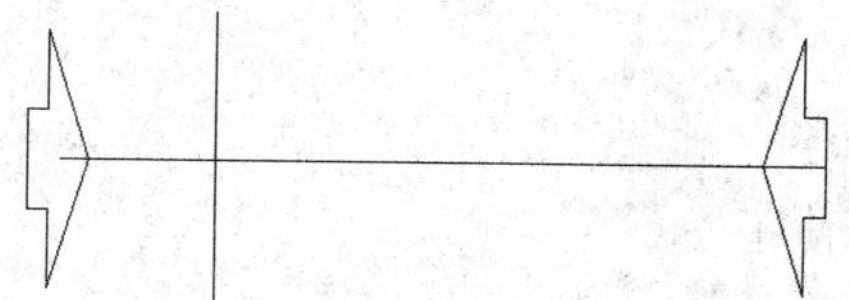

图 14-82　绘制直线段

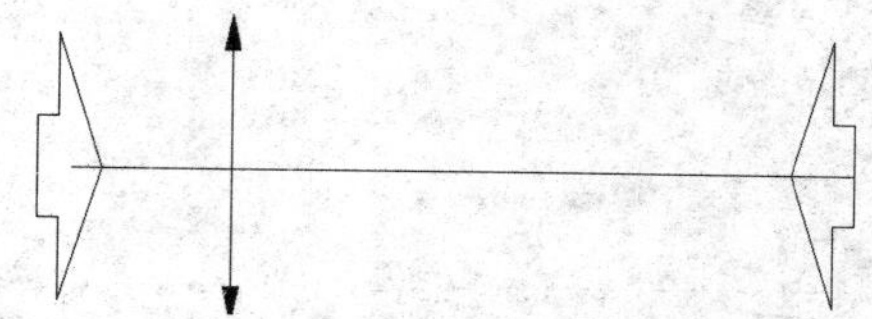

图 14-83　绘制小箭头

（6）单击“默认”选项卡“注释”面板中的“多行文字”按钮，在命令行中选择 r 来指定旋转角度，指定旋转角度为 90°。完成文字的输入后的图形如图 14-84 所示。

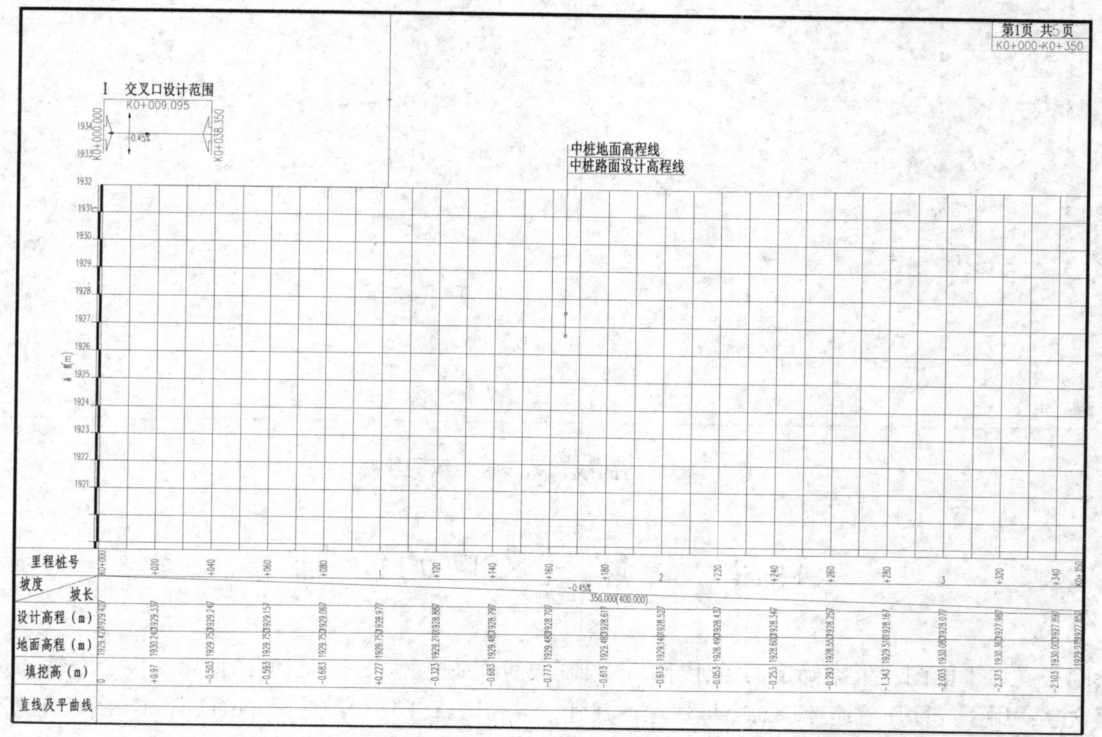

图 14-84　输入高程后的纵断面图

14.3.5 绘制地面线、纵坡设计线

本节讲述地面线、纵坡设计线的绘制方法和技巧，主要利用了“直线”和“多段线”命令。

（1）单击“默认”选项卡“绘图”面板中的“直线”按钮，根据地面高程的数值，连接起来即为原地面线。

（2）单击“默认”选项卡“绘图”面板中的“直线”按钮，指定起点宽度为 0.5，端点宽度为 0.5，根据设计高程，连接起来即为纵坡设计线。

完成操作后的图形如图 14-85 所示。

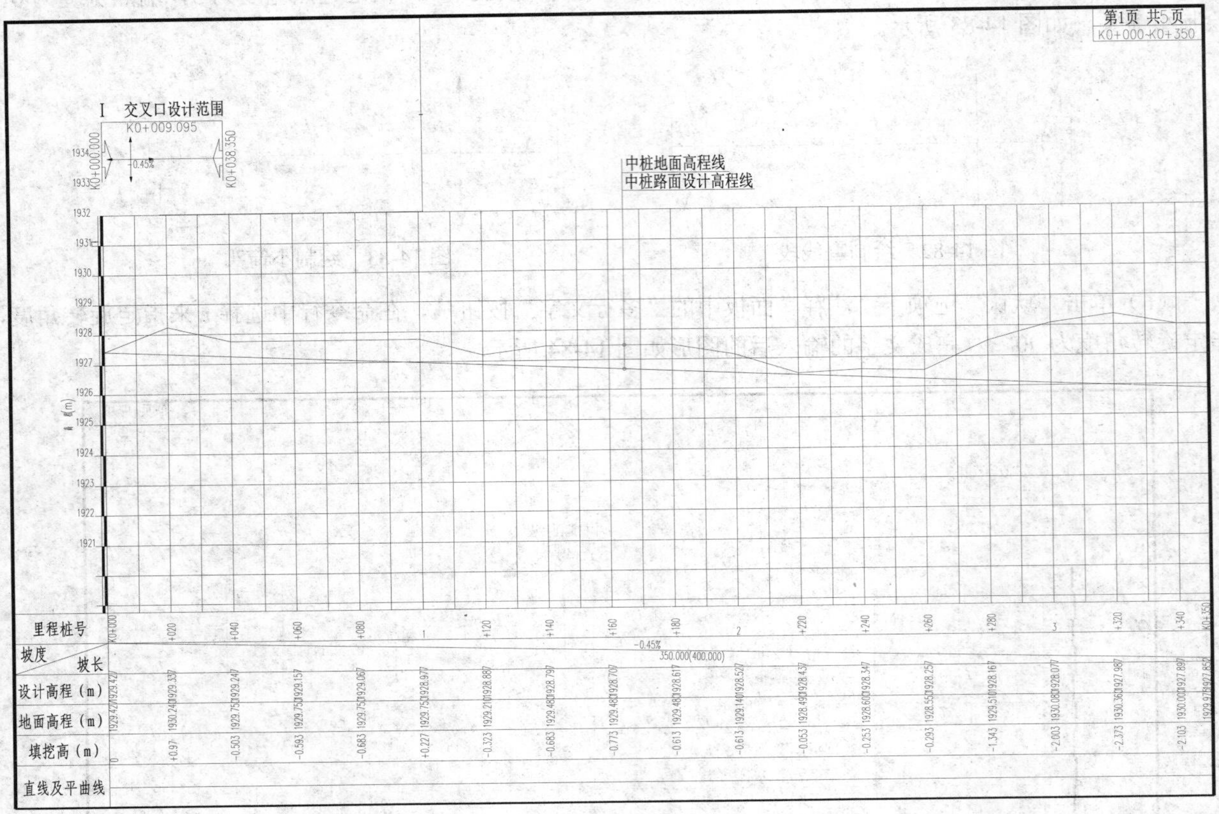

图 14-85 地面线和纵坡设计线的绘制

14.4 道路交叉口的绘制

绘制交叉口平面图；根据确定的设计标高，绘制成线，确定雨水口、坡度；使用文字命令输入标高、说明等文字；用“线性”“连续”命令标注标注尺寸，并修改标注尺寸；使用 Ctrl+C 和 Ctrl+V 快捷键从平面图中复制指北针，并作相应修改，完成后保存道路交叉口，结果如图 14-86 所示。

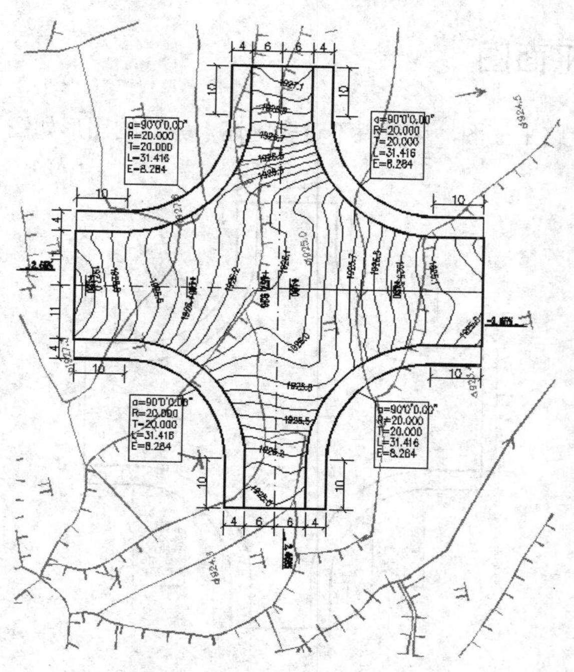

图 14-86　道路交叉口竖向设计效果图

【预习重点】

☑　了解道路平面图绘制的准备工作。

☑　掌握交叉口平面图和一些细节的绘制。

☑　掌握文字标注和尺寸标注。

14.4.1　前期准备以及绘图设置

设置绘图环境是绘制任何一幅建筑图形都要进行的预备工作，这里主要创建图形文件、设置标注样式以及设置文字样式。有些具体设置可以在绘制过程中根据需要进行设定。

（1）根据绘制图形决定绘图的比例，建议使用 1:1 的比例绘制，图纸比例为 1:250。

（2）建立新文件。打开 AutoCAD 2017 应用程序，建立新文件，将新文件命名为“道路交叉口.dwg”并保存。

（3）标注样式的设置。根据绘图比例设置标注样式，对标注样式线、符号和箭头、文字、主单位进行设置，具体参数如下。

① 线：超出尺寸线为 0.5，起点偏移量为 0.6。

② 符号和箭头：第一个为建筑标记，箭头大小为 0.6，圆心标记为标记 0.3。

③ 文字：文字高度为 0.6，文字位置为垂直上，从尺寸线偏移为 0.3，文字对齐为 ISO 标准。

④ 主单位：精度为 0.0，比例因子为 1。

（4）单击“默认”选项卡“注释”面板中的“文字样式”按钮，弹出“文字样式”对话框，选择仿宋字体，“宽度因子”设置为 0.8。

14.4.2　绘制交叉口平面图

绘制的方法和步骤参照道路平面图，这里就不过多阐述，完成的图形如图 14-87 所示。

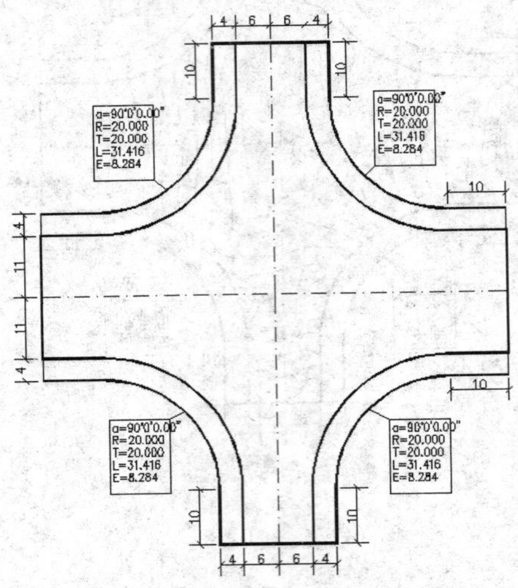

图 14-87　道路交叉口平面图绘制

14.4.3　绘制高程线并确定雨水口、坡度

本节主要利用“样条曲线拟合”“插入”“多段线”“图案填充”等命令来绘制，具体的绘制步骤如下。

（1）单击“默认”选项卡“绘图”面板中的“样条曲线拟合”按钮，绘制高程连线，如图 14-88 所示。

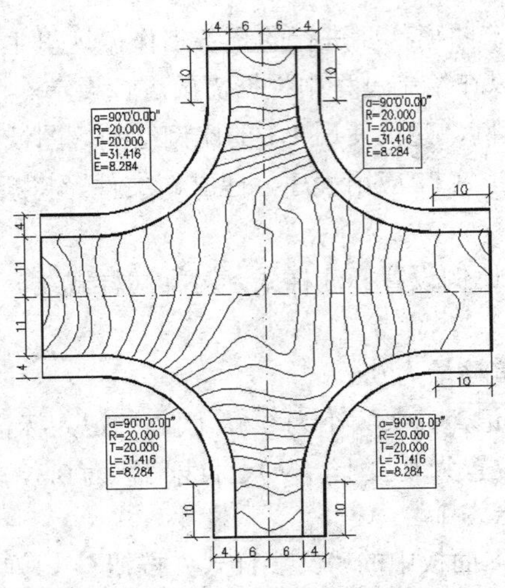

图 14-88　高程线的绘制

（2）单击“插入”选项卡“块”面板中的“插入”按钮，弹出“插入”对话框，如图 14-89 所示，选择“源文件\图库\道路设施 1”，插入图形中，如图 14-90 所示。

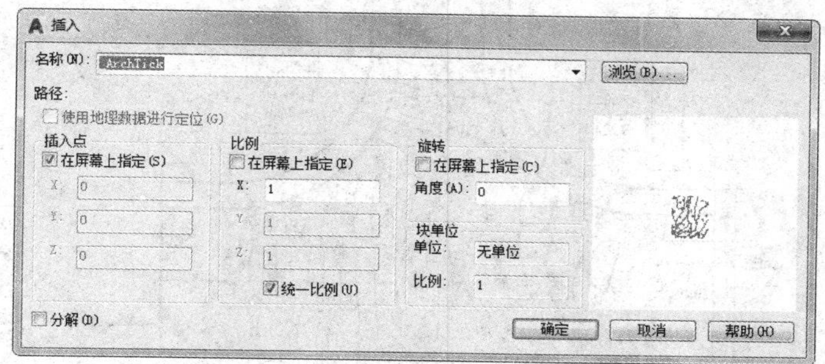

图 14-89　“插入”对话框

（3）单击“默认”选项卡“绘图”面板中的“多段线”按钮，绘制指引箭头，如图 14-91 所示。

（4）单击“默认”选项卡“绘图”面板中的“图案填充”按钮，选择图案 SOLID 填充箭头，如图 14-92 所示。

利用相同的方法绘制其他箭头。

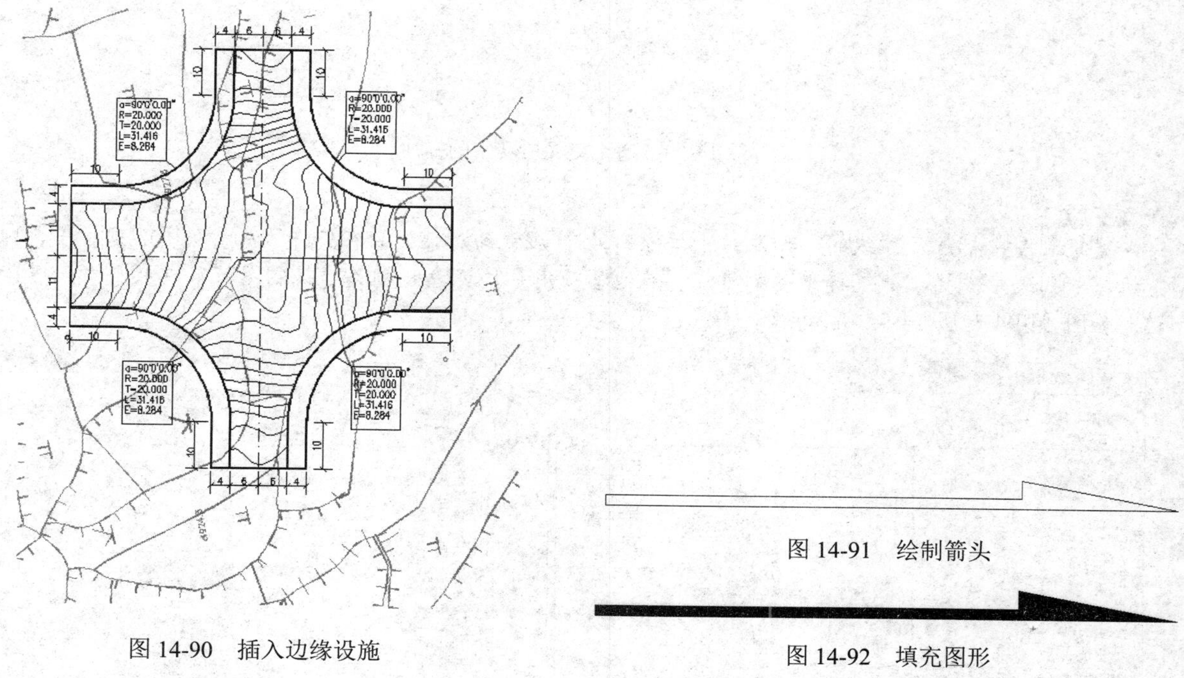

图 14-90　插入边缘设施

图 14-91　绘制箭头

图 14-92　填充图形

14.4.4　标注文字、尺寸

文字和尺寸标注相对建筑图来说比较简单，具体的绘制步骤如下。

单击“默认”选项卡“注释”面板中的“多行文字”按钮A，标注文字，完成的图形如图 14-93 所示。

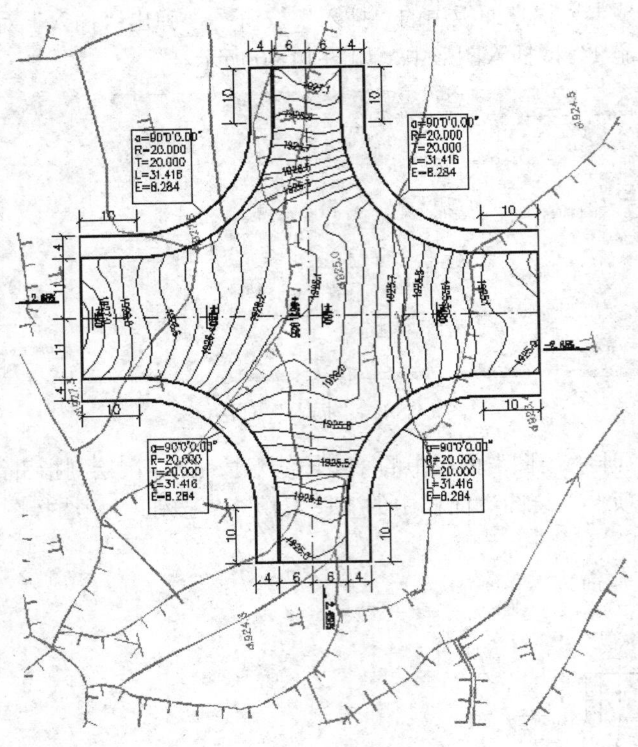

图 14-93　道路交叉口文字的标注

注意

建筑制图中标注尺寸线的起始及结束均以斜 45° 短线为标记，故在“符号和箭头”选项卡中，均在下拉符号列表中选择“建筑标记”斜短线。其他各项用户均可参照相关建筑制图标准或教科书来进行设置，如图 14-94 和图 14-95 所示。

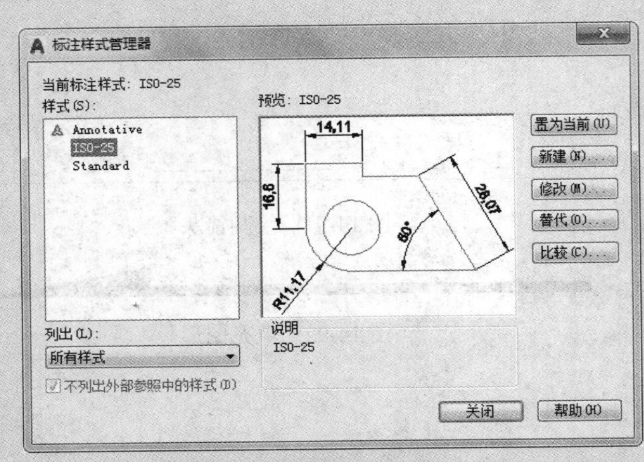

图 14-94　“标注样式管理器”对话框

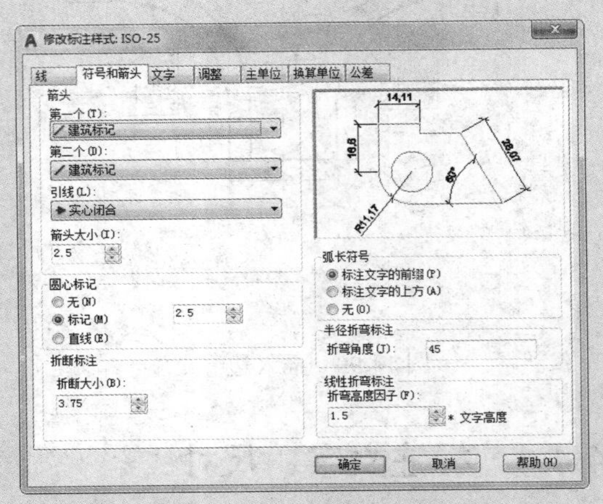

图 14-95　“修改标注样式”对话框

14.5　上 机 实 验

【练习 1】绘制如图 14-96 所示的道路管线综合平面图。

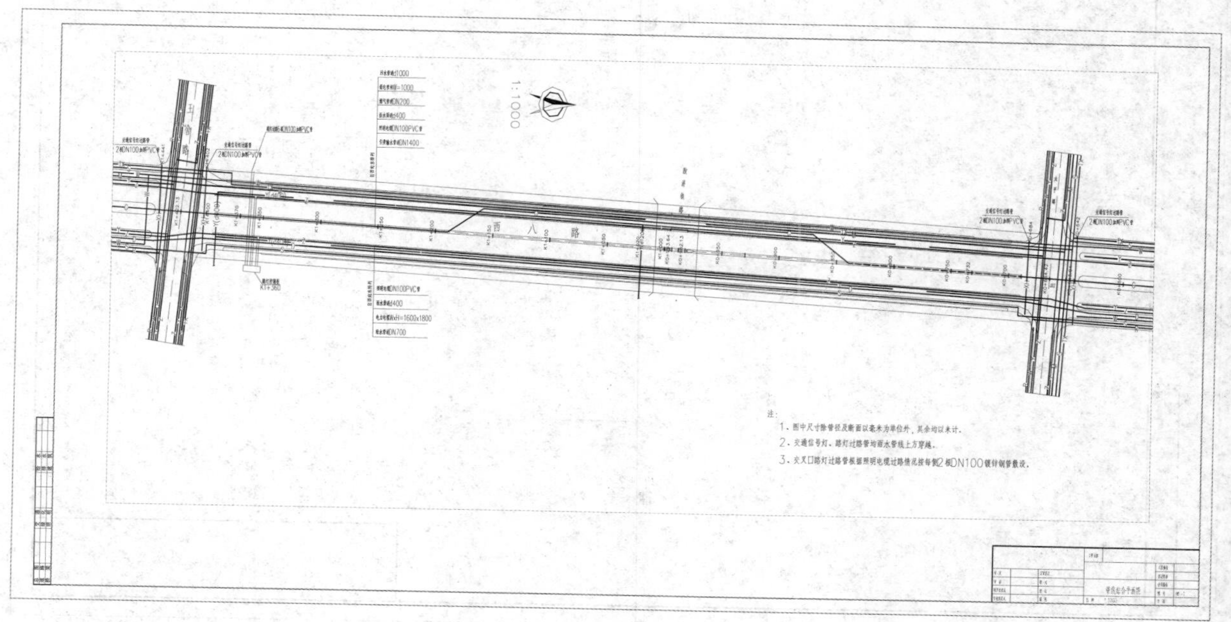

图 14-96　道路管线综合平面图

1．目的要求

本实例主要要求读者通过练习进一步熟悉和掌握道路管线综合平面图的绘制方法。通过本实例，可以帮助读者学会完成道路管线综合平面图绘制的全过程。

2．操作提示

（1）绘图前准备。
（2）绘制图形。
（3）添加文字。
（4）绘制指北针。

【练习 2】绘制如图 14-97 所示的管线综合横断面图。

1．目的要求

本实例主要要求读者通过练习进一步熟悉和掌握管线综合横断面图的绘制方法。通过本实例，可以帮助读者学会完成管线综合横断面图绘制的全过程。

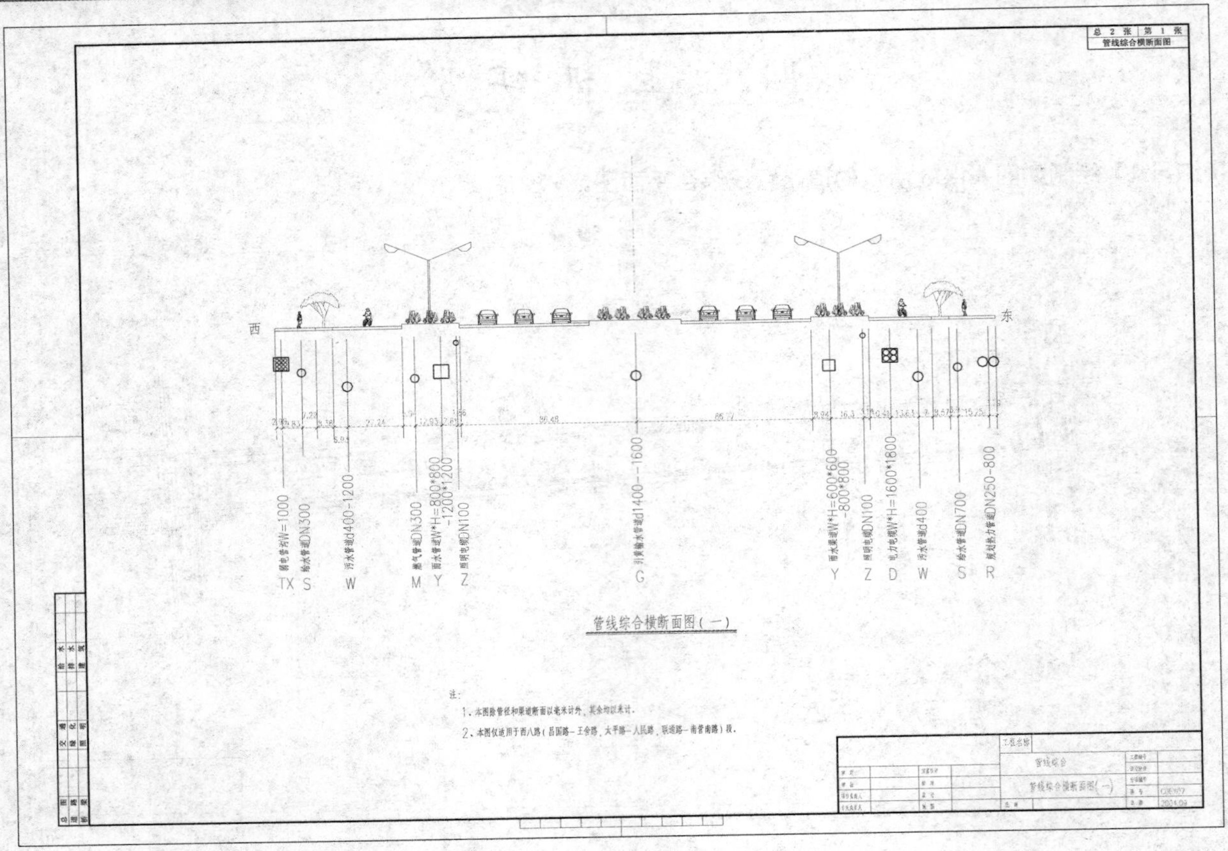

图 14-97　管线综合横断面图的绘制

2．操作提示

（1）绘制基础图形。

（2）添加标注及文字说明。

▶▶第 4 篇

桥梁施工篇

本篇主要通过学习使读者掌握桥梁的基本构造，桥梁绘制的方法和步骤，掌握混凝土梁、墩台、桥台的绘制方法。能识别 AutoCAD 桥梁施工图，熟练掌握使用 AutoCAD 2017 进行简支梁、墩台、桥台制图的一般方法，使读者具有一般桥梁绘制、设计技能的基础。

- 桥梁工程设计基础
- 桥梁结构图绘制
- 桥梁总体布置图的绘制

第15章

桥梁工程设计基础

桥梁属于道路的特殊部分，是地形复杂条件下道路设计的必不可少的组成环节。桥梁设计必须遵循一定的原则，要满足安全性、适用性、经济性、美观性以及桥梁具体结构特性等要素的综合考量和设计。

本章将简要介绍桥梁工程设计的相关规定，为后面具体实例的学习进行必要的理论知识准备。

15.1　桥梁设计总则及一般规定

【预习重点】

掌握桥梁设计总则和一般规定。

桥梁的设计应该根据其作用、性质和将来发展的需要，除应该符合技术先进、安全可靠、适用耐久、经济合理的要求外，还应该按照美观和有利于环保的原则进行设计，并考虑因地制宜、就地取材、便于施工和养护等因素。

即要有足够的承载能力，能保证行车的畅通、舒适和安全；既满足当前的需要，又考虑今后的发展；既满足交通运输本身的需要，也要考虑到支援农业，满足农田排灌的需要；通航河流上的桥梁，应满足航运的要求；靠近城市、村镇、铁路及水利设施的桥梁还应结合有关方面的要求，考虑综合利用。桥梁还应考虑在战时适应国防的要求。在特定地区，桥梁还应满足特定条件下的特殊要求（如地震等）。一般要求如下。

1. 安全可靠

（1）所设计的桥梁结构在强度、稳定性和耐久性方面应有足够的安全储备。

（2）防撞栏杆应具有足够的高度和强度，人与车流之间应做好防护栏，防止车辆撞入人行道或撞坏栏杆而落到桥下。

（3）对于交通繁忙的桥梁，应设计好照明设施并有明确的交通标志，两端引桥坡度不宜太陡，以避免发生车辆碰撞等引起的车祸。

（4）对于修建在地震区的桥梁，应按抗震要求采取防震措施；对于河床易变迁的河道，应设计好导流设施，防止桥梁基础底部被过度冲刷；对于通行大吨位船舶的河道，除按规定加大桥孔跨径外，必要时还要设置防撞构筑物等。

2. 适用耐久

（1）桥面宽度能满足当前以及今后规划年限内的交通流量（包括行人通道）。

（2）桥梁结构在通过设计荷载时不出现过大的变形和过宽的裂缝。

（3）桥跨结构的下方要有利于泄洪、通航（跨河桥）或车辆（立交桥）和行人的通行（旱桥）。

（4）桥梁的两端要便于车辆的进入和疏散，而不致产生交通堵塞现象等。

（5）考虑综合利用，方便各种管线（水、电、通信等）的搭载。

3. 经济合理

（1）经济桥梁设计必须经过技术经济比较，使桥梁在建造时消耗最少量的材料、工具和劳动力，在使用期间养护维修费用最省，并且经久耐用。

（2）桥梁设计还应满足快速施工的要求，缩短工期不仅能降低施工费用，而且可提早通车，在运输上带来很大的经济效益。因此，结构形式要便于施工和制造，能够采用先进的施工技术和施工机械，以便于加快施工速度，保证工程质量和施工安全。

4．美观

（1）在满足功能要求的前提下，要选用最佳的结构形式——纯正、清爽、稳定。质量统一于美，美从属于质量。

（2）美，主要表现在结构选型和谐与良好的比例，并具有秩序感和韵律感。过多的重复会导致单调。

（3）重视与环境协调。材料的选择，表面的质感，特别色彩的运用起着重要作用。模型检试有助于实感判断，审视阴影效果。

总之，在适用、经济和安全的前提下，尽可能使桥梁具有优美的外形，并与周围的环境相协调，这就是美观的要求。合理的结构布局和轮廓是美观的主要因素。在城市和游览地区，要注意环保问题，较多地考虑桥梁的建筑艺术。另外，施工质量对桥梁美观也有很大影响。

5．桥涵布置

（1）桥梁应根据公路功能、等级、通行能力及抗洪防灾要求，结合水文、地质、通航、环境等条件进行综合设计。

（2）当桥址处有两个及两个以上的稳定河槽，或滩地流量占设计流量比例较大，且水流不易引入同一座桥时，可在各河槽、滩地、河汊上分别设桥，不宜用长大导流堤强行集中水流。平坦地区、草原地区、漫流地区，可按分片泄洪布置桥涵。天然河道不宜改移或裁弯取直。

（3）公路桥涵的设计洪水频率应符合表 15-1 所示的规定。

表 15-1　桥涵设计洪水频率

公路等级	设计洪水频率				
	特大桥	大桥	中桥	小桥	涵洞及小型排水构造物
高速公路	1/300	1/100	1/100	1/100	1/100
一级公路	1/300	1/100	1/100	1/100	1/100
二级公路	1/100	1/100	1/100	1/50	1/25
三级公路	1/100	1/50	1/50	1/25	1/25
四级公路	1/100	1/50	1/25	1/25	不做规定

注：① 二级公路上的特大桥及三、四级公路上的大桥，在水势猛急、河床易于冲刷的情况下，可提高一级洪水频率验算基础冲刷深度。

② 三、四级公路，在交通容许有限度的中断时，可修建漫水桥和过水路面。漫水桥和过水路面的设计洪水频率，应根据容许阻断交通的时间长短和对上下游农田、城镇、村庄的影响以及泥沙淤塞桥孔、上游河床的淤高等因素确定。

6．桥涵孔径

（1）桥涵孔径的设计必须保证设计洪水以内的各级洪水及流冰、泥石流、漂流物等安全通过，并应考虑壅水、冲刷对上、下游的影响，确保桥涵附近路堤的稳定。

（2）桥涵孔径的设计应考虑桥位上、下游已建或拟建桥涵和水工建筑物的状况及其对河床演变的影响。

（3）桥涵孔径的设计尚应注意河床地形，不宜过分压缩河道、改变水流的天然状态。

（4）小桥、涵洞的孔径，应根据设计洪水流量、河床地质、河床和锥坡加固形式等条件确定。

（5）当小桥、涵洞的上游条件许可积水时，依暴雨径流计算的流量可考虑减少，但减少的流量不宜大于总流量的 1/4。

（6）特大、大、中桥的孔径布置应按设计洪水流量和桥位河段的特性进行设计计算，并对孔径大小、结构形式、墩台基础埋置深度、桥头引道及调治构造物的布置等进行综合比较。

（7）计算桥下冲刷时，应考虑桥孔压缩后设计洪水过水断面所产生的桥下一般冲刷、墩台阻水引起的局部冲刷、河床自然演变冲刷以及调治构造物和桥位其他冲刷因素的影响。

（8）桥梁全长规定为：有桥台的桥梁为两岸桥台侧墙或八字墙尾端间的距离；无桥台的桥梁为桥面系长度。

当标准设计或新建桥涵的跨径在 50m 及以下时，宜采用标准化跨径。桥涵标准化跨径规定如下：0.75m、1.0m、1.25m、1.5m、2.0m、2.5m、3.0m、4.0m、5.0m、6.0m、8.0m、10m、13m、16m、20m、25m、30m、35m、40m、45m、50m。

7．桥涵净空

（1）桥涵净空应符合如图 15-1 所示公路建筑限界规定及本条其他各款规定。

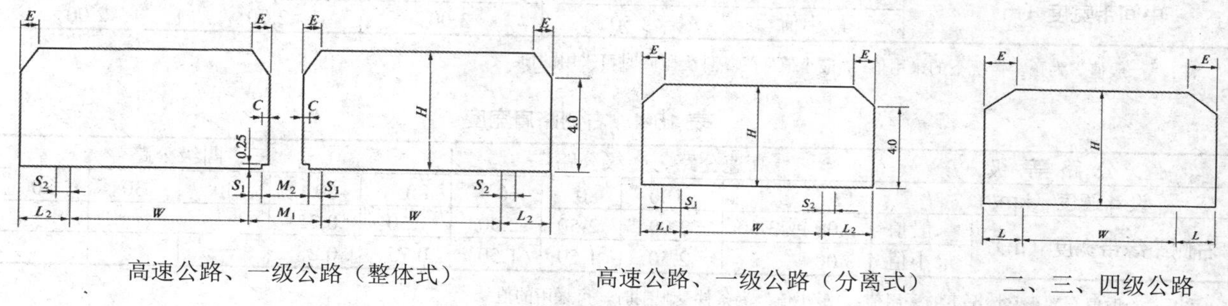

图 15-1　桥涵净空（尺寸单位：m）

图中：W——行车道宽度（m），为车道数乘以车道宽度，并计入所设置的加（减）速车道、紧急停车道、爬坡车道、慢车道或错车道的宽度，车道宽度规定如表 15-2 所示。

C——当设计速度大于 100km/h 时为 0.5m；当设计速度等于或小于 100km/h 时为 0.25。

S_1——行车道左侧路缘带宽度（m），如表 15-3 所示。

S_2——行车道右侧路缘带宽度（m），应为 0.5m。

M_1——中间带宽度（m），由两条左侧路缘带和中央分隔带组成，如表 15-3 所示。

M_2——中央分隔带宽度（m），如表 15-3 所示。

E——桥涵净空顶角宽度（m），当 $L \leqslant 1$m 时，$E=L$；当 $L>1$m 时，$E=1$m。

H——净空高度（m），高速公路和一级、二级公路上的桥梁应为 5.0m，三、四级公路上的桥梁应为 4.5m。

L_2——桥涵右侧路肩宽度（m），如表 15-4 所示，当受地形条件及其他特殊情况限制时，可采用最小值。高速公路和一级公路上桥梁应在右侧路肩内设右侧路缘带，其宽度为 0.5m。设计速度为 120km/h 的四车道高速公路上桥梁，宜采用 3.50m 的右侧路肩；六车道、八车道高速公路上桥梁，宜采用 3.00m 的右侧路肩。高速公路、一级公路上桥梁的右侧路肩宽度小于 2.50m 且桥长超过 500m 时，宜设置紧急停车带，紧急停车带宽度包括路肩在内为 3.50m，有效长度不应小于 30m，间距不宜大于 500m。

L_1——桥梁左侧路肩宽度（m），如表 15-5 所示。八车道及八车道以上高速公路上的桥梁宜设置左路肩，其宽度应为 2.50m。左侧路肩宽度内含左侧路缘带宽度。

L——侧向宽度。高速公路、一级公路上桥梁的侧向宽度为路肩宽度（L_1、L_2）；二、三、四级公路上桥梁的侧向宽度为其相应的路肩宽度减去 0.25m。

表 15-2　车道宽度

设计速度（km/h）	120	100	80	60	40	30	20
车道宽度（m）	3.75	3.75	3.75	3.50	3.50	3.25	3.00（单车道为3.50m）

注：高速公路上的八车道桥梁，当设置左侧路肩时，内侧车道宽度可采用3.50m。

表 15-3　中间带宽度

设计速度（km/h）		120	100	80	60
中央分隔带宽度（m）	一般值	3.00	2.00	2.00	2.00
	最小值	2.00	2.00	1.00	1.00
左侧路缘带宽度（m）	一般值	0.75	0.75	0.50	0.50
	最小值	0.75	0.50	0.50	0.50
中间带宽度（m）	一般值	4.50	3.50	3.00	3.00
	最小值	3.50	3.00	2.00	2.00

注："一般值"为正常情况下的采用值；"最小值"为条件受限制时可采用的值。

表 15-4　右侧路肩宽度

公 路 等 级		高速公路、一级公路				二、三、四级公路				
设计速度（km/h）		120	100	80	60	80	60	40	30	20
右侧路缘带宽度（m）	一般值	3.00或3.50	3.00	2.50	2.50	1.50	0.75	—	—	—
	最小值	3.00	2.50	1.50	1.50	0.75	0.25	—	—	

注："一般值"为正常情况下的采用值；"最小值"为条件受限制时，可采用的值。

表 15-5　分离式断面高速公路、一级公路左侧路肩宽度

设计速度（km/h）	120	100	80	60
左侧路肩宽度（m）	1.25	1.00	0.75	0.75

注意以下几点：

① 当桥梁设置人行道时，桥涵净空应包括该部分的宽度。

② 人行道、自行车道与行车道分开设置时，其净高不应小于2.5m。

③ 各级公路应选用的设计速度如表15-6所示。确定桥涵净宽时，其所依据的设计速度应沿用各级公路选用的设计速度。

④ 高速公路、一级公路上的特殊大桥为整体式上部结构时，其中央分隔带和路肩的宽度可根据具体情况适当减小，但减小后的宽度不应小于表15-3和表15-4规定的"最小值"。

⑤ 高速公路、一级公路上的桥梁宜设计为上、下行两座分离的独立桥梁。

⑥ 高速公路上的桥梁应设检修道，不宜设人行道。一、二、三、四级公路上桥梁的桥上人行道和自行车道的设置，应根据需要而定，并应与前后路线布置协调。人行道、自行车道与行车道之间应设分隔设施。一个自行车道的宽度为1.0m；当单独设置自行车道时，不宜小于两个自行车道的宽度。人行道的宽度宜为0.75m或1.0m；大于1.0m时，按0.5m的级差增加。当设路缘石时，路缘石高度可取用0.25～0.35m。漫水桥和过水路面可不设人行道。

⑦ 通行拖拉机或兽力车为主的慢行道，其宽度应根据当地行驶拖拉机或兽力车车型及交通量而定；当沿桥梁一侧设置时，不应小于双向行驶要求的宽度。

⑧ 高速公路、一级公路上的桥梁必须设置护栏。二、三、四级公路上特大、大、中桥应设护栏或栏杆

和安全带，小桥和涵洞可仅设缘石或栏杆。不设人行道的漫水桥和过水路面应设标杆或护栏。

表 15-6　各级公路设计速度

公路等级	高速公路			一级公路			二级公路		三级公路		四级公路
设计速度（km/h）	120	100	80	100	80	60	80	60	40	30	20

（2）桥下净空应根据计算水位（设计水位计入壅水、浪高等）或最高流冰水位加安全高度确定。

当河流有形成流冰阻塞的危险或有漂浮物通过时，应按实际调查的数据，在计算水位的基础上，结合当地具体情况酌留一定富余量，作为确定桥下净空的依据。对于有淤积的河流，桥下净空应适当增加。

在不通航或无流放木筏河流上及通航河流的不通航桥孔内，桥下净空不应小于表 15-7 的规定。

表 15-7　非通航河流桥下最小净空

桥梁的部位		高出计算水位（m）	高出最高流冰面（m）
梁底	洪水期无大漂流物	0.50	0.75
	洪水期有大漂流物	1.50	—
	有泥石流	1.00	—
支承垫石顶面		0.25	0.50
拱脚		0.25	0.25

无铰拱的拱脚允许被设计洪水淹没，但不宜超过拱圈高度的 2/3，且拱顶底面至计算水位的净高不得小于 1.0m。

在不通航和无流筏的水库区域内，梁底面或拱顶底面离开水面的高度不应小于计算浪高的 0.75 倍加上 0.25m。

（3）涵洞宜设计为无压力式的。无压力式涵洞内顶点至洞内设计洪水频率标准水位的净高应符合表 15-8 所示的规定。

表 15-8　无压力式涵洞内顶点至最高流水面的净高

涵洞类型 / 涵洞进口净高（或内径）h（m）	管　涵	拱　涵	矩　形　涵
$h \leqslant 3$	$\geqslant h/4$	$\geqslant h/4$	$\geqslant h/6$
$h > 3$	≥0.75m	≥0.75m	≥0.5m

（4）立体交叉跨线桥桥下净空应符合下列规定：

公路与公路立体交叉的跨线桥桥下净空及布孔除应符合以上桥涵净空的规定外，还应满足桥下公路的视距和前方信息识别的要求，其结构形式应与周围环境相协调。

铁路从公路上跨越通过时，其跨线桥桥下净空及布孔除应符合以上桥涵净空的规定外，还应满足桥下公路的视距和前方信息识别的要求。

农村道路与公路立体交叉的跨线桥桥下净空为：

① 当农村道路从公路上面跨越时，跨线桥桥下净空应符合以上建筑限界的规定。

② 当农村道路从公路下面穿过时，其净空可根据当地通行的车辆和交叉情况而定，人行通道的净高应大于或等于 2.2m，净宽应大于或等于 4.0m。

③ 畜力车及拖拉机通道的净高应大于或等于 2.7m，净宽应大于或等于 4.0m。

④ 农用汽车通道的净高应大于或等于 3.2m，并根据交通量和通行农业机械的类型选用净宽，但应大于或等于 4.0m。

⑤ 汽车通道的净高应大于或等于 3.5m；净宽应大于或等于 6.0m。

（5）车行天桥桥面净宽按交通量和通行农业机械类型可选用 4.5m 或 7.0m。人行天桥桥面净宽应大于或等于 3.0m。

（6）电讯线、电力线、电缆、管道等的设置不得侵入公路桥涵净空限界，不得妨害桥涵交通安全，并不得损害桥涵的构造和设施。

严禁天然气输送管道、输油管道利用公路桥梁跨越河流。天然气输送管道离开特大、大、中桥的安全距离不应小于 100m，离开小桥的安全距离不应小于 50m。

高压线跨河塔架的轴线与桥梁的最小间距，不得小于一倍塔高。高压线与公路桥涵的交叉应符合现行《公路路线设计规范》的规定。

8. 桥上线形及桥头引道

（1）桥上及桥头引道的线形应与路线布设相互协调，各项技术指标应符合路线布设的规定。桥上纵坡不宜大于 4%，桥头引道纵坡不宜大于 5%；位于市镇混合交通繁忙处，桥上纵坡和桥头引道纵坡均不得大于 3%。桥头两端引道线形应与桥上线形相配合。

（2）在洪水泛滥区域以内，特大、大、中桥桥头引道的路肩高程应高出桥梁设计洪水频率的水位加壅水高、波浪爬高、河弯超高、河床淤积等 0.5m 以上。

小桥涵引道的路肩高程，宜高出桥涵前壅水水位（不计浪高）0.5m 以上。

（3）桥头锥体及引道应符合以下要求：

① 桥头锥体及桥台台后 5～10m 长度内的引道，可用砂性土等材料填筑。在非严寒地区，当无透水性土时，可就地取土经处理后填筑。

② 锥坡与桥台两侧正交线的坡度，当有铺砌时，路肩边缘下的第一个 8m 高度内不宜陡于 1:1；在 8～12m 高度内不宜陡于 1:1.25；高于 12m 的路基，其 12m 以下的边坡坡度应由计算确定，但不应陡于 1:1.5，变坡处台前宜设宽 0.5～2.0m 的锥坡平台；不受洪水冲刷的锥坡可采用不陡于 1:1.25 的坡度；经常受水淹没部分的边坡坡度不应陡于 1:2。

③ 埋置式桥台和钢筋混凝土灌注桩式或排架桩式桥台，其锥坡坡度不应陡于 1:1.5，对不受洪水冲刷的锥坡，加强防护时可采用不陡于 1:1.25 的坡度。

④ 洪水泛滥范围以内的锥坡和引道的边坡坡面，应根据设计流速设置铺砌层。铺砌层的高度应为：特大、大、中桥应高出计算水位 0.5m 以上；小桥涵应高出设计水位加壅水水位（不计浪高）0.25m 以上。

（4）桥台侧墙后端和悬臂梁桥的悬臂端深入桥头锥坡顶点以内的长度，均不应小于 0.75m（按路基和锥坡沉实后计）。

高速公路、一级公路和二级公路的桥头宜设置搭板。搭板厚度不宜小于 0.25m，长度不宜小于 5m。

9. 桥涵构造要求

（1）桥涵结构应符合以下要求：

① 结构在制造、运输、安装和使用过程中，应具有规定的强度、刚度、稳定性和耐久性。

② 结构的附加应力、局部应力应尽量减小。

③ 结构形式和构造应便于制造、施工和养护。

④ 结构物所用材料的品质及其技术性能必须符合相关现行标准的规定。

（2）公路桥涵应根据其所处环境条件选用适宜的结构形式和建筑材料，进行适当的耐久性设计，必要时应增加防护措施。

（3）桥涵的上、下部构造应视需要设置变形缝或伸缩缝，以减小温度变化、混凝土收缩和徐变、地基不均匀沉降以及其他外力所产生的影响。

高速公路、一级公路上的多孔梁（板）桥宜采用连续桥面简支结构，或采用整体连续结构。

（4）小桥涵可在进、出口和桥涵所在范围内将河床整治和加固，必要时在进、出口处设置减冲、防冲设施。

（5）漫水桥应尽量减小桥面和桥墩的阻水面积，其上部构造与墩台的连接必须可靠，并应采取必要的措施使基础不被冲毁。

（6）桥涵应有必要的通风、排水和防护措施及维修工作空间。

（7）需设置栏杆的桥梁，其栏杆的设计，除应满足受力要求外，尚应注意美观，栏杆高度不应小于 1.1m。

（8）安装板式橡胶支座时，应保证其上、下表面与梁底面及墩台支承垫石顶面平整密贴、传力均匀，不得有脱空的橡胶支座。

当板式橡胶支座设置于大于某一规定坡度上时，应在支座表面与梁底之间采取措施，使支座上、下传力面保持水平。

弯、坡、斜、宽桥梁宜选用圆形板式橡胶支座。公路桥涵不宜使用带球冠的板式橡胶支座或坡形的板式橡胶支座。

墩台构造应满足更换支座的要求。

10. 桥面铺装、排水和防水层

（1）桥面铺装的结构形式宜与所在位置的公路路面相协调。桥面铺装应有完善的桥面防水、排水系统。高速公路和一级公路上特大桥、大桥的桥面铺装宜采用沥青混凝土桥面铺装。

（2）桥面铺装应设防水层。圬工桥台背面及拱桥拱圈与填料间应设置防水层，并设盲沟排水。

（3）高速公路、一级公路上桥梁的沥青混凝土桥面铺装层厚度不宜小于 70mm；二级及二级以下公路桥梁的沥青混凝土桥面铺装层厚度不宜小于 50mm。

（4）水泥混凝土桥面铺装面层（不含整平层和垫层）的厚度不宜小于 80mm，混凝土强度等级不应低于 C40。

水泥混凝土桥面铺装层内应配置钢筋网。钢筋直径不应小于 8mm，间距不宜大于 100mm。

（5）正交异性板钢桥面沥青混凝土铺装结构应根据桥梁纵面线形、桥梁结构受力状态、桥面系的实际情况、当地气象与环境条件、铺装材料的性能等综合研究选用。

（6）桥面伸缩装置应保证能自由伸缩，并使车辆平稳通过。伸缩装置应具有良好的密水性和排水性，并应便于检查和清除沟槽的污物。

特大桥和大桥宜使用模数式伸缩装置，其钢梁高度应按计算确定，但不应小于 70mm，并应具有强力的锚固系统。

（7）桥面应设排水设施。跨越公路、铁路、通航河流的桥梁，桥面排水宜通过设在桥梁墩台处的竖向排水管排入地面排水设施中。

11．养护及其他附属设施

（1）特大、大桥上部构造宜设置检查平台、通道、扶梯、箱内照明、入口井盖等专门供检查和养护用的设施，保证工作人员的正常工作和安全。条件许可时，特大、大桥应设置检修通道。

（2）特大桥和大桥的墩台宜根据需要设置测量标志，测量标志的设置应符合有关标准的规定。

（3）跨越河流或海湾的特大、大、中桥宜设置水尺或标志，较高墩台宜设围栏、扶梯等。

（4）斜拉桥和悬索桥的桥塔必须设置避雷设施。

（5）特大、大、中桥可视需要设防火、照明和导航设备以及养护工房、库房和守卫房等，必要时可设置紧急电话。

15.2 桥梁设计程序

一座桥梁的规划设计所涉及的因素很多，尤其对于比较庞大的工程来说，要进行系统的、综合的考虑。设计合理与否，将直接影响到区域的政治、文化、经济以及人民的生活。我国桥梁设计程序分为前期工作及设计阶段。前期工作包括编制预可行性研究报告和可行性研究报告。设计阶段按“三阶段设计”进行，即初步设计、技术设计与施工设计。

【预习重点】

☑ 了解桥梁设计前期工作。

☑ 了解桥梁的设计阶段。

15.2.1 前期工作

前期工作包括预可行性研究报告和工程可行性研究报告的编制。

预可行性研究报告与可行性研究报告均属建设的前期工作。预可行性研究报告是在工程可行的基础上，着重研究建设上的必要性和经济上的合理性。

可行性研究报告则是在预可行性研究报告审批后，在必要性和合理性得到确认的基础上，着重研究工程上的和投资上的可行性。

这两个阶段的研究都是为科学地进行项目决策提供依据，避免盲目性及带来的严重后果。

这两个阶段的文件应包括以下主要内容：

（1）工程必要性论证，评估桥梁建设在国民经济中的作用。

（2）工程可行性论证，首先是选择好桥位，其次是确定桥梁的建设规模，同时还要解决好桥梁与河道、航运、城市规划以及已有设施（通称“外部条件”）的关系。

（3）经济可行性论证，主要包括造价及回报问题和资金来源及偿还问题。

15.2.2　设计阶段

设计阶段包括初步设计、技术设计和施工设计（三阶段设计），分别介绍如下。

1. 初步设计

按照基本建设程序为使工程取得预期的经济效益或目的而编制的第一阶段设计工作文件。该设计文件应阐明拟建工程技术上的可行性和经济上的合理性，要对建设中的一切基本问题做出初步确定。内容一般应包括设计依据、设计指导思想、建设规模、技术标准、设计方案、主要工程数量和材料设备供应、征地拆迁面积、主要技术经济指标、建设程序和期限、总概算等方面的图纸和文字说明。该设计根据批准的计划任务书编制。

2. 技术设计

技术设计是基本建设工程设计分为三阶段设计时的中间阶段的设计文件。它是在已批准的初步设计的基础上，通过详细的调查、测量和计算而进行的。其内容主要为协调编制拟建工程中有关工程项目的图纸、说明书和概算等。经过审批的技术设计文件，是进行施工图设计及订购各种主要材料、设备的依据，且为基本建设拨款（或贷款）和对拨款的使用情况进行监督的基本文件。

3. 施工设计

施工设计又称为施工图设计，是设计部门根据鉴定批准的三阶段设计的技术设计，或两阶段设计的扩大初步设计或一阶段设计的设计任务书所编制的设计文件。此文件应提供施工所必需的图纸、材料数量表及有关说明。与前一设计阶段比较，设计图的设计和绘制应有更加详细的、具体的细部构造和尺寸、用料和设备等图纸的设计和计算工作，其主要内容有平面图、立面图、剖面图及结构、构造的详图，工程设计计算书，工程数量表等。施工图设计一般应全面贯彻技术设计或扩大初步设计的各项技术要求。除上级指定需要审查者外，一般均不需再审批，可直接交付施工部门据以施工，设计部门必须保证设计文件质量。同时，施工图文件也是安排材料和设备、加工制造非标准设备、编制施工图预算和决算的依据。施工设计一般分为以下 3 种方式：

（1）三阶段设计

一般用于大型、复杂的工程。铁路建设项目的设计工作，一般常采用三阶段设计。

（2）两阶段设计

分为初步设计和施工设计两个阶段。其中初步设计又称为扩大初步设计。

公路、工业与民用房屋、独立桥涵和隧道等建设项目的设计工作，通常采用这种设计步骤。

（3）一阶段设计

仅包括施工图设计一个阶段，一般用于技术简单的中、小桥。

在国内，一般的（常规的）桥梁采用两阶段设计，即初步设计和施工设计两个阶段。

15.3 桥梁设计方案比选

【预习重点】

了解桥梁设计方案比选。

桥梁设计方案的比选主要包括桥位方案的比选和桥型方案的比选。

1. 桥位方案的比选

至少应该选择两个以上的桥位进行比选。如遇到某种特殊情况时，还需要在大范围内提出多个桥位方案进行比较。

桥位方案的选择一般采取以下原则：

（1）桥位的选择应置于路网中一起考虑，要有利于路网的布置，尽量满足选线的需要。桥梁建在城市范围内时，要重视桥梁建设满足城市规划的要求。

（2）特大、大桥桥位应选择河道顺直稳定、河床地质良好、河槽能通过大部分设计流量的河段。桥位不宜选择在河汊、沙洲、古河道、急弯、汇合口、港口作业区及易形成流冰、流木阻塞的河段以及断层、岩溶、滑坡、泥石流等不良地质的河段。

（3）桥梁纵轴线宜与洪水主流流向正交。对通航河流上的桥梁，其墩台沿水流方向的轴线应与最高通航水位时的主流方向一致。当斜交不能避免时，交角不宜大于 5°；当交角大于 5° 时，宜增加通航孔净宽。

（4）为保证桥位附近水流顺畅，河槽、河岸不发生严重变形，必要时可在桥梁上、下游修建调治构造物。

调治构造物的形式及其布置应根据河流性质、地形、地质、河滩水流情况以及通航要求、桥头引道、水利设施等因素综合考虑确定。非淹没式调治构造物的顶面，应高出桥涵设计洪水频率的水位至少 0.25m，必要时尚应考虑壅水高、波浪爬高、斜水流局部冲高、河床淤积等影响。允许淹没的调治构造物的顶面应高出常水位。单边河滩流量不超过总流量的 15%或双边河滩流量不超过 25%时，可不设导流堤。

2. 桥型方案的比选

为了设计出经济、适用、美观的桥梁，设计者必须根据自然和技术条件，因地制宜。在综合应用专业知识及了解掌握国内外新技术、新材料、新工艺的基础上，进行深入细致的研究和分析对比，才能科学地得到最优的设计方案。

桥梁的形式可考虑拱桥、梁桥、梁拱组合桥和斜拉桥。任选 3 种做比较，从安全、功能、经济、美观、施工、占地与工期多方面比选，最终确定桥梁形式。

桥梁设计方案的比选和确定可按下列步骤进行。

（1）明确各种高程的要求

在桥位纵断面图上，先按比例绘出设计洪水位、通航水位、堤顶高程、桥面高程、通航净空、堤顶行车净空位置图等。

（2）桥梁分孔和初拟桥型方案草图

在确定了各种高程的纵断面图上，根据泄洪纵跨径的要求，以及桥下通航、立交等要求，做出桥梁分孔和初拟桥型方案草图。同时要注意尽可能多绘几种，以免遗漏可能的桥型方案。

（3）方案初选

对草图做技术和经济上的初步分析和判断，从中选择 2～4 个构思好、各具特点的方案，做进一步详细研究和对比。

（4）详绘桥型方案图

根据不同桥型、不同跨度、宽度和施工方法，拟定主要尺寸并尽可能细致地绘制各个桥型方案的尺寸详图（新结构作初步力学分析），以准确拟定各方案的主要尺寸。

（5）编制估算或概算

根据编制方案的详图，可以计算出上、下结构的主要工程数量，然后根据各省、市或行业的“估算定额”或“概算定额”编制或估算三材用量（即钢、木、混凝土）、劳动力数量和全桥总造价。

（6）方案选定和文件汇总

全面考虑建设造价、养护费用、建设工期、营运适应性、美观等因素，综合分析确定每一个方案的优缺点，最后选定一个最佳的推荐方案。在深入比较分析的过程中，应当及时发现并调整方案中的不合理之处，确保最后选定的方案最优。

上述工作完成之后，着手编写方案说明。说明书中应该阐明方案编制的依据和标准、各方案的主要特色、施工方法、设计概算以及方案比较的综合性评价，并对推荐方案进行重点、详细的说明。各种测量资料、地质勘查资料、地震烈度复核资料、水文调查与计算资料等按附件载入。

桥梁结构图绘制

桥梁结构图是进行桥梁设计的重要组成部分，也是桥梁工程施工的重要依据。本章通过学习桥梁结构图的绘制，使读者掌握桥梁的基本构造，桥梁绘制的方法和步骤，并能熟练使用 AutoCAD 进行桥梁结构设计。

16.1　桥梁配筋图绘制要求

【预习重点】

了解桥梁配筋图绘制要求。

1．钢筋混凝土构件图的内容包括模板图和配筋图

模板图即构件的外形图。对于形状简单的构件，可不必单独画模板图。

配筋图主要表达钢筋在构件中的分布情况，通常有配筋平面图、配筋立面图、配筋断面图等。

钢筋在混凝土中不是单根游离放置的，而是将各钢筋用铁丝绑扎或焊接成钢筋骨架或网片。

☑　受力钢筋：承受构件内力的主要钢筋。

☑　架立钢筋：起架立作用，以构成钢筋骨架。

☑　箍筋：固定各钢筋的位置并承受剪力。

2．钢筋混凝土构件图绘制要求

（1）为了突出表示钢筋的配置状况，在构件的立面图和断面图上，轮廓线用中实线或细实线画出，图内不画材料图例，而用粗实线（在立面图）和黑圆点（在断面图）表示钢筋，并要对钢筋加以说明标注。

（2）钢筋的标注方法。

钢筋（或钢丝束）的标注应包括钢筋的编号、数量或间距、代号、直径及所在位置，通常应沿钢筋的长度标注或标注在有关钢筋的引出线上。梁、柱的箍筋和板的分布筋，一般应注出间距，不注数量。对于简单的构件，钢筋可不编号，如图 16-1 所示。

当构件纵横向尺寸相差悬殊时，可在同一详图中纵横向选用不同比例。

结构图中的构件标高，一般标注出构件底面的结构标高。

（3）钢筋末端的标准弯钩可分为 90°、135°和 180°3 种。当采用标准弯钩（即最小弯钩）时，钢筋直段长的标注可直接注于钢筋的侧面。箍筋大样可不绘出弯钩，当为扭转或抗震箍筋时，应在大样图的右上角增绘两条倾斜 45°的斜短线。弯钩的表示如图 16-2 所示。

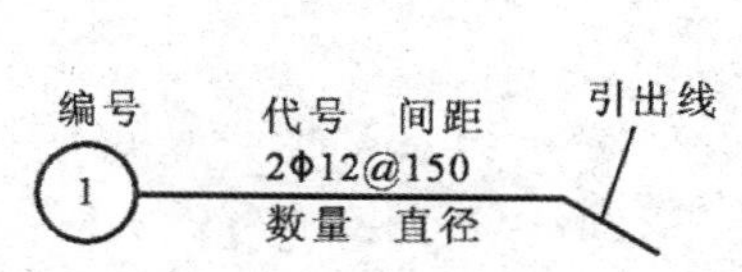

图 16-1　钢筋的标注方法

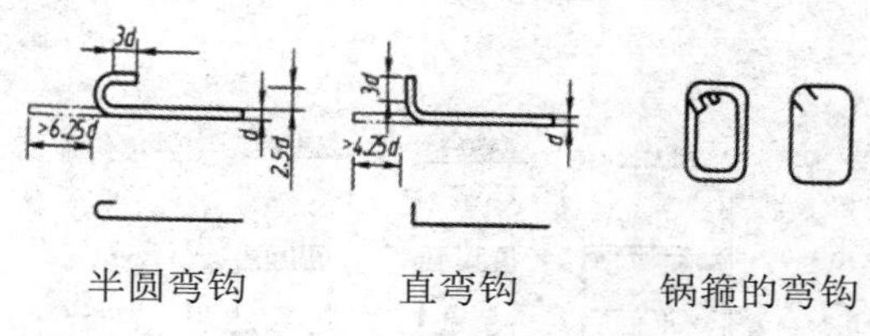

图 16-2　弯钩的表示方法

（4）钢筋的保护层。

钢筋的保护层的作用是为保护钢筋以防锈、防水、防腐蚀。钢筋混凝土保护层最小厚度如表 16-1 所示。

表 16-1　钢筋混凝土保护层最小厚度（mm）

钢筋名称	环境条件	构件类别	混凝土强度等级		
			≤C20	C25 及 C30	≥C35
受力筋	室内正常环境	板、墙	15		
		梁	25		
受力筋	室内正常温度	柱	30		
	露天或室内高湿度	板、墙	35	25	15
		梁	45	35	25
		柱	45	35	30
箍筋	梁和柱		15		
分布筋	墙和板		10		

（5）钢筋的简化画法。

型号、直径、长度和间隔距离完全相同的钢筋，可以只画出第一根和最后一根的全长，用标注的方法表示其根数、直径和间隔距离，如图 16-3（a）所示。

型号、直径、长度相同而间隔距离不相同的钢筋，可以只画出第一根和最后一根的全长，中间用粗短线表示其位置，用标注的方法表明钢筋的根数、直径和间隔距离，如图 16-3（b）所示。

当若干构件的断面形状、尺寸大小和钢筋布置均相同，仅钢筋编号不同时，可采用如图 16-3（c）所示的画法。

钢筋的形式和规格相同，而其长度不同且呈有规律的变化时，这组钢筋允许只编一个号，并在钢筋表的“简图”栏内加注变化规律，如图 16-3（d）所示。

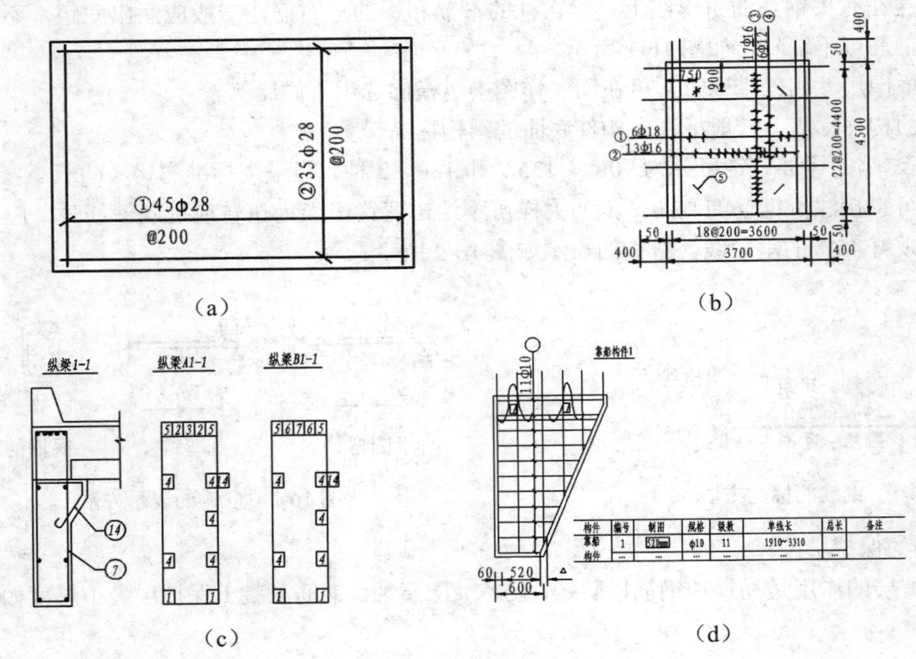

图 16-3　钢筋的简化画法简图

16.2　桥墩平面图的绘制

使用“直线”命令绘制定位轴线；使用“直线”“多段线”等命令绘制纵主梁配筋；使用“多行文字”“复制”命令标注文字；删除、修剪多余直线，完成桥墩平面图，如图 16-4 所示。

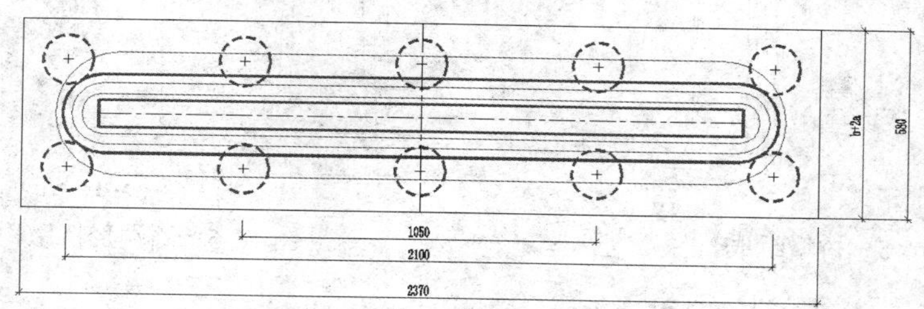

图 16-4　桥墩平面图

【预习重点】

☑　了解桥墩图简介。
☑　了解桥墩图绘制准备工作。
☑　掌握桥墩平面图的绘制。

16.2.1　桥墩图简介

桥墩由基础、墩身和墩帽组成。

基础在桥墩的底部，埋在地面以下。基础可以采用扩大基础、桩基础或沉井基础。扩大基础的材料多为浆砌片石或混凝土。墩身是桥墩的主体，上面小，下面大。墩身有实心和空心，实心桥墩以墩身的横断面形状来区分类型，如圆形墩、矩形墩、圆端形墩、尖端形墩等。墩身的材料多为浆砌片石或混凝土，在墩身顶部 40cm 高的范围内放有少量钢筋的混凝土，以加强与墩帽的连接。

墩帽位于桥墩的上部，用钢筋混凝土材料制成，由顶帽和托盘组成。直接与墩身连接的是托盘，下面小，上面大，顶帽位于托盘之上，在其上面设置垫石以便安装桥梁支座。

桥墩的组成如图 16-5 所示。

表示桥墩的图样有桥墩图、墩帽图以及墩帽钢筋布置图。

（1）桥墩图

桥墩图用来表达桥墩的整体情况，包括墩帽、墩身、基础的形状、尺寸和材料。

圆端形桥墩正面图为按照线路方向投射桥墩所得的视图，如图 16-6 所示。

圆形墩的桥墩图正面图是半正面与半剖面的合成视图，半剖面是为了表示桥墩各部分的材料，加注材料说明，画出虚线作为材料分界线。半正面图上的点画线，是托盘上的斜圆柱面的轴线和顶帽上的直圆柱面的轴线。平面图画成了基顶平面，它是沿基础顶面剖切后向下投射得到的剖面（剖视）图，如图 16-7 所示。

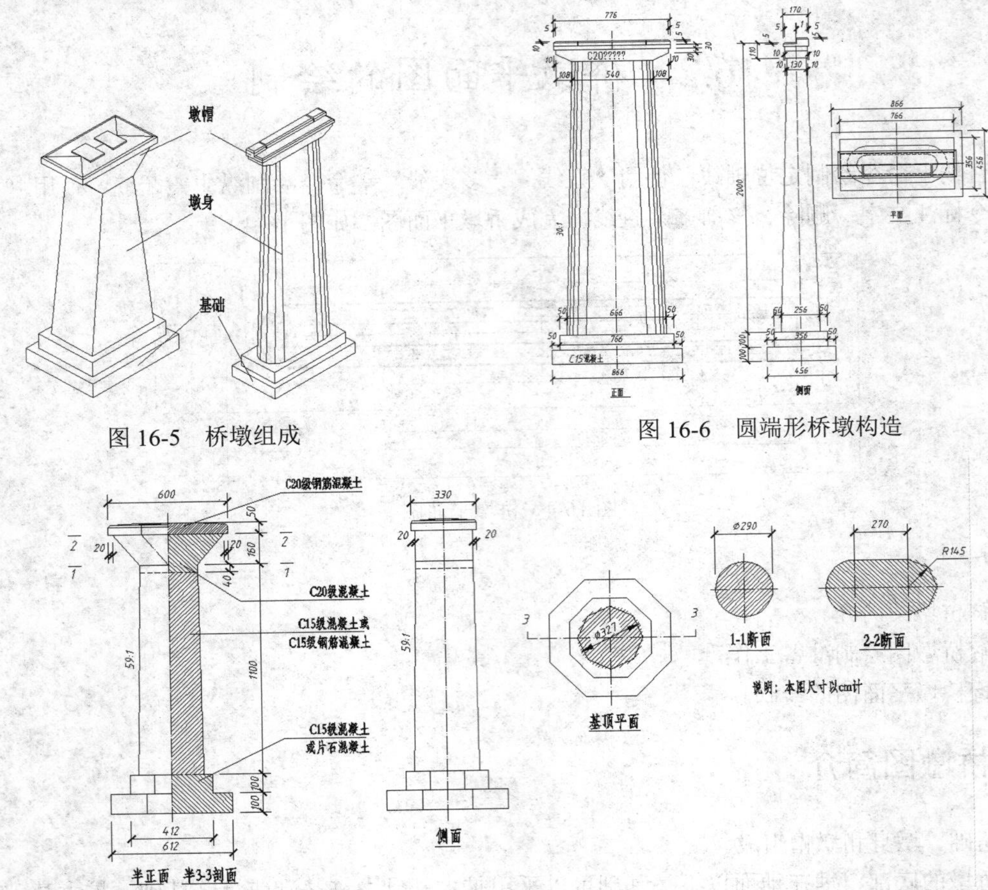

图 16-5　桥墩组成

图 16-6　圆端形桥墩构造

图 16-7　圆形墩桥墩构造

（2）墩帽图

一般需要用较大的比例单独画出墩帽图。

正面图和侧面图中的虚线为材料分界线，点画线为柱面的轴线。

（3）墩帽钢筋布置图

墩帽钢筋布置图提供墩帽部分的钢筋布置情况，钢筋图的画法见桥梁制图基础知识。

墩帽形状和配筋情况不太复杂时也可将墩帽钢筋布置图与墩帽图合画在一起，不必单独绘制。

16.2.2　前期准备以及绘图设置

设置绘图环境是绘制任何一幅建筑图形都要进行的预备工作，这里主要创建图形文件、设置文字样式以及设置标注样式。有些具体设置可以在绘制过程中根据需要进行设置。

（1）根据绘制图形决定绘图的比例，建议采用 1:1 的比例绘制，出图比例为 1:30。

（2）建立新文件。打开 AutoCAD 2017 应用程序，建立新文件，将新文件命名为“桥墩平面图.dwg”并保存。

（3）文字样式的设置。单击“默认”选项卡“注释”面板中的“文字样式”按钮 A，进入“文字样式”

对话框，选择仿宋字体，“宽度因子”设置为 0.8。

（4）标注样式的设置。根据绘图比例设置标注样式，对标注样式线、符号和箭头、文字、主单位进行设置，具体参数如下。

① 线：超出尺寸线为 125，起点偏移量为 150。

② 符号和箭头：第一个为建筑标记，箭头大小为 150，圆心标记为标记 75。

③ 文字：文字高度为 150，文字位置为垂直上，从尺寸线偏移 75，文字对齐为 ISO 标准。

④ 主单位：精度为 0，比例因子为 1。

16.2.3　绘制桥墩平面图

本节主要讲述桥墩平面图的绘制方法与技巧，利用了简单的二维绘图和编辑命令，具体的绘制步骤如下。

（1）新建“中心线”图层，并将其置为当前图层，在状态栏中单击“正交模式”按钮，打开正交模式，单击“默认”选项卡“绘图”面板中的“直线”按钮，绘制一条长为 1915 的水平直线，如图 16-8 所示。

（2）单击“默认”选项卡“绘图”面板中的“直线”按钮，绘制交于端点的垂直的长为 580 的直线，如图 16-9 所示。

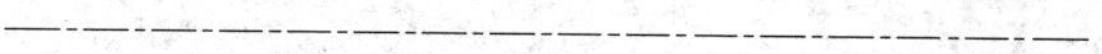

图 16-8　绘制水平直线

图 16-9　绘制垂直直线

（3）新建“轮廓线”图层，并将其设置为当前图层，单击“默认”选项卡“绘图”面板中的“多段线”按钮，指定起点宽度为 6，端点宽度为 6，绘制一个 1915×84 的矩形，如图 16-10 所示。

（4）单击“默认”选项卡“绘图”面板中的“直线”按钮，在绘制的矩形上侧绘制一条水平直线，如图 16-11 所示。

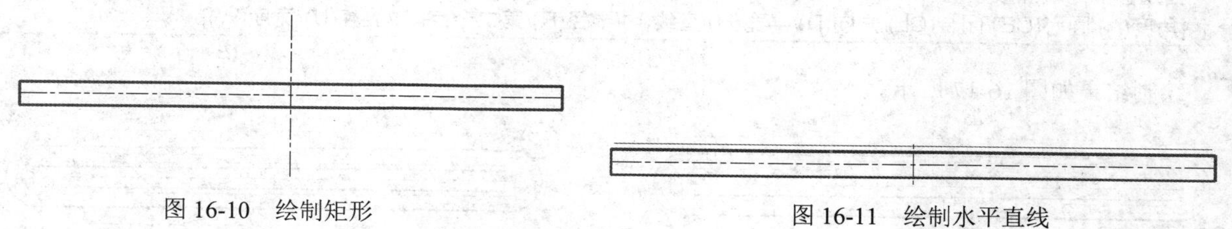

图 16-10　绘制矩形

图 16-11　绘制水平直线

（5）单击“默认”选项卡“修改”面板中的“偏移”按钮，选取绘制的直线向下偏移，偏移距离为 124，如图 16-12 所示。

（6）单击“默认”选项卡“修改”面板中的“圆角”按钮，选取绘制的水平直线进行倒圆角，圆角半径为 62，如图 16-13 所示。

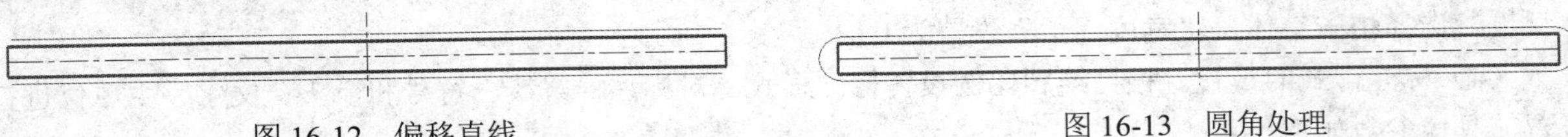

图 16-12　偏移直线　　图 16-13　圆角处理

（7）单击“默认”选项卡“修改”面板中的“偏移”按钮，选取圆角的直线向外偏移，偏移距离为33，如图 16-14 所示。

（8）单击“默认”选项卡“绘图”面板中的“多段线”按钮，指定起点宽度为 6，端点宽度为 6，绘制连续多段线，如图 16-15 所示。

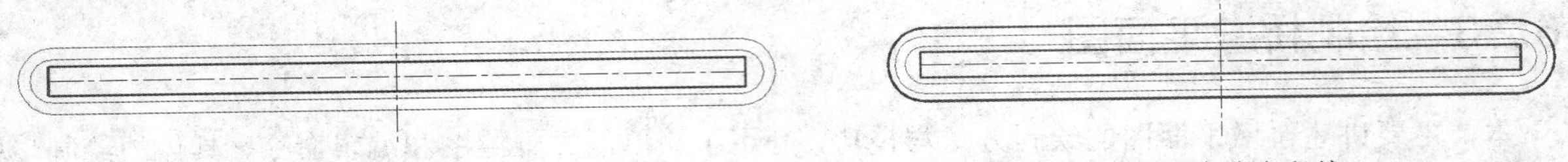

图 16-14　偏移图形　　图 16-15　绘制连续多段线 1

（9）单击“默认”选项卡“绘图”面板中的“多段线”按钮，指定起点宽度为 0，端点宽度为 0，继续绘制连续多段线，如图 16-16 所示。

（10）单击“默认”选项卡“绘图”面板中的“多段线”按钮，绘制一个圆，命令行提示与操作如下。

```
命令: PLINE
指定起点:（指定任意起点）
当前线宽为 0.0000
指定下一个点或 [圆弧(A)/半宽(H)/长度(L)/放弃(U)/宽度(W)]: W
指定起点宽度 <0.0000>: 6
指定端点宽度 <6.0000>: 6
指定下一个点或 [圆弧(A)/半宽(H)/长度(L)/放弃(U)/宽度(W)]: A
指定圆弧的端点或
[角度(A)/圆心(CE)/方向(D)/半宽(H)/直线(L)/半径(R)/第二个点(S)/放弃(U)/宽度(W)]: R
指定圆弧的半径: 75
指定圆弧的端点或 [角度(A)]: A
指定夹角: 180
指定圆弧的弦方向 <90>:
指定圆弧的端点或
[角度(A)/圆心(CE)/闭合(CL)/方向(D)/半宽(H)/直线(L)/半径(R)/第二个点(S)/放弃(U)/宽度(W)]
```

绘制结果如图 16-17 所示。

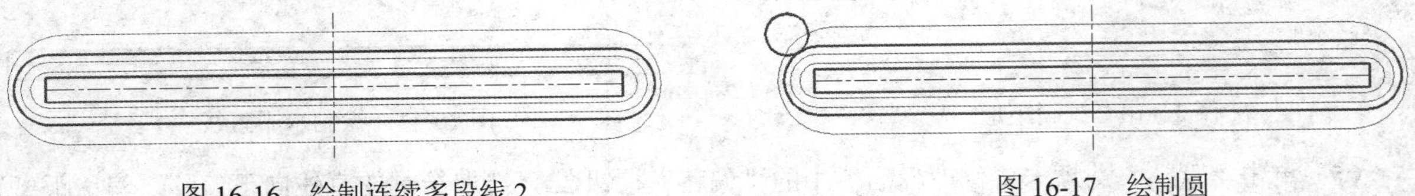

图 16-16　绘制连续多段线 2　　图 16-17　绘制圆

（11）此时，圆的线型为多段线，选择刚刚绘制的圆并右击，在弹出的如图 16-18 所示的快捷菜单中选择“特性”命令，弹出“特性”选项板，如图 16-19 所示。将“线型比例”设置为 2，轴线显示如图 16-20 所示。

（12）单击“默认”选项卡“修改”面板中的“复制”按钮，选择绘制的圆图形进行复制，复制距离为 525，如图 16-21 所示。

（13）单击“默认”选项卡“绘图”面板中的“矩形”按钮，绘制一个 580×2370 的矩形，如图 16-22 所示。

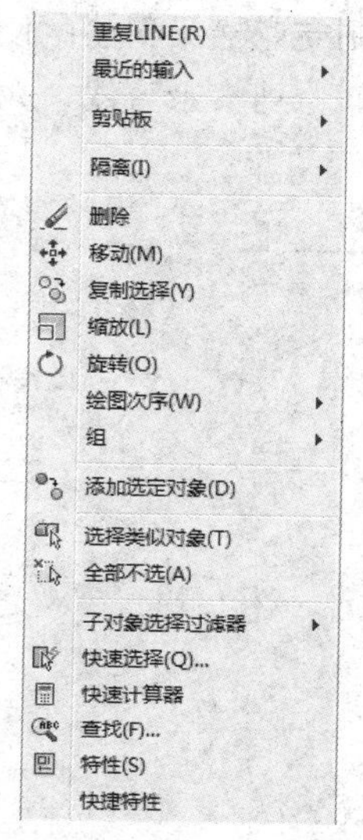

图 16-18　快捷菜单

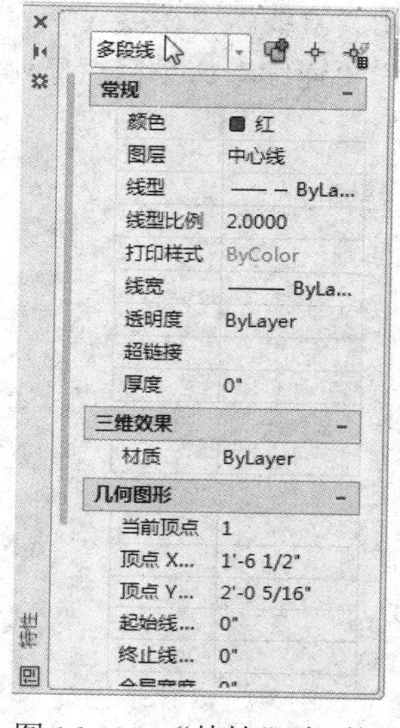

图 16-19　“特性”选项板

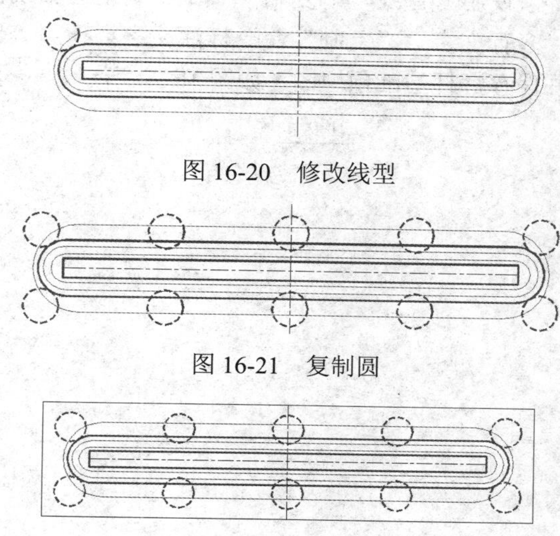

图 16-20　修改线型

图 16-21　复制圆

图 16-22　绘制一个矩形

（14）新建“标注”图层，并将其设置为当前图层，单击“注释”选项卡“标注”面板中的“线性”按钮，标注直线尺寸。

（15）单击“注释”选项卡“标注”面板中的“连续”按钮，进行连续标注。完成的图形如图 16-23 所示。

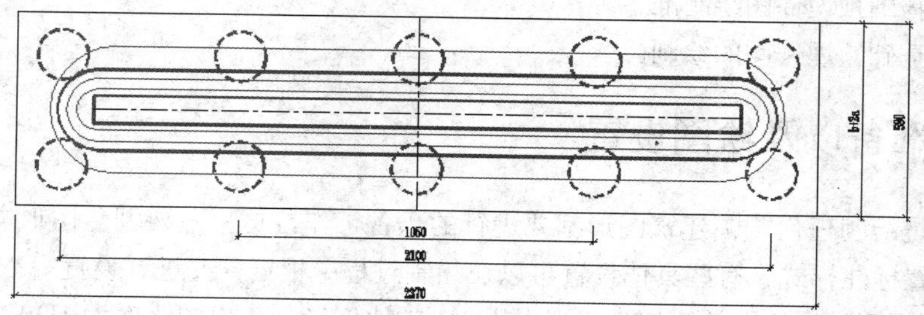

图 16-23　纵主梁配筋图定位轴线复制

高手支招

线性标注有水平、垂直或对齐放置。使用对齐标注时，尺寸线将平行于两尺寸延伸线原点之间的直线（想象或实际）。基线（或平行）和连续（或链）标注是一系列基于线性标注的连续标注，连续标注是首尾相连的多个标注。在创建基线或连续标注之前，必须创建线性、对齐或角度标注。可从当前任务最近创建的标注中以增量方式创建基线标注。

16.3 灯杆基础预埋图绘制

使用“直线”“复制”命令绘制定位轴线；使用“直线”“多段线”等命令绘制支座横梁配筋；使用“多行文字”“复制”命令标注文字；使用“线性”“连续”命令标注尺寸，删除、修剪多余直线，完成并保存灯杆基础预埋图，如图 16-24 所示。

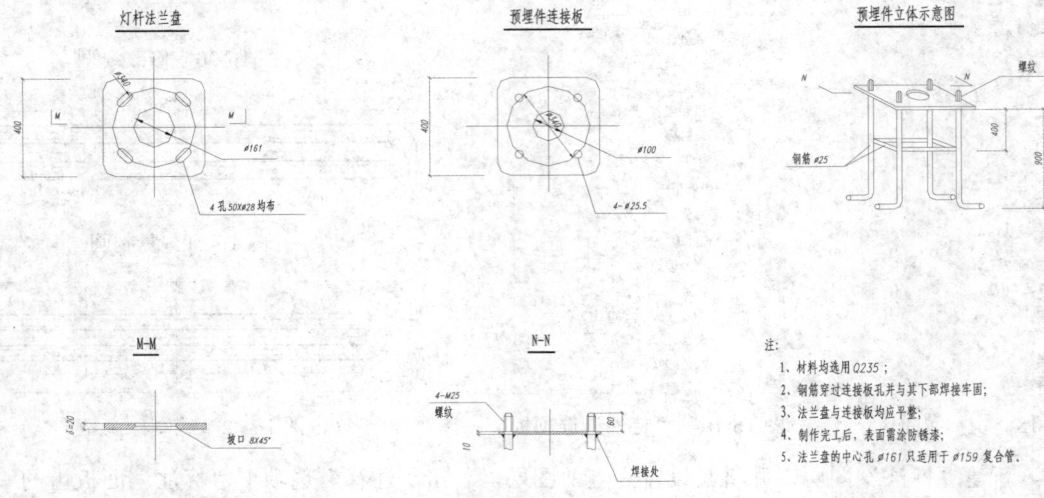

图 16-24　灯杆基础预埋图

【预习重点】

☑　了解灯杆基础预埋件图绘制准备工作。

☑　掌握灯杆基础预埋件图的绘制。

16.3.1　前期准备以及绘图设置

设置绘图环境是绘制任何一幅建筑图形都要进行的预备工作，这里主要创建图形文件、创建图层、设置文字样式以及设置标注样式。有些具体设置可以在绘制过程中根据需要进行设置。

（1）根据绘制图形决定绘图的比例，建议采用 1:1 的比例绘制，出图比例为 1:30。

（2）建立新文件。打开 AutoCAD 2017 应用程序，建立新文件，将新文件命名为“灯杆基础预埋图.dwg”并保存。

（3）设置图层。设置以下 6 个图层：“尺寸”“中心线”“钢筋”“轮廓线”“文字”“虚线”，将“中心线”图层设置为当前图层。设置好的图层如图 16-25 所示。

（4）文字样式的设置。单击“默认”选项卡“注释”面板中的“文字样式”按钮 ，进入“文字样式”对话框，选择仿宋字体，“宽度因子”设置为 0.8。

（5）标注样式的设置。根据绘图比例设置标注样式，对标注样式线、符号和箭头、文字、主单位进行设置，具体参数如下。

① 线：超出尺寸线为 25，起点偏移量为 50。

② 符号和箭头：第一个为建筑标记，箭头大小为 40，圆心标记为标记 75。

③ 文字：文字高度为 40，文字位置为垂直上，从尺寸线偏移 30，文字对齐为 ISO 标准。

④ 主单位：精度为 0，比例因子为 1。

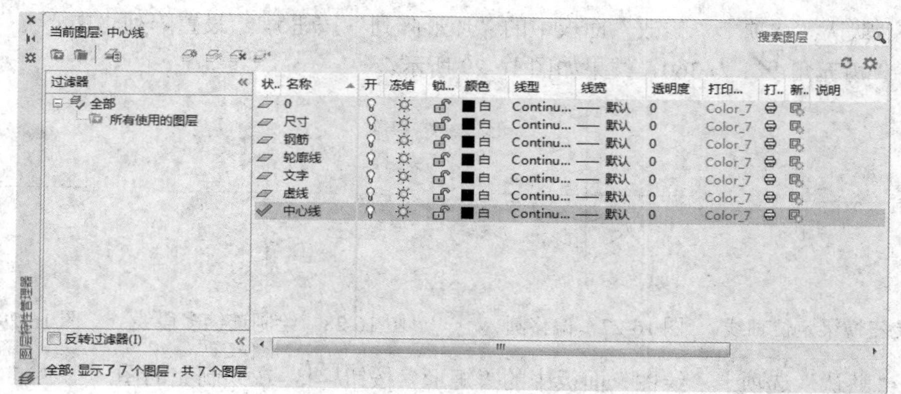

图 16-25　图层设计

16.3.2　绘制灯杆法兰盘

本节主要讲述灯杆法兰盘的绘制方法与技巧，具体的绘制步骤如下。

（1）在状态栏中单击“正交模式”按钮，打开正交模式，单击“默认”选项卡“绘图”面板中的“直线”按钮，绘制一条长为 485 的水平直线。

（2）单击“默认”选项卡“绘图”面板中的“直线”按钮，绘制交于端点的垂直的长为 460 的直线，完成的图形如图 16-26 所示。

高手支招

对于直线的绘制，为避免烦琐地输入“@x,y”，可打开正交功能，这样在确定一点后把鼠标放在要画直线的方向上，然后在命令行中可以直接输入直线的长度。

（3）将“轮廓线”图层设置为当前图层，单击“默认”选项卡“绘图”面板中的“圆”按钮，以绘制的相交直线的中点为圆心，绘制一个半径为 65 的圆。

高手支招

可能有的读者会发现，有的轴线明明定义的线型为虚线，但是在窗口中运用“直线”命令做出的直线却是实线，这是由于虚线的线型间距不合适所致。为了改变这种情况，可以通过改变全局线型比例因子来达到目的。因为 AutoCAD 是通过调整全局线型比例因子计算线型每一次重复的长度来增加线型的清晰度。线型比例因子大于 1 将导致线的部分加长——每单位长度内的线型定义的重复值较少。线型比例因子小于 1 将导致线的部分缩短——每单位长度内的线型定义的重复值较多。选择菜单栏中的“格式”→“线型”命令，打开“线型管理器”对话框，在“全局比例因子”中设置适当数值即可。

（4）单击“默认”选项卡“修改”面板中的“偏移”按钮，选取绘制的圆向外偏移，偏移距离为65.5，如图 16-27 所示。

（5）单击“默认”选项卡“绘图”面板中的“多段线”按钮，绘制一段连续多段线，如图 16-28 所示。

（6）单击“默认”选项卡“修改”面板中的“环形阵列”按钮，设置阵列“中心点”为“圆心”，“项目”为 4，“填充角度”为 360，结果如图 16-29 所示。

图 16-26　绘制支座横梁定位轴线

图 16-27　偏移圆

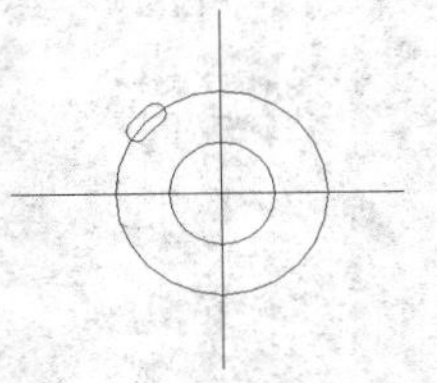

图 16-28　绘制连续多段线

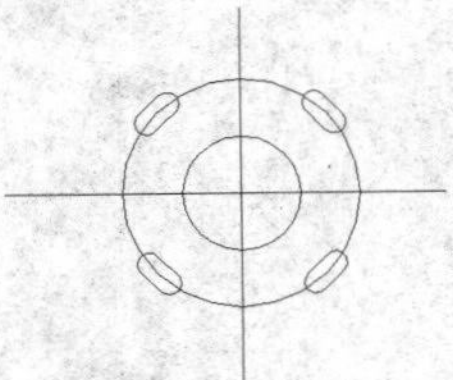

图 16-29　阵列图形

（7）单击“默认”选项卡“绘图”面板中的“矩形”按钮，在绘制完的图形外侧绘制一个 320×320 的矩形，如图 16-30 所示。

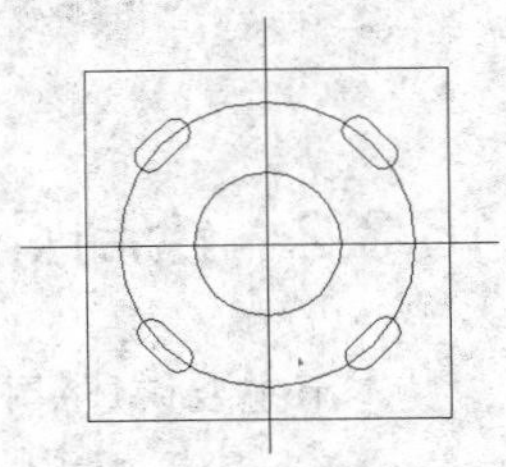

图 16-30　绘制矩形

（8）单击“默认”选项卡“修改”面板中的“圆角”按钮，对绘制的矩形进行圆角处理，圆角半径为 40，如图 16-31 所示。

（9）单击“默认”选项卡“绘图”面板中的“直线”按钮和“多行文字”按钮A，为图形添加文字说明，如图 16-32 所示。

（10）将“尺寸”图层设置为当前图层，单击“注释”选项卡“标注”面板中的“线性”按钮和“直径”按钮，标注图形尺寸，如图 16-33 所示。

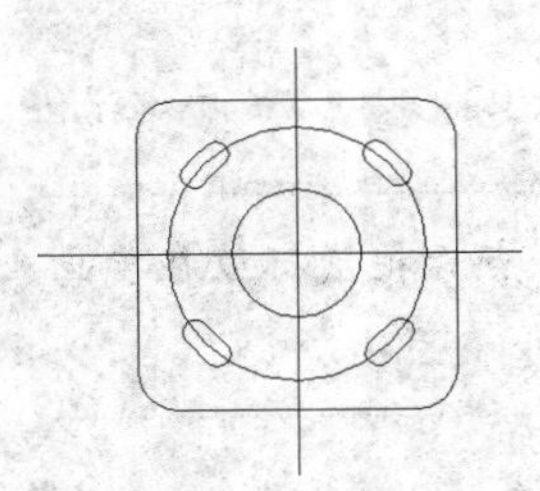

图 16-31　圆角处理

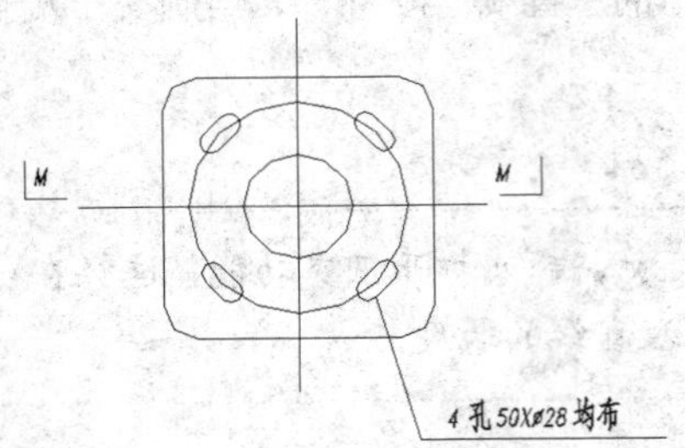

图 16-32　标注文字说明

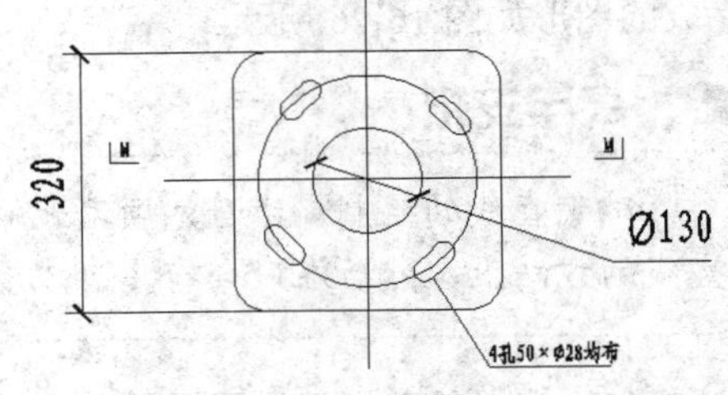

图 16-33　标注尺寸

16.3.3　绘制预埋件连接板

预埋件连接板的绘制方法和灯杆法兰盘的绘制方法基本相同，这里不再详细讲述，完成的图形如图 16-34 所示。

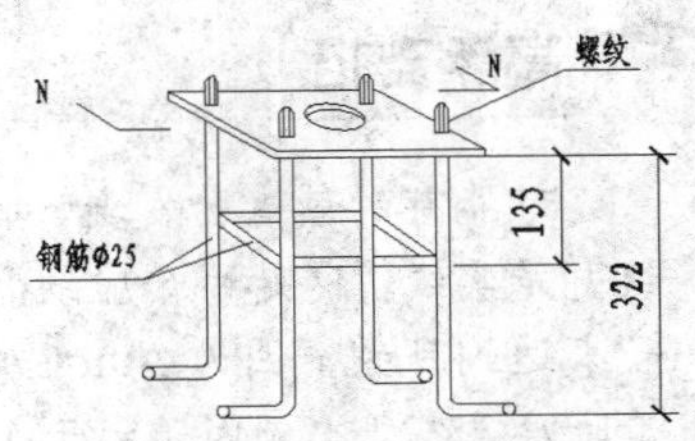

图 16-34　预埋件连接板

16.3.4　预埋件立体示意图

本节主要讲述预埋件立体示意图的绘制方法与技巧，利用了简单的二维绘图和编辑命令，具体的绘制步骤如下。

（1）将“轮廓线”图层设置为当前图层，单击“默认”选项卡“绘图”面板中的“直线”按钮，绘制连续直线，如图 16-35 所示。

（2）单击“默认”选项卡“修改”面板中的“偏移”按钮，选取绘制的左侧竖直边向左偏移，选取下侧水平边向下偏移，偏移距离为 9.4，如图 16-36 所示。

（3）单击“默认”选项卡“绘图”面板中的“直线”按钮，连接偏移后的两边，如图 16-37 所示。

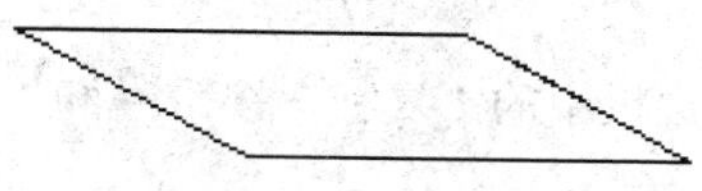

图 16-35　绘制连续直线

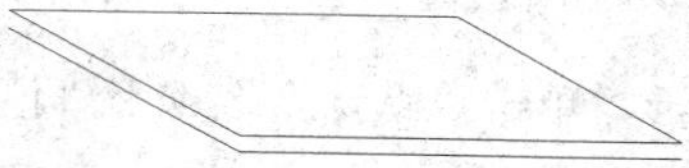

图 16-36　偏移直线

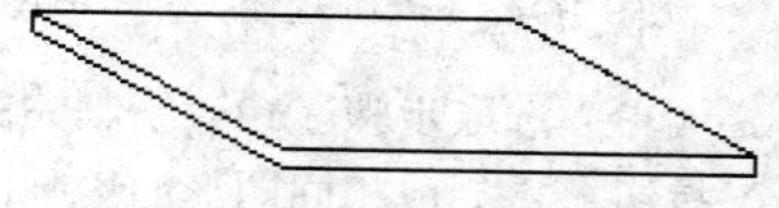

图 16-37　连接偏移后的边

（4）单击“默认”选项卡“绘图”面板中的“直线”按钮，绘制连续线段，如图 16-38 所示。

（5）单击“默认”选项卡“修改”面板中的“复制”按钮，复制 3 个步骤（4）绘制的图形，如图 16-39 所示。

（6）单击“默认”选项卡“修改”面板中的“修剪”按钮，修剪掉多余线段，如图 16-40 所示。

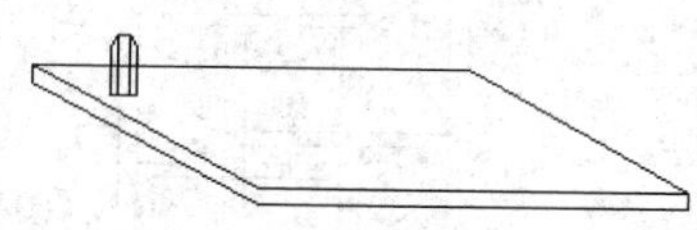

图 16-38　绘制连续线段

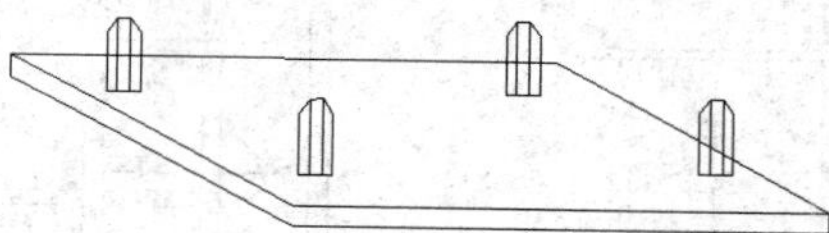

图 16-39　复制图形

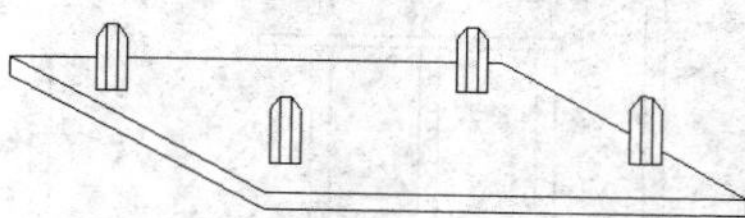

图 16-40　修剪图形

（7）单击“默认”选项卡“绘图”面板中的“椭圆”按钮，在适当位置绘制一个椭圆，如图 16-41 所示。

（8）单击“默认”选项卡“绘图”面板中的“圆弧”按钮，在绘制的椭圆内绘制一段圆弧，如图 16-42 所示。

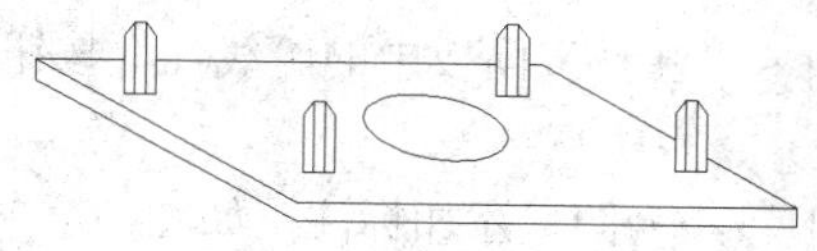

图 16-41　绘制一个椭圆

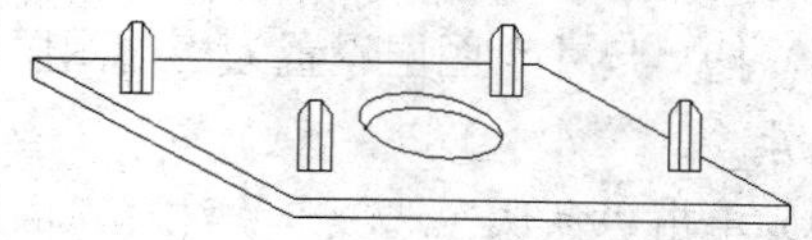

图 16-42　绘制圆弧

（9）将“钢筋”图层设置为当前图层，单击“默认”选项卡“绘图”面板中的“直线”按钮，绘制一段水平直线和一段竖直直线，如图 16-43 所示。

（10）单击“默认”选项卡“修改”面板中的“偏移”按钮，选取绘制的线段向外偏移，偏移距离为 15，如图 16-44 所示。

（11）单击“默认”选项卡“修改”面板中的“圆角”按钮，对绘制的直线和偏移的直线进行圆角处理，圆角半径为 9，如图 16-45 所示。

（12）单击“默认”选项卡“绘图”面板中的“圆”按钮，在两条水平线之间绘制一个适当半径的圆，如图 16-46 所示。

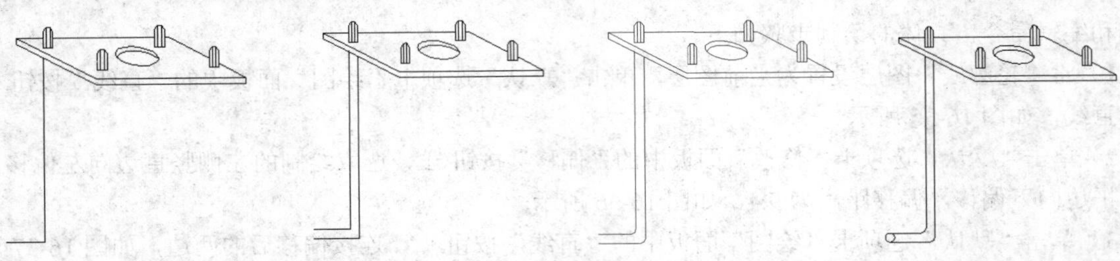

图 16-43　绘制直线　　图 16-44　偏移线段　　图 16-45　圆角处理　　图 16-46　绘制圆

（13）选取步骤（12）绘制完的图形，单击“默认”选项卡“修改”面板中的“复制”按钮和“镜像”按钮，完成相同图形的绘制，如图 16-47 所示。

（14）单击“默认”选项卡“绘图”面板中的“直线”按钮，绘制直线连接图形，如图 16-48 所示。

（15）单击“默认”选项卡“修改”面板中的“偏移”按钮，选择绘制的线段向下偏移，偏移距离为 12，如图 16-49 所示。

（16）单击“默认”选项卡“修改”面板中的“修剪”按钮，修剪掉多余线段，如图 16-50 所示。

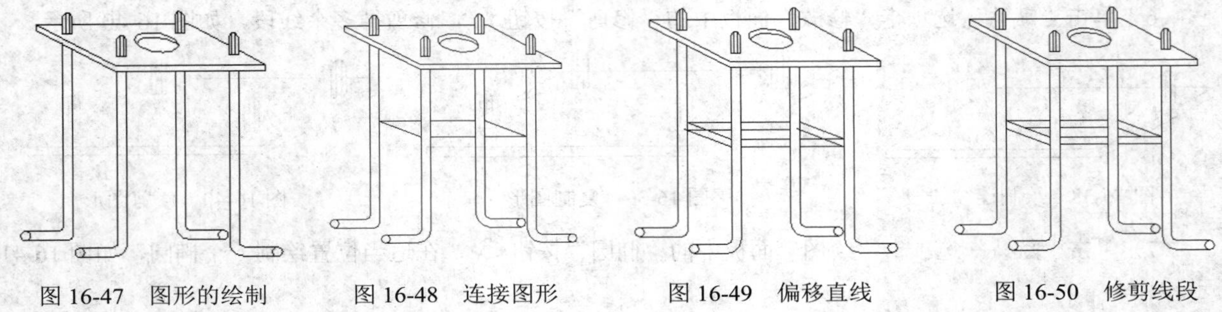

图 16-47　图形的绘制　　图 16-48　连接图形　　图 16-49　偏移直线　　图 16-50　修剪线段

（17）单击“默认”选项卡“绘图”面板中的“直线”按钮和“注释”面板中的“多行文字”按钮A，为图形添加文字说明，如图 16-51 所示。

（18）把“尺寸”图层设置为当前图层，单击“默认”选项卡“注释”面板中的“线性”按钮，标注焊缝尺寸。

（19）单击“默认”选项卡“注释”面板中的“线性”按钮，为图形添加标注，如图 16-52 所示。

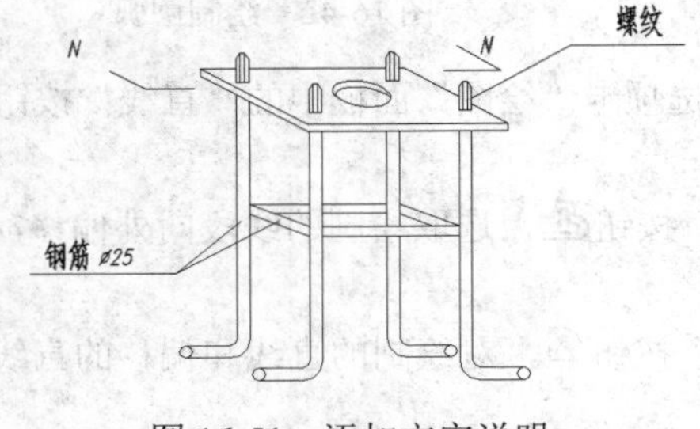

图 16-51　添加文字说明

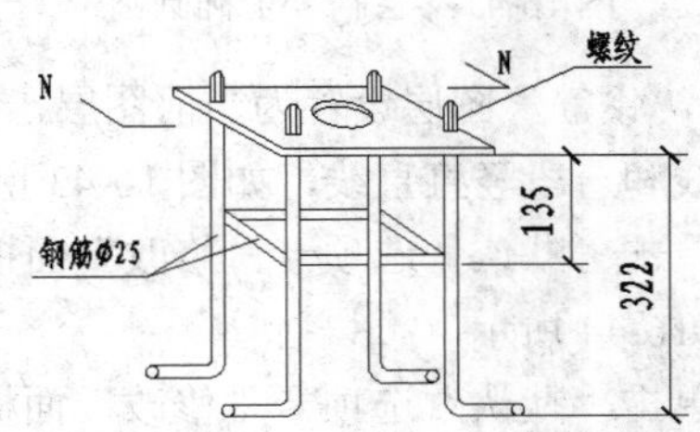

图 16-52　添加标注

16.4　抗震设施及支座构造图

使用“直线”“复制”命令绘制定位轴线；使用“直线”“多段线”等命令绘制跨中横梁配筋；使用“多行文字”“复制”命令标注文字；使用“线性”命令标注尺寸，完成保存跨中横梁配筋图。

【预习重点】

☑ 了解抗震设施及支座构造图绘制准备工作。

☑ 掌握抗震设施及支座构造图的绘制。

16.4.1　前期准备以及绘图设置

设置绘图环境是绘制任何一幅建筑图形都要进行的预备工作，这里主要创建图形文件、设置文字样式以及设置标注样式。有些具体设置可以在绘制过程中根据需要进行设置。

（1）根据绘制图形决定绘图的比例，建议采用 1:1 的比例绘制，出图比例为 1:30。

（2）建立新文件。打开 AutoCAD 2017 应用程序，建立新文件，将新文件命名为“跨中横梁配筋图.dwg”并保存。

（3）文字样式的设置。单击“默认”选项卡“注释”面板中的“文字样式”按钮，弹出“文字样式”对话框，选择仿宋字体，“宽度因子”设置为 0.8。

（4）标注样式的设置。根据绘图比例设置标注样式，对标注样式线、符号和箭头、文字、主单位进行设置，具体参数如下。

① 线：超出尺寸线为 1，起点偏移量为 1。

② 符号和箭头：第一个为建筑标记，箭头大小为 2，圆心标记为标记 2。

③ 文字：文字高度为 3，文字位置为垂直上，从尺寸线偏移 1，文字对齐为 ISO 标准。

④ 主单位：精度为 0，比例因子为 1。

16.4.2　绘制定位轴线

定位轴线的绘制比较简单，具体的绘制步骤如下。

（1）在状态栏中单击“正交模式”按钮，打开正交模式，单击“默认”选项卡“绘图”面板中的“直线”按钮，绘制一条长为 161 的水平直线，如图 16-53 所示。

（2）此时，轴线的线型虽然为实线，可将其线型修改为虚线。选择刚刚绘制的轴线并右击，在弹出的如图 16-54 所示的快捷菜单中选择“特性”命令，弹出“特性”选项板，如图 16-55 所示。将“线型”设置为 CENTER，轴线显示如图 16-56 所示。

图 16-53　绘制跨中横梁定位轴线

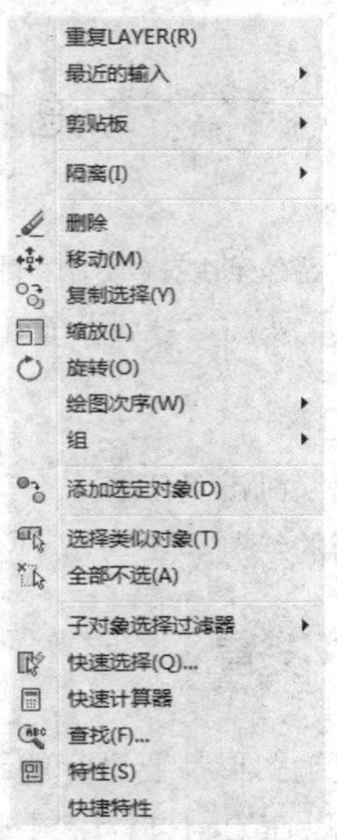

图 16-54　快捷菜单

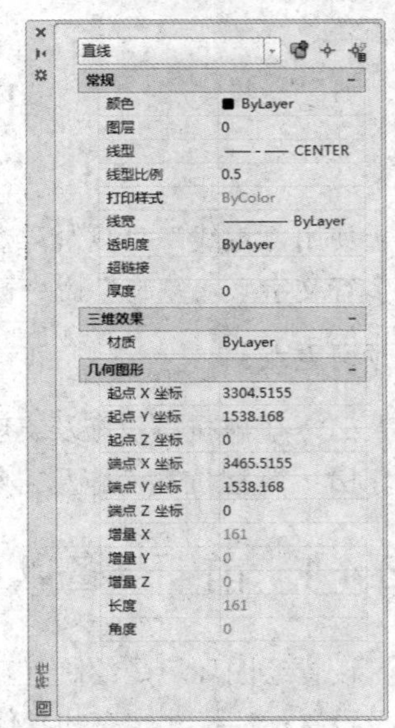

图 16-55　“特性”选项板

（3）单击“默认”选项卡“修改”面板中的“偏移”按钮，选择绘制的直线，分别向上、向下偏移，偏移距离为 4，如图 16-57 所示。

图 16-56　修改轴线比例

图 16-57　偏移线段

（4）利用上述方法将偏移后的直线线型修改为实线线型，如图 16-58 所示。

（5）单击“默认”选项卡“修改”面板中的“偏移”按钮，选取上边水平直线向上偏移，偏移距离为 4，如图 16-59 所示。

图 16-58　修改线型

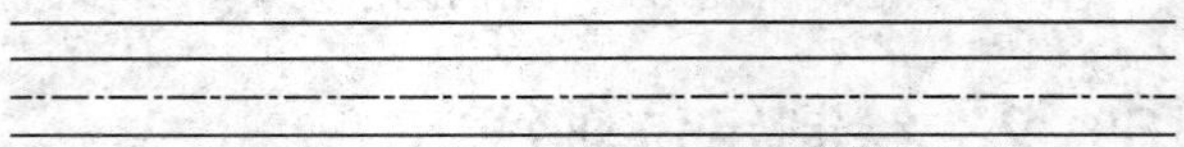

图 16-59　偏移线段

（6）单击“默认”选项卡“绘图”面板中的“直线”按钮，封闭偏移直线端口，如图 16-60 所示。

（7）单击“默认”选项卡“绘图”面板中的“矩形”按钮，在图形中适当位置绘制一个矩形，如图 16-61 所示。

图 16-60　绘制直线

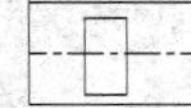

图 16-61　绘制矩形

（8）单击“默认”选项卡“绘图”面板中的“直线”按钮，在矩形内绘制一条竖直直线，如图 16-62 所示。

（9）单击“默认”选项卡“绘图”面板中的“圆”按钮，选取矩形中心点为圆心，绘制一个半径为 1 的圆，如图 16-63 所示。

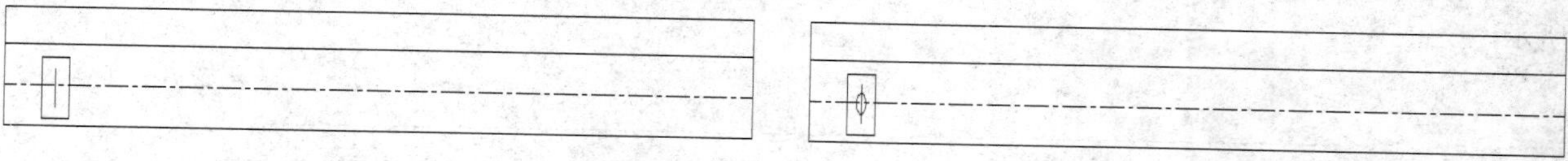

图 16-62　绘制直线

图 16-63　绘制圆

（10）单击“默认”选项卡“修改”面板中的“复制”按钮，选取绘制的矩形圆及直线向右复制，如图 16-64 所示。

（11）单击“默认”选项卡“修改”面板中的“修剪”按钮，修剪掉复制图形的多余部分，如图 16-65 所示。

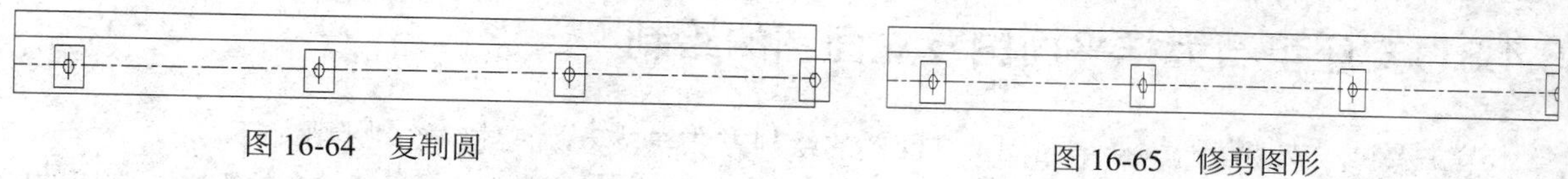

图 16-64　复制圆

图 16-65　修剪图形

（12）选取右侧竖直直线显示出夹点，如图 16-66 所示。

（13）选取直线上夹点向上拖曳，拖曳长度为 7，用相同方法拖曳下部夹点，如图 16-67 所示。

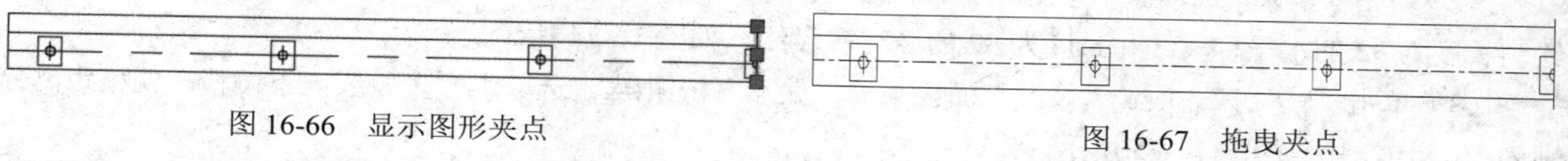

图 16-66　显示图形夹点

图 16-67　拖曳夹点

（14）利用前面所讲述的方法修改拉长后的线段线型为虚线，如图 16-68 所示。

（15）单击“默认”选项卡“绘图”面板中的“直线”按钮，绘制图形折弯线，如图 16-69 所示。

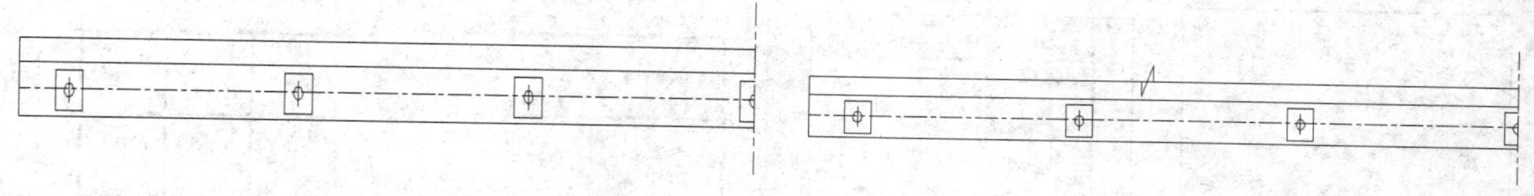

图 16-68　修改图形

图 16-69　绘制图形折弯线

（16）单击“默认”选项卡“修改”面板中的“修剪”按钮，修剪折弯线，如图 16-70 所示。

（17）单击“默认”选项卡“绘图”面板中的“直线”按钮和“注释”面板中的“多行文字”按钮A，为图形添加文字说明，如图 16-71 所示。

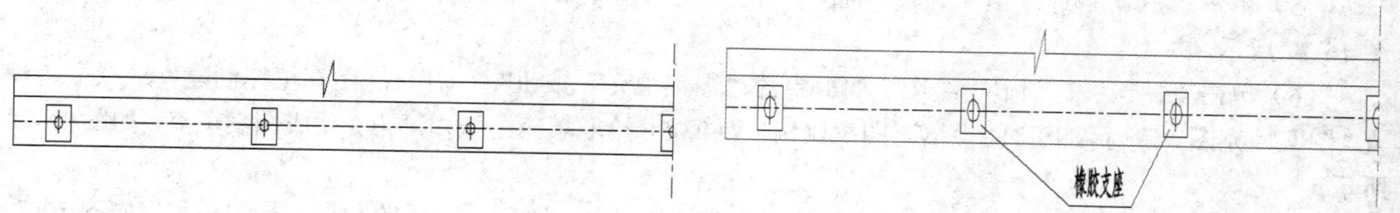

图 16-70　修剪图形折弯线

图 16-71　添加文字说明

（18）单击“默认”选项卡“注释”面板中的“线性”按钮，标注直线尺寸。

（19）单击“注释”选项卡“标注”面板中的“连续”按钮，进行连续标注。完成的图形如图 16-72 所示。

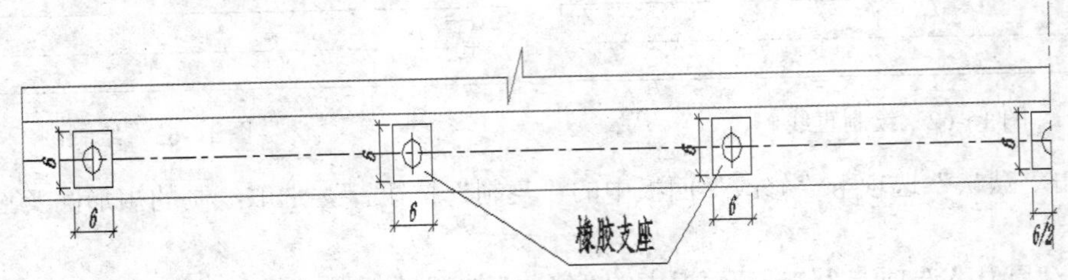

图 16-72　跨中横梁配筋图定位轴线

16.4.3　支座垫石大样平面图及立面图的绘制

本节主要讲述支座垫石大样平面图及立面图的绘制方法与技巧，具体的绘制步骤如下。

（1）单击“默认”选项卡“绘图”面板中的“矩形”按钮，绘制一个 40×40 的矩形，完成的图形如图 16-73 所示。

（2）单击“默认”选项卡“绘图”面板中的“多段线”按钮，指定起点宽度为 0.3，端点宽度为 0.3，绘制长度为 32 的水平多段线和长度为 32 的竖直多段线，如图 16-74 所示。

（3）单击“默认”选项卡“修改”面板中的“偏移”按钮，选取水平多段线向下偏移，偏移距离分别为 10、10、10，如图 16-75 所示。

（4）单击“默认”选项卡“修改”面板中的“偏移”按钮，选取竖直多段线向右偏移，偏移距离分别为 10、10、10，如图 16-76 所示。

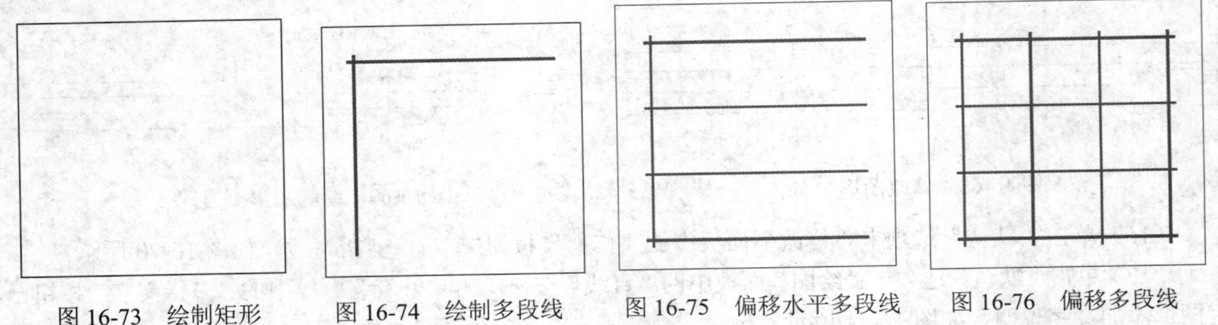

图 16-73　绘制矩形　　图 16-74　绘制多段线　　图 16-75　偏移水平多段线　　图 16-76　偏移多段线

（5）单击“默认”选项卡“绘图”面板中的“圆”按钮，在矩形内绘制一个圆，半径为 0.5，如图 16-77 所示。

（6）单击“默认”选项卡“绘图”面板中的“图案填充”按钮，打开“图案填充创建”选项卡，设置“图案填充图案”为 ANSI31，“填充图案比例”为 0.05，拾取填充区域内一点，完成图案填充，如图 16-78 所示。

（7）单击“默认”选项卡“修改”面板中的“复制”按钮，复制填充后的图形到指定位置，如图 16-79 所示。

（8）单击“默认”选项卡“绘图”面板中的“直线”按钮，在适当位置绘制一条长为 37 的竖直直线，如图 16-80 所示。

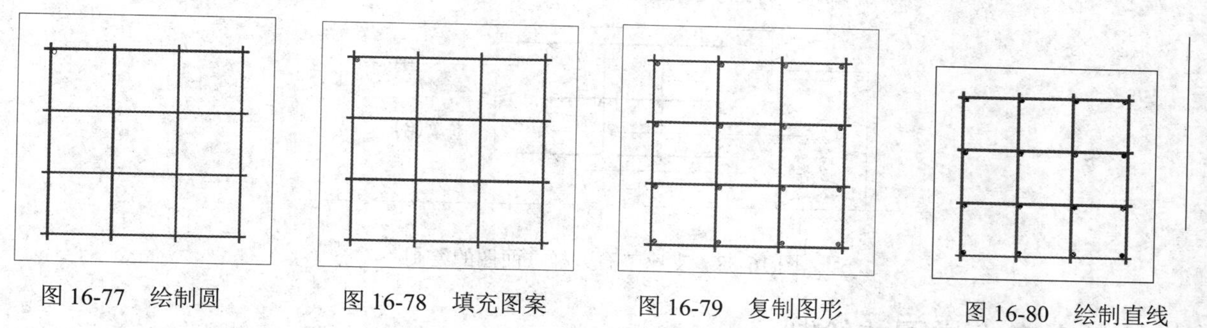

图 16-77　绘制圆　　图 16-78　填充图案　　图 16-79　复制图形　　图 16-80　绘制直线

（9）单击“默认”选项卡“绘图”面板中的“直线”按钮，绘制复制圆的圆心与竖直直线的连接线，如图 16-81 所示。

（10）利用相同的方法绘制剩余连接线，如图 16-82 所示。

（11）单击“默认”选项卡“绘图”面板中的“圆”按钮，在绘制的竖直直线上方绘制一个半径为 3 的圆，如图 16-83 所示。

（12）单击“默认”选项卡“注释”面板中的“多行文字”按钮A，在圆内输入文字，如图 16-84 所示。

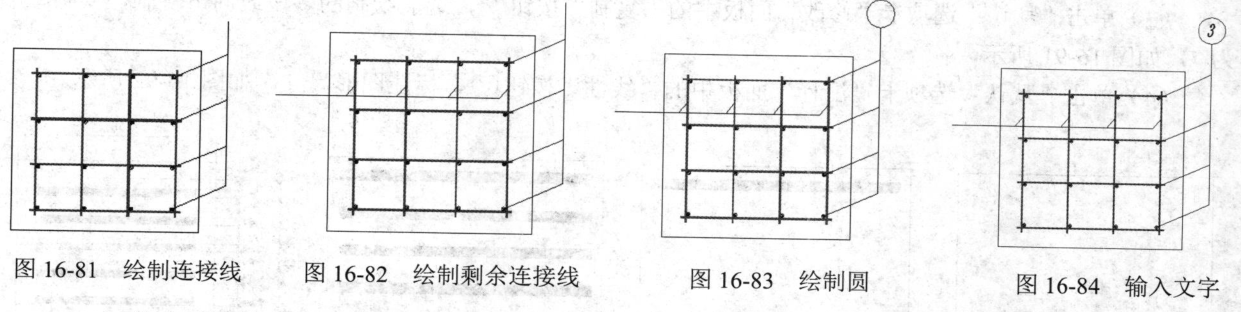

图 16-81　绘制连接线　　图 16-82　绘制剩余连接线　　图 16-83　绘制圆　　图 16-84　输入文字

（13）单击“默认”选项卡“修改”面板中的“复制”按钮，选取已绘制好的轴号复制到指定位置并修改轴号内文字，如图 16-85 所示。

（14）单击“默认”选项卡“注释”面板中的“多行文字”按钮A，标注图形中的文字，如图 16-86 所示。

（15）单击“默认”选项卡“注释”面板中的“线性”按钮，标注图形尺寸，如图 16-87 所示。

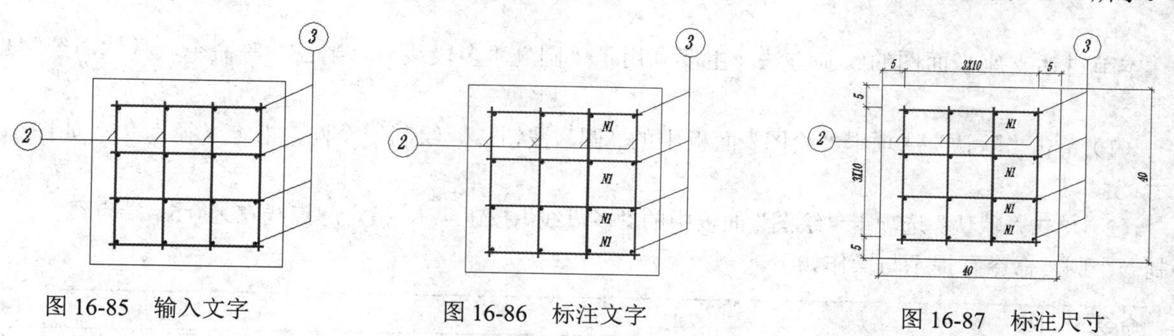

图 16-85　输入文字　　图 16-86　标注文字　　图 16-87　标注尺寸

支座垫石大样平面图的绘制方法比较简单，这里不再详细阐述，如图 16-88 所示。

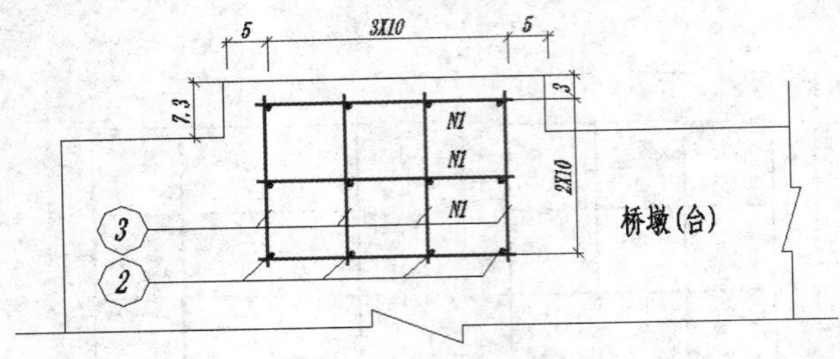

图 16-88　支座垫石大样立面图的绘制

16.4.4　支座大样图的绘制

本节主要讲述支座大样图的绘制方法与技巧，具体的绘制步骤如下。

（1）单击“默认”选项卡“绘图”面板中的“矩形”按钮，绘制一个 42×50 的矩形，如图 16-89 所示。

（2）单击“默认”选项卡“绘图”面板中的“多段线”按钮，指定起点宽度为 2，端点宽度为 2，绘制水平多段线长度为 40，如图 16-90 所示。

（3）单击“默认”选项卡“修改”面板中的“复制”按钮，选取绘制的多段线向下复制，复制距离为 7，如图 16-91 所示。

（4）单击“默认”选项卡“注释”面板中的“线性”按钮，标注图形尺寸，如图 16-92 所示。

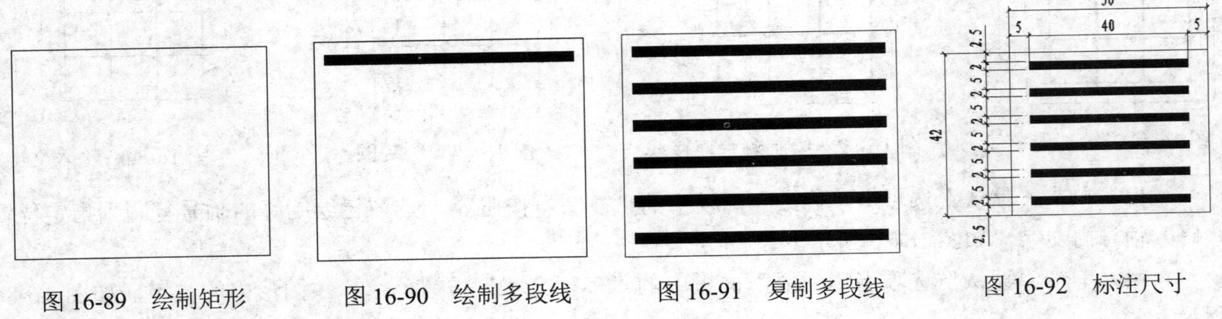

图 16-89　绘制矩形　　图 16-90　绘制多段线　　图 16-91　复制多段线　　图 16-92　标注尺寸

16.4.5　支座平面图的绘制

本节讲述支座平面图的绘制方法，主要利用了“圆”“多段线”“半径”等命令，具体的绘制步骤如下。

（1）单击“默认”选项卡“绘图”面板中的“圆”按钮，绘制一个圆，指定半径为 25，如图 16-93 所示。

（2）单击“默认”选项卡“绘图”面板中的“多段线”按钮，指定起点线宽为 0.5，端点线宽为 0.5，绘制一个圆，命令行提示与操作如下。

```
命令: PLINE
```

```
指定起点:
当前线宽为 0.5000
指定下一个点或 [圆弧(A)/半宽(H)/长度(L)/放弃(U)/宽度(W)]: A
指定圆弧的端点或
[角度(A)/圆心(CE)/方向(D)/半宽(H)/直线(L)/半径(R)/第二个点(S)/放弃(U)/宽度(W)]: R
指定圆弧的半径: 20
指定圆弧的端点或 [角度(A)]: A
指定夹角: 180
指定圆弧的弦方向 <0>:
指定圆弧的端点或
[角度(A)/圆心(CE)/闭合(CL)/方向(D)/半宽(H)/直线(L)/半径(R)/第二个点(S)/放弃(U)/宽度
```

绘制结果如图 16-94 所示。

（3）利用前面讲述的方法修改多段线的线型为 DASHED，如图 16-95 所示。

（4）单击“注释”选项卡“标注”面板中的“半径”按钮，标注圆尺寸，如图 16-96 所示。

图 16-93　绘制圆

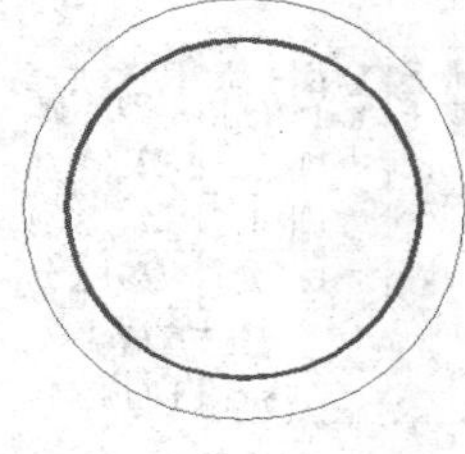

图 16-94　绘制多段线

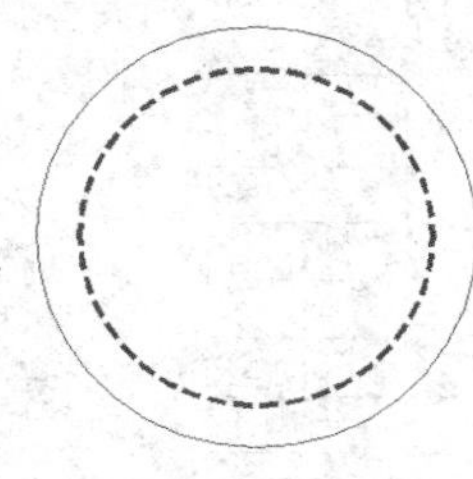

图 16-95　修改线型

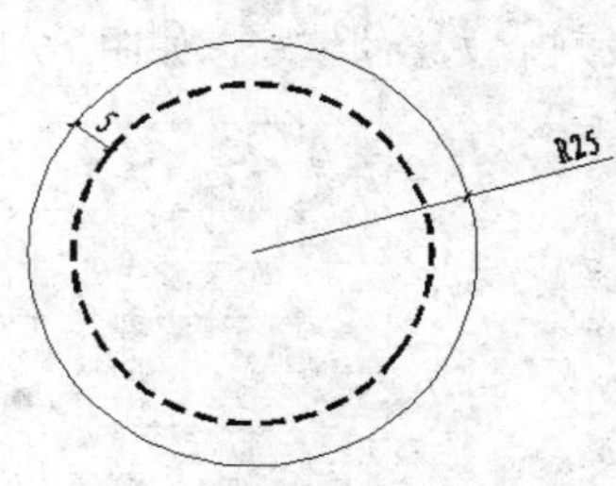

图 16-96　标注尺寸

16.4.6　桥墩（台）支座垫石工程数量表

本节讲述桥墩（台）支座垫石工程数量表的绘制方法，主要利用了“矩形”“分解”“偏移”“修剪”“多行文字”等命令，具体的绘制步骤如下。

（1）单击“默认”选项卡“绘图”面板中的“矩形”按钮，绘制一个 72×37 的矩形，如图 16-97 所示。

（2）单击“默认”选项卡“修改”面板中的“分解”按钮，选取矩形进行分解。

（3）单击“默认”选项卡“修改”面板中的“偏移”按钮，选取矩形左侧竖直边向右偏移，偏移距离分别为 9、9、9、9、9、9、9，如图 16-98 所示。

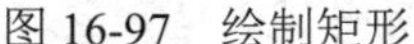

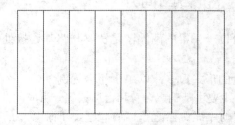

图 16-97　绘制矩形

图 16-98　偏移线段 1

（4）单击“默认”选项卡“修改”面板中的“偏移”按钮，选取矩形下端水平边，向上偏移，偏移距离分别为 6、6、6、6、6，如图 16-99 所示。

（5）单击“默认”选项卡“修改”面板中的“修剪”按钮，对偏移后的线段进行修剪，如图 16-100 所示。

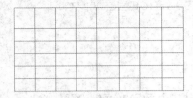

图 16-99　偏移线段 2

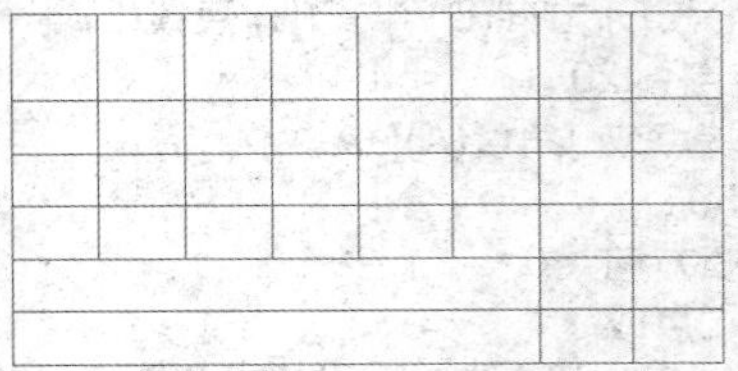

图 16-100　修剪图形

（6）单击“默认”选项卡“注释”面板中的“多行文字”按钮A，在绘制边框内输入文字，如图 16-101 所示。

（7）单击“默认”选项卡“注释”面板中的“多行文字”按钮A和“修改”面板中的“复制”按钮，完成剩余文字的填写，如图 16-102 所示。

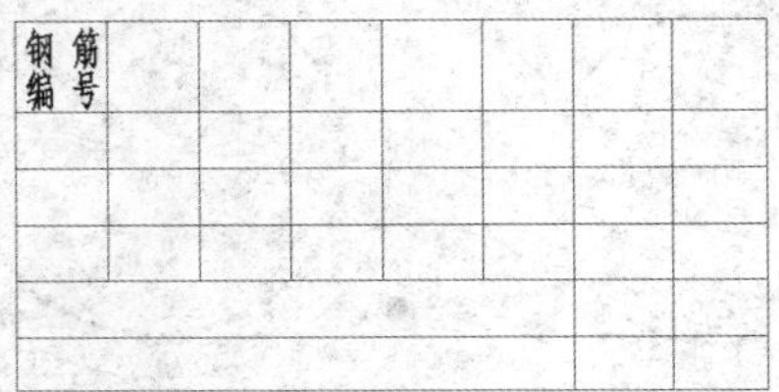

图 16-101　添加文字

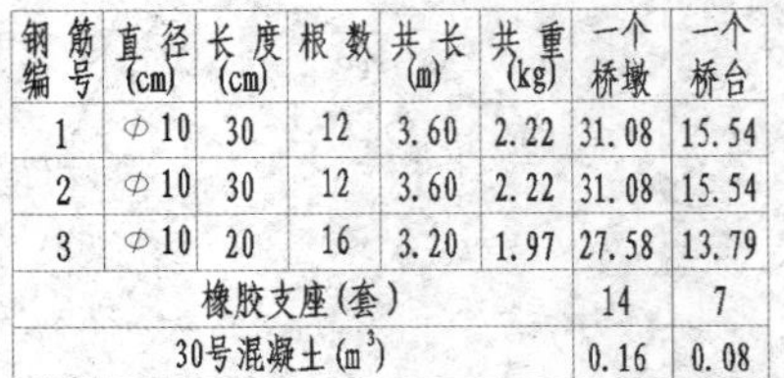

钢筋编号	直径(cm)	长度(cm)	根数	共长(m)	共重(kg)	一个桥墩	一个桥台
1	Φ10	30	12	3.60	2.22	31.08	15.54
2	Φ10	30	12	3.60	2.22	31.08	15.54
3	Φ10	20	16	3.20	1.97	27.58	13.79
橡胶支座(套)						14	7
30号混凝土(m^3)						0.16	0.08

图 16-102　填写剩余文字

16.5　桥台承台的绘制

【预习重点】

- ☑　了解桥台图简介。
- ☑　掌握桥台承台平面的绘制。
- ☑　掌握桥台承台立面的绘制。

16.5.1　桥台图简介

桥台位于桥梁的两端，是桥梁与路基连接处的支柱，一方面支撑着上部桥跨，另一方面支挡着桥头路基的填土。

桥台的形式很多，以 T 形桥台为例。

桥台主要由基础、台身和台顶三部分组成。基础位于桥台的下部，一般都是扩大基础。扩大基础使用的材料多为浆砌片石或混凝土。基础以上、顶帽以下的部分是台身，T 形桥台的台身，其水平断面的形状是 T 形。

桥台的组成如图 16-103 所示。

从桥台的桥跨一侧顺着线路方向观看桥台，称为桥台的正面，台身上贴近河床的一端叫前墙。前墙上

向上扩大的部分叫托盘。从桥台的路基一侧顺着线路方向观看桥台，称为桥台的背面，台身上与路基衔接的一端叫后墙。台身使用的材料多为浆砌片石或混凝土。台身以上的部分称为台顶，台顶包括了顶帽和道碴槽。顶帽位于托盘上，上部有排水坡，周边有抹角。前面的排水坡上有两块垫石用于安放支座。

道碴槽位于后墙的上部，形状如图 16-104 所示，它是由挡碴墙和端墙围成的一个中间高、两边低的凹槽。两侧的挡碴墙比较高，前后的端墙比较低。挡碴墙和端墙的内表面均设有凹进去的防水层槽。道碴槽的底部表面是用混凝土垫成的中间高、两边低的排水坡，坡面上铺设有防水层，防水层四周嵌入挡碴墙和端墙上的防水层槽内。在挡碴墙的下部设有泄水管，用以排除道碴槽内的积水。道碴槽和顶帽使用的材料均为钢筋混凝土。

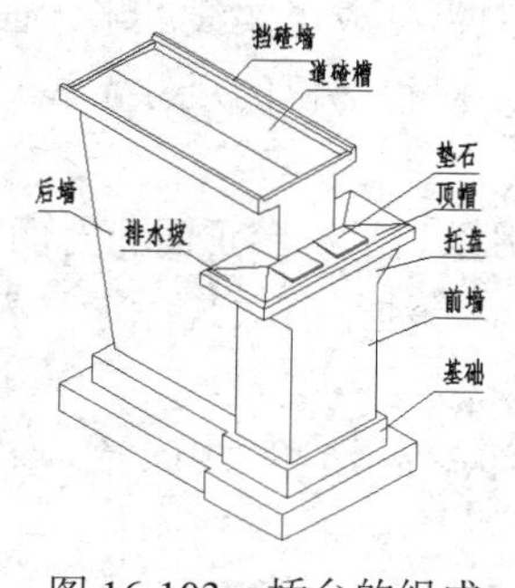

图 16-103　桥台的组成

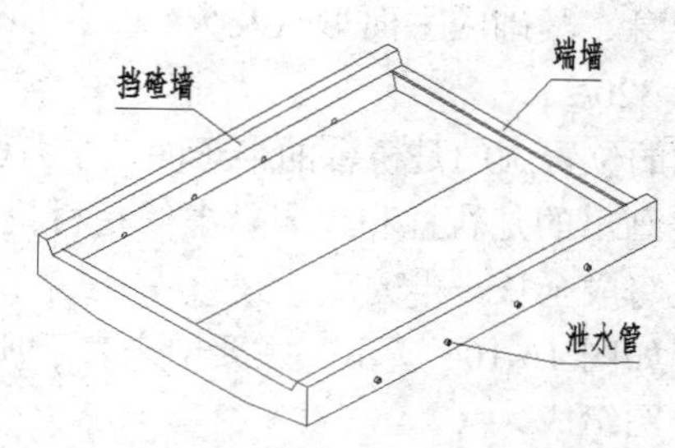

图 16-104　道砟槽形状

桥台常依据台身的水平断面形状来取名，除 T 形桥台外，常见的还有 U 形桥台、十字形桥台、矩形桥台等。

要表示一个桥台，总是先画出它的总图，用以表示桥台的整体形状、大小以及桥台与线路的相对位置关系。

除桥台总图外，还要用较大的比例画出台顶构造图。另外，还要表明顶帽和道碴槽内钢筋的布置情况，需要画出顶帽和道碴槽的钢筋布置图。

桥台总图（以 T 形桥台为例）上面画出了桥台的侧面、半平面及半基顶剖面、半正面及半背面等几个视图，如图 16-105 所示。

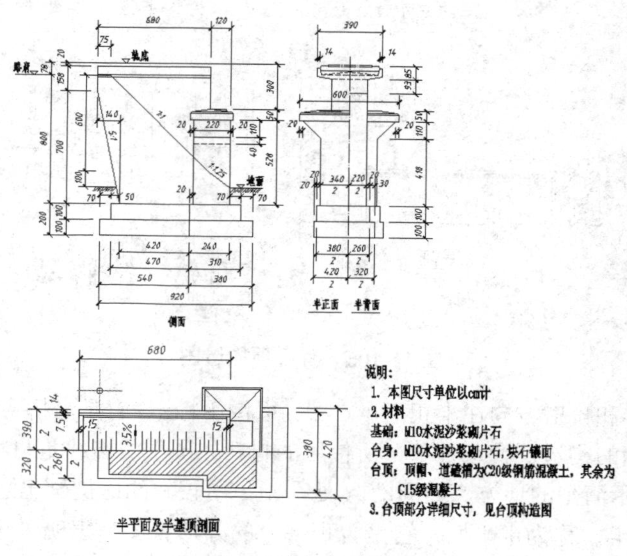

图 16-105　桥台总图

桥台顶部分详细尺寸，见台顶构造图。

在画正面图的位置画的是桥台的侧面，表示垂直于线路方向观察桥台。将桥台本身全部画成是可见的，路基、锥体护坡及河床地面均未完整表示，只画出了轨底线、部分路肩线、锥体护坡的轮廓线及台前台后的部分地面线，这些线及有关尺寸反映了桥台与线路的关系及桥台的埋深。前墙上距托盘底部 40cm 处的水平虚线是材料分界线。图上还注出了基础、台身及台顶在侧面上能反映出来的尺寸，有许多尺寸是重复标注的。大量出现重复尺寸是土建工程图的一个特点。

在画平面图的位置画出的是半平面及半基顶平面，这是由两个半视图合成的视图：对称轴线上方一半画的是桥台本身的平面图；对称轴线下方一半画的是沿着基顶剖切得到的水平剖面（剖视）图。由于剖切位置已经明确，所以没再对剖切位置作标注。虽然基础埋在地下，但仍画成了实线。半平面及半基顶平面反映了台顶、台身、基础的平面形状及大小，按照习惯，合成视图上对称部位的尺寸常注写成全长一半的形式，例如写成 320/2。

在画侧面图的位置画的是桥台的半正面及半背面合成的视图，用以表示桥台正面和背面的形状和大小。图中的双点画线画出的是轨枕和道床，虚线是材料分界线。图上重复标注了有关尺寸，只表示出了一半的对称部位，亦注写成全长一半的形式。

台顶构造图如图 16-106 所示，主要用来表示顶帽和道碴槽的形状、构造和大小。台顶构造图由几个基本视图和若干详图组成。

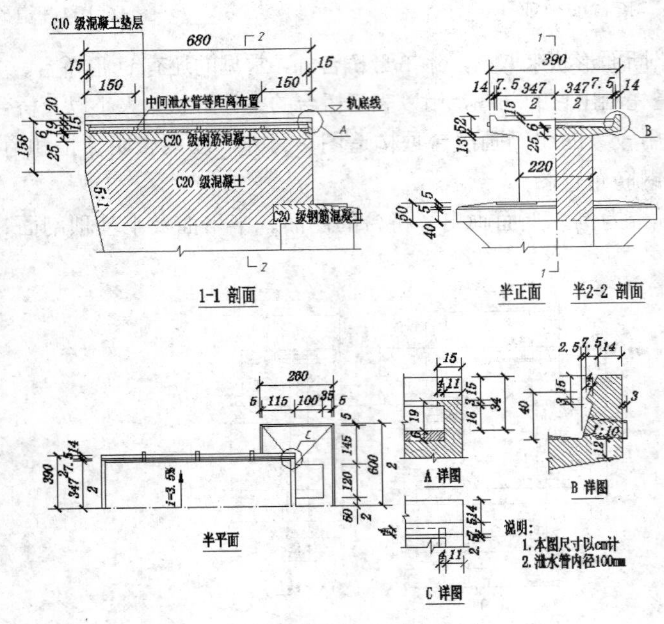

图 16-106　桥台顶构造图

1-1 剖面图的剖切位置和投射方向在半正面半 2-2 剖面图中标示，它是沿桥台对称面剖切得到的全剖视。1-1 剖面图用来表示道碴槽的构造及台顶各部分所使用的材料。图中的虚线是材料分界线。受图的比例的限制，道碴槽上局部未能表示清楚的地方，如圆圈 A 处，则另用较大的比例画出它的详图作为补充。

平面图上只画出了一半，称为半平面，它是台顶部分的外形视图，表明了道碴槽、顶帽的平面形状和大小。道碴槽上未能表示清楚的 C 部位，亦通过 C 详图作进一步的表达。半正面和半 2-2 剖面是台顶从正面观察和从 2-2 处剖切后观察得到的合成视图，图中未能表示清楚的 B 部位，另用 B 详图表示。

公路上常用的 U 形桥台的总图（如图 16-107 所示）包括了纵剖面图、平面图和台前、台后合成视图。纵剖面图是沿桥台对称面剖切得到的全剖视，主要用来表明桥台内部的形状和尺寸，以及各组成部分所使用的材料。平面图是一个外形图，主要用以表明桥台的平面形状和尺寸。台前、台后合成视图是由桥台的半正面、半背面组合而成的，用以表明桥台的正面和背面的形状和大小。

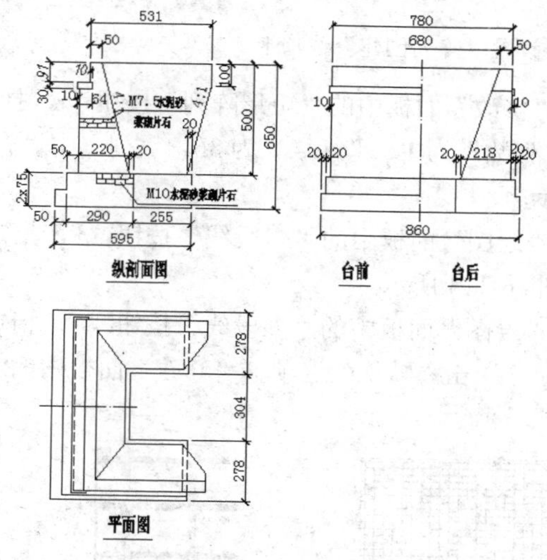

图 16-107　U 形桥台的总图

16.5.2　桥台承台平面的绘制

本节讲述桥台承台平面的绘制方法，具体的绘制步骤如下。

（1）单击“默认”选项卡“绘图”面板中的“多段线”按钮，指定起点宽度为 2，端点宽度为 2，绘制长度为 526 的竖直直线和长度为 403 的水平直线，如图 16-108 所示。

（2）单击“默认”选项卡“修改”面板中的“偏移”按钮，选取绘制的竖直直线向右偏移，偏移距离为 14，如图 16-109 所示。

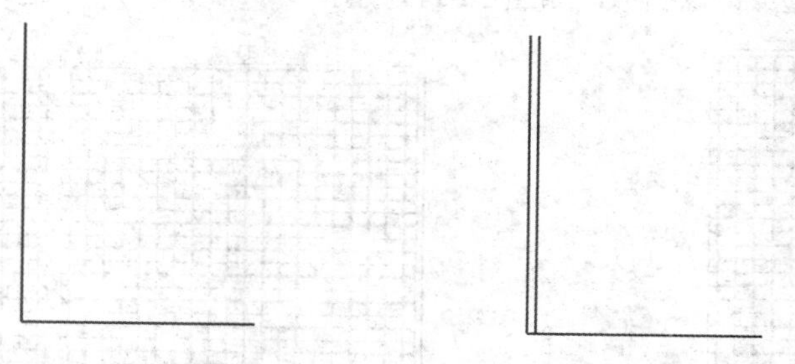

图 16-108　绘制直线　　　　图 16-109　偏移竖直直线

（3）单击“默认”选项卡“修改”面板中的“矩形阵列”按钮，打开“阵列创建”选项卡，选择右侧竖直直线为阵列对象，如图 16-110 所示，设置“列数”为 20，“行数”为 1，“列”中“介于”为 20，“行”中“介于”为 1，完成的图形如图 16-111 所示。

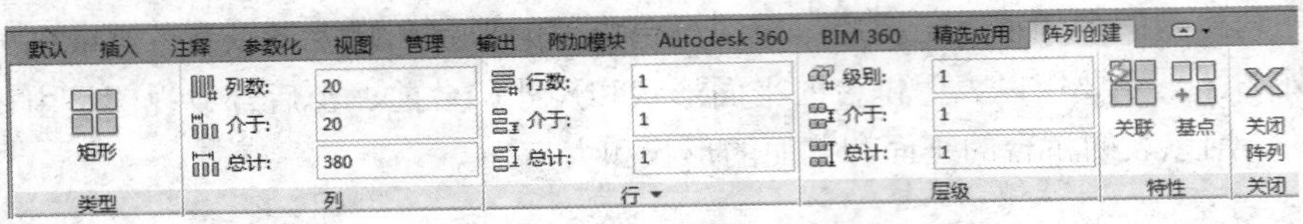

图 16-110 设置“阵列创建”选项卡

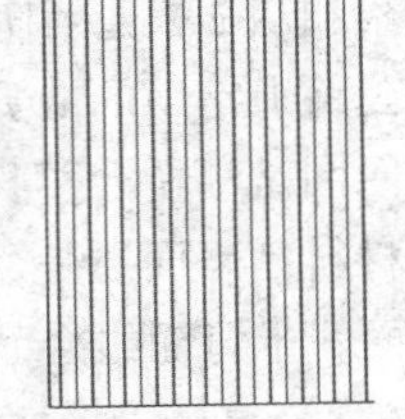

图 16-111 阵列竖直直线

（4）单击“默认”选项卡“修改”面板中的“矩形阵列”按钮，打开“阵列创建”选项卡，选择下边水平直线为阵列对象，设置“列数”为 1，“行数”为 36，“列”中“介于”为 0，“行”中“介于”为 15，完成的图形如图 16-112 所示。

（5）单击“默认”选项卡“绘图”面板中的“多段线”按钮，指定起点宽度为 1，端点宽度为 1，绘制一个 411×539 的矩形，如图 16-113 所示。

（6）单击“默认”选项卡“绘图”面板中的“多段线”按钮，指定起点宽度为 1，端点宽度为 1，绘制连续直线，如图 16-114 所示。单击“默认”选项卡“修改”面板中的“修剪”按钮，对图形进行修剪，如图 16-115 所示。

图 16-112 阵列水平直线

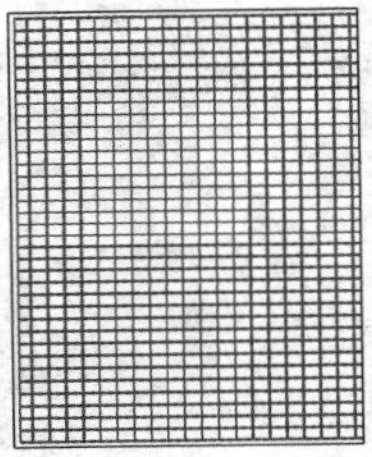

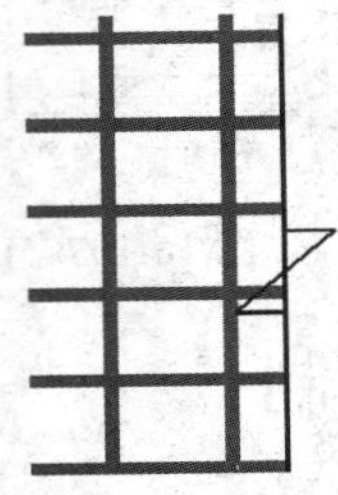

图 16-113 绘制矩形

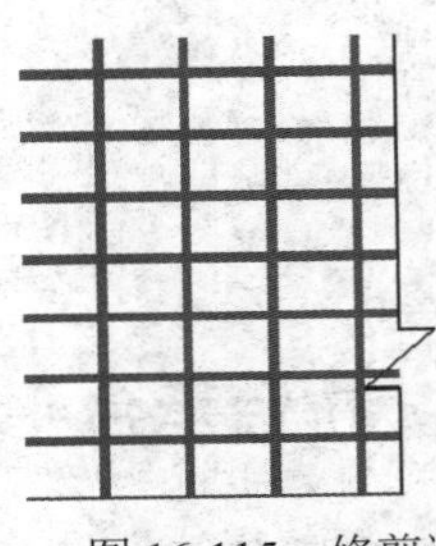

图 16-114 绘制连续直线　　图 16-115 修剪连续直线

（7）单击“默认”选项卡“绘图”面板中的“直线”按钮，在图形底部绘制一条长为 17 的水平直线，如图 16-116 所示。

（8）单击“默认”选项卡“修改”面板中的“镜像”按钮，选择左侧绘制的图形，以步骤（7）绘制的水平直线中点为镜像起点镜像图形，如图 16-117 所示。

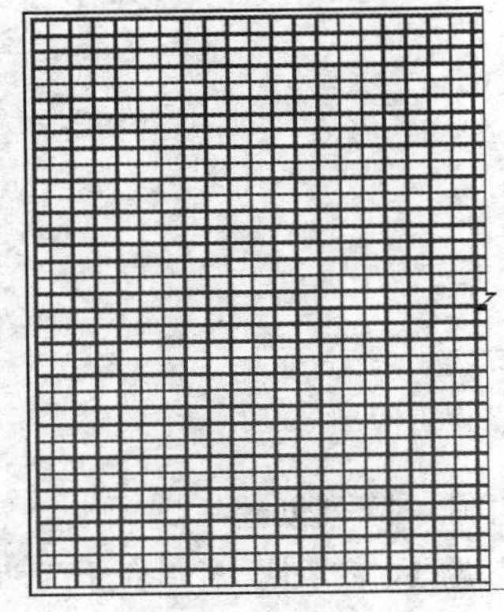

图 16-116 绘制水平直线

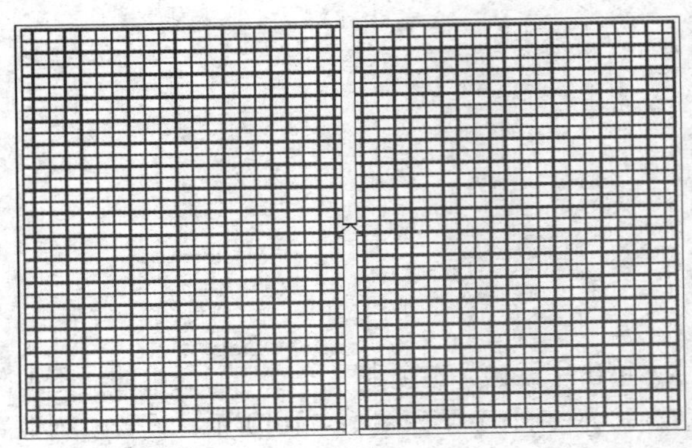

图 16-117 镜像图形

（9）单击“默认”选项卡“修改”面板中的“删除”按钮，删除图形折弯线重新绘制，并删除步骤（7）绘制的直线，如图 16-118 所示。

（10）单击“默认”选项卡“绘图”面板中的“多段线”按钮，指定起点宽度为 3，端点宽度为 0，绘制一段箭头，如图 16-119 所示。

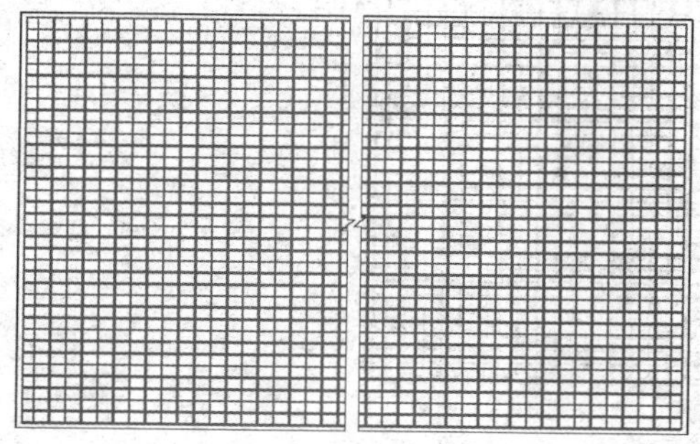

图 16-118 删除线段

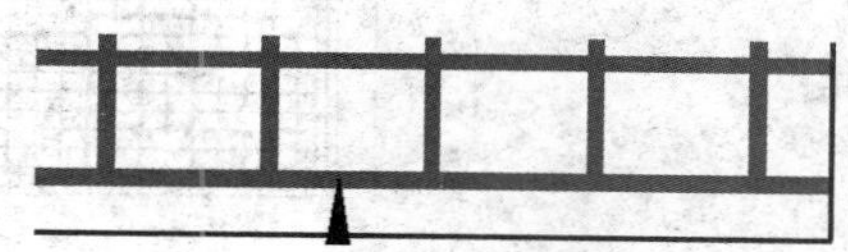

图 16-119 绘制箭头

（11）利用上述方法绘制剩余箭头，如图 16-120 所示。

（12）单击“默认”选项卡“绘图”面板中的“直线”按钮，连接绘制好的箭头，如图 16-121 所示。

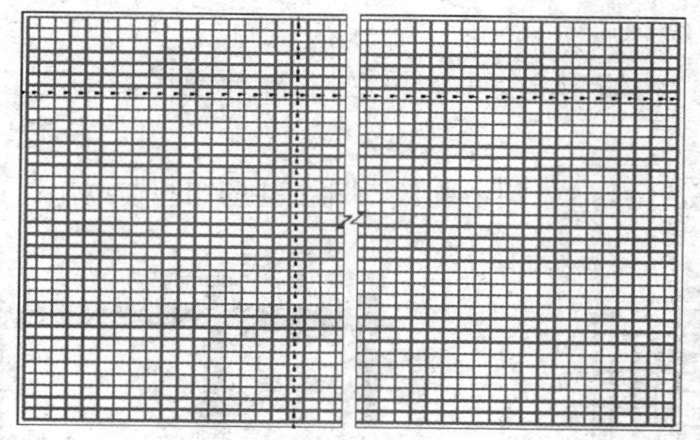

图 16-120 绘制剩余箭头

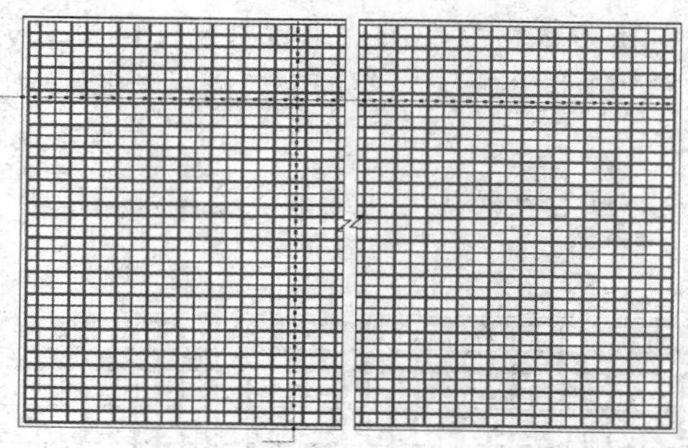

图 16-121 绘制连接线

（13）单击“默认”选项卡“绘图”面板中的“圆”按钮和“注释”面板中的“多行文字”按钮A，绘制图形轴号，如图 16-122 所示。

（14）单击“默认”选项卡“修改”面板中的“复制”按钮，复制轴号，如图 16-123 所示。

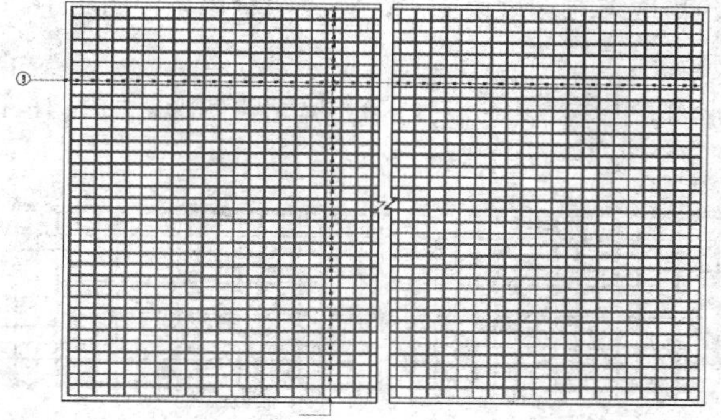

图 16-122 绘制轴号

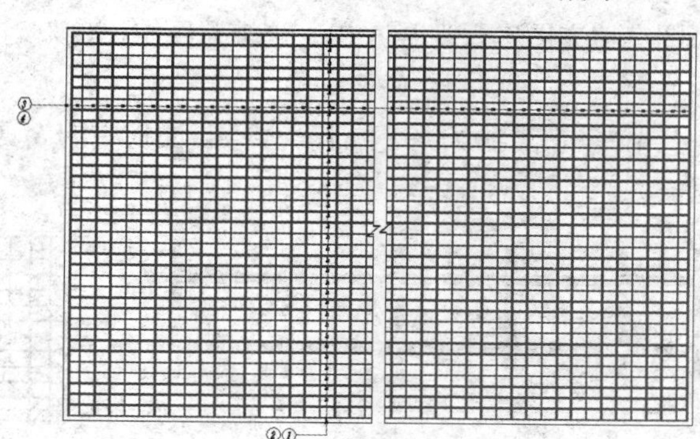

图 16-123 复制轴号

（15）单击“默认”选项卡“注释”面板中的“线性”按钮，标注图形尺寸，如图 16-124 所示。

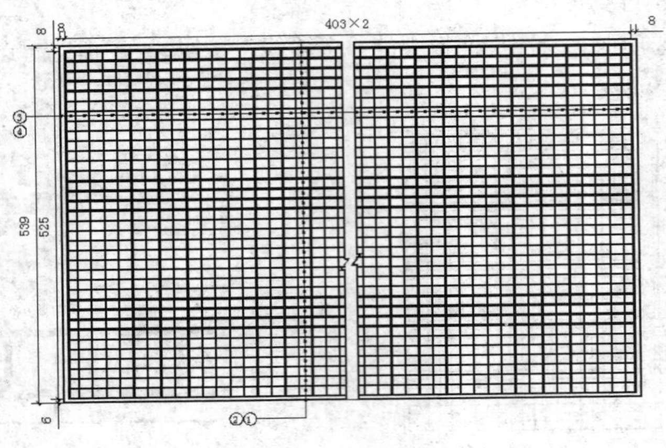

图 16-124　标注尺寸

16.5.3　桥台承台立面的绘制

绘制桥台承台立面图要结合其平面图来绘制，具体的绘制步骤如下。

（1）单击“默认”选项卡“修改”面板中的“复制”按钮，复制平面图的部分图形，如图 16-125 所示。

（2）单击“默认”选项卡“绘图”面板中的“圆”按钮，在图形内绘制半径为 1 的圆，如图 16-126 所示。

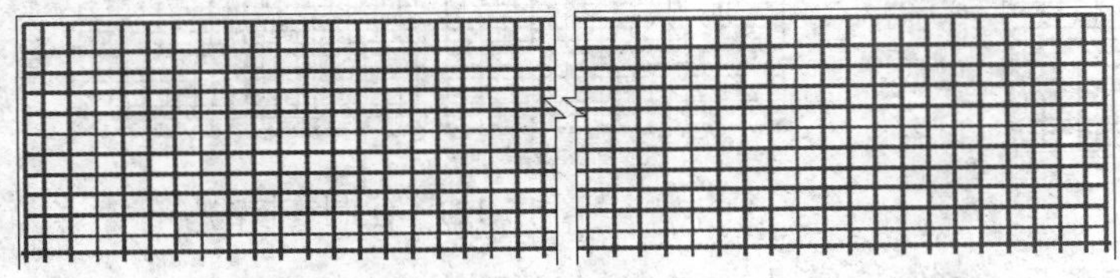

图 16-125　复制平面图形

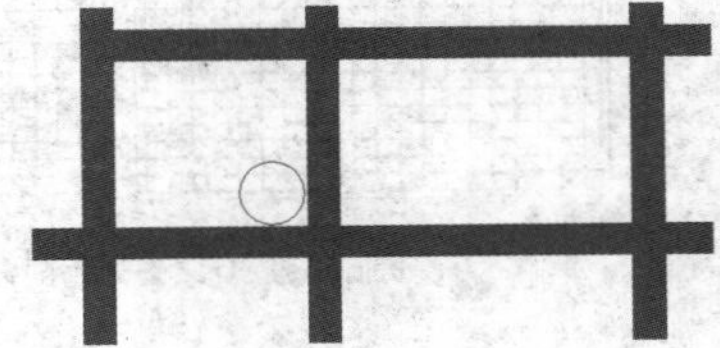

图 16-126　绘制圆

（3）单击“默认”选项卡“绘图”面板中的“图案填充”按钮，打开“图案填充创建”选项卡，设置“图案填充图案”为 SOLID，“填充图案比例”为 0，拾取填充区域内一点，完成图案填充，如图 16-127 所示。

（4）单击“默认”选项卡“修改”面板中的“复制”按钮，复制步骤（3）填充的图形，如图 16-128 所示。

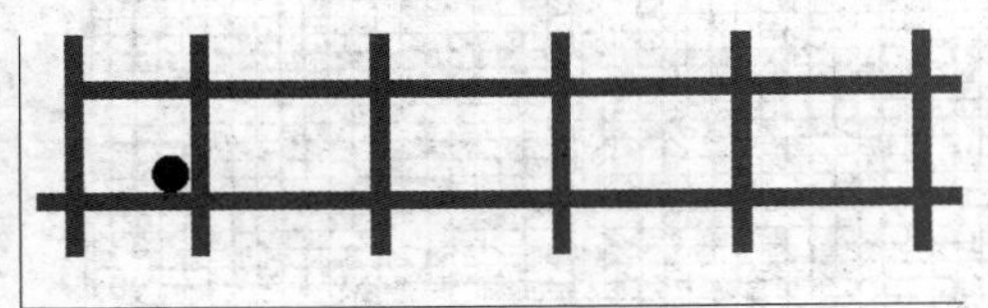

图 16-127　填充图案选择

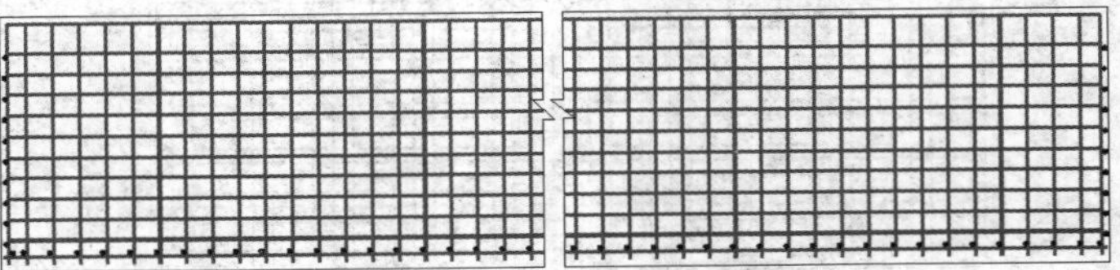

图 16-128　复制填充图案选择

（5）单击“默认”选项卡“绘图”面板中的“直线”按钮，在绘制图形的外侧绘制竖直直线和水平直线，如图 16-129 所示。

（6）单击“默认”选项卡“绘图”面板中的“直线”按钮，绘制斜向直线，如图 16-130 所示。

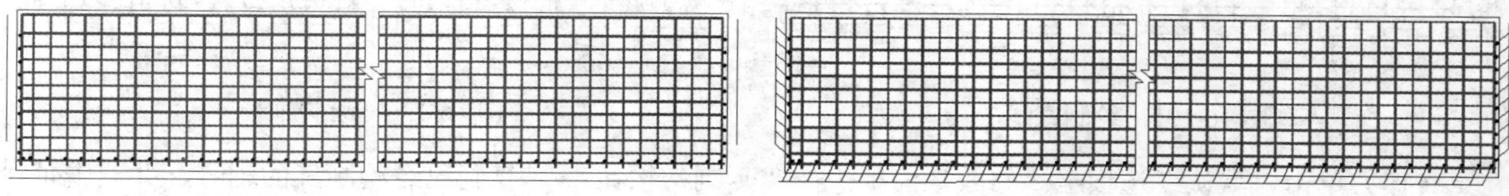

图 16-129　绘制直线　　　　图 16-130　绘制斜向直线

（7）单击“默认”选项卡“绘图”面板中的“直线”按钮，在适当位置绘制两条竖直直线，如图 16-131 所示。

（8）单击“默认”选项卡“绘图”面板中的“圆弧”按钮，在两条竖直直线之间绘制几段圆弧，如图 16-132 所示。

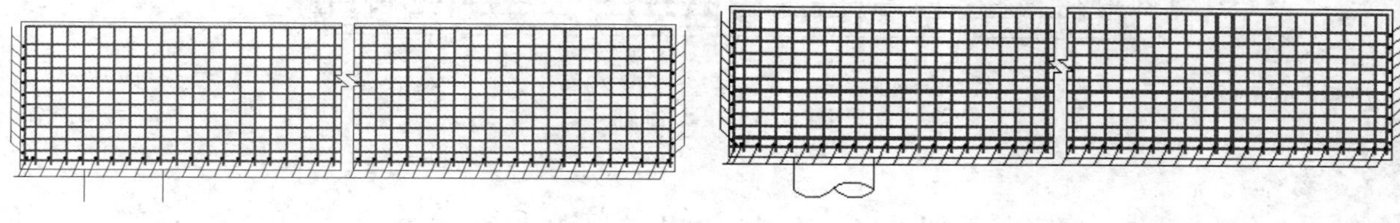

图 16-131　绘制垂直直线　　　　图 16-132　绘制几段圆弧

（9）单击“默认”选项卡“修改”面板中的“复制”按钮，复制绘制的直线和圆弧，如图 16-133 所示。

（10）单击“默认”选项卡“绘图”面板中的“多段线”按钮，指定起点宽度为 3，端点宽度为 0，绘制小箭头；单击“默认”选项卡“修改”面板中的“复制”按钮，复制小箭头，如图 16-134 所示。

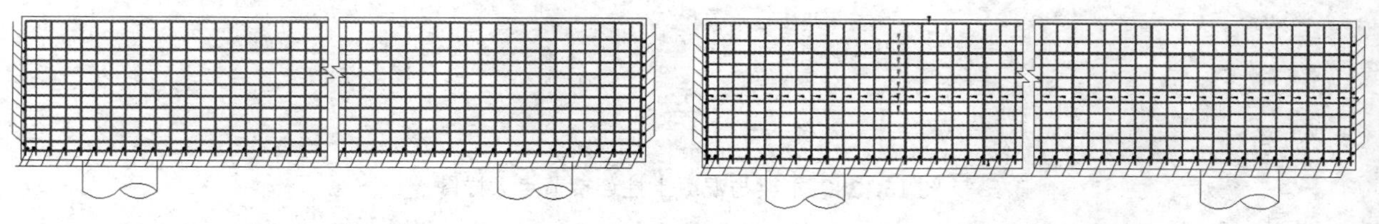

图 16-133　复制直线和圆弧　　　　图 16-134　复制小箭头

（11）单击“默认”选项卡“绘图”面板中的“多段线”按钮，指定起点宽度为 0.5，端点宽度为 0.5，绘制多段线连接小箭头；单击“默认”选项卡“绘图”面板中的“直线”按钮，绘制竖直箭头的连接线，如图 16-135 所示。

（12）单击“默认”选项卡“绘图”面板中的“圆”按钮和“注释”面板中的“多行文字”按钮A，绘制轴号，如图 16-136 所示。

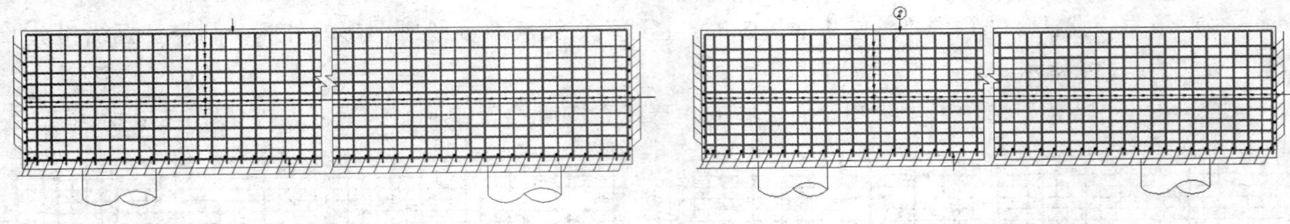

图 16-135　绘制直线　　　　图 16-136　绘制轴号

（13）单击“默认”选项卡“修改”面板中的“复制”按钮，复制已经绘制好的轴号，并双击轴号内文字，修改文字，如图 16-137 所示。

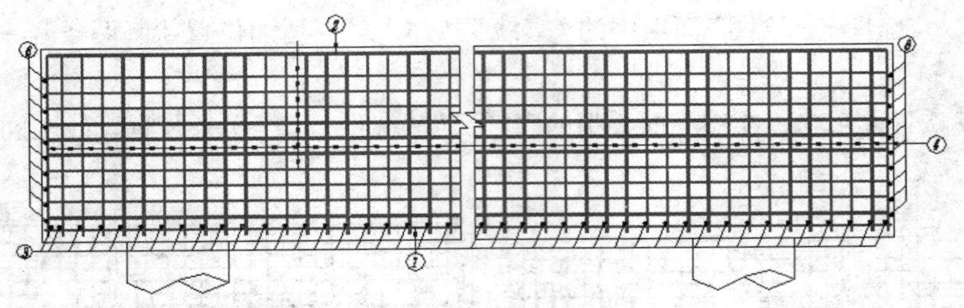

图 16-137　复制轴号

16.6　上 机 实 验

【练习 1】绘制如图 16-138 所示的主梁与混凝土柱连接节点大样图。

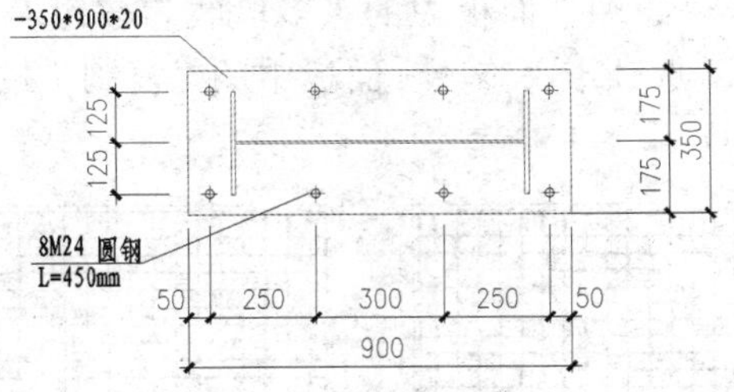

图 16-138　主梁与混凝土柱连接节点大样图

1. 目的要求

本实例主要要求读者通过练习进一步熟悉和掌握主梁与混凝土柱连接节点大样图的绘制方法。通过本实例，可以帮助读者学会完成天桥主梁与混凝土柱连接节点大样图绘制的全过程。

2. 操作提示

（1）绘制图形。

（2）添加标注。

【练习 2】绘制如图 16-139 所示的次梁与混凝土梁连接节点大样图。

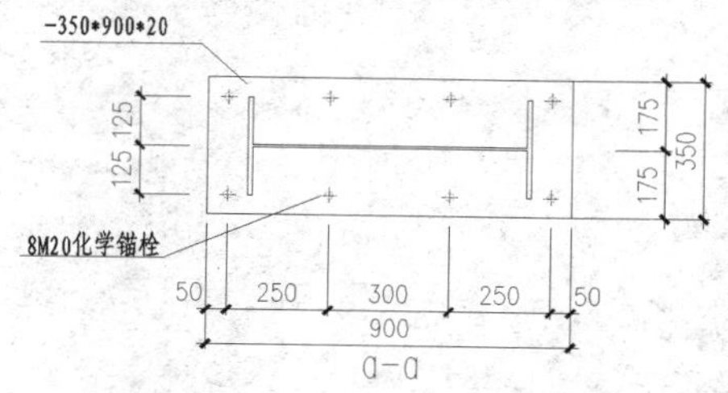

图 16-139　次梁与混凝土梁连接节点大样图

1．目的要求

本实例主要要求读者通过练习进一步熟悉和掌握次梁与混凝土梁连接节点大样图的绘制方法。通过本实例，可以帮助读者学会完成次梁与混凝土梁连接节点大样图绘制的全过程。

2．操作提示

（1）绘制图形。

（2）添加标注。

第17章

桥梁总体布置图的绘制

本章通过一个桥梁设计工程案例，介绍桥梁总体布置图设计和绘制的具体方法。本案例为绘制某公路互通工程道桥施工图，桥梁全长为34.300m，桥宽为7.000m，具体布置为0.5m（护栏）+6m（行车道）+0.5m（护栏）；设计行车车速为40km/h，桥面横坡为1.5%；汽车荷载等级为公路Ⅱ级；本场地的地震动峰值加速度分区属于0.2g；基本地震烈度为Ⅷ度。该施工图内容包括桥平面图布置，纵断面、横断面梁钢筋构造图，桥墩构造图和桥台构造图。

17.1　桥梁总体布置图简介

【预习重点】

了解桥梁总体布置图简介。

桥梁总体布置图应按三视图绘制纵向立面图与横向剖面图，并加纵向平面图。其中，纵向立面图与平面图的比例尺应相同，可采用 1:1000～1:500；对于剖面图，为清晰起见比例尺可用大一些，如 1:200～1:150，视图幅地位而定。

（1）立面图中应标明以下内容：

① 桥梁总长度。

② 桥梁结构的计算跨度。

③ 台顶高度与桥台斜度。

④ 枯水位、常水位、通航水位与计算洪水位。

⑤ 桥面纵坡以及各控制点的设计标高，如基础标高、墩（台）帽标高、桥面标高、通航桥孔的梁底标高等；对于桥下有通航（或通车）要求的桥孔，需用虚线标明净空界限框图。

⑥ 注明桥台与桥墩的编号，自左至右按 0、1、2……顺序编号（0 号为左桥台）。

（2）在横剖面图中应标明行车道宽及桥面总宽、主梁（拱肋的间距或墩台）的横向尺寸，横坡大小，并绘出桥面铺装与泄水管轴线等。

（3）平面图中需注明主要平面尺寸（栏杆、人行道与行车道、墩台距离等），对城市道路桥梁还要求标明管线位置。

17.2　桥梁平面布置图绘制

使用“直线”命令绘制桥面定位轴线；使用“直线”“多段线”等命令绘制桥面轮廓线；使用“多行文字”“复制”命令标注文字，完成桥梁平面布置图，如图 17-1 所示。

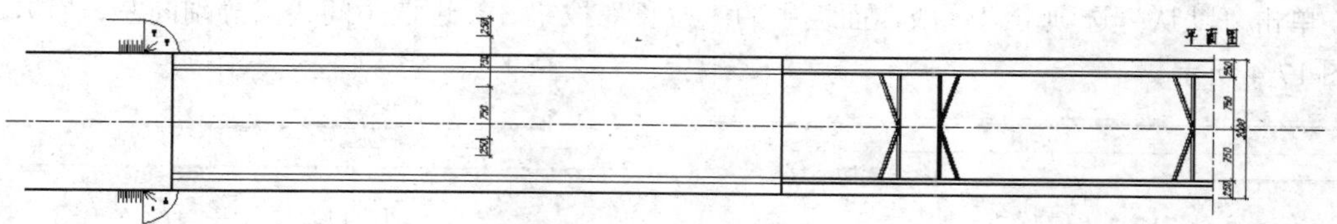

图 17-1　桥梁平面布置效果

【预习重点】

☑　了解桥梁平面图的准备工作。

☑　掌握桥梁平面图的绘制。

17.2.1 前期准备以及绘图设置

设置绘图环境是绘制任何一幅建筑图形都要进行的预备工作，这里主要创建图形文件、设置文字样式以及设置标注样式。有些具体设置可以在绘制过程中根据需要进行设置。

（1）根据绘制图形决定绘图的比例，建议采用 1:1 的比例绘制，出图比例为 1:100。

（2）建立新文件。打开 AutoCAD 2017 应用程序，建立新文件，将新文件命名为“桥梁平面布置图.dwg”并保存。

（3）文字样式的设置。单击“默认”选项卡“注释”面板中的“文字样式”按钮，进入“文字样式”对话框，选择仿宋字体，“宽度因子”设置为 0.8。

（4）标注样式的设置。根据绘图比例设置标注样式，对标注样式线、符号和箭头、文字、主单位进行设置，具体参数如下。

① 线：超出尺寸线为 100，起点偏移量为 100。

② 符号和箭头：第一个为建筑标记，箭头大小为 100，圆心标记为标记 100。

③ 文字：文字高度为 200，文字位置为垂直上，从尺寸线偏移为 100，文字对齐为 ISO 标准。

④ 主单位：精度为 0，比例因子为 1。

17.2.2 绘制桥梁平面图

本节介绍了桥梁平面图的绘制方法和技巧，具体的绘制步骤如下。

（1）创建“中心线”图层，并把该图层设置为当前图层。在“状态栏”中单击“正交模式”按钮，打开正交模式，单击“默认”选项卡“绘图”面板中的“直线”按钮，绘制一条长为 17302 的水平直线，如图 17-2 所示。

图 17-2 绘制正交定位线

（2）单击“默认”选项卡“修改”面板中的“偏移”按钮，选取绘制的水平直线，向下偏移，偏移距离分别为 170、10、60、10、750、750、10、60、10、170，如图 17-3 所示。

（3）单击“默认”选项卡“修改”面板中的“拉长”按钮，选取中间线段分别向左、右方向各拉长 300，如图 17-4 所示。

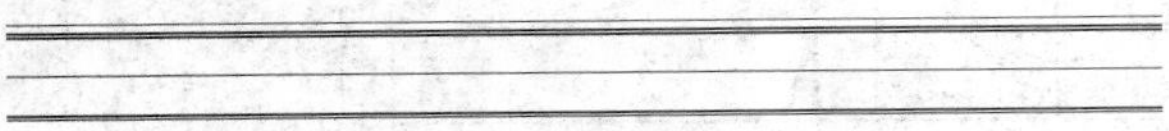

图 17-3 偏移直线

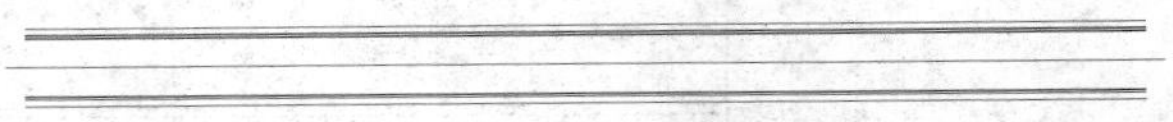

图 17-4 拉长直线

（4）选取拉长的线段并右击，在弹出的如图 17-5 所示的快捷菜单中选择“特性”命令，弹出“特性”选项板，如图 17-6 所示。将“线型”设置为 CENTER，“线型比例”设置为 10，线型显示如图 17-7 所示。

（5）单击“默认”选项卡“绘图”面板中的“直线”按钮，绘制一条竖直直线，如图 17-8 所示。

（6）单击“默认”选项卡“修改”面板中的“偏移”按钮，选取竖直直线连续向右偏移，偏移距离分别为 8854、6245，如图 17-9 所示。

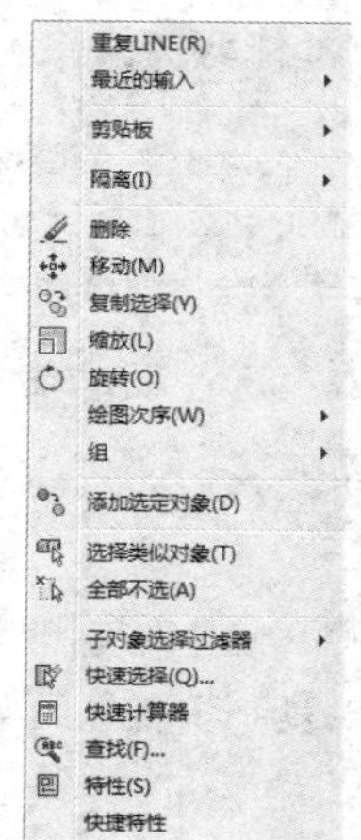

图 17-5　快捷菜单

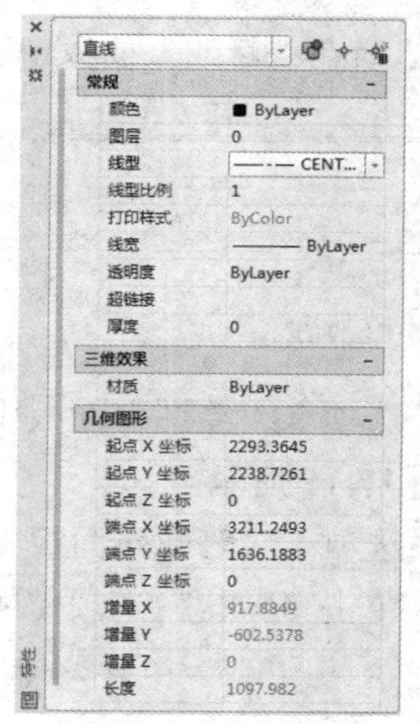

图 17-6　“特性”选项板

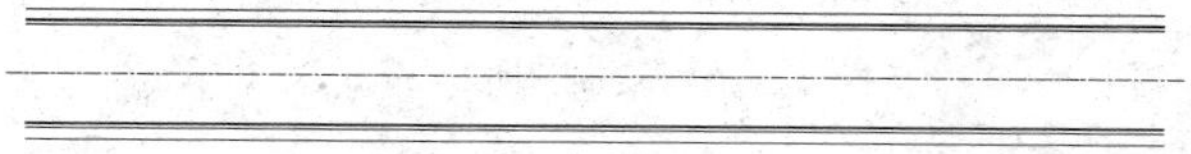

图 17-7　线型显示

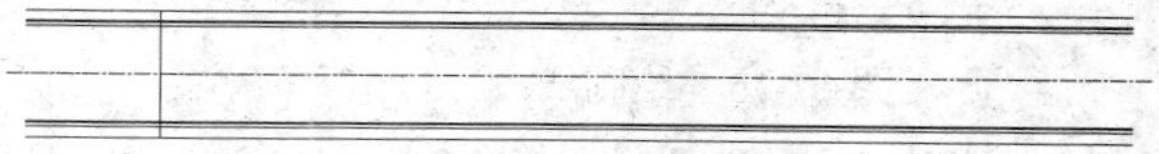

图 17-8　绘制一条竖直直线

（7）单击“默认”选项卡“修改”面板中的“拉长”按钮，选择右侧竖直边，显示夹点拉长直线，上下拉长距离均为 240，如图 17-10 所示。

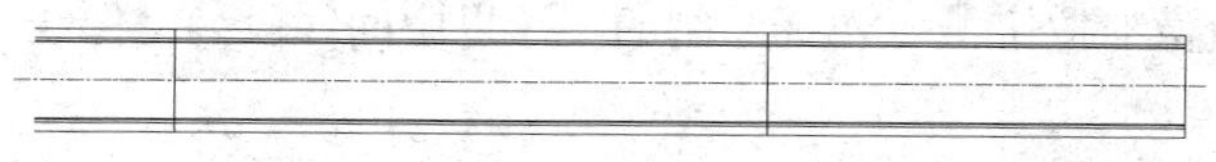

图 17-9　偏移直线

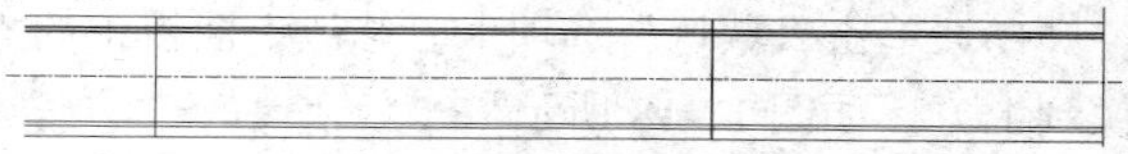

图 17-10　拉长线段

（8）选取拉长的线段并右击，在弹出的如图 17-11 所示的快捷菜单中选择“特性”命令，弹出“特性”选项板，如图 17-12 所示。将“线型”设置为 CENTER，“线型比例”设置为 10，线型显示如图 17-13 所示。

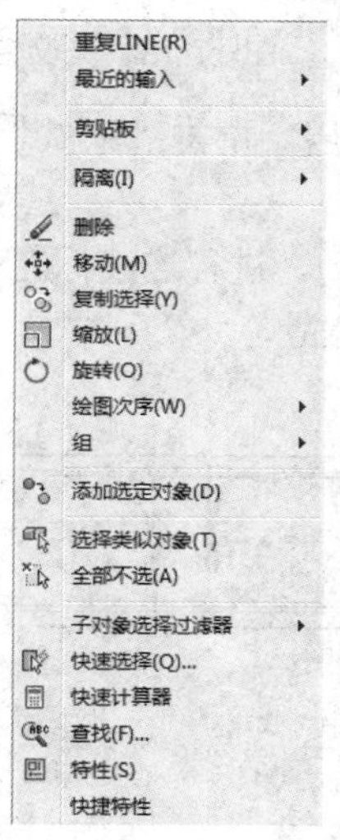

图 17-11　快捷菜单

图 17-12　“特性”选项板

（9）单击“默认”选项卡“修改”面板中的“修剪”按钮，修剪掉偏移线段，如图 17-14 所示。

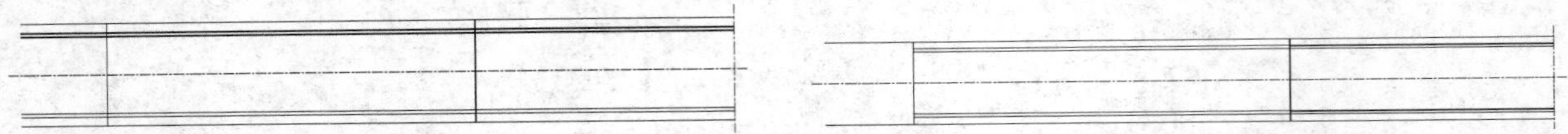

图 17-13　修改线型

图 17-14　修剪线段

（10）单击“默认”选项卡“绘图”面板中的“多段线”按钮，指定起点宽度为 10，端点宽度为 10，绘制连续线段，如图 17-15 所示。

（11）单击“默认”选项卡“修改”面板中的“镜像”按钮，选取绘制的多段线，以水平边上适当一点为镜像点进行镜像；单击“默认”选项卡“修改”面板中的“复制”按钮，向右侧复制绘制的多段线，如图 17-16 所示。

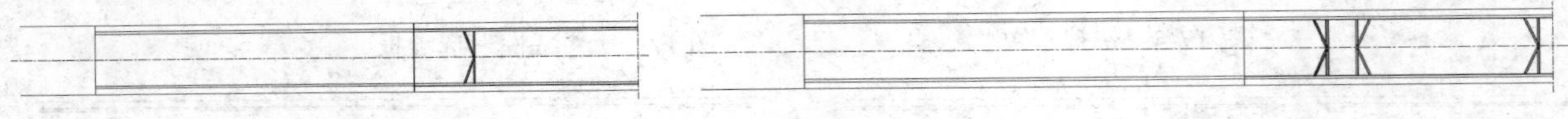

图 17-15　绘制线段

图 17-16　复制图形

（12）单击“默认”选项卡“绘图”面板中的“直线”按钮，绘制多段竖直直线。

（13）单击“默认”选项卡“绘图”面板中的“圆弧”按钮，在绘制的竖直直线右侧绘制圆弧。

（14）单击“默认”选项卡“绘图”面板中的“圆”按钮，在绘制的圆弧内绘制图形，绘制结果如图 17-17 所示。

（15）单击“默认”选项卡“修改”面板中的“镜像”按钮，选择绘制的图形以中间线段为镜像线，镜像到上方，如图 17-18 所示。

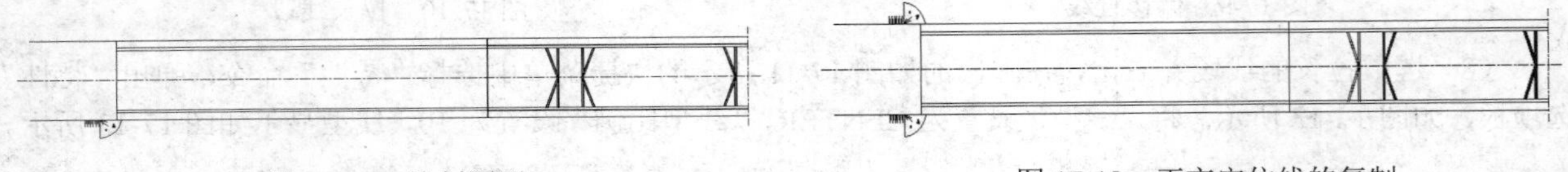

图 17-17　绘制图形

图 17-18　正交定位线的复制

（16）创建“尺寸”图层，并把“尺寸”图层设置为当前图层，单击“默认”选项卡“注释”面板中的“线性”按钮，标注直线尺寸。

（17）单击“注释”选项卡“标注”面板中的“连续”按钮，进行连续标注。完成的图形如图 17-19 所示。

图 17-19　桥梁平面布置效果

17.3　桥台纵剖面图绘制

使用“直线”命令绘制定位轴线；使用“直线”“多段线”等命令绘制纵剖面轮廓线；使用“多行文字”“复制”命令标注文字；填充基础部分；删除多余的定位轴线，完成桥梁纵剖面图，如图 17-20 所示。

【预习重点】

☑　了解绘制桥梁平面图的准备工作。

☑　掌握桥台纵剖面图定位线的绘制。

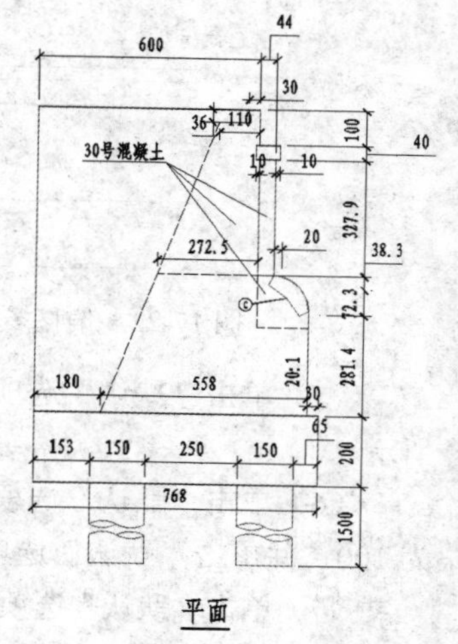

图 17-20　桥梁纵剖面效果

17.3.1　前期准备以及绘图设置

设置绘图环境是绘制任何一幅建筑图形都要进行的预备工作，这里主要创建图形文件、设置文字样式以及设置标注样式。有些具体设置可以在绘制过程中根据需要进行设置。

（1）根据绘制图形决定绘图的比例，建议采用 1:1 的比例绘制，出图比例为 1:100。

（2）建立新文件。打开 AutoCAD 2017 应用程序，建立新文件，将新文件命名为“桥台纵剖面图.dwg”并保存。

（3）文字样式的设置。单击“默认”选项卡“注释”面板中的“文字样式”按钮，进入“文字样式”对话框，选择仿宋字体，“宽度因子”设置为 0.8。

（4）标注样式的设置。根据绘图比例设置标注样式，对标注样式线、符号和箭头、文字、主单位进行设置，具体参数如下。

① 线：超出尺寸线为 10，起点偏移量为 10。

② 符号和箭头：第一个为建筑标记，箭头大小为 10，圆心标记为标记 10。

③ 文字：文字高度为 20，文字位置为垂直上，从尺寸线偏移为 10，文字对齐为 ISO 标准。

④ 主单位：精度为 0.0，比例因子为 1。

17.3.2　绘制定位轴线

本节介绍了定位轴线的绘制方法和技巧，具体的绘制步骤如下。

（1）创建“中心线”图层，并把该图层设置为当前图层。单击“默认”选项卡“绘图”面板中的“多段线”按钮，指定多段线起点宽度为 1，端点宽度为 1，绘制一条水平直线，长度为 768，如图 17-21 所示。

图 17-21　定位轴线

（2）单击“默认”选项卡“修改”面板中的“偏移”按钮，选取绘制的直线向下偏移，偏移距离分别为 100、40、327.9、38.3、72.3、281.4、200，如图 17-22 所示。

（3）单击“默认”选项卡“绘图”面板中的“直线”按钮，绘制一条竖直直线，如图 17-23 所示。

（4）单击“默认”选项卡“修改”面板中的“偏移”按钮，选取竖直直线向右偏移，偏移距离分别为 590、10、44、10、10、74、30，如图 17-24 所示。

图 17-22　偏移多段线　　图 17-23　绘制竖直直线　　图 17-24　偏移多段线

（5）单击“默认”选项卡“修改”面板中的“修剪”按钮，修剪掉偏移后的多余线段，如图 17-25 所示。

（6）单击“默认”选项卡“修改”面板中的“圆角”按钮，对边 1 和边 2 进行圆角处理，圆角半径为 100，并单击“默认”选项卡“修改”面板中的“删除”按钮，删除多余线段，如图 17-26 所示。

（7）单击“默认”选项卡“绘图”面板中的“直线”按钮，绘制竖直直线；单击“默认”选项卡“修改”面板中的“偏移”按钮，选择左侧竖直边向右偏移，偏移距离分别为 153、150、250、150；单击“默认”选项卡“修改”面板中的“删除”按钮，将多余直线删除；单击“默认”选项卡“绘图”面板中的“直线”按钮，连接偏移的直线端点，如图 17-27 所示。

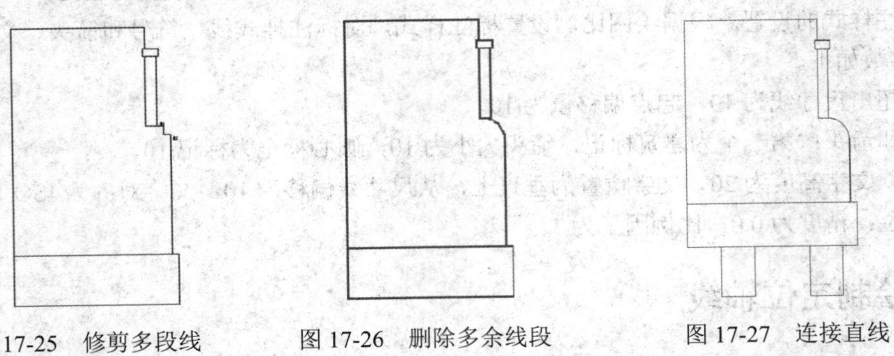

图 17-25　修剪多段线　　图 17-26　删除多余线段　　图 17-27　连接直线

（8）单击“默认”选项卡“修改”面板中的“偏移”按钮，选取上侧水平直线边向下偏移，偏移距离分别为 119、30，如图 17-28 所示。

（9）单击“默认”选项卡“修改”面板中的“修剪”按钮，修剪掉偏移后线段的多余部分，如图 17-29 所示。

（10）单击“默认”选项卡“绘图”面板中的“圆弧”按钮，以三点绘制圆弧的方法绘制几段圆弧，如图 17-30 所示。

（11）单击“默认”选项卡“修改”面板中的“复制”按钮，选择绘制的圆弧向右侧进行复制，复制到适当位置，如图 17-31 所示。

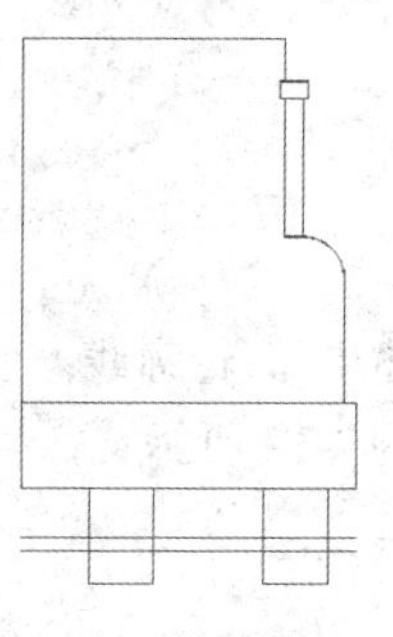
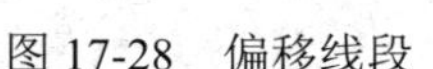

图 17-28　偏移线段

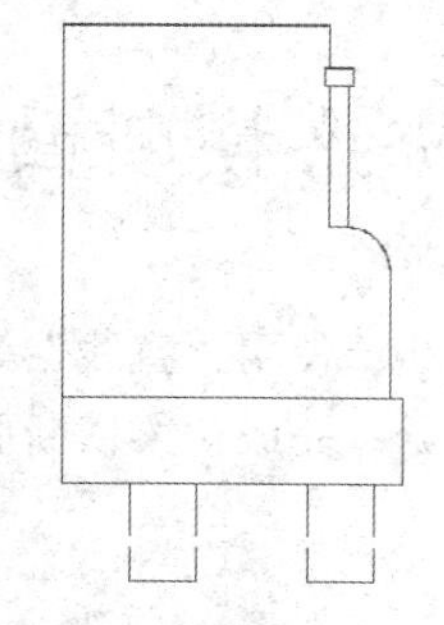

图 17-29　修剪掉多余线段

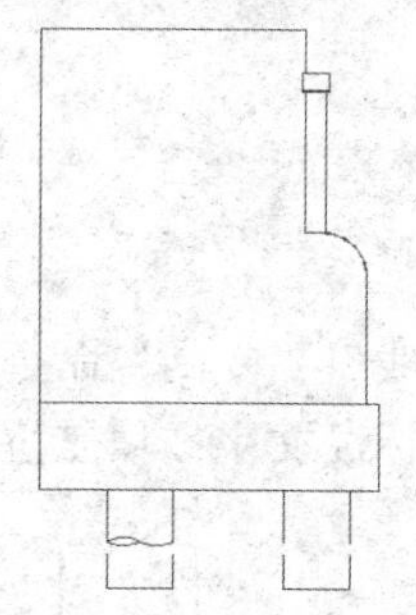

图 17-30　绘制圆弧

（12）利用上述方法继续绘制底部剩余图形，绘制完成后的效果如图 17-32 所示。

（13）单击“默认”选项卡“绘图”面板中的“直线”按钮，绘制图形内的直线，如图 17-33 所示。

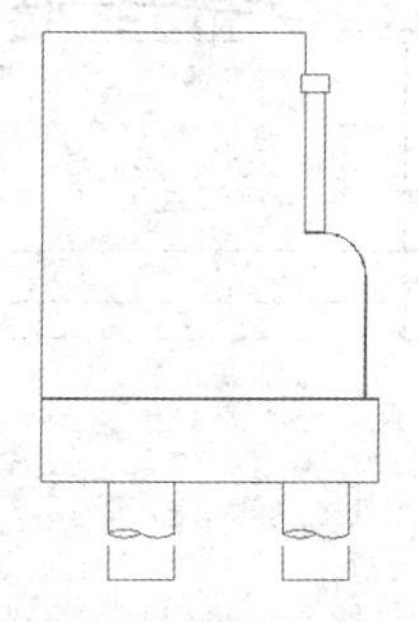

图 7-31　复制圆弧

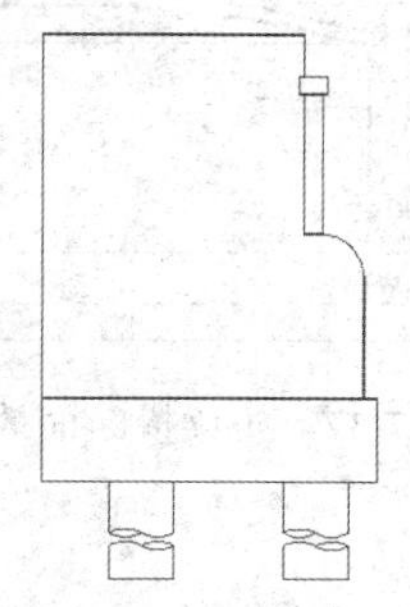

图 17-32　绘制圆弧

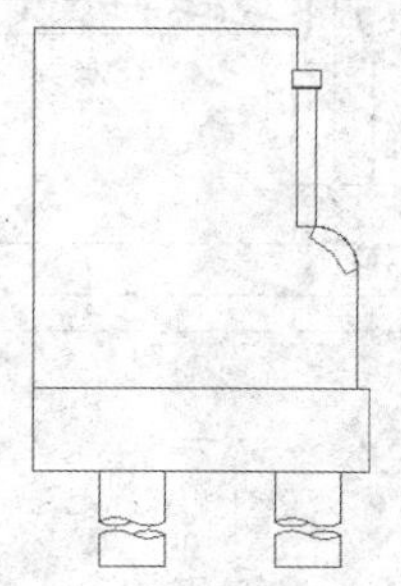

图 17-33　绘制直线

（14）单击“默认”选项卡“绘图”面板中的“直线”按钮，绘制剩余图形，如图 17-34 所示。

（15）创建“尺寸”图层，并把“尺寸”图层设置为当前图层，单击“默认”选项卡“注释”面板中的“线性”按钮，标注直线尺寸，完成的图形如图 17-35 所示。

（16）单击“默认”选项卡“注释”面板中的“多行文字”按钮，标注图形中文字，如图 17-36 所示。

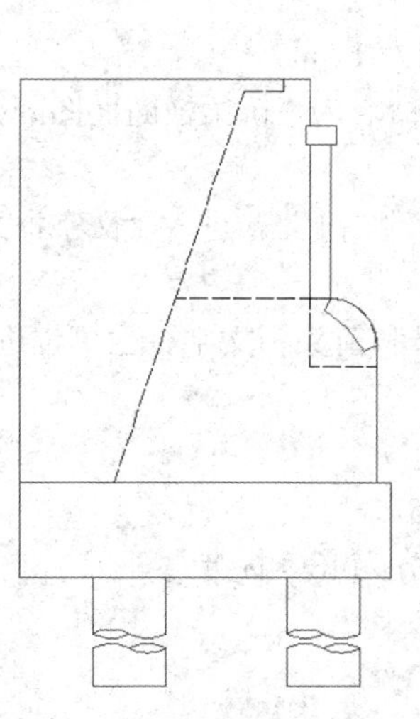

图 17-34　绘制剩余图形

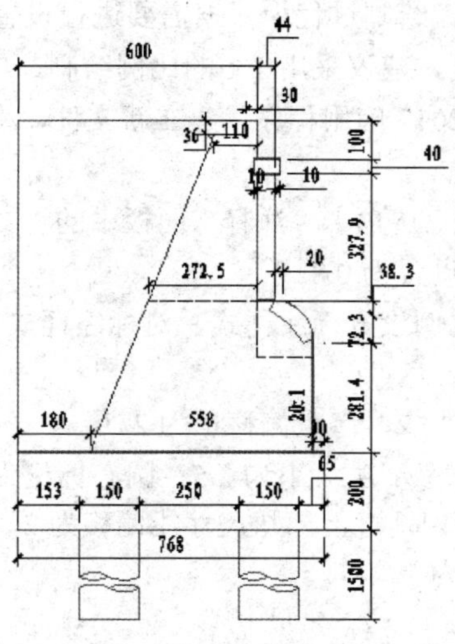

图 17-35　标注图形

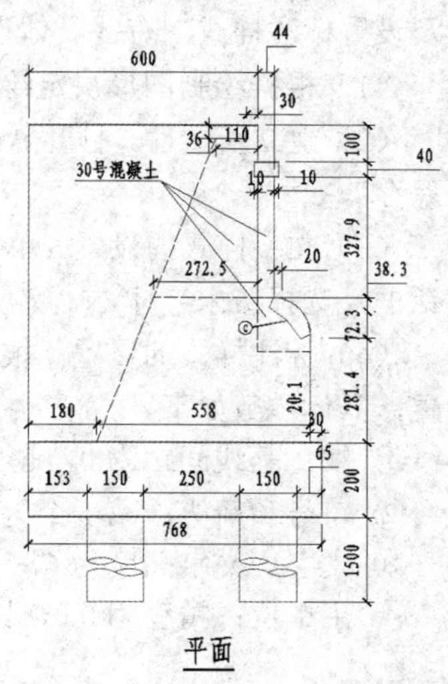

图 17-36　标注文字

17.4 桥梁横断面图绘制

使用“直线”“复制”命令绘制定位轴线；使用“直线”等命令绘制横断面轮廓线；使用“多行文字”“复制”命令标注文字；填充桥面、桥梁部分；完成桥梁横断面图，如图 17-37 所示。

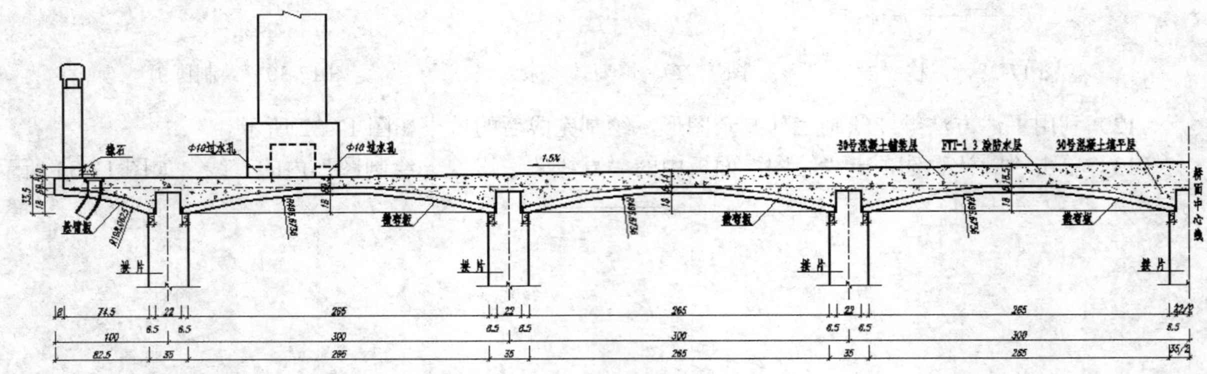

图 17-37 桥梁横断面效果

【预习重点】

☑ 了解桥梁平面图的准备工作。

☑ 掌握桥梁横断面图定位线的绘制。

17.4.1 前期准备以及绘图设置

设置绘图环境是绘制任何一幅建筑图形都要进行的预备工作，这里主要创建图形文件、设置文字样式以及设置标注样式。有些具体设置可以在绘制过程中根据需要进行设置。

（1）根据绘制图形决定绘图的比例，建议采用 1:1 的比例绘制，出图比例为 1:50。

（2）建立新文件。打开 AutoCAD 2017 应用程序，建立新文件，将新文件命名为“桥梁横断面图.dwg”并保存。

（3）文字样式的设置。单击“默认”选项卡“注释”面板中的“文字样式”按钮，进入“文字样式”对话框，选择仿宋字体，“宽度因子”设置为 0.8。

（4）标注样式的设置。根据绘图比例设置标注样式，对标注样式线、符号和箭头、文字、主单位进行设置，具体参数如下。

① 线：基线间距为 0，超出尺寸线为 2，起点偏移量为 2。

② 符号和箭头：第一个为建筑标记，箭头大小为 2.5，圆心标记为标记 2.5。

③ 文字：文字高度为 6，文字位置为垂直上，从尺寸线偏移为 2，文字对齐为 ISO 标准。

④ 主单位：精度为 0.0，比例因子为 1。

17.4.2　绘制定位轴线

本节介绍了定位轴线的绘制方法和技巧，具体的绘制步骤如下。

（1）创建“定位中心线”图层，并把该图层设置为当前图层。在“状态栏”中单击“正交模式”按钮，打开正交模式，单击“默认”选项卡“绘图”面板中的“直线”按钮，绘制一条竖直直线，长度为102，如图 17-38 所示。

（2）单击“默认”选项卡“修改”面板中的“偏移”按钮，偏移绘制的竖直直线，偏移距离分别为300、300、300，如图 17-39 所示。

图 17-38　绘制一条竖直直线　　　图 17-39　偏移线段

（3）将图层切换到“0”图层，单击“默认”选项卡“绘图”面板中的“多段线”按钮，绘制连续多段线，指定起点宽度为 1，端点宽度为 1，如图 17-40 所示。

（4）单击“默认”选项卡“修改”面板中的“复制”按钮，选择绘制的多段线向右侧复制，如图 17-41 所示。

图 17-40　绘制多段线　　　图 17-41　复制多段线

（5）单击“默认”选项卡“绘图”面板中的“多段线”按钮，在绘制完的图形上方绘制一条斜直线，如图 17-42 所示。

（6）继续单击“默认”选项卡“绘图”面板中的“多段线”按钮，绘制多段线作为悬臂板，如图 17-43 所示。

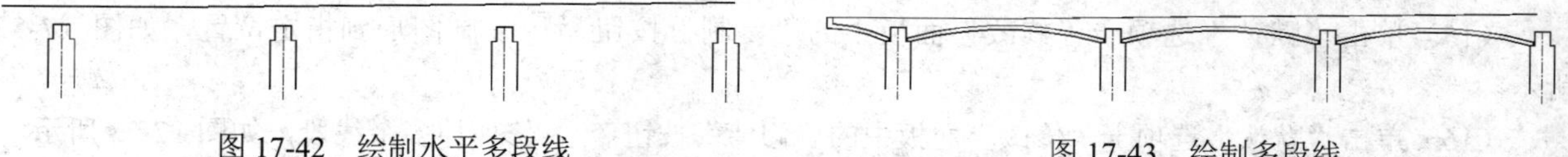

图 17-42　绘制水平多段线　　　图 17-43　绘制多段线

（7）单击“默认”选项卡“修改”面板中的“拉长”按钮，拉长右侧中心线，如图 17-44 所示。

（8）单击“默认”选项卡“绘图”面板中的“图案填充”按钮，打开“图案填充创建”选项卡，设置“图案填充图案”为 AR-CONC，“填充图案比例”为 0.1，拾取填充区域内一点，完成图案填充，如图 17-45 所示。

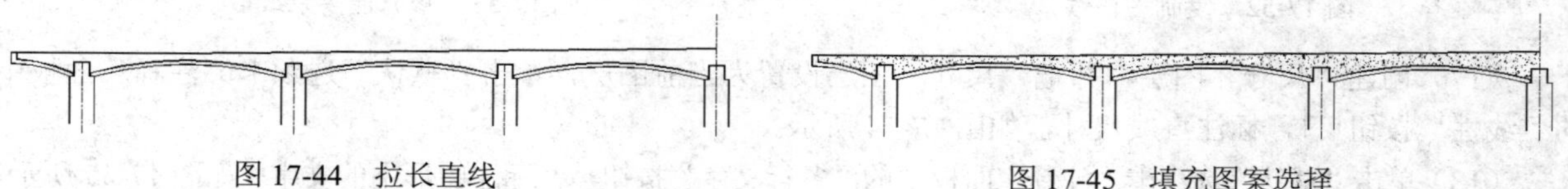

图 17-44　拉长直线　　　图 17-45　填充图案选择

（9）单击“默认”选项卡“绘图”面板中的“直线”按钮，在适当位置绘制连续直线，如图 17-46 所示。

（10）单击“默认”选项卡“绘图”面板中的“多段线”按钮，绘制连续多段线，如图 17-47 所示。

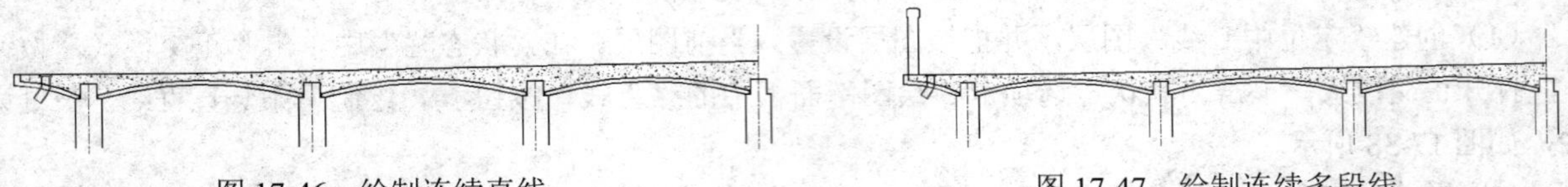

图 17-46 绘制连续直线　　图 17-47 绘制连续多段线

（11）单击“默认”选项卡“绘图”面板中的“多段线”按钮，在绘制的多段线内继续绘制多段线，如图 17-48 所示。

（12）单击“默认”选项卡“绘图”面板中的“多段线”按钮，绘制顶部剩余图形，如图 17-49 所示。

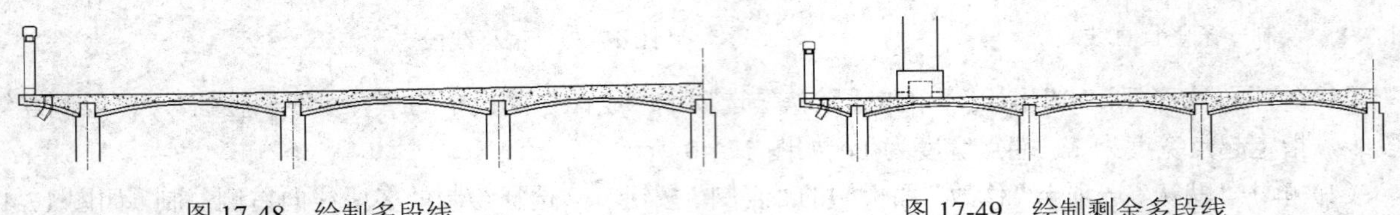

图 17-48 绘制多段线　　图 17-49 绘制剩余多段线

（13）单击“默认”选项卡“绘图”面板中的“直线”按钮，绘制连续直线，如图 17-50 所示。

（14）单击“默认”选项卡“绘图”面板中的“多段线”按钮，指定起点宽度为 0，端点宽度为 0，绘制多段线，如图 17-51 所示。

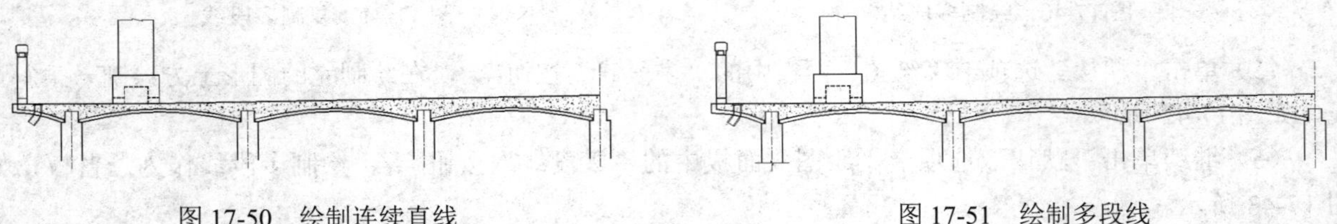

图 17-50 绘制连续直线　　图 17-51 绘制多段线

（15）单击“默认”选项卡“修改”面板中的“复制”按钮，复制图形到指定位置，如图 17-52 所示。

（16）单击“默认”选项卡“修改”面板中的“修剪”按钮，修剪掉多余线段，如图 17-53 所示。

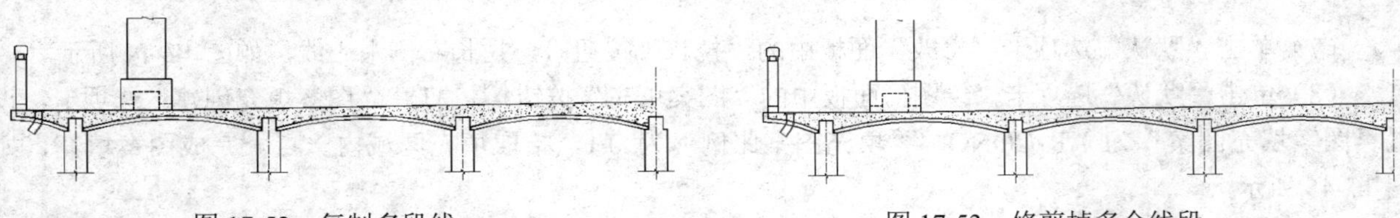

图 17-52 复制多段线　　图 17-53 修剪掉多余线段

（17）创建“尺寸”图层，并把“尺寸”图层设置为当前图层，单击“默认”选项卡“注释”面板中的“线性”按钮，标注直线尺寸，如图 17-54 所示。

（18）单击“默认”选项卡“注释”面板中的“多行文字”按钮A，标注图形中的文字，如图 17-55 所示。

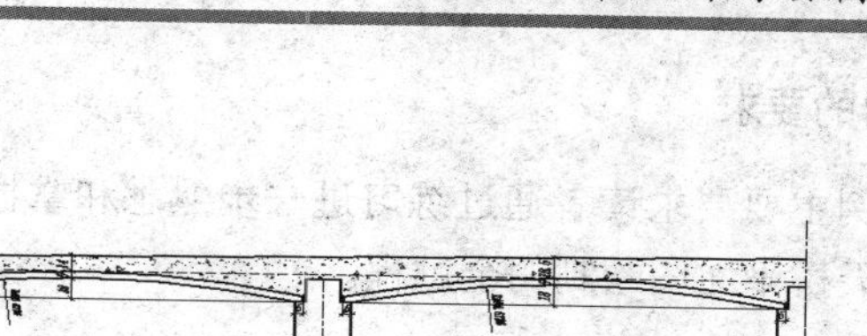

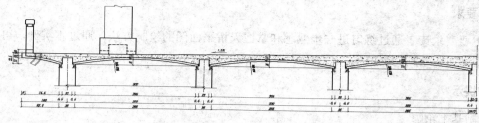

图 17-54　标注图形

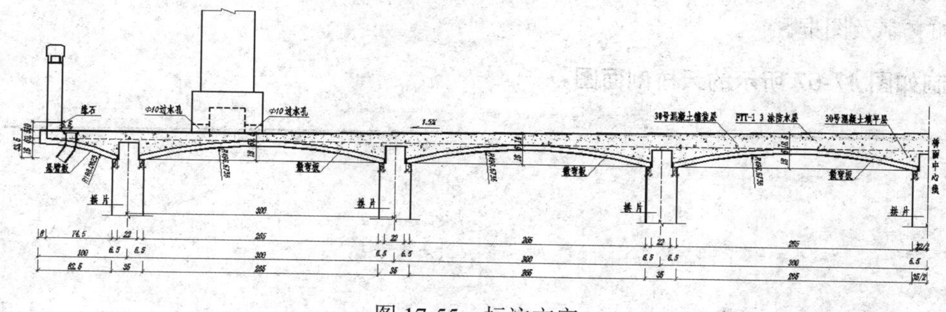

图 17-55　标注文字

17.5　上 机 实 验

【练习 1】 绘制如图 17-56 所示的天桥平面图。

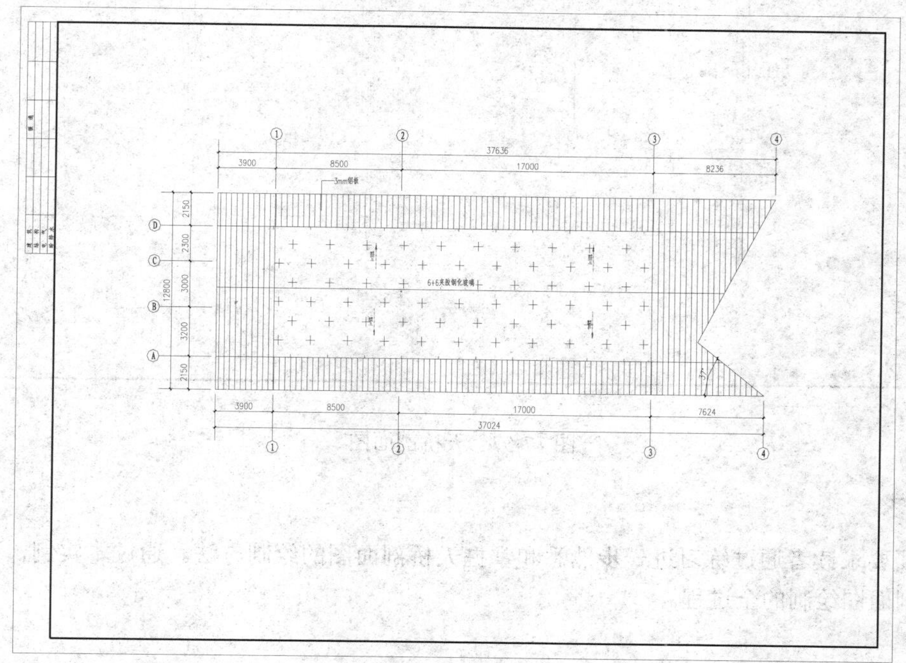

图 17-56　天桥平面图

1. 目的要求

本实例主要要求读者通过练习进一步熟悉和掌握天桥平面图的绘制方法。通过本实例，可以帮助读者学会完成天桥平面图绘制的全过程。

2. 操作提示

（1）绘制基础轮廓。
（2）添加标注。
（3）添加文字及图框。

【练习 2】绘制如图 17-57 所示的天桥剖面图。

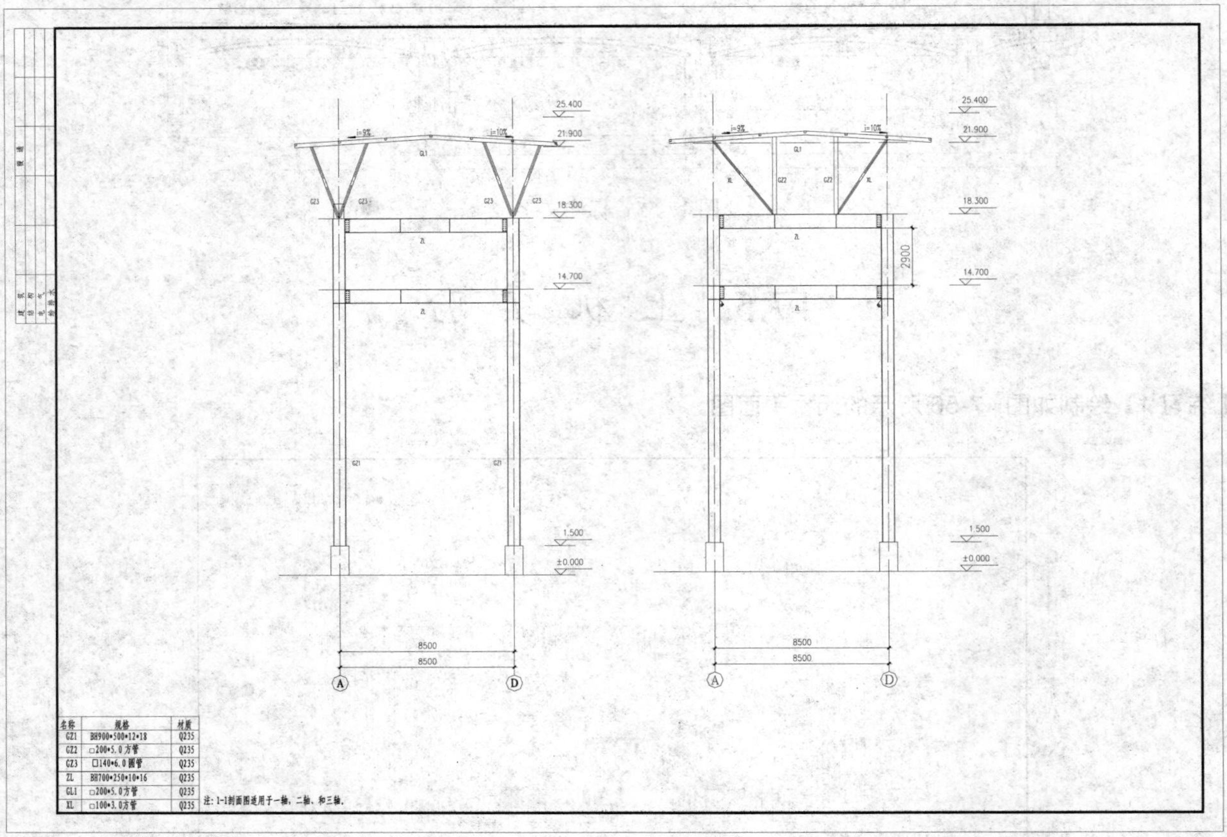
25.400
21.900
18.300
14.700
1.500
±0.000
i=9%
i=10%
2900
8500
A
D
名称 规格 材质
GZ1 BH900•500•12•18 Q235
GZ2 □200•5.0 方管 Q235
GZ3 □140•6.0 圆管 Q235
ZL BH700•250•10•16 Q235
GL1 □200•5.0方管 Q235
XL □100•3.0方管 Q235
注：1-1剖面图适用于一轴、二轴、和三轴。

图 17-57　天桥剖面图

1. 目的要求

本实例主要要求读者通过练习进一步熟悉和掌握天桥剖面图的绘制方法。通过本实例，可以帮助读者学会完成天桥剖面图绘制的全过程。

2. 操作提示

（1）绘图前准备。

（2）绘制天桥剖面图。

（3）添加尺寸标注。

（4）添加文字标注和标高。

（5）添加图框。

▶▶第 5 篇

给排水施工篇

本篇主要介绍给水、雨水、排水的分类、组成、功能、管线布置以及绘制的方法和步骤。能识别 AutoCAD 市政给排水施工图，熟练掌握使用 AutoCAD 进行给水、雨水、排水制图的一般方法，使读者具有一般给水、雨水、排水绘制和设计技能。

- **给排水工程设计基础**
- **给排水施工图绘制实例**

第18章

给排水工程设计基础

给排水系统是为人们的生活、生产、市政和消防提供用水和废水排除设施的总称。由于给排水工程涉及内容比较广泛，所以本章简单介绍市政道路给排水工程的基础知识。本章主要介绍给排水系统的组成、给排水网系统规划布置及道路给排水制图等内容。

18.1　给排水系统概述

本节简要介绍给排水系统的组成、功能和特点等基础知识。

【预习重点】

☑　了解给排水系统的组成。

☑　了解给排水管道系统的功能与特点。

18.1.1　给排水系统的组成

给排水系统的功能是向不同类别的用户供应满足不同需求的水量和水质，同时承担用户排除废水的收集、输送和处理，达到消除废水中污染物质对于人体健康和保护环境的目的。

给水系统（water supply system）是保障城市居民、工矿企业等用水的各项构筑物和输配水管网组成的系统。根据系统的性质不同有 4 种分类方法：

（1）按水源种类可以分为地表水（江河、湖泊、水库、海洋等）和地下水（潜水、承压水、泉水等）给水系统。

（2）按服务范围可分为区域给水、城镇给水、工业给水和建筑给水等系统。

（3）按供水方式分为自流系统（重力供水）、水泵供水系统（加压供水）和两者相结合的混合供水系统。

（4）按使用目的可分为生活给水、生产给水和消防给水系统。

废水收集、处理和排放工程设施，称为排水系统（sewerage system）。

根据排水系统所接受的废水的性质和来源不同，废水可分为生活污水、工业废水和雨水三类。

整个城市给水排水系统如图 18-1 所示。

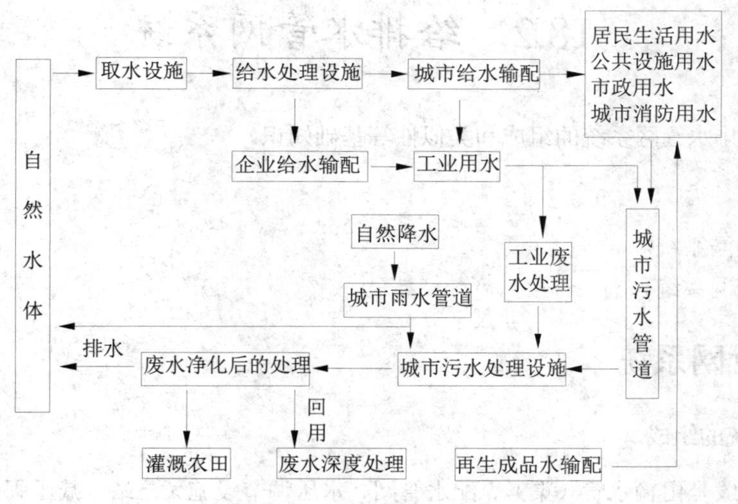

图 18-1　城市给排水系统

给排水系统一般包括取水系统、给水处理系统、给水管网系统、排水管道系统、废水处理系统、废水排放系统和重复利用系统。给排水系统组成如图 18-2 所示。

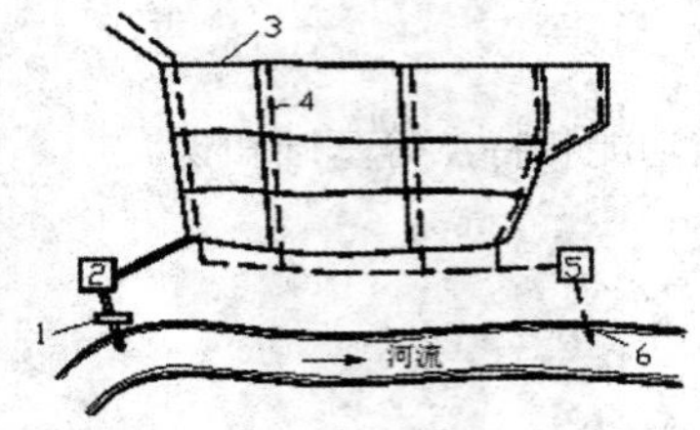

图 18-2　给排水系统组成

注：1．取水系统；2．给水处理系统；3．给水管网系统；4．排水管道系统；5．废水处理系统；6．废水排放系统。

18.1.2　给排水管道系统的功能与特点

1．给排水管道系统的功能

（1）水量输送：即实现一定水量的位置迁移，满足用水和排水的地点要求。

（2）水量调节：即采用储水措施解决供水、用水与排水的水量不平均问题。

（3）水压调节：即采用加压和减压措施调节水的压力，满足水输送、使用和排放的能量要求。

2．给排水管道系统的特点

给排水管道系统具有一般网络系统的特点，即分散性（覆盖整个用水区域）、连通性（各部分之间的水量、水压和水质紧密关联且相互作用）、传输性（水量输送、能量传递）、扩展性（可以向内部或外部扩展，一般分多次建成）等。同时给水排水管道系统又具有与一般网络系统不同的特点，如隐蔽性强、外部干扰因素多、容易发生事故、基建投资费用大、扩建改建频繁、运行管理复杂等。

18.2　给排水管网系统

本节简要介绍给排水管网系统的组成和类似性等基础知识。

【预习重点】

☑　了解给水管网系统。

☑　了解排水管网系统。

18.2.1　给水管网系统

1．给水管网系统的组成

给水管网系统一般是由输水管（渠）、配水管网、水压调节设施（泵站、减压阀）及水量调节设施（清水池、水塔、高位水池）等构成。地表水源给水管道系统示意图如图 18-3 所示。

2. 给水管网系统类型

（1）按水源的数目分类

① 单水源给水管网系统。

② 多水源给水管网系统。

（2）按系统构成方式分类

① 统一给水管网系统：同一管网按相同的压力供应生活、生产、消防各类用水。系统简单，投资较少，管理方便。用在工业用水量占总水量比例小，地形平坦的地区。按水源数目不同可为单水源给水系统和多水源给水系统。

② 分质给水系统：因用户对水质的要求不同而分成两个或两个以上系统，分别供给各类用户。可分为生活给水管网和生产给水管网等。可以从同一水源取水，在同一水厂中经过不同的工艺和流程处理后，由彼此独立的水泵、输水管和管网，将不同水质的水供给各类用户。采用此种系统，可使城市水厂规模缩小，特别是可以节约大量药剂费用和动力费用，但管道和设备增多，管理较复杂。适用在工业用水量占总水量比例大，水质要求不高的地区。

③ 分区给水系统：将给水管网系统划分为多个区域，各区域管网具有独立的供水泵站，供水具有不同的水压。分区给水管网系统可以降低平均供水压力，避免局部水压过高的现象，减少爆管的概率和泵站能量的浪费。

管网分区的方法有两种，一种因为城镇地形较平坦、功能分区较明显或自然分隔而分区，如图 18-4 所示。

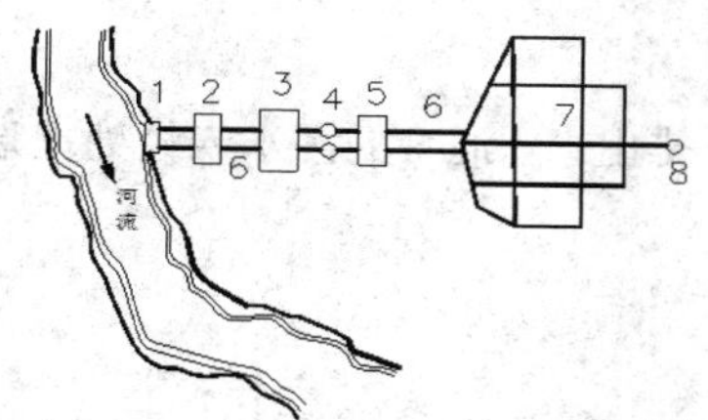

图 18-3　地表水源给水管道系统示意图

注：1. 取水构筑物；2. 一级泵站；3. 水处理构筑物；4. 清水池；5. 二级泵站；6. 输水管；7. 管网；8. 水塔。

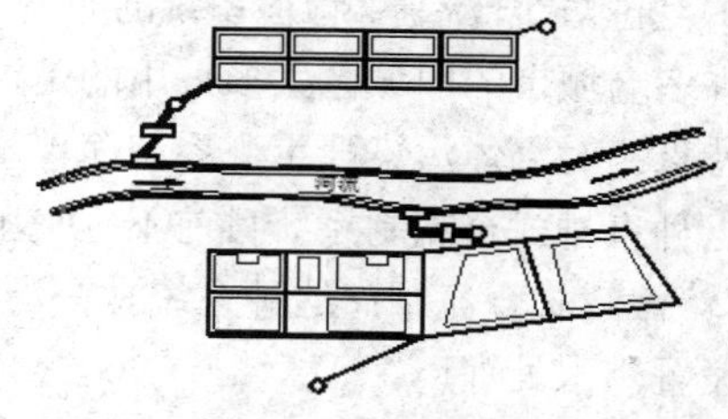

图 18-4　分区给水管网系统

另一种因为地形高差较大或输水距离较长而分区，又有串联分区和并联分区两类，如图 18-5 所示为并联分区给水管网系统，如图 18-6 所示为串联分区给水管网系统。

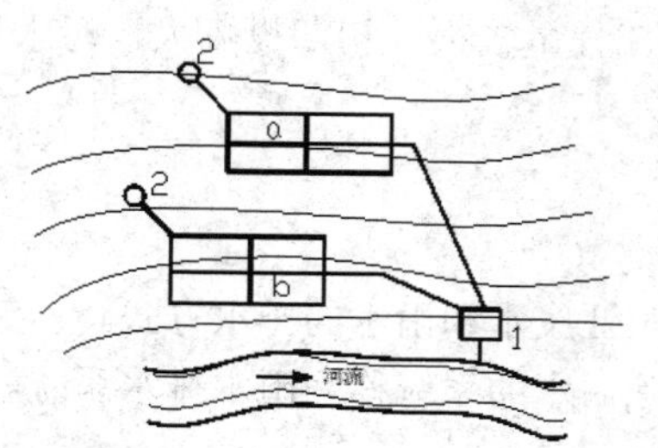

图 18-5　并联分区给水管网系统

注：a. 高区；b. 低区；1. 净水厂；2. 水塔。

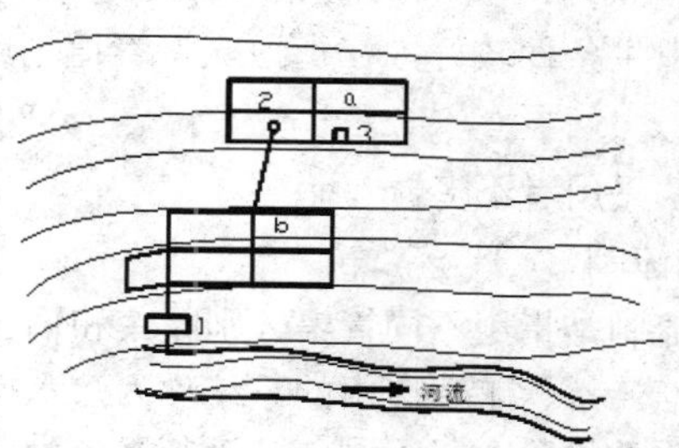

图 18-6　串联分区给水管网系统

注：a. 高区；b. 低区；1. 净水厂；2. 水塔；3. 加压泵站。

（3）按输水方式分类

① 重力输水：水源处地势较高，清水池中的水依靠重力进入管网系统，无动力消耗，较经济。

② 压力输水：依靠泵站加压输水。

18.2.2 排水管网系统

1．排水管道系统的组成

排水管道系统一般由废水收集设施、排水管道、水量调节池、提升泵站、废水输水管道（渠）和排放口等组成，如图 18-7 所示。

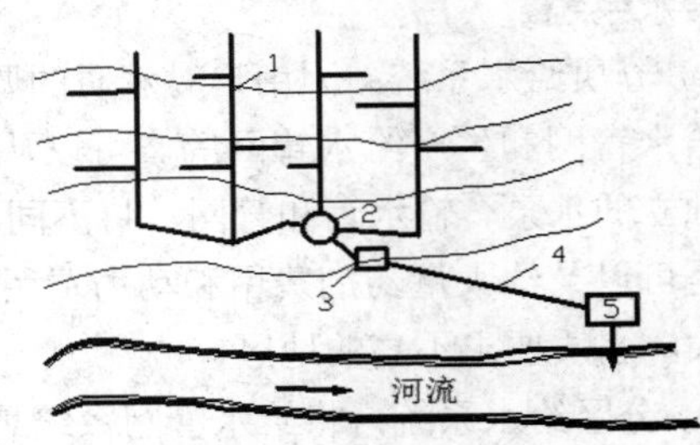

图 18-7 排水管道系统示意图

注：1．排水管道；2．水量调节池；3．提升泵站；4．废水输水管道（渠）；5．排放口。

2．排水管网系统的体制

排水系统的体制是指在一个地区内收集和输送废水的方式，简称排水体制（制度）。它有合流制和分流制两种基本方式。

（1）合流制

所谓合流制是指用同一种管渠收集和输送生活污水、工业废水和雨水的排水方式。根据污水汇集后的处置方式不同，又可把合流制分为下列 3 种情况。

① 直排式合流制：管道系统的布置就近坡向水体，分若干排出口，混合的污水未经处理直接排入水体，我国许多老城市的旧城区大多采用的是这种排水体制。

特点：对水体污染严重，系统简单。

这种直排式合流制系统目前不宜采用。

② 截流式合流制：这种系统是在沿河的岸边铺设一条截流干管，同时在截流干管上设置溢流井，并在下游设置污水处理厂。

特点：比直排式有了较大的改进，但在雨天时，仍有部分混合污水未经处理而直接排放，成为水体的污染源而使水体遭受污染。

此种体制适用于对老城市的旧合流制的改造。

③ 完全合流制：是将污水和雨水合流于一条管渠，全部送往污水处理厂进行处理。

特点：卫生条件较好，在街道交接管道也比较方便，但工程量较大，初期投资大，污水厂的运行管理不便。

此种方法采用者不多。

（2）分流制

所谓分流制是指用不同管渠分别收集和输送生活污水、工业废水和雨水的排水方式。

排除生活污水、工业废水的系统称为污水排水系统；排除雨水的系统称为雨水排水系统。

根据雨水的排除方式不同，分流制又分为下列 3 种情况。

① 完全分流制：既有污水管道系统，又有雨水管渠系统，如图 18-8 所示。其特点是比较符合环境保护的要求，但对城市管区的一次性投资较大，适用于新建城市。

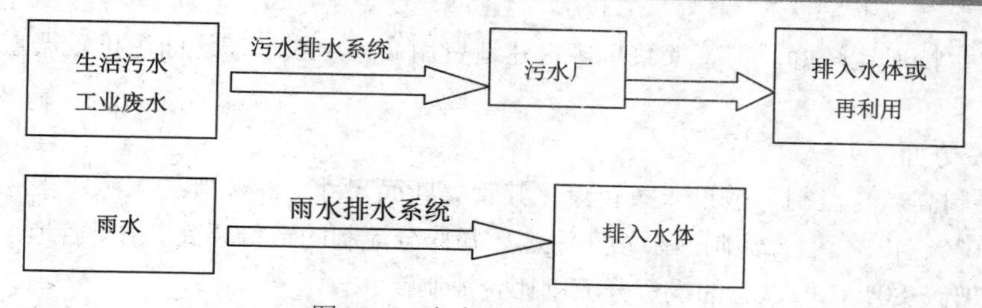

图 18-8 完全分流制排水系统

② 不完全分流制：这种体制只有污水排水系统，没有完整的雨水排水系统。各种污水通过污水排水系统送至污水厂，经过处理后排入水体；雨水沿道路边沟、地面明渠和小河，然后进入较大的水体。

如城镇的地势适宜，不易积水时，或初建城镇和小区可采用不完全分流制，先解决污水的排放问题，待城镇进一步发展后，再建雨水排水系统，完成完全分流制的排水系统。这样可以节省初期投资，有利于城镇的逐步发展。

③ 半分流制：既有污水排水系统，又有雨水排水系统，如图 18-9 所示。其特点是可以更好地保护水环境，但工程费用较大，目前使用不多，适用于污染较严重地区。

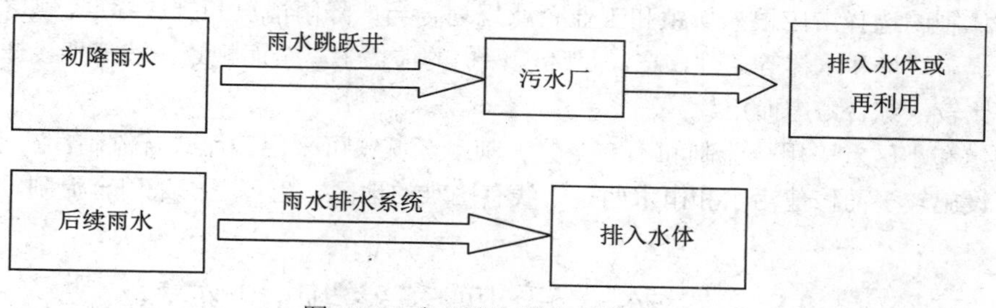

图 18-9 半分流制排水系统

（3）排水体制的比较选择

合理选择排水体制，关系到排水系统是否实用，是否满足环境保护要求，同时也影响排水工程的总投资、初期投资和经营费用。排水体制的选择要从以下几方面来综合考虑。

① 从城市规划方面

合流制仅有一条管渠系统，对地下建筑相互间的矛盾较小，占地少，施工方便。分流制管线多，对地下建筑的竖向规划矛盾较大。

② 从环境保护方面

直排式合流制不符合卫生要求，新建的城镇和小区已不再采用。

完全合流制排水系统卫生条件较好，但工程量大，初期投资大，污水厂的运行管理不便，特别是在我国经济实力还不雄厚的城镇和地区，更是无法采用。

在老城市的改造中，常采用截流式合流制，充分利用原有的排水设施，与直排式相比，减小了对环境的危害，但仍有部分混合污水通过溢流井直接排入水体。

分流制排水系统的管线多，但卫生条件好，有利于环境保护，虽然初降雨水对水体有污染，但它比较灵活，比较容易适应社会发展的需要，一般又能符合城镇卫生的要求，所以在国内外得到推荐应用，也是城镇排水系统体制发展的方向。

不完全分流制排水系统初期投资少，有利于城镇建设的分期发展，在新建城镇和小区可考虑采用这种体制；半分流制卫生情况比较好，但管渠数量多，建造费用高，一般仅在地面污染较严重的区域（如某些工厂区等）采用。

③ 从基建投资方面

分流制比合流制高。合流制只敷设一条管渠，其管渠断面尺寸与分流制的雨水管渠相差不大，管道总投资较分流制低 20%～40%，但合流制的泵站和污水厂却比分流制的造价要高。由于管道工程的投资占给排水工程总投资的 70%～80%，所以总的投资分流制比合流制高。

如果是初建的城镇和小区，初期投资受到限制时，可以考虑采用不完全分流制，先建污水管道，而后建雨水管道系统，以节省初期投资，有利于城镇发展，且工期短，见效快，随着工程建设的发展，逐步建设雨水排水系统。

④ 从维护管理方面

合流制管道系统在晴天时只是部分流，流速较低，容易产生沉淀，根据经验可知，管中的沉淀物易被暴雨水流冲走，这样一来合流制管道系统的维护管理费用可以降低，但是，流入污水厂的水量变化较大，污水厂运行管理复杂。

分流制管道系统可以保证管内的流速，不致发生沉淀，同时，污水厂的运行管理也易于控制。

排水系统体制的选择，应根据城镇和工业企业规划、当地降雨情况和排放标准、原有排水设施、污水处理和利用情况、地形和水体等条件，在满足环境保护的前提下，全面规划，按近期设计，考虑远期发展，通过技术经济比较，综合考虑而定。

新建的城镇和小区宜采用分流制和不完全分流制；老城镇可采用截流式合流制；在干旱少雨地区或街道较窄、地下设施较多而修建污水和雨水两条管线有困难的地区，也可考虑采用合流制。

18.3 给水管网系统规划布置

给水管网规划、定线是管网设计的初始阶段，其布置的合理与否直接关系到供水运行的合理与否及水泵扬程的设置。

【预习重点】

☑ 了解给水管网布置原则与形式。

☑ 了解给水管网定线。

18.3.1 给水管网布置原则与形式

1. 给水管网布置原则

（1）应符合场地总体规划的要求，并考虑供水的分期发展，留有充分的余地。

（2）管网应布置在整个给水区域内，在技术上要使用户有足够的水量和水压。

无论在正常工作或在局部管网发生故障时，应保证不中断供水。

在经济上要使给水管道修建费最少，定线时应选用短捷的线路，并要使施工方便。

2．给水管网布置基本形式

给水管网的布置一般分为树状网和环状网。

（1）树状网

干管与支管的布置有如树干与树枝的关系。其主要优点是管材省、投资少、构造简单；缺点是供水可靠性较差，一处损坏则下游各段全部断水，同时各支管尽端易造成“死水”，会恶化水质。适用于对供水安全可靠性要求不高的小城市和小型工业企业。

（2）环状网

环状管网是供水干管间都用联络管互相连通起来，形成许多闭合的环，这样每条管都可以由两个方向来水，因此供水安全可靠。一般在大、中城市给水系统或供水要求较高，不能停水的管网，均应用环状管网。环状管网还可降低管网中的水头损失，节省动力，管径可稍减小。另外，环状管网还能减轻管内水锤的威胁，有利于管网的安全。总之，环网的管线较长，投资较大，但供水安全可靠。适用于对供水安全可靠性要求较高的大、中城市和大型工业企业。

18.3.2　给水管网定线

给水管网定线包括干管和连接管（干管之间），不包括从干管到用户的分配管和进户管。

1．管网定线要点

以满足供水要求为前提，尽可能缩短管线长度。

干管延伸方向与管网的主导流向一致，主要取决于二级泵站到大用水户、水塔的水流方向。

沿管网的主导流向布置一条或数条干管。

干管应从两侧用水量大的街道下经过（双侧配水），减少单侧配水的管线长度。

干管之间的间距根据街区情况，宜控制在 500～800m，连接管间距宜控制在 800～1000m。

干管一般沿城市规划道路定线，尽量避免在高级路面或重要道路下通过。

管线在街道下的平面和高程位置，应符合城镇或厂区管道的综合设计要求。

2．分配管、进户管

（1）分配管

分配管敷设在每一街道或工厂车间的路边，将干管中的水送到用户和消火栓。直径由消防流量决定（防止火灾时分配管中的水头损失过大），最小管径为 100mm，大城市一般为 150～200mm。

（2）进户管

一般设一条进户管，重要建筑设两条，从不同方向引入。

18.4　排水管网系统规划布置

排水管网规划、定线是管网设计的初始阶段，其布置的合理与否直接关系到排水运行的合理与否及水泵扬程的设置。

【预习重点】

☑ 了解排水管网布置原则与形式。
☑ 了解污水管网规划布置。
☑ 了解雨水管的布置及排水系统选择。
☑ 了解雨水口和检查井的布置。

18.4.1 排水管网布置原则与形式

1. 排水管网布置原则

（1）按照城市总体规划，结合实际布置。

（2）先确定排水区域和排水体制，然后布置排水管网，按从主干管到干管到支管的顺序进行布置。

（3）充分利用地形，采用重力流排除污水和雨水，并使管线最短和埋深最小。

（4）协调好与其他管道关系。

（5）施工、运行和维护方便。

（6）远近期结合，留有发展余地。

2. 排水管网布置形式

排水管网一般布置成树状网，根据地形、竖向规划、污水厂的位置、土壤条件、河流情况以及污水种类和污染程度等分为多种形式，以地形为主要考虑因素的布置形式有以下几种。

（1）正交式

正交式是在地势向水体适当倾斜的地区，各排水流域的干管可以最短距离沿与水体垂直相交的方向布置。其特点主要是干管长度短，管径小，较经济，污水排出也迅速。由于污水未经处理就直接排放，会使水体遭受严重污染，影响环境。适用于雨水排水系统。

（2）截流式

截流式是沿河岸再敷设主干管，并将各干管的污水截流送至污水厂，是正交式发展的结果。其特点主要是减轻水体污染，保护环境。适用于分流制污水排水系统。

（3）平行式

平行式是在地势向河流方向有较大倾斜的地区，可使干管与等高线及河道基本上平行，主干管与等高线及河道呈一倾斜角敷设。其特点主要是保证干管较好的水力条件，避免因干管坡度过大以至于管内流速过大，使管道受到严重冲刷或跌水井过多。适用于地形坡度大的地区。

（4）分区式

在地势高低相差很大的地区，当污水不能靠重力流至污水厂时采用。分别在高地区和低地区敷设独立的管道系统。高地区的污水靠重力流直接流入污水厂，而低地区的污水用水泵抽送至高地区干管或污水厂。其优点在于能充分利用地形排水，节省电力。适用于个别阶梯地形或起伏很大的地区。

（5）分散式

当城镇中央部分地势高，且向周围倾斜，四周又有多处排水出路时，各排水流域的干管常采用辐射状布置，各排水流域具有独立的排水系统。其特点主要是干管长度短，管径小，管道埋深浅，便于污水灌溉等。但污水厂和泵站（如需设置时）的数量将增多。适用于地势平坦的大城市。

（6）环绕式

可沿四周布置主干管，将各干管的污水截流送往污水厂集中处理，这样就由分散式发展成环绕式布置。其特点主要是污水厂和泵站（如需设置时）的数量少。基建投资和运行管理费用小。

18.4.2　污水管网规划布置

1．污水管网布置

污水管网布置的主要内容包括确定排水区界，划分排水流域；选定污水厂和出水口的位置；进行污水管道系统的定线；确定需要抽升区域的泵站位置；确定管道在街道上的位置等。一般按主干管、干管、支管的顺序进行布置。

（1）确定排水区界、划分排水流域

排水区界是污水排水系统设置的界限，是根据城市规划的设计规模确定的。在排水区界内，一般根据地形划分为若干个排水流域。

① 在丘陵和地形起伏的地区：流域的分界线与地形的分水线基本一致，由分水线所围成的地区即为一个排水流域。

② 在地形平坦、无明显分水线的地区：可按面积的大小划分，使各流域的管道系统合理分担排水面积，并使干管在最大合理埋深的情况下，各流域的绝大部分污水能自流排出。

每一个排水流域内，可布置若干条干管，根据流域地势标明水流方向和污水需要抽升的地区。

（2）选定污水厂和出水口位置

现代化的城市，需将各排水流域的污水通过主干管输送到污水厂，经处理后再排放，以保护受纳水体。在布置污水管道系统时，应遵循如下原则选定污水厂和出水口的位置。

① 出水口应位于城市河流下游。当城市采用地表水源时，应位于取水构筑物下游，并保持 100m 以上的距离。

② 出水口不应设在回水区，以防止回水污染。

③ 污水厂要位于河流下游，并与出水口尽量靠近，以减少排放渠道的长度。

④ 污水厂应设在城市夏季主导风向的下风向，并与城市、工矿企业和农村居民点保持 300m 以上的卫生防护距离。

⑤ 污水厂应设在地质条件较好，不受雨洪水威胁的地方，并有扩建的余地。

2．污水管道定线

在城市规划平面图上确定污水管道的位置和走向，称为污水管道系统的定线。

污水管道定线的主要原则是采用重力流排除污水和雨水，尽可能在管线最短和埋深较小的情况下，让最大区域的污水能自流排出。影响污水管道定线的主要因素有城市地形、竖向规划、排水体制、污水厂和出水口位置、水文地质、道路宽度、大出水户位置等。

（1）主干管

主干管定线的原则是如果地形平坦或略有坡度，主干管一般平行于等高线布置，在地势较低处，沿河岸边敷设，以便于收集干管来水；如果地形较陡，主干管可与等高线垂直，这样布置主干管坡度较大，但可设置数量不多的跌水井，使干管的水力条件改善，避免受到严重冲刷；同时选择时尽量避开地质条件差的地区。

（2）干管

干管定线的原则是尽量设在地势较低处，以便支管顺坡排水；地形平坦或略有坡度，干管与等高线垂直（减小埋深）；地形较陡，干管与等高线平行（减少跌水井数量）；一般沿城市街道布置。通常设置在污水量较大、地下管线较少、地势较低一侧的人行道、绿化带或慢车道下，并与街道平行。当街道宽度大于 40m，可考虑在街两侧设两条污水管，以减少连接支管的长度和数量。

（3）支管

支管定线取决于地形和街坊建筑特征，并应便于用户接管排水。布置形式有以下几种。

① 低边式：当街坊面积较小而街坊内污水又采用集中出水方式时，支管敷设在服务街坊较低侧的街道下。

② 周边式（围坊式）：当街坊面积较大且地势平坦时，宜在街坊四周的街道下敷设支管。

③ 穿坊式：当街坊或小区已按规划确定，其内部的污水管网已按建筑物需要设计，组成一个系统时，可将该系统穿过其他街坊，并与所穿街坊的污水管网相连。

3. 确定污水管道在街道下的具体位置

在城市街道下常有各种管线，如给水管、污水管、雨水管、煤气管、热力管、电力电缆、电讯电缆等。此外，街道下还可能有地铁、地下人行横道、工业隧道等地下设施。这就需要在各单项管道工程规划的基础上综合规划，统筹考虑，合理安排各种管线在空间的位置，以利于施工和维护管理。

由于污水管道为重力流管道，其埋深大，连接支管多，使用过程中难免渗漏损坏。所有这些都增加了污水管道的施工和维修难度，还会对附近建筑物和构筑物的基础造成危害，甚至污染生活饮用水。

因此，污水管道与建筑物应有一定间距，与生活给水管道交叉时，应敷设在生活给水管的下面。管线综合规划时，所有地下管线都应尽量设置在人行道、非机动车道和绿化带下，只有在不得已时，才考虑将埋深大，维修次数较少的污水、雨水管道布置在机动车道下。各种管线在平面上布置的次序一般是，从建筑规划线向道路中心线方向依次为电力电缆—电讯电缆—煤气管道—热力管道—给水管道—雨水管道—污水管道。若各种管线布置时发生冲突，处理的原则一般为未建让已建的，临时让永久的，小管让大管，压力管让无压管，可弯管让不可弯管。在地下设施较多的地区或交通极为繁忙的街道下，应把污水管道与其他管线集中设置在隧道（管廊）中，但雨水管道应设在隧道外，并与隧道平行敷设。

18.4.3 雨水管的布置及排水系统选择

1. 雨水管的布置

城市道路的雨水管线应该是直线，平行于道路中心线或规划红线，宜布置在人行道或绿化带下，不宜布置在快车道下，以免积水时影响交通或维修管道时破坏路面。雨水干管一般设置在街道中间或一侧，并宜设在快车道以外，当道路红线宽度大于 60m 时，可考虑沿街道两侧作双线布置。这主要根据街道的等级、横断面的形式、车辆交通、街道建筑等技术经济条件来决定。

雨水管线应该尽量避免或减少与河流、铁路以及其他城市底下管线的交叉，否则将使施工复杂以致增加造价。在不能避免相交处应该正交，并保证相互之间有一定的竖向间隙。雨水管道离开房屋及其他地下管线或构筑物的最小净距如表 18-1 所示。

表 18-1　排水管道与其他管线（构筑物）的最小净距（单位：m）

名　　称		水 平 净 距	垂 直 净 距	名　　称	水 平 净 距	垂 直 净 距
建筑物		见注 3		乔木	1.5	
给水管		1.5	0.4	地上柱杆（中心）	1.5	
排水管		1.5	0.15	道路侧石边缘	1.5	
煤气管	低压	1.0	0.15	铁路钢轨（或坡脚）	5.0	轨底 1.2
	中压	1.5		电车轨底	2.0	1.0
煤气管	高压	2.0		架空管架基础	2.0	
	特高压	5.0		油管	1.5	0.25
热力管沟		1.5	0.15	压缩空气管	1.5	0.15
电力电缆		1.0	0.5	氧气管	1.5	0.25
通信电缆		1.0	直埋 0.5 穿管 0.15	乙炔管	1.5	0.25
				电车电缆		0.5
涵洞基础底			0.15	明渠渠底		0.5

注：1．表列数字除注明外，水平净距均指外壁净距，垂直净距指下面管道的外顶与上面管道基础底间净距。

2．采取充分措施（如结构措施）后，表列数字可以减小。

3．与建筑物水平净距，管道埋深浅于建筑物时，不得小于 2.5m，管道埋深深于建筑物基础时，按计算规定，但不得小于 3.0m。

雨水管与其他管线发生平交时，其他管线一般可以用倒虹管的办法。雨水管和污水管相交，一般将污水管用倒虹管穿过雨水管的下方。如果污水管的管径较小，也可在交汇处加建窨井，将污水管改用生铁管穿越而过。当雨水管与给水管相交时，可以把给水管向上做成弯头，用铁管穿过雨水窨井。

由于雨水在管道内是靠它本身的重力流动，所以雨水管道都是由上游向下游倾斜的。雨水管的纵断面设计应尽量与街道地形相适应，即雨水管管道纵坡尽可能与街道纵坡取得一致。从排除雨水的要求来说，水管的最小纵坡不得太小，一般不小于 0.3%，最好在 0.3%～4%范围内，为防止或减少沉淀，雨水管设计流速常采用自清流速，一般为 0.75m/s。为了满足管中雨水流速不超过管壁受力安全的要求，对雨水管的最大纵坡也要加以控制，通常道路纵坡大于 4%时，需分段设置跌水井。

管道的埋植深度，对整个管道系统的造价和施工的影响很大。管道越深，造价越贵，施工越困难，所以埋植深度不宜过大。管道最大允许埋深：一般在干燥土壤中，管道最大埋深不超过 8m，地下水位较高，可能产生流沙的地区不超过 5m。最小埋深等于管直径与管道上面的最小覆土深度之和。在车行道下，管顶最小覆土深度一般不小于 0.7m。在保证管道不受外部荷载损坏时，最小覆土深度可适当减小。冰冻地区，则要依靠防冻要求来确定覆土深度。

2．雨水排水系统的选择

根据构造特点，城市道路路面排水系统可分为明式、暗式和混合式 3 种。

（1）明沟系统

公路和一般乡镇道路采用明沟排水，在街坊出入口、人行横道处增设一些盖板、涵管等构造物。其特点是造价低；但明渠容易淤积，滋生蚊蝇，影响环境卫生，且明渠占地大，使道路的竖向规划和横断面设计受限，桥涵费用也增加。

纵向明沟可设在道路的两边或一边，也可设在车行道的中间。纵向明沟过长将增大明沟断面和开挖过深，此时应在适当的地点开挖横向明沟，将水引向道路两侧的河滨排出。

明沟的排水断面尺寸，可按照排泄面积依照水力学所述公式计算。郊区道路采用明渠排水时，小于或等于 0.5m 的低填土路基和挖土路基均应设边沟。边沟宜采用梯形断面，底宽应大于或等于 0.3m，最小设计流速为 0.4m/s，最大流速规定如表 18-2 所示。超过最大设计流速时，应采取防冲刷措施。

表 18-2　明渠最大设计流速（单位：m/s）

土质或防护类型	最大设计流速	土质或防护类型	最大设计流速
粗砂土	0.8	干砌片石	2.0
中液限的细粒土	1.0	浆砌砖、浆砌片石	3.0
高液限的细粒土	1.2	混凝土铺砌	4.0
草皮护面	1.6	石灰岩或砂岩	4.0

注：表中数值适用于水流深度为 0.4～1.0m。

（2）暗管系统

暗管系统包括街沟、雨水口、连管、干管、检查井、出水口等部分。在城市市区或厂区内，由于建筑密度高，交通量大，一般采用暗管排除雨水。其特点是卫生条件好、不影响交通，但造价高。

道路上及其相邻地区的地面水依靠道路设计的纵、横坡度，流向车行道两侧的街沟，然后顺街沟的纵坡流入沿街沟设置的雨水管，再由地下的连管通向干管，排入附近河滨或湖泊中去。

雨水排水系统一般不设泵站，雨水靠管道的坡降排入水体。但在某些地势平坦、区域较大的大城市如上海等，因为水体的水位高于出水口，常常需要设置泵站抽升雨水。

（3）混合式系统

混合式系统是明沟和暗管相结合的一种形式。城市中排除雨水可用暗管，也可用明沟。

18.4.4　雨水口和检查井的布置

1. 雨水口的布置

雨水口是在雨水管道或合流管道上收集雨水的构筑物。地面上、街道路面上的雨水首先进入雨水口，再经过连接管流入雨水管道。雨水口一般设在街区内、广场上、街道交叉口和街道边沟的一定距离处，以防止雨水漫过道路或造成道路及低洼处积水，妨碍交通。道量汇水点、人行横道上游、沿街单位出入口上游、靠地面径流的街坊或庭院的出水口等处均应设置雨水口。道路低洼和易积水地段应根据需要适当增加雨水口。此外，在道路上每隔 25～50m 也应设置雨水口。

此外，在道路路面上应尽可能利用道路边沟排除雨水，为此，在每条雨水干管的起端，通常利用道路边沟排除雨水，从而减少暗管长度 100～150m，降低了整个管渠工程的造价。

雨水口形式有平箅式、立式和联合式等。

平箅式雨水口有缘石平箅式和地面平箅式。缘石平箅式雨水口适用于有缘石的道路。地面平箅式适用于无缘石的路面、广场、地面低洼聚水处等。

立式雨水口有立孔式和立箅式，适用于有缘石的道路。其中立孔式适用于箅隙容易被杂物堵塞的地方。

联合式雨水口是平箅式与立式的综合形式，适用于路面较宽、有缘石、径流量较集中且有杂物处。

雨水口的泄水能力，平箅式雨水口约为 20l/s，联合式雨水口约为 30l/s。大雨时易被杂物堵塞的雨水口泄水能力应乘以 0.5～0.7 的系数。多箅式雨水口、立式雨水口的泄水能力经计算确定。

雨水口的泄水能力按下式计算：

$$Q=\omega c(2ghk)1/2$$

式中：Q——雨水口排泄的流量，m^3/s。

ω——雨水口进水面积，m^2。

c——孔口系数，圆角孔用 0.8，方角孔用 0.6。

g——重力加速度。

h——雨水口上允许贮存的水头，一般认为街沟的水深不宜大于侧石高度的 2/3，一般采用 h=0.02～0.06m。

k——孔口阻塞系数，一般 k=2/3。

平箅式雨水口的箅面应低于附近路面 3～5cm，并使周围路面坡向雨水口。

立式雨水口进水孔底面应比附近路面略低。

雨水口井的深度宜小于或等于 1m。冰冻地区应对雨水井及其基础采取防冻措施。在泥沙量较大的地区，可根据需要设沉泥槽。

雨水口连接管最小管径为 200mm。连接管坡度应大于或等于 10%，长度小于或等于 25m，覆土厚度大于或等于 0.7m。

必要时雨水口可以串联。串联的雨水口不宜超过 3 个，并应加大出口连接管管径。

雨水口连接管的管基与雨水管道基础做法相同。

雨水口的间距宜为 25～50m，其位置应与检查井的位置协调，连接管与干管的夹角宜接近 90°；斜交时连接管应布置成与干管的水流顺向。

平面交叉口应按竖向设计布设雨水口，并应采取措施防止路段的雨水流入交叉口。

2. 检查井（窨井）

为了对管道进行检查和疏通，管道系统上必须设置检查井，同时检查井还起到连接沟管的作用。相邻两个检查井之间的管道应在同一直线上，便于检查和疏通操作。检查井一般设置在管道容易沉积污物以及经常需要检查的地方。

（1）检查井设置的条件

① 管道方向转折处。

② 管道交会处，包括当雨水管直径小于 800mm 时，雨水口管接入处。

③ 管道坡度改变处。

④ 直线管道上每隔一定距离处，管径不大于 600，间距为 25～40m。管径为 700～1100，间距为 40～55m。

（2）构造要求

一切形式的检查井都要求砌筑流槽。污水检查井流槽顶可与 0.85 倍大管管径处相平，雨水（合流）检查井流槽顶可与 0.5 倍大管管径处相平。流槽顶部宽度宜满足检修要求。

井口、井筒和井室的尺寸应便于养护和检修，爬梯和脚窝的尺寸、位置应便于检修和上下安全。

井室工作高度在管道深许可条件下，一般为 1.8m，由管底算起。污水检查井由流槽顶算起，雨水（合流）检查井由管底算起。

检查井在直线管段的最大间距应根据疏通方法等具体情况确定，一般宜按表 18-3 的规定取值。

表 18-3　检查井最大间距

管径或暗渠净高（mm）	最大间距（m）	
	污 水 管 道	雨水（合流）管道
200～400	40	50
500～700	60	70
800～1000	80	90
1100～1500	100	120
1600～2000	120	120

检查井由基础、井底、井身、井盖和盖座组成，材料一般有砖、石、混凝土或钢筋混凝土。

18.5　给排水制图简介

本节简要介绍给排水工程制图的一些简单规定和常用的图例。

【预习重点】

☑　掌握给排水制图一般规定。
☑　掌握常用的给排水图例。

18.5.1　一般规定

1. 图线

给排水施工图的线宽 *b* 应根据图纸的类别、比例和复杂程度确定。一般线宽 *b* 宜为 0.7mm 或 1.0mm。

2. 比例

道路给排水平面图采用的比例为 1:200、1:150、1:100，且宜与道路专业一致。管道的纵向断面图常常采用的比例为 1:200、1:100、1:50，横向断面图一般为 1:1000、1:500、1:300，且宜与相应图纸一致。管道纵断面图可根据需要对纵向与横向采用不同的组合比例。

3. 标高

沟渠和重力流管道的起讫点、转角点、连接点、变坡点、变尺寸（管径）点及交叉点、压力流管道中的标高控制点、管道穿外墙、剪力墙和构筑物的壁及底板等处、不同水位线处等处应标注标高。

压力管道应标注管中心标高；重力流管道宜标注管底标高。标高单位为 m。管径的表达方式，依据管材不同，可标注公称直径 DN、外径 D×壁厚、内径 d 等。

标高的标注方法应符合下列规定：

（1）平面图中，管道标高应按如图 18-10 所示的方式标注。

（2）平面图中，沟渠标高应按如图 18-11 所示的方式标注。

图 18-10　平面图中管道标高标注法　　图 18-11　平面图中沟渠标高标注法

（3）轴测图中，管道标高应按如图 18-12 所示的方式标注。

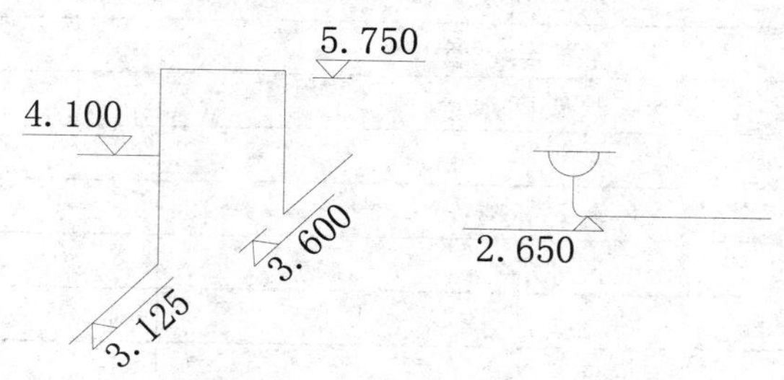

图 18-12　轴测图中管道标高标注法

4．管径

管径应以 mm 为单位。水煤气输送钢管（镀锌或非镀锌）、铸铁管等管材，管径宜以公称直径 DN 表示（如 DN15、DN50）；无缝钢管、焊接钢管（直缝或螺旋缝）、铜管、不锈钢管等管材，管径宜以外径 D×壁厚表示（如 D108×4、D159×4.5 等）；钢筋混凝土（或混凝土）管、陶土管、耐酸陶瓷管、缸瓦管等管材，管径宜以内径 d 表示（如 d230、d380 等）；塑料管材，管径宜按产品标准的方法表示。当设计均用公称直径 DN 表示管径时，公称直径 DN 应与相应产品规格对照表对照。

管径的标注方法应符合下列规定：

（1）单根管道时，管径应按如图 18-13 所示的方式标注。

（2）多根管道时，管径应按如图 18-14 所示的方式标注。

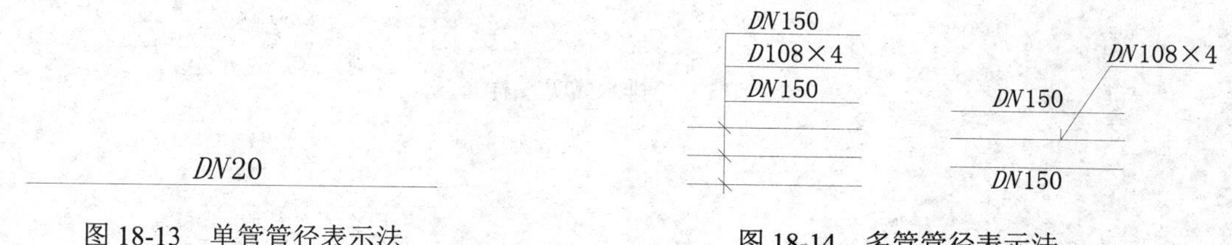

图 18-13　单管管径表示法　　图 18-14　多管管径表示法

18.5.2　常用给排水图例

《建筑给水排水制图标准》（GB/T 50106—2010）中列出了管道、管道附件、管道连接、管件、阀门、给水配件、消防设施、卫生设备及水池、小型给水排水构筑物、给水排水设备、仪表等共 11 类图例。这里仅给出一些常用图例供参考，如表 18-4 所示。常见的给排水图示如图 18-15 所示。

表 18-4　常用图例

序　　号	名　　称	图　　例
1	生活给水管	——J——
2	热水给水管	——RJ——
3	热水回水管	——RH——
4	中水给水管	——ZJ——
5	循环给水管	——XJ——
6	循环回水管	——Xh——
7	热媒给水管	——RM——
8	热媒回水管	——RMH——
9	蒸汽管	——Z——
10	凝结水管	——N——
11	废水管	——F——
12	压力废水管	——YF——
13	通气管	——T——
14	污水管	——W——
15	压力污水管	——YW——
16	雨水管	——Y——
17	压力雨水管	——YY——
18	膨胀管	——PZ——

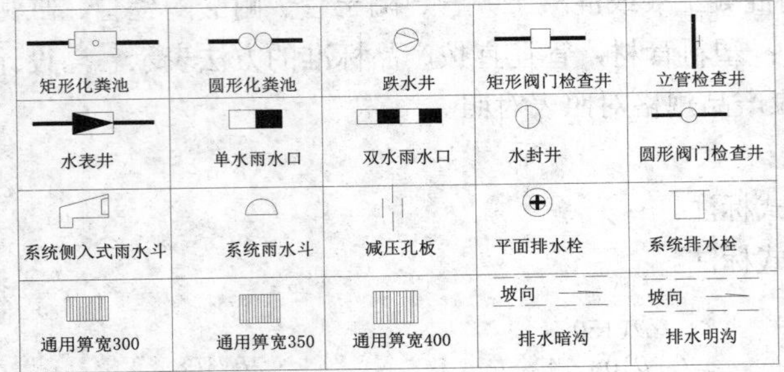

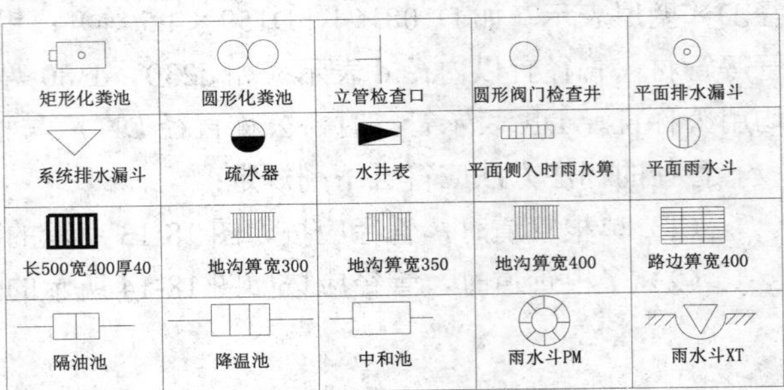

图 18-15　给排水常见图样画法

第19章

给排水施工图绘制实例

本案例是某大城市的市政道路给排水管网规则。城区生活用水的最小要求服务水头为40m，A路给水引自市政给水管，与整个西区给水形成环状给水网。根据该城区的平面图，可知该城区自北向南倾斜，即北高南低。城区土壤种类为黏质土，地下水水位深为16m。年降水量为936mm。城市最高气温为42℃，最低气温为0.5℃，年平均温度为20.4℃，暴雨强度按本市暴雨强度公式计算，重现期1年，地面集水时间为15min，径流系数为0.7。在管基土质情况较好，且地下水位低于管底地段，采用素土的基础上，将天然地基整平，管道敷设在未经扰动的原土上。给水管网采用环状网，排水管网采用雨污分流体制。本章将详细介绍本案例的具体制图过程。

19.1 给水管道设计说明、材料表及图例

给水管道设计说明一般由设计依据、工程概况、设计范围、给水管道管材及工程量一览表以及图例构成。

使用“多行文字”命令输入给水管道设计说明；使用“直线”“复制”“阵列”命令绘制材料表，然后使用“单行文字”命令输入文字；绘制图例，如图 19-1 所示。

名称	图例
1. 给水管道图例	
给水管(不分类)	—— J ——
生活(生活消防)给水管	—— J1 ——
生产(生产消防)给水管	—— J2 ——
生活生产(生活生产消防)给水管	—— J3 ——
消防给水管	—— J4 ——
高压 中压 给水管	—— J5 ——
中压间水管	—— J6 ——
给水水源至厂区 矿山给水管	—— J7 ——

说明

1. 图中的尺寸单位除标高,坐标,管长及注明为m计外,其余均以mm计。
2. 压力管道标高系指管中心,室内重力流管道标高系指管中心,室外重力流标高系指管内底。
3. 室内生产给水管,回水管,排水管DN<70mm的管道采用镀锌钢管,螺纹连接或法兰连接,DN>70mm的管道采用焊接钢管,焊接或法兰连接.室外生产给水管,回水管DN>75mm的管道采用给水承插铸铁管或焊接钢管;DN<75mm的管道采用镀锌钢管,螺纹焊接连接.室内生活消防给水管道,中水管道和室内外热水管道采用镀锌钢管,螺纹或很接连接.室外生活消防给水管道,中水管道DN<75mm的管道采用镀锌钢管,螺纹连接,DN>75mm的管道采用给水承插铸铁管,石棉水泥接口或橡胶圈接口。室内排水管道采用排水铸铁管(石棉水泥接口或水泥砂浆封口)或排水塑料管(粘接或螺纹连接);室外排水管采用钢筋混凝土管或混凝土管,用水泥砂浆封口或沥青胶泥填塞.室外雨水管道采用钢筋混凝土管.管道若采用塑料管道,则以粘接或螺纹连接。上述管道材料若有特殊要求应以项目设计为准。
4. 管道在刷底漆之前,必须清除表面的灰尘,污垢,锈斑,焊渣等物.涂刷油漆等应厚度均匀,不得有脱皮起泡流淌和漏涂等现象。

明装管道,容器和设备刷两道防锈漆除镀锌钢管外,但包括镀锌层被破坏部分及管道螺纹露出部分,两面漆,各管道面漆为:

循环冷却给水管道面漆为绿色调和漆;

循环冷却回水管道面漆为蓝色调和漆;

生产给水管道面漆为灰色调和漆;

在民用建筑中明装的镀锌钢管、容器和设备面漆为银粉两道;在仓库内面漆为灰铅油两道;

暗装管道、容器和设备,涂防锈漆两道;

埋设在土壤中的钢管刷防腐漆一遍,沥青漆两道,外包玻璃丝布一层,厚度大于3mm,给水排水铸铁管和管件,应在管外涂两道沥青漆。

5. 管道水平安装的转弯处,管道上有较重的阀门、设备、仪表等地方均设置支架和支墩,钢管水平安装的支架间距不得大于下列规定。

钢管立管管卡,在层高小于5m时,每层需安装一个,层高大于5m时,每层不得少于两个.第一个管卡安装高度距地面为1.5~1.8m.排水铸铁管上的固定件间距:横管不得大于2m,立管不得大于3m.层高小于或等于4m时,立管可安装一个固定件.立管底部的弯管处应设支墩.管道支架及吊架详见国标S161。

图 19-1 给水设计说明效果

【预习重点】

☑ 了解给水管道设计的准备工作。

☑ 掌握给水管道设计说明。

☑ 掌握给水管道图例绘制。

19.1.1 前期准备以及绘图设置

设置绘图环境是绘制任何一幅建筑图形都要进行的预备工作，这里主要创建图形文件、创建图层、设置标注样式以及设置文字样式。有些具体设置可以在绘制过程中根据需要进行设置。

（1）根据绘制图形决定绘图的比例，建议使用 1:1 的比例绘制，图纸比例为 1:200。

（2）建立新文件。打开 AutoCAD 2017 应用程序，建立新文件，将新文件命名为“给水管道设计说明.dwg”并保存。

（3）设置图层。设置以下 3 个图层：“轮廓线”“文字”“图框”，其中“轮廓线”图层的颜色设置为红色，因前文中有大量图层设置步骤讲解，此处不再详述。

（4）标注样式的设置。根据绘图比例设置标注样式，对标注样式线、符号和箭头、文字、主单位进行设置，具体参数如下。

① 线：超出尺寸线为 0.5，起点偏移量为 0.6。

② 符号和箭头：第一个为建筑标记，箭头大小为 0.6，圆心标记为标记 0.3。

③ 文字：文字高度为 0.6，文字位置为垂直上，从尺寸线偏移为 0.3，文字对齐为 ISO 标准。

④ 主单位：精度为 0.0，比例因子为 1。

（5）文字样式的设置。单击“默认”选项卡“注释”面板中的“文字样式”按钮，进入“文字样式”对话框，选择仿宋字体，“宽度因子”设置为 0.8。

19.1.2　给水管道设计说明

添加设计说明主要利用了“多行文字”命令，具体的绘制步骤如下。

在“图层”面板的下拉列表框中，选择“文字”图层为当前图层，如图 19-2 所示。

单击“默认”选项卡“注释”面板中的“多行文字”按钮 A，标注给水管道设计。完成的图形如图 19-3 所示。

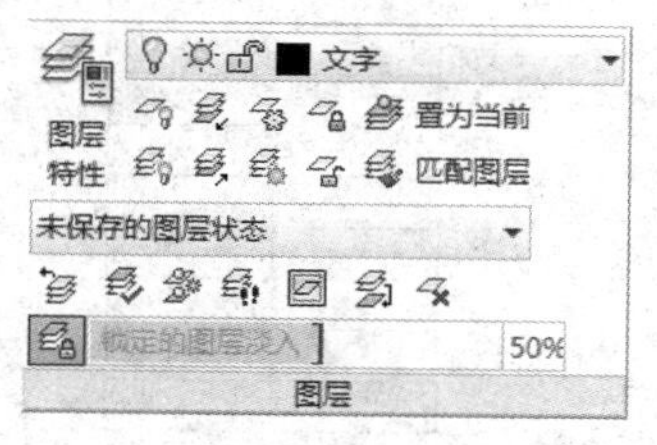

图 19-2　设置当前图层

说明

1. 图中的尺寸单位除标高,坐标,管长及注明为m计外,其余均以mm计。
2. 压力管道标高系指管中心,室内重力流管道标高系指管中心,室外重力流标高系指管内底。
3. 室内生产给水管,回水管,排水管DN<70mm的管道采用镀锌钢管,螺纹连接或法兰连接,DN>70mm的管道采用焊接钢管,焊接或法兰连接.室外生产给水管,回水管DN>75mm的管道采用给水承插铸铁管或焊接钢管;DN<75mm的管道采用镀锌钢管,螺纹焊接连接.室内生活消防给水管道,中水管道和室内外热水管道采用镀锌钢管,螺纹或很接连接.室外生活消防给水管道,中水管道DN<75mm的管道采用镀锌钢管,螺纹连接,DN>75mm的管道采用给水承插铸铁管,石棉水泥接口或橡胶圈接口。室内排水管道采用排水铸铁管(石棉水泥接口或水泥砂浆封口)或排水塑料管(粘接或螺纹连接);室外排水管采用钢筋混凝土管或混凝土管,用水泥砂浆封口或沥青胶泥填塞.室外雨水管道采用钢筋混凝土管.管道若采用塑料管道,则以粘接或螺纹连接。上述管道材料若有特殊要求应以项目设计为准。
4. 管道在刷底漆之前,必须清除表面的灰尘,污垢,锈斑,焊渣等物.涂刷油漆等应厚度均匀,不得有脱皮起泡流淌和漏涂等现象。

明装管道,容器和设备刷两道防锈漆除镀锌钢管外,但包括镀锌层被破坏部分及管道螺纹露出部分,两面漆,各管道面漆为:

循环冷却给水管道面漆为绿色调和漆;

循环冷却回水管道面漆为蓝色调和漆;

生产给水管道面漆为灰色调和漆;

在民用建筑中明装的镀锌钢管、容器和设备面漆为银粉两道;在仓库内面漆为灰铅油两道;

暗装管道、容器和设备,涂防锈漆两道;

埋设在土壤中的钢管刷防腐漆一遍,沥青漆两道,外包玻璃丝布一层,厚度大于3mm,给水排水铸铁管和管件,应在管外涂两道沥青漆。

5. 管道水平安装的转弯处,管道上有较重的阀门、设备、仪表等地方均设置支架和支墩,钢管水平安装的支架间距不得大于下列规定。

钢管立管管卡,在层高小于5m时,每层需安装一个,层高大于5m时,每层不得少于两个.第一个管卡安装高度距地面为1.5~1.8m.排水铸铁管上的固定件间距:横管不得大于2m,立管不得大于3m.层高小于或等于4m时,立管可安装一个固定件.立管底部的弯管处应设支墩.管道支架及吊架详见国标S161。

图 19-3　标注完后的设计说明

19.1.3 绘制图例

本节讲解图例的绘制方法和技巧，具体的绘制步骤如下。

（1）把“轮廓线”图层设置为当前图层，单击“默认”选项卡“绘图”面板中的“直线”按钮，绘制一条长为 9000 的水平直线，如图 19-4 所示。

图 19-4 绘制水平直线

高手支招

使用“直线”命令时，若为正交轴网，可单击“正交”按钮，根据正交方向提示，直接输入下一点的距离，而不需要输入@符号；若为斜线，则可单击“极轴”按钮，设置斜线角度，此时，图形即进入了自动捕捉所需角度的状态，其可大大提高制图时直线输入距离的速度。注意，两者不能同时使用，如图 19-5 所示。

图 19-5 “状态栏”命令按钮

（2）单击“默认”选项卡“修改”面板中的“阵列”按钮，打开“阵列创建”选项卡，选择绘制的水平直线为阵列对象，设置“列数”为 1，“行数”为 11，“列”中“介于”为 0，“行”中“介于”为-1425，将水平直线进行阵列，完成的图形如图 19-6 所示。

（3）单击“默认”选项卡“绘图”面板中的“直线”按钮，连接阵列完直线的两端，如图 19-7 所示。

高手支招

AutoCAD 提供点坐标（ID）、距离（distance）和面积（area）的查询，给图形的分析带来了很大的方便，用户可以及时查询相关信息，进行修改。

（4）单击“默认”选项卡“修改”面板中的“偏移”按钮，选择最左侧的竖直直线向右偏移 4500，偏移后的图形如图 19-8 所示。

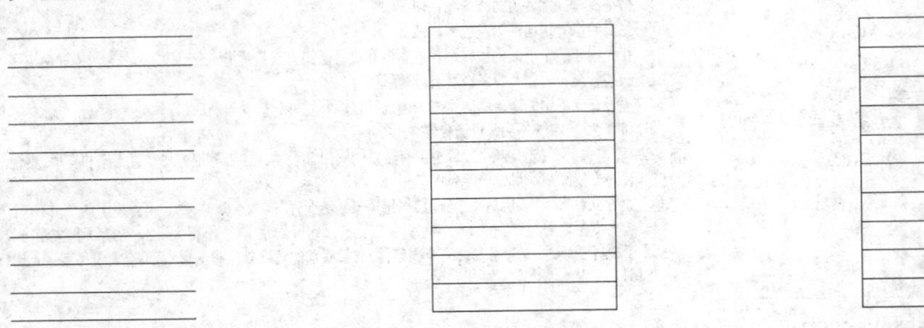

图 19-6 阵列的设置　　图 19-7 阵列图形 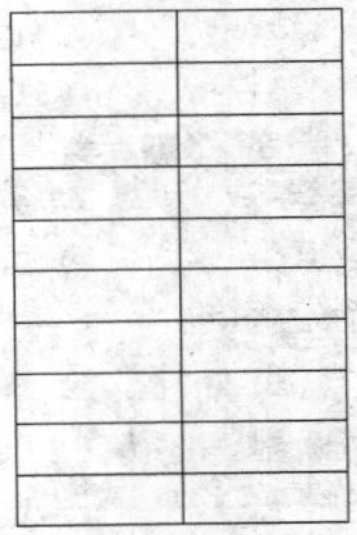　　图 19-8 图例图框

高手支招

OFFSET（偏移）命令可将对象根据平移方向，偏移一个指定的距离，创建一个与原对象相同或类似的新对象，该命令可操作的图元包括直线、圆、圆弧、多段线、椭圆、构造线、样条曲线等（类似于“复制”命令），当偏移一个圆时，还可创建同心圆。当偏移一条闭合的多段线时，也可建立一个与原对象形状相同的闭合图形，可见 OFFSET 应用相当灵活，因此 OFFSET 命令无疑成了 AutoCAD 修改命令中使用频率最高的一条命令。

在使用 OFFSET 命令时，用户可以通过两种方式创建新线段，一种是输入平行线间的距离，这也是最常使用的方式；另一种是指定新平行线通过的点，输入提示参数 T 后，捕捉某个点作为新平行线的通过点，这样就在不便知道平行线距离时，不需输入平行线之间的距离，而且还不易出错（这也可以通过“复制”命令来实现）。

（5）单击“默认”选项卡“修改”面板中的“修剪”按钮 ，修剪掉图形内的多余线段，如图 19-9 所示。

高手支招

以 F 为字头的快捷键命令如下。

F1：获取帮助；F2：实现作图窗口和文本窗口的切换；F3：控制是否实现对象自动捕捉；F4：数字化仪控制；F5：等轴测平面切换；F6：控制状态行上坐标的显示方式；F7：栅格显示模式控制；F8：正交模式控制；F9：栅格捕捉模式控制；F10：极轴模式。

使用这些快捷键，可以帮助用户快速地进行制图和查询。

（6）把“文字”图层设置为当前图层，单击“默认”面板“注释”选项卡中的“多行文字”按钮A，输入文字，完成的图形如图 19-10 所示。

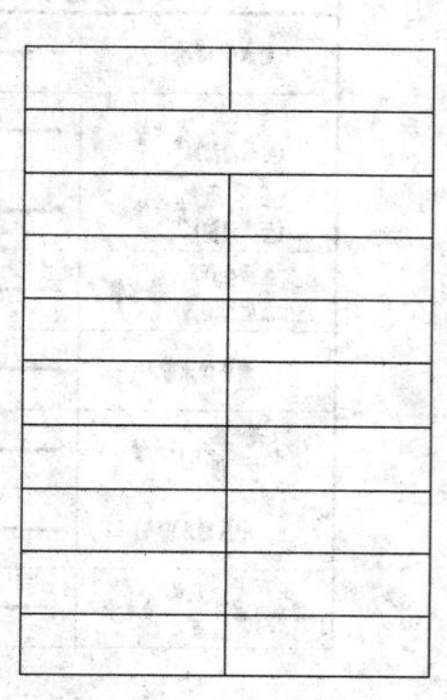

图 19-9　修剪线段

名　称	图　例
1. 给水管道图例	
给水管（不分类）	
生　活（生活消防）给水管	
生　产（生产消防）给水管	
生活生产（生活生产消防）给水管	
消防给水管	
高　压 中　压 给水管	
中压回水管	
给水水源至厂区 矿山给水管	

图 19-10　给水管图例表

高手支招

当 AutoCAD 文件打开时，若出现字体乱码或“?”，此时用户可采用安装相应字体或进行字体替换的方式来解决。

（7）绘制给水管道标高图例。单击“默认”选项卡“绘图”面板中的“多段线”按钮，绘制两段多段线，指定起点宽度为 60，端点宽度为 60，如图 19-11 所示。

图 19-11　绘制多段线

高手支招

多段线的编辑。

除大多数对象使用的一般编辑操作外，通过 PEDIT 命令可以编辑多段线，具体如下。

（1）闭合。创建多段线的闭合线段，形成封闭域，即连接最后一条线段与第一条线段。默认情况下认为多段线是开放的。

（2）合并。可以将直线、圆弧或多段线添加到开放的多段线的端点，并从曲线拟合多段线中删除曲线拟合，以形成一条多段线。要将对象合并至多段线，其端点必须是连续无间距的。

（3）宽度。为多段线指定新的统一宽度。使用“编辑顶点”选项中的“宽度”选项修改线段的起点宽度和端点宽度。用于编辑线宽。

（8）单击“默认”选项卡“注释”面板中的“多行文字”按钮A，在绘制的两段多段线之间输入文字，如图 19-12 所示。

同理，可以完成其他图例的绘制。完成的图形如图 19-13 所示。

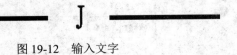

图 19-12　输入文字

名　称	图　例
1. 给水管道图例	
给水管（不分类）	—— J ——
生　活 （生活消防） 给水管	—— J1 ——
生　产 （生产消防） 给水管	—— J2 ——
生活生产 （生活生产消防） 给水管	—— J3 ——
消防给水管	—— J4 ——
高　压 中　压 给水管	—— J5 ——
中压回水管	—— J6 ——
给水水源至 厂区 矿山 给水管	—— J7 ——

图 19-13　给水图例绘制

19.2　给水管道平面图绘制

直接调用道路平面布置图所需内容；使用“直线”“复制”命令绘制给水管道和定位轴线；调用给水管道设计说明中的图例，复制到指定的位置；用“多行文字”命令标注文字；用“线性”“连续”命令标注尺寸，并对图进行修剪整理，完成并保存给水管道平面图，如图 19-14 所示。

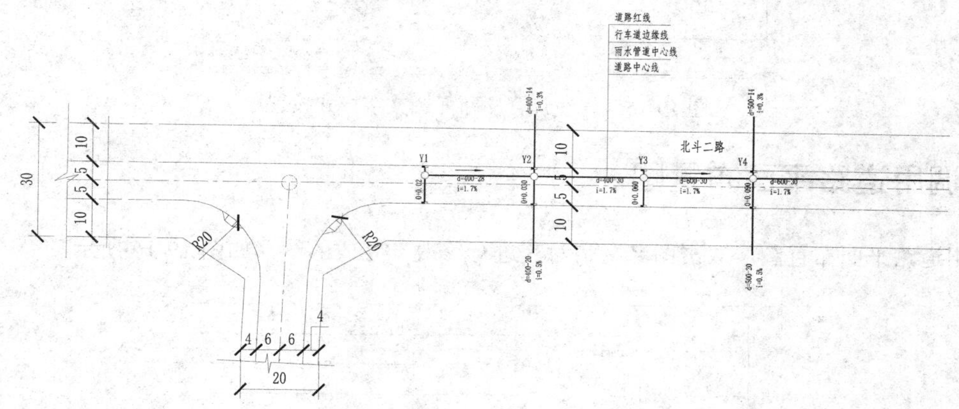

图 19-14　给水管道平面效果

【预习重点】

☑　了解给水管道平面图绘制的准备工作。

☑　掌握给水管道平面图的绘制方法。

19.2.1　前期准备以及绘图设置

设置绘图环境是绘制任何一幅建筑图形都要进行的预备工作，这里主要创建图形文件、设置标注样式以及设置文字样式。有些具体设置可以在绘制过程中根据需要进行设置。

（1）根据绘制图形决定绘图的比例，建议使用 1:1 的比例绘制，图纸比例为 1:100。

（2）建立新文件。打开 AutoCAD 2017 应用程序，建立新文件，将新文件命名为“给水管道平面图.dwg”并保存。

（3）标注样式的设置。根据绘图比例设置标注样式，对标注样式线、符号和箭头、文字、主单位进行设置，具体参数如下。

① 线：超出尺寸线为 2.5，起点偏移量为 3。

② 符号和箭头：第一个为建筑标记，箭头大小为 3，圆心标记为标记 1.5。

③ 文字：文字高度为 3，文字位置为垂直上，从尺寸线偏移为 1.5，文字对齐为 ISO 标准。

④ 主单位：精度为 0.0，比例因子为 1。

（4）文字样式的设置。单击“默认”选项卡“注释”面板中的“文字样式”按钮，进入“文字样式”对话框，选择仿宋字体，“宽度因子”设置为 0.8。文字样式的设置如图 19-15 所示。

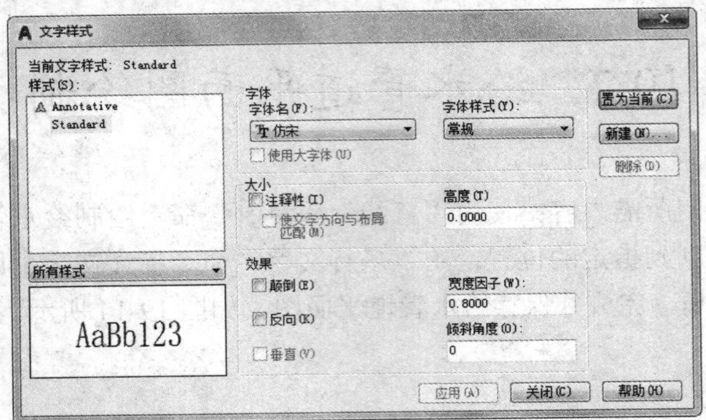

图 19-15　管线综合横断面图文字样式设置

19.2.2　调用道路平面布置图

直接调用道路平面布置图，双击图名文字对其进行修改。完成的图形如图 19-16 所示。

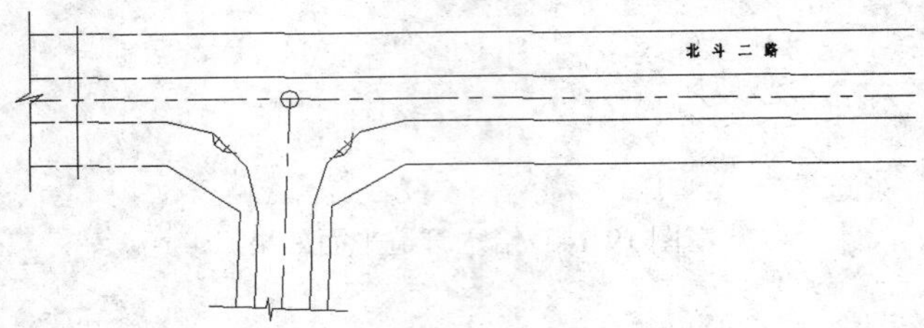

图 19-16　北斗二路平面图调用

19.2.3　绘制给水管道

本节主要介绍给水管道的绘制，具体的绘制步骤如下。

（1）单击“默认”选项卡“绘图”面板中的“圆”按钮，在图形的适当位置绘制一个半径为 1 的圆，如图 19-17 所示。

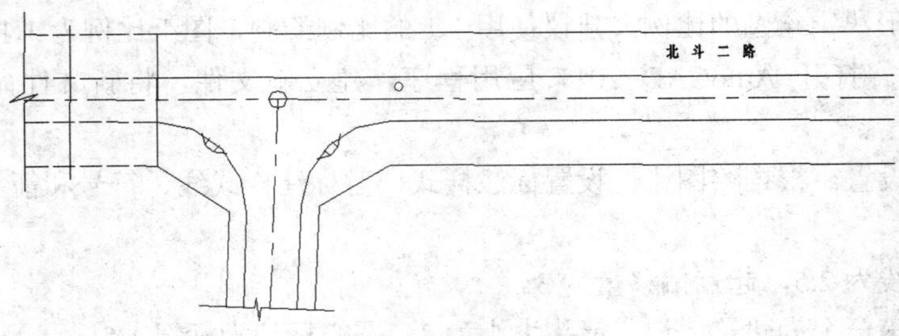

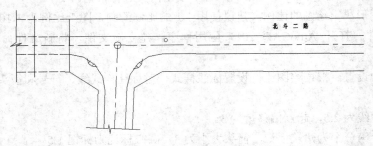

图 19-17　绘制一个圆

（2）单击“默认”选项卡“修改”面板中的“复制”按钮，选取绘制的圆的圆心向右复制，复制距离为 28，如图 19-18 所示。

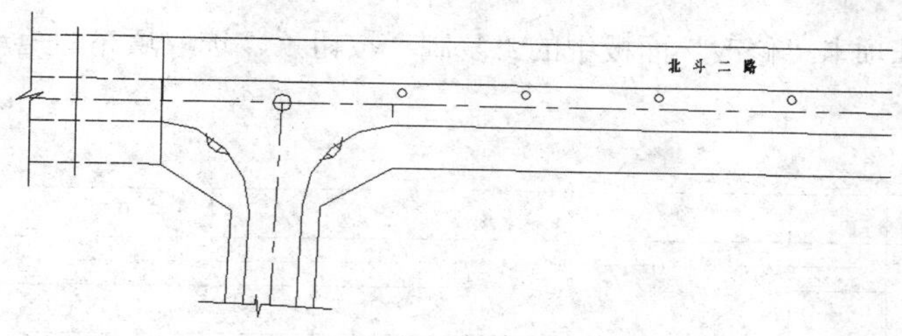

图 19-18　复制圆

（3）单击“默认”选项卡“绘图”面板中的“矩形”按钮，在第一个绘制的圆上方绘制一个 1.5×0.45 的矩形，如图 19-19 所示。

（4）单击“默认”选项卡“绘图”面板中的“直线”按钮，选取绘制的矩形上边中点为起点，矩形下边为终点，绘制一条竖直直线，如图 19-20 所示。

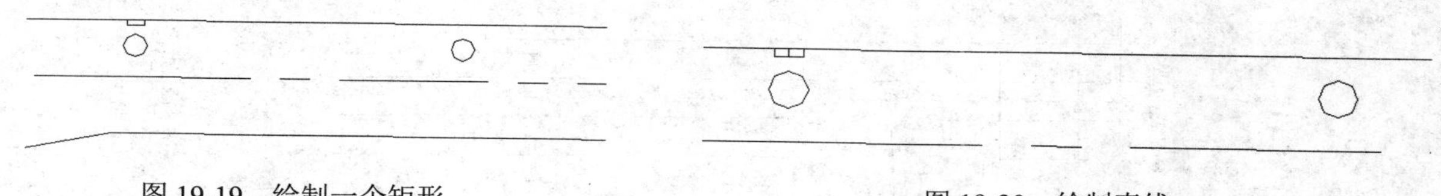

图 19-19　绘制一个矩形

图 19-20　绘制直线

（5）单击“默认”选项卡“绘图”面板中的“图案填充”按钮，打开“图案填充创建”选项卡，设置“图案填充图案”为 SOLID，“填充图案比例”为 0，拾取填充区域内一点，完成图案填充，如图 19-21 所示。

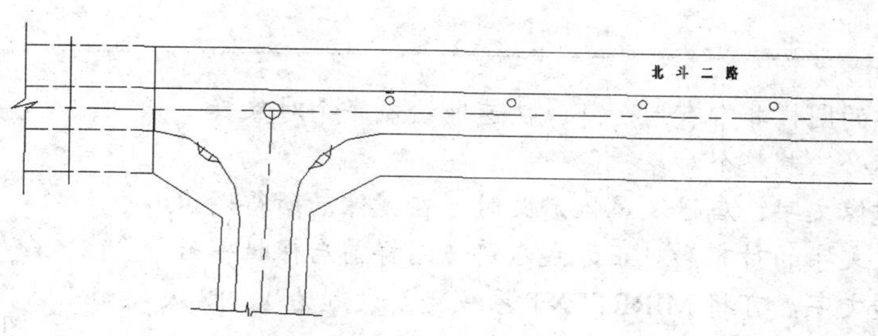

图 19-21　填充图形

高手支招

hatch 图案填充时找不到范围怎么解决？

在用 hatch 图案填充时常常碰到找不到线段封闭范围的情况，尤其是 DWG 文件本身比较大时，此时可以采用 layiso（图层隔离）命令让欲填充的范围线所在的层孤立或“冻结”，再用 hatch 图案填充就可以快速找到所需填充范围。

另外，填充图案的边界确定有一个边界集设置的问题（在高级栏下）。在默认情况下，hatch 通过分析图形中所有闭合的对象来定义边界。对屏幕中的所有完全可见或局部可见的对象进行分析以定义边界，在复杂的图形中可能耗费大量时间。要填充复杂图形的小区域，可以在图形中定义一个对象集，称作边界集。hatch 不会分析边界集中未包含的对象。

（6）单击“默认”选项卡“修改”面板中的“复制”按钮，选取填充的矩形向右复制，复制距离为28，如图 19-22 所示。

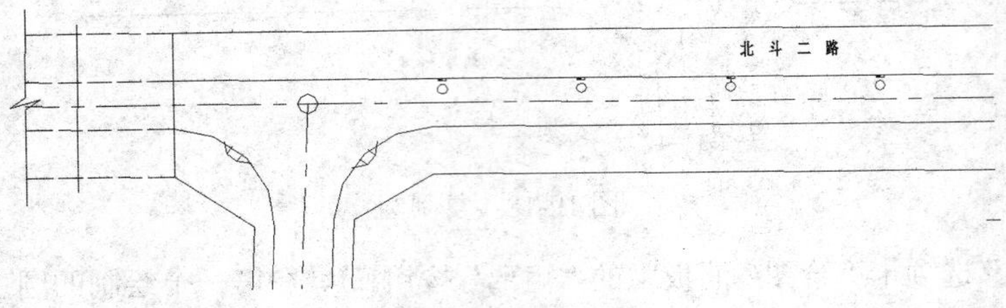

图 19-22　复制矩形

（7）单击“默认”选项卡“修改”面板中的“镜像”按钮，选取复制后的矩形，以中间水平线段为镜像线镜像图形，如图 19-23 所示。

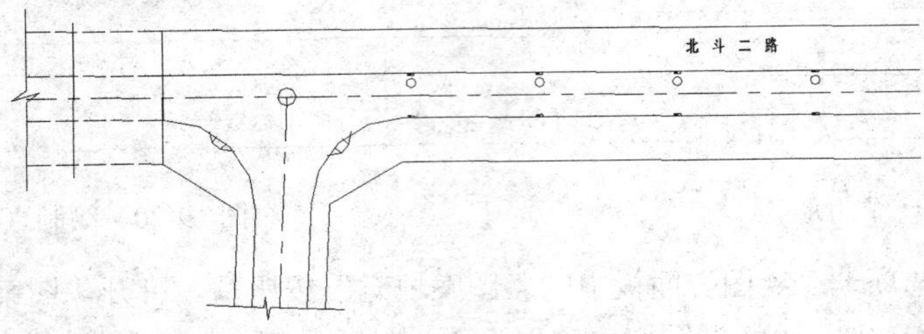

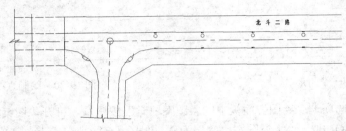

图 19-23　镜像图形

高手支招

镜像对创建对称的图样非常有用，可以快速地绘制半个对象，然后将其镜溕，而不必绘制整个对象。

默认情况下，镜像文字、属性及属性定义时，在镜像后所得图像中不会反转或倒置。文字的对齐和对正方式在镜像图样前后保持一致。如果制图确实要反转文字，可将 MIRRTEXT 系统变量设置为 1，默认值为 0。其效果如图 19-24 所示。

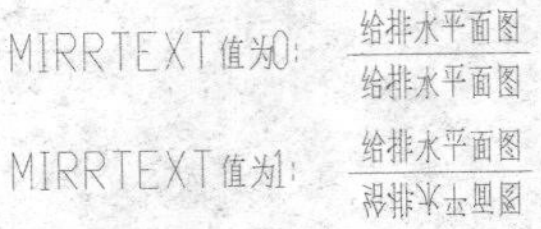

MIRRTEXT值为0:　给排水平面图 / 给排水平面图

MIRRTEXT值为1:　给排水平面图 / 给排水平面图

图 19-24　镜像设置

（8）单击“默认”选项卡“绘图”面板中的“多段线”按钮，指定起点宽度为 0.3，端点宽度为 0.3，绘制污水管线，如图 19-25 所示。

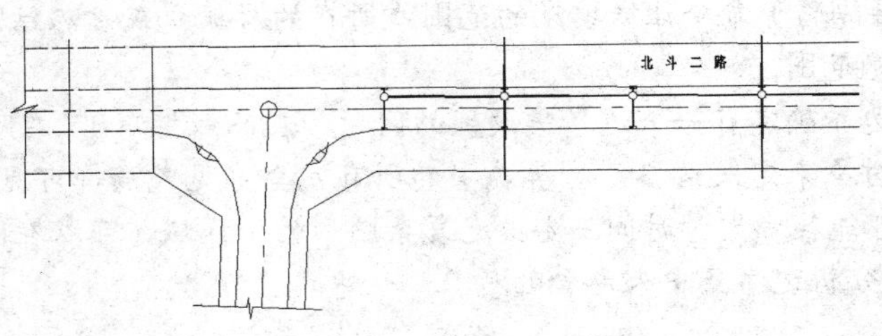

图 19-25　绘制污水管线

（9）单击“默认”选项卡“绘图”面板中的“多段线”按钮，绘制指引箭头，命令行提示与操作如下。

```
命令: PLINE
指定起点:
当前线宽为 0.3000
指定下一个点或 [圆弧(A)/半宽(H)/长度(L)/放弃(U)/宽度(W)]: W
指定起点宽度 <0.3000>: 0.1
指定端点宽度 <0.1000>: 0.1
指定下一个点或 [圆弧(A)/半宽(H)/长度(L)/放弃(U)/宽度(W)]:
指定下一点或 [圆弧(A)/闭合(C)/半宽(H)/长度(L)/放弃(U)/宽度(W)]: W
指定起点宽度 <0.1000>: 0.5
指定端点宽度 <0.5000>: 0
```

绘制结果如图 19-26 所示。

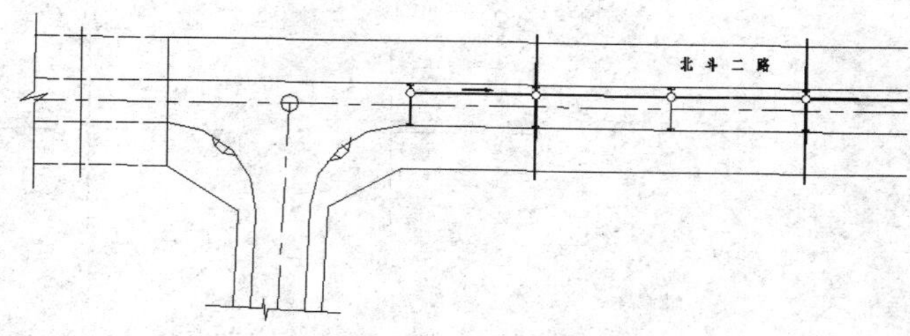

图 19-26　绘制指引箭头

（10）单击“默认”选项卡“修改”面板中的“复制”按钮，复制绘制的指引箭头到适当位置，如图 19-27 所示。

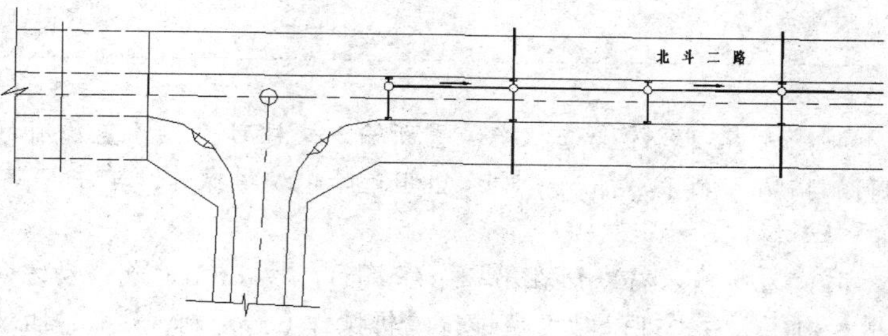

图 19-27　复制指引箭头

19.2.4　标注文字和尺寸

文字标注和尺寸标注主要利用了“线性”“多行文字”“复制”命令，具体的绘制步骤如下。

（1）创建“尺寸”图层并把该图层设置为当前图层，单击“默认”选项卡“注释”中的“线性”按钮，标注直线尺寸，完成的图形和复制尺寸如图 19-28 所示。

（2）单击“默认”选项卡“注释”面板中的“多行文字”按钮 A，标注坐标文字，注意要把“文字”图层设置为当前图层。

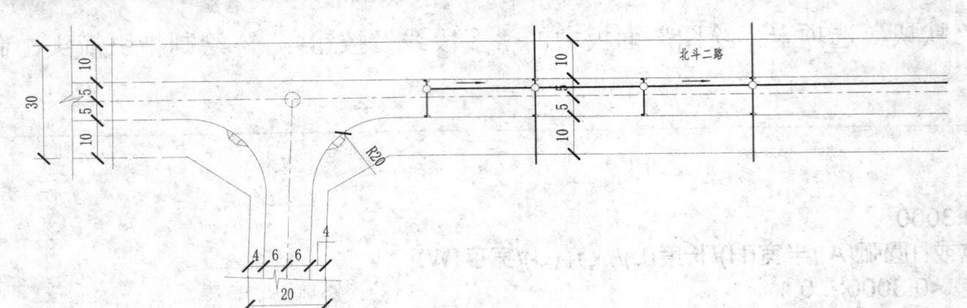

图 19-28　标注尺寸

（3）单击“默认”选项卡“修改”面板中的“复制”按钮，复制相同的内容来进行图例名称、管径、中心距、坡度等的标注，完成的图形如图 19-29 所示。

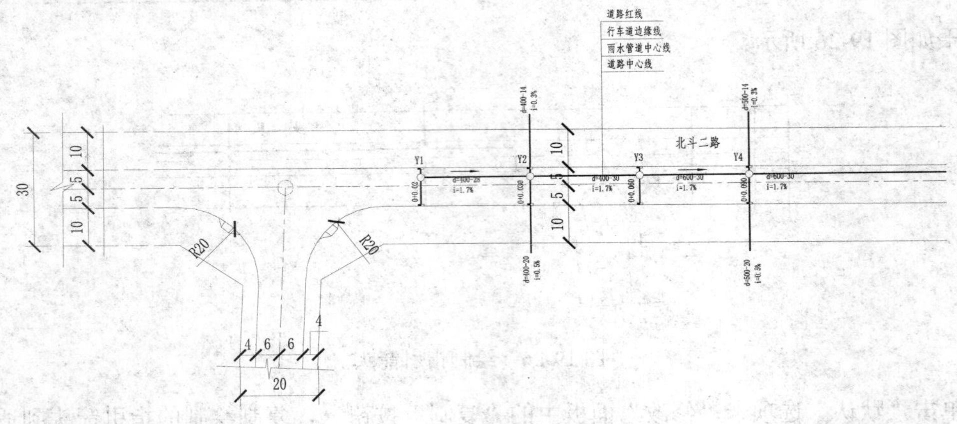

图 19-29　图例文字标注

高手支招

在修改单行文本时，文本内容为全选状态，重新输入文字可直接覆盖原有的文字；右击可以进行文字的剪切、复制、粘贴、删除、插入字段、全部选择等编辑操作；单击“确定”按钮或按 Enter 键都可以结束并保存文本修改。

在修改多行文本时，光标输入符默认在第一个字符面，按 End 键或移动方向键则可以将光标移到最后输入文字，增加内容；右击可以对文字进行编辑操作（如复制、粘贴、插入符号等）；单击“确定”按钮可以结束编辑，并保存文本修改；单击文本编辑框以外 AutoCAD 工作区以内的任一位置也可以结束并保存文本的修改。

在使用复制对象时，可能误选某不该选择的图元，此时需要删除该误选操作，可以在“选择对象”提示下输入 R（删除），并使用任意选择选项将对象从选择集中删除。如果使用“删除”选项并想重新为选择集添加该对象，请输入 A（添加）。

通过按住 Shift 键，并再次单击对象选择，或者按住 Shift 键然后单击并拖动窗口或交叉选择，也可以从当前选择集中删除对象。可以在选择集中重复添加和删除对象。该操作在图元修改编辑操作时是极为有用的。

注意

用户需注意标注样式设置字高时数值的变化对标注的影响，以及在比例制图中，标注样式设置时，其中的几个“比例”的具体效果，如“调整”项的“标注特征比例”中的“使用全局比例”，了解其数值变化对标注的影响，掌握其使用技巧。

当一幅图纸中出现不同比例的图样时，如平面图为 1:100，节点详图为 1:20，此时用户应设置不同的标注样式，应特别注意调整测量因子。

19.3　雨水管道纵断面图绘制

使用“直线”“阵列”命令绘制网格；使用“多段线”“复制”命令绘制其他线；使用“多行文字”命令输入文字；根据高程，使用“直线”“多段线”命令绘制给水管地面线、管中心设计线、高程线，完成给水管道纵断面图，如图 19-30 所示。

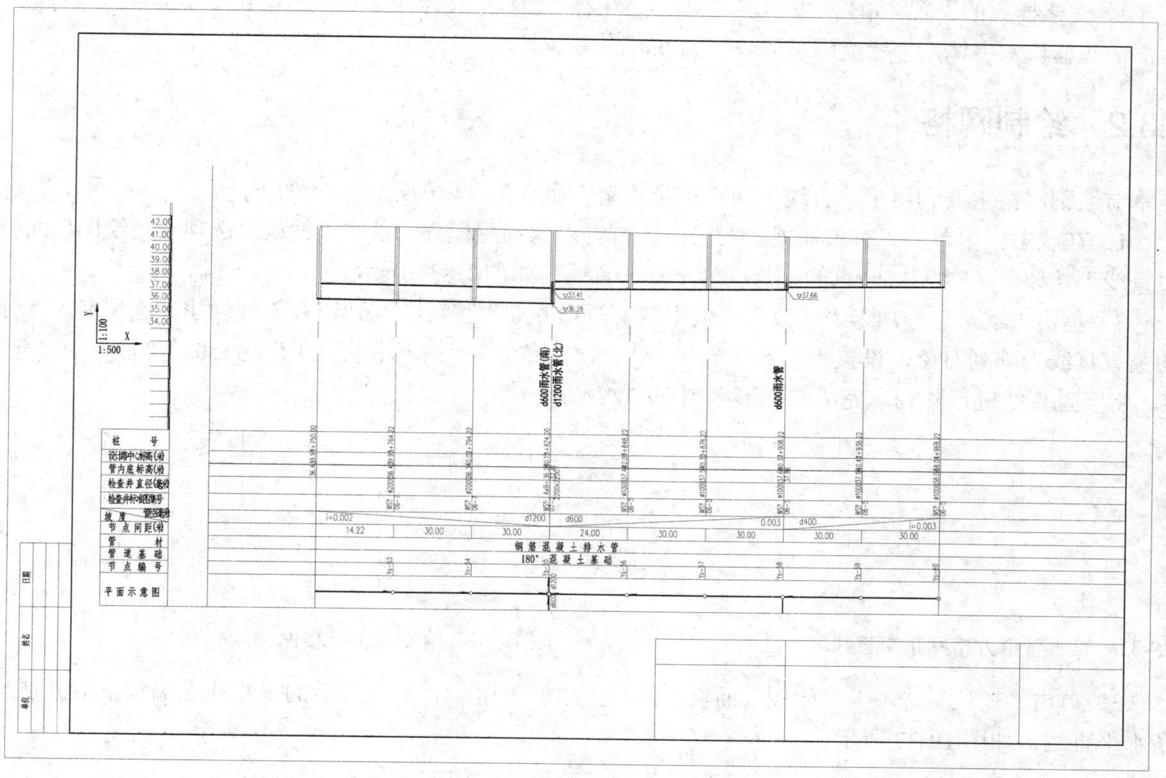

图 19-30　给水管道纵断面图

【预习重点】

☑　了解雨水管道纵断面图绘制的准备工作。

☑　掌握雨水管道纵断面图的绘制方法。

19.3.1 前期准备以及绘图设置

设置绘图环境是绘制任何一幅建筑图形都要进行的预备工作，这里主要创建图形文件、设置标注样式以及设置文字样式。有些具体设置可以在绘制过程中根据需要进行设置。

（1）根据绘制图形决定绘图的比例，建议使用 1:1 的比例绘制，图纸比例横向为 1:1000，纵向为 1:100。

（2）建立新文件。打开 AutoCAD 2017 应用程序，以 A3 样板图为模板，建立新文件，将新文件命名为“雨水管道纵断面图.dwg”并保存。

（3）标注样式的设置。根据绘图比例设置标注样式，对标注样式线、符号和箭头、文字、主单位进行设置，具体参数如下。

① 线：超出尺寸线为 2.5，起点偏移量为 3。

② 符号和箭头：第一个为建筑标记，箭头大小为 3，圆心标记为标记 1.5。

③ 文字：文字高度为 3，文字位置为垂直上，从尺寸线偏移为 1.5，文字对齐为 ISO 标准。

④ 主单位：精度为 0.0，比例因子为 1。

（4）文字样式的设置。单击“默认”选项卡“注释”面板中的“文字样式”按钮，进入“文字样式”对话框，选择仿宋字体，“宽度因子”设置为 0.8。

19.3.2 绘制网格

本节绘制网格主要利用了“直线”和“矩形阵列”命令，具体的绘制步骤如下。

（1）在状态栏中单击“对象捕捉”按钮，打开对象捕捉模式。单击“默认”选项卡“绘图”面板中的“直线”按钮，绘制一竖直的、长度为 120 的直线，如图 19-31 所示。

（2）单击“默认”选项卡“修改”面板中的“矩形阵列”按钮，弹出“阵列创建”选项卡，选择绘制的竖直直线为阵列对象，设置“列数”为 9，“行数”为 1，“列”中“介于”为-30，“行”中“介于”为 1，将竖直直线进行阵列，完成的图形如图 19-32 所示。

图 19-31 给水管道方格网正交直线

图 19-32 给水管道方格网的绘制

（3）单击“默认”选项卡“绘图”面板中的“直线”按钮，在偏移后的垂直线上端和下端分别绘制一条水平直线，如图 19-33 所示。

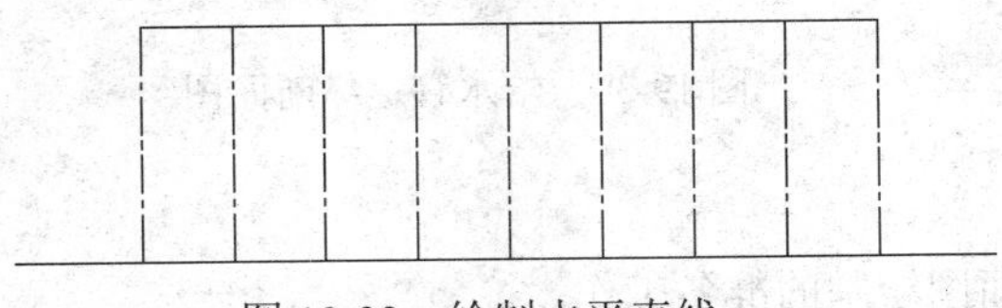

图 19-33 绘制水平直线

19.3.3　绘制其他线

本节讲述了剩余部分的绘制方法和技巧，具体的绘制步骤如下。

（1）单击“默认”选项卡“修改”面板中的“偏移”按钮，把刚刚绘制好的水平多段线水平向下偏移，偏移距离分别为 4、4。

（2）单击“默认”选项卡“修改”面板中的“偏移”按钮，把刚刚绘制好的水平直线向下偏移，偏移距离分别为 8、8，如图 19-34 所示。

（3）单击“默认”选项卡“修改”面板中的“矩形阵列”按钮，弹出“阵列创建”选项卡。选择最下边的水平直线为阵列对象，设置“列数”为 1，“行数”为 7，“列”中“介于”为 0，“行”中“介于”为-5，将水平直线进行阵列，完成的图形如图 19-35 所示。

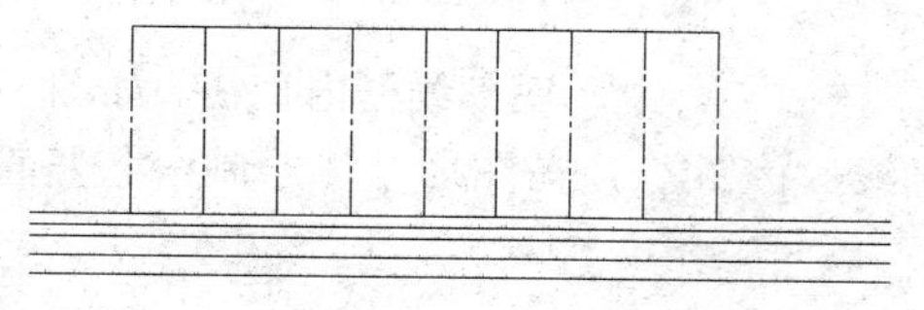

图 19-34　偏移线段

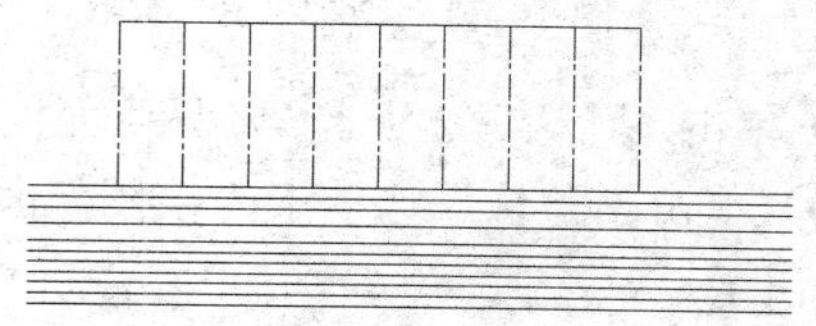

图 19-35　阵列后的图形

（4）单击“默认”选项卡“修改”面板中的“偏移”按钮，选取最下边水平直线向下偏移，偏移距离为 13，如图 19-36 所示。

（5）单击“默认”选项卡“绘图”面板中的“直线”按钮，绘制出其他直线。完成的图形如图 19-37 所示。

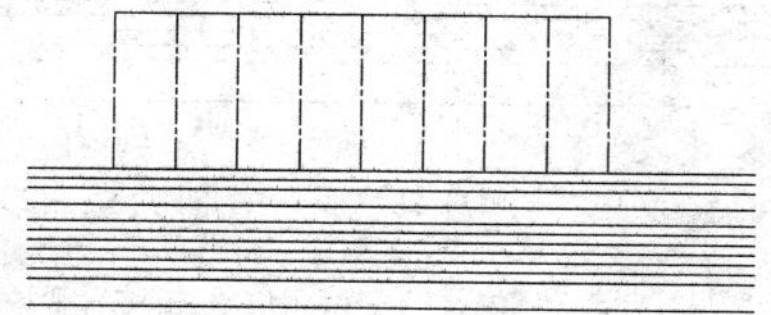

图 19-36　偏移直线

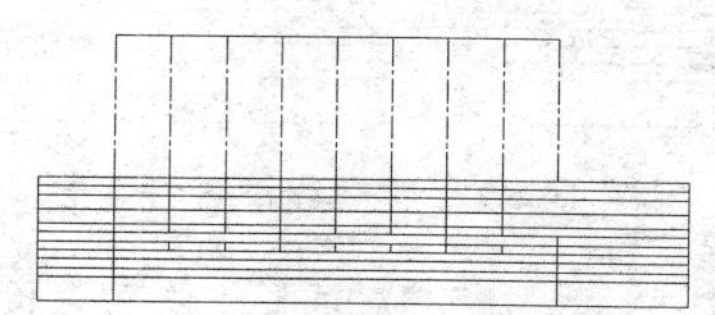

图 19-37　绘制直线

（6）选择菜单栏中的“格式”→“多线样式”命令，弹出“多线样式”对话框，如图 19-38 所示。设置多线间距分别为 0.8 和-0.8，并选中直线的起点和端点选项，如图 19-39 所示。

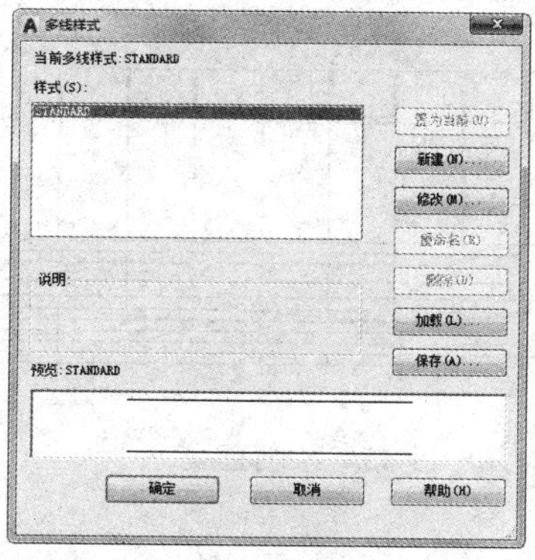

图 19-38　“多线样式”对话框

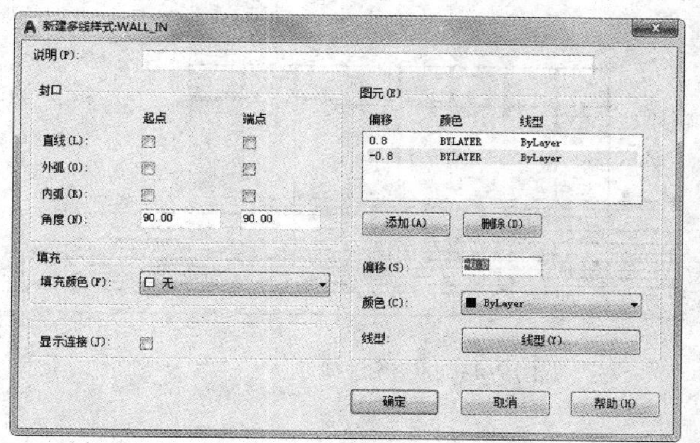

图 19-39　设置隔墙多线样式

（7）选择菜单栏中的“绘图”→“多线”命令，绘制多线，如图 19-40 所示。

（8）单击“默认”选项卡“绘图”面板中的“多段线”按钮，指定起点宽度为 0.5，端点宽度为 0.5，绘制多段线，如图 19-41 所示。

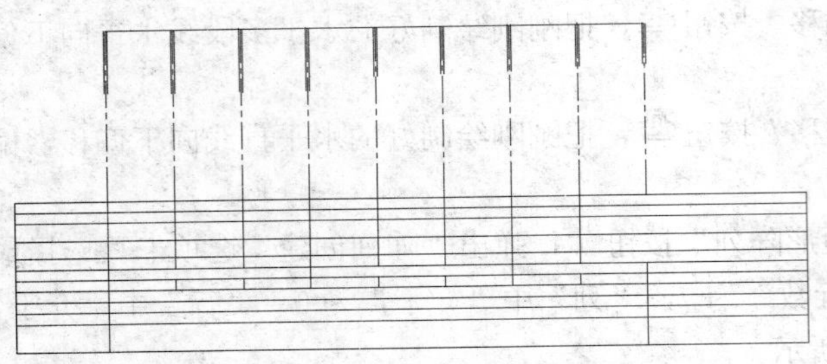

图 19-40　绘制多线

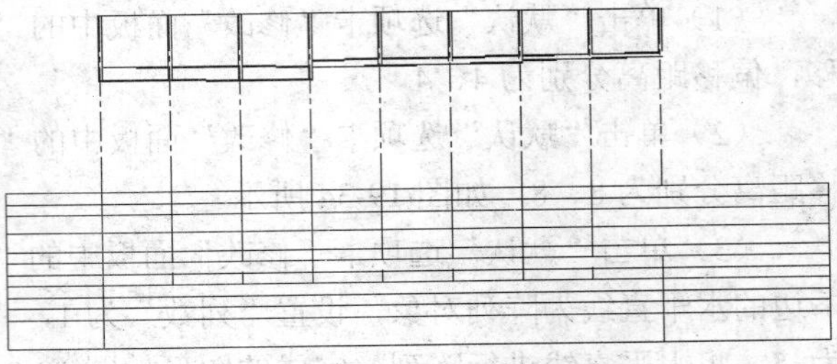

图 19-41　绘制多段线

（9）单击“默认”选项卡“绘图”面板中的“直线”按钮，绘制底部线框内直线，如图 19-42 所示。

（10）单击“默认”选项卡“绘图”面板中的“直线”按钮，在图形左侧绘制一条竖直直线，如图 19-43 所示。

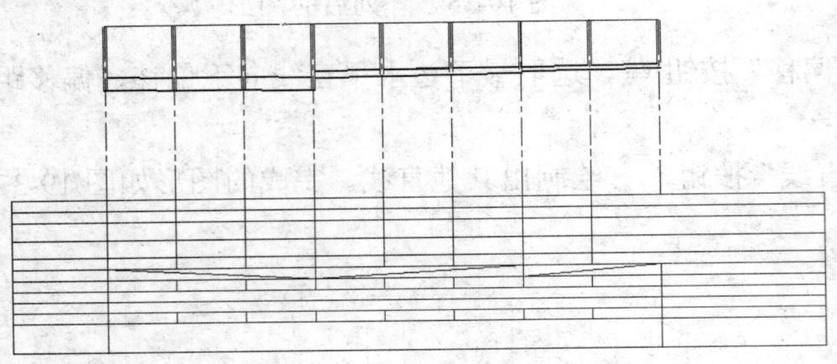

图 19-42　底部线框直线绘制

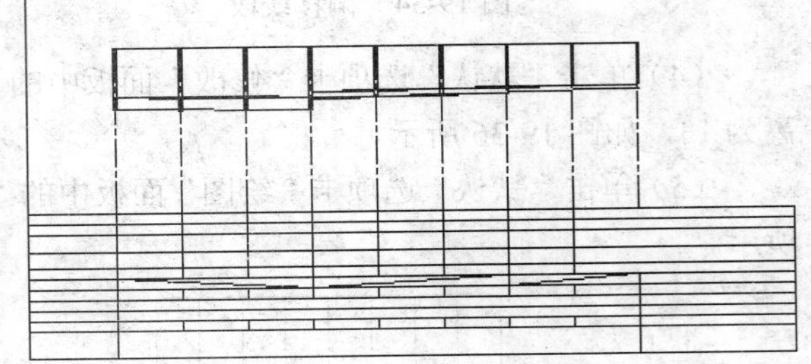

图 19-43　绘制竖直直线

（11）单击“默认”选项卡“修改”面板中的“偏移”按钮，选取竖直直线向左偏移，偏移距离分别为 15、26，如图 19-44 所示。

（12）单击“默认”选项卡“绘图”面板中的“直线”按钮，以左侧竖直直线下端点为起点向右绘制一条水平直线，如图 19-45 所示。

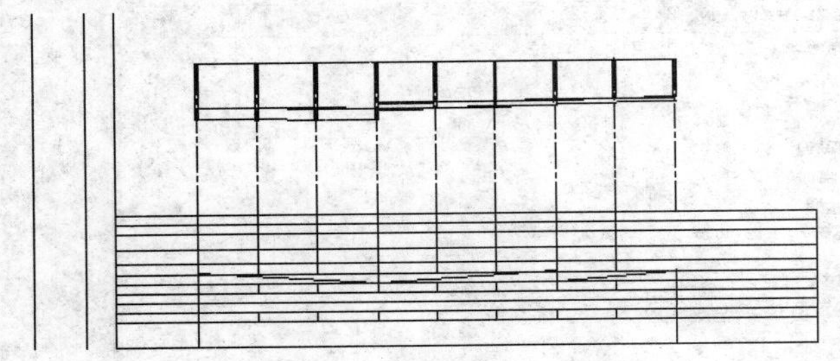

图 19-44　偏移直线

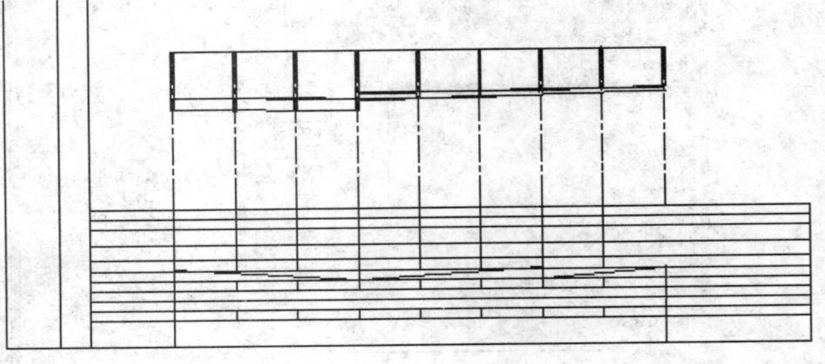

图 19-45　绘制直线

（13）单击“默认”选项卡“修改”面板中的“延伸”按钮，选取下端所有水平直线，向左延伸至左侧竖直直线，如图 19-46 所示。

（14）单击“默认”选项卡“修改”面板中的“修剪”按钮，修剪图形内的多余线段，如图 19-47 所示。

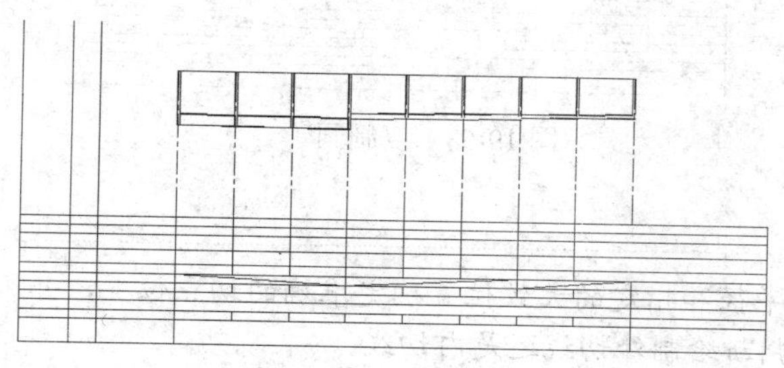

图 19-46　延伸直线

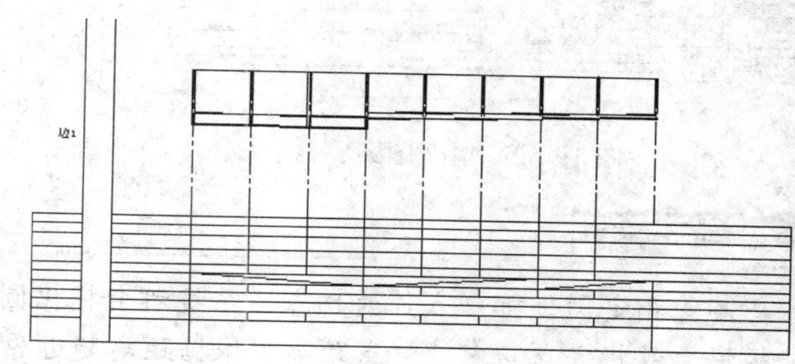

图 19-47　修剪线段

（15）单击“默认”选项卡“修改”面板中的“偏移”按钮，选取左侧长竖直边向左偏移，偏移距离分别为 0.5、0.5，如图 19-48 所示。

（16）单击“默认”选项卡“绘图”面板中的“直线”按钮，绘制几段斜向直线，如图 19-49 所示。

（17）单击“默认”选项卡“修改”面板中的“修剪”按钮，修剪掉多余线段，如图 19-50 所示。

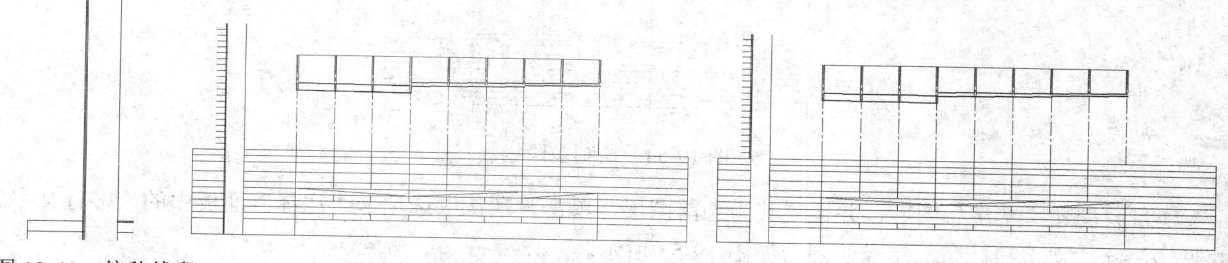

图 19-48　偏移线段　　图 19-49　绘制直线　　图 19-50　修剪直线

（18）单击“默认”选项卡“绘图”面板中的“图案填充”按钮，打开如图 19-51 所示的“图案填充创建”选项卡，设置“图案填充图案”为 SOLID，“填充图案比例”为 0，拾取填充区域内一点，完成图案填充，如图 19-52 所示。

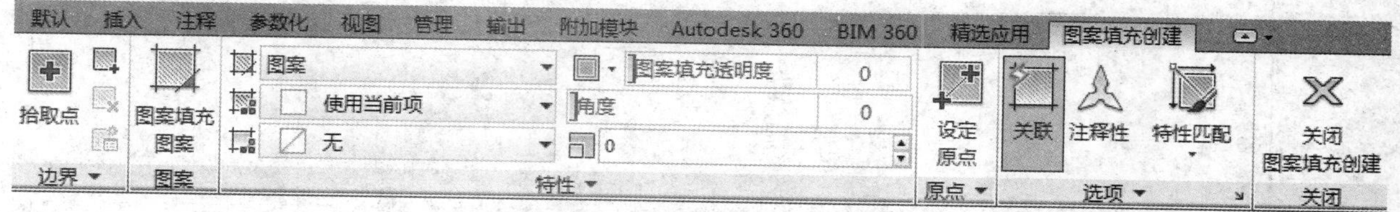

图 19-51　“图案填充创建”选项卡

（19）单击“默认”选项卡“绘图”面板中的“圆”按钮，绘制一个圆；单击“默认”选项卡“修改”面板中的“复制”按钮，复制圆，如图 19-53 所示。

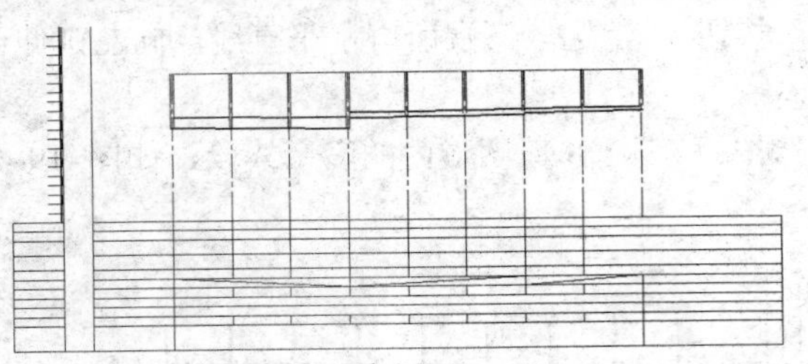

图 19-52　填充图案

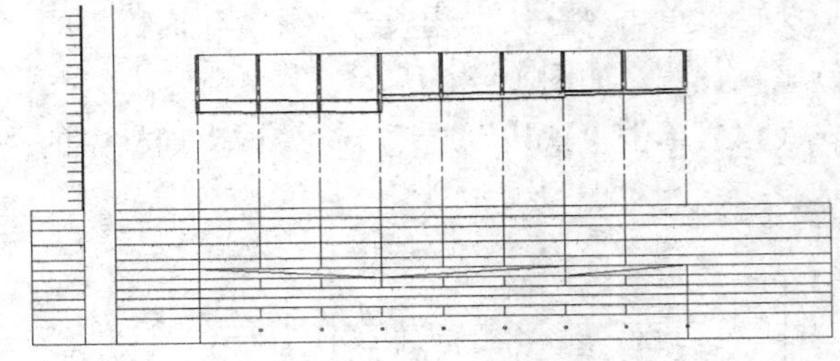

图 19-53　复制圆

高手支招

不管指定圆上哪一点作为切点，系统都会根据圆的半径和指定的大致位置确定准确的切点位置，并能根据大致指定点与内外切点距离，依据距离趋近原则判断绘制外切线还是内切线。

（20）单击“默认”选项卡“绘图”面板中的“多段线”按钮，绘制几段多段线连接圆，如图 19-54 所示。

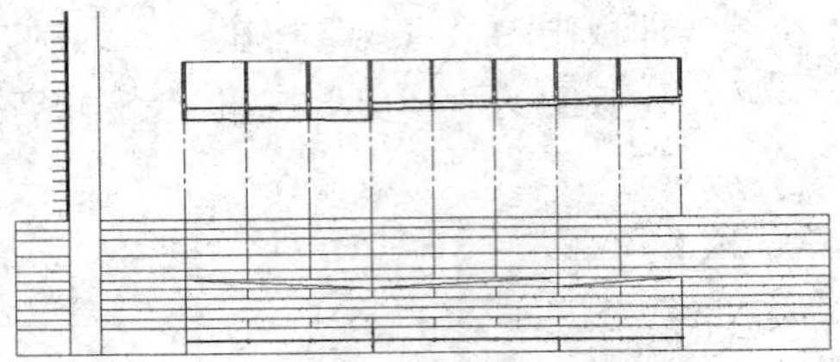

图 19-54　绘制多段线

（21）创建“文字”图层，并设置其为当前图层，单击“默认”选项卡“注释”面板中的“多行文字”按钮A，标注文字和标高，完成的图形如图 19-55 所示。

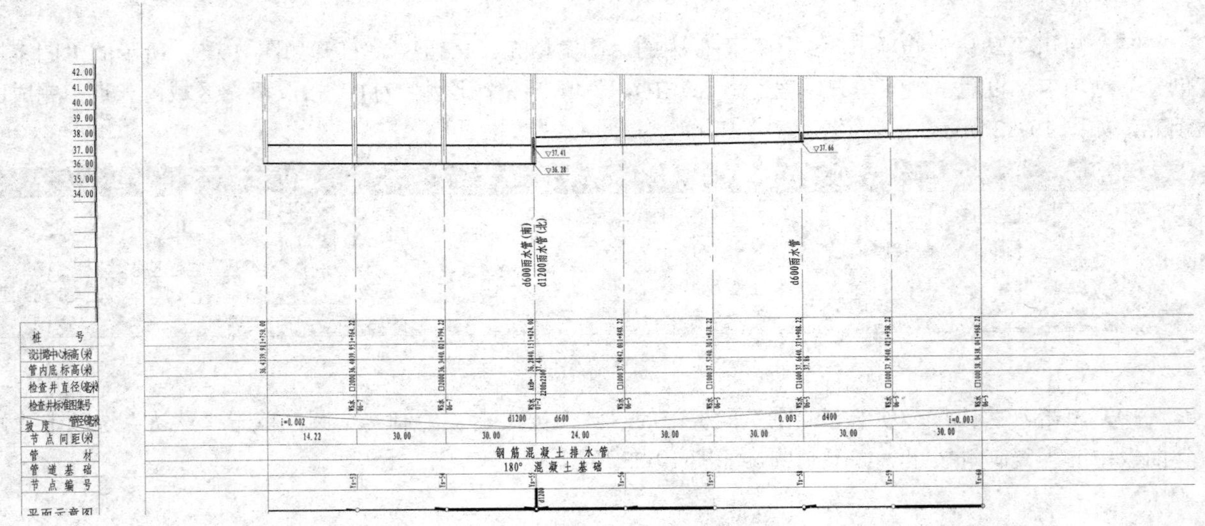

图 19-55　输入文字后的雨水管道纵断面图

高手支招

为什么有时无法修改文字的高度？

当定义文字样式时，使用的字体的高度值不为 0 时，用 DTEXT 命令输入文本时将不提示输入高度，而直接采用已定义的文字样式中的字体高度，这样输出的文本高度是不变的，包括使用该字体进行的标注样式。

（22）单击“默认”选项卡“绘图”面板中的“多段线”按钮，绘制水平箭头。输入 W 来指定起点宽度和端点宽度为 0.2000。指定起点宽度为 1，端点宽度为 0。单击“默认”选项卡“绘图”面板中的“多段线”按钮，绘制垂直箭头。输入 W 来指定起点宽度和端点宽度为 0.2000。指定起点宽度为 1 和端点宽度为 0。完成的图形如图 19-56 所示。

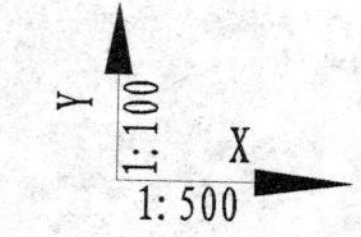

图 19-56　给箭头的绘制

高手支招

标高的“±”号，在 AutoCAD 的文本编辑器中，输入%%p 就可以完成。其他很多特殊符号输入，也可以通过这种方式实现，具体操作方法是：单击文本编辑器上的“符号”按钮@，在打开的下拉菜单中选择“符号”子菜单中的相应命令，如图 19-57 所示，或按相应命令后面的命令提示在命令行中输入相应命令。对于其他更复杂的符号，还可以选择其中的“其他”命令，打开“字符映射表”窗口，如图 19-58 所示，选择需要的字符，然后单击“复制”按钮，回到 AutoCAD 的文本编辑器，按 Ctrl+V 快捷键粘贴进 AutoCAD 的文本编辑器即可。

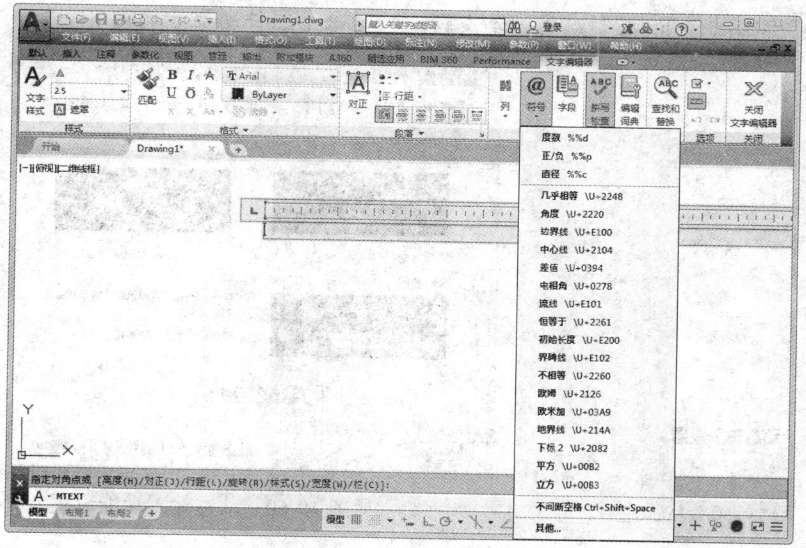

图 19-57　多行文字编辑器

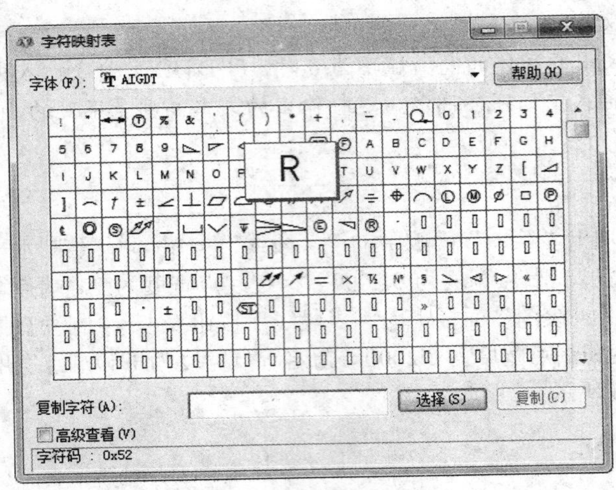

图 19-58 “字符映射表”窗口

灵活使用动态输入功能。

动态输入功能在光标附近提供了一个命令界面，以帮助用户专注于绘图区域。启用“动态输入”时，工具栏提示将在光标附近显示信息，该信息会随着光标移动而动态更新。当某条命令为活动状态时，工具栏提示将为用户提供输入的位置。

单击状态栏中的按钮，可打开和关闭动态输入功能。按 F12 键也可以将其关闭。动态输入功能有 3 个组件：指针输入、标注输入和动态提示。在按钮上右击，然后选择“动态输入设置”命令，如图 19-59 所示，弹出“草图设置”对话框的“动态输入”选项卡，如图 19-60 所示，选中相关内容，可以控制启用“动态输入”时每个组件所显示的内容。

图 19-59 状态栏

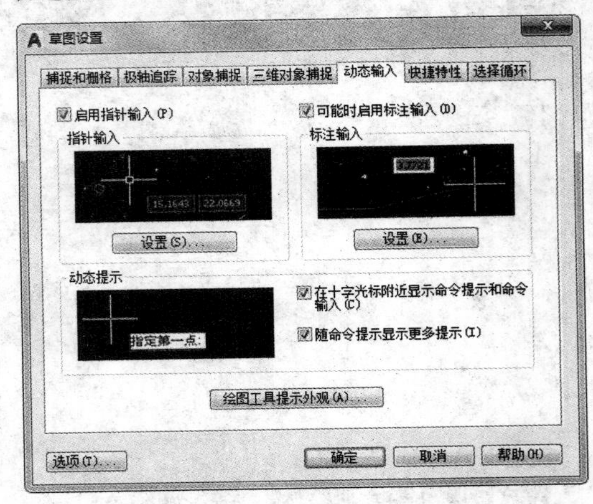

图 19-60 动态输入功能设置

19.4　上 机 实 验

【练习 1】绘制如图 19-61 所示的道路排水平面图。

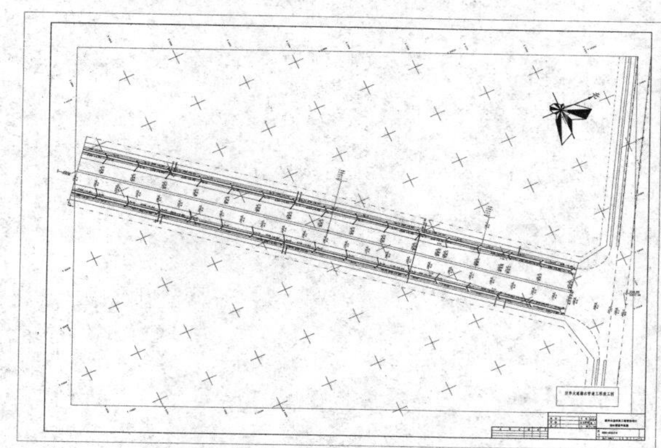

图 19-61　道路排水平面图

1. 目的要求

本实例为绘制道路排水平面图，结构比较简单，但是道路排水部分比较复杂，需要细心绘制。本实例主要要求读者通过练习进一步熟悉和掌握独立道路排水平面图的绘制方法。

2. 操作提示

（1）绘制基础图形。
（2）绘制标高符号。
（3）添加文字说明。
（4）插入图框。

【练习 2】绘制如图 19-62 所示的污水管道纵立面图。

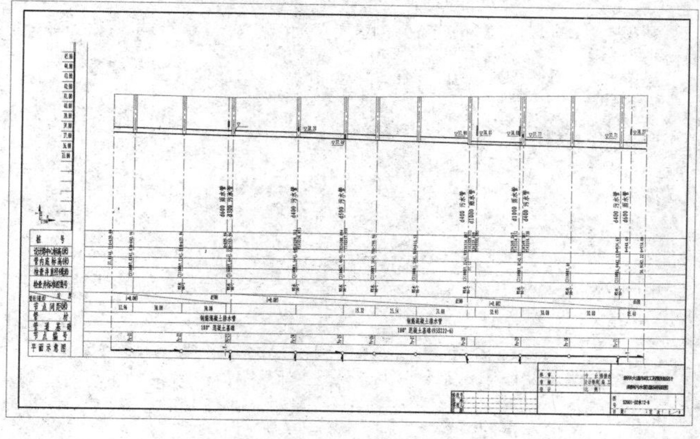

图 19-62　污水管道纵立面图

1．目的要求

污水管道纵立面图是给排水施工图的基本图样，本实例主要要求读者通过练习进一步熟悉和掌握污水管道纵立面图的绘制方法。

2．操作提示

（1）绘图前准备。
（2）绘制轮廓。
（3）添加文字说明。
（4）插入图框。

第6篇

市政供热工程篇

本篇主要目的在于通过学习使读者掌握市政热网的基础知识，在此基础上了解热网施工图的基本知识以及绘图步骤，使读者对热网施工图的表达方式、绘图步骤有所了解，能识别 AutoCAD 热网施工图。重点对热网施工图中管线平面图、管线纵剖面图、检查室进行 AutoCAD 绘图讲解，使读者能把握使用 AutoCAD 进行热网施工图制图的一般方法。为今后从事有关热网工程设计、施工和运行管理工作打下坚实的基础。

第20章

市政供热管网工程设计基础

供热管网是市政工程，尤其是北方城市市政工程不可或缺的一部分。供热管网的布置必须遵循一定的原则和形式。其工程图绘制也有其具体的要求。

本章主要目的在于通过学习使读者掌握市政热网的基础知识，在此基础上了解热网施工图的基本知识以及绘图步骤，使读者对热网施工图的表达方式、绘图步骤有所了解。

20.1　供热管网布置原则

【预习重点】

了解供热管网布置原则。

供热管网布置形式以及供热管线在平面位置（定线）的确定，是供热管网布置的两个主要内容。

供热管道平面位置的确定——定线，应遵守如下基本原则：

（1）经济上合理

主干线力求短直、尽量走热负荷集中区。

（2）技术上可靠

供热管道应尽量避开土质松软地区、地震断裂带、滑坡危险地带以及地下水位高等不利地段。

（3）对周围环境影响少而协调

供热管道应少穿主要交通线。一般平行于道路中心线并应尽量敷设在车行道以外的地方。

供热管道与建筑物、构筑物或其他管道的最小水平净距和最小垂直净距，可见相关规范。

供热管道确定后，根据地形图，制定纵断面图和地形竖向规划设计。

20.2　供热管网布置形式

【预习重点】

了解供热管网布置形式。

供热管网分成环状管网和枝状管网。枝状管网如图 20-1 所示，供热管网的管道直径随着与热源距离的增加而减小，且建设投资少，运行管理比较简便。但枝状管网没有备用功能，供热的可靠性差，当管网某处发生故障时，在故障点以后的用户都将停止供热。

环状管网如图 20-2 所示，供热管道主干线首尾相接构成环路，管道直径普遍较大，环状管网具有良好的备用功能，当管路局部发生故障时，可经其他连接管路继续向用户供热，甚至当系统中某个热源出现故障不能向热网供热时，其他热源也可向该热源的网区继续供热，管网的可靠性好，环状管网通常设两个或两个以上的热源。

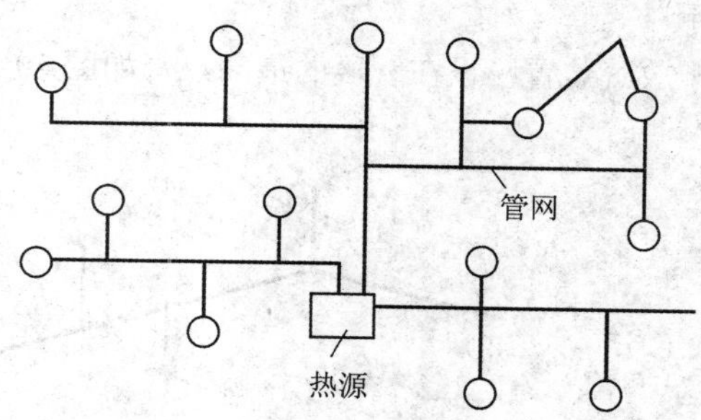

图 20-1　枝状管网

由于城市集中供热管网的规模较大，故从结构层次上又将管网分为一级管网和二级管网。一级管网是连接热源与区域热力站的管网，又称为输送管网；二级管网以热力站为起点，把热媒输配到各个热用户的热力引入口处，又称为分配管网。一级管网的形式代表着供热管网的形式，如果一级管网为环状，就将供热管网称为环状管网；若一级管网为枝状，就将供热管网称为枝状管网。二级管网基本上都是枝状管网，将热能由热力站分配到一个或几个街区的建筑物内。

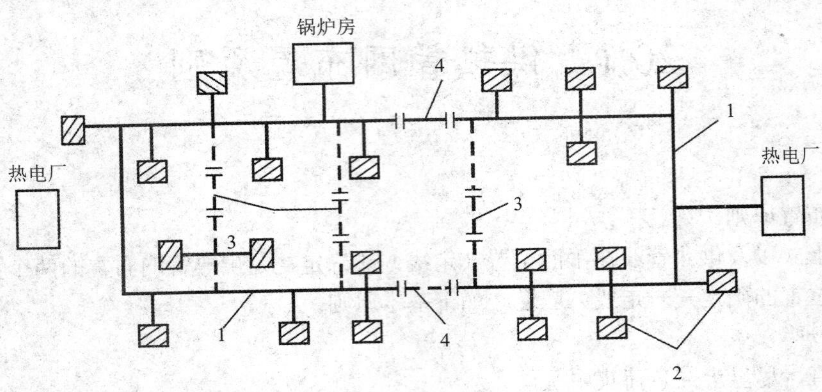

图 20-2　环状管网

注：1. 级管网；2. 热力站；3. 使热网具有备用功能的跨接管；4. 使热源具有备用功能的跨接管。

20.3　供热管道的排水、放气与疏水装置

【预习重点】

了解供热管道的排水、放气与疏水装置。

为了在需要时排除管道内的水，放出管道内聚集的空气和排出蒸汽管道中的沿途凝水，供热管道必须敷设一定的坡度，并配置相应的排水、放气及疏水装置。

热水和凝结水管道的低点处（包括分段阀门划分的每个管段的低点处），应安装排水装置。排水装置应保证一个排水段的排水时间不超过下面的规定：对于 DN≤300mm 的管道，排水时间为 2～3h；对于 350mm≤DN≤500mm 的管道，排水时间为 4～6h；对于 DN≥600mm 的管道，排水时间为 5～7h，规定排水时间主要是考虑在冬季出现事故时能迅速排水，缩短抢修时间，以免采暖系统和管路冻结，如图 20-3 所示。

放气装置应设在管段的最高点，如图 20-3 所示。放气管直径需根据管道直径来确定。

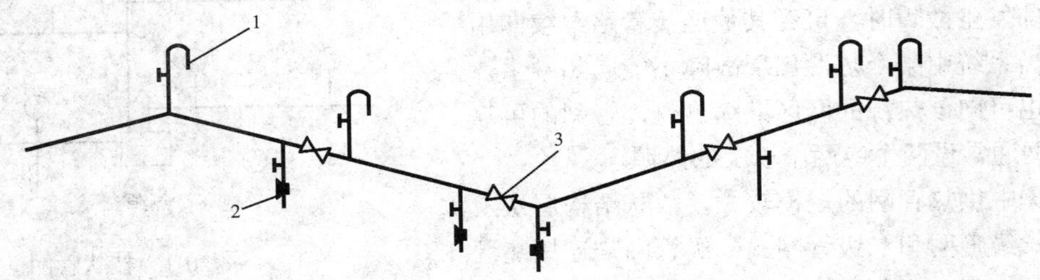

图 20-3　热水或凝结水管道排水和放气装置

注：1. 放气阀；2. 排水阀；3. 阀门。

为排除蒸汽管道的沿途凝水，蒸汽管道的低点和垂直升高管段前应设置启动疏水和经常疏水装置。同一坡向的管段，在顺坡情况下每隔 400～500m，逆坡时每隔 200～300m 应设启动疏水和经常疏水装置。

20.4　供热管道检查室及检查平台

【预习重点】

了解供热管道检查室及检查平台。

对于地下敷设的供热管道，在装有阀门、排水与放气、套筒补偿器、疏水器等需要经常维护管理的管路设备和附件处，应设置检查室。检查室的结构尺寸，应根据管道的根数、管径、阀门及附件的数量和规格大小确定，既要考虑维护操作方便，又要尽可能地紧凑。

检查室的净高不小于 1.8m，人行通道宽度不小于 0.6m，干管保温结构外表面距检查室地面不应小于 0.6m，检查室人孔直径不小于 0.7m，人孔数量不少于 2 个，并应对角布置。当检查室面积小于 $4m^2$ 时，可只设一个人孔。在每个人孔处，应装设梯子或爬梯，以便工作人员出入。检查室内至少设一个集水坑，尺寸不小于 0.4m×0.4m×0.5m（长×宽×深），位于人孔的下方。检查室地面应坡向集水坑，其坡度为 0.01。检查室地面低于地沟内底应不小于 0.3m。

当检查室内设备和附件不能从人孔进出时，在检查室顶板上应设安装孔，安装孔的位置和尺寸应保证最大设备的出入和便于安装。所有分支管路在检查室内均应装设关断阀和排水管，以便当支线发生事故时能及时切断管路，并将管道中的积水排除。检查室内公称直径大于或等于 300mm 的阀门应设支承。检查室盖板上的覆土深度不得小于 0.3m。检查室布置图如图 20-4 所示。

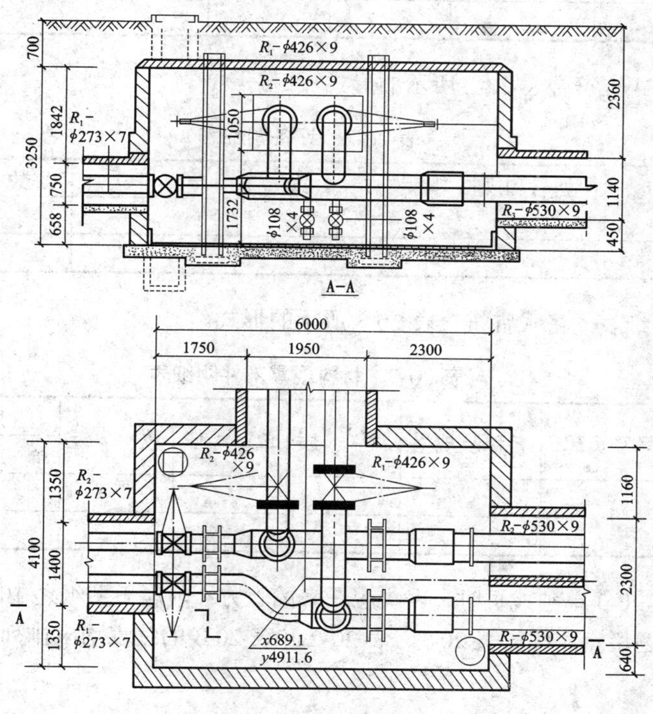

图 20-4　检查室布置图

架空敷设的中、高支架敷设的管道，在安装阀门、排水、放气、除污装置的地方应设操作平台，操作平台的尺寸应保证维修人员操作方便，平台周围应设防护栏杆。

20.5 供热工程施工图绘制的具体要求

【预习重点】

了解供热工程施工图绘制的具体要求。

1．图画

（1）一张图上布置几种图样时，宜按平面图在下，剖面图在上，管系图、流程图或详图在右的原则绘制。无剖面图时，可将管系图放在平面图上方。一张图上布置几个平面图时，宜按下层平面图在下，上层平面图在上的原则绘制。

（2）设备和主要材料表的格式宜符合表 20-1 所示的形式。

表 20-1 设备和主要材料表

序 号	编 号	名 称	型号和规格	材 质	单 位	数 量	质量（kg）		备 注
							单 件	总 计	

（3）设备明细表的格式宜符合表 20-2 所示的形式。

表 20-2 设备明细表

编 号	名 称	型号和规格	材 质	单 位	数 量	备 注

（4）材料或零部件明细表的格式宜符合表 20-3 所示的形式。

表 20-3 材料或零部件明细表

序 号	图号或标注图号及页码	名称及规格	材 质	单 位	数 量	质量（kg）		备 注
						单 件	总 计	

表 20-1、表 20-2 和表 20-3 单独成页时，表头应在表的上方；附属于图纸之中时，表头应在表的下方并紧贴标题栏，表宽应与标题栏宽相同。表 20-1、表 20-2 和表 20-3 的续表均应排列表头。

2．管道规格

（1）管道规格的单位应为毫米，可省略不写。

（2）管道规格应注写在管道代号之后，其注写方法应符合下列规定：

① 低压流体输送用焊接钢管应用公称直径表示。

② 输送流体用无缝钢管、螺旋缝或直缝焊接钢管，当需要注明外径和壁厚时，应在外径×壁厚数值前冠以 Φ 表示。不需要注明时，可采用公称直径表示。

（3）管道规格的标注位置应符合图 20-5 所示的规定。

① 对水平管道可标注在管道上方，对垂直管道可标注在管道左侧，对斜向管道可标注在管道斜上方，如图 20-5（a）所示。

② 采用单线绘制的管道，也可标注在管线断开处，如图 20-5（b）所示。

③ 采用双线绘制的管道，也可标注在管道轮廓线内，如图 20-5（c）所示。

④ 多根管道并列时，可用垂直于管道的细实线作公共引出线，从公共引出线作若干条间隔相同的横线，在横线上方标注管道规格。管道规格的标注顺序应与图面上管子排列顺序一致。当标注位置不足时，公共引出线可用折线，如图 20-5（d）所示。

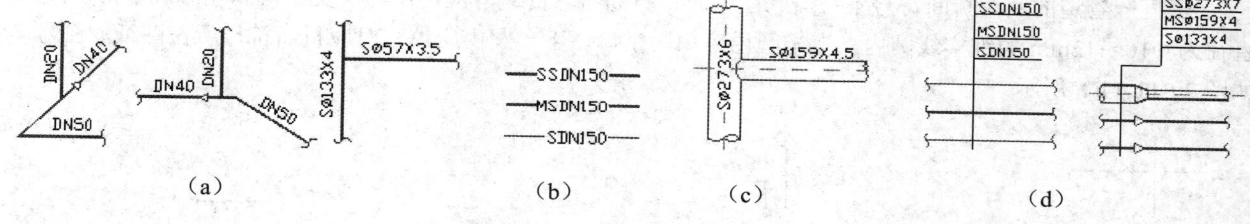

图 20-5　管道规格的标注

（4）管道规格变化处应绘制异径管图形符号，并在该图形符号前后标注管道规格。有若干分支而不变径的管道应在起止管段处标注管道规格；管道很长时，尚应在中间一处或两处加注管道规格，如图 20-6 所示。

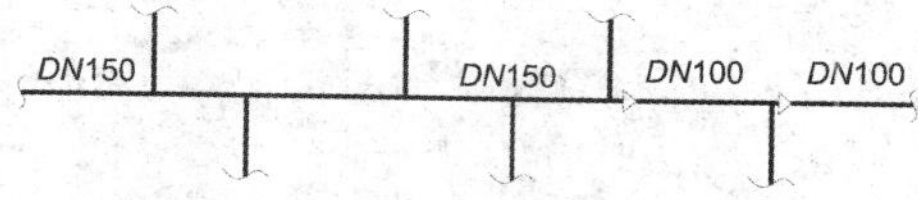

图 20-6　分出支管和变径时管道规格的标注

3. 管道画法

（1）表示一段管道（如图 20-7（a）和图 20-7（b）所示）时或省去一段管道（如图 20-7（c）和图 20-7（d）所示）时可用折断符号。折断符号应成双对应。

图 20-7　表示或省去一段管道

（2）管道交叉时，在上面或前面的管道应连通；在下面或后面的管道应断开，如图 20-8 所示。

（3）管道分支时，应表示出支管的方向，如图 20-9 所示。

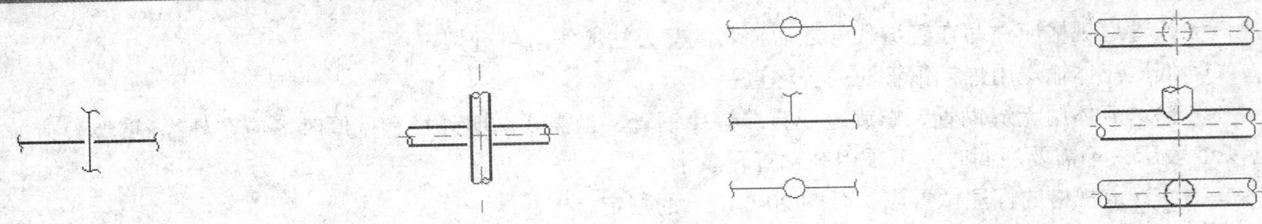
图 20-8　交叉管道　　　　图 20-9　分支管道

（4）管道重叠时，若需要表示位于下面或后面的管道，可将上面或前面的管道断开。管道断开时，若管道上、下、前、后关系明确，可不标注断开点编号，如图 20-10 所示。

（5）管道接续的表示方法应符合图 20-11 所示的规定。

① 管道接续引出线应采用细实线绘制。始端指在折断处，末端为折断符号的编号。

② 同一管道的两个折断符号在一张图中时，折断符号的编号应用小写英文字母表示。标注在直径为 Φ5～8mm 的细实线圆内，如图 20-11（a）所示。

③ 同一管道的两个折断符号不在一张图中时，折断符号的编号应用小写英文字母和图号表示，标注在直径为 Φ10～12mm 的细实线圆内。上半圆内应填写字母，下半圆内应填写对应折断符号所在图纸的图号，如图 20-11（b）所示。

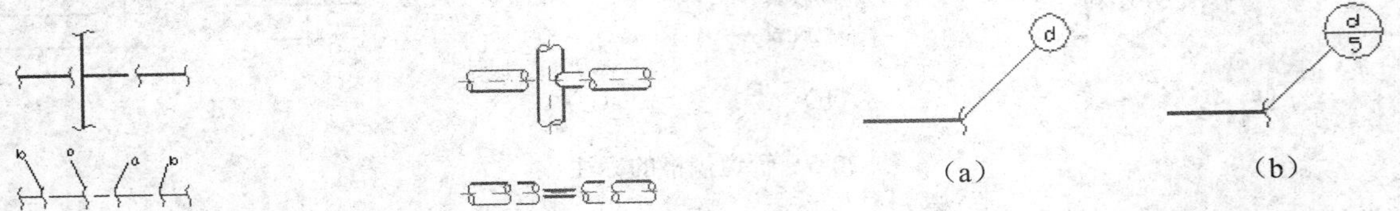

图 20-10　重叠管道　　　　图 20-11　管道连接的表示方法

（6）单线绘制的管道其横剖面应用细线小圆表示，圆直径宜为粗线宽的 3～4 倍。双线绘制的管道其横剖面应用中线表示，其孔洞符号应涂暗；当横剖面面积较小时，孔洞符号可不绘出，如图 20-12 所示。

图 20-12　单线绘制的管道和双线绘制的管道横剖面

4．阀门画法

管道图中常用阀门的画法应符合表 20-4 所示的规定。阀体长度、法兰直径、手轮直径及阀杆长度宜按比例用细实线绘制。阀杆尺寸宜取其全开位置时的尺寸，阀杆方向应符合设计要求。

表 20-4　管道图中常用阀门画法

名　称	俯　视	仰　视	主　视	侧　视	轴 测 投 影
截止阀					
闸阀					

续表

名　称	俯　视	仰　视	主　视	侧　视	轴测投影
蝶阀			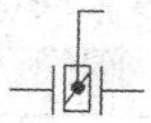	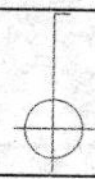	
弹簧式安全阀			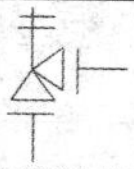		

5．常用代号和图形符号

（1）管道代号应符合表 20-5 所示的规定。

表 20-5　管道代号

管道名称	代　号	管道名称	代　号
供热管线（通用）	HP	自流凝结给水管	CG
蒸汽管（通用）	S	排气管	EX
饱和蒸汽管	S	给水管（通用）自来水管	W
过热蒸汽管	SS	生产给水管	PW
二次蒸汽管	FS	生活给水管	DW
高压蒸汽管	HS	锅炉给水管	BW
中压蒸汽管	MS	省煤器回水管	ER
低压蒸汽管	LS	连续排污管	CB
凝结水管（通用）	C	定期排污管	PB
有压凝结水管	CP	冲灰水管	SL
采暖供水管（通用）	H	排水管	D
采暖回水管（通用）	HR	放气管	V
一级管网供水管	H1	冷却水管	CW
一级管网回水管	HR1	软化水管	SW
二级管网供水管	H2	除氧水管	DA
二级管网回水管	HR2	除盐水管	DM
空调用供水管	AS	盐液管	SA
空调用回水管	AR	酸液管	AP
生产热水供水管	P	碱液管	CA
生产热水回水管	PR	亚硝酸钠溶液管	SO
生活热水供水管	DS	磷酸三钠溶液管	TP
生活热水循环管	DC	燃油管	O
补水管	M	回油管	RO
循环管	CI	污油管	WO
膨胀管	E	燃气管	G
信号管	SI	压缩空气管	A
溢液管	OF	氮气管	N
取样管	SP		

（2）阀门、控制元件和执行机构的图形符号应符合表 20-6 所示的规定。阀门的图形符号与控制元件或执行机构的图形符号相组合可构成表 20-6 中未列出的其他具有控制元件或执行机构的阀门的图形符号。

表 20-6　阀门、控制元件和执行机构的图形符号

名　称	图 形 符 号	名　称	图 形 符 号
阀门（通用）		闸阀	
截止阀		蝶阀	
节流阀		柱塞阀	
球阀		平衡阀	
安全阀（通用）		浮球阀	
角阀		快速排污阀	
三通阀		疏水器	
四通阀		烟风管道手动调节阀	
止回阀（通用）		烟风管道蝶阀	
升降式止回阀		烟风管道插板阀	
旋启式止回阀		插板式煤闸门	
调节阀（通用）		插管式煤闸门	
旋塞阀		呼吸阀	

6．锅炉房图样画法

（1）流程图

① 流程图可不按比例绘制。

② 流程图应表示出设备和管道间的相对关系以及过程进行的顺序。

③ 流程图应表示全部设备及流程中有关的构筑物，并标注设备编号或设备名称。设备、构筑物等可用图形符号或简化外形表示，同类型设备图形应相似。

④ 图上应绘出管道和阀门等管路附件，标注管道代号及规格，并宜注明介质流向。

⑤ 管道与设备的接口方位宜与实际情况相符。

⑥ 绘制带控制点的流程图时，应符合自控专业的制图规定。如自控专业不单另出图时应绘出设备和管道上的就地仪表。

⑦ 管线应采用水平方向或垂直方向的单线绘出，转折处应画成直角。管线不宜交叉，当有交叉时，应使主要管线连通，次要管线断开。管线不得穿越图形。

⑧ 管线应采用粗实线绘制，设备应采用中实线绘制。

⑨ 宜在流程图上注释管道代号和图形符号，并列出设备明细表。

（2）设备、管道平面图和剖面图

① 锅炉房的平面图应分层绘制，并应在一层平面图上标注指北针。

② 有关的建筑物轮廓线及门、窗、梁、柱、平台等应按比例绘制，并应标出建筑物定位轴线、轴线间尺寸和房间名称。在剖面图中应标注梁底、屋架下弦底标高及多层建筑的楼层标高。

③ 所有设备应按比例绘制并编号，编号应与设备明细表相对应。

④ 应标注设备安装的定位尺寸及有关标高。宜标注设备基础上表面标高。

⑤ 应绘出设备的操作平台，并标注各层标高。

⑥ 应绘出各种管道，并应标注其代号及规格；应标注管道的定位尺寸和标高。

⑦ 应绘出有关的管沟和排水沟等，宜标注沟的定位尺寸和断面尺寸等。

⑧ 应绘出管道支吊架，并注明安装位置。支吊架宜编号。支吊架一览表应表示出支吊架型式和所支吊管道的规格。

⑨ 非标准设备、需要详尽表达的部位和零部件应绘制详图。

（3）鼓、引风系统管道平面图和剖面图

① 鼓、引风系统管道平面图和剖面图可单独绘制。

② 图中应按比例绘制设备简化轮廓线，并应标注定位尺寸。

③ 烟、风管道及附件应按比例逐件绘制。每件管道及附件均应编号，并与材料或零部件明细表相对应。

④ 图中应详细标注管道的长度、断面尺寸及支吊架的安装位置。

⑤ 需要详尽表达的部位和零部件应绘制详图和编制材料或零部件明细表。

（4）上煤、除渣系统平面图和剖面图

① 图中应按比例绘制输煤廊、破碎间、受煤坑等建筑轮廓线，并应标注尺寸。

② 图中应按比例绘制输煤及碎煤设备，并标注设备定位尺寸和编号。

③ 水力除渣系统灰渣沟平面图中，应绘出锅炉房、沉渣池、灰渣泵房等建筑轮廓线，并标注尺寸。应标注灰渣沟的坡度及起止点、拐弯点、变坡点、交叉点的沟底标高。

④ 水力除渣系统平面图和剖面图中应绘出冲渣水管及喷嘴等附件，应标注灰渣沟的位置、长度、断面尺寸。

⑤ 胶带输送机安装图应绘出胶带、托辊、机架、滚筒、拉紧装置、清扫器、驱动装置等部件，并应标注各部件的安装尺寸和编号，且与零部件明细表相对应。

7. 热网图样画法

（1）热网管线平面图

① 热网管线平面图应在供热区域平面图或地形图的基础上绘制。供热区域平面图或地形图应表达下列内容：

☑ 反映现状地形、地貌、海拔标高、街区等有关的建筑物或建筑红线；反映有关的地下管线及构筑物。应绘出指北针。

☑ 标注道路名称。对于地下管线应注明其名称（或代号）及规格，并标注其位置。

☑ 对于无街区、道路等参照物的区域，应标注坐标网。采用测量坐标网时，可不绘制指北针。

② 应注明管线中心与道路、建筑红线或建筑物的定位尺寸，在管线起止点、转角点等重要控制点处宜标注坐标。非 90° 转角，应标注两管线中心线之间小于 180° 的角度值。

③ 应标出管线的横剖面位置和编号。对枝状管网其剖视方向应从热源向热用户方向观看。横剖面形式相同时，可不标注横剖面位置。

④ 地上敷设时，可用管线中心线代表管线，管道较少时亦可绘出管道组示意图及其中心线；管沟敷设时，可绘出管沟的中心线及其示意轮廓线；直埋敷设时，可绘出管道组示意图及其管线中心线。不需区别敷设方式和不需表示管道组时，可用管线中心线表示管线。

⑤ 应绘制管路附件或其检查室以及管线上为检查、维修、操作所设其他设施或构筑物。地上敷设时，

应绘出各管架；地下敷设时，应标注固定墩、固定支座等支座；标注上述各部位中心线的间隔尺寸。上述各部位宜用代号加序号进行编号。

⑥ 供热区域平面图或地形图上的内容应采用细线绘制。当用管线中心线代表管线时，管线中心线应采用粗实线绘制。管沟敷设时，管沟轮廓线应采用中实线绘制。

⑦ 表示管道组时，可采用同一线型加注管道代号及规格，亦可采用不同线型加注管道规格来表示各种管道。

⑧ 宜在热网管线平面图上注释所采用的线型、代号和图形符号。

（2）热网管道系统图

① 图中应绘出热源、热用户等有关的建筑物和构筑物，并标注其名称或编号。其方位和管道走向应与热网管线平面图相对应。

② 图中应绘出各种管道，并标注管道的代号及规格。

③ 图中应绘出各种管道上的阀门、疏水装置、放水装置、放气装置、补偿器、固定管架、转角点、管道上返点、下返点和分支点，并宜标注其编号。编号应与管线平面图上的编号相对应。

④ 管道应采用单线绘制。当用不同线型代表不同管道时，所采用线型应与热网管线平面图上的线型相对应。

⑤ 将热网管道系统图的内容并入热网管线平面图时，可不用另外绘制热网管道系统图。

（3）管线纵剖面图

① 管线纵剖面图应按管线的中心线展开绘制。

管线纵剖面图应由管线纵剖面示意图、管线平面展开图和管线敷设情况表组成。这 3 部分相应部位应上下对齐。

② 绘制管线纵剖面示意图应符合下列规定：

- ☑ 距离和高程应按比例绘制，铅垂方向和水平方向应选用不同的比例，并应绘出铅垂方向的标尺。水平方向的比例应与热网管线平面图的比例一致。
- ☑ 应绘出地形、管线的纵剖面。
- ☑ 应绘出与管线交叉的其他管线、道路、铁路、沟渠等，并标注与热力管线直接相关的标高，用距离标注其位置。
- ☑ 地下水位较高时应绘出地下水位线。

③ 在管线平面展开图上应绘出管线、管路附件及管线设施或其他构筑物的示意图。在各转角点应表示出展开前管线的转角方向。非 90° 角应标注小于 180° 的角度值，如图 20-13 所示。

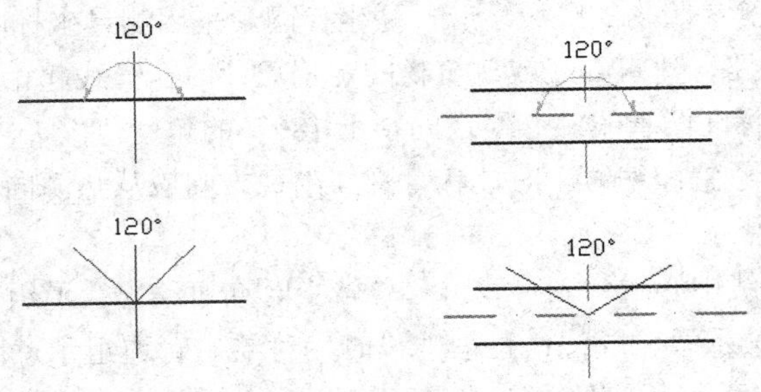

图 20-13　管线平面展开图上管线转角角度的标注

④ 管线敷设情况表应采用表 20-7 所示的形式。表头中所列栏目可根据管线敷设方式等情况编排与取舍，亦可增加有关项目。

表 20-7　管线敷设情况表

桩　　号			
编　　号			
设计地面标高（m）			
自然地面标高（m）			
管底标高（m）			
管架顶面标高（m）			
管沟内底标高（m）			
槽底标高（m）			
距离（m）			
里程（m）			
坡　度 / 距离（m）			
横剖面编号			
管道代号及规格			

⑤ 设计地面应采用细实线绘制；自然地面应采用细虚线绘制；地下水位线应采用双点划线绘制；其余图线应与热网管线平面图上采用的图线对应。

⑥ 标高的标注应符合下列规定：

☑ 在管线始端、末端、转角点等平面控制点处应标注标高。

☑ 在管线上设置有管路附件或检查室处应标注标高。

☑ 管线与道路、铁路、涵洞及其他管线的交叉处宜标注标高。

☑ 各点的标高数值应标注在表 20-7 中该点竖线的左侧，标高数值书写方向应与竖线平行。一个点的前、后标高不同时，应在该点竖线左右两侧标注。

☑ 各管段的坡度数值至少应计算到小数点后第三位，当要求计算精度更高时可计算到小数点后第五位。

（4）管线横剖面图

① 管线横剖面图的图名编号应与热网管线平面图上的编号一致。

② 图中应绘出管道和保温结构外轮廓；管沟敷设时应绘出管沟内轮廓，直埋敷设时应绘出开槽轮廓；管沟及架空敷设时应绘出管架的简化外形轮廓。

③ 图中应标注各管道中心线的间距，标注管道中心线与沟、槽、管架的相关尺寸和沟、槽、管架的轮廓尺寸。

④ 应标注管道代号、规格和支座的型号（或图号）。

⑤ 管道轮廓线应采用粗线绘制；支座简化外形轮廓线应采用中线绘制；支架和支墩的简化外形轮廓应采用细线绘制；保温结构外轮廓线及其他图线应采用细线绘制。

（5）管线节点、检查室图

① 图中应绘出检查室、保护穴等节点构筑物的内轮廓，并应绘出检查室的人孔，宜绘出爬梯和集水坑。

管沟敷设时，应绘出与检查室相连的一部分管沟。地上敷设时，有操作平台的节点应绘出操作平台或有关构筑物的外轮廓和爬梯。

② 阀门的绘制应符合本标准第 3.6 节的有关规定，并应采用简化外形轮廓的方式绘制补偿器等管路附件。

8. 图面上应标注下列内容

（1）管道代号及规格。

（2）管道中心线间距、管道与构筑物轮廓的距离。

（3）管路附件的主要外形尺寸。

（4）管路附件之间的安装尺寸。

（5）检查室的内轮廓尺寸、操作平台的主要外轮廓尺寸。

（6）标高。

9. 图面上宜标注下列内容

（1）供热介质流向。

（2）管道坡度。

（3）图中应绘出就地仪表和检测预留件。

（4）补偿器安装图应注明管道代号及规格、计算热伸长量、补偿器型号、安装尺寸及其他技术数据。有多个补偿器时可采用表格列出上述项目。

10. 热力站和中继泵站图样画法

（1）设备、管道平面图和剖面图

① 建筑物轮廓应与建筑图一致，并应标出定位轴线、房间名称，绘出门、窗、梁、柱、平台等。

② 一层平面图上应标注指北针。

③ 各种设备均应按比例绘制，并宜编号。编号应与设备明细表或设备和主要材料表相对应。

④ 设备、设备基础和管道应标注定位尺寸和标高；应标注设备、管道及管路附件的安装尺寸。

⑤ 各种管道均应标注代号及规格，并宜用箭头表示介质流向。

⑥ 管道支吊架可在平面图或剖面图上用图形符号表示。采用吊架时，应绘制吊点位置图。当支吊架类型较多时宜编号并列表说明。

⑦ 当一套图样中有管系图时，剖面图可简化。

（2）管系图

① 管系图可按轴测投影法绘制。管系图应表示管道系统中介质的流向、流经的设备以及管路附件等的连接、配置状况。设备及管路附件的相对位置应符合实际，并使管道、设备不重叠。管系图的布图方位应与平面图一致。

② 管道应采用单线绘制。

③ 管道应标注标高。

④ 各种管道均应标注代号及规格，并宜用箭头表示介质流向。

⑤ 设备和需要特指的管路附件应编号，并应与设备和主要材料表相对应。

⑥ 应绘出管道放气装置和放水装置。

⑦ 管道支吊架可在图上用图形符号表示。

⑧ 可在管系图上绘出设备和管路上的就地仪表；绘制带控制点的管系图时，应符合自控专业的制图规定。

⑨ 宜注释管道代号和图形符号。

11．连接

弯头的钢材质量，壁厚不小于管道厚。焊接弯头宜双面焊接。

12．钢管焊制三通，支管开孔补强及干管的轴向补强按图中大样进行

13．热力网管道所用的变径管应采用压制或钢板卷制。其材质不应低于管道钢材质量。壁厚不小于管道壁厚

14．附件与设施

（1）阀门：供水管道上为蜗轮传动法兰式蝶阀，回水管道为水力平衡阀。（pg=1.6MPa）

（2）伸缩器：为钢制套筒单向型。（pg=1.6MPa）

（3）井室、固定墩及局部管沟做法：见标准图集室内热力管道安装-地沟敷设-工程图集（87SR416-1和 87SR416-2）。

第21章

采暖管网室外总平面图

本章主要讲述采暖管网室外总平面图的绘制过程。首先利用所学知识绘制小区总平面图，然后绘制小区总平面图中的采暖管网布置及大样图的绘制。

通过本章学习，帮助读者掌握市政施工工程图中采暖管网工程图绘制这个重要环节的基本绘制方法和技巧。

21.1　小区热网图设计说明

【预习重点】

了解小区热网图设计说明。

任何工程设计除了设计图纸外，还有很多信息无法通过图形表达出来，所以必要的文字说明是工程设计不可或缺的组成部分。下面对小区采暖管网的设计进行简要的说明。

1．工程概况

本热网建设工程为某北方城市居民小区冬季供热管网建设工程。居民小区位于城市次中心区域，常住人口为 5000 人，面积为 38000 平方米，小区周边交通发达，道路和管网密集。

2．设计依据

（1）建设方设计委托书。

（2）《民用建筑热工设计规范》（GB 50176—1993）。

（3）《城市热力网设计规范》（CJJ 34—2010）。

（4）其他专业提供的作业图。

（5）业主对本工程的有关意见及要求。

3．设计范围

本设计范围为××××开发公司××××××锅炉房至小区各楼的室外热力管网施工图设计。

4．设计说明

（1）热源和热媒参数。

本工程热源为小区换热站。热媒参数为 95℃/70℃的采暖热水。

（2）管道敷设方式。

本工程热力管道采用直埋敷设，埋深为 1.2m。聚氨酯保温，埋深 1.2m 左右，i=0.003，

坡向如 21.3 节中绘制的小区总平面图采暖管网，由于热媒温度为 95℃/70℃水，所以不考虑做热补偿和固定支墩。

（3）管道及附件设计要求。

① 管道采用：管径大于或等于 DN150 为螺旋缝电焊钢管，管道钢材的质量及规格应符合《城市供热管道设计》规范的规定；管径小于或等于 DN150 的为热轧无缝钢管。

② 管道的连接采用焊接。管道与设备、阀门等需要拆卸的附件连接时，应采用法兰连接。

③ 管道拐弯处用热压弯头，三通采用冲压三通。

④ 弯头的钢材质量，壁厚不小于管道壁厚。焊接弯头宜双面焊接。

⑤ 热力网管道所用的变径管应采用压制或钢板卷制。其材质不应低于管道钢材质量。

（4）管道阀门的选用。

管道阀门应选用优质钢制阀门，供水管道的公称直径大于或等于 DN80 者采用蝶阀；小于 DN80 者可采

用蝶阀或截止阀，回水管道采用水力平衡阀。其允许工作温度应大于或等于 95℃，允许工作压力大于或等于 1.2MPa。泄水管、排气管管道上的阀门，可采用截止阀。

（5）管道系统的排气和泄水。

在管道系统中，每碰到管段的最低点应设置泄水管，管径 DN25，并配置相应的阀门，泄水管一般设在检查井内，泄水管出口接至积水坑处；每碰到管段的最高点应设置排气管，并配置相应的阀门，管径 DN15。

（6）小区总平面图采暖管网图中所注标高均为管底标高，平面图中尺寸及标高以 m 计，其余以 mm 计。

5．施工要求

（1）管道敷设：管道敷设按照直埋做法国标 05N5-13 执行。

（2）防腐和保温。

① 管道保温前应清除管道表面污垢、铁锈，再刷防锈底漆两遍，然后保温。管道支架除锈后再刷防锈底漆两遍，耐热醇酸面漆两遍。

② 管道的强度试验、气密性试验合格后进行保温。保温材料为岩棉，保温层厚 35mm。外保护层采用油毡、玻璃布或刷防水保护涂层（化工材料）。

（3）系统水压试验及调试。

① 管道系统的水压试验的压力为 0.9MPa。

② 管道系统做水压试验时，试验管道上的阀门应开启。试验管道与非试验管道应隔断。

③ 管道试压合格后，应进行冲洗。

④ 管道冲洗完毕应通水、加热，进行试运行和调试。当不具备加热条件时，应延期进行。

6．管道安装及施工验收应严格按照以下规定执行

（1）《工业金属管道工程施工及验收规范》（GB50235-97）。

（2）《工业设备、管道工程防腐蚀施工及验收规范》（HGJ229-91）。

（3）《工业设备、管道绝热工程施工及验收规范》（GBJ-1221-89）。

7．本工程采用部分标准图集

本工程采用的部分标准图集如图 21-1 所示。

03R411-1	室外管道安装（直埋敷设）	S147-17-3/4	检查井井盖做法
S147-17-15	检查井刚爬梯	S321-8-2/3	柔性防水套管

图 21-1　本工程部分标注图集

8．其他

（1）施工验收请按《建筑给水排水及施工质量验收规范》进行。

（2）说明未及之处请按《05 系列建筑标准设计图集》和国家有关规范执行，或《采暖与卫生施工验收规范》的有关规定执行。

21.2　小区总平面图的绘制

总平面图的作用是标明绘制的建筑对象和周围环境的相对关系，对于简单的建筑物，一般简单的总平面图就能实现这个作用，小区平面图的绘制过程相对比较简单，只要学会使用常用的 AutoCAD 命令，就能绘制出该总平面图。其特点是，建筑物很简单，周围环境也非常简单，如图 21-2 所示。

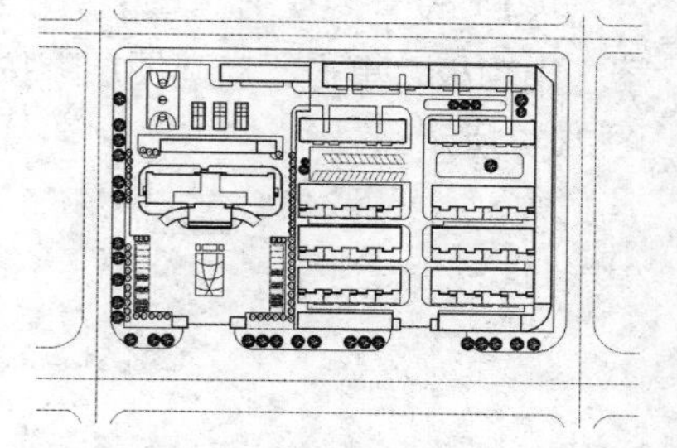

图 21-2　小区总平面图的绘制

【预习重点】

☑　了解小区总平面图绘制的准备工作。

☑　掌握小区总平面图的绘制方法。

21.2.1　设置绘图环境

绘图环境设置是绘制任何一幅建筑图形都要进行的预备工作，这里主要设置单位、设置图形边界、设置图层。有些具体设置可以在绘制过程中根据需要进行设置。

1. 设置单位

选择菜单栏中的“格式”→“单位”命令，打开“图形单位”对话框，如图 21-3 所示。设置“长度”的“类型”为“小数”，“精度”为 0；“角度”的“类型”为“十进制度数”，“精度”为 0；系统默认逆时针方向为正，拖放比例设置为“无单位”。

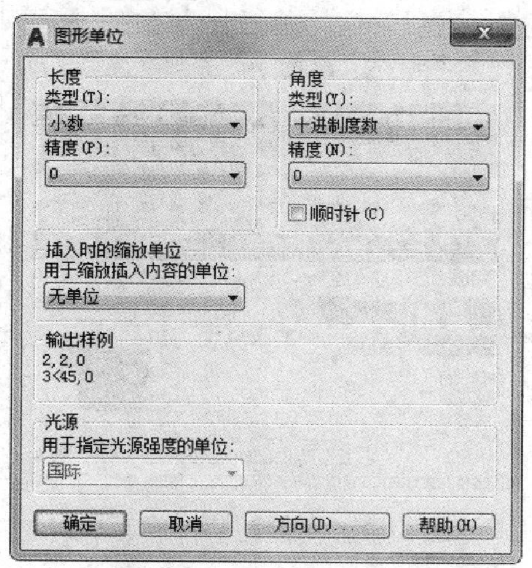

图 21-3　“图形单位”对话框

2. 设置图形边界

在命令行中输入 LIMITS 命令，命令行提示与操作如下。

命令: LIMITS↙
重新设置模型空间界限:
指定左下角点或 [开(ON)/关(OFF)] <0.0000,0.0000>: ↙
指定右上角点 <12.0000,9.0000>: 420000,297000↙

3. 设置图层

（1）设置图层名。单击“默认”选项卡“图层”面板中的“图层特性”按钮，打开“图层特性管理器”选项板，单击“新建图层”按钮，将生成一个名叫“图层 1”的图层，修改图层名称为“轴线”，如图 21-4 所示。

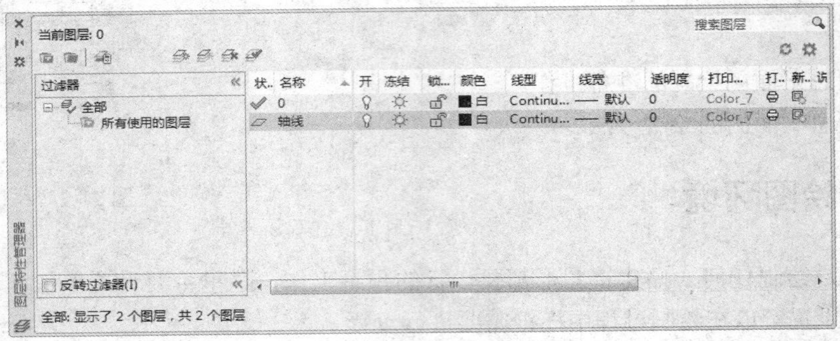

图 21-4　新建图层

（2）设置图层颜色。为了区分不同图层上的图线，增加图形不同部分的对比性，可以在“图层特性管理器”选项板中单击对应图层“颜色”标签下的颜色色块，在打开的“选择颜色”对话框中选择需要的颜色，如图 21-5 所示。

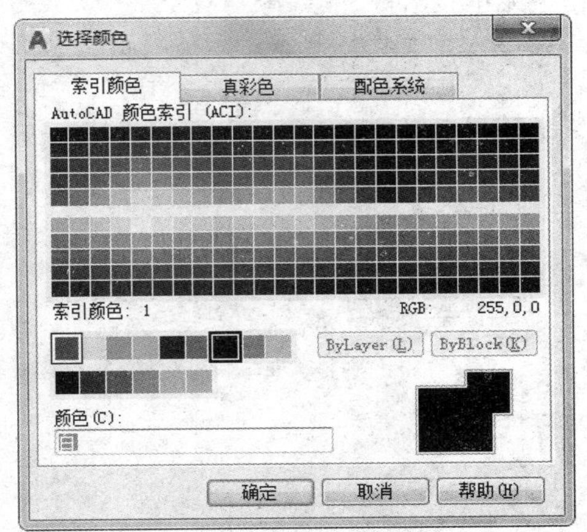

图 21-5　“选择颜色”对话框

（3）设置线型。在常用的工程图纸中通常要用到不同的线型，这是因为不同的线型表示不同的含义。在“图层特性管理器”选项板中单击“线型”标签下的线型选项，在打开的“选择线型”对话框中选择对应的线型，如图 21-6 所示。如果在“已加载的线型”列表框中没有需要的线型，可以单击“加载”按钮，打开“加载或重载线型”对话框加载线型，如图 21-7 所示。

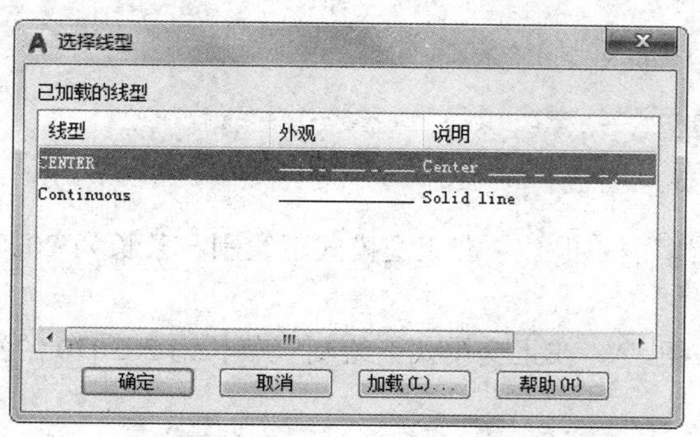

图 21-6　“选择线型”对话框

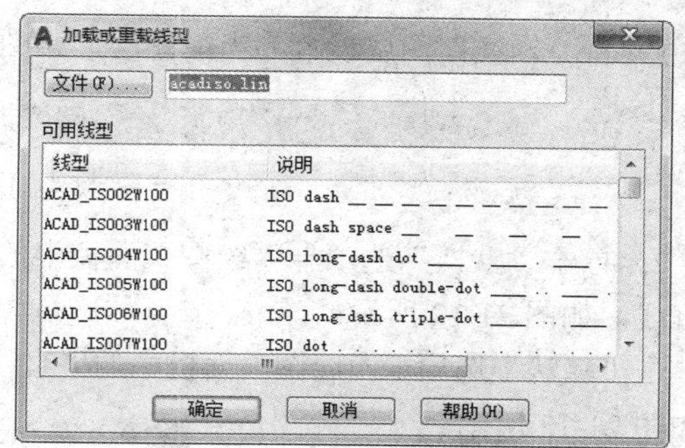

图 21-7　“加载或重载线型”对话框

（4）设置线宽。在工程图纸中，不同的线宽表示不同的含义，因此要对不同图层的线宽进行设置。单击“图层特性管理器”选项板中“线宽”标签下的选项，在打开的“线宽”对话框中选择适当的线宽，如图 21-8 所示，完成轴线的设置，结果如图 21-9 所示。

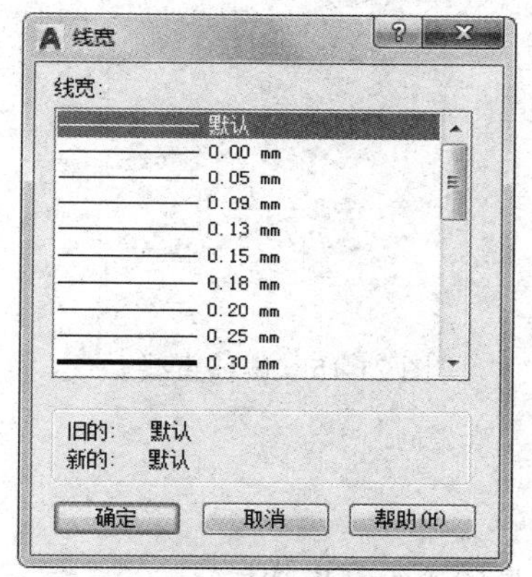

图 21-8　“线宽”对话框

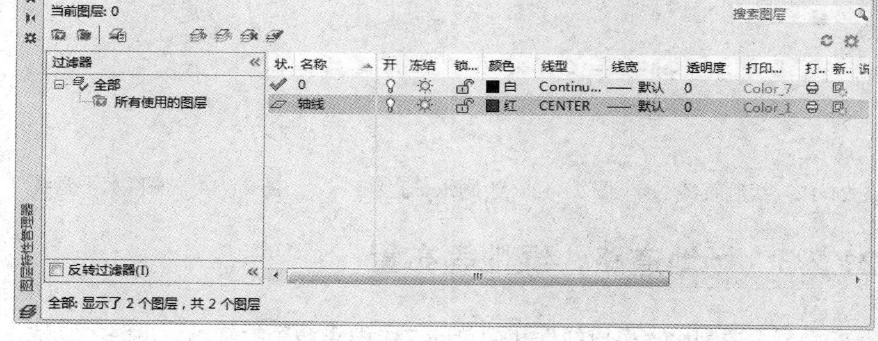

图 21-9　轴线的设置

利用上述方法完成剩余图层的绘制设置，如图 21-10 所示。

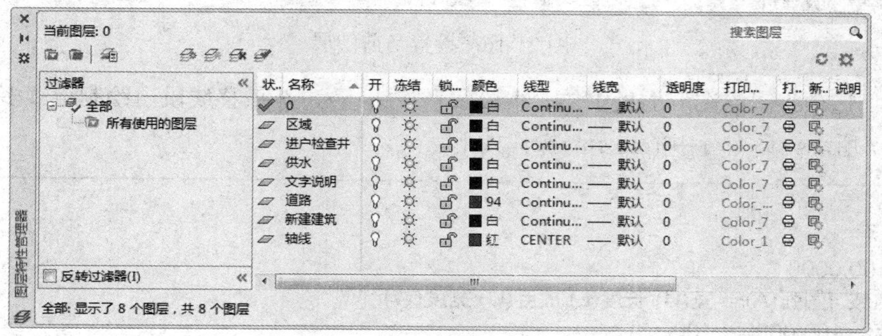

图 21-10　设置图层

21.2.2　建筑物布置

建筑物布置即为绘制建筑物外部大致轮廓，主要利用了“直线”和“偏移”命令。

（1）将“轴线”图层设置为当前图层，如图 21-11 所示。

轴线 红 CENTER —— 默认 0 Color_1

图 21-11　设置当前图层

（2）单击“默认”选项卡“绘图”面板中的“直线”按钮，在正交模式下绘制一条长为 200000 的竖直直线，如图 21-12 所示。

单击“默认”选项卡“绘图”面板中的“直线”按钮，在正交模式下绘制一条长为 282070 的水平直线，如图 21-13 所示。

（3）单击“默认”选项卡“修改”面板中的“偏移”按钮，选择绘制的水平直线为偏移对象，向下进行偏移，偏移距离为 167500，如图 21-14 所示。

（4）单击“默认”选项卡“修改”面板中的“偏移”按钮，选择竖直直线为偏移对象向右进行偏移，偏移距离为 226000，如图 21-15 所示。

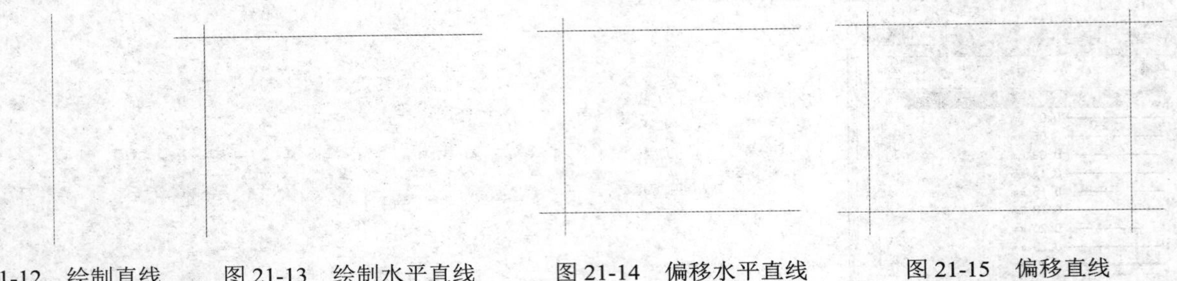

图 21-12　绘制直线　　图 21-13　绘制水平直线　　图 21-14　偏移水平直线　　图 21-15　偏移直线

21.2.3　场地道路、绿地等布置

本节主要利用“多段线”和简单的二维编辑命令绘制场地道路、绿地，具体的绘制步骤如下。

（1）将“新建建筑”图层设置为当前图层，如图 21-16 所示。

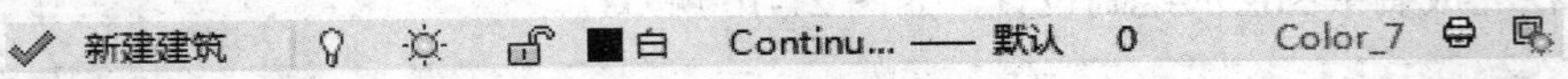

新建建筑 白 Continu... —— 默认 0 Color_7

图 21-16　设置当前图层

单击“默认”选项卡“绘图”面板中的“多段线”按钮，在偏移线段内绘制连续多段线，作为新建建筑，如图 21-17 所示。命令行中的提示与操作如下。

```
命令: PLINE
指定起点:
当前线宽为 100.0000
指定下一个点或 [圆弧(A)/半宽(H)/长度(L)/放弃(U)/宽度(W)]: W
指定起点宽度 <100.0000>: 400
指定端点宽度 <400.0000>:
指定下一个点或 [圆弧(A)/半宽(H)/长度(L)/放弃(U)/宽度(W)]: 指定起点
指定下一个点或 [圆弧(A)/半宽(H)/长度(L)/放弃(U)/宽度(W)]: 8000
指定下一点或 [圆弧(A)/闭合(C)/半宽(H)/长度(L)/放弃(U)/宽度(W)]: 41999
指定下一点或 [圆弧(A)/闭合(C)/半宽(H)/长度(L)/放弃(U)/宽度(W)]: 8000
指定下一点或 [圆弧(A)/闭合(C)/半宽(H)/长度(L)/放弃(U)/宽度(W)]: 41999
```

（2）单击“默认”选项卡“绘图”面板中的“多段线”按钮，根据步骤（1）的命令行提示，绘制剩余的新建建筑，如图 21-18 所示。

图 21-17　绘制多段线

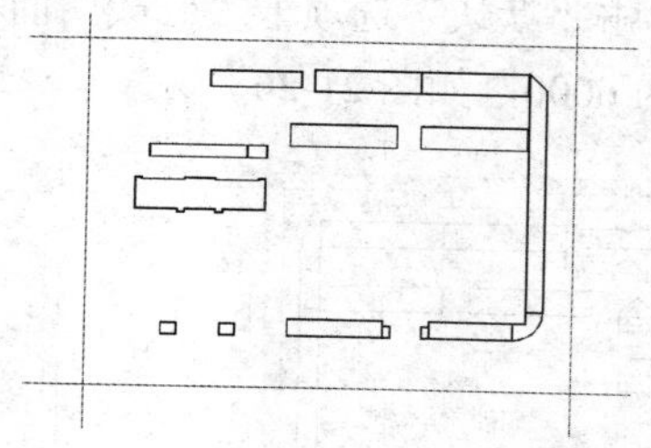

图 21-18　绘制剩余建筑物

（3）将“道路”图层设置为当前图层，如图 21-19 所示。

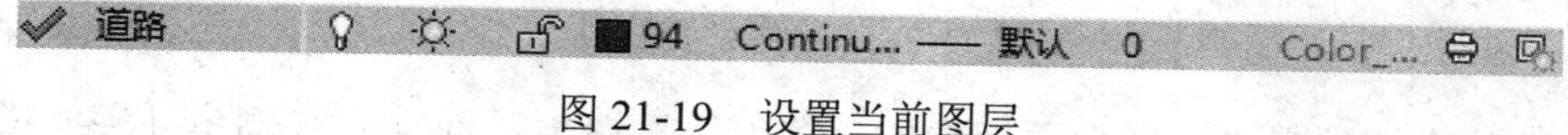

图 21-19　设置当前图层

（4）单击“默认”选项卡“修改”面板中的“偏移”按钮，选择所有外围轴线为偏移对象，分别向轴线两侧进行偏移，偏移距离均为 6500，如图 21-20 所示。

（5）重复“偏移”命令，选择底部水平轴线为偏移对象，分别向轴线两侧进行偏移，偏移距离均为 15000，如图 21-21 所示。

（6）选择偏移后线段右击，在打开的如图 21-22 所示的快捷菜单中选择“特性”命令，在打开如图 21-23 所示的“特性”选项板的“图层”下拉列表框中，把所选对象的图层改为“道路”，得到主要的道路，如图 21-24 所示。

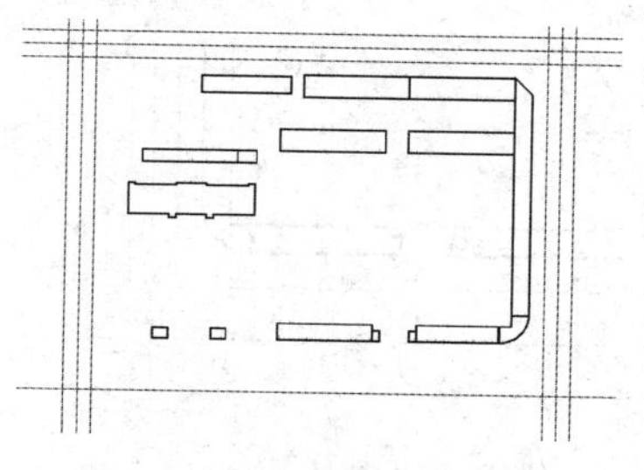

图 21-20　偏移线段 1

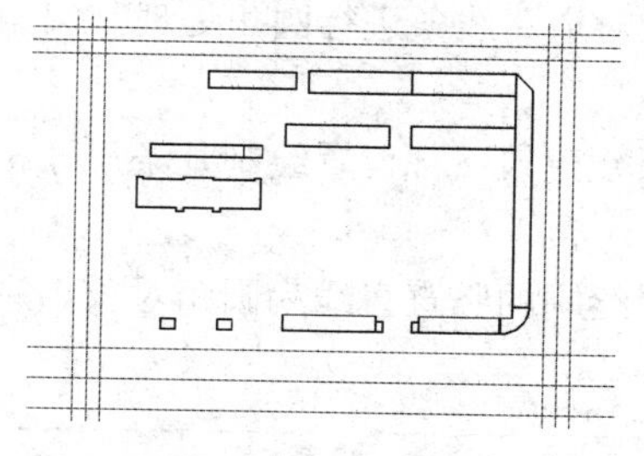

图 21-21　偏移线段 2

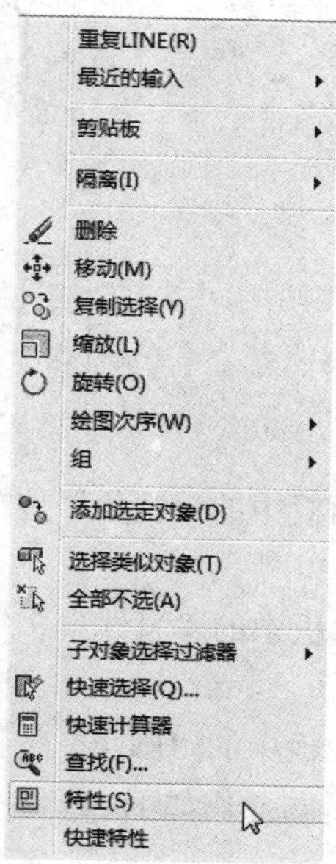

图 21-22　“特性”命令

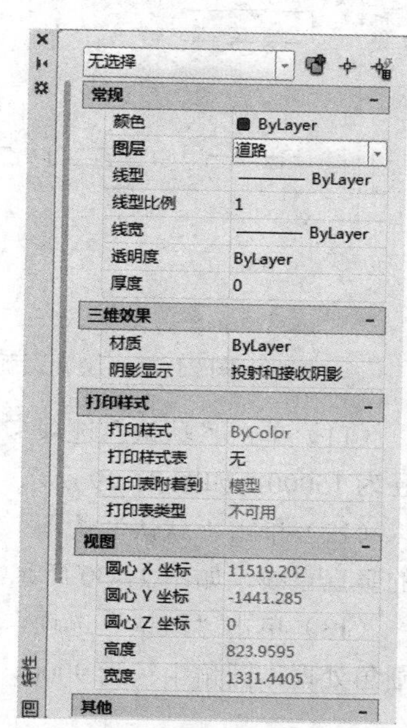

图 21-23　“特性”选项板

（7）单击“默认”选项卡“修改”面板中的“修剪”按钮，对部分道路线条进行修剪，使道路整体连贯，结果如图 21-25 所示。

（8）单击“默认”选项卡“修改”面板中的“圆角”按钮，对修剪后的道路线条进行圆角处理，圆角半径均为 6000，如图 21-26 所示。

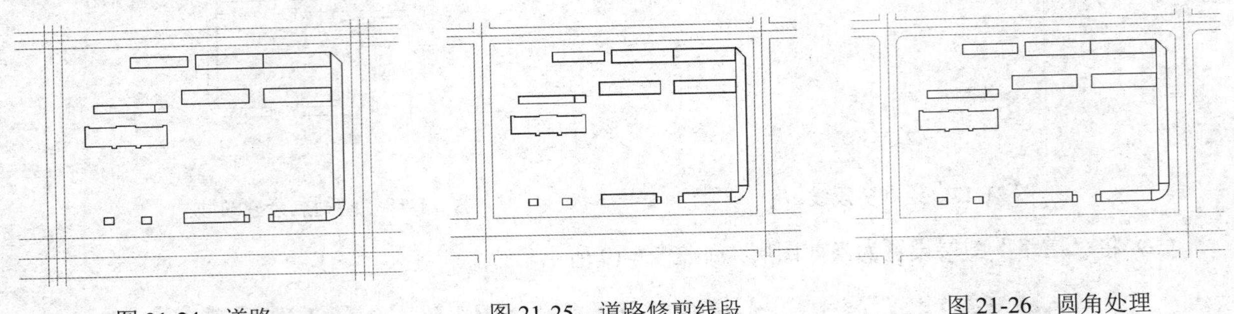

图 21-24　道路　　图 21-25　道路修剪线段　　图 21-26　圆角处理

（9）单击“默认”选项卡“绘图”面板中的“圆弧”按钮，在未进行倒角处理的道路线条的适当位置处绘制一段适当半径的圆弧，如图 21-27 所示。

（10）单击“默认”选项卡“修改”面板中的“修剪”按钮，对绘制线条处进行修剪处理，如图 21-28 所示。

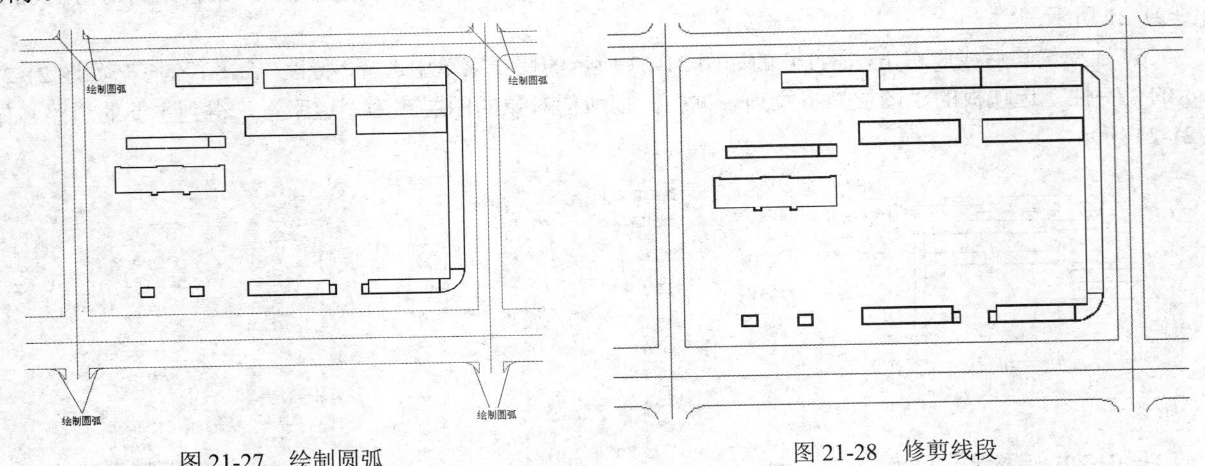

图 21-27　绘制圆弧　　图 21-28　修剪线段

（11）单击“默认”选项卡“修改”面板中的“圆角”按钮，继续对道路线条进行圆角处理，圆角半径为 15000，如图 21-29 所示。

（12）单击“默认”选项卡“绘图”面板中的“直线”按钮，在新建建筑下部位置绘制几条尺寸相等的竖直直线，如图 21-30 所示。

（13）单击“默认”选项卡“修改”面板中的“圆角”按钮，选择绘制的竖直直线为圆角对象。进行圆角处理，圆角半径为 9000，命令行提示与操作如下。

```
命令: FILLET
当前设置: 模式 = 不修剪，半径 = 0.0000
选择第一个对象或 [放弃(U)/多段线(P)/半径(R)/修剪(T)/多个(M)]: T
```

输入修剪模式选项 [修剪(T)/不修剪(N)] <不修剪>:
选择第一个对象或 [放弃(U)/多段线(P)/半径(R)/修剪(T)/多个(M)]: R
指定圆角半径 <0.0000>: 9000
选择第一个对象或 [放弃(U)/多段线(P)/半径(R)/修剪(T)/多个(M)]:
选择第一个对象或 [放弃(U)/多段线(P)/半径(R)/修剪(T)/多个(M)]:
选择第二个对象，或按住 Shift 键选择对象以应用角点或 [半径(R)]:
当前设置: 模式 = 不修剪，半径 = 3000.0000

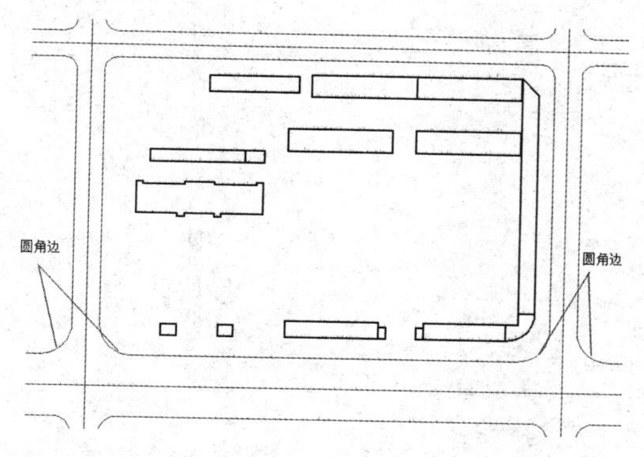

图 21-29 圆角处理

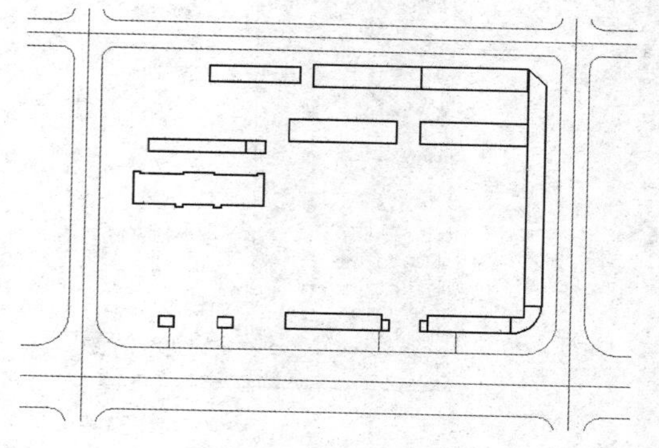

图 21-30 绘制竖直直线

结果如图 21-31 所示。

（14）单击“默认”选项卡“修改”面板中的“修剪”按钮，对步骤（13）中圆角后的图形进行修剪，如图 21-32 所示。

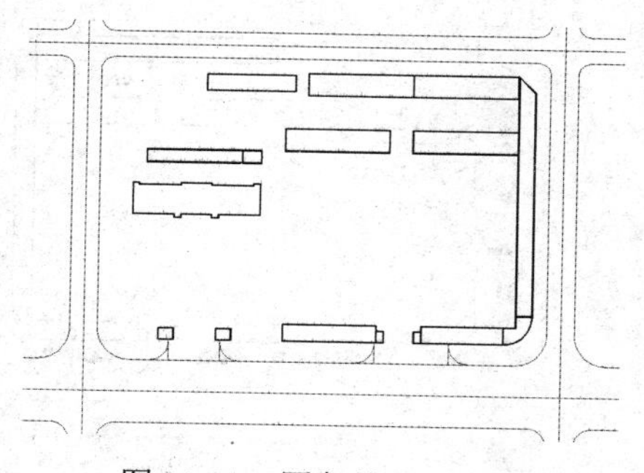

图 21-31 圆角处理

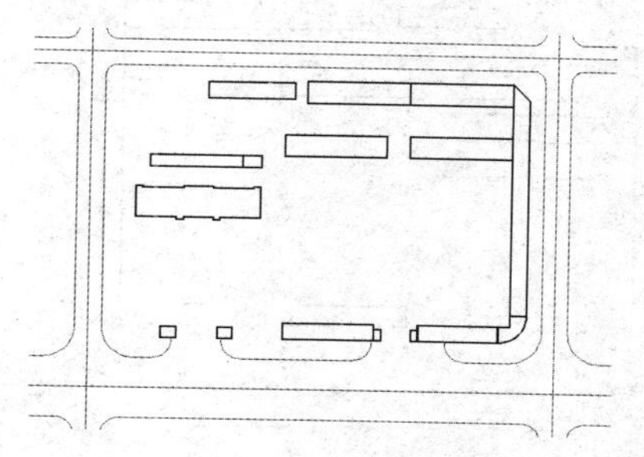

图 21-32 修剪图形

（15）单击“插入”选项卡“块”面板中的“插入”按钮，打开“插入”对话框，如图 21-33 所示。单击“浏览”按钮，打开“选择图形文件”对话框，如图 21-34 所示。

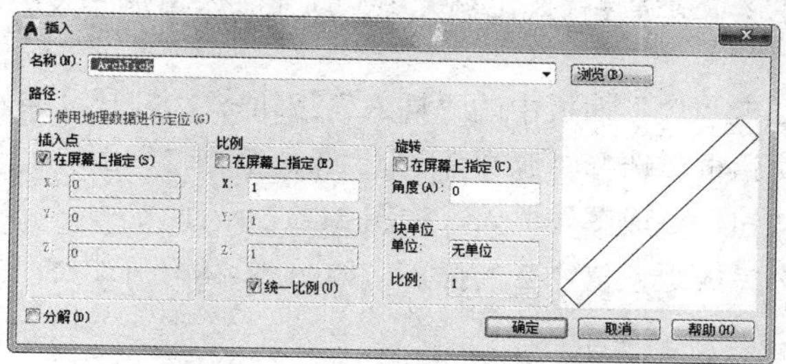

图 21-33 “插入”对话框

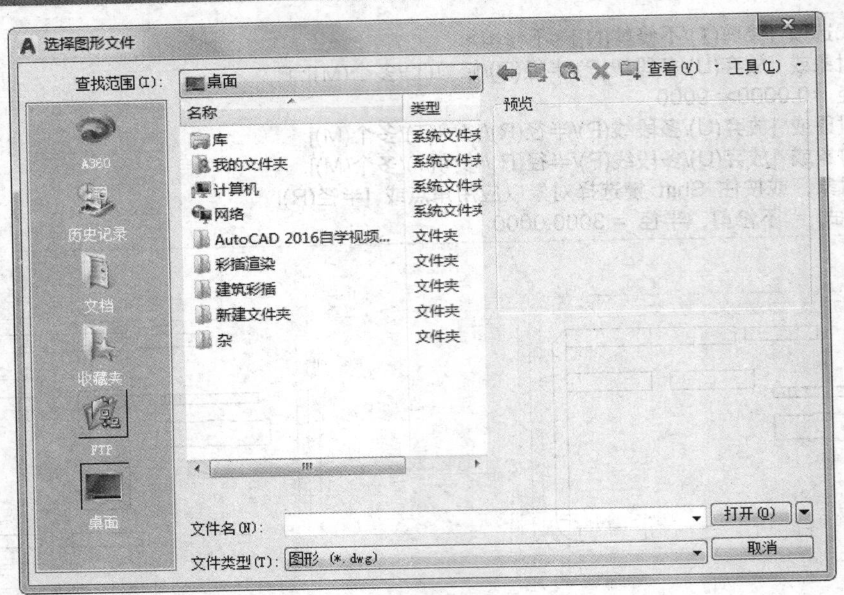

图 21-34 “选择图形文件”对话框

（16）选择“源文件\图块\绿色植物 1”图块，单击“打开”按钮，回到“插入”对话框，单击“确定”按钮，完成图块插入，如图 21-35 所示。

（17）重复“插入”命令完成相同绿色植物的插入，如图 21-36 所示。

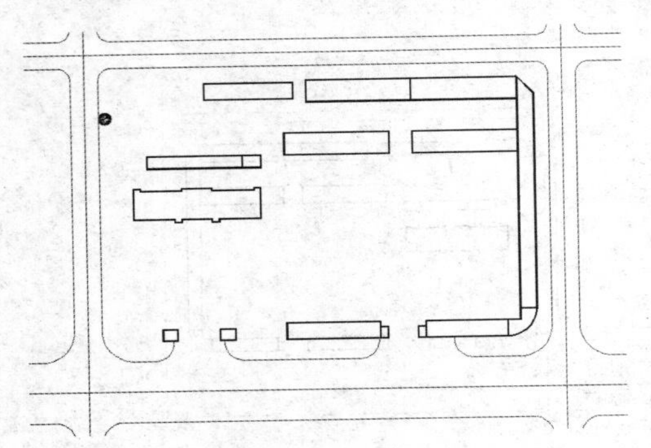

图 21-35 插入图块

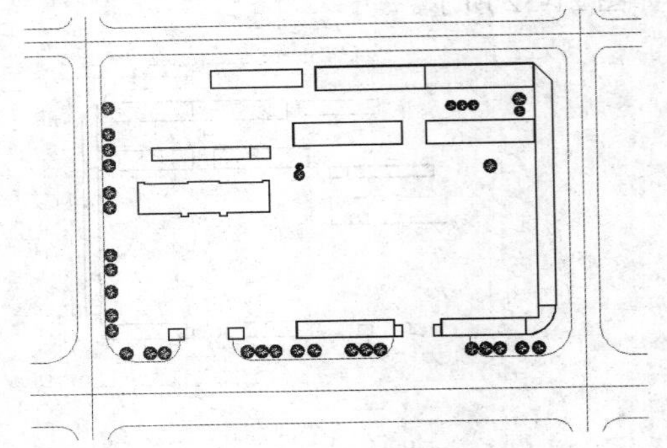

图 21-36 插入绿色植物

注意

执行插入操作时相同图形可以通过修改比例大小来改变插入图形的大小。

（18）单击“插入”选项卡“块”面板中的“插入”按钮，打开“插入”对话框，单击“浏览”按钮，打开“选择图形文件”对话框。选择“源文件\图块\绿色植物 2”图块，单击“打开”按钮，回到“插入”对话框，单击“确定”按钮，完成图块插入，如图 21-37 所示。

（19）重复“插入”命令完成绿色植物 2 的插入，如图 21-38 所示。

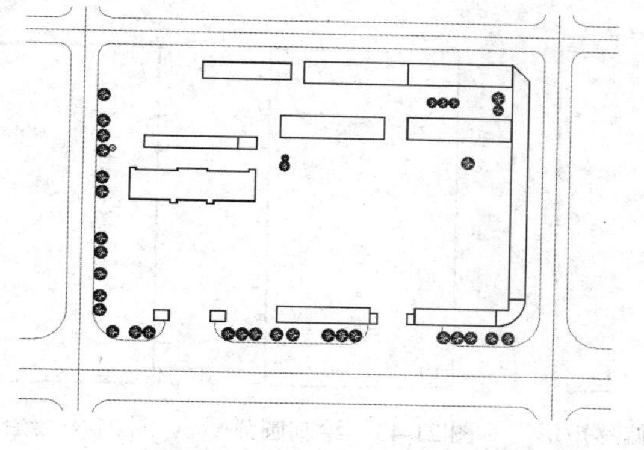

图 21-37　插入绿色植物 2

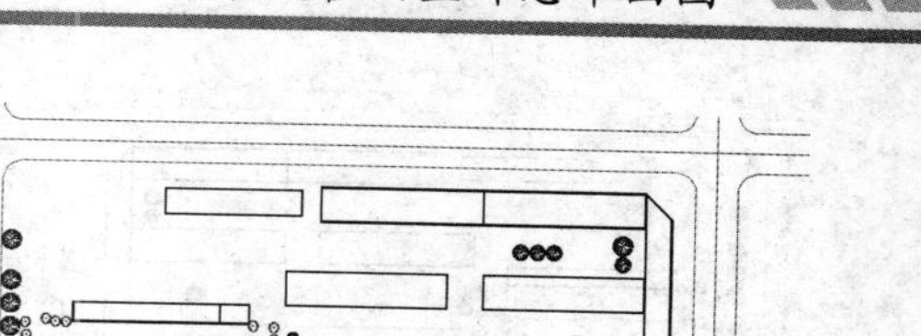

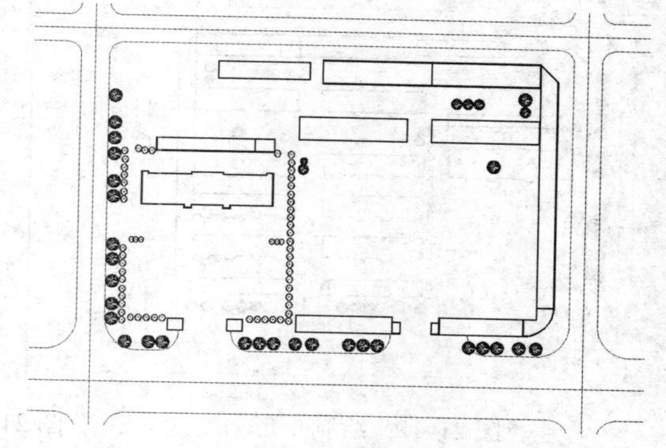

图 21-38　绿色植物 2

21.2.4　绘制挡土墙

本节主要介绍挡土墙的绘制方法和技巧，具体的绘制步骤如下。

（1）单击“默认”选项卡“绘图”面板中的“多段线”按钮，指定起点宽度为 400，端点宽度为 400，在图形适当位置处绘制连续多段线，如图 21-39 所示。

（2）单击“默认”选项卡“修改”面板中的“复制”按钮，选择绘制的连续多段线为复制对象进行多次复制，结果如图 21-40 所示。

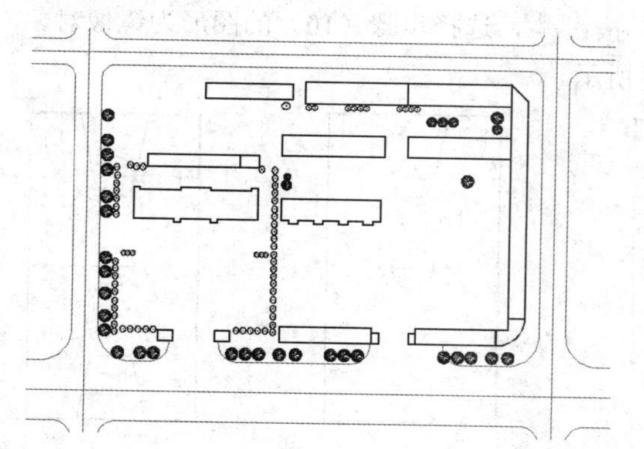

图 21-39　绘制多段线

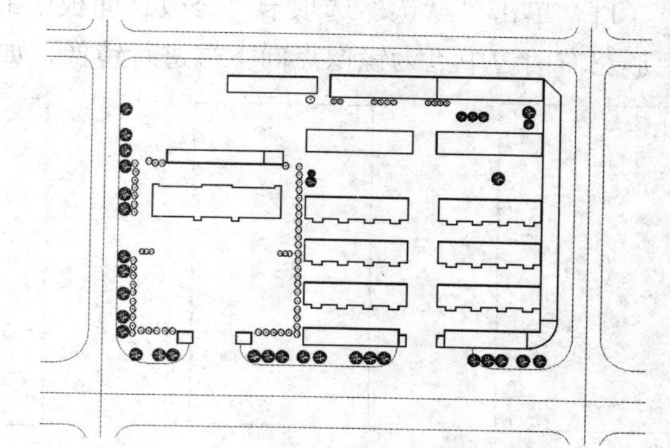

图 21-40　复制多段线

（3）单击“默认”选项卡“绘图”面板中的“矩形”按钮，在图形左上位置处任选一点为起点，绘制一个 15200× 28100 的矩形，如图 21-41 所示。

（4）单击“默认”选项卡“修改”面板中的“偏移”按钮，选择绘制的矩形为偏移对象，向内进行偏移，偏移距离为 100，如图 21-42 所示。

（5）单击“默认”选项卡“绘图”面板中的“直线”按钮和“圆弧”按钮，在偏移矩形内部绘制如图 21-43 所示的图形。

（6）单击“默认”选项卡“绘图”面板中的“圆”按钮，在绘制图形中间位置绘制一个半径为 1900 的圆，如图 21-44 所示。

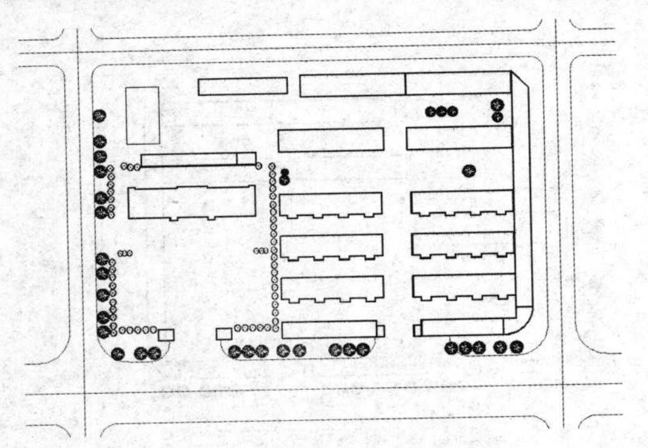

图21-41　绘制矩形

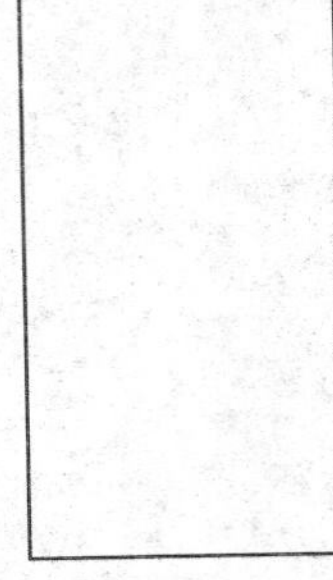

图21-42　偏移矩形

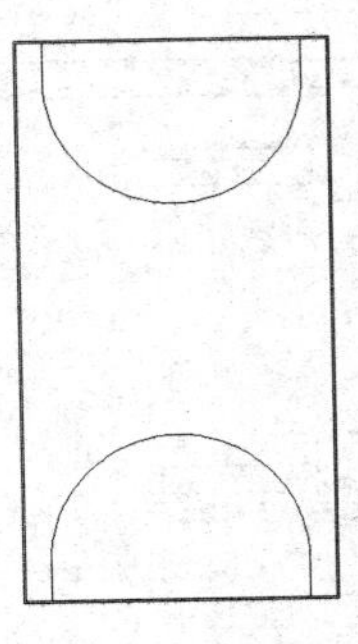

图21-43　绘制圆弧

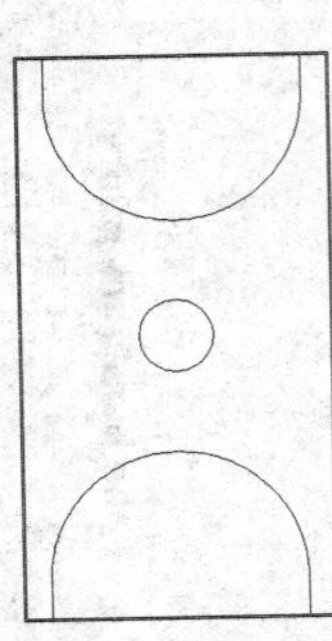

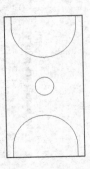

图21-4　绘制圆

（7）单击“默认”选项卡“修改”面板中的“偏移”按钮，选择绘制的圆为偏移对象，向外进行偏移，偏移距离为100，如图21-45所示。

（8）单击“默认”选项卡“绘图”面板中的“直线”按钮，在圆内过圆心绘制一条水平直线，如图21-46所示。

（9）单击“默认”选项卡“修改”面板中的“偏移”按钮，选择绘制的水平直线为偏移对象，向下进行偏移，偏移距离为100，如图21-47所示。

（10）单击“默认”选项卡“绘图”面板中的“圆”按钮和“直线”按钮，绘制如图21-48所示的图形。

（11）单击“默认”选项卡“修改”面板中的“镜像”按钮，选择步骤（10）的图形为镜像对象，以矩形左右两边中点为镜像点向下端进行镜像，如图21-49所示。

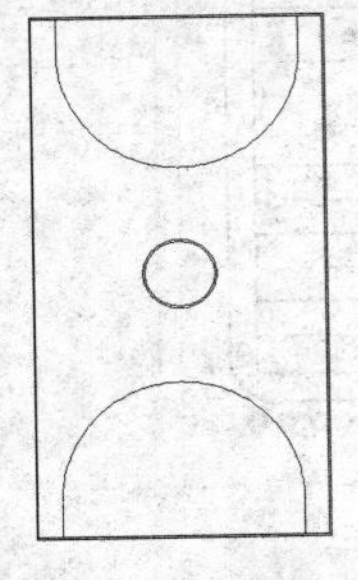

图21-45　偏移圆

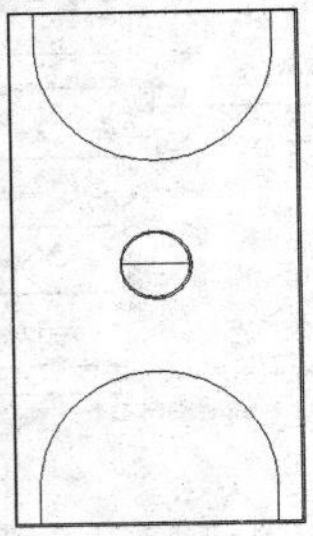

图21-46　绘制直线

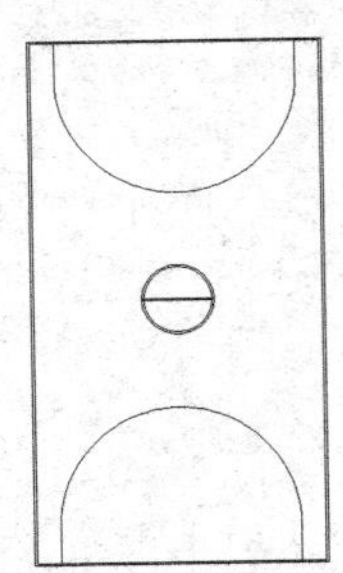

图21-47　偏移线条

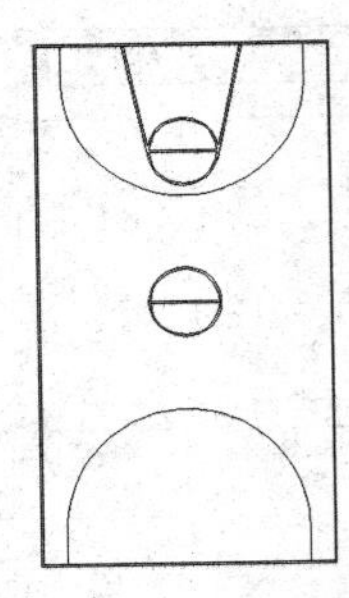

图21-48　绘制图形

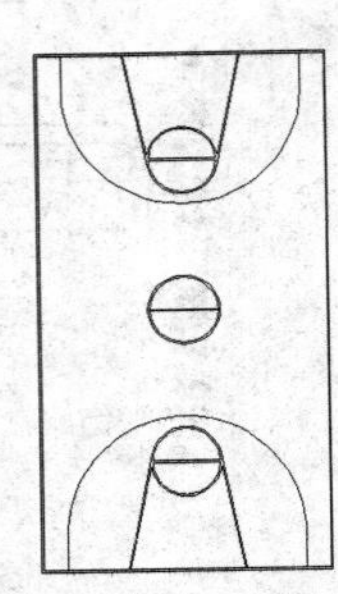

图21-49　镜像图形

（12）单击“默认”选项卡“绘图”面板中的“多段线”按钮，指定起点宽度为50，端点宽度为50，在图形右侧绘制4段直线形成一个矩形，如图21-50所示。

（13）单击“默认”选项卡“修改”面板中的“偏移”按钮，选择绘制的图形中的水平多段线为偏移对象，向下进行偏移，偏移距离分别为750、2089、1980、1980、5850，如图21-51所示。

（14）单击“默认”选项卡“绘图”面板中的“直线”按钮，以水平边中点为起点向下绘制一条竖直直线，如图21-52所示。

（15）单击“默认”选项卡“修改”面板中的“偏移”按钮，选择绘制的竖直直线分别向两侧进行偏移，偏移距离为2590，如图21-53所示。

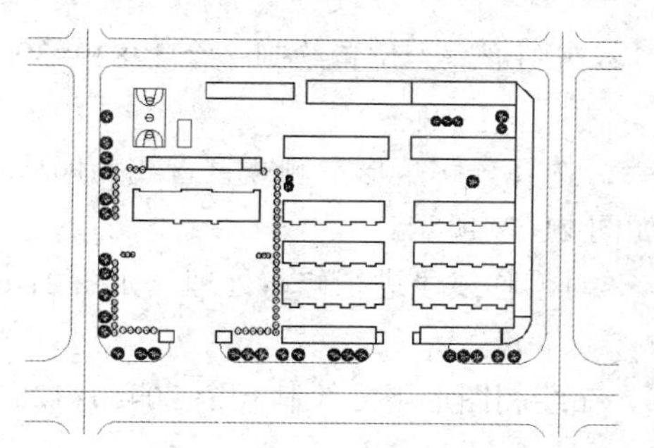
图 21-50　绘制矩形

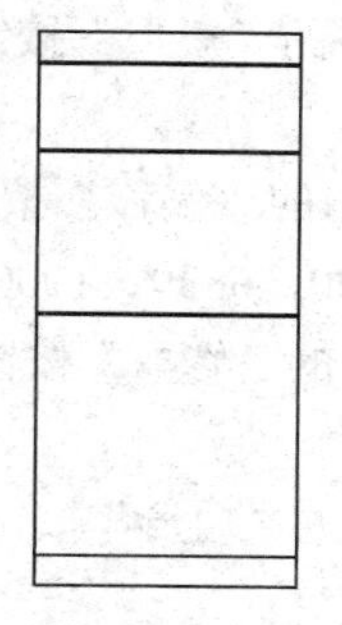
图 21-51　偏移直线

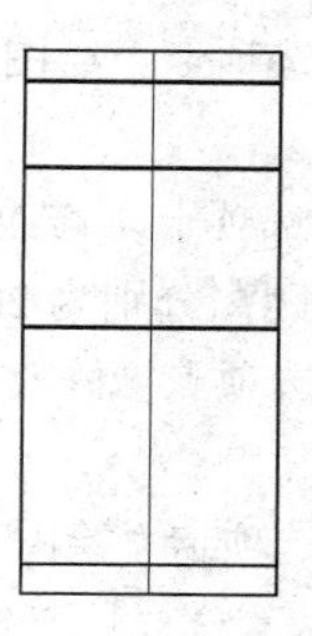
图 21-52　绘制竖直直线

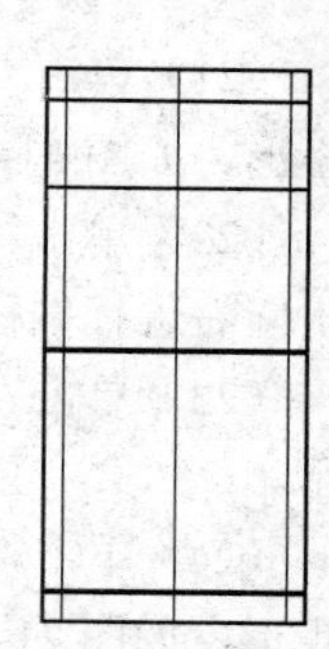
图 21-53　偏移直线

（16）单击“默认”选项卡“修改”面板中的“复制”按钮，选择绘制完成的图形为复制对象连续向右进行复制，如图 21-54 所示。

（17）单击“默认”选项卡“绘图”面板中的“矩形”按钮，在图形左下部位置绘制一个 6600×33000 的矩形，如图 21-55 所示。

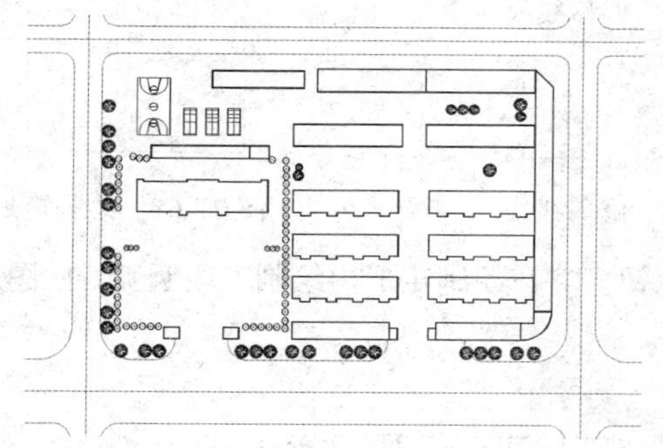
图 21-54　复制图形

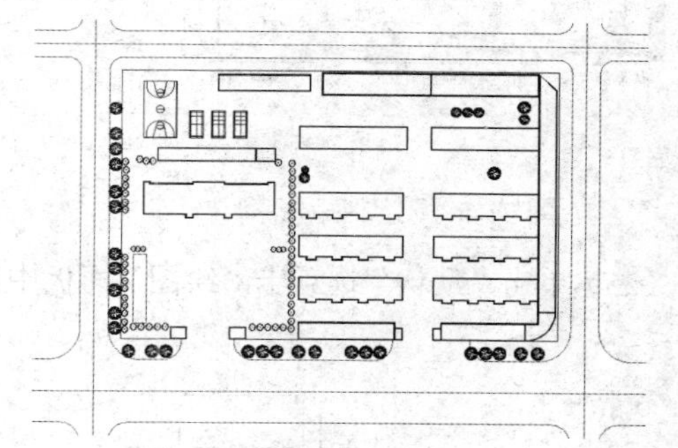
图 21-55　绘制矩形

（18）单击“默认”选项卡“修改”面板中的“分解”按钮，选择绘制矩形为分解对象，按 Enter 键确认完成分解。

（19）单击“默认”选项卡“修改”面板中的“偏移”按钮，选择分解矩形水平边为偏移对象，向下进行偏移，偏移距离为“10×3000”，如图 21-56 所示。

（20）单击“默认”选项卡“修改”面板中的“镜像”按钮，选择绘制的图形为镜像对象，向右侧进行镜像，如图 21-57 所示。

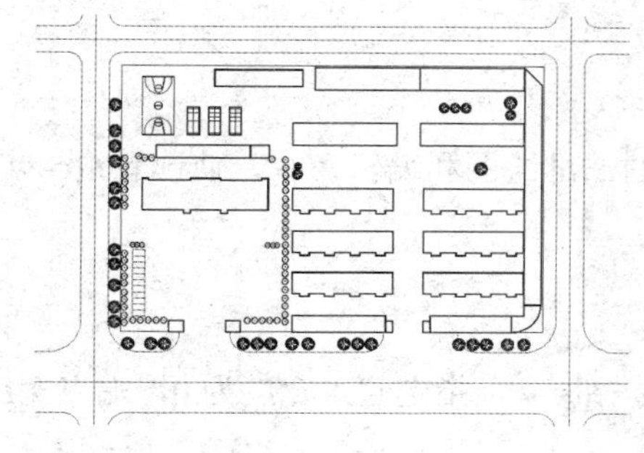
图 21-56　偏移直线

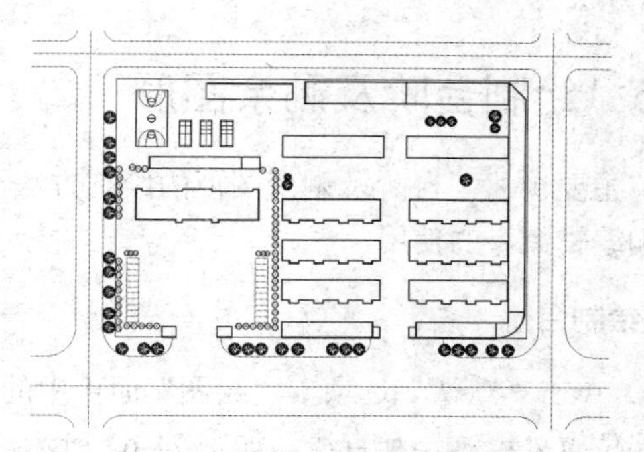
图 21-57　镜像对象

（21）单击“默认”选项卡“绘图”面板中的“矩形”按钮，在图形适当位置绘制一个 12839×3000 的矩形，如图 21-58 所示。

（22）单击“默认”选项卡“修改”面板中的“偏移”按钮，选择分解矩形左侧竖直直线为偏移对象，向右进行偏移，偏移距离分别为 2000、1000、6839、1000，如图 21-59 所示。

（23）单击“默认”选项卡“修改”面板中的“修剪”按钮，对偏移线段进行修剪处理，如图 21-60 所示。

（24）单击“默认”选项卡“绘图”面板中的“矩形”按钮，在绘制图形下方绘制一个 20454×12839 的矩形，如图 21-61 所示。

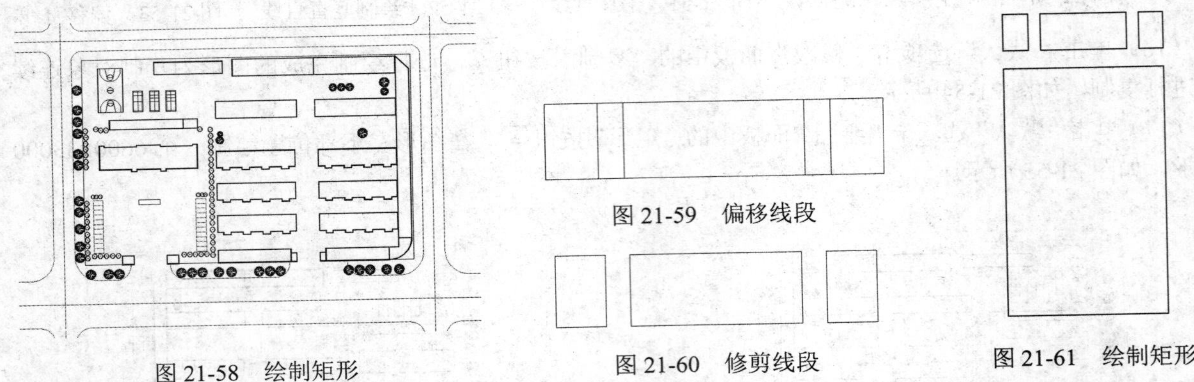

图 21-58　绘制矩形

图 21-59　偏移线段

图 21-60　修剪线段

图 21-61　绘制矩形

（25）单击“默认”选项卡“绘图”面板中的“圆弧”按钮，在绘制矩形内绘制多段圆弧，如图 21-62 所示。

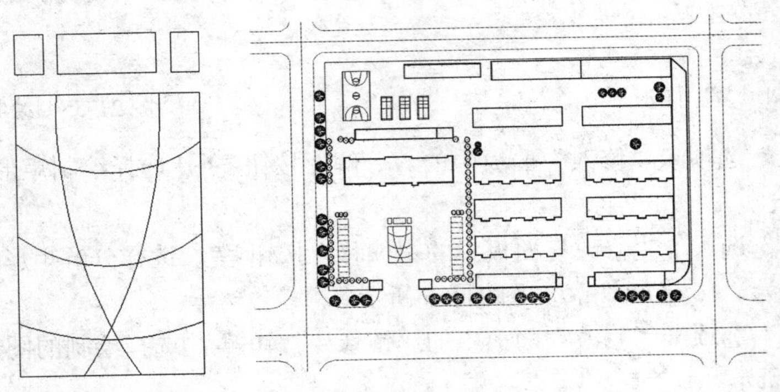

图 21-62　绘制图形

21.2.5　绘制台阶及剩余图形

本节主要讲述了台阶及剩余图形的绘制方法，利用简单的二维绘图和编辑命令，使读者进一步掌握二维绘图和编辑命令的使用。

1. 绘制台阶

（1）单击“默认”选项卡“绘图”面板中的“多段线”按钮，指定起点宽度为 0，端点宽度为 0，在挡土墙位置处绘制连续直线，如图 21-63 所示。

（2）单击“默认”选项卡“修改”面板中的“偏移”按钮，选择绘制的多段线为偏移对象，向内进行偏移，偏移距离为 240，如图 21-64 所示。

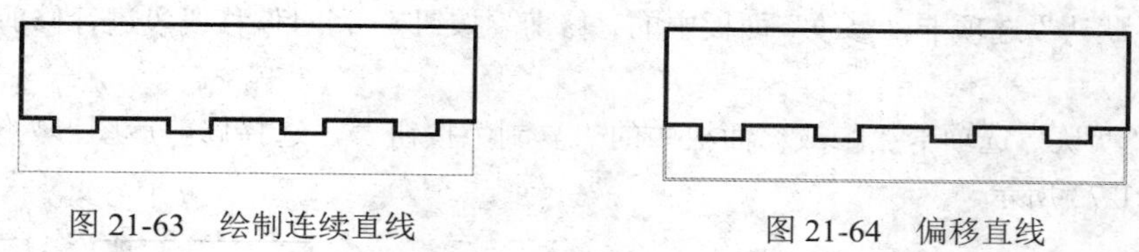

图 21-63　绘制连续直线　　图 21-64　偏移直线

（3）单击“默认”选项卡“修改”面板中的“分解”按钮，选择偏移线段为分解对象，按 Enter 键确认进行分解。

（4）单击“默认”选项卡“修改”面板中的“偏移”按钮，选择分解线段左侧竖直直线为偏移对象，向右进行偏移，偏移距离分别为 11733、240、11760、240、11760、240，如图 21-65 所示。

（5）单击“默认”选项卡“修改”面板中的“复制”按钮，选择绘制的图形为复制对象，进行连续复制，结果如图 21-66 所示。

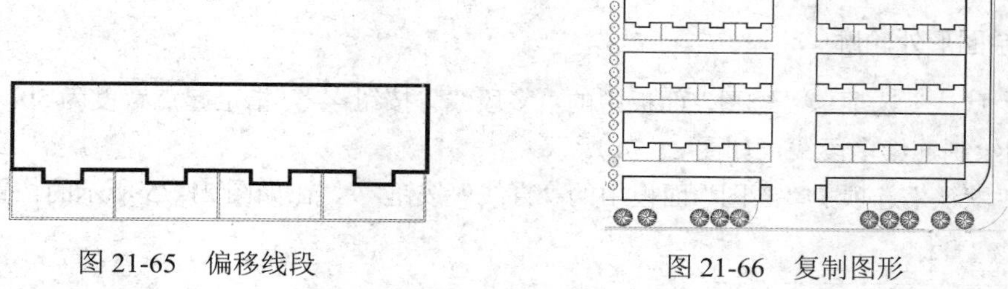

图 21-65　偏移线段　　图 21-66　复制图形

（6）单击“默认”选项卡“绘图”面板中的“直线”按钮，在图形适当位置绘制一条水平直线，如图 21-67 所示。

（7）单击“默认”选项卡“修改”面板中的“偏移”按钮，选择绘制水平直线为偏移对象，向下进行偏移，偏移距离为 120，如图 21-68 所示。

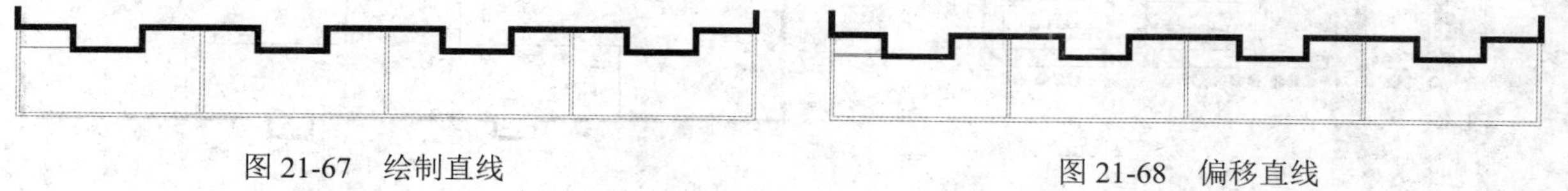

图 21-67　绘制直线　　图 21-68　偏移直线

（8）单击“默认”选项卡“绘图”面板中的“矩形”按钮，在偏移线段下端绘制一个 2800×1050 的矩形，如图 21-69 所示。

（9）单击“默认”选项卡“修改”面板中的“分解”按钮，选择绘制的矩形为分解对象，按 Enter 键确认进行分解。

（10）单击“默认”选项卡“修改”面板中的“偏移”按钮，选择分解的矩形左侧竖直直线为偏移对象，向右进行偏移，偏移距离分别为 250、2300、250，如图 21-70 所示。

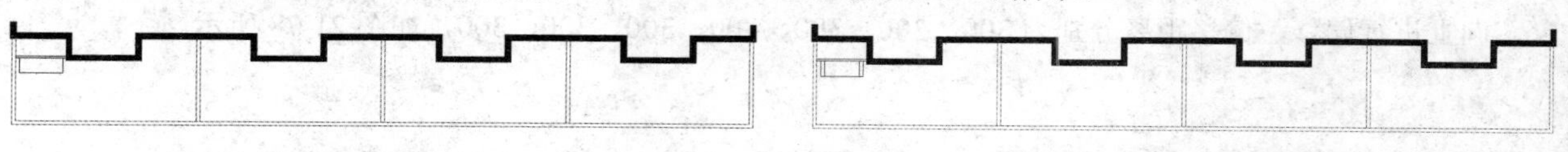

图 21-69　绘制矩形　　图 21-70　偏移直线

（11）单击“默认”选项卡“修改”面板中的“偏移”按钮，选择分解矩形下方水平边为偏移对象，向上连续偏移，偏移距离分别为200、150、350、350，如图21-71所示。

（12）单击“默认”选项卡“修改”面板中的“修剪”按钮，对偏移线段进行修剪处理，如图21-72所示。

（13）单击“默认”选项卡“修改”面板中的“复制”按钮，选择修剪后图形为复制对象进行连续复制，结果如图21-73所示。

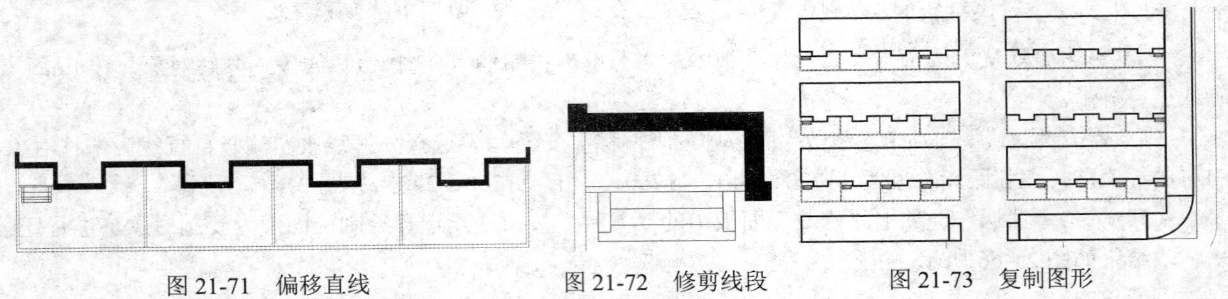

图21-71　偏移直线　　图21-72　修剪线段　　图21-73　复制图形

2. 绘制剩余图形外轮廓

（1）单击“默认”选项卡“绘图”面板中的“多段线”按钮，指定起点宽度为50，端点宽度为50，在新建建筑外围绘制连续多段线，如图21-74所示。

（2）单击“默认”选项卡“绘图”面板中的“直线”按钮，在如图21-75所示的位置绘制连续直线。

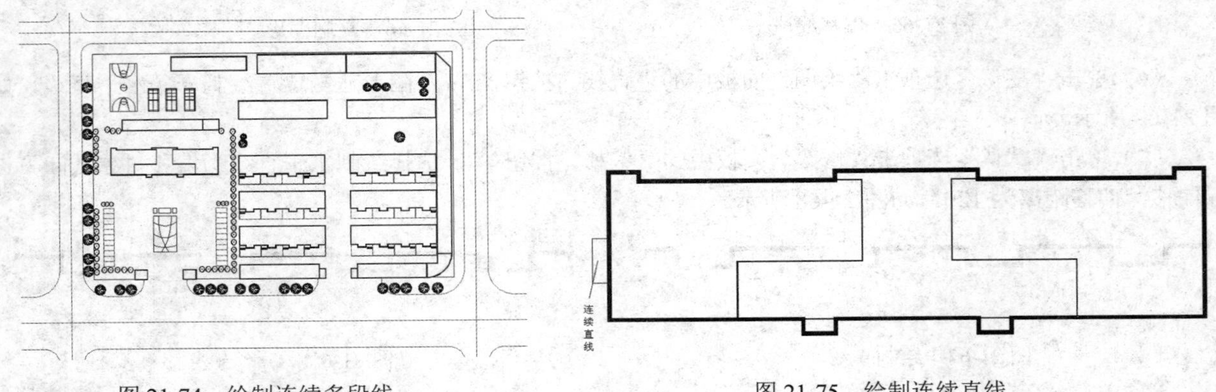

图21-74　绘制连续多段线　　图21-75　绘制连续直线

（3）单击“默认”选项卡“修改”面板中的“偏移”按钮，选择绘制的连续直线的上边水平边和左侧竖直边为偏移对象，分别向内进行偏移，偏移距离为100，如图21-76所示。

（4）单击“默认”选项卡“修改”面板中的“修剪”按钮，对偏移线段进行修剪处理，如图21-77所示。

（5）单击“默认”选项卡“修改”面板中的“偏移”按钮，选择连续直线中的底部水平边为偏移对象，向上进行偏移，偏移距离分别为300、300、300、300、300、300、300，如图21-78所示。

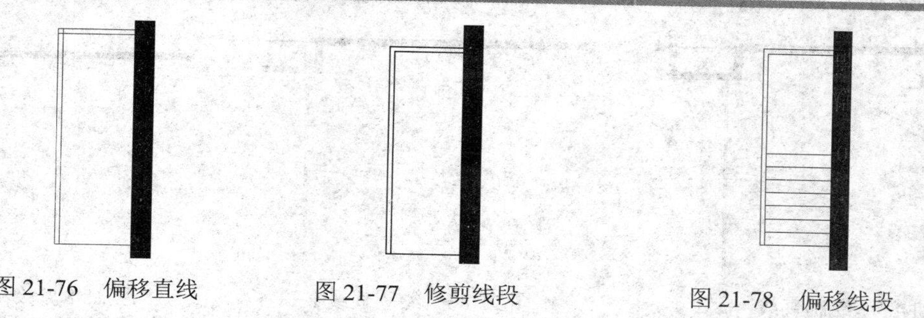

图 21-76　偏移直线　　图 21-77　修剪线段　　图 21-78　偏移线段

（6）单击“默认”选项卡“修改”面板中的“镜像”按钮，选择绘制图形为镜像图形，向右侧进行镜像，如图 21-79 所示。

（7）单击“默认”选项卡“绘图”面板中的“圆弧”按钮，在图形下部适当位置绘制一段圆弧，如图 21-80 所示。

（8）单击“默认”选项卡“修改”面板中的“偏移”按钮，选择绘制的圆弧为偏移对象向下进行偏移，偏移距离为 300，如图 21-81 所示。

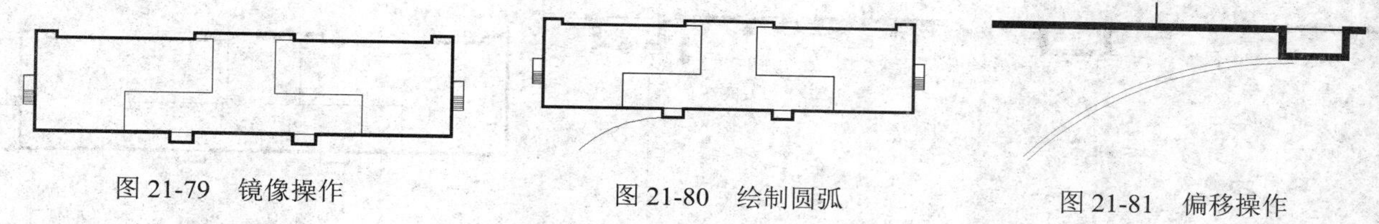

图 21-79　镜像操作　　图 21-80　绘制圆弧　　图 21-81　偏移操作

利用上述方法完成下面两个圆弧的绘制，如图 21-82 所示。

（9）单击“默认”选项卡“绘图”面板中的“直线”按钮，在图形适当位置绘制一条竖直直线，如图 21-83 所示。

（10）单击“默认”选项卡“修改”面板中的“偏移”按钮，选择绘制竖直直线为偏移对象，向右进行偏移，偏移距离为 120，如图 21-84 所示。

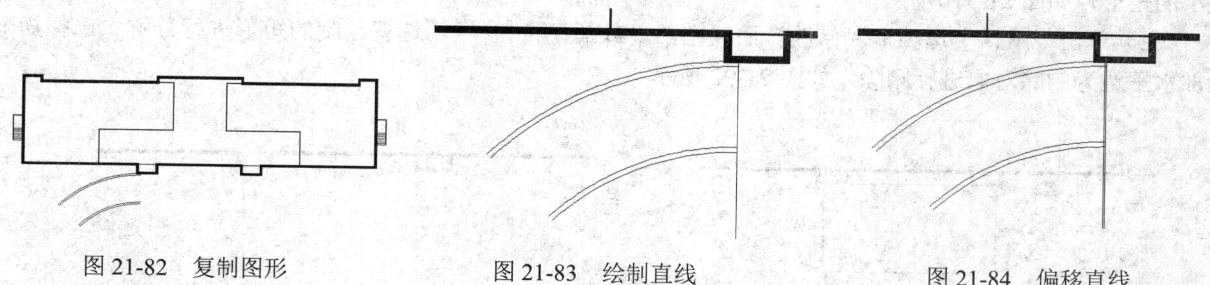

图 21-82　复制图形　　图 21-83　绘制直线　　图 21-84　偏移直线

（11）单击“默认”选项卡“绘图”面板中的“直线”按钮，封闭绘制圆弧的端口，如图 21-85 所示。

（12）单击“默认”选项卡“绘图”面板中的“直线”按钮，在图形适当位置绘制一条斜向直线，如图 21-86 所示。

（13）单击“默认”选项卡“绘图”面板中的“圆弧”按钮，在如图 21-87 所示的位置绘制一段圆弧。

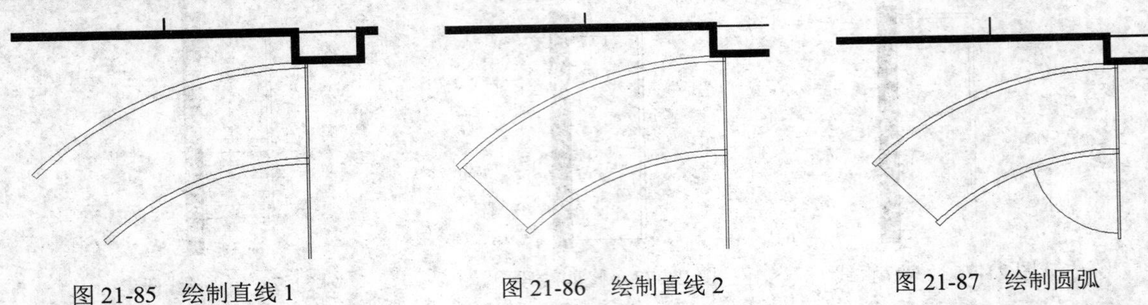

图 21-85 绘制直线 1　　图 21-86 绘制直线 2　　图 21-87 绘制圆弧

（14）单击“默认”选项卡“修改”面板中的“偏移”按钮，选择绘制圆弧为偏移对象向外进行偏移，偏移距离为 120，如图 21-88 所示。

（15）单击“默认”选项卡“修改”面板中的“修剪”按钮，对偏移图形进行修剪处理，如图 21-89 所示。

（16）单击“默认”选项卡“修改”面板中的“镜像”按钮，选择修剪后图形为镜像对象，对其进行镜像，如图 21-90 所示。

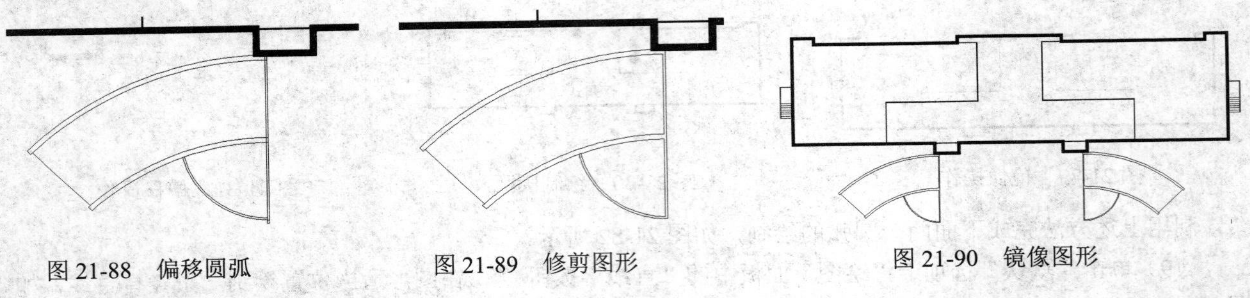

图 21-88 偏移圆弧　　图 21-89 修剪图形　　图 21-90 镜像图形

3．绘制剩余图形内部细节

（1）单击“默认”选项卡“绘图”面板中的“矩形”按钮，在两个镜像图形中间位置绘制一个适当大小的矩形，如图 21-91 所示。

（2）单击“默认”选项卡“修改”面板中的“分解”按钮，选择绘制的矩形进行分解。选择矩形顶部水平边为删除对象进行删除，如图 21-92 所示。

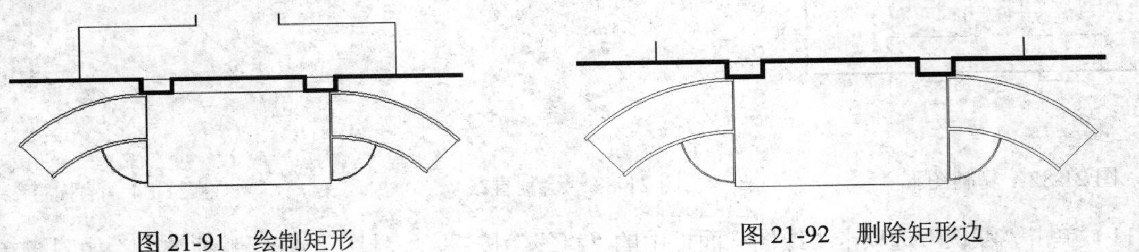

图 21-91 绘制矩形　　图 21-92 删除矩形边

（3）单击“默认”选项卡“修改”面板中的“偏移”按钮，选择底部水平边为偏移对象向上进行偏移，偏移距离分别为 350、350、350、350、1200、350、350，如图 21-93 所示。

（4）单击“默认”选项卡“绘图”面板中的“矩形”按钮，在图形适当位置绘制一个 6000×2600 的矩形，如图 21-94 所示。

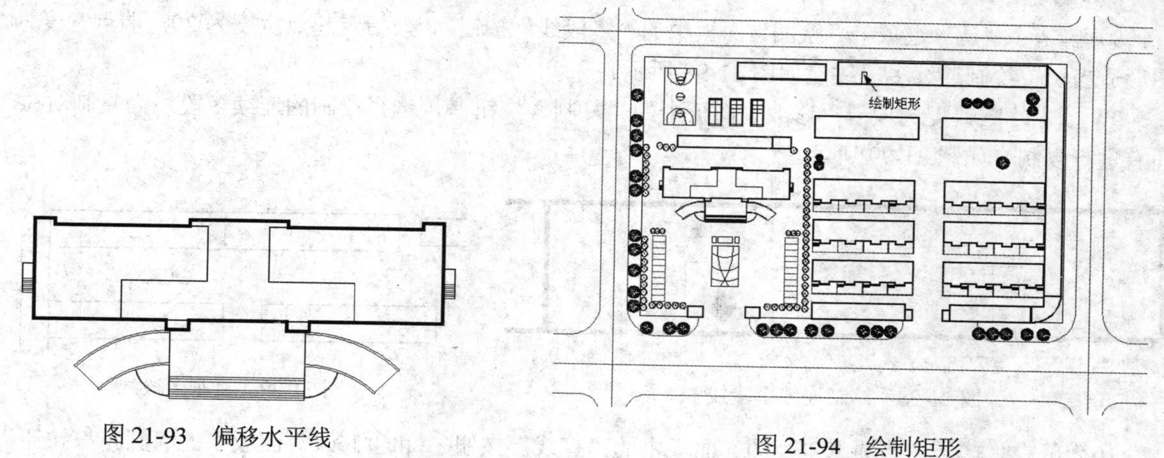

图 21-93　偏移水平线

图 21-94　绘制矩形

（5）单击“默认”选项卡“修改”面板中的“复制”按钮，选择绘制的矩形为复制对象，向右进行连续复制，如图 21-95 所示。

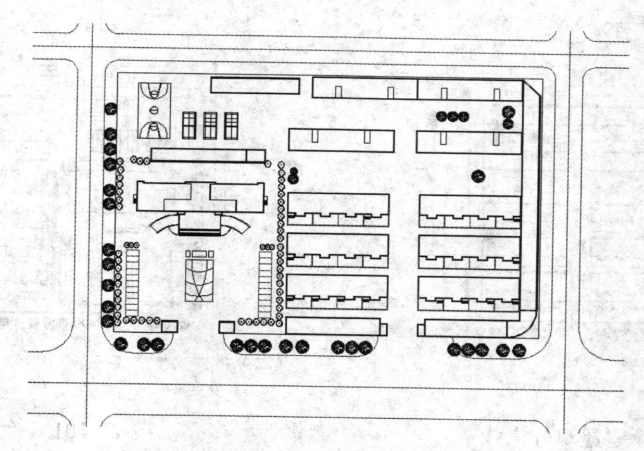

图 21-95　复制矩形

（6）单击“默认”选项卡“绘图”面板中的“直线”按钮，在图形适当位置绘制连续直线，如图 21-96 所示。

（7）单击“默认”选项卡“修改”面板中的“复制”按钮，选择绘制的连续直线为复制对象，向右进行复制，如图 21-97 所示。

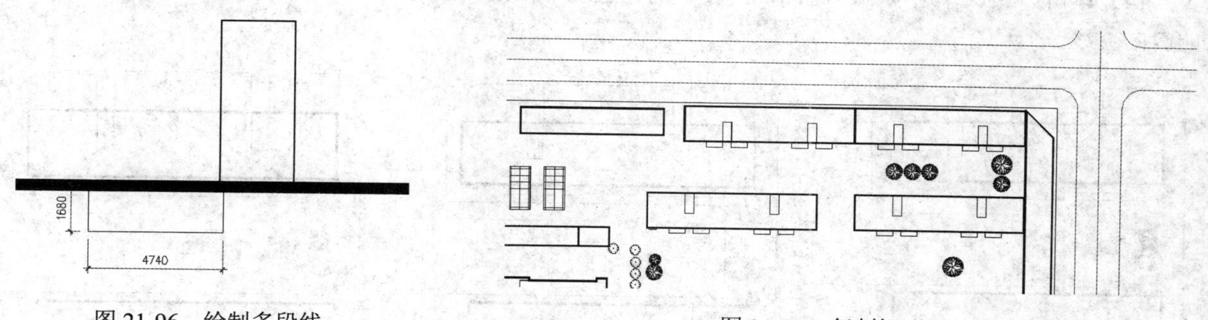

图 21-96　绘制多段线

图 21-97　复制矩形

（8）单击“默认”选项卡“绘图”面板中的“多段线”按钮，指定起点宽度为 20，端点宽度为 20，在图形适当位置绘制连续多段线，如图 21-98 所示。

（9）单击“默认”选项卡“修改”面板中的“复制”按钮，选择绘制的连续多段线为复制对象，连续向右进行复制，如图 21-99 所示。

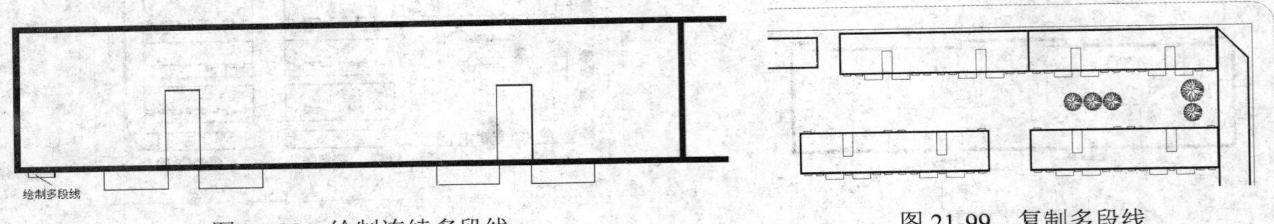

图 21-98　绘制连续多段线

图 21-99　复制多段线

（10）单击“默认”选项卡“绘图”面板中的“直线”按钮和“修改”面板中的“圆角”按钮，绘制图形内的部分新建建筑外围线，如图 21-100 所示。

（11）单击“默认”选项卡“绘图”面板中的“直线”按钮，在图形适当位置绘制一条长为 36000 的水平直线，如图 21-101 所示。

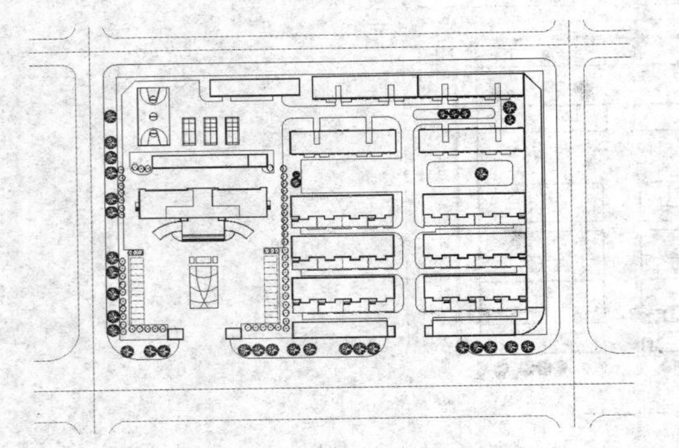

图 21-100　绘制新建建筑外围线

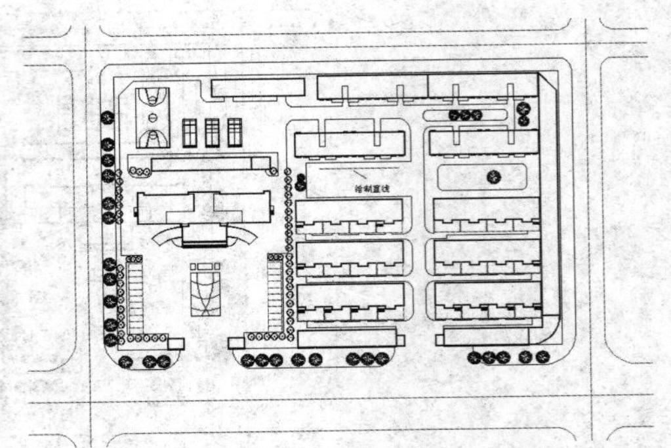

图 21-101　绘制水平直线

（12）单击“默认”选项卡“绘图”面板中的“直线”按钮，以绘制的水平直线左端点为起点绘制一条角度为 60° 的斜向直线，如图 21-102 所示。

（13）单击“默认”选项卡“修改”面板中的“复制”按钮，选择绘制的斜向直线为复制对象，向右进行复制，如图 21-103 所示。

（14）单击“默认”选项卡“绘图”面板中的“直线”按钮，绘制一条水平直线连接如图 21-104 所示的斜向直线。

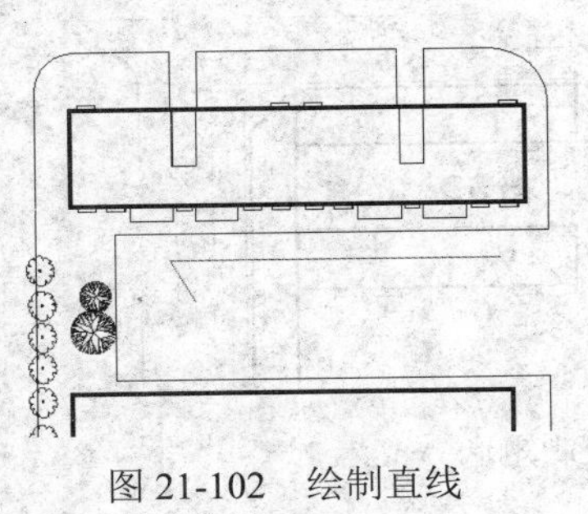

图 21-102　绘制直线

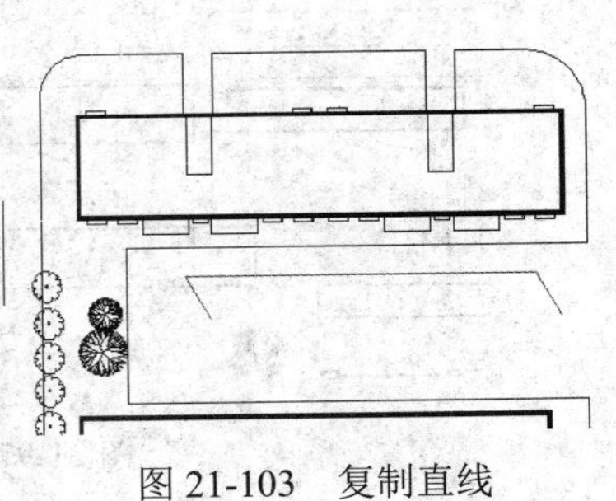

图 21-103　复制直线

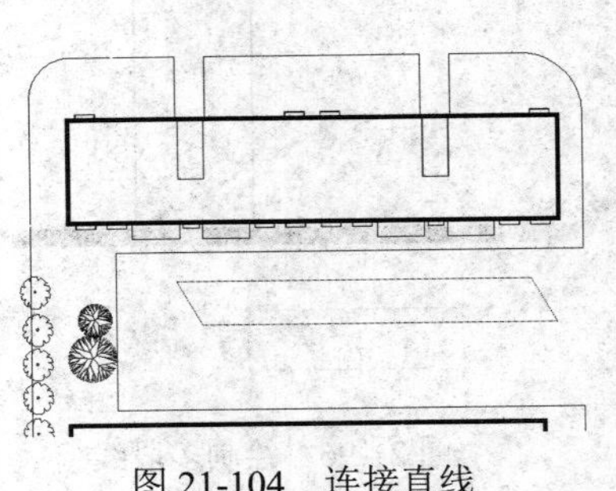

图 21-104　连接直线

（15）在命令行中输入 DIV 命令，将绘制的两条水平线进行 11 等分。命令行提示与操作如下。

```
命令: DIV
选择要定数等分的对象:
输入线段数目或 [块(B)]: 11
```

（16）单击“默认”选项卡“绘图”面板中的“直线”按钮，连接等分点，如图 21-105 所示。

（17）利用上述方法完成下方相同图形的绘制，如图 21-106 所示。

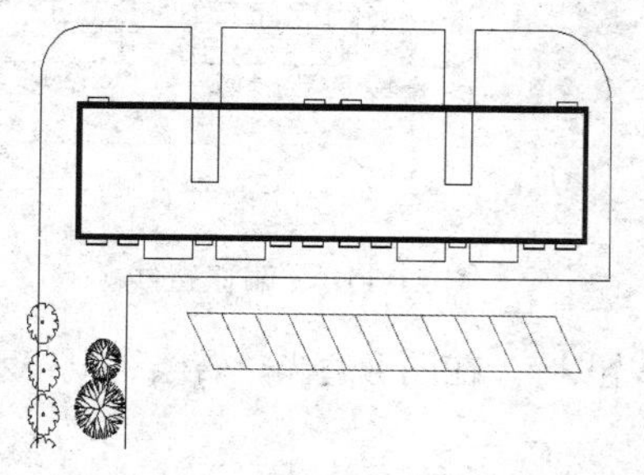

图 21-105　连接等分点

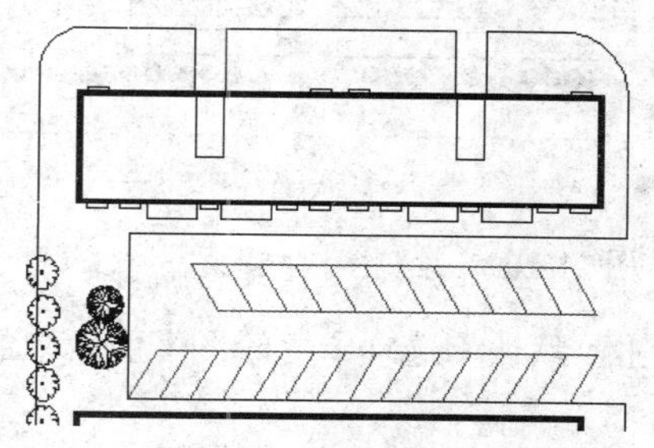

图 21-106　绘制直线

（18）单击“插入”选项卡“块”面板中的“插入”按钮，打开“插入”对话框，单击“浏览”按钮，打开“选择图形文件”对话框。选择“源文件\图块\汽车”图块，单击“打开”按钮，回到“插入”对话框，单击“确定”按钮，完成图块插入，如图 21-107 所示。

（19）重复“插入块”命令，完成剩余汽车图形的插入，如图 21-108 所示。

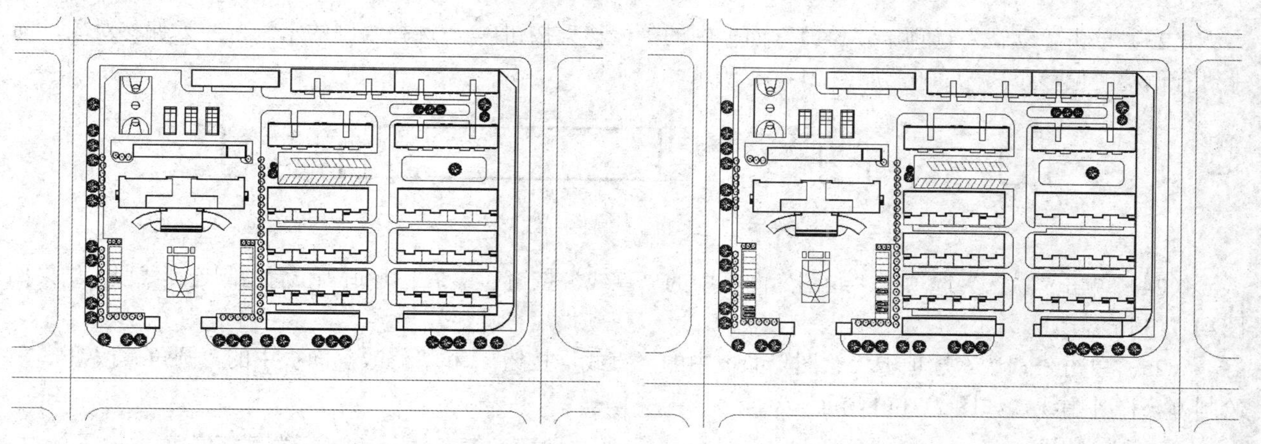

图 21-107　插入汽车 1　　　　图 21-108　插入汽车 2

（20）单击“默认”选项卡“绘图”面板中的“多段线”按钮，在图形适当位置绘制连续多段线，如图 21-109 所示。

（21）单击“默认”选项卡“修改”面板中的“偏移”按钮，选择绘制的连续多段线为偏移对象向左进行偏移，偏移距离为 300，如图 21-110 所示。

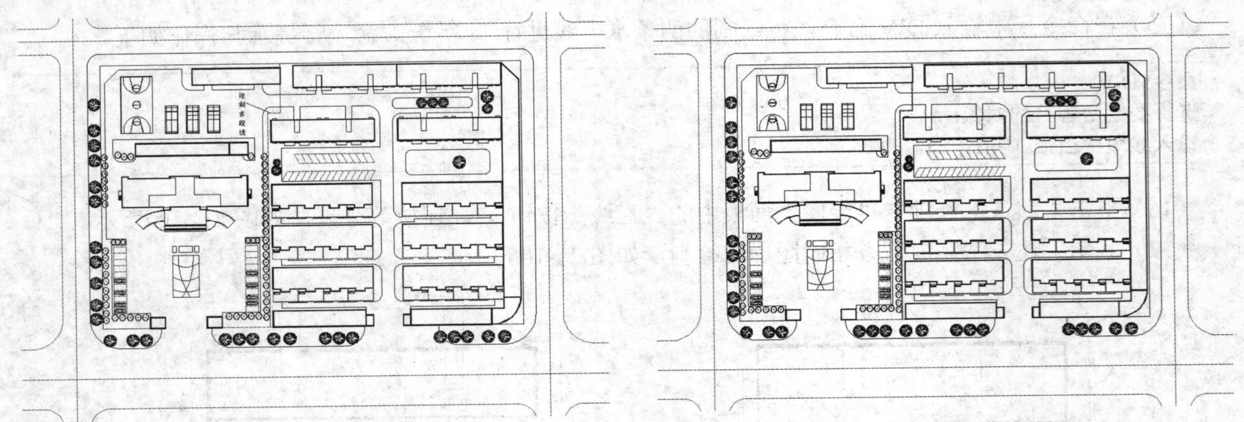

图 21-109　绘制多段线　　　　图 21-110　偏移直线

（22）单击“默认”选项卡“绘图”面板中的“直线”按钮，在图形适当位置绘制一条水平直线，如图 21-111 所示。

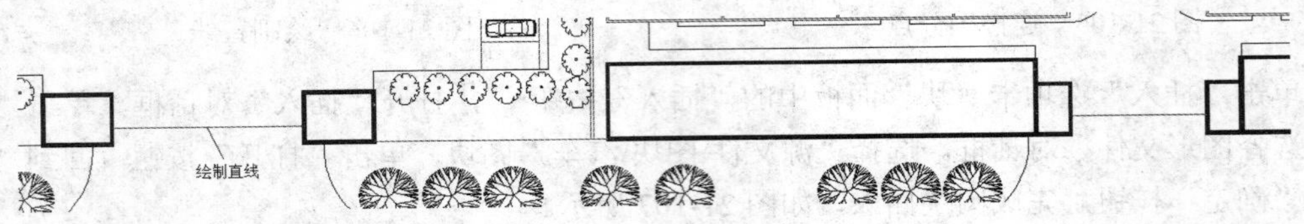

图 21-111　绘制水平直线

（23）单击“默认”选项卡“修改”面板中的“偏移”按钮，选择绘制的水平直线为偏移对象，向上进行偏移，偏移距离为 300，如图 21-112 所示。

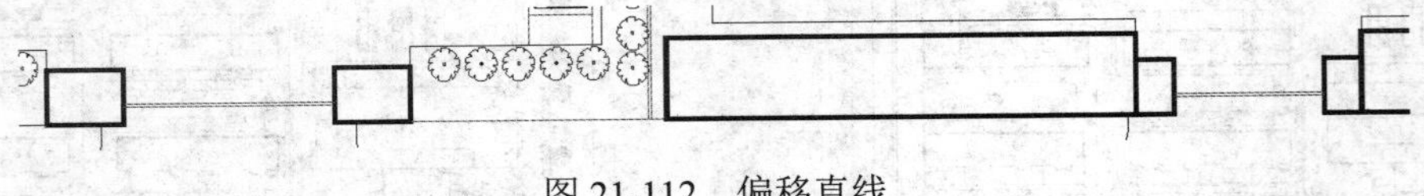

图 21-112　偏移直线

（24）单击“默认”选项卡“绘图”面板中的“直线”按钮，在图形适当位置绘制连续线段，结果如图 21-113 所示。

（25）单击“默认”选项卡“绘图”面板中的“直线”按钮和“修改”面板中的“圆角”按钮，绘制办公楼外围线，如图 21-114 所示。

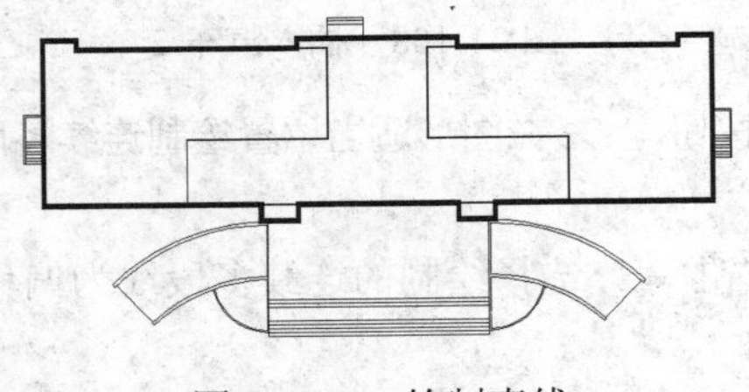

图 21-113　绘制直线

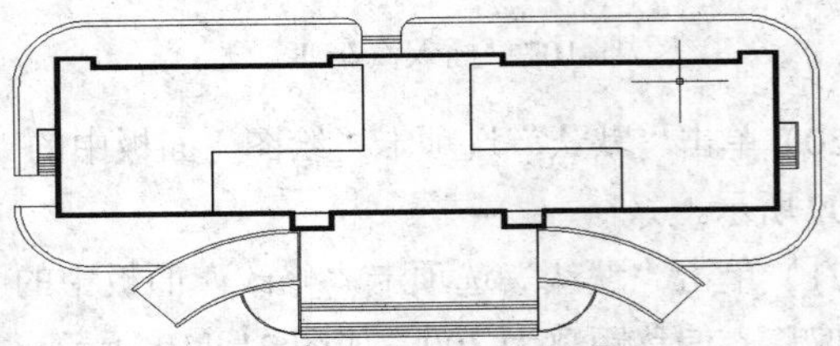

图 21-114　绘制图形外围线

最终完成某小区总平面图的绘制，如图 21-2 所示。

21.3　小区总平面图采暖管网的绘制

本节主要讲述小区总平面图采暖管网的绘制过程，如图 21-115 所示。

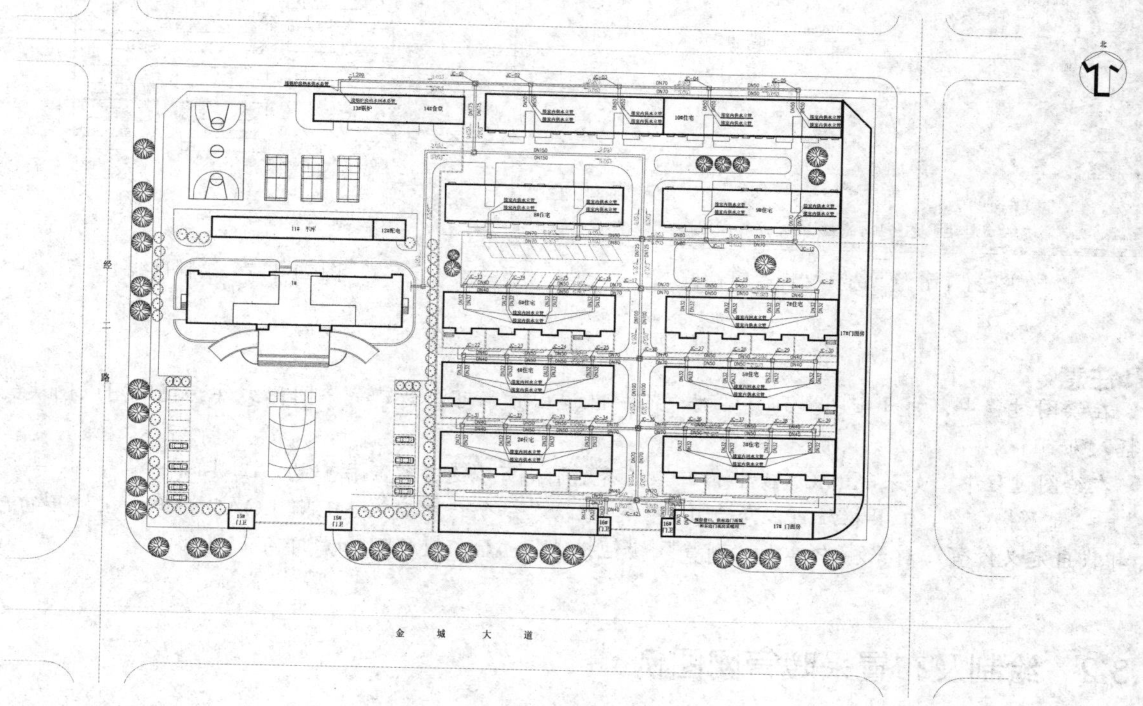

图 21-115　采暖管网的绘制

【预习重点】

☑　了解小区总平面图采暖管网绘制的准备工作。

☑　掌握小区总平面图采暖管网绘制的步骤及方法。

21.3.1　绘图准备

前面已经绘制了小区总平面图，在此基础上做相应的修改，为绘制采暖管网平面图做准备。

（1）单击快速访问工具栏中的“打开”按钮，打开如图 21-116 所示的“选择文件”对话框。选择“源文件\小区总平面图”，单击“打开”按钮，打开 21.2 节中绘制的小区总平面图，并将其另存为“小区总平面图采暖管网”。

（2）单击“默认”选项卡“绘图”面板中的“直线”按钮，在图形适当位置绘制多条水平直线作为规划道路中心线，如图 21-117 所示。

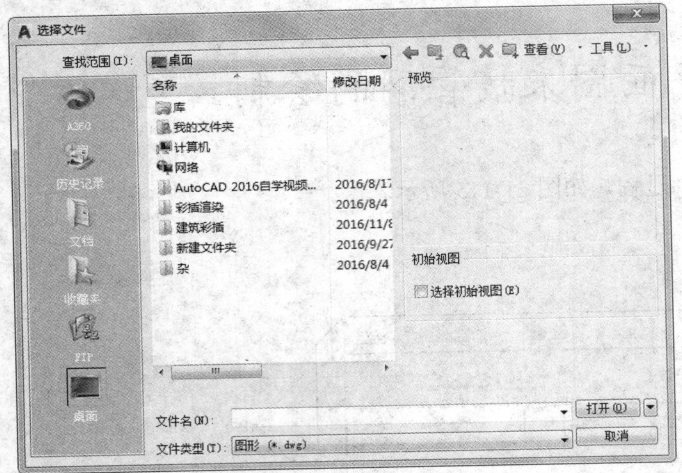

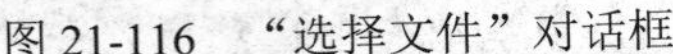
图 21-116 “选择文件”对话框

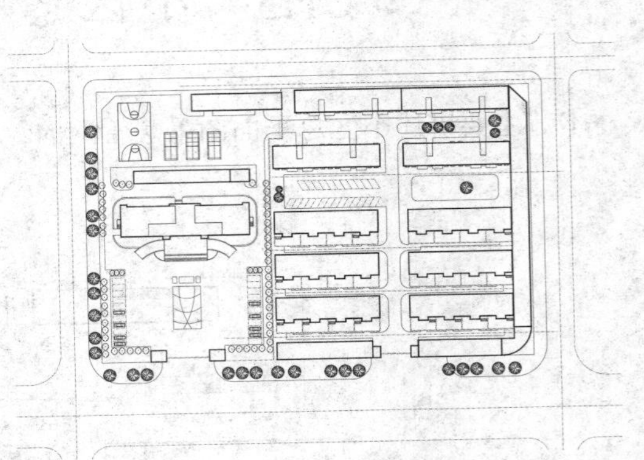

图 21-117 绘制直线

注意

在绘图过程中，打开旧图遇到异常错误而中断退出时，可以新建一个图形文件，把旧图以图块的形式插入即可。

在绘图过程中，如果 AutoCAD 中的工具栏不见了，可以选择菜单栏中的“工具”→“选项”→“配置”→“重置”命令，工具栏就可以重新出现，也可以在命令行中输入 MENULOAD 命令，在打开的“加载/卸载自定义设置”对话框中单击“浏览”按钮，选择 ACAD.MNC 加载即可。

21.3.2 绘制及布置采暖管网图例

本节介绍采暖管及布置的绘制方法和技巧，具体的绘制步骤如下。

（1）创建“区域”图层，并将其设置为当前图层，如图 21-118 所示。

图 21-118 图层设置

（2）单击“默认”选项卡“绘图”面板中的“矩形”按钮，在图形适当位置绘制一个 1000×1000 的矩形，如图 21-119 所示。

（3）单击“默认”选项卡“绘图”面板中的“直线”按钮，在绘制矩形内绘制十字交叉线，如图 21-120 所示。

（4）单击“默认”选项卡“绘图”面板中的“圆”按钮，以绘制十字交叉线交点为圆心，绘制半径为 360 的圆，如图 21-121 所示。

（5）单击“默认”选项卡“修改”面板中的“删除”按钮，选择绘制十字交叉线为删除对象进行删除，完成区域检查井的绘制，如图 21-122 所示。

（6）单击“默认”选项卡“修改”面板中的“复制”按钮，选择绘制的区域检查井为复制对象，对其进行连续复制，如图 21-123 所示。

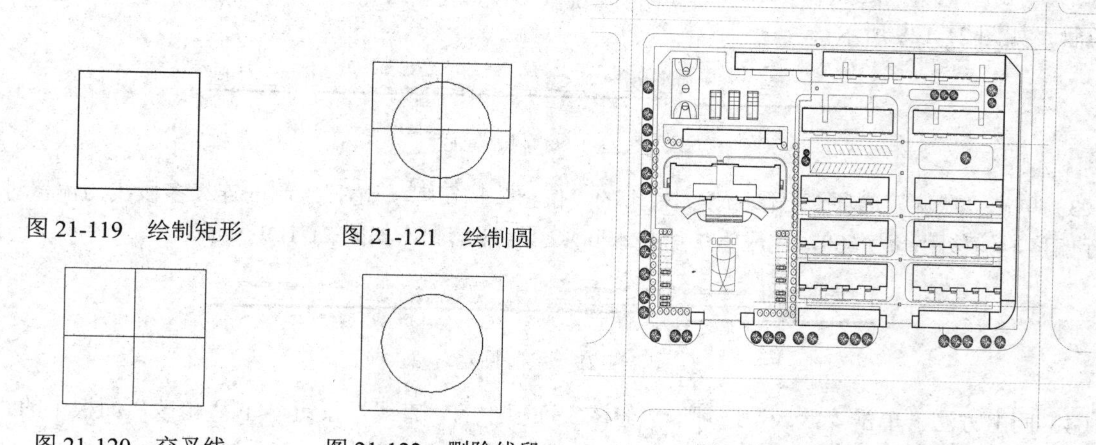

图 21-119　绘制矩形

图 21-121　绘制圆

图 21-120　交叉线

图 21-122　删除线段

图 21-123　布置区域检查井

（7）创建“进户检查井”图层，并将其设置为当前图层，如图 21-124 所示。

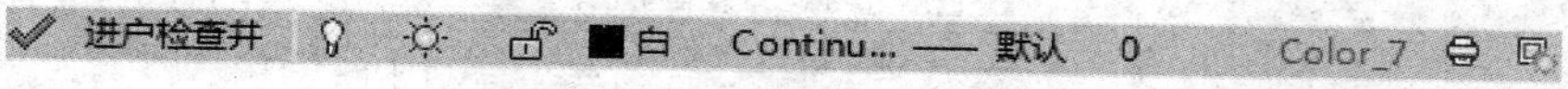

进户检查井　白　Continu... —— 默认　0　Color_7

图 21-124　“进户检查井”图层设置

（8）单击“默认”选项卡“绘图”面板中的“矩形”按钮，在总平面图适当位置绘制一个 1200×1200 的矩形，完成进户检查井的绘制，如图 21-125 所示。

（9）单击“默认”选项卡“修改”面板中的“复制”按钮，选择绘制的进户检查井为复制对象，进行连续复制，将其放置到图形适当位置，如图 21-126 所示。

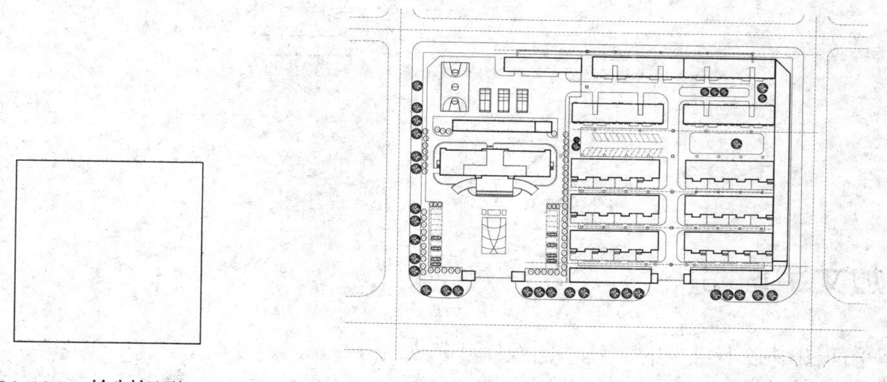

图 21-125　绘制矩形

图 21-126　复制进户检查井

21.3.3　绘制给水及回水管线

本节介绍给水及回水管线的绘制方法和技巧，具体的绘制步骤如下。

（1）将“供水”图层设置为当前图层，如图 21-127 所示。

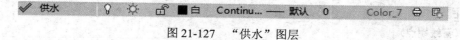

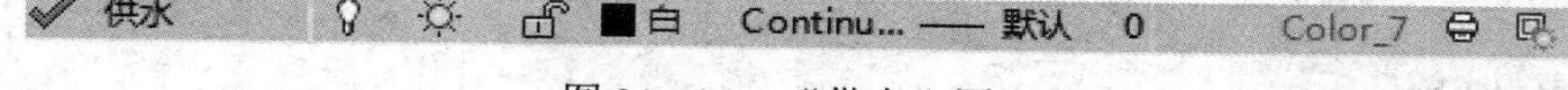

图 21-127　“供水”图层

（2）单击“默认”选项卡“绘图”面板中的“多段线”按钮，绘制连续多段线，作为锅炉房热水供水总管，如图 21-128 所示。

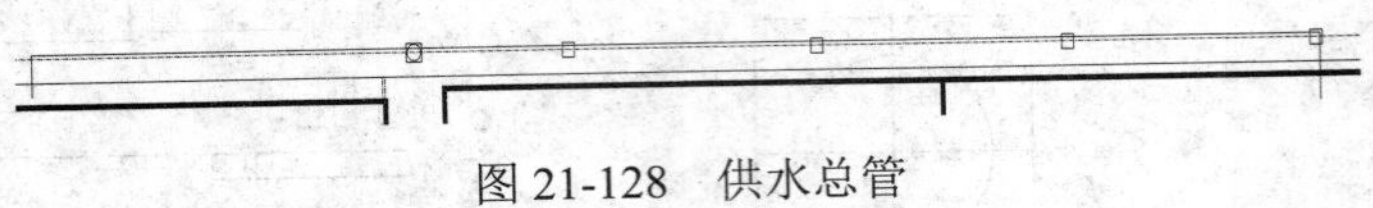

图 21-128　供水总管

（3）单击“默认”选项卡“修改”面板中的“偏移”按钮，选择绘制的连续多段线为偏移对象，向内进行偏移，偏移距离为 600，完成锅炉房热水回水总管的绘制，如图 21-129 所示。

图 21-129　绘制回水总管

（4）同上方法，单击“默认”选项卡“绘图”面板中的“直线”按钮和“修改”面板中的“偏移”按钮，完成小区总平面图中剩余供水管线及回水管线的绘制，如图 21-130 所示。

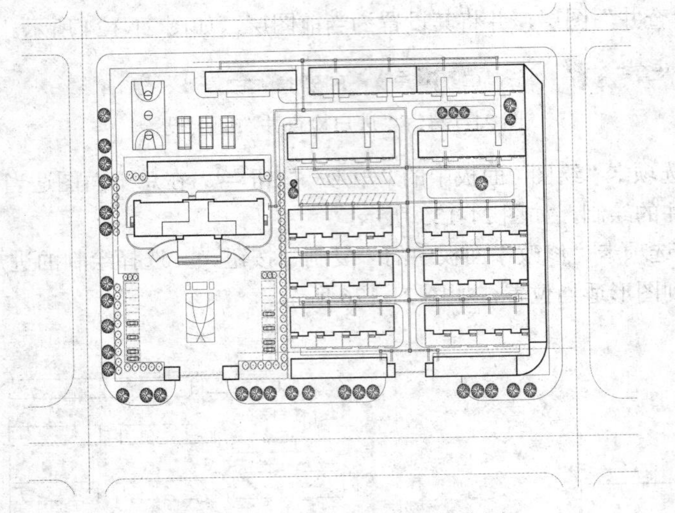

图 21-130　小区回水供水管线图

21.3.4　添加文字说明

文字标注是平面图中必不可少的，具体的绘制步骤如下。

（1）创建“文字说明”图层，并将其设置为当前图层，如图 21-131 所示。

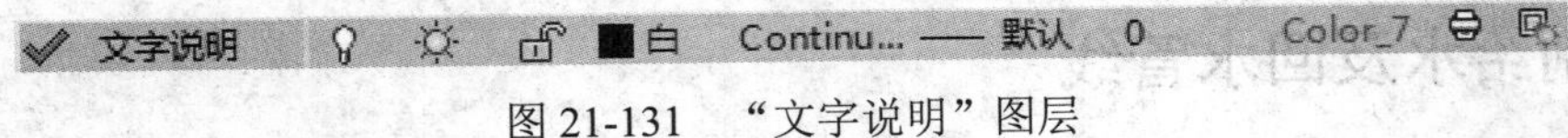

图 21-131　“文字说明”图层

（2）单击“默认”选项卡“绘图”面板中的“多段线”按钮，绘制连续多段线，命令行提示与操作如下。

```
命令: PLINE
指定起点:（管线端点）
```

```
当前线宽为 200.0000
指定下一个点或 [圆弧(A)/半宽(H)/长度(L)/放弃(U)/宽度(W)]: W
指定起点宽度 <200.0000>: 0
指定端点宽度 <0.0000>: 0
指定下一个点或 [圆弧(A)/半宽(H)/长度(L)/放弃(U)/宽度(W)]:
指定下一点或 [圆弧(A)/闭合(C)/半宽(H)/长度(L)/放弃(U)/宽度(W)]: W
指定起点宽度 <0.0000>: 200
指定端点宽度 <200.0000>:
```

结果如图 21-132 所示。

（3）单击“默认”选项卡“注释”面板中的“多行文字”按钮A，在绘制的多段线上方，点取一点打开“文字编辑器”选项卡，在其中输入文字，如图 21-133 所示。确定，完成文字输入，如图 21-134 所示。

（4）利用上述方法完成回水供水管线的文字说明，如图 21-135 所示。

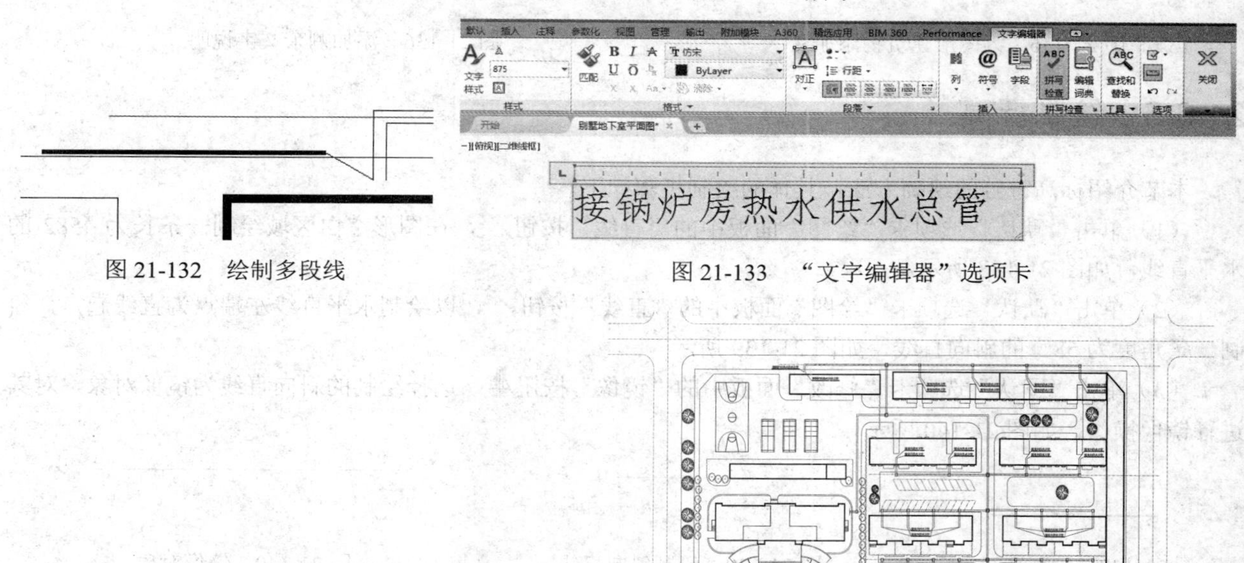

图 21-132　绘制多段线

图 21-133　“文字编辑器”选项卡

接锅炉房热水供水总管

图 21-134　添加文字

图 21-135　回水供水管线文字说明

（5）单击“默认”选项卡“注释”面板中的“多行文字”按钮A，为图形建筑物添加文字说明，如图 21-136 所示。

（6）单击“默认”选项卡“绘图”面板中的“直线”按钮和“注释”面板中的“多行文字”按钮A，为图形添加剩余的文字说明，如图 21-137 所示。

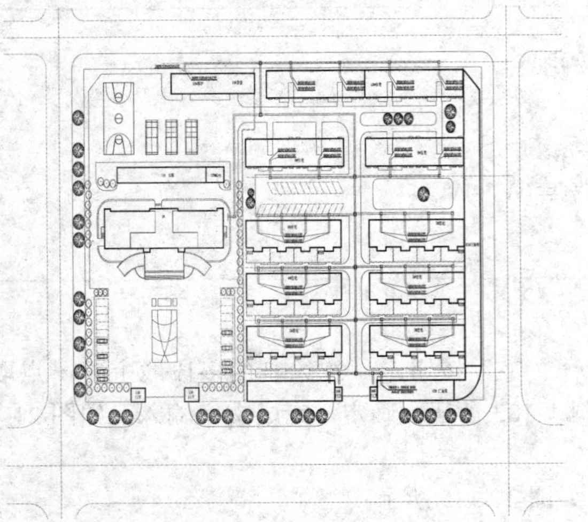

图 21-136　为图形建筑物添加文字

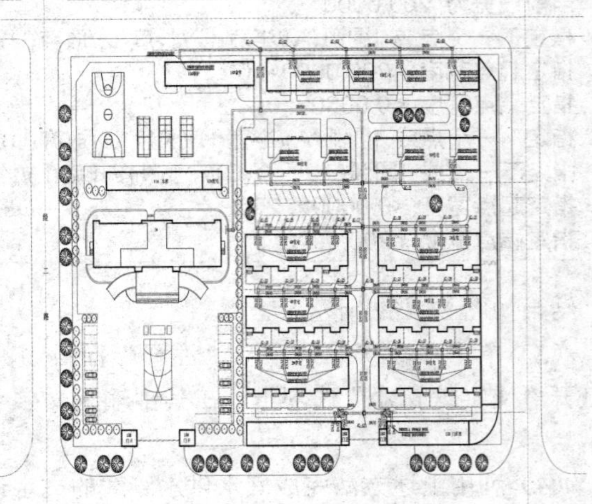

图 21-136　添加剩余文字说明

21.3.5　绘制标高

本节介绍标高符号的绘制方法，具体的绘制步骤如下。

（1）单击“默认”选项卡“绘图”面板中的“直线”按钮，在图形空白区域绘制一条长为 4582 的水平直线，如图 21-138 所示。

（2）单击“默认”选项卡“绘图”面板中的“直线”按钮，以绘制水平直线左端点为直线起点，绘制一条角度为 58° 的斜向直线，如图 21-139 所示。

（3）单击“默认”选项卡“修改”面板中的“镜像”按钮，选择绘制的斜向直线为镜像对象，对其进行镜像操作，如图 21-140 所示。

图 21-138　绘制直线　　图 21-139　绘制斜向直线　　图 21-140　镜像对象

（4）单击“默认”选项卡“注释”面板中的“多行文字”按钮A，在图形上方添加文字，如图 21-141 所示。

（5）单击“默认”选项卡“修改”面板中的“移动”按钮，选择绘制的标高为移动对象，将其放置到管线上方，如图 21-142 所示。

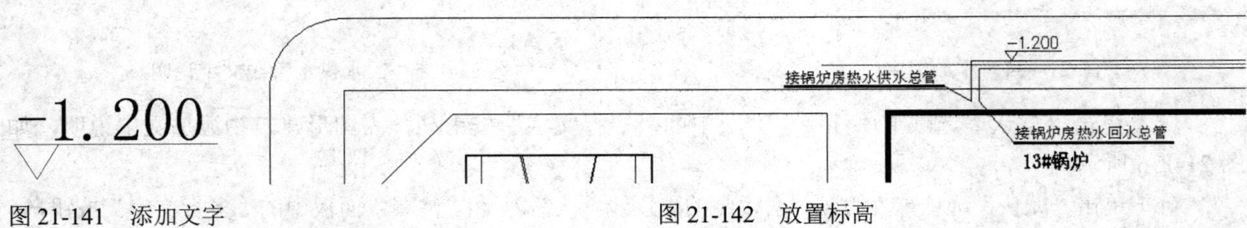

图 21-141　添加文字　　图 21-142　放置标高

注意

在标注图形时有时会用到一些特殊符号，可以打开多行文字编辑器，在输入文字的矩形框里右击，然后在弹出的快捷菜单中选择“符号”→“其他打开字符映射表”命令，在弹出的“字符映射表”对话框中选择符号即可。注意字符映射表的内容取决于用户在“字体”下拉列表中选择的字体。

21.3.6　绘制坡度符号

本节主要介绍了坡度符号的绘制方法和技巧，具体的绘制步骤如下。

（1）单击“默认”选项卡“绘图”面板中的“直线”按钮，在图形适当位置绘制一条长为 4741 的水平直线，如图 21-143 所示。

（2）单击“默认”选项卡“绘图”面板中的“直线”按钮，以绘制的水平直线左端点为起点绘制连续直线，如图 21-144 所示。

（3）单击“默认”选项卡“绘图”面板中的“图案填充”按钮，系统打开“图案填充创建”选项卡，设置“图案填充图案”为 SOLID，拾取填充区域内一点，效果如图 21-145 所示。

图 21-143　绘制水平直线

图 21-144　绘制连续直线

图 21-145　填充图案

（4）单击“默认”选项卡“注释”面板中的“多行文字”按钮，在绘制的坡度符号上添加坡度，如图 21-146 所示。

（5）单击“默认”选项卡“修改”面板中的“复制”按钮和“镜像”按钮，完成总平面图中剩余坡度的添加，如图 21-147 所示。

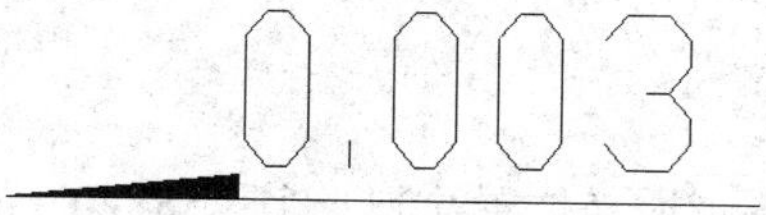

图 21-146　添加坡度

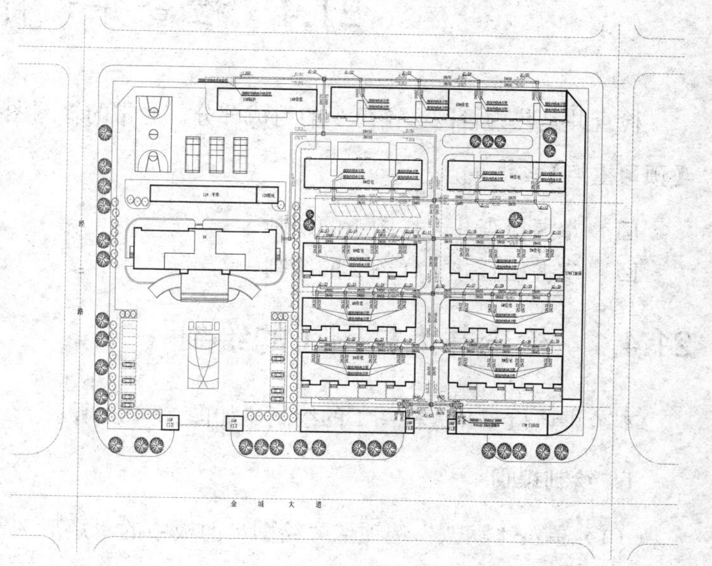

图 21-147　添加坡度

21.3.7　绘制指北针

本节绘制指北针，主要利用了“圆”“直线”“多段线”“多行文字”命令，具体的绘制步骤如下。

（1）单击“默认”选项卡“绘图”面板中的“圆”按钮，在图形适当位置处任选一点为圆心绘制一个半径为 6500 的圆，如图 21-148 所示。

（2）单击“默认”选项卡“绘图”面板中的“直线”按钮，在绘制的圆内绘制连续直线，如图 21-149 所示。

（3）单击“默认”选项卡“绘图”面板中的“多段线”按钮，指定起点宽度为 500，端点宽度为 500，在绘制的连续直线外围绘制外边线，如图 21-150 所示。

（4）单击“默认”选项卡“注释”面板中的“多行文字”按钮A，在绘制图形上方标注文字，如图 21-151 所示。

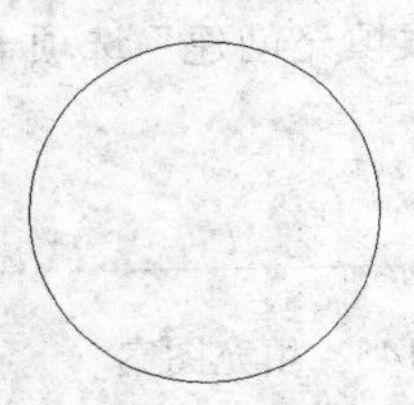

图 21-148　绘制圆

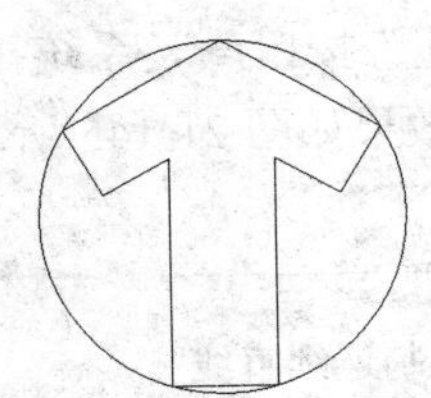

图 21-149　绘制连续直线

图 21-150　绘制外边线

图 21-151　添加文字

最终完成采暖室外管道平面图的绘制，如图 21-115 所示。

21.4　检查井大样图的绘制

检查井是热力管网必不可少的组成部分，通常的管网图都包括检查井大样图。下面简要进行讲述。

【预习重点】

☑　掌握检查井大样图 1 的绘制。
☑　掌握检查井大样图 2 的绘制。

21.4.1　检查井大样图 1 的绘制

本节讲述检查井大样图 1 的绘制，如图 21-152 所示。

1. 绘制蝶阀

（1）单击“默认”选项卡“绘图”面板中的“矩形”按钮，在图形适当位置绘制一个 255×203 的矩形，如图 21-153 所示。

（2）单击“默认”选项卡“绘图”面板中的“直线”按钮，在绘制矩形内绘制十字交叉线，如图 21-154 所示。

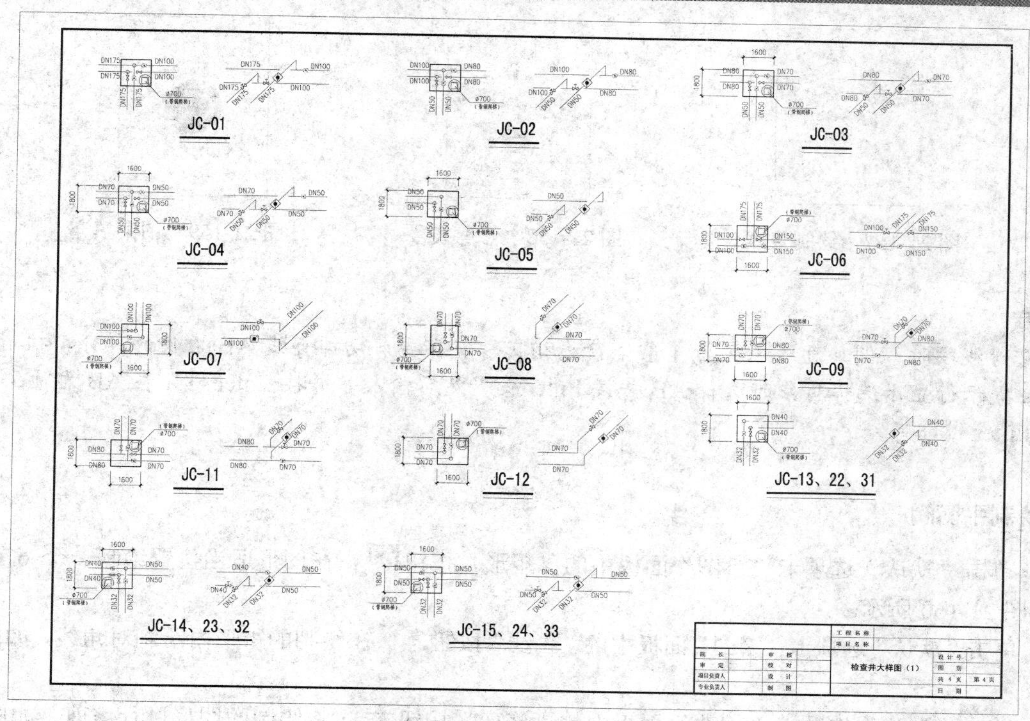

图 21-152　检查井大样图 1

（3）单击“默认”选项卡“绘图”面板中的“圆”按钮，以绘制交叉线交点为圆心，绘制半径为 38 的圆，如图 21-155 所示。

（4）单击“默认”选项卡“修改”面板中的“删除”按钮，选择绘制的交叉线为删除对象进行删除，如图 21-156 所示。

图 21-153　绘制矩形

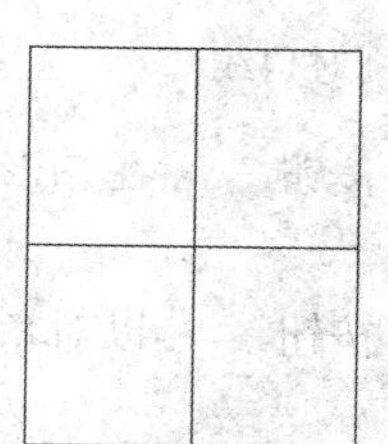

图 21-154　绘制十字交叉线

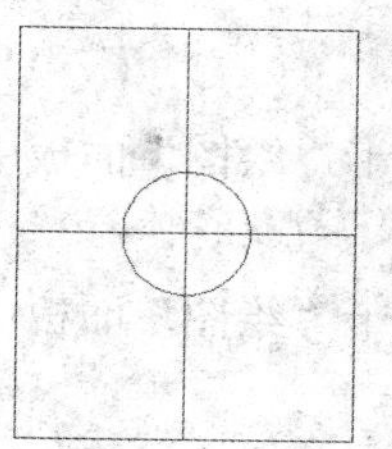

图 21-155　绘制圆

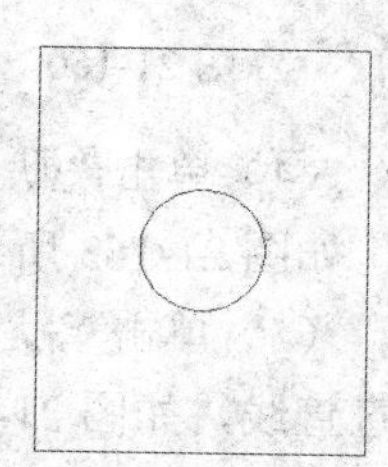

图 21-156　删除对象

（5）单击“默认”选项卡“绘图”面板中的“直线”按钮，过绘制的圆的圆心绘制一条斜向直线，如图 21-157 所示。

（6）单击“默认”选项卡“修改”面板中的“修剪”按钮，对绘制的斜向直线进行修剪，如图 21-158 所示。

（7）单击“默认”选项卡“绘图”面板中的“图案填充”按钮，系统打开“图案填充创建”选项卡，设置“图案填充图案”为 SOLID，拾取填充区域内一点，如图 21-159 所示。

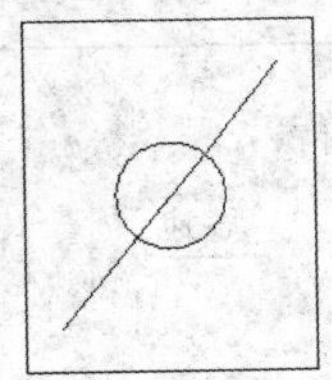
图 21-157　绘制直线

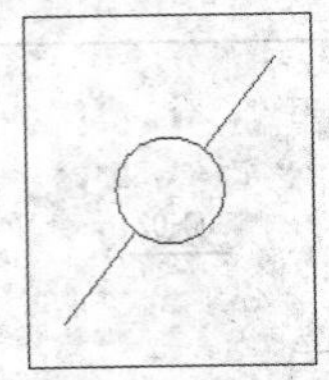
图 21-158　修剪线段

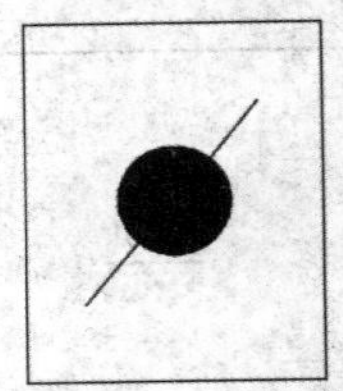
图 21-159　图案填充

注意

在修剪线段时，例如直线 AB 与 4 条平行线相交，现在要剪切掉直线 AB 右侧的部分，执行 TRIM 命令，在提示行显示选择对象时选择 AB 并按 Enter 键，然后输入 F 并按 Enter 键，在 AB 右侧画一条直线并按 Enter 键即可。

2．绘制平衡阀

（1）单击“默认”选项卡“绘图”面板中的“矩形”按钮，在图形适当位置绘制一个 676×390 的矩形，如图 21-160 所示。

（2）单击“默认”选项卡“绘图”面板中的“直线”按钮，在绘制的矩形内绘制对角线，如图 21-161 所示。

（3）单击“默认”选项卡“修改”面板中的“修剪”按钮，将绘制的图形进行修剪，如图 21-162 所示。

图 21-160　绘制矩形

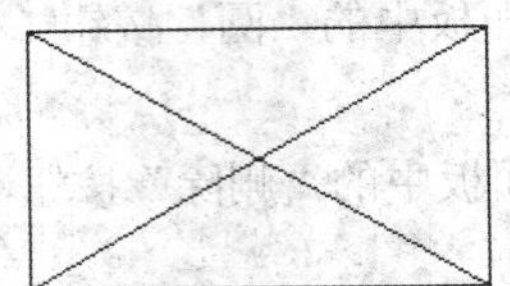
图 21-161　绘制对角线

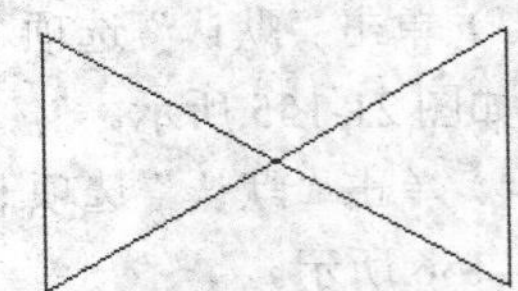
图 21-162　修剪线段

（4）单击“默认”选项卡“绘图”面板中的“直线”按钮，在图形适当位置绘制两条相等的竖直直线，如图 21-163 所示。

（5）单击“默认”选项卡“绘图”面板中的“直线”按钮，以对角线交点为直线起点向上绘制一条竖直直线，如图 21-164 所示。

（6）单击“默认”选项卡“绘图”面板中的“直线”按钮，在绘制的竖直直线上绘制一条长为 283 的水平直线，如图 21-165 所示。

（7）单击“默认”选项卡“修改”面板中的“偏移”按钮，选择绘制的水平线为偏移对象，向下偏移，偏移距离为 21，最终完成平衡阀，如图 21-166 所示。

图 21-163　绘制直线

图 21-164　绘制竖直直线

图 21-165　绘制水平直线

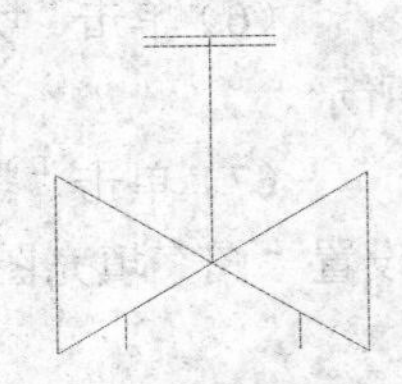
图 21-166　偏移直线

3. 完善图形

（1）单击“默认”选项卡“绘图”面板中的“多段线”按钮，指定起点宽度为 20，端点宽度为 20，在图形适当位置绘制一个 2100×2400 的矩形，如图 21-167 所示。

（2）单击“默认”选项卡“修改”面板中的“复制”按钮，选择绘制的“蝶阀”图形为复制对象，将其放置到适当位置。

（3）单击“默认”选项卡“修改”面板中的“旋转”按钮，选择复制的蝶阀图形为旋转对象，将其旋转 90°，如图 21-168 所示。

（4）单击“默认”选项卡“绘图”面板中的“圆”按钮，在图形适当位置选一点为圆心绘制一个半径为 100 的圆，如图 21-169 所示。

（5）单击“默认”选项卡“修改”面板中的“复制”按钮，选择绘制的圆为复制对象进行复制，将其放置到适当位置，如图 21-170 所示。

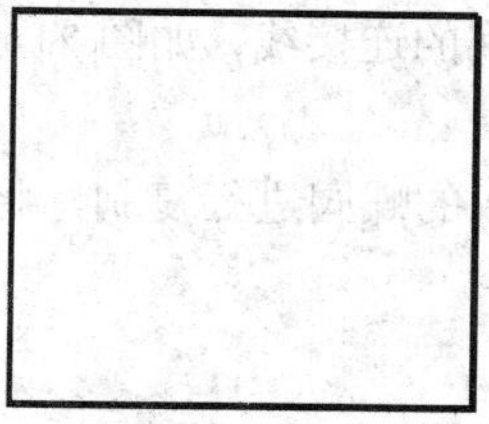

图 21-167　绘制矩形

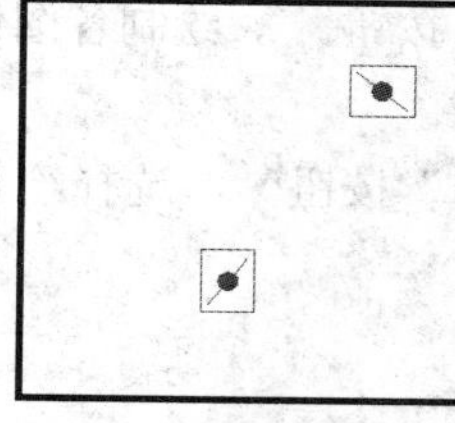

图 21-168　复制蝶阀

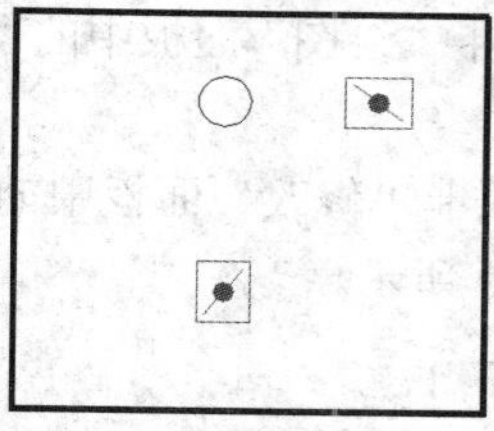

图 21-169　绘制圆

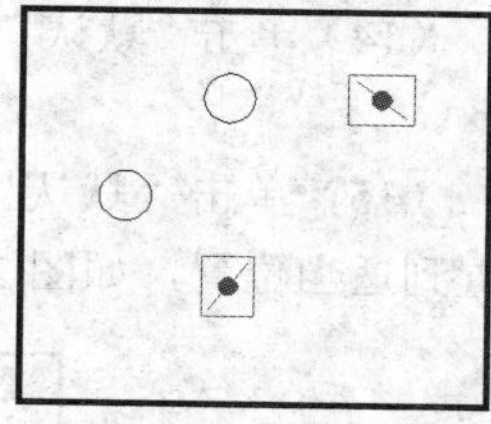

图 21-170　复制圆

（6）单击“默认”选项卡“绘图”面板中的“圆”按钮，在图形适当位置选一点为圆心绘制一个半径为 350 的圆，如图 21-171 所示。

（7）单击“默认”选项卡“绘图”面板中的“矩形”按钮，在绘制的圆内绘制一个 400×400 的矩形，如图 21-172 所示。

（8）单击“默认”选项卡“绘图”面板中的“直线”按钮，在绘制的矩形内绘制两段斜向线段，如图 21-173 所示。

（9）单击“默认”选项卡“绘图”面板中的“矩形”按钮，在绘制的两个蝶阀之间绘制一个 300×170 的矩形，如图 21-174 所示。

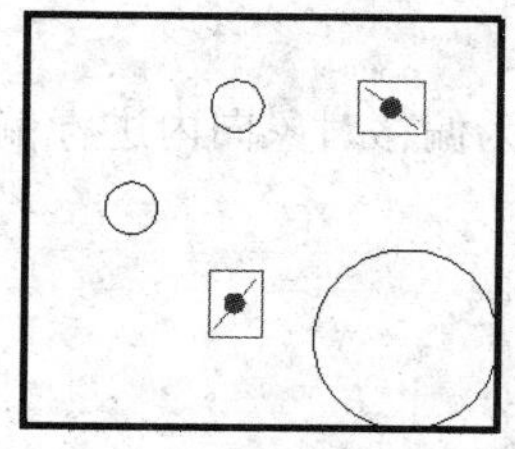

图 21-171　绘制圆

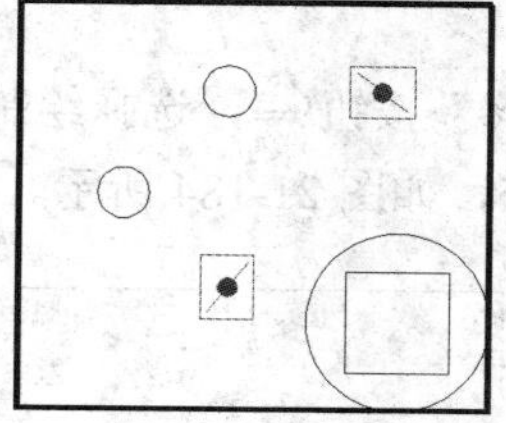

图 21-172　绘制矩形

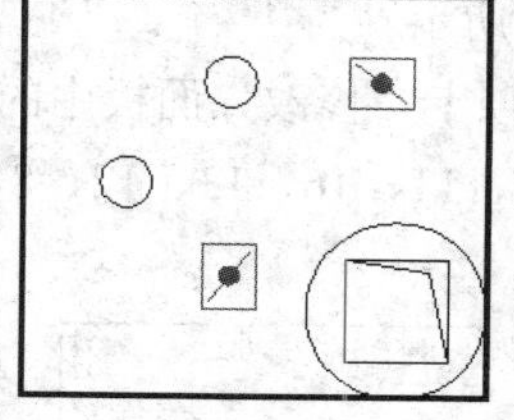

图 21-173　绘制斜向线段

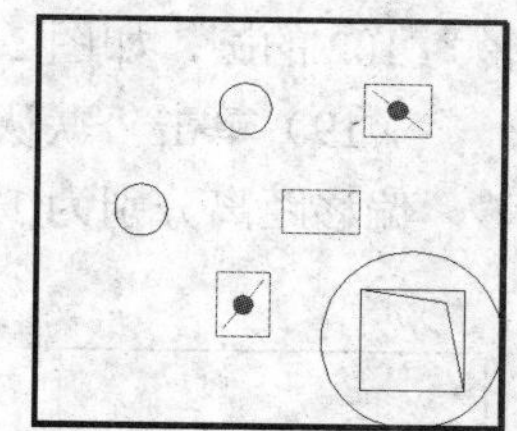

图 21-174　绘制矩形

（10）单击“默认”选项卡“绘图”面板中的“直线”按钮，在绘制的矩形内绘制矩形对角线，如图 21-175 所示。

（11）单击“默认”选项卡“修改”面板中的“修剪”按钮，对图形进行修剪处理，如图 21-176 所示。

（12）单击“默认”选项卡“绘图”面板中的“直线”按钮，在图形适当位置绘制两条竖直直线，如图 21-177 所示。

（13）单击“默认”选项卡“修改”面板中的“旋转”按钮，选择绘制的图形为旋转对象，将其复制旋转 90°，放置到图形适当位置，如图 21-178 所示。

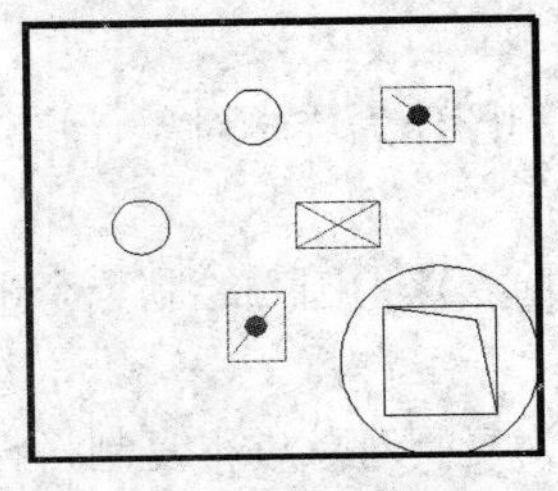
图 21-175　绘制矩形对角线

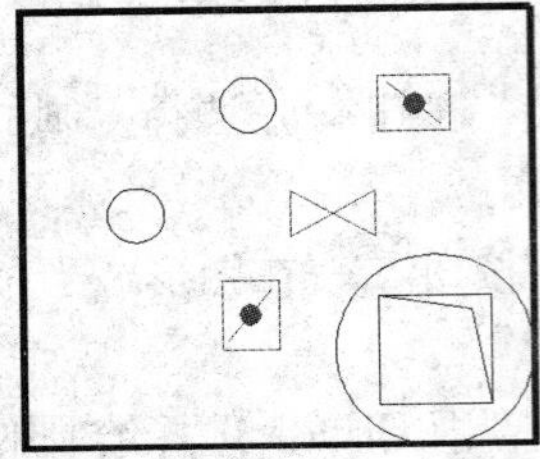
图 21-176　修剪线段

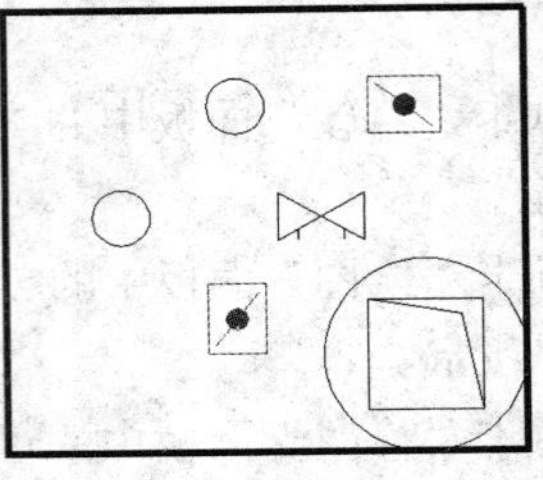
图 21-177　绘制直线

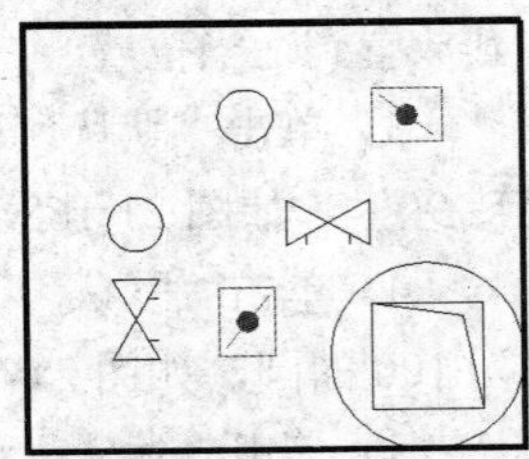
图 21-178　复制旋转图形

（14）单击“默认”选项卡“绘图”面板中的“直线”按钮，绘制各图例之间的连接线，如图 21-179 所示。

（15）单击“默认”选项卡“修改”面板中的“复制”按钮，选择绘制完成的蝶阀进行复制，将其放置到适当位置，如图 21-180 所示。

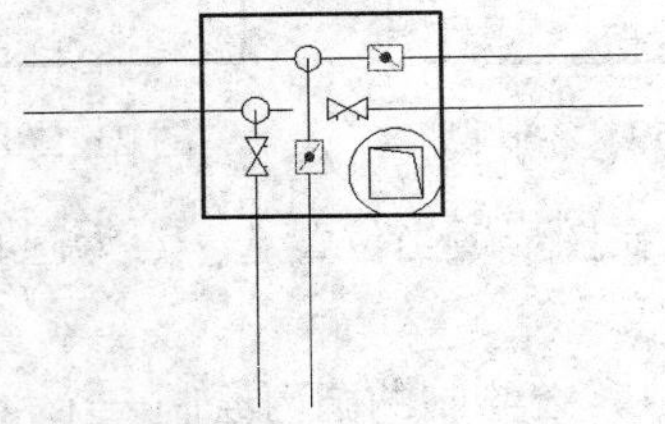
图 21-179　绘制连接线

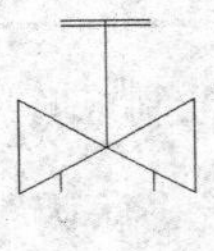
图 21-180　复制对象

（16）单击“默认”选项卡“绘图”面板中的“矩形”按钮，在图形适当位置绘制一个 470×396 的矩形，如图 21-181 所示。

（17）单击“默认”选项卡“绘图”面板中的“直线”按钮，在绘制矩形内绘制一条斜向直线，如图 21-182 所示。

（18）单击“默认”选项卡“绘图”面板中的“圆”按钮，以绘制的斜向直线中点为圆心，绘制半径为 102 的圆，如图 21-183 所示。

（19）单击“默认”选项卡“修改”面板中的“偏移”按钮，选择绘制的圆为偏移对象向内进行偏移，偏移距离分别为 13、16、11、16、13、12、8、6、5，如图 21-184 所示。

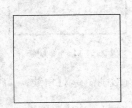

图 21-181　绘制矩形

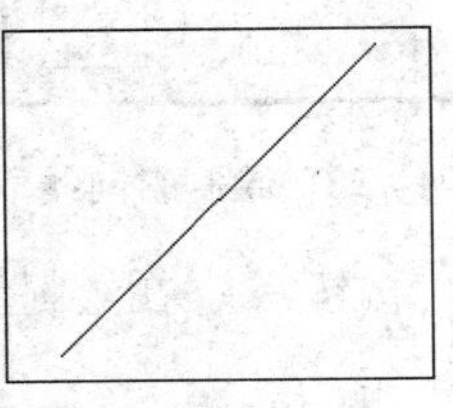
图 21-182　绘制直线

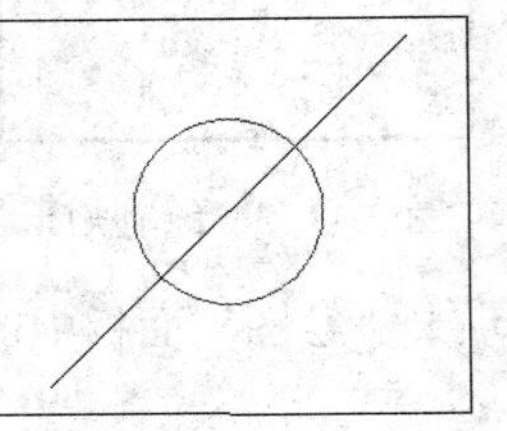
图 21-183　绘制圆

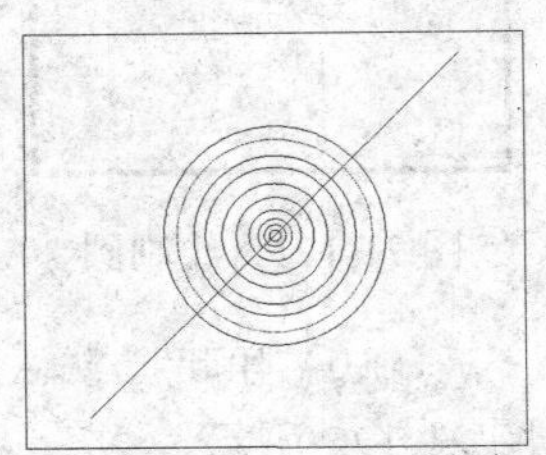
图 21-184　偏移圆

（20）单击“默认”选项卡“修改”面板中的“旋转”按钮，选择绘制的图形为旋转对象，选择图形中的任意一点为旋转点，将绘制的图形旋转 45°，并将其放置到适当位置，如图 21-185 所示。

（21）单击“默认”选项卡“修改”面板中的“复制”按钮，选择前面绘制的蝶阀为复制对象，对其进行复制，如图 21-186 所示。

图 21-185　放置图形　　　　图 21-186　复制图形

（22）单击“默认”选项卡“绘图”面板中的“直线”按钮，绘制图例与图例之间的连接线，如图 21-187 所示。

（23）单击“默认”选项卡“绘图”面板中的“直线”按钮和“注释”面板中的“多行文字”按钮A，为图形添加文字说明，如图 21-188 所示。

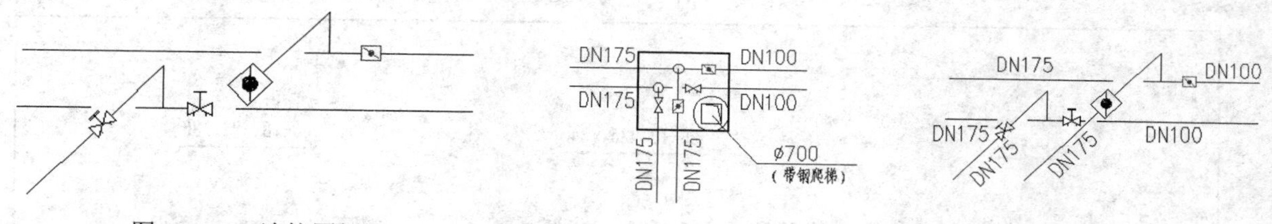

图 21-187　连接图例　　　　图 21-188　添加文字

（24）单击“默认”选项卡“绘图”面板中的“多段线”按钮，指定起点宽度为 100，端点宽度为 100，在绘制完成的检查井大样图 1 下端位置处绘制一条长为 2939 的水平多段线，如图 21-189 所示。

（25）单击“默认”选项卡“绘图”面板中的“直线”按钮，在距步骤（24）中多段线 300 的位置处绘制一条长为 2939 的水平直线，如图 21-190 所示。

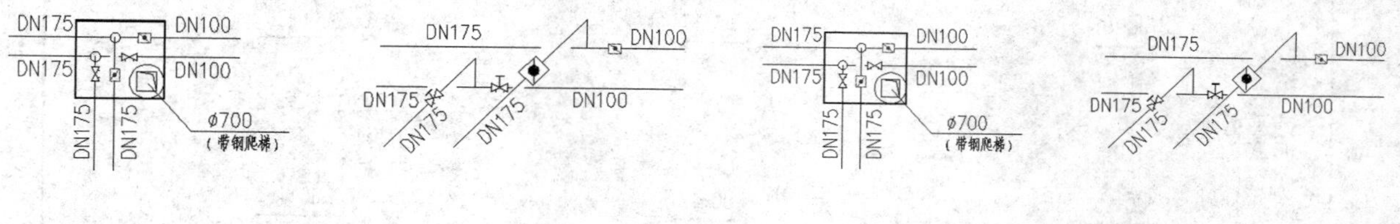

图 21-189　绘制多段线　　　　图 21-190　绘制水平直线

（26）单击“默认”选项卡“注释”面板中的“多行文字”按钮A，在绘制线段上标注文字，如图 21-191 所示。

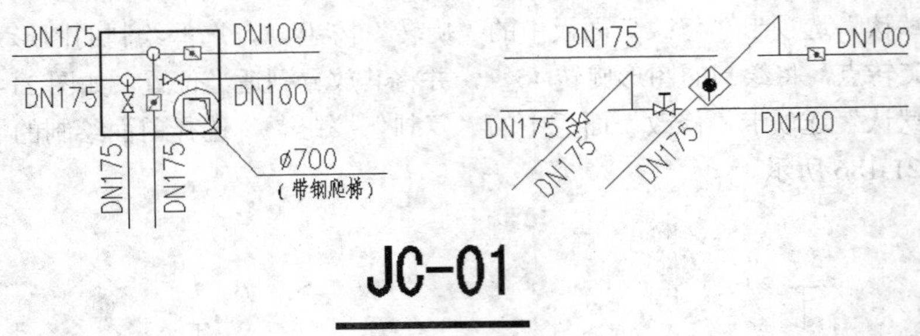

图 21-191　标注文字

利用上述方法完成剩余检查井大样图的绘制，如图 21-152 所示。

21.4.2　检查井大样图 2 的绘制

利用上述方法完成检查井大样图 2 的绘制，如图 21-192 所示。

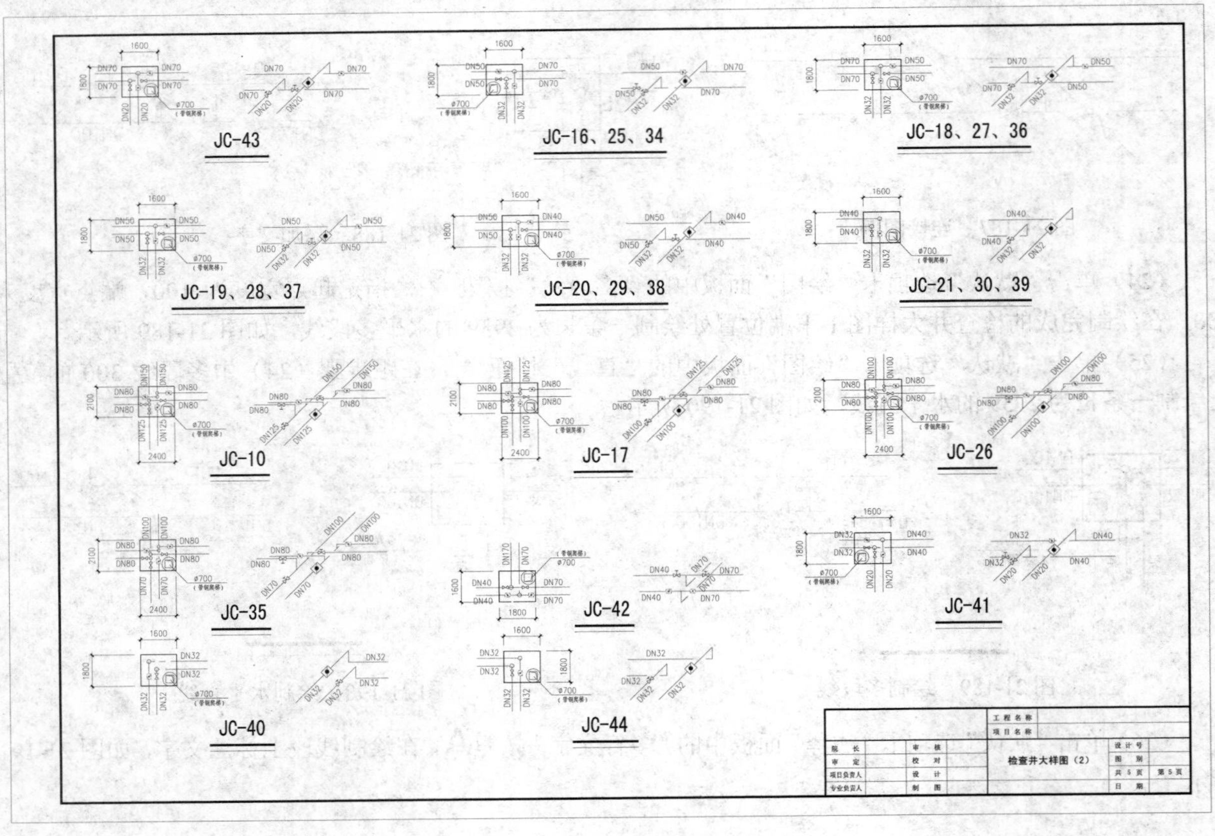

图 21-192　检查井大样图 2

21.5　上 机 实 验

【练习 1】绘制如图 21-193 所示的热力管网平面图。

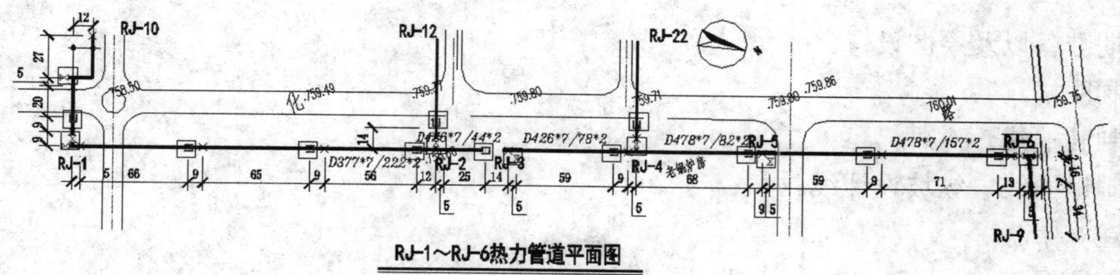

图 21-193　热力管网平面图

1．目的要求

本实例主要要求读者通过练习进一步熟悉和掌握热力管网平面图的绘制方法。通过本实例，可以帮助读者学会完成热力管网平面图绘制的全过程。

2．操作提示

（1）前期准备以及绘图设置。

（2）绘制热力管网和定位轴线。

（3）布置图例。

（4）标注尺寸。

（5）绘制指南针。

【练习 2】绘制如图 21-194 所示的热力管网纵断面图。

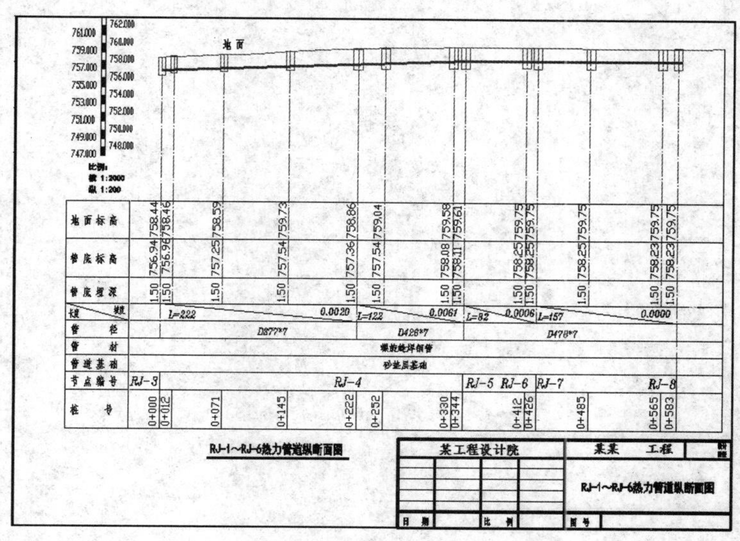

图 21-194　热力管网纵断面图

1．目的要求

本实例主要要求读者通过练习进一步熟悉和掌握热力管网纵断面图的绘制方法。通过本实例，可以帮助读者学会完成热力管网纵断面图绘制的全过程。

2．操作提示

（1）前期准备以及绘图设置。

（2）绘制网格。

（3）绘制其他线。

（4）绘制地面线、纵坡设计线。

（5）标注文字。

（6）插入图框。

附录A

AutoCAD 工程师认证考试模拟试题

（满分100分，选自Autodesk中国认证考试管理中心真题题库）

一、单项选择题（以下各小题给出的四个选项中，只有一个符合题目要求，请选择相应的选项，不选、错选均不得分，共30题，每题2分，共60分）

1．执行“环形阵列”命令，在指定圆心后默认创建（　　）个图形。

A．4　　B．6　　C．8　　D．10

2．在AutoCAD中插入外部参照时，路径类型不正确的是（　　）。

A．无路径　　B．相对路径　　C．绝对路径　　D．覆盖路径

3．下列方法中不能插入创建好的块的是（　　）。

A．从Windows资源管理器中将图形文件图标拖放到AutoCAD绘图区域插入块

B．从设计中心插入块

C．用“粘贴”命令PASTECLIP插入块

D．用“插入”命令INSERT插入块

4．要为多个选定的图层设置透明度时，按住（　　）键并单击选择多个图层。

A．Shift　　B．Ctrl　　C．Alt　　D．以上均不正确

5．尺寸标注与文本标注所有尺寸标注公用一条尺寸界线的是（　　）。

A．引线标注　　B．连续标注　　C．基线标注　　D．公差标注

6．绘图与编辑方法利用夹点对一个线性尺寸进行编辑，不能完成的操作是（　　）。

A．修改尺寸界线的长度和位置

B．修改尺寸线的长度和位置

C．修改文字的高度和位置

D．修改尺寸的标注方向

7．边长为10的正五边形的外接圆的半径是（　　）。

A．8.51　　B．17.01　　C．6.88　　D．13.76

8．绘制带有圆角的矩形，要（　　）。

A．先确定一个角点　　B．先绘制矩形，再倒圆角

C．先设置圆角，再确定角点　　D．先设置倒角，再确定角点

9．将图和已标注的尺寸同时放大2倍，其结果是（　　）。

A．尺寸值是原尺寸的2倍

B．尺寸值不变，字高是原尺寸的2倍

C．尺寸箭头是原尺寸的2倍

D．原尺寸不变

10．AutoCAD 为用户提供了屏幕菜单方式，该菜单位于屏幕的（　　）。

A．上方　　B．下方　　C．左侧　　D．右侧

11．在图纸空间创建长度为 1000 的竖直线，设置 DIMLFAC 为 5，视口比例为 1:2，在布局空间进行的关联标注直线长度为（　　）。

A．500　　B．1000　　C．2500　　D．5000

12．实体填充区域不能表示为（　　）。

A．图案填充（使用实体填充图案）　　B．三维实体

C．渐变填充　　D．宽多段线或圆环

13．使用 DWS 进行标准检查时，以下（　　）不能作为检查条件。

A．图层　　B．文字样式　　C．表格样式　　D．线性

14．在“尺寸标注样式管理器”中将“测量单位比例”的比例因子设置为 0.5，则 30°的角度将被标注为（　　）。

A．15　　B．60　　C．30　　D．与注释比例相关，不定

15．不能创建表格的方式是（　　）。

A．从空表格开始　　B．自数据链接

C．自图形中的对象数据　　D．自文件中的数据链接

16．默认的工具选项板不包括（　　）。

A．机械　　B．电力　　C．土木工程　　D．结构

17．在 AutoCAD 中，不能切换工作空间的操作是（　　）。

A．通过“菜单浏览器”→“工具”→“工作空间”命令切换工作空间

B．通过状态栏上的“工作空间”按钮切换工作空间

C．通过“工作空间”工具栏切换工作空间

D．通过“菜单浏览器”→“视图”→“工作空间”命令切换工作空间

18．对一个多段线对象中的所有角点进行圆角，可以使用圆角命令中的（　　）命令选项。

A．多段线(P)　　B．修剪(T)　　C．多个(U)　　D．半径(R)

19．如果 A 图和 B 图都附加了 C 图，同时 A 图还附加了 B 图，在外部参照属性管理器中，以下说法正确的是（　　）。

A．使用“列表图”显示两个 C 图，使用“树状图”显示一个 C 图

B．使用“列表图”显示一个 C 图，使用“树状图”显示两个 C 图

C．使用“列表图”和“树状图”都显示两个 C 图

D．使用“列表图”和“树状图”都显示一个 C 图

20．图形组织和图档管理视口最大化的状态保存在（　　）系统变量中。

A．VSEDGES　　B．VPLAYEROVERRIDESMODE

C．VPMAXIMIZEDSTATE　　D．VSBACKGROUNDS

21．关于在布局中创建的尺寸，以下说法正确的是（　　）。

A．在布局中标注的关联尺寸会随视口比例的变化而缩放

B．在布局标注的非关联尺寸会随视口比例的变化而缩放

C．在布局中创建的标注可以随时更改它的关联特性为“是”或“否”

D．在布局中不能创建非关联尺寸

22．定义图块属性时，以下说法错误的是（　　）。

A．属性标记可以包含任何字符，包括中文字符

B．定义属性时，用户必须确定属性标记，不允许空缺

C．属性标记区分大小写字母

D．输入属性值时，允许“提示”文本框中给出属性提示，以便引导用户正确输入属性值

23．附图 A-1 采用的多线编辑方法分别是（　　）。

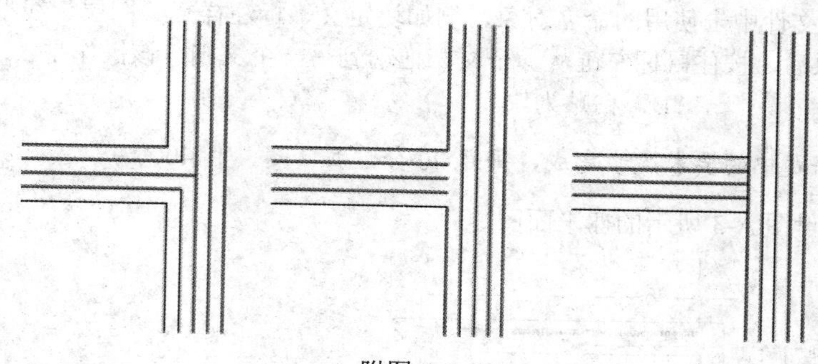

附图 A-1

A．T 字打开，T 字闭合，T 字合并

B．T 字闭合，T 字打开，T 字合并

C．T 字合并，T 字闭合，T 字打开

D．T 字合并，T 字打开，T 字闭合

24．当使用显示图形范围的命令时，会被忽略的图形对象是（　　）。

A．直线　　B．射线　　C．点　　D．云线

25．夹点模式下，不可以对图形执行的操作有（　　）。

A．拉伸对象　　B．移动对象　　C．镜像对象　　D．阵列对象

26．不能作为多重引线线型类型的是（　　）。

A．直线　　B．多段线　　C．样条曲线　　D．以上均可以

27．在执行“打印”命令时，若希望当前空间内的所有几何图形都被打印，使用的打印选项是（　　）。

A．布局　　B．界限　　C．范围　　D．视图

28．绘制如附图 A-2 所示的图形，请问极轴追踪的极轴角该如何设置？（　　）

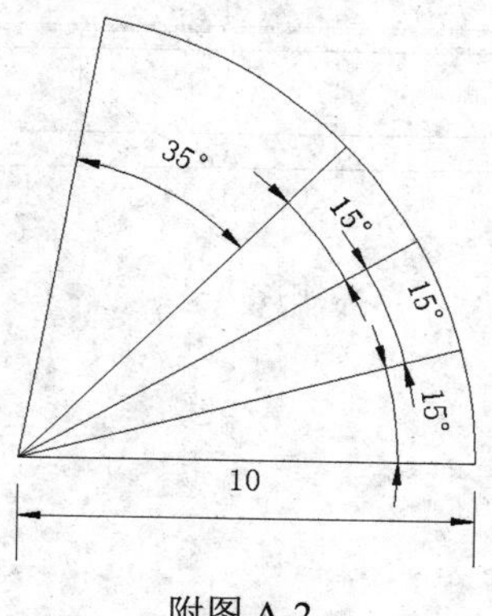

附图 A-2

A．增量角 15，附加角 80
B．增量角 15，附加角 35
C．增量角 30，附加角 35
D．增量角 15，附加角 30

29．利用 AutoCAD“设计中心”不可能完成的操作是（　　）。
A．根据特定的条件快速查找图形文件
B．打开所选的图形文件
C．将某一图形中的块通过鼠标拖放添加到当前图形中
D．删除图形文件中未使用的命名对象，例如块定义、标注样式、图层、线型和文字样式等

30．选择图形对象后，按住鼠标左键从一个文档拖动到另一个文档，该操作是（　　）。
A．移动
B．粘贴为块
C．复制
D．插入外部参照

二、操作题（根据题中的要求逐步完成，每题 20 分，共 2 题，共 40 分）

1．题目：绘制如附图 A-3 所示的榭平面图。

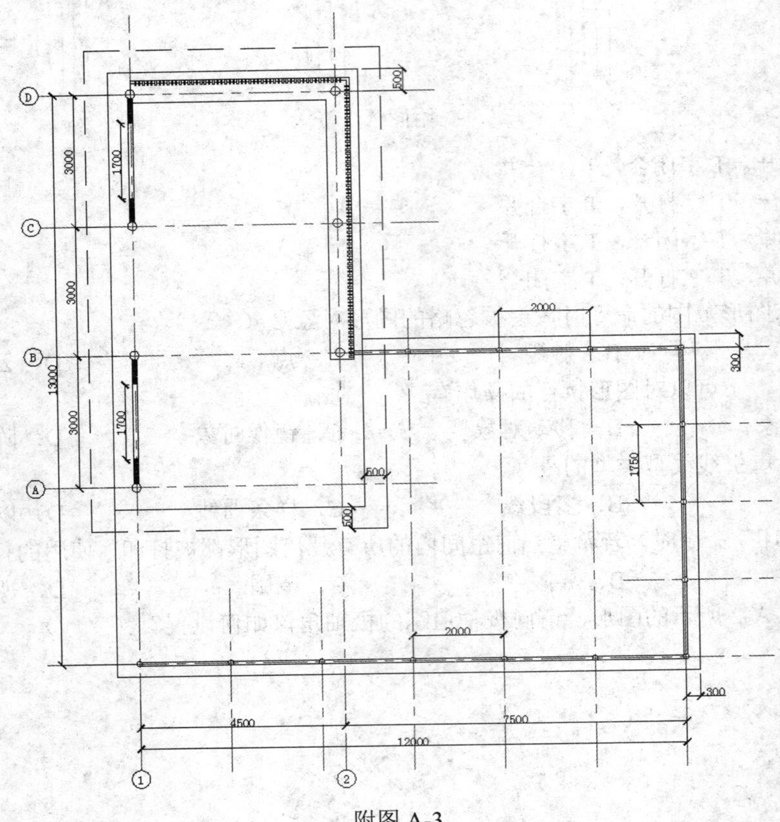

附图 A-3

操作提示：
（1）绘制轴网。
（2）建立“榭”图层。
（3）绘制门窗和台阶。
（4）绘制榭平面图。
（5）绘制座椅。

（6）绘制顶部轮廓和平台护栏。

（7）标注尺寸和轴号。

2．题目：绘制如附图 A-4 所示的检查井。

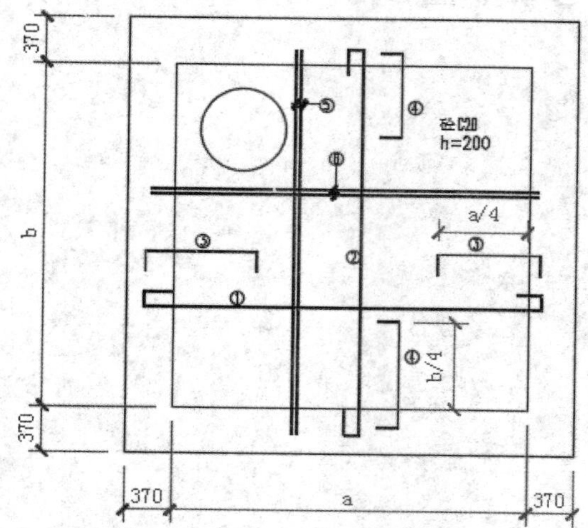

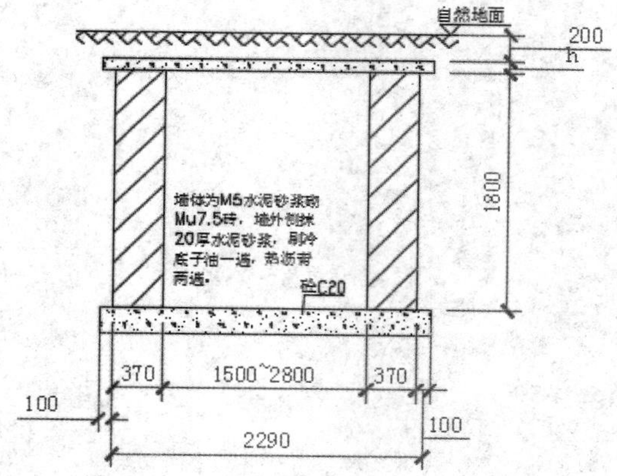

尺寸 a×b	钢筋						板厚
	1	2	3	4	5	6	
1500×1500	φ10@150	φ10@180	φ8@200	φ8@200	2φ18	2φ18	200
2000×2000	φ10@120	φ10@120	φ8@200	φ8@200	2φ18	2φ18	200
2400×1500	φ10@200	φ10@100	φ8@200	φ8@200	2φ18	2φ20	200
2400×2000	φ15@180	φ12@150	φ8@200	φ8@200	2φ20	2φ20	200
2400×2400	φ12@150	φ12@150	φ8@200	φ8@200	2φ20	2φ20	200
2400×2800	φ12@120	φ12@150	φ8@150	φ8@150	2φ20	2φ20	200
2800×2400	φ12@150	φ12@120	φ8@150	φ8@150	2φ20	2φ20	200
3500×3500	φ12@100	φ12@100	φ10@120	φ10@120	2φ22	2φ22	250
注：短方向钢筋在下部　砼 C20							

附图 A-4

操作提示：

（1）绘图前准备以及绘图设置。

（2）绘制检查井平面图。

（3）绘制检查井立面图。

（4）绘制检查井材料表。

（5）标注尺寸。

模拟题单项选择题答案：

1-5 BDCBC	6-10 CACAD	11-15 DBCCD
16-20 ADABC	21-25 ACDBD	26-30 BBADC

模拟考试答案

第 1 章

1-5 BCBCD　　6-9 DDCA

第 2 章

1-5 DBDCD　　6-7 BB

第 3 章

1-5 BDABB　　6-9 ABBC

第 4 章

1-5 AACDA　　6-9 BBAC

第 5 章

1-5 AACCA　　6 B